HORMONE DES OVARIUMS

UND DES

HYPOPHYSENVORDERLAPPENS

UNTERSUCHUNGEN ZUR BIOLOGIE UND KLINIK
DER WEIBLICHEN GENITALFUNKTION

VON

DR. BERNHARD ZONDEK

PROFESSOR AN DER HEBRÄISCHEN UNIVERSITÄT JERUSALEM
DIREKTOR DER GYNÄKOLOGISCH-OBSTETRISCHEN KLINIK
DES ROTHSCHILD-HADASSAH-HOSPITALS JERUSALEM

MIT EINEM ANHANG
HORMONALE SCHWANGERSCHAFTSREAKTION
HORMON DES HYPOPHYSENZWISCHENLAPPENS

ZWEITE VERMEHRTE AUFLAGE

MIT 177 ZUM TEIL FARBIGEN ABBILDUNGEN

SPRINGER-VERLAG
BERLIN HEIDELBERG GMBH
1935

ISBN 978-3-642-90600-8   ISBN 978-3-642-92458-3 (eBook)
DOI 10.1007/ 978-3-642-92458-3

Vorwort zur zweiten Auflage.

Die vorliegende zweite Auflage, deren Erscheinen sich aus äußeren Gründen um über ein Jahr verspätet hat, bringt im wesentlichen eine zusammenfassende Darstellung der eigenen, zum Teil noch nicht publizierten Hormonstudien. Die seit dem Erscheinen der ersten Auflage (1931) ausgeführten Arbeiten sind neu aufgenommen, wodurch sich der Umfang des Buches um 15 Kapitel vermehrt hat. Die Untersuchungen des letzten Jahres wurden im Biochemischen Institut der Universität Stockholm ausgeführt. Es ist mir ein Bedürfnis, Herrn Professor HANS v. EULER für seine Gastfreundschaft auch an dieser Stelle meinen herzlichsten Dank auszusprechen.

Es sind jetzt fast 10 Jahre her, als ich durch den Implantationsversuch am infantilen Tier die gonadotrope Funktion des Hypophysenvorderlappens erkannte und damit die gonadotropen Reaktionen schuf (HVR I—III), auf die sich die weitere Forschung gründete. Ohne diese Reaktionen wäre die hormonale Schwangerschaftsreaktion nicht möglich gewesen, denn die Graviditätsreaktion an der Maus basiert auf der HVR II und III, die Reaktion am Kaninchen auf der HVR II. Auf die gleichen Reaktionen gründet sich die Diagnostik bestimmter maligner Tumoren (des Chorionepithelioms und malignen Hodentumors), gründet sich die hormonale Gewebsdiagnostik. Auf dem Nachweis der HVR I (Prolan A) basiert die Methode zur Feststellung des Ausfalls der Sexualfunktion. Mit Hilfe der gonadotropen Reaktionen war die Darstellung des gonadotropen Hormons (Prolan) möglich. Die Erkennung der gonadotropen Funktion hat auf den Hypophysenvorderlappen als übergeordnete Sexualdrüse hingewiesen, und damit der Forschung den Weg gezeigt, im Vorderlappen eine das hormonale System regulierende Drüse zu sehen. Der Hypophysenvorderlappen erweist sich immer mehr als Zentrum der hormonalen Regulation, als Motor der endokrinen Funktion, als hormonotrope Drüse. Diese Befunde müssen auch die Therapie in neue Bahnen lenken. Die Hormontherapie war bisher eine Ersatztherapie, eine Substitutionstherapie. Die im Körper zuwenig oder gar nicht produzierten Hormone wurden dem Erfolgsorgan, d. h. der Verbrauchsstätte, zugeführt. Die Kenntnis der hormonotropen Wirkstoffe des Hypophysenvorderlappens muß dazu führen die das Hormon produzierende endokrine Drüse selbst zu stimulieren, damit die Hormone im Körper wieder gebildet werden. Die bisherige hormonale Substitutionstherapie greift an der Verbrauchsstätte an, die zukünftige hormonotrope Stimulationstherapie — wie ich sie nennen möchte — soll an der Produktionsstätte angreifen. Der therapeutische Angriffspunkt muß also von der Verbrauchsstätte an die Produktionsstätte verlegt werden, der Weg muß von der hormonalen Substitution zur hormonotropen Stimulation führen. Hierbei ist mit dem gonadotropen Hormon (Prolan) erst ein Anfang gemacht.

Meine Arbeiten sind in den letzten Jahren in großzügiger Weise von der Rockefeller Foundation gefördert worden, wofür ich auch an dieser Stelle herzlichst danken möchte.

Bei der Durchführung meiner Untersuchungen bin ich durch die verständnisvolle und fleißige Mitarbeit meiner technischen Assistentin, Fräulein INGEBORG LEISERING, unterstützt worden.

Jerusalem, im Frühjahr 1935.

BERNHARD ZONDEK.

Vorwort zur ersten Auflage.

Das vorliegende Buch soll nicht in zusammenfassender Weise über die Hormone des Ovariums und des Hypophysenvorderlappens und deren Bedeutung für die weibliche Genitalfunktion berichten, sondern im Wesentlichen eine Zusammenfassung eigener — zum Teil noch nicht veröffentlichter — Arbeiten bringen, so daß ich im Subjektiven den Hauptwert dieser Zeilen erblicke. Ich bitte es mir daher nicht zu verübeln, wenn manche Autoren, die Wichtiges auf diesem Gebiete geleistet haben, ihren Namen in diesen Blättern vermissen. Ich zeige den Weg, den ich bei meinen Studien gegangen bin, wobei ich das Methodische in allen Einzelheiten darstelle, weil viele an mich gerichtete Anfragen mir gezeigt haben, daß hier noch manche Unklarheit herrscht. Die Untersuchungen über die Wirkung von Hormonen, die ich 1913 begann, habe ich während meiner ganzen klinischen Tätigkeit fortgesetzt. Kaum ein anderes Gebiet der Medizin hat einen so innigen Kontakt mit der Lehre von der inneren Sekretion wie gerade die Gynäkologie, da hier fast jedes Krankheitssymptom (Blutung, Amenorrhöe, Fluor usw.) durch die veränderte Ovarialfunktion bedingt sein kann. Wir haben die Möglichkeit, bei unseren Operationen die beherrschende endokrine Drüse, das Ovarium, anzusehen und können damit häufig schon makroskopisch die pathologische Funktion auf morphologische Veränderungen des Ovariums zurückführen. Die anatomische Forschung der letzten Dezennien hat uns in hervorragender Weise über den Uterus als Erfolgsorgan des Ovariums aufgeklärt. Ich möchte aber glauben, daß wir in der anatomischen Analyse der Krankheitsbilder in der Gynäkologie schon etwas zu weit gegangen sind, so daß wir manche Befunde gezwungen erklären, weil sie in das gewohnte Bild der anatomischen Betrachtungsweise nicht hineinpassen. Ich werde im vorliegenden Buch u. a. zu zeigen bemüht sein, daß die Betrachtung der Genitalfunktion vom funktionellen, d. h. hormonalen Standpunkt aus für den Kliniker wertvoll ist, da wir dadurch zu neuen Auffassungen über Wesen und Therapie des Krankheitsgeschehens der Frau kommen.

Die vorliegenden Untersuchungen habe ich, soweit sie theoretischer Art sind, im Physiologischen, Pharmakologischen und Pathologischen Institut der Universität ausgeführt. Die klinischen Untersuchungen und Hormonstudien sind in der Universitäts-Frauenklinik der Charité, die Arbeiten des letzten Jahres im Städtischen Krankenhaus Berlin-Spandau entstanden.

Die Untersuchungen habe ich zu einem Teil in gemeinschaftlicher Arbeit ausgeführt. Die mehrjährige, fruchtbringende, anatomisch-biologische Zusammenarbeit mit ASCHHEIM, die für unsere Fragestellung wichtigen chemischen Hormonstudien mit BRAHN und VAN EWEYK, die biologischen und klinischen Untersuchungen mit H. ZONDEK, A. LOEWY, FRANKFURTER, STICKEL, ROBINSON, BERNHARDT, E. K. WOLFF, BUSCHKE, F. LEVY und GRUNSFELD haben die vorliegenden Hormonstudien auf eine breite Grundlage zu stellen versucht.

Bei der Durchführung der Untersuchungen bin ich durch die fleißige Mitarbeit meiner technischen Assistentin, Fräulein INGEBORG LEISERING, unterstützt worden.

Die Arbeiten des letzten Jahres sind mir durch die großzügige Unterstützung der Notgemeinschaft der Deutschen Wissenschaft ermöglicht worden.

Berlin, im Oktober 1930.

BERNHARD ZONDEK.

Inhaltsverzeichnis.

1. Kapitel

Ein falscher Weg der allgemeinen Hormonforschung.

Die Hormonforschung wurde durch die Aufsehen erregenden Selbstversuche von BROWN-SÉQUARD eingeleitet. Nach subcutaner Injektion von Testikelsaft bemerkte er an seinem Körper eine eigenartige Verjüngung, die sich in überraschender Zunahme der physischen, sexuellen und cerebralen Leistungsfähigkeit äußerte. Wenn dieser Versuch der Kritik auch nicht standhielt und sich schließlich als Autosuggestion erwies, so war dadurch der Weg der parenteralen Substitution einer endokrinen Drüse geschaffen. Dieser Versuch hat aber auf der anderen Seite der Forschung für lange Zeit einen falschen Weg gewiesen. Die ausgezeichneten klinischen Erfolge, die man beim Myxödem und sonstigen athyreotischen Störungen durch orale Zufuhr von getrockneter Schilddrüse sah, die, wenn auch nur vorübergehenden, klinischen Erfolge durch Transplantation von endokrinen Drüsen festigten das Gebäude der hormonalen Substitutionstherapie. Durch BROWN-SÉQUARDS Versuch glaubte man nun, daß der wirksame Stoff in dem Preßsaft der Drüse vorhanden sein müßte, und daß durch die subcutane Injektion eine wirksame und im Vergleich zur Transplantation einfache Substitution möglich sei. Da die parenterale Zufuhr der stark eiweißhaltigen Drüsenpreßsäfte wegen toxischer, insbesondere anaphylaktischer Erscheinungen nicht möglich war, wurden die Preßsäfte enteiweißt und dadurch unschädliche Drüsenextrakte gewonnen.

Man glaubte diesen Weg gehen zu können, weil sich gezeigt hatte, daß die durch verschiedenartige Enteiweißung gewonnenen Extrakte des Hypophysenhinterlappens ihre wehenerregenden Substanzen nicht verlieren, wovon man sich im biologischen Versuch am überlebenden Uterus oder Dünndarm des Nagetieres leicht überzeugen konnte. Da man die anderen endokrinen Drüsenstoffe auf ihre Spezifität mangels einwandfreier biologischer Methoden nicht prüfte, wurden die Drüsenextrakte schematisch hergestellt, in dem Glauben, daß sie nach Enteiweißung wirksame Substanzen enthalten. Der Weg wurde dadurch noch besonders kompliziert, daß die verschiedenen chemischen Fabriken nach Geheimverfahren Drüsenextrakte herstellten, ohne daß über den chemischen Weg der Darstellung etwas bekannt war. Der Kliniker, der ein solches Drüsenextrakt in die Hand bekam, glaubte bei der Injektion den wirksamen Drüsenstoff zuzuführen. Sah er eine therapeutische Wirkung, so konnte diese durch das Extrakt bedingt sein, und damit glaubte er eine biologische Wirkung des Extraktes und der entsprechenden Drüse festgestellt zu haben! Der Experimentator, der durch intravenöse Zufuhr eines derartig im Handel befindlichen Drüsenextraktes eine Wirkung am Herzen, Blutdruck, am Gefäßapparat, am überlebenden Dünndarm, bei Durchspülung der Niere usw. sah, sprach von der Reaktion der entsprechenden endokrinen Drüse. Ich möchte zur Skizzierung nur ein Beispiel anführen, um gleichzeitig die in der Literatur vorhandenen Widersprüche zu zeigen. Das Hypophysenhinterlappenextrakt wird gegen Menorrhagien verwendet, wobei man von dem Gedanken ausgeht, daß zwischen dem Ovarium und der Hypophyse eine endokrine Korrelation besteht. Über gute klinische Erfolge bei Menorrhagien berichten BAB, SCHICKELE, LIEPMANN, DEUTSCH, KALLEDEY u. a. Im Gegensatz dazu konnten HOFSTÄTTER und KOSMINSKI durch Hypophysenhinterlappenextrakt Amenorrhöen zur Heilung bringen. Aus solchen klinischen Beobachtungen kann man nach Belieben biologische Schlüsse ziehen. Wir wissen heute, daß der Hypophysenhinterlappen überhaupt nicht Stoffe produziert, die spezifisch auf den Sexualapparat wirken. Verläßt man sich also nur auf die klinische — an Fehlerquellen reiche — Beobachtung, so kann der Unkritische spielend Theorien machen und seiner Phantasie weiten Spielraum geben.

Untersuchungen über die Spezifität von Extrakten aus endokrinen Drüsen.

Meine eigenen biologischen Untersuchungen über Wirkung von Drüsenstoffen begann ich im Physiologischen Institut der Universität Berlin (1913), wo ich in Gemeinschaft mit FRANKFURTHER[1] die Wirkung der Schilddrüsenstoffe und Eierstockspreßsäfte auf die Bronchialmuskulatur prüfte. Hierbei lernte ich die verschiedenartige Wirkung von Extrakten aus endokrinen Drüsen am biologischen Objekt kennen und sah die Fülle der Fehlerquellen, die beim experimentellen Arbeiten möglich sind.

Diese erste Arbeit ist für meinen Interessenkreis entscheidend gewesen. Das Rätsel der endokrinen Drüsenfunktion, die Hormonwirkung in ihrer vielgestaltigen Art und in der Merkwürdigkeit der klinischen Krankheitsbilder hat mich immer wieder gefesselt.

Bei den klinischen Untersuchungen über den Wert der Organotherapie (1919) prüfte ich zunächst, ob man durch die im Handel befindlichen Drüsenextrakte überhaupt eine Substitutionstherapie treiben könne. In Gemeinschaft mit STICKEL[2] wurde der Wert der Organextrakte an den verschiedenen Formen ovarieller Blutungen untersucht. Die Untersuchungen wurden seinerzeit an 108 Fällen aus-

---

[1] ZONDEK, B. u. FRANKFURTHER: Arch. f. Physiol. 1914, 565—584.
[2] ZONDEK, B. u. STICKEL: Z. Geburtsh. 85, 83—106 (1923).

geführt, die aus 12 000 poliklinischen Fällen der Universitäts-Frauen-klinik der Charité-Berlin ausgesucht waren. Bei Pubertätsblutungen und Menorrhagien sahen wir klinische Erfolge durch Pituglandolinjek-tionen, aber ähnliche Erfolge konnten auch durch Corpus-luteum-Extrakte, sogar durch Hodenextrakt (Testiglandol) erzielt werden. Da wir klinische Wirkungen auch mit Extrakten aus der Schilddrüse, dem Ovarium, der Epiphyse beobachteten, schlossen wir schon aus diesen Untersuchungen, daß man von einer spezifisch organotherapeutischen Wirkung dieser schematisch hergestellten Extrakte bei der erfolgreichen Behandlung ovarieller Blutungen nicht reden könne.

Um den Wirkungsmechanismus der Drüsenextrakte festzustellen, führte ich 1920—23 ausgedehnte experimentelle Untersuchungen[1] aus, von denen als Beispiele einige angegeben seien. Es wurden Extrakte derselben Drüse, aber verschiedenartiger Herstellung[2] in ihrer Wirkung an verschiedenen biologischen Systemen geprüft. Hierbei zeigte sich, daß im Handel befindliche Extrakte in ihrem Elektrolytgehalt und Säure-grad nicht unerheblich differieren. So wurden u. a. biologische Wirkungen festgestellt, die einfach der Ausdruck des verschiedenen p_H-Gehaltes der Drüsenextrakte waren.

Am isolierten, an der STRAUBschen Kanüle arbeitenden Herzen zeigte sich nach Zufuhr von 0,05 ccm Corpus-luteum-Opton ein momen-taner Herzstillstand, wobei der Ventrikel in Diastole stehenbleibt, um sich bald etwas zu erholen und geringe Kontraktionen auszuführen. Daß die Herzzellen durch das Corpus-luteum-Opton nicht schwer geschädigt sind, geht daraus hervor, daß nach einmaliger Auswaschung mit Ringer das Herz wieder normal schlägt. Nachdem festgestellt war, daß das Corpus-luteum-Opton direkt auf den Herzmuskel einwirkt, ergab sich folgende Frage: Produziert das Corpus luteum wirklich Substanzen, die den Muskel zur Erschlaffung bringen? Deshalb prüfte ich ein aus einer anderen Fabrik stammendes Extrakt des gelben Körpers, das Luteo-glandol. Hierbei keinerlei Wirkung auf den Herzmuskel. Bei zwei Ex-trakten aus der gleichen Drüse — dem Corpus-luteum-Opton und dem Luteoglandol — also ganz verschiedene biologische Wirkung.

Eine ganz besondere Wirkung auf das Froschherz sieht man bei Zu-führung des Ovoglandol, während die zu beschreibende Wirkung bei Eierstocksextrakten von anderen Firmen nicht zu beobachten war. Schon bei Zusatz von 0,05 ccm Ovoglandol werden die Herzamplituden größer, das Niveau der Kurve hebt sich etwas, und es treten Extra-systolen auf. Auswaschen mit Ringer ändert zunächst nichts und erst

---

[1] ZONDEK, B.: Z. Geburtsh. 86, 238—278 (1923).

[2] Die Untersuchungen wurden s. Zt. ausgeführt 1. mit den Glandolen der Chemischen Werke Grenzach, 2. den Extrakten der Firma Freund & Redlich und 3. den Optonen von Merck, die nach ABDERHALDEN durch tryptisch-fermentativen Abbau gewonnen sind.

nach mehrmaligem Auswaschen mit Ringerlösung gelingt es, die Funktion des Herzens wieder zu bessern. Diese eigenartige Kurve wäre an sich belanglos, wenn nicht aus ihr hervorginge, daß die biologische Wirkung durch eine im Extrakt (Ovoglandol) vorhandene anorganische Substanz hervorgerufen würde. Es handelte sich hier lediglich um eine Calciumwirkung. *Die Ovoglandolwirkung ist ein charakteristisches Beispiel dafür, wie leicht man Drüsenwirkungen an biologischen Systemen feststellen kann, die in Wirklichkeit auf irgendwelchen Beimengungen in dem Mixtumcompositum beruhen, das man als Drüsenextrakt bezeichnet.*

In der folgenden Tabelle sind die Wirkungen der verschiedenen Extrakte derselben Drüse, aber verschiedenartiger Herstellung am Froschherzen zusammengestellt.

Tabelle 1.

Präparat	Hersteller	Konzentration	Biologische Wirkung (Froschherz)
1. Corpus luteum.			
a) Corpus-luteum-Opton	Merck	1 : 5	diastolische Erschlaffung
b) Luteoglandol	Chem. Werke Grenzach	1 : 5	ohne Wirkung
c) Corpus-luteum-Extrakt	Freund & Redlich, Berlin	1 : 5	diastolische Erschlaffung
2. Ovarium.			
a) Ovarialopton	Merck	1 : 5	diastolische Erschlaffung
b) Ovoglandol	Grenzach	1 : 5	Tonussteigerung
c) Oophorinextrakt	Freund & Redlich	1 : 5	diastolische Erschlaffung
3. Hypophyse.			
a) Hypophysenopton	Merck	1 : 5	diastolische Erschlaffung
b) Pituglandol	Grenzach	1 : 5	ohne Wirkung
c) Pituitrin	Parkes & Davis	1 : 5	diastolische Erschlaffung

Hierbei zeigt sich, daß die Optone, gleichgültig aus welcher Drüse sie stammen, stets eine diastolische Erschlaffung machen, während die Glandole ohne Wirkung bleiben. Man kann also aus den Kurven eher die herstellende Fabrik als die endokrine Drüse diagnostizieren.

Am überlebenden Uterus konnte ich zeigen, daß man durch sämtliche Glandole eine Uteruskontraktion auslösen kann. Derartige wehenerregende Substanzen kann man in fast allen Organen finden, so daß man z. B. durch ein 20%iges Placentar- oder Leberextrakt den Uterus zur Kontraktion bringen kann. Diese wehenerregenden Substanzen, die man normaliter in geringer Menge in den Organen nachweisen kann, finden sich in den Extrakten in starker Konzentration, wenn man die Extrakte in Fäulnis übergehen, also einen Eiweißabbau eintreten läßt. Diese Wirkung ist wohl auf die aus dem Histidin entstehenden Abbaustoffe zurückzuführen, insbesondere das β-Imidazolyläthylamin (Histamin). Bei Prüfung der Optone, d. h. der durch tryptisch-fermentativen Abbau gewonnenen Drüsenextrakte sah ich eine entgegengesetzte Wirkung.   Während nach 0,1 ccm Luteoglandol eine Uteruskontraktion auftrat, bewirkte 0,5 ccm Corpus-luteum-Opton eine Erschlaffung des Uterus. Dasselbe sehen wir beim Extrakt des Hypophysenhinterlappens, dessen wehenerregende Wirkung durch HOFBAUER bekannt ist. Das Hypophysenopton hat durch den tryptisch-fermentativen Abbau nicht nur seine wirksamen Substanzen verloren, sondern es wirkt sogar in entgegengesetzter Richtung! Durch 0,8 ccm Hypophysenopton wird der Uterus eines 600 g schweren Kaninchens zum Erschlaffen gebracht, so daß die Kurve weit abfällt (Abb. 1).   Die Spontankontraktionen treten in größeren Abständen auf, um schließlich fast ganz aufzuhören.   Am tiefsten Punkt der Kurve wird nun, ohne das

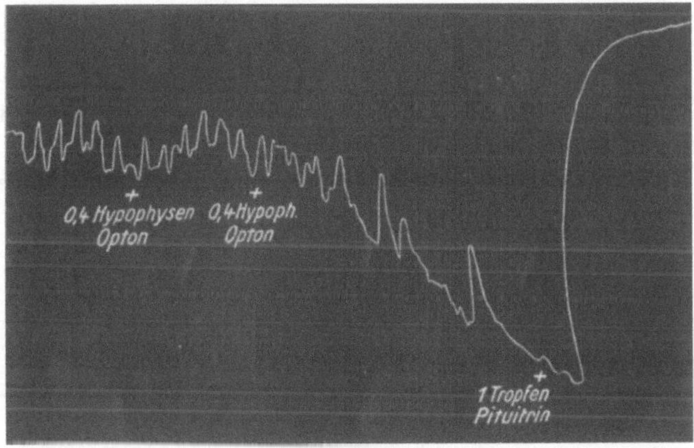

Abb. 1.   Wirkung verschiedener Hypophysenhinterlappenextrakte auf den Uterus.

Hypophysenopton auszuwaschen, ein Tropfen Pituitrin (ebenfalls Hinterlappenextrakt) zugefügt. Man sieht, wie die Kurve sofort steil in die Höhe geht, weit über den ursprünglichen Kontraktionszustand hinaus. Gleichartige Wirkung konnte auch am überlebenden Dünndarm festgestellt werden.

Am LÄWEN-TRENDELENBURGschen Gefäßpräparat konnte durch Corpus-luteum-Opton eine Vasodilatation hervorgerufen werden, während dies mit Luteoglandol nicht möglich war.

Die Versuche ergeben, daß man durch unspezifische Beimengungen (z. B. Kalk) Reaktionen auslösen kann, die unberechtigterweise dem Ausgangsmaterial, d. h. der endokrinen Drüse, zugeschoben werden. Die Untersuchungen zeigen weiter, daß die verschiedenartige Herstellung eine ganz andersartige biologische Reaktion auslösen kann. Extrakte der gleichen Firma haben meist gleichartige Wirkungen, woraus man schließen muß, daß diese Wirkung durch die Art der Herstellung bedingt ist. So wirken z. B. die Glandole kontrahierend, die Optone erschlaffend auf die glatte Muskulatur. Durch den schematischen Abbau können, wie wir beim Opton des Hypophysenhinterlappens gesehen haben, die wirksamen Stoffe sogar zerstört werden. Gegen die bisherigen Untersuchungen kann der Einwand erhoben werden, daß die spezifisch endokrine Wirkung der Organpräparate bei der Prüfung an Herz, Uterus, Dünndarm nicht zum Ausdruck kommt. Dies ist richtig. Aber die Versuche zeigen doch, wie falsch die Schlüsse sind, die man aus der Wirkung eines in der Herstellung unbekannten Extraktes gezogen hat.

Die folgenden Untersuchungen beweisen, daß schematisch hergestellte Extrakte hormonale Stoffe nicht enthalten. Es ist sicher, daß der Stoffwechsel von der Funktion der endokrinen Drüsen abhängt. Dies gilt in erster Reihe für die Schilddrüse. Beim Myxödem ist, wie MAGNUS-LEVY gezeigt hat, der Gesamtumsatz erniedrigt, durch orale Zufuhr wirksamer Schilddrüsenstoffe wird er sicher erhöht.

Wenn auch wäßrige, schematisch hergestellte Schilddrüsenextrakte spezifisch hormonale Stoffe enthalten, so mußte man mit ihnen eine Erhöhung des Stoffwechsels bei entsprechenden Erkrankungen erzielen können. In Gemeinschaft mit A. LOEWY und H. ZONDEK untersuchte ich die Wirkung von Schilddrüsenextrakten an zwei Myxödematösen (s. Tab. 2).

Tabelle 2.

Atemvolumen	Pro Minute		Pro Kilogramm Körpergewicht O_2-Verbrauch ccm	Resp.-Quotient
	O_2-Verbrauch ccm	CO_2-Ausscheidung ccm		
Fall I: Pat. Bo.:				
5150,0	209,66	172,13	2,705	0,821
Nach Zufuhr von Thyreoglandol:				
4836,8	187,43	180,65	2,335	0,963
Fall II: Pat. Aug.:				
3218,7	156,24	—	1,927	
Nach Thyreoidin:				
4763,6	245,80		3,256	
Nach Thyreoideaopton:				
3508,5	169,12		2,211	

Im Fall I beträgt der O_2-Verbrauch 2,705 ccm pro kg Körpergewicht. Der relativ niedrige Verbrauch ist für das Myxödem charakteristisch, auf die Hypofunktion der Schilddrüse zurückzuführen. Jetzt erhält der Patient in 3 Wochen 21 Injektionen Thyreoglandol (entsprechend 21 g frischer Schilddrüse) mit dem Erfolg, daß der Erhaltungsumsatz nicht eine Spur steigt. Im Gegensatz, der O_2-Verbrauch wird noch geringer. Er fällt von 2,705 auf 2,335 ccm. Mit der Verminderung des Gesamtumsatzes geht auch eine subjektive Verschlechterung einher.

Der Versuch ergibt: *Der durch das Myxödem erniedrigte Gesamtumsatz wird durch ein Schilddrüsenextrakt, das Thyreoglandol, nicht erhöht, weil im Extrakt keine spezifischen Substanzen enthalten sind.* Die objektive und subjektive Verschlechterung fand sich in gleicher Weise bei parenteraler Zufuhr von Proteinkörpern (Caseosan, Aolan). Daher dürfte die den Stoffwechsel herabsetzende Wirkung des Thyreoglandols wahrscheinlich auf Eiweißabbauprodukte zurückzuführen sein.

Im Fall II ist der O_2-Verbrauch bei einem schweren Myxödem besonders niedrig. Er beträgt 1,927 ccm pro kg Körpergewicht. Nach oraler Zufuhr von getrockneter, chemisch nicht veränderter Schilddrüse — in Form von dreimal täglich 0,1 g Thyreoidin — steigt der Gesamtumsatz nach 3 Wochen stark an, und zwar von 1,927 auf 3,256 ccm. Hier also eine spezifische Schilddrüsenwirkung. Im Anschluß daran wird tryptisch-fermentativ abgebautes Schilddrüsenopton — 21 ccm — injiziert mit dem Erfolg, daß jetzt nach 3 Wochen wieder ein starkes Sinken des Umsatzes einsetzt, so daß der O_2-Verbrauch nur 2,211 ccm pro kg Körpergewicht beträgt.

Der Versuch ergibt: *Zuführung von chemisch nicht veränderter, getrockneter Schilddrüse zeigt die spezifische Stoffwechselwirkung beim Myxödem, tryptisch abgebaute Schilddrüse bleibt ohne Einfluß.*

An einem zweiten spezifischen Testobjekt konnte die Unwirksamkeit[1] von einigen Schilddrüsenextrakten nachgewiesen werden (Metamorphoseversuch nach GUDERNATSCH). Die Ergebnisse gehen aus den beiden Abbildungen so klar hervor, daß darüber wenig gesagt zu werden braucht. Die Kontrolltiere zeigen dieselbe Größe und denselben Entwicklungsgrad wie die mit Schilddrüsenextrakten (Thyreoglandol, Thyreoideaopton) gefütterten (Abb. 2). In der zweiten Versuchsanordnung (Abb. 3) sehen wir, wie die mit Thyreoideaopton gefütterten Tiere (c) keinerlei Veränderungen zeigen gegenüber den Kontrolltieren (a), den mit Hypophysenopton (b) und den mit Ovarialopton (d) behandelten Kaulquappen. Füttern wir die Tiere (f) aber mit Schilddrüsentrockensubstanz (Thyreoidin), so sehen wir sofort die spezifische Schilddrüsenwirkung, d. h. Wachstumshemmung und Steigerung der Metamorphose.

In den letzten Jahren ist die Forschung, speziell beim Schilddrüsenhormon, ein großes Stück vorwärts gekommen. KENDALL, insbesondere HARRINGTON, gelang nicht nur die Isolierung, sondern auch die Synthese des Hormons (Thyroxin). Heute kennen wir die chemischen Eigenschaften des Thyroxins, die Art seiner Darstellung. Die mit dem Thyroxin erzielten Wirkungen dürfen mit der endokrinen Drüsenwirkung der Schilddrüse identifiziert werden, wenngleich natürlich die Reaktion an einem biologischen Objekt nicht die Verhältnisse wiedergibt, die sich in der komplizierten Maschine des Gesamtorganismus abspielen.

Ich habe über meine Untersuchungen aus dem Gesamtgebiet der Endokrinologie etwas ausführlicher berichtet, um zu zeigen, daß die Gynä-

---

[1] ZONDEK, B.: Z. Geburtsh. 88, 237—244 (1925).

kologie denselben falschen Weg gegangen ist, den seinerzeit die Forschung allgemein eingeschlagen hatte. Hierbei muß hervorgehoben werden, daß KÖHLER auf Grund seiner klinischen Beobachtungen bereits 1915 die Wirkung der damals gebräuchlichen Extrakte als nicht spezifisch erklärte, eine Ansicht, der auch HALBAN zustimmte. ESCH[1] sah die Erfolge der Organextraktbehandlung bei Menstruationsstörungen und anderen gynäkologischen Leiden im wesentlichen als Proteinkörperwirkung an.

Es ist, um es noch einmal zu betonen, falsch, dem Ovarium eine Wirkung auf die Gefäße zuzuschreiben, wenn man mit irgendeinem

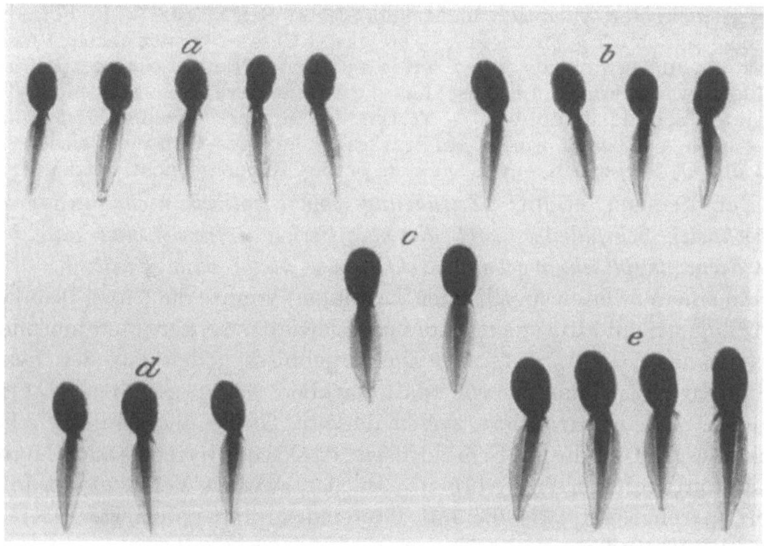

Abb. 2.   a = Kontrolle,   b = Thyreoglandol,   c = Thyreoideaopton,   d = Ovoglandol,   e = Aolan.

Beginn des Versuchs 16. April.		Beendigung des Versuchs 26. April.	
Größe der Tiere:		Größe der Tiere:	
a = 14,22 mm	d = 14,22 mm	a = 16,8 mm	d = 16,9 mm
b = 14,2 „	e = 14,04 „	b = 17,02 „	e = 19,12 „
c = 14,08 „		c = 18 „	

Ovarialextrakt eine Vasodilatation auslösen kann. Es ist falsch, von der menstruationshemmenden Wirkung des Corpus luteum zu reden, wenn man klinisch durch ein Extrakt des gelben Körpers eine blutstillende Wirkung auslösen kann. Wir haben gesehen, wie in fast allen Organen muskelkontrahierende Substanzen vorhanden sind, die durch Uteruskontraktion eine Blutung zum Stehen bringen können. Dieser blutstillende Effekt sagt gar nichts über eine inkretorische Wirkung des Extraktes aus. Bei klinischen Versuchen spielt der Zufall (Erfolg durch

---

[1] ESCH: Zbl. Gynäk. 1920, 65.

Wassereinspritzung), das subjektive Urteil des Beobachters und die Fülle der unkontrollierbaren Einflüsse eine so große Rolle, daß ein Schluß von der Wirkung eines Extraktes auf die Funktion einer Drüse zu ganz falschen Ergebnissen führen kann. Das hat, und damit kommen wir zu dem anfangs mitgeteilten Versuch zurück, das bedeutsame Experiment von BROWN-SÉQUARD gezeigt. Das Hormon des Hodens ist erst in den letzten Jahren erfolgreich erforscht worden. Das Hodenextrakt, mit

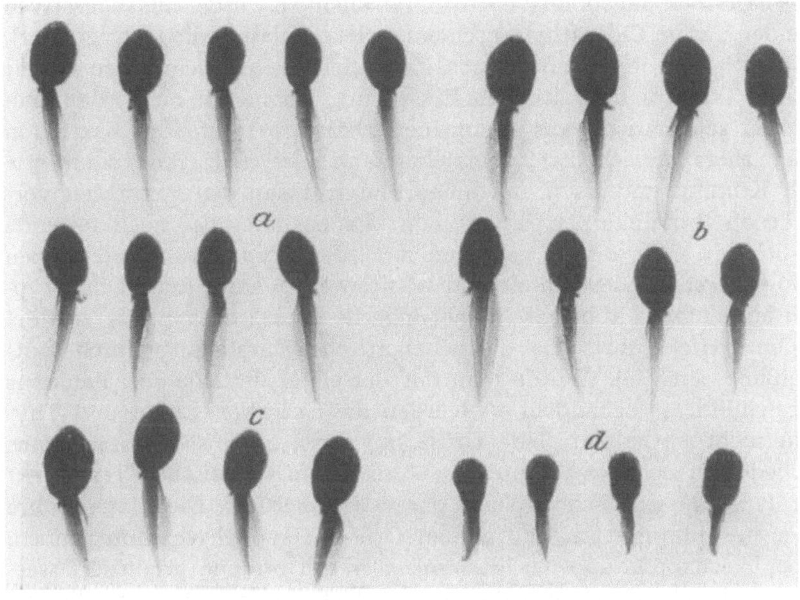

Abb. 3. a = Kontrolle, b = Hypophysenopton, c = Thyreoideaopton, d = Ovarialopton, e = Plazentaopton, f = Thyreoidin.

Beginn des Versuchs 24. April.		Beendigung des Versuchs 8. Mai.	
Größe der Tiere:		Größe der Tiere:	
a = 19,75 mm	d = 19,58 mm	a = 27,6 mm	d = 28,9 mm
b = 19,26 „	e = 19,66 „	b = 29,2 „	e = 15,1 „
c = 19,69 „	f = 25,1 „	c = 28,4 „	f = 15,1 „

dem BROWN-SÉQUARD sich selbst durch Injektion verjüngte, war sicher ein unspezifisches Extrakt. Die Wirkungen, die dieser bedeutende Physiologe bei sich selbst sah, können nur als Autosuggestion bewertet werden. So hat dieser Versuch, obwohl er an sich falsch war, den Gedanken der Substitutionstherapie außerordentlich gefördert, gleichzeitig aber der endokrinologischen Forschung einen falschen Weg gewiesen.

Der Leser wird sich vielleicht fragen, weshalb ich diese Studien so ausführlich mitteile, da heute die Richtigkeit meiner Ansicht nicht bezweifelt wird, da man heute allgemein bestrebt ist, die Erforschung der Sekretionsprodukte der inneren Drüsen auf sehr exakte Grundlagen zu stellen. Nun liegen in der Literatur zahlreiche klinische Beobachtungen vor, die über günstige Wirkungen mit diesen unspezifischen Extrakten berichten. Je mehr ich mich mit diesen Dingen beschäftigte, um so mehr sehe ich, wie vorsichtig man in der Beurteilung klinischer Erfolge sein muß, um aus therapeutischen Wirkungen auf die Wertigkeit der zugeführten Präparate zu schließen. Ich habe z. B. mehrmals gesehen, daß Frauen, die glaubten, daß ich ihnen operativ einen Eierstock eingepflanzt hätte (in Wirklichkeit wurden aus suggestiven Gründen nur im Chloräthylrausch einige Klammern in die Haut gesetzt), schlagartig von ihren jahrelangen klimakterischen Beschwerden befreit waren. Trotz dieser kritischen Einstellung leugne ich nicht, daß man mit den schematisch aus endokrinen Drüsen hergestellten Extrakten sichere therapeutische Erfolge erzielen kann. Die Heilwirkung kann, wie auch KÖHLER und ESCH annehmen, durch die in den Extrakten vorhandenen Proteinkörper bedingt sein. Es besteht aber noch folgende Möglichkeit. Wir wissen, daß man z. B. den Hypophysenhinterlappen nach den verschiedensten Methoden enteiweißen kann (nur nicht tryptisch-fermentativ abbauen), ohne daß die spezifischen Stoffe zerstört werden. Hier führt also die schematische Darstellung durch Enteiweißung zum Ziel. Würde man mit derselben Methode aber Pankreas oder Schilddrüse behandeln, so würden die Extrakte Insulin und Thyroxin nicht enthalten. Jede Drüse hat ihren spezifischen Chemismus und jedes Drüsensekret kann nur — an einem spezifischen Testobjekt geprüft — in spezifischer Weise dargestellt werden. Die letzten Jahre haben uns nun gezeigt, daß in den Drüsen (Hypophysenhinterlappen, Hypophysenvorderlappen, Ovarium) *mehrere* Hormone produziert werden. Es ist also durchaus möglich, daß Extrakte von Drüsen, die bisher schematisch ohne Testobjekt dargestellt wurden, zufällig bisher noch unbekannte hormonale Stoffe enthalten. So können vielleicht klinische Wirkungen zustande kommen, deren Wesen wir heute noch gar nicht übersehen. Man soll bei Beurteilung klinischer Erfolge zwar sehr kritisch sein, aber man darf nicht — wie es zuweilen geschieht —, die klinische Beobachtung für wertlos halten. Biologische Forschung und klinische Beobachtung müssen Hand in Hand gehen.

2. Kapitel.

Das Wachstum des Uterus als Testobjekt zum Nachweis des weiblichen Sexualhormons (Ovarialhormon).

Mit Preßsäften und wäßrigen Extrakten des ganzen Ovariums, des gelben Körpers und des Eierstocks ohne Corpus luteum sind zahlreiche Untersuchungen angestellt worden, auf die genau einzugehen hier zu weit führen würde.

So stellt SCHICKELE z. B. fest, daß Preßsäfte oder Extrakte des Uterus oder der Ovarien die Gerinnung des Blutes hemmen können, daß sie bei intravenöser Injektion den Blutdruck herabsetzen, während die Follikelflüssigkeit selbst diese Eigenschaften nicht besitze. SCHICKELE glaubt nicht, damit eine Spezifität der Säfte nachgewiesen zu haben, wenn auch die Ovarium- und Uterusextrakte besonders intensiv wirken. Auch bei Versuchen in vitro fand er mit den Preßsäften eine deutlich nachweisbare gerinnungshemmende Wirkung. LAMBERT hält die Extrakte aus dem Corpus luteum für giftig, während Extrakte aus dem Ovarium ohne Corpus luteum weder giftige noch sonstige physiologische Wirkung ausüben.

Wenn man die verschiedenen Preßsäfte bezüglich der Giftigkeit vergleicht, so muß tatsächlich, wie wir 1913 zeigen konnten, dem Ovarialpreßsaft eine besondere Toxizität zugesprochen werden. Selbstverständlich kann aus dieser Wirkung des Preßsaftes gar nichts für das Ovarium abgeleitet werden, die Giftigkeit des Preßsaftes hat mit der Wirkung des Hormons nichts zu tun[1].

Es ist interessant, daß SCHICKELE mit dem Follikelsaft die gerinnungshemmende und blutdrucksenkende Wirkung nicht auslösen konnte. Wir wissen jetzt (s. S. 43), daß in der Follikelflüssigkeit Hormon vorhanden ist. Wenn SCHICKELE mit Follikelsaft, also der hormonhaltigen Flüssigkeit, eine Wirkung auf Gerinnung und Blutdruck nicht auslösen konnte, so spricht dies mit Sicherheit dafür, daß die genannten Reaktionen nicht durch das Hormon, sondern durch unspezifische Körper der Preßsäfte hervorgerufen wurden.

Eine wichtige Etappe in der Forschung bedeuten die Versuche von L. ADLER[2] (1912), der die Wirkung von Ovarialextrakten an den Genitalien von Tieren prüfte. Hiermit ist (s. auch umseitig ISCOVESCO und FELLNER) zum erstenmal die Wirkung an dem spezifischen Erfolgsorgan des Ovariums untersucht worden. ADLER stellte sich Extrakte aus frischen Kuhovarien her, bei denen die Corpora lutea sorgfältig entfernt waren. Die Ovarien ohne Corpus luteum bzw. die Corpora lutea wurden fein zerhackt, mit destilliertem Wasser versetzt und 24 Stunden im Kühlschrank stehen gelassen. Dann wurde die rötliche oder gelbliche Flüssigkeit abgegossen und injiziert. Ferner wurden Preßsäfte mit der Buchnerpresse bei einem Druck bis zu 450 Atmosphären hergestellt. Außerdem verwandte ADLER ein Handelspräparat (das wäßrige Extrakt Ovarin-POEHL), über dessen Herstellung keine Angaben bestehen. Die Versuche wurden an infantilen Meerschweinchen ausgeführt, wobei täglich subcutan 10—20 ccm des selbsthergestellten wäßrigen Extraktes bzw. 2—4 ccm Ovarin-POEHL injiziert wurden. An den inneren Genitalien der virginellen Tiere, speziell am Uterus, fanden sich Veränderungen, die an die Erscheinungen der natürlichen Brunst erinnerten und sich in Hyperämie und Sekretion äußerten. An den Ovarien war eine

---

[1] ZONDEK, B., u. FRAKFURTHER: Arch. f. Anat. u. Physiol. [Phys. Abtlg.] 1914, 580.
[2] ADLER, L.: Arch. Gynäk. 95 (1912).

starke Hyperämie und Vergrößerung der Follikel nachweisbar. Auch klinisch konnte ADLER bemerkenswerte Resultate nach Injektion von Ovarin-POEHL erzielen und diese Ergebnisse histologisch bestätigen. ASCHNER u. GRIGORIU[1] haben aufbauend auf der HALBANschen Theorie von der hormonalen Funktion der Placenta (s. Kap. 36) die Wirkung von Placentarbrei bzw. Placentarextrakten geprüft. Sie konnten dadurch beim virginellen Meerschweinchen reichliche Milchsekretion hervorrufen. LEDERER u. PRZIBRAM[2] haben eine momentane Steigerung der Milchsekretion bei lactierenden Ziegen durch intravenöse Einspritzung von Placentarextrakt erreicht. Außerdem gelang es ASCHNER[3], eine exzessive Hyperämie und mitunter auch eine Hämorrhagie der Genitalorgane durch subcutane Injektion von Placentarextrakt zu erzeugen.

Obwohl die Art der Herstellung der Extrakte — bei der jetzigen Kenntnis der chemischen Eigenschaften des weiblichen Sexualhormons — es fraglich erscheinen läßt, ob die genannten Autoren mit spezifischen Stoffen gearbeitet haben, so muß doch auf die große Bedeutung der genannten Versuche hingewiesen werden, da sie eine neue Forschungsrichtung eingeleitet haben.

Besonders hervorgehoben seien die Untersuchungen von ISCOVESCO[4] und FELLNER[5], die unabhängig voneinander zu gleicher Zeit in derselben Richtung gearbeitet haben und zu denselben Resultaten gekommen sind. ISCOVESCO und FELLNER sahen in dem Wachstum des Uterus den Angriffspunkt der hormonalen Ovarialwirkung und benutzten zum erstenmal systematisch das Uteruswachstum als Testobjekt zum Studium der inkretorischen Funktion des Eierstocks. FELLNER zeigte im BIEDLschen Laboratorium, daß die wirksame Substanz in Lipoidlösungsmittel übergeht, und daß man mit diesen Stoffen — aus Placenta, Eihäuten und Corpus luteum — Wachstumserscheinungen am Uterus mit Veränderungen der Uterusschleimhaut hervorrufen kann, die an Gravidität erinnern. (Feminines Sexuallipoid.) Die Vergrößerung der Milchdrüsen sieht FELLNER nicht als spezifisch an, da sie auch bei männlichen Tieren auftritt. Eine Milchsekretion konnte niemals erreicht werden. Am überlebenden Meerschweinchenuterus erzeugten die wäßrigen Alkohol-Ätherextrakte kräftige, langdauernde Kontraktionen. FELLNER war von einem reinen Hormon noch weit entfernt. Die Nephritiden, die er nach der Einspritzung seiner Extrakte sah, waren

---

[1] ASCHNER u. GRIGORIU: Arch. Gynäk. **94**, 766 (1911).
[2] LEDERER u. PRZIBRAM: Pflügers Arch. **134**.
[3] ASCHNER: Arch. Gynäk. **99**, 534 (1913).
[4] ISCOVESCO: C. r. Soc. Biol. Paris **72**, **73** (1912). Bull. Soc. méd. Hôp. **32** (1912).
[5] FELLNER: Zbl. Path. **23**, Nr 15 (1912). Arch. Gynäk. **100** (1913). Pflügers Arch. **189**.

durch toxische Beimengungen, die Kontraktionswirkung am Uterus durch einen Nebenstoff, nicht durch das Hormon bedingt, da die reine Hormonlösung eine Kontraktionswirkung an der glatten Muskulatur nicht ausübt. Ich hebe die Versuche von ISCOVESCO und FELLNER hervor, weil sie durch die Prüfung der Ovarialstoffe am infantilen Uterus, insbesondere bei kastrierten Tieren ein Testobjekt geschaffen und durch die Aufdeckung der Beziehung von Hormon zum Lipoid der weiteren Forschung einen aussichtsreichen Weg gezeigt haben.

Auf dem Gynäkologenkongreß in Halle (1913) konnte HERRMANN [1] die wichtige Mitteilung machen, daß ihm im FRAENKELschen Laboratorium gelungen war, aus dem Corpus luteum ein ungesättigtes Phosphatid, und zwar ein Pentaminodiphosphatid, zu isolieren, das nach 7tägiger Injektion von je 0,01 g bei jungen Kaninchen Hyperämie des gesamten Genitalapparates, Auflockerung und Schwellung der Uterusschleimhaut sowie Sekretion der uterinen Drüsen und der Brustdrüsen erzeugte. Da sich der Körper im Wasser als kolloidal löslich erwies, konnten die Injektionen auch intravenös ausgeführt werden. Die Brustdrüsen der injizierten Tiere ließen auf Druck farbloses Sekret hervorquellen. Später hat HERRMANN seine Untersuchungen auch an kastrierten Kaninchen ausgeführt und vor dem Versuch ein Uterushorn zur Kontrolle entfernt. Auch bei solchen Tieren konnte er nach parenteraler Zuführung seiner Substanz die genitale Wirkung auslösen. Derselbe Körper war auch in der Placenta nachweisbar, wobei eine Placenta quantitativ mehr wirksamen Reizstoff enthielt als ein Corpus luteum. HERRMANN stellte ein gelbes, leicht schillerndes Öl dar, das durch Kühlung fest wird, sonst aber dickflüssig bleibt. Der Körper erwies sich als ein Cholesterinderivat, löslich in Alkohol, Äther, Petroläther, Aceton und Benzol, unlöslich in Wasser. Eine weitere Förderung erhielt diese Forschungsrichtung durch die Arbeiten von FRAENKEL u. FONDA [2], R. T. FRANK u. ROSENBLOOM [3], SEITZ, WINTZ u. FINGERHUT [4], R. SCHRÖDER [5] und FAUST [6]. Sämtliche Autoren benutzten als Testobjekt die Wachstumssteigerung des Uterus infantiler Tiere, sämtliche Autoren sehen in den Lipoidfraktionen des Ovariums bzw. der Placenta das wirksame Ovarialsekret. Nur SEITZ, WINTZ u. FINGERHUT finden zwei wirksame Körper, einen in organischen Lösungsmitteln und einen in Wasser löslichen Stoff. Der letztere ist ein Lipoproteid, zu den Lecidalbuminen gehörig, und wird nach seiner Wirkungsweise als Agomensin (d. h. menstruationsfördernd) bezeichnet.

[1] HERRMANN: Verh. dtsch. Ges. Gynäk. **15**, II (1913). Mschr. Geburtsh. **41**, 1 (1915).

[2] FRAENKEL u. FONDA: Biochem. Z. **141**, 379 (1923).

[3] FRANK u. ROSENBLOOM: Surg. Gynec. a. Obstetr. **21**, 646 (1915).

[4] SEITZ, WINTZ u. FINGERHUT: Münch. med. Wschr. **1914**, 1657.

[5] SCHRÖDER, R. u. GOERBIG: Z. Geburtsh. **88**, 764 (1921).

[6] FAUST: Schweiz. med. Wschr. **1925**, 575.

Beziehungen des Gewichts der Sexualorgane zum Gesamtgewicht.

Zweifellos haben die genannten Arbeiten durch die Benutzung der Wachstumswirkung des Uterus als Testobjekt die hormonale Forschung wesentlich gefördert. *Die Wachstumswirkung des Uterus allein genügt aber, wie ich zeigen konnte, nicht als Testobjekt zum Nachweis des Ovarialhormons.*

In Gemeinschaft mit ROBINSON untersuchte ich[1,2] 1922/23 die Bedingungen des Uteruswachstums. Um ein objektives Vergleichsmaß zu haben, wurden die Genitalien von infantilen Meerschweinchen (Scheide, Uterushörner und Ovarien) sorgsam freipräpariert und gewogen. Man darf nicht die Genitalien von verschiedenen Tieren miteinander vergleichen, da das Wachstum auch bei Geschwistertieren verschieden ist. Als eindeutig erwies sich mir nur die Feststellung des Gewichtsverhältnisses der Genitalien zum Gewicht des gleichen Gesamttieres. Einige Beispiele mögen dies erläutern: Das Verhältnis des Genitalgewichts zum Gesamtgewicht beträgt durchschnittlich 1 : 1200. Es ist auffallend, welche Genauigkeit in dieser Beziehung besteht. Die Genitalien wiegen in Miligramm etwas weniger als das Grammgewicht der Tiere beträgt.

Tabelle 3.

Gesamtgewicht des infantilen Meerschweinchens	Gewicht der Genitalien des infantilen Meerschweinchens
290 g	224 mg
300 „	238 „
240 „	213 „
250 „	212 „

Es zeigte sich, daß dieses Gewichtsverhältnis von der Jahreszeit abhängig ist. So fanden wir (Tabelle 4) eine Hyperämie und Succulenz der Genitalien mit verdickter Uterusschleimhaut in den Monaten Juni und Juli und eine zweite Reizperiode im Monat November.

Tabelle 4.

Datum	Gesamtgewicht des infantilen Meerschweinchens	Gewicht der Genitalien des infantilen Meerschweinchens
16. Juni 1922	280 g	300 mg
17. Juli 1922	280 „	464 „
22. Juli 1922	350 „	368 „
November 1922	220 „	290 „
November 1922	210 „	230 „

In diesen Monaten ist das Milligrammgewicht der Genitalien etwas größer als das Grammgewicht des gesamten Tieres. Die Gewichtsproportion beträgt nicht wie in den anderen Monaten 1 : 1200, sondern nur 1 : 900.

Diese von der Jahreszeit abhängigen Schwankungen müssen bei Versuchen berücksichtigt werden, weil man zu einer falschen Beur-

---

[1] ZONDEK, B.: Arch. Gynäk. **120**, 251—255 (1923).
[2] ROBINSON u. B. ZONDEK: Amer. J. Obstetr. **8**, Nr 1 (1924).

teilung kommen kann, wenn man die Versuche z. B. Mitte Mai beginnt und die Tiere Anfang Juni tötet. Man kann dann einen *hyperämischen succulenten Uterus finden, lediglich als physiologischen Ausdruck der jahreszeitlichen Schwankungen.*

In ausgedehnten Untersuchungen prüfte ich die Wirkung der im Handel befindlichen wäßrigen Ovarialextrakte auf ihre wachstumssteigernde Wirkung mittels der Gewichtsproportion beim Meerschweinchen. Während durch Ovoglandol (GRENZACH) eine geringfügige Wirkung erzielt wurde, war das tryptisch-fermentativ abgebaute Ovarialopton (MERCK) wirkungslos. Eine gleichartige Reaktion konnte auch durch Hodenextrakt erzielt werden, wobei nach 20 tägiger Injektion von je 1 ccm Testiglandol eine Gewichtsproportion von 230 g zu 309 mg festgestellt wurde. Dasselbe Ergebnis nach Injektion von Extrakt der Zirbeldrüse und des Thymus (Epi- und Thymoglandol). Extrakte aus dem Corpus luteum, der Placenta und der Schilddrüse waren wirkungslos. Auch durch das im Handel befindliche Extrakt des Hypophysenvorderlappens (Anteglandol) konnte eine Wachstumsreaktion nicht ausgelöst werden. In weiteren Untersuchungen konnte ich zeigen, daß man auch durch parenterale Zufuhr von Eiweißstoffen eine Reizwirkung auf die Genitalien ausüben kann. Am besten konnte dies durch subcutane Injektion von Aolan, d. h. sterilisierter Milch erreicht werden. Nach 20 Injektionen betrug die Gewichtsproportion 260 g zu 529 mg. Hierbei war besonders auffallend, daß auch die Milz eine starke Wachstumssteigerung bis zum Dreifachen zeigte. Das Casein ruft diese Wachstumswirkung nicht hervor, so daß man wohl die übrigen in der Milch enthaltenen Eiweißkörper verantwortlich machen muß.

Nun sind aber die im Handel befindlichen Organextrakte eiweißfrei. Es lag daher der Gedanke nahe, daß auch die in den Extrakten vorhandenen Eiweißabbauprodukte, die nicht mehr die Biuretreaktion geben, die Reizwirkung auf die Genitalien ausüben könnten. Deshalb prüfte ich die Wirkung von proteinogenen Aminen. Zunächst wurde das Cholin untersucht, das in fast allen pflanzlichen und tierischen Proteinen, auch in Organextrakten, vorkommt. Es erwies sich als völlig unwirksam.

Von Guanidinverbindungen wurde das Guanidin selbst untersucht, das die Leistungsfähigkeit des quergestreiften Muskels steigert. Auf das Wachstum des Uterus bleibt es ohne jeden Einfluß. Das gleiche gilt für das Arginin, das in allen Proteinen reichlich vorkommt und eine wesentliche Rolle im Eiweißstoffwechsel spielt.

Von besonderem Interesse war die Untersuchung der Imidazolverbindungen, weil diese in minimalsten Dosen biologisch sehr wirksam sind. So sei erwähnt, daß das Histamin (β-Imidazolyläthylamin) noch in einer Verdünnung von 1 : 500 Millionen den überlebenden Dünndarm und Uterus kontrahiert. Durch vergleichende Untersuchungen an verschiedenen Tiergattungen konnte ich zeigen, daß das Histamin um so toxischer und wirksamer ist, je höher man in der Tierreihe aufsteigt. So fand sich, daß das Meerschweinchen 400mal, das Kaninchen 1200mal und die weiße Maus 5000mal so viel Histamin pro kg verträgt als der Mensch. Es war nun interessant, daß ich mit dem Histamin fast regelmäßig und nach der Dosis abgestuft eine deutliche Wachstumssteigerung am Uterus des infantilen Meerschweinchens auslösen konnte. Man könnte einwenden, daß die Wachstumssteigerung darauf zurückzuführen sei, daß durch das Histamin ein dauernder Kontraktionsreiz auf den Uterus ausgeübt wird, so daß das Wachstum lediglich eine Arbeitshypertrophie wäre. Daß dies nicht der Fall ist, geht aus den folgenden Untersuchungen hervor:

Von den Phenylalkylaminen wurde das Paraoxyphenyläthylamin, das Tyramin, untersucht, das ebenso wie das Histamin in spezifischer Weise die glatte Muskulatur zur Kontraktion bringt. Trotzdem war aber durch Tyramin eine Wachstumswirkung des Uterus nicht zu erzielen, so daß wir also in der Histaminwirkung eine spezifische Reaktion erblicken müssen. Zur gleichen Gruppe wie das Tyramin gehört auch das Adrenalin, das wirksame Prinzip der Nebenniere. Auch durch das Adrenalin konnte — allerdings nur in hohen Dosen — der Uterus beeinflußt werden. Ob es sich hierbei um eine durch den Sympathicusreiz bedingte Wirkung handelt, muß dahingestellt bleiben.

Die sonst untersuchten Amine hatten keine Wachstumswirkung.

Die wachstumssteigernde Wirkung am Uterus ist also an sich keine spezifische Reaktion, die nur durch das Ovarialsekret ausgelöst wird. Wir haben gesehen, daß eine *Wachstumsreaktion des Uterus auch durch parenterale Eiweißzufuhr und biogene Amine möglich ist.* Das Uteruswachstum gehört aber zu den Funktionen, die vom Ovarium ausgelöst werden. Daher ist es notwendig, daß das Ovarialhormon *auch* die Wachstumssteigerung bewirkt. Es ist zweifellos ein Verdienst der oben genannten Autoren, die Wachstumssteigerung als Testobjekt angegeben zu haben, nur genügt diese Reaktion *allein* nicht zum Nachweis des Ovarialhormons, weil auch unspezifische Körper eine gleichartige Wirkung ausüben können. *Wohl aber spricht die Hyperplasie des Muskels zusammen mit der Proliferation der Uterusschleimhaut für eine hormonale Wirkung.*

3. Kapitel.

Die Ovarialtransplantation als Substitution des weiblichen Sexualhormons.

Die in den vorangehenden Kapiteln geschilderten klinischen und experimentellen Untersuchungen hatten mich zur Auffassung geführt, daß man mit den bisherigen organotherapeutischen Mitteln eine spezifische Substitutionstherapie nicht treiben könne. Ich wandte mich daher, aus dem klinischen Bedürfnis heraus, ovarielle Krankheitsbilder spezifisch behandeln zu können, einer anderen Art der Zuführung hormonaler Substanzen zu, und zwar der Ovarialtransplantation. Die homoioplastische Ovarialtransplantation spielte damals in der Gynäkologie eine große Rolle. Es ist kein Zweifel, daß man durch die Transplantation zuweilen gute klinische Erfolge erzielen kann. Ein Dauererfolg ist allerdings nur möglich, wenn das Transplantat funktionell einheilt und damit zu einem dauernden rhythmischen Hormonspender wird. Bei meinen zahlreichen Transplantationen habe ich diesen Erfolg leider niemals gesehen. *Nach einer gewissen Zeit war die funktionelle Wirkung des Transplantats geschwunden.* Wiederholt habe ich bei Frauen mit schweren Ausfallserscheinungen mehrmals Transplantationen ausgeführt und mich durch Exzision des Transplantats davon überzeugt, daß das eingepflanzte Ovarium sich meistens in ein bindegewebiges Gebilde umgewandelt hatte, wobei vom spezifischen Ovarialgewebe wenig oder gar nichts übrig geblieben war.

Durch die Transplantation wird zweifellos *infolge Resorption des Hormons aus dem transplantierten Gewebe ein Hormonstoß im Organismus des Empfängers ausgelöst.* Dies konnte ich durch Stoffwechseluntersuchungen in Gemeinschaft mit A. Löwy[1] nachweisen. Der durch die Kastration gesunkene Stoffwechsel (vgl. Kap. 48) wird durch die Ovarialtransplantation in charakteristischer Weise gehoben.

Bei einer 40jährigen operativ kastrierten Patientin wurden $1^1/_2$ Jahr in regelmäßigen Zeitabständen Stoffwechseluntersuchungen (nach ZUNTZ-GEPPERT) ausgeführt.

Tabelle 5.

Datum	Atemvolumen	Pro Minute		Pro kg Körpergewicht
		O_2-Verbrauch ccm	CO_2-Ausscheidung ccm	O_2-Verbrauch ccm
17. XII. 21	4085,0	182,5	158,8	2,76

Nach Ovarialopton: 40 ccm

7. I. 22	4015,0	181,6	157,52	2,75

13. Februar: Ovariumtransplantation

nach 20 Tagen, 5. III. 22	4289,1	175,00	153,98	2,68
„ 33 „ 18. III. 22	4280,7	170,4	155,4	2,5
„ 47 „ 1. IV. 22	4793,7	210,92	200,38	3,093
„ 61 „ 15. IV. 22	4495,0	198,75	162,15	2,935

Der Sauerstoffverbrauch betrug 182,5 ccm pro Minute, 2,76 ccm pro kg Körpergewicht. Trotz 3wöchiger Behandlung mit Ovarialextrakt (Ovarialopton) wurde der Gesamtumsatz nicht gesteigert. Jetzt wurde der Patientin ein funktionsfähiges Ovarium in die Oberschenkelmuskulatur transplantiert. Nach etwa 2 Wochen besserten sich die lästigen Ausfallserscheinungen.

---

[1] Löwy, A.: Z. Geburtsh. **86**, 276 (1923).

Dieser subjektiven Angabe möchte ich aber keine große Bedeutung beilegen, da bei dem neurasthenischen Symptomenkomplex der ovariellen Ausfallserscheinungen schon die Tatsache der Operation einen suggestiven Einfluß ausüben kann. Die objektive Untersuchung — Stoffwechsel — zeigte jedenfalls bis zur 5. Woche keine durch das Transplantat bedingte Veränderung. Von der 6. Woche an wird der Sauerstoffverbrauch wesentlich größer, er steigt von 2,76 auf 3,093 ccm pro kg und von 182,5 auf 210,92 ccm pro Minute.

Der Kastrationsstoffwechsel ist demnach durch die Transplantation des Ovariums um fast 15% erhöht worden. Durch die Kastration tritt bei vielen Menschen eine Herabsetzung des Sauerstoffverbrauchs in dem von Löwy und Richter angegebenen Ausmaß (etwa 15%) auf. Wir haben gesehen, wie bei einem derartigen Fall durch Zuführung eines unspezifischen Ovarialextraktes (Ovarialopton) der Stoffwechsel nicht beeinflußt wird, wie dies aber durch Transplantation eines Eierstockes erreicht wird. *Das transplantierte Ovarium wirkt im Sinne einer spezifischen hormonalen Reiztherapie.* Die Stoffwechseluntersuchungen haben ferner gezeigt, daß die Wirkung des transplantierten Ovariums auf den Grundumsatz nur eine vorübergehende ist, was wohl auf die beschränkte Lebensdauer des Transplantats zurückzuführen ist. Die 15%ige Steigerung des Grundumsatzes war nach 47 Tagen erreicht, 61 Tage nach der Transplantation war der Grundumsatz aber wieder abgesunken, und zwar auf dieselbe Höhe wie vor der Transplantation.

Die homoioplastische Transplantation wird zu einer klinisch brauchbaren Allgemeinmethode deshalb nicht werden können, weil es an Transplantationsmaterial fehlt. Die Überpflanzung vom Spender auf den Empfänger ist nur in großen Krankenhäusern möglich, wo bei reichlichem Operationsmaterial gesundes Eierstocksmaterial abfällt. Bei Operationen von Myomen und Extrauteringravidität kann man zuweilen gesundes Ovarialgewebe gewinnen, das aus operativen Gründen bei der Spenderin entfernt werden muß. Reichlicher wäre das Material, wenn wir die bei Carcinomoperationen exstirpierten, funktionell meist gesunden Eierstöcke verwenden würden. In der Literatur ist über Transplantation derartiger Ovarien berichtet worden. Ich habe nie das Ovarium von einer Carcinomatösen zu transplantieren gewagt, weil es mir unheimlich war, Gewebe eines krebskranken Menschen einem Gesunden einzupflanzen, wenn wir auch wissen, daß beim Collumcarcinom nur sehr selten carcinomatöse Veränderungen in den Ovarien vorkommen.

Wir waren bisher gezwungen, das von der Spenderin entnommene Ovarium sofort lebensfrisch zu transplantieren. Wir brauchen nicht einen ganzen Eierstock zu überpflanzen, es genügen Scheiben des Ovariums. Das übrigbleibende, so kostbare Material blieb unbenutzt. Man mußte die Frauen oft lange Zeit auf die Transplantation warten lassen, da auch bei großem Operationsmaterial nicht immer geeignetes Transplantationsmaterial zur Verfügung steht, zumal man in der Auswahl der Spenderin sehr vorsichtig sein muß, um nicht Allgemeinkrankheiten zu übertragen. Angesichts dieser Schwierigkeiten fragte ich mich, ob es nicht möglich sei, das menschliche Ovarium zu konservieren, um es jederzeit zur Transplantation bereit zu haben. Auf diese Weise könnte man in den Krankenhäusern gesundes Ovarialgewebe, das häufig genug bei Operationen fortgeworfen wird, konservieren und sammeln, um es auch außerhalb des Krankenhauses zur Verfügung stellen zu können. Damit fallen die für Arzt und Patientin unangenehmen Zwischenfälle fort, daß die Patientin z. B. zur Transplantation vorbereitet ist, daß man aber das Ovarium der Spenderin, wie sich bei der Operation wider Erwarten herausstellt, wegen krankhafter Veränderungen nicht überpflanzen kann. Besonders gestört hat mich die Tatsache, daß man ein Ovarium transplantieren soll, das man nicht kennt. Transplantiert man ein konserviertes Ovarium, so hat man vorher Zeit, das Transplantat mikroskopisch und bakteriologisch genau zu untersuchen. Hält man sich mehrere Eierstöcke bzw. Stücke von Eierstöcken vorrätig, so kann man für den einzelnen Fall bestimmte Stücke (z. B. Follikelwand oder Corpus luteum) auswählen, außerdem Teile von verschiedenen konservierten Ovarien einpflanzen.

Heilt das konservierte Ovarialgewebe aber beim Menschen ein, und kann das konservierte Gewebe noch spezifische Reizwirkungen ausüben? Um diese Frage exakt zu beantworten, schien es mir notwendig, in vitro Versuche mit überlebendem frischem und konserviertem Ovarialgewebe zu machen. Die Ergebnisse der in Gemeinschaft mit E. Wolff[1,2] ausgeführten Züchtungsversuche des menschlichen Eierstocks habe ich im Anhang der ersten Auflage dieses Buches ausführlich mitgeteilt, ich bringe sie in dieser Auflage nicht mehr, weil die Ergebnisse der Züchtungsversuche nur für die Frage der Transplantation, nicht aber für die weiteren in diesem Buch niedergelegten Hormonstudien von Bedeutung sind.

Transplantation konservierter menschlicher Ovarien.

Nachdem wir festgestellt hatten, daß man frisches menschliches Ovarialgewebe in der Plasmakultur über Wochen züchten kann, war die nächste Frage, ob diese Wirkung auch mit konserviertem menschlichem Ovarialgewebe möglich sei. Die Konservierung geschah auf folgende Weise:

Das bei der Operation gewonnene Ovarium bzw. Ovarialstück wird sofort in eine sterile Petrischale gelegt, dann in kalter Ringerscher Lösung abgespült. Dies ist notwendig, weil das anhaftende Blut schädigend wirken

---

[1] Zondek, B. u. Wolff: Zbl. Gynäk. **1924**, Nr 40, 2193—2195 u. 2196 bis 2198.

[2] Wolff u. B. Zondek: Virchows Arch. **254**, H. 1 (1925).

kann. Zwei kleine Stücke werden aus jedem Ovarium ausgeschnitten, um
sie histologisch und bakteriologisch untersuchen zu können. Dann wird
das Ovarium in eine neue Petrischale gelegt, mit Heftpflaster umklebt und
in einen Eiskasten gestellt. Zu diesem Zweck haben wir uns von der Firma
Labag (Berlin, Schumannstraße) einen besonderen Eiskasten anfertigen lassen.
Er ist nach Art einer Kochkiste gebaut (Abb. 4), besteht außen aus Holz, innen
aus Blech mit Zwischenpolsterung von Seegras. Der Eiskasten enthält eine
große Bleikammer, die mit Eis-Viehsalzmischung gefüllt wird. In der großen
befindet sich eine zweite kleinere Bleikammer, in welche die Glasschälchen
mit den Ovarien gestellt werden. In der kleinen Bleikammer herrscht eine
konstante Temperatur von — 12⁰. Es genügt für unsere Zwecke eine Temperatur von — 4⁰, die auch im Frigo zu erzielen ist. Das Ovarium wird
$^1/_2$ Stunde vor der Operation aus dem Eiskasten entnommen, damit es lang-

Abb. 4. Konservierungskasten.

sam auftauen kann. Häufiges Auftauen
schädigt die Ovarien. Man soll also das
Ovarium einfrieren und vor der Operation
nicht aus dem Kasten nehmen.

Untersucht man die konservierten
Ovarien anatomisch, so findet man histologisch und histochemisch keinen Unterschied gegenüber nicht konservierten
Ovarien. Eizelle, Granulosa und Thecazellen, Keimepithel, Lipoide usw. sind unverändert. Abb. 5 zeigt ein menschliches
Ovarium nach 10tägiger Konservierung.

Wir haben nun konserviertes menschliches Ovarialgewebe zur Explantation
benutzt und konnten feststellen, daß
Ovarien, die 14 Tage konserviert waren,
in ausgezeichneter Weise in der Plasmakultur wachsen, daß also in vitro kein
Unterschied in den Wachstumsvorgängen
zwischen frischem und konserviertem
Ovarialgewebe besteht.

Wir transplantierten konservierte Kaninchenovarien nach 2- bis
3wöchiger Konservierung auf andere Kaninchen und sahen glatte Einheilung.

Die Konservierungsversuche können auf zahlreiche Vorgänger zurück-
blicken, so auf die grundlegenden Versuche EHRLICHS über die Konservierung von Tumormaterial in der Kälte, ferner auf die Versuche von
LUBARSCH und PROCHOWNICK und die Studien von HERTWIG und POLL,
die gleichfalls die Möglichkeit der Reimplantation prüften und noch nach
19 Tagen gute Resultate erzielten. CHUMA untersuchte, ob Unterschiede
zwischen Überpflanzbarkeit und Auspflanzbarkeit konservierten Materials
beständen und fand, daß die Organe sich etwas länger reimplantieren
lassen, als sie in der Gewebskultur angehen. NASU hat an Speicheldrüsen
festgestellt, daß die Drüsenepithelien ihre Wachstumsfähigkeit in der Kultur trotz 14tägiger Aufbewahrung bei 2—4⁰ Kälte nicht einbüßen.

Ich habe *in einer großen Zahl von Fällen konservierte menschliche Ovarien transplantiert und niemals eine Störung in der Einheilung beobachtet. Die funktionellen Ergebnisse waren die gleichen wie bei frischen Ovarien.*

Als Beispiel möchte ich folgenden erfolgreich behandelten Fall anführen:

39jährige Frau, seit 11 Jahren amenorrhoisch. Seit mehreren Jahren mit allen möglichen Mitteln erfolglos behandelt (damals war noch keine spezifische Hormontherapie möglich, so daß die vorher [Kap. 1] erwähnten unspezifischen Extrakte benutzt werden mußten). Am 26. V. 1924 transplantierte ich ein 5 Tage lang konserviertes Ovarium. Die ovariellen Aus-

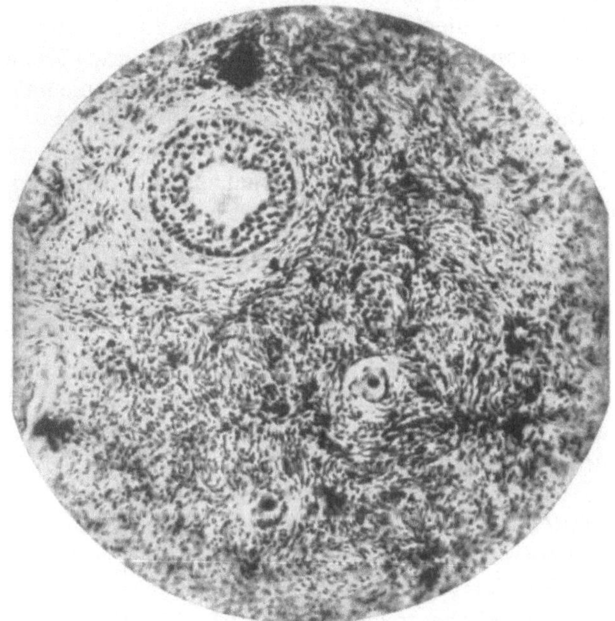

Abb. 5. Menschliches Ovarium nach 10 tägiger Konservierung.

fallserscheinungen besserten sich bald. Am 3. VIII. 1924 trat eine menstruelle Blutung auf. Die weitere Beobachtung zeigte, daß die Menstruation 1 Jahr lang in regelmäßigen Abständen erfolgte und von normaler Dauer und Stärke war. Dann ließen die Blutungen an Stärke nach, die Pausen wurden größer und nach weiteren 7 Monaten war die Patientin wieder amenorrhoisch.

Dieser Fall scheint mir zu beweisen, daß durch die Transplantation des konservierten Ovariums im Organismus der Empfängerin ein Hormonstoß ausgelöst wurde, der das eingerostete Getriebe der endokrinen Funktion wieder in Gang brachte. Der Erfolg war auch hier nur ein vorübergehender.

Aufbauend auf diesen Untersuchungen haben LIPSCHÜTZ und seine Mitarbeiter festgestellt, daß auch der konservierte tierische Eierstock seine hormonalen Fähigkeiten nicht verliert.

4. Kapitel.

Ein neuer Weg zur Erforschung des weiblichen Sexualhormons.

Hatten die Transplantationsversuche gezeigt, daß man durch Zuführung spezifischer Ovarialsekrete spezifische Hormontherapie in der Gynäkologie treiben kann, so waren die Ergebnisse doch recht unbefriedigend. Trotz Konservierung von Ovarialgewebe konnte man diese Therapie immer nur bei einer kleinen Zahl von Frauen anwenden, denn es war unmöglich, Transplantationsmaterial in genügender Menge für die vielen Fälle ovarieller Funktionsstörungen zu erhalten. Die Tatsache, daß die Transplantation mit einem, wenn auch kleinen operativen Eingriff verbunden ist, konnte diese Methode niemals zu einer Allgemeinmethode werden lassen.

Bei den eben genannten Untersuchungen hatte ich eine für die Weiterarbeit wichtige Beobachtung gemacht. An den transplantierten und wieder excidierten Ovarialstücken sah ich, daß das Ovarialgewebe nach der Transplantation zwar zugrunde geht, daß aber trotzdem eine hormonale Wirkung im Organismus der Empfängerin auftritt. Es kommt nicht zur funktionellen Einheilung, sondern das Transplantat wird im Körper der Empfängerin abgebaut, und dadurch werden die spezifischen, im transplantierten Ovarium vorhandenen chemischen Stoffe resorbiert. *Die Transplantation wirkt nur als Implantation.* Diese Beobachtung führte mich auf den Gedanken, das *auf seinen Hormongehalt zu untersuchende Gewebe — im Tierversuch — zu implantieren, und zwar körperfremdes, nicht homoioplastisches Gewebe, um einen möglichst schnellen Abbau und damit eine rasche und intensive Resorption der chemischen Stoffe des eingepflanzten Gewebes zu erzielen.* Diese Implantationsmethode *körperfremden* Materials, über deren Technik ich später (S. 37) berichten werde, war ein glücklicher technischer Griff. Die Methode wurde die Grundlage der gesamten weiteren Untersuchungen. Sie hat uns, um einige Beispiele anzuführen, über die Lokalisation des weiblichen Sexualhormons im menschlichen Ovarium Auskunft gegeben, sie hat die funktionelle Bedeutung der interstitiellen Zellen aufgeklärt, sie hat das Testobjekt zum Nachweis der Hypophysenvorderlappenhormone gebracht und damit die hormonale Schwangerschaftsreaktion ermöglicht.

Implantiert man körperfremdes Gewebe, so zerfällt dieses sehr schnell im Organismus des Empfängers. Dadurch wird das im implantierten Gewebe vorhandene Hormon in Freiheit gesetzt und im Organismus des Empfängers resorbiert. Will man die Wirkung des sehr schnell aus dem implantierten Gewebe frei werdenden Hormons registrieren, so muß man dieses an einer schnell ablaufenden Reaktion prüfen. Es kam darauf an, ein derartiges Testobjekt für das weibliche Sexualhormon zu finden. Durch Probeexcisionen aus der Scheidenschleimhaut erwachsener Mäuse, die jeden Übertag an demselben Tier vorgenommen wurden, konnten wir histologische Veränderungen des Scheidenepithels feststellen und glaubten, in ihnen eine Testwirkung für die Ovarialfunktion gefunden zu haben. Die Probeexcisionen lassen sich sehr leicht ausführen, aber das Einbetten und die histologischen Untersuchungen erschweren diese Methode doch so, daß man mit ihr niemals Massenuntersuchungen ausführen kann.

Mit diesen Arbeiten beschäftigt, erhielt ich Kenntnis von den ausgezeichneten und grundlegenden Arbeiten der Amerikaner über die Brunstreaktion der Nagetiere. STOCKARD u. PAPANICOLAOU[1] hatten (1917) bei Meerschweinchen, LONG u. EVANS[2] bei der Ratte und ALLEN[3] (1922) bei der Maus die Veränderungen der Vaginalschleimhaut genau studiert und deren Abhängigkeit von der Funktion des Eierstocks genau festgelegt. Durch die Ovarialfunktion bzw. im Rhythmus der Ovarialfunktion kommt es zu einem Auf- und Abbau der Scheidenschleimhaut, die sich — und das ist das Bedeutsame der Untersuchungen — in charakteristischer Weise im Scheidensekret äußert. Man braucht nur einen Scheidenabstrich zu machen, diesen zu fixieren und zu färben, um in einigen Minuten über den jeweiligen Funktionszustand der Ovarien orientiert zu sein. Die amerikanischen Forscher hatten damals bereits die Konsequenzen aus ihren Befunden gezogen und das kastrierte Nagetier als Testobjekt benutzt (ALLEN-DOISY-Test). Hier lag also ein einfaches Testobjekt vor, das für Reihenuntersuchungen besonders brauchbar war. *Es schien mir aussichtsreich, die Hormonwirkungen des Eierstocks durch Verbindung der Implantationsmethode mit der Brunstreaktion am kastrierten Nagetier zu prüfen, insbesondere durch Einpflanzung von menschlichem Ovarialgewebe die uns als Gynäkologen interessierenden Fragen zu studieren.* Es schien mir besonders wertvoll, die bisherigen biologischen, d. h. funktionellen Untersuchungen mit anatomischen, chemischen und klinischen Studien zu vereinigen.

5. Kapitel.

Die Brunstreaktion der Nagetiere als Testobjekt zum Nachweis des weiblichen Sexualhormons.

Die Untersuchungen über das weibliche Sexualhormon haben wir zum größten Teil an weißen Mäusen ausgeführt.

Zunächst wurden die Angaben der Amerikaner über die Brunstreaktion der weißen Maus (ALLEN) in Gemeinschaft mit ASCHHEIM[4] nach-

[1] STOCKARD u. PAPANICOLAOU: Amer. J. Anat. 22, 225 (1917).
[2] LONG a. EVANS: Univ. California Press. Berkeley, Calif. 1922.
[3] ALLEN: Amer. J. Anat. 1922, Nr 30.
[4] ZONDEK, B. u. ASCHHEIM: Klin. Wschr. 1925, Nr 29. 1388. Arch. Gynäk. 127, H. 1 (1925).

geprüft und voll bestätigt. Die Arbeiten der Amerikaner sind so bekannt, daß ich mich darauf beschränken will nur das Wichtigste hervorzuheben, wobei besonderer Wert auf die Methodik gelegt werden soll, damit der Leser auf Grund der Darstellung selbst die Versuche ausführen kann.

Weiße Mäuse haben (ebenso wie Ratten) eine periodische Brunst. Die Zeit von Oestrus (Brunst) zu Oestrus schwankt bei den Tieren nicht unerheblich, wobei auch die Jahreszeit eine Rolle spielt. Es gibt Tiere, die wochenlang überhaupt nicht, dann plötzlich rhythmisch östrisch werden. Andere sind wieder einigemal rhythmisch östrisch, um dann in eine unregelmäßige Brunstfolge zu kommen. Daher ist es unbedingt notwendig, für entscheidende Versuche erst die Brunstreaktion etwa 6 Wochen zu prüfen, damit man über den sexuellen Zyklus jedes Tieres genau unterrichtet ist. Wir haben uns für jedes Tier ein besonderes Heft angelegt, in dem jeden Tag das Ergebnis des Scheidenabstriches verzeichnet wird (s. S. 36), so daß wir beim Durchblättern des Heftes sofort über den Brunstablauf orientiert sind. Bei vielen Tieren fanden wir ein Intervall des Oestrus von 3—4 Tagen, bei anderen eine Pause von 8—10 Tagen. ALLEN gibt ein Intervall von $4^{1}/_{2}$ Tagen an,

Tabelle 6.

	Ovarium	Uterus
Dioestrus = Ruhestadium	Corpora lutea früherer Zyklen, kleine bis mittelgroße Follikel.	Rundes, enges Lumen, enge Drüsen, mittelhohes Epithel, dazwischen einige Leukocyten.
Prooestrus = Proliferationsphase	Corpora lutea früherer Zyklen, größere Follikel mit einer Follikelhöhle.	Uteri im ganzen größer geworden, Lumen mit geschlängelten Konturen, hohe Epithelien und Kernteilungen, reichliche Drüsen, keine Leukocyten.
Oestrus = Brunst	Große Follikel mit großer Follikelhöhle, kleine Granulosazellen, umgeben von 2—3 Reihen Thecazellen. Beim Übergang zum Metoestrus Beginn der Corpus-luteum-Bildung.	Uteri groß, stark gebuchtetes Lumen, hohe Epithelien, ausgedehnte Drüsenbildung, keine Leukocyten.
Metoestrus = Abbauphase	Junge Corpora lutea.	Uteri klein, Lumen wieder eng, rundlich, die Epithelien niedrig. Drüsen klein, zwischen den Epithelien massenhaft Leukocyten, die auch in die Epithelien eindringen. Keine Kernteilungen.
Castrata	fehlt	Uteri klein, enges Lumen, wenig Drüsen, niedriges Epithel, vereinzelte Leukocyten.

während wir einen Durchschnitt von 6—8 Tagen fanden. Auch die Dauer der Brunst ist verschieden. Im allgemeinen dauert der Oestrus 1 oder 2 Tage, aber es gibt Tiere, bei denen das reine Schollenstadium hintereinander 4 Tage nachweisbar ist. (Spontane Dauerbrunst, s. S. 61.)

Die Veränderungen, die sich cyclisch am Genitalapparat der Maus bzw. der Ratte abspielen, gehen, wie ALLEN gezeigt hat, in vier Phasen vor sich:

1. Dioestrus = sogenanntes Ruhestadium. (Ein absolutes Ruhestadium gibt es bei einem fortschreitenden Lebensvorgang nicht.) 2. Prooestrus = Proliferationsphase. 3. Oestrus = Brunst. 4. Metoestrus = Abbauphase.

Ich möchte das Wesentliche dahin zusammenfassen:

Im Dioestrus zeigt die Scheide eine Reihe zylindrischer Basalzellen, auf ihnen 1—2 Reihen polygonaler Zellen und 1—2 Reihen Schleim sezernierende Zylinderzellen mit vereinzelten Leukocyten (Abb. 6).

Im Prooestrus, der Proliferationsphase, sehen wir einen Aufbau der Scheidenschleimhaut, so daß auf den Basalzellen sich nicht 1—2, sondern 8—10 Reihen polygonaler Zellen befinden, deren oberste in eigenartiger

Tabelle 6.

Scheide	Scheidensekret
1. 1 Reihe zylindrischer Basalzellen; 2. 1—2 Reihen polygonaler Zellen; 3. 1(—2) Reihen Schleim sezernierender Zylinderzellen, vereinzelte Leukocyten.	*Schleim*, Leukocyten, Epithelien
1. 1 Reihe Basalzellen, darüber: 2. 8—10 Reihen polygonaler Zellen, deren oberste Schicht zu verhornen beginnt; darüber: 3. 1(—2) Reihen Schleim enthaltender, aber nicht mehr Schleim sezernierender Zellen, die sich abstoßen. Kernteilungen in den unteren Zellagen.	*Epithelien*
1. 1 Reihe Basalzellen; 2. 10—12 Reihen polygonaler Zellen (geschichtetes Plattenepithel); 3. Abstoßung der oberen Reihen verhornter Zellen ins Scheidenlumen. In den unteren Lagen noch einige Kernteilungen.	*Schollen*
1. 1 Reihe Basalzellen; 2. die polygonalen Zellen sind von Leukocyten durchsetzt; 3. die Polygonalzellen stoßen sich bis zur Basalschicht ab. Keine Kernteilungen.	*Leukocyten*, Epithelien Schollen
1. 1 Reihe Basalzellen; 2. 1—2 Reihen polygonaler Zellen; 3. 1(—2) Reihen schleimhaltiger und Schleim sezernierender Zellen, vereinzelte Leukocyten.	*Schleim*, Leukocyten, Epithelien

Weise zu verhornen beginnen. Die Schleim enthaltenden, aber nicht mehr sezernierenden Zellen stoßen sich ab (Abb. 8).

Ein anderes Bild in der Brunstphase, dem Oestrus: Auf den Basalzellen 10—12 Reihen polygonaler Zellen. Die obersten verhornten Zell-

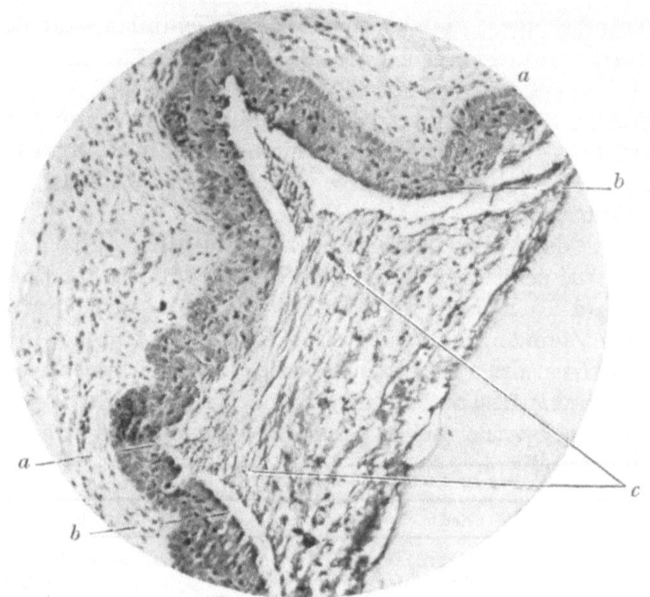

Abb. 6. Scheide der Maus im Dioestrus. *a* = Basalschicht. *b* = Schleimzellenschicht.
c = schleimhaltiger Scheideninhalt.

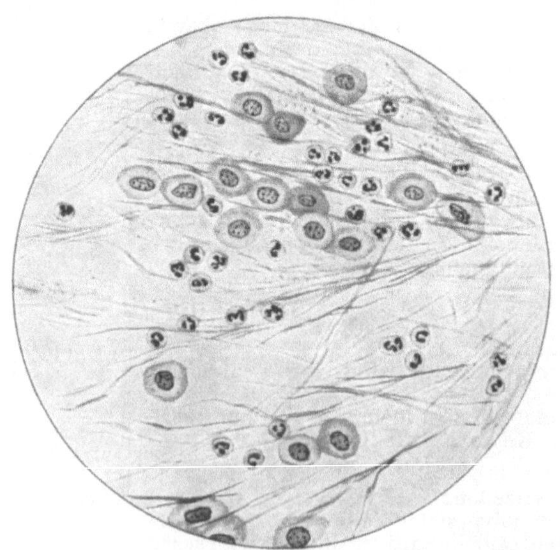

Abb. 7. Scheidenabstrich im Dioestrus (Schleim, Leukocyten, Epithelien).

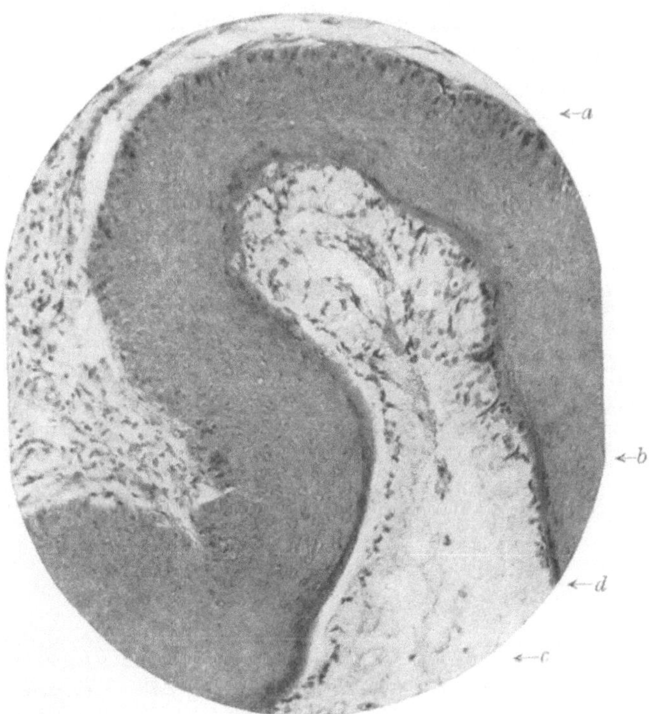

Abb. 8. Scheide der Maus im Prooestrus. a = Basalschicht, b = polygonale Zellen, c = Schleimzellen (nicht mehr sezernierend), d = beginnende Verhornung.

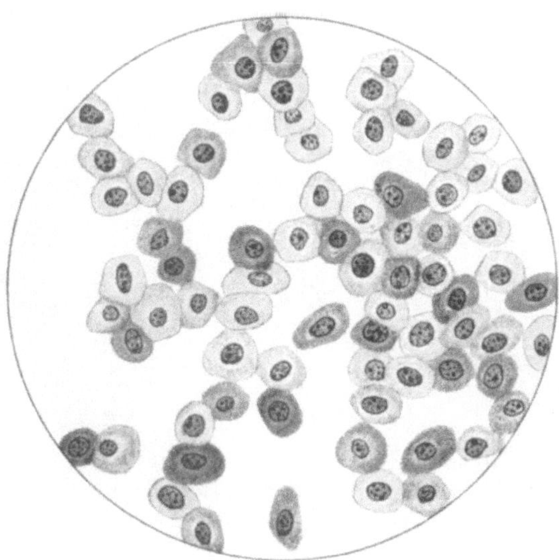

Abb. 9. Scheidenabstrich im Prooestrus. Kernhaltige Epithelien.

lagen (Schollen) heben sich lamellenartig ab, um in das Scheidenlumen abgestoßen zu werden (Abb. 10).

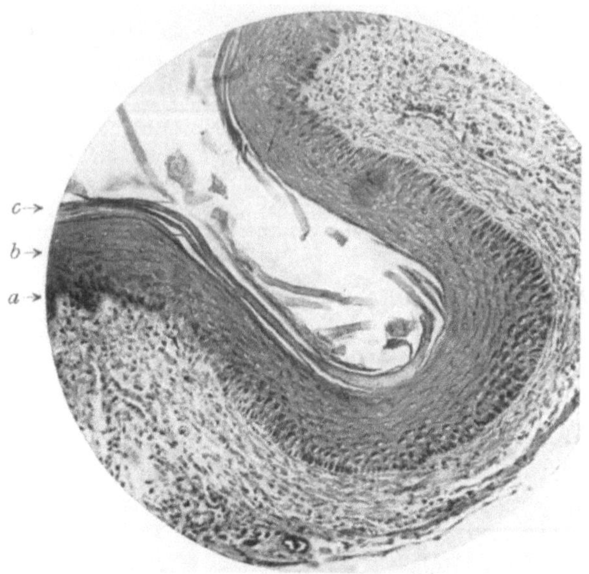

Abb. 10. Scheide der Maus im Oestrus. a = Basalzellen, b = polygonale Zellen, c = verhornte ins Lumen abgestoßene Zellen (Schollen).

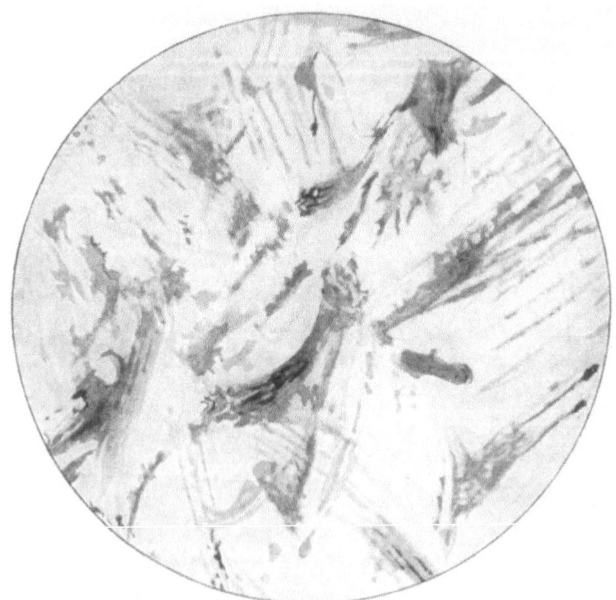

Abb. 11. Scheidenabstrich beim Übergang vom Prooestrus zum Oestrus. Krissel.

Im Metoestrus, der Abbauphase, sehen wir die polygonalen Zellen von Leukocyten durchsetzt, um sich schließlich bis zur Basalschicht abzustoßen (Abb. 15).

Die Scheidenabstriche der verschiedenen Stadien geben Bilder, die sich aus den histologischen Vorgängen der Scheidenschleimhaut erklären.

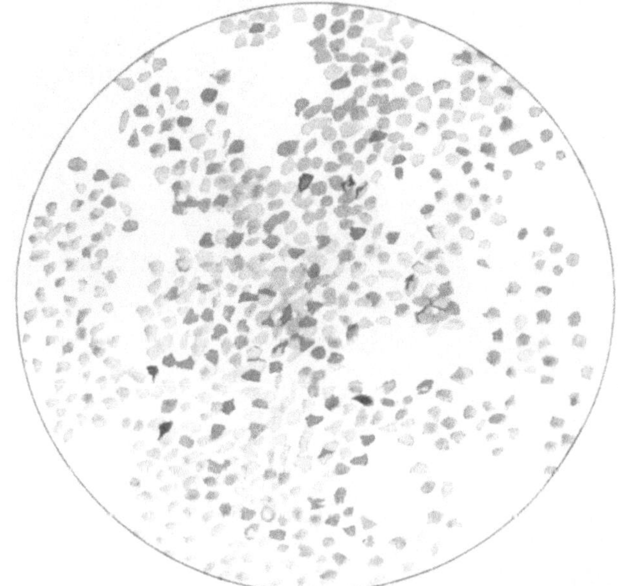

Abb. 12. Scheidenabstrich im Oestrus. Verhornte, kernlose Zellen (Schollen).

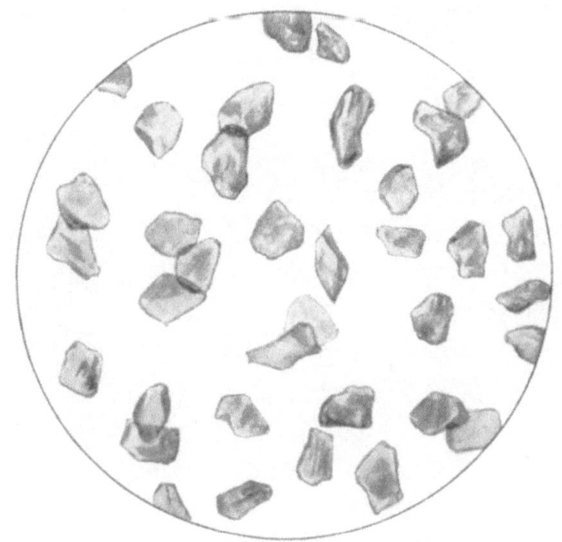

Abb. 13. Scheidenabstrich im Oestrus. Schollen bei starker Vergrößerung.

So zeigt das Scheidensekret im Dioestrus *Schleim,* Leukocyten und Epithelien (Abb. 7).

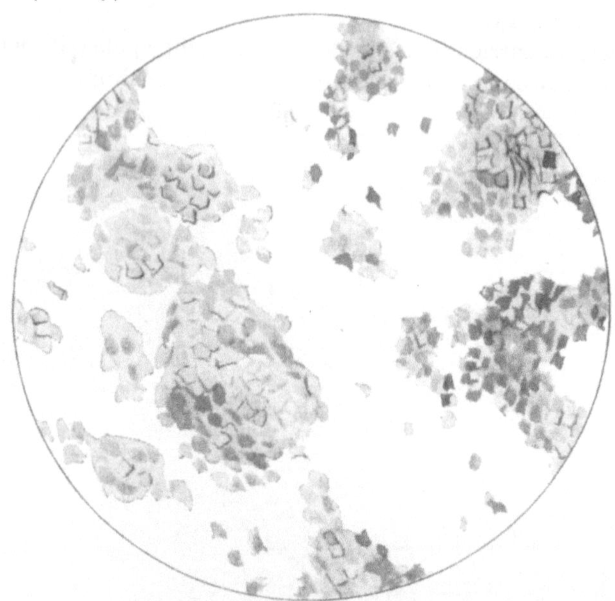

Abb. 14. Scheidenabstrich beim Übergang vom Oestrus zum Metoestrus (Schollen in Verklumpung)

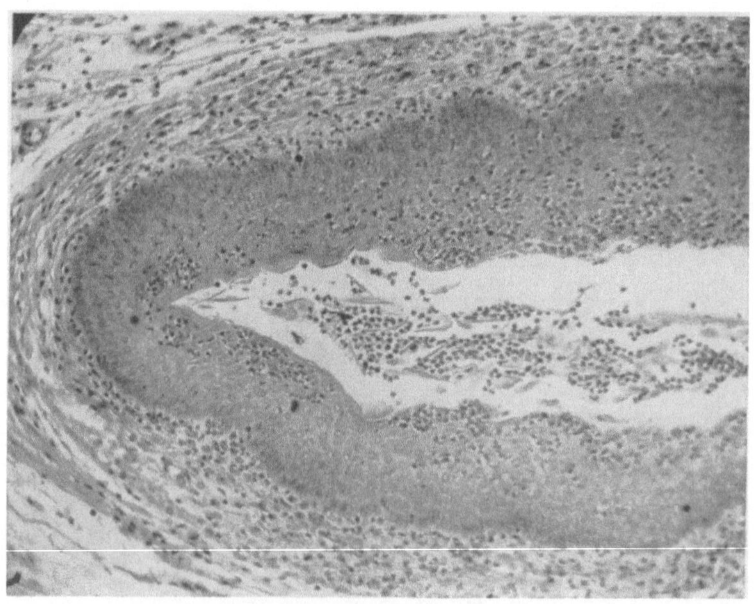

Abb. 15. Scheide der Maus im Metoestrus. (Schleimhaut von Leukocyten durchsetzt, die in Massen ins Scheidenlumen vordringen.)

Im Prooestrus sehen wir ein reines *Epithelstadium*, d. h. wir finden die sich abstoßenden, nicht mehr Schleim sezernierenden kernhaltigen Schleimzellen (Abb. 9).

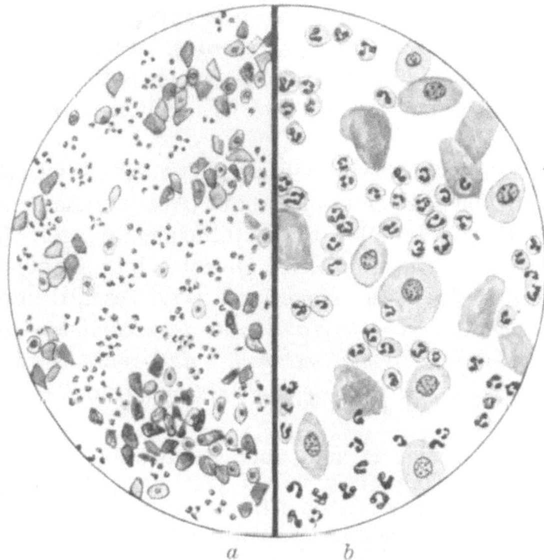

Abb. 16. Scheidenabstrich im Metoestrus. Leukocyten, Epithelien, Schollen (a = kleine, b = große Vergrößerung).

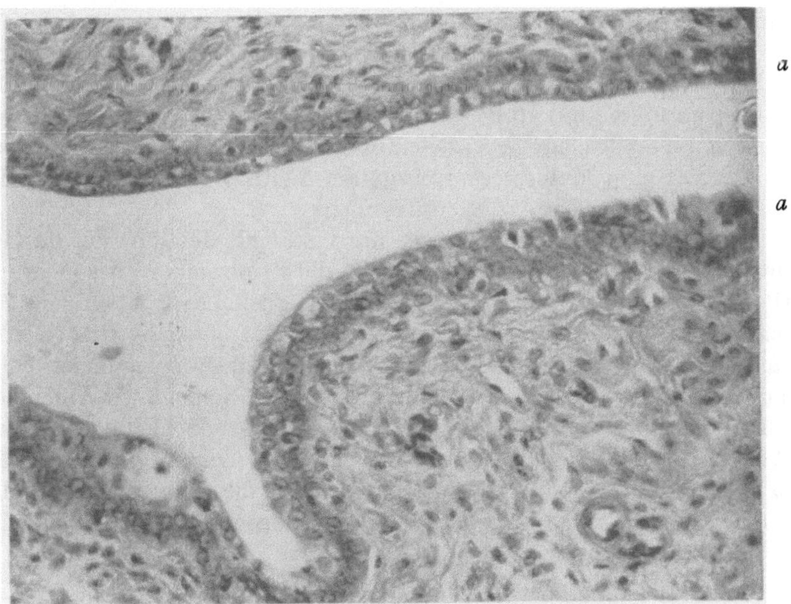

Abb. 17. Scheide der Maus in der Endphase des Metoestrus nach vollendetem Abbau der Schleimhaut (nur eine Basalzellenschicht = a).

Beim Übergang vom Prooestrus zum Oestrus erhält man oft wenig Sekret, das aus einer krisseligen Masse (Abb. 11) besteht (Krissel).

Im Oestrus finden wir infolge der sich abstoßenden verhornten Epithelmassen eine große Menge *kernloser*, mit Eosin gut färbbarer, ziemlich scharf umgrenzter *scholliger Gebilde*, weshalb wir dieses Stadium als das *Schollenstadium* bezeichnet haben (Abb. 12 u. 13). Beim Übergang zum Metoestrus ballen sich die Schollen oft in Klumpen zusammen (Abb. 14).

Im Metoestrus zeigt der Abstrich als Folge des Durchwanderns der Leukocyten durch die Scheidenschleimhaut (Abb. 15) massenhaft *frische Leukocyten*, welche die Schollen und Epithelien umlagern (Abb. 16).

Der Rhythmus der Ovarialfunktion äußert sich im Erfolgsorgan, d. h. am Uterus und der Scheide der Nagetiere. Das Wesentliche ist die Tatsache, *daß die Scheide bei den Nagetieren den Rhythmus der Ovarialfunktion in so eklatanter Weise mitmacht, daß man durch einen einfachen Scheidenabstrich den jeweiligen Funktionszustand sicher feststellen kann.*

In den letzten Jahren hat man auch bei der Frau (DIERKS[1]) einen Zyklus der Vaginalschleimhaut zu finden geglaubt, jedoch sind diese Ergebnisse umstritten. Da ALLEN[2] auch beim Affenweibchen ovarielle Schwankungen der Scheidenschleimhaut festgestellt hat, sollte man die wichtigen DIERKSschen Befunde, die sich nur an Virgines nachprüfen lassen, nicht ohne weiteres ablehnen.

Die Einzelheiten über die Brunstreaktion bei der Maus und Ratte sind aus Tabelle 6 ersichtlich. Nur einige Bemerkungen noch über die Vorgänge im Ovarium in Beziehung zur Brunst. Im Prooestrus finden wir größere Follikel mit einer Follikelhöhle, im Oestrus sind die Follikel sprungreif mit großer Follikelhöhle, wobei die kleinen Granulosazellen von 2—3 Reihen Thecazellen umgeben sind. Erst beim Übergang des Oestrus zum Metoestrus springt der Follikel, so daß wir im Metoestrus das junge Corpus luteum finden!

Kastriert man eine erwachsene Maus, so fehlt der Reiz des im Ovarium gebildeten Ovarialhormons, so daß die Erfolgsorgane des Ovariums (Uterus, Scheide) außer Funktion gesetzt werden. *Beim kastrierten Tier finden wir im Scheidendurchschnitt histologisch dasselbe Bild wie im Dioestrus*, d. h. 1 Reihe Basalzellen, 1—2 Reihen polygonaler Zellen und darüber 1—2 Reihen schleimhaltiger und Schleim sezernierender Zellen, daneben vereinzelte Leukocyten. Dieser Schleimhautzustand ist ein dauernder. *Niemals kommt es bei der kastrierten Maus zum Aufbau der Scheidenschleimhaut.* Niemals wuchern die polygonalen Zellen, niemals kommt es zu weitgehender Verhornung dieser Zellen. Als

---

[1] DIERKS: Arch. Gynäk. **130**.
[2] ALLEN: Contribution to Embryology. Carneg. Inst. Washington 1927, Nr 98.

logische Konsequenz ergibt sich, daß der Schleimhautabstrich bei kastrierten Mäusen stets ein gleichmäßiger bleiben muß, d. h. daß wir im wesentlichen Schleim finden und daneben einige Epithelien und Leukocyten. *Niemals finden wir bei der kastrierten Maus das reine Schollenstadium!*

Führt man aber einer kastrierten Maus das im Eierstock gebildete Ovarialhormon (= Follikelhormon) zu, dann löst dieses exogen zugeführte Hormon die Brunstreaktion aus, dann kommt es auch bei der kastrierten Maus zum Aufbau der Scheidenschleimhaut mit Verhornung der obersten Epithellagen, dann wandelt sich auch bei der kastrierten Maus das Scheidensekret aus dem Schleimsekret in das reine Schollenstadium um.

6. Kapitel.

Methodisches.

Die zum Nachweis des weiblichen Sexualhormons notwendige Methodik möchte ich in allen Einzelheiten beschreiben, weil ich aus vielen an mich gerichteten Anfragen gesehen habe, daß über die Technik der Untersuchungen manche Zweifel bestehen.

Vorbedingung für die Hormonprüfung ist die exakte Kastration des weiblichen Tieres.

1. Kastration.

Bei der Kastration kann man nicht vorsichtig genug sein, da, wie wir später (S. 40) zeigen werden, kleinste im Körper zurückgebliebene Ovarialreste sich regenerieren können. Die scheinbar kastrierte Maus wird dann nach 6 Wochen wieder brünstig. Wir halten es daher für notwendig, daß derjenige, der nicht große Erfahrung besitzt, mindestens 6 Wochen lang nach der Kastration die Tiere täglich untersucht, um sich zu überzeugen, daß ein Oestrus nicht mehr auftritt.

Die Kastration haben wir zuerst vom Bauch aus ausgeführt, sind aber dann zur Rückenoperation übergegangen, weil diese Operation technisch einfacher ist. Man macht einen $1^1/_2$ cm großen Längsschnitt über der Wirbelsäule oder einen Querschnitt in der Gegend des unteren Nierenpols. Dann sieht man meist schon das Ovarium mit seiner Fettkapsel durch die dünne Rückenmuskulatur durchschimmern. Besonders gut ist das Ovarium zu sehen, wenn das Tier sich im Metoestrus befindet, weil die Corpora lutea mit ihrer gelben Farbe von dem hochroten Eierstock markant abstechen. Nun wird — am unteren Nierenpol — mit der Schere je ein kleiner Längsschnitt rechts und links in die Rückenmuskulatur gemacht und das Ovarium mit seiner Fettkapsel hervorgezogen (s. Abb. 18). Man kann das Ovarium samt Tube und der oberen Spitze des Uterushorns einfach abschneiden und sofort in die

Bauchhöhle versenken. Die Blutung ist so gering, daß sie der Maus meistens nicht schadet. Sicherer ist es aber, wenn man das oberste Stück des Uterus bei der Naht der Rückenmuskulatur in diese — mit demselben Faden — einnäht und erst jetzt das Ovar mit dem obersten nach außen gelagerten Stück des Uterushornes abschneidet. Dadurch wird neben der sicheren Blutstillung gleichzeitig erreicht, daß der Uterus am Rücken, und nicht an atypischer Stelle anwächst. Die Uterushörner bleiben dann gestreckt liegen, so daß man Größe und

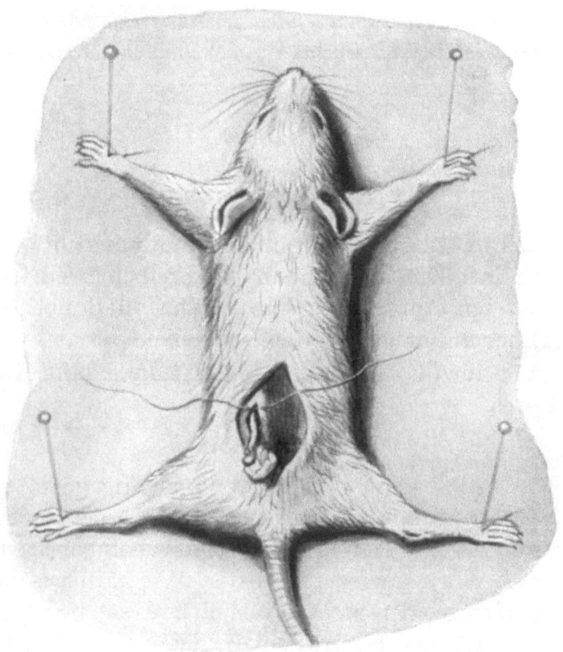

Abb. 18. *Kastration der Maus.* Die narkotisierte Maus wird in Bauchlage auf einer Korkplatte mittels Stecknadeln aufgespannt. Durch einen Muskelschlitz wird das Ovar und der oberste Teil des Uterusschlauches hervorgezogen. Nachdem eine Naht durch die Rückenmuskulatur und das Uterushorn gelegt und geschnürt ist, wird das Ovar mit dem nach außen gelagerten Stück des Uterushornes abgeschnitten. Hautnaht.

Dicke des Uterus bei vergleichenden Untersuchungen sehr gut abschätzen kann. Nachdem das zweite Ovarium in gleicher Weise entfernt ist, wird die Operation durch eine fortlaufende Hautnaht beendet.

Wir narkotisieren die Maus unter einem Wasserglase oder einer Glasglocke mit Äther und spannen die Tiere in Bauchlage auf einer Korkplatte auf, indem wir große Stecknadeln (s. Abb 18) durch die Füße stecken. Diese einfache Methode hat sich uns als die zweckmäßigste erwiesen. Nach der Operation fangen die Tiere bald an herumzulaufen.

2. Abstrichverfahren.

Der ovarielle Zyklus äußert sich, wie wir gesehen haben, im Scheidensekret der Maus.

Die Sekretentnahme führen wir folgendermaßen aus:

1. Die Maus wird mit der linken Hand gehalten. Daumen und Zeigefinger fassen dieMaus am Hinterkopf zwischen den Ohren. Der Rücken der Maus wird über die Dorsalfläche des 3. und 4. Fingers gelegt, der Schwanz zwischen 4. und 5. Finger eingeklemmt (s. Abb. 19). Der Kopf der Maus wird gegen die Brust des Untersuchers gedrückt. Dadurch wird erreicht:

a) Die Maus liegt ruhig. b) Die Scheide öffnet sich.

2. Das Scheidensekret wird mit einer an der Flamme geglühten und wieder abgekühlten Platinöse entnommen. Man biegt den Platindraht selbst und macht eine kleine Öse, die sich leicht, ohne Verletzungen zu machen, in die Scheide einführen lassen muß. Auf folgendes ist zu achten:

a) Man geht möglichst hoch in die Scheide hinauf und streicht — ähnlich wie bei

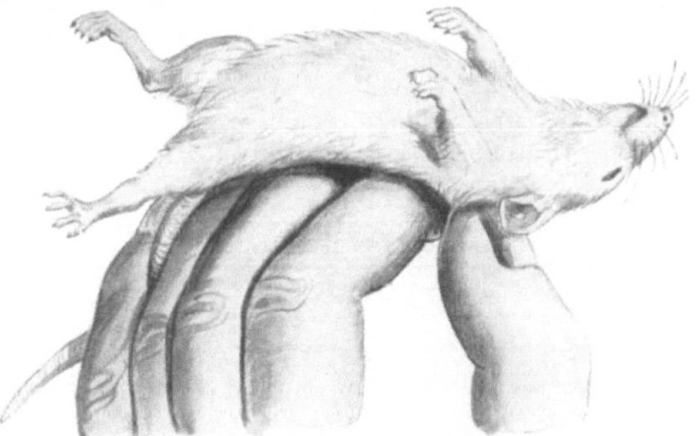

Abb. 19. Lagerung der Maus zur Sekretentnahme.

einer Curettage — mit leichtem Druck nacheinander die vier Wände ab, ohne bei jedem Zug mit der Platinöse aus der Scheide herauszufahren.

b) Beim Einführen der Öse sowie beim Herausnehmen soll man nicht den Vestibularteil der Scheide abstreichen. Dieser Teil gehört zu den äußeren Bedeckungen des Körpers, *an dem unabhängig vom Ovarialzyklus Epithelien verhornen und sich abstoßen. Dadurch können Schollen abgestrichen werden, die nicht durch die ovariellen Vorgänge bedingt sind.* Hält man die Maus in der oben angegebenen Weise, so öffnet sich die Scheide stets so weit, daß man einen einwandfreien Scheidenabstrich erhält. Ganz vereinzelte verhornte Epithelien des Vestibularteiles streift man bisweilen doch noch ab. Sie spielen bei der Begutachtung keine Rolle.

4. Wenn die Tiere urinieren, soll man mit dem Abstrich warten, damit sich der Harn dem Scheidensekret nicht beimengt.

3*

5. Die Abstriche werden in Alkohol fixiert und mit Hämalaun-Eosin gefärbt. Eine Kontrastfärbung halten wir für unbedingt erforderlich, da sonst Fehler unterlaufen können.

6. Auf einem Objektträger kann man fünf Abstriche machen, so daß man einen Versuch an 5 Tieren auf einem Objektträger vereinigt. Die Nummern der Tiere werden mit Glastinte auf dem Objektträger verzeichnet. Jedes Tier wird zweimal täglich (10 und 17—18 Uhr) abgestrichen.

Die hormonalen Untersuchungen müssen an einem sehr großen Tiermaterial ausgeführt werden.

Wir haben es für zweckmäßig gehalten, jeden Versuch doppelt zu registrieren, um ihn noch nach Jahren sofort herausfinden zu können. Jeder Versuch erhält ein besonderes Blatt, in dem die Versuchsanordnung sowie das Gewicht der Tiere, der makroskopische Sektionsbefund und der Befund des Scheidenabstriches angegeben ist, wobei bei letzterem nur „positiv" oder „negativ" verzeichnet wird. Zur Kontrolle des Scheidenabstriches wird außerdem für jeden Versuch ein besonderes Heft angelegt. Dieses enthält am Kopfende jedes Blattes im Druck die Bezeichnungen: Leukocyten, Epithelien, Krissel, Schleim, Schollen.

Unsere Protokolle sehen in den einzelnen Funktionsstadien folgendermaßen aus:

	Leukocyten	Epithelien	Schleim	Krissel	Schollen
Dioestrus	+ +	+ +	+ +	−	−
Prooestrus	−	+ + + +	−	+	−
Oestrus	--	−		−	+ + + +
Metoestrus	+ + + +	+ +	--	−	+ +
Castrata	+ +	+ +	+ +	−	−

Man ersieht aus diesem Schema, daß im Dioestrus (ebenso wie bei der Castrata) sich Leukocyten, Epithelien und Schleimfäden finden. Vereinzelte Schollen brauchen nicht protokolliert zu werden oder können durch ein + bezeichnet werden. Der Wechsel im Verhältnis der einzelnen Zellarten zueinander wird von uns durch die Zahl der + Zeichen (1—4 Pluszeichen) protokolliert. Dies geschieht schätzungsweise, ohne Auszählung, wobei man bei einiger Übung das Verhältnis der Zellmengen zueinander leicht abschätzen kann. *Im übrigen ist die Relation der Zellarten zueinander für das Testobjekt ohne Bedeutung.*

Der erfahrene Untersucher sieht bei der Entnahme des Sekretes meist schon makroskopisch, um welches Stadium es sich handelt.

Entnimmt man mit einer Platinöse das Scheidensekret und findet eine teils grobe, teils feine, fadenziehende (spinnwebartige) Masse in der Öse, so kann man schon daraus diagnostizieren, daß in der Scheide die Schleim sezernierenden Zellen noch in Tätigkeit sind, mit anderen Worten, daß der Dioestrus noch besteht. Beim Übergang zum Prooestrus läßt das Sekret an Menge wesentlich nach, so daß es vorkommen kann, daß man gar kein Sekret erhält. Dann muß man nach einigen Stunden noch einmal die Scheide abstreichen. Oder man erhält nur eine serumartige, mit Eosin sich schwach färbende Masse bzw. eine aus einzelnen Fäden und körnigen Gerinnungen bestehende, mit Eosin sich schwach färbende Masse (Krissel) (s. Abb. 11).

Die Brunst ist schon am Scheidenabstrich ohne Färbung erkenntlich durch seine typische krümelige Beschaffenheit, so daß der Objektträger aussieht, als ob er mit feinsten Sandkörnern bedeckt sei. Die brünstige Scheide ist makroskopisch daran erkenntlich, daß sie weiter geöffnet ist als sonst, so daß man die Platinöse spielend in die Scheide einführen kann. Die Vulva ist auffallend trocken, die vordere Vaginalwand unterhalb des Klitoriums verdickt.

3. Implantationsmethode.

Die vorangehenden Untersuchungen (Kap. 1) hatten mich belehrt, daß man nicht durch schematische Extraktbereitung den Hormongehalt der Gewebe prüfen kann. Selbst wenn der Chemismus des Hormons bekannt ist, kann man die minimalen, in kleinen Gewebsstücken oder gar in Zellgruppen vorhandenen Hormonmengen nicht extrahieren, so daß für feinste Hormonuntersuchungen des Gewebes die Extraktionsmethode nicht in Frage kommt. Bei den großen zur Extraktgewinnung notwendigen Gewebsmengen waren hormonale Untersuchungen bisher nicht am menschlichen, sondern nur am tierischen Eierstock möglich. Die Funktion des Ovariums ist aber, wie später gezeigt werden wird, bei Mensch und Tier durchaus nicht identisch, wobei als Beispiel nur auf den verschiedenartigen Folliculingehalt des gelben Körpers hingewiesen sei.

Zum Studium der Physiologie des Ovariums bediente ich mich der Implantationsmethode (s. S. 22). *Damit konnten die einzelnen Gewebsabschnitte des Ovariums isoliert untersucht werden.* Das einzupflanzende Stückchen wird in drei Teile zerlegt, die beiden äußeren Abschnitte in den Oberschenkel der Maus implantiert, der mittlere zur histologischen und histochemischen Untersuchung eingebettet. Die histologische Untersuchung gibt uns gewissermaßen das Spiegelbild des implantierten Gewebsstücks. Der mit der Anatomie des Ovariums vertraute Untersucher kann schon am makroskopischen Objekt, eventuell mit der Lupe die Teile bestimmen, die er prüfen will.

Man braucht nur kleine, ein oder einige mg bis cg, eventuell 1 dg schwere Gewebsstücke einzupflanzen. Die Resorption der spezifischen, chemisch nicht veränderten Stoffe erfolgt so schnell, daß die Brunst der Maus nach 3- oder 4mal 24 Stunden ausgelöst wird. *Die Implantation dient also nur der Resorption des eingepflanzten Gewebes!* Zur weiteren Kontrolle kann man außerdem das implantierte Gewebsstück wieder entfernen, um die Veränderungen während und nach der Hormonresorption histologisch zu prüfen.

*Die Kombination der Implantations- mit der Abstrichmethode ermög-
licht es, die histologischen Untersuchungen durch funktionelle Prüfung
zu ergänzen und umgekehrt
der Funktionsprüfung die
anatomischen Grundlagen
zu geben.*

Haben wir durch die Implantationsmethode in einzelnen Gewebsabschnitten einen besonders großen Hormongehalt festgestellt, finden wir derartige Hormondepots, so können wir diese Gewebsteile der chemischen Analyse unterwerfen. Die Implantationsmethode zeigt uns den Weg, den die Forschung gehen muß. Die Methode hat uns ermöglicht — und ich glaube,

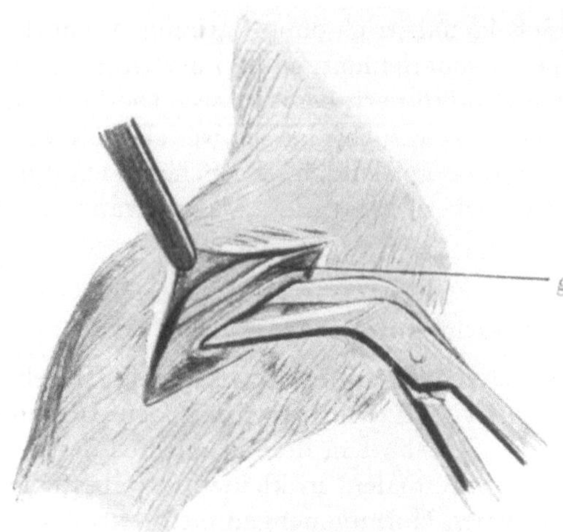

Abb. 20. Implantationsmethode. I. Durch Hautschnitt ist die Oberschenkelmuskulatur freigelegt (Cave Gefäß *g*). Die Winkelschere ist in den Muskel unterhalb des Gefäßes eingestoßen und gespreizt, so daß ein Muskelschlitz entsteht.

daß dies ein Vorteil der vorliegenden Untersuchungen ist —, anatomische, biologische, histologische und chemische Forschung miteinander zu verknüpfen.

Ich möchte noch einmal erwähnen, daß man *körperfremdes* Gewebe implantieren muß, da dieses rasch im Organismus zerfällt, so daß das Hormon frei wird. Implantiert man z. B. Mäuseovarien bei der Maus, so tritt die hormonale Wirkung im Organismus des Empfängers nicht auf, weil das implantierte Mäuseovarium im Organismus der Maus sehr langsam zerfällt. Auch die Implantation bei verschiedenen Nagetieren führt kaum zum Ziel (z. B. Implantation von Kaninchenovarien bei der Maus). Ausgezeichnet ist die Methode

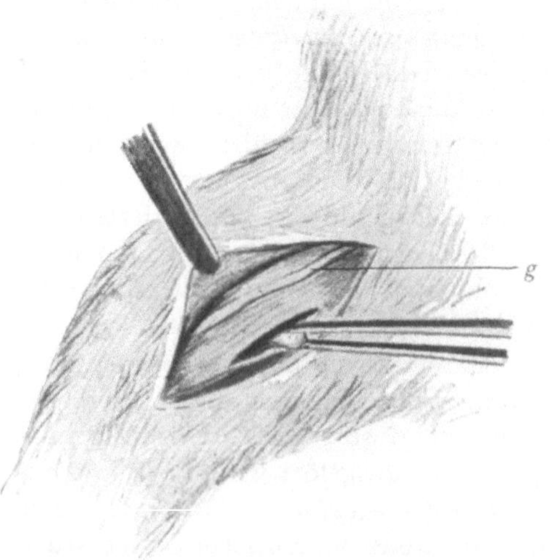

Abb. 21. Implantationsmethode. II. In den Muskelschlitz wird das zu prüfende Gewebe mit Pinzette eingeschoben.

für körperfremdes Material, z. B. bei Implantation vom Ovarium des Menschen oder der Kuh bei der Maus.

Die Implantationsmethode führe ich in folgender Weise aus: An dem aufgebundenen Tiere wird durch einen kleinen Schnitt an der Beugeseite des Oberschenkels einer hinteren Extremität die Muskulatur freigelegt, wobei ein größeres Gefäß (s. Abb. 20 u. 21) vermieden werden muß. Dann wird mit einer kleinen Winkelschere die Muskulatur medial vom Gefäß in der Längsrichtung auseinander gespreizt. In den so entstandenen Muskelschlitz werden die kleinen Gewebsstückchen mit einer schmalen, stumpfen Pinzette geschoben. Nach Zurückziehen der Pinzette legen sich die Muskelfasern wieder aneinander. Man kann außerdem von dem Schnitt aus die Haut mit der Pinzette unterminieren und so einige Gewebsstückchen subcutan bis in die Achselhöhle nach oben schieben.

4. Fütterungsmethode.

Steht viel Material zur Verfügung, so kann man die Mäuse damit füttern. Sie fressen menschliche Gewebe, insbesondere Placenta, meist ohne weiteres. Will man eine Trockensubstanz prüfen, so wird diese der Nahrung, am besten der Milch, beigemischt. Fressen die Tiere nicht, so muß man die zu untersuchende Substanz den Mäusen einstopfen. Die Fütterungsmethode ist zum Nachweis hormonaler Substanzen brauchbar, da wir durch Fütterung von menschlichem Gewebe, welches Follikelhormon enthält (z. B. Follikelwand), den Zyklus bei der kastrierten Maus auslösen konnten.

5. Injektionsmethode.

Will man ein Extrakt oder eine Flüssigkeit auf den Hormongehalt prüfen, so injiziert man diese subcutan unter die Rückenhaut der Tiere. Einer infantilen Maus soll man im allgemeinen nicht mehr als 0,4 ccm, einer erwachsenen Maus nicht mehr als 0,5—1 ccm, einer infantilen Ratte nicht mehr als 1—2 ccm, einer erwachsenen Ratte nicht mehr als 2—3 ccm einmalig injizieren. Spritzt man größere Flüssigkeitsmengen ein, so können diese durch die große Blutverdünnung und den hohen Gehalt an Proteïnen und Aminosäuren toxisch wirken, so daß die Tiere unter Krämpfen sterben.

Ich habe wiederholt gesehen, daß die Injektionen technisch falsch ausgeführt werden. Die Flüssigkeit soll in das Subcutangewebe injiziert werden, nicht in die freie Bauchhöhle, nicht in die Brusthöhle! Man hält die Tiere, wie bei der Sekretentnahme beschrieben, und injiziert die Flüssigkeit in die Subcutis der Bauchhaut. Die sich bildende Quaddel muß durch Druck verteilt werden. Zweckmäßiger ist noch folgende Methode: Man stellt die Tiere auf einen festen Gegenstand, hält sie mit der linken Hand am Hinterkopf und Schwanz fest, während man mit der rechten Hand in die Rückenhaut injiziert.

6. Fehlerquellen.

Die Kastration muß exakt ausgeführt werden, d. h. man muß sicher sein, daß die Ovarien in toto exstirpiert sind. Läßt man nur einen Follikel zurück, so kann dieser sich wieder entwickeln, so daß die scheinbar kastrierte Maus nach durchschnittlich 6 Wochen wieder in den Zyklus kommt. Wir haben derartige Fälle selbst gesehen, so daß uns die Spezifität des Testobjektes zunächst zweifelhaft erschien. Wir töteten diese Tiere und konnten bei einigen am unteren Nierenpol schon mit der Lupe ein stecknadelkopfgroßes Gebilde erkennen. Die mikroskopische Untersuchung ergab einen Follikel. Sahen wir makroskopisch keinen Ovarialrest, so wurde die Lumbalgegend in Serienschnitte zerlegt, wobei es regelmäßig gelang, einen zurückgelassenen Ovarialrest[1] festzustellen. Abb. 22 u. 23 zeigt ein derartiges Präparat.

Wir sehen daraus zweierlei: 1. daß der Zyklus absolut vom Ovarium abhängig ist; 2. daß man bei der Kastration sehr exakt vorgehen muß.

Wie können wir Fehler vermeiden? — Auf folgende Weise:

a) Das exstirpierte Ovarium wird zwischen zwei Objektträgern gequetscht und mit schwacher Vergrößerung besichtigt. Man kann Fettgewebe, Tube und Ovarium genau erkennen. Wie die Abb. 23 zeigt, sieht man die einzelnen Follikel und an der scharfen Umrandung des Eierstockes erkennt man, daß das Ovar in toto entfernt ist.

b) Um ganz sicher zu gehen, wird das Scheidensekret der kastrierten Maus täglich untersucht. Ist nach 6 Wochen ein Zyklus nicht aufgetreten, so ist das Tier sicher kastriert und kann zum Versuch verwandt werden. *Das Tier* soll *also nach der Kastration 6 Wochen untersucht werden!*

Die wichtigste Fehlerquelle ist die falsche Beurteilung der Abstrichpräparate. Es ist unbedingt erforderlich, daß man die Histologie der Scheide in den einzelnen Brunststadien (Kap. 5) genau kennt, damit man die Abstriche richtig beurteilen kann. Für die Brunst ist nur das reine Schollenstadium charakteristisch, Übergangsstadien dürfen nicht berücksichtigt werden. Wir halten es nicht für genügend, nur in einer Änderung des Scheidensekrets (z. B. Fortbleiben der Leukocyten) eine positive Reaktion zu sehen, weil dadurch die Exaktheit des an sich so ausgezeichneten Verfahrens verloren geht. Das *Scheidensekret kann sich bei der kastrierten Maus manchmal aus unbekannten Gründen ändern.* Besonders muß betont werden, daß durch Injektion unspezifischer Mittel und durch den Reiz eines operativen Eingriffes (z. B. Implantation) das Scheidensekret sich dahin ändern kann, daß eine Leukocytose auftritt bzw. die Leukocyten plötzlich verschwinden. Diese Änderung des Scheidensekrets darf für die hormonale Reaktion nicht verwertet werden. Niemals tritt durch Injektion von unspezifischen

---

[1] ZONDEK, B. u. ASCHHEIM: Arch. Gynäk. **127**, 267 (1925).

Mitteln oder eine exogene Ursache ein reines Schollenstadium auf. Deshalb darf nur das reine Schollenstadium im Scheidensekret als positive Reaktion, d. h. als Wirkung des weiblichen Sexualhormons gewertet werden.

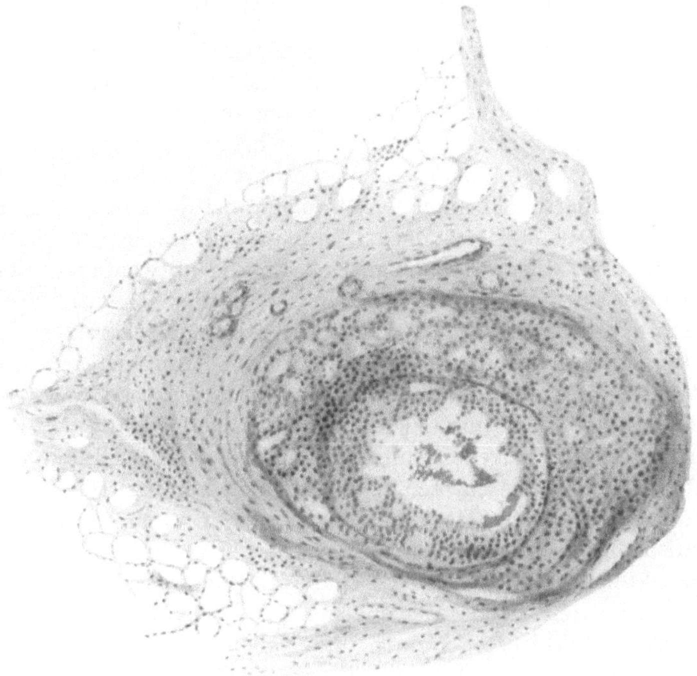

Abb. 22. Ovarialrest mit Follikel nach unvollständiger Kastration.

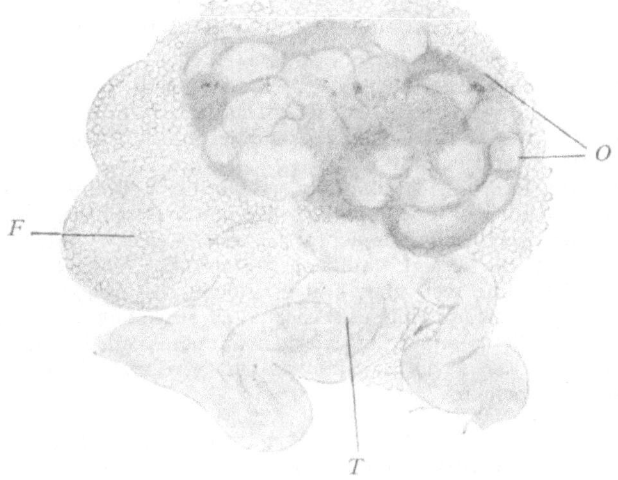

Abb. 23. Exstirpiertes Ovarium zwischen zwei Objektträgern gequetscht.
O = Ovarium mit zahlreichen Follikeln. F = Fettgewebe. T = Tube.

7. Kapitel.

Die Lokalisation des weiblichen Sexualhormons (Follikelhormon) im menschlichen Ovarium[1].

Mittels der im vorigen Kapitel angegebenen Methodik war es möglich, die Bedeutung des weiblichen Sexualhormons für den Gesamtorganismus zu studieren. Körperflüssigkeiten konnten durch Injektion auf ihren Hormongehalt geprüft werden, für Gewebsuntersuchungen stand die Implantationsmethode zur Verfügung. Als Gynäkologen interessierten uns hauptsächlich die hormonalen Probleme bei der Frau, während wir die Verhältnisse beim Tier zunächst[2] nur so weit studierten, wie sie zum Verständnis der allgemein biologischen Fragen notwendig waren.

Zunächst wurden Vorversuche zur Klärung der Frage der Spezifität des Testobjektes ausgeführt. Wir mußten Klarheit bekommen, ob man durch Injektion unspezifischer Mittel auch die Brunstreaktion auslösen kann, wie ich dies früher an der Wachstumsreaktion des Uterus (Kap. 2) beobachtet hatte. Wir untersuchten deshalb die Wirkung von unspezifischem Eiweiß und biogenen Aminen, wir injizierten Blut, Lumbalflüssigkeit, Inhalt von Ovarialcysten usw. Niemals konnten wir mit diesen Mitteln beim kastrierten Tier die Brunst auslösen, niemals gelang es, auf unspezifischem Wege das Schleimsekret des kastrierten Tieres in ein Schollensekret umzuwandeln. Wir implantierten Drüsengewebe (Leber, Milz), wir pflanzten frisches Gewebe endokriner Drüsen ein (menschliche Hypophyse, Schilddrüse, Thymus und Nebenniere). — Sämtliche Versuche verliefen negativ. Dadurch war die Spezifität des Testobjektes (ALLEN-DOISY-Test) bewiesen. Auf dieser exakten Grundlage konnten wir nunmehr an die Erforschung der Frage gehen: Welches ist die Lokalisations- und Produktionsstätte des Hormons im Ovarium selbst?

Das Material wurde bei der Operation steril gewonnen und frisch untersucht. Die Ovarien stammten meist von Frauen, denen Uterus und Ovarium wegen Collumcarcinom entfernt wurden. Dadurch standen uns funktionell und anatomisch gesunde Eierstöcke zur Verfügung. Durch Anamnese, Inspektion beider Ovarien während der Operation und durch gleichzeitige Untersuchung der Uterusschleimhaut waren wir über die funktionelle Phase des Ovariums genau unterrichtet. Die einzelnen Gewebsformationen des Eierstocks lassen sich leicht herauspräparieren. Kleine Follikel wurden in zwei oder mehr Stücke zerlegt, damit sie bei der Implantation in den Oberschenkel der Maus mit möglichst breiter Fläche haften. Bei den großen, d. h. dem Sprung nahen Follikeln läßt sich die Wand ohne Schwierigkeit ablösen, so daß sie allein implantiert werden kann. Auch einzelne Zellarten des Ovariums lassen sich, wie wir später sehen werden, isolieren und so auf ihre Wirksamkeit prüfen.

---

[1] ZONDEK, B., u. ASCHHEIM: Arch. Gynäk. **127**, 270—276 (1925) u. Klin. Wschr. **1925**, Nr 29 u. **1926**, Nr 10, S. 400.

[2] In den letzten Jahren habe ich mich mit hormonalen Untersuchungen bei Tieren viel beschäftigt (s. Kap. 12, 13, 15, 19, 27, 35g u. 37).

1. Versuche mit Ovarialrinde.

Von der Rinde wurden kleine Stücke ausgeschnitten und diese in drei Teile geteilt. Die mittlere Partie wurde zur mikroskopischen Untersuchung eingebettet, die äußeren Teile kastrierten Mäusen implantiert. Das Ergebnis war folgendes: *In der Ovarialrinde, d. h. im Keimepithel, Stroma und Primordialfollikel befindet sich kein weibliches Sexualhormon.*

2. Versuche mit Follikelwand.

Zunächst wurden Versuche mit der Wand kleiner Follikel ausgeführt, die einen Durchmesser von 2—6 mm hatten. Durch die Implantation der Wand dieser Follikel war in der Mehrzahl der Fälle die Brunstreaktion nicht auszulösen. Pflanzte man aber mehrere kleine Follikel einer Maus ein, so wurden die Versuche positiv. Daraus müssen wir schließen, daß in den kleinen Follikeln das Hormon sich erst in statu nascendi befindet, so daß die in der Wand vorhandene Hormonmenge nicht ausreicht, um die Brunstreaktion auszulösen. Pflanzt man mehrere Follikel ein, so ist die zugeführte Hormonmenge größer, so daß die Brunstreaktion auftritt. Diese Annahme findet eine Stütze in den Versuchen mit Follikelsaft.

Die Untersuchung der Wand des sprungreifen menschlichen Follikels (11.—14. Tag des Zyklus) ergab stets ein positives Ergebnis. Dasselbe Ergebnis war mit der Wand kirschgroßer Follikel der Kuh zu erzielen. *In der Wand reifender Follikel des Menschen und Tieres ist also regelmäßig das weibliche Sexualhormon nachweisbar.*

3. Versuche mit Follikelsaft.

Die Versuche mit Follikelsaft interessierten uns besonders, weil ALLEN u. DOISY[1] im Follikelsaft der Kuh und des Schweines Hormon gefunden und infolgedessen den Follikelsaft als Ausgangsmaterial zur Erforschung des weiblichen Sexualhormons gewählt hatten. Regelmäßig konnten wir auch im *menschlichen* Follikelsaft das Sexualhormon nachweisen, vorausgesetzt, daß der Follikel eine bestimmte Größe erreicht hatte, d. h. daß seine Reifung genügend fortgeschritten war. Enthielten die Follikel weniger als 0,5 ccm Saft, so waren die Ergebnisse negativ. War die Größe von 1 ccm erreicht, so waren sämtliche Versuche positiv. Hierbei war in $^1/_4$—$^1/_2$ ccm 1 Mäuseeinheit vorhanden, d. h. durch Injektion dieser Mengen von Follikelsaft gelang es, die kastrierte Maus in die Brunst zu bringen. Die gleiche Hormonkonzentration ist auch im Follikelsaft der Kuh nachweisbar.

Der sprungreife menschliche Follikel enthält 2—3 ccm Follikelsaft, demnach 8—12 ME. Hormon.

---

[1] ALLEN a. DOISY: J. amer. med. Assoc. **81**, 819 (1923). — ALLEN, PRATT a. DOISY: Ebenda **85**, 399 (1925).

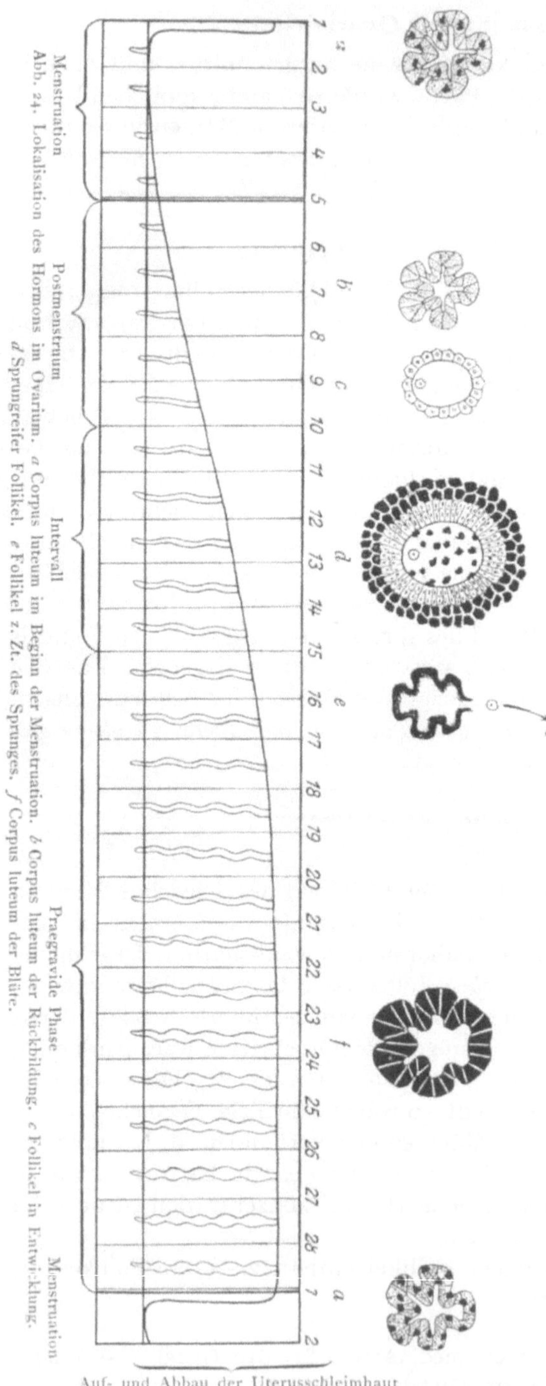

Abb. 24. Lokalisation des Hormons im Ovarium. *a* Corpus luteum im Beginn der Menstruation. *b* Corpus luteum der Rückbildung. *c* Follikel in Entwicklung. *d* Sprungreifer Follikel. *e* Follikel z. Zt. des Sprunges. *f* Corpus luteum der Blüte.

Wir haben bisher gesehen, daß mit Zunahme der Follikelreifung sowohl in der Wand wie im Saft des Follikels das Hormon nachweisbar ist. Wie sind nun die hormonalen Verhältnisse nach dem Follikelsprung, wenn sich der Follikel in den gelben Körper, das Corpus luteum, umgewandelt hat?

4. Versuche mit Corpus luteum.

Das Corpus luteum läßt sich mit Pinzette und Schere aus dem Ovarium leicht isolieren, der gelbe Saum kann vom Blutkern spielend abgelöst werden, so daß das Gewebe des gelben Körpers genau untersucht werden kann. Das menschliche Corpus luteum der Blüte, d. h. das Corpus luteum einige Tage vor der zu erwartenden Menstruation, erwies sich stets als hormonal wirksam, wobei man schon durch Implantation kleinster Stücke die Brunstreaktion auslösen konnte. Daraus ergibt sich, daß im menschlichen gelben Körper der Blüte das Hormon nicht nur nachweisbar ist, sondern daß es hier in besonders starker Konzentration vorhanden ist. Im Gegensatz zum Menschen ist im gelben Körper des Tieres (Kuh) Hormon nicht, oder nur in relativ geringer Menge vorhanden (s. S. 76 u. 351).

Bei Implantation von Corpus-luteum-Wand während der Menstruation sind die Resultate schwankend. Es kann noch Hormon im Corpus luteum vorhanden sein, es kann aber schon im Schwinden begriffen oder überhaupt nicht mehr anwesend sein. Das in Rückbildung begriffene Corpus luteum — nach Ablauf der Menstruation — enthält hingegen niemals wirksame Substanz, es ist also funktionslos.

Daß während der Menstruation noch wirksame Substanz im Corpus luteum vorhanden ist, darf nicht wundernehmen, da die Lebensvorgänge im Ovarium nicht plötzlich aufhören. Nicht alle Zellen degenerieren gleichzeitig, einige leben und funktionieren länger als die anderen. Die Resorption der jetzt quantitativ geringen Menge des Hormons hat aber bei der Frau keine Wirkung auf das Erfolgsorgan, d. h. auf die Uterusschleimhaut. Wenn JAFFÉ im Gegensatz zu ROBERT MEYER und SCHRÖDER auf Grund seiner Lipoiduntersuchungen die Ansicht vertritt, daß dem Corpus luteum post menstruationem noch eine Funktion zukomme, so kann dies auf Grund der vorliegenden Hormonuntersuchungen nicht bestätigt werden.

Zusammenfassend läßt sich über die Lokalisation des Hormons im Ovarium folgendes sagen (s. Abb. 24):

1. Im Postmenstruum ist der in Rückbildung befindliche gelbe Körper frei von Hormon. Die kleinen Follikel (c) enthalten nicht oder nur selten Hormon.

2. Im Intermenstruum finden wir Hormon sowohl in der Wand des reifenden Follikels wie im Follikelsaft (d). Springt der Follikel (e), so wird das Hormon in die freie Bauchhöhle entleert, um von hier aus auf dem Lymphwege dem Organismus zugeführt zu werden.

3. In der prägraviden Phase ist der gelbe Körper (f) der Träger des Hormons. Die Hormonkonzentration ist jetzt am stärksten. Die Resorption des Hormons erfolgt jetzt auf hämatogenem Wege aus den vascularisierten Zellen des gelben Körpers (also kombinierte innere Sekretion auf dem Lymph- und Blutwege).

4. Während der Menstruation schwindet das Hormon allmählich aus dem Corpus luteum (a), so daß das Corpus luteum postmenstruale (b) frei von Hormon ist.

Wir sehen also folgendes:

a) Die Hormonproduktion ist an den *follikulären* [1] Apparat gebunden.

---

[1] Da das weibliche Sexualhormon im Ovarium nur im follikulären Apparat produziert wird, habe ich das Hormon „**Folliculin**" genannt. Der Name Folliculin wurde zuerst (1911) von G. KLEIN gebraucht. Auch COURRIER

b) Die Hormonproduktion erfolgt cyclisch, so daß

c) die Konzentration in den einzelnen Phasen verschieden ist.

Sie ist im Postmenstruum am geringsten, in der prägraviden Phase am stärksten. Es soll damit nicht gesagt sein, daß im Postmenstruum überhaupt kein Hormon im Ovarium produziert wird. Es ist in statu nascendi, oder erst in so geringer Menge gebildet, daß es nicht nachweisbar ist. Über die Quantität des im Ovarium produzierten Folliculins läßt sich nichts Genaues aussagen, da das Hormon dauernd in die Blutbahn abgegeben wird (Proliferationsdosis s. S. 495). Wir können mit der Implantationsmethode nur feststellen, wieviel Hormon im Eierstock zur Zeit der Untersuchung vorhanden ist. So fanden wir im sprungreifen menschlichen Follikel von 2—3 ccm Inhalt (ich entnahm den Follikelsaft bei der Operation mittels Spritze) 8 bis 12 ME Folliculin (pro Liter Follikelsaft = 4000 ME). Die gleichen Werte erhielten wir im Follikelsaft der Kuh. ALLEN, PRATT und DOISY gaben höhere Hormonmengen an und zwar 7390 RE pro Liter Follikelsaft des Menschen. Im Corpus luteum der Blüte des Menschen (Gewicht = 2 g) fanden wir 8—10 ME Folliculin (pro kg = 4—5000 ME). Im tierischen gelben Körper fanden wir Folliculin (s. S. 45) nicht oder nur in geringen Mengen. FRANK u. GUSTAVSON, SLOTTA u. FELS wiesen im Corpus luteum des Schweines 150 ME pro kg nach, also auch nur geringe Mengen.

8. Kapitel.

Die funktionelle Bedeutung der interstitiellen Zellen. Die Entstehung des Follikelsaftes [1].

Wir haben im vorhergehenden Kapitel die Spezifität der Ovarialstoffe im menschlichen Ovarium festgestellt. Wir fanden das Hormon: 1. in der Follikelwand, 2. im Follikelsaft, 3. im Corpus luteum der Blüte, aus dem es mit Beginn der Menstruation verschwindet. Von welchen Zellen wird nun das Hormon (Folliculin) produziert? Das Corpus luteum der Blüte besteht im wesentlichen aus einem Komplex von Granulosa-Luteinzellen. Da wir im gelben Körper eine starke Konzentration des Folliculins finden, können wir schließen, daß das Hormon hier auch produziert wird. Es besteht aber ein spezifischer Unterschied zwischen dem gelben Körper der Frau und dem der Tiere, da beim Tier Hormon nicht oder in nur geringen Mengen gefunden wurde. Im

---

(1925) bedient sich dieses Namens. Unter Folliculin verstehe ich das im menschlichen und tierischen Follikelapparat produzierte, in den Follikelsaft abgesonderte weibliche Sexualhormon = Follikelhormon, das beim kastrierten Nagetier die Brunst (östrogenes Hormon), beim Menschen den Aufbau der Uterusschleimhaut, d. h. die Proliferationsphase auslöst.

[1] ZONDEK, B., u. ASCHHEIM: Klin. Wschr. 1926, Nr 10, S. 400.

menschlichen Corpus luteum der Blüte finden sich noch Thecazell-
reste, die in die Buchten des Corpus luteum hineinstreben, was
beim gelben Körper der Tiere nicht der Fall ist. Man könnte daraus
schließen, daß diese Thecazellen bei der Frau die Produzenten des
Folliculins sind. Damit kommen wir zu einer Frage, die für die Physiologie der Sexualdrüsen von großer Bedeutung ist. Die Thecazellen
entsprechen den LEYDIGschen Zwischenzellen im Hoden. Haben nun
diese interstitiellen Thecazellen eine funktionelle Bedeutung? Sind sie,
wie von vielen Autoren — insbesondere von STIEVE — angenommen wird,
nur Nährstoffspeicher für die Granulosazellen? Dann wäre allerdings
die Thecazellenwucherung in den atresierenden Follikeln der Schwangerschaft ohne funktionelle Bedeutung. Von anderer Seite (insbesondere
STEINACH, LIPSCHÜTZ u. a.) wird den Thecazellen eine endokrine Funktion ähnlich den LEYDIGschen Zwischenzellen zugeschrieben.

Viele Autoren sträuben sich, die innersekretorische Sekretion der
Thecazellen anzuerkennen, weil sie aus dem Bindegewebe hervorgehen.
Diese Abstammung vom Bindegewebe ist bisher noch nicht sicher
bewiesen. Aber selbst wenn dies zutrifft, so ist Bindegewebe und
Bindegewebe funktionell nicht dasselbe. Die Thecazellen haben mit
dem Bindegewebe als Stützgewebe ebensowenig zu tun wie etwa die
Deciduazellen.

Auf die verschiedenen Ansichten über die Bedeutung der interstitiellen
Zellen des Eierstocks sei mit Rücksicht auf die prinzipielle Wichtigkeit
dieser Frage etwas näher eingegangen.

BOUIN u. ANCEL sowie LIMON beschrieben 1902 das interstitielle Gewebe
des Eierstocks als epitheloide Zellen, die sich bei einer Reihe von Tierklassen
aus atretischen Follikeln entwickeln und sich an verschiedenen Stellen teils
in Strängen, teils vereinzelt liegend im Ovarium vorfinden. Die Zellen
sollen bindegewebigen Ursprungs sein und sich aus der Theca interna nach
dem Zugrundegehen des Eies entwickeln.

Diese Befunde wurden von vielen anderen Forschern bestätigt (F. COHN,
FRAENKEL), mit der Einschränkung, daß dieser eigenartige Zellkomplex sich
im wesentlichen bei Nagern vorfinde, während bei anderen Tierklassen die
Befunde sehr inkonstant oder überhaupt keine Anhaltspunkte für eine inter-
stitielle Drüse vorhanden seien (nach FRAENKEL bei 50% aller untersuchten
Tiere).

Wie liegen nun — und das ist für unsere Frage das Entscheidende —
die Verhälntisse beim Menschen? Gibt es im Ovarium Zellen, die man mit
LEYDIGschen Zwischenzellen des Hodens vergleichen kann, gibt es eine
interstitielle Drüse im Eierstock?

SEITZ konnte im Ovarium gravider Frauen bei Follikelatresie Vergrößerung der Theca-interna-Zellen mit gleichzeitigem Auftreten von Fett und
Lutein nachweisen, woraus er schließt, daß in der Gravidität genetische und
morphologische, der interstitiellen Drüse der Tiere analoge Veränderungen
vorkommen.

WALLART erweitert diese Befunde durch den Nachweis, daß die interstitiellen Zellen schon beim Neugeborenen vorkommen, mit dauernder Zunahme derselben bis zur Pubertät und häufig bis zum dritten Dezennium
(stärkste Entwicklung in den ersten Lebensjahren!). Die Entwicklungs-

bedingungen der Theca interna zur interstitiellen Drüse sind nach WALLART in der unter der Rinde des Eierstocks gelegenen Zone am günstigsten, weil sich hier die atresierenden Follikel hauptsächlich entwickeln.

Den interstitiellen Zellen kann eine biologische Bedeutung nicht zugesprochen werden, da L. FRAENKEL bei vielen und gerade den hochstehenden Säugern das interstitielle Gewebe nur selten und bei einzelnen Gattungen sehr inkonstant fand. So soll z. B. beim Wolf der Zellkomplex fast regelmäßig, beim Hund hingegen nur selten vorhanden sein. ASCHNER hält die FRAENKELschen Untersuchungen nicht für beweiskräftig, weil die Versuchstiere nicht gleichaltrig waren, was für die vorliegende Frage von grundlegender Bedeutung sei. Unter Berücksichtigung dieser Fehlerquelle glaubt ASCHNER, daß das Auftreten der interstitiellen Zellen sowohl ontogenetisch als auch phylogenetisch ein durchaus gesetzmäßiges sei. Bei den Säugern bestehe ein Parallelismus zwischen der Fertilität und der Intensität der Follikelproduktion und der Atresie als Vorstufe der interstitiellen Eierstocksdrüse. So haben diejenigen Tiere, die gleichzeitig mehrere Junge zur Welt bringen während der ganzen Zeit der Geschlechtsreife eine gut entwickelte interstitielle Drüse, während bei den hochentwickelten Tieren und dem Menschen infolge der wesentlich geringeren Follikelproduktion und Atresie ein drüsenförmig angeordnetes interstitielles Gewebe überhaupt nicht mehr anzutreffen sei, so daß man nur noch von rudimentärer Entwicklung sprechen könne. Je höher die Entwicklungsstufe, um so mehr werde die interstitielle Drüse biologisch durch das Corpus luteum ersetzt. Beim Menschen zeige die interstitielle Drüse die höchste Entwicklung in den ersten Lebensjahren, um vor der Pubertät schon merklich abzunehmen und mit dem Einsetzen der Menstruation und der Bildung des Corpus luteum auf ein Minimum reduziert zu werden. Die von SEITZ und WALLART beschriebene Zunahme der interstitiellen Zellen während der Menstruation wird von ASCHNER bestritten. Wohl aber sei während der Schwangerschaft die Follikelatresie und die damit Hand in Hand gehende Theca-Luteinzellenbildung erheblich gesteigert.

In Übereinstimmung mit L. FRAENKEL negiert ROBERT MEYER auf Grund seiner ausgedehnten Erfahrung eine *selbständige* interstitielle Drüse beim Menschen. Die größte Entwicklung der Thecazellen findet man nach ROBERT MEYER beim Chorionepitheliom, ohne daß man hierbei von einer endokrinen Bedeutung sprechen könne. So wie das erkrankte Ei die verstärkte Luteinzellenbildung bewirkt, so löst auch im normalen Generationszyklus das Ei die Thecazellenwucherung aus, die mit dem Zugrundegehen des Eies wieder verschwindet. Eine spezifische Bedeutung könne den Thecazellen auch während der Gravidität nicht beigemessen werden. Wohl findet man in den Ovarien von Feten und Kindern deutliche Reste der Follikelatresie, aber niemals eine besondere Entwicklung der Theca, niemals einen Dauerbestand der Theca an den atresierenden, noch überhaupt Thecazellen an den völlig atresierten Follikeln. Die unter dem Namen interstitielle Drüse in der Literatur beschriebenen Veränderungen sind nach ROBERT MEYER völlig zurückgebildete, sehr bald kernlose Zellreste, wobei der Lipoidgehalt nicht die Funktion, sondern die schwere Resorbierbarkeit beweise. Auf keinen Fall aber könne man den interstitiellen Zellen eine funktionelle Wirkung auf die sekundären Geschlechtsmerkmale zuschreiben, da man auch bei Heterosexuellen, deren weiblicher Typ einwandfrei sei, in den Geschlechtsdrüsen keine Spur von Ovarien, wohl aber Samenkanälchen und große Herde von normalen LEYDIGschen Zwischenzellen finde. Interstitielle Zellen im Hoden und Follikeltheca im Eierstock hätten lediglich eine Bedeutung als Nährstoffspeicher für die Geschlechtszellenreifung.

Es war für uns verlockend, mit der oben genannten Methodik die Frage der funktionellen Bedeutung der interstitiellen Zellen zu untersuchen. Das Ergebnis sei vorweggenommen: *Die Thecazelle ist die Produktionsstätte des Follikelhormons.*

Zu dieser Ansicht kamen ASCHHEIM und ich durch folgenden Versuch. Bei einer Frau mit Tubargravidität fand sich im Eierstock eine hühnereigroße Cyste. Der klare Inhalt der Cyste, der einer kastrierten Maus injiziert wurde (0,5 ccm), löste nach 72 Stunden das typische Schollenstadium aus. Die Cyste enthielt also Folliculin. Die histologische Untersuchung ergab, daß die Cystenwand als Innenbekleidung nur Thecazellen hatte (Theca-Luteincyste, s. Abb. 25). Gewöhnliche Ovarialcysten enthalten weder in ihrer Wand noch in ihrer Flüssigkeit Hormon. Hier war also von den Thecazellen Hormon produziert worden.

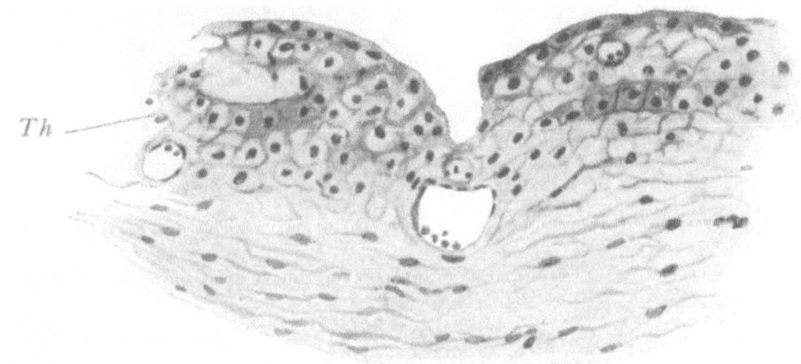

Abb. 25. Wand einer Thecaluteincyste. *Th* = Theca.

Wir suchten nach weiteren experimentellen Stützen für diese Ansicht und fanden folgendes:

1. Implantiert man Ovarialrinde von Graviden, so bekommt man häufig ein positives Ergebnis. Ovarien außerhalb der Gravidität enthalten in der Rinde niemals Hormon. Wir können als Produktionsstätte des Ovarialhormons in der Rinde bei Schwangerschaft nur die thecazellreichen, atresierenden Follikel annehmen.

2. Beweisend scheinen uns folgende Versuche zu sein: Wir haben Theca- und Granulosazellen voneinander isoliert und jeden der beiden Zellkomplexe isoliert am Testobjekt geprüft. In der Wand des sprungreifen Follikels lassen sich, wie aus Abb. 26 ersichtlich, die beiden Zellschichten voneinander trennen. Die Implantation der Thecazellen löste bei der kastrierten Maus die Brunst aus, in den Thecazellen ist also das fertige Folliculin enthalten. Die Implantation der Granulosazellen war ohne Erfolg, d. h. in *diesem Stadium* (Follikelreife) ist in den Granulosazellen Folliculin noch nicht enthalten. Damit scheint uns bewiesen zu sein, daß die Thecazellen das Folliculin produzieren.

Hiermit stimmen auch die Untersuchungen von FELLNER überein, der im Ovarium von Schwangeren sein feminines Sexuallipoid nachweisen konnte. Auch FELLNER glaubt, daß die interstitiellen Zellen das wirksame Lipoid enthalten.

Es ist also sicher, daß die interstitiellen Zellen nicht nur Nährstoffspeicher sind, sondern daß sie Folliculin enthalten und produzieren. Während der Eireifung ist die Produktion an die Thecazellen gebunden. Ist das Ei gereift, so gehen die Thecazellen in der Entwicklung zurück, jetzt proliferieren die Granulosazellen sehr stark. Es ist naheliegend, daß die Thecazellen auch im Corpus luteum der Blüte, obwohl sie hier nur noch unwesentliche Zellstränge darstellen (s. S. 47), das Folliculin produzieren

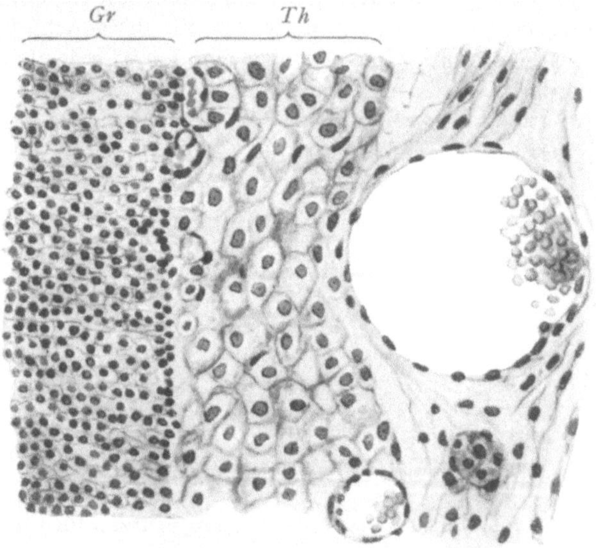

Abb. 26. Wand eines großen Follikels: *Th* = große Thecazellen mit Gefäßen (5—6 Reihen), *Gr* = kleinere Granulosazellen in 8 Reihen.

und an die Granulosazellen weitergeben. Immerhin ist es möglich, wenn auch unwahrscheinlich, daß auch die Granulosazellen der Frau Folliculin produzieren, womit also Theca- und Granulosazellen an der Folliculinproduktion beteiligt wären.

Die menschlichen und tierischen Thecazellen produzieren Folliculin. Die Granulosazellen der Frau produzieren vielleicht Folliculin und sicher Corpus-luteum-Hormon (Progestin), die Granulosazelle des Tieres produziert wohl nur Progestin (s. Kap. 18).

Die Entstehung des Follikelsaftes.

Die Ergebnisse unserer Untersuchungen führten zu der Frage: Ist die bisherige Anschauung über die Entstehung des Follikelsaftes richtig? In allen Lehr- und Handbüchern der Gynäkologie finden wir über die Entstehung des Follikelsaftes die Angabe, daß er als ein Transsudat aus den Gefäßen anzusehen sei, indem sich noch eine Anzahl Granulosa-Epithelzellen aufgelöst hätten. Diese Angaben sind wohl auf Luschka und Waldeyer[1] zurückzuführen. Waldeyer schreibt (S. 39): „Der Liquor folliculi ist zum Teil auf eine direkte Metamorphose des Protoplasmas der Granulosazellen zurückzuführen, in ähnlicher Weise wie His die Dotterkugeln der Vogelfollikel als metamorphosierte Granulosazellen ansieht. Bei den Säugetieren kommt es aber nicht allein zum Aufquellen, sondern zu einer vollständigen, gleichmäßigen Lösung des metamorphosierten Zellprotoplasmas im transsudierten Blutserum. Die so entstandene Masse bildet den Liquor folliculi. Ich kann somit der von Luschka gegebenen Beschreibung des Bildungsmodus der Follikelflüssigkeit durchweg zustimmen." Waldeyer gibt noch an, daß der Liquor folliculi in relativ reicher Menge Paralbumin enthalte, daß die zähe Paralbuminlösung sich sehr gut als metamorphosiertes gequollenes und gelöstes Zellprotoplasma auffassen lasse. Demgegenüber betont Pfannenstiel, daß der Liquor folliculi kein Pseudomucin (Paralbumin, Kolloid) enthalte, sondern eine nicht quellbare seröse Flüssigkeit.

Wieweit nun bei der Liquorbildung eine Zellauflösung der Granulosazellen beteiligt ist, können wir nicht sagen. Es ist sehr gut denkbar, daß die Auflösung (Degeneration) von Granulosazellen sich in wachsenden Follikeln findet, die atretisch zugrunde gehen, daß aber bei dem Follikel, der bis zur Eröffnung und zur Ausstoßung des reifen Eies gelangt, diese Degenerationen nicht vorhanden sind.

Selbst wenn man aber annimmt, daß bei der Follikelreifung Epithelzellen sich auflösen, dürfte dies für die Liquorbildung von untergeordneter Bedeutung sein. Die Spezifität des Liquors ist durch das aus der Follikelwand stammende Hormon bedingt. Die Granulosazellen des reifenden Follikels enthalten nach unseren Untersuchungen Folliculin noch nicht, die Thecazellen aber enthalten und produzieren es bereits. So schließen wir: *der Follikelsaft enthält das Sekret der Thecazellen, er ist ein Sekret der Thecazellen.* Die Flüssigkeit stammt, wie jede Flüssigkeit im Körper aus dem Blut (oder aus der Lymphflüssigkeit), aber erst durch die Abgabe von Ovarialhormon seitens der Thecazellen wird sie zum wirksamen Liquor folliculi.

9. Kapitel.

Follikelhormon und Lipoide des Ovariums.

Bevor man die biologische Methodik kannte, war man in der Forschung im wesentlichen auf morphologische Untersuchungen des Ovariums angewiesen. Die grundlegenden Arbeiten der letzten Dezennien haben in hervorragender Weise die Beziehungen des Ovariums

---

[1] Luschka u. Waldeyer: Eierstock und Ei. Leipzig 1870.

zum Uterus insbesondere zum Auf- und Abbau der Uterusschleimhaut
geklärt. Besondere Aufmerksamkeit schenkte man hierbei den im gelben
Körper auftretenden Fetten, die man mit komplizierten histochemischen
Untersuchungen zu analysieren versuchte, um damit einen tieferen Ein-
blick in die Funktion des Corpus luteum zu gewinnen (ROBERT MEYER,
MARCOTTY, WEISHAUPT, V. MIKULICZ-RADECKI, WIECZNYNSKI, JAFFÉ u.a.).
Diese Untersuchungen haben uns aber, wie ROBERT MEYER ausdrücklich
betont hat, über das funktionelle Verhalten der Lipoide nicht aufgeklärt.

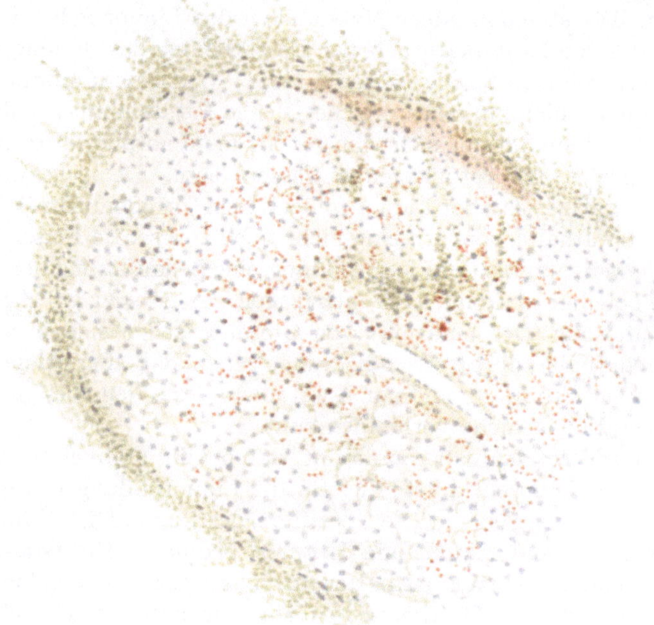

Abb. 27. Corp. lut. der Blüte. Haematein-Sudanfärbung. Wenig Lipoide; biologisch: positiv.

Wir gewannen bald die Überzeugung, daß man mit den bisherigen
histochemischen Untersuchungen in dieser Frage überhaupt nicht weiterkommen könne, daß die Fette, die wir im Ovarium färben und die so
schöne Bilder geben, für die Funktion des Ovariums nichts aussagen.
Aus unseren Untersuchungen möchte ich die Beispiele anführen, die wir
in der Originalarbeit[1] angegeben haben.

Wir fanden:

1. In der Wand des sprungreifen Follikels nur wenig Lipoide. —
Bei der Implantation dieser Follikelwand kommt die kastrierte Maus
nach 3 Tagen in den Zyklus, d. h. die Wand produziert Hormon.

Ergebnis: Wenig Lipoide; funktionell positiv.

---

[1] ZONDEK, B., u. ASCHHEIM: Arch. Gynäk. **127**, H. 1, 286—289 (1925).

2. Wir bilden zwei Corpora lutea der Blüte ab (Abb. 27 u. 28). Sie zeigen bezüglich der sudanophilen Substanzen erhebliche Unterschiede, d. h. das eine Corpus luteum zeigt sehr wenig, das andere viel Fett. Beide Corpora lutea zeigten bei der Implantation ganz kleiner Stückchen in die Oberschenkelmuskulatur der kastrierten Maus ein positives Ergebnis (Schollen), d. h. beide Corpora lutea produzieren reichlich Folliculin.

Ergebnis: Beide Corpora lutea der Blüte sind funktionell sehr wirksam. *Histologisch zeigen sie bezüglich des Fettgehaltes erhebliche Differenzen.*

3. Abb. 29 zeigt ein Corpus luteum graviditatis. Mit den üblichen histochemischen Untersuchungen ließen sich Fettsubstanzen kaum nachweisen, bei der Implantation aber positives Resultat.

Ergebnis: *Im Corpus luteum graviditatis histologisch kaum Fett nachweisbar, biologisch-hormonal aber wirksam.*

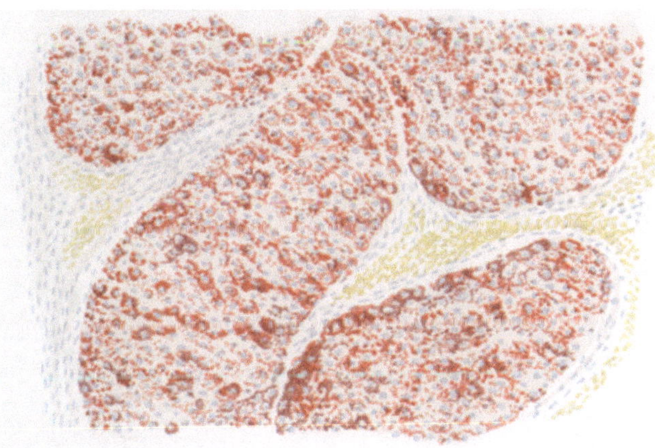

Abb. 28. Corp. lut. der Blüte. Haematein-Sudanfärbung. Reichlich Lipoide; biologisch: positiv.

4. Im Gegensatz dazu sehen wir im Corpus luteum post menstruationem außerordentlich viel Fett (Verfettung), biologisch ist jetzt keine Wirkung mehr zu erhalten.

Ergebnis: *Histologisch viel Fett, biologisch unwirksam.*

Diese Beispiele mögen genügen. Sie zeigen deutlich, daß die histochemische Lipoiduntersuchung des Ovariums uns über die Funktion nicht aufklärt. *Wir können aus dem histochemischen Bild, auch wenn es noch so schön aussieht, nicht auf die Funktion schließen. Fett und Fett ist, auch wenn es gleich aussieht, funktionell nicht dasselbe. Die Lipoide, die wir sehen, sind nicht das Hormon selbst. Der Körper bedient sich des Fettes nur als Lösungsmittel des Hormons im Ovarium.*

Auch die Verfeinerung der histochemischen Untersuchungen kann die Frage nach der Funktion nicht klären. Dafür einige Beispiele:

JAFFÉ bzw. seine Mitarbeiter finden histochemisch:

a) beim Menschen im sprungreifen Follikel — Cholesterin-Fettsäuregemisch und Cholesterinester;

b) beim Rinde im sprungreifen Follikel — Phosphatide und Cerebroside;

c) beim Menschen im Corpus luteum postmenstruale — Cholesterinester und Fettsäuregemische.

Vergleichen wir damit unsere vorher mitgeteilten biologischen Untersuchungen. Wir finden sowohl beim Menschen (a) wie beim Rinde (b)

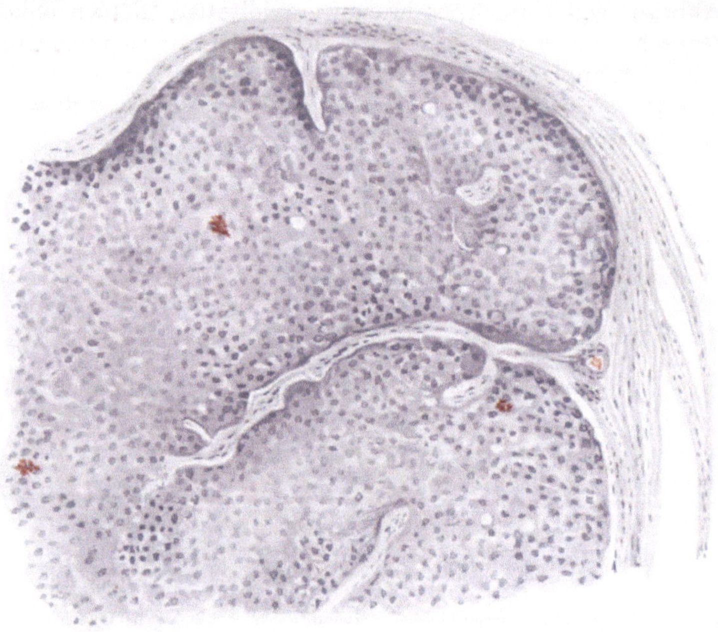

Abb. 29. Corp. lut. graviditatis m. II/III. Haematein-Sudanfärbung. Wenig Fett; biologisch: positiv.

im sprungreifen Follikel Hormon (Folliculin). Die Lipoide im Follikel sind aber, wie wir aus a und b erkennen, ganz verschieden. Dort Cholesterine, hier Phosphatide und Cerebroside.

Vergleichen wir a mit c: Im sprungreifen Follikel findet sich Folliculin, im Corpus luteum postmenstruale findet sich kein Hormon. Histochemisch aber finden sich bei a und c fast dieselben Lipoide, d. h. Cholesterine.

Der Vergleich der histochemischen Untersuchung von JAFFÉ mit unseren biologischen Ergebnissen zeigt uns, daß das Folliculin mit den histochemisch festgestellten Lipoiden, d. h. den Cholesterinen, Phosphatiden und Cerebrosiden nicht identisch ist.

Ich sehe das Wesentliche unserer Untersuchungen darin, gezeigt zu haben, daß das Hormon mit den färberisch darstellbaren Lipoiden nicht identisch ist, sondern nur an die Lipoide des Ovariums irgendwie gekettet ist. Weiter haben die Untersuchungen gelehrt, daß man die histochemische Methodik nicht überschätzen[1] darf, daß sie speziell für die Erforschung funktioneller Vorgänge nicht zu verwerten ist. Diese Gedankengänge sind von KAUFMANN u. LEHMANN[2] weitergeführt worden. Sie haben zeigen können, daß die in der histologischen Technik gebräuchlichen Fettdifferenzierungsmethoden nicht spezifisch sind, daß die gebräuchlichen Farbstoffe keinen Anspruch auf Spezifität für Fettgruppen, geschweige denn für Einzelstoffe erheben können. Nur die qualitative und quantitative chemische Analyse kann zu sicheren Resultaten führen.

10. Kapitel.

Exogene Einflüsse und Ovarialfunktion.

Bevor ich auf das Follikelhormon selbst eingehe, möchte ich in den folgenden Kapiteln Untersuchungen mitteilen, die sich mit der exogenen Beeinflussung der Ovarialfunktion beschäftigen.

1. Röntgenstrahlen und Ovarialfunktion.

a) Kastrationsbestrahlung.

Am stärksten können wir das Ovarium exogen durch Röntgenstrahlen beeinflussen. Es ist allgemein bekannt, daß man durch Röntgenstrahlen das menschliche Ovarium außer Funktion setzen kann, so daß der Rhythmus der Menstruation 6—8 Wochen nach der Bestrahlung abbricht. Die Röntgenkastration der Frau gehört zu unseren gebräuchlichen klinisch-therapeutischen Maßnahmen. Eine Fülle von Arbeiten hat sich mit dem Einfluß der Röntgenstrahlen auf die Ovarien der Tiere beschäftigt, wobei die Wirkung bisher nur an den anatomischen Veränderungen des Eierstocks kontrolliert wurde. Mit Hilfe des neuen Testobjektes, d. h. der Brunstreaktion, war es möglich, neben den anatomischen Veränderungen auch den ovariellen Funktionsablauf zu studieren. Diese Untersuchungen wurden zu gleicher Zeit von PARKES[3] in London und s. Zt. von v. SCHUBERT[4] in unserem Laboratorium in der Charité-Frauenklinik ausgeführt, später durch SCHUGT

---

[1] Aus der rein histologischen Betrachtung mit den üblichen Färbungen läßt sich, wie ROBERT MEYER betont hat, weit eher auch ein Urteil über die Funktion gewinnen.

[2] KAUFMANN u. LEHMANN: Virchows Arch. 261, H. 2, 623/648 (1926).

[3] PARKES, A. S.: Proc. Roy. Soc. 101, 71 u. 421 u. 102, 51 (1927).

[4] v. SCHUBERT: Habilitationsschrift (eingereicht Juli 1926).

und GELLERT bestätigt und erweitert. Die Arbeiten führten zu übereinstimmenden Ergebnissen, über die ich kurz berichten möchte, da sie für die Auffassung der Ovarialfunktion von wesentlicher Bedeutung sind.

Die Kastrationsdosis beim Menschen beträgt rund 200 R., bei der weißen Maus 54 R. (SCHUGT). Bestrahlt man weiße Mäuse mit dieser Dosis, so hörte der Brunstzyklus nicht auf. Wurden die Röntgendosen bis über das 5fache erhöht (300 R.), so trat trotzdem keine Funktionsänderung ein, und *selbst bei Steigerung auf 400 und 500 R. konnte der Brunstzyklus noch wochenlang im Rhythmus weiter gehen.*

Interessant war das anatomische Bild dieser mit hohen Röntgendosen bestrahlten Ovarien. Einige Wochen nach der Bestrahlung waren hochgradigste anatomische Veränderungen in den Ovarien aufgetreten. Die Serienuntersuchung ließ keinen einzigen intakten Follikel, kein einziges frisches Corpus luteum erkennen! Das *Ovarium verödet also, Follikel reifen nicht, und trotzdem geht die Hormonproduktion rhythmisch weiter!* Wir finden wochenlang nach der Röntgenbestrahlung in der Scheide den typischen östralen Aufbau, während im Ovarium ein reifender Follikel, der sonst das Folliculin ausschüttet, nicht vorhanden ist. Abb. 30[1] zeigt das Ovarium einer Maus, die 100 Tage nach der Bestrahlung mit 500 R. getötet wurde: In den letzten 10 Tagen bestand Daueroestrus. Das Keimepithel ist erhalten, darunter einige kleine Follikelreste ohne Ei. Zahlreiche Vakuolen mit strukturlosem Inhalt (vermutlich Reste von Eizellen). Die Hauptmasse ist epitheloides Gewebe.

Die mitgeteilten Befunde beweisen, daß die *cyclische Produktion des Folliculins im Ovarium nicht von dem Zyklus der Eireifung abhängig ist.* Auf die feineren Untersuchungen des bestrahlten Ovariums und der sich im Ovarium bildenden sogenannten epitheloiden Zellen möchte ich nicht eingehen, da dies zu weit führen würde. Ich hebe die Unabhängigkeit des Brunstzyklus von der Eireifung hier hervor, weil diese Frage uns noch später beschäftigen wird.

Wir lernen aus den Untersuchungen weiter, daß operative Kastration und Röntgenkastration funktionell doch wesentlich voneinander verschieden sind. Bei der operativen Kastration hört der Brunstzyklus der Maus sofort auf, niemals tritt nach der Kastration das Schollenstadium wieder auf. Bei der Röntgenkastration hingegen sehen wir, daß das Tier durch die Bestrahlung anatomisch sterilisiert wird, da eine Follikelreifung nicht mehr auftritt, daß aber die rhythmische Hormonproduktion und der dadurch bedingte charakteristische Brunstaufbau der Scheide noch wochenlang weitergehen kann. Diese Verschiedenartigkeit der hormonalen Vorgänge im Organismus nach operativer Kastration

---

[1] Die Abb. 30—32 stammen aus der v. SCHUBERTschen Arbeit.

und nach Röntgenbestrahlung werden wir auch später beim Hypophysen-vorderlappenhormon kennen lernen (s. Kap. 43).

Die Bestrahlung mit hohen Röntgendosen führt bei der Maus nach vielen Wochen allerdings auch zu funktionellen Veränderungen,

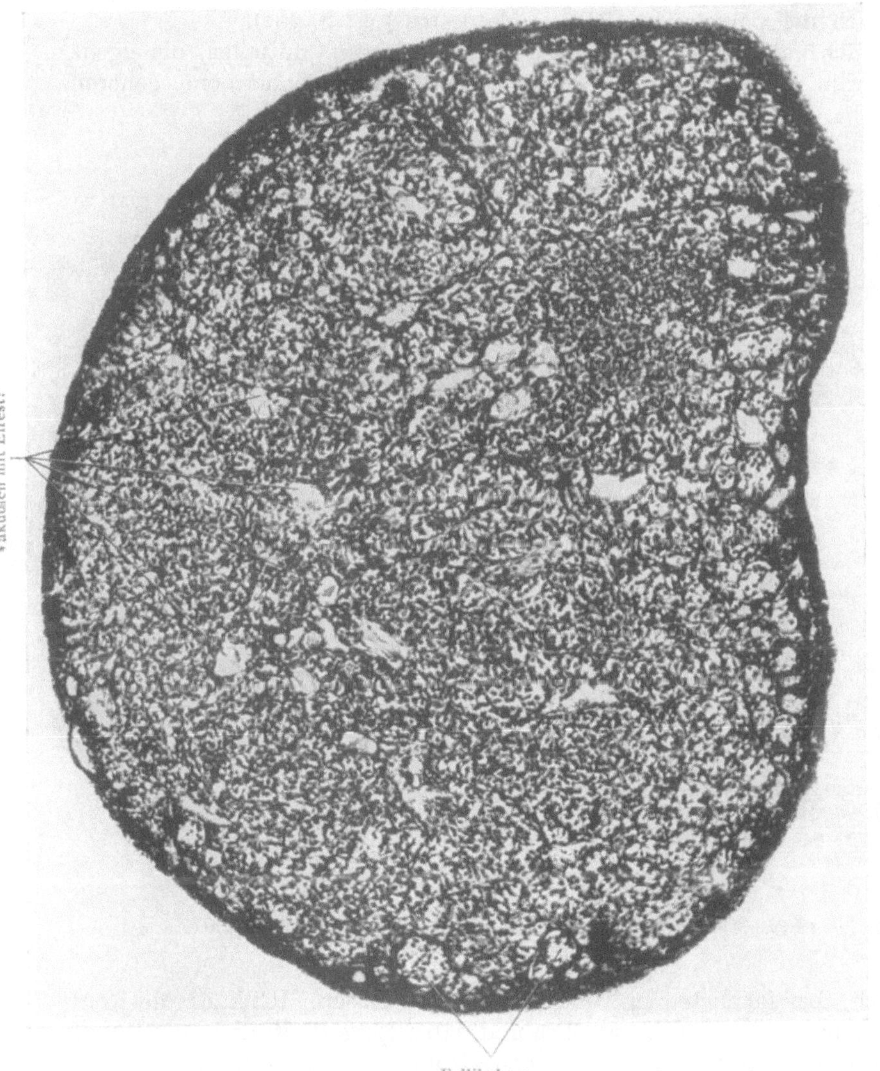

Abb. 30. Röntgenovarium — 100 Tage nach Bestrahlung mit 500 R. Rhythmischer Oestrus, in den letzten 10 Tagen Dauer-brunst. Das Ovarium besteht aus epitheloidem Gewebe. Kein einziges intaktes Ei, kein intakter Follikel! Keimepithel erhalten, darunter einige kleine Follikelreste. Zahlreiche Vacuolen mit strukturlosem Inhalt (vermutlich Reste von Eizellen).

erkenntlich an unregelmäßiger Folge der einzelnen Brunstphasen. Be-sonders interessant sind die hierbei festgestellten anatomischen Zu-stände in der Scheide, die zu einer sonst nicht beobachteten Poly-morphie des Scheidenepithels führen (v. Schubert), so daß man in derselben Scheide (s. Abb. 31 u. 32) die verschiedenartigsten Zyklusstadien nebeneinander sehen kann. An der einen Stelle findet man das Abheben der verhornten Epithelmassen (Oestrus), an einer anderen Stelle, auf den polygonalen Zellen aufsitzend, hohes Schleimepithel (Prooestrus), an einer weiteren Stelle Durchwandern von Leukocyten durch die polygonalen Zellen (Metoestrus) (s. S. 302).

Ich möchte an dieser Stelle Untersuchungen [1] mitteilen, die eigentlich in das Kapitel der Hypophysenvorderlappenhormone gehören,

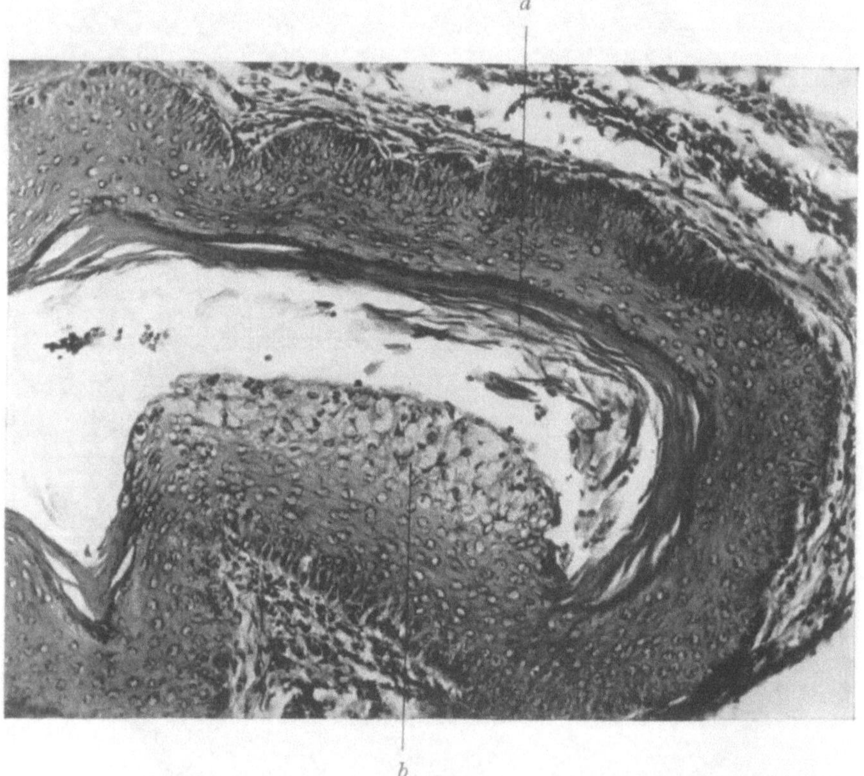

Abb. 31. Polymorphie der Scheidenschleimhaut nach Röntgenbestrahlung. Bei *a* Aufbau im Oestrus, bei *b* im Prooestrus.

sich aber sachlich hier besser eingliedern lassen. Ich habe die Röntgenuntersuchungen fortgeführt und dabei festgestellt, daß 3—4 Monate nach der Bestrahlung der Ovarialzyklus völlig aufhört, daß also auch jetzt ein funktioneller Tod der Ovarien eintritt. Nun interessierte mich die Frage, ob man derartige durch Röntgenstrahlen anatomisch und funktionell getötete Ovarien noch durch Hypophysen-

---

[1] ZONDEK, B.: Nicht publiziert.

vorderlappenhormon zu neuer Funktion anregen kann. Die Untersuchungen verliefen sämtlich negativ, d. h. *die Ovarien, die einige Wochen vorher trotz anatomischer Zerstörung noch rhythmisch Folliculin produzierten, sind nach dem Aufhören der Folliculinproduktion, d. h. nach ihrem funktionellen Absterben auch durch Hypophysenvorderlappenhormon nicht mehr zu neuem Leben zu erwecken.*

b) Röntgenreizbestrahlung.

Neben der Kastrationsbestrahlung spielt die Reizbestrahlung der Ovarien klinisch eine große Rolle. Man versucht — entsprechend dem

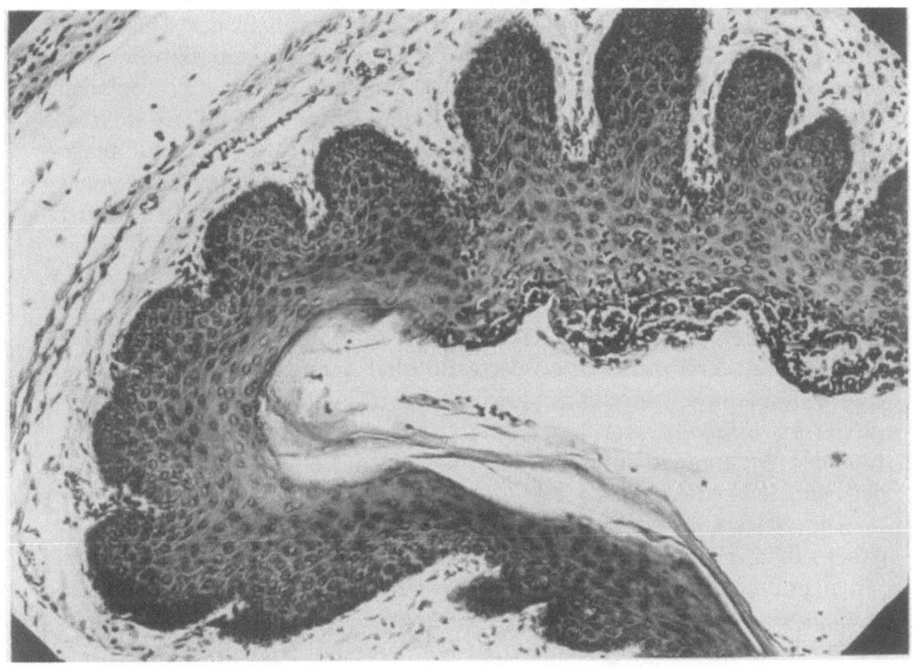

Abb. 32. Polymorphie der Scheidenschleimhaut nach Röntgenbestrahlung. Im unteren Teil östraler Aufbau, im oberen Durchwandern von Leukocyten durch die Schleimhaut (Metoestrus).

ARNDT-SCHULTZEschen Gesetz — durch kleine Röntgendosen eine funktionelle Reizwirkung auf die Eierstöcke auszuüben.

Die Ovarien kommen, wie wir festgestellt haben, von sich aus nicht zur Funktion, sondern sowohl die erste Eireifung wie der Rhythmus der Ovarialfunktion sind von der Wirkung und Steuerung der Vorderlappenhormone abhängig (s. Kap. 20). Mich interessierte nun die Frage, ob man durch Bestrahlung noch nicht funktionierender Ovarien mit kleinen Röntgendosen die hormonale Funktion in Gang bringen kann, mit anderen Worten, ob es möglich ist, durch die Strahlenwirkung Follikelreifung und Bildung des Folliculins in den Follikelzellen und dadurch Brunstreaktion auszulösen.

Zu diesem Zweck wurden die Ovarien von 40 infantilen Mäusen bestrahlt[1]. Da die Kastrationsdosis bei der Maus (s. S. 56) etwa 50 R. beträgt und als Reizdosis im allgemeinen $^1/_{10}$ der Kastrationsdosis angewendet wird, erhielten die Tiere zunächst 5 R. Da diese Versuche nach der funktionellen Seite hin negativ verliefen, wurden allmählich steigende Dosen (10, 25 R.) bis zur Kastrationsdosis (50 R.) gegeben.

Die Bestrahlung mit kleinen Dosen (5 R.) blieb nicht ohne anatomische Wirkung auf die Ovarien. Von der Peripherie des Ovariums aus schieben sich zwischen die randständigen Follikel kreisförmige Zellverbände, die die Größe eines Follikels mit einschichtiger Theca und einschichtiger Granulosa haben. An der Peripherie dieser Gebilde sieht man thecaähnliche Zellen mit langgestrecktem spindligem Protoplasma und ovalem Kern. Man hat zunächst den Eindruck, daß es sich um zusammengestürzte Primärfollikel handelt. Doch ist es nicht ausgeschlossen, daß sie vom Keimepithel herausgewachsen sind. Diese eigenartigen Gebilde sind auch bei Kastrationsbestrahlung beschrieben worden (PARKES, V. SCHUBERT, GELLERT, SCHUGT u. a.), ohne daß man bisher über die Entstehungsart dieser Zellverbände Abschließendes hat sagen können.

Bei einigen Tieren (im ganzen wurden 15 Mäuse mit 5 R. bestrahlt) konnte man vereinzelte vergrößerte Follikel nachweisen mit deutlicher Follikelhöhle und Cumulus oophorus. Niemals wurde aber in diesen vergrößerten Follikeln Hormon gebildet, niemals kam es zu einer funktionellen Wirkung, niemals zur Vergrößerung des Uterus und zum Aufbau der Scheidenschleimhaut.

Die weiteren Versuche mit höheren Röntgendosen (10—25 R.) ergaben einen erhöhten Wachstumsreiz auf die Follikel, der zu fast sprungreifen Follikeln führte. *In diesen großen Follikeln wird aber nicht Folliculin gebildet! Die Follikel sind gewachsen, aber sie funktionieren nicht.* Bei noch höheren Röntgendosen (40 R.) dasselbe Ergebnis.

Zusammenfassend ergeben die Versuche, daß man *durch Röntgenreizbestrahlung am noch nicht funktionierenden infantilen Ovarium* — neben neugebildeten follikelartigen Zellverbänden — *einen follikulären Wachstumsreiz (Follikelvergrößerung), nicht aber vorzeitige hormonale Funktion des Follikelapparates auslösen kann.* Dies scheint mir nicht verwunderlich, da die Funktion der Ovarien ohne hypophysären Reiz (gonadotrope Hormone) nicht angekurbelt werden kann. Vielleicht läßt sich die Ovarialfunktion des infantilen Tieres durch Röntgenreizbestrahlung des Hypophysenvorderlappens in Gang bringen. Wenn derartige

---

[1] Bei diesen Untersuchungen hat mich Herr SCHATZ unterstützt, der die Versuche in seiner Promotionsarbeit (Juli 1927) zusammengefaßt hat.

Versuche am infantilen Organismus negativ ausfallen, so wäre es doch möglich, daß eine Reizbestrahlung am nicht mehr funktionierenden Ovarium des geschlechtsreifen Organismus wirkungsvoll ist, da hier die Wechselwirkung (s. S. 406) zwischen Ovarium und Hypophysenvorderlappen schon bestanden hat. Ich erwähne hierbei, daß man z. B. durch eine einmalige Folliculinzufuhr beim infantilen Tier nur eine einmalige Brunst auslösen kann, daß aber eine einmalige Folliculindosis beim alten sexuell degenerierten Tier das Ovarium so ankurbelt, daß jetzt der Brunstzyklus wieder im normalen Rhythmus auftritt (s. S. 103). Ich habe bisher noch nicht Gelegenheit gehabt, den Einfluß kleiner Röntgendosen auf das nicht mehr funktionierende Ovarium alter Tiere zu untersuchen. Derartige Untersuchungen wären zur Klärung der Frage der ovariellen Reizbestrahlung von wesentlicher Bedeutung. Die vorliegenden negativen Ergebnisse am infantilen Ovarium zeigen, daß man der ovariellen Reizbestrahlung mit gewisser Skepsis gegenüberstehen muß. Des weiteren lehren die Untersuchungen, daß die anatomische Follikelvergrößerung nicht die Funktion des Follikels anzeigt, so daß nur die kombinierte morphologische und funktionelle Untersuchung uns über den Lebensvorgang unterrichten kann.

2. Nährschäden und Ovarialfunktion.

Es war uns aufgefallen, daß Mäuse zuweilen ohne äußere Ursache in einen Daueroestrus kommen, so daß wochenlang täglich im Scheidenabstrich Schollen nachweisbar sind. Die anatomische Untersuchung der Ovarien solcher Tiere führte zu der Anschauung, daß dieser Daueroestrus eine Funktionsschwäche des Ovariums darstelle, bedingt durch Atresie der Follikel, die kurz vor ihrem Absterben als Überkompensation in erhöhtem Maße Folliculin produzieren. Der auch nach der Röntgenbestrahlung häufig beobachtete Daueroestrus spricht für diese Auffassung. Wir werden im folgenden sehen, wie man das Ovarium auf verschiedenartige Weise exogen schädigen kann, und wie diese durch verschiedene Mittel herbeigeführten Schädigungen den gleichartigen funktionellen, d. h. hormonalen Effekt auslösen, die Dauerbrunst. Ich ernährte Ratten einseitig mit reiner Eiweißnahrung[1], wobei die Tiere nach 2—3 Wochen infolge Eiweißvergiftung stark an Gewicht abzunehmen begannen. Bei diesen Tieren änderte sich der Ovarialrhythmus, die Oestruspausen wurden länger oder es trat nicht selten ein Daueroestrus auf. In einer zweiten Versuchsserie[1] ernährte ich die Tiere ausreichend mit Milch und Hafer, an zwei Tagen der Woche erhielten sie aber reine Fleischnahrung (Thymus bzw. Leber). Die Tiere gediehen gut. Auch bei diesen Ratten änderte sich nach wochenlanger Ernährung der Ovarialzyklus, die Intervalle wurden

---

[1] ZONDEK, B.: Nicht publiziert.

immer länger. Daueroestrus trat nicht auf, hingegen hörte bei einigen Mäusen der Brunstzyklus ganz auf. *Diese Versuche zeigen schon, daß man durch die Ernährung die Ovarialfunktion beeinflussen kann.*

A-Avitaminose: Wir haben gesehen, daß der Aufbau und die Verhornung der obersten Zellagen der Vaginalschleimhaut sowie die dadurch bedingte Massenabstoßung von Schollen (Schollenstadium) beim kastrierten Nagetier nur durch Folliculin ausgelöst wird. Auf *eine* Ausnahme sei hingewiesen. Ernährt man Ratten Vitamin-A-frei, so tritt nach 5—6 Wochen ein Daueroestrus auf, der von der Ovarialfunktion unabhängig ist, da er auch bei der kastrierten Ratte sich einstellt. Die Ratte reagiert also auf das *Fehlen eines* bestimmten Vitamins mit derselben morphologischen Veränderung der Vaginalschleimhaut, wie dies sonst nur als physiologische Wirkung des Follikelhormons der Fall ist. In ihren wichtigen Untersuchungen konnten Mori[1], insbesondere aber Wolbach u. Howe[2] zeigen, daß die A-Avitaminose eine tiefgreifende metaplastische Veränderung an den verschiedenartigsten Schleimhäuten hervorruft, die sich bei der Vaginalschleimhaut in der östralen Reaktion äußert. Evans u. Bishop[3] konnten schon 1922 auf den Daueroestrus bei A-Avitaminose hinweisen. Daß der Daueroestrus nur durch Vitamin-A-Mangel bedingt ist, geht daraus hervor, daß man durch Zufuhr von 1—2 Tropfen Lebertran den Oestrus schlagartig unterbrechen kann, während die Zufuhr der anderen Vitamine (B, C und D) ohne jede Wirkung bleibt. Die Vitaminwirkung ist so prompt, daß man sie zum quantitativen Nachweis von Vitamin A benutzt hat (Hohlweg u. Dohrn[4]). Die Kolpokeratose kommt, wie Klussmann u. Simola[5] zeigten, auch bei den Meerschweinchen A-Vitaminose vor. Ebenso wie durch Vitamin A kann die Kolpokeratose auch durch Carotin unterbrochen werden (Klussmann u. Simola).

Es ergibt sich also: bei der kastrierten Ratte kann man die chronische Kolpokeratose durch chronische Zufuhr von Folliculin oder durch chronisches Fortlassen von Vitamin A auslösen. Umgekehrt können wir die Kolpokeratose durch Fortlassen von Folliculin oder durch Zufuhr von Vitamin A unterbrechen.

Für die hormonalen Studien kommt die durch Vitamin A bedingte Kolpokeratose als Fehlerquelle nicht in Betracht, da unsere Versuchstiere bei der gewöhnlichen Kost genügend Vitamin A erhalten.

---

[1] Mori: J. amer. med. Soc. **79**, 197 (1922). — Bull. Hopkins Hosp. **33**, 357 (1922).

[2] Wolbach u. Howe: J. exper. Med. **42**, 753 (1925); Arch. of Path. **5**, 239 (1928).

[3] Evans u. Bishop: Anat. Rev. **23**, 17 (1922). J. metabol. Res. **1**, 335 (1922).

[4] Hohlweg u. Dohrn: Z. exp. Med. **71**, 762 (1930).

[5] Klussmann, E., u. Simola, P. E.: Biochem. Z. **258**, 194 (1933).

Ich habe 1928 — im Anschluß an eine Publikation von Reiss[1] —
Ratten nur mit poliertem Reis gefüttert. Bei fast allen Tieren trat nach
4—6wöchiger Fütterung ein Daueroestrus auf. Als Beispiel führe ich
folgenden Versuch[2] an.

Ratte 72 wurde vom 18. V. an mit poliertem Reis gefüttert. Vom 4. VI.
an wird das Scheidensekret täglich untersucht. Es ergibt bis zum 14. VI.
das Bild des Dioestrus: mäßig viel Epithelien, reichlich Schleim und Leukocyten. Das Gewicht des Tieres betrug am 5. VI. 110 g. Am 15. VI. zeigt
das Scheidensekret einige Schollen neben dem Bild des Dioestrus. Das Gewicht beträgt 100 g. Vom 16. VI. bis 26. VI. zeigt das Scheidensekret
ausschließlich Leukocyten. Am 28. VI. zeigt sich reines Schollenstadium
und hält ohne Unterbrechung bis zum 1. VIII. an. Während dieses
5wöchigen Daueroestrus nimmt das Gewicht des Tieres kaum ab. Gewicht
am 21. VII. = 102 g. Am 1. VIII. wird das Tier kastriert. Ein Ovarium wird
für Fettfärbung, das andere in Zenker eingelegt. Am 2. VIII. stirbt das
Tier spontan.

Das Tier (Ratte 72) wurde vom 18. V. bis zum 1. VIII. (also über
10 Wochen) avitaminotisch ernährt. In der 6. Woche der einseitigen
Ernährung beginnt der Daueroestrus. Nach 5wöchigem Daueroestrus
werden die Ovarien operativ entfernt. *Bei der histologischen Untersuchung fand ich auffallend wenig morphologische Veränderungen in
den Ovarien.* Wir sehen reifende Follikel mit Cumulus oophorus sowie
Corpora lutea. Eine Reihe von Follikeln geht atretisch zugrunde.
Bemerkenswert war der geringe Fettgehalt (Sudanfärbung) der gelben
Körper.

Wir finden also einen charakteristischen Unterschied nach Röntgenbestrahlung und avitaminotischer Ernährung. Nach der Röntgenbestrahlung hochgradigste Veränderung der Ovarien, völliges Aufhören
der Eireifung und trotzdem zunächst cyclische, später konstante
Hormonproduktion (Daueroestrus), schließlich, nach unregelmäßigem
Rhythmus, völliges Sistieren der Hormonfunktion. Daueroestrus finden
wir auch nach avitaminotischer Ernährung, dabei aber im Ovarium
keine wesentlichen anatomischen Veränderungen. Hier sehen wir
reifende Follikel und Corpora lutea, nur die Atresie einiger Follikel
läßt vielleicht auf eine Funktionsänderung schließen. Diese Untersuchungen zeigen den großen Unterschied zwischen anatomischer und
funktioneller Betrachtung. Wir können dem Ovarium anatomisch gar
nicht ansehen, ob es noch funktioniert, ob es Hormon produziert. Bei
anatomisch normalem Bild kann die Funktion (d. h. Hormonproduktion) erloschen sein, trotz schwerer anatomischer Veränderungen der
Drüse kann ihre Funktion wochenlang ungestört sein. Wir sehen also
bei gleichartiger hormonaler Funktion (Daueroestrus) ganz verschiedene

---

[1] Reiss, M.: Klin. Wschr. **1928**, Nr 18, 849.
[2] Über diese Untersuchungen hat F. Faust in seiner bei mir ausgeführten Dissertationsschrift berichtet.

anatomische Bilder der endokrinen Drüse. *Bei der durch Röntgenstrahlen bedingten Dauerbrunst finden wir hochgradige anatomische Veränderungen des Ovariums, die bei dem durch Avitaminose herbeigeführten Daueroestrus fehlen.*

3. Gifte und Ovarialfunktion[1].

Einseitige Ernährung führt (S. 61) zu endogener Stoffwechselvergiftung, wodurch auch die endokrinen Funktionen beeinflußt werden. Es fragt sich nun, wie exogen zugeführte Gifte auf die Ovarialfunktion wirken. Aus klinischer Erfahrung wissen wir, daß z. B. bei Morphinistinnen der menstruelle Zyklus beeinflußt wird. Bei den vorliegenden Versuchen wählte ich verschiedenartige Gifte, um festzustellen, ob die zu beobachtenden Veränderungen auf eine spezielle oder allgemeine Giftschädigung zurückzuführen sind. Zunächst wandte ich das in einer endokrinen Drüse (Nebenniere) produzierte, den Sympathicus reizende Adrenalin an. KRAUL[2] hatte die Beobachtung gemacht, daß man durch Adrenalin bei sexuell reifen Mäusen den Zyklus zum Aufhören bringen könne. Das Follikelwachstum zeige sich gehemmt, und der Bestand der interstitiellen Drüse gefördert. KRAUL glaubt, daß die durch Adrenalin bedingte Einwirkung auf den Sympathicus die Funktion des Ovariums im Sinne einer Hemmung beeinflusse. Ich will das Ergebnis der eigenen Untersuchungen vorwegnehmen. Die Angaben KRAULs konnten wir im funktionellen Sinne nicht bestätigen. Bei den erwachsenen, mit Adrenalin behandelten Tieren zeigte sich kein Aufhören der Brunstphasen, wenn das Intervall auch bei einigen verlängert wurde. In einigen Versuchen konnte auch ein Daueroestrus erzielt werden, der aber nur eine gewisse Zeit (8—10 Tage) anhielt, um dann wieder von normalen Brunstphasen unterbrochen zu werden.

Daß das Adrenalin an sich die Follikelreifung und Folliculinproduktion im Ovarium nicht hemmt, geht aus folgenden Versuchen hervor: Ich injizierte infantilen, 6—8 g schweren Mäusen täglich 0,05 bzw. 0,1 mg Adrenalin. Würde Adrenalin die Follikelreifung und Sexualfunktion hemmen, so dürften die infantilen Tiere überhaupt nicht oder verspätet zum erstenmal brünstig werden. Dies ist aber nicht der Fall. Die Brunstreaktion tritt bei den mit Adrenalin chronisch behandelten infantilen Tieren zu der gleichen Zeit auf wie bei nichtbehandelten Kontrolltieren. Aber in der Folgezeit zeigt sich doch ein wesentlicher Unterschied. Bei den Kontrolltieren geht der Brunstzyklus rhythmisch vor sich, bei den mit Adrenalin behandelten Mäusen treten lange Oestrusperioden auf, die nur für kurze Zeit unterbrochen werden. Es

---

[1] ZONDEK, B.: Nicht publiziert.
[2] KRAUL: Arch. Gynäk. **131**, 600 (1927).

tritt zwar nicht immer ein reiner Daueroestrus auf, aber doch eine chronische, langdauernde Folliculinproduktion mit nur kurzen Intervallen. Die Einzelheiten gehen aus folgendem Versuchsprotokoll hervor:

Maus 8910 erhielt ab 19. I. täglich 0,05 ccm Adrenalin. Gewicht 6,7 g. Der Abstrich zeigt bei dem sexuell unreifen Tier Schleim und Leukocyten. Am 1. II. beträgt das Gewicht 9,2 g, am 9. II. 12,0 g, am 16. II. 14,0 g. An diesem Tage zeigen sich zum erstenmal Schollen im Sekret neben den Leukocyten. Das Schollenstadium wird in den nächsten Tagen stärker, die Leukocyten verschwinden fast völlig. Das Schollenstadium hält bis zum 28. II., also 10 Tage an. Vom 28. II. bis 2. III. tritt ein Intervall auf, in dem Leukocyten und Epithelien die Schollen verdrängen. Vom 2.—6. III. wieder Schollenstadium. Am 7. und 8. III. verschwinden die Schollen, um vom 9.—23. III. in einem 14 tägigen, ununterbrochenen Daueroestrus zu erscheinen. Nach diesem Oestrus erscheint ein 2 tägiges Intervall mit dem Bild des Dioestrus. Vom 27. III. bis zum Tode am 3. IV. tritt wieder fast reines Schollenstadium auf. Maus am 3. IV. getötet. Gewicht 17,4 g. Uteri groß. Ein Ovar für Fettfärbung, das andere in Zenker eingelegt.

Die Sektion des im Daueroestrus getöteten Adrenalintieres ergibt große, mit Sekret strotzend gefüllte Uteri. Die Ovarien sind vergrößert, hyperämisch und lassen alte Corpora lutea erkennen. Die histologische Untersuchung der Ovarien zeigt hochgradige Hyperämie der Ovarien, alte Corpora lutea, einen sprungreifen Follikel, daneben zahlreiche atretische Follikel. Die Fettfärbung (Sudan) läßt reichlich sudanophile Substanzen im Interstitium und in den Corpora erkennen.

Narkotica. Besonders interessierte mich der Einfluß der Narkotica auf die Ovarialfunktion, weil diese Gifte uns in ihrem Mißbrauch in der Klinik begegnen. Ich hatte vorhin schon erwähnt, daß bei Morphinistinnen Unregelmäßigkeiten im Menstruationsverlauf beobachtet werden. Interessant schien mir ferner die Beziehung der Narkotica zur Hormonproduktion im Ovarium, weil H. ZONDEK u. BANSI[1] gefunden hatten, daß die Narkotica allgemein die Hormonwirkung hemmen, weil die Zelle für das Hormon unempfindlicher wird. In der Tat konnte ich in Gemeinschaft mit H. ZONDEK feststellen, daß dieses Gesetz auch für das weibliche Sexualhormon, Folliculin, gilt. Bei genauer Titration[2] von Folliculinlösungen konnte festgestellt werden, daß mit Luminal behandelte kastrierte Mäuse eine größere Hormondosis zur Auslösung des Oestrus brauchen als Kontrolltiere.

Bei Behandlung mit Morphin (täglich 2 mg subcutan) fand ich zunächst keine Änderung im Brunstverlauf. Aber nach 3 Wochen beginnt der Rhythmus unregelmäßig zu werden. Manche Tiere vertragen die Morphiumbehandlung monatelang. Bei allen zeigt sich zum Schluß ein zum Teil wochenlanger Daueroestrus. Die auf der Höhe der Brunst getöteten Tiere haben große, violettrote, dicke Uteri. In

---

[1] ZONDEK, H., u. BANSI: Klin. Wschr. 1927, Nr 28. Biochem. Z. 195, H. 4—6, 376 (1928).
[2] ZONDEK, B.: Nicht publiziert.

den Ovarien sieht man nur noch vereinzelte große Follikel, auch alte
Corpora lutea. Erwähnt werden müssen — im Vergleich zu der Adre-
nalinbehandlung — *degenerative Veränderungen der Gewebszellen, so daß
der Eierstock an manchen Stellen einem röntgenbestrahlten Ovarium ähnlich
sieht*. Auch diese schwer geschädigten Ovarien überschütten den Organismus mit Hormon, es kommt zur Dauerbrunst durch das in den
zugrunde gehenden Follikelzellen im Übermaß produzierte Folliculin.

Alkohol: Zum Schluß sei noch über meine Versuche mit Alkohol [1]
berichtet. Die genau vorher auf ihren Zyklus untersuchten Tiere erhielten täglich 0,1 ccm einer 35%igen bzw. 70%igen Alkohollösung
subcutan. Näheres ergibt sich aus einem Versuchsprotokoll:

Maus T 62, erwachsen. Vom 20. IV. bis anfangs Juli zeigt sich 11 mal
reines Schollenstadium mit ziemlich regelmäßigen 5—7tägigen Intervallen.
Ab 6. VII. bekommt die Maus täglich 0,1 ccm 35%igen Alkohol subcutan.
Vom 5.—16. VII. zeigt das Tier einen 11tägigen Oestrus, der aber vom
17.—25. VII. von einem Metoestrus abgelöst wird. Hierauf scheint die Hormonproduktion wieder normal zu werden. Es tritt in ziemlich regelmäßigem
Zyklus mit 3—5tägigen Intervallen stets ein mehrere Tage andauerndes
Schollenstadium auf. Am 31. XII. beginnt schließlich ein Daueroestrus, der
ununterbrochen 5 Wochen lang, bis zum 8. II., anhält. (Beginn nach 5 monatiger Alkoholbehandlung.) An manchen Tagen treten neben den Schollen
Leukocyten auf. Am 8. II. macht der Daueroestrus einem 14 Tage anhal-
tenden Metoestrus Platz. Vom 21.—23. II. erscheinen wieder Schollen. Am
23. II. wird die Maus getötet. Uteri riesengroß. Kapsel des rechten Ovars
gespannt. Ein Ovarium für Fettfärbung, das andere in Zenker eingelegt.

Die histologische Untersuchung der Ovarien des Alkoholtieres (T 62)
ergab mittlere und große Follikel mit Cumulus oophorus und Ei. In den
Randpartien der Follikel zeigen sich helle, blasig aufgetriebene Zellen
und Vakuolen. Besonders auffallend war die starke Hyperämie der
Ovarien *und das Auftreten von geringen Blutungen in den nicht geplatzten
Follikeln*. Ich erwähne dies besonders, weil wir später beim Hypophysenvorderlappenhormon diese Follikelblutungen als eine spezifische
Reaktion des gonadotropen Hormons bei der Maus kennen lernen werden
(s. S. 202). Diese durch chronische Alkoholzufuhr bedingten Follikelblutungen sind allerdings bei weitem nicht so stark wie beim Vorderlappenhormon. Die Blutungen sind aber sehr bemerkenswert, weil sie
weder physiologisch, noch als Wirkung irgendeines Mittels bei der Maus
bisher beobachtet worden sind.

Das Follikelwachstum wird durch Alkohol nicht gehemmt. Auffallend
ist das spärliche Vorkommen von gelben Körpern bei den Alkoholtieren.
Die Fettfärbung ergab massenhaft Fett im Interstitium des Ovars und auch
in den Randzellen der Follikel, an denen man degenerierte Zellen findet.

Der ovarielle Zyklus wird wochenlang nur unwesentlich beeinflußt,
geht aber schließlich auch beim Alkohol als Ausdruck der toxischen
Schädigung in einen Daueroestrus über.

---

[1] ZONDEK, B.: Nicht publiziert.

Thallium. Eine Sonderstellung unter den Giften nimmt das Thallium ein, das nach Buschke und seinen Mitarbeitern in spezifischer Weise auf die endokrinen Drüsen wirkt. Charakteristisch ist die Tatsache, daß die durch Thallium bewirkten Änderungen aufhören, wenn das Gift den Tieren nicht mehr zugeführt wird.

In Gemeinschaft mit Buschke u. Bermann[1] prüfte ich die Wirkung des Thalliums auf den Brunstzyklus der Maus. Die Fütterung mit Thallium aceticum erfordert große Sorgfalt, weil die Tiere infolge der großen Giftigkeit schnell zugrunde gehen. Nur durch genaueste Beobachtung und exakte Dosierung ist es möglich, die Tiere am Leben zu erhalten. Dies gelang uns bei 18 Mäusen.

Das Ergebnis war folgendes: *Unter dem Einfluß der Thalliumfütterung[2] kommt es während der Fütterung überhaupt nicht mehr zur Brunst,* d. h. das Schollenstadium wird im Scheidensekret nicht mehr beobachtet. Hört man mit der Thalliumfütterung auf, so tritt die Brunst nach 1—8 Wochen wieder auf. Es besteht also eine *durch Thallium bedingte reversible Hemmung der Ovarialfunktion.* Ob es sich hier um eine spezifische Wirkung des Thalliums handelt oder allgemein um den Einfluß der Metallwirkung muß dahingestellt bleiben. Diese Frage scheint mir auch von untergeordneter Bedeutung zu sein. Wichtig ist die Tatsache, daß man durch ein Gift den Brunstzyklus hemmen kann, was uns durch andere[3] Stoffe bisher nicht gelungen ist. Durch wiederholte Implantationen von menschlichem und tierischem Thymus konnten wir zwar eine gewisse Verzögerung, aber nicht Aufhören der Ovarialfunktion erzielen. Mäuse, denen ich beide Nebennieren exstirpierte, hatten noch monatelang normalen Zyklus. Auch die Röntgenstrahlen können den Zyklus erst nach Monaten zum Versiegen bringen. Um so interessanter ist die Tatsache, daß man durch die Giftwirkung des Thalliums die hemmende Reaktion akut auslösen kann. Untersucht man die Ovarien der Thalliumtiere, so lassen sich anatomisch gar keine Veränderungen feststellen. Man sieht sprungreife Follikel, die wie beim physiologischen Oestrus aussehen, die aber trotz der anatomischen Integrität doch keine Funktion haben, so daß sie Folliculin nicht mehr produzieren. Dabei ist — das muß noch erwähnt werden — die hormonale Reaktionsfähigkeit derartiger mit Thallium behandelter Tiere nicht gestört. Führt man ihnen Folliculin oder gonadotropes Hypophysenvorderlappenhormon zu, so tritt die Brunst sofort wieder auf.

Zusammenfassend ergibt sich aus den vorliegenden Untersuchungen, *daß exogene Schädigung des Ovariums, wie Röntgenbestrahlung, ein-*

---

[1] Buschke, Zondek, B., u. Bermann: Klin. Wschr. 1927, Nr 15, 683.

[2] Die Thalliumversuche sind von del Castillo (Semana méd. 1929, I) nachgeprüft und bestätigt worden.

[3] Bezüglich der hemmenden Wirkung des Corpus-luteum-Hormons auf den Oestrus sei auf Kap. 18 verwiesen.

seitige Ernährung und Gifte, den Eierstock anatomisch und funktionell schädigen können, daß aber anatomische Veränderungen und Funktionsstörung keineswegs parallel gehen. Als gemeinsamen Funktionsausdruck toxischer Schädigungen des Organismus haben wir die Dauerproduktion des Folliculins im Ovarium, den Daueroestrus, kennen gelernt. Wir finden bei Röntgenbehandlung der Ovarien anatomisch überhaupt keine reifenden Follikel und trotzdem funktionell rhythmische Hormonproduktion oder Dauerbrunst. Beim Morphiumtier finden wir große, sprungreife Follikel mit Schädigung des Follikelgewebes und funktionell Daueroestrus. Beim Alkohol sehen wir Dauerbrunst und dabei sprungreife Follikel mit geringer Gewebsschädigung. Beim Thallium endlich finden wir anatomisch gar keine Veränderungen und dabei funktionell schwerste Beeinflussung, völliges Sistieren der Folliculinproduktion und damit Aufhören des Sexualzyklus.

Man darf nicht den Fehler begehen, in einer festgestellten biologischen Wirkung gleich eine *spezifische* Reaktion des untersuchten Stoffes zu sehen. So ist z. B. die Wirkung des Adrenalins auf die Ovarialfunktion als *allgemeine* Giftwirkung, nicht als spezielle funktionelle Reaktion auf den Sympathicus aufzufassen. Jeder Versuch ist unter allgemeinen biologischen Gesichtspunkten zu werten! Vor allem müssen zur Ausschaltung von Fehlerquellen zahlreiche Kontrolluntersuchungen gemacht werden.

11. Kapitel.

Oestrus, Menstruation, Menstrualblut.

Die experimentellen Ergebnisse, studiert an der Brunstreaktion der Maus, dürfen nicht ohne weiteres auf den Menschen übertragen werden. Wir dürfen, was leider häufig geschieht, die Brunst nicht mit der Menstruation oder dem prämenstruellen Stadium der Frau vergleichen! Die Brunst wird durch das im Follikelapparat entstehende Hormon (Folliculin) herbeigeführt. Im Ovarium finden wir auf der Höhe der Brunst einen sprungreifen oder frisch gesprungenen Follikel. Ganz anders liegen die Verhältnisse bei der Frau. Hier finden wir den Follikelsprung im Intervall! Im Uterus ist die Schleimhaut unter der Wirkung des auch im menschlichen Follikel gebildeten Hormons (Folliculin) aufgebaut, ohne daß sich die Funktion im Drüsenepithel einstellt. Das prämenstruelle Stadium der Frau wird (s. Kap. 18) nicht nur durch das im Follikelapparat gebildete Folliculin ausgelöst, sondern dazu ist noch die Wirkung des Corpus-luteum-Hormons notwendig. Im gewöhnlichen Zyklus der Maus besteht keine Phase, die mit dem prämenstruellen Stadium bzw. der Menstruation der Frau vergleichbar ist. Die Brunst, d. h. der Aufbau der Scheidenschleimhaut, die Massenabstoßung der verhornten Zellen ins Scheidenlumen hat bei dem Nagetier einen speziellen biologischen Zweck. Die Schollenmassen bilden mit dem Sperma einen Pfropf, so daß nach der im Oestrus erfolgten Kohabitation eine zweite Besamung nicht möglich ist. Erst unter dem Einfluß des Coitus bzw. der Befruchtung, treten bei der Maus jene Veränderungen auf (hohes Schleimepithel der Scheide, polypöse Wucherung der Uterusschleimhaut), die man mit den prämenstruellen Veränderungen der Frau vergleichen könnte.

Die Brunstreaktion ist in ausgezeichneter Weise zum Studium aller derjenigen funktionellen Erscheinungen geeignet, die mit der Follikelreifung und der Bildung des Folliculins zusammenhängen. Man darf aber nicht den Fehler machen die Brunst mit der Menstruation zu identifizieren. (Näheres s. Kap. 37.)

Diese Bemerkungen führen mich zu den Untersuchungen, die ich über die menstruellen Reaktionen der Frau gemacht habe. Noch immer ist die Frage nach dem Sinn der Menstruation ungeklärt. Im Volksglauben und auch in der alten Medizin hielt man den Uterus für ein Excretionsorgan für die im Stoffwechsel entstehenden schädlichen Produkte, so daß man in der Menstruation eine für den weiblichen Körper notwendige monatliche Reinigung erblickte. Die wunderbaren und abenteuerlichen Vorstellungen von der starken Giftigkeit des Menstrualblutes im orientalischen Volksglauben wurden durch PLINIUS in die wissenschaftliche Medizin übernommen und spielen auch heute im Volke eine nicht unbeträchtliche Rolle. So sollen, um einige Beispiele zu nennen, die Früchte von den Bäumen fallen, wenn eine Menstruierende in die Nähe kommt. Die Gärung von Most soll gestört werden, wenn eine Menstruierende den Keller betritt. Daß auch heute diese Fragen wissenschaftlich diskutiert werden, geht aus der Tatsache hervor, daß SCHIFF vor einigen Jahren eine Menstruierende beobachtet hat, die Blumen zum Verwelken brachte, wenn sie diese in die Hand nahm. Die Auffassung von der Notwendigkeit der monatlichen Reinigung durch das Menstrualblut wird besonders von ASCHNER vertreten. Im Gegensatz dazu steht die von ROBERT MEYER verfochtene Ansicht, daß die Menstruation, der Abort des unbefruchteten Eies, ein Fehlschlag der Natur sei, in gewissem Sinne also ein pathologischer Vorgang. Die Menstruation als solche könne nicht als ein von der Natur beabsichtigter Vorgang betrachtet werden, und alle Umwandlungen der Uterusschleimhaut dienen nicht dazu, eine Menstruation zu veranlassen, sondern eine Schwangerschaft zu ermöglichen. Bei der Verschiedenartigkeit dieser Anschauungen hat mich die Frage interessiert, ob das Produkt der Menstruation, d. h. das Menstrualblut, irgendwelche Abweichungen erkennen lasse, die man für die eine oder andere Anschauung verwenden könne. GAUTIER[1] u. BOURCET[2] hatten gefunden, daß im

---

[1] GAUTIER: C. r. Acad. Sci. Paris 1900, 362.
[2] BOURCET: Ebenda 493.

Menstrualblut giftige Substanzen, und zwar Arsen und Jod, in größerer Menge ausgeschieden werden. Ich halte diese Befunde für äußerst bemerkenswert, da eine Ausscheidung von Giften sehr für die Excretionstheorie der Menstruation sprechen würde. Wichtig erscheint mir besonders die Arsenausscheidung, weniger bedeutend der erhöhte Jodgehalt des Menstrualblutes, da wir veränderte Jodausscheidungen häufiger finden. Ich habe bei zwei Fällen von Hämatokolpos, wo größere Menstrualblutungen zur Verfügung standen, den Arsengehalt festzustellen versucht. Hierbei habe ich gesehen, wie schwierig es ist, kleinste Arsenmengen exakt zu bestimmen, so daß ich den Analysen von GAUTIER und BOURCET (1900) etwas skeptisch gegenüber stehe. In den letzten Jahren sind die Methoden zum Nachweis kleinster Arsenmengen sehr exakt ausgebaut worden, so daß es wünschenswert wäre, wenn diese Untersuchungen neu aufgenommen würden.

Bei meinen in Gemeinschaft mit STICKEL[1] ausgeführten Untersuchungen entnahmen wir das Menstrualblut mittels einer eigens angefertigten Pipette direkt aus dem Corpus uteri, um zu verhüten, daß Veränderungen des Blutes auf dem Wege durch die Cervix auftreten. Zur Kontrolle wurde stets Venenblut derselben Frau untersucht, um beide Blutarten miteinander vergleichen zu können.

Die Ergebnisse waren folgende: Im Menstrualblut besteht eine Oligocythämie. Nicht so klar liegen die Verhältnisse bei den Leukocyten. Meist besteht eine Leukopenie, die Werte sind aber größeren Schwankungen unterworfen als bei den Erythrocyten. Als Durchschnittswert läßt sich angeben: 2 990 000 Erythrocyten und 3160 Leukocyten pro Kubikmillimeter Menstrualblut. Das Hämoglobin des Menstrualblutes zeigt regelmäßig geringere Werte als das des Gesamtblutes. Diese Verminderung ist jedoch nicht proportional der Herabsetzung der Erythrocytenzahl. Infolgedessen ist der Hämoglobinwert im Menstrualblut relativ zu hoch, so daß der Färbeindex in der Regel größer als 1 ist. Diese Erhöhung des Färbeindexes muß, da eine zentrale Störung von seiten des Knochenmarks während der Menstruation auszuschließen ist, auf eine lokale Ursache zurückzuführen sein. Wir fanden sie in einer partiellen Hämolyse des uterinen Blutes.

Die Differenzierung des Blutbildes ergab im Gesamtblut der menstruierenden Frau eine Verschiebung zugunsten der Lymphocyten auf Kosten der Leukocyten. Veränderungen der anderen Zellarten wurden nicht gefunden. Im Menstrualblut ist die Lymphocytose ausgesprochen, so daß sie bis 62% aller Leukocyten beträgt (beigemischte Rundzellen der Uterusschleimhaut?). Die Neutrophilen sind entsprechend vermindert, die anderen Zellarten zeigen keine wesentliche Veränderung.

---

[1] STICKEL u. B. ZONDEK: Z. Geburtsh. **83**, 1 (1921).

Die physikalische Untersuchung des Menstrualblutes ergab folgendes: Während das spezifische Gewicht des Gesamtblutes durch die Menstruation nicht geändert wird, fanden wir im Menstrualblut einen geringeren Wert.

Die Prüfung der Trockensubstanz und des Wassergehaltes (gewichtsanalytisch) ergab eine deutliche Hydrämie des Menstrualblutes. Während im Gesamtblut der menstruierenden Frau die Trockensubstanz 20,7%, der Wassergehalt demnach 79,3% beträgt, fanden wir im Menstrualblut im Durchschnitt 17,2% Trockensubstanz und 83,8% Wasser.

Die molekulare Konzentration (Gefrierpunktsbestimmung) ist im Gesamtblut während der Menstruation normal, im Menstrualblut hingegen vermindert ($\Delta = -0,51^\circ$).

Die refraktrometrische Eiweißbestimmung ergab im Gesamt- und Uterinblut normale Werte.

Obwohl die Resistenz der Erythrocyten des Menstrualblutes nicht wesentlich verändert ist, zeigt das Blut deutliche Hämolyse. Der Farbenton ist schwankend, ohne daß man einen bestimmten Faktor für die verschiedenartige Menge des gelösten Hämoglobins verantwortlich machen kann. Als ursächliches Moment kommt wahrscheinlich eine Fermentwirkung in Frage. Die Hämolyse findet nur beim Kontakt mit der Uterusschleimhaut statt.

Während die Gerinnungsfähigkeit des Gesamtblutes während der Menstruation nicht geändert ist, hat das Menstrualblut seine Gerinnungsfähigkeit praktisch verloren. In den ersten 24 Stunden fließt das Menstrualblut aus dem Gerinnungsröhrchen ohne weiteres heraus. Am 2. Tage bilden sich leichte Flocken und Streifen, während es am 3. Tage im Röhrchen zum Teil haften bleibt, was auf die Eintrocknung des Blutes und den Wasserverlust zurückzuführen ist. Nur das mit der Uterusschleimhaut in Kontakt befindliche Menstrualblut gerinnt nicht. Das aus der Portio des menstruierenden Uterus mittels Einstich entnommene Blut zeigte normale Gerinnungsfähigkeit!

Wir sehen aus den vorliegenden Untersuchungen, daß das Menstrualblut sich von dem Gesamtblut der menstruierenden Frau wesentlich unterscheidet. Die Zahl der Blutkörperchen des Menstrualblutes ist vermindert, ebenso der Gehalt an Blutfarbstoff. Der Färbeindex ist meist größer als 1. Die Differenzierung der Blutkörperchen zeigt eine Verschiebung zugunsten der Lymphocyten auf Kosten der Neutrophilen. Es besteht eine deutliche Hydrämie, die molekulare Konzentration ist vermindert. Besonders müssen zwei Faktoren hervorgehoben werden, die das Menstrualblut in charakteristischer Weise vom Gesamtblut unterscheiden: 1. Die Hämolyse und 2. die Gerinnungsunfähigkeit. Es ist möglich, daß beide Faktoren durch Fermentwirkung der Uterusschleimhaut bedingt sind.

Das Problem der mangelnden Gerinnungsfähigkeit des Menstrualblutes hat Physiologen und Gynäkologen seit langem beschäftigt, und fast jeder Autor hat seine eigene Theorie aufgestellt. RETZIUS führt als Grund die saure Reaktion des Blutes infolge Beimengung von freier Phosphor- und Milchsäure an. Wenn KRIEGER[1] das alkalische Cervixsekret, SCHRÖDER[2] das saure Vaginalsekret verantwortlich machen, so ist dies durch meine Untersuchungen widerlegt, da wir das Menstrualblut direkt aus dem Corpus uteri entnahmen, so daß es sicher keine Beimengungen aus Vagina und Cervix enthielt. CHRISTEA u. DENK[3] sehen ebenso wie LAVAGNER die Ursache der Gerinnungsunfähigkeit in einem Mangel an Fibrinferment. HALBAN, FRANKL u. ASCHNER[4] fanden in der Uterusschleimhaut des prämenstruellen Stadiums große Mengen Trypsin, während diese im Postmenstruum wesentlich geringer waren. Durch die prämenstruelle Hyperämie soll eine starke Aktivierung des tryptischen Fermentes auftreten. Dieses löse eine Quellung der Stromazellen in den oberflächlichen Stromaschichten und die Andauung der oberflächlichen Schleimhautcapillaren aus. Das gleiche Ferment soll auch die Gerinnungsunfähigkeit bedingen.

Die hervorstechendste Eigenschaft des Menstrualblutes, die mangelnde Gerinnungsfähigkeit, zeigt uns, daß das Menstrualblut ein besonderes Blut ist. Diese Eigenschaft ist zweckmäßig, da sonst das Blut im Corpus uteri zu Klumpen gerinnen würde, und die Säuberung des Uterus, d. h. die Abstoßung der Uterusschleimhaut während der Menstruation, behindert wäre. Wenn das Menstrualblut durch seine Gerinnungsunfähigkeit seine Zweckmäßigkeit beweist, so muß auch die Absonderung des Blutes eine physiologische Bedeutung haben. Sehen wir mit ROBERT MEYER in der Menstruation einen von der Natur gar nicht beabsichtigten, gewissermaßen pathologischen Vorgang, so kann man nicht verstehen, weshalb das Menstrualblut andere Eigenschaften besitzen soll als das Gesamtblut. Wenn die Umwandlungen der Uterusschleimhaut nur dazu dienen, eine Schwangerschaft zu ermöglichen, nicht aber die Menstruation auszulösen, so müßte bei der Menstruation als pathologischem Vorgang das Blut die gewöhnliche Beschaffenheit haben, es brauchte nicht zweckmäßig für die Menstruation zusammengesetzt zu sein. Ich hebe dies hervor, weil ich die Ansicht von ROBERT MEYER für zu weitgehend halte. Wohl dienen die Aufbauvorgänge im Uterus der Schwangerschaft. Wenn aber eine Schwangerschaft nicht eintritt, so ist die Menstruation, d. h. die Abscheidung des Menstrualblutes, ein für den Organismus wichtiger regulatorischer Vorgang! Erwähnt sei noch, daß die Hormonkonzen-

---

[1] KRIEGER: Die Menstruation. 1869.
[2] SCHRÖDER, R.: Verh. dtsch. Ges. Gynäk. Halle 1913.
[3] CHRISTEA u. DENK: Wien. klin. Wschr. 1910, Nr 7.
[4] HALBAN, FRANKL u. ASCHNER: Gynäk. Rdsch. 1910.

tration (Folliculin) im Menstrualblut 7 mal so hoch ist wie im Gesamtblut (R. T. FRANK u. GOLDBERGER [1]), so daß das Menstrualblut auch an der Ausscheidung des vom Organismus nicht verwerteten Folliculins teilnimmt.

Das Abfließen des Menstrualblutes ist nicht nur ein für die Psyche, sondern auch für den Organismus der Frau notwendiger Vorgang. Wir Gynäkologen sollen daraus die Lehre ziehen — damit stimme ich mit ASCHNER überein —, bei unseren operativen Eingriffen möglichst konservativ zu verfahren, um den Frauen die menstruelle Blutung, wenn nur irgend möglich, zu erhalten.

12. Kapitel.

Darstellung und Chemie des Follikelhormons. Einheitsbegriff des Hormons.

Um ein möglichst übersichtliches Bild meiner Untersuchungen zu geben, lasse ich die Arbeiten nicht chronologisch folgen, sondern ordne sie nach sachlichen Gesichtspunkten, wodurch auch Wiederholungen vermieden werden. Ich unterbreche jetzt die Mitteilung der biologischen Studien, um über die chemischen Untersuchungen zu berichten, die ich in Gemeinschaft mit BRAHN und später mit VAN EWEYK ausgeführt habe.

Einheitsbegriff.

Die Darstellung des Follikelhormons hat durch das Testobjekt von ALLEN und DOISY so große Förderung erfahren, weil man mit dieser Methodik in kurzer Zeit das Ergebnis der chemischen Untersuchung überprüfen kann. Man spritzt die einzelnen Fraktionen der kastrierten Maus ein und kann schon nach rund 80 Stunden feststellen, ob die untersuchte Flüssigkeit Hormon enthält oder nicht. Ist Sexualhormon vorhanden, so macht die Scheidenschleimhaut den typischen Aufbau mit Verhornung der obersten Zelllagen durch, das Scheidensekret wandelt sich aus dem Schleimsekret in das Schollensekret um. Bleibt das Schleimsekret unverändert, so wissen wir, daß die eingespritzte Flüssigkeit Sexualhormon nicht enthält. Die geringste Hormonmenge, die imstande ist, die Brunstreaktion auszulösen, nennt man eine Mäuseeinheit (bei der Ratte eine Ratteneinheit).

Die Mäuseeinheit ist in der Literatur von verschiedenen Untersuchern verschieden definiert worden, so daß eine gewisse Verwirrung auf diesem Gebiete herrscht. Meines Erachtens wird nur durch die Feststellung des *reinen* Schollenstadiums (Vollbrunst) eine sichere Beurtei-

---

[1] FRANK, R. T., u. GOLDBERGER: Journ. Americ. med. Assoc. **87**, 1719 (1926).

lung und ein genauer Titrationswert erreicht, zumal das Schollenstadium im Ausstrich schon makroskopisch an seiner krümeligen Beschaffenheit leicht und sicher zu erkennen ist. LAQUEUR, HART, DE JONGH, WIJSEN-BEK[1] begnügen sich als Testobjekt mit dem Nachweise des Übergangsstadiums vom Prooestrus zum Oestrus. Unter positiv (+) wird verstanden, wenn die Leukocyten so gut wie verschwunden sind und die Epithelien das Bild vollkommen beherrschen und darüber hinaus ungefähr ebensoviel kernlose wie kernhaltige Zellen zu sehen sind. Die einzelnen Reaktionen werden mit —, (+) = (—), + und ++ bezeichnet. Mit diesen nicht scharf definierten Reaktionen wird meines Erachtens dem subjektiven Ermessen des Beobachters ein gewisser Spielraum gelassen. Der Vorteil des geschilderten Testobjektes ist aber gerade die objektive, zuverlässige Feststellung des biologischen Vorganges der Brunst, charakterisiert durch die unverkennbaren und von jedem Untersucher gleich zu beurteilenden Schollen. LAQUEUR kam es darauf an, die Hormonwerte zu erfassen, die auch unter einer Mäuseeinheit liegen, wenn die Wirkung des eingespritzten Hormons noch nicht die Verhornung ausgelöst hat. Von ähnlichen Gesichtspunkten gingen LOEWE[2], LANGE und FAURE aus, die an die Stelle der betrachtenden Abschätzung des Oestrusbildes die Auszählung des prozentualen Anteils der Schollen am Gesamtzellbilde des Abstriches setzten. „Wir gewinnen so für jeden durch eine Hormongabe an die weibliche kastrierte Maus erzeugten Brunstgang ein Schaulinienbild vom täglichen Stande der Zellelemente im allgemeinen und des Schuppenanteils im besonderen." Die LOEWE-sche Modifikation hat wenig Anhänger gefunden, schon weil die Auszählung der Schollen die Methodik sehr erschwert. Das Auftreten von Schollen kommt auch außerhalb der Brunst vor, so daß LOEWE selbst 30% Schuppen im physiologischen Schwankungsbereich des Ruhestadiums unbehandelter Kastraten angibt.

Es wäre wünschenswert, wenn eine Einigung in der Definition der Einheit des Follikelhormons erfolgen würde. BUTENANDT hat bei seinen chemischen Arbeiten auch die Vollbrunsteinheit angewandt, d. h. das *erste Auftreten des reinen Schollenstadiums.* Da wir jetzt wissen, daß 1 Einheit ein Gewicht von 0,000125 mg hat, so scheint mir kein Bedürfnis vorzuliegen, noch geringere Hormonmengen zu erfassen. Ich glaube, daß durch Modifikationen, die noch Hormonmengen unter 1 Einheit feststellen wollen, nur die Exaktheit der Untersuchungen leidet, so daß ich empfehlen möchte, am Begriff der Vollbrunsteinheit festzuhalten.

Alle Untersucher sind sich darin einig, daß die Brunstreaktion nicht nur von der absoluten Hormonmenge, sondern auch von der Art und

---

[1] LAQUEUR c. s.: Dtsch. med. Wschr. 1926, Nr 1 u. 2.
[2] LOEWE c. s.: Zbl. Gynäk. 1925, 1735. Dtsch. med. Wschr. 1926, Nr 8 u. 14.

Zeitdauer der Hormonzufuhr abhängt. Spritzen wir die gleiche Hormonmenge in Öl bzw. Wasser gelöst ein, so wird die Wasserlösung schneller resorbiert und ausgeschieden als das Öl, infolgedessen wird die Brunstwirkung der wäßrigen Lösung nicht die gleiche sein wie die der Öllösung. Spritzen wir dieselbe Hormonmenge in *einer* Dosis ein, so ist die Wirkung geringer, als wenn wir dieselbe Hormonmenge auf mehrere Portionen verteilen. ALLEN und DOISY haben ihre in Öl gelösten Hormonpräparate im Verlauf von 24 Stunden auf 3 Portionen verteilt. Ich habe die wäßrigen Hormonlösungen auf 6 Portionen verteilt im Verlauf von 48 Stunden injiziert. BUTENANDT führt das Hormon in einer einmaligen Dosis zu, was für Öllösungen wohl am exaktesten und bequemsten, bei wäßrigen Lösungen aber wegen der zu schnellen Resorption nicht zweckmäßig ist. Nicht alle kastrierten Tiere reagieren gleichmäßig, so daß dadurch eine gewisse Streuung auftritt. Um diesen Fehler möglichst zu korrigieren, muß man an einer großen Zahl von Tieren arbeiten. Ich möchte folgende Definition vorschlagen: *1 Mäuse- bzw. Rattenvollbrunsteinheit[1] des Follikelhormons ist diejenige Hormonmenge, die bei sechsmaliger Injektion im Verlauf von 48 Stunden nach rund 80 Stunden bei 75 % der zur Prüfung verwandten 24 Tiere das reine Schollenstadium auslöst.*

Darstellung des Follikelhormons.

Es soll nicht der Zweck dieser Zeilen sein, alle Versuche zu beschreiben, die zur Darstellung des Follikelhormons unternommen worden sind, da ich in diesem Buch im wesentlichen über die eigenen Untersuchungen berichten will. Hervorgehoben sei, daß ALLEN u. DOISY c. s.[2] an Hand ihres Testobjektes die Darstellung des Hormons sofort begonnen und in hervorragender Weise gefördert haben, worauf ich später noch zurückkommen werde. Die Arbeiten der Amerikaner haben der Forschung neuen Impuls gegeben, so daß in der Folgezeit in fast allen Ländern erfolgreich an diesen Fragen gearbeitet wurde.

Die eigenen chemischen Untersuchungen gingen von den Beobachtungen aus, die wir bei den vergleichend anatomisch-biologischen Arbeiten (1924) gemacht hatten. Wir hatten gesehen, daß das im gelben Körper des Menschen produzierte Follikelhormon nicht mit den sichtbaren Lipoiden identisch ist (Kap. 9), daß sich beim Vorhandensein großer Lipoidmengen häufig nur geringe Folliculinmengen und umgekehrt nachweisen ließen, daß aber das Hormon immer an die Anwesenheit von Lipoiden geknüpft ist. Diese Beobachtung führte zu der

---

[1] Das Standard-Präparat des Medical-Research Council, Dep. of Biolog. Standards (1 ME. = 0,1 γ) ermöglicht die Kontrolle eigener Untersuchungen.

[2] ALLEN a. DOISY: J. amer. med. Assoc. **81** (1923). — DOISY, ALLEN a. JOHNSTON: J. biol. Chem. **61**, Nr 3 (1924).

Anschauung, daß das Hormon nicht mit den Lipoiden identisch ist, sondern daß es nur an das Lipoid gekettet ist und aus ihm befreit werden könnte. So wurde die Forschung gleich auf den Weg geführt, die Lipoide nur als Lösungsmittel zu betrachten, dessen sich der Körper zur Konzentration des Hormons bedient. Die Lipoide, die wir aus hormonhaltigem Gewebe extrahierten, waren für uns dadurch nur Träger des Hormons, aus denen das Hormon in Lösung übergeführt werden mußte. Ich möchte glauben, daß unseren chemischen Arbeiten insofern vielleicht eine prinzipielle Bedeutung zukommt, als wir bewußt auf die wasserlösliche Darstellung des Hormons hingearbeitet haben. Diese Untersuchungen führten uns zur Darstellung des Folliculins, das sich seit über 6 Jahren in allgemeiner klinischer Anwendung befindet.

Ausgangsmaterial.

Als *Ausgangsmaterial zur Darstellung des Follikelhormons* kommen folgende Flüssigkeiten bzw. Gewebe in Frage:

a) *Follikelsaft.* — R. T. FRANK[1] sowie ALLEN u. DOISY[2] erkannten, daß der Follikelsaft regelmäßig Hormon enthält, so daß dieser als Ausgangsmaterial benutzt werden kann. Mensch und Tier verhalten sich gleichartig. (Bezüglich der Quantität s. S. 43).

In den aus Eierstöcken von Fischen und Hühnereigelb dargestellten Lipoiden fand FELLNER[3] geringe Hormonmengen, wobei 30 Eier und $1/8$ kg Fischeierstock etwas mehr Folliculin enthielten als eine Placenta.

b) *Corpus luteum.* — Wir haben (S. 44—46 u. 371) gezeigt[4], daß das menschliche Corpus luteum Folliculin enthält und produziert (4—5000 ME pro kg). Im Corpus luteum der Tiere konnten wir in Übereinstimmung mit ALLEN u. DOISY, KAUFMANN u. a. Folliculin überhaupt nicht nachweisen, während R. T. FRANK u. GUSTAVSON geringe Mengen (rund 150 RE pro kg) gefunden haben. Da zur Darstellung des Hormons nur der gelbe Körper von Tieren in Frage kommt, kann das Corpusluteum-Gewebe als Hormonquelle nicht verwendet werden.

c) *Placenta.* Daß in der Placenta weibliches Sexualhormon vorhanden ist, haben bereits ISCOVESCO, FELLNER, HERRMANN, ASCHNER u. a. 1912/1913 zeigen können (s. S. 12). Wir konnten durch Implantation von 0,1 g Placenta des Menschen die Schollenreaktion auslösen, so daß in 0,1 g 1 ME Folliculin vorhanden ist. Bei einem Durchschnittsgewicht von 500 g sind also 5000 ME Folliculin in einer reifen menschlichen Placenta nachweisbar (s. S. 352). Die Annahme, daß die mensch-

---

[1] FRANK, R. T.: J. amer. med. Assoc. **78**, 181 (1922).

[2] ALLEN a. DOISY: J. amer. med. Assoc. **81**, 819 (1923). — ALLEN, PRATT a. DOISY: Ebenda **85**, 399 (1925).

[3] FELLNER: Klin. Wschr. **1925**, Nr 34, 1651.

[4] ZONDEK, B., u. ASCHHEIM: Arch. Gynäk. **127**, H. 1 (1925). Klin. Wschr. **1925**, Nr 29; **1926**, Nr 10.

liche Placenta einen wesentlich höheren Hormongehalt habe als die tierische, läßt sich nach meinen Untersuchungen am Pferd[1] nicht aufrecht erhalten. Ich fand in der reifen Pferdeplacenta 10000 ME Folliculin pro kg Zottengewebe, also den gleichen Hormongehalt wie in der menschlichen Placenta. Ob die Placenta das Folliculin nur sammelt oder produziert, wird später erörtert werden (s. Kap. 36).

d) *Harn gravider Frauen.* 1927 teilten ASCHHEIM und ich[2] mit, daß im *Harn der schwangeren Frau* große Hormonmengen ausgeschieden werden, so daß in den letzten Schwangerschaftsmonaten in einem Liter Harn durchschnittlich 12000 ME Folliculin nachweisbar sind. Demnach ist Harn schwangerer Frauen ein gutes Ausgangsmaterial zur Darstellung des Hormons.

e) *Harn trächtiger Stuten.* Im Harn trächtiger Tiere konnte ich nur bei der Kuh geringe Folliculinmengen (500 ME pro Liter) finden (s. auch S. 364 u. 573). Derartiger Harn kommt bei seiner geringen Ausbeute als Ausgangsmaterial nicht in Frage. Aber auch der Harn gravider Frauen hat seine Bedeutung als Ausgangsmaterial zur Darstellung des Hormons verloren, als ich 1930 fand[3], daß der *Urin des trächtigen Pferdes ein viel besseres Ausgangsmaterial ist als der Harn schwangerer Frauen. Der Stutenharn enthält pro Liter Harn durchschnittlich 100000 ME Folliculin, also die 10fache Menge wie der Frauenharn.* In einem Sammelharn von fünf trächtigen Stuten des V.—VI. Graviditätsmonats fand ich 400000 ME Folliculin pro Liter. Ich konnte bis 1000000 ME pro Liter nachweisen, also die 20—100fache Hormonmenge wie im Harn gravider Frauen.

Harn schwangerer Frauen steht uns nur in Entbindungsanstalten zur Verfügung. Hier hält sich die Frau durchschnittlich 10 Tage auf. In dieser Zeit sezerniert sie etwa 10—15 Liter Harn, wodurch wir rund 150000 ME. Folliculin erhalten können. Im Gegensatz dazu kann man Harn trächtiger Stuten während der ganzen Tragzeit sammeln. Bei einer täglichen Harnmenge von 10 Liter liefert eine trächtige Stute pro Tag 1000000 ME Folliculin. Nehmen wir an, daß eine trächtige Stute 250 Tage diese Hormonmengen liefert (das Pferd trägt 320 Tage), so würde eine Stute während der Gravidität 250000000 ME Folliculin ausscheiden. Somit können wir von einer trächtigen Stute soviel Hormon erhalten, wie von 1500 Patientinnen einer geburtshilflichen Klinik. Der von einer einzigen Stute während der Gravidität ausgeschiedene Harn genügt, um 25 g kristallinisches Folliculin zu gewinnen.

f) *Harn von Hengsten.* Während der Harn des Mannnes und männlicher Tiere, wie unten angegeben, nur geringe Folliculinmengen (50 bis 200 ME pro Liter) enthält, hat sich überraschenderweise gezeigt, daß

---

[1] ZONDEK, B.: Nicht publiziert.
[2] ASCHHEIM u. B. ZONDEK: Klin. Wschr. Nr 28 (1927); Nr 1 (1928).
[3] ZONDEK, B.: Klin. Wschr. Nr 49, 2285 (1930).

im Harn des Hengstes[1,2] und der anderen männlichen Equiden große Hormonmengen ausgeschieden werden (s. Kap. 15). Der Folliculingehalt des Hengstharns beträgt nach meinen Analysen durchschnittlich = 170 000 ME pro Liter, die Tagesausscheidung = 1 700 000 ME. Während man den Stutenharn nur während der Gravidität verwenden kann, steht der Hengstharn als Hormonquelle dauernd zur Verfügung. Ein Hengst eliminiert während eines Jahres 612 000 000 ME, liefert also Material für über 60 g kristallisiertes Hormon.

In der ersten Auflage dieses Buches schrieb ich inbezug auf den Harn trächtiger Stuten als Ausgangsmaterial zur Darstellung des Folliculins: „Dieses in unbegrenzten Mengen vorhandene billige, hormonreiche Ausgangsmaterial wird meines Erachtens nicht nur für die klinische Verwertung (Darstellung von konzentrierten Folliculinpräparaten mit Tausenden von Einheiten), sondern auch für die weitere chemische Forschung von Bedeutung sein." Ich darf wohl sagen, daß dies inzwischen eingetroffen ist. Die chemische Industrie fast aller Länder liefert für den klinischen Gebrauch Hormonpräparate mit 1000—50 000 ME pro ccm, die meines Wissens sämtlich aus Stutenharn dargestellt sind. Mit diesen hochwertigen Präparaten sind einwandfreie klinische Erfolge erzielt worden (s. S. 495). Die chemische Untersuchung hat gezeigt, daß der Stutenharn die verschiedenen Isomere des Follikelhormons (α, β, δ) enthält, daneben aber noch besondere, mit dem Follikelhormon chemisch in naher Beziehung stehende kristallisierte Stoffe (Equilin, Hippulin und Equilenin, s. S. 89 u. 90).

Neben dem Harn der graviden Stute steht uns jetzt der Hengstharn als billiges Ausgangsmaterial zur Darstellung des Hormons zur Verfügung. Dies dürfte dazu beitragen, die Herstellung konzentrierter Hormonpräparate für den klinischen Gebrauch weiter zu verbilligen.

Zusammenfassend kann gesagt werden: *Der Pferdeharn ist das beste Ausgangsmaterial zur Darstellung des Follikelhormons.*

g) *Harn von Frauen mit polyhormonalen Störungen.* Es konnte eine besondere Form der Amenorrhöe beschrieben werden (s. S. 418), die durch eine Überproduktion von Folliculin charakterisiert ist, so daß das Hormon in relativ großen Mengen (mehrere 100 Einheiten im Liter) im Harn ausgeschieden wird. Ich fand ferner, daß besondere Formen von Blutungen und die erste Phase des Klimakteriums (s. S. 423) polyhormonaler Natur sind, so daß hierbei relativ große Folliculinmengen (bis zu 1000 Einheiten und mehr pro Liter) im Harn ausgeschieden werden. Man könnte auch den Harn der polyhormonalen Störungen zur Darstellung benutzen, dieser Harn ist aber schwer zu beschaffen, so daß er praktisch für die Darstellung des Folliculins nicht in Frage kommt.

---

[1] HÄUSSLER, E. A.: Helvet. chim. Acta **17**, 531 (1934).
[2] ZONDEK, B.: Nature (Lond.) **133**, 209, 494 (1934).

Vorkommen von Folliculin außerhalb des weiblichen Organismus.

Im männlichen Organismus wurde das Hormon in den Hoden (30 ME pro kg), im Harn (50—200 ME pro Liter) und im Blut nachgewiesen (Laqueur, Dohrn, Hirsch, Seemann)[1]. Diese Befunde sprechen für die Steinachsche Auffassung von der doppelten Keimdrüsenwirkung. Interessant ist die Tatsache, daß das im männlichen Organismus vorhandene weibliche Sexualhormon hemmend auf die Entwicklung der Hoden wirkt (s. S. 107). Wichtig scheint mir die Tatsache, daß der Pferdehoden nach meinen Untersuchungen[2] eine besondere Ausnahmestellung in hormonaler Beziehung einnimmt. Im Hoden des Pferdes — nicht in dem anderer Säugetiere — werden große Folliculinmengen produziert. Der Pferdehoden enthält pro kg = 66000 ME, pro Hoden 11550 ME. Der Pferdehoden enthält demnach mehr als die 1000fache Folliculinmenge wie der Hoden des Menschen und anderer Säugetiere. *Der Pferdehoden ist das folliculinreichste Gewebe, das wir bisher überhaupt kennen* (s. S. 116). Im Nebenhoden des Pferdes sind hingegen nur ganz geringe Hormonmengen vorhanden (weniger als 10 ME pro Nebenhoden). — In der menschlichen und tierischen Galle beiderlei Geschlechts wurde von Gsell-Busse[3] Folliculin gefunden (600—800 RE pro Liter), ich konnte das Hormon in Rinder- und Schweinegalle nicht nachweisen. Aber auch außerhalb des tierischen Organismus hat man Folliculin — ähnlich wie beim Insulin — in geringen Mengen in Pflanzen nachgewiesen, und zwar in Pflanzenblüten (bis 200 ME pro kg Feuchtsubstanz), ferner in Kartoffeln, Rüben, Hefe u. a. (Loewe, Lange u. Spohr, sowie Faure, Dohrn, Poll u. Blotevogel, Dingemanse u. Laqueur[4]).

Auch bei niederen Tierarten (Cölenteraten und Arthropoden) sind geringe Hormonmengen gefunden worden (Schwerdtfeger[5]), desgleichen in jungen, wachsenden Bakterienkulturen (Silberstein, Molnar u. Engel). Daß das gegenüber äußeren Einflüssen sehr widerstandsfähige, in tierischem und pflanzlichem Material vorhandene Hormon die Jahrtausende überstehen kann, geht aus der Tatsache hervor, daß man das Hormon auch in Bitumen (Erdöl, Torf, Kohle) in Mengen von 400 bis 2000 ME pro kg gefunden hat (Aschheim u. Hohlweg[6]).

---

[1] Laqueur: Arch. exper. Path. **119**, Nr 39. Klin. Wschr. **1927**, 1859. — Dohrn: Klin. Wschr. **1927**, 359. — Hirsch: Ebenda **1928**, 313.

[2] Zondek, B.: Nature (Lond.) **133**, 209 (1934).

[3] Gsell-Busse: Klin. Wschr. **1928**, 1606. — Pflügers Arch. **219**, 629 (1928).

[4] Loewe, Lange u. Spohr: Sitzgsber. Akad. Wiss. Wien, Math.-naturwiss. K., Okt. 1926. Pflügers Arch. **216**, 156 (1927). — Faure, Dohrn, Poll u. Blotevogel: Med. Klin. **1927**, 1397. — Dingemanse u. Laqueur: Arch. néerl. Physiol. **14**, 271 (1929).

[5] Schwerdtfeger, H.: Arch. f. exper. Path. **163**, 487 (1931).

[6] Aschheim u. Hohlweg: Dtsch. med. Wschr. **1933**, Nr 1, 12.

Eigene Darstellungsmethoden des Folliculins.

a) *Darstellung aus Placenta und Follikelsaft* (B. ZONDEK und BRAHN)[1].

Placenta. Die Placenta wird sofort nach der Geburt entblutet und in einer Fleischmaschine fein zerkleinert. Man kann mit dem frischen Gewebsbrei arbeiten, oder besser erst ein Trockenpulver bei 70⁰ im FAUSTschen Apparat herstellen. Der Brei bzw. das Pulver werden 48 Stunden mit 96%-igem Alkohol extrahiert. Hierauf wird durch ein Tuch abgepreßt und frischer Alkohol zugegeben (48stündige Extraktion). Jetzt wird die abgepreßte Placenta etwa 8 Stunden auf dem Dampfbad mit siedendem Äther extrahiert. Der Äther wird dekantiert, und die Placenta weiter 8 Stunden in derselben Weise mit Chloroform extrahiert. Die Äther- und Chloroformextrakte werden im Wasserbad auf ein geringes Volumen eingedampft. Die trüben alkoholischen Extrakte sowie der zurückbleibende fettige Rückstand werden im Faust vom Wasser befreit. Sämtliche Lipoide werden im absoluten Alkohol gelöst und nur der alkohollösliche Teil verwandt. Nachdem der Alkohol abgedampft ist, wird die zurückbleibende Substanz mit $^1/_{10}$ normal Essigsäure gut verrieben, kurze Zeit gekocht, abfiltriert und der Rückstand nochmals mit Essigsäure gekocht. Die vereinigten Filtrate läßt man in der Kälte stehen, wodurch ein Teil durch Ausfrieren ausfällt. Der lösliche Teil wird durch Filtration weiter geklärt, im Vakuum eingeengt und mit Soda neutralisiert. Man erhält jetzt eine klare, eiweißfreie Hormonlösung.

Follikelsaft. Enteiweißungsmethode. Wir stellten das Folliculin aus dem Follikelsaft der Kuh dar, der möglichst bald nach der Schlachtung aus den Follikeln mittels Spritze gewonnen wird. Der Follikelsaft wird in Wasser verdünnt und bei schwachsaurer Reaktion bei 80⁰ enteiweißt. Das Filtrat wird im Vakuum eingeengt. Man erhält ein wäßriges Hormonextrakt, das aber noch mit Sulfosalicylsäure eine schwache Eiweißreaktion gibt, so daß wir diese Darstellungsmethode bald verlassen haben.

Verseifungsmethode (ZONDEK u. BRAHN[1]). 1 Liter Follikelsaft wird mit 2 Liter 96%igem Alkohol versetzt und mehrere Tage im Wärmeschrank bei 56⁰ extrahiert. Die Lösung wird filtriert und das Filtrat durch Abdampfen des wäßrigen Alkohols fast zur Trockne gebracht. Der Rest wird in absolutem Alkohol auf dem Wasserbad einige Stunden in der Hitze oder im Soxhlet behandelt, und nunmehr nur der in absolutem Alkohol lösliche Teil verwandt. Ferner wird die erste Fällung (Follikelsafteiweiß) mehrmals in der Hitze mit absolutem Alkohol extrahiert und auch hierbei nur der alkohollösliche Teil verwertet. Die gesamten Lipoide befinden sich zum Schluß in 100 ccm absolutem Alkohol, der eine klare, bernsteingelbe Lösung darstellt. Nun wird der Alkohol mit *starkem Alkali* (10—15 ccm 2 n NaOH) 24 Stunden bis *zur völligen Verseifung* behandelt. Der Alkohol wird abdestilliert und die Seife in 100—200 ccm Wasser aufgenommen. Jetzt erfolgt die mehrmalige Auschüttelung des — zu den nicht verseifbaren Substanzen gehörigen — Hormons mit großen Äthermengen. Das Hormon geht in den Äther über. Dieser wird abgedampft, wobei ein weißliches Pulver zurückbleibt. Dieses wird in 30 ccm absolutem Alkohol aufgenommen. Auf dem Wasserbad wird zu dem erhitzten Alkohol 50 ccm $^1/_{10}$ normal Essigsäure gefügt. Der Alkohol wird verdampft, wobei das Hormon in die dünne Essigsäure übergeht. Die leicht getrübte Lösung wird durch Filtration klar.

---

[1] ZONDEK, B., u. BRAHN: Klin. Wschr. 1925, Nr 51, S. 2445 u. 1926, Nr 27, 1220.

Nach Neutralisation ist die Hormonlösung gebrauchsfertig, d. h. das in 1 Liter Follikelsaft entstandene Hormon (3000 ME) befindet sich jetzt in 50 ccm Wasser gelöst.

b) *Darstellung des Folliculins aus Harn*[1].

α) *Menschenharn* (*Verseifungsmethode*). Die Darstellung des Folliculins geschieht am leichtesten und billigsten aus Harn (s. S. 77), da hier das Hormon in großen Mengen gelöst vom Körper ausgeschieden wird. Für die Verhältnisse des Frauenharns habe ich unsere eben angegebene Verseifungsmethode modifiziert. Die Extraktion der Lipoide darf hier nicht mit Alkohol ausgeführt werden, weil dieser den Harnstoff löst. Man verwendet zur primären Extraktion am besten Äther oder ein anderes organisches, mit Wasser nicht mischbares Lösungsmittel (z. B. Benzol, Chloroform und anderes). Im einzelnen geschieht die Darstellung folgendermaßen:

1 Liter menschlicher Schwangerenharn wird, falls er nicht sauer reagiert, mit Essigsäure bis zur schwach lackmussauren Reaktion angesäuert und filtriert (eventuell zur Klärung Filtration mit Kieselgur). Man kann den Harn, um Extraktionsmittel zu sparen, durch Kochen auf die Hälfte seines Volumens einengen. Der Harn wird 2—3mal mit dem 4fachen Volumen Äther oder Benzol in der Hitze extrahiert, wobei das Hormon in den Äther bzw. Benzol übergeht. Der Äther wird abgedampft, wobei in der Schale eine weißlichgelbliche, am Boden anhaftende Masse zurückbleibt. Diese wird mit 50 ccm 2%iger NaOH behandelt. Die Verseifung dauert 24 Stunden bei einer Temperatur von 60°. Diese wäßrige Seifenlösung wird nach dem Abkühlen mit großen Äthermengen ausgeschüttelt, wo das Hormon wieder in den Äther übergeht. Der Äther wird abgedampft und der Rückstand in $^1/_{10}$ normal Essigsäure (z. B. 50 ccm) aufgenommen, filtriert und neutralisiert. Zur Reinigung des Hormons können die beiden letzten Phasen, d. h. Überführung des Hormons aus dem Äther in die schwachsaure Lösung, wiederholt werden. Das Hormon ist jetzt in den 50 ccm Wasser gelöst, die Lösung ist blank, farb- und geruchlos.

β) *Pferdeharn*. Diese Darstellungsmethode muß für den Pferdeharn modifiziert werden. Ich fand[2], daß das Folliculin im Harn der trächtigen Stute in einer in flüchtigen organischen Lösungsmittel (Äther, Benzol) unlöslichen Form ausgeschieden wird. Schüttelt oder extrahiert man den nativen alkalischen Harn trächtiger Stuten mit Äther oder Benzol, so geht überhaupt kein Hormon in die Lösungsmittel über. Im Gegensatz dazu läßt sich das Folliculin aus Follikelsaft, Placenta und menschlichem Harn leicht mit Äther oder Benzol extrahieren. Als ich erstmalig mit Stutenharn arbeitete, glaubte ich, daß die durch Stutenharn bei der infantilen Ratte hervorgerufene Brunst auf Follikelreifungshormon des Hypophysenvorderlappens zurückzuführen sei, weil das Hormon nicht ätherlöslich ist. Da das Hormon aber durch Kochen nicht zerstört

---

[1] ZONDEK, B.: Klin. Wschr. 1928, Nr 11, 485.
[2] ZONDEK, B.: Klin. Wschr. 1930, Nr 49, 2285.

wird, und die östrale Wirkung des Hormons auch am kastrierten Tier auftritt, konnte ich das Hormon als Folliculin identifizieren.

Säuert man den alkalischen Stutenharn an, so geht auch jetzt beim Schütteln oder Extrahieren mit Äther bzw. Benzol das Hormon nicht in die Lösungsmittel über. Im Gegenteil. Nach dem Ausschütteln mit Äther ist im Harn der trächtigen Stute häufig ein erhöhter Folliculingehalt nachweisbar (bis um 40%), was dafür spricht, daß durch den Äther ein Hemmungsstoff beseitigt wird! Nebenbei sei erwähnt, daß nach meinen Untersuchungen auch das Folliculin im Harn der trächtigen Kuh in einem ätherunlöslichen bzw. schwerlöslichen Zustand ausgeschieden wird. Ein ätherlöslicher Hemmungsstoff ist aber im Kuhharn nicht vorhanden. Die Folliculinmengen (s. auch S. 77, 364 u. 573) im Harn trächtiger Kühe sind nur sehr gering (500—800 ME pro Liter), so daß der Harn trächtiger Kühe als Ausgangsmaterial für das Folliculin nicht in Betracht kommt.

Man kann das Folliculin im Stutenharn in einen äther- bzw. benzollöslichen Zustand überführen, wenn man den Harn vor der Extraktion mit HCl kongosauer oder mit KOH deutlich alkalisch macht und 5 Minuten kocht. Es ist anzunehmen, daß bei dieser Behandlung eine Hydrolyse der noch nicht näher definierten ätherunlöslichen Ausscheidungsform des Folliculins erfolgt. Hierbei sei auf die Beobachtung von GLIMM u. WADEHN[1] hingewiesen, daß man nach Kochen des angesäuerten menschlichen Schwangerenharns noch Hormonmengen durch Äther gewinnen kann, die sich ohne die genannte Behandlung nicht extrahieren lassen. Auch im menschlichen Harn seien geringe Hormonmengen zuweilen nicht ätherlöslich. Neuerdings hat LAQUEUR[2] mitgeteilt, daß man auch bei kongosaurer Reaktion das östrogene Hormon nicht erschöpfend aus Menschenharn extrahieren kann, daß dies aber möglich ist, wenn man so viel HCl zum Harn zusetzt, daß er eine 3—4%ige HCl-Lösung darstellt, und dann den Harn mehrmals mit Benzol einige Stunden kocht (s. S. 132).

Im Gegensatz zum Stutenharn wird das Folliculin im Hengstharn wie ich zeigen[3] konnte, in zwei verschiedenen Formen ausgeschieden: 1. in einer in flüchtigen Lösungsmitteln löslichen und 2. in einer in diesen Lösungsmitteln unlöslichen Form. Schüttelt oder extrahiert man den nativen alkalischen Hengstharn mit Äther oder Benzol, so geht Hormon in die Extraktionsmittel über, allerdings nur in geringen Mengen. Man kann auf diese Weise durchschnittlich nur 5%, höchstens 25% des Folliculins extrahieren. Auch nach Ansäuern des Harns ändern sich die Ver-

---

[1] GLIMM u. WADEHN: Biochem. Z. **207**, 361 (1929).

[2] LAQUEUR, E.: Naturwiss. **22**, 190 (1934).

[3] ZONDEK, B.: Nature (Lond.) **133**, 209 (1934). — Ark. Kemi, Mineral., Geol. (B) **11**, 24 (1934)

hältnisse nicht. Kocht man aber den durch HCl stark angesäuerten Hengsturin 5 Minuten, so kann man jetzt die restlichen Hormonmengen durch Äther oder Benzol extrahieren. Das Folliculin ist also auch im Hengstharn im wesentlichen in einer in flüchtigen Lösungsmitteln unlöslichen Form vorhanden. Aus dem Verhalten des Harns gegenüber diesen Lösungsmitteln kann man feststellen, ob es sich um Urin von einer trächtigen Stute oder um Hengstharn handelt (s. S. 117).

Fällt man Pferdeharn mit den mit Wasser mischbaren organischen Lösungsmitteln (Alkohol, Aceton), so kann man aus dem Verdampfungsrückstand des Filtrates das Hormon durch Alkohol oder Aceton leicht extrahieren. Dies gilt sowohl für den Hengstharn wie für den Urin der trächtigen Stute.

Hervorgehoben sei, daß ich das Folliculin aus der Pferdeplacenta wie aus dem Pferdehoden mit Äther bzw. Benzol quantitativ extrahieren konnte. Das Hormon muß demnach seine Löslichkeit im Organismus verändern. In der Produktionsstätte (Pferdeplacenta, Pferdehoden) befindet sich das Folliculin also in einem äther- bzw. benzollöslichen Zustand, im Harn aber erscheint es in einer in diesen Extraktionsmitteln unlöslichen Form. Wo diese Veränderung im Organismus vor sich geht, und worauf sie zurückzuführen ist, ist bisher nicht geklärt.

Darstellung des Folliculins aus Pferdeharn: Der Harn wird mit HCl stark angesäuert (Harn = 2%ige HCl-Lösung), 5 Minuten gekocht und nunmehr mit Äther oder Benzol mehrmals extrahiert. Die weitere Reinigung dieses Rohextraktes geschieht nach der für den Menschenharn angegebenen Methode, da das *nach* der Hydrolyse aus dem Pferdeharn extrahierte Folliculin sich ebenso verhält, wie das aus Menschenharn gewonnene Hormon.

Das Folliculin kann auch auf folgende Weise aus dem Pferdeharn gewonnen werden. Der schwach angesäuerte Harn wird mit der 5fachen Acetonmenge versetzt. Nach 24stündigem Stehen entsteht eine zum Teil am Boden klebrige Fällung, die kein Hormon enthält. Das hormonhaltige Filtrat wird eingedampft und der Rückstand wieder mit Aceton unter Umrühren in der Hitze extrahiert, bis eine feste klebrige Masse zurückbleibt. Das Aceton wird auf ein kleines Volumen eingedampft, 24 Stunden bei —5° stehen gelassen, wobei reichlich kristallisierte Substanzen (Harnstoff) ausfallen. Das Hormon bleibt im Aceton, das — nach Zusatz von Wasser — abgedampft wird. Die wäßrige Lösung bleibt 24 Stunden bei Zimmertemperatur stehen, wird filtriert und mit Silargel ausgeschüttet, wodurch eine Absorption verunreinigender Substanzen stattfindet. Nach nochmaliger Filtration erhält man eine klare, geruchlose, wäßrige Hormonlösung.

In den letzten Jahren sind in der Chemie des Follikelhormons große Fortschritte erzielt worden, nachdem es E. A. DOISY sowie A. BUTENANDT gelang, das Hormon kristallinisch darzustellen (s. S. 87).

Bei den weiteren eigenen Untersuchungen leiteten mich folgende Gedanken:

Wie kann man das Hormon aus dem Harn möglichst einfach konzentrieren? — Wie kann man das Hormon in konzentrierter wäßriger Lösung darstellen?

γ) Darstellung des Folliculins aus Harn mittels Adsorption und Schwermetallsalzfällung (B. ZONDEK u. VAN EWEYK [1]).

Adsorptionsversuche.

H. ZONDEK u. BANSI [2] haben als ein Charakteristikum der Hormone beschrieben, daß sie leicht adsorbierbar sind. Sie haben weiter die wichtige Tatsache gefunden, daß man durch Narkotica die Adsorption der Hormone weitgehend hemmen (s. S. 65) und eine Trennung von Hormon und adsorbierendem Substrat bewirken kann. Dabei zeigte sich, daß die oberflächenaktiven Substanzen in ihrer Fähigkeit die Hormonadsorption zu verhindern bzw. das Hormon z. B. von der Kohleoberfläche zu verdrängen, dem RICHARDSONschen Gesetz der homologen Reihe folgen. Von diesen Tatsachen gingen wir bei unseren Untersuchungen aus. Daß das Follikelhormon leicht adsorbierbar ist, hatte LAQUEUR bereits 1927 auf dem Pharmakologenkongreß mitgeteilt.

Unsere Untersuchungen befaßten sich mit der Adsorption des Folliculins aus dem Harn, um auf diese Weise große Hormonmengen aus großen Harnmengen an geringe Kohlenmengen zu binden. Bei saurer Harnreaktion wird durch Kohle eine vollständige Adsorption des Hormons bewirkt. Auch aus reinen Hormonlösungen (Folliculin) kann man durch Kohle eine vollständige Adsorption erzielen. Anders liegen — das sei nebenbei erwähnt — nach unseren Untersuchungen die Verhältnisse z. B. bei der Adsorption durch Kieselgur. Im Harn findet eine Adsorption des Folliculins durch Kieselgur bei schwach essigsaurer Reaktion nicht statt, während in reinen Folliculinlösungen eine fast vollständige Adsorption auftritt. Kieselgur ist also zur Klärung des Harns geeignet, hingegen nicht zur Klärung gereinigter Folliculinlösungen.

Rückgewinnung des Hormons nach Adsorption. Die Adsorption des Hormons an Kohle ist eine sehr enge. So gelang es nicht mit einigen organischen Lösungsmitteln, in denen das Hormon an sich sehr gut löslich ist, dieses aus der Kohle zurückzugewinnen. Behandlung der Kohle mit Äther und Chloroform war ergebnislos. Hingegen gelang die Rückgewinnung durch Alkohole, wobei die von H. ZONDEK und BANSI festgestellte Gesetzmäßig-

---

[1] ZONDEK, B., u. VAN EWEYK: Klin. Wschr. **31**, 1436 (1930). Diese Untersuchungen waren im Mai 1928 abgeschlossen, so daß ich darüber in meinem Referat auf der Naturforscherversammlung in Hamburg (Herbst 1928) kurz berichten konnte. Die Publikation erfolgte aus äußeren Gründen erst 1930.

[2] ZONDEK, H., u. BANSI: Klin. Wschr. **1927**, Nr 28; Biochem. Z. **195**, 376 (1928).

keit auch für das Folliculin zutrifft, daß nämlich Alkohole bei gleicher Konzentration eine mit der Zahl der C-Atome zunehmende Verdrängung des Hormons bewirken. Unter diesem Gesichtspunkt verwandten wir mit gutem Erfolg den Amylalkohol. Extraktion der Kohle mittels Äthylalkohol war ergebnislos, hingegen gelang mit Amylalkohol und Überführung des Amylalkoholrückstandes in Wasser eine Ausbeute des Hormons von 30—40%. Hierbei zeigte sich, daß die mittels Amylalkohol extrahierte Kohle sekundär mit Chloroform eine Hormonausbeute liefert (primäre Chloroformextraktion der Kohle ist ergebnislos) Diese Ausbeute beträgt 20—40%. Durch die kombinierte Behandlung der Kohle mittels Amylalkohol und Chloroform können wir also etwa 65% des adsorbierten Hormons zurückgewinnen.

Das aus der Kohle zurückgewonnene Hormon wird in absolutem Alkohol gereinigt, d. h. nur der alkohollösliche Teil verwandt. Die weitere Darstellung und Reinigung des Hormons kann nach der Verseifungsmethode von B. Zondek und Brahn ausgeführt werden (s. S. 80) oder nach den folgenden Methoden.

Fällung des Hormons mit Schwermetallsalzen. Die Methoden beruhen auf unserer Erkenntnis (B. Zondek und van Eweyk), daß das Folliculin, ähnlich wie Fermente (Willstätter) mit bestimmten Begleitsubstanzen an Niederschläge fixiert werden kann, die in einer bestimmten Weise hergestellt sein müssen. Hierzu ist es notwendig, in dem schwachsauren Harn mit Zusatz von Schwermetallsalzen organischer Säuren Fällungen zu erzeugen. Während bei Innehaltung bestimmter Mengenverhältnisse die Filtrate dann vollkommen frei von Hormon sind, enthält der Niederschlag die gesamte Hormonmenge. Es gelingt das Hormon aus solchen Metallniederschlägen wieder in Freiheit zu setzen, wobei Lösungen von immer höherem Hormongehalt und immer geringerem Gehalt an Begleitstoffen entstehen. Die Fällung ist mit Schwermetallsalzen möglich, z. B. Quecksilberacetat, Silberacetat und Bleiacetat. Letzteres, und zwar das dreibasische Bleiacetat, hat sich uns am besten bewährt. Aus einer gereinigten und konzentrierten Hormonlösung läßt sich das Hormon durch Wiederholung einer Schwermetallfällung nicht mehr ausfällen, wohl aber lassen sich Verunreinigungen beseitigen, so daß hierdurch eine weitere Möglichkeit der Reinigung gegeben ist.

Aus den Fällungen mit Schwermetall kann das Hormon wieder auf folgende Weise in Freiheit gesetzt werden:

a) Der in Wasser aufgenommene Metallniederschlag (z. B. Blei) wird durch Behandeln mit Schwefelwasserstoff in eine anorganische Verbindung übergeführt (Bleisulfid), wobei das Hormon in Lösung tritt. Nach Filtration enthält das Filtrat das Hormon.

b) Die Fällung wird mit organischen Lösungsmitteln behandelt (Chloroform, Urethan, Äther, Benzol, Alkohol usw.).

c) Durch Verwendung verschiedener, mit Wasser mischbarer und nicht mischbarer organischer Lösungsmittel nacheinander gelingt eine weitgehende Konzentrierung unter Ausfällung von Ballaststoffen.

Ich verzichte auf eine eingehende Beschreibung der verschiedenen Methoden und möchte im folgenden die Methode mitteilen, die sich uns zur Darstellung konzentrierter wäßriger Hormonlösungen mittels des Fällungsverfahrens am besten bewährt hat. Ich gebe die Einzelheiten und Mengenverhältnisse an, damit die Methode genau ausgeführt werden kann. Das Hormon wird mittels dreibasischem Bleiacetat aus Harn gefällt und aus der Fällung mittels Äthylalkoholextraktion gewonnen. Dann erfolgt eine Reinigung des Hormons durch Aceton und Überführen des Hormons aus dem Aceton in Essigester. Im einzelnen geschieht die Darstellung folgendermaßen:

Beispiel: 3 Liter Schwangerenharn werden mit Essigsäure bis zur schwach lackmussauren Reaktion angesäuert und mit Kieselgur filtriert. Unter Umrühren werden 54 g Plumbum aceticum tribasicum (Schuchart-Görlitz) zugegeben. Es bildet sich ein weißlichgelblicher Niederschlag, den man 24 Stunden stehen läßt. Der Niederschlag wird abfiltriert und 2—3mal mit je 200 ccm absolutem Alkohol bei 40—50⁰ extrahiert. Der Alkohol wird verdampft, der Rückstand in 20 ccm absoluten Alkohol aufgenommen (es wird also nur der alkohollösliche Teil verwandt). Der Alkohol wird erhitzt, heiß filtriert und das Filtrat unter Umschwenken in 250 ccm Aceton langsam gegossen, wobei sich im Aceton eine voluminöse Fällung bildet. Die Fällung enthält kein Hormon. Nachdem das Aceton von der aus Verunreinigung bestehenden Fällung durch Filtration befreit ist, wird das Aceton auf etwa 10 ccm eingedampft. Diese konzentrierte Acetonlösung wird mit 30 ccm Essigester oder Acetessigester versetzt, in den Scheidetrichter gebracht und nach Zusatz von etwa einem Drittel des Gesamtvolumens Wasser geschüttelt. Es bilden sich zwei Schichten, von denen die wasserhaltige (acetonige) praktisch frei von Hormon ist. Das Hormon befindet sich im Essigester. Die Ausschüttelung erfolgt zweckmäßigerweise 2—3mal. Die Esterportionen werden vereinigt, eingedampft und der Rückstand in 50 ccm Essigester aufgenommen. Der Essigester wird unter Hinzufügung von absolutem Alkohol und Wasser schrittweise abgedampft, bis zum Schluß Alkohol und Ester abgedampft sind. Das Hormon befindet sich jetzt im Wasser, das gekocht und filtriert wird. Nimmt man das Hormon in 30 ccm Wasser auf, so befindet sich in diesen 30 ccm das Hormon aus den 3 Litern Ausgangsharn.

Bei größeren Harnmengen werden nicht prozentual die gleichen Mengen der Reagenzien verbraucht. So sind z. B. bei 10 Liter Ausgangsharn notwendig: 180 g dreibasisches Bleiacetat, 2—3mal 400 ccm absoluter Alkohol, die auf etwa 40 ccm eingedampft werden, 800 ccm Aceton, 5mal 80 ccm Essigester.

Es ist uns auf diese Weise gelungen, wäßrige Hormonlösungen darzustellen, die in 1 ccm Wasser bis zu 8000 Vollbrunsteinheiten Folliculin enthielten.

Wir glauben, daß die Darstellung des Hormons aus Harn mittels der Schwermetallsalzfällung einen Fortschritt bedeutet, da man bei der Sammlung des Harns durch Zufügung des Metallsalzes das Folliculin in der Fällung sammeln kann und auf diese Weise nicht die großen Harnmengen, sondern nur die im Vergleich dazu kleine Quantität der Fällung zu verarbeiten braucht. Die weitgehende Konzentration des Hormons in wäßriger Lösung ermöglicht die für die Therapie notwendigen Hormonmengen leicht in injizierbarer Form zu gewinnen.

Zur Chemie des Follikelhormons.

Die Darstellung des Hormons in möglichst reiner Form hat uns eingehend beschäftigt. Aus dem Harn wurden Hormonlösungen mit wechselndem Reinheitsgrad dargestellt, wobei der Trockenrückstand pro Vollbrunsteinheit (Mäuseeinheit) zwischen 0,01 und 0,001 mg lag. In einigen Sonderversuchen gelang es mir 1927 das Hormon so weit zu reinigen, daß die Werte zwischen 0,001 und 0,0001 mg schwankten.

Das Follikelhormon war durch die eigenen Methoden und die wichtigen Arbeiten Laqueurs[1] weitgehend gereinigt dargestellt, so daß es den kristallinischen Produkten in der Reinheit nahe kam. Das Verdienst, das Hormon erstmalig kristallinisch dargestellt zu haben, gebührt E. A. Doisy und A. Butenandt.

Im Bericht über die Chemie des Follikelhormons stütze ich mich im wesentlichen auf das Referat, das Butenandt[2] auf der Naturforscherversammlung in Mainz über die Chemie der Sexualhormone erstattet hat, ich habe seinerzeit[3] über die Biologie der Hormone berichtet (27. IX. 1932).

Das Follikelhormon ist sowohl in tierischem wie pflanzlichem Material nachweisbar (s. S. 76—79). In der Literatur sind wiederholt Zweifel geäußert worden, ob die Feststellung der östralen Wirkung eines Stoffes genügt, um ihn als Follikelhormon zu identifizieren. In dieser Beziehung scheint mir die Tatsache von besonderer Bedeutung zu sein, daß Butenandt u. Jacobi[4] den in Pflanzen vorkommenden östrogenen Stoff als α-Follikelhormon identifizieren konnten. Das aus Palmkernextrakt isolierte Hormon stimmt mit dem aus Schwangeren- und Stutenharn gewonnenen Produkt (α-Hormon) überein. Skarżyński[5] berichtet neuerdings über die Isolierung von Hormonhydrat aus weiblichen Weidenblüten, was deshalb bemerkenswert ist, weil das Hydrat bisher nur aus Gravidenharn und Placenta, nicht aber aus Stutenharn dargestellt werden konnte (s. Tabelle 7).

Im Laufe der letzten Jahre ist es gelungen, mehrere isomere Follikelhormone aus verschiedenartigem Ausgangsmaterial zu isolieren. Man kennt bisher sicher drei isomere Follikelhormone (α, β, δ), jedoch haben Butenandt u. Störmer auf die Möglichkeit der Existenz weiterer Isomere hingewiesen. Die Isomeren haben dieselbe Zusammensetzung, aber verschiedene physikalische Eigenschaften und physiologische Wirkungswerte und liefern voneinander verschiedene Derivate. Die Einzel-

---

[1] Dingemanse, de Jongh, Kober u. Laqueur: Dtsch. med. Wschr. **1930**, Nr 8.

[2] Butenandt, A.: Naturwiss. **1933**, H. 4, 49.

[3] Zondek, B.: Naturwiss. **1933**, 49.

[4] Butenandt, A., u. Jakobi, H.: Hoppe-Seylers Z. **218**, 104 (1933).

[5] Skarżyński, B.: Bull. Acad. Polon. Sci. B. **347** (1933). — Nature (Lond.) **131**, 76 (1933).

Tabelle 7. Übersicht über

Substanz	Isoliert aus	Von
α-Follikelhormon	Schwangerenharn	E. A. Doisy und Mitarbeiter (1929) A. Butenandt (1929) E. Laqueur und Mitarbeiter (1930)
	Stutenharn	E. Laqueur und Mitarbeiter (1931) A. Girard und Mitarbeiter (1932)
	Palmkernextrakt	A. Butenandt u. H. Jacobi (1932)
	Hengstharn	E. A. Häussler (1934) V. Deulofen u. J. Ferrari (1934)
β-Follikelhormon	Stutenharn; u. durch Wasserabspaltung aus Hydrat	A. Butenandt u. I. Störmer (1932)
δ-Follikelhormon	Stutenharn	E. Schwenk u. F. Hildebrandt (1932)
Follikelhormonhydrat	Schwangerenharn	G. F. Marrian (1930) A. Butenandt u. F. Hildebrand (1931) E. A. Doisy und Mitarbeiter (1931)
	Placenta	J. B. Collip, J. S. L. Browne und Mitarbeiter (1931)
	Pflanzen (Weidenblüten)	Skarżyński (1933)
Equilin	Stutenharn	A. Girard und Mitarbeiter (1932)
Hippulin	Stutenharn	A. Girard und Mitarbeiter (1932)
Equilenin	Stutenharn	A. Girard und Mitarbeiter (1932)

heiten sind aus der Tabelle 7 zu erkennen, die der Zusammenstellung von Störmer u. Westphal[1] entnommen ist. In die Tabelle habe ich das aus dem Hengstharn isolierte α-Hormon und das aus Pflanzen (Weidenblüten) gewonnene Hormonhydrat eingefügt.

Aus Schwangerenharn und Placenta wurde von Marrian[2], Butenandt u. Hildebrandt[3], sowie Doisy[4] ein besonderes Kristallisat isoliert, das Follikelhormonhydrat, $C_{18}H_{24}O_3$, das neuerdings, wie eben erwähnt, auch aus pflanzlichem Material dargestellt wurde. Das Hydrat enthält im Molekül die Elemente des Wassers mehr als das Follikelhormon, hat aber eine sehr viel geringere biologische Wirkung als das Hormon (nur 0,9%), was vielleicht auf einer teilweisen Wasserabspaltung im Organismus beruht. Das Hydrat führt die verschiedensten

---

[1] Störmer, I., u. Westphal, U.: Erg. Physiol. u. exper. Pharmakol. **35**, 318 (1933).

[2] Marrian, G. F.: Biochem. J. **24**, 1024 (1930).

[3] Butenandt, A., u. Hildebrandt, F.: Hoppe-Seylers Z. **199**, 243 (1931).

[4] Doisy, E. A.: J. of biol. Chem. **91**, 641 (1931).

kristallisierte Follikelhormone.

Brutto-formel	Charakteristische Gruppen	Schmelzpunkt	Optische Drehung	Maximum der selektiven Lichtabsorption	Physiologische Wirksamkeit pro Gramm etwa
$C_{18}H_{22}O_2$	1 C=O-Gruppe, 1 phenol. OH	255^0 (unkorrig.)	$= +156^0$ in Chloroform	280—265 m$_\mu$	8 Mill. ME
$C_{18}H_{22}O_2$	1 C=O-Gruppe, 1 phenol. OH	257^0 (unkorrig.)	$= +166^0$ in Chloroform	280—285 m$_\mu$	1—2 Mill. ME
$C_{18}H_{22}O_2$	1 C=O-Gruppe, 1 phenol. OH	209^0 (unkorrig.)	$= +46^0$ in Chloroform	—	4—5 Mill. ME
$C_{18}H_{24}O_3$	2 alkohol. OH, 1 phenol. OH	280^0 (unkorrig.)	$= +30^0$ in Alkohol	280—285 m$_\mu$	75 000 ME
$C_{18}H_{20}O_2$	1 C=O-Gruppe, 1 phenol. OH	238—240^0 (korrigiert)	$= +308^0$ in Dioxan	284 m$_\mu$	1,2 Mill. ME
$C_{18}H_{20}O_2$	1 C=O-Gruppe, 1 phenol. OH	233^0 (korrigiert)	$= +128^0$ in Dioxan	—	1,2 Mill. ME
$C_{18}H_{18}O_2$	1 C=O-Gruppe, 1 phenol. OH	258—259^0 (korrigiert)	$= +87^0$ in Dioxan	—	400 000 bis 700 000 ME

Bezeichnungen. Es wird von MARRIAN „Trihydroxyöstrin", von DOISY „Theelol" von COLLIP „Emmenin" genannt. Die chemische Identität dieser Stoffe wurde durch BUTENANDT u. BROWNE [1] sehr wahrscheinlich gemacht. Das Hormonhydrat läßt sich durch Abspaltung von Wasser bei seiner Destillation über Kaliumbisulfat im Hochvakuum in ein Gemisch von α- und β-Hormon überführen, welche nach BUTENANDT [2] vielleicht im Verhältnis der Diasteroisomerie zu einander stehen.

$$C_{18}H_{21} \begin{cases} OH \\ OH \\ -OH^+ \end{cases} \xrightarrow{\text{Dest. über}\ KHSO_4} C_{18}H_{21} \begin{cases} =O \\ -OH^+ \end{cases}$$

Hormonhydrat $\qquad\qquad\qquad\qquad$ α-β-Hormon

Der Organismus der graviden Stute vermag neben den drei Follikelhormonen (α, β, δ) mehrere Dehydrierungsprodukte zu produzieren, die GIRARD [3] und seine Mitarbeiter isoliert und als Equilin, Hippulin

---

[1] BUTENANDT, A., u. BROWNE, J. S. L.: Hoppe-Seylers Z. **216**, 49 (1933).

[2] BUTENANDT, A.: Hoppe-Seylers Z. **208**, 129 (1932).

[3] GIRARD, A. G.: C. r. Acad. Sci. Paris **194**, 1020 (1932); **194**, 909 (1932); **195**, 981 (1932); **196**, 137 (1933).

und Equilenin bezeichnet haben. Die physiologische Wirksamkeit dieser Produkte ist wesentlich geringer als die des α-Hormons (nur 5—15%). Interessant ist die Tatsache, daß das Equilin im Beginn der Gravidität im Harn der Stute reichlich nachweisbar ist, hingegen kaum noch am Ende der Gravidität. Hingegen wird das Equilenin erst vom 200. Tage der Gravidität an ausgeschieden und nimmt mit dem Fortschreiten der Trächtigkeit zu, während das Follikelhormon zu dieser Zeit nur noch in geringeren Mengen im Harn erscheint. Die Dehydrierungsprodukte nehmen also bei der Stute mit der Dauer der Schwangerschaft zu. Es wird interessant sein, festzustellen, wie die Verhältnisse beim Hengstharn liegen, aus dem bisher das α-Hormon isoliert worden ist (E. A. HÄUSSLER[1], DEULOFEU u. FERRARI[2]).

Die sieben bisher isolierten, nahe miteinander verwandten östrogenen Wirkstoffe der Follikelhormongruppe sind durch das ihnen gemeinsame C_{18}-Kohlenstoffskelet charakterisiert, das in einem tetracyclischen Gerüst an drei Sechsringen und einem Fünfring mit einer Methylgruppe angeordnet ist. Sie enthalten als funktionelle Gruppen je eine CO- und eine phenolische Hydroxylgruppe, sind also Oxyketone. Das Follikelhormonhydrat enthält an Stelle der CO-Gruppe zwei Hydroxyle. Das Follikelhormon ist also inbezug auf die Funktion der Sauerstoffatome ein Oxyketon, sein Hydrat hingegen ein Triol.

Die physiologischen Untersuchungen ergaben interessanterweise, daß zur Entfaltung der hohen biologischen Wirksamkeit sowohl die freie Hydroxyl- als auch die Ketongruppe notwendig sind (BUTENANDT). Wenn der Organismus aus den Derivaten das Hormon nicht regenerieren kann, so sind diese ohne wesentliche biologische Wirkung, wie dies beim Methyläther und dem Semicarbacom des Hormons der Fall ist. Wenn die Derivate sich aber allmählich spalten, so zeichnen sie sich durch eine protrahierte biologische Wirkung aus. Beim Vergleich kristallisierter Ester des Follikelhormons fand BUTENANDT[3], daß das Benzoat eine stark protrahierte Oestruswirkung hat, während dies beim Acetat nur in geringem Maße der Fall ist, so daß es sich vom Follikelhormon kaum unterscheidet. Nach einmaliger Injektion von 10 ME eines benzoylierten Rohöls trat ein 11—16tägiger Daueroestrus ein. Der Unterschied zwischen dem Hormon und dem Hormonester (Benzoat) geht auch aus meinen S. 145 mitgeteilten Untersuchungen über die verschiedenartige Inaktivierung dieser Stoffe im Organismus hervor.

SCHWENK u. HILDEBRAND[4] sowie GIRARD c. s.[5] beschrieben ein Dihydrofollikelhormon (Reduktionsprodukt des Follikelhormons). Erstere gaben

---

[1] HÄUSSLER, E. A.: Helvet. chim. Acta **17**, 531 (1934).
[2] DEULOFEU, V., u. FERRARI, J.: Nature (Lond.) **133**, 835 (1934). — Hoppe-Seylers Z. **226**, 192 (1934).
[3] BUTENANDT, A.: Hoppe-Seylers Z. **140**, 191 (1930).
[4] SCHWENK u. HILDEBRAND: Naturwiss. **21**, 177 (1933).
[5] GIRARD c. s.: C. r. Soc Biol. Paris **112**, 964 (1933).

die Formel $C_{18}H_{24}O_2$ an. Das Produkt, das durch Reduktion der Ketogruppe des Hormonmoleküls zur sekundären Alkoholgruppe entsteht, soll eine 6fache östrogene Wirkung haben. Die von DAVID[1] ausgeführten Nachuntersuchungen ergaben aber nur eine doppelte Wirkungssteigerung des Dihydrohormons gegenüber dem α-Hormon. DAVID untersuchte auch einige Esterderivate des Dihydrohormons. Hierbei ergab sich, daß eine Esterifikation mit Essigsäure oder Benzoesäure in allen Fällen eine Abschwächung der Brunstaktivität verursacht und zwar Benzoylierung mehr als Azetylierung. Das Diacetat ist ungefähr 4mal weniger aktiv, das Dibenzoat praktisch unwirksam, und das Monobenzodylat nur halb so aktiv wie das Dihydrohormon. Nach Hydrolyse wurde die ursprüngliche Aktivität stets wiedergefunden.

Auf unserer Verseifungsmethode (s. S. 80) aufbauend, fand MARRIAN[2] in den bei der Verseifung in den Äther übergehenden Stoffen des Gravidenharns eine zu den unverseifbaren Stoffen gehörende, mit dem Hormon nicht identische Substanz, die in farblosen Tafeln kristallisiert. Durch Darstellung eines Acetylderivats konnte MARRIAN die Alkoholnatur dieses neuen, nur im Schwangerenurin, nicht in anderem Harn vorkommenden Stoffes feststellen, dem er auf Grund seiner Molekulargewichtsbestimmungen und Analysen die Formeln $C_{19}H_{30}(OH)_2$ oder $C_{20}H_{32}(OH)_2$ zuschreibt. In 100 Liter Schwangerenharn fand MARRIAN 0,087 bis 0,218 g dieser Substanz. BUTENANDT[3] kam zu gleichen Ergebnissen. Er vertritt die Ansicht, daß dieser Stoff, von ihm Prägnandiol genannt, das erste neutrale Oxydationsprodukt der Sterine sei, das im Organismus vorkommt. Das Prägnandiol ist im Gegensatz zum weiblichen Sexualhormon in allen organischen Lösungsmitteln schwer löslich. Nach BUTENANDT kommt dem Prägnandiol mit größter Wahrscheinlichkeit die Molekularformel $C_{21}H_{36}O_2$ zu.

Das Follikelhormon besitzt eine sehr nahe Verwandtschaft zu den Sterinen und Gallensäuren. BUTENANDT schreibt darüber: „Durch die wesentlichen Fortschritte in der Erkenntnis vom Aufbau der Sterine ist die Wahrscheinlichkeit von der nahen Beziehung der Sexualhormone zu den Sterinen außerordentlich groß geworden, und auch ROSENHEIM und KING sowie MARRIAN und HASLEWOOD haben bereits auf diese Tatsache hingewiesen. Die Annahme, daß der bekannte und sicher begründete Abbau der Sterine in der Seitenkette, welche über die Gallensäuren zum Prägnandiol führt, in dem ein wichtiger Begleitstoff des Follikelhormons im Schwangerenharn vorliegt, und dessen nahe Beziehungen zum Hormon schon früher vermutet wurden, zum Follikelhormon $C_{18}H_{22}O_2$ weitergeht, erscheint heute als eine begründete und experimentell prüfbare Arbeitshypothese. Der Übergang eines an der Seitenkette völlig abgebauten Oxyketons $C_{19}H_{30}O_2$ stellt eine Aromatisierung des einen Sechsringes dar, der die alkoholische Hydroxylgruppe zu einer phenolischen macht und durch den Verlust einer CH_3-Gruppe gekennzeichnet ist. Dieser Übergang ist nicht ohne Analogie, seitdem WINDAUS und INHOFFEN die

---

[1] DAVID, K.: Acta brev. Neerl. 3, 160 (1933).
[2] MARRIAN: Biochemic J. 23, Nr 5, 1090/98 (1929).
[3] BUTENANDT, A.: Ber. dtsch. chem. Ges., H. 3, 659 (1930).

Umwandlung des Ergosterins $C_{28}H_{44}O$ in das Neo-Ergosterin $C_{27}H_{40}O$ als Aromatisierung eines Kernes unter Abspaltung von Methan erkannt haben." 1933 gelang es BUTENANDT, WEIDLICH u. THOMPSON[1] die schon von MARRIAN[2] und DOISY[3] durch Kalischmelze des Follikelhormonhydrats gewonnene Phenol-Dicarbonsäure ($C_{18}H_{22}O_5$) durch weiteren Abbau in Dimethylphenanthren überzuführen. Denselben Stoff stellte BUTENANDT aus der WIELANDschen Ätio-biliansäure dar und bewies außerdem seine Konstitution auf synthetischem Wege. Durch diese Ergebnisse ist der nahe Zusammenhang zwischen den beiden Stoffklassen — Sexualhormone und Gallensäuren — weiterhin gestützt worden.

Synthetische östrogene Stoffe. Erwähnt seien kurz die wichtigen Arbeiten von COOK, DOODS, HEWETT u. LAWSON[4], denen die synthetische Darstellung östrogen wirkender Substanzen gelang, deren Molekül ähnliche Anordnungen wie im Follikelhormon enthält. So konnten sie zunächst mit dem von ihnen dargestellten 1-Keto-1,2,3,4-tetra-hydro-phenantren in Dosen von 100 mg den Volloestrus bei der kastrierten Maus auslösen, also mit einem Stoff, der noch eine 1000000fach schwächere Wirkung hatte als das α-Follikelhormon. Interessant und wichtig ist ferner die Tatsache, daß eine Reihe von Stoffen neben der östrogenen eine carcinogene Wirkung hat. So besitzt das 9,10-Dihydroxy-9,10-di-n-butyl-9,10-dihydro-1,2,5,6-dibenzanthracen starke carcinomerregende Eigenschaft und eine stärkere östrogene Wirkung als das Phenanthrenderivat. Ferner wurden Substanzen gefunden — das 1,2-Benzpyren und das 5,6-Cyclopenteno-1,2-benzanthracen — die nur schwache östrogene, aber starke carcinogene Wirkung haben.

Vor kurzem teilten die Autoren mit, daß sie die stärkste östrogene Wirkung mit Stoffen der Gruppe der 9:10-Dihydroxy-9:10-dialkyl-9:10-di-hydro-1:2:5:6-dibenzanthracene erhalten hätten, wobei das Di-n-propyl bereits in Dosen von etwa 5 γ bei der kastrierten Maus wirksam war. Dieser synthetische Stoff ist also nur noch 50mal schwächer als das α-Follikelhormon.

Erwähnt sei noch, daß man auch mit Vitamin D, Ergosterin und Neoergosterin die Oestrusreaktion auslösen kann.

Zusammenfassend ergibt sich aus den so erfolgreichen chemischen Arbeiten der letzten Jahre, daß es nicht nur eine einzige Substanz gibt, welche neben der östralen Reaktion auch die anderen biologischen Wirkungen des Follikelhormons auslöst, sondern daß sich, worauf BUTENANDT besonders hinwies, offenbar eine ganze Reihe von Stoffen darstellen läßt, welche die biologischen Eigenschaften des Folliculins entfalten. Es sei aber wichtig zu betonen, daß alle diese Substanzen zu derselben Stoffklasse gehören und miteinander nahe verwandt sind, während sie sich durch physikalische und chemische Eigenschaften und den Grad ihrer biologischen Aktivität voneinander unterscheiden. —

---

[1] BUTENANDT, A., WEIDLICH u. THOMPSON: Ber. dtsch. chem. Ges. **66**, 601 (1933).

[2] MARRIAN, G. F.: Lancet **6**, 8 (1932).

[3] DOISY, E. A.: J. of biol. Chem. **99**, 327 (1933).

[4] COOK, J. W.: Proc. roy. Soc. (Lond.) (B) **111**, 485 (1932). — J. chem. Soc. (Lond.) **471** (1932). — COOK, J. W. a. DODDS, E. C.: Nature (Lond.) **131**, 56a, 205 (1933). — COOK, J. W., DODDS, E. C., HEWETT, C. L. a. LAWSON, W.: Proc. roy. Soc. (Lond.) (B) **114**, 272 (1934).

Ist das Hormon wasserlöslich? BUTENANDT gibt an, daß das kristallinische Hormon in Wasser schwer löslich ist. Im Durchschnitt enthalte 1 ccm einer gesättigten wäßrigen Hormonlösung etwa 150 ME. EWEYK und ich konnten mit der Fällungsmethode (S. 86) wäßrige Hormonlösungen aus Harn darstellen, die pro Kubikzentimeter 8000 Vollbrunsteinheiten enthielten, wir erzielten demnach eine 50fach stärkere Konzentration als BUTENANDT mit seinem kristallisierten Hormon. Ich möchte glauben, daß wir mit unserem Darstellungsverfahren deswegen eine größere Wasserlöslichkeit des Hormons erzielen, weil wir wahrscheinlich mit dem Hormon eine Begleitsubstanz aus dem Harn darstellen, welche die Löslichkeit des Hormons erhöht.

13. Kapitel.

Die biologischen Wirkungen des Follikelhormons (Folliculin).

Das weibliche Sexualhormon — wir verwandten das von uns dargestellte Folliculin — zeigt im Tierversuch folgende Wirkungen:

1. Wirkung auf die Sexualorgane des kastrierten Tieres.

Injiziert man einer kastrierten Maus oder Ratte Folliculin, so werden diese Tiere im Verlauf von 100 Stunden östrisch. Die Tiere werden vom Bock als brünstig erkannt und gejagt. Die Vulva ist trocken, verdickt, offen stehend, der Scheidenabstrich zeigt eine krümelige Beschaffenheit und besteht nur aus Schollen. Die Scheidenschleimhaut hat den typischen Brunstaufbau mit Verhornung der obersten Zellagen, die Uteri sind stark vergrößert, violettrot, zum Teil mit Sekret strotzend gefüllt. Beim Durchschneiden der Uterushörner fließt leukocytenhaltiges Sekret ab. Die Uterusschleimhaut zeigt die für die Brunst charakteristischen Drüsenveränderungen, aber nicht jene Fältelung und polypöse Beschaffenheit der Uterusschleimhaut, die man bei junger Gravidität findet. Darüber wird noch im folgenden Kapitel zu reden sein.

Injiziert man einem kastrierten Tier dauernd Folliculin, so tritt Dauerbrunst ein, d. h. eine dauernde Abschuppung der verhornten Zellen der Vaginalschleimhaut.

2. Wirkung des Folliculins auf die Sexualorgane des infantilen Tieres[1].

Durch Folliculin wird das infantile Tier *vorzeitig* brünstig gemacht (rund 80 Stunden nach der Zuführung des Hormons). Auch diese jungen Tiere werden vom Bock als östrisch erkannt und gejagt. Wir haben

---

[1] ZONDEK, B., u. ASCHHEIM: Klin. Wschr. Nr 47 (1926).

wiederholt gesehen, daß die jungen Tiere unter den stürmischen Kohabitationsversuchen zugrunde gingen.

Scheide und Uterus haben bei der experimentell ausgelösten vorzeitigen Brunst das gleiche Aussehen wie bei den durch Folliculin herbeigeführten Brunstveränderungen des kastrierten Tieres.

Hat Folliculin auch eine wachstumssteigernde Wirkung, d. h. ist der den Zyklus auslösende Stoff gleichzeitig das Wachstumsstimulans für den Uterus?

Wir führten diese Untersuchungen an 3—4 Wochen alten, dem Muttertier eben entwachsenen Mäusen aus. Bei sehr zahlreichen Kon-

Tabelle 8. Wirkung des Folliculins auf den Scheidenzyklus der infantilen Maus.

Datum	Leukocyten	Epithelien	Schleim	Krissel	Schollen	Bemerkungen
16. III.	+ + + +	+	—	—	—	Von heute an wird 2 mal täglich je $1/_2$ ME Folliculin injiziert
17. III.	+ + +	+	—	—	—	
18. III.	+	+	+	+	—	
19. III.	+ +	+	+	+ +	+	
20. III.	+	+ + +	+ + +	—	—	
21. III.	—	+	—	+	+ + + +	
22. III.	—	—	—	—	+ + + +	
23. III.	—	—	—	—	+ + + +	
24. III.	—	—	—	—	+ + + +	
25. III.	—	—	—	—	+ + + +	
26. III.	—	—	—	—	+ + + +	
27 III.	—	—	—	—	+ + + +	
28. III.	—	—	—	—	+ + + +	
29. III.	—	—	—	—	+ + + +	
30 III.	—	—	—	—	+ + + +	
31. III.	—	—	—	—	+ + +	
1. IV.	—	—	—	—	+ + + +	
2. V	—	—	—	—	+ + + +	
3. IV	—	—	—	—	+ + + +	
4. IV	+	—	—	+	+ + +	
5. IV	—	—	—	+	+ + +	
6. IV.		—	—	—	+ + + +	

trolluntersuchungen, die wir wegen anderer Fragestellungen gemacht hatten, konnten wir feststellen, daß infantile Mäuse im allgemeinen brünstig werden, wenn sie ein Gewicht von 13—14 g haben, in seltenen Fällen bei einem Minimalgewicht von 12 g. Wir wählten zu unseren Untersuchungen Tiere mit einem Durchschnittsgewicht von 6—8 g. Bei so jungen Mäusen tritt niemals die Brunst spontan auf. Die Tiere erhielten zweimal täglich je $1/_2$ ME Folliculin. Die Kontrolltiere wurden mit einem Organextrakt injiziert, das nach denselben chemischen Prinzipien wie das Folliculin aus unspezifischem Gewebe dargestellt war, wodurch die gleichen Bedingungen für die Versuche geschaffen waren.

Ich gebe im folgenden je ein Versuchsprotokoll wieder von einem Tier, das chronisch mit Folliculin behandelt ist und von einem mit unspezifischem Extrakt behandelten Kontrolltier (Tabelle 8 u. 9).

Die Ergebnisse dieser Versuche sind eindeutig. Die mit Folliculin behandelten Tiere wurden sämtlich nach 3—4 Tagen brünstig, sie zeigten im Scheidenabstrich das reine Schollenstadium. Solange Folli-

Tabelle 9. Wirkung eines unspezifischen Organextraktes auf den Zyklus der infantilen Maus.

Datum	Leukocyten	Epithelien	Schleim	Krissel	Schollen	Bemerkungen
16. III.	kein Material	kein Material	kein Material	kein Material	kein Material	Von heute an wird 2 mal täglich unspezifisches Organextrakt injiziert
17. III.	+ + +	+	+ +	—	—	
18. III.	+ +	+ +	+ +	+	—	
19. III.	—	+ + + +	+ +	—	—	
20. III.	—	+ + + +	+	+ +	—	
21. III.	+ + +	+ + + +	+ + +	—	—	
22. III.	+ + +	+ +	+ +	—	—	
23. III.	+ + +	+	+ +	—	—	
24. III.	±	+ + + +	+	—	—	
25. III.	+ +	+ + + +	+ +	—	—	
26. III.	+ + +	+	+	—	—	
27. III.	+ + +	+ +	+ +	—	—	
28. III.	+ + + +	+	—	—	—	
29. III.	+ +	+	+	—	—	
30. III.	+ + + +	+	+ +	—	—	
31. III.	+ + + +	+	+ + +	—	—	
1. IV.	+ + +	+	—	—	—	
2. IV.	+ + +	+	+	—	—	
3. IV.	+ + + +	+	—	—	—	
4. IV.	+ + +	+	+	—	—	
5. IV.	—	+	—	+ + +	—	
6. IV.	+ + + +	+	+ + +	—	—	
7. IV.	+ + + +	+ +	+ +	—	—	
8. IV.	+ + + +	+	+ + +	—	—	
9. IV.	+ + + +	+ +	+	—	—	
10. IV.	+ + + +	+	+ +	—	—	
11. IV.	—	+ + + +	+ +	+	—	
12. IV.	+ +	+	+ + + +	—	—	
13. IV.	+ + + +	+ +	+	—	±	
14. IV.	+ + + +	+	+ +	—	—	
15. IV.	+ + +	ᴛ +	+ + +	+	—	
16. IV.	+ + + +	+	+ +	—	—	
17. IV.	+	+ + + +	+	—	—	

culin dem Organismus zugeführt wird, bleibt das Schollenstadium bestehen. Die Dauerhormonisierung führt also zur dauernden Verhornung des hochschichtig aufgebauten Vaginalepithels, dauernde Folliculinzufuhr bewirkt dauerndes Schollenstadium. Untersucht man eine derartige Scheide mikroskopisch, so zeigt sie im Epithel keinen Unterschied im Vergleich zu einer Scheide, die durch die Hormonzufuhr nur einmal das Schollenstadium bildet. Wenn FELLNER in der Verhornung und Abstoßung der Schollen einen Abbauprozeß sieht, so zeigen unsere Versuche eindeutig, daß das Schollenstadium im Scheidensekret, d. h. die Verhornung des Scheidenepithels, ein von der Ovarialfunktion abhängiger, biologisch sehr wichtiger Vorgang ist, der nur beim Kreisen des Folliculins im Organismus vor sich geht. Wenn, wie später gezeigt werden wird, durch Folliculin beim Menschen ein Aufbau der Uterusschleimhaut, beim Nagetier eine Verhornung von Zellen im Genitalapparat ausgelöst wird, so scheint uns dies zu beweisen, daß die Verhornung der Scheidenepithelien biologisch nicht als Abbauprozeß aufgefaßt werden kann. Die Schollenbildung ist morphologisch-histologisch ohne weiteres als Degeneration zu bezeichnen, da der Kern degeneriert, aber in funktioneller Beziehung ist dieser Verhornungsprozeß ebensowenig eine Degeneration, wie etwa die Verhornung der Epidermis. Wie diese als Akkommodation betrachtet werden muß, bei der die Zellen eine Schutzfunktion erlangen, so haben auch die verhornten Scheidenepithelien eine bestimmte Funktion, und zwar für die Kohabitation. Die Bedeutung der Schollen liegt in der Fähigkeit mit dem Spermapfropf in der Scheide eine innige Verbindung einzugehen — die Franzosen nennen den Vorgang „enveloppe" —, wodurch ein fester Verschluß der Scheide gegen eine weitere Kohabitation erreicht wird. Wäre das Schollenstadium ein Abbauvorgang im funktionellen Sinne, so wäre es merkwürdig, daß durch dauernde Hormonzuführung sich dauernd funktionell wertlose Zellen bilden sollen. Es finden sich tatsächlich Mitosen in der Basalis, während das Oberflächenepithel verhornt. Die Schleimhaut als Ganzes baut also zur Zeit des Oestrus noch auf.

Diese Versuche zeigen, daß wir lernen müssen die Funktion nicht nach dem anatomischen Bild allein zu beurteilen. Wir sehen im vorliegenden Fall, daß ein Zellvorgang noch eine lebenswichtige Bedeutung haben kann, auch wenn der Kern schon in Degeneration befindlich ist.

Die mit unspezifischem Organextrakt behandelten infantilen Mäuse werden nicht brünstig. Die Genitalorgane zeigen keinerlei Veränderungen, im Scheidensekret kommt es niemals zum Schollenstadium, sondern dauernd zur Abscheidung von Schleim und Leukocyten (Tabelle 9).

Die Uteri der 14 Tage mit Folliculin behandelten Tiere zeigen deutliche Vergrößerung und blauviolette Verfärbung. Das Lumen enthält Sekret. Da der Einwand gemacht werden kann, daß die sichtbare Größenzunahme nur durch die Sekretfüllung ist, haben wir die Uteri eingeschnitten und nach Ablassen des Sekrets die Uterusschläuche der Folliculintiere und der Kontrolltiere gewogen. Wir fanden (Tabelle 10), daß das Gewicht der sorgsam herauspräparierten Genitalien der Kontrolltiere zwischen 15 und 27 mg schwankt. Das Durchschnittsgewicht beträgt 19,7 mg. Hingegen ist das Gewicht der durch Folliculinbehand-

Tabelle 10.

Folliculin.			Kontrolle.		
Tier Nr.	Gesamtgewicht	Gewicht der Genitalien	Tier Nr.	Gesamtgewicht	Gewicht der Genitalien
625	10 g	92 mg	632	8,5 g	15 mg
626	9,5 ,,	76 ,,	634	8,5 ,,	21 ,,
629	8 ,,	75 ,,	635	6,5 ,,	16 ,,
631	10 ,,	82 ,,	639	9,5 ,,	27 ,,

lung in sexuelle Frühreife und Dauerbrunst gebrachten infantilen Tiere wesentlich erhöht. Das Gewicht der Genitalien schwankt zwischen 75 und 92 mg, das Durchschnittsgewicht beträgt 81,2 mg. *Demnach ist das Gewicht der Genitalien der mit Folliculin behandelten Mäuse 4,1 mal so groß als bei den Kontrolltieren.* Die Wachstumssteigerung[1] ist makroskopisch (Abb. 33 a u. b) deutlich zu erkennen.

Abb. 33 a. Infantile Uteri nach Behandlung mit Folliculin.

Folgenden Befund möchte ich besonders unterstreichen, da er für die weitere Arbeit von großer Wichtigkeit war. Bei Sektion dieser experimentell in sexuelle Frühreife gebrachten Tiere hatte man das Gefühl, als ob diese großen Uteri gar nicht in den kleinen unentwickelten Organismus paßten. Die dicke Scheide, die makroskopisch hochgradig veränderten Uterusschläuche sahen wie Genitalien erwachsener Tiere aus. In auffallendem

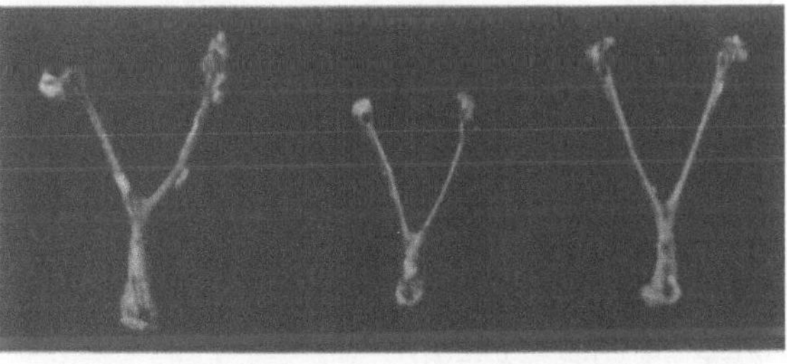

Abb. 33 b. Infantile Uteri nach Behandlung mit unspezifischem Extrakt.

Gegensatz dazu befanden sich die Ovarien. Hier sah man gar keine Veränderungen! Die Ovarien hatten dasselbe Aussehen wie bei den unbehandelten Kontrolltieren. Sie lagen als hirsekorngroße, fast farblose Gebilde neben den hyperämischen großen Uterusschläuchen. Die histologische Untersuchung bestätigte die makroskopischen Befunde. Es zeigte sich, *daß die Ovarien der durch Folliculin in sexuelle Frühreife*

---

[1] Die Wachstumswirkung wird nach Laqueur mit einer wesentlich geringeren Hormondosis ($^1/_{10}$) erzielt als die Brunstwirkung.

gebrachten Tiere gar nicht oder nur unwesentlich beeinflußt werden
(Abb. 34 u. 35). Ich lasse die histologische Beschreibung der Ovarien
aus der Originalarbeit folgen [1].

Mehrere der untersuchten Ovarien zeigen starke Füllung der größeren
und kleineren Gefäße. In keinem Ovarium fanden sich reifende oder reife
Follikel. Es waren neben zahlreichen Primordialfollikeln kleine, mit zwei
bis drei Reihen Granulosazellen versehene und mittelgroße Follikel vorhanden. Keiner der Follikel enthielt eine größere Follikelhöhle. Eine sehr
große Anzahl der Follikel zeigte Degeneration im Granuloseepithel (Kernzerfall, Pyknosen), noch zahlreicher fanden sich Eidegenerationen in Form
von Fragmentierung des Eies in mehrere Bruchstücke, besonders in kleinen
Follikeln. Mittlere, gut erhaltene Follikel wiesen im Granulosaepithel reichlich Kernteilungsfiguren auf. Es erschien die Zahl dieser Mitosen größer
als in den Kontrollen, doch legen wir diesen Befunden nur bedingten Wert
bei. In kleinen Follikeln,
deren Epithel Degeneration
zeigte, fanden wir im Ei

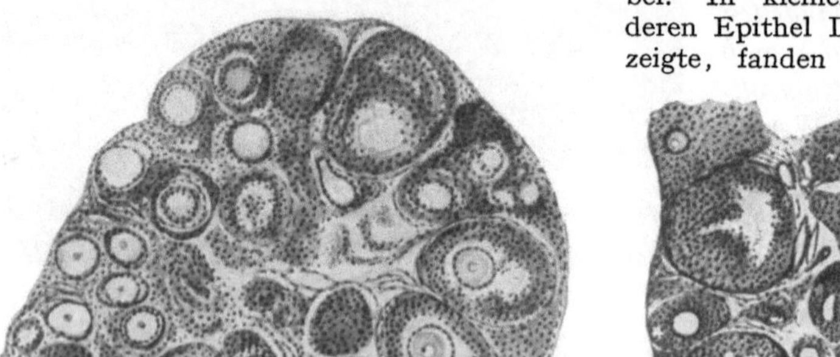

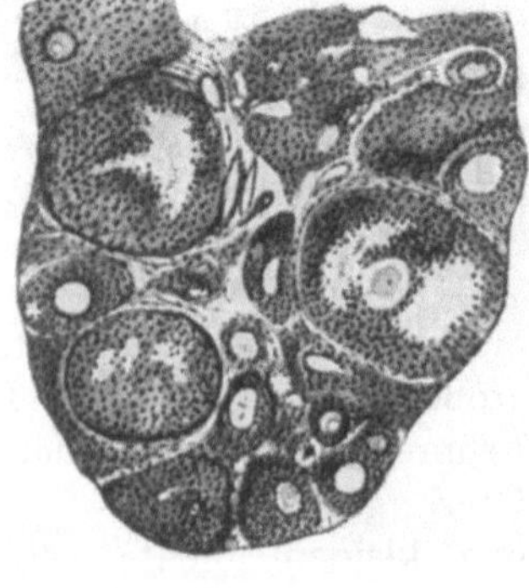

Abb. 34. Teil eines Ovariums einer infantilen 11 g
schweren Maus (Kontrolltier).

Abb. 35. Teil eines Ovariums einer
infantilen, durch Folliculin vorzeitig
in die Brunst gebrachten Maus.

nicht selten Teilungsfiguren. Aber auch in den Kontrollen konnten wir
solche nachweisen. Interstitielles Gewebe war nur spärlich vorhanden.
Alles in allem können wir sagen, daß deutliche Veränderungen in den Ovarien
der mit Folliculin behandelten Tiere nicht vorhanden sind. *Sicher kommt
es nicht zu einer Follikelreifung.*

Wir haben weiterhin untersucht, ob sich im Gesamtorganismus Ver-
änderungen an den experimentell zur sexuellen Frühreife gebrachten
Tieren nachweisen lassen. Hierbei haben wir dem Knochensystem be-
sondere Beachtung geschenkt, da man nach den Untersuchungen von
K. FRANZ, SELLHEIM, TANDLER und GROSS Beziehungen zwischen
Knochenwachstum und Sexualdrüsen annehmen muß. Nach Beendigung
der Dauerversuche mit Folliculin wurden die Tiere getötet und die
Skelete sorgsam präpariert. Die Inspektion kann leicht zu Täuschungen
Anlaß geben, weil das Skeletwachstum auch bei Geschwistertieren, die

---

[1] ZONDEK, B., u. ASCHHEIM: Klin. Wschr. 1926, Nr 27, 2199.

unter den gleichen Verhältnissen aufwachsen, an sich verschieden sein kann. Um ein Vergleichsmaß zu haben, haben wir die Skelete (Tabelle 11) gewogen und dabei folgendes gefunden:

Tabelle 11. Gewichte der Skelete.

a) Infantile Kontrolltiere (Mäuse)		b) Durch Folliculin frühreife infantile Mäuse	
Versuchstier Nr.	Skeletgewicht	Versuchstier Nr.	Skeletgewicht
632	0,42 g	625	0,55 g
634	0,45 „	626	0,48 „
635	0,40 „	629	0,48 „
637	0,67 „	630	0,71 „
639	0,57 „	631	0,52 „
Durchschnittsgewicht: 0,50 g		Durchschnittsgewicht: 0,55 g	

Das Durchschnittsgewicht der Skelete bei den Kontrolltieren beträgt 0,5 g, bei den sexuell frühreifen Tieren 0,55 g, demnach eine Gewichtszunahme von 10%, die im Bereich der Fehlerquellen liegen kann. Durch die Dauerhormonisierung ist also eine wesentliche Änderung der Knochenmasse nicht erzielt worden.

Wir machten Röntgenaufnahmen der Skelete, um eventuelle Veränderungen im Epiphysenwachstum bei diesen Tieren festzustellen. Die Versuche wurden sowohl an Mäusen wie an infantilen Kaninchen ausgeführt. Eine eingehende Mitteilung dieser Versuche erübrigt sich, weil wir keine Veränderung in der Knochenstruktur feststellen konnten, die mit Sicherheit auf die Hormonisierung bezogen werden konnte.

3. Wirkung des Folliculins beim geschlechtsreifen Tier.

Auch beim geschlechtsreifen Tier löst Folliculin die Brunst aus. Der normale, vom Hypophysenvorderlappen gesteuerte Rhythmus wird durch Folliculin unterbrochen, so daß wir bei chronischer Zufuhr großer

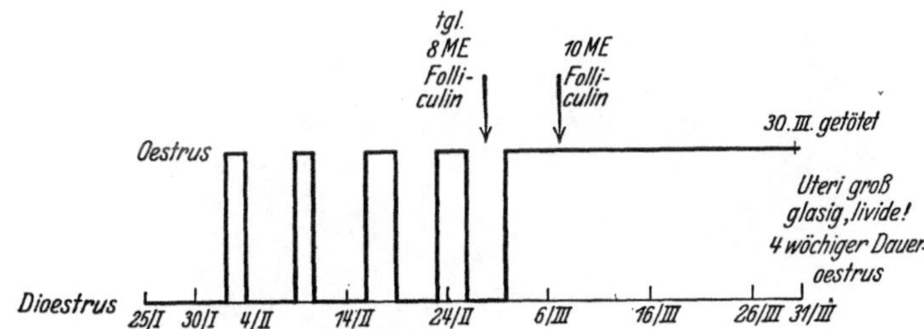

Abb. 36. Daueroestrus bei der geschlechtsreifen Maus durch chronische Folliculinzufuhr (30 Tage).

Folliculindosen[1] auch beim geschlechtsreifen Tier einen Daueroestrus erzielen können. In Abb. 36 ist ein Versuch dargestellt, wo durch 30 tägige Zufuhr von je 10 ME Folliculin eine geschlechtsreife Maus sich im Daueroestrus befand. Die Uteri waren groß, glasig und livide! Ich

---

[1] ZONDEK, B.: Nicht publiziert.

erwähne diese Versuche besonders, weil Sigmund und Mahnert (s. S. 317) durch Folliculin bei der geschlechtsreifen Maus einen Daueroestrus nicht erzielen konnten. Trotz Hormonzufuhr werde der Zyklus durch das reifende Ei unterbrochen, worin die Autoren einen Beweis für die Lehre vom Primat der Eizelle erblicken. Will man die Wirkung des Folliculins auf den Ovarialzyklus studieren, so darf man nicht wie Mahnert und Sigmund kleine Hormonmengen (1 ME) zuführen, sondern muß dem Tier täglich mindestens 8—10 ME injizieren. Wir müssen die im Organismus vorhandenen Zykluskräfte (Hypophysenvorderlappen) übertrumpfen, wozu große Folliculinmengen notwendig sind. Vielleicht kann man aus den vorliegenden Untersuchungen schließen, daß große Folliculinmengen imstande sind, die Wirkung des im Hypophysenvorderlappen produzierten Luteinisierungshormons (S. 407) zu hemmen, oder, was wahrscheinlicher ist, die Progestinwirkung zu verhindern (s. S. 166).

4. Wirkung des Folliculins auf die Uterusschleimhaut bei Mensch und Tier.

Durch einmalige Folliculinzufuhr kann man die Brunst auslösen, chronische Darreichung bewirkt Dauerbrunst. Die Uteri sind dabei vergrößert, succulent, die Uterushöhle häufig mit Sekret gefüllt, so daß

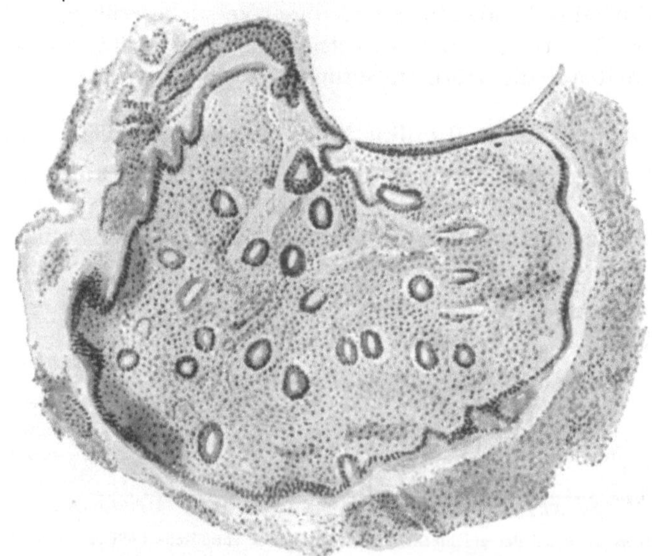

Abb. 37. Uterusschleimhaut einer kastrierten Frau im Ruhestadium. (Leitz I, Obj. 4.)

beim Durchschneiden Sekrettropfen abfließen können. Die Uterushörner sind livide verfärbt, so daß man den Eindruck einer jungen Gravidität hat. Wirkt das Folliculin auch auf die Uterusschleimhaut? Das Ergebnis ist eindeutig. Wohl können wir durch Folliculin auch ein Wachstum der

Schleimhaut erzielen, niemals gelingt es aber, die Drüsen in volle Funktion zu bringen, niemals erreichen wir durch Folliculin den funktionellen Aufbau der Schleimhaut zur Aufnahme des befruchteten Eies, d. h. die prägravide Umwandlung. Die Verhältnisse lassen sich am besten bei infantilen Kaninchen studieren, wo ich durch chronische Folliculinzufuhr eine Dickenzunahme der Schleimhaut um das Fünffache erzielen konnte. Die Drüsen sind zwar vermehrt, zeigen aber nur einen einschichtigen Bau. Die Schleimhaut ist glatt, nicht — wie in der prägraviden Phase — polypös in Falten gelegt! Das gleiche Ergebnis erhielt ich auch beim Menschen[1], wo ich die Wirkung des Folliculins an der Uterusschleimhaut einer kastrierten Frau studierte.

39jährige Frau, im Februar 1924 in unserer Klinik operativ wegen chronischer häufig rezidivierender Adnextumoren kastriert.

Am 16. III. 1926 entnehme ich mittels kleiner Cürette etwas Uterusschleimhaut. Die atrophische Schleimhaut zeigt das Stadium der Ruhe; kein Glykogen (Abb. 37).

Vom 17.—25. III. wird Patientin mit Folliculin behandelt (subkutan), wobei über starkes Wühlen im Leib, Kreuzschmerzen und Ausfluß geklagt wird.

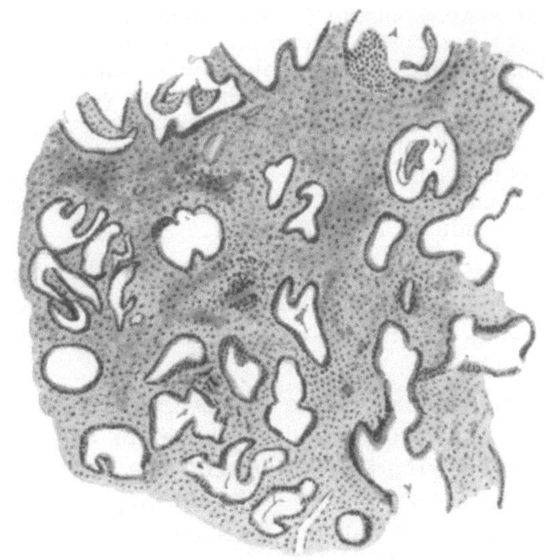

Abb. 38. Uterusschleimhaut einer kastrierten Frau nach Folliculinbehandlung. Drüsen im beginnenden Sekretionsstadium. Leitz I, Obj. 4.

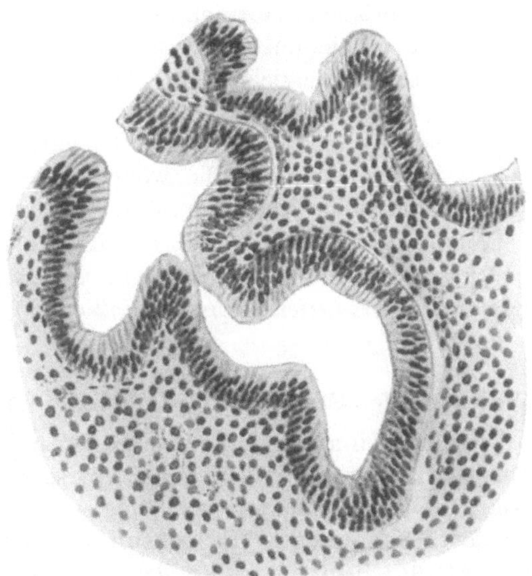

Abb. 39. Drüse in der Uterusschleimhaut einer kastrierten Frau nach Folliculinbehandlung. (Die Bestsche Färbung zeigt in diesen Drüsen Glykogen.) Leitz I , Obj. 6.

[1] ZONDEK, B.: Klin. Wschr. 1926, Nr 27, 1223.

In der Nacht vom 27. zum 28. III. tritt spontan eine ziemlich starke Uterusblutung auf.

Am 28. III. wird aus dem blutenden Uterus die Schleimhaut entfernt. Die mikroskopische Untersuchung ergibt verdickte Schleimhaut mit deutlich vergrößerten und etwas geschlängelten Drüsen (Ende des Intervalls) und Glykogen, das sich aber nur in Leukocyten nachweisen läßt.

Nochmalige Folliculinbehandlung vom 2.—22. IV. 1926.

Am 24. IV. wird wieder Schleimhaut entfernt, wobei schon die erhebliche Menge der gewonnenen Schleimhaut auffällt. Die mikroskopische Untersuchung zeigt, daß die Drüsen der Uterusschleimhaut sich im Sekretionsstadium befinden. Die Drüsen enthalten Glykogen (= beginnendes Sekretionsstadium, Abb. 38 u. 39).

Diese Untersuchungen beweisen, daß man auch bei der Frau einen Aufbau der Uterusschleimhaut[1] erreichen kann, der aber nur bis zum Beginn der Sekretionsphase führt, ohne die prägravide Umwandlung auszulösen.

Dieser Fall dürfte der erste sein, bei dem mit östrogenem Hormon eine proliferative Wirkung an der Uterusschleimhaut einer kastrierten Frau erreicht wurde. Die Untersuchung führte ich 1926 aus, zu einer Zeit, wo das Folliculin nur aus Follikelsaft gewonnen werden konnte, da damals der Pferdeharn als Ausgangsmaterial noch nicht bekannt war. Damals konnte ich klinisch nur geringe Hormonmengen anwenden, weil das Material sehr knapp und teuer war. Jetzt, wo man beliebige Mengen von Folliculin aus Pferdeharn darstellen kann, können wir mit viel größeren Hormondosen arbeiten, so daß sich die hormonale Wirkung des Folliculins im Sinne der Proliferation der Uterusschleimhaut viel sicherer erzielen läßt. Wenn seinerzeit durch die sehr viel kleineren, aus Follikelsaft gewonnenen Hormonmengen ein Effekt erzielbar war, so weist dies meines Erachtens darauf hin, daß im Follikelsaft neben dem Folliculin wohl noch ein das Hormon ergänzender oder aktivierender Wachstumsstoff vorhanden sein muß (s. S. 495).

Demnach ergibt sich: *Das Follikelhormon bewirkt den Aufbau der Uterusschleimhaut in der Proliferationsphase, das in den Follikelzellen (Thecazellen) produzierte Hormon (Folliculin) ist das Hormon der Pf-Phase* (s. auch Kap. 37).

5. Wirkung des Folliculins auf die Sexualorgane des senilen Tieres.

Die durch einmalige Folliculinzufuhr am infantilen Tier ausgelösten Brunsterscheinungen klingen bald ab, so daß das Tier wieder in den sexuellen Ruhestand kommt. Um bei demselben Tier wieder Brunst auszulösen, ist erneute Hormonzufuhr nötig. Einmalige Folliculinzufuhr hat also beim infantilen Tier nur eine einmalige Wirkung. Die mit Folliculin behandelten infantilen Tiere kommen auch nicht früher

---

[1] Diese Untersuchungen wurden von S. JOSEPH (Arch. Gynäk. **132**, 192 [1927]) nachgeprüft und bestätigt.

als ihre Geschwistertiere in die Spontanbrunst. Anders liegen die Verhältnisse beim senilen Tier. Bei alten weiblichen Mäusen, bei denen durch Scheidenuntersuchung wochenlanges Sistieren der Brunstwelle festgestellt war, konnte durch einmalige Folliculinzufuhr[1] nicht nur die Brunst ausgelöst, sondern auch die Brunstwelle erhalten bleiben. In Übereinstimmung mit STEINACH, HEINLEIN u. WIESNER[2] können wir also beim alten Tier eine echte Reaktivierung der bereits eingeschlummerten Ovarialfunktion erzielen. Wie soll man sich den Unterschied der Wirkung beim infantilen und senilen Tier erklären? Wir haben gesehen (S. 97), daß das Folliculin auf das Ovarium selbst nicht wirkt, daß das Folliculin nicht imstande ist, die Follikelreifung in Gang zu bringen. Diese Wirkung geht, wie wir später (Kap. 19) sehen werden, vom Hypophysenvorderlappen aus. Da die Hypophyse des infantilen Tieres auf den Folliculinreiz anscheinend noch nicht anspricht, wird nur ein einmaliger sexueller Impuls ausgelöst, während die Hypophyse des alten Tieres durch das Folliculin angekurbelt wird, um dann dauernd in Funktion zu bleiben. Auf Grund dieser Versuche muß man annehmen, daß das Folliculin eine stimulierende Wirkung auf den Vorderlappen ausübt (s. S. 407). Bei der engen Korrelation der endokrinen Drüsen und der Gegenwirkung von Hormonen ist es durchaus möglich, daß das unter der Wirkung des Vorderlappens im Ovarium entstehende Folliculin seinerseits einen stimulierenden Reiz auf den Vorderlappen ausübt. Die verschiedenartige Wirkung des Folliculins auf den noch nicht funktionierenden Vorderlappen des infantilen und den nicht mehr funktionierenden des senilen Tieres beruht vielleicht auf dem differenten Gehalt des Vorderlappens an Synprolan in den verschiedenen Funktionsphasen (s. Kap. 26).

6. Wirkung des Folliculins auf die Brustdrüse.

Die Frage der Beziehung des Follikelhormons zu den sekundären Geschlechtsmerkmalen ist in der Literatur eingehend untersucht worden. Schon die Wiener Autoren konnten zeigen, daß mit den ungereinigten hormonhaltigen Lipoidextrakten Wachstum und auch Sekretion der Brustdrüsen auszulösen war (s. S. 12 u. 13). Mit gereinigten wäßrigen Hormonlösungen konnten TAUSK und DE JONGH Vergrößerung der Mammae bei jungen Rattenmännchen und -weibchen sowie bei kastrierten Meerschweinchen erzielen, so daß LAQUEUR[3] im Follikelhormon das Hormon für die „Präparation der Mamma"

---

[1] Die Versuche führte ich in Gemeinschaft mit Dr. HOFMANN, Philadelphia, aus.

[2] STEINACH, HEINLEIN und WIESNER: Pflügers Arch. **210**, H. 4/5, 598 (1925).

[3] LAQUEUR, BORCHARDT, DINGEMANSE, DE JONGH: Dtsch. med. Wschr. **1928**, Nr 12, 465.

sieht. Durch Folliculin kann man die Brustdrüsen auch zur Funktion, d. h. zur Milchsekretion bringen. Wie Laqueur und de Jongh [1] gezeigt haben, muß man die Brustdrüsen erst durch große Folliculingaben zum Wachstum anregen, dann die Hormongaben sehr stark herabsetzen und dauernd ganz geringe Hormonmengen weiter injizieren. 2—3 Tage nach dem Absetzen der großen Hormonmengen kommt die Milchsekretion in Gang. So konnte durch 3—4wöchige Vorbehandlung (2 mal täglich 50 ME Menformon) und anschließende Herabsetzung der Hormondosis (von 2 mal täglich 2,5 ME absteigend bis auf 2 mal 0,25 ME) sowohl bei erwachsenen weiblichen wie männlichen Meerschweinchen die Milchsekretion ausgelöst und bis 40 Tage in Gang gehalten werden. Auch durch orale Darreichung (in 25 Tagen wurden 12 300 ME gegeben) war ein gleichartiger Effekt zu erzielen. Ich kann diese Angaben bestätigen. In meinen Versuchen habe ich täglich nur 1mal Folliculin injiziert und nach 4wöchiger Behandlung, — als die Brustwarzen stark turgesziert waren, — die Hormondosis um 90% vermindert. In den folgenden Tagen habe ich aber nicht, wie Laqueur, eine stetig abfallende Hormonmenge gegeben, sondern stets 10% der Vorbereitungsdosis. Das Folliculin (kristallinisch) wurde in öliger Lösung injiziert.

Durch Injektion von nativem Hengstharn oder aus Hengstharn dargestelltem Folliculin konnte ich bei männlichen Meerschweinchen Milchsekretion erzielen, also durch den Harn eines bestimmten männlichen Tieres ein anderes männliches Tier feminisieren (s. S. 121).

Vor einigen Jahren [2] hatte ich festgestellt, daß die östrogene Wirkung des Folliculins nicht nur bei subcutaner und oraler, sondern auch nach percutaner und rektaler Darreichung auftritt (s. S. 492). Die parenterale Dosis verhält sich zur percutanen wie 1:7, d. h. man muß bei Einreiben einer Folliculinsalbe in die Rückenhaut kastrierter Mäuse die 7fache Hormonmenge zur Auslösung des Oestrus anwenden wie bei subcutaner Zuführung. In neuen Versuchen [3] habe ich festgestellt, daß die Brustdrüsen auf die percutane Folliculinzufuhr besonders gut reagieren. Die Brustdrüsengegend von Meerschweinchenböcken wurde in einem 3markstückgroßen Bezirk rasiert und die Haut täglich um die Brustwarze herum mit Folliculinöl oder Folliculinsalbe eingerieben. Es wurde stets nur die linke Mamma behandelt. Ich wandte bei den Versuchen verschiedenartige Hormondosen an, und zwar täglich 10, 50 und 100 ME. Nach 4wöchiger Behandlung wurde die Hormondosis um 90% verringert, also täglich nur noch 1, 5 bzw. 10 ME gegeben. Schon kurze Zeit (8 Tage) nach Beginn der Behandlung vergrößerten sich die Brust-

---

[1] Laqueur, E. u. de Jongh, S. E.: Klin. Wschr. 1928, Nr 39, 1851; 1930, Nr 50, 2344.

[2] Zondek, B.: Klin. Wschr. 1929, Nr 48, 2229.

[3] Zondek, B.: Nicht publiziert.

warzen, zuerst die behandelte, bald danach auch die andere Warze. Nach 4wöchiger Behandlung war ein Unterschied zwischen den beiden Brustwarzen nicht mehr zu erkennen, woraus hervorgeht, daß das Folliculin von der Haut resorbiert war und auf dem Wege über die Zirkulation den spezifischen Effekt auch an der nicht behandelten Brustdrüse ausgelöst hatte. Nach dieser 4wöchigen Vorbehandlung wurde dann die Hormondosis, wie oben ausgeführt, um 90% vermindert. Die Versuchstiere, die 4 Wochen lang nur täglich 10 ME erhalten hatten — im ganzen also 300 ME percutan — zeigten nur eine Vergrößerung der Mamma, Milchsekretion war aber nicht zu erzielen. Hingegen konnte bei den Meerschweinchenböcken, deren linke Brust mindestens 4 Wochen lang täglich mit 50 bzw. 100 ME — im ganzen also 1400 bzw. 2800 ME — behandelt war, die Lactation in typischer Weise ausgelöst werden. Zuerst kann man durch Druck auf die Brustdrüse nur eine trübe colostrumartige Flüssigkeit erhalten, nach einigen Tagen aber Milch. Die Sekretion war an der linken behandelten Brust manchmal etwas stärker als an der rechten Brustdrüse, doch war die Differenz im ganzen nicht beträchtlich. Zuweilen entleerte sich die Milch auf Druck geradezu im Strahl.

Gibt man die gleiche percutane Dosis, etwa 2800 ME, statt in 4 Wochen in 14 Tagen (Tabelle 13, Versuch 8—10), so tritt die Milchsekretion nicht ein, es kommt demnach nicht nur auf die Hormondosis, sondern auch auf die Zeitdauer der Applikation an.

Durch die percutane Behandlung der Brustdrüse mit Folliculin war bei den Meerschweinchenböcken noch eine andere Folliculinwirkung aufgetreten und zwar der antimaskuline Effekt, auf den im nächsten Abschnitt eingegangen wird. (Bezüglich der Wirkung auf das Pigment des Warzenhofes sei auf S. 121 verwiesen.)

Vergleicht man die zur Auslösung der Lactation notwendigen Folliculindosen bei subcutaner und percutaner Anwendung, so zeigt sich überraschenderweise, daß man bei Einreibung des Folliculins *in* die Haut nicht mehr Hormon bedarf, als bei subcutaner Injektion. Es hat im Gegenteil den Anschein, daß man percutan noch weniger Hormon zur Brustdrüsenreaktion benötigt als subcutan! Die 4wöchige lokale Behandlung einer Brustdrüse mit rund 1500 ME Folliculin genügt, um beide Brustdrüsen zu starker Milchsekretion zu bringen.

Die nächste Frage war, ob das Folliculin nur bei lokaler percutaner Anwendung auf die Brustdrüse wirkt, oder ob man durch Behandlung einer fernliegenden Hautstelle mit den gleichen Folliculindosen den gleichartigen Effekt erzielen kann. Zu diesem Zwecke wurden Meerschweinchenböcke am *Rücken* in einem 4 × 4 cm großen Hautbezirk rasiert und täglich mit Hormonöl bzw. Hormonsalbe eingerieben. Nach kurzer Zeit sah man bereits einen positiven Effekt, der sich in Vergrößerung der Brustwarzen äußerte, nach 4 Wochen trat die Lactation in typischer Weise ein. Ich hatte vermutet, daß man an fernliegenden Hautstellen höhere Folliculindosen würde anwenden müssen, als bei der lokalen percutanen Behandlung der Brustdrüsen, es zeigte sich aber, daß dies nicht der Fall ist. Zusammenfassend ergeben die Versuche, daß Folliculin bei percutaner Anwendung die Brustdrüsen in typischer Weise zur Funktion bringt, und daß die zu diesem Effekt notwendigen Hormondosen nicht größer, eher noch kleiner sind als bei subcutaner Anwendung. Die Brustdrüse reagiert auf das percutan eingeriebene Hormon besser als der Uterus und die Vaginalschleimhaut. Während sich die subcutane zur percutanen Dosis bezüglich der Oestrusreaktion wie 1:7 verhält, beträgt die Relation bei der Mammareaktion 1:1.

Die percutane Anwendung des Folliculins — in Form von Hormonsalbe — wird, wie ich glaube, in der Zukunft für die Therapie nicht ohne Bedeutung sein. Ich möchte empfehlen, bei mangelhafter konstitutioneller Entwicklung der Brustdrüse, bei zu geringer Entwicklung in der Gravidität usw. Folliculin in percutaner Form anzuwenden. Am zweckmäßigsten wird man die Brüste lokal behandeln (tägliches Einreiben mit Hormonsalbe). Wenn gegen die Lokalbehandlung irgendwelche Bedenken bestehen, so kann man die Hormonsalbe genau so gut auch an einer Hautstelle anwenden. Das Einreiben mit einer Hormonsalbe dürfte für die Patientin viel angenehmer sein, als das Schlucken von Tabletten oder Injektionen. Man kann die verschiedenen Applikationsmethoden natürlich auch kombinieren (weitere therapeutische Angaben s. S. 511).

Daß man beim Menschen durch parenteral zugeführtes Folliculin eine stimulierende Wirkung auf die Brustdrüse erzielen kann, geht aus früheren Beobachtungen [1] von mir hervor.

19¹/₂ jähriges intelligentes Mädchen, das zum erstenmal mit 13 Jahren und in der Folgezeit regelmäßig menstruiert war. Mit 16 Jahren wurde die Menstruation unregelmäßig, die Pausen immer größer (bis 6 Monate), die Blutung immer schwächer. Seit 1¹/₂ Jahren Amenorrhöe mit Gewichtszunahme von 26 kg, so daß sie jetzt 86 kg wiegt. Patientin wurde mit allen möglichen im Handel befindlichen Präparaten ohne Erfolg behandelt.

Äußere Genitalien: Große und kleine Labien atrophisch, Schamhaare nur sehr gering, wie bei 13—14jährigem Mädchen. Uterus kann infolge des intakten Hymens nicht gemessen werden. Rektal fühlt man einen sehr atrophischen, schmalen, kurzen, harten Uterus mit kleiner Portio. Die Länge des Uterus wird auf 3—4 cm geschätzt.

Brüste schlaff, Drüsengewebe entwickelt. Die Warzen sind eingezogen, in der rechten Achselhöhle keine Haare, links spärliches Wachstum.

Nach 3¹/₂ wöchiger Behandlung mit Folliculin (täglich injiziert) bemerkt Patientin ein Ziehen in beiden Brüsten. *Patientin macht mich darauf aufmerksam, daß die Brustwarzen hervorgetreten seien.* Dies ist in der Tat der Fall, die Warzen sind auch erektil. *Die vorher nicht sichtbaren Montgomeryschen Drüsen sind stark hervorgetreten, so daß die Brüste wie bei einer jungen Gravidität aussehen.* Sekret wird nicht abgesondert.

---

[1] ZONDEK, B.: Klin. Wschr. **1926**, Nr 27, 1224.

Die Beeinflussung der Brüste wurde auch bei einem zweiten Fall von hochgradigem Infantilismus einer 21jährigen, noch niemals menstruierten Patientin beobachtet. Nach 4wöchiger Behandlung mit Folliculin werden die Brüste prall, die Warzen treten hervor, die MONTGOMERYschen Drüsen werden sichtbar.

Die vorliegenden experimentellen und klinischen Untersuchungen zeigen, daß das Folliculin die Brustdrüsen, also die sekundären Geschlechtsmerkmale, hormonal beeinflußt, so daß die Brustdrüsen nicht nur wachsen, sondern auch zu voller Funktion kommen. Diese typisch weibliche Funktion kann auch beim männlichen Tier durch Folliculin erzielt werden. Ich hebe dies hervor, weil nach neueren Untersuchungen ein besonderes Hormon des Hypophysenvorderlappens (Prolactin, s. S. 345) für die Lactation wichtig ist.

7. Die antimaskuline Wirkung des Folliculins.

Daß das weibliche Sexualhormon eine hemmende Wirkung auf den männlichen Sexualapparat ausübt, ist bereits 1916 von HERMANN u. MARIANNE STEIN[1] festgestellt worden. Die Autoren bedienten sich zu den Versuchen ihres aus dem Corpus luteum bzw. der Placenta hergestellten Lipoidextraktes. LAQUEUR und STEINACH konnten mit wäßrigen Hormonlösungen den gleichen Effekt auslösen, so daß die antimaskuline Wirkung des weiblichen Sexualhormons außer Zweifel steht. Ich kann diese Befunde bestätigen, d. h. nach chronischer Behandlung infantiler männlicher Nagetiere (Ratten) mit Folliculin bleiben die männlichen Sexualorgane, insbesondere die Hoden, im Wachstum zurück, was sich durch Gewichtsbestimmungen sicher feststellen läßt. Wie bei den früheren Wachstumsstudien des Uterus (s. S. 14) habe ich auch bei diesen Versuchen[2] das Gewicht der Hoden in Beziehung zum Gesamtgewicht des Tieres gesetzt, wodurch eine exakte Relation geschaffen wird. Es wird das Dezigrammgewicht des Körpers mit dem Zentigrammgewicht der Hoden verglichen.

Einige Versuche seien mitgeteilt:

Tabelle 12. Hodengewicht nach Folliculinbehandlung.

I. Kontrollversuche mit physiologischer Kochsalzlösung			II. Folliculinversuche		
dg-Gewicht der Ratte	cg-Gewicht der Hoden	Proportion	dg-Gewicht der Ratte	cg-Gewicht der Hoden	Proportion
648	69	9,4	430	23	18,7
765	62	12,3	360	15	24
820	92	8,9	430	18	23,8
448	49	9,1	410	19	21,5
1168	170	6,8	470	29	16,2

[1] HERMANN, E. u. STEIN M.: Ges. f. Ärzte, Wien, Sitzg. v. 28. I. 1916. Wien. klin. Wschr. 29, H. 25.
[2] ZONDEK, B.: Nicht publiziert.

Bei den Kontrolluntersuchungen finden wir Gewichtsproportionen zwischen Gesamt- und Hodengewicht, die zwischen 6,8 und 12,3 liegen. Bei den Folliculinversuchen aber liegt die Gewichtsproportion zwischen 16,2 und 24 als *Ausdruck des Zurückbleibens des Hodengewichts gegenüber dem Gesamtgewicht*, d. h. *als Ausdruck der antimaskulinen Wirkung des Folliculins.*

Der hemmende Einfluß des Folliculins zeigt sich auch sehr instruktiv bei Versuchen[1] an Meerschweinchenböcken. Wie aus der Tabelle 13 hervorgeht, kann man schon durch etwa 260 ME Folliculin — im Verlaufe von 32 Tagen injiziert — ein merkbares Wachstum der Zitzen und eine erhebliche Reduktion des Hodengewichts (50%) erzielen (Versuch 3). Bei subcutaner Injektion großer Folliculinmengen — 3960 ME auf 57 Tage verteilt — nimmt das Gewicht der beiden Hoden um rund 75% ab, so daß die Hoden kleine, schlaffe Gebilde darstellen. So kann die Gewichtsproportion zwischen g-Gesamt- und cg-Hodengewicht, die normalerweise 1,26—1,94 beträgt, auf 5,65 steigen (Versuch 6).

Auch bei *percutaner*, lokaler Behandlung der Brustdrüse (Einreiben mit Hormonöl oder Hormonsalbe) zeigt sich schon nach kurzer Zeit

Tabelle 13.   Einfluß des Folliculins (subcutan und percutan) auf die Brustdrüsen und Hoden des Meerschweinchenbocks.

Nr.	Bezeichnung	Gewicht g	Behandlungsdauer	Gesamtmenge Folliculin ME.	Brustdrüse Wachstum	Sekretion	Hodengewicht cg	Proportion
1	M 61	457	Kontrolle				235	1,94
2	M 72	460	„				365	1,26
			Subcutane Zuführung.					
3	M 57	435	25 Tage je 10 ME 7 „ „ 1 „	257	+	−	130	3,34
4	M 50	460	36 Tage je 10 ME 21 „ „ 1 „	381	+ +	−	210	2,19
5	M 51	450	36 Tage je 50 ME 21 „ „ 5 „	1905	+ + +	+ +	91	4,94
6	M 52	430	36 Tage je 10 ME 21 „ „ 50 „	3960	+ + +	+ +	76	5,65
			Percutane Zufuhr.					
7	M 70	410	8 Tage je 100 ME	800	+	−	160	2,56
8	M 67	452	13 Tage je 200 ME 7 „ „ 20 „	2740	+ +	−	170	2,65
9	M 66	380	vgl. Versuch 8	2740	+ +	−	110	3,45
10	M 62	390	vgl. Versuch 8	2740	+ +	−	80	4,87
11	M 55	420	26 Tage je 100 ME 10 „ „ 10 „	2700	+ + +	+ +	150	2,8
12	M 56	435	vgl. Versuch 11	2700	+ + +	+ +	130	3,4

---

[1] ZONDEK, B.: Nicht publiziert.

die feminisierende Wirkung an den Brustdrüsen und der antimaskuline
Effekt an den Hoden. Nach 8tägiger Behandlung einer Brust mit je
100 ME Folliculinöl vermindert sich das Hodengewicht bereits um über
40% (Versuch 7), der antimaskuline Effekt tritt also schon in den ersten
Tagen der percutanen Behandlung auf, um dann allmählich noch weiter
zu steigen. Nach 36tägiger lokaler percutaner Behandlung einer Brustdrüse mit insgesamt 2700 ME zeigen die Brustdrüsen starkes Wachstum und Milchsekretion, während das Hodengewicht von 3 auf 1,3 g,
also um 56,7% abnimmt. Die Gewichtsproportion steigt bis auf 3,34
(Versuch 12). Die antimaskuline Wirkung ist individuell verschieden,
bei gleicher Folliculindosis differieren die Hodengewichte nicht unerheblich, wie dies aus den Versuchen 8—10 hervorgeht (Hodengewicht
1,7, 1,1 und 0,8 g).

14. Kapitel.

Genese des Folliculins. — Gonadales, extragonadales und placentares Folliculin. — Nahrungsaufnahme und Folliculin.

Die Tatsache, daß der östrogene Hormon weitverbreitet in der Natur
vorkommt, sowie die im folgenden zu besprechenden Ergebnisse weisen
darauf hin, daß das Folliculin wohl auch außerhalb der Geschlechtsdrüsen produziert werden kann. In Gemeinschaft mit H. v. EULER[1]
wurde gezeigt, daß Folliculin — unabhängig von der Funktion der
Sexualdrüsen — in jedem menschlichen Harn in kleinen Mengen vorkommt. Bei allen Versuchen wurde Harn von 72 Stunden gesammelt,
mit Mineralsäure kongosauer gemacht, 5 Minuten gekocht und mit
Benzol erschöpfend extrahiert. Der Benzolrückstand wurde in Öl aufgenommen und in bekannter Weise an der kastrierten 20 g schweren
Maus auf Folliculin titriert, wobei die Öllösungen 6mal im Verlauf von
48 Stunden injiziert wurden.

Wie die Tabelle 14 zeigt, findet man Folliculin sowohl im Harn
des 6 1/2-jährigen Knaben wie des 9- und 11jährigen Mädchens. Die
Tagesausscheidung schwankt zwischen 4 und 12 ME, der Hormongehalt pro Liter Harn zwischen 5 und 20 ME. Ebenso ist im Harn des
alten 84jährigen Mannes Folliculin nachweisbar (10 ME pro Liter und
Tag), desgleichen bei ganz alten Frauen. Vor dem Beginn der Geschlechtsreife und nach dem Aufhören derselben finden wir bei der Frau Werte,
die zwischen 5 und 30 ME. pro Liter Harn schwanken.

Mit dem Eintreten der sexuellen Reife, mit dem Beginn der cyclischen
Veränderungen im Ovarium und der damit einhergehenden Folliculin-

---

[1] ZONDEK, B., u. v. EULER, H.: Skand. Arch. Physiol. (Berl. u. Lpz.) **67,**
259 (1934).

produktion steigen die Hormonwerte im Harn an, so daß man im Postmenstruum etwa 50 ME, im Beginn des Intermenstruum 70 ME und zur Zeit des Follikelsprungs etwa 300 ME. pro Liter findet. Die Ausscheidung ist, wie schon SIEBKE gezeigt hat, im Intermenstruum am höchsten. Im Beginn der Klimax setzt, wie ich zeigte, eine erhöhte Produktion und Ausscheidung von Folliculin ein. (I. = polyfolliculines Stadium der Klimax, s. S. 423.)

Tabelle 14. Folliculin im Harn.

Geschlecht	Alter	Folliculin ME pro Liter	Folliculin-ausscheidung pro Tag
I. Kinder.			
Mädchen	9	5	4
„	11	5	6
Knabe	$6^1/_2$	20	12
II. Männer und Frauen.			
Mann	47	20	39
„	84	10	10
Frau	61	5	7,5
„	74	30	45

III. Frau während der Geschlechtsreife und in der Klimax.

Alter	Tag des Zyklus	Folliculin ME pro Liter	Folliculin-ausscheidung pro Tag
27	4—6	56	40
20	6—8	70	84
	9—11	60	78
26	19—21	300	360
41	Klimax	70	140
51	„	100	130

Wichtig erscheint uns die Tatsache, daß *Folliculin in jedem menschlichen Harn, außerhalb der Geschlechtsreife und unabhängig vom Geschlecht, gefunden wird*, und zwar in Mengen, die zwischen 5 und 30 ME pro Liter Urin schwanken. Woher stammen diese Folliculinmengen? Es liegt die Annahme nahe, daß diese geringen Hormonmengen mit der Nahrung aufgenommen und im Harn ausgeschieden werden, wie dies KÖGL u. WENDT vom Auxin gezeigt haben. Dies trifft aber für das Folliculin nach unseren Untersuchungen nicht zu.

Wie vorher gezeigt (s. S. 79), kommt Folliculin auch in Pflanzen vor. Wenn das im Pflanzenmaterial vorhandene Folliculin für die Hormonausscheidung verantwortlich gemacht werden soll, so müßte man bei intensiver Pflanzennahrung ein Ansteigen des Folliculintiters im Harn. erwarten. Dies ist aber nicht der Fall. Wir beobachteten ein 20jähriges Mädchen, das seit 4 Jahren amenorrhoisch war und sich lediglich von *großen Mengen* roher vegetabilischer Kost ernährte. Sie aß nur Äpfel, Pflaumen, rohe Mohrrüben und anderes rohes Gemüse (Blumenkohl, Rotkohl usw.). Die tägliche Harnmenge schwankte zwischen 3 und 4 Liter. Die Hormonanalyse ergab, daß weniger als 5 ME Folliculin pro Liter Urin ausgeschieden wurden. *Die Zuführung großer Mengen pflanzlichen Materials bewirkte also keine Vermehrung des Harnfolliculins.* Selbst wenn man einen Wert von 5 ME pro Liter annehmen würde, so würde die Tagesausscheidung bei dieser intensiven, reinen vegetabilischen Kost auch nur 15—20 ME betragen, also in den Grenzen liegen, die wir bei Kindern und alten Leuten bei normaler gemischter Ernährung finden.

Wir hatten ferner Gelegenheit, den Harn eines 35jährigen tuberkulösen Mannes zu untersuchen, der mit der GERSONschen Diät ernährt wurde. Neben der Zufuhr von 100 g Brot, 100 g Leber, 25 g Leberwurst, 100 g Butter, 10 g Käse und 5 Eigelb erhielt der Patient pro Tag folgende Vegetabilien: 40 g Mandarinen, 240 g Äpfel, 60 g Tomaten, 200 g Blumenkohl, 200 g Kartoffel, 130 g Apfelsinensaft, 2400 g Gemüsesaft.

Die tägliche Harnausscheidung betrug 3400 ccm. Die Hormonanalyse ergab 12 ME pro Liter, also eine Tagesausscheidung von 40,8 ME Folliculin. Es ergibt sich somit der gleiche Ausscheidungswert wie bei der 74jährigen Frau (Tabelle 14), deren Nahrungszufuhr viel geringer war, als bei dem eben geschilderten Fall mit GERSONscher Diät. Trotz der gemischten Nahrung und des Überwiegens der vegetabilischen Kost keine bemerkenswerte Erhöhung der Folliculinausscheidung bei der GERSONschen Diät!

Es bestand noch die Möglichkeit, daß das ausgeschiedene Folliculin aus der zugeführten Fleischkost herrührt. Diese Frage haben wir im Tierexperiment geprüft. Geschlechtsreife Ratten wurden 14 Tage mit nebenstehender folliculinfreier Grundkost ernährt.

Bei dieser Grundkost wurde Folliculin im Harn nicht gefunden. (Geprüft bis auf 5 ME pro Liter.)

Casein	100 g
Reisstärke	300 g
Salzmischung	25 g
Gehärtetes Arachidfett	65 g
Fullererde, Vitamin B_1	2 g
Hühnereiweiß, koaguliert	1 g
Carotin	10 γ
Vigantol (Ergosterin = 0,4 γ)	

5 geschlechtsreife Ratten im Gesamtgewicht von 1820 g erhielten im Verlauf von 5 Tagen eine Zulage von insgesamt 100 g rohen Ochsenfleisches zu der folliculinfreien Grundkost. Die ausgeschiedene Harnmenge betrug 588 ccm. Die Hormonanalyse ergab keinerlei Erhöhung des Hormongehaltes, so daß pro Liter Harn nicht einmal 10 ME Folliculin nachweisbar waren.

Die in kleinen Mengen in jedem Harn ausgeschiedenen Folliculinmengen rühren demnach nicht von der Nahrung her.

Daß das Follikelhormon in der weiblichen Sexualdrüse während der Geschlechtsreife produziert wird, steht außer Zweifel. Mit dem Beginn der Ovarialfunktion steigt der Folliculingehalt des Harns um das 10—20fache. Daß auch der Hoden befähigt ist, große Folliculinmengen zu produzieren, wird im folgenden Kapitel gezeigt werden. Wir möchten glauben, daß neben der gonadalen Produktion noch ein extragonadaler Folliculinstoffwechsel stattfindet, der unabhängig von der Sexualfunktion eine Folliculinausscheidung von 5 bis 30 ME pro Liter Harn bedingt. Für die extragonadale Entstehung spricht auch der erhöhte Folliculingehalt im Carcinomgewebe. P. SILBERSTEIN, O. O. FELLNER u. P. ENGEL[1] fanden in menschlichen Carcinomenetwa 84 ME, in Mäusecarcinomen und Sarkomen 200 ME, S. LOEWE, W. RAUDEN-BUSCH u. H. E. VOSS[2] in reinem Krebsgewebe von Männern 277 ME pro kg. Besonders sei erwähnt, daß LOEWE[3] und seine Mitarbeiter auch in den Ausscheidungen von Kastraten Folliculin fanden, so im Ochsenharn $^1/_4$ ME pro Liter, im Kot des kastrierten Hahns mehr als 10 ME pro kg. LOEWE glaubt, daß der Gedanke besonders nahe liege, daß die in den Ausscheidungen von Pflanzenfressern gefundenen Hormone der Nahrung entstammen, daß man aber andererseits an die Möglichkeit denken müsse, daß das Hormon im Kastratenkörper selbst an noch unbekannter Stelle aus noch unbekannten Vorstufen extragonadal gebildet wird.

Auf Grund unserer Untersuchungen glauben wir, *daß während des ganzen Lebens ein extragonadaler Folliculinstoffwechsel stattfindet,* daß dann in den Jahren der Genitalfunktion die besonders gonadale Produktion im weiblichen Organismus hinzukommt, die nach dem Erlöschen der Ovarialfunktion wieder aufhört. Ob und welche Funktionen das extragonadal gebildete Folliculin hat, können wir noch nicht sagen. Im Höhepunkt der weiblichen Sexualfunktion, in der Gravidität, tritt eine besondere Steigerung der Folliculinproduktion und Ausscheidung ein, die durch das in der Placenta produzierte = placentare Folliculin bedingt ist.

Zusammenfassend ergibt sich aus den vorliegenden Untersuchungen:

1. Das im männlichen und weiblichen Organismus in jedem Lebensalter in geringen Mengen (5—10 ME pro Liter Harn) ausgeschiedene Folliculin entsteht im Organismus endogen, aber extragonadal.

2. Die kleinen in jedem Harn ausgeschiedenen Folliculinmengen stammen nicht aus der Nahrung.

3. Das Folliculin wird im Organismus auf drei verschiedene Arten gebildet: gonadal, extragonadal und placentar.

---

[1] SILBERSTEIN, P., FELLNER, O. O. u. ENGEL, P.: Z. Krebsforsch. **35**, 420 (1932).

[2] LOEWE, S., RAUDENBUSCH, W. u. VOSS, H. E.: Biochem. Z. **249**, 443 (1932).

[3] LOEWE, S., RAUDENBUSCH, W., VOSS, H. E. u. LANGE, F.: Ebenda **250**, 50 (1932).

15. Kapitel.

Folliculin im männlichen Organismus.
Massenausscheidung von Folliculin im Hengstharn.
Pferdehoden und Folliculinproduktion.
Hormonale Geschlechtsdiagnose aus dem Harn
beim Pferd.

Wir haben eben gesehen, daß im Harn eines jeden Menschen, unabhängig von Geschlecht und Alter, kleine Folliculinmengen (5—30 ME pro Liter) ausgeschieden werden. Zur Zeit der Geschlechtsreife steigt bei der Frau die Ausscheidung um etwa das 20fache, beim Mann um das 5—10fache. Eine Massenausscheidung des Folliculins tritt, wie schon S. 77 u. 112 kurz angegeben und im Kap. 35 des näheren beschrieben wird, in der Gravidität ein. Zunächst wurde die hämochoriale Placentation für die starke Überproduktion verantwortlich gemacht, da ASCHHEIM und ich[1] die erhöhte Ausscheidung nur in der Gravidität des Menschen und des Affen fanden (1927). Diese Auffassung mußte ich fallen lassen, als ich[2] (1930) noch viel größere Hormonmengen im Harn der graviden Stute fand, die nicht eine hämochoriale, sondern eine Haftplacenta besitzt. Meine neuesten Untersuchungen[3] (1934) zeigen, daß die Massenproduktion des östrogenen Hormons garnicht ein Charakteristikum der Gravidität ist, da die größten Folliculinmengen in den Sexualdrüsen eines männlichen Organismus (Equiden) produziert werden (s. S. 115). Der Hengst scheidet enorme Mengen weiblichen Hormons aus, mehr als die gravide Stute und sehr viel mehr als die gravide Frau! Die erste Feststellung des hohen Hormongehaltes im Hengstharn[4] wurde im wissenschaftlichen Laboratorium von HOFFMANN-LA-ROCHE in Basel durch Dr. F. P. HÄUSSLER gemacht. Nach meinen Analysen schwankt der Folliculinwert zwischen 10000 und 400000 ME pro Liter Hengsturin. Diese Schwankungen beruhen vielleicht darauf, daß man den Harn von verschiedenen Tageszeiten untersucht. Es kann nicht gleichgültig sein, ob das Pferd vorher 10—20 Liter Wasser getrunken hat oder nicht. Ich habe den Eindruck, daß auch die Herkunft der Tiere von Bedeutung ist. Ich untersuchte Harne von Tieren aus Schweden und aus der Schweiz, bei den aus der Schweiz erhaltenen Urinen wurden meist höhere Werte gefunden. Möglicherweise hat hier nur der Zufall eine Rolle gespielt. Um einen *Durchschnittswert* zu erhalten, war es notwendig, den Hormontiter aus einer

[1] ASCHHEIM, S. u. ZONDEK, B.: Klin. Wschr. **1928**, Nr 30 u. 31.

[2] ZONDEK, B.: Klin. Wschr. **1930**, Nr 49, 2285.

[3] ZONDEK, B.: Nature (Lond.) **133**, 209 (1934).

[4] KÜST [Dtsch. tierärztl. Wschr. **21**, 336 (1932)] hat bei Nachprüfung meiner S. 571 beschriebenen Graviditätsreaktion für das Pferd auch Harne von 19 Hengsten untersucht und die Reaktion stets positiv gefunden. Merkwürdigerweise ist KÜST diesem auffallenden Befund nicht weiter nachgegangen, so daß er den hohen Folliculingehalt des Hengstharns nicht erkannt hat.

großen Harnmenge festzustellen. Deshalb wurden 37 Liter Harn, die von vier Hengsten stammten, verarbeitet. Nach Ansäuern mit Schwefelsäure — kongorot — wurde der Harn gekocht und erschöpfend mit Benzol extrahiert. Auf diese Weise wurden 310 g eines Rohhormons[1] erhalten, das im wesentlichen aus Benzoesäure bestand. Die Analyse ergab einen Wert von 170000 ME pro Liter Hengstharn. Da der Hengst pro Tag etwa 10 Liter Harn sezerniert, ergibt sich eine Tagesausscheidung von 1700000 ME Folliculin. Ich bezeichne das östrogene Hormon des Hengstharns hier schon als Folliculin, da seine völlige Identität mit dem aus Harn gravider Frauen und trächtiger Stuten isolierten α-Follikelhormon festgestellt wurde (E. A. HÄUSSLER, DEULOFEU u. FERRARI).

Diese Mengen von Folliculin im Urin eines männlichen Tieres erscheinen besonders hoch, wenn man sie mit anderen Hormonwerten vergleicht. Da die Analysen gleichartigen Materials, wie dies auch BUTENANDT in seinen Arbeiten hervorhebt, in der Hand verschiedener Untersucher nicht unbeträchtlich variieren können, gebe ich in Tabelle 15 den Vergleich mit eigenen Analysen.

Tabelle 15. Folliculin im Urin.

	Pro Liter ME	Pro die ME
Hengst	170 000	1 700 000
Stute	200	2 000
Trächtige Stute .	100 000	1 000 000
Sexuell reife Frau	30—200	45—300
Gravide Frau . .	10 000	15 000

So merkwürdig es klingt, der Hengst scheidet pro Tag 5666 bis 37777mal soviel Hormon aus wie die geschlechtsreife Frau. Der Tagesharn eines Hengstes enthält etwa 400mal so viel Folliculin wie der Gesamturin einer geschlechtsreifen Frau in 4 Wochen.

Der Hengsturin enthält die 17fache Hormonmenge (pro Liter) wie der Harn in den ersten Graviditätsmonaten der Frau und die 3—4fache Menge wie in den letzten Tagen der Gravidität, wo die Folliculinausscheidung ihren Höhepunkt erreicht.

1. Die Massenausscheidung von Folliculin eine Eigenart der männlichen Equiden.

Bei dem Vorkommen so hoher Folliculinmengen im Hengstharn mußte die Frage entschieden werden, ob man nicht auch bei anderen männlichen Tieren[2] eine stark erhöhte Excretion weiblichen Hormons findet. Die Untersuchungen (Tab. 16) ergaben:

Im Harn männlicher Tiere

Tabelle 16. Folliculin im Tierurin.

Männliches Tier	Pro Liter Urin ME
Stier	weniger als 333
Dromedar	„ „ 333
Giraffe	„ „ 333

---

[1] Das Material wurde mir freundlicherweise von HOFFMANN-LA-ROCHE, Basel, zur Verfügung gestellt, wofür auch an dieser Stelle bestens gedankt sei.

[2] Für die Überlassung des Materials bin ich Sir PETER CHALMERS MITCHELL, Direktor des Zoologischen Gartens London, sowie Herrn WENDNAGEL, Direktor des Zoologischen Gartens Basel zu bestem Dank verpflichtet.

sind weniger als 333 ME Folliculin pro Liter vorhanden. Die Ausscheidung der großen Hormonmengen ist also eine Eigenart der Equiden.

Die vergleichenden Untersuchungen (Tabelle 17) führten zu dem Ergebnis, daß die Folliculinmengen bei den verschiedenen männlichen Equiden differieren. Sie sind beim Pferd am größten, dann kommt das Zebra. Die Werte beim Esel liegen schon erheblich niedriger, aber selbst der Zwergesel scheidet noch 1000 ME pro Liter aus, also noch etwa 3mal soviel wie die geschlechtsreife Frau. Auch beim Maultier, dem durch

Tabelle 17. Folliculin im Harn von Equiden.

	pro Liter Harn ME
Zebra	36 000
Gravy Zebra.	40 000
Esel.	3 300
Kiang (asiatischer Wildesel)	3 300
Sardinischer Zwergesel . .	1 000
Maultier	1 000

Kreuzung von Esel und Pferd entstandenen, an sich sterilen Tier, ist die Folliculinausscheidung noch relativ hoch. Die Equiden nehmen in hormonaler Beziehung eine Sonderstellung ein, wie dies auch für die Gravidität bei diesen Tieren von mir festgestellt wurde (s. S. 365 u. 572).

2. Pferdehoden und Folliculinproduktion.

Die Massenausscheidung von Folliculin fand ich nur im Harn des Hengstes, nicht aber in dem des Wallachs. Hier ergaben die Analysen in der Mehrzahl der Fälle einen Wert von weniger als 333 ME pro Liter, in einem Fall wurden 333 ME, in einem anderen Fall 1000 ME gefunden. Ebenso erhielt ich niedrige Werte bei jungen Hengsten. Bei einem $2^{1}/_{2}$ jährigen Fohlen fand ich 500 ME, bei einem etwas älteren Tier 6000 ME pro Liter. Der Wallachharn enthält also nur 0,2—0,6%, der Fohlenharn 0,3—3,5% der im Hengstharn nachweisbaren Hormonmenge.

Die Tatsache, daß die hohe Folliculinausscheidung nach der Kastration verschwindet, und daß die hohe Folliculinexcretion bei noch nicht geschlechtsreifen Tieren viel geringer ist als beim sexuell reifen Hengst, mußte zu der Auffassung führen, daß der Hoden des Hengstes für die hohe Folliculinproduktion verantwortlich ist. Ich hatte Gelegenheit, drei Hengsthoden[1] sofort nach der Exstirpation zu untersuchen. Ich implantierte kleine Gewebsmengen (0,05—0,1 g) in die Oberschenkelmuskultur kastrierter Mäuse. Nach 100 Stunden waren sämtliche Tiere östrisch. Hieraus ging hervor, daß der Hengsthoden mindestens 20000 ME Folliculin pro kg enthält. Wesentlich höhere Werte erhielt ich bei der Extraktion des Hodens. (Die Extraktion wurde zunächst mit Aceton in der Kälte, dann 12 Stunden mit Aceton und 12 Stunden mit Alkohol am Soxhletapparat ausgeführt. Der Rückstand wurde

---

[1] Für die Überlassung des Materials (Harn, Blut, Hoden) bin ich Herrn Prof. A. V. SAHLSTEDT, Rektor der Veterinärhochschule Stockholm, zu großem Dank verpflichtet.

in bekannter Weise in Öl aufgenommen und an kastrierten Mäusen testiert.) Es ergab sich ein Folliculingehalt von 66000 ME pro kg Hoden. In den beiden rund 350 g wiegenden Hoden eines geschlechtsreifen Hengstes sind 23100 ME Folliculin vorhanden. *Damit ergibt sich der eigenartige Befund, daß der Pferdehoden das an Folliculin reichste Organ ist, das wir bisher überhaupt kennen!* Zum Vergleich führe ich Analysen eigener Untersuchung an:

Tabelle 18. Folliculin in Sexualorganen.

Hoden eines geschlechtsreifen Pferdes			23100	ME
Ovarien einer	,,	Stute .	70	,,
,, ,,	,,	Frau .	40	,,
Placenta des Menschen			5000	,,
,, ,, Pferdes			5000	,,

Die Hoden eines geschlechtsreifen Hengstes enthalten demnach über 500mal soviel Folliculin wie die beiden Ovarien einer sexuell reifen Frau und über 300mal soviel wie die beiden Ovarien einer reifen Stute. Bisher galt die Placenta (s. S. 352) als das folliculinreichste Organ. Sie wird aber vom Pferdehoden weit übertroffen. Die beiden Hoden eines geschlechtsreifen Hengstes enthalten mehr als 4mal soviel Folliculin wie die Placenta der Frau bzw. der Stute. Der hohe Gehalt der männlichen Geschlechtsdrüse an weiblichem Hormon ist wieder nur eine Eigenart der Equiden. Bei anderen Tieren findet man nur ganz geringe Folliculinmengen in den Testes. So fand ich im Stierhoden einen Folliculingehalt von weniger als 50 ME pro kg (s. S. 79). Die beiden — etwa 420 g schweren Hoden eines geschlechtsreifen Stiers — enthalten demnach weniger als 0,09% Folliculin im Vergleich zu den Pferdehoden, die an sich etwas leichter sind als die Stierhoden (Stierhoden 420 g, Pferdehoden 350 g).

Nebenhoden: Im Gegensatz zum Hoden enthält der Nebenhoden des Hengstes sehr wenig Folliculin. Ich fand in den beiden 5,4 g schweren Nebenhoden weniger als 10 ME, in einem Fall etwa 50 ME.

Blut, Faeces: Das Hengstblut enthält durchschnittlich 500 ME pro Liter, hier bestehen annähernd die gleichen Verhältnisse wie bei der graviden Stute (s. S. 355).

Der Folliculingehalt des Hengstkotes schwankt erheblich. Ich fand einen Hormongehalt von 1000—10000 ME pro kg frischer Faeces.

3. Hormonale Geschlechtsdiagnose aus dem Harn beim Pferd.

Die hohen Folliculinwerte findet man nur im Harn des Hengstes, nicht aber in dem der Stute. In den früheren Untersuchungen (s. S. 576) hatte ich im Harn von 9 nicht belegten Stuten stets weniger als 1660 ME pro Liter gefunden, auf niedrigere Werte wurde nicht geprüft. Im Harn von 17 güsten Stuten (belegt, aber nicht befruchtet), fand ich nur einmal einen Folliculingehalt von 1660 ME pro Liter, 16mal lag der

Hormongehalt niedriger. Im Stutenharn sind also höchstens 1,2% Folliculin vorhanden — im Vergleich zu der im Hengstharn ausgeschiedenen Hormonmenge.

Die Stute scheidet also geringe Mengen, der Hengst sehr große Mengen weiblichen Hormons aus. Damit ergibt sich die paradoxe Tatsache, daß man aus dem hohen Gehalt des Urins an weiblichem Hormon das männliche Geschlecht des Pferdes erkennt! Findet man bei der hormonalen Analyse in 1 ccm Pferdeharn nur 1 ME oder noch weniger Folliculin, so stammt der Harn von einem weiblichen Pferd. Findet man pro Kubikzentimeter 10 ME oder mehr, so handelt es sich um ein männliches Tier. *Damit ergibt sich eine hormonale Geschlechtsdiagnose durch Nachweis des andersgeschlechtlichen Hormons.*

Unterscheidung folliculinreicher Harne: Folliculin ist bekanntlich in organischen Lösungsmitteln leicht löslich. Schüttelt man den Harn der graviden Frau mit Äther oder Benzol, so kann man schon dadurch erhebliche Mengen des Hormons extrahieren. Im Gegensatz dazu kann man aus dem nativen Harn der trächtigen Stute, wie ich früher zeigte (S. 81—83), das Hormon nicht durch die flüchtigen Lösungsmittel entfernen. Dies gelingt erst, wenn man den Stutenharn mit Säure oder Alkali kocht. Beim Hengstharn fand ich folgendes: Durch Extraktion des nativen Harns mit Äther bzw. Benzol läßt sich im Gegensatz zum Harn der graviden Stute Hormon extrahieren, aber es gehen nur 10—25% Folliculin in den Äther über. Die Hauptmengen des Hormons lassen sich auch beim Hengstharn nur extrahieren, wenn man den angesäuerten Urin einige Minuten vor der Extraktion gekocht hat. Aus dem Verhalten gegenüber den mit Wasser nicht mischbaren Lösungsmitteln lassen sich demnach die hormonreichen Harne voneinander unterscheiden. Geht das Folliculin beim Ausschütteln mit Äther oder Benzol zum größten Teil in die Lösungsmittel über, so handelt es sich um Harn der graviden Frau. Ist das Ätherextrakt des nativen Harns frei von Hormon, so handelt es sich um Harn der graviden Stute, geht Hormon in das Lösungsmittel (Äther, Benzol) über, so handelt es sich um Hengsturin. Die Urine müssen frisch untersucht werden.

Die Veränderung der Löslichkeit muß außerhalb der Produktionsstätte im Organismus stattfinden. Aus dem Pferdehoden und der Pferdeplacenta konnte ich das Hormon mit Äther oder Benzol extrahieren!

Bezüglich der Löslichkeit in Alkohol oder Aceton verhält sich das Hormon des nativen Hengstharns genau wie das aus Stuten- und Menschenharn. Fällt man nativen Harn mit Alkohol oder Aceton, so läßt sich das Hormon aus dem Verdampfungsrückstand des Filtrats mittels Alkohol oder Aceton in Lösung bringen (s. S. 83).

Andere Hormone im Hengstharn: Nach der Feststellung des hohen Folliculingehaltes lag es nahe, den Hengstharn auch auf die anderen Sexualhormone zu untersuchen. Merkwürdigerweise ist der Gehalt an männlichem Hormon — gegenüber anderen Säugetieren — nicht erhöht, er beträgt etwa 8—10 HE pro Liter. Nach der S. 123 wiedergegebenen Auffassung nehme ich an, daß im Pferdehoden eine im Vergleich zu anderen männlichen Organismen um ein Vielfaches gesteigerte Synthese von männlichem Hormon stattfindet, und daß der Hengst diese im Überschuß produzierte Hormonmenge durch Umwandlung in Folliculin sofort unwirksam macht und schnell ausscheidet.

Gonadotropes Hormon (Prolan) und Corpus-luteum-Hormon (Progestin) werden im Hengstharn nicht ausgeschieden.

4. Biologische Wirkungen des Hormons aus Hengstharn.

Um die Identität des östrogenen Hormons aus dem Hengstharn mit dem Follikelhormon zu beweisen, war es zunächst notwendig, die biologischen Eigenschaften des Hormons zu prüfen.

a) Wirkung auf den Uterus infantiler Kaninchen.

Durch 5tägige Injektion von je 0,1 ccm nativen Hengstharns kann man beim infantilen 600 g schweren und besonders beim juvenilen 12—1400 g schweren Tier starke Wachstumssteigerung der Uterusmuskulatur (Hyperplasie) und starke Proliferation der Uterusschleimhaut erzielen. Die gleichen Ergebnisse erhält man durch das mittels Äther oder Benzol aus dem Harn extrahierte Rohhormon. Einige Versuche seien angeführt.

Wie aus Tabelle 19 ersichtlich, kann man durch Injektion von Hengstharn oder durch Zuführung des aus dem Harn extrahierten Folliculins eine äußerst starke Wachstumssteigerung der Genitalien des weiblichen Kaninchens auslösen. Die Uteri der infantilen und juvenilen Tiere sehen so aus, als ob eine junge Gravidität vorläge.

Tabelle 19. Wirkung des Hormons aus Hengstharn beim Kaninchen.

Nr.	Gewicht des Kaninchens in g	Zugeführte Hormonmenge in ME	Gewicht der Uteri in g	Gewicht der Vagina in g	Injiziert im Verlauf von Tagen
1	600	Kontrolltier	0,04	0,09	—
2	580	„	0,05	0,04	—
3	600	80 ME	1,3	0,14	5
4	675	170 „	2,14	0,64	5
5	670	360 „	1,9	1,2	12
6	670	400 „	2,3	1,1	12
7	1270	Kontrolltier	0,47	0,15	—
8	1260	100 ME	1,65	0,2	5
9	990	150 „	1,4	0,4	5
10	1200	425 „	1,8	0,5	5
11	1310	1200 „	3,2	1,2	12
12	1190	1720 „	4,28	2,1	12
13	1150	2880 „	3,05	1,15	12
14	1200	6120 „	5,48	2,48	12

Bei den individuellen Reaktionsunterschieden geht die Wachstumssteigerung nicht immer parallel der zugeführten Hormondosis. Es ist erstaunlich, daß man durch 5tägige Injektion von je 0,2 ccm Hengsturin eine Wachstumssteigerung der Uteri des infantilen Kaninchens von 0,04 g auf 2,14 g, also eine 53fache Gewichtssteigerung erzielen kann. Die Reaktion der Vagina ist beim Follikel-

hormon niemals so stark wie die der Uteri. Immerhin konnte durch 5tägige Zufuhr von je 0,2 ccm
Hengstharn eine 7fache Gewichtssteigerung der
Vagina erzielt werden. Geradezu monströs sind die
Veränderungen bei länger dauernder Harninjektion.
Nach 12tägiger Injektion von je 3 ccm Hengstharn
wächst der Uterus von 0,47 auf 5,48 g, die Vagina
von 0,15 auf 2,48 g. Daß es sich hierbei um ein wirk-
liches Wachstum der Uterusmuskulatur handelt, geht
daraus hervor, daß die Kernzahl sowohl der Ring-
wie der Längsmuskulatur auf das Doppelte und dar:
über steigt. Schon durch Zufuhr kleiner Harnmengen

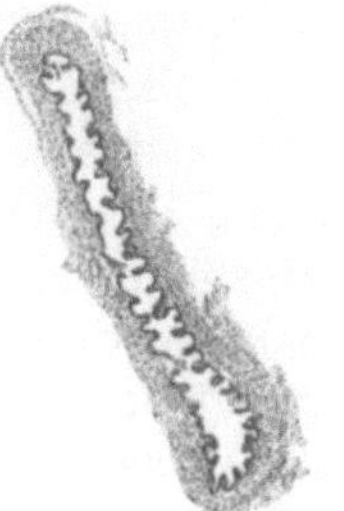

Abb. 40. Vagina eines
infantilen Kaninchens
(Kontrolltier).

erzielt man eine mächtige Proliferation der Vaginal- und Uterusschleimhaut. Länger dauernde — 12tägige — Harninjektion führt zur Hyper-

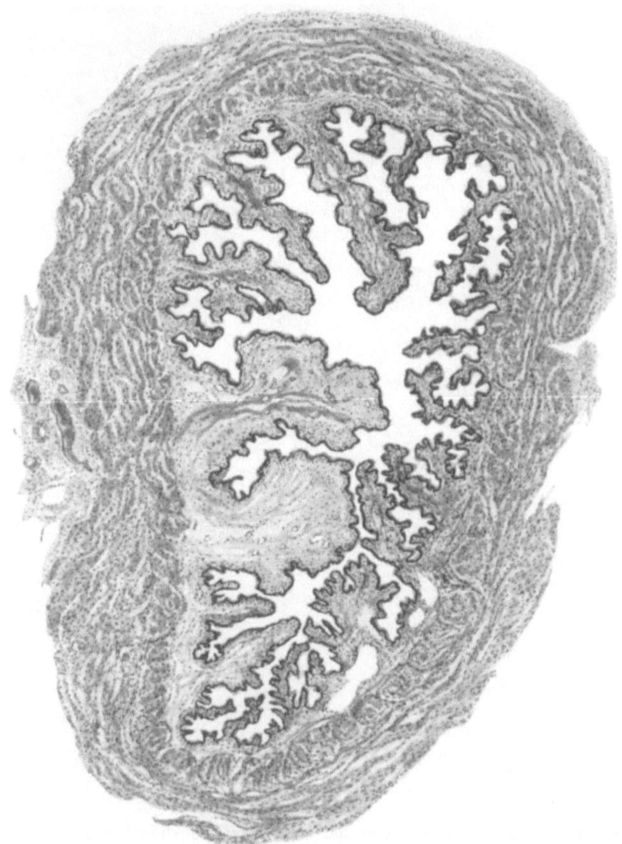

Abb. 41. Vagina eines infantilen Kaninchens nach 12 tägiger Injektion von je 3 ccm Hengstharn
Hyperplasie der Muskulatur, Hyperproliferation der Schleimhaut mit polypöser Wucherung.

proliferation der Schleimhaut. Hierbei findet man in der Vaginalschleimhaut geradezu polypöse Gebilde (s. Abb. 40 u. 41), die Uterusschleimhaut zeigt hochgradigste Wucherung (s. Abb. 42 u. 43). Letztere kann sich derartig verändern, daß ich — infolge der geradezu zottenartigen Schleimhautgebilde (Hyperproliferation) — eine Zeitlang an das Vorhandensein von Progestin im Hengstharn dachte. Ich wandte die von ALLEN u. MEYER[1] beschriebene Methode zur Trennung des Folliculins vom Progestin an (s. S. 168), konnte aber einen sicheren Nachweis von Progestin im Hengstharn nicht erbringen.

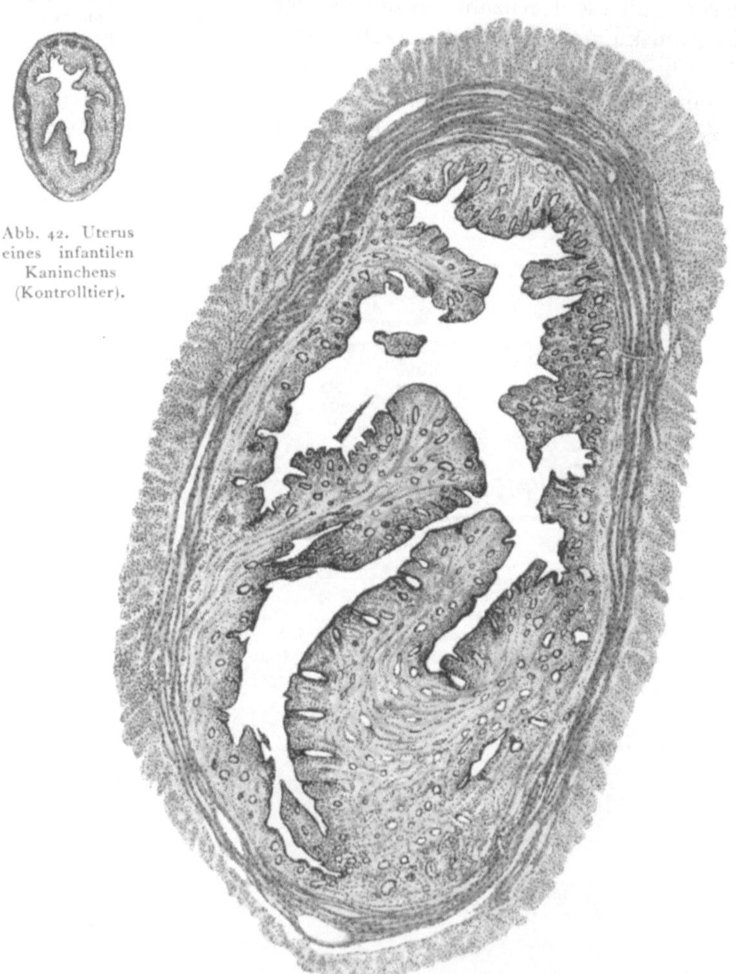

Abb. 42. Uterus eines infantilen Kaninchens (Kontrolltier).

Abb. 43. Uterus eines infantilen Kaninchens nach 12 tägiger Injektion von je 3 ccm Hengstharn. Hyperproliferation der Schleimhaut.

---

[1] ALLEN, W. H. a. MEYER, R. K.: Amer. J. Physiol. **106**, 55 (1933).

b) Wirkung auf die Brustdrüse.

In weiteren Versuchen wurde der Einfluß des Folliculins aus Hengstharn auf die sekundären Geschlechtscharaktere, und zwar auf die Brustdrüse geprüft (s. auch S. 104). Die Versuche wurden mit nativem Hengstharn bzw. einem daraus hergestellten gereinigten Präparat ausgeführt. 400 g schwere Meerschweinchenböcke erhielten täglich je 50 bzw. 100 bzw. 300 ME. Nach 17tägigcr Zufuhr waren die Mammae geschwollen, turgesziert, die Zitzen stark vergrößert. Die männlichen Tiere bekamen Brustdrüsen wie das weibliche Tier in der Gravidität. Nach der 17tägigen Hormoninjektion wurde die Hormondosis um 90% reduziert, einige Tage später trat bei allen Tieren Sekretion ein. Zuerst wurde Colostrum, nach einigen Tagen Milch secerniert. Wir haben die Sekretion 4 Wochen unterhalten, dann wurden die Versuche abgebrochen. Es gelang also schon durch rund 1000 ME Folliculin = 6 ccm Hengstharn ein männliches Tier zur Lactation zu bringen. Bei dieser Dosis wurde aber nur eine colostrumartige Flüssigkeit secerniert, bei der doppelten Dosis, d. h. 2000 ME entsprechend 12 ccm Hengstharn, konnte echte Milchsekretion erzielt werden.

Mit Folliculin aus Hengstharn konnte ich noch eine zweite für das Follikelhormon typische Reaktion an der Brustdrüse auslösen, die Hyperpigmentation der Brustwarze und des Warzenhofes, die so intensiv ist wie die entsprechende Veränderung beim graviden Weibchen. B. R. BLOCH u. A. SCHRAFL[1] konnten die hyperpigmentierende Wirkung mit reinem Follikelhormon — sie verwandten Folliculin-Menformon bzw. Oestroglandol — erzielen, und zwar sowohl durch parenterale wie orale Darreichung. Die Wirkung des Hormons äußert sich in der Aktivierung und Steigerung des bereits vorhandenen Pigmentierungsvermögens. An albinotischen Mammillen oder an den völlig pigmentlosen Stellen partiell gefärbter Warzenhöfe tritt eine Pigmentierung nicht ein. Die hyperpigmentierende Wirkung des Follikelhormons kommt nach BLOCH u. SCHRAFL durch Aktivierung und Vermehrung des pigmentbildenden Fermentes, der Dopaoxydase, in den Melanoblasten zustande. Alle oder nahezu alle Basalzellen reagieren mit Dopa positiv und weisen Dendritenform auf. Die ganze Epidermis mit Einschluß der Hornschicht enthalten große Mengen von Melanin.

c) Antimaskuline Wirkung.

Ebenso wie durch Folliculin aus anderem Ausgangsmaterial konnte ich auch mit dem aus Hengstharn gewonnenen Hormon eine antimaskuline Wirkung erzielen (s. S. 107). Die Untersuchungen wurden an männlichen Ratten im Gewicht von 60—70 g ausgeführt. Nach 3wöchiger Zufuhr von Folliculin aus Hengstharn wurde eine erhebliche Verminderung des Hodengewichts festgestellt. Bei der Bestimmung der Pro-

---

[1] BLOCH, B. R. u. SCHRAFL, A.: Arch. f. Dermat. **165**, 268 (1932).

portion Körpergewicht : Hodengewicht ergab sich ein Wert von 20 als Ausdruck des Zurückbleibens des Hodengewichts (vgl. S. 108).

Zusammenfassend ergibt sich: Das im Hengstharn in so großen Mengen ausgeschiedene östrogene Hormon hat genau die gleichen biologischen Eigenschaften wie das Follikelhormon. Ebenso wie durch Follikelsaft oder durch kristallisiertes Hormon — aus Schwangerenharn oder aus Harn gravider Stuten — kann man durch Hormon aus Hengstharn die für das Follikelhormon typischen biologischen Reaktionen erzielen: Oestrus beim kastrierten Tier, Hyperplasie der Vaginal- und Uterusmuskulatur, Proliferation der Uterusschleimhaut, Wachstum und Milchsekretion der Brustdrüse, Hyperpigmentation der Brustdrüse, antimaskuline Wirkung.

5. Beziehung des männlichen Sexualhormons zum weiblichen Hormon.

Die Hormonbefunde beim Hengst dürften für das Problem der Sexualhormone nicht ohne Bedeutung sein. Es ist erstaunlich und zunächst garnicht faßbar, daß so große Mengen weiblichen Hormons von einem männlichen Tier ausgeschieden werden, daß die männliche Sexualdrüse bei einer bestimmten Tiergattung das an weiblichem Hormon reichste Gewebe ist, das wir bisher kennen. Wir finden, das sei noch einmal wiederholt, in den beiden Hoden des Hengstes 23 000 ME., in den beiden Ovarien einer geschlechtsreifen Stute aber nur 40 ME (also nur 0,17%) weiblichen Hormons. Im Harn des Hengstes werden 170 000 ME, im Harn des weiblichen Tieres (Stute) aber nur 200 ME (also nur 0,1%) ausgeschieden. Wenn man das östrogene Hormon mit einer Farbreaktion nachgewiesen hätte, und man hätte in den Hoden des Hengstes so große Mengen dieses Stoffes, in den Ovarien der Stute diesen Stoff aber nicht oder in minimaler Menge gefunden, so hätte man daraus den Schluß ziehen können, daß der im Hengsthoden gefundene Stoff das männliche Hormon sei. Durch die Wirkung auf den weiblichen Sexualapparat und die chemische Identifizierung ist aber sichergestellt, daß das beim männlichen Tier — und zwar nur bei den Equiden — in so großen Mengen im Hoden produzierte und im Harn ausgeschiedene Hormon wirklich weibliches Hormon (α-Folliculin) ist.

Interessant ist die Tatsache, daß man mit dem in so großen Mengen im Organismus der männlichen Equiden zirkulierenden Folliculin bei anderen männlichen Tieren (Meerschweinchenbock) einen ausgesprochen feminisierenden Effekt — Wachstum der Brustdrüse und Milchsekretion — erzielt, während diese Wirkung bei den männlichen Equiden selbst nicht auftritt. Man muß annehmen, daß bei den männlichen Equiden ein besonderer Mechanismus vorhanden ist, der die Wirkung des weiblichen Sexualhormons verhindert.

Wie soll man sich das Vorhandensein so großer Mengen weiblichen Hormons bei einem männlichen Organismus erklären? Wir haben gesehen, daß kleine Mengen östrogenen Hormons sowohl im Hoden (30 ME pro kg) wie im Blut und Urin (50—200 ME) des männlichen Organismus gefunden werden (s. S. 79 u. 110). Ebenso sind im Harn der Frau und weiblicher Tiere stets gewisse, nicht unerhebliche Mengen männlichen Hormons vorhanden (LOEWE, TSCHERNING). Männliches und weibliches Hormon werden stets zusammen[1] gefunden. BUTENANDT, dem wir die kristallinische Darstellung und Konstitutionsformel[2] des männlichen Hormons (Androsteron) verdanken, hat die nahe chemische Verwandtschaft der beiden Sexualhormone erkannt und darauf hingewiesen, daß das männliche Hormon seiner Formel entsprechend ein vollständiges Hydrierungsprodukt des weiblichen Hormons sein dürfte. Wahrscheinlich

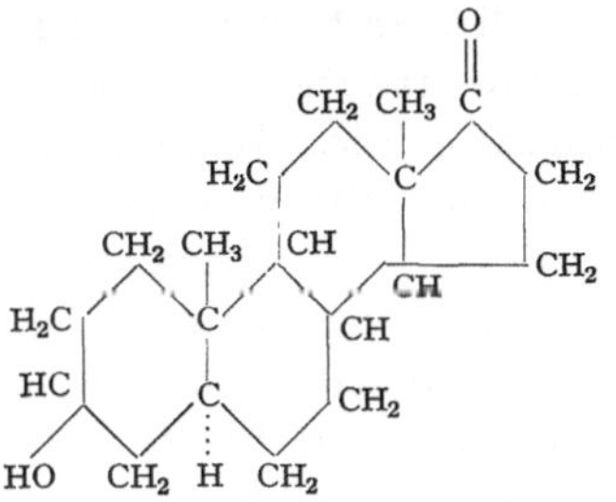

Männliches Hormon (Androsteron) $C_{19}H_{30}O_2$

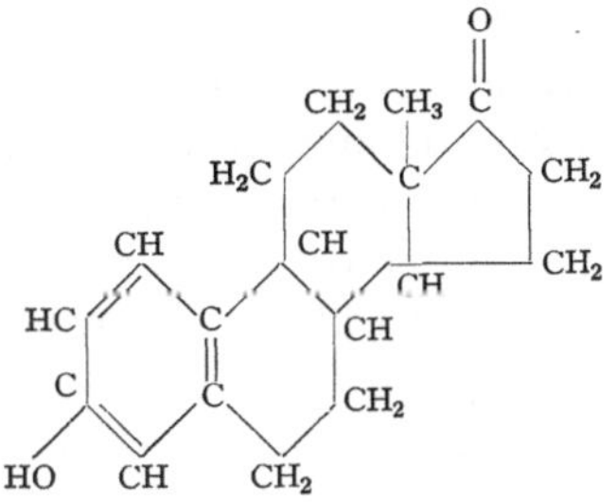

Follikelhormon (Folliculin) $CH_{18}H_{22}O_2$

enthält das männliche Hormon außerdem noch eine für das Skelet der Sterine charakteristische Methylgruppe mehr als das weibliche Hormon.

Die Erkennung dieser außerordentlich nahen chemischen Beziehungen zwischen männlichem und weiblichem Hormon hat BUTENANDT veranlaßt, auf die Möglichkeit hinzuweisen, daß im Organismus eine Umwandlung des einen Hormons in das andere stattfinden könne. Insbesondere schien im chemischen Gesamtbild der Sterine ein natürlicher Übergang des männlichen Hormons in das weibliche gut vorstellbar. Die Befunde beim Hengstharn haben mich[3] zu folgender Vorstellung über die Beziehungen der Geschlechtshormone zueinander geführt. Das im männlichen Organismus regelmäßig vorkommende weibliche Hormon ist ein physiologisches Produkt des Sexualhormonstoffwechsels. Dieser verläuft bei beiden Geschlechtern prinzipiell gleichartig, indem aus

---

[1] Der Frauenharn enthält pro Liter 5—8 HE männliches Hormon (Androsteron), also nicht viel weniger als der Männerharn. Der Männerharn kann bis zu 200 ME Folliculin pro Liter enthalten, also fast die gleichen Hormonmengen wie der Frauenharn.

[2] Anmerkung bei der Korrektur: Den endgültigen Beweis für die Richtigkeit der BUTENANDTschen Formel, sowie einen deutlichen Einblick in die sterische Konfiguration des Androsterons brachten die bedeutsamen Arbeiten von L. RUZICKA c. s. (Helvet. Chim. Act. 17, Fasc. V, 1389—1416 [1934], denen die Darstellung des Androsterons und Stereoisomerer desselben durch Abbau hydrierter Sterine gelang.

[3] ZONDEK, B.: Nature (Lond.) 133, 494 (1934).

noch unbekannten Bausteinen primär das männliche Sexualhormon synthetisiert wird, welches sekundär zum weiblichen Hormon abgebaut wird. Die spezifische Geschlechtscharakterisierung ist nur durch quantitative Regulierung dieses allgemein geltenden Stoffwechselprozesses bestimmt. Die Befunde bei den männlichen Equiden stellen meines Erachtens eine biologische Stütze für diese Hypothese dar. Daß ein Zusammenhang zwischen männlichem und weiblichem Hormon beim Hengst besteht, geht daraus hervor, daß die starke Überproduktion an weiblichem Hormon nur während der Geschlechtsreife des Hengstes eintritt, also nur während der Produktion des männlichen Hormons. Man kann sich denken, daß im Hengsthoden eine im Vergleich zu anderen männlichen Organismen um ein Vielfaches gesteigerte Synthese von männlichem Hormon stattfindet, und daß der Hengst diese im Überschuß produzierten Hormonmengen durch Umwandlung in weibliches Hormon sofort unwirksam macht und letzteres schnell ausscheidet. Warum diese quantitativ übersteigerten Verhältnisse gerade bei den Equiden vorliegen, läßt sich nicht sagen.

Die oben erwähnte Tatsache, daß man im weiblichen Organismus stets männliches Hormon findet, läßt sich mit meiner Hypothese zwanglos erklären insofern, als das männliche Hormon eine Vorstufe bei der Bildung des weiblichen Hormons wäre. Sinngemäß könnte man sich das regelmäßige Vorkommen von weiblichem Hormon im männlichen Organismus so vorstellen, daß ein Teil des im Organismus gebildeten männlichen Hormons zu weiblichem Hormon abgebaut wird. *Das männliche Hormon wäre also für den weiblichen Organismus eine Vorstufe, das weibliche Hormon für den männlichen Organismus ein Abbauprodukt des betreffenden geschlechtsspezifischen Hormons.*

Die von GIRARD aus dem Harn der graviden Stute isolierten Dehydrierungsprodukte (Equilin, Hippulin und Equilenin) würden dann die bisher bekannten Endglieder der vom männlichen Hormon ausgehenden Abbaureihe darstellen.

Daß auch außerhalb der Keimdrüsen ein Folliculinstoffwechsel stattfinden kann, ist im vorhergehenden Kapitel gezeigt worden.

16. Kapitel.

Über das Schicksal des Follikelhormons (Folliculin) im Organismus [1].

Während bei einigen Hormonen (z. B. Adrenalin, Pitocin, Intermedin, Insulin) die biologische Wirkung im Organismus kurze Zeit nach der Zufuhr des Hormons auftritt, ist die Reaktionsform bei den Sexualhormonen (Prolan, Folliculin, Progestin) dadurch charakterisiert, daß zwi-

---

[1] ZONDEK, B.: Lancet **227**, 356 (1934). — Skand. Arch. Physiol. (Berl. u. Lpz.) **70**, 133 (1934).

schen der Hormonzufuhr und der sichtbaren Hormonwirkung eine mehr
oder weniger lange Zeit vergeht. Dieses Intervall läßt sich auch durch
Vergrößerung der Hormondosen nicht wesentlich beeinflussen. Die Kurven
(Abb. 44 u. 45) demonstrieren dies für das Follikelhormon (Folliculin).

Die Versuche wurden so ausgeführt, daß Folliculin (α-
Hormon) in wäßriger Lösung
im Verlauf von 36 Stunden
(am 20. und 21. XI.) in steigenden Dosen injiziert wurde
(Abb. 44). Ob man einer
kastrierten Maus 5 ME oder
die 200fache Folliculinmenge
(1000 ME) injiziert, macht
keinen wesentlichen Unterschied. Bei allen Tieren tritt
frühestens am Abend des
3. Versuchstages (22. XI.) der
Prooestrus, am 4. oder 5. Versuchstag der Volloestrus auf.

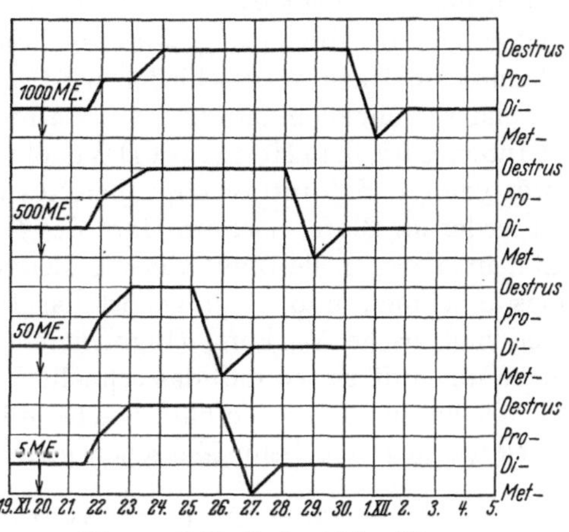

Abb. 44. Folliculin in wäßriger Lösung.

Auch bei Zufuhr des Folliculins in öliger Lösung (Abb. 45) ist das Zeitintervall bei steigenden Hormonmengen nicht wesentlich verschieden,
zwischen Zufuhr und Wirkung müssen mindestens 55 Stunden vergehen.

Hingegen ist die Dauer
der biologischen Reak-
tion wohl von der Hor=
mondosis abhängig. So
dauert das Vollbrunst-
stadium bei Injektion
von 5 ME Folliculin in
wäßriger Lösung 72 Stun-
den, bei 1000 ME aber
144 Stunden, bei 5 ME
in öliger Lösung 24 Stun-
den, bei 1000 ME aber
180 Stunden. Wesent-
lich ist also die Tatsache,
daß zwischen der Hor-
monzufuhr und der Hor-

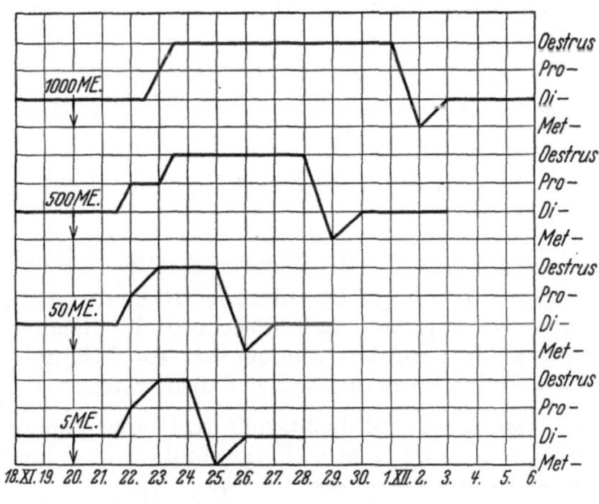

Abb. 45. Folliculin in öliger Lösung.

monwirkung eine bestimmte Zeitdauer vergehen muß, die auch durch
Erhöhung der Hormondosen nicht abgekürzt werden kann.

Was geschieht in der Zeit zwischen Zufuhr und Wirkung mit dem
Folliculin im Organismus? Wird es im Körper gestapelt, inaktiviert
oder zerstört? Die Frage über das Schicksal des Folliculins im Orga-

nismus ist bisher wenig studiert worden, und die in der Literatur niedergelegten Beobachtungen stimmen nicht miteinander überein.

1. Ausscheidung des Folliculins im Harn nach Folliculinzufuhr.

Um über das Schicksal des Folliculins im Organismus Aufschluß zu erhalten, wurde zunächst geprüft, ob oral und parenteral zugeführtes Folliculin im Harn ausgeschieden wird, und in welchem Verhältnis Zufuhr und Ausfuhr zueinander stehen. Bei meinen früheren Untersuchungen mit Intermedin, dem Hormon des Hypophysenzwischenlappens (s. S. 579), wurde gezeigt, daß intravenös injiziertes Intermedin schon nach kurzer Zeit weder im Blute, noch im Harn des Kaninchens nachweisbar ist, so daß man eine schnelle Inaktivierung, Zerstörung oder Stapelung des Hormons annehmen muß. Nun gehört das Intermedin zu den Hormonen, deren biologische Wirkung (Pigmentzellen) kurze Zeit nach der Hormonzufuhr auftritt, so daß das schnelle Verschwinden nicht erstaunlich ist. Wie liegen nun die Verhältnisse beim Folliculin? Diese Frage wurde im Tierversuch wie beim Menschen geprüft.

A. Rattenversuche.

Die Untersuchungen wurden an je 5 geschlechtsreifen Ratten ausgeführt, die sich in einem Stoffwechselkäfig befanden, der so gebaut war, daß Harn und Faeces mittels einer Siebvorrichtung voneinander getrennt aufgefangen werden konnten. Zu den Fütterungsversuchen wurde ein aus Stutenharn gewonnenes kristallisiertes α-Follikelhormon verwandt (1 ME = 0,1 γ). Das Hormon wurde in Öl gelöst und die Tiere mit diesem Öl gefüttert. Der Harn der Ratten wurde mehrere Tage gesammelt und entweder nativ kastrierten Mäusen injiziert, oder der Harn wurde nach Ansäuern mit HCl (kongosauer) gekocht, mit Benzol erschöpfend extrahiert und der Benzolrückstand in bekannter Weise biologisch titriert.

a) *Fütterung mit Folliculinöl.*

Versuch 1. 5 geschlechtsreife Rattenweibchen erhalten oral in einmaliger Dosis je 400 ME Folliculinöl, zusammen = 2000 ME. Im 72stündigen Urin werden weniger als 100 ME nachgewiesen. Von der zugeführten Folliculinmenge werden also weniger als 5% ausgeschieden.

Versuch 2. 5 geschlechtsreife Rattenweibchen erhalten oral je 1660 ME, zusammen also 8330 ME Folliculinöl. Die Ausscheidung beträgt:

Tag	Ausscheidung in Prozent
1.—3.	Weniger als 2
4.—6.	„ „ 0,6
7.—9.	„ „ 0,6

Versuch 3. 5 geschlechtsreife Rattenböcke erhalten je 400, zusammen also 2000 ME Folliculin per os. Die Folliculinausscheidung beträgt im 72stündigen Harn weniger als 5%.

Versuch 4. 5 geschlechtsreife Rattenböcke erhalten zusammen 10000 ME Folliculinöl per os. Im 72stündigen Harn werden weniger als 200 ME, also weniger als 2% der zugeführten Hormonmenge ausgeschieden.

Die Versuche ergeben, daß *oral* zugeführtes Folliculin praktisch überhaupt nicht im Harn der geschlechtsreifen Ratte ausgeschieden wird. Hierbei wurde ein Unterschied zwischen männlichen und weiblichen Tieren nicht gefunden.

b) *Injektion von Folliculin.*

In weiteren Versuchen wurde Folliculin (α-Hormon) in wäßriger bzw. öliger Lösung geschlechtsreifen Ratten subcutan injiziert und die Hormonausscheidung geprüft.

Versuch 1. 5 geschlechtsreife Rattenweibchen erhalten in einmaliger Dosis je 2000 ME Folliculin (in wäßriger Lösung), im ganzen also 10000 ME. Der Harn wird nach saurer Hydrolyse (kongosauer) mit Benzol extrahiert, wobei sich ergibt:

Tag	Ausscheidung in Prozent
1.—3.	Weniger als 0,2
4.—6.	„ „ 0,2

Versuch 2. 5 geschlechtsreife Rattenweibchen erhalten je 10000 ME Folliculinöl subcutan (in einmaliger Dosis), zusammen also 50 000 ME Die Ausscheidung im Harn beträgt:

Tag	Ausscheidung in Prozent
1.—2.	Weniger als 1 (0,5 pos.)
3.—4.	„ „ 1

Versuch 3. 5 geschlechtsreife Rattenweibchen erhalten je 20000 ME Folliculinöl (in einmaliger Dosis), im ganzen also 100000 ME. Die Ausscheidung beträgt:

Tag	Ausscheidung in Prozent
1.—3.	Weniger als 0,2
4.—6.	„ „ 0,2

Die Versuche zeigen, daß subcutan zugeführtes Folliculin im Harn der Ratten praktisch überhaupt nicht ausgeschieden wird. Auch bei Zufuhr der für die einzelne Ratte so großen Hormonmenge von 20000 ME geht das Folliculin nicht in den Harn über.

B. Untersuchungen beim Menschen.

Gleichartige Versuche wurden beim Menschen ausgeführt, d. h. die Folliculinausscheidung nach oraler und parenteraler Hormonzufuhr untersucht.

Versuch 1. 49jährige regelmäßig menstruierte Frau erhält subcutan im Verlauf von 15 Tagen 540000 ME Folliculin in öliger Lösung, also 54 mg kristallisiertes α-Follikelhormon. Die Ausscheidung beträgt:

Tag	Folliculin-zuführung in ME	Aus-scheidung in ME	Prozent	
8.—10. I. 1934	100 000	1250	1,25	I
11.—13. I.	120 000	2400	2	II
14.—16. I.	120 000	9000	7,5	III
17.—22. I.	200 000	3200	1,6	IV
	540 000	15 850	2,93°/₀ = 3°/₀	

Versuch 2. 35jähriger kräftiger Mann erhält in einmaliger Dosis 40 000 ME Folliculin in öliger Lösung subcutan (injiziert am 10. I. 1934 vorm. 10 Uhr). Der Urin wird 9 Tage gesammelt, die Ausscheidung beträgt:

Tag	Ausscheidung in ME	Prozent
10.—12. I. 1934	Weniger als 750	Weniger als 1,9
12.—16. I.	„ „ 700	„ „ 1,75
116.—9. I.	„ „ 597	„ „ 1,5
	Weniger als 2047 ME	Weniger als 5,1°/₀

Die Untersuchungen zeigen, daß das Folliculin auch beim Menschen nur in geringer Menge im Harn ausgeschieden wird. Die 49jährige Frau eliminiert von 54 mg nur rund 1,6 mg, d. h. nur 3% des Hormons. Die Ausscheidung beim Mann liegt unter 5%. Wichtig scheint mir die Tatsache, daß zwischen Ratte und Mensch insofern ein Unterschied besteht, als die Ratte zugeführtes Folliculin praktisch überhaupt nicht, der Mensch aber in geringen Mengen (3%) ausscheidet. Anders scheinen die Verhältnisse beim Affen zu liegen. R. T. FRANK und seine Mitarbeiter[1] konnten zwar die Angaben von ALLEN nicht bestätigen, daß zugeführtes Follikelhormon vom Affen quantitativ ausgeschieden wird, immerhin fanden sie bei zwei Grünaffen — Männchen und Weibchen — daß subcutan injiziertes Hormon im Verlauf von 48 Stunden zu etwa 20% im Harn erscheint. Demnach ergeben sich folgende Unterschiede bezüglich der Ausscheidung parenteral zugeführten Folliculins:

$$\text{Mensch} = 3\%$$
$$\text{Affe} = 20\%$$
$$\text{Ratte} = 0\%.$$

Diese Unterschiede zeigen, daß man die bei einem Versuchstier erhaltenen Resultate nicht verallgemeinern darf. Ich habe wiederholt darauf hingewiesen, daß der Hormonhaushalt bei den verschiedenen Organismen ein ganz verschiedener sein kann, so daß man bei Verallgemeinerung der bei einer Tiergattung erhaltenen Ergebnisse zu falschen Resultaten kommen muß. In diesem Zusammenhang erinnere ich daran, daß meine Untersuchungen an den Equiden gezeigt haben, daß diese Tiere bezüglich der Sexualhormone sich ganz anders verhalten als alle anderen Säugetiere.

Bei den vorliegenden Untersuchungen wurde die Hormonausscheidung in den Faeces nicht berücksichtigt, obwohl wir durch die Arbeiten von SIEBKE[2] wissen, daß Folliculin während des menstruellen Zyklus in den Faeces fast in der gleichen Weise ausgeschieden wird wie im Urin. Ich habe die Untersuchung der Rattenfaeces auf Folliculin aufgegeben, weil die Extraktionswerte differierten. Das Hormon wird an die Rattenfaeces anscheinend so stark adsorptiv gebunden, daß die Extraktion nur unregelmäßig und ungenau vor sich geht. Wie aus den weiteren Untersuchungen ersichtlich (s. S. 136), kann die Ausscheidung subcutan zugeführten Folliculins in den Rattenfaeces nur minimal sein, so daß sie nicht berücksichtigt zu werden braucht. Auch beim Menschen spielt die Ausscheidung parenteral zugeführten Folliculins durch die Faeces eine nur geringe Rolle, wie dies aus den gründlichen Untersuchun-

---

[1] FRANK, R. T., GOLDBERGER, M. A. a. SPIELMANN, F.: Proc. Soc. exper. Biol. a. Med. **29**, 1229 (1931/32).

[2] SIEBKE, H.: Zbl. Gynäk. **1929**, Nr 39; **1930**, Nr 26, 28. — Arch. Gynäk. **1934**.

gen von TAGE KEMP u. KAJ PEDERSEN-BJERGAARD[1] hervorgeht. Die Autoren machten ihre Untersuchungen an Männern, denen sie subcutan 9000 bzw. 11 250 ME injizierten, es wurden demnach wesentlich geringere Hormonmengen angewandt als in meinen Versuchen. Hierbei ergab sich daß von 9000 ME nur 250 ME $= 2,8\%$ im Harn und nur 35 ME $= 0,4\%$ in den Faeces ausgeschieden wurden. Bei der zweiten Versuchsperson wurden von 11 250 ME Folliculin nur 297 ME $= 2,6\%$ im Harn und 162 ME $= 1,4\%$ durch die Faeces eliminiert. Wenn ich bei Zuführung von 540 000 ME Folliculin eine Ausscheidung von 3% im Harn einer Frau fand, so stimmt dieser prozentuale Wert genau mit dem von KEMP u. PEDERSEN-BJERGAARD überein, den sie nach Zuführung einer über 50fach geringeren Dosis beim Mann fanden. Die Ausscheidung von 3% scheint also das Maximum der Hormonausscheidung darzustellen. Bemerkenswert ist die Tatsache, daß ein Unterschied zwischen Mann und Frau hierbei nicht besteht. Erwähnt sei, daß KEMP u. PEDERSEN-BJERGAARD bei oraler Zufuhr von Folliculin eine wesentlich höhere Ausscheidung in den Faeces fanden. Die Werte schwankten zwischen 4,1 und 14,3%. Diese erhöhte Ausscheidung dürfte wohl darauf zurückzuführen sein, daß oral zugeführtes Folliculin beim Menschen zum Teil unresorbiert durch die Faeces eliminiert wird. Auch hierbei besteht ein Unterschied gegenüber der Ratte, die oral zugeführtes Folliculin in den Faeces überhaupt nicht ausscheidet, wie dies aus den späteren Untersuchungen hervorgeht.

In welcher Form wird das Hormon im Harn ausgeschieden? Wir weisen das Hormon durch seine östrogene Wirkung nach. Diese Reaktion wird, wie wir jetzt wissen, durch verschiedenartige, aber chemisch zu derselben Gruppe gehörige Stoffe ausgelöst. So lag die Vermutung nahe, daß die geringen im Harn ermittelten Hormonwerte vielleicht nur dadurch bedingt sind, daß das biologisch hochwirksame α-Follikelhormon (1 ME $= 0,1\ \gamma$) im Organismus in einen wenig Oestrus wirksamen Stoff umgewandelt und als solcher im Harn ausgeschieden wird. Aus Schwangerenharn und Placenta wurde von MARRIAN, BUTENANDT u. HILDEBRANDT, sowie DOISY ein besonderes Kristallisat isoliert, das Follikelhormonhydrat, $C_{18}H_{24}O_3$. Dieses enthält im Molekül die Elemente des Wassers mehr als das Follikelhormon und unterscheidet sich vom Hormon durch eine sehr viel geringere biologische Wirkung, die nur 1% im Vergleich zum Hormon beträgt (s. S. 88).

Da nach Zuführung von Folliculin nur geringe Hormonmengen im Harn ausgeschieden werden, die in ihrer biologischen Wertigkeit etwa dem Follikelhormonhydrat entsprechen, so vermutete ich, daß das Hormon im Organismus durch Wasseranlagerung vielleicht in das Hydrat umgewandelt und als solches im Harn ausgeschieden wird. COLLIP, BROWNE

---

[1] TAGE KEMP u. KAJ PEDERSEN-BJERGAARD: Endokrinol. **13**, H. 3, 156 (1933).

u. Thompson[1] haben folgende biologische Unterschiede zwischen Hormon und Hormonhydrat gefunden. Während das Hormon am kastrierten Tier eine 100mal so starke Oestruswirkung hat wie das Hydrat, entfalten die beiden Stoffe am infantilen Tier bei gleicher Dosierung etwa den gleichen Oestruseffekt. Werden die infantilen Ratten aber kastriert, so ist das Hydrat schwach wirksam und entfaltet erst nach Implantation der Ovarien wieder die hohe Wirksamkeit des Follikelhormons. Demnach haben die Ovarien — auch des infantilen Tieres — die Fähigkeit, das Hydrat im Organismus in Hormon umzuwandeln. Wenn diese Unterschiede zwischen Hormon und Hydrat beim kastrierten und nicht kastrierten Tier bestehen, so kann man durch Prüfung an der kastrierten geschlechtsreifen Maus einerseits, und an der infantilen nicht kastrierten Ratte andererseits Hormon und Hydrat voneinander unterscheiden. Wenn in einer Lösung Hydrat vorhanden ist, so muß man bei der biologischen Auswertung an der infantilen Ratte einen wesentlich höheren Wert finden als bei der kastrierten geschlechts reifen Maus. Da die Unterschiede zwischen Hormon und Hormonhydrat sehr groß sind ($100:1$), so muß sich auf diese Weise entscheiden lassen, ob die gefundene Oestruswirkung durch Hormon oder Hydrat bedingt ist.

Um zu entscheiden, ob es sich bei dem nach Zufuhr großer Folliculinmengen im Harn ausgeschiedenen östrogenen Stoff vielleicht um Hormonhydrat handelt, wurden sämtliche Harne sowohl an kastrierten geschlechtsreifen Mäusen wie an infantilen Ratten geprüft. Hierbei ergab sich bei den Titrationen kein Unterschied. Der nach Injektion von Folliculin ausgeschiedene menschliche und tierische Harn löst also beim infantilen nicht kastrierten Tier (Ratte) und am kastrierten geschlechtsreifen Tier (Maus) durch die gleichen Mengen den Oestrus aus. Somit ergibt sich, daß der nach subcutaner Zufuhr von Folliculin im Harn zu rund 3% ausgeschiedene östrogene Stoff wohl nicht Follikelhormonhydrat (Trihydroxyösterin) $= C_{18}H_{24}O_3$, sondern wahrscheinlich Follikelhormon ($C_{18}H_{22}O_2$) ist.

2. Versuche zur Regenerierung des Harnfolliculins durch Hydrolyse.

Wir haben bisher festgestellt, daß Ratten parenteral zugeführtes Folliculin im Harn überhaupt nicht, der Mensch nur in geringen Mengen (maximal 3%) ausscheidet, und daß dieses nicht als Hormonhydrat, sondern wahrscheinlich als Hormon im Harn eliminiert wird. Nun wissen wir, daß das Folliculin im Harn in einer in organischen Lösungsmitteln unlöslichen Form ausgeschieden werden kann. Ich habe dies seinerzeit am Harn der graviden Stute festgestellt[2] (s. S. 81 u. 573). Extrahiert man

---

[1] Collip, J. B., Browne, J. S. L. a. Thompson, D. L.: J. of biol. Chem. 97, 17 (1932).
[2] Zondek, B.: Klin. Wschr. 1930, Nr 49, 2285.

Stutenharn, der sehr große Mengen Folliculin enthält, mit Äther oder Benzol, so geht das Hormon in die Lösungsmittel nicht über, kocht man den Stutenharn aber mit Salzsäure oder Natronlauge, so läßt sich das Hormon aus dem Harn durch Benzol bzw. Äther extrahieren. Ferner konnte ich feststellen, daß sich das Folliculin im Hengstharn in verschiedenen Lösungsformen [1] befindet. Während sich das östrogene Hormon aus Schwangerenharn durch die mit Wasser nicht mischbaren Lösungsmittel zum größten Teil extrahieren läßt, ist das Hormon im Stutenharn, wie eben ausgeführt, in einer in diesen Lösungsmitteln unlöslichen Form vorhanden. Aus dem Hengstharn kann man aber das Folliculin durch Äther und Benzol extrahieren, jedoch nur zu höchstens 25%. Die Hauptmenge des Hormons kann auch aus Hengstharn erst nach saurer Hydrolyse extrahiert werden (s. S. 82).

Es bestand die Möglichkeit, daß das Folliculin nach parenteraler Zufuhr — in Analogie zum Pferdeharn — in einer in organischen Lösungsmitteln unlöslichen oder nur zum Teil löslichen Form ausgeschieden wird, und daß das Hormon erst durch Hydrolyse in organischen Lösungsmitteln wieder löslich wird. Deshalb wurden folgende vergleichenden Untersuchungen gemacht:

1. Der nach parenteraler Zufuhr großer Folliculindosen ausgeschiedene Harn wird entweder nativ oder nach Konzentration kastrierten Mäusen injiziert.

2. Erschöpfende Extraktion des nativen Harns mit Benzol (im Extraktionsapparat nach KUTSCHER-STEUDEL). Die gesamten Benzolrückstände werden in Öl aufgenommen und das Hormonöl an der kastrierten Maus titriert.

3. Der Harn wird mit Salzsäure kongosauer gemacht, 5 Minuten gekocht und jetzt mit Benzol extrahiert. Aufnahme der Benzolrückstände in Öl, biologische Auswertung des Hormonöls.

4. Dem Harn wird so viel Salzsäure zugefügt, daß der Harn eine 4%ige Salzsäurelösung darstellt. Der salzsaure Harn wird erst 2 Stunden gekocht und dann wiederholt mit Benzol ausgekocht, oder der angesäuerte Harn wird direkt 3mal mit jeweils erneuertem Benzol je 3 Stunden ausgekocht (LAQUEUR, s. umseitig). Die Benzolrückstände werden in Öl aufgenommen und dieses titriert.

Die Versuchsergebnisse brauchen nicht im einzelnen erwähnt zu werden, da ein Unterschied zwischen den verschiedenen Untersuchungsmethoden nicht gefunden wurde. Ob der Urin nativ geprüft, oder ob das Hormon aus dem nativen Harn durch Extraktion gewonnen, oder ob eine Hydrolyse mit verschieden starker Salzsäure vorgenommen wurde, war gleichgültig. Aus dem Rattenharn ließ sich auch durch

---

[1] ZONDEK, B.: Nature (Lond.) **133**, 209 (1934). Ark. Kemi, Mineral., Geol. (B) **11**, 24 (1934).

mehrstündiges Kochen mit Salzsäure und Benzol Folliculin nicht extrahieren, beim Menschenharn wurde ein Folliculingehalt über 3% nicht festgestellt. Ein Versuch sei wiedergegeben:

4 geschlechtsreife Rattenweibchen erhalten je 20000 ME, zusammen also 80000 ME Folliculinöl subcutan (in einmaliger Dosis). Der Harn wird 5 Tage gesammelt (120 ccm). Die Prüfung des nativen Harns ergibt, daß weniger als 0,6% der zugeführten Hormonmenge im Verlauf von 5 Tagen ausgeschieden werden.

Die Hälfte des ausgeschiedenen Harns (60 ccm) wird in folgender Weise verarbeitet: es wird soviel Salzsäure zum Harn zugefügt, daß er eine 4%ige HCl-Lösung darstellt. Dann wird er mit Benzol 3mal je 3 Stunden gekocht, das gesammelte Benzol abgedampft und der Benzolrückstand in Öl aufgenommen. Hierbei ergibt sich, daß weniger als 1% der zugeführten Hormonmenge im Harn nachweisbar ist.

Vor kurzem haben BORCHARDT, DINGEMANSE u. LAQUEUR[1] die interessante Mitteilung gemacht, daß man das Follikelhormon aus Harn in steigenden Mengen extrahieren kann, wenn man den Harn extrahiert a) bei neutraler Reaktion oder b) nach Ansäuern bis auf etwa kongosauer oder c) nach Herstellung eines Säuregrades gleich einer 3—5%igen Salzsäure. So fanden die Autoren z. B. während täglicher subcutaner Injektion (Frau) von 1000 ME im Urin 40 ME pro Liter, wenn der Harn kongosauer extrahiert wurde, aber 650 ME, wenn der Urin als 3—4%ige Salzsäuremischung mit Benzol gekocht wurde. Diese Befunde über die erhöhte Extrahierbarkeit von Follikelhormon aus Harn je nach dem Grade der Hydrolyse konnte ich in meinen Versuchen nicht reproduzieren. Auch nach Zufuhr sehr großer Folliculinmengen ließ sich, wie gesagt, nicht mehr als 3% des zugeführten Folliculins im Harn wiederfinden, auch dann nicht, wenn die Extraktion bei stark saurer Reaktion (Harn = 3%ige HCl, mehrstündiges Kochen mit Benzol) ausgeführt wurde.

Ergebnis: Parenteral zugeführtes Folliculin (α-Hormon) wird bei der Ratte praktisch überhaupt nicht, beim Menschen in geringen Mengen (3%) im Harn ausgeschieden, und zwar als Hormon, nicht als Hormonhydrat. Die mit organischen Lösungsmitteln aus dem Harn extrahierbare Folliculinmenge läßt sich durch Hydrolyse mit verschieden starker Salzsäure nicht steigern.

3. Analyse des Gesamttieres nach Zufuhr von Folliculin.

Nachdem festgestellt war, daß zugeführtes Hormon nur in geringen Mengen aus dem Körper eliminiert wird, wurde die Frage geprüft, was mit dem zugeführten Folliculin im Organismus geschieht. Folgende Möglichkeiten waren zu bedenken:

1. Das Folliculin wird im Organismus an irgendeiner Stelle gestapelt.
2. Das Folliculin wird bald nach der Zufuhr im Organismus umge-

---

[1] BORCHARDT, H., DINGEMANSE, E. u. LAQUEUR, E.: Naturwiss. 1934, H. 12, 190.

wandelt oder zerstört, nachdem es nur eine *erste* Reaktion ausgelöst hat, während die hormonale Wirkung an den Sexualorganen auf dem Wege einer Kettenreaktion durch ein oder mehrere andersartige Stoffe ausgelöst wird.

3. Das Hormon wird in eine biologisch unwirksame, inaktive Form übergeführt, so daß es nicht mehr an seiner östrogenen Wirkung erkenntlich ist. Der Körper vermag das inaktivierte Folliculin — je nach Bedarf — zur Wirkung an den Genitalorganen zu reaktivieren.

4. Nur der unphysiologisch hohe Überschuß des zugeführten Folliculins wird zum Verschwinden gebracht, während die zur Auslösung der Sexualwirkung notwendige kleine Hormonmenge im Organismus vorhanden bleibt.

Um in der Klärung dieser Frage weiter zu kommen, schien es mir am zweckmäßigsten, das Tier nach Zuführung einer bestimmten Hormondosis in toto auf Folliculin zu analysieren. So konnte z. B. die Frage der Stapelung des Folliculins entschieden werden. Die Versuche wurden folgendermaßen ausgeführt: Die Tiere (geschlechtsreife Mäuse, infantile Ratten usw.) erhielten in ein- oder zweimaliger Dosis Folliculin in wäßriger oder öliger Lösung (subcutan), wobei genau darauf geachtet werden muß, daß die Injektionsflüssigkeit nicht wieder abfließt. Dies kann durch sofortiges Massieren und durch Abklemmen der Injektionsstelle vermieden werden. Die Tiere wurden in einen besonders gefertigten Käfig gebracht, der das getrennte Auffangen von Faeces und Urin ermöglichte. Die Tiere wurden in verschiedenen Zeitintervallen nach der Injektion durch Dekapitation getötet, wobei das Blut aufgefangen wurde. Dann wurde das ganze Tier, einschließlich des Felles, des Schwanzes und des Skeletes mit einer starken Schere bzw. Knochenschere fein zerschnitten, so daß schließlich ein feiner Gewebsbrei entstand. Zu diesem wurden die Exkremente (Harn, Faeces) hinzugefügt, die in der Zeit zwischen Injektion und Tötung des Tieres eliminiert waren. Der gesamte Gewebsbrei wird mit der 10fachen Menge Aceton versetzt, nach einigen Tagen wird das Aceton erneuert, eventuell mit Aceton gekocht, bis man ein trockenes Gewebspulver erhält, das sich im Mörser fein zerreiben läßt. Das gesammelte Aceton wird abgedampft, der Rückstand in heißem Alkohol aufgenommen und nur der alkohollösliche Teil verwandt (A). Das Gewebspulver (Acetontrockenpulver) wird am Soxhlet 10 Stunden mit Aceton und anschließend 10 Stunden mit absolutem Alkohol extrahiert. Die Lösungsmittel werden abgedampft und der Lipoidrückstand mit Alkohol mehrmals ausgekocht und auch hier nur der alkohollösliche Teil verwandt (B). Nunmehr wird A und B vereinigt, der Alkohol abgedampft und der Rückstand in Sesamöl zum Nachweis des Folliculins aufgenommen (Versuche mit veränderter Methodik s. S. 137). Die Auswertung erfolgt an der kastrierten geschlechtsreifen Maus, wobei die Minimaldosis festgestellt wird, die bei 3maliger Injektion des Öls

— auf 24 Stunden verteilt — imstande ist, den Volloestrus auszulösen. Ein Teil der Versuche sei ausführlich wiedergegeben.

Versuch 1. 2 infantile weibliche Ratten, zusammen 68 g schwer, erhalten je 2000 ME Folliculin in (*wäßriger* Lösung), also im ganzen 4000 ME subcutan. Die Tiere werden 3 Stunden nach der Injektion getötet. In diesem Versuch werden die Eingeweide besonders extrahiert, außerdem Muskel, Knochen und Gehirn.

Ergebnis: In den Eingeweiden lassen sich 12 ME Folliculin nachweisen, 200 ME sind sicher nicht vorhanden. Es können also nur 0,3% wiedergefunden werden, 5% sind sicher nicht vorhanden. Dasselbe Resultat ergibt die Extraktion der Muskel, Knochen und des Gehirns. Auch hier lassen sich 0,3% der zugeführten Folliculinmenge nachweisen. In diesem ersten Versuch wurde die Titration nicht genau verfolgt, aber schon dieser Versuch zeigt, daß das Folliculin 3 Stunden nach der Injektion im Organismus nur noch in kleinen Mengen nachweisbar ist. Schon nach dieser kurzen Zeit sind 95% des subcutan injizierten Folliculins als östrogenes Hormon nicht mehr vorhanden.

Versuch 2. Infantile weibliche Ratte, 43 g schwer, erhält 2000 ME Folliculin (in wäßriger Lösung) subcutan, Nach 20 Stunden getötet. Auch hier werden Eingeweide einerseits und Exkremente, Muskel, Knochen, Gehirn andererseits extrahiert.

Ergebnis: a) Muskel, Knochen, Gehirn: 6 ME, d. h. 0,3%, nachweisbar; 60 ME, d. h. 3% nicht vorhanden. b) Eingeweide einschließlich der in den 20 Versuchsstunden abgesonderten Exkremente (Harn, Faeces): 0,3% nachweisbar, 3% nicht vorhanden.

Im Verlauf von 20 Stunden ist also der größte Teil des subcutan zugeführten Folliculins im Körper nicht mehr nachweisbar, sicher sind 97% des Folliculins verschwunden.

Versuch 3. Infantile weibliche Ratte, 48 g schwer, erhält am 22. XI. 1933, vormittags 11 Uhr, 1 ccm Folliculinöl = 20000 ME (kristallisiertes α-Hormon in Öl gelöst). Am 23. XI. 1933, vormittags 11 Uhr wird nochmals dieselbe Dosis injiziert, insgesamt also 40000 ME. Das Tier wird am 25. XI., vormittags 11 Uhr, also 72 Stunden nach der ersten Folliculininjektion, getötet. Das Tier wird in toto verarbeitet einschließlich der in den 72 Stunden ausgeschiedenen Exkremente (Harn und Faeces).

Ergebnis: Von den zugeführten 40000 ME werden 80 ME = 0,2% wiedergefunden, 800 ME = 2% sind nicht mehr nachweisbar.

Im Versuch 3 wurde eine für die infantile Ratte außerordentlich große Hormondosis (40000 ME) verabreicht. Wenn wir annehmen, daß eine 48 g schwere Ratte etwa 3 ME zur Auslösung des Oestrus benötigt, so wurde in diesem Versuch eine Hormonmenge angewandt, die imstande ist, den Oestrus bei mindestens 13000 infantilen Ratten auszulösen. Erstaunlicherweise werden diese großen Hormonmengen im Organismus schnell zerstört oder unwirksam gemacht, so daß man nur ganz geringe Mengen im Organismus wiederfindet. 72 Stunden nach Zufuhr von 40000 ME sind im Gesamttier nur noch 80 ME = 0,2% nachweisbar, 800 ME = 2% sind sicher nicht mehr vorhanden.

Erwähnt sei, daß das Folliculin nicht restlos aus dem Körper verschwindet, daß geringe Mengen (0,2%), die zur Auslösung des Oestrus ausreichen, zurückbleiben. Hierbei ist ein Unterschied bei wäßriger oder öliger Zuführung des Folliculins anscheinend nicht vorhanden.

Nicht kastrierte und kastrierte Maus. In weiteren Versuchen sollte die Frage untersucht werden, ob die Ovarien einen Einfluß auf die Zerstörung des Folliculins ausüben. Dieser Gedanke wurde erwogen, weil nach den S. 130 erwähnten Untersuchungen von COLLIP die Ovarien die Fähigkeit haben sollen, das Hormonhydrat im Organismus in Hormon umzuwandeln.

Deshalb wurde eine vergleichende Untersuchung bei einer gleichaltrigen kastrierten und nicht kastrierten Maus mit regelmäßigem Zyklus vorgenommen. Jede Maus erhielt in einmaliger Dosis 1 ccm Folliculin = 1000 ME (wäßrig) subcutan. Tötung nach 24 Stunden. Extraktion des Gesamttieres.

Kastrierte Maus: 10 ME wiedergefunden = 1%, 20 ME = 2% nicht nachweisbar.

Nicht kastrierte Maus: 10 ME wiedergefunden = 1%, 20 ME = 2% nicht nachweisbar.

Ergebnis: Das zugeführte Folliculin ist im Organismus nicht mehr nachweisbar, gleichgültig, ob die Ovarien vorhanden sind oder nicht. Die Ovarien können also auf diesen Vorgang im Folliculinhaushalt nicht von Einfluß sein.

Umwandlung des Follikelhormons in Hormonhydrat im Organismus?

Nachdem festgestellt war, daß parenteral zugeführtes Follikelhormon schon nach kurzer Zeit im Organismus nur noch in Spuren nachweisbar ist, wurde geprüft, ob eine Umwandlung des biologisch hoch wirksamen Follikelhormons in das biologisch nur wenig aktive Hormonhydrat stattfindet. Auf diese Weise wäre die geringe Ausbeute an östrogenem Wirkstoff bei Extraktion des Gesamttieres erklärlich. Die Versuche wurden — ebenso wie beim Harn — durch vergleichende Titrationen an der geschlechtsreifen kastrierten Maus und der infantilen nicht kastrierten Ratte ausgeführt. Ein Unterschied wurde nicht gefunden, d. h. die Extrakte des Gesamttieres zeigten den gleichen Hormontiter bei Auswertung an kastrierten Mäusen und infantilen Ratten. Daraus ist, wenn die Angaben von COLLIP (s. S. 130) zutreffen, zu schließen, daß eine Umwandlung des paranteral zugeführten Follikelhormons in Hydrat im Organismus nicht stattfindet.

4. Versuche zur Regenerierung des im Organismus inaktivierten Follikelhormons.

Die bisherigen Versuche haben ergeben, daß das Hormon im Organismus nicht — d. h. nicht in östrogener Form — in irgendeinem Organ gestapelt wird. Auch zeigen die Versuche, daß die Ausscheidung des

Folliculins bei der Ratte durch die Faeces nur ganz minimal sein kann. Wenn bei Extraktion des Gesamttieres nur 1% der zugeführten Hormonmenge wiedergefunden wird, so kann die in den Faeces ausgeschiedene Hormonmenge nur einen Bruchteil des wiedergefundenen Folliculins betragen (bei allen Versuchen wurden die während der Versuchsdauer ausgeschiedenen Faeces mitverarbeitet). Es mußte nun geprüft werden, ob das im Organismus nicht mehr nachweisbare Folliculin sich auf irgendeine Weise wieder in eine östrogene Form umwandeln läßt. Gelingt eine derartige Reaktivierung, so kann man daraus rückschließen, daß das zugeführte Hormon im Organismus in eine nicht östrogene Form umgewandelt, also reversibel inaktiviert wird. Es mußte auch daran gedacht werden, daß das Hormon im Gewebe derart verankert ist, daß es bei neutraler Reaktion aus dem Gewebe nicht extrahierbar ist, wie sich dies bei meinen früheren Untersuchungen beim Stutenharn und bis zu einem gewissen Grade auch beim Hengstharn gezeigt hatte.

Versuch 1. Infantile, 36 g schwere Ratte, erhält subcutan 1000 ME Folliculin (wäßrig). Das Tier wird nach 3 Stunden getötet und zerkleinert (inklusive Fell), so daß zum Schluß ein feiner Gewebsbrei entsteht. Dieser wird mit 100 ccm Wasser verrieben und nun soviel HCl zugefügt, daß die Mischung kongosauer reagiert. Sie wird 5 Minuten gekocht, nach dem Abkühlen mit der 10fachen Acetonmenge versetzt und tüchtig geschüttelt. Nach 48 Stunden wird zentrifugiert, die überstehende wäßrige Acetonlösung eingedampft, der Rückstand in absolutem Alkohol aufgenommen (A). Der Gewebsbrei (= Sediment) wird zu einem feinen Pulver verrieben und dieses 10 Stunden mit absolutem Alkohol, sowie 10 Stunden mit Aceton am Soxhlet erschöpfend extrahiert. Nach Abdampfen des Alkohols bzw. Acetons werden die zurückbleibenden Lipoide mit absolutem Alkohol ausgekocht und nur der alkohollösliche Teil verwandt (B). A und B werden vereinigt und der Rückstand — nach Abdampfen des Alkohols — in Sesamöl gelöst und das entstehende Hormonöl an der kastrierten Maus titriert.

Ergebnis: 20 ME = 2% nachweisbar, 40 ME = 4% nicht vorhanden.

Durch Kochen des Gewebes (Ratte) bei kongosaurer Reaktion und nachfolgende Extraktion mit Aceton und Alkohol werden also auch nur 2% des zugeführten Folliculins wiedergefunden.

Versuch 2. Infantile, 33 g schwere Ratte erhält im Verlauf von 1 Stunde zwei Injektionen à 1000 ME = zusammen 2000 ME. Nach 24 Stunden wird das Tier einschließlich der in der Zwischenzeit ausgeschiedenen Exkremente verarbeitet. Der Tierbrei wird zunächst mit 120 ccm 3%iger Salzsäure 2 Stunden am Rückflußkühler gekocht, wobei eine weitgehende Zerteilung des Materials eintritt, so daß ein suppenartiger Brei entsteht. Anschließend 5stündiges Kochen mit 200 ccm und dann 20stündiges mit 250 ccm Benzol. Zum Schluß wird die wäßrige, saure, den weich zerkochten Gewebsbrei enthaltende Lösung noch 2mal mit je 250 ccm Benzol tüchtig ausgeschüttelt. Das 2stündige Kochen mit 3%iger Salzsäure, daß 25stündige Kochen mit Benzol und das sich daran anschließende Ausschütteln mit Benzol ergeben keine erhöhte Folliculinausbeute. Von den zugeführten 2000 ME. sind nach 24 Stunden nur 40 ME = 2% nachweisbar, 80 ME = 4% sind nicht vorhanden.

Versuch 3. Infantile, 43 g schwere Ratte erhält subcutan 1 ccm Folliculinöl = 10 000 ME subcutan. Nach 48 Stunden wird das Tier getötet und in der beschriebenen Weise einschließlich der in der Zwischenzeit ausgeschiedenen Exkremente verarbeitet. In diesem Versuch wird die Extrahierbarkeit des Folliculins unter verschiedenen Bedingungen geprüft. Deshalb wird der Tierbrei halbiert, so daß in diesem Versuch nur $^1/_2$ Ratte verarbeitet wird. Der Tierbrei wird in 50 ccm 4%iger HCl aufgenommen, und 3mal mit Benzol ausgekocht, und zwar 5 Stunden mit 100 ccm, 5 Stunden mit 150 ccm und 6 Stunden mit 200 ccm Benzol. Das vereinigte Benzol wird abgedampft und der Rückstand in 25 ccm Öl aufgenommen. In dem halben Tier müßten 5000 ME vorhanden sein, 1 ccm Öl müßte also 200 ME enthalten. Die biologische Auswertung ergibt, daß pro Kubikzentimeter Öl nur 12 ME Folliculin vorhanden sind. Demnach werden 48 Stunden nach Zufuhr von 5000 ME nur 300 ME = 6% im Gesamtorganismus wiedergefunden.

Versuch 3a. Der zurückgebliebene Rattenbrei wird nochmals halbiert, so daß in diesem Versuch nur $^1/_4$ Ratte verarbeitet wird. Zunächst Extraktion mit Aceton in der Kälte, dann Extraktion des entstehenden Gewebspulvers im Soxhletapparat mit absolutem Alkohol (20 Stunden). Aceton und Alkohol werden abgedampft und die zurückbleibenden Lipoide mit 50 ccm absolutem Alkohol ausgekocht, wobei nur der alkohollösliche Teil verwandt wird. Einengen des Alkohols auf 20 ccm und Hinzufügung von konzentrierter Salzsäure, so daß eine 15%ige alkoholische HCl-Lösung entsteht. Diese wird zunächst 6 Stunden gekocht, dann mit Benzol unter Kochen 6 Stunden extrahiert. Das Benzol wird abgedampft, Rückstand = A. Die alkoholische Salzsäurelösung wird mit Aqua destillata auf 100 ccm aufgefüllt und 10 Stunden mit Benzol extrahiert. Benzolrückstand = B. Nun wird A und B vereinigt und in 25 ccm Öl gelöst. Die verwandte $^1/_4$ Ratte müßte 2500 ME Folliculin enthalten, in jedem Kubikzentimeter des Öles müßten also 100 ME vorhanden sein. Die Prüfung ergibt, daß weniger als 5 ME vorhanden sind, somit sind mindestens 95% des Folliculins nicht mehr nachweisbar. Die Methodik ist in diesem Versuche — gegenüber den Versuchen 1, 2 und 3 — dahin geändert, daß hier die Lipoide erst aus dem Gewebsbrei des Gesamttieres extrahiert und dann der Hydrolyse unterworfen werden. Auch die HCl-Konzentration ist wesentlich erhöht (15% HCl). Das Versuchsergebnis hat sich aber nicht geändert, eine höhere Folliculinausbeute wurde nicht erzielt, im Gegenteil, in diesem Versuch wird weniger Folliculin (< 5%) zurückgewonnen wie im Versuch 3 (hier 6%).

Versuch 3b. Alkalische Hydrolyse: Der noch zurückgebliebene Gewebsbrei, entsprechend $^1/_4$ Ratte, wird wie im Versuch 3a mit Aceton und Alkohol extrahiert, die Lipoide in 60 ccm Alkohol aufgenommen und soviel NaOH hinzugefügt, daß eine 15%ige alkoholische NaOH-Lösung entsteht. Diese wird $7^1/_2$ Stunden gekocht. Darauf wird sie mit konzentrierter HCl angesäuert und dann bei $p_H = 8,3$ sechs Stunden mit Benzol gekocht, außerdem noch 5mal mit Benzol ausgeschüttelt. Die gesammelten Benzolrückstände werden in 25 ccm Öl aufgenommen. 1 ccm Öl müßte 100 ME Folliculin enthalten, es sind aber nur 5 ME nachweisbar, demnach sind 95% des zugeführten Folliculins nicht mehr wiederzufinden. Ausbeute = 5%.

Die weiteren Untersuchungen brauchen im einzelnen nicht angeführt zu werden, da es nicht gelang, große Mengen des im Organismus inaktivierten Folliculins in östrogener Form wiederzugewinnen. Immerhin konnte in einigen Versuchen durch saure Hydrolyse der aus dem Ratten-

körper extrahierten Lipoide — 24 Stunden nach der Hormonzufuhr —
rund 20%, nach 48 Stunden aber nur weniger als 10% wiedergefunden
werden. Ein Versuch sei angegeben:

Versuch 4. Juvenile Ratte erhält 1 ccm = 9000 ME Hormonöl (α-Hormon). Nach 24 Stunden wird das Tier getötet, zerkleinert und zunächst
mehrmals mit Aceton in der Hitze extrahiert. Dann wird der Kolbeninhalt,
in welchem sich die zerkleinerte, mit Aceton extrahierte Ratte befindet, unter
Erwärmen evakuiert, bis der Inhalt trocken ist, dieser fein zerkleinert und
nochmals 1 Stunde mit $^1/_2$ Liter Aceton ausgekocht. Sämtliche Aceton-
extrakte werden vereinigt, das Aceton abgedunstet, der Rückstand mit
40 ccm Alkohol und 20 ccm 20%iger HCl versetzt und $^1/_2$ Stunde am Rückflußkühler gekocht. Dann wird der Alkohol und das Wasser im Vakuum
abgedunstet und der Rückstand $^1/_2$ Stunde mit Benzol am Rückflußkühler gekocht, dann die Benzollösung abgegossen und der Kolben noch
einige Male mit wenig warmem Benzol nachgespült. Die vereinigten Benzol-
extrakte werden 2mal mit konzentrierter Kochsalzlösung gewaschen, hierauf mit Na_2SO_4 sicc. und wenig Natriumbicarbonat getrocknet, das Benzol
filtriert, im Vakuum konzentriert und schließlich in 100 ccm Öl übergeführt.
1 ccm Öl müßte 900 ME Hormon enthalten, es sind aber nur 170 ME
nachweisbar, d. h. nur rund 20%.

Versuch 4a. Gleichartige Versuche bei geschlechtsreifen Ratten führten
zu demselben Ergebnis.

Versuch 4b. Werden die Versuchstiere (juvenil bzw. geschlechtsreif)
48 Stunden nach der Hormonzufuhr getötet und auf die eben beschriebene
Weise (Versuch 4) extrahiert, so findet man jetzt stets weniger als 10% der
zugeführten Hormonmenge wieder.

Das α-Follikelhormon ist also schon kurze Zeit nach der Zuführung
im Organismus nur noch in geringen Mengen nachweisbar, durch Extraktion mit organischen Lösungsmitteln findet man bei neutraler
Reaktion nur 1% wieder. Nach saurer Hydrolyse kann man einen
Teil des inaktivierten Folliculins wieder reaktivieren, aber auch dies
nur in bescheidenen Grenzen. Durch saure Hydrolyse werden 24 Stunden nach der Folliculinzufuhr maximal ca. 20% (statt 1% bei neutraler
Reaktion), nach 48 Stunden 6% (statt 1%) wiedergefunden.

In der Literatur liegen einige Beobachtungen vor, die mit anderer
Versuchsanordnung auf das schnelle Verschwinden des Hormons hin-
weisen. FEE, MARRIAN u. PARKES[1] arbeiteten am Herz-Lungen-
Nierenpräparat nach STARLING-VERNEY. Nach Zuführung von 200 ME
Follikelhormon zu 500—1000 ccm zirkulierendem Blut fanden sie im
Urin nur ganz geringe Mengen, und zwar 1%. Während des Ver-
suches wurden Proben des strömenden Blutes entnommen, wobei die
Analyse von je 25 ccm negativ ausfiel. Nach Beendigung des Durch-
strömungsversuches wurden die Organe verarbeitet, in ihnen aber
Hormon nicht oder nur in Spuren (2—3 ME) nachgewiesen. Da das
zugeführte Hormon im Herz-Lungen-Nierenpräparat verschwindet,
nehmen die Autoren an, daß das Hormon in der Lunge während der

---

[1] FEE, A. R., MARRIAN, G. F. a. PARKES, A. S.: J. of Physiol. **67**, 377
(1929).

Durchströmung oxydativ zerstört wird. Erwähnt seien ferner die Untersuchungen von FRANK, GOLDBERGER u. SPIELMANN[1]. 24 Stunden nach intravenöser Injektion von 3000 ME Follikelhormon wird das Versuchstier (Kaninchen) entblutet, wobei sich in der halben Blutmenge weniger als 1 ME findet. Daraus ergibt sich, daß das zu geführte Folliculin aus dem Blut restlos verschwindet. Die einzelnen Organe (Skeletmuskulatur, Lunge, Gehirn, Leber) wurden extrahiert, auch hierbei konnte das Hormon nicht wiedergefunden werden. Die Autoren lassen die Frage offen, ob das Hormon zerstört oder so verändert wird, daß es durch die ALLEN-DOISY-Reaktion nicht mehr nachweisbar ist. Versuche zur Reaktivierung wurden nicht gemacht.

Durch die Hydrolyse (HCl, NaOH) ist es mir, wie vorher ausgeführt, gelungen, eine höhere Ausbeute des zugeführten α-Folliculins zu erreichen. Während 24 Stunden nach der Hormonzufuhr durch Extraktion des Gesamttieres mit organischen Lösungsmitteln bei neutraler Reaktion nur 1% des zugeführten Folliculins wiederzufinden war, betrug die Ausbeute nach der Hydrolyse bis zu 20%. 48 Stunden nach der Hormonzufuhr sind die Unterschiede wesentlich geringer, jetzt kann durch die Hydrolyse die Ausbeute von 1% nur auf 6% gesteigert werden (s. S. 138). Aus der Möglichkeit der Reaktivierung kann rückgeschlossen werden, daß das Hormon im Organismus durch eine relativ geringfügige Veränderung inaktiviert, d. h. in eine nicht östrogene Form umgewandelt wird. Die Tatsache, daß die Reaktivierung nach 24 Stunden in höherem Maße möglich ist als nach 48 Stunden, läßt darauf schließen, daß im Laufe der Zeit bei der Inaktivierung verschiedene Körper entstehen, die sich in verschiedenem Ausmaße durch Hydrolyse reaktivieren lassen. Die Reaktivierung des Hormons gelingt aber nur teilweise (maximal 20%). Die restierenden 80% werden anscheinend vom Körper schnell chemisch so umgewandelt, daß sie durch Hydrolyse nicht regenerierbar sind, woraus nicht folgt, daß der Körper die Regenerierung nicht ermöglichen kann. Bemerkenswert ist jedenfalls die Tatsache, daß 48 Stunden nach der parenteralen Folliculinzufuhr — zu einer Zeit, wo die biologische Wirkung am Uterus und der Vagina noch nicht oder eben erst bemerkbar ist — im Gesamtorganismus nur 1%, nach Hydrolyse nur 6% des zugeführten Folliculins wiederfindbar ist.

5. Ort der Inaktivierung des Folliculins im Organismus.

Die nächste Frage lautete: Wo wird das Hormon im Körper inaktiviert? Zur Entscheidung dieser Frage ließ ich Folliculin[2] auf Brei der verschiedensten Organe und auf Blut einwirken.

---

[1] FRANK, R. T., GOLDBERGER, M. A. a. SPIELMANN, F.: Proc. Soc. exper. Biol. a. Med. **29**, 1929 (1931/32).

[2] Zu allen Versuchen wurde eine Folliculinlösung gebraucht, die folgendermaßen hergestellt war: 10 mg α-Hormon wurden in wenig absolutem

Blut und Folliculin.

Versuch 1. In Vorversuchen wurde geprüft, ob zum Blut zugesetztes Folliculin sich wiederfinden läßt. 9,5 ccm defibrinierten Rinderblutes werden mit 0,5 ccm = 500 ME Folliculin versetzt, außerdem mit Phenol, um jede Inaktivierung zu verhüten. Dann werden 40 ccm Aqua destillata zugefügt, so daß jetzt 50 ccm einer verdünnten hämolysierten Blutlösung entstehen. Bei biologischer Prüfung wird pro Kubikzentimeter 50 ME gefunden, es läßt sich also mit dieser Methode zugesetztes Folliculin quantitativ wiederfinden. Ein gleichartiger Versuch mit Serum führte zu demselben Ergebnis.

Versuch 2. 9,5 ccm defibriniertes Rinderblut werden mit 0,5 ccm = 500 ME Folliculin versetzt. Die Mischung bleibt 17 Stunden bei 37^0 stehen. Die biologische Prüfung ergibt, daß ein Verlust an Folliculin nicht aufgetreten ist.

Versuch 3. Da möglicherweise die zugesetzte Folliculinmenge zu groß ist, so daß eine Inaktivierung von 500 ME durch 10 ccm Blut nicht erfolgen kann, werden in diesem Versuch nur 100 ME zu 10 ccm Rinderblut zugefügt. Nach 17stündigem Aufenthalt bei 37^0 wird das Folliculin restlos wiedergefunden, eine Inaktivierung ist auch hierbei nicht erfolgt.

Versuch 4. Zusatz von Folliculin zu Rinder*serum*. 17 Stunden bei 37^0. Das Folliculin wird quantitativ wiedergefunden.

Da mit der Möglichkeit einer fermentativen Inaktivierung zu rechnen war, so kann gegen diese Versuche eingewendet werden, daß der inaktivierende Faktor in der Zeit, die vom Transport des Blutes vom Schlachthof in das Laboratorium vergeht, eventuell zerstört ist. Deshalb wurden Versuche mit ganz frischem Rattenblut ausgeführt. Von 7 juvenilen Ratten — im Gewicht von 45—60 g — wurden durch Dekapitation 6 ccm defibrinierten Blutes gewonnen.

Versuch 5. 6 ccm defibriniertes Rattenblut werden mit 0,25 ccm Folliculin = 250 ME versetzt. Die Mischung wird im Schüttelthermostaten 5 Stunden bei 37^0 geschüttelt, dann mit Aqua destillata auf 25 ccm aufgefüllt. 1 ccm der hämolysierten Lösung müßte 10 ME enthalten. Die biologische Prüfung ergibt, daß in der Tat in 1 ccm 10 ME vorhanden sind. Demnach ist auch im Rattenblut eine Inaktivierung nicht erfolgt, das zugesetzte Folliculin wird restlos wiedergefunden.

Die Untersuchungen ergeben, daß Folliculin durch Blut nicht inaktiviert wird. Folliculin, das zu Rinder- oder Rattenblut, zum defibrinierten Blut oder zum Serum zugesetzt und mehrere Stunden bei 37^0 gehalten wird, wird restlos wiedergefunden.

Diese Befunde stimmen mit den Beobachtungen von FEE, MARRIAN u. PARKES überein, die in der S. 138 zitierten Arbeit kurz angeben, daß

Alkohol gelöst, in 1 ccm normal-Natronlauge aufgenommen, einige Zeit stehen gelassen und dann mit Wasser auf 100 ccm aufgefüllt, so daß das Folliculin nunmehr in einer n/100 NaOH-Lösung gelöst war. Der Alkohol wurde im Vakuum abgedampft. 1 ccm enthielt 1000 ME Folliculin. Zu den Versuchen stand kristallisiertes Hormon, Standard Präparat der Medical Research Council Dep. of Biol. Standards zur Verfügung, ferner ein kristallisiertes Präparat der Organon (Oss), der ich auch das Hormonbenzoat verdanke.

Oestrin in stehendem Blut nach 3 Stunden bei 37° nicht merklich zerstört wird. Meine Befunde stimmen aber nicht überein mit den Beobachtungen von SILBERSTEIN und seinen Mitarbeitern[1], deren kurze Arbeit erschien, als ich mit den vorliegenden Untersuchungen beschäftigt war. Die Autoren arbeiteten mit Hundeblut. Zu je 80 ccm Oxelatblut wurden 800 ME. Menformon zugesetzt und im Blutschrank digeriert. Nach 200 Minuten war sowohl bei direkter Injektion des Blutes wie nach Alkohol-Acetonextraktion ein Hormonverlust von über 80% aufgetreten. Diese Befunde widersprechen den meinigen. Möglicherweise besteht ein Unterschied zwischen Hundeblut einerseits und Rinderbzw. Rattenblut andererseits. Vielleicht sind aber die Befunde von SILBERSTEIN dadurch bedingt, daß er das Hormon in öliger Lösung dum Blut zugesetzt hat. Ich möchte glauben, daß diese Versuchsanordnung nicht den physiologischen Verhältnissen entspricht.

Organbrei und Folliculin.

Nachdem festgestellt war, daß Folliculin durch Blut nicht aktiviert wird, mußten sämtliche Organe geprüft werden. Um ein einheitliches Material zu haben, wurde mit Organen von infantilen Ratten gearbeitet, da ich bei diesen Tieren das Verschwinden des Folliculins im Gesamtorganismus festgestellt hatte. Die Versuche wurden folgendermaßen ausgeführt: Zu jedem Versuch werden 2 g des mit der Schere fein zerkleinerten Gewebes verwandt. Der Gewebsbrei wird in 20 ccm m/15 Phosphatpuffer $p_H = 7{,}9$ gelegt und etwas geschüttelt, bis die Gewebsstückchen in der Lösung frei herumschwimmen. Zufügen von 0,5 ccm Folliculinlösung (kristallisiertes α-Hormon in n/100 NaOH gelöst). Die Gewebsbrei-Folliculinmischung — $p_H = 7{,}5$ — wird 5 Stunden bei 37° im Schüttelthermostaten geschüttelt. Zur Extraktion des Folliculins werden die 20 ccm zunächst mit 50—100 ccm Aceton versetzt. Nachdem die Mischung einige Tage bei Zimmertemperatur gestanden hat, wird das überstehende wäßrige Aceton abfiltriert, abgedampft und der Rückstand mit absolutem Alkohol ausgekocht, wobei nur der alkohollösliche Teil verwandt wird (A). Der abzentrifugierte Gewebsbrei wird getrocknet und im Mörser zu feinem Pulver zerrieben. Dieses wird 10 Stunden mit absolutem Alkohol im Soxhlet erschöpfend extrahiert. Der Alkohol wird mit A vereinigt, der Alkohol verdampft, der Rückstand nochmals mit Alkohol ausgekocht und der alkohollösliche Teil in Öl aufgenommen. Das Öl wird zum Folliculinnachweis an kastrierten Mäusen titriert, wobei die zu prüfende Dosis — auf 3 Portionen verteilt — im Verlaufe von 24 Stunden injiziert wird. Die Versuchsergebnisse sind aus der folgenden Tabelle (19) ersichtlich.

---

[1] SILBERSTEIN, F., MOLNAR, K. u. ENGEL, P.: Klin. Wschr. **43**, 1694 (1933).

Tabelle 19. Organbrei (Ratte) und Folliculin.

Organ	Zugesetzte Folliculin- menge in ME	Wieder gefundenes Folliculin in ME	Verlust an Folliculin in %	Bemerkungen
2 g Skeletmuskel	400	400	0	m/15 Phosphatpuffer
2 „ „	400	400	0	„
2 „ „	400	400	0	in 1% Natriumbicarbo- natlösung
2 „ Herz	500	500	0	m/15 Phosphatpuffer
2 „ „	500	500	0	„
2 „ Lunge	400	400	0	„
2 „ „	500	500	0	„
2 „ Gehirn	400	400	0	„
2 „ Hoden	400	400	0	„
34 Nebennieren	250	250	0	„
2 g Milz	400	300	25	„
2 „ „	500	400	20	„
2 „ „	500	500	0	„
2 „ Niere	400	400	0	„
2 „ „	500	400	20	„
2 „ Leber	400	25	93,75	„
2 „ „	400	25	93,75	1% Natriumbicarbonat
2 „ „	400	50	87,5	m/15 Phosphatpuffer
2 „ „	400	50	87,5	„
2 „ „	400	50	87,5	„
2 „ „	400	400	0	„
2 „ „	400	400	0	„

Die Versuche ergeben: Der Skelet- und Herzmuskel, Lunge, Gehirn und Hoden sind ohne jede Einwirkung auf Folliculin. Das gleiche gilt auch für die Nebennieren. Die Versuche mit Milz und Niere verlaufen nicht gleichmäßig. Während in einem Versuch das Folliculin 100%ig wiedergefunden wurde, ist in einem anderen Versuch ein Verlust von 20—25% nachweisbar. Wir werden später sehen, daß diese beiden Organe (Milz und Niere) keine inaktivierende Wirkung haben (s. S. 145). Wichtig sind die Ergebnisse, die mit Leberbrei erzielt wurden, aber auch diese verliefen nicht gleichartig. Bei Zusatz von 400 ME Folliculin zu je 2 g Leberbrei verschwindet der größte Teil des Folliculins bei einer Einwirkungszeit von 3—5 Stunden und 37°, so daß nur noch etwa 10% des zugesetzten Hormons nachweisbar sind. 1 g Leberbei vermag demnach 200 ME = 20 γ α-Hormon zu inaktivieren. Hervorgehoben sei, daß die Versuche nicht regelmäßig funktionieren. Unter 7 Versuchen verliefen 5 gleichartig, d. h. es wurde eine ca. 90%ige Inaktivierung des Hormons durch Leberbrei erzielt, in 2 Versuchen war der inaktivierende Effekt aber überhaupt nicht auslösbar. In allen Versuchen wurde mit der gleichen Methodik gearbeitet, d. h. stets Leber von infantilen Ratten verwandt. Weshalb die inaktivierende Wirkung manchmal nicht auftritt, vermag ich nicht zu erklären.

Das durch Leberbrei inaktivierte Folliculin konnte durch saure Hydrolyse nicht reaktiviert werden, wie aus folgendem Versuch hervorgeht.

2 g Leberbrei + 20 ccm Phosphatpuffer + 0,5 ccm = 400 ME Folliculin werden 5 Stunden bei 37° im Schüttelthermostaten geschüttelt. Zusetzen von HCl, so daß die Lösung eine 4%ige HCl-Lösung darstellt. 3maliges Kochen mit Benzol, je 4 Stunden. Die vereinigten Benzolrückstände werden in Öl aufgenommen. Die Titration ergibt, daß nur noch 5% des zugesetzten Folliculins vorhanden sind.

Rinderorgane: Erwähnt seien einige Versuche mit Rinderorganen. Auch hierbei wirkten je 2 g Organbrei auf 400—500 ME Folliculin ein. Hypophyse, Hoden, Ovarium hatten keinerlei inaktivierende Wirkung, durch Leberbrei wurde eine 75%ige Inaktivierung erzielt.

Wenn sich die Inaktivierung des Folliculins durch Leberbrei auch nicht in allen Fällen erzielen läßt, so ist die Leber doch das einzige Organ, das im in vitro-Versuch überhaupt eine Inaktivierung herbeiführt. In den positiven Versuchen ist der inaktivierende Effekt sehr stark (90%).

In der S. 141 erwähnten Arbeit haben jüngst auch SILBERSTEIN, MOLNAR und ENGEL angegeben, daß Follikelhormon durch Leberbrei zerstört bzw. in eine nicht biologisch nachweisbare Modifikation umgewandelt wird. Die Autoren haben, wie schon oben erwähnt, das Hormon in öliger Lösung dem Organbrei zugesetzt, demnach müßte das Hormon auch in der öligen Suspension durch Leberbrei inaktiviert werden.

Fermentative(?) Inaktivierung des Folliculins in der Leber.

Nachdem festgestellt war, daß die Leber bei der Inaktivierung des Folliculins eine Rolle spielt, wurde die Frage untersucht, ob der Übergang des Folliculins in einen nicht östrogenen Stoff etwa durch eine nichtkatalytische, rein chemische Reaktion mit einem in der Leber enthaltenen Stoff erfolgt, oder ob hierbei ein enzymatischer Vorgang feststellbar ist. Zu diesem Zwecke wurde geprüft, ob a) auf 70° erwärmter Leberbrei, b) gekochter Leberbrei, c) Leberextrakt und d) ein aus dem Leberextrakt gewonnenes Trockenpulver eine inaktivierende Wirkung auf das Folliculin ausüben.

Versuch 1. 2 g Leberbrei werden in 20 ccm m/15 Phosphatpufferlösung aufgenommen und die Mischung 1 Stunde auf 70° erwärmt. Nach Abkühlung auf Zimmertemperatur wird 0,5 ccm = 400 ME. Folliculin zugesetzt. Acidität der Mischung = 7,5. 5stündiges Schütteln bei 37° im Schüttelthermostaten. Nun wird das Folliculin aus der Mischung, wie S. 141 beschrieben, durch Aceton und Alkohol extrahiert und in 10 ccm Öl aufgenommen. 1 ccm müßte 40 ME enthalten. Es werden 32 ME = 80% des zugesetzten Folliculins pro Kubizentimeter wiedergefunden.

Versuch 2. Dieselbe Versuchsanordnung wie bei 1, nur wird der Leberbrei 2 Minuten gekocht. 80% des zugesetzten Folliculins werden wiedergefunden.

Versuch 3. Dieselbe Versuchsanordnung wie bei 1, der Leberbrei wird 10 Minuten gekocht. Auch in diesem Versuch werden 80% wiedergefunden.

Versuch 4. 10 g Rattenleber, die von 7 infantilen Ratten im Gewicht von 45—66 g stammen, werden fein zerkleinert, in 30 ccm Phosphatpuffer aufgenommen und mit Seesand im Mörser sehr fein zerrieben. Die Mischung wird dann 2 Stunden in der Schüttelmaschine geschüttelt und zentrifugiert. Zum Versuch wird das überstehende Leberextrakt verwandt. (13 ccm). Zu dem Extrakt wird 0,5 ccm = 400 ME Folliculin zugesetzt und die Mischung nunmehr 5 Stunden bei 37⁰ im Schüttelthermostaten geschüttelt (Acidität = 7,8). Das Leberextrakt wird auf seinen Folliculingehalt an der kastrierten Maus geprüft. Hierbei ergibt sich, daß 80% des zugesetzten Folliculins verschwunden sind, es lassen sich nur noch 20% nachweisen. Demnach übt auch das zellfreie Leberextrakt eine inaktivierende Wirkung aus.

Versuch 5. Aus 10 g Leber von infantilen Ratten wird, wie im Versuch 4 beschrieben, ein Leberextrakt hergestellt. Das Extrakt wird mit der 4fachen Menge Aceton versetzt und die Mischung, sobald sich eine Fällung bildet, auf der Nutsche abgesaugt. Das zurückbleibende Pulver wird noch 3mal in Aceton aufgenommen und dieses sofort auf der Nutsche wieder abgesaugt. Dann wird das Pulver noch mehrmals mit Äther begossen, bis ein möglichst trockenes Pulver gewonnen wird, das im Vakuum restlos getrocknet wird. Zum Versuch wird die Hälfte des Pulvers, entsprechend 5 g Frischleber, verwandt. Das Pulver wird in 10 ccm Pufferlösung + 10 ccm Aqua destillata aufgenommen, mit 0,5 ccm = 500 ME Folliculin versetzt und die Mischung 5 Stunden bei 37⁰ im Schüttelapparat geschüttelt. Die Mischung wird dann auf ihren Folliculingehalt bei der kastrierten Maus geprüft. Hierbei ergibt sich, daß 60% des zugesetzten Folliculins verschwunden sind, d. h. daß auch das aus dem Leberextrakt gewonnene Pulver eine inaktivierende Wirkung auf das Folliculin ausübt.

Die Versuche ergeben, daß der Leberbrei durch Erwärmung auf 70⁰ und durch Kochen seine inaktivierende Wirkung verliert. Die Inaktivierung wird auch durch ein wäßriges Leberextrakt herbeigeführt, auch läßt sich aus dem Extrakt ein Trockenpulver mit inaktivierender Wirkung gewinnen. Diese Ergebnisse sprechen dafür, daß bei der Inaktivierung des Folliculins, d. h. bei der Überführung des α-Hormons in einen nicht östrogenen Stoff ein enzymatischer Vorgang in der Leber eine Rolle spielt. Ich möchte mich in diesem Punkte bewußt vorsichtig ausdrücken, weil ich bei den letzten Versuchen mit Leberbrei gesehen habe, daß die inaktivierende Wirkung auch ausbleiben kann. Ich konnte diese Versuche aus äußeren Gründen leider nicht mehr weiterführen, so daß ich die Frage der Inaktivierung in der Leber und der enzymatischen Inaktivierung nicht als völlig geklärt ansehen kann. Sollten sich meine Befunde weiter bestätigen, so wäre damit eine enzymatische Reaktion nachgewiesen, die einen Körper der Steringruppe angreift. Es wäre weiter zu prüfen, ob es sich hierbei um ein spezifisch eingestelltes Enzym — Östrinase — oder um eine Wirkung bekannter Leberenzyme handelt.

Adsorptive Bindung des Folliculins an Organen.

Die Bindung des α-Follikelhormons an die verschiedenen Organgewebe ist nicht gleichartig. Hierbei nimmt, das sei gleich vorweg genommen, der Skeletmuskel eine Sonderstellung ein. Der Muskel — der das Folliculin nicht inaktivieren kann — bindet das Hormon anscheinend besonders stark an seine Zellwand. Dies geht aus folgenden Versuchen hervor. Wie bei den bisher beschriebenen Versuchen ließ ich je

2 g Organbrei in 20 ccm m/15 Phosphatpuffer auf 40 γ = 400 ME Folliculin einwirken (5 Stunden bei 37° im Schüttelthermostat, p$_H$ der Reaktionsmischung = 7,5—7,8). Nach Beendigung des Versuches wurden 30 ccm Pufferlösung oder Aqua destillata hinzugefügt, und der jetzt in 50 ccm vorhandene Gewebsbrei mit Seesand sehr fein zerrieben. Dann wurde die Mischung zentrifugiert. Die überstehende Flüssigkeit enthielt das Organextrakt (A), das Sediment enthielt den Seesand und die Gewebsreste, die sich nicht zerreiben ließen (B). Die Lösung A wurde nativ an kastrierten Mäusen auf Folliculin untersucht, während das Hormon aus B durch Extraktion mit Aceton und Alkohol gewonnen wurde. Bei der Milz und der Niere war das Folliculin restlos oder zum allergrößten Teil in der Lösung A, also im wäßrigen Gewebsextrakt nachweisbar. (Die Versuche zeigen, wie schon S. 142 betont, daß Milz und Niere keine inaktivierende Wirkung auf Folliculin ausüben.) Im Gegensatz dazu war im Muskelextrakt Folliculin nicht vorhanden, es befand sich in dem nicht zerreibbaren Gewebe (B), aus dem es durch Extraktion mit Aceton und Alkohol wiedergewonnen werden konnte. Das Folliculin wird also an die Wand der Muskelzelle anscheinend viel stärker gebunden als an die Zellen anderer Organe, so daß das Hormon beim Zerreiben nicht in den Muskelextrakt, wohl aber in den Milz- und Nierenextrakt übergeht.

6. Verhalten des Follikelhormonbenzoats im Organismus.

Injiziert man einer infantilen Ratte große Mengen α-Folliculin, so kann man, wie in den vorangehenden Versuchen gezeigt wurde, 48 Stunden später nur einen minimalen Teil des zugeführten Hormons wiedergewinnen. Durch Extraktion bei neutraler Reaktion findet man 1%, nach saurer Hydrolyse weniger als 10% wieder, so daß also mindestens 90% inaktiviert sind. Ganz anders verläuft der Versuch, wenn man Hormonbenzoat anwendet.

Versuch. Infantile, 35 g schwere Ratte erhält 2500 ME. Hormonbenzoat — in Öl gelöst — in einmaliger Injektion. Nach 48 Stunden wird das Tier getötet, zerkleinert und wie vorher beschrieben mit Aceton und Alkohol erschöpfend extrahiert. Der Lipoidrückstand wird in 25 ccm Öl aufgenommen. Da 2500 ME zugeführt wurden, müßte 1 ccm Öl = 100 ME enthalten. Bei der biologischen Titration werden 80 ME pro Kubikzentimeter wiedergefunden, wahrscheinlich sind sogar 90 ME vorhanden.

Während der Organismus im Verlauf von 48 Stunden mindestens 90% des freien α-Follikelhormons inaktiviert, wird das Hormonbenzoat praktisch kaum vom Organismus angegriffen. Nach 48 Stunden kann man durch Aceton-Alkoholextraktion sicher 80%, wahrscheinlich 90% des zugeführten Hormonbenzoats wiederfinden.

In diesem Befund sehe ich eine Erklärung des BUTENANDTschen Befundes, daß Hormonbenzoat durch eine protrahierte Oestruswirkung ausgezeichnet ist und eine Bestätigung seiner Anschauung, daß die protrahierte Wirkung des Benzoats auf seiner langsamen Spaltung im

Körper beruht (s. S. 90). Bezüglich der klinischen Wirkung des Hormonbenzoats sei auf S. 497 verwiesen.

Aus der Tatsache, daß das Hormonbenzoat im Organismus unter denselben Bedingungen, unter denen freies Folliculin seine Oestruswirkung vollkommen verliert, nicht inaktiviert wird, lassen sich Anhaltspunkte für den Mechanismus der Folliculininaktivierung gewinnen. Es ergibt sich daraus die Annahme, daß der inaktivierende Prozeß gerade an der Stelle des Folliculinmoleküls eingreift, die im Folliculinbenzoat durch die Veresterung mit Benzoesäure besetzt ist.

α-Hormon.

Hormon-Benzoat.

Die einfachste Annahme wäre die, daß das Folliculin bei der Inaktivierung an seiner phenolischen Hydroxylgruppe eine Veresterung erfährt, und der so im Organismus gebildete Ester keine Oestruswirkung mehr besitzt. Ein solcher Vorgang stünde in Parallele mit den bekannten Veresterungsreaktionen, über welche der Organismus zum Zwecke der Entgiftung und Ausscheidung von exogen zugeführten oder endogen gebildeten Phenolen verfügt. In solchen Fällen kommen bekanntlich als Esterpaarling Schwefelsäure, Glucoronsäure und Glykokoll in Frage. Über Verbindungen des Folliculins mit solchen Säuren wissen wir aber noch nichts und können deshalb auch keine nähere Begründung dieser Möglichkeit anführen. Solche Ester des Folliculins müßten auch die Forderung erfüllen, bei salzsaurer Hydrolyse unter den von mir angewandten Bedingungen nur in geringem Maße in aktives Folliculin und Säurekomponente gespalten zu werden. Wenn man an eine Inaktivierung des Folliculinmoleküls durch eine besonders geartete Veresterung denken will, so könnte man auch in Analogie zu den normalerweise vorkommenden Estern des Cholesterins an entsprechende Ester des Folliculins mit höheren Fettsäuren denken. Auch solche Verbindungen sind noch nicht beschrieben und über ihre biologische Wirksamkeit läßt sich schwer etwas voraussagen. Außer der Möglichkeit einer inaktivierenden Veresterung wäre weiterhin in Betracht zu ziehen, daß von der freien Hydroxylgruppe des Folliculins aus ein oxydativer Angriff des Moleküls erfolgt, der im Falle des Hormonbenzoats infolge der schützenden Wirkung des Benzoesäurerestes unterbleibt.

Zusammenfassend kann auf Grund der vorliegenden Versuchsergebnisse — zugleich in Beantwortung der S. 125 gestellten Fragen — über das Schicksal des Folliculins im Organismus folgendes gesagt werden:

1. Das Folliculin (α-Hormon) wird sicher nicht in irgendeinem Organ, jedenfalls nicht in aktiver Form gestapelt.

2. Das Hormon wird im Organismus, wahrscheinlich auf enzymatischem Wege in der Leber, schnell inaktiviert, wobei die Möglichkeit der Reaktivierung durch Hydrolyse auf eine reversible Inaktivierung rückschließen läßt. Aus der Tatsache, daß die Reaktivierung im Laufe der Zeit geringer wird, kann geschlossen werden, daß bei der Inaktivierung verschiedene Körper entstehen, die sich in verschiedenem Maße durch Hydrolyse reaktivieren lassen.

3. Der inaktivierende Prozeß greift wohl an derjenigen Stelle des Folliculinmoleküls an, die im Hormonbenzoat durch die Veresterung mit Benzoesäure besetzt ist.

4. Bei Zuführung großer Hormondosen bleibt im Organismus stets eine zur Auslösung der hormonalen (östralen) Reaktion ausreichende Hormonmenge in aktiver Form zurück, wobei noch nicht entschieden werden kann, ob es sich um nicht inaktiviertes oder wieder reaktiviertes Hormon handelt.

5. Ob das Hormon nach der Zufuhr im Organismus nur eine erste Reaktion auslöst, während die Wirkung an den Sexualorganen auf dem Wege einer Kettenreaktion durch einen oder mehrere andersartige Stoffe ausgelöst wird, kann nicht entschieden werden. Zur Klärung dieser Frage sind weitere Untersuchungen nötig.

Die Inaktivierung des Folliculins ist anscheinend ein allgemein biologischer Vorgang, da er nicht nur beim Warmblüter, sondern, wie die folgenden Untersuchungen zeigen, auch beim Kaltblüter und der Pflanze auftritt.

7. Inaktivierung des Folliculins beim Kaltblüter (Frosch).

Die Versuche wurden an 20—25 g schweren weiblichen Fröschen (Rana esculenta) ausgeführt. Die Tiere erhielten subcutan — in den Lymphsack — je 0,5 ccm = 400 ME Folliculin. Die Tiere müssen in einem Gefäß bleiben, das etwas Wasser enthält, da die Frösche sonst durch Wasserverlust eintrocknen und stark an Gewicht abnehmen. 48 Stunden nach der Folliculinzufuhr wurden die Tiere getötet, zerkleinert und, wie vorher beschrieben, einer erschöpfenden Aceton-Alkoholextraktion unterworfen. Das Wasser, in dem sich die Tiere aufhielten, wurde mit dem Gewebsbrei des Körpers vermischt, um auch das eventuell ausgeschiedene Folliculin zu erfassen. Die Analyse zeigte, daß der größte Teil des zugeführten Folliculins verschwunden war, nur 20% konnten wiedergefunden werden.

Der Kaltblüter inaktiviert also ebenfalls das α-Hormon, allerdings in geringerem Maße als der Warmblüter. Im Warmblüter findet man nach 48 Stunden nur 1%, im Kaltblüter aber noch 20% des zugeführten Folliculins wieder.

Über die Inaktivierung des Folliculins bei Pflanzen wird im nächsten Kapitel (S. 159) berichtet.

8. Wirkung des Folliculins bei lokaler Applikation am Erfolgsorgan.

Um einen weiteren Einblick in den Wirkungsmechanismus des Folliculins zu gewinnen, wurde die Frage geprüft, wie das Folliculin bei lokaler Applikation am Erfolgsorgan wirkt. Zu diesem Zwecke wurde das Hormon in die Uterushöhle eingespritzt und das weitere Schicksal des Hormons im Uterus verfolgt.

Versuchsanordnung: Das linke Uterushorn infantiler (800 g schwerer Kaninchen) wurde am tubaren Ende abgebunden, desgleichen direkt oberhalb der Bifurkationsstelle, also kurz oberhalb der Scheide. Nun wurde der Uterus mit einer feinen Nadel angestochen, 0,1 ccm Folliculin in die Uterushöhle injiziert und die Einstichstelle nach dem Zurückziehen der Nadel abgebunden. Nach der Auffüllung sieht der dünne Uterusschlauch durchsichtig aus, etwa wie ein mit Wasser gefüllter Kollodiumschlauch (s. Abb. 46)[1]. Ich will nicht sämtliche Versuche beschreiben, sondern nur die wesentlichen anführen.

Zunächst wurde in einigen Kontrollversuchen das linke Uterushorn mit ein paar Tropfen (0,1 ccm) physiologischer Kochsalzlösung aufgefüllt. Nach 5 Tagen findet man erstaunlicherweise, daß der Uterus keine Spur des Wassers resorbiert hat. Der Uterusschlauch sieht auch nach 5 oder 7 Tagen wie ein prall gefüllter Dialysierschlauch aus, er enthält eher noch mehr Flüssigkeit als vorher. Daraus ergibt sich, daß die Uterusschleimhaut des Kaninchens Wasser nicht resorbieren kann! Füllt man das Uterushorn mit dünner Natronlauge (n/100 NaOH) auf, so tritt nach 5 Tagen ebenfalls keine Wasserresorption ein. Die Flüssigkeit der Uterushöhle reagiert alkalisch, es hat sich also anscheinend nichts geändert.

Abb. 46.   Versuchsanordnung.   Linkes Uterushorn aufgefüllt.

---

[1] Die Zeichnung 46 u. 72 verdanke ich Herrn Dr. KURT KAIJSER, Stockholm.

Nun wurden die Uterusschläuche mit Folliculin aufgefüllt. Das Hormon war entweder in Aqua destillata gelöst (hierbei löst sich pro Kubikzentimeter etwa 2,5 γ Hormon) oder in n/100 NaOH (1 ccm = 100 γ = 1000 ME). Nach 5 Tagen ist der Uterusschlauch wie beim Versuchsbeginn gefüllt. Das Wasser ist nicht resorbiert, aber das Folliculin ist aus dem Uterus verschwunden. Die im Uterusschlauch nach 5 Tagen noch vorhandene Flüssigkeitsmenge wurde abgesaugt und kastrierten Mäusen injiziert, wobei festgestellt wurde, daß nicht einmal 5% des Hormons nachweisbar waren. In weiteren Versuchen wurde der durch das injizierte Folliculin aufgeblähte Uterusschlauch mit seinem Inhalt der Extraktion unterworfen (Aceton, Alkohol), und auch auf diese Weise das Verschwinden des Folliculins nachgewiesen. Die Uterusschleimhaut kann also das in die Uterushöhle eingespritzte Wasser nicht resorbieren, aber das im Wasser gelöste Folliculin verschwindet vollkommen. Was geschieht nun mit dem Folliculin? Wird es durch die Uterusschleimhaut inaktiviert? Zur Prüfung dieser Frage ließ ich — wie in den S. 141 beschriebenen Versuchen — 2 g fein zerkleinerten Kaninchenuterus in Phosphatpuffer auf 400 ME Folliculin 5 Stunden bei 37° einwirken, wobei eine Inaktivierung des Folliculins nicht eintrat. Ich schließe daraus, daß das Folliculin in der Uterushöhle nicht inaktiviert wird, sondern daß es aus dem Uterus resorbiert wird, in die allgemeine Zirkulation gelangt und auf diesem Wege dann auf den Uterus hormonal einwirkt. Aus der Uterushöhle wird also nicht das Wasser, wohl aber das Folliculin resorbiert.

Wie wirkt das Folliculin auf den Uterus bei der lokalen Applikation? Man könnte annehmen, daß ein besonders starker Proliferationsreiz auf die Uterusschleimhaut und ein Wachstumsreiz durch die lokale Wirkung ausgeübt wird. Das Gegenteil ist der Fall. Das Folliculin wirkt überhaupt nicht. Der Uterusschlauch wird lediglich gedehnt, aber von irgendeiner Wachstumswirkung auf die Uterusschleimhaut oder die Uterusmuskulatur ist nichts zu merken. Die lokale Reaktion des Folliculins ist deshalb nicht möglich, weil die in der Uterusschleimhaut vorhandene Flüssigkeitsmenge den Uterusschlauch so dehnt, daß er auf den hormonalen Reiz nicht ansprechen kann. Dies geht aus folgendem Versuch hervor. Das linke Uterushorn von 800 g schweren Kaninchen wurde mit 0,05 bzw. 0,1 ccm physiologischer Kochsalzlösung aufgefüllt. Die Tiere erhielten jetzt mehrere Tage Folliculin subcutan, wobei sich zeigte, daß am rechten, nicht behandelten Uterushorn eine Hyperplasie der Uterusmuskulatur und Proliferation der Uterusschleimhaut aufgetreten war, während das injizierte linke Horn nur gedehnt war, ohne daß sich irgendeine hormonale Wirkung erkennen ließ (Abb. 47a u. b). Das Uterushorn wird also durch die Auffüllung mit kleinsten Flüssigkeitsmengen — die intrauterine Flüssigkeitsmenge wird durch retrograde Resorption noch erhöht — mechanisch gedehnt und spricht nicht mehr auf hormonale Reize an.

Das nach Auffüllung des linken Uterushorns aus diesem resorbierte
Folliculin kann aber auf das rechte Horn hormonal einwirken, und

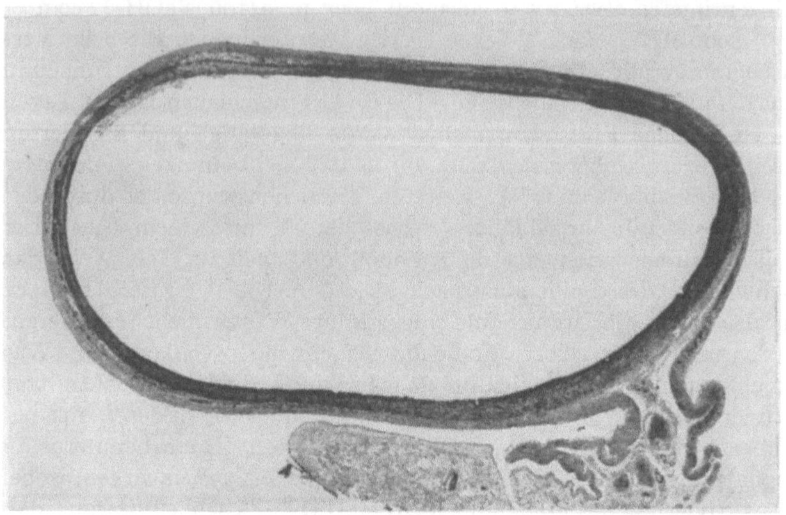

Abb. 47 a. Linkes Uterushorn eines infantilen Kaninchens mit 0,1 ccm physiol. NaCl-Lösung aufgefüllt. Anschließend erhält das Tier in 3 Tagen 200 ME Folliculin subcutan.

zwar geschieht dies sicher auf dem Wege über die allgemeine Zirkulation. Hierbei konnten die zum hormonalen Effekt notwendigen
Folliculinmengen eruiert wer-
den. Füllt man das linke
Uterushorn mit 20 ME Folliculin auf, so sieht man nach
5 Tagen gar keine Veränderung, das linke Horn ist
durch die Auffüllung aufgebläht, das rechte infantile
Horn nicht beeinflußt. Bei
Anwendung von 40 ME ist
auch kein Effekt wahrnehm-
bar. Hingegen kann man bei
Auffüllung des linken Horns
mit 80 ME am *nicht behandelten,*
d.h. rechten Horn eine *deutliche*
Folliculinwirkung feststellen
(Muskelhyperplasie, Schleim-
hautproliferation). Auch im

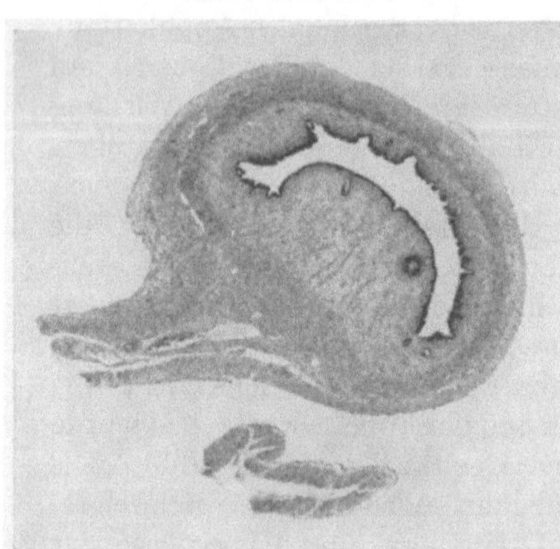

Abb. 47 b. Rechtes Uterushorn zeigt hormonale Reaktionen (Hyperplasie der Muskulatur und Proliferation
der Schleimhaut).

linken aufgefüllten Horn findet man zuweilen eine ganz geringfügige
lokale Proliferationswirkung an der Uterusschleimhaut.

Ich gebe einige Abbildungen dieser Versuche wieder:

a) KL 13, 765 g schwere Kaninchen; linkes Horn aufgefüllt mit

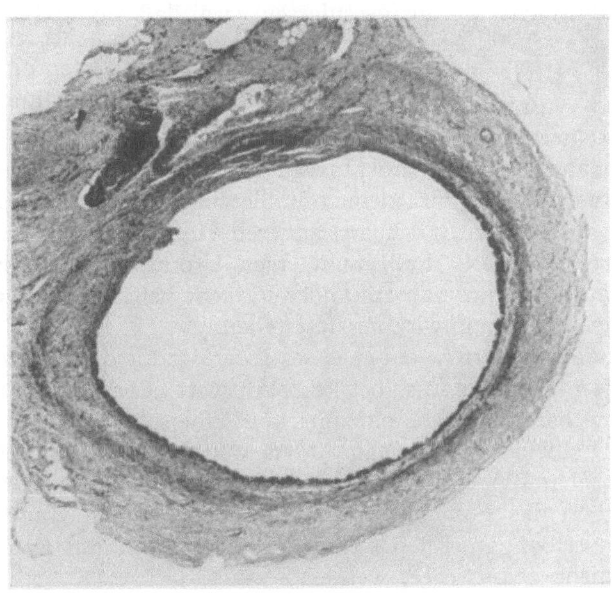

Abb. 40 a. Linkes Uterushorn eines infantilen Kaninchens mit 40 ME Folliculin aufgefüllt. Tier
nach 120 Stunden getötet.

0,1 ccm physiologischer Kochsalzlösung, anschließend 3 Tage Folliculin
subcutan, insgesamt 200 ME. Tier nach 75 Stunden getötet. Linkes mit

Kochsalzlösung aufgefülltes Uterus horn ist gebläht, ohne hormonale Reaktion (Abb. 47 a), rechtes Horn zeigt geringe Hyperplasie der Uterusmuskulatur mit deutlicher Proliferation der Schleimhaut (Abb. 47 b).

b) KL 2, 825 g schweres Kaninchen: Linkes Horn aufgefüllt mit 0,05 ccm = 40 ME Folliculin. Tier nach 120 Stunden getötet. Das linke mit Folliculin aufgefüllte Horn ist gedehnt, vielleicht geringe Hyperplasie der Muskulatur, aber keine Proliferation, eher Atrophie der Uterusschleimhaut (Abb. 48 a). Das rechte Uterushorn ist garnicht beeinflußt (Abb. 48 b).

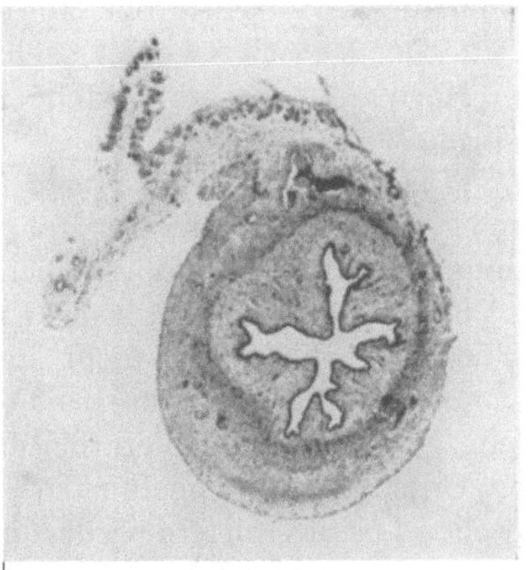

Abb. 48 b. Rechtes Uterushorn unbeeinflußt.

Zusammenfassend ergeben die Uterusversuche folgendes: Das in die
Uterushöhle eingefüllte Folliculin ist schon nach kurzer Zeit aus dem

abgebundenen Uterusschlauch verschwunden, nicht aber das zur Lösung des Folliculins verwandte Wasser. Die Uterusschleimhaut inaktiviert das Folliculin nicht, woraus geschlossen wird, daß das Folliculin durch Resorption verschwindet, daß Folliculin also — im Gegensatz zum Wasser — aus der Uterushöhle resorbiert wird. Der mit kleinen Flüssigkeitsmengen (0,05—0,1 ccm physiologische Kochsalzlösung) aufgefüllte Uterusschlauch reagiert infolge der mechanischen Dehnung nicht mehr auf den hormonalen Reiz des subcutan zugeführten Folliculins. Füllt man einen Uterusschlauch mit kleinen Folliculinmengen (40 ME), so ist weder am aufgefüllten, noch am anderen Horn irgendeine hormonale Wirkung zu erkennen. Füllt man einen Uterusschlauch mit 80 ME Folliculin auf, so kann man am anderen, nicht behandelten Uterushorn eine deutliche Folliculinwirkung feststellen.

Diese Befunde dürften ein gewisses Interesse für die Physiologie des Uterus haben, sie geben uns aber keine Antwort auf die Frage nach dem Wirkungsmechanismus des Folliculins am Erfolgsorgan. Das intrauterin eingefüllte Folliculin kann nicht wirken, weil die Folliculinwirkung sich an dem mechanisch gedehnten Uterusschlauch nicht entfalten kann. Die Frage, ob das Folliculin als solches oder als ein Umwandlungsprodukt desselben an der Uteruszelle wirkt, kann auf Grund dieser Versuche nicht beantwortet werden.

Zusammenfassend ergaben die in diesem Kapitel beschriebenen Versuche:

1. Oral zugeführtes Folliculin wird im Harn der geschlechtsreifen männlichen und weiblichen Ratte nicht ausgeschieden. Ebenso wird subcutan injiziertes Folliculin durch den Harn nicht eliminiert, selbst wenn die Ratte sehr große Hormonmengen (20000 ME pro Tier) erhält.

2. Der Mensch scheidet nach parenteraler Zufuhr 3% des Hormons im Harn aus, hierbei besteht zwischen Mann und Frau kein Unterschied.

3. Die Vermutung, daß das α-Folliculin im Organismus in das östrogen wenig wirksame Hormonhydrat umgewandelt und als solches im Harn ausgeschieden wird, konnte nicht bestätigt werden.

4. Der Folliculingehalt des Urins läßt sich durch Hydrolyse mit verschieden starker Säure nicht steigern.

5. Parenteral zugeführtes Folliculin verschwindet sehr schnell aus dem Organismus. Bei Verarbeitung des Gesamttieres läßt sich nur noch ein Bruchteil des zugeführten Folliculins durch Extraktion mit organischen Lösungsmitteln wiederfinden. Das Folliculin verschwindet schon nach 3 Stunden, nach 24 Stunden ist im Gesamttier nur noch 1% des zugeführten Hormons nachweisbar.

6. Eine Umwandlung des parenteral zugeführten biologisch hochwirksamen α-Folliculins in das biologisch wenig aktive Hormonhydrat findet im Organismus wohl nicht statt.

7. Das α-Folliculin wird im Organismus inaktiviert. Durch Hydrolyse gelingt es das inaktivierte Folliculin teilweise zu reaktivieren. Durch Hydrolyse können 24 Stunden nach der Hormonzufuhr 20%, 48 Stunden nach der Hormonzufuhr nur 6% des zugeführten Folliculins wiedergefunden werden (statt 1% ohne Hydrolyse). Daraus kann geschlossen werden, daß bei der Inaktivierung im Laufe der Zeit verschiedene Körper entstehen, die sich durch Hydrolyse in verschiedenem Maße reaktivieren lassen.

8. Die Inaktivierung des α-Folliculins erfolgt wahrscheinlich auf enzymatischem Wege in der Leber. In anderen Organen sowie im Blut findet eine Inaktivierung nicht statt.

9. Die adsorptive Bindung des α-Folliculins an die Zellwand ist beim quergestreiften Muskel am intensivsten.

10. Im Gegensatz zum freien α-Hormon wird das Hormonbenzoat im Organismus nicht inaktiviert. Daraus ergibt sich die Annahme, daß der inaktivierende Prozeß an derjenigen Stelle des Folliculinmoleküls angreift, die im Folliculinbenzoat durch die Veresterung mit Benzoesäure besetzt ist.

11. Das α-Folliculin wird nicht nur vom Warmblüter, sondern auch vom Kaltblüter und der Pflanze (s. folgendes Kapitel) inaktiviert. Die Inaktivierung ist beim Kaltblüter aber geringer als beim Warmblüter, sie beträgt bei ersterem nur 80%, bei letzterem über 95%.

Wirkung des Folliculins bei Applikation im Erfolgsorgan
(Auffüllung des Uterusschlauches):

12. Die Uterushöhle des Kaninchens kann Wasser nicht resorbieren.

13. Bei Auffüllung des Uterusschlauches (Kaninchen) mit wäßrigem Folliculin verschwindet das Hormon schnell aus der Uterushöhle, das Wasser aber nicht. Das Folliculin wird vom Uterus nicht inaktiviert, es gelangt auf dem Wege der Resorption in die allgemeine Zirkulation.

14. Bei Einfüllung von Wasser oder physiologischer Kochsalzlösung in den Uterusschlauch wird dieser mechanisch gedehnt, so daß er auf den hormonalen Reiz subcutan zugeführten Folliculins nicht mehr reagiert.

15. Füllt man einen Uterusschlauch des infantilen Kaninchens mit 40 ME wäßrigem Folliculin, so ist dieser noch nach 5 Tagen aufgebläht wie ein Kollodiumschlauch. Das Folliculin ist verschwunden, ohne daß am anderen Uterusschlauch irgendeine hormonale Wirkung erkenntlich ist. Füllt man einen Uterusschlauch mit 80 ME wäßrigen Folliculins, so zeigt der andere — nicht behandelte — Uterusschlauch nach einigen Tagen Hyperplasie der Uterusmuskulatur und Proliferation der Uterusschleimhaut.

17. Kapitel.

Folliculin und Pflanzen.

Versuche an Hyacinthen und an Hefe.

Im Anschluß an die Untersuchungen über das Schicksal des Folliculins im tierischen Körper sollen jetzt die Versuche über die Einwirkung des Hormons auf Pflanzen (H. v. EULER u. B. ZONDEK)[1] wiedergegeben werden, auf die ich schon im vorhergehenden Kapitel hingewiesen hatte.

Unsere Kenntnisse über die in die Entwicklung der Pflanzen eingreifenden Katalysatoren wurden zunächst durch die Beobachtungen von BOYSEN-JENSEN[2], in den letzten Jahren besonders durch die Untersuchungen von WENT[3] und KÖGL[4] über den von ihnen isolierten und chemisch eingehend charakterisierten Zellstreckungsfaktor, das *Auxin*, wesentlich erweitert. KÖGL stellt das Auxin als „Phytohormon" den „Zoohormonen" gegenüber. Ganz verschieden von diesem Zellstreckungsfaktor ist eine oft als Wuchsstoff bezeichnete Substanz, die nach WILDIERS „*Bios*" genannt wird[5]. Sie beschleunigt bei der Hefe und anderen Mikroorganismen die Vermehrung der Zellen bzw. die Zellteilung. Auch diese wasserlösliche Substanz oder dieser Komplex von Substanzen ist zu den Phytohormonen zu rechnen.

Als Repräsentant einer dritten Gruppe reiht sich hier das Folliculin an. Man hat das Hormon in verschiedenen Pflanzen und Pflanzenteilen durch Extraktion nachgewiesen (s. S. 79). Außer durch den Tierversuch ist der Nachweis des Folliculins auch spektrophotometrisch geführt worden (H. v. EULER)[6]. Daß das in den Pflanzen vorkommende östrogene Hormon mit dem im Schwangerenharn vorhandenen α-Follikelhormon chemisch identisch ist, haben BUTENANDT u. JACOBI[7] bewiesen, SKARŻYŃSKI[8] konnte aus Weidenblüten Hormonhydrat isolieren, das bisher nur im Gravidenharn und der Placenta nachgewiesen war (s. S. 87). Das Vorkommen verschiedener Isomere des Follikelhormons in Pflanzen deutet darauf hin, daß das Folliculin für die Pflanze irgendeine Bedeutung haben muß. Die Annahme liegt nahe, daß Folliculin ebenso wie Auxin und Bios an spezifischen Entwicklungsvorgängen der Pflanzen

---

[1] v. EULER, H. u. ZONDEK, B.: Biochem. Z. **271**, H. 1/3, 64 (1934).

[2] BOYSEN-JENSEN: Ber. dtsch. bot. Ges. **28**, 118 (1910).

[3] WENT, F. A. F. C.: Rec. Trav. bot. déerl. **25** (1928). Naturwiss. **21**, 1 (1933).

[4] KÖGL u. HAAGEN-SMIT: Proc. kon. Akad. Wetensch. Amsterd. **34**, 10 (1931).

[5] Vgl. die Literaturzusammenstellung von TANNER: Chem. Rev. **1**, 397 (1925). Über die Identität von Bios und Faktor Z siehe H. v. EULER u. LARSSON: Hoppe-Seylers Z. **223**, 189 (1934); vgl. auch F. KÖGL: Z. Krebsforsch. **40**, 203 (1934).

[6] v. EULER, H., HELLSTRÖM, PULKI u. BURSTRÖM: Svensk. vet. Akad. Arkiv f. kemi **11** B, Nr 5 (1932).

[7] BUTENANDT, A. u. JACOBI: Hoppe-Seylers Z. **218**, 104 (1933).

[8] SKARŻYŃSKI: Bull. Acad. Pol. Sci. **5**, 347 (1933). Nature (Lond.) **131**, 76 (1933).

beteiligt ist, und man kann vermuten, daß es sich bei Pflanzen vielleicht auch um die Auslösung von Sexualvergängen handelt.

Die Frage nach der Bedeutung des Folliculins für die Pflanzen schien der Klärung näher zu kommen, als SCHOELLER u. GOEBEL[1] Versuche beschrieben, nach welchen Hyacinthenzwiebeln in Lösungen von technischem Progynon früher zur Entwicklung der Blüte kommen als Zwiebel in Parallelversuchen, bei denen Progynon nicht zugesetzt war. Eine bald darauf — schon vor dem Erscheinen der zweiten Mitteilung von SCHOELLER u. GOEBEL — im Biochemischen Institut Stockholm von H. v. EULER und D. BURSTRÖM begonnene Untersuchung ergab bei Wiederholung der SCHOELLERschen Grundversuche negative Resultate. Durch Zugabe von Folliculin zur Nährlösung konnte eine schnellere Entwicklung der Pflanzen oder Blüten nicht festgestellt werden.

In ihrer zweiten Mitteilung haben SCHOELLER u. GOEBEL[2] als Resultat eines auf ihre Veranlassung von H. NOACK ausgeführten Versuchs angegeben, daß die von ihnen verwendete Lösung *technischen* Progynons auxinhaltig ist, und daß dem reinen Follikelhormon eine *phototrope oder geotrope* Wirkung nicht zukommt. Das technische Progynon eignet sich also nicht zum Studium der Folliculinwirkung. Immerhin glaubten SCHOELLER u. GOEBEL auf Grund ihrer Versuche annehmen zu dürfen, daß es das Follikelhormon sei, welches auch in den Versuchsreihen ihrer ersten Mitteilung die *schnellere Entwicklung* der Blüten veranlaßt hatte.

Die genannte Untersuchung ist dann von H. GOEBEL[3] noch in verschiedener Hinsicht erweitert worden, besonders durch Ausdehnung der Versuche auf verschiedene Pflanzen, Calla aethiopica, Mais, Maiglöckchen, Orchideen, Tomaten und andere. GOEBEL hat bei seinen Versuchen ganz außerordentlich starke Effekte erzielt, und zwar auch mit kristallisiertem Progynon, wobei jede Pflanze pro Woche 200—1000 ME erhielt. Bei den Tomatenversuchen beobachtete GOEBEL zunächst ein früheres Blühen der behandelten Pflanzen und eine dementsprechend frühere Fruchtbildung, später stellte er fest, daß mehr und größere Früchte geerntet wurden, „selbst dann noch, wenn das Hormon mit einer Nährlösung zusammen gegeben und als Vergleich eine Nährsalzkontrolle eingeschaltet wurde".

SCHARRER u. SCHROPP[4] prüften die Einwirkung vom technischen Progynon auf Weizen, Gerste, Hafer und Mais und Erbsen in Kulturversuchen und fanden eine Wachstumsbeschleunigung (größere Höhenentwicklung) und größeren Ertrag. Da ihr technisches Progynon, wie sie selbst erkannt haben, Auxin enthielt, können ihre Versuche über die spezifischen Wirkungen des Folliculins nichts aussagen. Eine Mitteilung von LEMMERMANN u. BEHRENS[5] über den Einfluß von Wuchsstoffen auf den Pflanzenwuchs bezieht sich auf vergleichende Düngungsversuche mit Harnstoff allein, Harnstoff + wechselnde Mengen Progynon und Harn. Als vorläufiges Ergebnis — schreiben die genannten Autoren — läßt sich aus unseren bisherigen Versuchen nur das ableiten, daß das Progynon keine sichergestellte Wirkung auf Hafer auszuüben vermochte, wenn es in der angegebenen Menge neben Harnstoff in natürlichem Boden angewandt wurde.

---

[1] SCHOELLER u. GOEBEL: Biochem. Z. **240**, 1 (1931).

[2] SCHOELLER, W. u. GOEBEL: Biochem. Z. **251**, 223 (1932).

[3] GOEBEL: Arch. Pharmaz. **271**, 552 (1933).

[4] SCHARRER u. SCHROPP: Z. Pflanzenernährung **13**, 1 (1934). S. auch WASICKY: Biol. generales (Wien) **9**, 331 (1933).

[5] LEMMERMANN u. BEHRENS: Z. Pflanzenernährung **13**, 9 (1934).

Da die 1932 im Biochemischen Institut Stockholm ausgeführten Versuche über den Einfluß des Folliculins auf die Entwicklung der Hyacinthenblüten negativ verliefen, unternahmen H. v. EULER und ich erneute Untersuchungen (1933), wobei uns vor allem das Schicksal des Folliculins in der Nährlösung und im Pflanzenkörper interessierte. Die Versuche seien kurz mitgeteilt.

1. Versuche mit Hyacinthen.

Es wurden zwei Versuchsreihen mit je sechs Hyacinthen angesetzt, wobei jede Zwiebel sich in einem besonderen Zylinder befand, in dem die Wurzeln sich in 400 ccm Lösung entwickeln konnten. Diese Lösungen wurden jede Woche erneuert.

Die Pflanzen entwickelten sich zuerst 3 Wochen im Dunkeln bei 10—12^0, wurden dann bei Zimmertemperatur — etwa 20^0 — 2 Wochen im Dunkeln stehengelassen und erst dann ans Licht gestellt. Jetzt wurde Follikelhormon zur Nährlösung hinzugesetzt und zwar kristallisiertes Hormon (α-Hormon, Wirksamkeit 1 ME = 0,1 γ). Das Präparat wurde vor jedem Versuch von uns ausgewertet. Damit das Folliculin nicht ausfällt, wurde es über Aceton in Alkali gelöst. Im übrigen waren die angewandten Folliculinlösungen meist nicht konzentrierter als der Löslichkeit reinen Folliculins in Wasser entspricht.

1. *Versuchsreihe.* Jede Zwiebel erhält pro 400 ccm Wasser 200 γ Follikelhormon = 2000 ME. Da die Nährlösung in 5 Wochen 5mal gewechselt wird, standen jeder Pflanze im ganzen 5 × 2000 = 10000 ME (1000 γ) α-Folliculin zur Verfügung.

In der 5. Versuchswoche war die Entwicklung ziemlich ungleichmäßig, ein deutlicher Unterschied zwischen den mit Folliculin behandelten Versuchspflanzen und den Kontrollpflanzen konnte nicht festgestellt werden. Bei diesen relativ großen Folliculindosen zeigten die Versuchspflanzen sicher keine schnellere Entwicklung als die Kontrollpflanzen, eher eine langsamere. Ebensowenig war bei den Versuchspflanzen eine frühzeitige Blütenentwicklung wahrzunehmen.

2. *Versuchsreihe.* Sie wurde ganz ähnlich wie die erste Versuchsreihe durchgeführt, nur war der Folliculingehalt hier 10 mal geringer. Jedem Hyacinthenglas wurden 200 ME Folliculin zugefügt, entsprechend der Konzentration, die auch SCHOELLER und GOEBEL in ihren Versuchen angewandt hatten. Diese ganze Serie kam verhältnismäßig zeitig zur Blüte. Sie war bei den Folliculin- und den Kontrollversuchen nicht verschieden.

Unsere negativen Ergebnisse stehen in Übereinstimmung mit den kürzlich in verschiedenen Laboratorien erzielten Befunden. VIRTANEN u. v. HAUSEN[1], die genau nach den SCHOELLERschen Angaben arbeiteten, erhielten sowohl mit Rohpräparaten wie mit kristallisiertem Progynon an Hyacinthen und Erbsen keinerlei Effekt. Ebenso negativ verliefen Hyacinthenversuche von ARNE THORSRUD u. M. ØDELIN[2]. In sehr eingehenden an 1300 Einzelpflanzen ausgeführten Untersuchungen kamen HARDER u.

---

[1] VIRTANEN, A. J., v. HAUSEN, S. u. SAASTAMOINEN, S.: Biochem. Z. **272**, H. 1/2, 32 (1934).

[2] THORSRUD, A. u. ØDELIN, M.: Meldinger fra Norges Landbrukshoiskole **1934**, Nr 4.

STÖRMER[1] zu dem Ergebnis, daß eine Wirkung des Hormons im Sinne von SCHOELLER und GOEBEL nicht vorhanden ist (untersucht wurden Hyacinthen, Zantedeschien, Maiglöckchen, Narcissus, Crocus, Forsythia, Prunus und Cornus).

Nachdem wir einen Einfluß des Folliculins auf die Entwicklung der Hyacinthen[2] nicht festellen konnten, fragten wir uns, ob das Folliculin

---

[1] HARDER, R. u. STÖRMER, I.: Nachr. Ges. Wiss. Göttingen, Math.-physik. Kl., Neue Folge, 1, Nr 3, 11 (1934).

[2] Über neue Hyacinthenversuche berichten W. SCHOELLER u. H. GOEBEL in einer Arbeit [Biochem. Z. **272**, H. 3/4, 215 (1934], die später als die unserige erschienen ist. Die Autoren setzten kristallinisch reines Follikelhormon, und zwar 200 bzw. 500 ME pro Woche, dem Nährwasser von Hyacinthen zu und kamen jetzt selbst zu völlig negativen Resultaten! Um die Resorptionsbedingungen des Hormons durch die Wurzeln zu erleichtern, wurden minimale Mengen Natronlauge zugegeben, um das Follikelhormon in sein Alkalisalz überzuführen. Auf diese Weise wurden ausgesprochene Wirkungen auf die Blütenentwicklung erzielt. Bei unseren Versuchen waren wir genau so vorgegangen wie SCHOELLER u. GOEBEL, d. h. es wurde eine alkalische α-Follikelhormonlösung dem Nährwasser zugesetzt. Wir haben s. Zt. in unserer Arbeit [EULER, H. v. u. ZONDEK, B.: Biochem. Zbl. **271**, H. 1/3, 64 (1934)] dies nicht im einzelnen ausgeführt, weil diese Frage uns für das zur Diskussion stehende Problem bedeutungslos erschien. Die Angaben seien jetzt nachgeholt, da trotz Zufügung der Natronlauge bei unseren Versuchen die von SCHOELLER u. GOEBEL dem Hormon zugesprochene Blühwirkung nicht festgestellt werden konnte. Wir lösten 10 mg kristallisiertes α-Hormon in wenig Aceton, fügten 1 ccm n/NaOH hinzu und füllten mit Wasser auf 100 ccm auf, so daß die Lösung jetzt in Bezug auf NaOH 1/100 normal war. Nach Verdampfen des Acetons hatten wir jetzt eine alkalische Lösung, die pro Kubikzentimeter 1000 ME enthielt, was durch Titration an kastrierten Mäusen jedesmal festgestellt wurde. Von dieser alkalischen Standardlösung wurden im Versuch 1 je 0,2 ccm, im Versuch 2 je 2 ccm jedem Hyacinthenglas hinzugefügt.

Wir gaben also:

    1. Versuchsserie pro Glas = 2000 ME und 800 γ NaOH
    2.   ,,   ,,   ,,   = 200   ,,   ,,   80 γ ,,

SCHOELLER u. GOEBEL gaben:

    1. Versuchsserie pro Glas = 250 ME und 40 γ NaOH
    2.   ,,   ,,   ,,   = 500   ,,   ,,   80 γ ,,
    3.   ,,   ,,   ,,   = 1000   ,,   ,,   160 γ ,,

Wenn SCHOELLER u. GOEBEL ihre früheren Versuchsergebnisse jetzt selbst nicht reproduzieren konnten, und nunmehr in den Spuren NaOH einen wesentlichen Faktor sehen, so zeigen unsere Versuche, daß trotz Zugabe von NaOH zum Follikelhormon eine beschleunigte Blütenentwicklung nicht eintritt.

SCHOELLER u. GOEBEL glauben, die Resorptionsbedingungen des Hormons durch die minimalen Mengen NaOH erleichtern zu können. Es werden keine Angaben über das p_H des Hyacinthenwassers nach Hinzufügen der alkalischen Hormonlösung gemacht. Das Hyacinthenwasser stellt sich durch den Stoffaustausch mit der Wurzel sehr bald auf ein p_H von 5,5 ein. Es erscheint mir zweifelhaft, ob die Acidität des Hyacinthenwassers durch Zufügen der minimalen NaOH-Mengen überhaupt eine Änderung erfährt.

in der Nährlösung bei den Pflanzen überhaupt zur Wirkung kommt. Wir prüften deshalb, ob der Folliculingehalt des Wassers nach Berührung mit den Wurzeln sich ändert. Dies war in der Tat der Fall, wie aus den folgenden Analysen hervorgeht.

Die Gesamtflüssigkeit von vier Lösungen der ersten Versuchsgruppe (9.—16. XII.) = etwa 1600 ccm wurde auf 200 ccm eingeengt. Da dem Nährwasser jeder Pflanze pro Woche 2000 ME, im ganzen also 8000 ME Folliculin zugesetzt waren, mußte 1 ccm Hyacinthenwasser 40 ME Folliculin enthalten. Zur Kontrolle wurden 1600 ccm Wasser mit 8000 ME Folliculin auf 200 ccm eingeengt. Die biologische Prüfung ergab pro Kubikzentimeter:

	40 ME	30 ME	20 ME	10 ME
Kontrollösung	positiv	positiv	positiv	positiv
Hyacinthenwasser . .	negativ	negativ	negativ	negativ

Die Untersuchungen zeigen, daß im Verlaufe einer Woche mindestens 75% des zugesetzten Folliculins im Hyacinthenwasser verschwunden war.

Während der zweiten Versuchswoche waren die gleichen Pflanzen wieder mit je 2000 ME Folliculin in Berührung. Am Ende der Versuchswoche wurden die vier Lösungen wieder gesammelt, auf 200 ccm eingeengt und biologisch geprüft. Es ergab sich wieder dasselbe Resultat, d. h. es waren mindestens 75% des angewandten Folliculins verschwunden. Von den restlichen 25% waren 12,5% wahrscheinlich, 2,5% sicher vorhanden. Ebenso wurden die in der 3. und 4. Versuchswoche verwendeten Folliculinlösungen auf ihren Hormongehalt geprüft. In diesen Blumenwässern waren wiederum 75% verschwunden, von den restlichen 25% waren 12,5% noch nachweisbar.

Die Versuche ergeben, daß das Folliculin aus dem Nährwasser lebender Hyacinthen in verhältnismäßig kurzer Zeit zum größten Teil verschwindet[1]. Daraus konnte gefolgert werden, daß die Pflanze das Hormon verwertet. Um über das weitere Schicksal des Hormons Aufschluß zu erhalten, haben wir die Hyacinthen, nachdem sie 5 Wochen lang mit 10000 ME Folliculin in Berührung waren, auf ihren Folliculingehalt untersucht. Die Pflanze wurde in drei Teile geteilt.

a) Wurzel, b) Zwiebel und c) der obere Teil = Blätter, Schaft und Blüte. Die drei Teile wurden getrennt analysiert.

Dann wäre die von SCHOELLER u. GOEBEL erstrebte Überführung des Hormons in sein Alkalisalz gar nicht möglich. Aber selbst wenn dies der Fall wäre, so wird auch dadurch, wie unsere Versuche zeigen, ein Einfluß auf die Blütenentwicklung nicht erzielt.

[1] SCHOELLER u. GOEBEL haben bereits angegeben, daß aus dem Hyacinthenwasser ein Teil des Folliculins verschwindet. „Es zeigt sich, daß der ursprüngliche Wert der Lösung, der sich auf 1 ME in 1,7 ccm berechnet, nicht mehr enthalten ist, sondern daß erst bei der Injektion des doppelten Quantums eine schwach positive Reaktion auftritt. Die Lösung enthält also nur noch weniger als die Hälfte der ursprünglichen Hormonmenge." In derselben Weise haben SCHOELLER u. GOEBEL auch die Resorption des Progynons aus Ansätzen mit 200 ME pro Glas geprüft. Auch hier zeigte sich, daß stets über die Hälfte des Hormons verbraucht war.

Die genannten Pflanzenteile wurden zunächst fein zerschnitten und 2mal bei Zimmertemperatur mehrere Tage mit Aceton extrahiert. Das Aceton wurde abgedampft und der Rückstand mit absolutem Alkohol extrahiert (A). Nach der Acetonbehandlung wurde aus den Pflanzenteilen ein Trockenpulver hergestellt und dieses mit absolutem Alkohol 12 Stunden im Soxhlet-Apparat extrahiert. Der Alkohol wurde mit Lösung A vereinigt, abgedunstet und der Rest in Öl aufgelöst. Dieses wurde zur biologischen Prüfung bei kastrierten Mäusen verwandt.

Wir fanden in der Pflanze:

a) Wurzel, 50 ME negativ . . . 1 ME pos.
b) Zwiebel . . . . 1 „ neg.
c) Blätter und Schaft mit Blüte 1 „ „

Die Untersuchungen führten zu dem überraschenden Ergebnis, daß in der Hyacinthe Folliculin nicht gefunden werden konnte. Selbst wenn durch die Extraktion nicht das gesamte Folliculin erfaßt wurde, — es bilden sich schleimartige Massen — so war der Unterschied zwischen zugesetztem Folliculin = 10 000 ME und dem wiedergefundenen Folliculin = 1 ME so gewaltig, daß eine weitgehendste Inaktivierung des Folliculins in der Pflanze angenommen werden mußte.

Die Inaktivierung des Folliculins geht, wie aus den folgenden Versuchen ersichtlich, in der Wurzel der Pflanze vor sich.

Versuch 1. 2 g Hyacinthenwurzel wurden zerkleinert, in 20 ccm Phosphatpufferlösung (p_H = 5,44) gelegt und 40 γ = 400 ME Folliculin (in n/100 NaOH gelöst) zugesetzt. Die Gesamtmischung (p_H = 5,52) wurde 5 Stunden bei 37⁰ im Thermostaten geschüttelt. Hiernach wurde die Reaktionsmischung erst kalt mit Aceton, dann das getrocknete Wurzelpulver 12 Stunden im Soxhlet mit absolutem Alkohol extrahiert und die restierenden Gesamtlipoide in 10 ccm Öl aufgenommen. 1 ccm Öl müßte 40 ME Folliculin enthalten. Die Prüfung auf 20 ME fiel aber noch negativ aus, hingegen waren 10 ME Folliculin pro Kubikzentimeter nachweisbar.

In zwei weiteren gleichartigen Versuchen wurden durch je 2 g Hyacinthenwurzeln je 45 ME inaktiviert.

Aus diesen Versuchen geht hervor, daß durch 2 g zerkleinerte Hyacinthenwurzel mindestens 20 γ Folliculin inaktiviert werden.

Dieser Versuch wurde wiederholt unter Verkürzung der Reaktionszeit auf 3 Stunden. Hierbei ergab sich ein Verlust des Folliculins von 40—50%. Bei Zimmertemperatur ist die Inaktivierung wesentlich geringer, nach mehrtägiger Reaktionszeit belief sich der Hormonverlust nur auf 25%.

Da der stoffliche Austausch der Wurzel mit Nährlösungen zum größten Teil an den Wurzelspitzen erfolgt, haben wir zu zwei weiteren Versuchen nur die Wurzelspitzen verwandt. Während bei 24stündiger Einwirkung bei Zimmertemperatur die Inaktivierung des Folliculins nicht eintrat, fanden wir bei 37⁰ und 24stündiger Reaktionszeit einen positiven Effekt.

3 g fein zerschnittene Wurzelspitzen + 20 ccm Phosphatpufferlösung + 0,5 ccm Folliculin (400 ME). Acidität der Mischung = 5,52. Extraktion wie oben angegeben, zuerst mit Aceton bei Zimmertemperatur, dann 10 Stun-

den im Soxhlet-Apparat mit absolutem Alkohol. Die restierenden Lipoide werden in 10 ccm Öl aufgenommen. 1 ccm Öl müßte 40 ME Folliculin enthalten. Die biologische Prüfung ergibt, daß pro Kubikzentimeter weniger als 5 ME vorhanden sind. Erst die Prüfung auf 1 ME Folliculin zeigt ein positives Resultat.

Die Wurzelspitzen hatten also unter 24stündiger Einwirkung bei 37⁰ mindestens 85% des zugesetzten Folliculins inaktiviert. 1 g Wurzelspitze inaktiviert rund 10 γ Hormon. Wurzel*spitzen* zeigten also keine stärkere Wirkung als die gesamten Wurzeln.

Um festzustellen, ob die Inaktivierung durch den Wurzelstoff fermentativer Art ist, wurden folgende Versuche gemacht:

2 g zerkleinerte Wurzel + 20 ccm Phosphatpufferlösung + 500 ME Folliculin. (Acidität der Mischung = 5,44) wurden 1 Stunde auf 70⁰ erwärmt. Verarbeitung wie vorher angegeben. Die biologische Prüfung zeigt, daß trotz Erwärmung des Wurzelbreies auf 70⁰ nur 12,5% des zugesetzten Folliculins wiedergefunden werden.

Die Erwärmung des Wurzelbreies auf 70⁰ hat also den inaktivierenden Faktor nicht zerstört. Da mit der Möglichkeit zu rechnen war, daß ein inaktivierender Faktor bei 70⁰ noch durch Schutzstoffe geschützt wird, wurde ein Versuch mit gekochtem Wurzelbrei gemacht.

2 g Wurzelbrei + 20 ccm Phosphatpufferlösung werden 2 Minuten gekocht. Nach Abkühlung auf Zimmertemperatur werden 0,5 ccm Folliculin = 500 ME hinzugesetzt. Die Mischung hat jetzt eine Acidität von 5,44. Die Mischung wird 24 Stunden bei 37⁰ im Thermostaten geschüttelt. Extraktion des Folliculins wie bei den früheren Versuchen. Die biologische Prüfung ergibt, daß 80% des zugesetzten Folliculins wiedergefunden werden.

Während durch die Erwärmung des Wurzelbreies auf 70⁰ die Inaktivierung nicht beeinflußt wird, hat der Wurzelbrei nach 2 Minuten Kochen seine das Folliculin inaktivierende Fähigkeit verloren.

Der Umstand, daß die beschriebene Inaktivierung des Folliculins durch Wurzeln nach Erwärmung auf 70⁰ noch erhalten bleibt, braucht die Annahme einer enzymatischen Wirkung noch nicht auszuschließen.

Nunmehr wurde — in Analogie zu den Rattenversuchen — geprüft, ob man das inaktivierte Folliculin wieder regenerieren kann.

Versuch 1. 2 g Wurzelbrei + 20 ccm Phosphatpufferlösung + 500 ME Folliculin werden 24 Stunden bei 37⁰ im Thermostaten geschüttelt. Zusetzen von Salzsäure, bis die Mischung kongosauer reagiert (p_H = 2), Extraktion durch mehrmaliges Kochen mit Benzol. Die gesamten Benzolrückstände werden in 10 ccm aufgenommen. 1 ccm müßte 50 ME Folliculin enthalten, es werden aber nicht einmal 5 ME gefunden.

Versuch 2. 2 g Wurzelbrei + 20 ccm Phosphatpufferlösung + 500 ME Folliculin (p_H = 5,44) werden 24 Stunden bei 37⁰ im Thermostaten geschüttelt. Zusetzen von 0,6 g HCl, so daß die Reaktionsmischung eine 3%ige Salzsäure darstellt. Die Mischung wird am Rückflußkühler mit Benzol 3mal 2 Stunden lang energisch gekocht. Die gesamten Benzolrückstände werden in 10 ccm Öl aufgenommen. 1 ccm müßte 50 ME Folliculin enthalten, es werden aber nicht einmal 5 ME gefunden.

Das durch den Wurzelbrei inaktivierte Folliculin läßt sich also durch Hydrolyse (Kochen der Mischung als 3%ige Salzsäure) nicht regenerieren. Vielleicht wird dies durch noch stärkere Salzsäure zum Teil möglich sein.

2. Versuche mit Hefe.

Um festzustellen, ob die Inaktivierung des Folliculins ein allgemein bei Pflanzen vorkommender Prozeß ist, wurden Versuche mit Hefe angestellt, die ja Enzyme aller Klassen enthält. Die Versuche schienen uns besonders wichtig, weil schon früher in der Hefe Folliculin nachgewiesen worden ist (s. S. 79). Die Untersuchungen führten aber zu einem negativen Ergebnis, d. h. durch Hefe konnte eine Inaktivierung des Folliculins nicht erzielt werden.

Einige Versuche seien wiedergegeben:

1. 50 ccm Wasser + 1,5 g frischer Oberhefe (30% ig) + 800 ME Folliculin, 2 Stunden Reaktionszeit bei 30⁰. Die Hefesuspension wird kastrierten Mäusen injiziert. Das Folliculin wird 100%ig wiedergefunden, ein Verlust ist also nicht eingetreten.

2. 2 g Hefe + 20 ccm Phosphatpufferlösung + 0,5 ccm Folliculinlösung = 400 ME, $p_H = 5,52$. Diese Suspension wird 24 Stunden bei 37⁰ gehalten, dann mit dem 4fachen Volumen Aceton versetzt und nach 24stündigem Stehen zentrifugiert. Die abzentrifugierte Flüssigkeit wird eingeengt, der Rückstand mit absolutem Alkohol extrahiert (A).

Die von A getrennte Hefe wird 12 Stunden im Soxhlet mit absolutem Alkohol extrahiert, das alkoholische Extrakt mit A vereinigt. Aus dieser vereinigten alkoholischen Lösung wird der Rückstand nach Abdunsten in 10 ccm Öl aufgenommen. Die biologische Prüfung ergibt, daß ein Verlust von Folliculin nicht eingetreten ist, in 1 ccm werden 40 ME Folliculin gefunden.

3. Dieser Versuch wurde in der gleichen Weise ausgeführt wie der vorhergehende, nur wurde die Reaktionsmischung bei einer Acidität $p_H = 8,08$ gehalten. Auch hierbei zeigte sich kein Verlust von Folliculin.

4. 1 g Trockenhefe + 20 ccm Phosphatpuffer ($p_H = 6,3$) + 400 ME Folliculinlösung. Diese Suspension ($p_H = 6,6$) wird 5 Stunden bei 37⁰ gehalten und — mit 30 ccm Pufferlösung verdünnt — kastrierten Mäusen injiziert. Die biologische Prüfung ergibt, daß ein Folliculinverlust nicht eingetreten ist. Demnach ist auch durch die Trockenhefe eine Inaktivierung des Folliculins nicht erfolgt.

Die Versuche ergeben, daß die Hefe im Gegensatz zu den Hyacinthenwurzeln das Folliculin nicht inaktiviert.

Erwähnt sei noch, daß wir bei Gärungsversuchen den Eindruck gewannen, daß die Hefe Folliculin synthetisiert. Da die gefundenen Werte sich in Größenordnungen bewegten, die eventuell durch Fehler (Streuung) der biologischen Prüfungsmethodik vorgetäuscht sein können, können wir Definitives nach dieser Richtung nicht aussagen.

Zusammenfassend ergeben unsere Pflanzenversuche folgendes:

Bei Untersuchung des Einflusses von Folliculin auf Pflanzen — Zugabe von Folliculin zum Kulturwasser von Hyacinthen — hat sich ein

Einfluß auf die Beschleunigung des Wachstums und der Entwicklung der Blüten bei unseren Versuchen nicht erkennen lassen.

Das zum Kulturwasser der Hyacinthen zugesetzte Folliculin, das zum größten Teil aus dem Wasser verschwindet, wird in der Pflanze — in den Wurzeln, Zwiebel, im Schaft und in der Blüte der Hyacinthe — *nicht* wiedergefunden, d. h. es läßt sich durch organische Lösungsmittel aus der Pflanze nicht extrahieren.

Sowohl die lebende Wurzel wie auch der Wurzelbrei der Hyacinthe inaktiviert das Folliculin, und zwar vermag 1 g Wurzelbrei wenigstens $10\,\gamma$ Folliculin in 24 Stunden bei 37^0 zu inaktivieren. Diese inaktivierende Wirkung des Wurzelbreies wird durch Kochen zerstört, was auf eine enzymatische Wirkung hindeutet.

Das inaktivierte Folliculin kann durch saure Hydrolyse nicht re-aktiviert werden.

Ein entsprechender Inaktivierungsvorgang wird durch Hefe (frische Hefe, Trockenhefe) nicht ausgelöst.

Demnach finden wir in der Pflanze analoge Vorgänge wie im Tier-körper. Beim Tier wird das Folliculin offenbar in der Leber, bei der Pflanze in der Wurzel inaktiviert. Parenteral zugeführtes Folliculin wird infolge der Inaktivierung im Körper der Ratte nicht wiedergefunden, ebenso verschwindet das zum Nährwasser der Hyacinthe zugesetzte Folliculin und ist im Pflanzenkörper nicht wiederzufinden.

Die Tatsache, daß Pflanzen α-Hormon enthalten, und daß in der Wurzel ein besonderer Inaktivierungsmechanismus für das Hormon vor-handen ist, spricht dafür, daß das Hormon für die Pflanze nicht ohne Bedeutung ist. Über die Art der Hormonwirkung in der Pflanze wissen wir bisher nichts Sicheres, für die Blütenentwicklung hat es sich jeden-falls als bedeutungslos erwiesen.

18. Kapitel.

Follikelhormon (Folliculin) und Corpus-luteum-Hormon (Progestin).

Aus den eben geschilderten Wirkungen des Folliculins geht hervor, daß das Hormon nicht nur die Brunst, sondern auch das Wachstum der Uterusmuskulatur (Hyperplasie) und der Uterusschleimhaut (Prolifera-tion) auslöst und daneben auch stimulierend auf die sekundären Ge-schlechtscharaktere (Brustdrüse) wirkt. Da man das Folliculin auch im menschlichen Corpus luteum findet, glaubten wir seinerzeit, daß das Folliculin vielleicht das einzige im Ovarium produzierte Hormon sei, eine Anschauung, die aber jetzt nicht mehr haltbar ist, nachdem aus dem Corpus luteum eine besonderes Hormon mit spezifischer Wirkung isoliert worden ist.

Die Entdeckung des Corpus-luteum-Hormons basiert auf den wichtigen Arbeiten von L. Fraenkel[1], der bewiesen hat, daß das Corpus luteum einen protektiven Einfluß auf das junge befruchtete Ei ausübt. Wichtig waren auch die Untersuchungen von L. Loeb, der an der Uterusschleimhaut des Meerschweinchens durch den Reiz eines Fremdkörpers — eingenähter Faden — Knötchen auslösen konnte, die durch deciduale Wucherung der Schleimhaut bedingt waren. Diese Deciduome oder Placentome traten nur bei Vorhandensein eines Corpus luteums auf. Die gleichen Reaktionen wurden später auch an der Ratte, Maus, dem Kaninchen beschrieben (Long u. Evans, Parkes, Courrier). Ferner konnten L. Loeb[2] und Hammond[3] zeigen, daß die Gelbkörperbildung die Ovulation hemmt. Durch Entfernung des gelben Körpers beim Meerschweinchen bzw. der Kuh konnte das Auftreten der nächstfolgenden Ovulation beschleunigt werden. Kallas[4] stellte in seinen Parabioseversuchen fest, daß der Oestrus durch das Auftreten eines Corpus luteum unterbrochen wird.

Durch Folliculin können wir nun die Proliferation der Uterusschleimhaut herbeiführen, bei Zuführung großer Folliculindosen kommt es zur Hyperproliferation, ohne daß es möglich ist, die Sekretionsphase der Uterusschleimhaut auszulösen. Wir sehen diesen Effekt auch beim Menschen und zwar bei den polyhormonalen Krankheitsbildern (s. Kap. 42), wo der Dauerstrom von Folliculin aus einem persistierenden Follikel zu einer Hyperproliferation, sogar zu einer glandulär cystischen Hyperplasie der Uterusschleimhaut führt, ohne daß die prägravide Umwandlung der Schleimhaut je eintritt. Diese wird nur durch das Hormon des Corpus luteum herbeigeführt. Daraus ergibt sich, daß das Corpus luteum folgende Funktionen hat:

1. Das Corpus luteum bewirkt den Umbau der durch Folliculin aufgebauten Schleimhaut in die sezernierende = funktionierende Schleimhaut (prägravide Umwandlung, deciduale Reaktion).

2. Das Corpus luteum hemmt die Ovulation.

3. Das Corpus luteum übt einen protektiven Einfluß auf das junge befruchtete Ei aus.

In ihren bekannten Arbeiten konnten Corner u. Allen[5] den Nachweis eines spezifischen Hormons im Corpus luteum erbringen und dieses Hormon darstellen. Den biologischen Befunden von Corner

---

[1] Fraenkel, L.: Arch. Gynäk. **1910**, 91.

[2] Loeb, L.: Amer. J. Anat. **32**, 305 (1923).

[3] Hammond: The Physiol. of Reproduction in the Cow. Cambridge **1927**, 21.

[4] Kallas, H.: Pflügers Arch. **223**, 232 (1929).

[5] Corner, G. W. a. Allen, W. M.: Amer. J. Physiol. **88**, 326 (1929). — Allen, W. M.: Ebenda **92**, 174 (1930); **100**, 650 (1932).

u. ALLEN ist prinzipiell Neues bisher nicht zugefügt worden. Die Autoren haben das Hormon „Progestin" genannt, eine Bezeichnung, die dem Wunsche der Entdecker entsprechend für das Luteohormon beibehalten werden sollte.

Das Hormon wird am geschlechtsreifen weiblichen, eben kastrierten Kaninchen testiert. Nach 5tägiger Injektion von Progestin wird das Tier am 6. Tage getötet und die Hormonwirkung an der Uterusschleimhaut d. h. an der decidualen Umwandlung festgestellt. Ferner gibt ALLEN[1] an (1930), daß man infantile Kaninchen verwenden kann, nachdem sie mit Östrin vorbehandelt sind, um dadurch die Proliferation der Uterusschleimhaut vorzubereiten, die beim geschlechtsreifen Tier stets, beim infantilen Tier aber noch nicht vorhanden ist. Diese Methodik wird auch von CLAUBERG[2] empfohlen, der infantile 600—800 g schwere Kaninchen 8 Tage lang mit je 10 ME Follikelhormon vorbereitet, anschließend 5 Tage Progestin verabreicht, um am 14. Tage nach Beginn der Behandlung die Uterusschleimhaut zu prüfen.

Als Ausgangsmaterial wird das Corpus luteum verwendet. Am geeignetsten sind die Ovarien von Schweinen.

Interessant ist die Tatsache, daß man im Corpus luteum nur ganz geringe Hormonmengen findet[3]. Wenn man die zur Umwandlung der Uterusschleimhaut erforderliche Hormonmenge nach der Gewichtsproportion berechnet, so würde beim Schwein mindestens die 100fache Progestinmenge notwendig sein wie beim Kaninchen. Um 1 Kanincheneinheit (KE) Progestin zu gewinnen, muß man nach den Angaben von CLAUBERG 33 g Corpus-luteum-Gewebe des Schweines verarbeiten. Diese 33 g stammen aus 100 g Ovarialgewebe, aus mindestens 20 Ovarien. Man braucht also Ovarien von 10 Schweinen, um diejenige Progestinmenge zu gewinnen, die zur Auslösung der decidualen Reaktion beim 600 g schweren Kaninchen nötig ist. Man darf annehmen, daß das Schwein mindestens 50—100 KE im Verlauf von 10 Tagen zur decidualen Umwandlung seiner Uterusschleimhaut gebraucht. Rechnen wir nur mit einem täglichen Bedarf von 5 KE, so finden wir in den beiden Ovarien des Schweines, die zusammen 0,1 KE Progestin enthalten, nur 2 % der täglich notwendigen Hormonmenge. Noch genauer läßt sich die Berechnung beim Menschen anstellen. Implantiert man einem Kaninchen ein Corpus luteum der Blüte oder ein Corpus luteum graviditatis des Menschen oder

---

[1] ALLEN, W. M.: Amer. J. Physiol. **92**, 612 (1930).

[2] CLAUBERG, C.: Zbl. Gynäk. **1930**. Klin. Wschr. **1930**, Nr 43; **1931**, Nr 42.

[3] Nach H. KNAUS [Arch. f. exper. Path. **151**, 371 (1930); Klin. Wschr. **9**, 838 (1930) soll das Corpus-luteum-Hormon die Mobilität der Uterusmuskulatur hemmen, so daß sie gegen Pituitrin unempfindlich wird. Ob es sich hierbei um eine spezifische Wirkung handelt, ist nicht sicher, weil die Hemmungswirkung nur bei einigen Tieren auftritt.

injiziert das Extrakt aus einem menschlichen Corpus luteum, so erzielt man keinerlei Wirkung an der Uterusschleimhaut des Kaninchens, d. h. also, daß in 1 Corpus luteum der 60 kg schweren Frau nicht genügend Progestin vorhanden ist, um eine hormonale Wirkung beim 8 cog schweren Kaninchen auszulösen. Um die deciduale Umwandlung beim Kaninchen erreichen zu können, bedarf man, wie CLAUBERG zeigte, eines Extraktes aus mindestens 55 g Corpora lutea des Menschen (etwa 30 Corpora lutea)! 1 Corpus luteum der Frau enthält also maximal nur $^1/_{30} =$ 0,033 KE Progestin. Wie die klinischen Untersuchungen gezeigt haben, sind zur prägraviden Umwandlung der durch Folliculin aufgebauten Uterusschleimhaut etwa 40 KE Progestin erforderlich. Wenn wir diese Hormonmenge auf die für die prägravide Umwandlung notwendigen 8 Tage verteilen, so ergibt sich ein Tagesbedarf von 5 KE Progestin. Demnach enthält das Corpus luteum $^1/_{150}$ der für den täglichen Bedarf notwendigen Hormonmenge, also nur 0,66%. Ich erwähne dies, um zu zeigen, daß der Hormonvorrat in einer endokrinen Drüse sehr gering sein kann, wenn die Drüse sich in voller Funktion befindet. Das Corpus luteum ist eine endokrine Drüse von ganz beschränkter Lebenszeit, sie braucht nicht Hormon zu stapeln, sie gibt das Hormon rasch ab, so daß die in der Drüse selbst gefundenen Hormonmengen sehr gering sind. In den beiden Ovarien einer geschlechtsreifen Frau oder eines Säugetieres ist eine so minimale Progestinmenge vorhanden, daß man sie biologisch überhaupt nicht nachweisen kann. Es wäre irrig, daraus etwa den Schluß zu ziehen, daß das Hormon nicht im Corpus luteum produziert wird, denn man hat bisher noch keine andere Produktionsstätte nachweisen können. Diese Feststellung scheint mir mit Rücksicht auf die negativen Prolanbefunde in der Hypophyse der Schwangeren wichtig, da man in diesem negativen Befund den Beweis sehen will, daß die Hypophyse in der Schwangerschaft das Prolan nicht produziert (s. S. 378).

Bei der geringen Ergiebigkeit der Corpus lutea suchte man nach weiterem Ausgangsmaterial für die Hormondarstellung. Man hat das Blut und den Harn von Frauen in verschiedenen Phasen des mensuellen Zyklus untersucht, ohne hierin Progestin nachweisen zu können (CLAUBERG). Da die Schwangerschaft durch eine Überproduktion der Sexualhormone charakterisiert ist (s. Kap. 35), hat man Placenta, Amnionflüssigkeit und den Gravidenharn auf Progestin analysiert, ohne daß der Progestinnachweis früher gelungen war. (Neue Ergebnisse s. S. 169.) Eine Ausnahmestellung in hormonaler Beziehung nehmen, wie ich zeigen konnte, die Equiden ein (Pferd, Esel, Zebra), wo sowohl im Harn der männlichen, wie im Urin der trächtigen Equiden ganz besonders große Folliculinmengen ausgeschieden werden. In derartigen Harnen konnte ich Progestin nicht nachweisen. Auch im pflanzlichen Material ist Corpus-luteum-Hormon nicht gefunden worden (EHRHARDT). ALLEN[1] weist

---

[1] ALLEN, W. M.: Amer. J. Physiol. **100**, 650 (1932).

darauf hin, daß der negative Befund bei einem sehr folliculinreichen Ausgangsmaterial (Harn) nicht das Fehlen des Progestins beweise, weil große Folliculinmengen, wie zahlreiche Autoren gezeigt haben (ALLEN, COURRIER, LEONARD, HISAW u. FEVOLD, TAUSK, DE FREMERY u. LUCHS), die deciduale Umwandlung der Uterusschleimhaut verhindern können. 225 RE Folliculin verhindern nach ALLEN die Wirkung von 1 KE Progestin.

Als Ausgangsmaterial für das Progestin wurde bisher nur Corpus-luteum-Gewebe verwandt. Es gelang CORNER u. ALLEN, insbesondere letzterem, das Hormon weitgehend kristallinisch darzustellen (1932), (farblose 2 mm lange Kristalle mit einem Reinheitsgrad von 3 mg pro KE). Ich gebe die von ALLEN[1] beschriebene Methode — nach einem Referat von F. LAQUER — wieder.

1500 g zerkleinerte Corpora lutea werden mit 3 Liter 95%igen Alkohols versetzt, worin sie sich mindestens 1 Jahr halten. Der abgepreßte Rückstand wird in 3 Teile geteilt und 3mal mit dem gleichen Alkohol, in dem das Ausgangsmaterial aufbewahrt worden war, in dem Apparat von BLOOR heiß extrahiert. Der alkoholische Extrakt wird im Vakuum zum Sirup eingeengt und mit je 500 ccm, 300 ccm und nochmals mit 300 ccm Äther extrahiert. Die ätherische Lösung wird auf 100—200 ccm eingeengt und dann mit 800 ccm Aceton und 10 ccm einer gesättigten alkoholischen Magnesium-Chloridlösung versetzt. Der Niederschlag wird in Äther gelöst und nochmals in der gleichen Weise mit Aceton gefällt. Auf diese Weise werden die Phosphatide entfernt. Die acetonische Lösung wird im Vakuum bis zu einem dicken Öl eingeengt. Es werden so 30 g gewonnen, die 60 KE enthalten und in Alkohol gelöst werden können. Nach Abdestillieren des Alkohols wird das zurückbleibende dicke Öl zur Abtrennung der Fette und des Cholesterins mit 200 ccm 70%igen Methylalkohols in der Wärme extrahiert und dann 12 Stunden lang auf —4° abgekühlt. Der Niederschlag wird wiederholt in heißem Alkohol gelöst und abgekühlt. Die methylalkoholische Lösung wird im Vakuum auf 5 ccm eingeengt, mit 100 ccm absolutem Alkohol versetzt und zur Trockne eingedampft. Es bleibt ein Rückstand von 2 g, der in 30—40 mg 1 KE enthält. Zur Herstellung einer Stammlösung kann das Präparat in 50 ccm Alkohol gelöst werden. Zur weiteren Reinigung werden 30 ccm Alkohol abdestilliert. Die zurückbleibenden 20 ccm werden mit 100 ccm, 50 ccm und nochmals 50 ccm Äther extrahiert. Die ätherische Lösung wird erst mit einer gesättigten wäßrigen Bicarbonatlösung, dann mit 0,2 n-Salzsäure und schließlich mit Wasser gewaschen. Die vereinigten Waschwasser werden angesäuert und 3mal mit Äther extrahiert. Auch diese ätherische Lösung wird mit Alkali, Säure und Wasser gewaschen und mit dem ersten Ätherextrakt vereinigt. Nach Abdestillieren des Äthers wird der Rückstand von 0,3—0,4 g, der in je 6—8 mg 1 KE enthält, in Äthylalkohol gelöst. Diese leicht gelb gefärbte Stammlösung kann dann zu weiteren Reinigungsversuchen dienen. Beim Abkühlen auf —4° scheiden sich Kristalle aus. Zur Entfernung der gelb gefärbten öligen Verunreinigungen wird das Präparat mit einem Petroläther, der über Schwefelsäure gereinigt wird und zwischen 30 und 60° siedet, extrahiert, wobei sich das Hormon leichter löst als die Verunreinigungen. Bei vorsichtigem Verdunsten des Petroläthers wird das Progestin in farblosen, bis zu 2 mm

---

[1] ALLEN, W. M.: J. of biol. Chem. **98**, 591 (1932).

langen Kristallen gewonnen, von denen 0,6 mg als Tagesdosis wirksam sind. 1 KE ist demnach in 3,0 mg enthalten. Auch in 30—40%igem Alkohol löst sich das Corpus luteum-Hormon leichter als die Verunreinigungen. Es lassen sich daher auch Kristalle gewinnen, wenn man das gelbe Öl in siedendem absolutem Alkohol löst und mit Wasser auf einen Alkoholgehalt von 35—40% verdünnt. Hierbei bildet sich eine milchige Trübung. Die Lösung wird nochmals zum Sieden erhitzt und dann 24 Stunden lang auf —4° abgekühlt. Die sich hierbei abscheidenden Kristalle werden abgesaugt und mit heißem absolutem Alkohol und Äther gewaschen. In der beschriebenen Weise können sie noch einmal umkristallisiert werden. Hierbei scheint jedoch ein gewisser Wirksamkeitsverlust einzutreten. Während in dem Rohöl 1 KE 25 g frischer Corpora lutea als Ausgangsmaterial äquivalent ist, sind bei dem kristallinischen Präparat hierzu 70 g notwendig. Eine weitere Reinigung kann auch durch Destillation im Hochvakuum erzielt werden. Hierbei wurden 350 mg, die 40 Kanincheneinheiten enthielten, bei 0,002 mm Hg und einer Temperatur von etwa 150° destilliert. Sowohl zwei übergehende Fraktionen als auch der Rückstand waren wirksam, doch konnten beim Abkühlen Kristalle nur aus der zweiten Fraktion erhalten werden. Ob es sich bei dem kristallinischen Produkt um ein einheitliches Hormon handelt, konnte s. Z. noch nicht mit Sicherheit entschieden werden, jedenfalls enthält auch das rohe Präparat nur wenig Follikelhormon. In 1 KE Progestin sind nicht mehr als $^1/_2$—1 RE Folliculin enthalten.

Unsere chemischen Kenntnisse über das Progestin sind in letzter Zeit wesentlich gefördert worden. Nach BUTENANDT u. WESTPHAL[1] kristallisiert das Hormon aus verdünntem Alkohol in gut ausgebildeten Rhomben, die den konstanten Schmelzpunkt 128,5° (unkorr.) aufweisen. Das Progestin entspricht nach seinen analytischen Daten dem Ausdruck $C_{21}H_{30}O_2$. Das Hormon erwies sich überraschenderweise als Diketon, das Dioxim zeigt einen Schmelzpunkt von 243°. Die Zusammensetzung und die Eigenschaften des Hormons lassen eine nahe Beziehung zu den übrigen Keimdrüsenhormonen und zum Pregnandiol (s. umseitig) durchaus als möglich erscheinen. Das Präparat scheint in seiner biologischen Wertigkeit genau dem von ALLEN angegebenen zu entsprechen. BUTENANDT konnte mit 0,75 mg beim infantilen, ALLEN mit 3 mg beim geschlechtsreifen Kaninchen die deciduale Reaktion auslösen (die Dosis für das infantile und das geschlechtsreife Kaninchen verhalten sich wie 1:4).

Als physiologisch unwirksamen Begleitstoff isolierten BUTENANDT u. WESTPHAL ein Oxyketon der gesicherten Zusammensetzung $C_{21}H_{34}O_2$ (Schmelzpunkt 194° unkorr.). — Ferner wurde ein dritter einheitlicher Stoff isoliert (Schmelzpunkt 120°), der dem Diketon auffallend nahe steht. Ob es sich bei diesem Hormonkristallisat um ein echtes isomeres des Diketons oder um eine polymorphe Modifikation handelt, lassen die Autoren noch offen.

BUTENANDT, WESTPHAL u. COBLER[2] gelang es dann durch Abbau von Sterinen Kristallisate mit Progestinwirkung darzustellen. Durch teilweisen Abbau der Seitenkette des aus Sojabohnen gewonnenen Stigmasterins, dessen Konstitution im Windausschen Institut durch E. FERNHOLZ bewiesen wurde, entstand ein ungesättigtes Oxyketon $C_{21}H_{32}O_2$, das einer milden Oxydation unterzogen wurde. Dabei entstand ein Stoffgemisch, das in drei kristallisierte Fraktionen von verschiedenem Schmelzpunkt aufgeteilt wurde (deciduale Reaktion in Dosen von 1,5—3 mg). Ferner gelang es BUTENANDT

---

[1] BUTENANDT, A. u. WESTPHAL: Ber. dtsch. chem. Ges. 67, H. 8, 1440 (1934).
[2] BUTENANDT, A., WESTPHAL, K. u. COBLER, H.: Ber. dtsch. chem. Ges. 67, 1611 (1934); 67, 1855 (1834); 67, 1901 (1934); 67, 2027 (1934); 67, 2085 (1934).

das Pregnandiol (s. S. 91) durch Oxydation in das Progestin überzuführen, und schließlich konnte durch eine Modifikation der eben angeführten Oxydation des aus Stigmasterin gewonnenen Oxyketons ebenfalls reines Progestin ($C_{21}H_{30}O_2$, Schmelzpunkt 128,5°) erhalten werden. Auf Grund dieser „Synthesen" kann die Konstitution des Progestins ($C_{21}H_{30}O_2$) als gesichert angesehen werden: es ist als Δ^4-Pregnandion-(3,20) zu bezeichnen. Somit ist die künstliche Darstellung des bisher so kostbaren Progestins möglich.

SLOTTA, RUSCHIG u. FELS[1] isolierten aus dem Corpus luteum mehrere Ketone. Zwei von ihnen (Luteosteron A u. B) sind physiologisch gänzlich unwirksam. Das Luteosteron A ist eine Substanz mit dem Schmelzpunkt 185—186° und der Bruttozusammensetzung $C_{21}H_{34}O_2$, also gleichartig mit dem von BUTENANDT beschriebenen unwirksamen Begleitstoff. Luteosteron B ist mit A chemisch sehr nahe verwandt, aber durch kristallographische Eigenschaften und Löslichkeit bestimmter Derivate deutlich von A zu unterscheiden. Die deciduale Reaktion wird durch das Zusammenwirken von zwei verschiedenen Stoffen (Luteosteron C u. D[2]) ausgelöst, die sich chemisch, physikalisch und mineralogisch deutlich voneinander unterscheiden. Das Luteosteron C ist eine Substanz, die bei 127—128° schmilzt und die Bruttoformel $C_{21}H_{34}O_2$ besitzt. Sie löst im wesentlichen die Hyperämie, aber keine Wachstumssteigerung des Uterus aus und bewirkt das Erhaltenbleiben oder die Weiterentwicklung des Schleimhautbildes des Brunststadiums. Das Luteosteron C unterscheidet sich demnach vom Folliculin durch das Fehlen der hyperplastischen Wirkung auf die Uterusmuskulatur, es hat mit dem Folliculin gemeinsam die Hyperämie des Uterus und die proliferative Schleimhautwirkung. Die charakteristische prägravide Schleimhautumwandlung (II. generative Phase) wird durch Luteosteron C und D gemeinsam erzielt. Das Luteosteron D (Schmelzpunkt 120—121°) ist C isomer, es gelang D in C und umgekehrt umzuwandeln. Luteosteron D allein bewirkt die deciduale Umwandlung der Uterusschleimhaut, jedoch findet sich dabei die für C charakteristische Hyperämie nur schwach ausgeprägt. Dosen von 1,2 mg Luterosteron D erzielten eine ausgesprochene Schleimhautumwandlung, 0,4 mg noch einen deutlichen Effekt beim geschlechtsreifen Kaninchen. Wird D und C zusammen verabfolgt, so erhält man mit etwa 0,4 mg die für das Corpus-luteum-Hormon charakteristische Wirkung.

Da Folliculin den Progestineffekt verhindern kann, besteht, wie S. 166 ausgeführt, die Möglichkeit, daß bei Untersuchung eines sehr folliculinreichen Ausgangsmaterials das vorhandene Progestin sich in seiner decidualen Reaktion nicht äußert. Diese Schwierigkeit ist jetzt beseitigt, da es ALLEN u. MEYER[3] gelang, das Folliculin vom Progestin quantitativ zu trennen. Die Methode ist kurz folgende:

Das Ausgangsmaterial wird mit Äther extrahiert (Harn wird ausgeschüttelt), der Äther aus den vereinigten Ätherextrakten abgedunstet und der Rückstand in 70% Alkohol gelöst. Die wäßrig alkoholische Lösung wird mit Petroläther mehrmals ausgeschüttelt, der Petroläther (1) enthält im wesentlichen Verunreinigungen. Dann wird die wäßrig alkoholische Lösung auf

---

[1] SLOTTA, K. H., RUSCHIG, H. u. FELS, E.: Ber. dtsch. chem. Ges. **67**, H. 7, 1270 (1934). — FELS, E., SLOTTA, K. H. u. RUSCHIG, H.: Klin. Wschr. **34**, 1207 (1934).

[2] Nach BUTENANDT sind Luteosteron C und D lediglich polymorphe Kristallmodifikationen.

[3] ALLEN u. Meyer: Amer. J. Physiol. **106**, 55 (1933).

einen Alkoholgehalt von 33% gebracht und wieder mehrmals mit Petroläther ausgeschüttelt. Diese Petrolätherextrakte (2) enthalten das Progestin. Aus dem wäßrig alkoholischen Teil wird der Alkohol im Vakuum abgedunstet und nach Zufügen von weiterem Wasser das östrogene Hormon mit Benzol ausgeschüttelt (3).

Nach Bekanntgabe dieser wichtigen Methode war es notwendig, die bisherigen negativen Befunde über das Vorkommen des Progestins außerhalb des Corpus luteums zu überprüfen. ADLER, DE FREMERY u. TAUSK[1] wiesen in der menschlichen und tierischen Placenta (Kuh) Progestin nach, aus 500 g menschlicher reifer Placenta konnte 1 KE (am infantilen Kaninchen testiert) gewonnen werden. Zu gleichem Ergebnis kam auch EHRHARDT[2] (Methode nicht angegeben), der in der reifen Placenta bis zu 10 KE nachweisen konnte und das Hormon auch im Schwangerenharn fand. Wenn CLAUBERG seine Untersuchungen dahin zusammenfaßt, daß das Progestin außerhalb des Corpus luteum im Organismus überhaupt nicht vorkommt, so dürften seine negativen Befunde auf seine Extraktionsmethodik zurückzuführen sein.

Zusammenfassend ergibt sich: Die beiden im Ovarium produzierten Hormone haben genau charakterisierte Funktionen.

1. Das in den Follikelzellen produzierte Follikelhormon (Folliculin) bewirkt bei allen Säugetieren Wachstum der Uterusmuskulatur (Hyperplasie) und Aufbau der Uterusschleimhaut (Proliferation). Die Proliferation ist die I. Phase der generativen Funktion.

2. Das Gelbkörperhormon, das Luteohormon = Progestin bewirkt den Umbau der durch Folliculin aufgebauten Schleimhaut in die funktionierende Schleimhaut (deciduale Reaktion, prägravide Umwandlung), wodurch die Vorbedingung für die Nidation des befruchteten Eies geschaffen wird. Der prägravide Umbau ist die II. Phase der generativen Funktion.

3. Nach der Befruchtung übt das Progestin einen protektiven Einfluß auf das junge befruchtete Ei aus.

Das Folliculin ist also das Hormon der I. generativen Phase. Das Folliculin ist ein Aufbauhormon.

Das Progestin ist das Hormon der II. generativen Phase, der Funktionsphase, der prägraviden Phase. Das Progestin ist ein Umbauhormon.

Das Progestin ist das Hormon der Schwangerschaftsvorbereitung und der Schwangerschaftsfürsorge.

Ohne Folliculin keine Progestinwirkung, denn der Umbau der Uterusschleimhaut durch Progestin ist nur möglich, wenn vorher der Aufbau der Schleimhaut durch Folliculin stattgefunden hat.

Große Folliculinmengen können die Wirkung des Progestins verhindern.

---

[1] ADLER, A. A., DE FREMERY, P. u. TAUSK, M.: Nature (Lond.) **133**, 293 (1934).

[2] EHRHARDT: Münch. med. Wschr. **1934**, 869.

Die Gelbkörperbildung hemmt die Ovulation.

Das Folliculin wird in den Thecazellen, das Progestin in den Granulosazellen produziert.

Diese Ergebnisse dürfen als gesicherter Besitz der hormonalen Forschung angesehen werden. Die beschriebenen Reaktionen sind in gleichartiger Weise beim Menschen und den Säugetieren auslösbar. SMITH u. ENGLE[1] haben die an den Nagetieren ermittelten Ergebnisse auf die Primaten übertragen. Beim kastrierten Affenweibchen konnten sie durch Injektion von Folliculin und nachheriger Behandlung mit Progestin eine echte menstruelle Blutung erzielen, Ergebnisse, die auch beim Menschen erreicht wurden (s. S. 495).

Viel problematischer sind die von vielen Seiten angestellten Versuche, aus dem Corpus luteum noch weitere Hormone zu gewinnen. HISAW[2] und seine Mitarbeiter gewannen aus dem Corpus luteum einen Stoff — „Relaxin" genannt —, der beim graviden Meerschweinchen die Relaxation der Symphyse und die Auflockerung der Beckenbänder bewirkt. Da FREMERY, KOBER u. TAUSK[3] sowie COURRIER[4] denselben Effekt am Meerschweinchen auch durch kristallisiertes Follikelhormon auslösen konnten, kann wohl kaum ein besonderes Corpus-luteum-Hormon für diese Wirkung verantwortlich gemacht werden. FEVOLD, HISAW und LEONARD haben außerdem einen Stoff aus dem Corpus luteum gewonnen, den sie vom Progestin und Relaxin trennen konnten, der eine besondere Wirkung auf die Vaginalschleimhaut ausübt (mucifying factor). ROBSON u. WIESNER[5] konnten nachweisen, daß man diese Wirkung an der Vaginalschleimhaut erzielen kann, wenn man Mäusen unterschwellige Dosen von Folliculin injiziert. Zum gleichen Ergebnis kamen auch MEYER u. ALLEN[6] durch Anwendung von Hormondosen, die noch nicht die Verhornung auslösten (subcornifying doses). Nach diesen Ergebnissen dürfte die Annahme eines besonderen Corpus-luteum-Stoffes mit besonderer Wirkung auf die Vaginalschleimhaut noch zweifelhaft sein.

Ich breche die Untersuchungen über die Ovarialhormone hier ab, da weitere Fragen, wie die klinische Anwendung, die Stoffwechselwirkung usw. besser im Zusammenhang mit den Hypophysenvorderlappenhormonen besprochen werden können, mit denen die Ovarialhormone in enger biologischer Beziehung stehen.

---

[1] SMITH u. ENGLE: Proc. Soc. exper. Biol. a. Med. **1932** (1225).

[2] HISAW, F. L.: Physiologic. Zool. **2**, 59 (1929). — FEVOLD, H. L., HISAW, F. L. u. MEYER, R. K.: J. amer. chem. Soc. **52**, 3340 (1930); **54**, 254 (1932). Proc. Soc. exper. Biol. a. Med. **27**, 604, 606 (1930); **29**, 620 (1932).

[3] FREMERY, P., KOBER, S u. TAUSK, M.: Acta brev. Neerl. **1**, 146 (1931).

[4] COURRIER: Proc. II. Intern. Kongr. Sex. Res. P. 355, Edinburgh.

[5] ROBSON, I. M. u. WIESNER, B. P.: Quart. J. exper. Physiol. **21**, 217 (1931).

[6] MEYER, R. K. u. ALLEN, W. M.: Science (N. Y.) **75**, 111 (1932).

19. Kapitel.

Die gonadotrope Funktion des Hypophysenvorderlappens. Gehalt der Hypophyse an gonadotropem Hormon[1].

Durch Folliculin kann man das infantile Tier vorzeitig in sexuelle Reife bringen. Diese Reife äußert sich aber nur am Uterus und der Scheide, während das Ovarium selbst durch das Hormon nicht zur Reife gebracht werden kann (s. S. 97 u. 98). Diese Befunde befremdeten uns zunächst, da wir glaubten, daß das im Ovarium gebildete Hormon auf das Ovarium selbst besonders stark stimulierend wirken müßte. Als ich diese Befunde immer wieder bestätigt sah, mußte ich daraus schließen, daß hier ein biologisches Gesetz vorliegt, daß nämlich das in den Follikelzellen gebildete Hormon auf den Follikel selbst und das Ei ohne jeden Einfluß ist. Der Impuls für die Ovarialfunktion mußte also an anderer Stelle gesucht werden.

Im Juli 1925 machte ich folgende Versuche: Ich implantierte 3—4 Wochen alten, 6—8 g schweren infantilen weiblichen Mäusen ganz kleine Stücke des Hypophysenvorderlappens einer Kuh. Nach 100 Stunden wurden diese Tiere brünstig. Die Uteri und vor allem die Ovarien zeigten so hochgradige Veränderungen, daß ich zunächst an Fehlerquellen des Versuches dachte. Erneute Versuche hatten dasselbe Ergebnis. Es war ein glücklicher Zufall, daß mir die ersten Versuche an allen Tieren gelangen; denn wir wissen heute, daß die Tiere sehr verschieden auf den Hypophysenvorderlappen reagieren, daß die Hypophysenvorderlappenreaktion bei einem Tier zuweilen ausbleiben kann.

Die mit Hypophysenvorderlappen behandelten Mäuse zeigten makroskopisch schon einen charakteristischen Unterschied gegenüber den mit Folliculin in sexuelle Frühreife gebrachten Tieren. In beiden Fällen wurde die Brunst ausgelöst, war der Uterus vergrößert, livide verfärbt und mit Sekret gefüllt. In beiden Fällen wurden die Tiere als sexuell reif vom Bock erkannt und gejagt. Während aber die Ovarien beim Folliculintier auf infantiler Stufe stehenblieben, zeigten die *Hypophysenvorderlappentiere erstaunliche makroskopische Veränderungen der Ovarien.* Die Eierstöcke waren wesentlich vergrößert, hyperämisch und markierten sich deutlich gegenüber den blassen Tuben. An der Oberfläche der Ovarien fielen stecknadelkopfgroße, das Niveau überragende blaurote bzw. blauschwarze Erhebungen auf, daneben sah man hirsekorngroße gelbe Körper, die schon makroskopisch als Corpora lutea imponierten. Die

---

[1] Das im Hypophysenvorderlappen produzierte gonadotrope Hormon enthält Prolan + Synprolan (synergischer Faktor) = Prosylan. (Näheres s. Kap. 26.) Wenn in diesem Kapitel von Prolan gesprochen wird, so ist darunter Prosylan zu verstehen.

Implantation des Hypophysenvorderlappens hatte also verschiedenartige Wirkungen (Abb. 49 u. 50) am infantilen Tier ausgelöst:

1. Die Tiere wurden in die Brunst gebracht mit den charakteristischen Erscheinungen am Uterus und an der Scheide, daneben wurden

2. im Ovarium der Maus jene eigenartigen blauschwarzen Körper ausgelöst (als „Blutpunkte" bezeichnet), und außerdem wurde

3. die Bildung von Corpora lutea angeregt.

Über das Ergebnis meiner Untersuchungen habe ich erstmalig in einem am 22. Januar 1926 in der Berliner Gynäkologischen Gesellschaft gehaltenen Vortrag[1] berichtet. Am gleichen Abend konnte ASCHHEIM[2], der die Ovarien meiner Versuchstiere anatomisch untersuchte, folgendes mitteilen: Das ganze Ovarium ist hyperämisch, die Follikel sind ver-

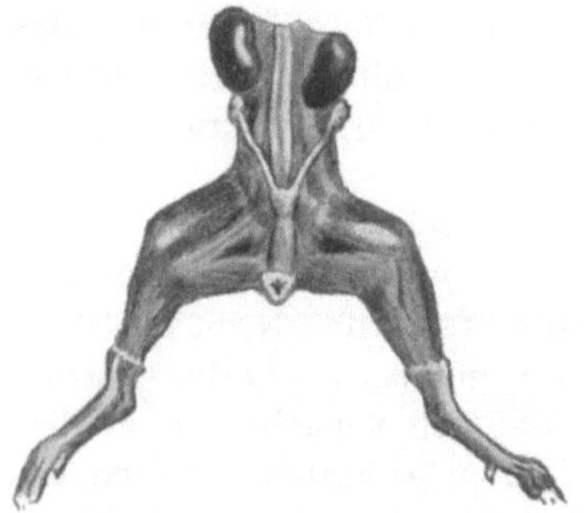

Abb. 49. Genitalien einer infantilen 8 g schweren Maus (Kontrolltier).

Abb. 50. Genitalien einer infantilen Maus, 100 Stunden nach Implantation eines Stückchens Hypophysenvorderlappen.

größert, vielfach enthalten sie Massenblutungen. Die Thecazellen sind gewuchert, die Ovarien enthalten Corpora lutea, zum Teil mit eingeschlossenem Ei.

Meine Untersuchungen erhielten bald eine Bestätigung durch P. E. SMITH[3], der 10 Monate später (November 1926), unabhängig von mir ähnliche Ergebnisse mitteilte. Bei infantilen Ratten konnte SMITH durch Implantation von Hypophysenvorderlappen die Brunst auslösen und somit eine sexuelle Frühreife herbeiführen. SMITH erzielte den Effekt bei der infantilen Ratte durch *wiederholte* tägliche Implantation von Hypophysenvorderlappengewebe, während ich durch *einmalige* Vorderlappenzufuhr die gonadotrope Wirkung bei der infantilen Maus auslösen konnte. Auch hat SMITH die *Blutpunkte nicht beobachtet*, weil diese bei der infantilen Ratte nach Vorderlappenzufuhr sehr selten auf-

---

[1] ZONDEK, B.: Vortrag. Kurz referiert in der Dtsch. med. Wschr. Nr. 8, 343 (Febr. 1926), ausführlich mitgeteilt in Z. Gebh. u. Gynäk. **90**, 378 (1926).

[2] ASCHHEIM: Ebenda **90**, 391 (1926).

[3] SMITH: Proc. Soc. exper. Biol. a. Med. **24**, H. 2 (Nov. 1926).

treten (s. S. 201), während sie bei der infantilen Maus sehr häufig sind.
Schon in den ersten Versuchen hat mich der Blutpunkt besonders gefesselt, diese so plastische, in die Augen springende Reaktion des infantilen Ovariums auf das gonadotrope Vorderlappenhormon. Der Blutpunkt wurde — sowohl bei der infantilen Maus wie beim Kaninchen —
die wesentlichste Stütze der Schwangerschaftsreaktion, ohne die Kenntnis des Blutpunktes wäre die Schwangerschaftsreaktion bei der infantilen Maus und beim Kaninchen nicht möglich gewesen (s. S. 539 u. 564).

Meine Untersuchungen über die gonadotrope Wirkung des Hypophysenvorderlappens sind im Laufe der Jahre so zahlreich nachgeprüft
und bestätigt worden, daß ich auf die Wiedergabe der Literatur verzichten möchte. Erwähnt sei, daß schon vor unseren Arbeiten wichtige
experimentelle Beobachtungen über die Beziehung der Hypophyse zum
Genitalapparat vorlagen.

So hatten CUSHING und BIEDL, insbesondere ASCHNER[1], zeigen
können, daß die Exstirpation der Hypophyse ein Zurückbleiben des gesamten Wachstums der Tiere herbeiführt. Die Ossifikation wird ver-
zögert, Eiweiß und Kohlehydratstoffwechsel sind herabgesetzt, es tritt
starker Fettansatz ein. Die sekundären Geschlechtscharaktere entwickeln
sich nicht, Hoden und Ovarien bleiben bei Tieren ohne Hypophyse
infantil.

Besonders wichtig sind die Ergebnisse der ausgezeichneten Studien
von LONG u. EVANS[2], die Ratten fein zerriebene Hypophysenvorderlappensubstanz monatelang zuführten. Sie konnten auf diese Weise
Riesenwachstum erzeugen, so daß die Tiere nach 11 Monaten das
doppelte Gewicht wie die Kontrolltiere hatten. Sämtliche Organe waren
vergrößert, hingegen waren die Uteri im Wachstum zurückgeblieben! Die
Ovarien waren doppelt so schwer wie bei den Kontrolltieren und enthielten massenhaft Luteingewebe um die Eier in ungeplatzten, normalen
und atretischen Follikeln. Normale GRAAFFsche Follikel waren stets
abwesend! Der Oestrus trat bei diesen Tieren entweder in ungewöhnlich langen Intervallen auf oder fehlte ganz. Auch bei jungen Tieren
sah EVANS[3] durch dauernde Zuführung von Vorderlappensubstanz Bildung von Corpora lutea. EVANS vertrat die Ansicht, daß im Vorderlappen zwei verschiedene Stoffe vorhanden seien, und zwar ein wachs-
tumsbeschleunigender und ein ovulationshemmender Stoff (s. Kap. 21).

Von diesen wichtigen Untersuchungen der Amerikaner erhielt ich
erst nach Abschluß meiner Experimente Kenntnis. Diese Arbeiten waren
in Deutschland unbekannt geblieben, so daß es schwierig war, seinerzeit die entsprechende Literatur zu erhalten. Es war für meine Untersuchungen zweifellos von Vorteil, daß ich die EVANSschen Arbeiten

---

[1] ASCHNER: Arch. Gynäk. 97, H. 2 (1912).
[2] LONG a. EVANS: Proc. nat. Acad. Sci. U. S. A. 8, 38 (1922).
[3] EVANS: Harvey Lectures 1925.

nicht kannte, da ich sonst meine Versuche wahrscheinlich gar nicht unternommen hätte. Denn nach den EVANSschen Arbeiten mußte man schließen, daß im Hypophysenvorderlappen ein Stoff produziert wird, der die Ovulation und das Wachstum des Uterus hemmt. *Der Unterschied zwischen den Versuchen von* LONG *und* EVANS *und den eigenen liegt darin, daß ich durch einmalige Implantation von Vorderlappensubstanz im Kurzversuch die ovulationsfördernde und luteinisierende Wirkung demonstrieren konnte, während* EVANS *durch seine langdauernden Versuche die Ovulation übersah und nur den luteinisierenden Effekt erkannte.* Wir werden später sehen (s. S. 272 u. 299), wie die Arbeiten von EVANS und meine Studien sich zu einem Ganzen fügen.

Ich möchte nun im einzelnen den Weg schildern, den ich bei den Versuchen gegangen bin. Als ich durch Hypophysenvorderlappen bei infantilen Tieren sexuelle Frühreife ausgelöst hatte, mußte zunächst bewiesen werden, daß diese Wirkung eine spezifische ist, d. h. daß sie *nur* durch Vorderlappen herbeizuführen ist. In Gemeinschaft mit ASCHHEIM machte ich eine große Anzahl von Kontrollversuchen, um alle unspezifischen Faktoren ausschließen zu können. Wir injizierten infantilen Mäusen unspezifische Eiweißkörper (wie Aolan, Kaseosan usw.), ferner biogene Amine (Cholin u. a.), wir untersuchten Körperflüssigkeiten, wie Blut, Serum, Menstrualblut, Lumbalflüssigkeit, Hydrosalpinxflüssigkeit, Cystenflüssigkeit u. a. m. Niemals gelang es mit diesen Mitteln, beim infantilen Tier die Reifungserscheinungen des Ovariums und damit den Oestrus auszulösen. Wir gingen dann zu Gewebsuntersuchungen über, implantierten infantilen Mäusen drüsiges Gewebe wie Milz und Leber, pflanzten Cystenwand ein und schließlich zellreiches Gewebe (verschiedenartiges Carcinomgewebe). Auch diese Versuche verliefen einwandfrei negativ. Schon daraus ging hervor, daß den Versuchen mit Hypophysenvorderlappen eine besondere Bedeutung zukam. Aber vielleicht waren gleichartige Stoffe auch in anderen endokrinen Drüsen vorhanden. Wir fütterten daher infantile Mäuse mit Thyreoidin, wir implantierten ihnen Schilddrüse und Thymus von Mensch und Kuh. Die Versuche verliefen negativ. Bei Implantation von Kuhepiphyse sahen wir in einem Fall ein positives Ergebnis, das sich aber als Versuchsfehler herausstellte, da wir ein zu schweres Tier verwandt hatten, so daß die Ovulation spontan aufgetreten war. Alle weiteren 23 Versuche mit Epiphyse des Menschen, des Stieres, der nichtträchtigen und trächtigen Kuh verliefen einwandfrei negativ. Injektion von Adrenalin war ohne jede Wirkung, desgleichen konnte durch Implantation von Nebennierenrinde und Nebennierenmark der Oestrus nicht ausgelöst werden.

Diese Versuche hatten mit Sicherheit gezeigt, daß die Auslösung der sexuellen Reife im Ovarium des infantilen Tieres einzig und allein durch Zuführung von Hypophysenvorderlappensubstanz zu erzielen ist. Das im

Vorderlappen produzierte Hormon bringt die ruhende Ovarialfunktion in Gang, der Hypophysenvorderlappen ist der Motor der Ovarialfunktion.

Anschließend seien die Protokolle[1] mitgeteilt:

1. Qualitative Untersuchungen des Vorderlappens auf Prolan.

a) Beim Tier.

α) *Hypophysenvorderlappen der Kuh.*

Versuch 292—293. Am 5. VII. 1925 wird Maus 530 und 531 (8 bzw. 8,5 g schwer) Hypophysenvorderlappen der Kuh implantiert. Beide Versuche positiv, d. h. nach 3 Tagen im Scheidensekret reines Schollenstadium und die sonstigen Zeichen der Brunst.

Versuch 294—297. 4 infantilen Mäusen im Gewicht von 6,5—8,5 g wird am 21. XII. 1925 je ein Stückchen Hypophysenvorderlappen einer jungen geschlechtsreifen Kuh implantiert. Tier 316 stirbt am 22. XII., Tier 315 zeigt keine Veränderungen. Tier 314 und 317 zeigen am 24. XII. alle Zeichen der Brunst. Sie werden getötet, der Uterus ist sehr stark vergrößert, die Ovarien enthalten Blutpunkte.

Versuch 298—303. 6 infantilen, 18 Tage alten Mäusen (Tier 548 bis 553) mit einem Durchschnittsgewicht von 6,5 g wird am 19. I. 1926 Hypophysenvorderlappen einer geschlechtsreifen Kuh eingepflanzt. Um die Vorgänge im Ovarium zu studieren, wurde hierbei nicht die Ausbildung des reinen Schollenstadiums abgewartet, sondern die Tiere schon im Prooestrus bzw. beim Übergang vom Prooestrus zum Oestrus getötet. Sämtliche Versuche waren positiv, d. h. bei sämtlichen Tieren waren in der Scheide die charakteristischen Aufbauvorgänge vor sich gegangen, der Uterus hatte sich vergrößert und mit Sekret gefüllt. Auch im Ovarium fanden sich die für das Hypophysenvorderlappenhormon charakteristischen Veränderungen, die später noch genau beschrieben werden.

Versuch 304—306. Am 12. I. 1926 wird 2 infantilen Mäusen (Tier 526 und 527) Hypophysenvorderlappen implantiert. Ergebnis positiv. Der Hinterlappen derselben Hypophyse hatte bei der Implantation (Tier 524 und 525) keine Wirkung.

Die Versuche ergeben: *Implantation des Hypophysenvorderlappens der Kuh bringt die Ovarialfunktion beim infantilen Tier in Gang und macht das Tier brünstig* (s. Abb. 58—61).

Es war jetzt zu untersuchen, ob der wirksame Stoff nur im Hypophysenvorderlappen des weiblichen, oder auch im männlichen Organismus vorkommt.

β) *Hypophysenvorderlappen des Stieres.*

Versuch 307—310. Am 4. I. 1926 wird 4 infantilen Mäusen (Tier 507 bis 510) Hypophysenvorderlappen eines geschlechtsreifen Stieres implantiert. Tier 507 stirbt am 5. I. Die anderen Tiere sind am 7. I. brünstig, d. h. in der Scheide reines Schollenstadium usw.

---

[1] ZONDEK, B. u. ASCHHEIM: Arch. Gynäk. **130**, H. 1, 21—24 (1927). Ich habe diese Versuche in den letzten Jahren immer wieder wiederholt. Die Ergebnisse waren stets die gleichen.

Diese Versuche zeigen, daß *das Hormon des Hypophysenvorderlappens, das die Sexualfunktion der weiblichen infantilen Maus in Gang
bringt, auch in der männlichen Hypophyse (Stier) vorhanden ist.*

Weiter war zu untersuchen, ob der wirksame Stoff sich auch in der
Hypophyse des Menschen findet. Wir konnten seinerzeit (1925) nur
wenige Untersuchungen ausführen, weil die Tiere nach Einpflanzung
des bei der Sektion erhaltenen Vorderlappens infolge Giftwirkung
häufig starben[1]. So konnten wir nur Hypophysen verwerten, die von
akuten Todesfällen (z. B. Embolie) oder von Kranken stammten, bei
denen die Sektion kurze Zeit nach dem Tode vorgenommen werden
konnte. Ich teile diese Originalversuche mit:

b) Hypophysenvorderlappen des Menschen.

α) *der Frau.*

Versuch 311—313. Die Hypophyse stammt von einer 35jährigen Frau,
die 10 Tage nach einer Myomoperation, als sie aus der Klinik entlassen
werden sollte, an Embolie plötzlich zugrunde ging. Der Hypophysenvorderlappen wurde am 8. VII. 1925 drei 8—10 g schweren Mäusen in die Oberschenkelmuskulatur implantiert (Tier 76—78). Die drei Versuche waren
positiv, d. h. sämtliche Mäuse wurden nach 3 Tagen brünstig. Die Sektion
ergab auffallend große Uteri und vergrößerte Ovarien.

Versuch 314. Tier 134 wird am 3. IX. 1925 Hypophysenvorderlappen
einer geschlechtsreifen Frau implantiert. Das Tier stirbt.

Versuch 315—316. Hypophyse stammt von einer 47jährigen Frau, die
seit 4 Jahren amenorrhoisch ist (Klimakterium). Tod infolge Embolie nach
Operation eines Ovarialtumors. Hypophysenvorderlappen wird am 31. VIII.
1925 Tier 117 und 133 implantiert. Versuch 117 negativ, Versuch 133
positiv.

Versuch 317. Hypophyse stammt von einer 39jährigen, kurz nach der
Operation gestorbenen Frau. Vorderlappen Maus 141 (8 g schwer) am
10. IX. 1925 implantiert. Versuch positiv.

Diese Versuche lehren, daß das Hypophysenvorderlappenhormon,
welches die Ovarialfunktion des infantilen Organismus in Gang bringt,
sich auch in der menschlichen Hypophyse findet. *Das Hormon ist in
der Hypophyse des Weibes noch vorhanden* (Versuch 315—316), *wenn
ihre eigene Ovarialfunktion bereits aufgehört hat (Klimakterium). Das
Hormon des Hypophysenvorderlappens ist bei Mensch und Tier identisch.*

β) *Hypophysenvorderlappen des Mannes,*

Versuche 318—322. Die Hypophyse stammt von einem 42jährigen
Mann und konnte einige Stunden nach dem Tode gewonnen werden. Implantation bei 5 infantilen Mäusen (Tier 706—710). Der Versuch ist eindeutig positiv. Sämtliche Tiere werden durch die Implantation brünstig.

---

[1] Mit der von mir 1930 angegebenen Äther-Entgiftungsmethode (s.
S. 550 u. 555) kann man jetzt jedes Gewebe untersuchen.

Der Versuch lehrt, daß auch in der Hypophyse des Mannes die hormonalen Stoffe vorhanden sind, die den Sexualapparat des weiblichen Tieres in Gang bringen, mit anderen Worten, daß *die übergeordneten Sexualhormone in der Hypophyse des männlichen und weiblichen Organismus produziert werden.*

2. Quantitative Prolananalyse des Hypophysenvorderlappens bei Mensch und Tier.

Die 1925/1926 ausgeführten Untersuchungen beschäftigten sich im wesentlichen mit der qualitativen Wirkung des Vorderlappens auf den weiblichen Sexualapparat. Später habe ich die *quantitativen Verhältnisse* geprüft[1], d. h. den Gesamthormongehalt des menschlichen und tierischen Vorderlappens untersucht. Zu diesem Zweck wird bei den bei der Sektion bzw. bei der Schlachtung gewonnenen Drüsen Vorder- und Hinterlappen voneinander getrennt, und das Vorderlappengewebe mit der Schere in kleinste Stückchen zerteilt. Nun wird festgestellt, welche minimalste Gewebsmenge imstande ist, die HVR[2] auszulösen. Ich implantiere steigende Gewebsmengen von 1—200 mg in die Oberschenkelmuskulatur infantiler Mäuse. Die bei der Schlachtung gewonnenen Tierhypophysen können frisch eingepflanzt werden. Bei Implantation der durch Sektion erhaltenen Menschenhypophysen sterben, wie oben gezeigt (S. 176), die Tiere häufig durch Giftwirkung des eingepflanzten Gewebes. Diese Schwierigkeit konnte ich dadurch beseitigen, daß ich die Giftstoffe aus dem Vorderlappen extrahierte. Ich stellte fest[3], daß *man die Giftstoffe der Hypophyse durch 24 stündige Behandlung mit Äther beseitigen kann.* Derartige Hypophysen werden von den Tieren gut vertragen, auch wenn die Drüsen vom Menschen stammen, die an schweren und fieberhaften Erkrankungen zugrunde gegangen sind.

Ich gebe ein Versuchsprotokoll wieder. Hierbei wird die HVR I als HVH-A = Prolan A, die HVR III als HVH-B = Prolan B bezeichnet, weil, wie im Kap. 21 auseinandergesetzt werden wird, diese beiden Reaktionen wohl durch zwei verschiedene Stoffe ausgelöst werden. Diejenige minimalste Gewebsmenge, die bei der infantilen Maus bzw. Ratte Follikelreifung und Brunst auslöst, wird als 1 ME bzw. 1 RE Follikelreifungshormon = HVH-A = Prolan A, diejenige Gewebsmenge, die Luteinisierung bewirkt, als 1 ME bzw. 1 RE Luteinisierungshormon = HVH-B = Prolan B bezeichnet[4].

---

[1] ZONDEK, B.: Zbl. Gynäk. 1931, Nr 1.

[2] Bezüglich der Einzelheiten der HVR I—III sei auf das folgende Kapital verwiesen.

[3] ZONDEK, B.: Klin. Wschr. 1930 Nr 21, 964, Zbl. Gynäk. 1930, Nr 37.

[4] Das gonadotrope Hormon des Vorderlappens enthält, wie schon S. 171 betont, auch den synergischen Faktor (= Synprolan). Näheres s. Kap. 26.

Quantitative Hormon-Untersuchungen des Vorderlappens (geprüft an infantilen Mäusen).

Versuchsprotokoll.

Frau M., 57 Jahre alt, gestorben an Parotitis und Pneumonie. Gewicht der Hyophyse = 0,84 g, Gewicht des Vorderlappens = 0,7 g, Gewicht des Hinterlappens = 0,14 g.

Gewicht des eingepflanzten Hypophysengewebes in mg	Scheidenabstrich (Schollenstadium)	Uterus	Ovarien	HVR I wird ausgelöst durch mg	II mg	III mg	Der Vorderlappen enthält: HVH-A = Prolan A in ME	HVH-B = Prolan B in ME
1	neg.	klein, dünn	infantil	—	—	—	—	—
5	pos.	groß, etwas glasig	hyperämisch, Follikel vergr.	5	—	—	140	—
10	pos.	groß, glasig	hyperämisch, große Follikel	—	—	—	—	—
20	pos.	groß, glasig	hyperämisch, große Follikel	- -	—	—	—	—
30	pos.	groß, glasig	hyperäm., Corpora lutea + +	—	—	30	—	23,3
50	pos.	groß, glasig	groß, Corpora lutea + + +	—	—	—	—	—

Die Ergebnisse der quantitativen Hormonuntersuchungen menschlicher Hypophysen (Mann und Frau) sind aus der folgenden Tabelle (20) ersichtlich:

Tabelle 20. Hormongehalt der menschlichen Hypophyse.

Lfd. Nr.	Name	Alter	Prot. Nr.	Krankheit	Gesamtgewicht der Hypophyse g	Gewicht des Vorderlappens g	Gewicht des Hinterlappens g	HVR I mg	II mg	III mg	Gesamtgehalt der Hypophyse HVH-A = Prolan A ME	HVH-B = Prolan B ME
				Frau								
1	P.	39	(1504)	Myom, Fettherz	1,08	0,8	0,28	5	—	30	160	26,6
2	Pr.	64	(1499)	Gangränose	0,57	0,42	0,15	4	—	—	105	—
3	T.	52	(1479)	Bronchopneumonie	0,61	0,5	0,11	5	—	10	100	50
4	M.	57	(1465)	Parotitis, Pneumon.	0,84	0,7	0,14	5	—	30	140	23
5	B.	39	(1472)	Ca. cervicis, Rezidiv,	0,98	0,64	0,34	16	—	80	40	8
6	W.	41	(1439)	Ca. portionis, Exitus post operat. (Wertheim)	0,61	0,5	0,11	30	—	40	16,6	12,5
7	J.	45		Ca. ovarii et peritonei mit Lebermetastasen	0,6	0,4	c,2	5	50	10	80	40
				Durchschnitt:	0,75	0,56	0,19	—	—	—	—	—

Lfd. Nr.	Name	Alter	Prot. Nr.	Krankheit	Gesamtgewicht der Hypophyse g	Gewicht des Vorderlappens g	Gewicht des Hinterlappens g	HVR			Gesamtgehalt der Hypophyse	
								I mg	II mg	III mg	HVH-A = Prolan A ME	HVH-B = Prolan B ME
				Mann								
1	L.	59	(1498)	Lungengangrän	0,63	0,5	0,13	4	—	50	125	10
2	B.	51	(1497)	Peritonitis	0,62	0,5	0,12	1,25	20	20	400	25
3	H.	46	(1473)	Lungen-Ca. Kachexie	0,58	0,45	0,13	5	—	30	90	15
4	S.	68	(1470)	Prostatahypertrophie	0,47	0,3	0,17	5	50	30	60	10
5	R.	54	(1464)	Lungentuberkulose	0,73	0,54	0,19	30	—	—	18	—
6	—	85	—	Senium	—	—	—	40	100	40	—	—
				Durchschnitt:	0,69	0,46	0,14	—	—	—	—	—

Das Gewicht der Gesamthypophyse von *Frauen* (Nr. 1—4) schwankt zwischen 0,61 und 1,08 g. Das Gewicht des Vorderlappens liegt zwischen 0,42 und 0,8 g.

1 Einheit (ME) Follikelreifungshormon (HVH-A = Prolan A) ist in 4 bis 5 mg Vorderlappengewebe enthalten, der Gesamtgehalt des Vorderlappens beträgt 100—160 ME.

1 Einheit (ME) Luteinisierungshormon (HVH-B = Prolan B) ist in 10 bis 30 mg Vorderlappengewebe enthalten, der Gesamtgehalt des Vorderlappens beträgt 23—50 ME.

Bei den Hypophysen, die von Frauen mit Cervixcarcinom stammten (Nr. 5 u. 6), waren größere Gewebsmengen notwendig, um die HV-Reaktionen auszulösen. So betrug der Gesamthormongehalt des Vorderlappens nur 16—40 ME Follikelreifungshormon und 8—12 ME Luteinisierungshormon, d. h. etwa 25% der sonst im Vorderlappen vorhandenen Hormonmengen. In den Hypophysen von Frauen mit Genitalcarcinom kann der Hormongehalt also erheblich herabgesetzt sein. Dies trifft aber nicht immer zu; denn im Vorderlappen der von einem Ovarialcarcinom stammenden Hypophyse (Nr. 7) sind die Hormonwerte fast normal.

Die Hypophyse des *Mannes* ist etwas kleiner und leichter als die der Frau. Das Gewicht schwankt zwischen 0,58 und 0,73 g. Das Gewicht des Vorderlappens liegt zwischen 0,3 und 0,54 g.

1 Einheit (ME) Follikelreifungshormon ist in 1 ¼—30 mg enthalten. Der Gesamtgehalt des Vorderlappens beträgt 60—400 ME Prolan A. Der Hormongehalt ist in der männlichen Hypophyse nicht so konstant wie bei der Frau.

1 Einheit (ME) Luteinisierungshormon ist in 20—50 mg enthalten. Der Gesamtgehalt des Vorderlappens liegt zwischen 10 und 25 ME.

Die quantitative Untersuchung von *Tierhypophysen* (Tab. 21) ergibt in dem großen Vorderlappen der Kuh (Durchschnittsgewicht 2,18 g gegen-

Tabelle 21. Hormongehalt der Tierhypophyse (Kuh und Schwein).

	Gesamtgewicht g	Vorderlappen g	Hinterlappen g	HVR I mg	HVR II mg	HVR III mg	Gesamthormongehalt in ME.	
							Prolan A	Prolan B
I. Kuh (geschlechtsreif)								
	3,19	2,77	0,42	10	—	30	277	92
	2,0	1,85	0,15	20	—	20	92,5	92,5
	2,23	1,92	0,31	30	—	50	96	38
Durchschnitt	2,47	2,18	0,29	—	—	—	—	—
II. Schwein (geschlechtsreif)								
	0,09	0,06	0,03	5	—	5	12	12

über 0,56 g bei der Frau) einen Hormongehalt, der zwischen 96 und 277 ME Prolan A und 38—92 ME Prolan B schwankt. In dem sehr kleinen Vorderlappen des Schweins (Durchschnittsgewicht 0,06 g) finden wir entsprechend geringere Hormonwerte und zwar je 12 ME Prolan A und B.

Die Implantationsmethode hat natürlicherweise Schwächen bei quantitativen Untersuchungen. Wenn man ein Stückchen Vorderlappengewebe implantiert, so ist man niemals sicher, ob das im Gewebe vorhandene gonadotrope Hormon 100%ig resorbiert wird. Deshalb habe ich[1] zur Kontrolle wäßrige Extrakte aus Vorderlappen des Menschen und des Rindes hergestellt und diese quantitativ geprüft. Die abgetrennten Vorderlappen wurden sehr fein zerschnitten, dann mit Seesand und Wasser im Mörser intensiv zerrieben und die Mischung 2 Stunden im Schüttelapparat geschüttelt. Nach Abzentrifugieren erhält man ein rosafarbenes trübes Extrakt, das ohne Schaden infantilen Mäusen und Ratten injiziert werden kann. Hierbei fand ich bei der Rinderhypophyse im wesentlichen denselben Prolanwert wie früher mit der Implantationsmethode, d. h. etwa 200 ME Prolan A und 60 bis 100 ME Prolan B pro Hypophysenvorderlappen. Im Gegensatz dazu ergab die Extraktion des menschlichen Vorderlappens aber eine wesentlich höhere Prolanausbeute als bei der Implantation. Ich fand pro Vorderlappen einen Gehalt von 1200 ME Prolan A und 800 ME Prolan B, also etwa 9mal soviel Prolan A und 30mal Prolan B, wie ich früher mit der Implantationsmethode festgestellt hatte. Noch höhere Werte fanden neuerdings Schockaert u. Siebke[2], die bei Extraktion (Zerreiben mit Seesand und Wasser) im Vorderlappen der Frau bis zu 4000 ME Prolan A und 1500 ME Prolan B, im Vorderlappen des Mannes bis zu 3000 ME Prolan A und bis zu 1000 ME Prolan B nachwiesen. In der Hypophyse des Neugeborenen wurden nicht einmal 5 ME Prolan gefunden. Hypophysenvorderlappen des Tieres haben die Autoren nicht untersucht.

---

[1] Zondek, B., Nicht publiziert.
[2] Schockerat, J. A. u. Siebke, H.: Zbl. Gynäk. **47**, 2774 (1933).

Die vorliegenden Versuche weisen darauf hin, daß das Prolan aus implantiertem menschlichem Vorderlappengewebe anscheinend schlechter resorbiert wird als aus tierischem.

3. Quantitative Analyse der anderen Hypophysenteile und des Gehirns[1].

Nachdem der Hormongehalt im Hypophysenvorderlappen bei Mensch und Tier quantitativ bestimmt war, wurden auch die anderen Teile der Hypophyse untersucht. Hierzu wurde ich noch besonders durch meine Studien über das Zwischenlappenhormon (Intermedin, s. S. 579) angeregt. Hier hatten wir gesehen, daß das im Zwischenlappen produzierte Hormon sich auf dem Wege der Diffusion in den drüsigen Vorderlappen und in den neurogenen Hinterlappen ausbreitet. Das Intermedin verläßt die Hypophyse durch den Stiel, um in den 3. Ventrikel überzugehen, während es in den anderen Hirnteilen nicht nachweisbar ist. Es fragte sich, ob beim Prolan vielleicht ähnliche Verhältnisse vorliegen, d. h. ob Prolan auch außerhalb seiner Produktionsstätte, dem Vorderlappen, zu finden ist. Deshalb untersuchte ich den Hinterlappen und Stiel bei Mensch und Rind, die der Hypophyse benachbarten menschlichen Hirnteile sowie den Mittellappen des Rindes.

Methodik: Ich bediente mich dazu, wie in den ursprünglichen Hypophysenversuchen, der Implantationsmethode, wobei zum Teil steigende Gewebsmengen eingepflanzt wurden. Der Hinterlappen wurde in einigen Fällen in drei verschiedenen Partien untersucht, wobei der dem Vorderlappen

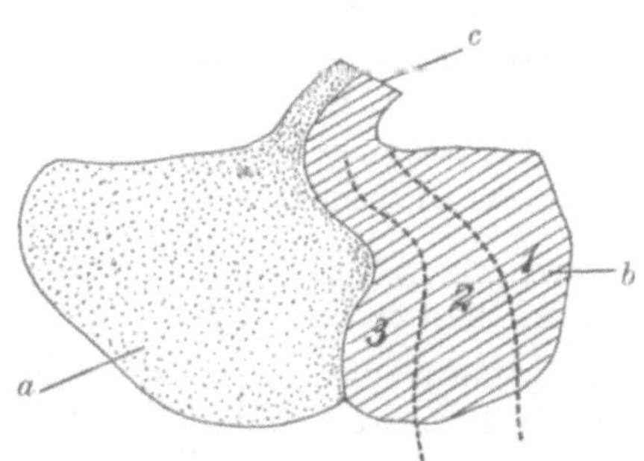

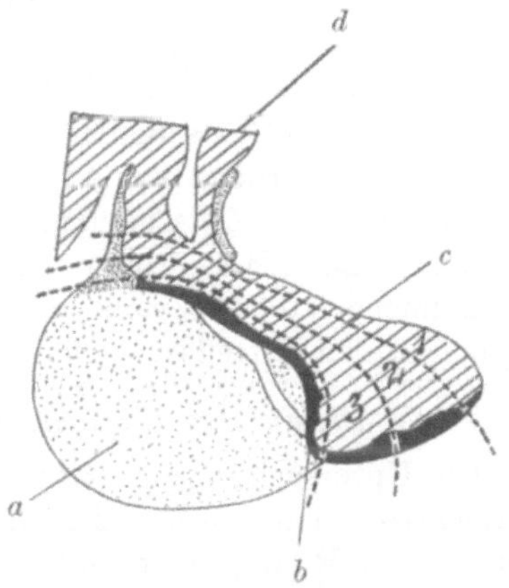

Abb. 51. Hypophyse des Menschen. a = Vorderlappen; b = Hinterlappnn; c = Stiel; 1 = Hinterlappen-Kuppe; 2 = Hinterlappen-Mitte; 3 = Hinterlappen am Vorderlappen.

Abb. 52. Hypophyse des Rindes. a = Vorderlappen; b = Mittellappen; c = Hinterlappen; d = Stiel; 1 = Hinterlappen-Kuppe; 2 = Hinterlappen-Mitte; 3 = Hinterlappen am Mittel- und Vorderlappen.

angrenzende Teil (Abb. 51 u. 52, *3*), das Mittelstück (Abb. 51 u. 52, *2*) und die Hinterlappenkuppe (Abb. 51 u. 52, *1*) voneinander getrennt wurden. Zu diesem Zweck wird die Hypophyse für einige Minuten in Aceton gelegt, dann sagittal

---

[1] ZONDEK, B.: Klin. Wschr. 1933, Nr. 1.

durchschnitten und nunmehr der eben durch Aceton gehärtete Hinterlappen mit der Schere abpräpariert, ohne ihn vollständig vom Vorderlappen zu trennen. Jetzt lasse ich auf den zum großen Teil abgetrennten Hinterlappen Aceton tropfen, bis das Gewebe eben zu härten beginnt, und führe dann die drei verschiedenen Schnitte durch den Hinterlappen aus.

Prolan[1] im Zwischenlappen beim Rind.

Der Zwischenlappen des Rindes läßt sich bei einiger Übung leicht abpräparieren, wenn man die Hypophyse vorher entsprechend in Aceton gehärtet hat. Es wurden zunächst Teile des Zwischenlappens, dann ein ganzer Lappen, schließlich mehrere Zwischenlappen je einer infantilen Maus implantiert[2]. Über das Ergebnis gibt Tabelle 22 Aufschluß.

Implantiert man nur Stücke vom Zwischenlappen, so erzielt man gar keine Reaktion am Genitalapparat der infantilen Maus. Pflanzt man einen ganzen Zwischenlappen einer Maus ein, so kann man eben die HVR I auslösen, d. h. in einem Zwischenlappen ist etwa 1 ME Follikelreifungshormon (Prolan A) vorhanden. Auch bei Zuführung von drei Zwischenlappen konnte nur die HVR I ausgelöst werden, und erst bei Implantation von sechs Zwischenlappen, die gleichzeitig einer infantilen Maus eingepflanzt wurden, war im Ovarium ein Corpus luteum nachweisbar (HVR III). Der Zwischenlappen des Rindes enthält also sehr wenig Prolan, etwa 1 ME Prolan A und $^1/_6$ ME Prolan B. Diese geringen Prolanmengen dürften wohl auf dem Wege der Diffusion aus dem Vorderlappen in den Mittellappen übertreten.

Tabelle 22. Prolan[1] im Zwischenlappen der Hypophyse (Rind).

Zwischenlappen Zahl	Gewicht mg	HVR I	HVR II	HVR III
$^1/_5$—$^1/_2$	6—15	—	—	—
$^3/_4$	22	—	—	.—
1	40	fast pos.	—	—
1	40	pos.	—	—
1	10	—	—	—
1	10	—	.	—
3	60	fast pos.	—	—
3	50	pos.	—	—
6	120	pos.	—	pos.

Prolan[1] im Hypophysenstiel bei Mensch und Rind.

Die Untersuchungen[2] wurden so ausgeführt, daß Teile des Hypophysenstiels, ein ganzer Stiel und schließlich mehrere Stiele vom Menschen bzw. Rind je einer infantilen Maus implantiert wurden (s. Tabelle 23). Wahrscheinlich würde man im Stiel, ebenso wie im Zwischenlappen, größere Prolanmengen nachweisen können, wenn man statt der Implantationsmethode das S. 180 beschriebene Extraktionsverfahren anwendet. In der Hypophyse des Menschen, nicht in der des Rindes, konnte ich mittels Extraktion wesentlich höhere Prolanmengen nachweisen als durch Implantation (s. S. 180).

---

[1] Hierbei handelt es sich um Prolan + Synprolan = Prosylan (s. Kap. 26).
[2] ZONDEK, B.: Klin. Wschr. 1933, Nr. 1.

Die Untersuchungen[1] ergaben, daß Prolan im Hypophysenstiel des Menschen vorhanden ist. Die Hormonmengen sind allerdings recht gering, so daß in einem Stiel nur etwa 1 ME Follikelreifungshormon nachweisbar ist. Unter 11 Fällen fand ich nur ein einziges Mal Luteinisierungshormon. Hervorgehoben sei, daß E. J. KRAUS[2] durch Implantation von Teilen menschlicher Hypophysenstiele bei infantilen Mäusen

Tabelle 23. Prolan im Hypophysenstiel.

Nr.	Name	Alter	Diagnose	Teil des Stiels	Gewicht des implantierten Gewebes in mg	HVR		
						I	II	III
				1. Mensch. a) Mann.				
1	Sch.	34	Lungentbc.	Ganz	10	pos.	—	—
2	W.	35	Pneumonie	Hälfte, hypophysenwärts		—	—	—
			„	Hälfte, zum Tuber cinereum zu		—	—	—
3	Th.	63	Bronchopneumonie	Hälfte, hypophysenwärts		—	—	—
	Th.	63	„	Hälfte, zum Tuber cinereum zu		—	—	—
4	S.	65	Allgemeine Carcinose	Ganz	20	—	—	—
5	P.	62	Aortenaneurysma	Ganz	10	—	—	—
				b) Frau.				
6	N.	63	Urämie	Ganz	10	pos.	—	—
7	K.	59	Pneumonie	Ganz	10	fast pos.	—	—
8	R.	77	Apoplexie	Ganz	10	pos.	—	—
9	G.	39	Magencarcinom	Drittel, am Abgang der Hypophyse	3	—	—	—
			„	Mitte	5	fast pos.	—	—
			„	Drittel am Tuber cinereum	3	—	—	—
10	F.	41	Lungentbc.	Ganz	5	—	—	—
11	S.	54	Pneumonie	Ganz	7	pos.	—	pos.

2. Tier (Rind).

Teil des Stiels bzw. Zahl der Stiele	Gewicht mg	HVR I	HVR II	HVR III
Drittel, am Abgang der Hypophyse	10	pos.	—	—
Mitte des Stiels	20	pos.	—	—
Drittel zum Tuber cinereum . . .	10	—	—	—
Hälfte am Abgang der Hypophyse	15	pos.	—	—
Hälfte zum Tuber cinereum . . .	15	pos.	—	—
Gesamtstiel	70	pos.	—	—
3 Stiele	150	pos.	—	pos.

[1] Die Untersuchungen waren mir nur durch die freundliche Unterstützung und Mitarbeit von Herrn Prof. FROBOESE möglich, wofür auch an dieser Stelle bestens gedankt sei.

[2] KRAUS, E. J.: Klin. Wschr. 1932, Nr 31.

Tabelle 24. Prolan[1] im Hinterlappen der Hypophyse
des Menschen.

Nr.	Name	Alter	Diagnose	Art des implantierten Stückes	Gewicht mg	HVR		
						I	II	III
				a) Mann.				
1	R.	54	Lungentbc.	Vom Gesamt-hinterlappen	50—100	pos.	—	—
2	S.	68	Prostata-hypertrophie	„	50—100	pos.	—	—
3	H.	46	Lymphogranulo-matose	„	50—100	pos.	—	pos.
4	B.	51	Peritonitis	„	10—20	pos.	—	pos.
5	L.	59	Lungengangrän	„	5—20	pos.	—	pos.
6	N.	58	Ca. des Scrotums	„	20—30	pos.	—	—
7	M.	67	Urämie	„	5—10	—	—	—
8	Th.	62	Broncho-pneumonie	Angrenzend am Vorderlappen,		pos.	—	—
			„	Mitte,		—	—	—
			„	Kuppe.		—	—	—
9	P.	62	Aorten-aneurysma	Angrenzend am Vorderlappen,	5	pos.	—	—
			„	Mitte,	10	—	—	—
			„	Kuppe.	20	—	—	—
10	S.	65	Carcinose	Angrenzend am Vorderlappen,	20	pos.	—	—
			„	Kuppe.	20	—	—	—
11	F.	41	Lungentbc.	Angrenzend am Vorderlappen,	10	pos.	—	—
			„	Mitte,	10	—	—	—
			„	Kuppe.	10	—	—	—
12	S.	85	Senium	Angrenzend am Vorderlappen und Mitte,	15	pos.	—	—
			„	Kuppe.	15	—	—	—
				b) Frau.				
16	Sch.	52	Arteriosklerose, Myodegeneratio	Vom Gesamt-hinterlappen	10	pos.	pos.	pos.
14	M.	57	Parotitis	„	90	pos.	—	—
15	B.	39	Cervix-carcinom	„	50	pos.	pos.	pos.
16	Tr.	52	Broncho-pneumonie	„	50	pos.	—	—
17	Pr.	62	Lungengangrän	„	10—20	pos.	—	pos.
18	P.	39	Herzschwäche	„	10—20	pos.	—	—
19	F.	38	Collumcarcinom	„	10—20	pos.	—	—
20	M.	56	Pyelonephritis	„	10	pos.	—	—
21	K.	61	Arteriosklerose	„	20	—	—	—
22	N.	63	Urämie	Angrenzend am Vorderlappen,	20	pos.	—	—
			„	Mitte und Kuppe.	20	—	—	—
23	K.	59	Lungentbc.	Angrenzend am Vorderlappen,	10	—	—	—
			„	Kuppe.	10	—	—	—
24	D.	85	Arteriosklerose	Angrenzend am Vorderlappen,	10	pos.	pos.	—
				Kuppe.	10	—	—	—

[1] Hierbei handelt es sich um Prolan + Synprolan = Prosylan (s. Kap. 26).

den Oestrus auslösen konnte (Nachweis von Follikelreifungshormon
= Prolan A).

Im Stiel der Rinderhypophyse gelingt der Prolannachweis regelmäßiger als beim Menschen, aber auch hier konnte nur Follikelreifungshormon nachgewiesen werden. Erst bei Einpflanzung von drei Stielen von
Rinderhypophysen war es möglich 1 ME Luteinisierungshormon zu finden.

Prolan im Hinterlappen bei Mensch und Rind[1].

Die Hypophysen stammten von männlichen, weiblichen, trächtigen und
kastrierten Rindern. Der Hinterlappen wurde, wie oben beschrieben, in die
einzelnen Segmente (1—3) geteilt und steigende Gewebsmengen (20—200 mg)
implantiert. Im ganzen wurden so 20 Hypophysen untersucht. Das Ergebnis
war eindeutig, so daß auf Einzeldarstellung in einer Tabelle verzichtet werden
kann. In keinem einzigen Falle gelang es, durch das Hinterlappengewebe der
Rinderhypophyse eine Wirkung auf den Genitalapparat der infantilen Maus
auszulösen. Besonders sei hervorgehoben, daß auch mit dem an den Mittel-
und Vorderlappen angrenzenden Teil des Hinterlappens (Abb. 52, *3*) eine Wirkung im Sinne der HVR I—III niemals zu erzielen war.

Aus diesen Untersuchungen ergibt sich, daß der Hinterlappen des Rindes
frei von Prolan ist.

Das wesentliche Ergebnis der Analyse des menschlichen Hinterlappens ist die Tatsache, daß man im Hinterlappen des Menschen Prolan
(richtiger Prosylan) nachweisen kann. Unter 24 untersuchten Hypophysen gelang der Nachweis 21mal (Tabelle 24). Dieser Befund könnte
zunächst daran zweifeln lassen, daß das Prolan im Vorderlappen produziert wird. Bei Untersuchung der einzelnen Teile des Hypophysenhinterlappens zeigt sich aber der charakteristische Unterschied gegenüber dem Vorderlappen. Während im Vorderlappen in jedem Gewebs-
teil Prolan nachweisbar ist, enthält der Hinterlappen des Menschen nur
Prolan in dem Teil, der dem Vorderlappen angrenzt (Abb. 51, *3*). Die
Mitte und die Kuppe des Hinterlappens zeigten sich regelmäßig frei von
Hormon. Erwähnt sei, daß ich mit dem implantierten Hinterlappengewebe
viel häufiger die HVR I als die HVR II und III auslösen konnte, mit
anderen Worten, daß man Luteinisierungshormon seltener findet als
Follikelreifungshormon. Unter den 24 untersuchten Hypophysen konnte
ich 21mal die HVR I, aber nur 7mal die HVR II bzw. III auslösen.

Zusammenfassend ergibt sich, daß der Hinterlappen des Rindes frei von
Hormon ist, daß der Hinterlappen des Menschen aber Prolan (richtiger Pro-
sylan) enthält. Das Hormon ist aber nur in dem Teil des menschlichen
Hinterlappens nachweisbar, der dem Vorderlappen angrenzt, während der
entsprechende Teil des Hinterlappens beim Rind frei von Hormon ist.

Prolan im Gehirn des Menschen[1].

Nachdem festgestellt war, daß das im Vorderlappen produzierte
Hormon auch in den Hypophysenstiel übergeht, ergab sich die Frage,

---

[1] ZONDEK, B.: Klin. Wschr. 1933, Nr. 1.

ob es durch den Stiel an den 3. Ventrikel weitergegeben wird. Zu diesem Zweck wurde das Tuber cinereum sowie die Seitenwand des 3. Ventrikels im Implantations- und Extraktionsversuch geprüft. Wie aus der Tabelle 25 ersichtlich, gelang es niemals in den Gewebspartien des 3. Ventrikels Prolan nachzuweisen. Ferner wurden die angrenzenden Gehirnteile untersucht, wie Tractus opticus, Corpora mammillaria und

Tabelle 25. Prolan im Gehirn des Menschen (insbesondere im 3. Ventrikel).

Nr.	Name	Alter	Diagnose	Art des implantierten Gewebes	Gewicht des impl. Geweb. in mg	I	II	III
1	K.	61	Ca. ventriculi	Tuber cinereum,	180	—	—	—
				Seitenwand				
				3. Ventrikel,	200	—	—	—
				Liquor des				
				3. Ventrikels,				
				Corpora				
				mamillaria.	130	—	—	—
2	Sch.	37	Lungentbc.	Tuber cinereum,	200	—	—	—
				Seitenwand				
				3. Ventrikel,	200—300	—	—	—
				Boden				
				4. Ventrikel,	200—300	—	—	—
3	M.	67	Peritonitis	Seitenwand				
				3. Ventrikel,	200—300	—	—	—
				Corpora				
				mamillaria,	bis 120	—	—	—
				Boden				
				4. Ventrikel.	200	—	—	—
4	S.	30	Lungenembolie nach Extrauterin- gravidität	Tuber cinereum,	200	—	—	—
				Seitenwand				
				3. Ventrikel,	250	—	—	—
				Corpora				
				mamillaria.	50	—	—	—
5	H.	68	Ulcus ventriculi	Tuber cinereum,	250	—	—	—
				Seitenwand				
				3. Ventrikel,	300	—	—	—
				Corpora				
				mamillaria.	120	—	—	—
6	D.	33	Ileus	Tuber cinereum,	300	—	—	—
				Seitenwand				
				3. Ventrikel,	150	—	—	—
				Corpora				
				mamillaria.	50	—	—	—
7	Sch.	34	Tbc. pulmonum	Tuber cinereum,	40	—	—	—
				Tractus opticus,	100	—	—	—
				Corpora				
				mamillaria,	60	—	—	—
				Pedunculi,	100	—	—	—
				Medulla oblong.	200	—	—	—
8	G.	39	Magencarcinom	Tractus opticus,	250	—	—	—
				Boden				
				4. Ventrikel.	80	—	—	—
9	W.	35	Pneumonie	Tuber cinereum.	—	—	—	—

die Pedunculi, auch diese mit negativem Ergebnis. Ebenso fiel die Prüfung des 4. Ventrikels negativ aus.

Das gonadotrope Hormon, das vom Vorderlappen in den Stiel übergeht, wird nicht an den 3. Ventrikel weitergegeben. Hierin besteht ein charakteristischer Unterschied gegenüber dem Intermedin, das auf dem Wege über den Stiel in den 3. Ventrikel kommt.

Das im Vorderlappen produzierte Prolan (richtiger Prosylan) ist also nur in der Hypophyse, nicht in anderen Gehirnteilen nachweisbar.

Wir haben oben gesehen, daß die Hypophyse das Hormon noch zu einer Zeit bei der Frau produziert, wo ihre eigene Ovarialfunktion bereits erloschen ist (s. S. 176, Versuch 315—316; Hypophyse einer 47jährigen Frau, seit 4 Jahren amenorrhoisch [Klimakterium]). Es fragt sich nun, ob die übergeordneten Sexualhormone in der Hypophyse auch schon produziert werden, wenn die Sexualfunktion noch nicht im Gang ist. Die Versuche von Smith u. Engle[1] geben hierüber Aufschluß. Die Autoren implantierten Hypophysen von 5—30 Tage alten infantilen Ratten auf 17 Tage alte Mäuse und konnten bei diesen sexuelle Frühreife auslösen. Daraus geht hervor, daß in der Hypophyse junger, noch nicht geschlechtsreifer Tiere die HVH bereits produziert werden. Zu gleichem Ergebnis kamen Schulze-Rhonhof und Niedenthall[2], Siegmund u. Mahnert[3], Smith u. Dortzbach[4], Hauptstein[5] und Magistris[6], die in der Hypophyse von menschlichen Feten, Rinder- und Schweinefeten Hormon fanden, so daß nach Implantation derartiger Hypophysen nicht nur Follikelreifung, sondern auch Blutpunkte und Corpora lutea beobachtet wurden (also Prolan A und B). Bei vergleichenden quantitativen Untersuchungen auf Prolan A fand Hauptstein[5] als geringste wirksame Dosis des Hypophysenvorderlappens der Kuh 0,01 g, des Kalbes 0,025 g, des menschlichen Fetus 0,1 g. In der Hypophyse des menschlichen Fetus ist also nur etwa ein Zehntel der Hormonmenge vorhanden, die im Vorderlappen der geschlechtsreifen Kuh nachweisbar ist und etwa ein Viertel der Menge, die in der Hypophyse des Kalbes vorhanden ist.

4. Pubertät und Prolan.

Wie wir eben gesehen haben, enthält die Hypophyse in jedem Lebensalter Prolan. Es erhebt sich die Frage, wie es möglich ist, daß in einem bestimmten Lebensalter, d. h. in der Pubertät, die Sexualfunktion anfängt und in einem bestimmten Alter der Frau (Klimakterium) auf-

---

[1] Smith, P. E. a. Engle: Amer. J. Anat. 40, Nr 20 (Nov. 1927).
[2] Schulze-Rhonhof u. Niedenthal: Zbl. Gynäk. 1928, Nr 15.
[3] Siegmund u. Mahnert: Münch. med. Wschr. 1928, Nr 43.
[4] Smith a. Dortzbach: Anat. Rec. 23, 277—97 (1929).
[5] Hauptstein: Endokrinol. 4, 248—260 (1929).
[6] Magistris: Pflügers Arch. 230, 835 (1932).

hört, wenn die übergeordneten gonadotropen Hormone während des ganzen Lebens produziert werden. Die Ansicht von Evans ist bestechend, daß das in der Hypophyse produzierte allgemeine Wachstumshormon und die gonadotropen Hormone biologische Antagonisten sind, so daß letztere erst zur Funktion kommen, wenn der Wachsstumsstoff in der Pubertät zu wirken aufhört (s. S. 347). Das wäre eine Erklärung für den Beginn der Sexualfunktion in der Pubertät. Warum stellt aber der Eierstock in der Klimax trotz Weiterproduktion des Prolans seine Funktion ein? Vielleicht spielt hierbei der synergische Faktor, das Synprolan (s. Kap. 26), funktionell eine Rolle. Diese Auffassung würde aber nur für den weiblichen Organismus gelten. Die männlichen Sexualorgane, die ebenfalls vom Hypophysenvorderlappen dirigiert werden, haben bekanntlich eine viel längere Lebensdauer, ohne daß wir uns bisher erklären können, warum der Hoden den Samen soviel länger produziert als das Ovarium die Eier.

In der Pubertät beginnt — vor Einsetzen der Menstruation — die *vegetative* Funktion des Ovariums (von Schroeder so bezeichnet), wobei das in zahlreichen unreifen Follikeln kontinuierlich produzierte Folliculin die Sexualorgane (Uterus, Vagina) und die sekundären Geschlechtsmerkmale zum Wachstum stimuliert, womit die Vorbedingungen für die *generative* Funktion des Folliculins geschaffen werden.

20. Kapitel.

Beziehung der gonadotropen Hypophysenvorderlappenhormone zu den weiblichen Sexualhormonen (Folliculin und Progestin). Wirkungsmechanismus des Prolans (HVR I—III). Der Hypophysenvorderlappen, der Motor der Sexualfunktion.

Implantiert man einer infantilen Maus folliculinhaltiges Gewebe (z. B. Follikelwand oder Corpus luteum des Menschen) oder injiziert ihr Folliculin, so wird die infantile Maus brünstig. Durch Implantation eines Stückchens Hypophysenvorderlappen, also durch Zuführung von gonadotropem Vorderlappenhormon, wird die infantile Maus ebenfalls brünstig. Wie unterscheidet sich nun das weibliche Sexalhormon vom Vorderlappenhormon, das Folliculin vom Prolan? In ganz charakteristischer Weise. Implantiert man einer *kastrierten* Maus folliculinhaltiges Gewebe oder injiziert ihr Folliculin, so wird die kastrierte Maus brünstig. Führt man aber — wie ich schon in meinen ersten Hypophysenversuchen zeigte — einer kastrierten Maus durch Implantation von Vorderlappengewebe gonadotropes Hormon zu, so wird sie *nicht* brünstig.

Wir sehen also, daß Folliculin am kastrierten Tier wirkt, Prolan aber nicht.

Über den hormonalen Wirkungsmechanismus geben die schematischen Zeichnungen (Abb. 53—55) Aufschluß.

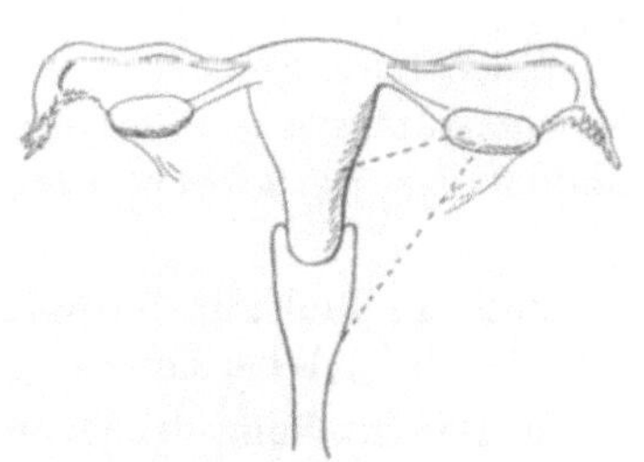

Abb. 53. Wirkung des im Ovarium produzierten Follikelhormons (Folliculin) auf das Erfolgsorgan (Uterus, Scheide).

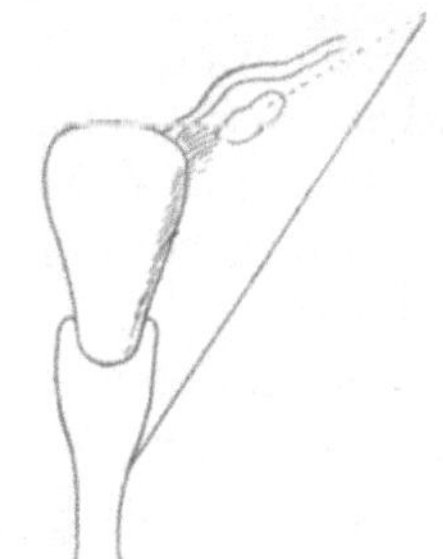

Abb. 54. Wirkung des exogen zugeführten Follikelhormons (Folliculin) auf das Erfolgsorgan (Uterus, Scheide).

Das gonadotrope Hypophysenvorderlappenhormon wirkt also nur auf dem Wege über die Ovarien. Das Folliculin löst bei infantilen, nicht geschlechtsreifen *und* beim kastrierten Tier die Brunst aus, das gonadotrope Hypophysenvorderlappenhormon aber nur bei einem Tier, das Ovarien, d. h. seine Sexualdrüse besitzt.

Das gonadotrope Vorderlappenhormon wird, wie wir aus den vorhergehenden Versuchen jetzt zusammenfassend feststellen können, bei Mann und Frau, bei Mensch und Tier, im jugendlichen und alternden Organismus produziert. Das Hormon ist bei Mensch und Tier identisch. Daraus ergeben sich folgende Schlußfolgerungen:

Der Hypophysenvorderlappen ist der Motor der Sexualfunktion. Das oder die (s. Kap. 21) *Hypophysenvorderlappenhormone sind die übergeordneten, allgemeinen und geschlechtsunspezifischen Sexualhormone. Der gonadotrope Faktor des Hypophysenvorderlappens ist das Primäre, die Sexualhormone (Folliculin, Progestin) das Sekundäre. Der Hypophysenvorderlappen bringt den follikulären Apparat in Gang, löst die Follikelreifung aus und mobilisiert in den Follikelzellen sekundär das Folliculin. Dieses wirkt dann in spezifischer Weise auf das Erfolgsorgan, d. h. Uterus und Scheide.* Beim Tier löst das Folliculin die Brunst aus

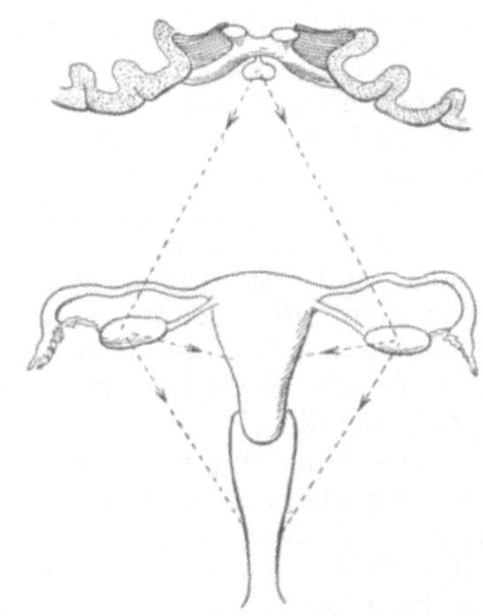

Abb. 55. Wirkung der gonadotropen Hypophysenvorderlappenhormone auf die Ovarien und der dadurch sekundär im Ovarium entstehenden Ovarialhormone auf das Erfolgsorgan (Uterus, Scheide).

und schafft damit die Bedingungen zur Kohabitation, dient also der Fortpflanzungsfunktion. Beim Menschen wird durch das Folliculin der Aufbau der Uterusschleimhaut bis zum Beginn der Sekretion ausgelöst. *Auch die Funktion des Corpus luteum, d. h. die Progestinproduktion geht bei Mensch und Tier* unter der Herrschaft des Vorderlappens vor sich. Das Corpus-luteum-Hormon (Progestin) löst die prägravide Umwandlung der Uterusschleimhaut aus (deciduale Reaktion), *so daß unter der Gesamtwirkung des Hypophysenvorderlappens im Genitalapparat die optimalen Bedingungen zur Nidation des befruchteten Eies geschaffen werden.*

Über die Beziehungen der Hormone zum Ei und zur Schwangerschaft werde ich in besonderen Kapiteln (32 u. 35) berichten.

Ich lasse jetzt die genaue histologische Beschreibung der Ovarien[1] infantiler Mäuse nach Implantation von Hypophysenvorderlappen folgen.

Zunächst sei kurz das Ovarium der infantilen Kontrolltiere (Maus, s. Abb. 56) beschrieben.

Unter dem Oberflächenepithel finden sich Primordialfollikel in verschieden großer Zahl. Nach dem Inneren zu folgen kleine Follikel mit zwei Reihen Granulosa- und mittelgroße Follikel mit mehreren Reihen Granulosazellen, die das Ei umschließen. Eine Schicht von ein bis zwei Reihen kleiner Thecazellen mit wenig gefüllten Gefäßen umgibt die Granulosa. Das Ei zeigt bisweilen Kernteilung. Hier und da finden sich Züge kleiner Zellen, die als interstitielle Zellen aufzufassen sind. Degenerationserscheinungen an den Follikeln, sowohl an den kleinen wie an den mittleren, sind sehr häufig. Sie betreffen in erster Linie das Ei. Es weist Fragmentierung in zwei bis vier und mehr verschieden große Bruchstücke auf. Die Zona pellucida ist bisweilen noch sichtbar, häufig in Falten gelegt. An den Follikelzellen finden wir ebenfalls Degenerationserscheinungen, bestehend in Pyknose der Kerne, Auftreten von kugeligen, mit Hämatein intensiv gefärbten Gebilden und vereinzelten Leukocyten. Gerade in solchen Follikeln findet man nicht allzu selten am Ei noch Kernteilungsfiguren, Kernknäuel und Kernspindel, Reduktionsteilungen, die auftreten, ohne daß der Follikel und sein Ei zur Reife gelangen. Die Blutgefäße in diesen Ovarien sind nur wenig gefüllt.

Die Follikelflüssigkeit tritt in den mittleren Follikeln in geringer Menge auf, es findet sich dabei keine einheitliche große Höhle, sondern gewöhnlich zeigen sich zwei ganz kleine Hohlräume im Follikelzellverband, bei denen am fixierten Präparat Gerinnungsfäden, durch Hämatein bläulich gefärbt, hindurchziehen. Diese Bilder finden wir bei Tieren von 6—11 g.

Was geschieht nun an den Ovarien nach Zuführung von Hypophysenvorderlappensubstanz?

Ich kann hier nicht eine Beschreibung jeder einzelnen Serie, die wir untersucht haben, geben, sondern will nur das Charakteristische an den Veränderungen der Ovarien hervorheben, wie wir es fanden:

---

[1] ZONDEK, B. u. ASCHHEIM: Arch. Gynäk. **130**, H. 1, 27—30 (1927).

1. Bevor an dem Scheidenabstrich noch wesentliche Veränderungen auftraten (24—48 Stunden nach der Implantation).

2. Zur Zeit, da die Scheide das Bild des Prooestrus aufwies (72 Stunden nach der Implantation).

3. Zur Zeit, da die Scheide den Oestrus zeigte (96—100 Stunden nach der Implantation).

4. Zur Zeit, wenn der Oestrus schon einige Stunden bestanden hatte.

Ergebnis der histologischen Untersuchung der Ovarien nach Zuführung von gonadotropen Hypophysenvorderlappenhormon (Implantation).

I. Vor dem Prooestrus (nach 24—48 Stunden).

Tier 552, 8 g schwer; Hypophysenvorderlappen am 19. I. implantiert.

	Leucocyten	Epithelien	Schleim	Schollen
20. I.	+ + +	+ +	−	−
21. I.	+ +	+ + +	+ +	−

Getötet am 21. I. Dieses Tier wurde also getötet, bevor sich die Wirkung des Hormons im Scheidenabstrich geltend machte. Die vier übrigen Tiere dieser Versuchsreihe zeigten einen Tag später den Prooestrus. Es kann also, da die Hypophyse wirksam war, angenommen werden, daß auch dieses Tier am nächsten Tag den Prooestrus aufgewiesen hätte.

Die Ovarien zeigen im Unterschiede zu den normalen Kontrollen eine starke Hyperämie in den Gefäßen der *deutlich hervortretenden Theca interna.* Primärfollikel und mittelgroße Follikel sind vorhanden, deren Granulosa Kernteilungen aufweisen. An einzelnen Eiern sind Chromosomen sichtbar, zwischen den kleinen Follikeln finden sich mehrfach kleine Zellen, die in zwei Reihen angeordnet sind. Sie werden als interstitielle Zellen gedeutet. Im Hilus liegt ein Komplex epitheloider Zellen (Markstränge?). Als charakteristischer Unterschied gegenüber den Ovarien der Kontrolltiere ist die *Hyperämie der Theca interna* und *das etwas stärkere Hervortreten der Theca interna* selbst zu bezeichnen.

II. Im Prooestrus (nach 72 Stunden).

Maus 550, infantil, 8 g schwer. Kuhhypophyse implantiert. Am 23. I. im Scheidenabstrich nur Epithelien, also Prooestrus. Tier getötet. In den Ovarien finden wir, abgesehen von den Primärfollikeln, den kleinen und mittleren Follikeln, welche in der Granulosa die schon früher erwähnten Degenerationszeichen, an den Eizellen hier und da Fragmentierung, bisweilen auch Mitosen zeigten, eine Anzahl *großer Follikel* mit *sehr deutlicher Theca,* an der die starke Gefäßfüllung auffällt. Die Granulosazellen dieser Follikel erscheinen vergrößert, Kernteilungsfiguren sind an ihnen noch zu sehen. Die Follikel enthalten eine große Höhle, in die der Cumulus mit dem Ei hineinragt. Einer dieser Follikel *enthält einen Bluterguß (Blutpunkt* = HVR II). Die interstitiellen Zellzüge sind spärlich, das ganze Ovarium ist hyperämisch.

Es ist also hervorzuheben: 1. die *Hyperämie im Ovarium,* besonders in den *Gefäßen der Theca interna;* 2. das *deutliche Hervortreten der Thecazellen;* 3. das *Wachstum der Follikel,* bei denen es zur Bildung *einer großen Follikelhöhle* gekommen ist; 4. *ein Bluterguß im Follikel* (Blutpunkt).

Es entspricht das Bild im wesentlichen dem Befunde, den wir beim nicht-kastrierten, reifen Tier während des Prooestrus im Ovarium finden, nur daß wir hier den Blutpunkt nicht beobachten. Ähnliche Bilder finden wir bei Tier 551 derselben Gruppe, das ebenfalls im Prooestrus getötet wurde. Hier zeigt das Ei im Cumulus eines großen Follikels Chromatinfäden neben dem Nucleolus.

Auch ein 5 g schweres Tier, 548, zeigt im Prooestrus große Follikel, Hyperämie, deutliche Theca-interna-Zellen neben einigen Zügen inter-stitieller Zellen. Auch in diesem Ovarium fanden sich im degenerierenden Follikel Kernteilungserscheinungen am Ei.

Tier 685, 686 und 689 sowie 691 wurden 50—72 Stunden nach der Im-plantation getötet, wenn der Scheidenabstrich das für den Prooestrus cha-rakteristische Epithelstadium ohne Leukocyten und ohne Schleim aufwies. Wiederum fiel die starke Hyperämie in den Ovarien, die Thecaentwicklung um die großen Follikel, die große Höhle in den Follikeln auf. Auch Ver-mehrung von interstitiellen Zellen wurde beobachtet. Das Bild war in allen Fällen, die im Prooestrus getötet wurden, im großen und ganzen das gleiche.

III. Oestrus (nach 96—100 Stunden).

Tier 687 wurde im Oestrus — reines Schollenstadium im Vaginalausstrich — 96 Stunden nach der Implantation von Hypophysenvorderlappen getötet. Die Uteri waren groß, sekretgefüllt, die Scheide dick. Am rechten Ovarium Blutpunkte.

Mikroskopisch zeigte die Scheide reinen Oestrus. An den Uteri, deren Muskulatur verdickt, deren Schleimhaut Drüsenvermehrung aufwies, waren bereits einige Leukocyten unter dem Eipthel vorhanden.

Das eine Ovarium war hyperämisch, enthielt sechs große Follikel, dar-unter einen mit Blut gefüllten (= Blutpunkt), außerdem *ein Corpus luteum, das ein Ei mit zwei Kernen einschloß*. Die Thecazellen traten deutlich an den Follikeln hervor. Das andere Ovarium zeigte neben einem großen Follikel zwei Corpora lutea, die noch das Ei enthielten, ein Corpus luteum ohne Ei. Ferner fiel ein noch das Ei enthaltender Follikel auf, dessen vas-cularisierte Granulosazellen in der Peripherie luteinös waren, während nach der Mitte zu die Zellen von den gewöhnlichen Granulosazellen kaum zu unterscheiden waren. Es handelt sich um *eine partielle Umwandlung des Folli-kels in ein Corpus luteum*. In kleinen Follikeln fanden sich mehrfach an den Eikernen Mitosen bei gleichzeitigem Vorhandensein degenerativer Ver-änderungen an der Granulosa.

Tier 509, 5 g schwer, erhielt am 4. I. Stierhypophyse. Am 9. I., also nach rund 100 Stunden zeigte die Scheide den östrischen Abstrich. Hier ent-hielt das eine Ovar 14 große Follikel, das andere etwa 10 große Follikel mit hyperämischer, deutlich hypertrophischer Theca interna.

Tier 510, 8 g schwer, zeigte den Oestrus nach 96 Stunden. Das Ovarium enthielt große Follikel, darunter einen mit Blut gefüllten (Blutpunkt), ein anderer Follikel zeigte im Cumulus das Ei mit lockeren Chromatinfäden, an anderen Follikeln zeigte sich die partielle Luteinumwandlung der Gra-nulosa, wie wir sie schon beschrieben haben. Im anderen Ovarium waren fünf Corpora lutea vorhanden, darunter ein bluthaltiges (HVR II und III). Die Follikel zeigten ebenfalls mehrfach partielle Luteinumwandlung der Granulosazellen. In den Corpora lutea fanden wir die Eier mit Degene-rationszeichen.

IV. Ende des Oestrus. Übergang zum Metoestrus.

Maus 317 erhielt am 21. XII. Hypophysenvorderlappen implantiert. Am 23. XII. abends ergab der Vaginalabstrich Epithelien und einige Schollen. Am 24. XII. waren massenhaft Schollen, aber schon einige Leukocyten, Epithelien und etwas Schleim vorhanden. Das Tier wurde im eben beginnenden Metoestrus getötet. Die Ovarien enthielten zahlreiche Corpora lutea mit stark gefüllten Gefäßen, daneben noch große Follikel, die im Cumulus das Ei zeigten, deren Thecazellen deutlich hervortraten. Neben den vollkommenen Corpora lutea fanden wir auch wieder die partielle Luteinzellbildung.

Ein Corpus luteum ragte pilzförmig über die Oberfläche hervor, ein anderes enthielt das Ei, das Chromatinfäden aufwies. *In der Tube wurde in fünf Schnitten ein Ei mit deutlicher Zona pellucida und deutlichen Kernknäuel gefunden* (s. Abbild. 61).

Tier 76 erhielt am 8. III menschlichen Hypophysenvorderlappen. Nach 120 Stunden im Oestrus getötet. Auch hier finden sich im Ovarium zahlreiche Corpora lutea, zum Teil bluthaltig (HVR II und III). Die Mehrzahl der Corpora lutea schließt das degenerierte Ei ein. Einige Follikel zeigen in der Mitte oder an den Rand zusammengedrängt

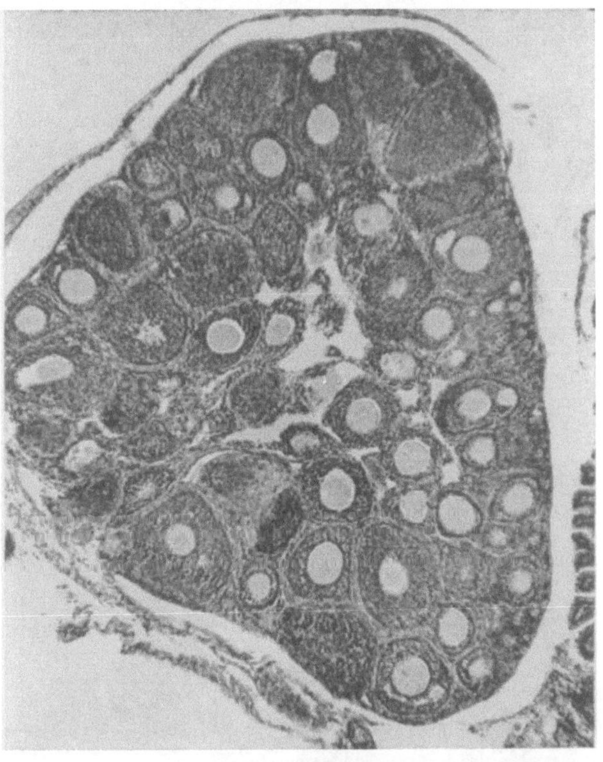

Abb. 56. Ovarium einer infantilen (3—4 Wochen alten) Maus (Kontrolltier).

noch Haufen kleiner Granulosazellen, daneben finden sich große Follikel mit Blut (Blutpunkte). Ein Follikel zeigt ein Ei mit Teilungsfigur im Cumulus.

Tier 843 und 844, die im Beginn des Oestrus getötet wurden, zeigten große Follikel, während Tier 842 derselben Reihe im Oestrus schon junge Corpora lutea neben den großen Follikeln aufwies. Die *jungen Corpora lutea zeigen häufig noch die Follikelhöhle.*

Zusammenfassend läßt sich sagen:

1. 48 Stunden nach der Vorderlappenimplantation finden wir im Ovarium starke Hyperämie, während der Vaginalabstrich noch keine

charakteristischen Veränderungen aufweist. Die Theca interna fällt
durch die Füllung ihrer Gefäße auf, große Follikel sind noch nicht
vorhanden.

Abb. 57. Scheide einer infantilen Maus (zu Abb. 56).

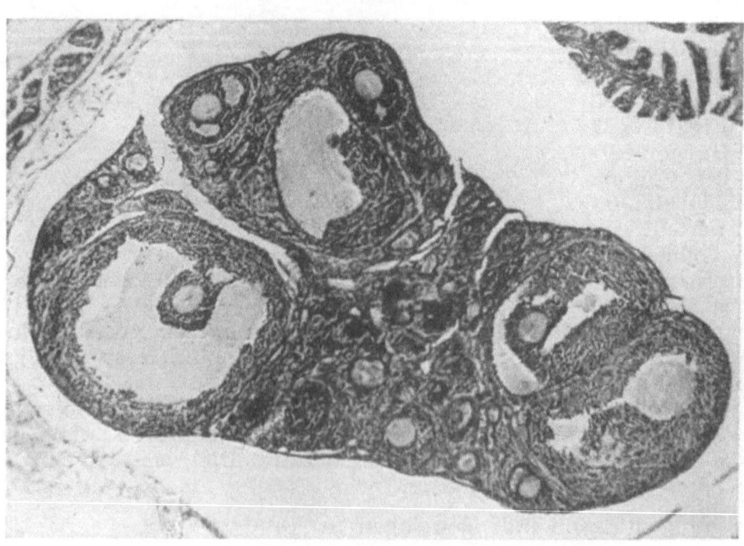

Abb. 58. Ovar der infantilen Maus 60 Stunden nach Implantation von Hypophysenvorderlappen. Große,
fast reife Follikel.

2. Im Prooestrus, der nach rund 72 Stunden auftritt, finden wir außer der Hyperämie und der deutlichen Hyperplasie und Hypertrophie der Theca-interna-Zellen große Follikel (Abb. 58 u. 59) mit einer einzigen Flüssigkeitshöhle (HVR I), in die der Cumulus mit dem Ei hineinragt. Die Follikelhöhle ist zuweilen von Blutergüssen (s. Abb. 62) aus-

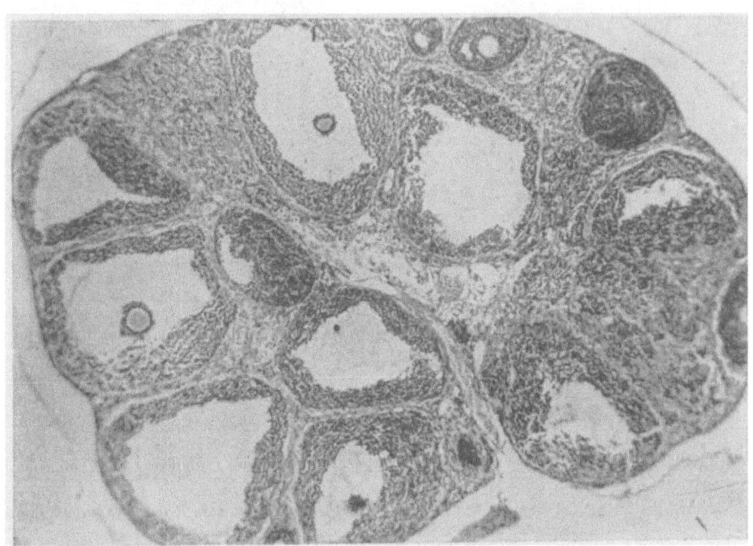

Abb. 59. Ovar der infantilen Maus 72 Stunden nach Implantation von Hypophysenvorderlappen. Zahlreiche reife Follikel. Scheide im Prooestrus.

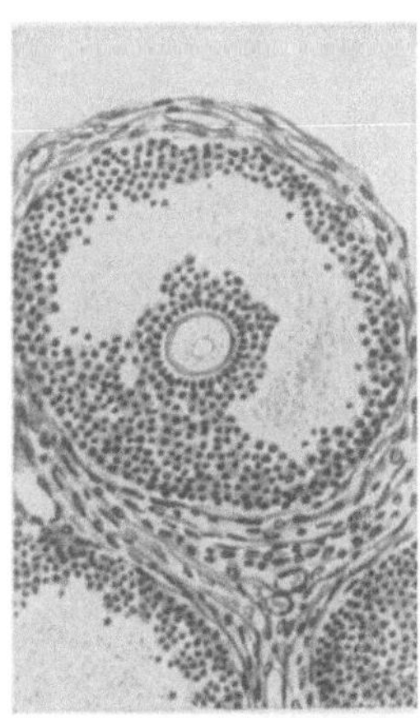

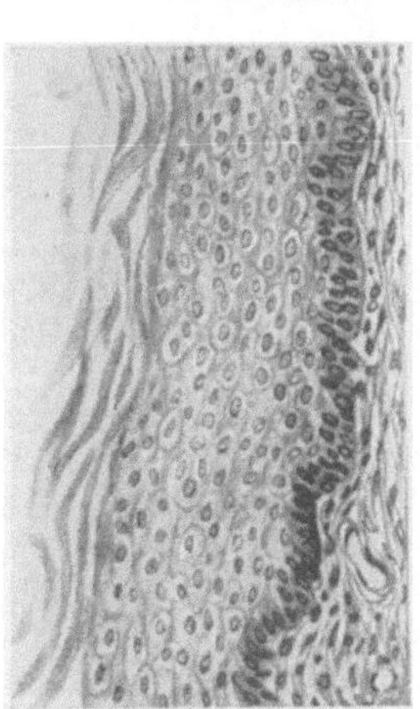

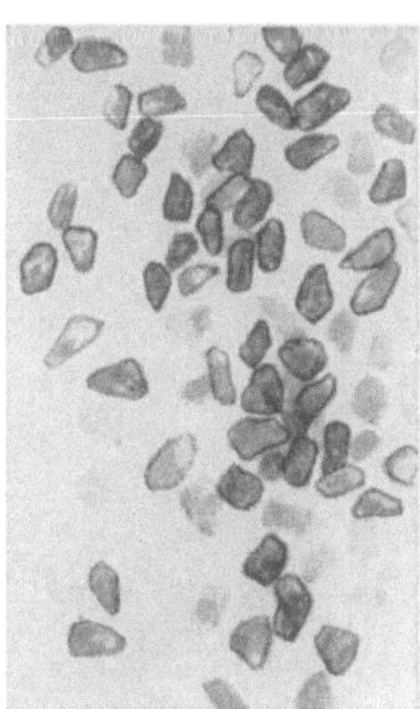

Im Ovarium reifender Follikel Scheidenschleimhaut, aufgebaut, oberste Lagen verhornt Im Scheidensekret reines Schollenstadium

Abb. 60. Ovar und Scheide der infantilen Maus 80 Stunden nach Implantation von Hypophysenvorderlappen. HVR I: Im Ovarium reifender Follikel, in dem das Follikelhormon (Folliculin) produziert wird, das seinerseits die Brunstreaktion der Scheide auslöst.

gefüllt (Blutpunkte = HVR II). Das Ei zeigt manchmal Auflösung der Chromatinsubstanz in Fäden. Interstitielle Zellen sind vorhanden, aber nicht sehr reichlich.

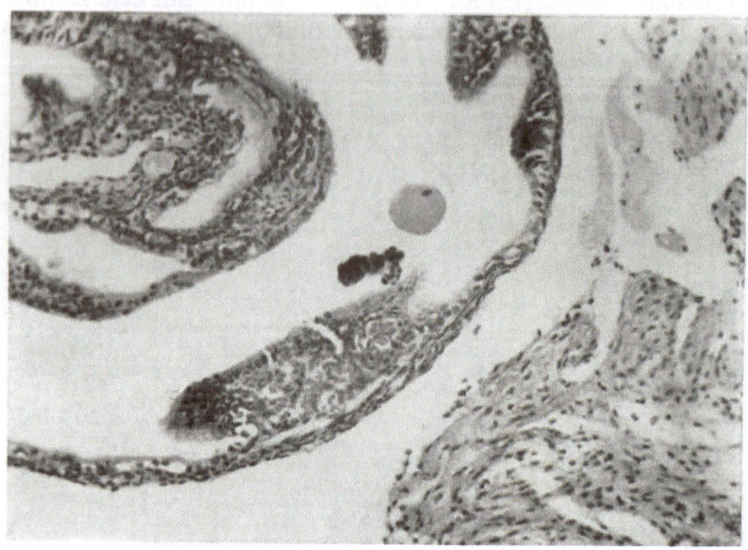

Abb. 61. Follikelsprung bei der infantilen Maus nach Implantation von Hypophysenvorderlappen. Reifendes Ei auf der Wanderung durch die Tube (HVR I).

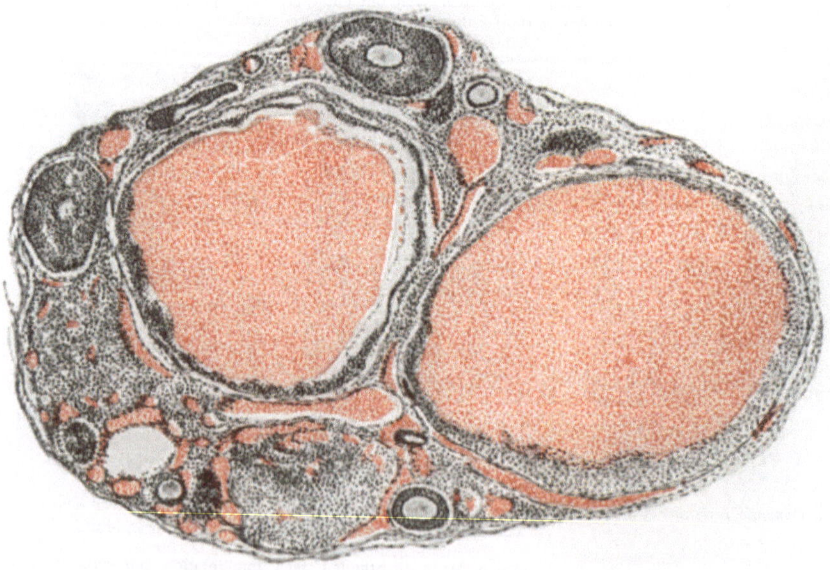

Abb. 62. Ovar der infantilen Maus, 72 Stunden nach Implantation von Hypophysenvorderlappen. Zwei große blutgefüllte Follikel. Blutpunkte (HVR II) (vgl. Abb. 153).

3. Im Oestrus — nach 80—100 Stunden — treten neben den großen Follikeln auch Corpora lutea (HVR III) auf. Sie zeigen zum Teil noch deutlich die Entstehung aus Granulosazellen, zum Teil sind die Luteinzellen auffallend groß, oft besteht noch eine Follikelhöhle (Abb. 63).

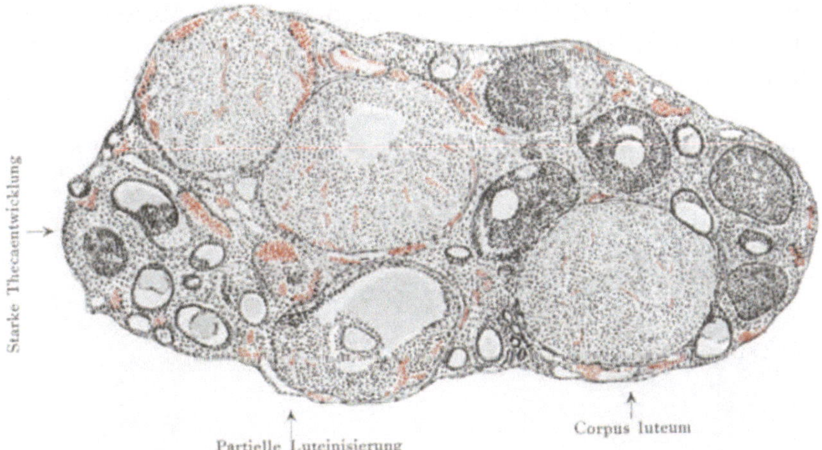

Abb. 63. Ovar der infantilen Maus 100 Stunden nach Implantation von Hypophysenvorderlappen. Wirkung des Luteinisierungshormons (HVH-B = Prolan B). Zahlreiche Corpora lutea (3 im Schnitt getroffen); ein Follikel mit partieller Luteinisierung; starke Proliferation der Theca-interna-Zellen an kleinen Follikeln (HVR III).

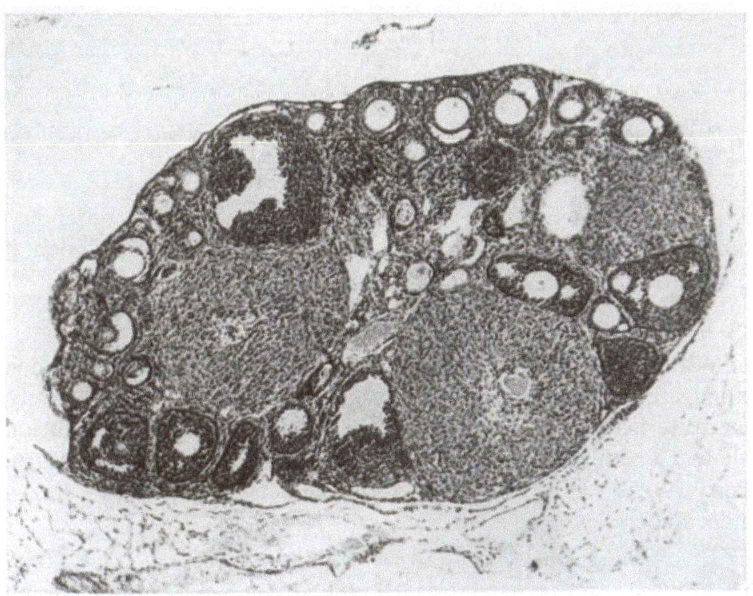

Abb. 64. Ovar der infantilen Maus etwa 100 Stunden nach Zuführung von Hypophysenvorderlappen. Im Schnitt ein Corpus luteum mit eingeschlossenem Ei = Corpus luteum atreticum (HVR III).

Ein Teil der Corpora lutea schließt das häufig degenerierte Ei (s. Abb. 64) ein, Blutergüsse (Blutpunkte) sind in ihnen nicht selten, ebenso wie in den Follikeln. Häufig findet sich eine partielle Umwandlung der Granulosazellen in Luteinzellen, und zwar finden sich die luteinösen Zellen in der Peripherie, so daß die nicht umgewandelten Granulosazellen meist nach der Mitte zu zusammengedrängt sind. Auch schließen sie häufig das Ei ein. Aber auch Corpora lutea ohne Eieinschlüsse werden beobachtet. Daß das Vorderlappenhormon die Follikelreifung

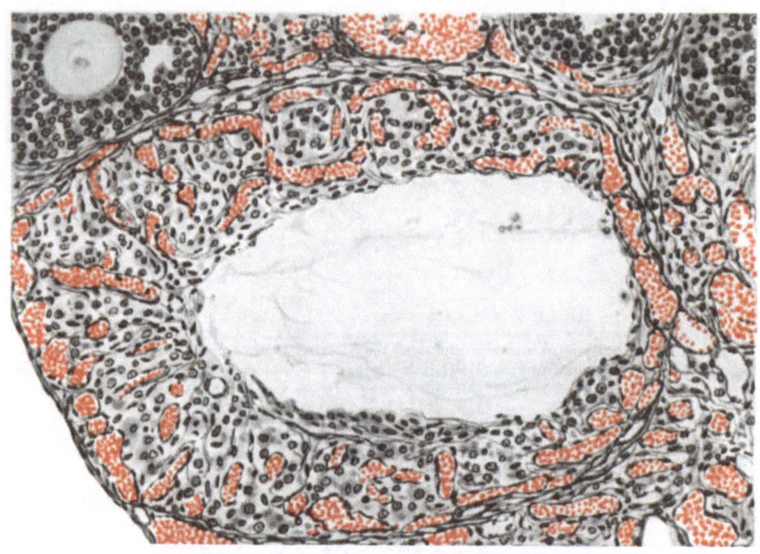

Abb. 65. Ovar der infantilen Maus nach Implantation von Hypophysenvorderlappen. Vascularisiertes Corpus luteum mit Höhle bei starker Vergrößerung.

auslöst, geht daraus hervor, daß es gelungen ist, das reifende mit Kernknäueln versehene Ei auf der Wanderung durch die Tuben festzustellen (Abb. 61).

HVR I—III.

Die Wirkung des Hypophysenvorderlappens äußert sich nach meinen Befunden am infantilen Ovarium in einer Trias von morphologisch genau charakterisierten und makroskopisch leicht erkennbaren Reaktionen, die ich in Gemeinschaft mit ASCHHEIM als Hypophysenvorderlappenreaktion I—III = HVR I—III bezeichnet habe. Im einzelnen folgendermaßen:

HVR I: Follikelreifung, Ovulation, Brunstauslösung.

Der Follikel wächst, es bildet sich eine Höhle mit Cumulus oophorus. Der Follikel reift und springt, die Eier treten in die Tube aus.

Unter der Wirkung des Vorderlappenhormons entsteht im reifenden Follikel das Follikelhormon (Folliculin), das seinerseits die Brunst des Tieres auslöst und zwar: Vergrößerung und Sekretfüllung des Uterus, Aufbau der Scheide mit Verhornung der obersten Zellagen, reines Schollenstadium im Scheidensekret (ALLEN-Test) (Abb. 58—61).

HVR II: Blutpunkte (Massenblutungen in den vergrößerten Follikel).

Das ganze Ovarium ist hyperämisch, die Gefäße sind stark erweitert. Spezifisch für das Vorderlappenhormon sind Massenblutungen in den vergrößerten, häufig luteinisierten Follikel. Die Blutung ist makroskopisch als scharf umschriebene, die Oberfläche des Ovariums überragende, blaurote bzw. blauschwarze, stecknadelkopfgroße Erhebung zu erkennen, von mir als „Blutpunkt" bezeichnet (Abb. 62, 84 u. 153).

HVR III: Luteinisierung, Bildung von Corpora lutea atretica.

Unter der Wirkung des Vorderlappenhormons luteinisieren die Thecazellen, ferner die Granulosazellen (zum Teil partiell). Hervorzuheben ist vor allem die Bildung von vascularisierten Corpora lutea mit eingeschlossenem Ei = Corpora lutea atretica (Abb. 63—65 u. 162).

Die Corpora lutea mit eingeschlossenem Ei, von uns als Corpora lutea atretica bezeichnet, hatten bereits LONG und EVANS in ihren Hypophysenversuchen beschrieben. Diese Corpora lutea sind vascularisiert, wobei allerdings die Zahl und Größe der Capillaren recht erheblich schwanken kann.

L. FRAENKEL[1] hat die Ansicht ausgesprochen, daß die unter der Wirkung des Vorderlappenhormons im infantilen Ovarium sich bildenden Corpora lutea nur Pseudo-Corpora-lutea wären, Gebilde, die mit der Blutbahn in keiner besonders engen Beziehung stehen, so daß sie nicht als endokrin funktionierende Körper anzusehen seien. Daß es sich bei den von uns als Corpora lutea atretica bezeichneten Gebilden um wirklich endokrin funktionierende, d. h. Hormon produzierende Gebilde handelt, geht aus folgenden Untersuchungen hervor:

1. TEEL, ein Schüler von EVANS, erzeugte durch intraperitoneale Vorderlappenzufuhr im Ovarium Corpora lutea. In die Uteri wurden Fäden eingebracht und unter der Wirkung der Corpora lutea entwickelten sich im Uterus Placentome (Deciduazellwucherung). Durch die Untersuchungen von L. LOEB und ROBERT MEYER wissen wir, daß derartige Placentome sich nur bilden können, wenn funktionierende Corpora lutea vorhanden sind. Daraus ergibt sich, daß die durch Vorderlappenzufuhr im Ovarium gebildeten Corpora lutea nicht Pseudo-Corpora-lutea, sondern funktionierende gelbe Körper sein müssen.

2. Ich injizierte (1928—1929) infantilen Kaninchen 14 Tage Prolan A u. B (1500—2100 RE) und erzielte[2] dadurch in den Ovarien eine Massen-

---

[1] L. FRAENKEL: Arch. Gynäk. **132**, 223 (1927).

[2] ZONDEK, B.: Vortrag auf dem 2. Dahlemer Abend im Kaiser-Wilhelm-Institut für Biologie, 23. XI. 1928. Zbl. Gynäk. **1929**, Nr 14, 836/838.

bildung von Corpora lutea. Die Uteri zeigten typische *prägravide* Umwandlung sowohl im makroskopischen wie im mikroskopischen Bild (s. Abb. 80 u. 81). Die fadendünnen Uterushörner sind in fingerdicke Gebilde von livider Farbe umgewandelt, so daß sie im Aussehen von einer jungen Gravidität kaum zu unterscheiden sind. Die Uterusschleimhaut ist mächtig gewuchert, polypös, zeigt zahlreiche Mitosen im Epithel und starke Hyperämie der Schleimhaut, kurz das Bild der prägraviden Schleimhaut. Wir wissen, daß die prägravide Umwandlung der Uterusschleimhaut beim Kaninchen (s. S. 388) erst nach dem Coitus einsetzt, daß die Schleimhautreaktion vom funktionierenden Corpus luteum abhängig ist. Da die Ovarien in meinen Versuchen mit gelben Körpern angefüllt waren, muß man annehmen, daß in diesen auch das Hormon (Progestin) produziert wurde, das den prägraviden Umbau der Scheidenschleimhaut ausgelöst hat, daß die durch das gonadotrope Hormon erzeugten gelben Körper also funktionieren.

3. Die mittels Vorderlappenhormon erzeugten Corpora lutea atretica enthalten Gefäße, allerdings in sehr wechselnder Zahl und nach Tierart verschieden. So fand ich im allgemeinen bei der Ratte eine viel bessere Gefäßentwicklung als

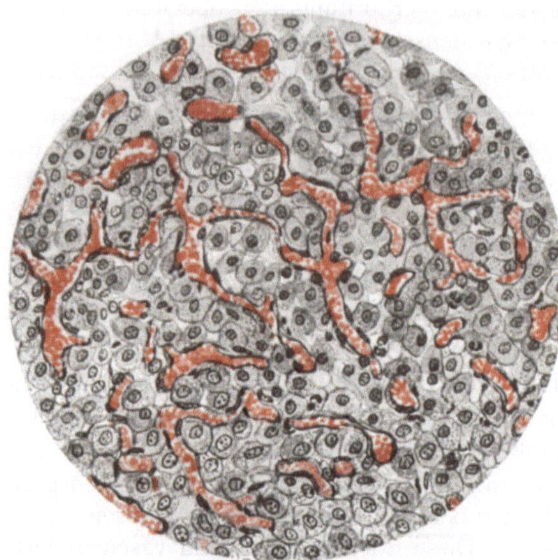

Abb. 66.

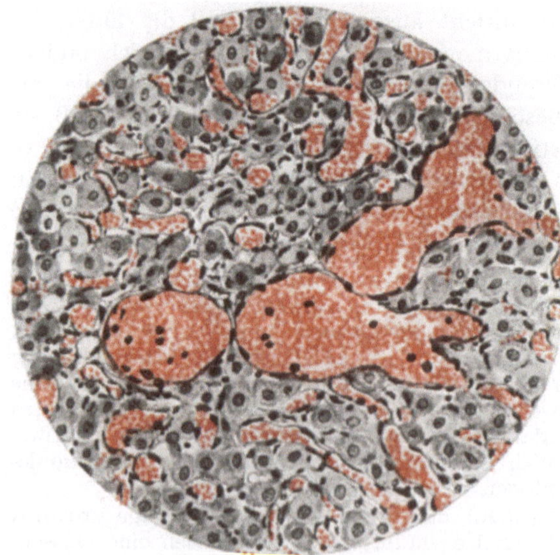

Abb. 67.

Abb. 66 und 67. Ovar der infantilen, 4 Wochen alten Ratte, nach Zuführung von gonadotropem Vorderlappenhormon (Prolan). Vascularisierte Corpora lutea.

bei der Maus. Man sieht die Zellen des gelben Körpers bei der Ratte häufig von einem Gefäßnetz umsponnen (Abb. 66 u. 67), so daß der obenerwähnte Einwand von FRAENKEL damit widerlegt sein dürfte.

Blutpunkt.

Ein besonders charakteristisches Gebilde sind die durch Vorderlappenhormon im Ovarium gebildeten Blutpunkte, die makroskopisch durch ihre scharfe Umgrenzung, ihre braunrote bzw. blauschwarze Farbe und das Überragen der Oberfläche so imponierend ins Auge fallen. Es sei gleich betont, daß man diese Gebilde durch gonadotropes Vorderlappenhormon bei der infantilen Maus viel exakter, regelmäßiger und schöner auslösen kann als bei der infantilen Ratte. Auch beim infantilen und geschlechtsreifen Kaninchen kann man durch Injektion von Prolan prachtvolle Blutpunkte erzeugen. Die Blutpunkte entstehen durch Massenblutung in große Follikel, bei denen die Eier zuweilen eingeschlossen sind. Diese charakteristische gonadotrope Vorderlappenreaktion kommt anscheinend nur im Ovarium des Nagetieres vor. Allerdings habe ich die Prolanwirkung bei anderen Tierarten nach dieser Richtung hin noch nicht genügend geprüft, um darüber abschließend urteilen zu können. — Bei der *nicht geschlechtsreifen* Maus und Ratte kommen Blutpunkte niemals vor. SOBOTTA hat die Blutpunkte bisweilen bei erwachsenen Mäusen, HAMMOND auch bei erwachsenen Kaninchen[1], besonders nach der Kohabitation und in der Gravidität gesehen.

Der Blutpunkt entsteht als Folge der durch Prolan bzw. Prosylan bedingten außerordentlichen Hyperämie des Ovariums, wobei eine Ruptur der den Follikel versorgenden Gefäße auftritt und dadurch eine Blutung in die — zuweilen schon luteinisierte — Follikelhöhle erfolgt. Die Blutpunkte sind also Follikelhämatome. Bei intraovarieller Injektion des Prolans (s. S. 228) konnte ich die Entstehung des Blutpunktes aus den Randgefäßen des Follikels genau verfolgen. Ich injizierte eine kleine Prolandosis (20 RE) in das Parenchym des linken Ovariums eines geschlechtsreifen 2450 g schweren Kaninchens, und zwar direkt oberhalb des Mesovariums, so daß die an der Oberfläche des Ovariums sitzenden Follikel durch die Injektion nicht tangiert wurden. Nach 24 Stunden waren im linken injizierten Ovarium drei Follikel in Blutpunkte umgewandelt, während im rechten nicht behandelten Ovarium nur klare Follikel sichtbar waren. Bei einem der Blutpunkte sieht man am Rande des Follikels eine deutlich ausgeprägte streifenför-

---

[1] Beim geschlechtsreifen Kaninchen treten, worauf schon HEAPE hingewiesen hat und ich bestätigen kann, Blutpunkte = Blutfollikel spontan auch ohne Kopulation auf. Ich verdanke Herrn Prof. A. LICHTENSTEIN (Stockholm) die Mitteilung, daß er bei einem infantilen 1250 g schweren Kaninchen Blutpunkte beobachtet habe. Ich selbst habe in Stockholm bei einem juvenilen 1500 g schweren Tier Blutpunkte gesehen. In Jerusalem fand ich eine Gravidität bei einem jungen 1200 g schweren Kaninchen! (s. S. 565).

mige Randblutung, die in das große Follikelhämatom übergeht (Abb. 160). In der vergrößerten Abbildung (161) erkennt man deutlich den Blutstreifen, der durch etwa vier Lagen Luteinzellen vom Follikelhämatom getrennt ist.

Durch welchen hormonalen Faktor, Prolan A oder B, der Blutpunkt ausgelöst wird, läßt sich nicht mit Sicherheit sagen, wahrscheinlich entsteht er durch die kombinierte Wirkung von A und B. Wie schon oben erwähnt, reagieren die verschiedenen Tierarten auf Prolan ganz verschieden, so hat z. B. die infantile Ratte viel seltener Blutpunkte als die infantile Maus, während der Blutpunkt beim Meerschweinchen durch Prolan nur selten zu erzielen ist. Schon daraus geht hervor, daß der Blutpunkt nur eine bei gewissen Tierarten auftretende Reaktionsform auf Prolan darstellt, die ihrerseits offenbar durch die verschiedenartige Beschaffenheit der ovariellen Gefäßwände bedingt ist. Der Blutpunkt ist also nicht — wie die Follikelreifung und Luteinisierung — eine obligatorische, bei allen Säugetieren, sondern nur eine fakultative, bei bestimmten Säugetieren auftretende Reaktionsform des Prolans. Wichtig ist aber, daß der Blutpunkt im Ovarium der infantilen Maus und Ratte — und meist auch beim Kaninchen — hormonal nur durch Prolan ausgelöst wird (durch chronische Alkoholzufuhr konnte ich geringfügige Follikelblutungen erzeugen [s. S. 66]), so daß *der Blutpunkt für den Nachweis des gonadotropen Hormons und die darauf basierenden diagnostischen Methoden von großer Bedeutung ist* (s. Schwangerschaftsreaktion S. 539 u. 564).

Wir haben gesehen, daß die gonadotropen Vorderlappenhormone nur auf dem Wege über die Sexualdrüsen wirken, so daß sie im *kastrierten* Organismus keine spezifische Reaktion entfalten. In Bestätigung unserer Ergebnisse hat FELS[1] die Frage untersucht, wie lange Zeit nach der Prolanzufuhr die Ovarien im Organismus vorhanden sein müssen, damit die Brunstwirkung zustande kommt. Hierbei fand er, daß man bereits etwa 30 Stunden nach der Hormonzuführung die Eierstöcke ohne Schaden für den Ablauf der nach 100 Stunden auftretenden Brunstreaktion entfernen kann. Exstirpiert man die Ovarien früher als 30 Stunden nach der Prolanzufuhr, so ist in den Ovarien noch nicht genügend Folliculin gebildet, um den Oestrus herbeizuführen. Interessant ist ferner die Feststellung, daß 30—50 Stunden nach Zufuhr von Prolan die Ovarien morphologisch noch nicht verändert sind, während das im Ovarium gebildete Folliculin bereits im Organismus kreist. Daraus ergibt sich, daß die Hormonproduktion, d. h. die Funktion der Follikelzellen früher einsetzt als die Follikelreifung, ferner daß man die beginnende Funktion der Follikelzellen anatomisch nicht feststellen kann, ein Beweis für die Überlegenheit der funktionellen Methodik gegenüber der morphologischen. — Weitere Untersuchungen über den Wirkungsmechanismus des Prolans werden im Kap. 22 u. 23 mitgeteilt.

---

[1] FELS, Arch. Gynäk. **141**, H. 1, 3 (1930).

21. Kapitel.

Die Produktion mehrerer gonadotroper Hormone im Hypophysenvorderlappen.

Sind Follikelreifungshormon (Prolan A) und Luteinisierungshormon (Prolan B) verschiedene Hormone? Unität oder Dualität?

Durch das gonadotrope Vorderlappenhormon werden also zwei ganz verschiedene Reaktionen ausgelöst:

1. Follikelreifung, Folliculinproduktion, Hyperplasie der Uterusmuskulatur, Proliferation der Uterusschleimhaut, östraler Aufbau der Vaginalschleimhaut (I. generative Phase) und

2. Corpus-luteum-Bildung, Progestinproduktion, Hypertrophie der Uterusmuskulatur, prägravide Umwandlung der Uterusschleimhaut (II. generative Phase).

Werden diese beiden Wirkungen durch denselben Stoff ausgelöst, oder werden zwei verschiedene Hormone in der Hypophyse produziert, von denen das eine, das Follikelreifungshormon (Prolan A), die I. generative Phase, das zweite, das Luteinisierungshormon (Prolan B), die II. generative Phase herbeiführt? Da es sich um so verschiedenartige biologische Wirkungen und um die Produktion von zwei verschiedenen Hormonen im Ovarium (Folliculin und Progestin) handelt, lag es nahe zwei verschiedene Hormone des Vorderlappens für die beiden Reaktionen im Ovarium verantwortlich zu machen. Hierfür sprachen besonders die Ergebnisse der auf dem Nachweis von Prolan beruhenden Schwangerschaftsreaktion aus dem Harn. Bei der Ausarbeitung der Reaktion erhielten wir von dem verstorbenen Kollegen Prof. HORNUNG etwa 50 Harne ohne Angabe der Diagnose, um die Genauigkeit der Reaktion im Blindversuch zu erproben. Hierbei wurde eine Fehldiagnose gestellt, es wurde eine Schwangerschaft diagnostiziert, in Wirklichkeit handelte es sich aber um ein großes Myom. Nach der Injektion des Harns traten im Ovarium der infantilen Maus große Follikel auf, im Scheidensekret war das Schollenstadium nachweisbar, hingegen waren Blutpunkte oder Corpora lutea nicht vorhanden. Es war also, wie wir jetzt sagen, die HVR I, nicht aber die HVR II und III positiv. Aus dieser Fehldiagnose folgerte ich seinerzeit, daß man zum Schwangerschaftsnachweis nur die HVR II und III, nicht aber die HVR I verwenden dürfe. Meine Erkenntnis, daß man die HVR I diagnostisch nicht verwerten dürfe, war für die Graviditätsreaktion bedeutungsvoll, da dies sonst eine Fehlerquelle von mindestens 10% haben würde, also praktisch als Reaktion unbrauchbar wäre (Näheres s. S. 536). Die Tatsache, daß die HVR I auch durch Harne von Nichtschwangeren (Klimax, Tumoren usw.) ausgelöst werden kann, und daß solche Harne nicht Luteinisierung bewirkten (s. Kap. 43 u. 44), mußte den Gedanken nahelegen, daß die verschiedenen HV-Reaktionen nicht durch ein, sondern mindestens durch zwei Hormone bedingt sind. In der Diskussion zu meinem am 14. XII. 1928 in der Berliner Gynäkologischen Gesellschaft gehaltenen Vortrag[1] „Weitere Untersuchungen zur Darstellung, Biologie und Klinik des Hypophysenvorderlappenhormons (Prolan)" berichtete ASCHHEIM[2], daß er in einem Fall aus Schwangerenharn ein Extrakt erhalten hatte, das Follikelwachstum und Follikelsprung ohne Luteinisierung erzeugte, in einem anderen Versuch erhielt er durch alkalische Extraktion aus dem Vorderlappen einen Wirkstoff, der nur Corpora lutea atretica ohne Follikelreifung auslöste. Weitere gleichartige Versuche[3] wurden kürzlich mitgeteilt. In diesen Ergebnissen sieht ASCHHEIM schon den Beweis, daß Follikelreifung und Luteinisierung durch zwei verschiedene Wirkstoffe ausgelöst werden. Die Tatsache, daß die HVR I für die Schwangerschaftsdiagnose nicht verwertet werden dürfe, hat auch andere Autoren [BRÜHL, EHRHARDT] bei vergleichenden Harnuntersuchungen zu der Auffassung von der Dualität der Hormone geführt.

Sind Prolan A und B verschiedene Hormone? In der ersten Auflage dieses Buches habe ich mich auf Grund meiner damaligen Untersuchungen dahin ausgesprochen, daß sehr vieles für die Dualität der Hormone spricht, daß die Frage aber erst endgültig wird entschieden werden können, wenn die Reindarstellung der beiden Hormone gelungen ist. Obwohl ich diese Frage in den verflossenen Jahren immer wieder untersucht habe, kann ich auch heute die Frage Unität oder Dualität des Prolans im Prinzip nicht anders als in der ersten Auflage beantworten. Eine große Zahl von Arbeiten sind in den letzten Jahren dieser Frage gewidmet worden. Ein Teil der Autoren spricht sich für die Unität, ein Teil für die Dualität des Prolans aus. Daß im Hypophysenvorderlappen zwei verschiedene Hormone (Follikelreifungs- und Luteinisierungshormon) produziert werden, wird von BRÜHL, CLAUS, DINGEMANSE, EHRHARDT, EMANUEL, HAMBURGER, HAUPTSTEIN, HEWITT, HILL u. PARKES, HISAW, FEVOLD u. LEONARD, DE JONGH, LIPSCHÜTZ, L. LOEB, MAGISTRIS, MANDELSTAMM, REISS, PICK u. WINTER, WATRIN, WIESNER u. CREW, WOLFE u. ELISON angenommen. Im Gegensatz dazu stehen (bzw. standen, s. unten) BLAIR-BELL, DODDS, VAN DYKE, H. M. EVANS u. SIMPSON, F. LAQUER, SCHULTZE-RHONHOF, WALLEN-LAWRENCE auf dem Standpunkt, daß es sich um ein einheitliches Hormon handelt, daß je nach der quantitativen Zuführung Follikelreifung bzw. Luteinisierung hervorrufe.

---

[1] ZONDEK, B.: Z. Geburtsh. **95** (1928). Zbl. Gynäk. **1929**, Nr 14, 834.
[2] ASCHHEIM, S.: Z. Geburtsh. **95** (1928).
[3] Arch. Gynäk. **155**, 44 (1934).

In den 6 Jahren, in denen ich micht mit der vorliegenden Frage beschäftige, war ich wiederholt der Ansicht, daß mir die Isolierung der Hormone gelungen sei. Glaubte ich nach einer großen Versuchsserie die Dualität der Hormone bewiesen zu haben, so sprach ein anderer Versuch für die Unität, d. h. für die Abhängigkeit der verschiedenen Reaktionen (Follikelreifung und Luteinisierung) von der Hormondosis. So kann ich auch verstehen, daß H. M. Evans, ein Gegner der Dualität, in seinen neuen Arbeiten[1] schreibt, daß sein synergischer Faktor weder mit der Follikelreifungsfraktion (Prolan A), noch mit der Luteinisierungsfraktion (Prolan B) identisch ist, sondern ein drittes gonadotropes Hormon des Vorderlappens sei (s. S. 215 u. 255). Evans scheint demnach der Annahme von der Dualität des Prolans nicht mehr so ablehnend gegenüber zu stehen wie früher, wie dies auch aus der Arbeit von O. Swezy aus dem Evansschen Institut hervorgeht (Berkeley, 1933). So hat sich auch die Ansicht von Wallen-Lawrence geändert, die oben unter den Anhängern der unitarischen Auffassung genannt wurde, kürzlich aber selbst eine Methode zur Trennung von Prolan A und B aus dem Hypophysenvorderlappen beschrieben hat[2].

Bei der Prüfung der vorliegenden Frage muß man eine Reihe von Fehlerquellen berücksichtigen, da man sonst leicht zu falschen oder zum mindesten zu voreiligen Schlüssen kommen kann. Man darf sich nicht mit der Prüfung an einer Tierart begnügen. Insbesondere darf man sich nicht nur auf Versuche an infantilen Mäusen beschränken, weil der individuelle Reaktionsunterschied bei diesen Tieren besonders groß ist. Injizieren wir infantilen Mäusen Vorderlappenextrakte oder Schwangerenharn, so können wir mit derselben Hormonlösung, mit demselben Harn bei einem Tier vielleicht überhaupt keine Reaktion auslösen, bei der zweiten Maus Follikelreifung und Brunst (HVR I), bei der dritten Maus nur Blutpunkte (HVR II) und bei der vierten Corpora lutea mit Verhinderung der Brunst (HVR III). Wir sehen nicht selten, daß man mit demselben Schwangerenharn in einem Versuch an 5 Tieren stets positive Resultate erhält, während der gleiche Harn in einer zweiten Versuchsserie nur bei einem Tier positiv ausfällt. So können wir also mit derselben Dosis desselben Harns in einem Ovarium nur reifende Follikel (HVR I), in einem anderen Ovarium nur Corpora lutea (HVR III) erzeugen.

Um die Fehlerquelle durch individuelle Reaktionsunterschiede näher zu untersuchen, habe ich im letzten Jahre meine Versuche monatelang mit demselben Prolanpräparat durchgeführt, das als Trockenpräparat im Vakuum aufbewahrt und vor dem Versuch jedesmal frisch gelöst wurde. Die Wertigkeit des Prolans nimmt bei geeigneter Aufbewahrung

---

[1] Evans, H. M. c. s.: J. of exper. Med. **58** (1933).
[2] Wallen-Lawrence: J. of Pharmacol. **51**, Nr 3, 263 (1934).

nicht ab. Ich habe, um ein Beispiel anzuführen, das *gleiche* aus Gravidenharn dargestellte Präparat an 300 infantilen Ratten, 40 Mäusen und
30 Kaninchen geprüft. Hierbei ergab sich, daß man an der Ratte die zur
Auslösung der HVR I (Follikelreifung und Brunst) notwendige Dosis stets
ganz exakt bestimmen konnte, der Prolan-A-Gehalt des Präparates konnte
also im Rattenversuch auf das Genaueste festgelegt werden. Dasselbe
Präparat wurde nun 40 infantilen Mäusen in steigenden Dosen injiziert,
wobei es nur ein einziges Mal gelang die HVR I auszulösen. Ob man bei
der Maus 1 RE, oder 2, 3, 4, 5, 10, 50, 100, 500, 800 RE injizierte, war
gleichgültig, die A-Reaktion war mit diesem Präparat an der Maus nicht
auslösbar. Die Prolan-B-Reaktion war sowohl an der Ratte, wie an der
Maus, wie am Kaninchen prompt zu erzielen. Hätte ich dieses Präparat
nur an der Maus geprüft, so hätte ich geglaubt, ein reines Prolan-B-Prä-
parat in der Hand zu haben. Weshalb ich gerade mit diesem Präparat an
der Maus die HVR I nicht auslösen konnte, kann ich nicht sagen. Die
Tatsache besteht und lehrt uns, daß man sich mit der Prüfung an
einer Tierart nicht begnügen darf, wenn man die Frage entscheiden will,
ob eine Fraktion Prolan A oder B enthält. Aus dem Befund, daß man
mit verschiedenen Konzentrationen eines Präparates bei der Maus die
HVR I nicht auslösen kann, darf man also noch nicht schließen, daß diese
Fraktion frei von Prolan A ist. Daher können meines Erachtens auch
die oben (S. 204) erwähnten nur an Mäusen ausgeführten Versuche von
ASCHHEIM nicht als beweiskräftig angesehen werden, zumal die quantitativen Verhältnisse nicht berücksichtigt wurden.

Prüft man die Präparate an Ratten, so ist eine Fehlerquelle möglich,
auf die meines Wissens bisher in der Literatur noch nicht hingewiesen
wurde. Zur Titration des Prolans injiziert man das zu untersuchende Präparat jetzt allgemein, wie ich dies seinerzeit angegeben habe (s. S. 233),
in sechs Dosen im Verlauf von 36 Stunden. Beginnt man den Versuch
Montag früh, so werden die Tiere 96—100 Stunden nach Beginn des
Versuches, also am Freitag vormittag getötet (5. Versuchstag). In dieser
Zeit sind bei der infantilen Maus die durch Prolan hervorgerufenen
Corpora lutea voll entwickelt. Bei der Ratte sieht man aber nach dieser
Zeit häufig keine Corpora lutea und schließt daraus, daß hier nur Follikelreifungshormon wirksam gewesen ist. Führt man aber die Versuche so aus,
daß man nach 100 Stunden (am 5. Versuchstag) nur ein Ovarium entfernt
das zweite aber erst 24 Stunden später, also nach 120 Stunden (6. Tag),
so kann man am zweiten Ovar oft Corpora lutea finden, am ersten aber
nicht. Die durch Prolan bedingte Ausbildung des Corpus luteum kann
also bei der infantilen Ratte 20 Stunden länger dauern als bei der infantilen Maus. Deshalb töte ich die Ratten erst 120 Stunden nach Beginn des Versuches, also am 6. Versuchstag. Berücksichtigt man die längere
Dauer, die zur Entwicklung des Corpus luteums bei der Ratte notwendig
ist, nicht, so kann man auch dadurch zu falschen Resultaten kommen.

Mit einigen Fraktionen, die weder bei der Maus, noch bei der Ratte zur Corpus-luteum-Bildung führten, konnte ich diese Reaktion beim juvenilen 1600 g schweren Kaninchen prompt auslösen, wenn das Präparat intravenös injiziert wurde. Die Reaktion (HVR III) kann schon nach 48 Stunden auftreten, es ist aber auch beim Kaninchen sicherer 96 Stunden zu warten. Aus den beschriebenen Versuchen ergibt sich, das sei noch einmal zusammenfassend betont, daß man *zur Entscheidung, ob ein Präparat Prolan A oder B enthält, die Untersuchungen an drei Tierarten, d. h. an Mäusen, Ratten und Kaninchen ausführen muß, da man sonst leicht zu Fehlschlüssen kommen kann* (s. S. 235 u. 241).

FEVOLD, HISAW u. LEONARD[1] fanden, daß die Verteilung einer Prolandosis auf 4 Tage zu größeren Effekten am Ovarium führt, als wenn man dieselbe Dosis nur 2 Tage gibt. Besonders deutlich wird der Unterschied, wenn man am 1. und 2. Versuchstage Follikelreifungshormon und am 3. und 4. Tag Luteinisierungshormon injiziert. Bei dieser Versuchsanordnung sieht man im Ovarium der infantilen Ratte viele Corpora lutea und besonders Blutpunkte. Gleichartige Versuche machte auch ASCHHEIM[2]. Infantile Mäuse erhielten zuerst Follikelreifungshormon, das nach meinen Angaben durch Alkoholfällung aus Kastratenharn dargestellt war, und anschließend alkalische, nach der EVANSschen Methode hergestellte Hypophysenextrakte (Luteinisierungshormon). Bei diesen Tieren konnte Follikelsprung erzielt werden, in den Tuben waren Eier nachweisbar. ASCHHEIM schließt aus diesen Versuchen, daß das Luteinisierungshormon den Follikelsprung herbeiführt, nachdem das Follikelreifungshormon die Follikelreifung ausgelöst und die Granulosazellen für das Prolan B sensibilisiert hat. Der Einfluß des gonadotropen Hormons auf den Follikelsprung wird im Kap. 22 ausführlich erörtert werden. Hier sei nur erwähnt, daß die ASCHHEIMschen Versuche schon von der Voraussetzung ausgehen, daß zwei verschiedene Hormone im Prolan vorhanden sind, so daß der quantitative Gesichtspunkt überhaupt nicht zur Geltung kommt. Bevor man entscheiden kann, ob bestimmte Fraktionen, z. B. ein Prolanpräparat aus Kastratenharn oder ein Extrakt aus Hypophysenvorderlappen, bei kombinierter Anwendung eine bestimmte biologische Wirkung — hier also den Follikelsprung — herbeiführen, muß zunächst im Kontrollversuch geprüft werden, ob nicht jede Fraktion für sich allein bei derselben Versuchsanordnung (4tägige Injektion) wirksam ist. Ich habe[3] (Näheres S. 221) mit demselben aus Gravidenharn hergestellten Prolan A und B enthaltenden Präparat den Follikelsprung und Eiaustritt herbeiführen können, wenn ich eine genaue quanti-

---

[1] FEVOLD, H. L., HISAW, F. L. a. LEONARD, L.: Amer. J. Physiol. **92**, 298 (1931).

[2] ASCHHEIM, S.: Arch. Gynäk. **144** (1931).

[3] ZONDEK, B.: Nicht publiziert.

tative Versuchsanordnung wählte. Wenn ich z. B. an den beiden ersten Versuchstagen einer infantilen Ratte zusammen genau 1 RE injizierte, am 3. Versuchstag abends 2 RE, am 4. Versuchstag früh und abends je 1 RE, so waren am Abend des 5. Versuchstages Eier in den Tuben nachweisbar. Da ASCHHEIM seine beiden Extrakte nicht einzeln bei 4tägiger Zufuhr in steigenden Dosen auf ihre Ovulationswirkung geprüft hat, folgerte er, daß der am 3. Versuchstag injizierte B-haltige Vorderlappenextrakt den Follikelsprung verursache. Meine Versuche zeigen, daß man nicht, wie ASCHHEIM es tat, verschiedenartige Präparate (aus Kastratenharn und aus Hypophysenvorderlappen) zu benutzen braucht, sondern daß man mit demselben aus Schwangerenharn gewonnenen Präparat den Follikelsprung auslösen kann, wenn man eine bestimmte quantitative Versuchsanordnung einhält (s. S. 221).

Folgender Einwand kann gemacht werden. Wenn ich mit demselben A- und B-haltigen Prolan den Follikelsprung dadurch auslöse, daß ich an den beiden ersten Tagen 1 RE, am 3. und 4. Versuchstage aber eine höhere Prolandosis injiziere, so gebe ich mit dieser höheren Dosis auch mehr Prolan B, und dadurch könnte der Follikelsprung bedingt sein. Immerhin sprechen meine Follikelsprungversuche mehr für die Unität des Prolans, denn wenn ich mit demselben Präparat durch verschiedene Dosierung verschiedene biologische Effekte erziele, so wird man die naheliegende Schlußfolgerung ziehen, daß die verschiedenen Wirkungen durch verschiedene Quantitäten desselben Stoffes herbeigeführt werden. Die Versuche lehren, wie leicht man zu unrichtigen Schlußfolgerungen kommen kann, selbst wenn man einen so augenfälligen Test wie den Nachweis von Tubeneiern benutzt. Die Ergebnisse der Follikelsprungversuche können meines Erachtens für die Entscheidung der Frage Unität oder Dualität des Prolans bisher nicht als beweiskräftig angesehen werden. Im übrigen dürfte der Follikelsprung an sich kein geeigneter Test zur Entscheidung dieser Frage sein.

Für unsere Frage sind die chemischen Untersuchungen zur Isolierung der Hormone von besonderer Bedeutung. HEWITT[1] teilte 1929 mit, daß er durch alkalische Extraktion aus Hypophysenvorderlappen eine wachstumsfördernde und zugleich brunsthemmende Wirkung auslösen konnte. Sein Extrakt enthielt also das EVANsche Wachstumshormon und anscheinend das Luteinisierungshormon des Hypophysenvorderlappens. Bei saurer Extraktion und Dialyse oder Ultrafiltration des mit Kaolin geschüttelten Vorderlappenextraktes erzielte HEWITT hingegen nur Follikelreifung, so daß also unter diesen verschiedenen Versuchsbedingungen Prolan A und B aus dem Vorderlappen getrennt zu gewinnen waren. Besonders eingehend haben sich FEVOLD[2], HISAW, LEONARD,

---

[1] HEWITT: Biochem. J. 23, 718—725 (1929).
[2] FEVOLD c. s.: Amer. J. Physiol. 97, 291 (1931); 104, 710 (1933).

HELLBAUM und HERTZ mit der Isolierung der beiden Hormone beschäftigt. Ein wäßriges Pyridinextrakt aus Trockenpulver des Hypophysenvorderlappens konnte in zwei Fraktionen zerlegt werden. Die wasserlösliche Fraktion bewirkte Follikelwachstum bei infantilen Ratten und Kaninchen, aber relativ wenig Luteinisierung. Die zweite, viel weniger wasserlösliche Fraktion hatte kaum eine Wirkung auf die Follikelreifung, wirkte aber sehr stark luteinisierend. Die Autoren schlossen aus ihren Versuchen, daß die Follikelreifung einerseits und die Corpus-luteum-Bildung andererseits durch zwei verschiedene Wirkstoffe des Vorderlappens ausgelöst wird, sie betonen aber ausdrücklich, daß ihnen die Trennung der beiden Hormone noch nicht vollständig gelungen sei. Durch alkalische Extrakte des Hypophysenvorderlappens konnten auch REISS, SELYE u. BALINT[1] totale Luteinisierung bei der infantilen Ratte erzielen. — In eigenen Versuchen[2] konnte ich zeigen, daß Prolan im Harn von kastrierten Menschen, im Klimakterium und bei Frauen mit Genitalcarcinom in erhöhter Menge ausgeschieden wird (s. Kap. 43 u. 44). Aus diesen Harnen kann das Prolan mittels der Alkoholfällungsmethode gewonnen werden (s. S. 239). Beim Vergleich des aus Gravidenharn und aus Carcinomharn gewonnenen Prolans fand ich nun folgende Unterschiede: Bestimme ich die Dosis, die bei der infantilen Maus oder Ratte zur Auslösung des Oestrus notwendig ist — also 1 ME oder 1 RE Prolan A —, so ist die minimalste zur Corpus-luteum-Bildung notwendige Dosis verschieden, je nachdem man Prolan aus Graviden- oder Carcinomharn verwendet. Beim Prolan aus Carcinomharn muß man zur Auslösung der Luteinisierung — also zur B-Reaktion — ein Vielfaches derjenigen Dosis geben, die beim Prolan aus Gravidenharn notwendig ist. Die Proportion zwischen Follikelreifungs- und Luteinisierungsdosis ist also beim Prolan je nach dem Ausgangsmaterial verschieden. Würden beide Reaktionen (Follikelreifung, Luteinisierung) durch denselben Stoff ausgelöst werden, so müßte die Dosis, mit der man die HVR I auslöst, zu der Menge, welche die HVR III bewirkt, stets in gleichem Verhältnis stehen. Dies ist aber nicht der Fall. Das Verhältnis von A zu B ist im Kastratenharn, Carcinomharn usw. zugunsten von A weit verschoben. In diesen Befunden sehe ich die bisher stärkste Stütze für unsere Auffassung von der Dualität der Prolane. Folgendes ist dabei hervorzuheben: In jedem Organismus kreist A und B, in jedem Harn wird daher A und B in geringen Mengen ausgeschieden. Wenn ich Prolan A aus Carcinomharn darstelle, so kann bei starker Fällungskonzentration auch Prolan B in dem gewonnenen Präparat in geringer Menge vorhanden sein. So konnte ich — wie schon 1930[2] und auch in der ersten Auflage dieses Buches berichtet wurde — mit einem durch

---

[1] REISS, M., SELYE, H. u. BALINT, J.: Endokrinol. 8, 15, 259 (1931).
[2] ZONDEK, B.: Klin. Wschr. 1930, Nr 9, 15 u. 26.

Zondek, Hormone. 2. Aufl. 14

Fällung 5fach konzentrierten Prolanpräparat aus Carcinomharn nur die Prolan-A-Reaktion, nach 50facher Konzentration aber auch die B-Reaktion auslösen. Im Kastraten-, Carcinomharn usw. ist also auch Prolan B in geringer Menge vorhanden, nur ist das Verhältnis von A zu B zugunsten von A weit verschoben. F. LAQUER[1] konnte bei Nachprüfung meiner Untersuchungen aus 28 Liter Carcinomharn mittels Alkoholfällung 7,9 g eines gereinigten Produktes erhalten, das pro Gramm 150 RE Prolan enthielt. Somit waren in 1 Liter Carcinomharn rund 43 RE Prolan vorhanden. Wurde dieses Präparat 21 Tage lang in Tagesdosen von 2,5 RE infantilen Mäusen oder 21 Tage in Dosen von 10 und 25 RE infantilen Ratten subcutan injiziert, so waren in den Ovarien zahlreiche Corpora lutea nachweisbar. Dieser Befund deckt sich mit meiner Angabe, daß man durch große Dosen von Prolan aus Carcinomharn auch Corpora lutea erzeugen kann. Ich konnte, wie oben gesagt, mit einem durch Alkoholfällung 50fach konzentrierten Prolanpräparat aus Carcinomharn die HVR III auslösen, LAQUER erzielte denselben Effekt durch langdauernde, d. h. 21tägige Zufuhr. Aus diesen Ergebnissen kann man nur schließen, daß der Carcinomharn auch Prolan B enthält. Man kann aber nicht daraus folgern, daß die A- und B-Reaktion nur von der quantitativen Hormonzufuhr abhängig ist, dazu sind die Versuche von LAQUER, wenn ich so sagen darf, etwas zu grob, sie berücksichtigen nicht die proportionale Beziehung zwischen A und B im Carcinomharn im Vergleich zum Gravidenharn.

Hierbei muß die Frage diskutiert werden, ob die Auslösung der Luteinisierung durch große oder lange Zeit verabfolgte Mengen von Prolan A mit Sicherheit gegen die Reinheit des angewandten Prolan-A-Präparates spricht. Man muß an die Möglichkeit denken, daß man durch eine große Prolan-A-Dosis den Hypophysenvorderlappen selbst zur Produktion von Luteinisierungshormon stimuliert, oder daß diese Anregung auf dem Wege über das unter dem Einfluß von Prolan A im Follikelapparat produzierte Folliculin vor sich geht. Daß das Folliculin unter Umständen auf den Hypophysenvorderlappen stimulierend rückwirken kann, wird an anderer Stelle erörtert (s. S. 403). So ist also die Möglichkeit nicht auszuschließen, daß große Prolan-A-Dosen von sich aus durch direkte oder indirekte Stimulierung des Vorderlappens die Prolan-B-Produktion in Gang bringen. Ist dies der Fall, so wird man durch Prolan A, obwohl es ein von B verschiedenes Hormon ist, unter Umständen auch die B-Wirkung auslösen müssen. An sich kann die Frage der Unität oder Dualität nur dadurch einwandfrei entschieden werden, daß die isolierten Stoffe in verschiedenster Konzentration immer nur Follikelreifung oder Luteinisierung bewirken. Wenn aber die Möglichkeit be-

---

[1] LAQUEUR, F., DÖTTL, K. u. FRIEDRICH, H.: Medizin u. Chemie, I.G. Farben 2, 117 (1934).

steht — und sie kann nicht absolut negiert werden —, daß man durch Prolan A unter Umständen auch die Luteinisierung sekundär auslöst, so ist die vorliegende Frage definitiv überhaupt nicht zu klären. Dann wird man durch große oder lange verabreichte Dosen des aus Carcinomharn gewonnenen Prolan A schließlich auch die Luteinisierung auslösen (s. oben), ohne daß dieser Befund absolut gegen die Dualität des Prolans und die Reinheit des angewandten Präparates spricht.

Die Tatsache, daß ich aus Kastraten- oder Carcinomharn Prolan A gewinnen konnte (s. S. 239), und daß FEVOLD, HISAW u. LEONARD sowie neuerdings WALLEN-LAWRENCE aus dem Hypophysenvorderlappen A u. B trennen konnten (s. S. 205 u. 209), spricht für die Dualität der Hormone, wenn die Isolierung auch noch nicht in dem Sinne gelungen ist, daß die Präparate als rein zu betrachten sind, was nach dem eben Gesagten festzustellen vielleicht gar nicht möglich ist. Prolan A und B stehen sich chemisch wahrscheinlich sehr nahe. Sie werden beide, wie ich schon in der ersten Auflage mitteilte, durch Alkohol oder Aceton gefällt und durch Äther und Benzol nicht gelöst, beide werden durch starke Säuren und Alkalien angegriffen. In den Untersuchungen über die Thermo- und Photostabilität des Prolans haben H. v. EULER und ich[1] im wesentlichen die Prolan-A-Reaktion geprüft (s. S. 245—253). In einer Reihe von Versuchen, die in unserer Arbeit nicht erwähnt wurden, zeigten sich zwischen der A- und B-Reaktion keine Unterschiede. So ergab eine Prolanlösung, die 36 Stunden bei 20^0 von Sauerstoff durchströmt war, einen gleichartigen Aktivitätsverlust von 80% sowohl gegenüber der Follikelreifungs- wie der Luteinisierungswirkung. Auch bei Einwirkung von Wasserstoffsuperoxyd auf Prolan (0,1%ige Prolanlösung wird inbezug auf H_2O_2 1%ig gemacht und nach 40stündigem Stehen bei 20^0 das H_2O_2 durch die Katalasewirkung von 3 Tropfen Blut entfernt) tritt in gleicher Weise ein 70%iger Aktivitätsverlust bezüglich der A- und B-Wirkung ein.

Bisher wurden folgende Fragen diskutiert:

1. Sind Prolan A und B zwei verschiedene Hormone oder

2. ist Prolan ein einheitliches Hormon, das in kleinen Dosen Follikelreifung, in großen Dosen Luteinisierung bewirkt?

Es ist also bisher die Frage erörtert worden, ob die beiden verschiedenen Ovarialreaktionen (Follikelreifung und Luteinisierung) durch qualitativ verschiedene Stoffe oder durch verschiedene Quantitäten desselben Stoffes ausgelöst werden. Nun besteht noch eine dritte Möglichkeit. Man könnte sich denken, daß im Hypophysenvorderlappen nur *ein* gonadotropes Hormon produziert wird und zwar das Follikelreifungshormon, während die Luteinisierung auf folgende Weise erfolgt:

a. Durch ein in den reifenden Follikelzellen entstehendes Luteinisierungshormon,

---

[1] v. EULER, H. u. ZONDEK, B.: Skand. Arch. Physiol. **83**, 232 (1934).

b. durch ein im reifenden Ei entstehendes Luteinisierungshormon,

c. durch die Einwirkung des in den Follikelzellen entstehenden Folliculins auf die Hypophyse oder andere endokrine Drüsen,

d. durch Zusammenwirkung eines oder mehrerer Hormone anderer endokriner Drüsen mit dem Follikelreifungshormon, so daß dieses durch einen anderen Stoff in das Luteinisierungshormon umgewandelt wird.

e. Durch Umwandlung von Follikelreifungs- in Luteinisierungshormon in den reifenden Follikelzellen.

Ad a: Die Frage, ob unter der Einwirkung des gonadotropen Hormons in den reifenden Follikelzellen neben dem Folliculin noch ein Luteinisierungshormon produziert wird, ist bisher nicht untersucht worden. Man könnte die Versuche auf folgende Weise ausführen: Infantile Ratten erhalten Prolan aus Carcinomharn. 48—72 Stunden nach Beginn der Zuführung, also am 3. oder 4. Versuchstag werden die unter der Einwirkung des Prolans in den Ovarien entstandenen reifen Follikel herauspräpariert und einige davon infantilen Mäusen oder Ratten implantiert. Wenn in den reifenden Follikelzellen ein Luteinisierungshormon vorhanden ist, so müßte man durch die Follikelimplantation die HVR III auslösen können.

Die Befunde beim Kaninchen sprechen gegen diese Auffassung. Beim geschlechtsreifen Kaninchen — insbesondere beim brünstigen Tier — finden sich stets sprungreife Follikel, ohne daß es zur Corpus-luteum-Bildung kommt. Die Corporea lutea entstehen erst nach der Kohabitation, der Reiz zur Corpus-luteum-Bildung geht, wie PARKES und FEE bewiesen haben (s. S. 219) vom Hypophysenvorderlappen aus. Die Corpusluteum-Bildung ist also von der Mitwirkung des Vorderlappens abhängig. Daß in den reifenden Follikelzellen ein Luteinisierungshormon gebildet wird, ist also höchst unwahrscheinlich.

Ad b: Das reifende Ei ist für die Generationsvorgänge im Ovarium funktionell ohne jede Bedeutung. Die Umwandlung des Follikels in das Corpus luteum ist vom Ei nicht abhängig, wie dies durch Versuche am eilosen Follikel bewiesen werden konnte (s. S. 320). Im Ei kann also das Luteinisierungshormon nicht entstehen.

Ad c: Zur Prüfung dieser Frage machte ich folgende Versuche[1]: Infantile Ratten erhielten subcutan Prolan, das nur Follikelreifung und Brunst, nicht aber Luteinisierung auslöste. Am 3. Versuchstag wurden je 10 RE Folliculin injiziert, also die 10fache zur Auslösung der Brunst notwendige Hormondosis. Die Tiere wurden am 6. Tag getötet, ein Einfluß auf die Luteinisierung konnte nicht festgestellt werden (s. S. 103). Wenn auch durch den Folliculinstoß (10 RE) zur Zeit der Follikelreifung eine Wirkung auf die Hypophyse der infantilen Ratte nicht zu erzielen war, so sprechen andere Versuche (s. S. 404) doch dafür, daß man durch sehr *große*

---

[1] ZONDEK, B.; Nicht publiziert.

Folliculindosen die Luteinisierung auch beim infantilen Tier durch Stimulierung des Vorderlappens zuweilen bewirken kann, während die reaktivierende Wirkung beim senilen Tier schon durch relativ kleine Folliculindosen gelingt (s. S. 102). Es besteht demnach die Möglichkeit, daß das unter dem Einfluß des Prolan A produzierte Folliculin — irgendwie auf die Hypophyse rückwirkend — die Prolan-B-Produktion beeinflußt. Die Frage, ob das Folliculin auf dem Wege über andere endokrine Drüsen (Nebenniere?) an der Luteinisierung mitwirkt, ist bisher nicht diskutiert und nicht untersucht worden. Man könnte sich denken, daß das Folliculin in einer anderen Drüse einen Stoff mobilisiert, der die Luteinisierung bewirkt oder an der Luteinisierung mitwirkt.

Ad d: Während die Follikelreifung (HVR I) durch das gonadotrope Reifungshormon ausgelöst wird, könnte die Luteinisierung ein komplexer Vorgang sein. Er könnte dadurch bedingt sein, daß das Reifungshormon der Mitwirkung anderer Hormone zur Luteinisierung bedarf — ich erinnere an den synergischen Faktor, auf den ich noch zu sprechen komme, — oder daß das Reifungshormon durch andere Wirkstoffe in das Luteinisierungshormon umgewandelt wird. Hier wäre in erster Reihe an die Nebenniere zu denken, da Nebennierentumoren häufig zu sexueller Frühreife führen. Ich habe mich mit der vorliegenden Frage 1930 beschäftigt, diese Versuche aber nicht publiziert, weil sie negativ ausgefallen waren. Infantilen Mäusen und Ratten wurden unterschwellige Prolandosen gegeben und gleichzeitig Nebennieren mehrmals implantiert oder Nebennierenpreßsäfte injiziert, ohne daß Luteinisierung ausgelöst werden konnte.

Im letzten Jahre habe ich diese Versuche dahin ergänzt[1], daß ich infantilen Ratten an den beiden ersten Versuchstagen eine nicht luteinisierende Prolandosis injizierte und am 3. und 4. Versuchstag Nebennieren von Ratten oder Meerschweinchen implantierte, um durch diese Wirkstoffe die eben reifenden Follikel in Corpora lutea umzuwandeln. Diese Versuche unterscheiden sich insofern von den 1930 ausgeführten, als jetzt die Tiere nur während einer kurzen Zeit, und zwar zur Zeit der durch Prolan bedingten Follikelreifung dem Einfluß der Nebennierenstoffe ausgesetzt wurden. Auch diese Versuche fielen negativ aus. (Die Nebennierenversuche wurden an 190 Tieren ausgeführt.) Hingegen fanden WINTER, REISS u. BALINT[2], daß Prolan bei nebennierenlosen Ratten viel seltener eine Luteinisierung auslöse als bei Kontrolltieren. Diese Versuche können dahin gedeutet werden, daß ein oder mehrere Nebennierenstoffe notwendig sind, um durch Prolan auch die Luteinisierung auszulösen. Diese Ergebnisse müssen weiter verfolgt werden. Wenn wirklich ein Nebennierenstoff für die Luteinisierungswirkung des Prolans erforderlich sein soll, so hätte ich bei meinen Versuchen durch die kombinierte Zu-

---

[1] ZONDEK, B.: Nicht publiziert.
[2] WINTER, K. A., REISS, M. u. BALINT, J.: Klin. Wschr. 4, 146 (1934).

fuhr von Prolan und Nebennierenwirkstoff eine erhöhte luteinisierende Wirkung erzielen müssen, was aber nicht der Fall war. Immerhin könnte der Ausschaltungsversuch, d. h. der Versuch am nebennierenlosen Tier, vielleicht aufschlußreicher sein.

Meine Versuche[1] über den Wirkungsmechanismus des Prolans haben ergeben, daß man bei Injektion des Prolans in das in seiner Blutzufuhr gedrosselte Ovarium (intraovarielle Injektion) die gonadotropon Reaktionen mit 50% derjenigen Prolandosis auslösen kann, die bei intravenöser Zufuhr notwendig ist (s. S. 228). Die Tatsache, daß das Prolan im Ovarium spezifisch wirkt, obwohl die Blutzufuhr bei diesen Versuchen stark vermindert ist, spricht bis zu einem gewissen Grade wohl gegen die Auffassung, daß noch ein anderer Stoff neben dem Prolan für die Luteinisierung notwendig ist. Allerdings stehen die Ovarien bei diesen Versuchen durch kleine Gefäße mit der Gesamtzirkulation in Verbindung (s. Abb. 72) und die Ovarien selbst werden ernährt, so daß eine Zufuhr anderer hormonaler Wirkstoffe zum Ovar zwar erschwert, aber doch möglich ist.

Die Frage, ob Prolan anderer Wirkstoffe zur Auslösung der Luteinisierung bedarf, ist also noch nicht geklärt und muß weiter studiert werden.

Ad e. Man muß auch an die Möglichkeit denken, daß das Prolan A erst in den Follikelzellen in Prolan B umgewandelt wird. Die vorher angeführten Erfahrungen beim Kaninchen sprechen gegen diese Auffassung, da das geschlechtsreife Kaninchen, wie die sprungreifen Follikel beweisen, ständig unter Prolan-A-Wirkung steht, ohne daß in den reifenden Follikelzellen die Umwandlung von Prolan A in B und damit die Luteinisierung erfolgt.

Zusammenfassend muß gesagt werden, daß die Frage, ob Prolan A und B zwei verschiedene Hormone sind, noch nicht exakt beantwortet werden kann. Die Tatsache, daß die Follikelreifung und die Luteinisierung nacheinander ablaufen, daß im Follikel und im Corpus luteum zwei verschiedene Hormone produziert werden (Folliculin und Progestin) spricht für die Dualität der Hormone. Die Beobachtung, daß bei manchen Tieren Follikelsprung und Corpus-luteum-Bildung erst durch die Kohabitation erfolgt, wodurch ein hypophysärer Wirkstoff in Gang gesetzt wird, spricht ebenfalls für ein besonderes Luteinisierungshormon, wenn auch die Möglichkeit besteht, daß durch die Kohabitation nur eine Vermehrung der Prolansekretion im Vorderlappen ausgelöst wird. Die vielen zur Prüfung dieser Frage gemachten biologischen Experimente sprechen mit größter Wahrscheinlichkeit für die Dualität der Hormone. Die Frage, ob Prolan A und B zwei verschiedene Hormone sind, kann erst als entschieden angesehen werden, wenn man zwei Fraktionen isoliert hat, von denen die eine unter den S. 207, 235 u. 241 erörterten Dosierungsbedingungen an verschiedenen Versuchstieren (Maus, Ratte,

---

[1] ZONDEK, B.: Nicht publiziert.

Kaninchen) nur Follikelreifung, die andere Fraktion unter den gleichen Bedingungen nur Luteinisierung erzeugt. Dabei spricht, das sei nochmals hervorgehoben, die von mir (1930) festgestellte verschiedenartige Proportion zwischen Prolan A und B in verschiedenartigem Ausgangsmaterial (Carcinomharn, Harn von Klimakterischen und Kastratenharn einerseits und Gravidenharn andererseits) sehr für die Dualität der Hormone.

Trotz der eben gemachten Einschränkung halte ich persönlich an der Dualität fest und spreche im folgenden von Prolan A und B. Bei den mit Prolan A ausgeführten Versuchen handelt es sich um das von mir aus dem Harn von Kastraten, Klimakterischen, Postklimakterischen und Carcinomatösen (Genitalcarcinom der Frau) hergestellte gonadotrope Hormon. Prolan A und B gewinne ich aus Harn von Graviden, aus Harn von Blasenmole bzw. Chorionepitheliom, sowie aus Urin von Männern mit malignem Hodentumor. Ich werde im folgenden das Ausgangsmaterial bei den Versuchen stets angeben. Ich spreche von A und B, weil mir die Dualität der Hormone fast gesichert erscheint, weil man sich dadurch am einfachsten die Beziehungen des Vorderlappens zum Ovarium vorstellen kann. Sollte in den kommenden Jahren die Auffassung von der Dualität wider Erwarten widerlegt werden, so sollte man trotzdem den biologischen Begriff der Prolan-A- und B-Reaktion aufrechterhalten. Die Prolan-A-Reaktion, welche die I., und die Prolan-B-Reaktion, welche die II. generative Phase umfaßt, wären dann nicht qualitativ, sondern quantitativ verschiedene Reaktionen. Die Prolan-B-Reaktion würde dann in einem bestimmten quantitativen Verhältnis zur A-Reaktion stehen.

Für die Produktion von verschiedenen gonadotropen Hormonen im Hypophysenvorderlappen spricht auch die Tatsache, daß H. M. Evans und seine Mitarbeiter[1] in den letzten Jahren einen besonderen Hypophysenstoff gefunden haben, der in Kombination mit Gravidenharnprolan eine verstärkte gonadotrope Wirkung auslöst (s. S. 205 u. 255). Dieser von Evans als „synergischer Faktor" bezeichnete Stoff sei ein selbständiger, also wahrscheinlich dritter gonadotroper Stoff[2] der Hypophyse. Der Evanssche Stoff hat selbst eine, wenn auch nur mäßige, gonadotrope Wirksamkeit, die sich aber von der Prolanwirkung dadurch unterscheidet, daß die Reaktion an den Ovarien bereits 24—48 Stunden nach der Injektion einsetzt und nach der letzten Injektion sofort aufhört, so daß die Rattenovarien am Ende des 4. Tages wieder ihr infantiles Gewicht aufweisen. Der Evanssche Stoff zeigt also eine schnell einsetzende, schnell ablaufende und nur geringe gonadotrope Wirkung, er unterscheidet sich also vom echten gonadotropen Hormon. Der synergische

---

[1] Evans, H. M., Simpson, M. E. a. Austin, R.: J. of exper. Med. **58**, 545, 561 (1933).

[2] Nach Fevold u. Hisaw (Amer. J. Phys. **109**, 655, [1934]) ist der „synergische Faktor" kein selbständiger Vorderlappenstoff, sondern mit dem Follikelreifungshormon (Prolan A) identisch.

Stoff ist in Lösungen von p_H 8—12 bei Zimmertemperatur stabil. Durch Erwärmung auf 70° verliert der Stoff an Wirksamkeit, desgleichen bei p_H 2 und 37°. Diese Eigenschaften dürften für einen hochmolekularen Stoff sprechen. Wenn man das Prolan als ein Hormon von enzymartiger Natur (H. v. EULER u. B. ZONDEK, s. S. 244) auffaßt, so wäre es verlockend, den synergischen Faktor als ein Co-Enzym, als ein Co-Prolan zu betrachten, das die Wirkung des Prolans verstärkt. Da der synergische Faktor aber anscheinend ein hochmolekularer Stoff ist, kann er nicht als Co-Enzym aufgefaßt werden. Der synergische Faktor verstärkt die Wirkung des Harnprolans, so daß die gleichen biologischen Wirkungen erzielbar sind wie durch Prolan aus Hypophysenvorderlappen. Daher scheint es mir zweckmäßig, den synergischen Faktor als „Synprolan"[1] zu bezeichnen (vgl. S. 263).

Die Frage, ob im Hypophysenvorderlappen ein oder mehrere gonadotrope Hormone produziert werden, können wir also dahin beantworten, daß sicher mehrere gonadotrope Hormone gebildet werden, und zwar das seinerzeit (1925) durch den Implantationsversuch von mir nachgewiesene — ich will sagen — echte gonadotrope Hormon und der nunmehr von EVANS gefundene synergische Faktor = Synprolan. Da demnach das Prinzip der Unität durch das Synprolan durchbrochen ist, wird die Annahme leichter und das biologische Geschehen plausibler, wenn man das echte gonadotrope Hormon in zwei Faktoren zerlegt, in Prolan A und B. Wir können also zusammenfassend sagen: *Im Vorderlappen der Hypophyse wird Prolan und Synprolan produziert, das Prolan besteht — oder vorsichtiger gesagt besteht höchstwahrscheinlich — aus zwei verschiedenen Stoffen, aus Prolan A und B, so daß also im Vorderlappen zur Regulierung der Sexualfunktion drei Stoffe gebildet werden, Prolan A, Prolan B und Synprolan.*

Hypophysenvorderlappen und Genitalfunktion.

Die Ovarialfunktion ist bei den einzelnen Säugetieren recht verschieden (s. Kap. 37), so daß man auch eine variable Prolansekretion des Vorderlappens annehmen muß. Ich erinnere daran, daß viele Tiere nur einmal im Jahr brünstig werden, daß bei anderen Tieren Follikelsprung und Corpus-luteum-Bildung nur durch die Kohabitation ausgelöst werden. Das Corpus luteum des Menschen unterscheidet sich durch seinen viel größeren Folliculingehalt vom gelben Körper der Säugetiere, so daß man beim Menschen auch eine Prolan-A-Sekretion in der II. generativen Phase annehmen muß. Im Gegensatz zu dieser während des ganzen Zyklus vorhandenen A-Produktion beim Menschen muß man annehmen, daß bei vielen Säugetieren Prolan A und B nacheinander produziert werden, in der I. Phase nur A, in der II. Phase nur B.

---

[1] H. M. EVANS hat dieser Bezeichnung zugestimmt (s. S. 263).

Die Beziehungen des Vorderlappens zur Sexualfunktion lassen sich dahin zusammenfassen:

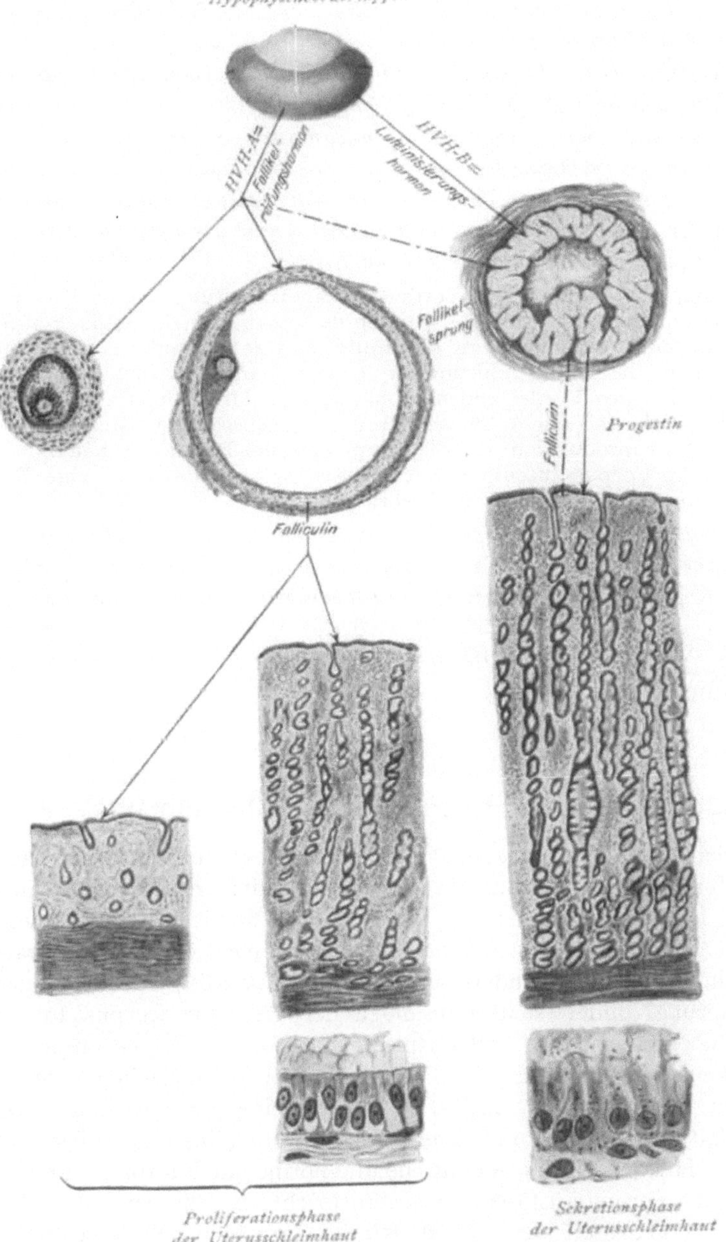

Abb. 68. Hypophysenvorderlappen und weibliche Genitalfunktion.

Die Ovarialfunktion ist vom Vorderlappen abhängig.

Ohne Prolansekretion keine Genitalfunktion.

Das Follikelreifungshormon (Prolan A) ist das übergeordnete Sexual-hormon, das auf dem Wege über das Follikelhormon (Folliculin) die I. generative Phase (Proliferation) auslöst.

Das Luteinisierungshormon (Prolan B) ist das übergeordnete Sexual-hormon, das auf dem Wege über das Corpus-luteum-Hormon (Progestin) die II. generative Phase (prägravide Umwandlung, Sekretion) auslöst.

Der Rhythmus im Hypophysenvorderlappen (qualitativ oder quantitativ?) bedingt den Rhythmus der Geschlechtsfunktion, bedingt Proliferation und Funktion der Uterusschleimhaut und schafft damit die optimalen Bedingungen für die Nidation des befruchteten Eies.

Hält man das gonadotrope Vorderlappenhormon für *einen* Stoff — was höchst unwahrscheinlich ist — der je nach der Quantität die Follikelreifung oder die Luteinisierung bedingt, so müßte man zu folgender Schlußfolgerung kommen: die Ovarialfunktion ist von der quantitativ sich steigernden Prolansekretion des Vorderlappens abhängig, die II. generative Phase bedarf mehr Prolan als die I. Phase. Von dem rechtzeitigen Einsetzen der erhöhten Prolanproduktion ist die Corpus-luteum-Bildung abhängig, die durch das im Corpus luteum entstehende Progestin die prägravide Umwandlung der Uterusschleimhaut besorgt.

Gleichgültig aber, ob man ein, zwei oder drei gonadotrope Hormone im Vorderlappen annimmt, die Tatsache bleibt bestehen, daß ohne Hypophysen-vorderlappen, daß ohne Prolan die Genitalfunktion nicht möglich ist.

In der schematischen Abb. 68 wird die Abhängigkeit der Genital-funktion vom Vorderlappen dargestellt unter der Annahme der Dualität des Prolans.

22. Kapitel.

Gonadotropes Hormon und Follikelsprung.

Bei den Ausführungen über den Wirkungsmechanismus des gonado-tropen Vorderlappenhormons bin ich bisher auf die Ursache des Follikel-sprunges nur kurz eingegangen. Der Follikelsprung ist ein außerordentlich wichtiger biologischer Vorgang, denn erst nach dem Sprung kann das Ei in die Tuben wandern und befruchtet werden, erst nach dem Follikelsprung bildet sich physiologischerweise das Corpus luteum aus. Wie kommt der Follikelsprung zustande? Es bestände die Möglichkeit, daß das durch Prolan in den Follikelzellen erzeugte Folliculin die Ovulation auslöst, nachdem eine gewisse Menge von Follikelsaft entstanden und eine gewisse Folliculinkonzentration erreicht ist. So könnte der mechanische und hormonale Faktor zusammenwirkend den Sprung auslösen. Dagegen spricht aber die beim Menschen beobachtete Persistens der Follikel, wo die vermehrte Follikelsaftmenge den Sprung nicht auslöst. Dagegen sprechen auch die Verhältnisse bei

verschiedenen Tieren (Kaninchen, Katze, Frettchen), wo dauernd sprungreife Follikel — insbesondere zur Brunstzeit — vorhanden sind, ohne
daß die Ovulation erfolgt. Sie wird beim Kaninchen erst durch die Kohabitation ausgelöst. Die Untersuchungen von FEE u. PARKES[1] haben
bewiesen, daß durch die Kohabitation ein Reiz auf den Hypophysenvorderlappen auf nervösem Wege ausgeübt wird, der zur Prolanaus-
schüttung und damit zum Follikelsprung führt. Wurden die Kaninchen
innerhalb der ersten Stunde nach der Kohabitation hypophysektomiert,
so trat der Follikelsprung nicht ein, weil die Ausschüttung des zum
Follikelsprung notwendigen Prolans nicht mehr möglich war. Wurde
die Hypophysektomie aber erst mehrere Stunden (10—12) nach der
Kohabitation ausgeführt, so trat der Follikelsprung ein, weil in diesen
10—12 Stunden die Ausschüttung des Prolans aus dem Vorderlappen
möglich war. Beim hypophysektomierten Tier tritt der Follikelsprung
nicht auf, der Hypophysenvorderlappen ist also zum Follikelsprung notwendig. Daß der verantwortliche Faktor im Vorderlappen das gonadotrope Hormon ist, kann dadurch leicht bewiesen werden, daß man durch
gonadotropes Hormon — aus Vorderlappen[2] oder aus Gravidenharn
dargestellt — beim geschlechtsreifen Kaninchen den Follikelsprung leicht
auslösen kann, wie dies durch BELLERBY[3] und die eigenen Untersuchungen zur Genüge gezeigt worden ist.

Wird der Follikelsprung durch das Follikelreifungshormon (Prolan A)
oder durch das Luteinisierungshormon (Prolan B) oder durch Zusammenwirkung beider Stoffe ausgelöst? Diese Frage ist deshalb so schwer zu
beantworten, weil, wie im vorhergehenden Kapitel auseinandergesetzt,
die Frage nach der Dualität des Prolans noch nicht endgültig geklärt
ist, wenn man die Dualität auch als fast gesichert annehmen muß.
In der ersten Auflage des Buches habe ich Tubeneier bei infantilen Ratten
abgebildet, bei denen der Follikelsprung durch Prolan A ausgelöst war,
das ich aus Harn von Frauen mit Genitalcarcinom dargestellt hatte
(s. Abb. 69). Im Kontrollversuch war vorher geprüft, daß das Präparat
auch bei der doppelten Dosis eine Luteinisierung bei der infantilen Ratte
nicht herbeiführte. Nach diesen Versuchen lag der Schluß nahe, daß
Prolan A den Follikelsprung herbeiführt. Gegen diese Annahme sprechen
aber wieder die Beobachtungen beim Kaninchen. Hier finden wir
sprungreife Follikel und Proliferation der Uterusschleimhaut, ein Zeichen
vorhandener Prolan-A-Sekretion, ohne daß der Sprung eintritt. Vielleicht,
so könnte man schließen, wird beim Kaninchen nicht genügend Prolan
sezerniert, so daß die Hormonkonzentration nicht zur Sprungauslösung

---

[1] FEE a. PARKES: J. of Physiol. **67**, 383 (1929).

[2] Das gonadotrope Hormon der Vorderlappen enthält außer Prolan
auch den synergischen Faktor = Synprolan.

[3] BELLERBY: Proc. physiol. Soc. **1929** (April). J. of Physiol. **67** (1929).

genügt. Diese Annahme scheint mir aber gesucht zu sein. Die Tatsache, daß man durch gonadotropes Hormon aus Vorderlappen und Gravidenharn, die beide A und B enthalten, den Sprung auslösen kann, spricht dafür, daß der Faktor B für die Ovulation nicht ohne Bedeutung sein kann. Die Tatsache, daß der Kohabitationsreiz beim Kaninchen einen gonadotropen Wirkstoff mobilisiert, der gleichzeitig Follikelsprung und Luteinisierung bewirkt, weist ebenfalls darauf hin, daß Prolan B wahrscheinlich die Ovulation herbeiführt, nachdem der Follikel vorher mit Prolan A in den sprungbereiten Zustand versetzt ist. Von diesem Gesichtspunkt ausgehend, haben FEVOLD, HISAW und LEONARD ebenso wie ASCHHEIM eine Versuchsanordnung gewählt, die beim infantilen Tier durch Prolan A erst die Follikelreifung herbeiführen sollte, um dann anschließend durch Prolan B den Sprung auszulösen (s. S. 207). Das Prolan A wurde nach meiner Methode aus Kastratenharn, das Prolan B nach der EVANS-schen Methode durch alkalische Extraktion aus dem Hypophysenvorderlappen dargestellt.

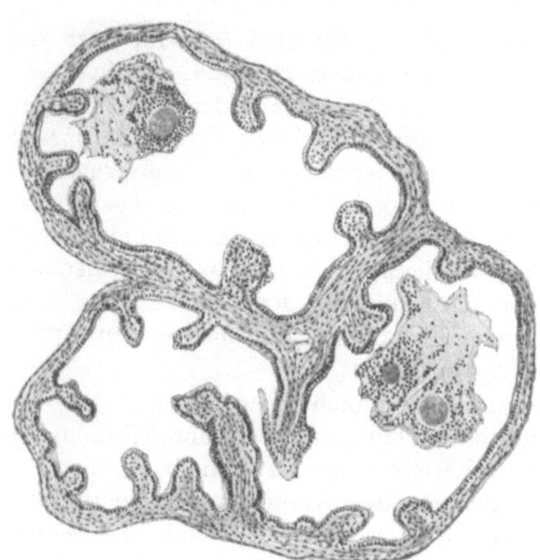

Abb. 69. Follikelsprung und Eiwanderung (3 Eier in der Tube) bei der infantilen Ratte — ausgelöst durch Prolan A aus Carcinomharn.

Wenn man die Wirkung von zwei verschiedenen Extrakten feststellen will, hier Prolan A und B, die man nacheinander dem Tier injiziert, so muß man die beiden Extrakte (A und B) mit *derselben Methodik* und in *derselben Quantität* gesondert prüfen, bevor man etwas Definitives über die Wirkung des einen oder anderen Extraktes aussagen kann. Derartige Kontrollversuche hat ASCHHEIM nicht ausgeführt. Meine Untersuchungen, über die ich jetzt kurz berichten will, zeigen, daß man auch mit einem aus Gravidenharn dargestellten A und B enthaltenden Prolanpräparat den Follikelsprung auslösen kann, wenn man eine bestimmte Versuchsanordnung und bestimmte Dosierung anwendet. Für diese Versuche ist entscheidend, daß man die Prolanmenge exakt bestimmt, die Follikelreifung und Brunst bei der infantilen Ratte auslöst, daß man also 1 RE des Präparates genau kennt. Es genügt nicht, diese Untersuchung an einigen Tieren auszuführen, sondern man muß mindestens 20 oder 30 Tiere verwenden, um diesen Wert (1 RE) so exakt wie irgend möglich festzulegen. Ich habe für diese Sprungversuche ein Prolanpräparat verwendet, mit dem ich viele Monate gearbeitet habe, so daß der Titrationswert des Präparates an über 300 Tieren festgestellt war (s. S. 206).

Die Versuche[1] wurden folgendermaßen ausgeführt. Am Montag und Dienstag erhielten die infantilen 30 g schweren Ratten — auf sechs Portionen verteilt — jedesmal $^1/_6$ RE, zusammen also 1 RE. Am Mittwoch Abend (18 Uhr), Donnerstag früh (10 Uhr) und abends (18 Uhr) erhielten die Tiere wieder dasselbe Prolanpräparat. Wurden z. B. 4 RE nachgespritzt, so wurden Mittwoch abends 2 RE, Donnertag früh und abends je 1 RE gegeben. Die Tiere wurden Freitag abends (18 Uhr) getötet, die Ovarien und Tuben in Serienschnitten untersucht. Ich gebe die Versuche in der folgenden Tabelle wieder:

Tabelle 26. Follikelsprung durch Prolan (aus Gravidenharn).

Nr.	Montag—Dienstag (Prolan RE)	Mittwoch (abends) RE	Donnerstag (früh) RE	(abends) RE	Gesamtdosis in RE	Follikelsprung (Eier in der Tube)
1	1	0,5	0,25	0,25	1 + 1 = 2	neg.
2	1	1	0,5	0,5	1 + 2 = 3	pos.
3	1	1,5	0,75	0,75	1 + 3 = 4	pos.
4	1	2,5	1,25	1,25	1 + 5 = 6	pos.
5	1	5	2,5	2,5	1 + 10 = 11	pos.
6	1	5	2,5	2,5	1 + 10 = 11	neg.
7	1	10	5	5	1 + 20 = 21	pos.
8	1	10	5	5	1 + 20 = 21	neg.
9	1	15	7,5	7,5	1 + 30 = 31	pos.
10	1	20	10	10	1 + 40 = 41	pos.
11	1	30	15	15	1 + 60 = 61	neg.
12	1	50	25	25	1 + 100 = 101	neg.

Die Tabelle 26 zeigt, daß man durch Prolan aus Gravidenharn den Follikelsprung auslösen kann. Es ist notwendig den Follikel erst zur Reifung zu bringen, so daß er eine bestimmte Größe hat, also eine bestimmte Menge von Follikelflüssigkeit enthält. Dazu braucht der Follikel der infantilen Ratte, wie schon in den ersten Hypophysenversuchen (1925) gezeigt, rund 55 Stunden. Nach dieser Zeit muß man dem Tier erneut Prolan zuführen, um durch die Erhöhung der Prolankonzentration den Follikelsprung auszulösen. Hierbei ist die Anwendung bestimmter Prolanquantitätien notwendig. Injiziert man dem durch 1 RE vorbereiteten Follikel nach Ablauf der Vorbereitungszeit (d. h. nach 55 Stunden) nochmals die gleiche Dosis (1 RE) im Verlauf von 24 Stunden, so tritt der Follikelsprung nicht ein, diese Erhöhung der Prolankonzentration genügt noch nicht. Gibt man aber nach der Vorbereitungsdosis die doppelte Prolanmenge (2 RE), so springt der Follikel. Die „Sprungdosis", wenn ich sie so nennen darf, beträgt bei der infantilen Ratte mindestens

---

[1] ZONDEK, B.: Nicht publiziert.

2 RE. Man kann denselben Effekt auch durch höhere Dosen erreichen, man darf aber nicht zuviel Prolan geben, weil dadurch der Follikelsprung durch vorzeitige Luteinisierung verhütet wird. Man kann als Sprungdosis die doppelte bis 40fache Vorbereitungsdosis geben, mehr aber nicht. Gibt man die 60fache oder 100fache Menge, so springt der Follikel nicht mehr (s. S. 330).

Ich habe mit demselben Prolanpräparat aus Gravidenharn, mit dem ich die eben beschriebenen Rattenversuche ausführte, auch beim geschlechtsreifen Kaninchen gearbeitet[1], dessen Ovarien bekanntlich stets große sprungreife Follikel enthalten. Nach intravenöser Injektion kann man beim Kaninchen schon nach 24 Stunden oder früher[2] den Follikelsprung auslösen. Die quantitative Prüfung ergab, daß man beim Kaninchen zur Auslösung des Follikelsprungs mindestens 100 RE Prolan intravenös injizieren muß, die optimale Dosis ist anscheinend 160 RE. Demnach verhält sich die Follikelsprungdosis bei der infantilen 30 g schweren Ratte zu der Sprungdosis beim geschlechtsreifen 2 kg schweren Kaninchen wie $2:160 = 1:80$, entspricht also genau der Gewichtsproportion (Ratte $= 30$ g, Kaninchen $= 2400$ g).

Ich bilde einen Versuch ab (Abb. 70), bei dem das Ei auf der Wanderung durch den Uterus eines infantilen 800 g schweren Kaninchens dargestellt ist. Hierbei wurde durch 2 malige subcutane Injektion von Gravidenharnprolan (zusammen 300 RE) Follikelsprung, Eiwanderung und deciduale Umwandlung der Uterusschleimhaut, also völlige sexuelle Reife des infantilen Tieres erzielt.

Wir sehen also, daß es zur Auslösung des Follikelsprungs nicht notwendig ist, aus verschiedenartigem Material (Kastratenharn, Hypophyse) gewonnene, also qualitativ verschiedene Prolanpräparate (A und B) nacheinander anzuwenden, sondern daß dieser Effekt sich mit demselben aus Gravidenharn gewonnenen Präparat erzielen läßt, wenn man den quantitativen Gesichtspunkt genau berücksichtigt. Man muß bei der infantilen Ratte zur Vorbereitung des Follikels genau 1 RE anwenden, zur Auslösung des Sprunges mindestens 2 RE, aber nicht mehr als 40 RE. Die Versuche zeigen, daß der Follikelsprung von der Prolankonzentration abhängig ist, nicht die Qualität, sondern die Quantität des zugeführten Prolans ist anscheinend entscheidend. Es läßt sich aber nicht mit Sicherheit sagen, welcher Faktor, A oder B, den Sprung herbeiführt. Ich habe schon S. 208 gesagt, daß die Follikelsprungversuche eher für die Unität des Prolans sprechen.

---

[1] ZONDEK, B.: Nicht publiziert.
[2] Nach BELLERBY erfolgt der Follikelsprung beim brünstigen Kaninchen $11^1/_2$ Stunden nach der intravenösen Zufuhr von gonadotropem Hormon (Vorderlappenextrakt). Das Intervall zwischen Hormonzufuhr und Ovulation ist demnach genau so groß wie bei der physiologisch durch den Kohabitationsreiz ausgelösten Ovulation (s. S. 219).

In Ergänzung der früheren Schlußfolgerungen (Kap. 20) über den Wirkungsmechanismus des gonadotropen Vorderlappenhormons (Prolan) sei jetzt bezüglich des Follikelsprungs folgendes gesagt:

Der Follikelsprung ist ebenso wie die Follikelreifung und die Corpus-luteum-Bildung vom gonadotropen Hormon des Hypophysenvorderlappens abhängig.

Ohne Hypophysenvorderlappen, ohne Prolan kein Follikelsprung.

Zum Follikelsprung ist eine bestimmte Prolankonzentration im Organismus, also auch am Ort der Wirkung, im Follikel, notwendig. Die

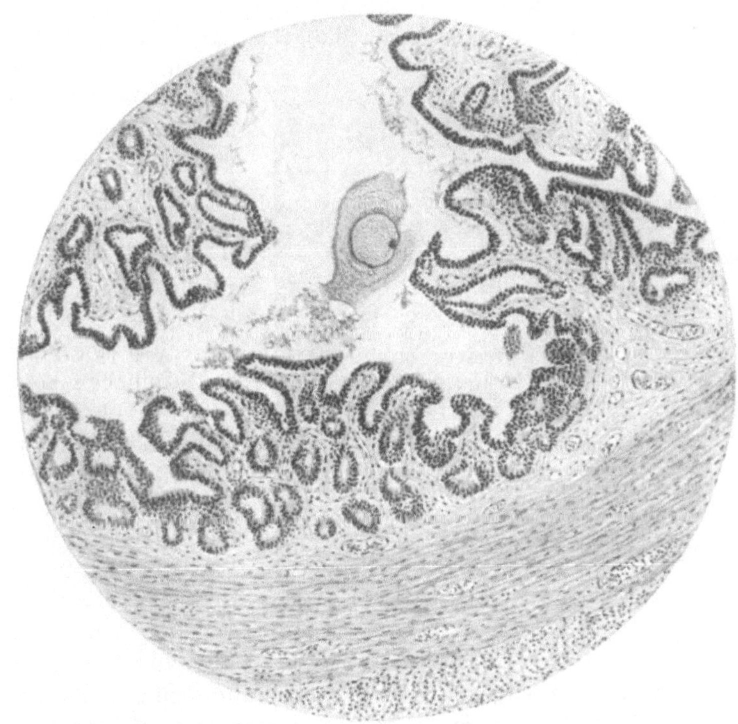

Abb. 70. Ei in der Uterushöhle eines durch Prolan in sexuelle Frühreife gebrachten infantilen Kaninchens.

Follikelsprungdosis muß mindestens doppelt so groß sein wie die Follikel-reifungsdosis, sie darf aber nicht das 40fache übersteigen. Es besteht eine quantitative Relation zwischen der zur Follikelreifung und der zum Follikelsprung notwendigen Prolandosis. Die Sprungdosis muß sich zur Reifungsdosis wie 2:1 verhalten, die Relation darf aber nicht größer sein als 40:1.

Der Follikelsprung erfolgt beim Menschen und den meisten Säugetieren spontan, bei einigen Tieren (Kaninchen, Katze, Frettchen) durch den Reiz der Kohabitation. Diese bewirkt durch Vermittlung des Nervensystems im Hypophysenvorderlappen die Ausschüttung des den Follikelsprung herbeiführenden Prolans.

Gravidität beim infantilen Tier nach Prolanbehandlung.

Nachdem es durch Prolan gelungen war den Follikelsprung auszulösen und die Uterusschleimhaut in einen nidationsbereiten Zustand zu versetzen, versuchte ich auch den Höhepunkt des Generationsvorganges, die Gravidität, experimentell herbeizuführen. Hierbei muß man sich allerdings darüber im klaren sein, daß man durch Prolan nur den Sexualapparat zur Frühreife bringen kann, daß aber der Gesamtorganismus, der für die Entwicklung der Frucht doch zweifellos von Bedeutung ist, weiter in infantilem Zustand bleibt. Deshalb ließ ich mich bei diesen Versuchen durch eine große Reihe negativer Ergebnisse nicht abschrecken. Die Versuche an Kaninchen verliefen völlig ergebnislos, das Kaninchen scheint für derartige Untersuchungen nicht geeignet zu sein. Erfolgreich waren Versuche[1] bei infantilen Ratten. Infantile Tiere erhielten subcutan Prolan (aus Schwangeren-

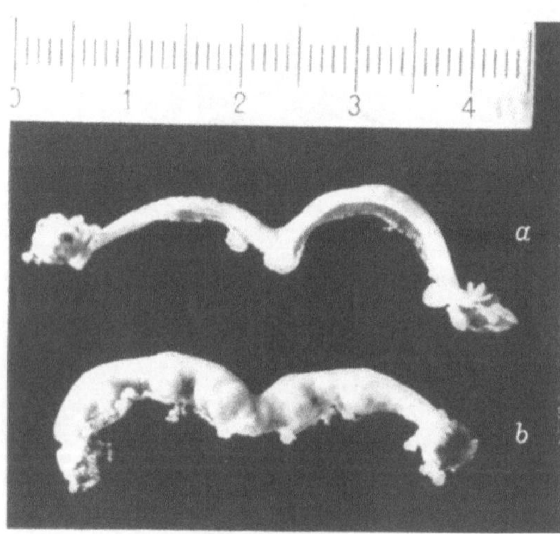

Abb. 71. Gravidität bei der infantilen Ratte. a) infantile Uteri des Kontrolltieres. b) 5 junge Feten in den Uteri einer durch Prolan in sexuelle Frühreife gebrachten und belegten Ratte.

harn) und wurden 2 Tage nach der Prolanzufuhr zum Bock gesetzt. Gleichaltrige Tiere dienten als Kontrollen. Unter vielen Versuchen fielen drei positiv aus, d. h. diese jungen Tiere, die ohne Prolan nicht geschlechtsreif gewesen wären, wurden trächtig. Ich bilde einen Versuch ab (Abb. 71), bei dem wir die Tiere töteten, um einen bildlichen Beweis der Gravidität bringen zu können. In einem Fall wurden die Jungen ausgetragen, kamen frisch zur Welt und konnten ohne Mühe aufgezogen werden. Diese Tiere erwiesen sich als steril, eine Weiterzucht war also nicht möglich. Vielleicht handelte es sich hier um einen Zufall, man muß aber an die Möglichkeit denken, daß die künstlich ausgelöste sexuelle Frühreife irgendwie schädigend gewirkt hat.

---

[1] Die Versuche wurden in Gemeinschaft mit BOETERS ausgeführt.

Wenn die Befruchtungsversuche auch nur vereinzelt gelangen, so zeigen sie uns doch prinzipiell, daß *man durch Prolan aus Gravidenharn sämtliche Phasen des Generationsvorganges experimentell auslösen kann, vom Follikelwachstum und der ersten Eireifung bis zur Gravidität.* Damit scheint mir der Beweis erbracht, daß Prolan im Gesamtorganismus die echte gonadotrope Wirkung auszulösen imstande ist.

Erwähnt sei, daß auf meine Anregung in den letzten Jahren großzügige Versuche unternommen worden sind, um die auf ovarieller Trägheit beruhende Sterilität der Rinder — Fälle von Sterilität durch cystische Follikel oder Endometritis wurden ausgeschlossen — durch Prolan zu beeinflussen. Die Versuche ergaben sehr bemerkenswerte Resultate in positivem Sinne.

23. Kapitel.

Wirkungsmechanismus des Prolans am Erfolgsorgan[1].

(Intraovarielle Applikation.)

Die bisherigen Untersuchungen haben ergeben, daß das gonadotrope Vorderlappenhormon (Prolan) nur auf dem Wege über das Erfolgsorgan, d. h. die Ovarien wirkt, daß Prolan in den Ovarien makroskopisch sichtbare Veränderungen (reife Follikel, Corpora lutea) hervorruft und in diesen die Sexualhormone (Folliculin, Progestin) mobilisiert. Die folgenden Untersuchungen [1] beschäftigen sich mit der Frage, ob das Prolan die genannten Reaktionen im Ovarium als Prolan bewirkt, oder ob es auf dem Wege vom Hypophysenvorderlappen zum Ovarium chemisch verändert wird, so daß das Prolan nur die primäre Reaktion im Blut auslöst, während die eigentliche Wirkung an der Ovarialzelle — im Sinne einer Kettenreaktion — von einem ganz anderen chemischen Körper herbeigeführt wird. Bei den Untersuchungen über den Wirkungsmechanismus des Folliculins ist diese Frage diskutiert worden (s. S. 133 u. 147), weil das in großen Mengen parenteral zugeführte Folliculin schon nach 48 Stunden praktisch überhaupt nicht mehr im Körper nachweisbar ist und auch im Harn des Versuchstieres (Ratte) nicht erscheint. Unsere Auffassung, daß das Prolan möglicherweise einen Katalysator von Enzymnatur darstellt (s. S. 244 u. 253), beeinflußte ebenfalls die vorliegenden Untersuchungen. Da das Prolan — ebenso wie die anderen Sexualhormone — zu denjenigen Hormonen gehört, bei denen zwischen der Hormonzufuhr und der feststellbaren Hormonwirkung ein bestimmtes Zeitintervall besteht, wurde zunächst die Frage geprüft, ob man durch enorme Steigerung der Prolandosis das Intervall wesentlich abkürzen kann. Dies ist, wie aus folgendem Versuch hervorgeht, nicht der Fall.

---

[1] ZONDEK, B.: Nicht publiziert.

1600 g schweres Kaninchen erhält intravenös 5 ccm Prolan (aus Gravidenharn) = 13000 RE. Um die Wirkung an den Ovarien zu kontrollieren, wird das Tier mehrmals laparotomiert. Hierbei ergibt sich:

1. 7 Stunden nach der Injektion: Beide Ovarien sind hyperämisch, kein spezifischer Prolaneffekt.

2. 24 Stunden nach der Injektion: Keine Änderung.

3. 30 Stunden nach der Injektion: Im rechten Ovarium ein beginnender, im linken zwei beginnende Blutpunkte.

4. 40 Stunden nach der Injektion: Rechts 5, links 4 große Blutpunkte, beginnende Corpus-luteum-Bildung.

5. 50 Stunden nach der Injektion: Beide Ovarien voll von Blutpunkten und Corpora lutea.

Die Erhöhung der Prolanmenge kann also die Zeitdauer, die zur Auslösung der hormonalen Wirkung notwendig ist, nicht abkürzen. Man kann durch intravenöse Injektion von 50—200 RE beim Kaninchen häufig schon nach 16—24 Stunden einen Blutpunkt erzeugen, nach 13000 Einheiten war aber im obigen Versuch nach 24 Stunden noch kein gonadotroper Effekt feststellbar. So wird also durch eine Erhöhung der Hormonmenge auf das 65fache eine Verkürzung des Zeitintervalls nicht erreicht.

In weiteren Untersuchungen[1] wurde festgestellt, daß parenteral zugeführtes Prolan sowohl beim Menschen (etwa 10%) wie beim Kaninchen und der Ratte (5%) in geringen Mengen im Harn ausgeschieden wird.

Ob das Prolan — in Analogie zum Folliculin — im Organismus inaktiviert wird, habe ich bisher noch nicht untersuchen können. Ich kann aber heute schon sagen, daß das Prolan durch Leberbrei nicht inaktiviert wird. Ich ließ — genau wie bei den Folliculinversuchen (s. S. 141) je 2 g Leberbrei auf 400—500 RE Prolan 5 Stunden bei 37° einwirken[1]. Das Prolan wurde nach Abschluß des Versuches quantitativ wiedergefunden.

Zur Prüfung der Frage, ob das Prolan als solches oder in einer im Organismus veränderten Form an der Ovarialzelle angreift, injizierte ich[1] Prolan direkt in das Ovarialgewebe. Hierbei leitete mich auch der Gedanke eine Beschleunigung der Graviditätsreaktion durch intraovarielle (i.o.) Harninjektion zu erreichen. Die Versuche werden am zweckmäßigsten beim Kaninchen ausgeführt, da die Injektion in die relativ großen Ovarien technisch keine Schwierigkeiten macht. Bei den ersten Versuchen faßte ich das Ovarium zwischen Daumen und Zeigefinger, führte eine sehr feine Kanüle an einem Pol des Ovariums ein und injizierte, langsam vordringend, einige Tropfen in das Ovarialgewebe (i.o.). Ich hielt mich mit der Nadel möglichst weit von der Oberfläche entfernt, um die Follikel nicht anzustechen. Durch die Injektion quillt das Ovarium deutlich auf und wird durch den Flüssigkeitsdruck ganz anämisch. Dies dauert nur kurze Zeit, da die injizierte Flüssigkeit schnell durch die Vena ovarica abfließen kann. Die mit dieser Methodik ausgeführten Untersuchungen waren widersprechend, weil es vom Zufall abhängt, wie

---

[1] ZONDEK, B.: Nicht publiziert.

lange das i.o. injizierte Prolan mit dem Ovarialgewebe in Kontakt bleibt, oder wie schnell es abfließt. Deshalb habe ich bei den weiteren Versuchen die zuführenden großen Ovarialgefäße (Arteria und Vena ovarica) unterbunden, so daß das Ovarium nur noch durch zwei ganz kleine in die beiden Pole eindringenden Gefäße ernährt wird. Damit nun das i.o. injizierte Prolan durch den uterinen Ast, der zu den Ovarialgefäßen führt, und durch die Lymphgefäße nicht abfließt, wurde nach der Abbindung der großen Gefäße eine Gefäßklemme am Hilus des Ovariums angelegt (Abb. 72). Jetzt wurde die intraovarielle Prolaninjektion ausgeführt, der Bauch provisorisch geschlossen, die Tiere in leichter Narkose gehalten und die Gefäßklemme erst nach einer halben Stunde entfernt. Dann wurde der Bauch regelrecht zugenäht. Auf diese Weise wurde erreicht, daß das i.o. injizierte Prolan $\frac{1}{2}$ Stunde mit dem Ovarialgewebe möglichst in Kontakt blieb. Außerdem war der Abfluß des

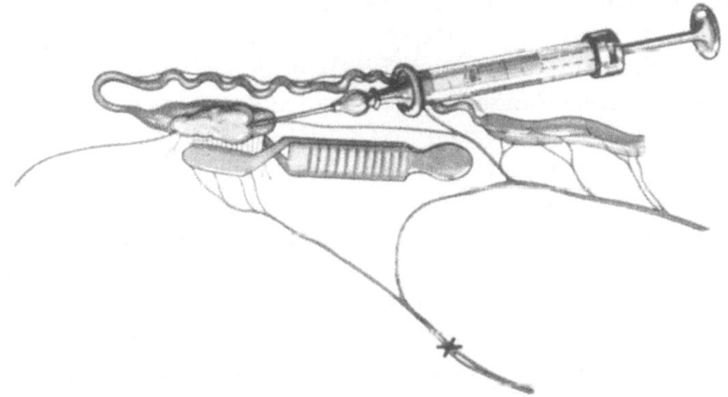

Abb. 72. Versuchsanordnung bei der intraovariellen Injektion (i. o.).

Prolans nach Entfernung der Gefäßklemme durch die Unterbindung der Hauptgefäße erschwert, der Abfluß konnte nur durch die kleinen seitlichen Nebengefäße erfolgen.

Die Versuche wurden insgesamt an 50 Kaninchen verschiedenen Alters ausgeführt. Infantile, 800 g schwere Tiere sind für die Versuche wenig brauchbar, weil das Ovarium noch zu klein ist, so daß es schon durch Injektion kleinster Flüssigkeitsmengen zu sehr quillt und dadurch mechanisch geschädigt wird.

Bei juvenilen, 1600—1800 g schweren Kaninchen wurden die verschiedensten Dosen intraovariell injiziert und zwar stets nur in das linke Ovarium, um die Reaktion im injizierten und im nicht behandelten Ovar zu vergleichen. Injiziert man z. B. 120 oder 80 RE links i.o., so findet man 60 Stunden später in beiden Ovarien große Blutpunkte. Bei diesen Versuchen wurde die Ovarialklemme noch nicht angelegt, so daß ein Teil des injizierten Prolans schnell abfloß, in die Zirkulation kam und auf diesem Wege auch das rechte Ovarium stimulierte. Arbeitet

15*

man nach Abbindung der großen Gefäße mit der Ovarialklemme, so ergab sich folgendes: *Im injizierten Ovarium konnte ich die gonadotropen Reaktionen mit 50% derjenigen Prolandosis auslösen, die bei intravenöser Injektion die Stimulierung beider Ovarien herbeiführte.* Mit dem Prolanpräparat, mit dem ich sämtliche Versuche ausführte konnte ich durch intravenöse Injektion von 20 RE nach 72 Stunden Blutpunkte in beiden Ovarien auslösen. Injizierte ich in das abgebundene und abgeklemmte linke Ovarium 10 RE, so waren nach 72 Stunden nur in diesem, nicht aber im rechten, unbehandelten Ovarium Blutpunkte bzw. Corpora lutea nachweisbar.

Beim geschlechtsreifen Tier waren die Verhältnisse im Prinzip die gleichen. Auch hier beträgt die i.o. wirksame Dosis etwa 50% der intravenösen Dosis, d. h. bei der lokalen i.o. Applikation kann man mit der halben Prolanmenge die HVR auslösen, die bei intravenöser Zufuhr notwendig ist. 100 RE bewirken intravenös zugeführt nach 48 Stunden Blutpunkte in beiden Ovarien, 50 RE lösen i.o. injiziert nur im behandelten, nicht im unbehandelten Ovarium, Blutpunkte aus. (Die bei diesen Versuchen beobachteten Randblutungen sind S. 541 u. 542 abgebildet.)

Intraovarielle Injektion von 30—50 RE Prolan (aus Gravidenharn) bewirkt beim geschlechtsreifen Kaninchen häufig nach 24 Stunden den Follikelsprung. Bei intravenöser Darreichung benötigt man 100—160 RE (s. S. 222). Aus diesen Versuchen kann man mit einer gewissen Reserve wohl den Schluß ziehen, daß das Prolan als solches, d. h. unverändert an der Ovarialzelle wirkt, daß es auf dem Wege vom Hypophysenvorderlappen zum Ovarium im Blut nicht verändert wird. Wäre letzteres der Fall, so würde man durch die intraovarielle Injektion von Prolan im behandelten Ovarium schwerlich eine Reaktion auslösen können, da die Blutzufuhr zum Ovarium durch die Unterbindung der Hauptgefäße nur gering ist.

Die Auffassung, daß das Prolan die gonadotropen Reaktionen im Ovarium in unveränderter Form auslöst, sowie die Vorstellung, daß das Prolan ein Hormon von enzymartiger Natur sei, veranlaßten H. v. EULER und mich [1] zu den folgenden Experimenten, bei denen versucht wurde, die Ovarialhormone in vitro entstehen zu lassen. Wir ließen Hypophysenvorderlappenbrei bzw. Gravidenharnprolan auf Ovarialbrei (Follikelwand, Corpus luteum) in Phosphatpuffer bei verschiedenem p_H-Gehalt, zum Teil unter Hinzufügung von Aktivatoren mehrere Stunden bei 37° einwirken. Die Versuche führten nicht zu eindeutigen Ergebnissen, d. h. die Ausschläge waren nicht so groß, daß die in-vitro-Entstehung von Folliculin oder Progestin angenommen werden konnte. Aussichtsreicher schien uns folgende Versuchsanordnung. Ein sprungreifer Follikel des Kuhovariums wurde vom Hilus aus punktiert, der Follikelsaft abgesaugt und die Follikelhöhle mehrmals mit RINGERscher Flüssigkeit

---

[1] Nicht publiziert.

gespült, so daß sie nicht mehr Folliculin enthielt. Dann wurde die Follikelhöhle mit Hypophysenvorderlappenextrakt oder mit Gravidenharnprolan wieder aufgefüllt. Nachdem die Punktionsstelle am Hilus abgebunden ist, erhält man ein Ovarium, dessen sprungreifer Follikel mit gonadotropem Hormon gefüllt ist, welches jetzt durch direkten Kontakt auf die Follikelwand einwirken kann. Die Ovarien wurden 3—5 Stunden bei 37° in RINGERscher Flüssigkeit gehalten, dann der Folliculingehalt des aufgefüllten Follikels (Follikelwand + prolanhaltiger Follikelinhalt) nach erschöpfender Extraktion mit organischen Lösungsmitteln bestimmt. In Kontrollversuchen wurden gleichgroße mit RINGERscher Flüssigkeit aufgefüllte Follikel auf ihren Folliculingehalt analysiert. Hierbei ergab sich in einigen Versuchen, daß der Folliculingehalt in den mit gonadotropem Hormon aufgefüllten Follikeln erhöht war, die Unterschiede gegenüber den Kontrollversuchen waren aber nicht so eindeutig, daß wir die Entstehung des Folliculins in diesen Follikelversuchen als gesichert annehmen können. Bei der Schwierigkeit derartiger Reagenzglasversuche scheint es mir berechtigt, auch diese noch wenig befriedigenden Versuchsergebnisse hier mitzuteilen. Obwohl seit mehreren Jahren bekannt ist, daß das Carotin sich in der Leber in A-Vitamin umwandelt (H. v. EULER u. KARRER), sind die zahlreichen Reagenzglasversuche zur Umwandlung des Carotins in Vitamin bisher erfolglos geblieben. Wenn in unseren Versuchen die Ausschläge noch im Bereich der Fehlerquelle liegen können, so glauben wir doch, daß das Bestreben, die Ovarialhormone in vitro entstehen zu lassen, nicht aussichtslos ist.

In einer Reihe von Versuchen[1] habe ich nativen Schwangerenharn oder den durch Fällung 5fach konzentrierten Harn Kaninchen intraovariell injiziert, um auf diese Weise vielleicht eine weitere Beschleunigung der Schwangerschaftsreaktion zu erzielen. Wohl gelang es in einigen Fällen schon nach 15 Stunden die positive Reaktion zu erzielen, dies gelingt aber nicht regelmäßig. Ich glaube, daß man durch die intraovarielle Applikation eine wesentliche Beschleunigung der Schwangerschaftsreaktion nicht erzielen kann, zumal man bei intravenöser Zufuhr die Diagnose sehr häufig schon nach 24 Stunden stellen kann. Die intraovarielle Methode ist wesentlich komplizierter als die intravenöse, so daß der kurze Zeitgewinn nur wenig bedeuten kann.

Zusammenfassend ergeben die Versuche:

Prolan bedarf zu seiner Wirkung einer bestimmten Zeitdauer, die auch durch 60fache Erhöhung der Prolandosis nicht verkürzt werden kann.

Zwischen intravenöser Prolanzufuhr und Ovarialreaktion müssen beim Kaninchen mindestens 14—16 Stunden vergehen, bei subcutaner Zufuhr ist das Zeitintervall länger.

Parenteral zugeführtes Prolan wird zum Teil im Harn ausgeschieden, beim Menschen zu etwa 10%, beim Kaninchen und der Ratte zu etwa 5%.

---

[1] ZONDEK, B.: Nicht publiziert.

Prolan wird durch Leberbrei nicht inaktiviert, während dies beim Folliculin wohl der Fall ist (s. S. 142).

Prolan wirkt anscheinend als solches an der Ovarialzelle, das Hormon wird also auf dem Wege vom Vorderlappen zum Ovarium anscheinend nicht verändert. Bei intraovarieller Zuführung kann man die spezifischen Ovarialreaktionen mit 50% derjenigen Prolanmenge auslösen, die bei intravenöser Zufuhr notwendig ist.

Bei geeigneter Versuchsanordnung scheint es möglich, die Ovarialhormone (Folliculin, Progestin) mit Hilfe der gonadotropen Hormone in vitro entstehen zu lassen.

24. Kapitel.

Testobjekt zum Nachweis der gonadotropen Hypophysenvorderlappenhormone.

Die geschilderten, mittels des Implantationsverfahrens gefundenen charakteristischen Wirkungen des Hypophysenvorderlappens auf das Ovarium des infantilen Nagetieres (HVR I/III) benutzte ich (1926) als Testobjekt zum Nachweis der gonadotropen Vorderlappenhormone. Da die Reaktion I/III zunächst als Wirkung *eines* Stoffes aufgefaßt wurde, wurde das Testobjekt auf den drei Reaktionen aufgebaut. Das Vorhandensein des Hormons wurde als bewiesen angesehen, wenn 100 Stunden nach Zufuhr des zu untersuchenden Stoffes *ein* Blutpunkt oder *ein* Corpus luteum im Ovarium der 6—8 g schweren, 3—4 Wochen alten infantilen Maus nachweisbar war. Daneben wurde verlangt, daß die Uterushörner vergrößert und mit Sekret gefüllt sind, daß die Scheidenschleimhaut bis zur Verhornung aufgebaut und im Scheidensekret das reine Schollenstadium nachweisbar ist (HVR I). Es wurde bemerkt, daß diese HVR-I-Reaktion schnell abläuft, so daß sie übersehen werden, ferner daß sie bei der individuellen Reaktionsempfindlichkeit des Tieres zuweilen auch fehlen kann.

Wir haben im Kapitel 21 gesehen, daß die drei HV-Reaktionen höchstwahrscheinlich nicht durch denselben Stoff ausgelöst werden, sondern daß die HVR I durch das Follikelreifungshormon (HVH-A = Prolan A), die HVR III durch das Luteinisierungshormon (HVH-B = Prolan B) bedingt ist. Bezüglich der hormonalen Genese des Blutpunktes sei auf S. 202 verwiesen.

Will man das Hormongemisch A und B prüfen, so muß man verlangen, daß im Ovarium sowohl Follikelreifung, wie Luteinisierung hervorgerufen werden. Diese Prüfung ist deswegen leicht möglich, weil, unter den Nagetieren, wie ich feststellen konnte[1], eine verschiedenartige Empfindlichkeit gegenüber Hormon A und B besteht. Es konnte gezeigt

---

[1] Zondek, B.: Zbl. Gynäk. **1929**, Nr 14, 842.

werden, daß die infantile Maus empfindlicher für Prolan B, die infantile Ratte hingegen empfindlicher für Hormon A ist. Wenn die 6 g schwere, infantile Maus Dosis 1 Hormon A braucht, so ist bei der 5mal so schweren Ratte (30 g) nicht die Dosis 5, sondern nur die Dosis 1/5 nötig (1 RE-A = 1/5 ME-A). Zum Nachweis von Prolan A ist also die Ratte, zum Nachweis von Prolan B die infantile Maus besonders geeignet. Ich halte es für notwendig, die Prüfung auf Follikelreifungshormon sowohl an infantilen Ratten wie Mäusen auszuführen. Der Nachweis des Luteinisierungshormons geschieht besser an der infantilen Maus als an der Ratte.

Untersuchungen am Kaninchen haben mir 1929 gezeigt, daß das Kaninchen für Prolan noch empfindlicher ist als die Ratte und die Maus. Allerdings ist hierbei nur die Wirkung von Prolan A und B zusammen geprüft worden. Untersucht man das Prolan — subcutan injiziert — an der 6 g schweren Maus, der 30 g schweren Ratte und dem 1200 g schweren Kaninchen, so müßten die Dosen pro Tier nach der Gewichtsproportion sich wie 1:5:200 verhalten. In Wirklichkeit fand ich aber ein Verhältnis von $1 : {}^1/_5 — {}^1/_8 : 5$. Das 200mal so schwere Kaninchen (als die Maus) braucht also nicht 200, sondern nur 5 Einheiten Prolan. Die verschiedenen Verhältnisse bei den Nagetieren gehen aus folgender Tabelle hervor, wobei die Empfindlichkeit auf Prolan A und B zusammen geprüft ist.

Tabelle 27. Wirksamkeit des Prolans (A und B) bei Nagetieren.

	Gewicht des Tieres in g	Gewichts-proportion	Hormon-proportion pro Tier	Hormon-proportion pro g Tier
Maus	6	1	1	$^1/_6$
Ratte	30	5	$^1/_5 — {}^1/_8$	$^1/_{150} — {}^1/_{240}$
Kaninchen	1200	200	5	$^1/_{240}$

Die Proportion $1 \text{ RE} = {}^1/_5 \text{ ME}$ gilt nur für das aus Gravidenharn, Harn von Blasenmole, Chorionephiteliom, testiculärem Chorionephiteliom und Placenta gewonnene Prolan. Für den aus diesem Material hergestellten Wirkstoff ist also die infantile Ratte 5mal so empfindlich wie die infantile Maus. Für das aus Hypophysenvorderlappen bzw. Blut der graviden Stute, Kastraten- und Carcinomharn hergestellte gonadotrope Hormon ist aber — entsprechend der Gewichtsproportion — die infantile Maus empfindlicher als die infantile Ratte, hier beträgt $1 \text{ RE} = 2—3 \text{ ME}$. Diese zuerst von C. HAMBURGER[1] festgestellte Tatsache wurde neuerdings von LAUTENSCHLÄGER[2] bestätigt (s. S. 259).

Die verschiedenartige Empfindlichkeit gegenüber dem gonadotropen Hormon beruht, wie im Kap. 26 des Näheren auseinandergesetzt wird, auf dem Fehlen oder Vorhandensein des synergischen Faktors (Synprolan).

---

[1] HAMBURGER, C.: C. r., Soc. Biol. Paris **112**, 99 (1933).
[2] LAUTENSCHLÄGER, L.: Medizin u. Chemie, I. G. Farbenindustrie **2** (1934).

1. Testobjekt für das Follikelreifungshormon (Prolan A).

Follikelreifungshormon bezeichne ich als Reaktion mit HVR I, als Hormon mit Prolan A.

Die Reaktion wird an der 4—5 Wochen alten, 30—35 g[1] schweren, infantilen, weiblichen Ratte oder 3—4 Wochen alten, infantilen Maus geprüft. Die Ratte eignet sich besser als die Maus!

Nehmen wir an, daß die Prüfung am Montag beginnt, so erhält das Tier am Montag im Abstand von je 5 Stunden drei Injektionen, am Dienstag die gleichen Einspritzungen. Der Scheidenabstrich wird von Mittwoch ab täglich zweimal (vor- und nachmittags) untersucht. Das Schollenstadium tritt am Donnerstag auf. Das Tier wird Freitag Vormittag getötet.

Folgende Reaktionen treten auf:

1. *Ovarien.* Das Ovar ist vergrößert, hyperämisch, die Oberfläche überragt von hirsekorngroßen, blasigen Erhebungen = vergrößerte Follikel, gefüllt mit Follikelflüssigkeit. Der große Follikel ist nur bei der Maus, nicht bei der Ratte beweisend, da man bei der infantilen Ratte an sich nicht selten vergrößerte Follikel mit Follikelhöhle findet.

2. *Uterus.* Die Uterinschläuche sind glasig aufgetrieben, hyperämisch, zum Teil strotzend mit Sekret gefüllt.

3. *Scheidenschleimhaut.* Die Schleimhaut zeigt den typischen Brunstaufbau, d. h. 10—12 Reihen polygonaler Zellen mit Verhornung der obersten Zellagen und Abstoßung derselben ins Scheidenlumen.

4. *Scheidensekret.* Das Sekret zeigt die Brunstreaktion, d. h. das typische reine Schollenstadium.

5. Am *kastrierten* Tier darf keine Wirkung am Uterus und der Scheide auftreten.

Für die praktische Prüfung ist der Scheidenausstrich am wichtigsten. Beweisend für HVH-A = Prolan A ist der Schollennachweis im Vaginalsekret. Das Folliculin löst bekanntlich ebenfalls die Brunstreaktion (Schollenstadium) aus. Die Differentialdiagnose zwischen Prolan A und Folliculin wird dadurch gestellt, daß Prolan A am kastrierten Tier *nicht* wirkt, Folliculin aber wirksam ist.

Ferner ist Folliculin kochbeständig, während Prolan A durch Kochen zerstört wird. Will man Folliculin und Prolan A am nichtkastrierten, infantilen Tier prüfen, so muß die zu untersuchende Flüssigkeit vor und nach dem Kochen geprüft werden. Wird die Brunstreaktion (Schollenstadium) auch mit der gekochten Flüssigkeit am infantilen, nichtkastrierten Tier ausgelöst, so ergibt sich daraus, daß in der untersuchten Flüssigkeit nicht Prolan A, sondern Folliculin vorhanden ist.

Einheit: 1 Mäuse- bzw. Ratteneinheit Follikelreifungshormon ist diejenige kleinste Menge, die, auf sechs Portionen verteilt, im Verlauf

---

[1] Die Ratten dürfen nicht älter und schwerer sein, da bei einem Alter von etwa 6 Wochen und einem Gewicht von 45 g die Ovultation spontan auftreten kann.

von 36 Stunden injiziert, 100 Stunden nach Beginn der Injektion bei der infantilen Maus bzw. Ratte Follikelreifung und sekundär Brunstreaktion auslöst (Schollenstadium im Vaginalsekret).

2. Testobjekt für das Luteinisierungshormon (Prolan B).

Luteinisierungshormon bezeichne ich als Reaktion mit HVR III, als Hormon mit Prolan B.

Die Reaktion wird an der 3—4 Wochen alten, 6—8 g schweren infantilen, weiblichen Maus geprüft, man kann auch die infantile Ratte benutzen, doch ist diese nicht so geeignet wie die Maus.

Injektionstermin wie bei Prolan A. Scheidenabstrich kann, braucht aber nicht geprüft zu werden. Tötung der Maus 100 Stunden, der Ratte 120 Stunden nach Beginn des Versuches.

Folgende Reaktionen treten auf:

1. *Ovarien*. Das Ovar ist vergrößert, hyperämisch, die Oberfläche überragt von hirsekorngroßen, gelblichen Vorwölbungen, die sich histologisch als *Luteinkörper* erweisen. Die luteinisierten Zellen umschließen meist das Ei (Corpus luteum atreticum), ohne daß der Follikel vergrößert zu sein braucht.

2. *Uterus*. Die Uterinschläuche sind dünn, nicht verändert.

3. *Scheidenschleimhaut*. Die Scheidenschleimhaut zeigt keine Veränderungen, bzw. hohes Schleimepithel (ähnlich wie bei Gravidität) (s. S. 299).

4. *Scheidensekret*. Das Sekret besteht aus Schleim, Leukocyten und großen Epithelien.

5. Am kastrierten Tier darf keine Wirkung am Genitalapparat auftreten.

Einheit: 1 Einheit Luteinisierungshormon ist diejenige kleinste Hormonmenge, die, auf sechs Portionen verteilt, im Verlauf von 36 Stunden injiziert, 100 Stunden nach Beginn der Injektion im Ovarium der infantilen *Maus*, 120 Stunden nach Beginn der Injektion im Ovarium der infantilen *Ratte* einen Follikel in einen Luteinkörper umwandelt.

Während bei der Maus die Corpora lutea schon am 5. Versuchstag, also am Freitag, vorhanden sind, treten diese bei der infantilen Ratte, wie S. 206 näher ausgeführt, erst am 6. Versuchstag, also am Sonnabend, auf. Ich empfehle bei der infantilen Ratte die Ovarien am Freitag nachmittag durch einen Rückenschlitz makroskopisch zu kontrollieren, das Tier aber erst am Sonnabend, d. h. 120 Stunden nach Versuchsbeginn, zu töten. Man kann auch ein Ovarium am Freitag nachmittag, das zweite am Sonnabend exstirpieren, um so die Entwicklung der Corpora lutea histologisch zu verfolgen.

Die Prüfung auf Prolan B geschieht zur Kontrolle zweckmäßig auch am juvenilen 1200—1600 g schweren Kaninchen. Das Präparat wird in einmaliger Dosis intravenös injiziert, die Ovarien nach 100 Stunden inspiziert.

3. Testobjekt für Prolan A und B.

Die Reaktion wird an der 3—4 Wochen alten, 6—8 g schweren, infantilen, weiblichen Maus ausgeführt. Injektionstermin wie vorher beschrieben. Der Scheidenabstrich muß geprüft werden (zur Feststellung von Prolan A). Die Tiere werden 100 Stunden nach Beginn des Versuches getötet und an den Ovarien die Wirkung des Prolan B festgestellt.

Folgende Reaktionen treten auf:

1. *Ovarien.* Das Ovar ist vergrößert, hyperämisch, die Oberfläche überragt von hirsekorngroßen, farblosen, blasigen Erhebungen = vergrößerte Follikel, gefüllt mit Follikelflüssigkeit. Ferner treten am Ovarium die vorher beschriebenen Blutpunkte (HVR II) und Corpora lutea auf (HVR III), die als gelbliche, scharf umschriebene Vorwölbungen erkenntlich sind.

2. *Uterus.* Die Uterinschläuche sind glasig aufgetrieben, hyperämisch, zum Teil mit Sekret gefüllt.

3. *Scheidenschleimhaut.* Die Schleimhaut zeigt den typischen östralen Aufbau mit Verhornung der obersten Zellagen.

4. *Scheidensekret.* Das Sekret zeigt die Brunstreaktion, d. h. das typische reine Schollenstadium.

5. Am *kastrierten* Tier darf keine Wirkung an Uterus und Scheide auftreten.

Da die Luteinisierung eine Hemmung der Follikelreifung und der Folliculinproduktion zur Folge haben kann, und diese Reaktion an allen Tieren und allen Follikeln nicht gleichmäßig abläuft, kann es vorkommen, daß man bei Injektion des Hormongemisches (A und B) an manchen Tieren nicht die Brunstreaktion, sondern nur die Luteinisierung findet, an anderen wieder Luteinisierung *und* Brunstreaktion. So ist es zu verstehen, daß wir früher schrieben, daß bei der Prüfung auf Vorderlappenhormon die Brunstreaktion bei der Reaktionsempfindlichkeit der Tiere zuweilen fehlen kann.

Zur Feststellung des Follikelreifungshormons hat sich mir die infantile Ratte sehr bewährt. Will man den genauen Titrationswert eines Präparates bestimmen, so muß man mindestens 10 Tiere für jeden Versuch verwenden. Je mehr Tiere man zur Prüfung eines Präparates benutzt, um so exakter wird die Wertbestimmung. Die bei Prüfung eines Präparates an der infantilen Maus festgestellte negative HVR I beweist nicht das Fehlen von Prolan A, hierfür ist eine Kontrolle bei der infantilen Ratte unbedingt erforderlich.

Zur Feststellung des Luteinisierungshormons eignet sich am besten die infantile Maus, aber auch die infantile Ratte, sowie das juvenile Kaninchen. Da die Corpus-lutem-Bildung bei den einzelnen Tieren individuell sehr schwankt, muß man bei der Beurteilung negativer Ergebnisse besonders vorsichtig sein. Ich empfehle jedes Präparat, das auf Vorhandensein oder Fehlen von Prolan B geprüft werden soll, an drei Tierarten zu untersuchen, an der infantilen Maus, der infantilen Ratte und am juvenilen Kaninchen (s. auch S. 207 u. 241). An Tiermaterial darf hierbei nicht gespart werden!

25. Kapitel.

Darstellung und Chemie der gonadotropen Vorderlappenhormone (Prolan A und B).

Mit Hilfe des beschriebenen Testobjektes war es möglich die Bedeutung der gonadotropen Hypophysenvorderlappenhormone für den Organismus zu studieren. Wollte man ein Gewebe auf das Vorhandensein an HVH prüfen, so wurde es der infantilen Maus oder Ratte implantiert und nach 100 bzw. 120 Stunden die Reaktion am Sexualapparat abgelesen. Flüssigkeiten wurden den Tieren direkt injiziert. Das von mir gefundene Testobjekt hat der Hypophysenforschung, wie ich jetzt sagen darf, einen neuen Impuls gegeben, da es nunmehr möglich war, in exakter Weise und in kurzer Zeit den Beweis für das Vorhandensein der gonadotropen Hormone zu erbringen. Die Forschungsergebnisse der letzten 9 Jahre beruhen auf diesem Testobjekt.

Aus meinen weiteren Untersuchungen möchte ich als wichtiges Ergebnis die Darstellung des Prolans nennen.

Die Darstellung der Hormone aus dem Hypophysenvorderlappen selbst gab ich auf, als wir in dem Schwangerenharn [1] ein gutes Ausgangsmaterial gefunden hatten. Während in einer Kuhhypophyse (s. S. 180) — an Eiweiß gebunden — etwa 100—200 Einheiten Hormon vorhanden sind, enthält der Schwangerenharn in schon gelöster Form viele tausende Einheiten pro Liter (Näheres im Kapitel „Hormon und Schwangerschaft"). Die erste Darstellung des Prolans aus Schwangerenharn mittels Dialyse gab ich bald zugunsten des Alkoholfällungsverfahrens [2] auf. Durch Alkohol wird Hormon A und B aus dem Schwangerenharn gleichzeitig gefällt. Auch der Stoffwechselstoff geht in die Alkoholfällung über, so daß sich in dem von mir aus Schwangerenharn dargestellten Prolan die Stoffe A und B sowie der Stoffwechselstoff befinden. Bemerkenswert war die Feststellung, daß die gonadotropen Hormone in organischen mit Wasser nicht löslichen Lösungsmitteln unlöslich sind,

---

[1] Aschheim u. B. Zondek: Klin. Wschr. 1927, Nr 28.

[2] Die Alkoholfällungsmethode habe ich in meinem Referat auf der Naturforscherversammlung in Hamburg (15.—22. IX. 1928, ref. Beilage zur Klin. Wschr. 1928, Nr 47, 951) kurz mitgeteilt, ferner in einem Vortrag am 2. Dahlemer-Abend (23. XI. 1928), wobei ich darauf hinwies, daß die Methode schon längere Zeit im Gebrauch ist (s. Klin. Wschr. 1929, Nr 4).

so daß ich diese (am geeignetsten ist Äther) zur Reinigung verwenden konnte. Das im Schwangerenharn vorhandene Folliculin geht auch in den Äther über, so daß mir dadurch gleichzeitig eine Trennung zwischen dem Follikelhormon (Folliculin) und dem gonadotropen Hormon (Prolan) möglich war.

1. Darstellung des Prolans (A und B) aus dem Schwangerenharn.

Das Prolan stellte ich aus Schwangerenharn folgendermaßen dar (Alkoholfällungsmethode):

Beispiel: 1 Liter Schwangerenharn wird, falls er alkalisch reagiert, mit Essigsäure bis zur schwach lackmussauren Reaktion angesäuert und durch ein weites Filter filtriert. Es werden 4 Liter 96%igen Alkohols hinzugefügt, wobei ein feinflockiger Niederschlag entsteht. Nach mehrmaligem Schütteln läßt man die Lösung 24 Stunden stehen. Das Prolan befindet sich in der Fällung, die durch Zentrifugieren gewonnen wird. Die Fällung wird mit Äther geschüttelt, gereinigt, der Äther abzentrifugiert und verworfen. Nunmehr wird die Fällung in Aqua destillata aufgenommen, tüchtig geschüttelt und wieder zentrifugiert. Jetzt wird nur der wasserlösliche Teil verwandt, da das Hormon im Wasser gelöst ist. Der Bodensatz wird also verworfen. Die Hormonlösung kann jetzt durch erneute Alkoholfällung weiter gereinigt werden. Waschen der Fällung mit Äther und Aufnahme der Fällung in Wasser, wobei wieder nur der wasserlösliche Teil verwandt wird. So erhält man ein feines, weißlich-gelbes Pulver, das sich in Wasser mit leicht gelblicher Farbe glatt löst.

Auf diese Weise gelangte ich zu Trockenpulvern, die seinerzeit (1929) durchschnittlich pro Gramm 60000 RE enthielten (1 RE = 0,016 mg), einige Präparate wurden mit einer Trockensubstanz von 7 γ pro RE gewonnen. Eine weitere Reinigung (ZONDEK, SCHEIBLER u. KRABBE)[1] wurde durch folgende Versuche erreicht:

Da Prolanpräparate sehr empfindlich sind und zum Teil schon durch mäßige Erwärmung (s. S. 247) sowie durch Mineralsäuren und Alkalien in ihrer Wirksamkeit stark beeinträchtigt werden, war die Auswahl der anzuwendenden Methoden von vornherein beschränkt. Da der Harn in seiner Zusammensetzung äußerst variabel ist, kam es vor allem darauf an, eine stets reproduzierbare Methode zu finden, die außerdem eine möglichst gute Ausbeute und Anreicherung des Hormons ergibt. Es wurde versucht, sowohl aus nativem Harn, wie aus den mit meiner Alkoholfällungsmethode hergestellten Trockenpulvern von etwa 20000 RE pro Gramm das Prolan in konzentrierter Form zu gewinnen. Wir wandten zunächst Adsorptionsmethoden an, die wir aber wieder aufgaben, weil eine nennenswerte Anreicherung nicht zu erzielen war. Wesentlich bessere Resultate erhielten wir durch Fällungsverfahren (neben der oben beschriebenen Alkoholfällungsmethode). Als Fällungsmittel wurden zunächst Ammoniumsulfat sowie Ammoniumacetat als typische Eiweiß-

---

[1] ZONDEK, B., SCHEIBLER, A. u. KRABBE, W.: Biochem. Z. **258**, H. 1—4, 102 (1933).

fällungsmittel benutzt. Der durch den Zusatz dieser Salze entstandene Niederschlag wurde abzentrifugiert und sein wasserlöslicher Anteil untersucht. Es war auf diese Weise zwar möglich aus Schwangerenharn Präparate mit einem Gehalt von etwa 30000—40000 RE pro Gramm zu erhalten, doch waren die Ausbeuten so gering (10—20%) und der Erfolg so ungewiß, daß wir nach anderen Methoden suchten. Bei der Verarbeitung der Lösungen, die wir mit der Alkoholfällungsmethode erhielten, erwies sich die Ausfällung gewisser Bestandteile, in erster Linie der Phosphate, durch Bariumhydroxyd[1] als brauchbar. Es gelang uns auf diese Weise aber nur eine Steigerung der biologischen Wirksamkeit von 20000 auf 100000 RE pro Gramm zu gewinnen. Weiter kamen wir erst durch die Anwendung von solchen sauer reagierenden Schwermetallverbindungen, wie sie zur Fällung von Eiweiß und Alkaloiden benutzt werden. Von diesen waren aber nur zwei brauchbar, die Phosphorwolframsäure und die Phosphormolybdänsäure. Mit diesen beiden Säuren konnte das Prolan nicht nur wesentlich konzentriert werden, sondern es war auch möglich, die im Ausgangsmaterial vorhandene Prolanmenge fast 100%ig wiederzugewinnen. Beide Säuren konnten zur Weiterreinigung der aus dem Harn mit Hilfe des Alkoholfällungsverfahrens hergestellten Prolanpräparate verwandt werden. Für die direkte Fällung des nativen Harns kommt aber nur die Phosphormolybdänsäure in Betracht, weil diese im Gegensatz zur Phosphorwolframsäure mit dem Harnstoff des Harns keine schwer lösliche Verbindung liefert. Die Verwendung der Phosphormolybdänsäure verlangte andererseits, daß nur frischer oder mit Äther konservierter Harn benutzt wurde, weil das durch die Vergärung des Harnstoffs entstehende Ammoniumcarbonat mit der Phosphormolybdänsäure das schwer lösliche Ammoniumphosphormolybdat bildet. Die mit den beiden genannten Säuren erhaltenen Fällungen wurden nach dem Abzentrifugieren mit Bariumhydroxyd versetzt. Das überschüssige Barium wurde mit Kohlensäure entfernt, und die wäßrige Lösung nach dem Abtrennen des Bariumcarbonats im Vakuum eingedampft. Es war auf diese Weise möglich, in einem Arbeitsgang aus nativem Schwangerenharn Präparate zu erhalten, die eine Wirksamkeit von 300000 RE pro Gramm aufwiesen.

Eine weitere erhebliche Reinigung wurde durch Anwendung der Dialyse (Elektrodialyse) erzielt, wobei uns mit Filtern verschiedenster Dichte eine Abtrennung des Prolans von Beimengungen gelang. So kamen wir zu Präparaten, die bis 1000000 RE pro Gramm enthielten, so daß als 1 RE einen Einheitsgrad von 1γ hat.

Wir möchten nochmals hervorheben, daß bei dem angegebenen Verfahren fast die Gesamtmenge des im Ausgangsmaterial vorhandenen Hormons gewonnen wird.

---

[1] Diese Methode hatten bereits F. G. FISCHER u. L. ERTEL beschrieben [Hoppe-Seylers Z. **202**, 83 (1931)].

Folgendes Beispiel eines Arbeitsganges:

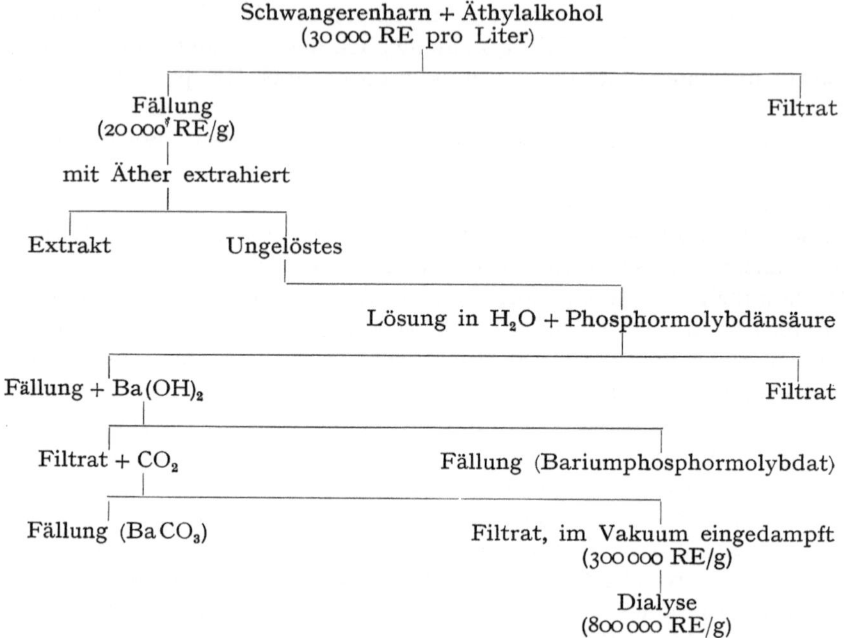

Da die Wertbestimmung des Prolans durch eine biologische Methode erfolgt, ist es verständlich, daß in den Angaben über den Reinheitsgrad nicht unwesentliche Differenzen bei den verschiedenen Autoren entstehen können. Wir haben deshalb ein gereinigtes Präparat mit unserer Wertbestimmung von $1,3\,\gamma$ pro RE Herrn Prof. FRITZ LAQUER in Elberfeld zur Nachprüfung übersandt, wobei ein Wert von mindestens $1,6\,\gamma$ pro RE gefunden wurde (auf weiteren Reinheitsgrad wurde nicht geprüft).

Erwähnt sei, daß CLAUS[1] (1931) ein kristallisiertes Hormonpräparat erhalten hat. In Übereinstimmung mit KATZMAN u. DOISY[2] glauben wir nicht, daß es sich hier um das reine Hormon gehandelt haben kann, da der Reinheitsgrad nur $26\,\gamma$ pro ME betrug. A. LEJWA[3] hat gleichfalls kristallisiertes und wesentlich wirksameres Prolanpräparat ($1\,\gamma$ pro ME) beschrieben, ohne daß bisher physikalische und chemische Eigenschaften der Kristalle mitgeteilt sind. In unserem Arbeitsgang haben wir wiederholt kristallisierte Anteile beobachtet, glauben aber nicht, daß es sich bei dem vorliegenden Reinheitsgrad um das reine Hormon handeln kann.

Die biologische Prüfung unserer reinen aus Gravidenharn dargestellten Prolanpräparate ($1\,\mathrm{RE} = 1\,\gamma$) an infantilen Mäusen, Ratten und Kaninchen ergab, daß man mit ihnen sowohl Follikelreifung und

---

[1] CLAUS, P.: Physiol. Z. **4**, 36 (1931).
[2] KATZMAN, P. A. a. DOISY, E. A.: J. of biol. Chem. **98**, 739 (1932).
[3] LEJWA, A.: Biochem. Z. **256**, 236 (1932).

Oestrus (HVR I), wie Corpus-luteum-Bildung (HVR III) auslösen konnte. Eine Trennung von Prolan A und B war also nicht erzielt worden. Hierbei sei auf die im Kap. 21 gemachten Bemerkungen bezüglich der Frage Prolan A und B hingewiesen. Man muß die Präparate an drei Tierarten prüfen, sonst kann man leicht der Täuschung unterliegen, daß man eine Isolierung erreicht hätte. Erwähnt sei, daß auch A. LEJWA[1], sowie HAUROWITZ, REISS u. BALINT[2] mit ihren weitgereinigten Präparaten aus Gravidenharn die A- und B-Reaktion auslösen konnten.

2. Darstellung des Prolans A aus dem Harn Nichtschwangerer.

Die Trennung von Prolan A und B aus Schwangerenharn ist bisher nicht gelungen. Hingegen gelang es mir[3] aus dem Harn von Nichtschwangeren Prolan-A-Präparate darzustellen, ein Befund, der meines Erachtens die bisher stärkste Stütze für die Auffassung von der Dualität der Prolane darstellt. Meine Befunde wurden durch CH. HAMBURGER[4], sowie von LEONARD u. SMITH[5] bestätigt.

Ich fand, daß das Follikelreifungshormon (Prolan A) im Harn zur Ausscheidung kommt:

a) bei Frauen mit Genitalcarcinom,

b) bei kastrierten Frauen, im Klimakterium und im Postklimakterium,

c) bei kastrierten Tieren (aber hier nur bei einzelnen Tierarten und in einem bestimmten Zeitraum, S. 436).

Bezüglich der Bedenken, die ich über die Darstellung von Prolan A aus dem Harn Nichtschwangerer geäußert habe, verweise ich auf S. 210.

Prolan A wird ebenfalls durch Alkohol gefällt und ist in organischen, mit Wasser nicht löslichen Lösungsmitteln (Äther) unlöslich.

Beispiel: 1 Liter Carcinomharn (Genitalcarcinom der Frau) wird mit 4 Litern 96%igem Alkohol versetzt, die Fällung 24 Stunden stehengelassen. Die Fällung wird mit Äther gereinigt, der Äther verworfen. Dann wird die Fällung in Wasser gelöst und nur der wasserlösliche Teil verwandt. Die weitere Reinigung erfolgt durch erneute Alkoholfällung, Ätherreinigung und Verwendung des wasserlöslichen Teiles.

3. Weitere Methoden zur Darstellung des Prolans.

Die Chemie des Prolans wurde in den letzten Jahren auch von zahlreichen anderen Autoren erforscht. Die Darstellung des Hormons kann

---

[1] LEJWA, A.: l. c.

[2] HAUROWITZ, F., REISS, M. u. BALINT, J.: Hoppe-Seylers Z. **222**, 44 (1933).

[3] ZONDEK, B.: Klin. Wschr. **1930**, Nr 6, 9, 15, 26.

[4] HAMBURGER, CH.: Gonadotropic hormons. Copenhagen: Lewin & Munksgaard 1933, S. 114.

[5] LEONARD, S. L. a. SMITH, P. E.: Amer. J. Physiol. **108**, 22 (1934).

aus verschiedenartigem Ausgangsmaterial erfolgen, aus dem Hypophysenvorderlappen selbst, aus Serum der graviden Stute, aus Placenta, Graviden-, Kastraten-, Alters- und Carcinomharn (s. Kap. 26).

Die Darstellung des Prolans aus *Gravidenharn* erfolgte in den eigenen, im vorhergehenden Abschnitt beschriebenen Untersuchungen, durch die Alkoholfällungsmethode. Eine weitere Reinigung der so gewonnenen Prolanlösung wurde durch Fällung mit Phosphorwolframsäure bzw. Phosphormolybdänsäure erzielt. Letztere erwies sich auch für die direkte Fällung des nativen Harns als sehr geeignet. So vorgereinigte Präparate wurden der Dialyse (Elektrodialyse) unterworfen, wobei uns mit Filtern verschiedenster Dichte eine Abtrennung des Prolans von Beimengungen gelang, so daß der Reinheitsgrad von $1\,RE = 1\,\gamma$ erreicht wurde. Das Prolan selbst war bei Anwendung feinporiger Filter nicht dialysabel. Mit der Alkoholfüllungsmethode habe ich auch Prolan aus *Harn von Kastraten* (Mann und Frau) von *klimakterischen und postklimakterischen Frauen*, sowie von *Patientinnen mit Genitalcarcinom* dargestellt.

Die Alkoholfällung des Prolans aus Harn hat auch BIEDL angewandt, ferner H. M. EVANS sowie WIESNER und MARSHALL. Letztere reinigten ihre Präparate durch Ultrafiltration.

REISS u. HAUROWITZ gewannen Prolan aus Gravidenharn durch Fällung mit Uranylacetat und nachfolgender Extraktion mit Ammoniumphosphat. DICKENS schied die wirksamen Stoffe durch Sättigung mit Ammoniumsulfat oder Fällung mit Tannin ab und reinigte die wäßrige Lösung des Niederschlages durch Dialyse. FISCHER u. ERTEL bedienten sich der Adsorption des Prolans an Kaolin, die weitere Reinigung erfolgte durch Fällung der Phosphatelutionen mit Bariumacetat und nachfolgend mit Bariumhydroxyd. KATZMANN u. DOISY adsorbierten Prolan aus Gravidenharn an Norit und eluierten es mit Phenol, oder sie adsorbierten das Hormon an Benzoesäure und entfernten das Adsorbens durch Aceton.

Aus dem *Hypophysenvorderlappen* wurde das Hormon in saurem Medium extrahiert (EVANS u. SIMPSON, BIEDL, BELLERBY, HEWITT), desgleichen durch Extraktion mit dünnem Alkali (PARKES u. HILL, BURNS, EVANS). Die Reinigung der Extrakte erfolgte durch Adsorption oder Dialyse. EVANS empfiehlt besonders die Extraktion des Acetontrockenpulvers mit ammoniakalischem Alkohol. Die Methode sei kurz beschrieben:

Das Acetontrockenpulver des Vorderlappens wird mit 50- oder 60%igem Alkohol — oder besser Aceton — in welchem 2—4% Ammoniak gelöst sind, 24 Stunden bei Zimmertemperatur extrahiert. Eine zweite Extraktion erwies sich als unnötig. Nach Zentrifugieren befindet sich das Hormon im Filtrat. Dieses wird in Alkohol oder Aceton gegossen, so daß die Konzentration des organischen Lösungsmittels jetzt 80—85% beträgt. Nach Zufügen von einigen Tropfen Eisessig bleibt die Mischung über Nacht bei 0^{0} stehen. Das Hormon befindet sich jetzt in der Fällung. Diese wird zunächst mit 95%igem

Alkohol oder 100%igem Aceton — je nach Wahl des organischen Lösungsmittels — dann mit Äther gewaschen und im Vakuum über P_2O_5 getrocknet.

Aus *Placenta* haben WIESNER u. CREW das Hormon durch wäßrige 20%ige Sulfosalicyllösung gewonnen. EVANS hat ein besonders wirksames Präparat aus dem *Serum von graviden Stuten* erhalten (100mal so stark wie aus Vorderlappen).

Die Darstellung des Prolans ist, wie aus diesen Angaben hervorgeht, mit den verschiedenartigsten Methoden versucht worden und hat zu einer weit gereinigten Darstellung des Hormons geführt. Der Reinheitsgrad wird von den verschiedenen Autoren sehr verschieden angegeben, wobei nicht geklärt ist, ob die Präparate wirklich so verschieden waren, oder ob die Differenzen nicht zum Teil durch die biologische Titrierung bedingt sind. Die Literatur über das Follikelhormon hat uns gezeigt, wie dieselben Präparate in der Hand verschiedener Untersucher zu ganz verschiedenen, stark untereinander differierenden Wertbestimmungen geführt haben. Wir haben deshalb unser reinstes Prolanpräparat (s. S. 238) von Herrn Prof. F. LAQUER in Elberfeld nachprüfen lassen. Es wäre empfehlenswert die Angaben über den Reinheitsgrad stets von anderer Seite kontrollieren zu lassen. Vor allem aber möchte ich empfehlen, sich nicht mit der Prüfung an *einer* Tierart zu begnügen, sondern die Präparate an infantilen Mäusen, infantilen Ratten und juvenilen Kaninchen auszuwerten. Ich beginne stets mit der Prüfung an Ratten, um zunächst den genauen Gehalt an Follikelreifungshormon zu bestimmen, prüfe dabei auch die Luteinisierungswirkung an der Ratte (am 6. Versuchstag!). Dann untersuche ich das Präparat an der infantilen Maus und dem 1600 g schweren Kaninchen (intravenös!) (s. S. 207 u. 235). Durch die Wertbestimmung an drei Tierarten wird der Untersucher bei Diskrepanz der Reaktionen auf Fehlerquellen aufmerksam gemacht und bleibt dadurch vor Angabe eines falschen Reinheitsgrades bewahrt.

Der Reinheitsgrad von Prolanpräparaten wird bisher folgendermaßen angegeben:

B. ZONDEK, SCHEIBLER u. KRABBE 1 mg = 1000 RE

MARSHALL . . . . 1 „ = 200 ME

LEJWA . . . . 1 „ = 1000 „

KATZMANN u. DOISY . . . . 1 „ = 1250—3000 ME

Es handelt sich hierbei nur um relativ reine Präparate. Die kristallinische Darstellung des Prolans ist bisher noch nicht gelungen. Über die Konstitution des Hormons ist nichts bekannt (vgl. S. 243).

4. Zur Chemie des Prolans.

Die bisher festgestellten chemischen Eigenschaften sind bei Prolan A und B gleichartig, so daß ich daraus schloß — wie schon in der ersten Auflage angegeben —, daß beide Stoffe sich chemisch sehr nahe stehen müssen. Da wir jetzt annehmen (H. v. EULER u. B. ZONDEK)[1], daß das Prolan ein proteinhaltiges Hormon ist, in dem einer verhältnismäßig kleinen prosthetischen Gruppe eine proteinartige Komponente anhaftet, so kann man die beiden Stoffe (A und B) vielleicht als geringfügige Veränderungen in der prosthetischen Gruppe auffassen. Damit wäre erklärlich, daß man selbst mit reinsten Präparaten, die von einer Reindarstellung aber noch entfernt sind, beide Reaktionen (Follikelreifung und Luteinisierung) auslöst, also in diesen Präparaten Hormon A und B findet. Die zu beschreibenden chemischen Eigenschaften gelten also für A und B.

Im Gegensatz zu dem sehr widerstandsfähigen Folliculin ist Prolan sehr empfindlich. Es wird schon durch Erwärmung auf über 60^0 geschädigt, durch Kochen zerstört. Genaue Untersuchungen über die Stabilität des Prolans gegenüber Erhitzung, Bestrahlung und Oxydation werden später mitgeteilt (s. S. 244). Im Gegensatz zum Folliculin ist Prolan, wie ich schon 1928 mitteilte, in organischen, mit Wasser löslichen Lösungsmitteln nicht löslich, so daß dadurch eine Trennung des Folliculins vom Prolan möglich ist. Während Folliculin in Alkohol und Aceton löslich ist, wird Prolan durch Alkohol, Äthylalkohol, Methylalkohol und Aceton gefällt. Prolan ist auch — im Gegensatz zum Folliculin — in den mit Wasser nicht mischbaren Lösungsmitteln (Äther, Benzol) unlöslich.

Sehr eingehend habe ich mich mit der Frage der Adsorption des Prolans beschäftigt. Wie H. ZONDEK u. BANSI[2] festgestellt haben, sind Hormone im allgemeinen leicht adsorbierbar. Dies fand ich auch für das Folliculin und das Prolan bestätigt, es ergaben sich aber einige Unterschiede, die ich kurz angeben[3] möchte.

Durch Behandlung des schwach sauren Gravidenharns mit Kieselgur wird nicht Folliculin, wohl aber Prolan adsorbiert, so daß auch auf diese Weise eine Trennung der Hormone aus dem Harn möglich ist. Man kann also auf zwei verschiedene Arten Folliculin und Prolan im menschlichen Schwangerenharn voneinander trennen, 1. durch Extraktion mit Äther, wobei das Folliculin zum größten Teil in den Äther übergeht, 2. durch Behandlung mit Kieselgur, wobei nur Prolan an Kieselgur adsorbiert wird.

---

[1] v. EULER, H. u. ZONDEK, B.: Skand. Arch. Physiol. (Berl. u. Lpz.) **68**, 232 (1934).

[2] ZONDEK, H. u. BANSI: Biochem. Z. **95**, 376 (1928).

[3] ZONDEK, B.: In der I. Auflage mitgeteilt (1931).

Werden gereinigte Prolanlösungen mit Kieselgur oder Kohle behandelt, so erfolgt ebenfalls eine völlige Adsorption.

Aus dem Schwangerenharn wird Prolan nicht durch BERKEFELDT-Filter adsorbiert, während bei Behandlung mit SEITZ-Filter etwas Hormon verloren geht[1].

Dialyse: Wie ich 1928 beschrieb, diffundiert Prolan aus dem Schwangerenharn durch grobporige SCHLEICHER-SCHÜLL-Membrane. Bei Anwendung feinporiger Filter[2] (Collodiummembran, Elektrodialyse mit BECHHOLD-Filter) diffundiert Prolan nicht (1933). Damit finden wir uns in Übereinstimmung mit MARSHALL[3], während DICKENS[4] Diffusion durch Collodiummembran angibt.

Chemische Eigenschaften: Unsere gereinigten Prolanpräparate ($1 \, RE = 1 \, \gamma$) stellen ein feines amorphes Pulver dar. Wäßrige Lösungen dieses Präparates wurden durch Alkohol und Aceton nicht gefällt, bei Zusatz von ESSBACHS Reagens, Sulfosalicylsäure und Trichloressigsäure trat keinerlei Trübung auf.

Mit konzentrierten Prolanlösungen konnten wir die Biuretreaktion auslösen, desgleichen die Argininreaktion nach SAKAGUCHI sowie die MILLONsche Reaktion.

HAUROWITZ, REISS u. BALLINT[5] fanden in ihren Präparaten einen Arginingehalt von etwa 6% und einen Histidingehalt von etwa 1—2% an, MARSHALL einen Tyrosingehalt von höchstens 1,25%. FISCHER u. ERTL[6] gaben 1931 an, daß ihre Präparate zu mindestens 10% aus einem Zucker bestehen, wobei die Reaktionen der Kohlehydratkomponente auf eine Hexose hinwiesen. Auch HAUROWITZ[5] fand in seinen Präparaten etwa 7% Zucker (als Glucose bestimmt), während MARSHALL das Vorhandensein eines Zuckers in der aktiven Substanz für zweifelhaft hält.

Phosphor und Schwefel wurde in gereinigten Präparaten nicht gefunden (MARSHALL, HAUROWITZ).

Es kann kein Zweifel sein, daß das Prolan ein Hormon eiweißartiger Natur ist. Dies geht auch aus seinem Molekulargewicht hervor. Herr Prof. MYRBÄCK hat liebenswürdigerweise einige Versuche mit der Diffusionsmethode im Biochemischen Institut der Universität Stockholm angestellt, welche auf ein Molekulargewicht von $12\,000 \pm 5000$ hindeuten.

Über die Art des Eiweißbestandteiles können enzymatische Spaltungsversuche Anhaltspunkte geben (H. v. EULER u. B. ZONDEK)[7]. Wir

---

[1] ZONDEK, B.: In der I. Auflage mitgeteilt (1931).

[2] ZONDEK, B., SCHEIBLER, H. u. KRABBE: Biochem. Z. **258**, 102 (1933).

[3] MARSHALL, P. G.: Biochem. J. **26**, 1358 (1932). Nature (Lond.) **130**, 170 (1933).

[4] DICKENS, F.: Biochem. J. **24**, 1507 (1930).

[5] HAUROWITZ, F., REISS, M. u. BALINT, J.: Hoppe-Seylers Z. **222**, 44 (1933).

[6] FISCHER, F. G. u. ERTL, L.: l. c.

[7] v. EULER, H. u. ZONDEK, B.: Skand. Arch. Physiol. **68**, 244 (1934).

haben bisher nur zwei Versuchsreihen angestellt, nämlich mit Papain und mit Papain + HCN. Unsere Reaktionsmischungen enthielten in 20 ccm Pufferlösung (p_H = 5,1) 0,4 g Papainpräparat ohne bzw. mit 5 mg KCN und 800 RE. Die Lösungen nebst prolanfreien Kontrollösungen blieben 18 Stunden bei 30° stehen. Nach dieser Zeit war von der Prolanaktivität bei Abwesenheit von HCN sicher 25% nachweisbar, bei Anwesenheit von HCN weniger als 10%. Wir können REISS u. HAUROWITZ[1] darin zustimmen, daß Dipeptidasen gegen Prolan unwirksam sind. Der hochmolekulare Prolanträger dürfte sich hinsichtlich seines Verhaltens gegen Enzyme wie ein Protein verhalten.

Elektrokataphoretische Bestimmungen bei wechselndem p_H sollen noch ausgeführt werden, um zu zeigen, ob in Prolan eine p_H-bedingte Salzbildung mit einem anderen proteinartigen Bestandteil vorliegt. In diesem Fall wird das oben erwähnte Molekulargewicht von dem salzartig gebundenen proteinartigen Bestandteil beeinflußt.

In diesem Zusammenhang sei die an Prolanpräparaten gefundene Zusammensetzung kurz erwähnt, obwohl keines der bisher beschriebenen Präparate einen solchen Reinheitsgrad erreicht haben dürfte, daß aus den Elementaranalysen Schlüsse über die chemische Natur des Prolans gezogen werden können. Die auf aschefreie Substanz umgerechneten Werto ergeben sich aus Tabelle 28.

Tabelle 28. Elementaranalysen des Prolans aus Gravidenharn.

	% C	% H	% N
FISCHER u. ERTL	44	7,1	10,8
ZONDEK, SCHEIBLER u. KRABBE	44,5	7,6	11,7
HAUROWITZ, REISS u. BALINT	44,03	7,1	10,76

5. Zur Stabilität des Prolans.

Ein Hinweis auf seine enzymatische Natur.

Während die meisten Hormone (z. B. Pitocin, Pitressin, Intermedin, Thyroxin, Folliculin) äußeren Einflüssen gegenüber sehr widerstandsfähig sind, während z B. Folliculin durch starke Säuren und Alkalien und durch stundenlanges Kochen überhaupt nicht beeinflußt wird, erwies sich das Prolan als sehr labil. Die im folgenden beschriebenen Untersuchungen über die Stabilität des Prolans führten H. v. EULER und mich[2] zu der Arbeitshypothese, daß das Prolan einen Katalysator von Enzymnatur darstellen könne. Der Beweis für die enzymatische Natur des Prolans kann allerdings erst erbracht werden, wenn das Substrat, an welchem das Prolan angreift, und die spezifische enzymatische Reaktion gefunden ist. Immerhin haben unsere Untersuchungen bemerkenswerte Ähnlichkeiten zwischen einem Enzym und Prolan ergeben. In welchem Grade Hormone als Katalysatoren betrachtet werden

---

[1] REISS, M. u. HAUROWITZ, F.: Z. exper. Med. 68, 371 (1929).
[2] v. EULER, H. u. ZONDEK, B.: Skand. Arch. Physiol. 68, 232 (1934).

können, ist noch wenig geklärt. Auch über ihre Stellung zu den Enzymen liegt bis jetzt so wenig Material vor, daß es kaum auffallen kann, daß bis jetzt Gleichgewichte zwischen eiweißfreien und eiweißhaltigen Hormonen nicht gesucht worden sind. Die Wirkung hormonaler Gruppen in Verbindung mit proteïnartigen Resten und das Verhalten eiweißhaltiger Hormone ist bisher systematisch noch kaum studiert worden.

Während Hormone und Vitamine, die nicht an einen kolloiden Träger gebunden sind, in wäßriger Lösung, wenigstens bei Ausschluß von Sauerstoff und in der Nähe der Acidität ihres Wirkungsoptimismus in der Regel mehrstündiges Erhitzen auf 100^0 ertragen, finden wir bei den meisten Enzymen bei der Acidität ihres Wirkungsmaximums eine Tötungstemperatur von 50—70^0. Wenn auch diese Temperaturempfindlichkeit keinen sicheren Beweis dafür bildet, daß das Molekül einen proteinartigen Bestandteil enthält, und also gemäß der üblichen Definition zu den Enzymen zu zählen wäre, so ist die Temperaturempfindlichkeit bei den proteingebundenen Katalysatoren doch ausnahmslos vorhanden und schwankt innerhalb verhältnismäßig enger Grenzen.

Temperaturempfindlichkeit des Prolans. Was hier gezeigt werden soll, ist die *Ähnlichkeit, welche zwischen der Temperaturabhängigkeit des Prolans und derjenigen typischer Enzyme existiert.*

In der vorliegenden Untersuchung haben wir nur die Prolan-A-Reaktion studiert, d. h. die Wirkung des Prolans auf die Follikelreifung und die Folliculinbildung. Sämtliche Versuche wurden mit demselben aus Gravidenharn dargestellten Präparat ausgeführt.

Daß *trockenes Prolanpulver* gegen Erhitzung sehr stabil ist, ist kürzlich von ASKEW u. PARKES[1] gezeigt worden. Einstündiges Erhitzen auf 100^0 rief keinen merkbaren Verlust der Aktivität hervor. Wir werden beim Vergleich des Prolans mit Enzymen noch darauf hinweisen, daß dies durchaus den an trockenen Enzympräparaten gemachten Erfahrungen entspricht. Die Zerstörung der Aktivität in trockenen Pulvern ist bei den Enzymen sehr stark von zufälligen Spuren von Verunreinigungen abhängig, so daß charakteristische Regelmäßigkeiten in dieser Hinsicht nicht gefunden worden sind.

Sehr viel genauer festgelegt ist für eine große Anzahl der Substanzen (und zwar nicht nur für Biokatalysatoren, sondern auch für biologische Substrate wie Ester, Peptide usw.) die Stabilität *in wäßrigen Lösungen.*

Soweit es sich dabei um sauerstofffreie Systeme handelt, also in erster Linie um Vorgänge hydrolytischer Art, ist die Stabilität in höchstem Grade abhängig von der *Acidität der Lösung.* Soll deswegen die Thermostabilität eines Stoffes wie Prolan exakt festgelegt werden, so muß dies bei genau definierter Acidität geschehen. Eine solche Stabilitätsbestimmung in wäßrigen Lösungen wurde in mehreren Versuchsreihen durchgeführt, die im folgenden beschrieben werden sollen.

---

[1] ASKEW u. PARKES: Biochem. J. **27**, 1495 (1933).

Methodik. 1. *Temperatur-Inaktivierung.* Bei der Methodik der Inaktivierung von Prolanlösungen wurden die Erfahrungen benutzt, welche früher im Biochemischen Institut Stockholm hinsichtlich der Inaktivierung von Enzymlösungen gewonnen worden sind. Wie der eine von uns (H. v. EULER)[1] bei der theoretischen Behandlung der Enzymaktivierung hervorgehoben hat, empfiehlt es sich, den als „Tötungstemperatur" bezeichneten Wärmegrad festzulegen, bei welchem das Enzym in wäßriger Lösung (ohne Substrat) bei festgelegtem optimalem p_H nach einer Erhitzung von bestimmter Dauer (30—60 Minuten) auf die Hälfte seiner Aktivität sinkt.

In den hier mitzuteilenden Versuchsreihen haben wir durchweg die Erhitzungsdauer 45 Minuten gewählt, um unsere Versuche — ohne zu große Extrapolation — an die früher bei 30 und 60 Minuten Erhitzungsdauer ausgeführten Enzymversuche anschließen zu können. Die Erhitzungsdauer wurde mit einer Genauigkeit von 1% eingehalten, die Erhitzungstemperatur des Wasserbades schwankte in dieser Zeit in den Grenzen ± 0,3°, die mittlere Temperatur dürfte auf 0,1° genau reproduzierbar sein.

Wir haben uns davon überzeugt, daß die Thermostabilität der Prolanlösungen bei unserer Versuchsanstellung (kleine freie Oberfläche und kurze Erhitzungsdauer) vom Sauerstoff der Luft nicht beeinflußt wird. Ein ähnliches Resultat lag schon in Versuchen von ASKEW u. PARKES vor. Über die Wirkung langdauernder Oxydationen vgl. S. 249.

Wie notwendig es war, die Acidität der Lösung aufs genaueste festzulegen, zeigt unmittelbar die Versuchskurve (Abb. 72), aus welcher hervorgeht, daß schon eine p_H-Einheit die Stabilität um 50% ändern kann. Wir haben die Acidität der Lösung durch Puffer festgelegt, und zwar wurde im Aciditätsgebiet 5—8,2 Phosphatpuffer in der Normalität 1 bis 15 verwendet, während in noch stärker alkalischen Lösungen Buratpuffer zur Anwendung kam.

2. *Strahlungsinaktivierung des Prolans.* Bei typischen Enzymen hat sich oft gezeigt, daß eine Inaktivierung durch Strahlen des sichtbaren Spektrums nur sehr gering ist, während ultraviolette Strahlen stark inaktivieren. Zwischen der Inaktivierung durch Temperatursteigerung und durch Ultraviolettbestrahlung besteht bei Enzymen ein gewisser Parallelismus, welcher in der Literatur, z. B. von LÜERS u. LORINSER[2] auch schon hervorgehoben worden ist. Im Anschluß an unsere Erwärmungsversuche haben wir auch an unserem Prolanpräparat Bestrahlungsversuche vorgenommen.

Die Lösung enthielt 0,05 g Prolan in 100 ccm und wurde bei der Acidität $p_H = 7,5$ in einem Quarzgefäß den Strahlen einer Quecksilber-

---

[1] v. EULER, H: Chemie der Enzyme. III. Aufl. I. Teil. S. 246ff. 1925.
[2] LÜERS u. LORINSER: Biochem. Z. **144**, 212 (1923).

quarzlampe (Höhensonne) der Quarzlampengesellschaft Hanau ausgesetzt. Das Gefäß hatte planparallele Wände, die bestrahlte Oberfläche betrug etwa 25 qcm, der Abstand zwischen den beiden Wänden 4,5 mm. Der Abstand der vorderen Gefäßwand von der Röhre der Quarzlampe betrug genau 20 cm.

3. *Methodik der Tierversuche.* Die Aktivität der Lösung wurde durch Versuche an Ratten ausgewertet. Die erhitzte oder bestrahlte Lösung ebenso wie die unveränderten Ausgangslösungen wurden nach geeigneter Verdünnung 4—5 Wochen alten, 30—35 g schweren infantilen Ratten im Verlauf von 36 Stunden in 6 Portionen injiziert. Die Reaktion wird als positiv betrachtet, wenn nach 100 Stunden im Vaginalsekret das Schollenstadium eintritt (Prolan-A-Reaktion, s. S. 232).

Bei allen Tieren wurde mit dem nicht vorbehandelten Prolan der Oestrus ausgelöst, dagegen nie ein Blutpunkt oder Corpus luteum, auch nicht bei Zufuhr von 8 RE. Dieser Umstand sei besonders hervorzuheben, weil daraus hervorgeht, daß eine Hemmung durch gleichzeitig vorhandenes Prolan B in den geprüften Dosen nie eingetreten war.

Jeder Versuchspunkt erforderte zur biologischen Prüfung 5 Ratten, so daß zu den hier angegebenen Versuchspunkten (Temperatur- und Strahlungseinfluß) 205 Ratten erforderlich waren.

Versuche. a) *Einfluß der Temperaturerhöhung.* Wie aus dem Folgenden hervorgeht, liegt das Maximum der Stabilität des Prolans im Aciditätsgebiet 7—8,5. In diesem Gebiet haben wir durch eine erste Versuchsreihe die kritische „Tötungstemperatur" (für 45 Minuten) festgestellt: sie wurde bei etwa 62⁰ gefunden. Die in Abb. 72 zusammengestellten Resultate beziehen sich also auf diese Versuchszeit. Es sei hier gleich betont, daß der Verlauf der Thermoinaktivierung keineswegs einer Reaktion erster Ordnung entspricht, was ja auch bei Enzymen nicht der Fall ist[1].

Wir konnten in weiteren Versuchsreihen die zuerst studierten Temperaturen 57 und 67⁰ ausschließen und die Aciditätskurve bei 62⁰ festlegen (s. Abb. 72).

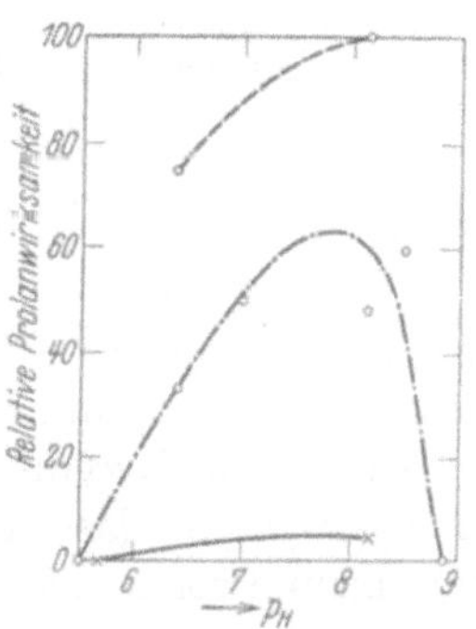

Abb. 72. In der Abszisse sind die pH-Werte angegeben, auf der Ordinate die noch vorhandenen Prolan-Aktivitäten in Prozenten nach 45 Minuten langem Erwärmen bei verschiedenen Temperaturen.

--- 57⁰ —·—·—· 62⁰ —— 67⁰

Bei der Temperatur von 62⁰ und der Acidität pH = 5,6, wo die Inaktivierung bereits sehr beträchtlich ist (s. Kurve 72), haben wir den Vergleich der Inaktivierung in Stickstoffatmosphäre und in Luft angestellt. Der Unterschied war, wie bereits erwähnt, nur gering; im wesentlichen ist *diese* Inaktivierung keine Oxydationserscheinung.

Bei der Temperatur 62⁰ wurde auch der eventuelle Einfluß von Schutzstoffen untersucht, und zwar bei pH = 6,5 der Einfluß von 10% Glycerin,

---

[1] v. EULER, H.: Chemie der Enzyme. 3. Aufl. Bd. I. S. 248.

bei $p_H = 8{,}5$ der Einfluß von 5% Glykokoll. Eine Schutzwirkung trat nicht auf, der Einfluß des Glykokolls liegt eher in anderer Richtung.

Bei jedem Versuch wurde auf fünf Prolanaktivitäten (100, 80, 66, 40 und 20% der ursprünglichen Wirksamkeit) geprüft, wodurch die Genauigkeit der Aktivitätsbestimmungen gekennzeichnet ist. Wir schätzen dieselbe auf etwa 20% des gemessenen Aktivitätswertes. Zieht man die bei solchen biologischen Prüfungen erreichbare Genauigkeit in Betracht, so wird man die in den verschiedenen Versuchsreihen erreichte Übereinstimmung als befriedigend ansehen. Jedenfalls ist das Ziel der Untersuchung insofern erreicht worden, als die oben definierte „Tötungstemperatur" auf etwa $0{,}5^0$ und das p_H-Optimum auf etwa 1 p_H-Einheit genau festgelegt werden konnte.

Was zunächst die „Tötungstemperatur" (45 Minuten) $= 62^0$ betrifft, so liegt dieselbe nahe dem Mittelwert einer Reihe typischer Enzyme. Dies zeigt die Tabelle 29, welche das Temperaturgebiet der halben Inaktivierung in 60 Minuten angibt.

Tabelle 29. Temperaturgebiet der halben Inaktivierung in 60 Min. bei verschiedenen Enzymen.

Enzym	Temperaturgebiet der halben Inaktivierung in 60 Min.
Leberkatalase	
β-Glucosidasen ...	55^0—60^0
Hefensaccharasen ..	
Pepsin	60^0—65^0 (?)
Peroxydase der Milch	
Samenureasen	65^0—75^0
Nucleosidase	

Trockene Enzyme vertragen meist stundenlanges Erhitzen auf 100^0 bis 120^0.

Unter den Enzymen ist hinsichtlich der Temperaturinaktivierung die Saccharase[1], die Amylase und die Katalase am besten untersucht. Als Beispiele der Enzyminaktivierung zeigen die Kurven 74 u. 75, daß für die beiden erstgenannten pflanzlichen Enzyme das Maximum der Stabilität mehr auf der sauren Seite des Neutralitätspunktes liegt als beim Prolan. Es ist zu vermuten, daß bei tierischen Enzymen, welche an eine Alkalität von rund p_H 7,5—8,5 angepaßt sind, das Optimum mehr auf der alkalischen Seite liegt, wie dies beim Prolan der Fall ist.

Der starke Einfluß der Acidität tritt zwar auch bei nichtenzymatischen Stoffen oft ebenso scharf oder sogar noch schärfer hervor wie bei Enzymen. In dieser Hinsicht braucht nur an die Stabilitätskurven der Ester oder der α-Glucose[2] erinnert zu werden.

Immerhin liegt bei den Estern wenigstens die Temperatur, die erforderlich ist, damit die halbe Spaltung bei 45 Minuten Reaktionszeit

---

[1] v. EULER, H. u. LAURIN: Hoppe-Seylers Z. **108**, 64 (1919).

[2] ERNSTRÖM: Ebenda **119**, 190 (1922). — S. auch LÜERS u. LORINSER, Biochem. Z. **133**, 487 (1922).

eintritt, sehr viel höher (mit wenigen Ausnahmen über 100°) als bei den Enzymen, wo die „Tötungstemperatur" sehr nahe mit der Denaturierungstemperatur der Proteine (CHICK u. MARTIN) zusammenfällt.

Über die Thermostabilität eiweißhaltiger Hormone in verdünnter wäßriger Lösung bei *physiologischen* Aciditäten haben wir leider keine exakten Messungen finden können. Inaktivierungsmessungen an Prolanpräparaten in 0,1 n HCl, 0,1 n Alkali und 10%ige Essigsäure sind von H. M. EVANS[1] ausgeführt worden. Bemerkenswert ist, daß sich Insulin vom Prolan durch eine außerordentlich viel größere Stabilität unter-

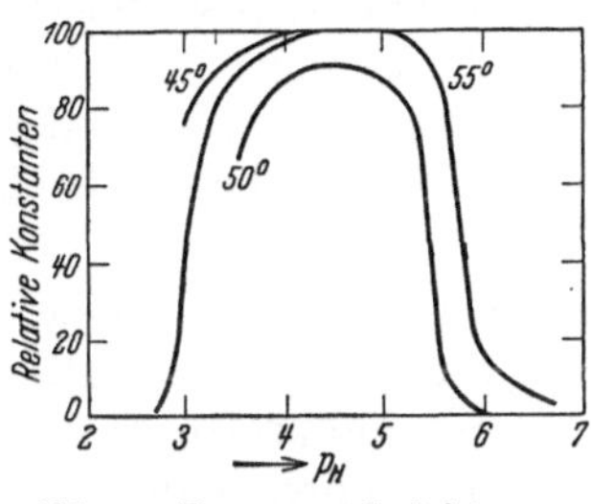

Abb. 74. Temperatur-Inaktivierung
der Saccharase nach EULER und
LAURIN.

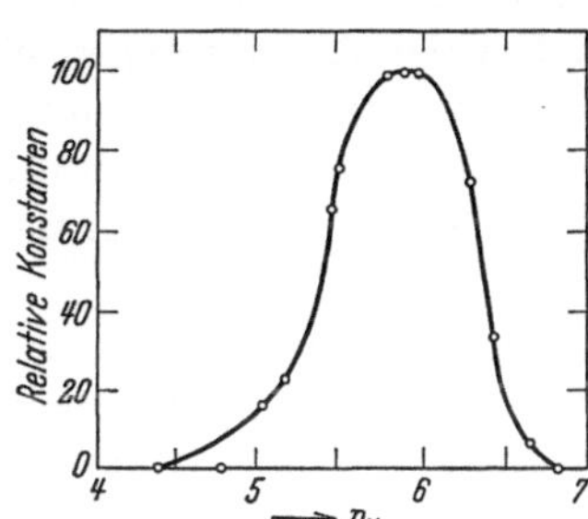

Abb. 75. Temperatur-Inaktivierung der
Amylase nach ERNSTRÖM.

scheidet, was aus einzelnen Angaben von FREUDENBERG[2] sowie von JENSEN u. E. A. EVANS JR.[3] über die Beständigkeit dieses Hormons in saurer Lösung deutlich hervorgeht.

Wie bereits S. 247 erwähnt, änderte sich die erhaltene Temperatur-p_H-Kurve nicht, wenn bei 45 Minuten langer Erhitzung die Luft durch Stickstoff ersetzt wurde.

b) Oxydationsversuche. Bei langen Versuchen zeigt sich die oxydative Zerstörung des Prolans. Eine Lösung, die in 20 ccm Wasser 8000 RE enthielt, wurde 36 Stunden bei 20° von Sauerstoff durchströmt. Jetzt war nur noch 20% der ursprünglichen Aktivität nachweisbar.

Hydroperoxyd: Eine 0,1%ige Prolanlösung Px wurde durch Zusatz von 30%igem Perhydrol in bezug auf H_2O_2 1%ig gemacht. Nach 14stündigem Stehen bei 20° wurde das H_2O_2 durch die Katalasewirkung von 3 Tropfen Blut entfernt. Der Rattenversuch ergab, daß die Lösung Px durch die Einwirkung von H_2O_2 etwa 70% ihrer Aktivität verloren hatte.

In einem zweiten, ganz entsprechenden Versuch enthielt die Prolanlösung außer 1% H_2O_2 noch 0,01% FeCl. Versuchsdauer 15 Stunden.

[1] EVANS, H. M. u. Mitarb.: Mem. Univ. of California 2 (1933).
[2] FREUDENBERG, DISCHERL u. EYER: Hoppe-Seylers Z. 202, 128 (1931).
[3] JENSEN, H. u. EVANS, E. A.: Ebenda 209, 134 (1933).

Nach Entfernung der Hydroperoxyds durch Katalase erwies sich die Lösung vollständig inaktiviert. Einen gleichartigen Effekt hat EVANS erhalten (l. c., S. 116). Eine erhebliche Empfindlichkeit gegen Oxydation, und zwar gegen Benzopersäure ist von FREUDENBERG[1] am Insulin nachgewiesen worden.

Entsprechende Versuche über die Stabilität von Prolan B wurden S. 211 mitgeteilt.

c) Aktivierungsversuche. An einigen Enzympräparaten, besonders an katalasehaltigen Hefezellen und Erythrocyten, können durch Erhitzen der wäßrigen Suspensionen auf Temperaturen unter der Tötungstemperatur kräftige Aktivierungen bis auf das 10fache des Ausgangswertes hervorgerufen werden. Wir erhitzten unsere Prolanlösungen je $^3/_4$ Stunde bei vier verschiedenen Temperaturen, und zwar bei 37, 42, 50 und 55°. Bei keiner dieser Erhitzungen trat jedoch eine Vermehrung der Prolanwirkung ein.

d) Einfluß ultravioletter Bestrahlung auf Prolan. An einer Reihe von Enzymen sind Versuche über die Inaktivierung durch ultraviolette Strahlen angestellt worden, z. B. an Saccharase von SVANBERG (1921) und an Amylase von LÜERS u. LORINSER[2]. In beiden genannten Fällen ist die Strahlungsinaktivierung vom Luftsauerstoff abhängig und scheint eine komplizierte Reaktion zu sein. Da die Versuchsanordnung in dem am besten studierten Fall (Amylase, LÜERS) nicht mit der unsrigen vergleichbar ist, schon wegen der verschiedenen Form des Bestrahlungsgefäßes, hat Herr Assistent H. LARSSON (Biochem. Institut Stockholm) einen Versuch mit Amylase (Tabelle 30) unter den gleichen Bedingungen wie bei unseren Prolanversuchen angestellt. Die hochgereinigte α-Amylase verdanken wir Herrn Dr. O. HOLMBERGH.

Bestrahlung von α-Amylase: 4 ccm einer α-Amylaselösung wurden auf 20 ccm verdünnt = Lösung A. Acidität der Lösung $p_H = 5,8$.

2 ccm Lösung A verdünnt auf 10 ccm, auf Amylasewirkung untersucht.

Reaktionsmischung. 5 ccm Puffer, $p_H = 5,3$ + 10 ccm 5%ige Stärkelösung + 30 ccm Wasser + 5 ccm Enzymlösung.

Von Zeit zu Zeit werden Proben von je 5 ccm entnommen und in 5 ccm Jodlösung einpipettiert, dann wird NaOH zugesetzt, nach 15 Minuten Schwefelsäure, worauf mit Thiosulfat titriert wird.

Etwa 5 ccm der Lösung A wurde 5 Minuten in dem S. 246 beschriebenen Quarzgefäß bestrahlt. Hierauf wurden 4 ccm der Lösung auf 10 ccm verdünnt und auf ihre Amylasewirkung geprüft.

Als Mittelwerte der Reaktionskonstanten $k \times 10^3$ nehmen wir an 6,5 und 2,1. Durch die Bestrahlung hat also die Aktivität der Amylaselösung im Verhältnis 6:1 abgenommen. Durch die 5 Minuten dauernde Bestrahlung sind rund 80% der Amylase inaktiviert worden.

---

[1] FREUDENBERG, WEISS u. EYER: Naturwiss. **20**, 658 (1932).
[2] LÜERS u. LORINSER: Biochem. Z. **144**, 212 (1924).

Nach 10 Minuten Bestrahlung war die Amylase vollständig inaktiviert.

Bestrahlung von Prolan. Bei der S. 246 angegebenen Versuchsanordnung wurde unsere Prolanlösung bei der Acidität $p_H = 7,5$ bestrahlt, und zwar während drei verschiedenen Zeiten, 30, 15 und 5 Minuten.

Während innerhalb 30 und 15 Minuten die Inaktivierung vollständig war (die Reaktionstemperatur stieg während der Bestrahlung nicht mehr als von 20 auf 22^0), wurden während 5 Minuten nur 75% des in Lösung befindlichen Prolans inaktiviert. Das Prolan verhält sich also gegenüber ultravioletten Strahlen sehr ähnlich der Amylase.

Tabelle 30. Einfluß der Ultraviolettbestrahlung auf d-Amylase.

Min.	Thiosulfat ccm	Maltose x	$\dfrac{a=38,0}{a-x}$	$k \times 10^3$	Bemerkung
0	7,22	—	—	—	Lösung I
0,5	7,20	—	—	—	unbestrahlt
3	7,15	1,4	36,6	5,7	
6	7,05	3,3	34,7	6,7	
9	6,95	5,2	32,8	7,1	
12	6,85	7,1	30,9	7,5	
30	6,60	11,9	26,1	5,5	
0	7,25	—	—	—	Lösung II
3	7,25	—	—	—	5 Min.
6	7,21	0,8	37,2	1,7	bestrahlt
9	7,15	1,9	36,1	2,4	
12	7,10	2,9	35,1	2,9	
30	7,0	4,8	33,2	2,0	

Bei unseren Bestrahlungsversuchen war das Gefäß vollständig gefüllt und die Flüssigkeit mit der Luft nicht in Berührung. Dies sei hervorgehoben, weil Sauerstoff bei der Ultraviolettbestrahlung die Zerstörung des Insulins befördert (DE JONGH), die allerdings auch in Abwesenheit von Sauerstoff eintritt.

Der Einfluß der ultravioletten Strahlung auf biokatalytische Vorgänge ist oft als eine photokatalytische Oxydation der SH-Gruppe gedeutet worden. Erwähnt sei, daß HAUROWITZ c. s. in einem von ihnen gereinigten Prolanpräparat keinen Schwefel gefunden haben.

Einfluß des Lichtes auf Prolan: In diesem Zusammenhang sei auf die Untersuchungen von KÜSTNER[1] hingewiesen, der einen Einfluß des Lichtes je nach der Wellenlänge auf das Prolan beobachtet haben will. Infantile Mäuse, die in rotem Licht gehalten werden, sollen auf Injektion von Schwangerenharn viel besser reagieren als Tiere, die während der Versuche blauem oder ultraviolettem Licht ausgesetzt wurden. Das Wachstum von Gersten- und Bohnenkulturen war nach Begießen mit Prolan besonders gut, wenn die Kulturen in rotem Licht standen. Wurde das

---

[1] KÜSTNER: Zbl. Gynäk. **1931**, Nr 14. Z. Geburtsh. **103**, 305 (1932). Mschr. Geburtsh. **90**, 163.

Prolan vor der Verwendung an der Pflanze mit rotem, blauem oder ultraviolettem Licht 20 Stunden bestrahlt, so zeigte das rotbestrahlte Prolan einen starken Wachstumseffekt, nicht aber das blaue und ultraviolett bestrahlte Prolan. Aus diesen Versuchen zieht KÜSTNER den weitgehenden Schluß, daß das Hormon im Prolan in aktiver und nicht aktiver Form vorhanden sei, und daß durch die Rotbestrahlung das inaktive Prolan in das aktive umgewandelt würde. Durch Rotbestrahlung werde die Wirksamkeit des Prolans gesteigert.

Zur Prüfung einer so wichtigen Frage darf man sich meines Erachtens nicht so komplizierter Versuchsanordnungen bedienen wie Reaktionsfähigkeit des Tieres oder der Pflanze nach verschiedenartiger Bestrahlung, weil man hierbei durch Kombination von Fehlerquellen leicht zu ganz falschen Resultaten kommen kann. Um festzustellen, ob die ultraroten, roten bzw. blauen Lichtstrahlen irgendeinen Einfluß auf das Prolan ausüben, prüfte ich[1] die Wertigkeit eines genau austitrierten Prolanpräparates, nachdem es 20 Stunden lang mit ultraroten, roten bzw. blauen Strahlen (bei Temperatur von 25° C) bestrahlt war. Hierbei ergab sich, daß diese Strahlen keinerlei Wirkung auf das Prolan ausübten. Weder konnte durch ultrarotes oder rotes Licht eine Verstärkung, noch durch blaues Licht eine Abschwächung des Prolans erzielt werden. Mit dieser einfachen Versuchsanordnung konnten die Angaben von KÜSTNER über die Prolanaktivierung durch Rotbestrahlung nicht bestätigt werden.

Daß ultraviolettes Licht Prolan inaktiviert, ist oben gezeigt worden. Hingegen konnte durch *Radiumbestrahlung*[2] ein Einfluß auf das Prolan nicht erzielt werden. Prolanlösungen, die 48 Stunden mit sehr großen Radiumdosen (5000 mg) aus unmittelbarer Nähe bestrahlt wurden, zeigten keinen Aktivitätsverlust.

Zusammenfassend ergaben die Versuche folgendes:

Die Resultate über die Thermostabilität wäßriger Prolanlösungen sind in der Abb. 72 S. 247 zusammengestellt. Für 45 Minuten Erhitzungsdauer liegt (bei der Acidität der maximalen Stabilität) die kritische Tötungstemperatur bei 62°, d. h. unter diesen Bedingungen wird Prolan zur Hälfte inaktiviert.

Das Maximum der Stabilität liegt bei $p_H = 7$—8, also bei höheren p_H-Werten, als für die bisher am besten untersuchten pflanzlichen Enzyme bekannt ist.

Im übrigen entspricht die Thermostabilität des Prolans der für typische Enzyme festgestellten und ist geeignet die Annahme zu stützen, daß das Prolan einen Katalysator von Enzymnatur darstellt. Doch sei betont, daß

---

[1] ZONDEK, B.: Nicht publiziert.

[2] Für die Radiumbestrahlung möchte ich Herrn Dr. BERVEN, Radiumhemmet Stockholm, auch an dieser Stelle meinen besten Dank aussprechen.

*der Beweis für die enzymatische Natur des Prolans erst erbracht werden
kann, wenn das Substrat, an welchem das Prolan angreift und die spezifische Umwandlung desselben gefunden sind.*

*Eine bemerkenswerte Ähnlichkeit zwischen einem Enzym, α-Amylase
und Prolan wurde auch hinsichtlich der Photostabilität im ultravioletten
Spektralgebiet einer Quecksilberquarzlampe gefunden.*

*Die Thermo- und Photoempfindlichkeit des Prolans dürfte auf den
an ihre prosthetische Gruppe gebundenen proteinartigen Bestandteil zurückzuführen sein.*

Durch ultrarote, rote und blaue Lichtstrahlen sowie durch Radiumstrahlen wird Prolan nicht beeinflußt. —

Anschließend sei die Literatur über die Chemie des Prolans angegeben:

ASKEW u. PARKES: Biochem. J. **27**, 1495 (1933). — BELLERBY, C. W.:
J. of Physiol. **67**, 32 (1929). — BIEDL, A.: Endokrinologie **2**, 241 (1928). —
BROUHA, L. a. SIMONNET, H.: C. r. Soc. Biol. Paris **96**, 1275 (1927). —
BUGBEE, E. P., SIMOND, A. E. a. GRIMES, H. M.: Endocrinology **15**, 41 (1931).
— BURNS, R. K., JR.: Proc. Soc. exper. Biol. a. Med. **27**, 836 (1930). —
CLAUS, P.: Ebenda **27**, 29 (1929). Physiol. Z. **4**, 36 (1931). — COLLIP, J. B.:
Canad. med. Assoc. J. **22**, 215, 761 (1930). — DAVY u. SEVRINGHAUS: Proc.
Soc. exper. Biol. a. Med. **30**, 1422 (1933). — DICKENS, F.: Biochem. J. **24**,
1507 (1930). — DINGEMANSE, E.: Arch. f. exper. Path. **127**, 44 (1928). —
DOISY, E. A. a. THAYER, S. A.: J. of biol. Chem. **91**, 641 (1931). —DOISY,
E. A., VELER, C. D. a. THAYER, S. A.: Ebenda **86**, 499 (1930). — VAN DYKE,
H. B. a. WALLEN-LAWRENCE, Z.: J. of Pharmacol. **47**, 161 (1933). — ELDEN:
J. of biol. Chem. **101**, 1 (1933). — v. EULER, H. u. ZONDEK, B.: Skand. Arch.
Physiol. (Berl. u. Lpz.) **68**, 232 (1934). — EVANS, H. M.: Harvey Lectures
19, 212 (1923—24). Proc. Soc. exper. Biol. a. Med. **26**, 595 (1929). — EVANS,
H. M., MEYER, K. a. SIMPSON, M. E.: Amer. J. Physiol. **100**, 141 (1932). —
EVANS, H. M. a. SIMPSON, M. E.: J. amer. med. Assoc. **91**, 1337 (1928).
Amer. J. Physiol. **89**, 381 (1929). — EVANS, H. M., MEYER, K. a. SIMPSON,
M. E.: Mem. Univ. California **11** (1933). — FEVOLD, H. L., HISAW, F. L. a.
LEONARD, S. L.: Amer. J. Physiol. **97**, 291 (1931); **104**, 710 (1933). —
FEVOLD HISAW, HELLBAUM a. HERTZ: Amer. J. Physiol. (1934). —
FISCHER, F. G. a. ERTEL, L.: Hoppe-Seylers Z. **202**, 83 (1931). — FUNK
a. ZEFIROW: Biochem. J. **26**, 619 (1932). — GULLAND a. MACRAE: J. chem.
Soc. Lond. **1932**, 2231. — GUYÉNOT c. s.: C. r. Soc. Biol. Paris **110**, 359 (1932).
C.r. Acad. Sci. Paris **195**, 198 (1932). — HAUROWITZ, F., REISS, M. u. BALINT,
J.: Hoppe-Seylers Z. **222**, 44 (1933). — HEWITT, L. F.: Biochem. J. **23**, 718
(1929). — HISAW: Proc. Soc. exper. Biol. a. Med. **30**, 39 (1932); **30**, 914 (1933).
— JENSEN, H. a. DE LAWDER, A.: J. biol. Chem. **87**, 701 (1930). —
DE JONGH: Acta brev. Neerl. Physiol. **2**, 96 (1932). — KATZMANN, P. A. a.
DOISY, E. A.: J. of biol. Chem. **98**, 739 (1932). Proc. Soc. exper. Biol. a.
Med. **30**, 188, 1196 (1933). — LAQUER, F., DÖTTL, K. u. FRIEDRICH, H.:
Medizin u. Chemie, I.G. Farbenindustrie **2**, 117 (1934). — LEJWA, A.: Biochem. Z. **256**, 236 (1932). — MARSHALL, P. G.: Biochemic. J. **26**, 1358 (1932);
27, 621 (1933). Quart. J. exper. Physiol. **21**, 315 (1932). Brit. J. exper. Path.
14, 246 (1933). — MOLONEY, P. J. a. FINDLAY, D. M.: J. of biol. Chem. **57**,
701 (1930). — PARKES, A. S. a. HILL, M.: Proc. roy. Soc. Lond., Ser. B **107**,
30 (1930). — PHILIPP, E.: Zbl. Gynäk. **53**, 2386 (1929); **54**, 450 (1930). —
PUTNAM, T. J., TEEL, H. M. a. BENEDICT, E. B.: Amer. J. Physiol. **84**, 157
(1928). — RÄTH, C., HIRSCH-HOFFMANN, H. U. a. WULK, H.: Zbl. Gynäk.

52, 865 (1928). — Reiss, M. a. Haurowitz, F.: Z. exper. Med. **68**, 371 (1929). — Reiss, M. c. s.: Endokrinol. **8**, 15, 82, 259; **9**, 81 (1931). — Riddle, O. a. Flemion, F.: Amer. J. Physiol. **87**, 110 (1928). — Schmidt u. Derankowa: Z. exper. Med. **78**, 361 (1931). Endokrinol. **11**, 1 (1932). — Smith, P. E. a. Engle, E. T.: Amer. J. Anat. **40**, 159 (1927). — Steinach, E. a. Kun, H.: Med. Klin. **24**, 524 (1928). — Thompson, K. W. a. Cushing, H.: Proc. roy. Soc. Lond. (B) **115**, 88 (1934). — Wallen-Lawrence, Z. a. van Dyke, H. B.: J. of Pharmacol. **43**, 93 (1931). J. of biol. Chem. **100**, 97 (1933). — Wallen-Lawrence: J. of Pharmacol. **51**, 263 (1934). — Wiesner, B. P.: Edinburgh med. J. **37**, 73 (1930). — Wiesner, B. P. a. Crew, F. A.: Proc. roy. Soc. Edinburgh **1**, 79 (1929). — Wiesner, B. P. a. Marshall, P. G.: Quart. J. exper. Physiol. **21**, 147 (1931). — Wiesner, B. P. a. Patel, J. S.: Nature (Lond.) **123**, 449 (1929). — Zondek, B.: Klin. Wschr. **18**, 831 (1928); **14**, 834 (1929); **6** (1930); **9** (1930); **15** (1930); **26**, 1207 (1930); **46**, 2121 (1930). Z. Geburtsh. **1928** (Verh. der Berliner gynäk. Gesellschaft). Naturwiss. **1928**, H. 45—47, 946. Zbl. Gynäk. **14**, 834 (1929); **1**, 1 (1931). Arch. Gynäk. **144**, 133, 491 (1930). — Zondek, B., Scheibler, H. u. Krabbe: Biochem. Z. **258**, 102 (1933). v. Euler, H. u. Zondek, B.: Skand. Arch. Physiol. (Berlin u. Leipzig) **68**, 232 (1934).

26. Kapitel.

Identität der gonadotropen Hormone aus verschiedenartigem Ausgangsmaterial?

(Hypophysenvorderlappen, Blut von graviden Stuten, Blut und Urin von graviden Frauen, Placenta, Harn der Klimax, Altersharn, Kastratenharn, Tumorharn.)

Durch den Implantationsversuch (s. S. 171) konnte ich den Nachweis von der Produktion des gonadotropen Hormons im Hypophysenvorderlappen erbringen. Mit Hilfe meines Testobjektes, HVR I—III, wurden die gonadotropen Wirkstoffe auch außerhalb der Hypophyse von uns gefunden, und zwar in der menschlichen Placenta sowie im Blut und Harn der graviden Frau und des trächtigen Affenweibchens (s. Kap. 35), ferner von Cole u. Hart im Blut der graviden Stute (s. S. 356, 365 u. 572). Des weiteren fand ich eine erhöhte Prolanausscheidung im Harn von kastrierten Menschen, im Klimakterium und Postklimakterium sowie im Urin von Menschen mit Genitalcarcinom (s. Kap. 43 u. 44). Mit diesen aus verschiedenartigem Material gewonnenen Stoffen lassen sich die für das gonadotrope Vorderlappenhormon spezifischen Reaktionen am Genitalapparat infantiler Nagetiere (HVR I—III) in der gleichen Weise auslösen. Genügen nun diese biologischen Reaktionen zur Identifizierung der gonadotropen Wirkstoffe? Wie ich schon im Beginn meiner Untersuchungen zeigen konnte, haben die im Vorderlappen produzierten und die im Harn ausgeschiedenen gonadotropen Wirkstoffe wesentliche physikalische und chemische Eigenschaften gemeinsam. Sie werden in gleicher Weise bei 70^0 C zerstört, in gleicher Weise durch Alkohol gefällt, sie sind in

Äther, Benzol und Chloroform nicht löslich und werden in gleicher Weise adsorbiert. Die biologischen Wirkungen des gonadotropen Vorderlappenhormons sind so eindeutig, so charakteristisch und so spezifisch, daß es an sich schon sonderbar wäre, wenn im Harn genau gleichwirkende Stoffe ausgeschieden würden, die mit den Vorderlappenhormonen gar nichts zu tun hätten. Diese Ansicht wird auch nicht mehr vertreten, wohl aber sprechen viele Ergebnisse dafür, daß Prolan aus Harn und aus Hypophysenvorderlappen in manchen Punkten sich biologisch unterscheiden, daß sie vielleicht einander aktivieren, daß im Harn vielleicht nicht alle gonadotropen Stoffe ausgeschieden werden, die im Vorderlappen wirksam sind. Auf diese interessanten Ergebnisse sei kurz eingegangen.

H. M. Evans[1] und seine Mitarbeiter fanden einen Unterschied zwischen dem aus dem Hypophysenvorderlappen und dem aus dem Harn gewonnenen Prolan. Mit dem ersteren konnten sie Wachstumseffekte an den Ovarien infantiler Ratten hervorrufen — durch Gewichtsbestimmung festgestellt —, die der zugeführten Hormondosis ungefähr parallel gingen. Mit Harnprolan war diese Proportionalität aber nur bis zu einem tiefer gelegenen Punkt zu erzielen, von wo ab Steigerung der Prolandosis eine weitere Gewichtszunahme der Ovarien nicht mehr bewirkte.

Diese beschränkte Wachstumssteigerung fand Collip[2] auch mit dem aus Placenta dargestellten Prolan, weshalb er das wirksame Placentarextrakt zum Unterschied vom gonadotropen Vorderlappenhormon als „APL-Extrakt" (anterior pituitary-like extrakt) bezeichnet. Prolan aus Schwangerenblut hat nach Fluhmann[3] die gleichen Wirkungen wie das aus Schwangerenharn dargestellte Hormon. Injiziert man infantilen Ratten neben Gravidenharnprolan noch rohe Hypophysenvorderlappenextrakte, so kann man dadurch, wie Evans zeigte, eine stark potenzierte Wachstumswirkung an den Ovarien hervorrufen. Harnprolan allein hat also nicht eine so starke gonadotrope Wirkung wie das aus der Drüse selbst (Vorderlappen) gewonnene Hormon, die Wirkung des Harnprolans kann aber wesentlich gesteigert werden durch Zusatz eines an sich nicht, oder wenig (s. unten) gonadotrop wirkenden Hypophysenvorderlappenstoffes (Zusatzhormon). Evans schloß aus diesen Versuchen, daß sich das gonadotrope Hormon im Hypophysenvorderlappen in einem inaktiven Zustande — als „Pro-Hormon" befindet. Im Schwangerenharn werde nur der Aktivator dieses Pro-Hormons in konzentrierter Form ausgeschieden, das Harnprolan wandele

---

[1] Evans, H. M., c. s.: Proc. Soc. exper. Biol. a. Med. **28**, 843 (1931). Amer. J. Physiol. **100**, 141 (1932).

[2] Colilp, J., c. s.: Canad. med. Assoc. J. **24**, 201 (1931).

[3] Fluhmann, C.: Proc. Soc. exper. Biol. a. Med. **29**, 1193 (1932). Endocrinology **17**, 550 (1933).

also das im Hypophysenvorderlappen vorhandene Pro-Hormon in wirksames gonadotropes Hormon um. In seinen späteren Arbeiten hat EVANS[1] seinen Standpunkt geändert. Sein Zusatzstoff — ,,synergic factor" genannt — wird als ein besonderes *drittes* Hormon[2] des Hypophysenvorderlappens — neben A und B — aufgefaßt (s. S. 205 u. 215). Wichtig ist, daß dieser Stoff auch eine gonadotrope Wirkung hat, die aber wesentlich geringer ist als beim echten gonadotropen Vorderlappenhormon, und daß diese Wirkung sich auch qualitativ von letzterem dadurch unterscheidet, daß die Wachstumssteigerung an den Ovarien sehr schnell — 24—48 Stunden nach der Injektion — auftritt, um bald wieder abzuklingen. Zu der Zeit, wo das Maximum der Gewichtssteigerung an den Ovarien nach Injektion von echtem gonadotropem Hormon auftritt (100 Stunden), ist der durch den ,,synergic factor" bedingte Wachstumseffekt bereits wieder verschwunden. Der EVANSsche Stoff übt in Kombination mit Prolan bereits in Dosen von $27\,\gamma$ die synergistische Wirkung aus. Der Befund, daß die begrenzte gonadotrope Wirkung des Prolans durch die Kombination mit dem synergistischen Faktor stark aktiviert werden kann, wurde zum Nachweis gonadotroper Substanzen in verschiedenartigem Ausgangsmaterial verwertet. Mit Hilfe dieses empfindlichen Synergismustestes ließ sich Prolan in kleinen Mengen im Harn des Mannes, im Urin männlicher, weiblicher und gravider Ratten, im Harn der graviden Hündin, im Serum der trächtigen und nicht trächtigen Kuh und des Schweines usw. nachweisen. Nach diesen Ergebnissen kann man meines Erachtens nicht mehr annehmen, daß das Prolan im Schwangerenharn nur der Aktivator des gonadotropen Pro-Hormons im Vorderlappen sei. Man muß — wenn man den EVANSschen Gedankengängen folgt — vielmehr annehmen, daß der gonadotrope synergische Faktor — neben *dem* oder *den* gonadotropen Hormonen — als besonderer Stoff, als drittes Hormon im Hypophysenvorderlappen produziert wird, daß letzteres aber im Gravidenharn nicht ausgeschieden wird. Hingegen wird der synergische Faktor (Zusatzhormon), wie LIPSCHÜTZ[3] nachwies, im Harn von Frauen in der Menopause (Altersharn) ausgeschieden.

Wichtig sind auch die Befunde am hypophysektomierten Tier. EVANS und seine Mitarbeiter[4] konnten weder am hypophysektomierten Hund noch an der hypersektomierten Ratte durch Harnprolan einen gonadotropen Effekt auslösen. Auch hier war aber wieder die Wirkung zu er-

---

[1] EVANS, H. M., SIMPSON, M. E. a. AUSTIN, P. R.: J. of exper. Med. **58**, 545—559, 561—568 (1933).

[2] Nach FEVOLD u. HISAW (s. S. 215) soll der ,,synergic factor" mit Prolan A identisch sein (?).

[3] LIPSCHÜTZ, A.: C. r. Soc. Biol. **114**, 430 (1933).

[4] REICHERT, F. L., PENCHARZ, R. I., SIMPSON, M. E., MEYER, K. u. EVANS, H. M.: Amer. J. Physiol. **100**, 157 (1932).

zielen, wenn man Prolan mit dem Zusatzhormon = synergischer Faktor mischte. Im Gegensatz dazu stellten HILL u. PARKES fest, daß man durch Harnprolan beim hyposektomierten Kaninchen die gonadotropen Reaktionen, Follikelreifung und Ovulation in typischer Weise auslösen kann. Ebenso konnte FREUD[1] im LAQUEURschen Institut durch Harnprolan den gonadotropen Effekt an der hyposektomierten Ratte hervorrufen. FREUD stellte aber einen wichtigen Unterschied zwischen der Wirkung am *infantilen* hypophysektomierten und am *geschlechtsreifen* hypophysektomierten Tier fest. Harnprolan wirke wohl bei der hypophysektomierten geschlechtsreifen Ratte, nicht aber bei dem infantilen hypophysektomierten Tier. Die infantilen noch nicht entwickelten Ovarien brauchen einen Stoff, den das schon entwickelte Ovarium nicht mehr benötige. Im Schwangerenharn fehle anscheinend der zur Wirkung am infantilen Ovarium noch notwendige Stoff, im Vorderlappen sei er vorhanden. Deshalb könne man mit Prolan aus Vorderlappen die gonadotrope Wirkung sowohl an den Ovarien infantiler wie geschlechtsreifer Tiere auslösen, mit Harnprolan aber nur bei geschlechtsreifen, nicht bei infantilen Tieren. Schließlich fand FREUD, daß die Wirkung des Harnprolans beim geschlechtsreifen Tier vom Zeitpunkt der Hypophysektomie abhänge. Benutzt man ein erst vor kurzem hypophysektomiertes Tier, so kann man durch Prolan den gonadotropen Effekt an den Ovarien auslösen, diese Wirkung bleibt aber aus, wenn die Hypophysektomie schon längere Zeit zurückliegt. Nach diesen Ergebnissen kann man für die verschiedenartige Wirkung wohl schwerlich die Reaktionsfähigkeit der Ovarien verantwortlich machen, sondern muß die Ursache für diese Unterschiede im Harnprolan selbst suchen. Kombiniert man die Ergebnisse von EVANS, COLLIP u. FREUD, so wird der Unterschied der Prolanwirkung je nach dem Zeitpunkt der Hypophysektomie dadurch erklärlich, daß das Zusatzhormon kurze Zeit nach der Hypophysektomie noch im Organismus zirkuliert, so daß das Harnprolan die gonadotrope Reaktion am Ovarium auslösen kann. Dies ist bei einem schon lange vorher hypophysektomierten Tier nicht der Fall, weil hier das Zusatzhormon nicht mehr im Organismus kreist.

Die Befunde am hypophysektomierten Tier dürfen meines Erachtens, worauf ich später noch zurückkomme, nicht überwertet werden, zumal die Befunde der verschiedenen Autoren auseinandergehen. So haben, wie eben erwähnt, HILL u. PARKES beim hypophysektomierten Kaninchen durch Harnprolan den vollen gonadotropen Effekt erzielt. Bemerkenswert scheinen mir die neueren Untersuchungen von P. E. SMITH u. LEONARD[2]. Junge hypophysektomierte männliche Ratten erhielten

---

[1] FREUD, J.: Dtsch. med. Wschr. **1932**, Nr 25. Nederl. Tijdschr. Geneesk. **1933**, 611.

[2] SMITH, P. E. a. LEONARD, S. L.: Proc. Soc. exper. Biol. a. Med. **30**, 1191, 1246, 1250 (1933); J. of Pediatric 5, 163 (1934).

Prolan aus Schwangerenharn (100—1700 RE). Hierbei verdoppelten
die Hoden ihre Größe und es wurden Spermatiden und sogar Spermien
gebildet! Wurden erwachsene männliche Ratten nach der Hypophysektomie mit Prolan aus Schwangerenharn behandelt, so kopulierten sie
noch 47 Tage nach der Hypophysenentfernung, die begatteten Weibchen
warfen noch Junge. Diese Versuche zeigen, daß Prolan aus Gravidenharn
den Ausfall der Hypophyse beim männlichen Tier ersetzen kann. Aber
auch bei der weiblichen hypophysektomierten Ratte konnte durch
Harnprolan eine Vergrößerung der Ovarien und Neubildung von Corpora lutea erzielt werden. Worauf die verschiedenen Ergebnisse[1] der
einzelnen Autoren am hypophysektomierten Tier zurückzuführen sind,
läßt sich schwer sagen, jedenfalls mahnen sie uns zur Vorsicht vor zu
weitgehenden Schlüssen.

Erwähnen möchte ich noch biologische Unterschiede zwischen Prolan
aus verschiedenartigem Ausgangsmaterial, die sich beim männlichen
Vogel ergeben haben. Durch 2—4wöchige Injektion von alkalischen
Hypophysenvorderlappenextrakten konnte SCHOCKAERT[2] bei nicht erwachsenen Hähnchen und Enten ein bedeutendes Wachstum der Hoden
und in der Hälfte der Fälle auch eine vollständige Entwicklung der Spermatogenese auslösen, eine Wirkung, die mit Harnprolan nicht zu erzielen war. Schon früher hatten RIDDLE u. POLHEMUS[3] bei Tauben
durch Vorderlappenextrakte starke Gewichtszunahme der Hoden mit
Spermatogenese hervorgerufen. REISS, PICK u. WINTER[4] konnten mit
Harnprolan weder eine Wachstumssteigerung des Hodens bei jungen
Hähnen, noch eine Erhöhung seiner hormonalen Leistung — gemessen
am Wachstum des Hahnenkammes — feststellen, wohl aber sahen sie
eine schnell einsetzende Wirkung, wenn frische Hypophysenvorderlappensubstanz zugeführt wurde.

Aus diesen Versuchen geht zweifellos hervor, daß beim männlichen
Vogel ein Unterschied besteht zwischen der Wirkung des aus dem Hypophysenvorderlappen und des aus dem Schwangerenharn dargestellten
Prolans. Ich möchte aber glauben, daß man die beim Vogel erhobenen
Befunde nicht ohne weiteres für die Entscheidung der Frage verwerten
kann, ob das aus verschiedenartigem Material gewonnene Prolan miteinander identisch ist. Dies aus folgenden Gründen: 1. Mit dem aus
dem Vorderlappen dargestellten Prolan kann man wohl beim in-

---

[1] Vielleicht wird im Gravidenharn doch *zuweilen* der synergische Faktor,
das Synprolan, ausgeschieden. Die verschiedenen Resultate der Autoren
würden sich dann durch den wechselnden Gehalt der Prolanpräparate an
Synprolan erklären.

[2] SCHOCKAERT, J. A.: Nederl. Tijdschr. Geneesk. **1933**, 617. Amer. J.
Physiol. **105**, 497 (1933).

[3] RIDDLE u. POLHEMUS: Amer. J. Physiol. **98**, 121 (1931).

[4] REISS, PICK u. WINTER: Endokrinol. **12**, 18 (1933).

fantilen Vogel die Spermiogenese auslösen, beim infantilen Säugetier gelang dies den meisten Autoren aber nicht (s. S. 283). Es besteht demnach anscheinend ein Unterschied zwischen der biologischen Wirkung beim Vogel und beim Säugetier auch mit dem aus der Drüse selbst gewonnenen Hormon. 2. Mit Harnprolan kann man wohl beim infantilen Säugetier den gonadotropen Effekt am Ovarium erzielen, nicht aber beim infantilen Vogel, wie ich dies schon vor Jahren gezeigt habe (s. S. 284). Diese Befunde lehren uns, daß zwischen dem Vogel und dem Säugetier bezüglich des gonadotropen Hormons wesentliche Unterschiede bestehen, so daß man die beim Vogel erhobenen Befunde nicht ohne weiteres auf das Säugetier und den Menschen übertragen kann.

In interessanten Untersuchungen macht HAMBURGER[1] (Kopenhagen) auf Unterschiede des Prolans aus verschiedenartigem Ausgangsmaterial aufmerksam. Er bestätigt die von mir gefundene Relation des Prolans zwischen der infantilen Maus und infantilen Ratte. Wie S. 231 ausgeführt, ist die zur Auslösung der gonadotropen Reaktion notwendige Prolandosis nicht dem Gewicht der Tiere proportional. So braucht die 30 g schwere Ratte nicht 5mal so viel Prolan wie die 6 g schwere Maus, sondern nur $^1/_5$ der Mäusedosis, also 1 RE $= ^1/_5$ ME. HAMBURGER fand, daß diese Dosierung für Prolan aus Gravidenharn, Placenta usw. zutreffe, daß sie aber für das aus dem Hypophysenvorderlappen gewonnene Hormon nicht gelte. Von dem aus diesem Ausgangsmaterial dargestellten Hormon brauche die Ratte 2—5mal soviel wie die infantile Maus, hier beträgt also 1 RE $=$ 2—3 ME. Des weiteren konstatierte HAMBURGER auch Unterschiede am Uterus und den Ovarien. Während Prolan vom „hypophysären Typ" (Hypophysenvorderlappen, Kastratenharn, Carcinomharn, Blut der graviden Stute) am Uterus eine echte Wachstumssteigerung mit Hyperplasie der Uterusmuskulatur und Proliferation der Uterusschleimhaut hervorrufe, löse Prolan vom „chorialen Typ" (Gravidenharn, Placenta, Chorionepitheliom nach Mole, testikuläres Chorionepitheliom) nur eine Uterusdilatation aus. Am Ovarium bewirke Prolan von hypophysärem Typ eine Vergrößerung an sehr vielen Follikeln, die sich fast sämtlich in einem mittleren Entwicklungszustand befinden. Hingegen werden durch Prolan des chorialen Typs nur wenige Follikel zur Reifung gebracht, die aber durch ihre Größe auffallend sind. Auf diese verschiedene Art der Follikelstimulation führt HAMBURGER den vorher angegebenen Unterschied der Gewichtssteigerung der Ovarien durch verschiedenartiges Prolan zurück. Dadurch, daß durch Prolan des chorialen Typs nur einige wenige Follikel zur Reifung gebracht werden, sei die Gewichts-

---

[1] HAMBURGER, C.: C. r. Soc. Biol. Paris **112**, 99 (1933). Studies on Gonadotropic Hormones. Copenhagen: Levin & Munksgaard 1933. Endokrinol. **13**, H. 5—6, 305 (1934).

steigerung nicht so groß wie bei Prolan des hypophysären Typs, weil hier eine universelle Follikelstimulation stattfinde. Die Fülle der vergrößerten Follikel bewirke das erhöhte Gewicht, wenn die einzelnen Follikel auch nicht so groß sind wie beim chorialen Prolan. Das Ovarium der infantilen Maus (Durchschnittsgewicht 1,3 mg) könne durch Prolan aus Schwangerenharn nicht schwerer als 4—5 mg werden, während durch Behandlung mit Hypophysenextrakt oder Stutenserum eine Gewichtssteigerung auf 10—12 mg in der Regel zu erzielen sei.

Aus diesen Untersuchungen geht hervor, daß das im Schwangerenharn in großen Mengen ausgeschiedene Prolan in manchen Wirkungen nicht ganz identisch ist mit dem im Hypophysenvorderlappen selbst produzierten gonadotropen Hormon. Wichtig scheint mir die Tatsache, daß man auch mit Prolan aus Schwangerenharn sämtliche gonadotropen Effekte erzielen kann, Follikelreifung, Follikelsprung, Corpus-luteum-Bildung, Proliferation und prägravide Umwandlung der Uterusschleimhaut. Daß auch beim infantilen Tier durch Gravidenharnprolan eine echte Eireifung erzielt werden kann, geht daraus hervor, daß ich in einigen Fällen bei dem durch Prolan in sexuelle Reife gebrachten infantilen Tier eine Gravidität herbeiführen konnte (s. S. 224). Ich hebe diese Tatsachen an dieser Stelle besonders hervor, weil ich glaube, daß die feinen im vorhergehenden beschriebenen Wirkungsunterschiede die Forschung vielleicht von dem Hauptweg abführen können. Das Wesentliche ist die Auslösung des gonadotropen Effektes, und diese bewirkt das Harnprolan qualitativ in gleicher Weise wie das Hypophysenprolan.

Für uns Kliniker ist vor allem die Frage wichtig, ob Prolan aus Schwangerenharn auch am Menschen eine Wirkung hat, oder ob hier ein wesentlicher Unterschied gegenüber dem aus der Drüse selbst gewonnenen Hormon besteht. Nehmen wir die vorher geschilderten Befunde als gegeben an, so würde dies für die Wirkung am Menschen nicht allzuviel bedeuten. Die Unterschiede des Prolans aus verschiedenartigem Ausgangsmaterial, die sich in der Gewichtssteigerung der Ovarien und in der Reaktion beim hypophysektomierten Tier äußern, lassen sich jetzt dadurch erklären, daß im Harnprolan der EVANSsche Zusatzstoff (Synprolan) fehlt, der in der Hypophyse stets vorhanden ist. Wenn eine sexuelle Funktionsstörung beim Menschen als Folge der mangelhaften Vorderlappenfunktion vorliegt, so braucht nur die Produktion des echten gonadotropen Hormons beeinträchtigt sein, nicht aber die des Zusatzhormons. Es bestehen z. B. klinisch gar keine Anhaltspunkte dafür, daß beim Mangel der Prolanproduktion etwa auch die Produktion des Wachstumshormons oder des thyreotropen Wirkstoffes verringert sei. Führen wir aber bei einer Funktionsstörung dem Körper das fehlende Prolan zu, so wird es sich mit dem in der Hypophyse produzierten Zusatzhormon vereinigen und mit ihm zusammen die gonadotrope Wirkung zustande bringen. Der Leser kann oder muß auf den Gedanken kommen, daß Prolan aus Schwangerenharn kaum eine Wirkung haben könne, nachdem Versuche gezeigt haben, daß derartiges Prolan beim hypophysektomierten Tier nicht wirke. Hier aber entscheidet nur die Beobachtung beim Menschen. Wir wenden das Prolan nicht beim hypophysektomierten Menschen an. Wenn meine Auffassung richtig ist, daß Prolan aus Gravidenharn den gleichartigen klinischen Effekt haben kann wie das Hormon aus dem Vorderlappen, sei es, daß es an sich beim Menschen die gleiche Wirkung hat, oder daß es sich mit dem Zusatzhormon der Hypophyse verbindet, so muß man beim Menschen durch Gravidenprolan den echten gonadotropen Effekt erzielen können. Diese schon in der ersten Auflage vertretene Auffassung kann jetzt besser begründet werden. Durch meine an anderer Stelle (s. S. 526) mitgeteilten Beobachtungen konnte einwandfrei gezeigt werden, daß man durch Gravidenharnprolan das noch nicht funktionierende Ovarium (primäre Amenorrhöe) gonadotrop stimulieren kann, so daß die Corpus-luteum-Funktion in Gang kam. Durch langdauernde Prolanbehandlung wurden im Ovarium einer 30 Jahre alten Frau vier vergrößerte (kirschgroße), mit Blut gefüllte luteinisierte Follikel ausgelöst, also die typische HVR I—III, wie wir sie aus den Tierversuchen als für das gonadotrope Hormon spezifisch kennen. Den Einfluß des Gravidenharnprolans auf das Ovarium hat auch GEIST bestätigen können (s. S. 520). Schließlich sei auf die Befunde von A. WESTMAN[1], Upsala, hingewiesen, der bei eine r51jährigen Frau 3 Jahre nach Aufhören der Menstruation durch Transfusion von 225 ccm Gravidenblut (letzter Monat) die senilen Ovarien reaktivieren konnte, so daß 8 Tage nach der Transfusion ein frisches, partiell ausgebildetes Corpus luteum festgestellt werden konnte. In einem zweiten Fall konnte bei einer 48jährigen seit 5—6 Monaten nicht mehr menstruierten Frau durch 400 ccm Gravidenblut Follikelreifung (HVR I), Follikelhämatom (HVR II) und starke Proliferation der Uterusschleimhaut mit Schlängelung der Drüsen ausgelöst werden, ein Prozeß, wie man ihn im Intervall eines normalen Menstruationszyklus findet. In diesen Fällen wurde also die Zuführung des prolanhaltigen Gravidenblutes (4000—6000 RE Prolan) die erloschene Ovarialfunktion beim Menschen genau so wiederhergestellt, wie ich dies 1927 im Tierexperiment beschrieben habe (s. S. 294). Wir sind demnach auf Grund des vorliegenden Materials zu dem Schluß berechtigt, daß das Gravidenharnprolan beim Menschen, ebenso wie bei den Nagetieren, wirklich gonadotrop wirken kann. Diese Feststellung beim Menschen scheint mir deshalb wichtig, weil ENGLE[2] beim Affenweibchen durch Gravidenharnprolan keine gonadotrope Wirkungen erzielen konnte, wobei aber

---

[1] WESTMAN, A.: Zbl. Gynäk. 1934.

[2] ENGLE, E. T.: Proc. Soc. exper. Biol. a. Med. **30**, 530 (1933). Amer. J. Physiol. **106**, 145 (1933).

bemerkenswert ist, daß sich auch mit Vorderlappenextrakten nur Theca-luteinisierung, nicht aber typische Corpora lutea auslösen ließen.

Die Frage, ob die in den verschiedenen Ausgangsmaterialien gefundenen gonadotropen Wirkstoffe miteinander identisch sind, möchte ich zusammenfassend dahin beantworten. Es lassen sich zwei Gruppen unterscheiden:

I. Das im Vorderlappen selbst produzierte gonadotrope Hormon und das biologisch gleichwertige Hormon, wie es im Blut der graviden Stute, im Kastratenharn, im Altersharn und im Harn von Carcinomatösen vorhanden ist.

II. Das in der Gravidität im Übermaß produzierte Hormon, das im Blut der graviden Frau, im Harn der Schwangeren, in der normalen und pathologisch veränderten Placenta (Blasenmole), sowie im Harn und Gewebe beim Chorionepitheliom der Frau und des Mannes (testiculäres Chorionepitheliom) nachweisbar ist.

Diese verschiedenartigen Prolane lösen die gonadotrope Reaktion beim infantilen Tier in gleicher Weise aus. Sie unterscheiden sich folgendermaßen: Hormon der Gruppe I bewirkt eine progressive Wachstumssteigerung am Ovarium der infantilen Tiere, es wirkt auch beim hypophysektomierten Tier gonadotrop und steigert das Wachstum des Vogelhodens. Hingegen bewirkt das Hormon der Gruppe II nur eine beschränkte Wachstumssteigerung am Ovar des infantilen Nagetieres, es löst beim hypophysektomierten Tier nicht, oder nicht die volle gonadotrope Wirkung aus (die Befunde der Autoren (s. S. 257) stimmen in diesem Punkte noch nicht überein) und beeinflußt nicht das Wachstum des Vogelhodens. Das Hormon der Gruppe II wirkt durch Zufügung des Zusatzhormons (synergischer Faktor) gleichartig wie das der Gruppe I. — Diese Unterschiede ergeben sich aus den Forschungen der letzten Jahre. Sie sind wohl für die Auffassung des Wirkungsmechanismus des gonadotropen Hormons von Bedeutung. Für die klinische Betrachtungsweise sind sie aber anscheinend nicht so wesentlich, da wir durch Prolan aus Gravidenharn die volle gonadotrope Wirkung erzielen können, wie dies durch die Aktivierung noch nicht funktionierender, durch die Hyperaktivierung bereits funktionierender und die Reaktivierung noch nicht funktionierender Ovarien gezeigt worden ist. Immerhin ist es durchaus denkbar, daß die Produktion des Zusatzhormons im Vorderlappen bei manchen funktionellen Störungen vermindert ist oder fehlt. Es wäre deshalb wünschenswert, wenn uns zu therapeutischen Zwecken auch ein injizierbares aus dem Hypophysenvorderlappen [1] oder dem Blut der gra-

---

[1] Ein aus dem Hypophysenvorderlappen dargestelltes injizierbares Präparat wird von HOFFMANN LA ROCHE, Basel, unter der Bezeichnung „Präglandol" in den Handel gebracht. Das Präglandol ist gonadotrop wirksam, enthält auch den synergischen Faktor und außerdem den thyreotropen Wirkstoff. Die aktive Substanz ist frei von Eiweiß und besitzt den Charakter einer Proteose.

viden Stute gewonnenes Hormonpräparat zur Verfügung stände, das Prolan + Zusatzhormon (Synprolan) enthält. Die Gewinnung genügender Hormonmengen dürfte wohl schwierig sein. Ein anderer Weg wäre folgender: Das Gravidenharnprolan steht in wesentlich größerer Menge zur Verfügung als das Hormon aus Vorderlappen oder Stutenblut. Durch Kombination des aus dem Gravidenharn dargestellten Prolans mit dem aus Vorderlappengewebe, aus Stutenblut oder aus Altersharn gewonnenen Zusatzhormon wird sich der gonadotrope Effekt beim Menschen vielleicht wesentlich verstärken lassen, insbesondere bei jenen Fällen, wo die Produktion des Synprolans im Vorderlappen gestört ist (s. S. 518).

Klassifizierung der gonadotropen Hormone.

Die Feststellung der biologischen Unterschiede zwischen den in verschiedenartigem Ausgangsmaterial gefundenen gonadotropen Hormonen hat zu verschiedenartigen Bezeichnungen der Wirkstoffe geführt. Der von mir für das Hormon des Gravidenharns eingeführte Name Prolan wird auch von Evans beibehalten, die übrigen Stoffe bezeichnet er als Prolan-like Substanzen. Collip spricht von Hypophysenvorderlappenhormon einerseits und vom APL-Extrakt (anterior pituitary-like extract) andererseits. Wie ich eben ausgeführt habe, bestehen biologische Unterschiede zwischen den verschiedenartigen Wirkstoffen, die sich aber durch Einbeziehung des synergischen Faktors zu einem Ganzen fügen:

Ich möchte, um die Bezeichnungen einheitlich zu gestalten, jetzt folgende Namen vorschlagen:

1. Das im Gravidenharn ausgeschiedene gonadotrope Hormon nenne ich weiterhin „*Prolan*", das Follikelreifungshormon Prolan A, das Luteinisierungshormon Prolan B.

2. Den synergischen Faktor, das Zusatzhormon, welches das Prolan zur gleichen Wirkung bringt wie das im Vorderlappen produzierte gonadotrope Hormon nenne ich „*Synprolan*". Ich bemerke, daß H. M. Evans auf meinen Vorschlag sich mit dieser Bezeichnung einverstanden erklärt hat.

3. Das im Hypophysenvorderlappen produzierte Hormon, das Prolan + Synprolan enthält, nenne ich „*Prosylan*".

Also: *Gonadotropes Hormon des Gravidenharns*   = *Prolan*,
      Follikelreifungshormon   = *Prolan A*,
      Luteinisierungshormon   = *Prolan B*,
      Synergischer Faktor, Zusatzhormon   = *Synprolan*,
      Gonadotropes Hypophysenvorderlappenhormon = *Prosylan*.

Im Hypophysenvorderlappen wird Prolan plus Synprolan = Prosylan produziert.

Im Gravidenharn wird nur Prolan ausgeschieden. Prolan = Prosylan minus Synprolan.

Im Altersharn wird Synprolan ausgeschieden.

Nach dem Vorkommen im Organismus geordnet ergibt sich folgendes:

I. *Prolan*
 a) Gravidenblut (Mensch und Affe)
 b) Gravidenharn (,,   ,,   ,,)

 c) Placenta   (,,   ,,   ,,)
 d) Blasenmole
 e) Chorionepitheliom nach Mole
 f) testiculäres Chorionepitheliom

II. *Prosylan* (Prolan + Synprolan)
 a) Hypophysenvorderlappen
 b) Blut der graviden Stute
 c) Harn von Kastraten
 d) ,,   im Klimakterium, Postklimakterium und im Alter
 e) ,,   von Carcinomatösen (insbesondere Frauen mit Genitalcarcinom).

III. *Synprolan*
Harn von Frauen in der Menopause (Altersharn).

27. Kapitel.

Die biologischen Wirkungen der gonadotropen Hormone.

Die folgenden Ergebnisse sind entweder durch Implantation von menschlichem oder tierischem Hypophysenvorderlappen oder durch Injektion von Prolan erzielt worden. Die Untersuchungen wurden an Nagetieren ausgeführt und zwar an Mäusen, Ratten und Kaninchen. Wie aus Kapitel 37 ersichtlich, ist der Sexualzyklus bei den verschiedenen Tieren verschieden. So befindet sich die Uterusschleimhaut beim Kaninchen im Gegensatz zu Maus und Ratte stets in einem gewissen Proliferationsstadium. Der Sexualzyklus ist hier kontinuierlich, im Gegensatz zu dem ausgesprochen diskontinuierlichen Zyklus bei Maus und Ratte.

Die Ovulation läßt sich an Maus, Ratte und Kaninchen, die prägravide Umwandlung der Uterusschleimhaut läßt sich am Kaninchen am besten studieren.

Im folgenden beschreibe ich die Wirkung der einmaligen und chronischen Zufuhr von Prolan A (aus Kastraten- oder Carcinomharn) und einer Mischung von Prolan A und B (aus Gravidenharn).

1. Wirkung von Prolan A am infantilen Tier[1].

a) Einmalige Zufuhr.

Injiziert man einer infantilen Maus oder Ratte 1 Einheit Prolan A, so wird das infantile Tier nach 100 Stunden brünstig. Die Genitalorgane zeigen charakteristische Veränderungen. Das Ovarium ist vergrößert, hyperämisch, die fast farblosen, mit Follikelsaft strotzend gefüllten

---

[1] ZONDEK, B.: Klin. Wschr. 1930, Nr 26 (IV. Mitt.), 1207.

Follikel überragen die Oberfläche. Die Uteri sind vergrößert, livide, mit Sekret gefüllt. Die Scheide ist verdickt, das Scheidenepithel zeigt den typischen östralen Aufbau mit Verhornung der obersten Zelllagen, im Scheidensekret finden wir das reine Schollenstadium. Die voll entwickelten Genitalorgane machen den Eindruck, als ob sie in den kleinen infantilen Organismus gar nicht hineinpassen. Die Tiere werden als sexuell reif vom Bock erkannt und gejagt. Injiziert man einem infantilen Tier 1 Einheit Folliculin, so haben Uterus und Scheide das gleiche Aussehen wie bei Prolan A. Der Unterschied liegt in der Wirkung auf das Ovarium. Beim Folliculintier ist das Ovarium gar nicht verändert, klein und blaß, ohne Vergrößerung der Follikel. Das mit Prolan behandelte Tier aber zeigt die eben beschriebenen Reaktionen am Eierstock. Das Prolan wirkt nur auf dem Wege über den Eierstock, deshalb ist Prolan A am kastrierten infantilen Tier wirkungslos.

Auch beim Kaninchen löst Prolan A eine spezifische Wirkung am Genitalapparat aus. Ich injizierte infantilen 1200 g schweren Kaninchen im Verlauf von 4—10 Tagen aus Carcinomharn dargestelltes Prolan A (100—300 RE). Am 5. Tage zeigten Vulva und Uteri bereits blaulivide Verfärbung. Die fadendünnen Uterushörner sind in bleistiftdicke Gebilde umgewandelt, die Scheide ist erheblich gewachsen. Die Ovarien sind farblich nicht wesentlich verändert, hingegen sind sie deutlich vergrößert und ihre Oberfläche wird von mehreren, fast erbsengroßen, glasigen, sprungreifen Follikeln überragt. Die morphologische Untersuchung der Uterushörner ergibt nach 8—10tägiger Prolanzufuhr eine Dickenzunahme der Muskulatur um etwa das 10fache, der Uterusschleimhaut um das 5fache. Die Schleimhaut zeigt fast die gleichen Veränderungen wie nach Folliculinzufuhr (S. 100). Man sieht eine Reihe von neugebildeten runden Drüsen mit einzelliger Auskleidung (hyperplastische Uterusschleimhaut). Die Schleimhaut hat sich aber nicht in Falten gelegt, von der polypösen prägraviden Umwandlung ist noch nichts zu erkennen. Durch die Prolan-A-Zufuhr wird im Ovarium das Folliculin mobilisiert, das den Aufbau der Uterusschleimhaut im Sinne der Pf-Phase (s. S. 385) stürmisch vorwärts treibt, ohne daß die prägravide Umwandlung einsetzt.

b) Dauerzufuhr von Prolan A[1].

Prolan A löst im Ovarium des infantilen Tieres die Follikelreifung aus, in den Follikeln wird das Folliculin mobilisiert, das seinerseits die Brunst auslöst. Ohne Prolan A kein Folliculin. Je mehr Prolan A, um so mehr Folliculin. Dauerzufuhr von Prolan A bewirkt Dauerproduktion von Folliculin. Dauerproduktion von Folliculin erzeugt Dauerbrunst. Dies können wir experimentell dadurch beweisen, daß durch tägliche Injektion (14 Tage lang) von Prolan A (aus Carcinomharn) am

---

[1] ZONDEK, B.: Klin. Wschr. **26**, 1207 (1930).

Tabelle 31.

Dauerinjektion von Prolan A bei der infantilen Maus oder Ratte.

Datum	Gewicht g	Leukocyten	Schleim	Epithelien	Schollen	Zuführung
18. XI.	6,3	+ +	+ +	—	—	
19. XI.		+ +	+ +	—	—	
20. XI.		+ +	+ +	—	—	
21. XI.		+ +	+ +	—	—	
22. XI.		+ +	+	+ +	+	
23. XI.		—	—	+ +	+ + +	
24. XI.		—	—	—	+ + +	
25. XI.		—	—	—	+ + +	
26. XI.		+	—	—	+ + +	2 ME
27. XI.		—	—	—	+ + +	Prolan A
28. XI.		—	— ·	—	+ + +	
28. XI.		—	—	—	+ + +	
29. XI.		—	—	—	+ + +	
30. XI.		—	—	—	+ + +	
1. XII.		—	—	—	+ + +	
2. XII.		—	—	—	+ + +	
3. XII.	9,1	—	—	—	+ + +	

infantilen Tier ein dauerndes reines Schollenstadium des Scheidensekrets ausgelöst wird (s. Tabelle 31).

Wir lösen also die gleiche biologische Wirkung, d. h. Dauerbrunst sowohl durch chronische Zuführung von Folliculin wie von Prolan A aus. Der charakteristische Unterschied zeigt sich wieder im Ovarium (Abb. 76 bis 78). Das Folliculintier zeigt trotz der Dauerbrunst keine Veränderungen am Ovarium. Bei den mit Prolan A behandelten Tieren aber ist der Eierstock in ein traubenförmiges Gebilde umgewandelt, das aus sekretgefüllten Follikeln besteht. Beim kastrierten Tier bleibt auch die chronische Zufuhr großer Prolan-A-Dosen ohne jede Wirkung, weil das Prolan nur auf dem Wege über das Ovarium wirkt.

2. Wirkung von Prolan A und B am infantilen Tier.

a) Einmalige Zufuhr.

Injiziert man einer infantilen, 3—4 Wochen alten, 6—8 g schweren Maus oder einer 4—5 Wochen alten, 25—30 g schweren Ratte 1 Mäuse- bzw. Ratteneinheit unseres Prolans aus Gravidenharn (das A und B enthält), so erzielt man sämtliche drei Vorderlappenreaktionen. Im einzelnen folgendes:

Das Ovarium ist hyperämisch, die blaßgelbe Farbe ist in eine rosarote umgewandelt. Die Oberfläche des vergrößerten Eierstocks wird von ein oder mehreren Blutpunkten und gelben Körpern überragt. Die Serienuntersuchung der Ovarien zeigt große Follikel mit Cumulus oophorus, Vergrößerung (Luteinisierung) der Thecazellen, partielle Luteinisierung der Granulosazellen des Follikels, Blutungen in die vergrößerten Follikel und Corpora lutea atretica. Die Vascularisation der Corpora ist bei der Ratte viel deutlicher als bei der Maus (s. Abb. 66 u. 67).

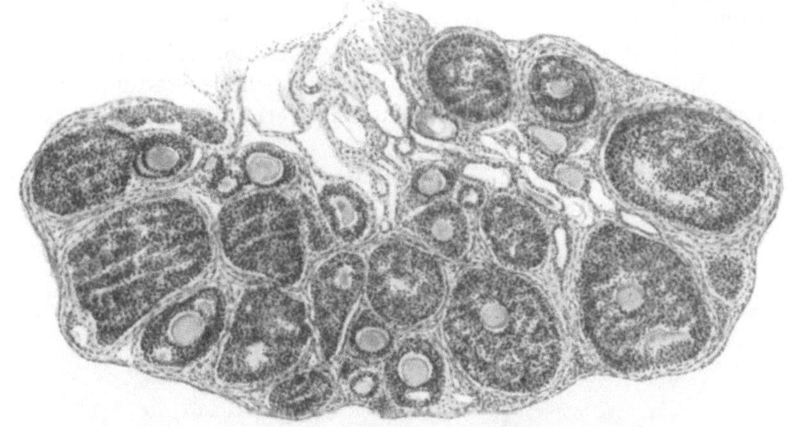

Abb. 76. Ovarium einer infantilen Maus bei Dauerbrunst durch Folliculin.

Die eben beschriebenen Veränderungen sieht man nicht immer an demselben Ovarium. So sieht man an einem Eierstock vielleicht nur Follikelblutung, an einem anderen nur die Thecaluteinisierung, an

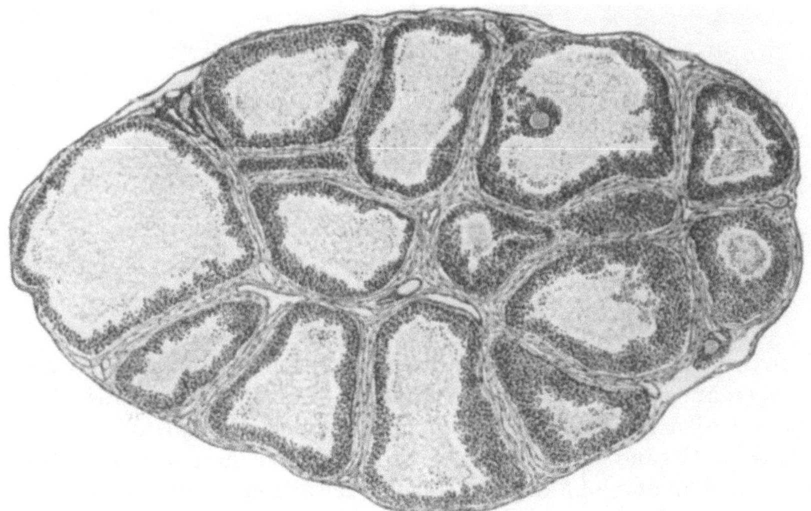

Abb. 77. Ovarium einer infantilen Maus bei Dauerbrunst durch Prolan A (aus Kastraten- oder Carcinomharn).

einem dritten vielleicht das Corpus luteum atreticum. Häufig aber sehen wir alle Reaktionen auch an demselben Eierstock. Die Fett-

färbung der Ovarien ergibt mäßige Ansammlung von sudanophilen
Substanzen in den Theca- und Granulosazellen des vergrößerten Follikels,
reichlicheres Vorkommen in den Zellen der Corpora lutea. Auch in den
interstitiellen Zellen finden sich Fettsubstanzen.

Der Uterus ist vergrößert, mit Sekret gefüllt und zeigt die Brunst-
reaktion. Im Scheidensekret finden wir das Schollenstadium, in der
Scheidenschleimhaut den Zellenaufbau mit Verhornung der obersten
Zellagen.

Am kastrierten infantilen Tier wirkt Prolan A und B selbstverständlich nicht.

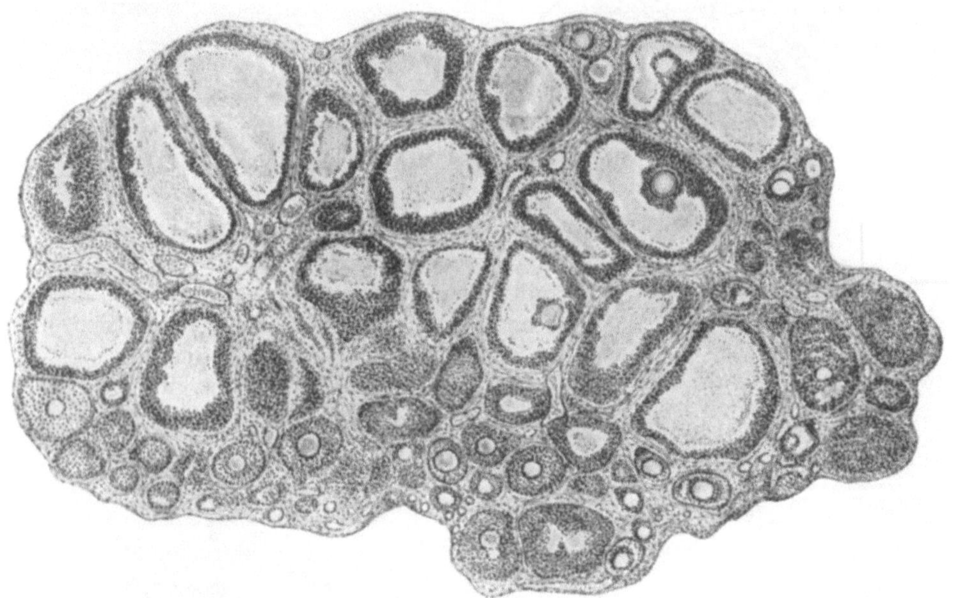

Abb. 78. Ovarium einer infantilen, 5 Wochen alten Ratte bei Dauerbrunst mit Prolan A.

b) Chronische Zufuhr von Prolan A und B.

α) *Bei Maus und Ratte.*

Durch chronische Zufuhr von Prolan A und B löst man ungeheure
Wirkungen am Sexualapparat der infantilen Maus und Ratte aus. Die
Ovarien werden in massige Gebilde umgewandelt, so daß der Nicht-
kenner diese Organe gar nicht mehr für Eierstöcke halten würde. Die
Ovarien sind häufig um das 5—10fache gewachsen, von dunkelroter
Farbe, die Oberfläche mit blauschwarzen, das Niveau überragenden,
scharf umschriebenen Blutpunkten besetzt und diese wieder von gelben
Körpern umsäumt. Die Ovarien machen den Eindruck von kleinen
Walderdbeeren (s. Abb. 106b)! Die Uteri sind stark vergrößert und
sehen so livide aus wie bei einer jungen Gravidität.

β) *Beim Kaninchen.*

Die Wirkung des Prolans läßt sich am infantilen Kaninchen[1] noch besser als an Maus und Ratte studieren. Beim Kaninchen kann gezeigt werden, daß das Prolan imstande ist, hochgradige Veränderungen am Genitalapparat auszulösen, die selbst beim geschlechtsreifen Kaninchen niemals spontan, sondern nur im Anschluß an die Kohabitation auftreten (s. S. 388).

Infantile, 1200 g schwere Kaninchen erhielten 10—14 Tage lang täglich 150 RE, im ganzen also 1500—2000 RE Prolan A und B sub-

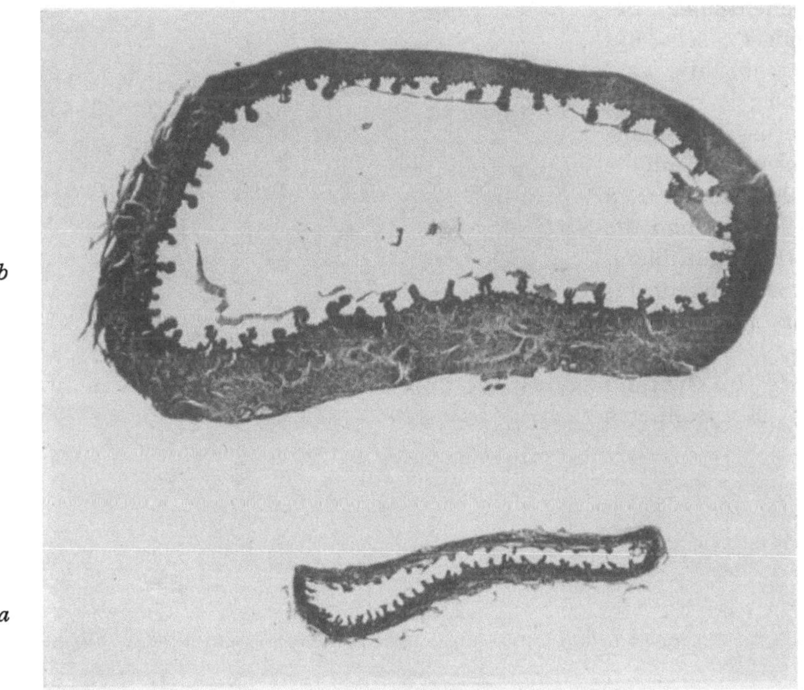

Abb. 79. Wirkung des Prolans auf die Scheide des infantilen Kaninchens. *a* Scheide des Kontrolltieres, *b* Scheide des Prolantieres.

cutan. Die Wirkung ist äußerst frappant. Beim Öffnen des Bauches hat man den Eindruck, als ob bei den infantilen Tieren eine junge Gravidität vorliege. Die fadendünnen Uterushörner sind in fingerdicke Gebilde umgewandelt, blaurot-livide verfärbt und kontrahieren sich auf den Reiz der Bauchöffnung sofort. Die zuführenden Gefäße sind strotzend mit Blut gefüllt. Die Ovarien sind auf etwa das 6—8fache gewachsen

---

[1] ZONDEK, B.: (Vortrag am 2. Dahlemer Abend am 23. XI. 1928) Klin. Wschr. **4**, 147 (1929). Zbl. Gynäk. **1929**, Nr 14, 834—847.

und zeigen ein farbenprächtiges Bild. Die unregelmäßige Oberfläche von weißlichgelber Farbe ist von kleinerbsengroßen, dunklen, blauschwarzen Blutpunkten überragt, die wieder von goldgelben Corpora lutea umrahmt sind (Abb. 81). Über die Bedeutung dieser Befunde für die Graviditätsreaktion sei auf S. 564 verwiesen.

Schnitte durch die Scheide (Abb. 79) zeigen bei den mit Prolan behandelten Tieren eine starke Zunahme der Muskulatur und des Bindegewebes, also ein echtes Wachstum der Scheide. Noch imposanter sind die Unterschiede am Uterus (Abb. 80). Man möchte gar nicht glauben, daß derartige Wirkungen an infantilen Uteri überhaupt möglich sind. Besonders sei auf die mächtig gewucherte, polypöse Uterusschleimhaut hingewiesen, auf die zahlreichen Mitosen im Epithel und die starke Blutfüllung derSchleimhaut, *das Bild der prägraviden Uterusschleimhaut!* Im Ovarium des Kontrolltieres

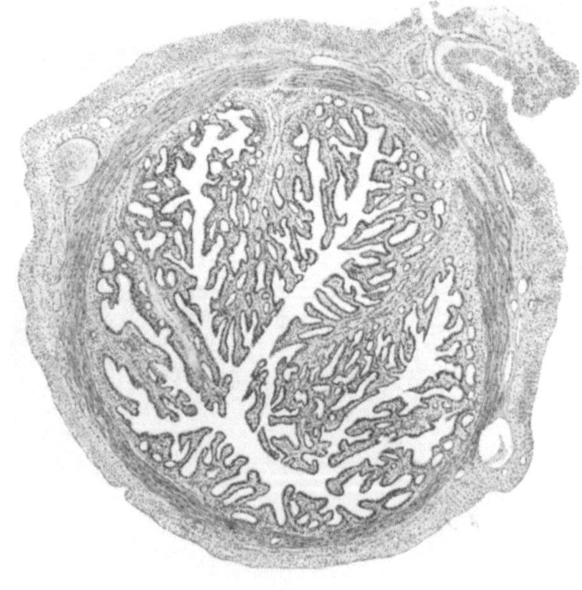

a   b

Abb. 80. Wirkung des Prolans auf den Uterus infantiler Kaninchen. *a* Kontrolltier, *b* Prolantier.

sieht man eine Fülle kleiner Follikel. Durch das Prolan sind diese Primordialfollikel in sprungreife Follikel umgewandelt (s. Abb. 82), oder die Primordialfollikel sind verschwunden bzw. in die Randzonen verdrängt, und die Ovarien enthalten zahlreiche Blutpunkte, d. h. blutgefüllte, zum Teil luteinisierte, große Follikel, sowie Corpora lutea (Abb. 82—85). Diese experimentell ausgelösten Veränderungen finden wir sonst beim infantilen Kaninchen[1] niemals! Bei starker Vergrößerung der luteinisierten Follikel sieht man, daß Granulosa- und Thecazellen stark gewuchert sind, wobei die Thecazellen besonders schön entwickelt sind (Abb. 85). Die Wirkungen des Prolans sind am Ka-

---

[1] Blutpunkte treten beim Kaninchen zuweilen spontan auf (s. S. 201).

ninchen, das spontan nicht ovuliert, besonders beweisend. Die Reaktionen sind im Prinzip die gleichen wie bei Maus und Ratte, nur sind sie noch drastischer und makroskopisch leichter darstellbar.

Ich möchte bei den Kaninchenuntersuchungen besonders die Wirkung auf die Uterusschleimhaut hervorheben. *Prolan A bewirkt durch Mobilisierung des Folliculins den Aufbau in der Proliferationsphase, bei Dauerzufuhr entsteht eine hyperplastische Schleimhaut. Prolan B löst durch Mobilisierung des Progestins die prägravide Umwandlung der Uterusschleimhaut aus.* ALLEN und CORNER haben ihre Versuche mit Progestin (s. Kap. 18), am *geschlechtsreifen* Kaninchen gemacht. Wenn es mir durch Prolan gelungen ist, auch beim *infantilen* Kaninchen die prägravide Umwandlung der Uterusschleimhaut auszulösen, so scheint mir das ein exakter Beweis, daß das Prolan die Corpusluteum-Bildung auslöst, ferner daß es sich um funktionierende, das Hormon produzierende Corpora lutea handelt, unter deren Wirkung sich der prägravide Umbau der Uterusschleimhaut vollzieht. Ich betone dies, weil FRAENKEL seinerzeit (s. S. 199) die durch Prolan entstehenden Corpora lutea als Gebilde nicht endokrinen Charakters bezeichnet hat.

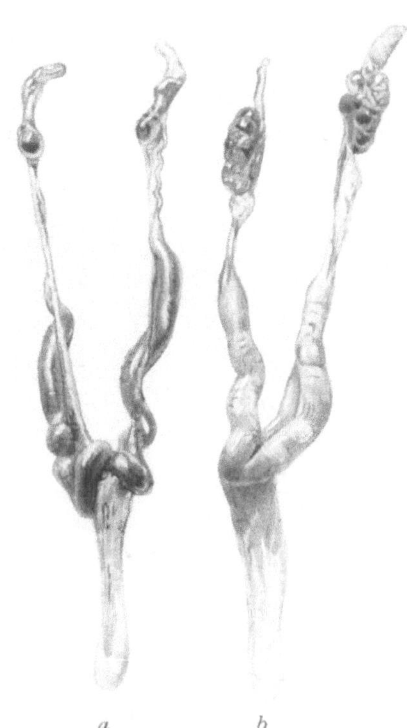

Abb. 81. Prolanwirkung am infantilen Kaninchen. Nach 5 tägiger Prolanbehandlung (*a*), nach 14 tägiger Behandlung (*b*).

3. Wirkung von Prolan A und B am geschlechtsreifen Tier bei chronischer Zuführung.

Die Untersuchungen wurden an geschlechtsreifen Ratten ausgeführt, bei denen durch täglichen Scheidenabstrich festgestellt war, daß sie einen regelmäßigen Sexualzyklus hatten. Dann wurden täglich 10 bis 50 RE Prolan aus Gravidenharn injiziert, das eine Mischung von A und B darstellt. Führte man die Versuche 3—4 Wochen durch, so fand ich folgende drei Reaktionstypen[1]:

---

[1] ZONDEK, B.: Nicht publiziert.

a) Daueroestrus mit dauerndem Schollenstadium; große, glasige Uteri, hyperämische Ovarien mit Massenbildung großer Follikel, wobei vereinzelte Corpora lutea vorhanden sein können.

b) Unregelmäßiger Zyklus mit wechselndem Scheidensekret, große Uteri mit prägravider Schleimhaut, große Ovarien mit Blutpunkten und gelben Körpern (Abb. 86).

c) Sistieren des Brunstzyklus, Uteri in Größe wechselnd (s. S. 299), prägravide Uterusschleimhaut, dioestrisches Scheidensekret, große Ovarien mit Massenbildung von gelben Körpern und Blutpunkten.

Ich glaube, daß diese verschiedenartigen Reaktionen auf den verschiedenen Gehalt von Prolan A und B in der Lösung zurückzuführen

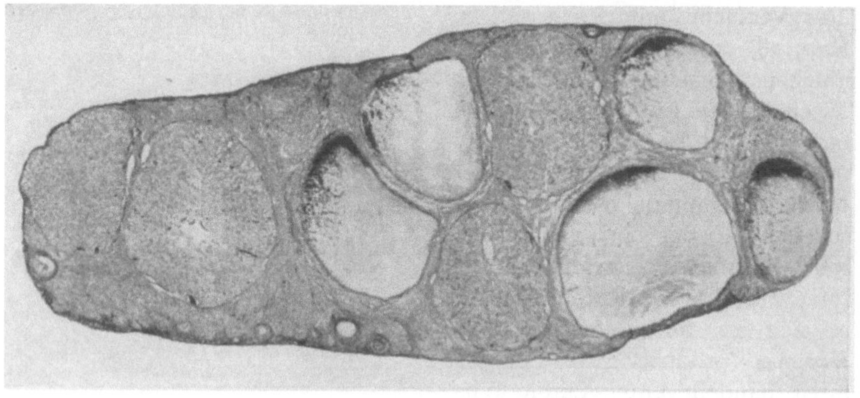

Abb. 82. Wirkung des Prolans auf das Ovarium des infantilen Kaninchens. Der Schnitt enthält 5 große, z. T. sprungreife Follikel (Prolan A) und 4 Corpora lutea (Prolan B).

sind, so daß Follikelreifung und Luteinisierung miteinander in Konkurrenz treten. Besonders bemerkenswert ist die Tatsache, daß trotz der verschiedenartigen Wirkung auf den Oestrus die Uteri bei allen Versuchen zuweilen groß und livide verfärbt sein können.

In einigen Versuchen habe ich geschlechtsreifen Ratten im Verlauf von 6 Wochen große Prolanmengen (bis 25 000 RE A und B) zugeführt. Die Uteri waren hierbei *klein*, die Eierstöcke zeigten zahlreichste Corpora lutea. Die Ovarien waren aber nicht so groß wie bei den Versuchstieren, die nur 2 Wochen Prolan erhalten hatten! Hier haben wir die Anlehnung an die EVANSschen Befunde, d. h. kleine Uteri und Umwandlung der Ovarien in Luteinkörper.

Der scheinbare Gegensatz zwischen den Ergebnissen von LONG und EVANS (s. S. 174 u. 299 und meinen Befunden fügt sich jetzt zum Ganzen. EVANS arbeitete im Dauerversuch (mehrere Monate) mit einem Vorderlappenextrakt, das den allgemeinen Wachstumsstoff und das Luteinisierungshormon enthielt. So erhielt er Riesentiere mit luteinösen

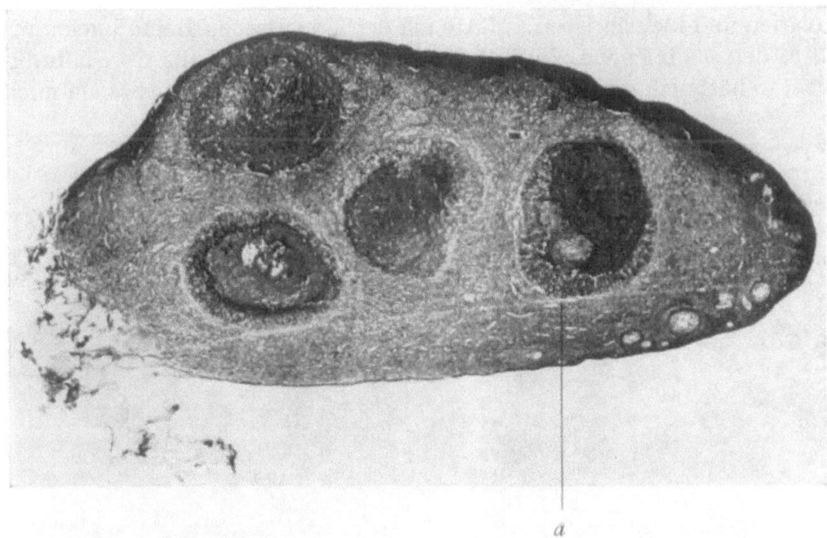

Abb. 83. Wirkung des Prolans auf das Ovarium des infantilen Kaninchens. (10 tägige Behandlung mit 1500 RE.). Die Primordialfollikel sind in die Randzonen verdrängt. Man sieht 4 luteinisierte Follikel mit Blutung in die Follikelhöhlen (= Blutpunkt). Abb. 84, stellt *a* in starker Vergrößerung dar.

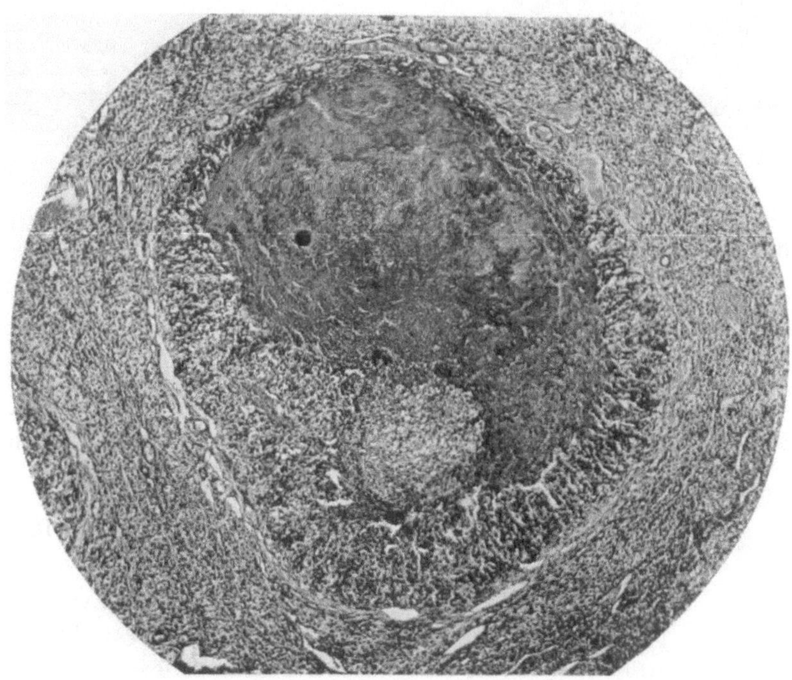

Abb. 84. Großer luteinisierter Follikel blutgefüllter Follikel (Abb. 83*a* stark vergrößert) als spezifische Wirkung des Prolans.

Ovarien und kleinen Uteri. Hätte ich den EVANSschen Befund gekannt, d. h. den hemmenden Einfluß des Vorderlappens auf die Ovarialfunktion, so hätte ich meine Versuche vielleicht gar nicht ausgeführt, da mich

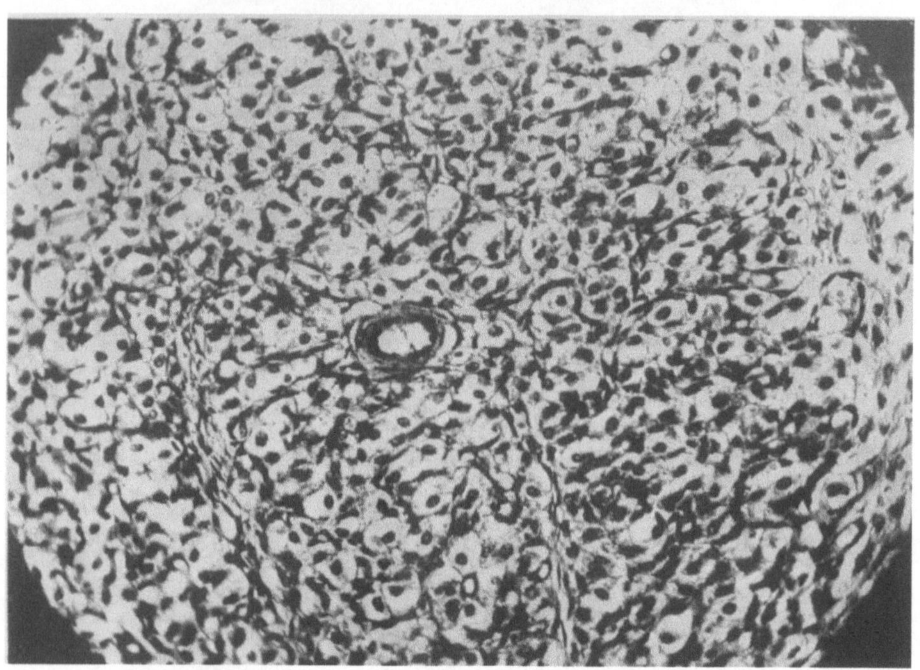

Abb. 85. Teil von Abb. 84 bei starker Vergrößerung. Thecawucherung nach Prolanzufuhr.

das Problem der Anregung der Ovarialfunktion beschäftigte. Ich konnte im *Kurzversuch* die *fördernde* Wirkung des Vorderlappens nachweisen.

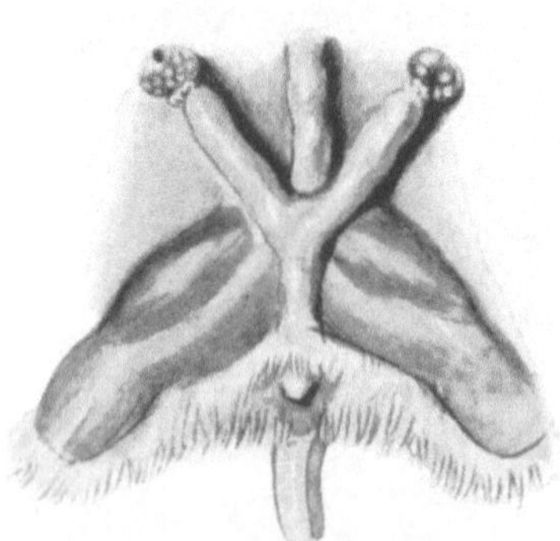

Abb. 86. Chronische Zufuhr von Prolan A u. B bei der geschlechtsreifen Maus. Trotz Hemmung des Ovarialzyklus große Uteri. Die Ovarien enthalten zahlreiche Corpora lutea und einige Blutpunkte.

Da ich mich der Implantationsmethode bediente, führte ich beide Hormone (A und B) in chemisch unveränderter Form infantilen Mäusen zu und konnte so die Trias der biologischen Wirkungen (HVR I—III) im Kurzversuch feststellen (Kap. 19 u. 20).

4. Wirkung von Prolan auf die männlichen Sexualorgane.

Wenn die Hypophysenvorderlappenhormone die übergeordneten allgemeinen Sexualhormone sind, so mußte man annehmen, daß das Prolan auch einen stimulierenden Einfluß auf die männlichen Genitalorgane ausübt. So wurden seit Beginn meiner Hypophysenstudien — zum Teil in Gemeinschaft mit H. ZONDEK und UCKO — gleichartige Versuche wie an weiblichen auch an männlichen Mäusen ausgeführt, wobei Hypophysenvorderlappen in die Oberschenkelmuskulatur infantiler Böcke implantiert wurde. Obwohl wir die Hodenuntersuchungen seinerzeit an einer großen Reihe von Tieren ausgeführt haben, kamen wir[1] nicht zu einem abschließenden Urteil über die Einwirkung einer *einmaligen* Vorderlappenimplantation. Man löst jedenfalls am Hoden keine dem Ovarium entsprechenden, so in die Augen fallenden morphologischen Veränderungen bei einmaliger Vorderlappenzufuhr aus. SMITH und ENGLE[2] hingegen sahen nach 3tägiger Vorderlappenimplantation eine fördernde Wirkung am männlichen Genitalapparat, und zwar Vergrößerung der Nebenorgane (Samenblase, Prostata), während sie am Hoden keine besonderen Veränderungen fanden. Auch STEINACH u. KUN[3] beobachteten nach 12tägiger Behandlung infantiler Ratten mit Vorderlappenextrakten eine sexuelle Frühreife, wobei aber nicht nur die Nebenorgane, sondern auch Hoden und Penis vergrößert waren. FELS[4] fußte bei seinen Versuchen auf dem von uns erhobenen Befund, daß das Serum der schwangeren Frau Vorderlappenhormone enthält (s. S. 355). Nach wiederholter Injektion von Schwangerenserum fand er bei infantilen Tieren Verkleinerung des Hodens, dabei aber Zunahme des interstitiellen Gewebes. Die Nebenorgane waren deutlich vergrößert. Die Verkleinerung des Hodens führt FELS auf das im Serum auch vorhandene Folliculin zurück. Zur Klärung der vorliegenden Frage ist es unzweckmäßig, mit einem Gemisch von Hormonen zu arbeiten, die sich außerdem im Serum befinden, das eine Fülle unspezifischer Substanzen enthält. Die Eindeutigkeit der Ergebnisse wird dadurch in Frage gestellt. Die Auffassung BIEDLS[5], daß der Hypophysenvorderlappen am männlichen Organismus einen hemmenden Einfluß ausübt (Zurückbleiben des Hodenwachstums), dürfte nicht zutreffend sein, da diese Beobachtungen allen anderen widersprechen.

Durch einmalige Vorderlappenimplantation sahen wir, wie oben auseinandergesetzt, keine Wirkung am männlichen Sexualapparat. Auch durch Zuführung von 1 Einheit Prolan war eine Wirkung nicht zu erzielen. Injizierten wir aber infantilen Ratten mehrere Tage lang mehrere Einheiten Prolan, so ergab sich eine einwandfreie Wirkung. *Während die Hoden an Größe und Gewicht nur etwas zunehmen, sind die Neben-*

---

[1] ZONDEK, B. u. ASCHHEIM: Klin. Wschr. **1928**, Nr 18, 831—835.
[2] SMITH a. ENGLE: Amer. J. Anat. **40** (1927).
[3] STEINACH u. KUN: Med. Klin. **1928**, Nr 14.
[4] FELS: Arch. Gynäk. **132** (1927).
[5] BIEDL: Ebenda **132** (1927).

organe ganz auffallend vergrößert. Dies gilt für die Prostata und besonders für Samenblasen, die nach 6tägiger Injektion eine Zunahme an Breite und Länge um das 2—3fache, nach 10—14tägiger Injektion eine Zunahme um etwa das 5fache erfahren. *Die Samenblasen erhalten ein hahnenkammähnliches Aussehen* (Abb. 87). Von prinzipieller Wichtigkeit ist die Tatsache, daß der Einfluß des Prolans auf die Hoden und die Nebenorgane beim kastrierten Bock ausbleibt, daß also auch beim männlichen Tier die Wirkung nur auf dem Wege über die Sexualdrüse zustande kommt. *Dies scheint mir ein Beweis, daß die gonadotropen Vorderlappenhormone auch beim männlichen Tier als die übergeordneten Sexualhormone anzusehen sind.*

Ich versuchte weiterhin, den Wirkungsmechanismus des Prolans am männlichen Sexualapparat zu klären, gab aber seinerzeit die Unter-

Abb. 87. Wirkung des Prolans auf die männlichen Sexualorgane, insbesondere Vergrößerung der Prostata und der Samenblasen.

suchungen auf, weil die Beurteilung am Hoden (Spermatogenese, Wirkung auf die Zwischenzellen usw.) mir zu schwierig erschien, so daß hier eine spezialistische Untersuchung notwendig war. Ich veranlaßte deshalb Herrn Professor EUGEN FISCHER, Direktor des Kaiser-Wilhelm-Instituts für Anthropologie in Dahlem, diese speziellen Untersuchungen in seinem Institut ausführen zu lassen. Herr BOETERS ist dabei zu folgenden Resultaten[1] gekommen:

Die Untersuchungen wurden an infantilen Ratten eigener Zucht ausgeführt, wobei sich zeigte, daß die männlichen Sexualorgane der Ratte für Prolan aus Gravidenharn empfindlicher sind als die der Maus, was bezüglich der Prolan-A-Wirkung mit meinen Untersuchungen am Ovarium

---

[1] BOETERS, H.: Deutsche Med. Wschr. **33**, 1382—1385 (1930). Virchows Archiv 1931.

übereinstimmt. Borst, Döderlein u. Gostimirovic[1], die ihre Prolanuntersuchungen am Hoden vor Boeters publizierten, hatten ihre Versuche an infantilen Mäusen ausgeführt, wobei sie im wesentlichen zu gleichen Ergebnissen gekommen waren wie Boeters.

Die Prolanuntersuchungen (Boeters) wurden an rund 200 Versuchstieren vorgenommen. Um Schwankungen im Reifungsgrad der Keimdrüse nach Möglichkeit zu vermeiden, wurden Versuchs-. und Kontrolltiere aus dem gleichen Wurf genommen.

I. *Prolanwirkung am infantilen undifferenzierten Hoden* (12—20 Tage alte Tiere, 1—300 RE. Prolan A und B aus Gravidenharn).

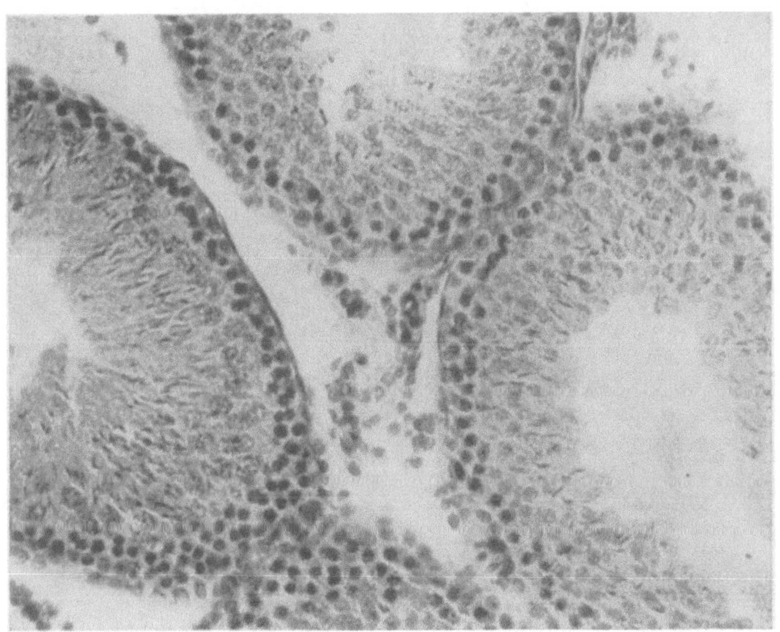

Abb. 88. Infantiler Hoden einer 7wöchigen Ratte. Epithel in Ruhe, beginnende Spermienbildung.

Nach Prolanbehandlung zeigen 12 Tage alte Rattenböcke ein unregelmäßiges histologisches Hodenbild: In der Basalschicht zahlreicher Kanälchen treten Übergangsformen zu Spermiogonien und Sertolizellen, auch definitive Spermiogonien auf, die an ihrem dunklen Kern mit staubförmig verteiltem Chromatin kenntlich sind. Kernteilungsfiguren sind häufig sichtbar. Eine Reihe von Kanälchen lassen gar keine Veränderungen erkennen.

Deutlicher werden die Unterschiede bei 20 Tage alten Tieren. Hier zeigen die Kontrolltiere den Umbau zur definitiven Spermiogenese.

---

[1] Borst, Döderlein u. Gostimirovic: Münch. med. Wschr. 1930, Nr 12, 473.

Nebeneinander findet man die infantilen Zelltypen und Übergangsformen zu Sertolizellen und Spermiogonien. Der zentrale Teil der Kanälchen ist erfüllt von degenerierenden primären Urgeschlechtszellen (abortiven Spermiogonien). Die mit Prolan behandelten Tiere zeigten etwa in der Hälfte der Kanälchen das gleiche Bild, mitten hineingestreut aber völlig andere Verhältnisse. Die abortiven Spermiogonien sind verschwunden. Zwei oder drei Schichten indifferenter Samenzellen, auf kürzere oder

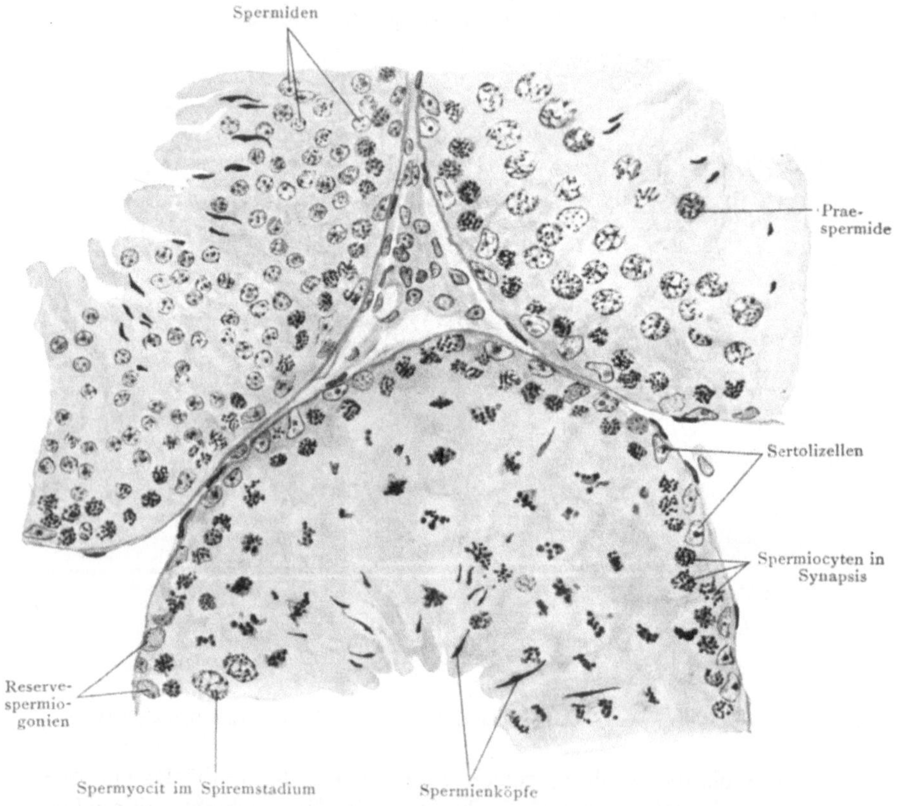

Abb. 89. Anregung der Mitosenbildung im infantilen Rattenhoden durch Prolan (200 RE.). Geringe Spermienbildung. Versuch 18, Tier F, 6 Wochen alt (nach BOETERS).

längere Strecken von Spermiogonien- und Sertolizellen unterbrochen, umsäumen die Kanälchen, deren Mitte zellfrei ist und die gelegentlich ein deutliches Lumen aufweisen. Diese Versuche zeigen deutlich den Entwicklungsimpuls, den Prolan dem infantilen Hoden erteilt.

2. *Prolanwirkung am infantilen reifenden Hoden* (vom 12. bis 40. Lebenstag behandelt, bis zu 150 RE A und B).

Die Kontrollen zeigen eine normale Spermiogenese, alle Stadien von Spermiogonien bis Präspermiden, aber noch keine Spermien. Die Versuchstiere geben ein gänzlich anderes Bild. Ein Teil der Kanälchen zeigt einen gelockerten Grundbelag mit Spermiogonien, darauf folgen ein bis zwei Reihen Spermiocyten in Synapsis, dann nach innen zu, oft das Lumen völlig auskleidend, Spermiocyten in sehr gelockerten Spiremstadium, zum Teil vermischt mit Präspermiden.

Ebenso zeigten Tiere, die nach Einsetzen der definitiven Spermiogenese vom 24. Tag an mit kleinen Dosen behandelt und im Alter von 30 Tagen untersucht wurden, vermehrte Zellproduktion und zahlreiche Mitosen, nicht aber prämature Spermienbildung.

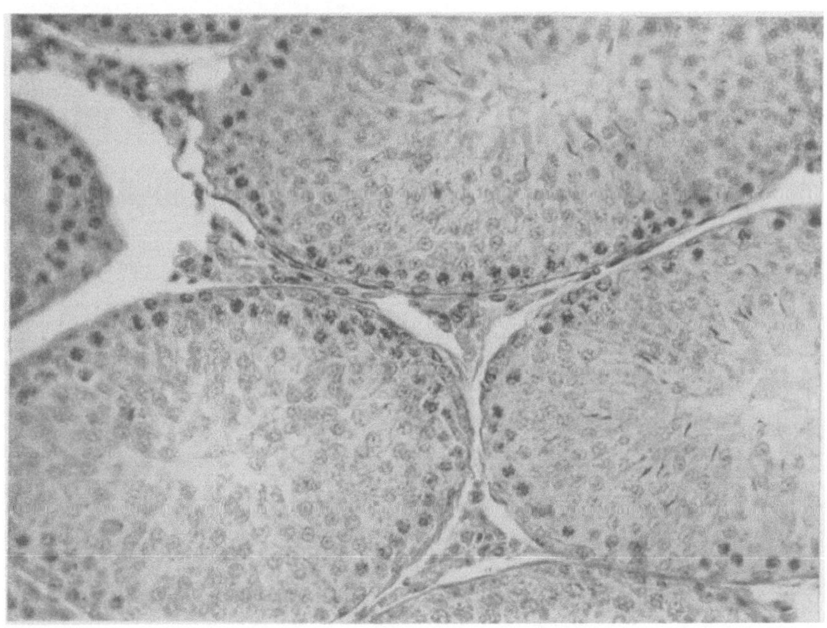

Abb. 90. Anregung der Spermidenbildung, Hemmung der Spermienproduktion durch Prolan (200 RE.) beim infantilen Hoden der 7 Wochen alten Ratte (nach BOETERS).

Derselbe Versuch, bei 1 Woche älteren Tieren (6 Wochen alt) wiederholt, ergab wiederum vermehrte Zellproduktion und Zellteilung (Mitosen), aber keinen Einfluß auf die inzwischen bei Kontroll- und Versuchstieren eingesetzte Spermiohistogenese (s. Abb. 88 u. 89). In einer Reihe von Fällen wurde eine deutliche Hemmung der Spermiohistogenese, d. h. Anregung der Spermidenbildung, Hemmung der Spermienbildung, festgestellt (s. Abb. 90).

Eine Verstärkung der Gesamtdosis auf 500—10000 RE Prolan (verteilt auf zehn Injektionen) führt zu einer Überstürzung dieser Vorgänge, aus der die schweren Schädigungsbilder resultieren, die BORST bereits bei der Maus beschrieben hat: wilde ungeordnete Zellproduktion, Abstoßung einzelner Zellen und ganzer Partien des Samenepithels, vielkernige Riesenzellbildung (als Folge der überstürzten Kernteilung). Gelegentlich findet sich das ganze Lumen erfüllt von untergehenden Zellmassen, in anderen Tubuli ist der Zellbesatz der Membrana propria unterbrochen oder es zeigen sich regressive Bildungen (s. Abb. 92). Ein Teil der Kanälchen bildet immer noch ein normales Bild.

3. *Prolanwirkung auf das Zwischengewebe.* Die Ratte hat ein außerordentlich gering entwickeltes Zwischengewebe, vor allem im infantilen

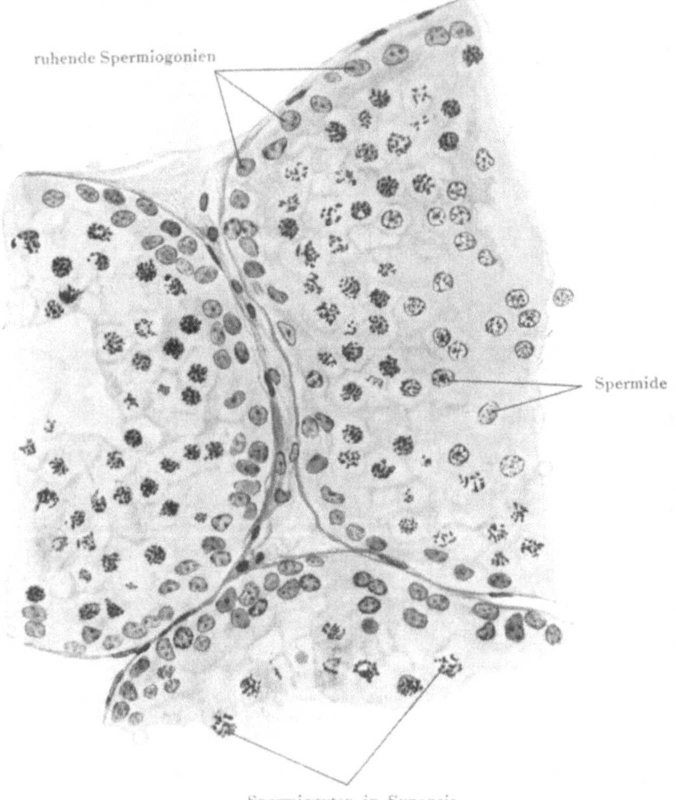

Abb. 91. Infantiler Hoden einer 4 Wochen alten Ratte. Gering entwickeltes Zwischengewebe. Kontrolltier zu Abb. 92.

und jung erwachsenen Hoden. Es finden sich nur wenige Zellen zwischen den Kanälchen und längs der Blutgefäße.

Während bei den Tieren mit undifferenziertem Hoden (12—20 Tage alt) keine Veränderungen des interstitiellen Gewebes nach Prolanbehandlung festgestellt werden konnte, zeigte sich bei den Ratten mit reifender Keimdrüse (21—35 Tage alt) nach 10 tägiger Behandlung mit kleinen Prolandosen eine geringe Vermehrung der interstitiellen Zellen.

Wurden hohe Prolandosen angewendet (100—10000 RE A und B), so zeigte sich ein enormer Einfluß auf das interstitielle Gewebe. Die sonst dicht aneinanderliegenden Hodenkanälchen sind weit auseinandergedrängt durch ein großes Maschenwerk von Zügen interstitiellen

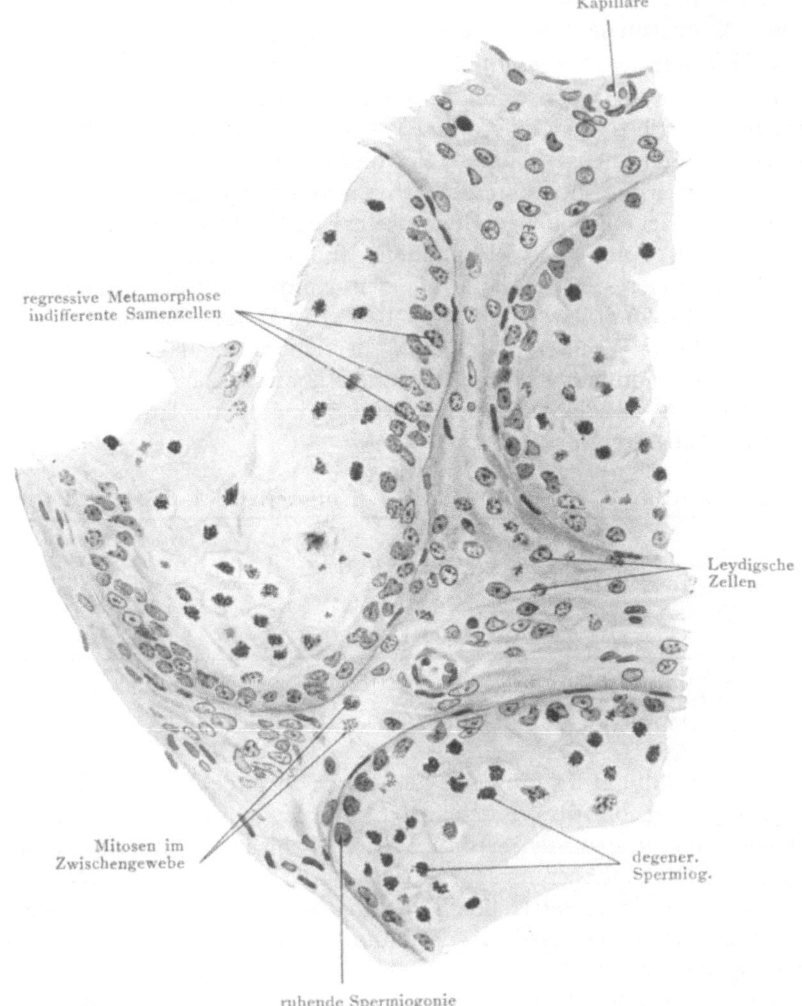

Abb. 92. Starke Wucherung des interstitiellen Gewebes mit schwerer Schädigung der germinativen Zellen im infantilen, 4 Wochen alten Hoden nach hohen Prolandosen (10000 RE) (vgl. Kontrolltier Abb. 91).

Gewebes, das die Dicke von Kanälchendurchmessern erreichen kann (Abb. 92—94). Da auch FELS, STEINACH und KUN, sowie BORST nach Injektion von Vorderlappenextrakten, Gravidenserum sowie Prolan eine Wirkung auf das interstitielle Gewebe beobachtet haben, muß als feststehend angenommen werden, daß *durch den Hypophysenvorderlappen nicht nur das generative, sondern auch das interstitielle Hodengewebe beeinflußt wird.*

Die schematischen Abbildungen zeigen beim infantilen Kontrolltier (Abb. 93) minimale, bei dem mit Prolan (10000 RE) behandelten Bock (Abb. 94) maximale Zwischengewebswucherung.

4. Wirkung des Prolans auf die Größe des Hodens und der Nebenorgane.

Während man schon durch 8—14tägige Behandlung mit kleineren Prolandosen (je 2—5 RE A und B) eine ausgesprochene Wirkung auf die Nebenorgane, insbesondere auf die Prostata und vor allem die Samenbläschen ausüben kann, sieht man keine irgendwie in die Augen springende Wirkung auf den Hoden selbst (s. S. 275). Bei Feststellung des Gewichts fand ich wechselnde Ergebnisse, manchmal geringeres, manchmal höheres Gewicht als bei den Kontrolltieren. Wendet man aber hohe Prolandosen (10mal 100 bzw. 10mal 1000 RE) an, so sieht man eine starke Wachstumssteigerung der Hoden, die sich bereits nach 10tägiger Behandlung in einer Gewichtserhöhung von 70% ausdrückt. Die auf meine Veranlassung von BOETERS ausgeführten Untersuchungen ergaben (Tabelle 32):

Tabelle 32.

E i n f l u ß   g r o ß e r   P r o l a n d o s e n   a u f   d i e   m ä n n l i c h e n   S e x u a l o r g a n e.

Infantile Ratten	Hodengewicht			Gewicht der Nebenorgane (Nebenhoden, Samenblase, Prostata, Fettkörper, entleerte Harnblase) g
	rechts g	links g	zusammen g	
A (Kontrolle)	0,175	0,180	0,355	0,470
B (10 × 100 RE Prolan)	0,190	0,200	0,390	0,840
C (10 × 1000 RE Prolan)	0,300	0,305	0,605	1,170

Bei Anwendung der großen Prolandosen war die Vergrößerung der Sexualorgane schon intravital sichtbar. Die Hoden lagen im stark vorgewölbten und gespannten Scrotalsack, die Penisanlage und die Dammlänge, sowie Nebenhoden und Fettkörper waren deutlich vergrößert. Die Gewichtsvermehrung der Hoden ist bedingt durch das starke Wachstum des Zwischengewebes, weniger oder kaum durch Zunahme des germinativen Apparates.

Die vorliegenden Untersuchungen zeigen in Übereinstimmung mit den BORSTschen Arbeiten, daß das Prolan eine Reifewirkung auf die männlichen Sexualorgane ausübt. Zuerst wird der generative Hodenanteil angeregt, bei hohen Dosen kommt es zu einer Wucherung des interstitiellen Gewebes. Der Hoden ist den gonadotropen Hormonen gegenüber zweifellos viel resistenter als das Ovarium. Um deutliche Wirkungen an dem männlichen Sexualapparat zu erzielen, muß man viel höhere Dosen anwenden als beim Weibchen.

Betont sei, daß es uns seinerzeit durch Prolan nicht gelang, die definitive Spermienbildung am infantilen Säugetier zu erzeugen (Befunde am Vogelhoden s. S. 284). Hingegen berichten SMITH und LEONARD neuerdings (s. S. 257), daß sie durch Prolan bei jungen hypophysectomierten Ratten die Spermiogenese auslösen konnten.

Ich stellte ein Prolanpräparat aus Carcinomharn dar, das im wesentlichen Prolan A und nur Spuren von B enthielt. Trotz Zuführung von 2000 RE dieses Prolan-A-Präparates konnte am Hoden eine Zunahme des interstitiellen Gewebes nicht nachgewiesen werden! Prolan A wirkt also nicht auf das interstitielle Gewebe. Somit

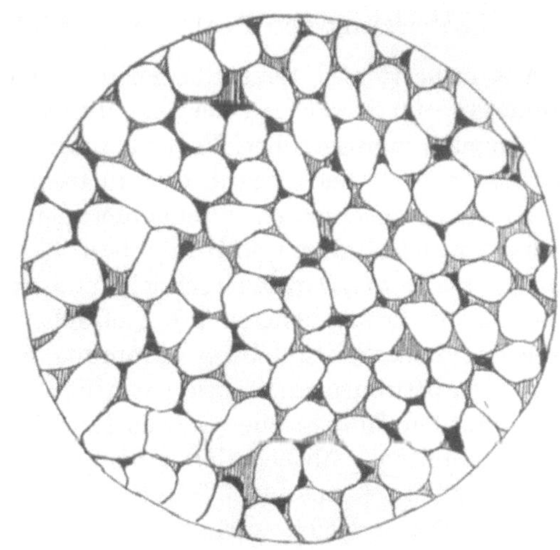

Abb. 93. Schematische Querschnittszeichnung des normalen infantilen Hodens (4 Wochen alt); weiß — Kanälchen, schwarz = Zwischengewebe, schraffiert = Restraum.

möchte ich als wahrscheinlich annehmen: 1. *daß Prolan A den generativen Apparat*, 2. *daß Prolan B den interstitiellen Apparat* und *die Nebenorgane stimuliert.*

Im Gegensatz dazu vermutet KRAUS[1], daß die Vergrößerung der Nebenorgane und die Vermehrung der Zwischenzellen durch Hormon A herbeigeführt werde.

Erwähnt sei noch, daß die Hoden *geschlechtsreifer* Ratten auch nach Zuführung hoher Prolandosen (bis 2000 RE) keine Veränderung des morphologischen Bildes (Keim- und Zwischengewebe) zeigen. Die Zeugungsfähigkeit

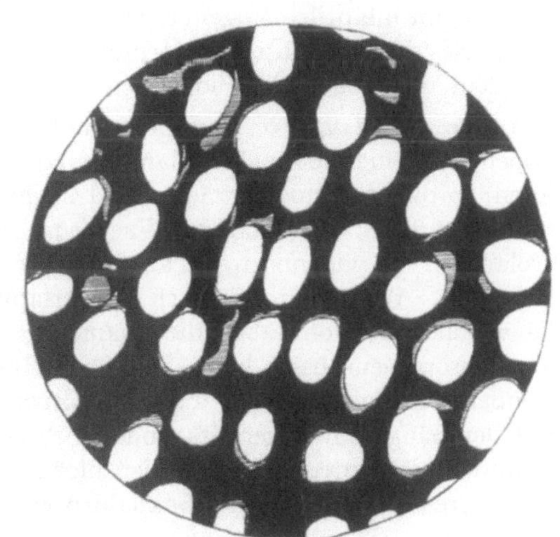

Abb. 94. Schematische Querschnittszeichnung des infantilen Hodens (4 Wochen alt) nach Behandlung mit hohen Prolandosen (10000 RE).

---

[1] KRAUS, E. J.: Klin. Wschr. 1930, Nr 32.

derartiger Tiere ist nicht beeinträchtigt. Bezüglich der Wirkung des Prolans auf die Sexualorgane des *senilen* Bockes sei auf S. 297 verwiesen.

5. Wirkung von Prolan bei Vögeln und Kaltblütern.

Die bisherigen Untersuchungen über den Einfluß der gonadotropen Vorderlappenhormone auf die Sexualfunktion waren am Menschen und an Säugetieren ausgeführt. Es schien mir wichtig festzustellen, ob diese Wirkungen bei allen Organismen auftreten, d. h. ob die Hormone der verschiedenen Gattungen miteinander identisch sind. Ich injizierte[1] deshalb infantilen Tauben und Hühnern große Prolanmengen (aus Gravidenharn), ohne an den Ovarien irgendeine Reifewirkung feststellen zu können. Auch große Prolanmengen (bis 2500 RE.) waren wirkungslos. Ich befinde mich hierbei in Übereinstimmung mit RIDDLE u. FLEMION[2], die nach intraperitonealer Injektion von Vorderlappenextrakten des Rindes bei infantilen Tauben eine Gewichtszunahme des Eierstocks nicht feststellen konnten, während durch homoioplastische Transplantation von Vorderlappen erwachsener Tauben auf infantile ein gewisser Wachstumseffekt zu erzielen war.

Aus diesen Versuchen geht hervor, daß man weder durch Gravidenharnprolan noch durch Vorderlappenextrakte von Säugetieren (Prosylan) die Ovarien infantiler Vögel stimulieren kann. Daß die Ursache dieser negativen Wirkung nicht im Ovarium des Vogels liegt, geht daraus hervor, daß man durch homoioplastische Transplantation den gonadotropen Effekt beim infantilen Vogel erzielen kann. Danach liegt die Annahme nahe, daß das gonadotrope Hormon des Menschen und der Säugetiere mit dem der Vögel nicht identisch ist.

Im Gegensatz dazu vermag aber gonadotropes Hormon aus dem Vorderlappen von Säugetieren (Prosylan) den *Hoden* infantiler Vögel zu stimulieren, so daß der Hoden wächst und in ihm männliches Sexualhormon produziert wird, was sich im Wachstum des Hahnenkammes äußert. Prolan aus Gravidenharn ist aber auch beim Vogelhoden unwirksam (s. S. 258). Weshalb man durch Vorderlappenhormon (Prosylan) nicht die weiblichen, wohl aber die männlichen Sexualdrüsen des Vogels gonadotrop beeinflussen kann, entzieht sich unserer Kenntnis. Die oben geäußerte Annahme, daß die gonadotropen Hormone des Menschen und der Säugetiere einerseits und der Vögel andererseits miteinander chemisch nicht identisch sind, ist nicht berechtigt, da Prosylan des Säugetieres die männlichen Sexualdrüsen des Vogels gonadotrop beeinflußt.

---

[1] ZONDEK, B.: Arch. Gynäk. **144**, 133—164 (1930).
[2] RIDDLE u. FLEMION: Amer. J. Physiol. **87**, 97—109 (1928).

Legetätigkeit der Hühner: Um die Wirkung des gonadotropen Hormons auf den Eierstock reifer Vögel festzustellen, ließ ich die Wirkung des Prolans auf die Legetätigkeit von Hühnern prüfen. Hierbei ergab sich, daß man die Legetätigkeit durch Zusatz von Prolan zum Hühnerfutter steigern kann. Zu dem gleichen Ergebnis kam auch WEHNER[1]. Das in Wasser gelöste Prolan wurde einer feuchten Weichfuttergabe beigemischt und einmal täglich verfüttert. Hierbei ergab sich eine Erhöhung der Eilegetätigkeit um 20%. Die zu diesem Effekt notwendige Tagesdosis beträgt 5—10 RE., mit kleineren Prolandosen war eine Wirkung nicht zu erzielen. Daß man durch Verfütterung von Hypophysenvorderlappensubstanz eine Steigerung der Eilegetätigkeit erzielen kann, hatte bereits CLARK[2] festgestellt. Nach täglicher Zufuhr von Vorderlappentrockenpulver des Kalbes (entsprechend 20 mg frischer Vorderlappensubstanz) trat nach einer Woche eine erhöhte Eiproduktion auf. Diese Befunde wurden von GUTOWSKA[3] bestätigt. Einmal täglich wurde 0,6—0,8 g Acetontrockenpulver des Hypophysenvorderlappens in Gelatinekapseln oral zugeführt. Nach einmonatiger Fütterung wurde erhöhte Eiproduktion, Vergrößerung der Eier und Steigerung des Körpergewichtes festgestellt. Die Autopsie ergab Vermehrung und Vergrößerung der Eierstockfollikel. Aus den bisherigen Versuchen ergibt sich also, daß man sowohl durch Gravidenharnprolan wie durch Vorderlappensubstanz (Prosylan) eine durch Stimulierung des Ovariums bedingte Steigerung der Eilegetätigkeit auslösen kann. — Im Gegensatz dazu wird von WALKER[4] angegeben und von NOETHER[5] bestätigt, daß die Legetätigkeit durch Injektion von Hypophysenvorderlappenextrakten gehemmt wird. Diese Wirkung ist nach NOETHER[6] nicht auf das gonadotrope, sondern auf das in den Extrakten vorhandene thyreotrope Vorderlappenhormon zurückzuführen. Die Hemmung der Eiproduktion wird auch durch andere Hormone ausgelöst. So konnten SCHOELLER u. GEHRKE[7] nach Injektion von Corpus-luteum-Hormon (Progestin) und männlichem Sexualhormon (5 HE.) schon nach wenigen Tagen bei der Mehrzahl der Tiere eine Verminderung der Eizahl feststellen, während Folliculin wirkungslos war. Ob die nach Injektion von Hormonen festgestellte Hemmungswirkung wirklich eine Folge des zugeführten Hormons ist, erscheint mir zweifelhaft, da ein so erfahrener Geflügelzüchter wie WEHNER die Hemmung der Eilegetätigkeit auf die Injektion als solche zurückführt. Die Tiere würden

---

[1] WEHNER, A.: Dtsch. landw. Geflügelztg 1931, Nr 9. Dtsch. tierärztl. Wschr. 2, 24 (1933).

[2] CLARK, L. N.: J. of biol. Chem. 22, 51 (1915).

[3] GUTOWSKA, M. S.: Quart. J. exper. Physiol. 21, 197 (1931/32).

[4] WALKER, A. T.: Amer. J. Physiol. 74, 249 (1925).

[5] NOETHER: Arch. f. exper. Path. 138, 164 (1928); 150, 326 (1930); 160, 369 (1931).

[6] NOETHER: Klin. Wschr. 1932, 1702.

[7] SCHOELLER, W. u. GEHRKE, M.: Arch. Gynäk. 155, 234 (1933).

durch das sich täglich wiederholende Ausfangen und die Injektion so
scheu und unruhig, daß dabei unbeeinflußte Resultate nicht zu erwarten
seien. Es sei bekannt, daß Hennen in ihrer Legetätigkeit durch sie be-
unruhigende äußerliche Einflüsse stark beeinflußt werden, so daß selbst
voll im Legen stehende Tiere nur durch Verbringen in einen neuen Stall
über Nacht zu legen aufhören und erst nach 10—14 Tagen diese Tätigkeit wieder aufnehmen. Daß man die Legetätigkeit von Hühnern hormonal hemmen kann, geht aus den Versuchen von ZAWADOWSKY[1] hervor, der durch Fütterung mit getrockneter Schilddrüsensubstanz die
Hemmungswirkung auslösen konnte.

Zusammenfassend ergibt sich: Durch gonadotropes Hormon (Prolan,
Prosylan) kann man das noch nicht funktionierende Ovarium des infantilen Vogels nicht stimulieren, anscheinend aber den bereits funktionierenden Eierstock des reifen Vogels, was sich in erhöhter Eiproduktion
äußert. Diese kann durch Schilddrüsenhormon, vielleicht auch durch
andere hormonale Wirkstoffe gehemmt werden.

Der Hoden des infantilen Vogels kann nicht durch Prolan, wohl
aber durch Prosylan stimuliert werden.

Versuche an Kaltblütern: Ich implantierte[2] Hypophysen von erwachsenen weiblichen 50—60 g schweren Wasserfröschen (Rana esculenta) infantilen Mäusen und Ratten, wobei jedes Tier ein bis drei Froschhypo-
physen erhielt. Am Sexualapparat der Mäuse und Ratten war keinerlei
Wirkung im Sinne der HVR I—III zu erzielen. Man kann also durch
Hypophysenstoffe des Kaltblüters das Ovarium des Warmblüters nicht
beeinflussen. Daß in der Hypophyse des Kaltblüters aber ein gonadotropes Hormon produziert wird, ergibt sich aus den Untersuchungen von
O. M. WOLF, die bei Fröschen (Rana pipiens) durch Transplantation von
Vorderlappen derselben Tierart in den Lymphsack die Ovulation im
Herbst (November) in Gang bringen konnte, so daß die Uteri mit Eiern
vollgepfropft waren. Beim männlichen Tier wurde der Umklammerungs-
effekt ausgelöst.

Ebenso wirkungslos wie die Froschhypophyse beim infantilen Nagetier war auch Prolan beim Frosch. In Gemeinschaft mit F. LEVY wurden Moorfrösche (Rana fusca) und grüne Wasserfrösche (Rana esculenta)
mit Prolan A (aus Carcinomharn) und mit Prolan A und B (aus Gravidenharn) behandelt, ohne daß es gelang, irgendwelche Brunsterscheinungen auszulösen. Die Eier traten auch nach mehrtägiger Prolanbehandlung nicht in den unteren Teil des MÜLLERschen Ganges, den
sogenannten Uterus, ein. Die Männchen zeigten keinen Klammerreflex.
Die gleichen negativen Ergebnisse erhielten wir mit Prolan auch bei
infantilen Axolotl. Im Gegensatz dazu löst sowohl die Injektion von

---

[1] ZAWADOWSKY, c. s.: Zitiert nach Ber. Biol. 8, 790 (1928).
[2] Bei diesen Untersuchungen hat mich mein Assistent, Herr Dr. GRUNS-
FELD, unterstützt. — Arch. Gynäk. 144, 133 (1930).

Vorderlappenextrakten (Prosylan) wie von Prolan bei der im Warmwasser lebenden südafrikanischen Kröte (Xenopus laevis) die Ovulation
aus mit Austreten der Eier durch die Kloake (HOGBEN, BELLERBY,
SHAPIRO u. ZWARENSTEIN, s. S. 567).

Die Versuche am Kaltblüter ergeben:

Die Froschhypophyse enthält einen gonadotropen Wirkstoff, der
beim Warmblüter nicht wirkt, woraus man vielleicht auf eine gewisse
chemische Verschiedenheit des Hormons beim Warm- und Kaltblüter
schließen kann. Während Prolan beim Moorfrosch (Rana fusca) und
Wasserfrosch (Rana esculenta) wirkungslos ist, wirkt es wohl bei der im
Warmwasser lebenden südafrikanischen Kröte (Xenopus laevis). Die
Prolanwirkung ist also beim Kaltblüter von der verschiedenen Kalt-
blüterart abhängig. Diese Tatsache zeigt uns, wie vorsichtig man bei
verallgemeinernden Schlußfolgerungen sein muß.

6. Wirkung von Folliculin und Prolan auf die Generationsorgane der Fledermaus im Winterschlaf.

Die Frage des Einflusses der Sexualhormone auf die Generations-
organe von winterschlafenden Tieren hat mich von verschiedenen Gesichtspunkten aus interessiert. Zu den 1924 ausgeführten Untersuchungen[1] wurde ich durch die Mitteilung von ADLER[2] angeregt, daß man
den Igel durch Injektion von Schilddrüsenextrakten aus dem Winterschlaf wecken könne. Bei meinen Untersuchungen[1] fand ich, daß es gar
nicht auf die Art des zu injizierenden Drüsenextraktes ankommt, sondern
daß diese auffallende Wirkung nur auf einem Temperaturreiz beruht.
Den gleichen Effekt wie mit Drüsenextrakten konnte ich auch mit physiologischer Kochsalzlösung erzielen, aber nur dann, wenn die Temperatur der Injektionsflüssigkeit unter oder mindestens 8° C über der Rectaltemperatur des Igels liegt. Die Versuche sind sehr eindrucksvoll. Die
Reaktion beginnt erst 2 Stunden nach der Injektion, wobei die Körpertemperatur, die niemals unter + 2° C fällt, um 6—8.° ansteigt, während
die Zahl der Atemzüge sich von 8 auf 18 erhöht. 4 Stunden nach der Injektion ist die Körpertemperatur bereits auf 20° C gestiegen, die Atmung
ist keuchend, enorm beschleunigt (80 pro Minute). 10—15 Stunden nach
der Injektion ist der Igel wach, läuft umher, sucht Nahrung, atmet ruhig
(8 pro Minute), die Körpertemperatur hält sich konstant bei 32°. Ungefähr 24 Stunden nach der Injektion rollt sich der Igel wieder zusammen
und verfällt allmählich wieder in tiefen Schlaf. Bemerkenswert ist die
Tatsache, daß der Igel nicht aufwacht, wenn man ihn 10 Minuten ins
warme Zimmer bringt, hierzu ist mindestens eine Einwirkungszeit von
1 Stunde notwendig. Man kann also lediglich durch Einspritzung einer

---

[1] ZONDEK, B.: Klin. Wschr. **34**, 1529 (1924).
[2] ADLER: Arch. f. exper. Path. **86**, H. 3/4, 159 (1920).

unterkühlten oder leicht erwärmten Wasserlösung diese ungeheuren biologischen Effekte auslösen, die sich in einer gewaltigen Steigerung der Lebensvorgänge äußern, so daß man im Verlaufe von einigen Stunden eine Erhöhung der Körpertemperatur um 30° C erzielt. Ich erwähne diese früheren Versuche, weil sie mich auch zu der Frage angeregt haben, ob man die ruhende Ovarialfunktion im Winterschlaf in Gang bringen kann, insbesondere ob die Auslösung des Follikelsprungs gelingt.

Wir haben im Kap. 22 gesehen, daß der Follikelsprung von der Funktion des Hypophysenvorderlappens abhängig ist, daß man durch Zufuhr von Vorderlappenextrakten (Prosylan) bzw. Prolan den Follikelsprung experimentell auslösen kann. Dabei erfolgt die Ausschüttung des den Sprung herbeiführenden Vorderlappenhormons bei manchen Tieren (Kaninchen, Katze, Frettchen) erst durch den exogenen Kohabitationsreiz. Unter den exogenen Faktoren spielt zweifellos auch das Klima und die Temperatur eine Rolle. Aus klinischer Erfahrung wissen wir, daß bei Frauen durch Klimawechsel[1] die Menstruation längere Zeit ausbleiben bzw. eine Amenorrhöe beseitigt werden kann. Ich habe einige klimatisch bedingte Fälle von Amenorrhöe gesehen, die polyfolliculiner Art waren und auf Follikelpersistenz beruhten.

Kann man durch klimatische Beeinflussung wirklich den Follikelsprung auslösen? Zur experimentellen Klärung dieser Frage schienen mir Versuche an der Fledermaus[2] besonders aussichtsreich.

Die Fledermaus begibt sich im allgemeinen im November in den Winterschlaf. Sie hängt sich in Haufen zusammengeballt in Steinhöhlen oder Kellern auf. Die Körpertemperatur fällt rasch ab und gleicht sich der Außentemperatur an, sie liegt etwa 2° höher als die Lufttemperatur. Aus einem poikilothermen Tier wird ein heterothermes Tier. Vor dem Winterschlaf findet die Kopulation, aber nicht die Befruchtung statt. Das Sperma bleibt den ganzen Winter über in den Uterushöhlen liegen. Im Frühjahr reift dann spontan das Ei und findet jetzt in der Uterushöhle die befruchtungsfähigen Spermatozoen.

Ich habe im Winter 1932/33 folgende Versuche[3] gemacht. Die Fledermäuse, die im Keller in besonderen Käfigen bei 4° C schliefen, wurden narkotisiert, ein Uterusschlauch aufgeschnitten, ein Sekrettropfen aus der Uterushöhle mit der Platinöse entnommen und in RINGERsche Lösung gebracht. Man ist erstaunt, wenn man in dem Sekrettropfen, den man dem lange schlafenden, kalten Tiere entnommen hat, massenhaft, sich lebhaft bewegende Spermatozoen sieht. Die Temperatur der Mischflüssigkeit ist dabei von untergeordneter Bedeutung. Die Sper-

---

[1] Anmerkung bei der Korrektur: In Palästina treten klimatisch bedingte ovarielle Störungen bei den aus Europa einwandernden Frauen häufig auf.

[2] Für die Beschaffung der Fledermäuse bin ich Herrn Dr. EISENTRAUT zu großem Danke verpflichtet.

[3] ZONDEK, B.: Svenska Läk.sällsk. Hdl. (1933). Lancet 1933, 1256.

matozoen bewegen sich sowohl in einer Flüssigkeit von 37°, wie in einer solchen von 5° C. Hierbei hatte ich den Eindruck, daß eine niedrige Temperatur der RINGERschen Lösung (5—10°) die Beweglichkeit der

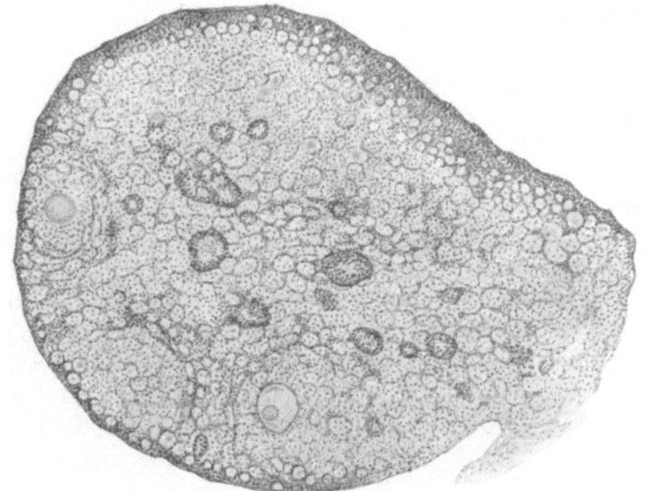

Abb. 95. Ovarium der Fledermaus im Winterschlaf. Nur kleine Follikel.

Spermatozoen erhöht. Auch die menschlichen Spermatozoen zeigen nicht bei der Körpertemperatur, sondern bei 10—15° C, das Optimum der

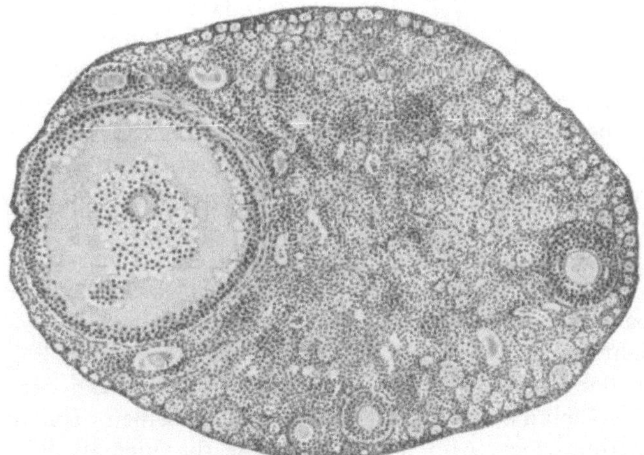

Abb. 96. Ovarium der Fledermaus im Winterschlaf. Großer Follikel mit zentral liegendem Ei.

Motilität. Es dürfte eine zweckmäßige Einrichtung sein, daß die Testes außerhalb der Bauchhöhle im Scrotalsack liegen, wo eine niedrigere Temperatur vorhanden ist (HAMMOND u. WALTON, MOORE, CREW, KNAUS).

Ich glaube, daß die Spermatozoen im Uterus der Fledermaus in frei beweglichem Zustand überwintern, jedenfalls zeigen die Spermatozoen sofort bei der Entnahme aus der Uterushöhle ihre volle Beweglichkeit. Es sei hervorgehoben, daß ich nur bei einem Teil der Tiere Spermatozoen in der Uterushöhle nachweisen konnte, häufig war der Uterus frei von diesen.

Interessant ist die Beobachtung der Ovarien. Diese liegen als kleine Gebilde neben dem proximalen Ende der Uterusschläuche. Sie sind manchmal infolge des großen Fettpolsters kaum zu erkennen, das die Fledermaus für den Winterschlaf im Bauchraum aufgestapelt hat. Die Ovarien zeichnen sich durch eine so intensive gelbe Farbe aus, wie ich dies bei Säugetierovarien bisher noch nicht gesehen habe. Die gelbe Farbe ist, wie ich annehme, durch Einlagerungen von Carotinoiden bedingt, was auf die Beziehungen der Vitamine zur Sexualfunktion hinweisen dürfte, worauf zuerst H. v. EULER aufmerksam gemacht hat. Der oder die Farbstoffe können aber nicht, wie sonst im Ovarium der Säugetiere, im Corpus luteum liegen, da die Ovarien der Fledermaus im Winter niemals ein Corpus luteum enthalten. Die Farbstoffe liegen diffus verstreut im ganzen Ovarium.

Eine große Zahl von Ovarien wurde in Serienschnitten untersucht, Hierbei zeigte sich, daß ein

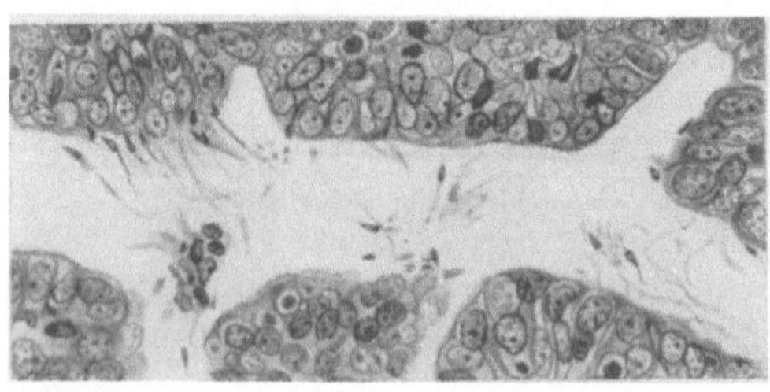

Abb. 97. Spermatozoen in der Uterushöhle der winterschlafenden Fledermaus.

Ovarium sich stets in funktioneller Ruhe befindet und nur aus Primordialfollikeln besteht (Abb. 95), während im zweiten Ovarium meistens ein, selten zwei vergrößerte Follikel vorhanden sind. Das Ei liegt meistens im Zentrum des Follikels (Abb. 96). Corpora lutea sind niemals vorhanden.

Die Vaginalschleimhaut zeigt auf der Basalzellenschicht 3—8 Reihen polygonaler Zellen, ohne daß man eine Kornifikation der obersten Zelllagen beobachtet. Auch ist eine Schleimzellenschicht nicht vorhanden, zuweilen sieht man durchwandernde Leukocyten. In einigen Fällen fand ich auch in der Vagina gut erhaltene Spermatozoen. Bei der histologischen Untersuchung der Uteri findet man bei einem Teil der Tiere reichlich Spermatozoen (Abb. 97), ich habe sie aber niemals in so großen Mengen gesehen, daß sie dicht nebeneinander gelagert liegen, wie dies COURRIER in seinem Buche abbildet. Vielleicht findet die Kopulation vor dem Winterschlaf nur bei einigen Tieren statt, oder die Spermatozoen gehen frühzeitig zugrunde. Man kann jedenfalls nur bei einem Teil der Tiere Spermatozoen in der Uterushöhle nachweisen. Möglicherweise differieren diese Verhältnisse bei den verschiedenen Arten von Fledermäusen und in den verschiedenen Gegenden.

Kann man durch Temperaturwechsel den Follikelsprung bei der Fledermaus im Winter auslösen? Diese Frage wird bisher, soweit ich aus der zoologischen Literatur ersehe, verneint. BENECKE beobachtete bei Fledermäusen, die im Winter bei Zimmertemperatur gehalten wurden, lediglich eine Vergrößerung, aber niemals Sprung des Follikels. Ich machte gegenteilige Beobachtungen. Nachdem die Fledermäuse eine Zeit-

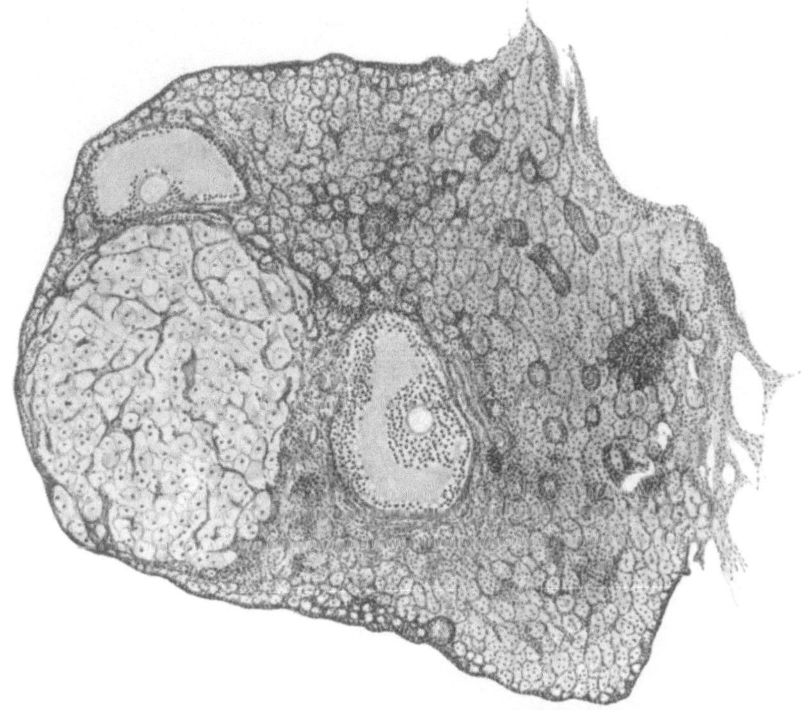

Abb. 98. Gravidität bei einer winterschlafenden Fledermaus nach Prolanzufuhr. Die Abbildung zeigt das Corpus luteum graviditatis, daneben zwei vergrößerte Follikel.

lang im Keller geschlafen haben, wurden sie in das Laboratorium gebracht, wo eine Temperatur von 18—20° C herrschte. Die Tiere wachten in der Nacht auf und nahmen Nahrung zu sich. Nach 14 Tagen fand ich eine junge Gravidität mit lebendem Fetus. Dieser Befund wurde am 23. XII. 1932 erhoben. Der Temperaturwechsel hatte also genügt, um den Follikelsprung bei der Fledermaus auch im Winter auszulösen. Das Ei wanderte in den Uterus und wurde durch die hier vorhandenen Spermatozoen befruchtet. Der Follikelsprung wurde also durch den exogenen Reiz ausgelöst. Damit scheint mir, was klinisch wichtig ist, bewiesen zu sein, daß äußere klimatische Einflüsse den Follikelsprung beeinflussen können. Zweifellos spielen hierbei auch hormonale Faktoren eine wesentliche Rolle; *denn es gelang mir auch, den Follikelsprung bei einer schlafenden Fledermaus durch Prolan mitten im Winter (Dezember) auszulösen!* Die Wirkung wurde durch 3malige Injektion von je 40 RE Prolan erzielt, 10 Tage später wurde ein lebender Fetus in einem Uterushorn nachgewiesen. Abb. 98 zeigt das zugehörige Corpus luteum graviditatis. Durch Prolan konnte also im Winter ein Sexualvorgang ausgelöst werden, der physiologisch erst im Frühjahr eintritt.

Injiziert man den Fledermäusen große Dosen von Prolan, so kommt es nicht zum Follikelsprung, sondern zu einer Massenbildung von Cor-

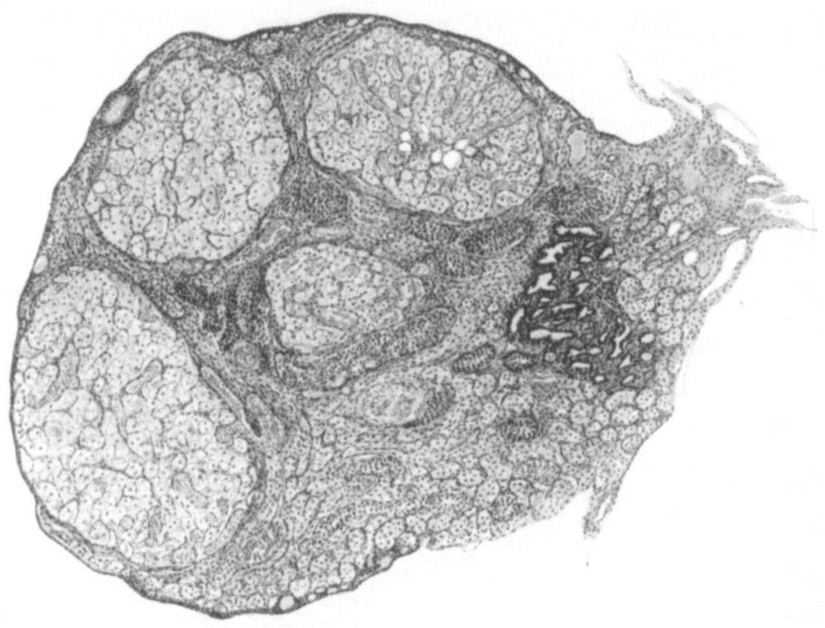

Abb. 99. Mehrere Corpora lutea im Ovarium der winterschlafenden Fledermaus nach Prolanbehandlung.
(Dazugehöriger Uterus s. S. Abb. 101).

pora lutea (s. Abb. 99). Interessant ist hierbei die Tatsache, daß man mehrere Corpora lutea experimentell erzeugen kann, obwohl in den Ovarien jedes Tieres nur ein, höchstens zwei vergrößerte Follikel vorhanden sind. Es müssen also Primordialfollikel sofort in Luteinkörper umgewandelt werden, oder aber die Primordialfollikel werden durch Prolan sehr schnell zum Wachstum angeregt und dann sofort in Luteinkörper umgebildet. Ich habe 6—10 Corpora lutea in den beiden Ovarien eines Tieres beobachtet. Die durch Prolan neugebildeten Corpora lutea sind sehr gut vascularisiert, also funktionsfähig, was auch aus der Wirkung auf die Uterusschleimhaut ersichtlich ist (s. Abb. 100 u. 101). Die

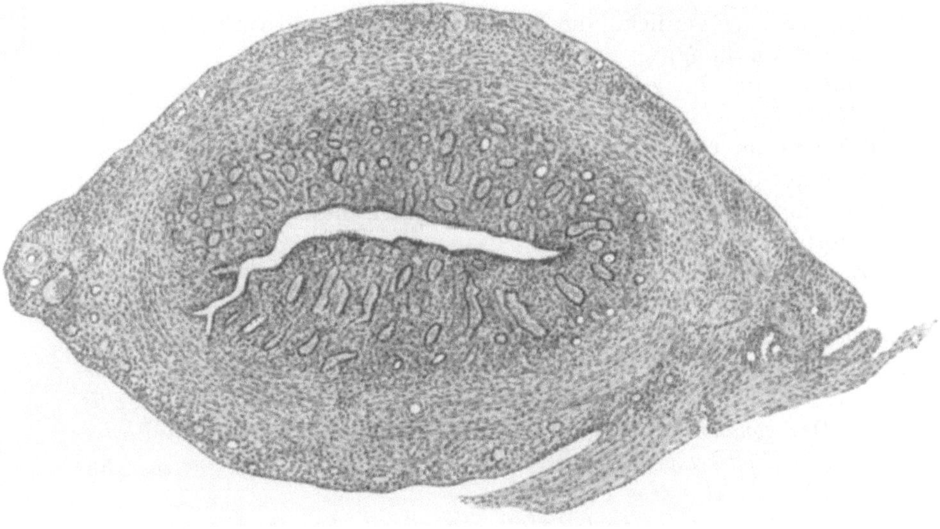

Abb. 100. Uterus der winterschlafenden Fledermaus.

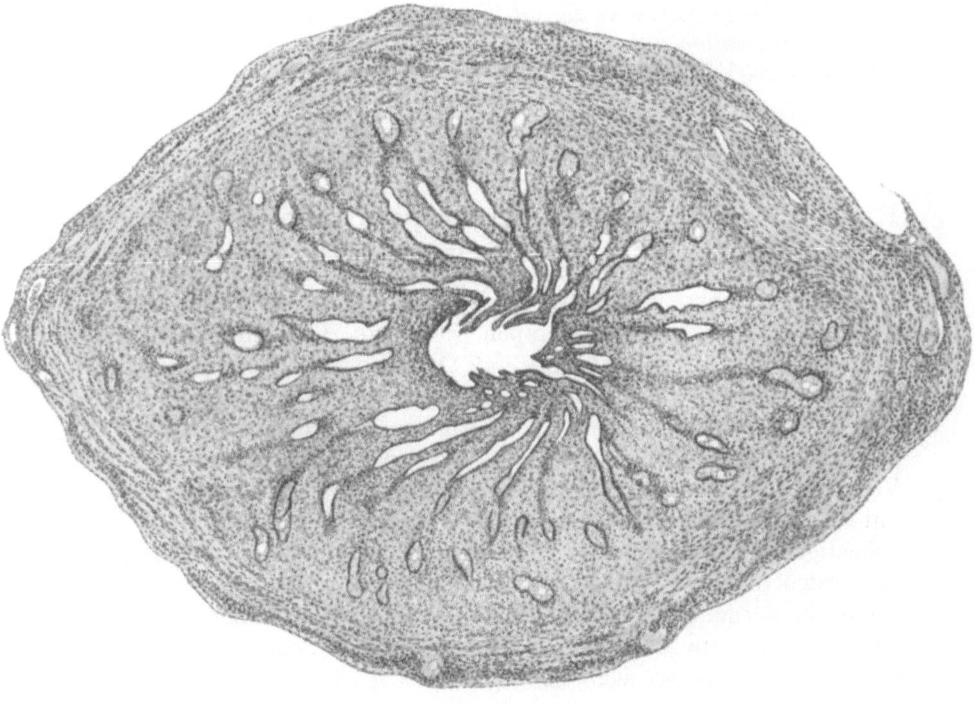

Abb. 101. Uterus der winterschlafenden Fledermaus nach Prolanbehandlung.
(Dazugehöriges Ovarium s. Abb. 99).

Schleimhaut ist verdickt, die Drüsen vergrößert und verbreitert (deciduale Umwandlung).

Durch Folliculin gelang es, eine Cornifikation der obersten Zellagen der Vaginalschleimhaut zu erzielen, genau so, wie wir dies bei Maus und Ratte im Oestrus finden. Ob diese Cornifikation physiologisch im Sommer bei der Fledermaus auftritt, kann ich nicht sagen. Es war mir aus äußeren Gründen nicht mehr möglich, diese Versuche im Frühjahr fortzuführen.

Zusammenfassend ergeben die Versuche folgendes:

1, Der exogene Reiz der Temperaturerhöhung löst bei der winterschlafenden Fledermaus den Follikelsprung aus. Das Ei wandert durch die Tuben in den Uterus und wird hier durch die Spermatozoen befruchtet. Es entwickelt sich eine normale Gravidität mit lebendem Fetus.

2. Das gonadotrope Prolan vermag bei der winterschlafenden Fledermaus den Follikelsprung auszulösen, auch hierbei tritt eine normale Gravidität mit lebendem Fetus auf.

3. Durch Folliculin und Prolan können wir bei der Fledermaus im Winter sämtliche Phasen des Generationsgeschehens auslösen: östrale Reaktion der Vaginalschleimhaut, Umwandlung des vergrößerten Follikels in ein Corpus luteum, Hyperluteinisierung, Gravidität.

4. Die Versuche weisen darauf hin, daß die klimatische Beeinflussung der Ovarialfunktion auf dem Wege über den Hypophysenvorderlappen erfolgt, was auch klinisch von Interesse sein dürfte.

28. Kapitel.

Reaktivierende Wirkung des Hypophysenvorderlappens auf den Genitalapparat seniler Tiere.

Der Hypophysenvorderlappen ist der Motor der Sexualfunktion. Das im Hypophysenvorderlappen gebildete Follikelreifungshormon vermag beim infantilen Tier die *erste* Ovulation auszulösen, es wandelt das infantile Tier in ein geschlechtsreifes um. Wie ist nun die Wirkung beim alten, sexuell degenerierten Organismus, bei dem die Geschlechtsfunktion, d. h. der Rhythmus der Ovulation schon aufgehört hat? Die Versuche sind eindeutig. Implantiert man, wie ich in Gemeinschaft mit ASCHHEIM[1] bereits 1927 berichtet habe, senilen, monatelang nicht brünstigen Mäusen ein kleines Stückchen Hypophysenvorderlappen, so werden die Tiere nach 100 Stunden östrisch, und die Brunst tritt wieder in normalem Rhythmus auf. Wenn man von einer Verjüngung sprechen will, ein Begriff, der schon zu einem Schlagwort geworden ist, so kann man das von diesen Versuchen sagen. Das gonadotrope

---

[1] ZONDEK, B. u. ASCHHEIM: Arch. Gynäk. **130**, H. 1, 35—37 (1927).

Vorderlappenhormon hat die erloschene Sexualfunktion durch Neubelebung der Ovarien wieder in Gang gebracht und in Gang erhalten.

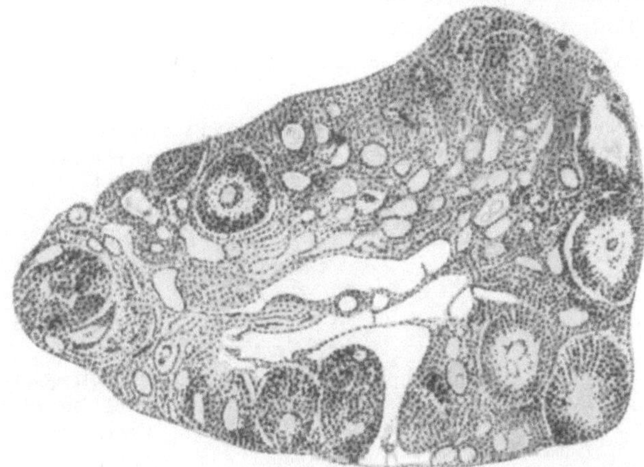

Abb. 102. Rechtes Ovarium einer alten sexuell degenerierten Maus. Nur kleine Follikel, zahlreiche degenerierte Eizellen.

Die senilen, geschrumpften Ovarien vergrößern sich durch den starken Impuls und werden wieder normal funktionierende Sexualdrüsen. Im folgenden seien die Versuche wiedergegeben.

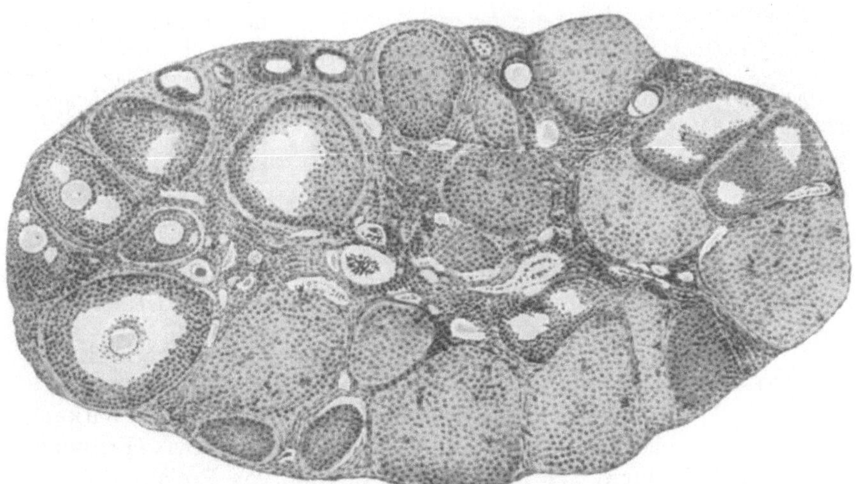

Abb. 103. Linkes Ovarium derselben Maus nach Reaktivierung durch Vorderlappenimplantation. Große Follikel, zahlreiche Corpora lutea.

Erwachsene, 20—24 g schwere weibliche Mäuse wurden 5 Monate täglich untersucht und waren niemals brünstig. Der Scheiden-

abstrich enthielt also stets Schleim und Leukocyten, niemals kam
es zum Schollenstadium. Um den Versuch möglichst exakt auszuführen, wurde vor dem Versuch das rechte Ovarium zur Kontrolle
entfernt. Dann wurde ein Stückchen Hypophysenvorderlappen (Kuh)
implantiert. Nach 4 Tagen zeigte das Scheidensekret das reine Schollenstadium.

Das vor der Vorderlappenzufuhr entnommene rechte Kontrollovarium
zeigt (Abb. 102) Primordialfollikel, kleine und mittlere Follikel mit kleiner
Höhle, viele Hohl-
räume, die zum Teil
Reste der Eizellen ent-
halten und reichlich
interstitielle Zellzüge.
Diese Zellen sind ganz
klein.

Ein ganz anderes
Bild bietet das linke
Ovarium, das 4 Tage
nach der Vorderlap-
penzufuhr von dersel-
ben Maus entnommen
ist (Abb. 103). Dieses
Ovarium ist etwa
4mal so groß wie das
rechte. Es finden sich
große Follikel mit
deutlicher Theca, fer-
ner mittlere und keine
Follikel und einige
Hohlräume mit de-
generierten Eizellen.
Auch interstitielle Zel-
len sind vorhanden.
Das Ovarium ist aus-
gezeichnet durch einen
besonderen Reichtum
an Corpora lutea mit
und ohne eingeschlos-
senen Eizellen. Es
konnten 16 gelbe
Körper nachgewiesen
werden.

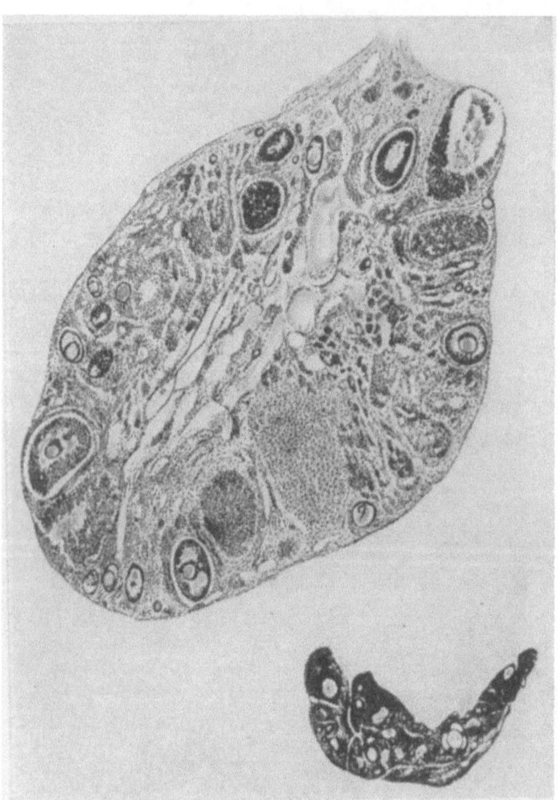

Abb. 104.   *a* Rechtes Ovar einer alten sexuell degenerierten Maus.
b Linkes Ovar derselben Maus nach Prolanbehandlung.

Dieselbe Wirkung
wie durch Implantation des Hypophysenvorderlappens (Prosylan)
konnte ich beim alten Tier auch durch Injektion von Prolan[1] erzielen.
Eine einmalige Behandlung mit Prolan genügt, um den senilen Eierstock wieder zur Funktion zu bringen und in Funktion zu halten. In
Abb. 104 ist ein derartiger Versuch wiedergegeben. Man sieht den

---

[1] ZONDEK, B.: Zbl. Gynäk. **1929**, Nr 14, 839.

starken Einfluß auf die Größe des Ovariums bei demselben Tier. Das rechte senile Ovar (*a*) ist vor der Behandlung entfernt, der durch Prolan neubelebte linke Eierstock (*b*) ist etwa 6—8mal so groß geworden, und dies in 100 Stunden!

Es kann also kein Zweifel sein, daß die Hypophysenvorderlappenhormone eine reaktivierende Wirkung auf die Sexualorgane des senilen weiblichen Tieres ausüben. Unsere experimentellen Befunde wurden jüngst von A. WESTMANN bestätigt, der durch Prolan (Gravidenblut) die Ovarien alter Frauen reaktivieren konnte (s. S. 261)! Ob die Wirkung (d. h. Wiederbelebung des Ovarialzyklus beim senilen, sexuell degenerierten Tier) durch Prolan A allein ausgelöst werden kann, oder ob beide Stoffe d. h. Follikelreifungshormon (A) und Luteinisierungshormon (B) dazu nötig sind, vermag ich noch nicht zu sagen, da ich derartige Versuche bisher nicht ausgeführt habe. Wir haben gesehen (s. S. 103), daß man durch Folliculin auch beim alten Tier die Brunst auslösen kann, so daß der senile Organismus wieder im Rhythmus östrisch wird. Ich möchte dies darauf zurückführen, daß das Folliculin auch eine Reizwirkung auf den Hypophysenvorderlappen ausüben kann, so daß das Ovarium auch den Vorderlappen steuert (s. S. 407). Auch von anderen endokrinen Drüsen ist bekannt, daß sie von ihren Erfolgsdrüsen bzw. Erfolgsorganen beeinflußt werden können. Das exogen zugeführte Folliculin übt also einen Reiz auf den Vorderlappen aus, so daß dieser in Funktion gesetzt wird und — einmal aufgerüttelt — wieder in Betrieb bleibt.

Während wir beim senilen weiblichen Tier eine so in die Augen springende morphologische und funktionelle Reaktivierung durch die gonadotropen Vorderlappenhormone sehen, liegen die Verhältnisse beim *senilen* Bock anders (s. S. 284). Hier konnte mein Mitarbeiter BOETERS durch Prolan (A und B) weder im generativen Apparat noch im Zwischengewebe des Hodens wesentliche Veränderungen nachweisen, während die Nebenorgane (Prostata, Samenblasen) erheblich vergrößert waren. Die mit Prolan behandelten alten Böcke wurden nicht befruchtungsfähig. Der morphologische Unterschied ist möglicherweise darauf zurückzuführen, daß im senilen Hoden auch normalerweise spermiogenetisch tätige Kanälchen vorhanden sind, während die Eireifung im Ovarium des senilen Weibchens völlig sistiert. Hierbei sei erwähnt, daß SMITH u. LEONARD die Befruchtungsfähigkeit geschlechtsreifer hypophysectomierter Rattenböcke durch Prolan aufrecht erhalten konnten (s. S. 258).

29. Kapitel.

Das Luteinisierungshormon des Hypophysenvorderlappens als Hemmungsstoff der Ovarialfunktion. Schwangerschaftsveränderungen durch Hypophysenvorderlappenhormone. Hormonale Sterilisierung.

Der Hypophysenvorderlappen löst zwei entgegengesetzte funktionelle Wirkungen aus, einerseits die Follikelreifung mit Follikelsprung und andererseits die Luteinisierung mit eingeschlossenem Ei (Corpus luteum atreticum). Führt man einem Tier häufig Hypophysenvorderlappen zu (mehrmalige Implantation), so kann man die luteinisierende Wirkung im Ovarium sehr weit treiben. Dasselbe gelingt — die Versuche sind viel bequemer — durch tägliche Injektion von Prolan. Es ist mir mehrmals gelungen, Prolan B reiche Hormonlösungen zu gewinnen, so daß ich mit diesen Präparaten folgende Versuche habe ausführen können.

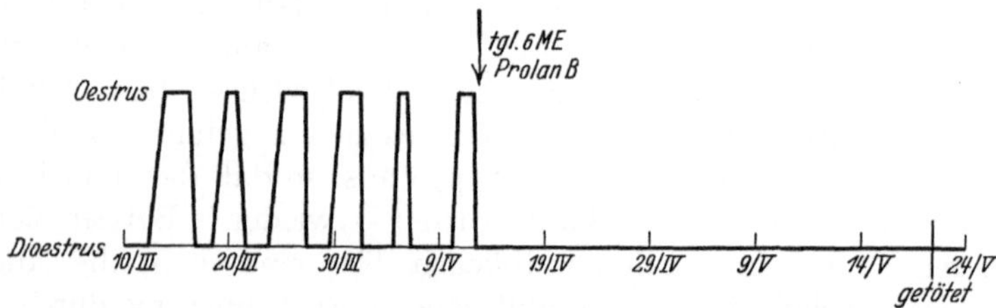

Abb. 105. Hemmung des Brunstzyklus der geschlechtsreifen Maus durch Prolan B.

Bei geschlechtsreifen Mäusen wurde der ovarielle Zyklus durch täglichen Scheidenabstrich bestimmt und nur diejenigen Tiere verwandt, die im regelmäßigen Intervall östrisch waren. Nach Abklingen der Brunst wurden täglich 2—5 Einheiten Prolan B injiziert. Die Versuchsergebnisse [1] sind eindeutig. *Mit der Injektion von Prolan B hört der vorher normale Zyklus schlagartig auf* (Abb. 105). Die Tiere wurden nach 2 bis 4 wöchiger Prolan-B-Behandlung getötet. Die Veränderungen an den Genitalorganen sind ganz ungeheure (Abb. 106 a, b). *Die Ovarien sind in geradezu monströse Gebilde umgewandelt!* Wer die Versuche zum erstenmal sieht, würde die Gebilde gar nicht für Ovarien halten. Gewachsen bis auf das 10fache, haben sie die Größe einer gequollenen Bohne. Ein farbenprächtiges Bild! Die ziegel- bis braunrote Oberfläche des Ovariums hebt sich scharf von der blassen Farbe der Tuben ab. Das Ovar ist besetzt von massenhaften, eng aneinanderstehenden gelben Knötchen (Corpora lutea), deren Zahl man in beiden Ovarien auf vielleicht 60—80 schätzen kann (normaliter zwei bis acht Corpora lutea).

---

[1] ZONDEK, B.: Nicht publiziert.

Die Abb. 106b zeigt ein derartiges Ovarium, das ein Massengebilde von Luteinkörpern darstellt (*Erdbeerovarium*).

Durch die unter der Wirkung von Prolan B in den gelben Körpern erzeugte Massenproduktion von Progestin geht in der Scheide der Maus die prägravide Phase vor sich, d. h. jene Veränderung der Scheidenschleimhaut, die nach Ablauf der Brunst bei erfolgter Befruchtung auftritt. Auf den Basalzellen findet man ein hohes Schleimepithel, das sich — als Zeichen der Funktion — mit Mucicarmin prachtvoll rot färbt, lebhaft an das Schleimhautbild des trächtigen Tieres erinnernd (Abb. 107—109).

Auch diese Versuche stehen in einem scheinbaren Widerspruch zu den Ergebnissen von LONG u. EVANS (s. S. 174 u. 272), die nach monatelanger Zufuhr von Vorderlappensubstanz bei Ratten in den Ovarien reichlich

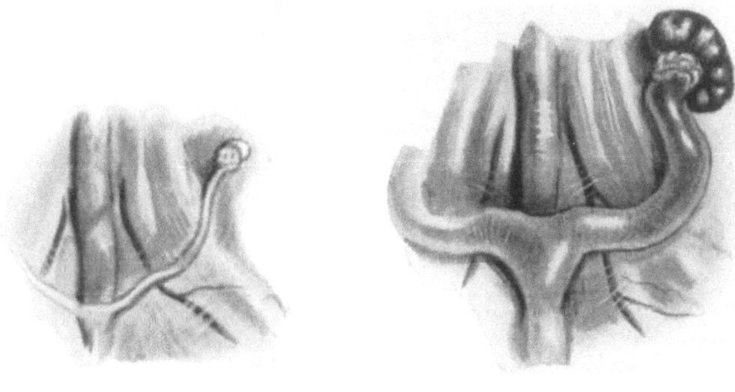

a   *b*

Abb. 106. Genitalorgane der geschlechtsreifen Maus nach chronischer Behandlung mit Prolan B. *a* Kontrolltier, *b* Prolantier. (Erdbeerovarium).

Luteinkörper fanden, während die Uteri klein und atrophisch waren. Ich finde nach 2—4wöchiger Behandlung mit Prolan die Ovarien umgewandelt in Massen von Luteinkörpern, die sich in höchster Funktion befinden, wobei aber Uterus- und Scheidenschleimhaut nicht atrophisch sind, sondern im Gegenteil die prägraviden Umwandlungen zeigen. Ich kann mir denken, daß man durch übertriebene monatelange Zuführung des Prolans die Luteinkörper schließlich außer Funktion setzen kann, so daß die gelben Körper zwar anatomisch noch vorhanden sind, aber nicht mehr hormonal funktionieren, d. h. nicht mehr Progestin produzieren. Hört die hormonale Wirkung auf Uterusschleimhaut und Scheide auf, dann atrophieren diese Organe, und wir finden, wie EVANS, kleine Uteri.

Auffallend war, daß man beim geschlechtsreifen Tier, dessen Oestrus durch Prolan B verhindert wird (s. S. 272), große Uteri finden kann, manchmal sogar größer als während der Brunst. Aus diesem Befund müßte man eigentlich schließen, daß das unter dem Einfluß von Pro-

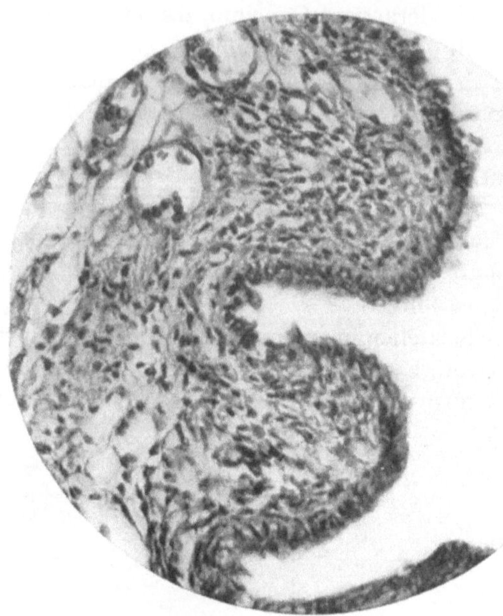

Abb. 107. Scheidenschleimhaut einer Maus (Kontrolltier).

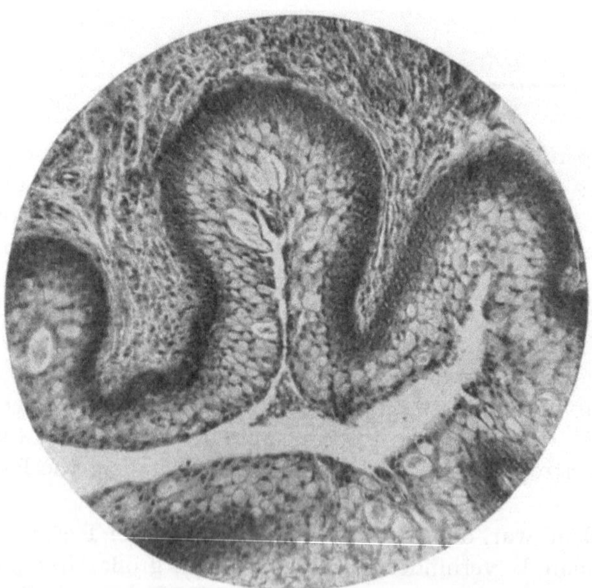

Abb. 108. Scheidenschleimhaut einer geschlechtsreifen Maus nach 14 tägiger Prolanbehandlung. Schleimhaut ähnlich wie bei der Gravidität. Hohes sezernierendes Schleimepithel.

lan B[1] im Corpus luteum gebildete Progestin nicht nur die prägravide polypöse Umwandlung der Uterusschleimhaut bedingt, sondern auch einen stimulierenden Einfluß auf das Wachstum des Uterus selbst ausübt. Gegen diese Annahme sprechen die Beobachtungen von CLAUBERG[2], der in Bestätigung von CORNER und ALLEN eine Wachstumswirkung des Progestins am Kaninchenuterus nicht feststellen konnte. Zwischen meinen Befunden mit Prolan B und den eben genannten von CORNER und ALLEN sowie CLAUBERG[3] besteht ein Widerspruch, da ich durch 14tägige Prolanzufuhr (B) in den Ovarien eine Fülle von

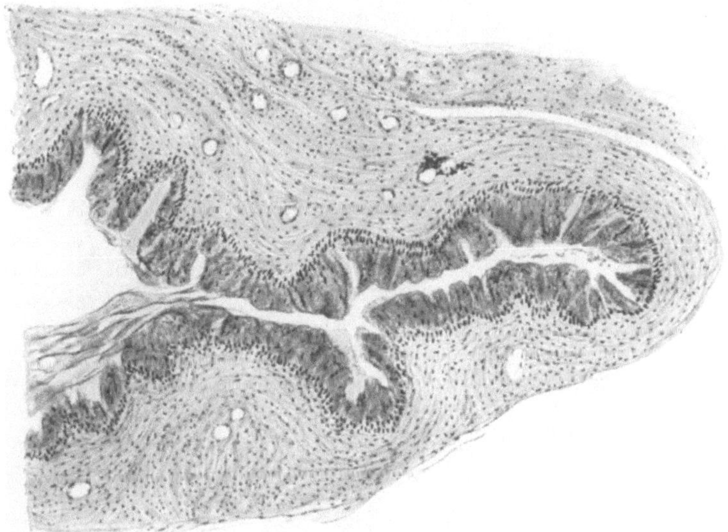

Abb. 109. Vaginalschleimhaut einer erwachsenen Maus nach 14 tägiger Prolanzufuhr. Hohes Schleimepithel, das sich bei Mucikarminfärbung in Funktion befindlich zeigt.

Corpora lutea erzeugen konnte (reifende Follikel und Oestrus fehlen), die zu einer Vergrößerung und Durchtränkung des Uterus mit livider Färbung und, wie die Versuche am Kaninchen gezeigt haben, auch zu prägravider Umwandlung der Uterusschleimhaut führten. Wie kommt nun die Wachstumssteigerung durch Prolan B zustande, wie ist der Widerspruch zu erklären? Es wäre möglich, daß in den Ovarien Folliculin gebildet wird, da in den Prolan-B-Präparaten noch etwas Prolan A

---

[1] Prolan (A und B) selbst hat auf das Wachstum des Uterus, wie ich durch Versuche an kastrierten Tieren feststellte, keinerlei Einfluß.

[2] CLAUBERG: Zbl. Gynäk. 1930, Nr 1.

[3] Neuerdings teilt CLAUBERG in Bestätigung meiner Beobachtung mit, daß er auch mit Progestin eine Größenzunahme des Uterus beobachtet habe, die auf einer Vergrößerung der bereits vorhandenen Muskelzellen des Uterus beruhe (Hypertrophie).

vorhanden sein kann. Werden kleine Prolan-A-Dosen zugeführt, so kann dadurch ein Reiz auf die Follikelzellen ausgeübt werden, so daß sie minimale Folliculinmengen produzieren, die zwar nicht zur Auslösung der Brunst, wohl aber zur Wachstumssteigerung des Uterus genügen. Wir wissen durch LAQUEUR, daß das Folliculin die Wachstumssteigerung des Uterus mit einem Bruchteil der Hormonmenge bewirken kann, die zur Auslösung der Brunst notwendig ist (S. 97). So erkläre ich mir auch die großen Uteri, die ich bei den SCHUBERTschen Versuchen mit Röntgenbestrahlung gesehen habe (s. S. 56).

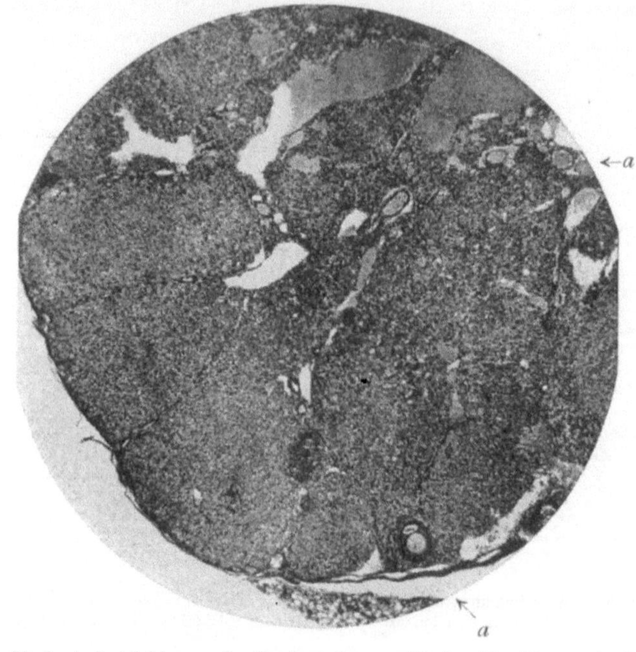

Abb. 110. Maximale Luteinisierung im Ovarium einer geschlechtsreifen Maus nach chronischer (2—3wöchiger) Prolanbehandlung. Nur noch vereinzelte kleine zugrunde gehende Follikel (a).

Erhalten die geschlechtsreifen Tiere hohe Röntgendosen, so gehen die Follikel zugrunde, man findet keine reifenden Eier, keine Corpora lutea, sondern das Ovarium besteht aus einer Masse von sogenannten epitheloiden Zellen. Hierbei kann es zu einem Daueroestrus kommen, oder aber der Oestrus erlischt. Bei Tieren, die nach der Bestrahlung schon 3—4 Wochen nicht mehr östrisch waren, wurden bei der Sektion große Uteri gefunden. In der Scheide zeigte sich bei diesen Tieren häufig eine Polymorphie des Epithels zum Zeichen dafür, daß noch eine geringe Folliculinwirkung vorhanden ist, die an manchen Stellen, aber nicht mehr in der ganzen Scheide einen Aufbau bis zum Prooestrus zustande bringt. Diese kleinen Folliculinmengen genügten, um die starke Vergrößerung der Uteri auszulösen.

Die in meinen Versuchen beobachtete Uterusvergrößerung nach längerer Prolan-B-Zufuhr dürfte demnach zurückzuführen sein: 1. Auf Hypertrophie der Muskelzellen infolge des in den gelben Körpern produzierten Progestins und 2. auf Hyperplasie der Muskelzellen infolge des in den Präparaten noch vorhandenen Prolan A und der dadurch bedingten geringen Folliculinproduktion.

Hormonale Sterilisierung.

Wir können durch Prolan B, wie eben gezeigt, den prägraviden Aufbau experimentell erzeugen, d. h. jene Veränderungen an Uterus und Scheide auslösen, wie sie im Organismus als Schwangerschaftsvorberei-

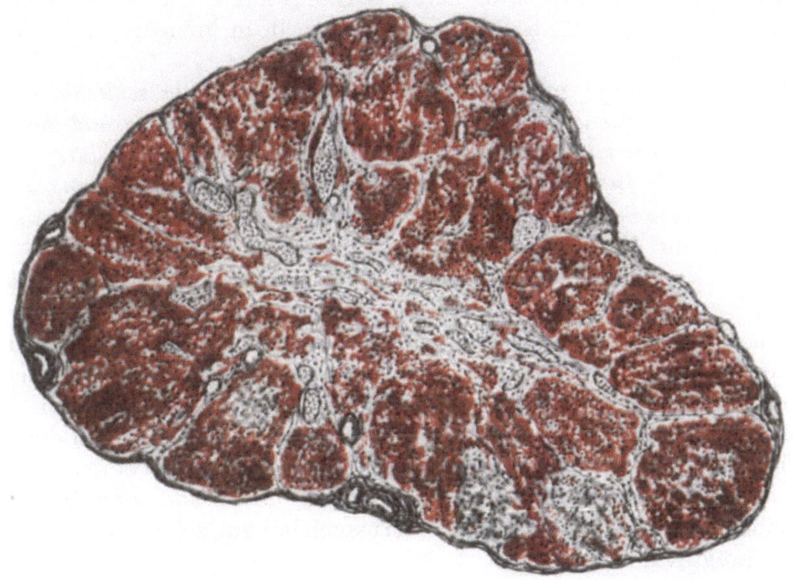

Abb. 111. Maximal luteinisiertes Ovar nach chronischer Prolanzufuhr. Sudanfärbung.

tung vor sich gehen. In gleicher Weise können wir durch das Prolan auch die Schwangerschaft verhindern. Treiben wir die Luteinisierung so weit, daß *alle Follikel in Luteinkörper umgewandelt sind*, so verhindern wir jede Eireifung und führen damit die hormonale Sterilisierung herbei (Abb. 110). Hier sehen wir, wie ein Ovarium einer geschlechtsreifen Maus nach 3 wöchiger Zufuhr hoher Prolandosen fast in einen einzigen Luteinkörper umgewandelt ist, so daß die Grenzen der einzelnen Corpora lutea nicht mehr deutlich sind. Wir sehen nur noch einige zugrunde gehende Follikel, in den Serienschnitten ist kein einziges gesundes Ei zu erkennen. Ein derartiges Tier ist durch Prolan hormonal sterilisiert. Bei Fettfärbung zeigen die Ovarien (Abb. 111) eine ungeheure Anhäufung von sudanophilen Substanzen, wobei die neu luteinisierten Zellen sich intensiv rot färben, während die älteren Corpora lutea matter gefärbt sind. Bei schwacher Vergrößerung sehen die Präparate fast wie eine rote Fläche aus. Über die Wirkung und den biologischen Wert dieser Fettsubstanzen möchte ich nichts aussagen, da, wie in Kap. 9 auseinandergesetzt, die Frage der funktionellen Bedeutung der Fettsubstanzen im Ovarium noch immer ungeklärt ist.

Zusammenfassend ergibt sich : Führt man Prolan B in großen Dosen chronisch zu, so wird die Wirkung des Prolan A bei der geschlechtsreifen Maus verhindert, der vorher regelmäßige Oestrus hört auf. Die Ovarien werden in Massengebilde von Luteinkörpern umgewandelt, die durch ihr Hormon (Progestin) die prägravide Umwandlung der Uterus- und Vaginalschleimhaut auslösen. Diese Wirkung kann, wie die Versuche beim Kaninchen gezeigt haben (S. 269), auch beim infantilen Tier ausgelöst werden.

Dauerbehandlung mit Prolan B *kann das Ovarium schließlich in einen Luteinkörper umwandeln, jede Follikelreifung verhüten und damit die hormonale Sterilisierung herbeiführen. Der Organismus, der also durch Prolan B in den Zustand der prägraviden Umwandlung versetzt wird, kann durch chronische Wirkung desselben Hormons sterilisiert werden,* womit die prägravide Umwandlung zwecklos wird.

Diese experimentell auf die Spitze getriebenen Verhältnisse kommen physiologischerweise im Organismus nicht vor. Aber in der Pathologie des Menschen ist eine Beobachtung bekannt, die das Analogon zu diesen Versuchen darstellt. G. A. WAGNER[1] sah bei einer Frau mit einem Hypophysentumor Ovarialtumoren, die sich histologisch als Luteincysten erwiesen und in ihrem Bau analog meinen durch Prolan beim Nagetier erzeugten Ovarialveränderungen waren. Der Uterus war in diesem Fall vergrößert, weich und livide verfärbt, wie bei einer jungen Gravidität. Die Uterusschleimhaut zeigte den vollendeten prägraviden Aufbau.

30. Kapitel.

Ovulation in der Gravidität, Schwangerschaftsunterbrechung durch die gonadotropen Hormone.

Wir haben gesehen, wie man durch Prolan die Corpus-luteum-Bildung im Ovarium anregen kann, so daß der gelbe Körper sein Hormon produziert (Progestin), welches die Uterusschleimhaut für das befruchtete Ei, d. h. für die Schwangerschaft, vorbereitet. Ist das Ei befruchtet, so findet es in der Schleimhaut die zweckmäßigsten Bedingungen für die Einbettung und Ernährung vor. Jetzt ist der

---

[1] WAGNER, G. A.: Zbl. Gynäk. 1929, Nr 1.

Gesamtorganismus auf die Weiterentwicklung des befruchteten Eies eingestellt und trifft alle Vorsichtsmaßregeln, um das Weiterleben des neuen Organismus zu erleichtern. Damit nicht neue Eier reifen und befruchtet werden und so den physiologischen Ernährungsaufbau im Uterus stören, hört nach der Befruchtung jede Eireifung auf. *Während der Schwangerschaft also keine Ovulation, keine Eireifung!* Dieses biologische Gesetz gilt im allgemeinen beim Mensch und Säugetier in gleicher Weise. Man nimmt an, daß das befruchtete Ei und das zu ihm gehörige Corpus luteum graviditatis Follikelwachstum und -reifung während der Schwangerschaft hemmen. Im folgenden soll gezeigt werden, *wie man das Gesetz der ruhenden Ovarialfunktion in der Schwangerschaft durchbrechen kann, wie man durch Überlastung des graviden Organismus mit Hypophysenvorderlappensubstanz die Ovulation in der Gravidität erzwingen kann.*

Diese Versuche mußten bei einer Tiergattung ausgeführt werden, bei der in der Gravidität — nicht wie beim Menschen — große Mengen von gonadotropem Vorderlappenhormon produziert werden. Wenn man eine Wirkung erzielen wollte, so konnte sie nur durch Überlastung des Organismus mit Vorderlappenhormon erreicht werden. Die Maus ist in ausgezeichneter Weise als Versuchstier geeignet, weil im Blut der trächtigen Maus gonadotropes Hormon nicht in erhöhter Menge vorhanden ist.

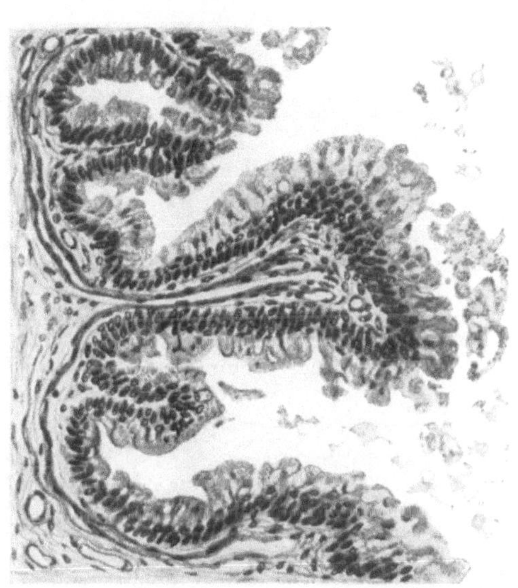

Abb. 112. Trächtige Maus, 72 Stunden nach der Implantation von Hypophysenvorderlappen getötet. Schwangerschaftsscheide. Hohes Schleimepithel auf 2—3 Lagen geschichtetem Plattenepithel.

Wir[1] führten also trächtigen Mäusen Vorderlappenhormon zu, wobei wir uns der Implantationsmethode bedienten. Hierbei kommt alles auf die Dosierung an. Geringe Hormonmengen sind ohne Wirkung, zu große Hormonmengen wirken toxisch oder können zum Abort führen. Die besten Resultate erzielten wir durch Implantation von 0,05—0,1 g frischen Hypophysenvorderlappens der Kuh. Nach Zuführung des Hormons wurden die trächtigen Tiere nach 36, 48, 72 bzw.

---

[1] ZONDEK, B. u. ASCHHEIM: Endokrinol. 1, H. 1 (1928).

100 Stunden getötet und Ovarien, Uterus und Scheide untersucht. So
konnten die verschiedenen Phasen der Hormonwirkung studiert werden.
Das Ergebnis:

*Unter der Wirkung des gonadotropen Hypophysenvorderlappenhormons
wird das Ovarium der trächtigen Maus zu neuer Funktion angeregt. Follikel
reifen, springen und die Eier gelangen in die Tube. Einzelne Tubeneier zeigen
einen gut erhaltenen, andere wieder einen in Chromatinfäden aufgelösten
Kern, die Mehrzahl der Eier ist allerdings fragmentiert und degeneriert.
Im Ovarium finden wir neben den Corpora lutea graviditatis junge, aus
geplatzten Follikeln hervorgegangene Corpora lutea. Im Uterus finden wir*

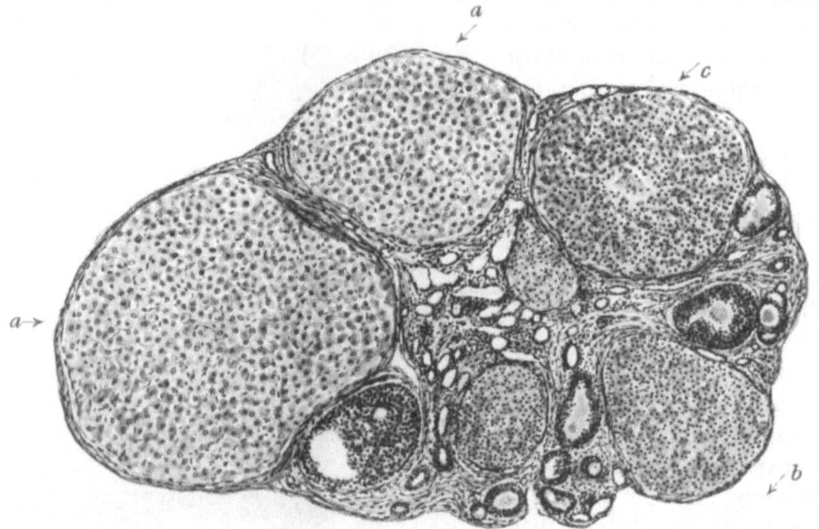

Abb. 113. Ovulation in der Gravidität. Ovarium einer trächtigen Maus 72 Stunden nach Implantation
von Hypophysenvorderlappen. *a* Corpora lutea graviditatis, *b* junges Corpus luteum, *c* luteinisierter
Follikel (Corpus luteum atreticum).

*lebende Feten, die Placenten noch fest an der Wand haftend, im Ovarium
aber gehen unter der Wirkung des Vorderlappenhormons neue Lebens-
erscheinungen vor sich!*

Durch gonadotropes Vorderlappenhormon kann man also in der
Schwangerschaft eine Ovulation[1] auslösen (s. Abb. 112—116).

SOBOTTAS Untersuchungen haben gezeigt, daß die Ovulation bei
der Maus und anderen Nagetieren nach dem Werfen sofort in Gang
kommt. Um in der Deutung unserer Befunde sicher zu gehen, haben
wir Herrn Prof. SOBOTTA, den besten Kenner dieser Fragen, um Auskunft gebeten, ob in der Gravidität vielleicht in den letzten Stadien

---

[1] Unsere Befunde sind von A. LOESER (Klin. Wschr. **1930**, Nr 40, 1855),
sowie von J. M. WOLFE (Anatom. Record **49**, 191, 1931) bestätigt worden.

bei der Maus eine Ovulation stattfinden könnte. SOBOTTAS Auskunft lautete: „Davon, daß bei Maus, Ratte und Kaninchen in den letzten Stadien der Gravidität sich etwa Tubeneier finden, ist keine Rede, nicht einmal die Ovulation erfolgt vor der Geburt, selbst sprungreife Follikel sind um diese Zeit nicht zu sehen, wie überhaupt die Follikelreifung in der Gravidität sistiert."

Ich gebe unsere Originalversuche wieder:

Versuch 1. Maus G 13, hochträchtig. Am 18. III. 1927 Hypophysenvorderlappen implantiert. Am 19. III. wird das schwache Tier getötet. In den Uteri finden sich die lebenden Feten, die Placenten haften der Uteruswand fest an. *Scheidenabstrich* vor dem Töten: Epithelien. *Scheidenschnitt*: Einer Schicht von vier bis sechs Reihen Plattenepithelien sitzen an einem Teil des Schnittes noch hohe Schleimepithelien auf, an einem Teil jedoch werden die obersten Lagen von verhornten, kernlosen Zellen (Schollen) gebildet. In der Basalis finden sich Kernteilungsfiguren. Im Lumen der Scheide liegen kernhaltige Epithelien und einige Schollen.

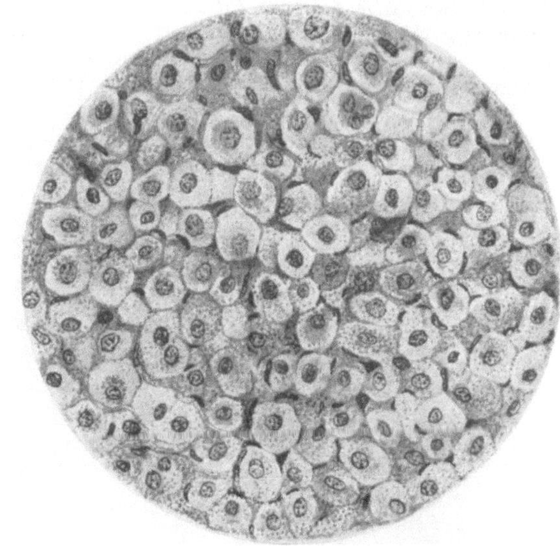

Abb. 114. Corpus luteum graviditatis (Abb. 113 *a*) bei starker Vergrößerung.

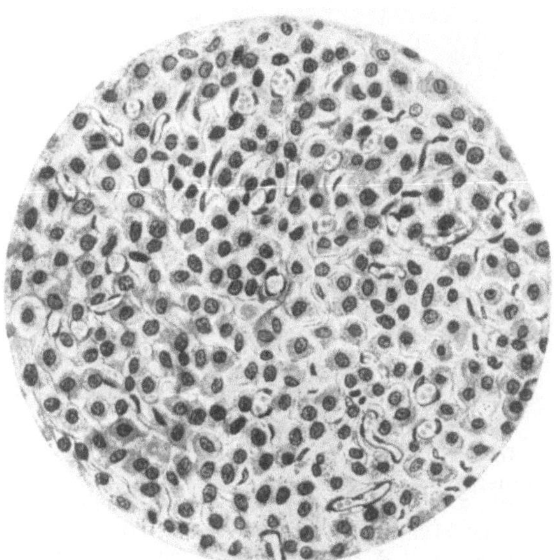

Abb. 115. Ovulation in der Gravidität. Junges Corpus luteum (Abb. 113 *b*) bei starker Vergrößerung.

Ovarien: Ein Ovarium enthält gut erhaltene Corpora lutea graviditatis, einige ganz alte Corpora lutea mit degenerierten Zellen, kleine und mittlere, zum Teil atresierende Follikel und wenig große Follikel. Interstitielles Gewebe tritt sehr deutlich hervor.

Das zweite Ovarium zeigt große Follikel, Corpora lutea graviditatis und *fünf ganz junge Corpora lutea. In der zugehörigen Tube werden fünf Eier getroffen.* Dem einen Tubenei liegt ein als ausgestoßenes Polkörperchen vielleicht anzusehendes kugeliges Gebilde an, ein zweites Tubenei zeigt Auflösung des Kernes in Chromatinfäden. Die anderen Tubeneier zeigen keine deutlichen Kerne.

Versuch 2. Maus G 18, trächtig in der zweiten Hälfte der Tragzeit. 7.IV. 1927 Hypophysenvorderlappen-Implantation. 11. IV. getötet.

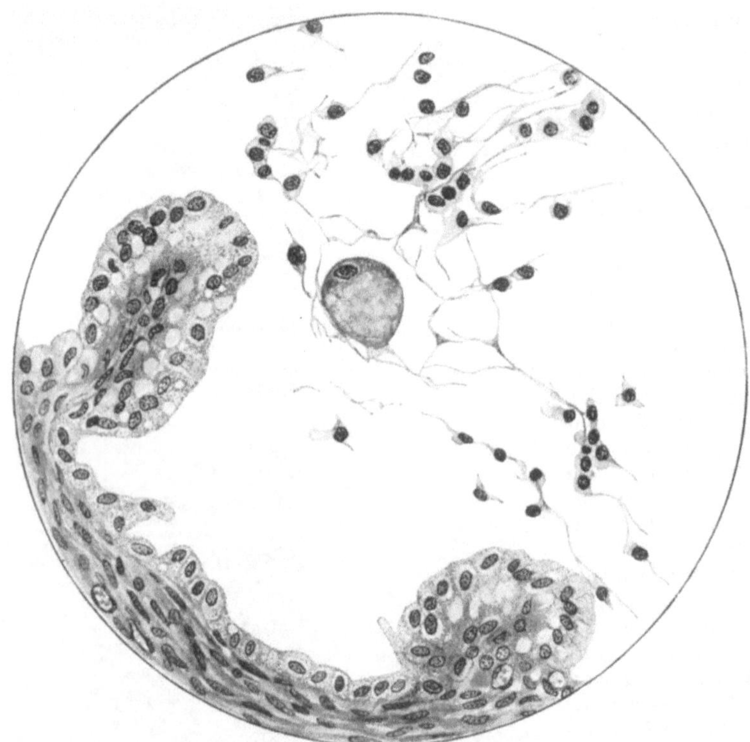

Abb. 116. Ovulation in der Gravidität. Ei in der Tube der trächtigen Maus. Chromatinfäden des Kernes. Ei noch von Granulosazellen umgeben.

In dem Uterus finden sich noch die Feten, die Placenten haften der Uteruswand noch fest an.

Die Scheide zeigt auf zwei bis drei Reihen geschichteten Plattenepithels hohe Schleimzellen nach dem Lumen zu.

Ovarien und *Tuben:* Ein Ovarium enthält kleine und mittlere Follikel. Es finden sich zwei große Follikel, deren Granulosazellen in Luteinzellen umgewandelt sind, die aber in der Serie noch das Ei zeigen. Weiter finden sich *junge Corpora lutea.* Sie sind gut vascularisiert und ihre Zellen luteinös. Von den Corpora lutea graviditatis sind sie deutlich dadurch zu unterscheiden, daß sie im ganzen kleiner sind, ihre Zellen und ihre

Kerne ebenfalls an Größe denen der Graviditätskörper nachstehen. Im Hämatoxylin-Eosinschnitt kann man den Unterschied zwischen den Corpora lutea graviditatis und diesen jungen neugebildeten Gelbkörpern schon daran bei schwacher Vergrößerung erkennen, daß die ersten durch Eosin mehr rot gefärbt sind, während die Färbung der jungen Körper leicht blau erscheint.

In der Tube finden sich zwei Eier. Das eine ist in mehrere Fragmente zerfallen, das andere zeigt einen gut erhaltenen Kern.

Da im zweiten Ovarium nur ein kleiner Teil der Tube ohne Eier getroffen ist, erübrigt sich die genaue Beschreibung.

Versuch 3. Maus G 19, hochträchtig. 7. IV. 1927 Hypophyse implantiert. 10. IV. getötet.

Die Jungen befinden sich noch in den Uteri, denen die Placenta fest anhaftet. Die Scheide zeigt überall die hohen Schleimepithelien, die auf drei bis vier Reihen Plattenepithelien aufsitzen.

Ovarien und *Tube:* Auf der einen Seite finden sich im Ovarium außer den kleinen und mittleren Follikeln, dem deutlich hervortretenden interstitiellen Gewebe und den Corpora lutea graviditatis *drei junge Corpora lutea.* Sie sind kleiner als die Schwangerschaftskörper, sowohl was die Gesamtgröße als was die einzelnen Zellen anlangt. Feine Bindegewebsfasern ziehen von der Peripherie in sie hinein, etwas Blut liegt hier und da zwischen den Zellen. Sichere Gefäße sind noch nicht zu sehen. In einem Corpus luteum findet man eine deutliche Höhle, ein Ei liegt nicht in dieser Höhle. *In der Tube werden vier Eier zum Teil in Zerfall angetroffen.*

Im zweiten Ovarium sind drei junge Corpora lutea nachweisbar und in der zugehörigen Tube werden zwei Eier gefunden.

Wir haben also bei Mäusen am Ende der Trächtigkeit durch Implantation von Hypophysenvorderlappen (und zwar Rinderhypophyse) den Follikelsprung mit Ausstoßung der Eier und Wanderung der Eier in die Tube erzielt. An den Follikelsprung schloß sich, wie die Präparate beweisen, die Umwandlung der Follikel in Corpora lutea an. Zu gleicher Zeit fanden wir noch lebende Junge in den Uteri, deren Placenten von der Wand noch nicht gelöst waren.

Wenn auch die Mehrzahl der Eier Zeichen von Degeneration, Fragmentierung, Abhebung der Zona pellucida und Kernzerfall aufwiesen, so fand sich doch wenigstens ein Ei mit gut erhaltenem Kern, ein zweites mit Umwandlung des Kernes in Chromatinfäden, so daß sie nicht als degeneriert angesehen werden konnten. Ob diese Eier hätten befruchtet werden können, ist eine Frage, die sich nicht entscheiden läßt.

Wenn wir in einem Ovarium mehr Corpora lutea fanden als Eier in der Tube, so ist dies vielleicht darauf zurückzuführen, daß ein ausgetretenes Ei, das noch innerhalb der Eierstockskapsel lag, bei der Präparation verloren ging.

Im einzelnen ist noch folgendes zu bemerken: Im Versuch 1 fanden sich schon 30 Stunden nach der Implantation Eier in der Tube. Der Scheidenschnitt zeigte durch beginnende Schollenbildung, daß Follikelhormon auf die Scheide bereits eingewirkt hatte. Dieses Tier ist offenbar am Tage vor dem spontanen Partus implantiert worden, und der normalerweise nach der Geburt einsetzende Follikelsprung ist durch

die Zuführung von Vorderlappenhormon so beschleunigt worden, daß
der Follikelsprung vor dem Partus eintrat. Das von den reifenden
Follikeln produzierte Folliculin hat hier die durch die Schwangerschaft bestehende Hemmung der Ovarialhormonwirkung (vgl. S. 373)
zum Teil überwinden können, so daß der östrale Aufbau der Scheidenschleimhaut einsetzte. Die Corpora lutea dieses Falles sind im ersten
Beginn der Entwicklung, sodaß man sie eher noch als frisch geplatzte
Follikel bezeichnen könnte. — In den beiden anderen Fällen (Versuch 2
und 3) ist die Implantation mehrere Tage vor dem Ende der Gravidität
erfolgt. Die hemmende Wirkung der Schwangerschaft gegen das Follikelhormon ist hier noch so stark gewesen, daß das im reifenden
Follikel produzierte Folliculin am Erfolgsorgan (Scheide) nicht zur
Wirkung kam. Infolgedessen finden sich keine Veränderungen an der
Vaginalschleimhaut, die in beiden Fällen noch den für die Schwangerschaft charakteristischen Bau zeigt.

Hierbei sei erwähnt, daß TEEL, ein Schüler von EVANS, bei trächtigen Ratten während der ganzen Dauer der Gravidität intraperitoneal
Hypophysenvorderlappenextrakte injizierte. Er fand, daß die Implanta-
tion der Eier einige Tage verspätet erfolgte, und daß die Schwangerschaft
2—6 Tage nach dem normalen Geburtstermin mit Totgeburt der Feten
endete. In den stark vergrößerten Ovarien sah er zahlreiche gelbe Körper,
und zwar neben den Corpora lutea graviditatis auch solche, die das
Ei einschlossen. Diese interessanten Resultate wurden also durch *tägliche* Zuführung des Vorderlappenextraktes vom Beginn bis zum Ende
der Schwangerschaft erzielt, während unsere hier mitgeteilten Befunde
durch *einmalige* Zufuhr von Hypophysenvorderlappenhormon (Implantation) in der zweiten Hälfte der Schwangerschaft erhoben wurden.
Wir haben Ovarien und Tuben 2—4 Tage nach der einmaligen Vorderlappenzufuhr untersucht.

Schwangerschaftsunterbrechung durch Prolan.

Durch gonadotropes Vorderlappenhormon können wir Neureifung von
Eiern in der Schwangerschaft erreichen und damit den physiologischen
Ablauf der Schwangerschaft stören. Aus dieser Tatsache ergab sich von
selbst, daß es gelingen müßte, durch Verstärkung der Wirkung, d. h.
durch hohe Prolandosen, das befruchtete Ei zu vernichten. *Erhöht man
die physiologische Hormonkonzentration des Blutes in der Gravidität
durch chronische Prolanzufuhr, so kommt es zu einem katastrophalen
Effekt, zum Abortus.* Während TEEL den Tod der Feten trotz dauernder
Hormonzufuhr erst am Ende der Schwangerschaft sah, konnte ich den
Fruchttod schon nach einigen Tagen herbeiführen[1]. Hierbei stellte

---

[1] ZONDEK, B.: Endokrinol. 5, 432 (1929).

ich fest, daß Mäuse und Ratten die toten Feten ausstoßen, während beim Kaninchen die macerierten Feten im Uterus liegen bleiben. Es ist mir nach langen Versuchen gelungen, den Augenblick bei einer

trächtigen Maus zu erfassen, in dem der Abort unter der Wirkung des Prolans eben einsetzte. Hierbei sah man (Abb. 117) in den verschiedenen Eikammern teils noch lebende, teils im Absterben begriffene, teils bereits tote Feten. Durch die Eihöhle schimmern Blutungen hindurch, die zur Placentaablösung führen. Ob das Hormon diese Ablösung primär oder sekundär auf dem Wege über das Ovarium bedingt, ist noch nicht sicher. Wahrscheinlich ist letzteres der Fall, wofür auch die Tatsache spricht, daß ich durch intraovarielle (i. o.) Prolaninjektion den Fruchttod beim Kaninchen herbeiführen konnte. Die Ovarien der subcutan mit Prolan behandelten Tiere zeigen hochgradige Veränderungen. Sie sind um das 3—5fache gewachsen und mit Follikelhaematomen und neu gebildeten Gelbkörpern durchsetzt (s. Abb. 118). Der Fruchttod durch Prolan scheint mir deswegen spezifischer Art zu sein, weil wir hierbei primär intensiv auf die Ovarien wirken. Die Erzeugung des Abortes

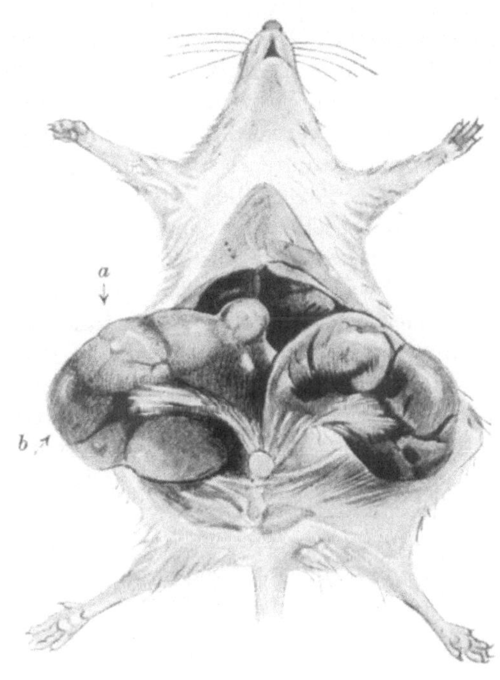

Abb. 117. Trächtige Maus unter Prolanwirkung. *a* noch lebende Frucht, *b* abgestorbene Frucht, Blutungen in die Fruchthöhle.

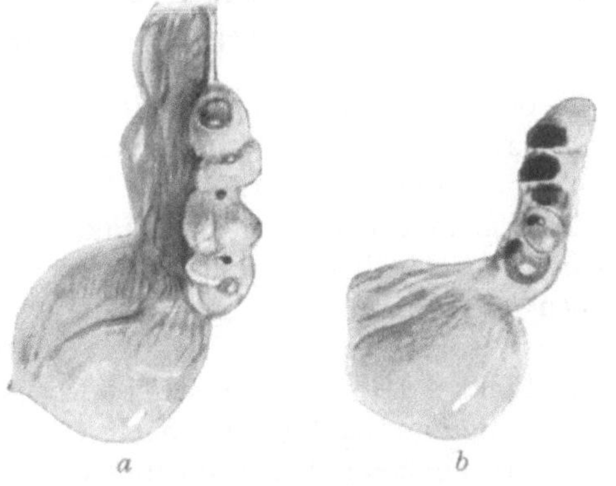

Abb. 118. Ovarium eines trächtigen Kaninchens. *a* Kontrolltier, *b* nach Prolanbehandlung.

beim Versuchstier muß kritisch bewertet werden, da man auch durch unspezifische Mittel den Fruchttod herbeiführen kann. Aber niemals kommt es hierbei zu neuen Lebensvorgängen im Ovarium des trächtigen Tieres!

Ob auch beim Menschen durch Prolan Fruchttod und damit Abortus ausgelöst werden kann, ist noch nicht entschieden. Der menschliche Organismus ist im Gegensatz zum Tier in der Schwangerschaft mit Prolan überschwemmt (s. Kap. 35), und trotzdem kommt es nicht zur Neureifung von Eiern. Möglicherweise werden die vom Organismus für die Schwangerschaft nicht verwerteten gonadotropen Hormone im Körper inaktiviert, so daß parenteral zugeführtes Prolan doch wirksam sein könnte. Ich habe bei einigen Fällen, wo die Schwangerschaft wegen Lungentuberkulose unterbrochen werden mußte, durch Gravidenharnprolan — im Verlauf mehrerer Tage wurden bis 8000 RE. injiziert —, eine Einwirkung auf die Schwangerschaft[1] nicht gesehen. Möglicherweise wird man mit sehr hohen Dosen (Zehn- oder Hunderttausende von Einheiten) eine Wirkung erzielen können, so daß wir damit Schwerkranken, bei denen die Unterbrechung der Gravidität notwendig ist, eine Operation ersparen könnten. Vielleicht wird sich die hormonale Unterbrechung der Gravidität beim Menschen durch das aus dem Vorderlappen oder dem Blut der graviden Stute hergestellte gonadotrope Hormon (Prosylan) oder durch Kombination von Gravidenharnprolan mit Synprolan leichter — auch mit kleineren Dosen — ermöglichen lassen. Ich glaube, daß man auf diesem Wege weiterkommen wird, so daß mir die hormonale Unterbrechung der Gravidität durchaus möglich erscheint.

31. Kapitel.

Über die Rückbildung der durch Prolan erzeugten Ovarialveränderungen.

In den vorhergehenden Kapiteln wurde gezeigt, daß man durch Implantation eines minimalen Stückchens Hypophysenvorderlappengewebe oder durch Injektion von Prolan im Verlauf von 100 Stunden hochgradige morphologische und funktionelle Veränderungen am Genitalapparat der infantilen Nagetiere auslösen kann (HVR I—III). Wie lange bleiben diese unter der akuten Hormonwirkung entstehenden morphologischen Substrate — Vergrößerung der Follikel, Massenblutungen in die Follikel (Blutpunkte), Gelbkörperbildung — bestehen? Bilden sie sich spontan zurück und nach welcher Zeit geschieht dies? Die Beantwortung dieser Frage dürfte auch von klinischem Interesse sein. Wenn wir nach Prolanzufuhr im Ovarium der geschlechtsreifen Frau Veränderungen auslösen (z. B. eine überstürzte Luteinisierung), so könnte

---

[1] ZONDEK, B.: Nicht publiziert.

daraus eine bleibende Schädigung des Ovariums resultieren, falls nicht baldige spontane Rückbildung erfolgt.

Zur Klärung dieser Frage führte ich folgende Versuche[1] aus:

100 Stunden nach Injektion von Prolan wurden die Ovarien der infantilen Mäuse makroskopisch untersucht. Zu diesem Zweck wurden die Ovarien aus einem Muskelschlitz des Rückens hervorgezogen und genau angesehen. Da die Tiere auf Prolan bekanntlich nicht einheitlich reagieren, wurden nur diejenigen Mäuse verwandt, bei denen ich große Blutpunkte bzw. Corpora lutea makroskopisch einwandfrei festgestellt hatte. Nach der Inspektion wurden die Ovarien wieder in die Bauchhöhle versenkt und der Rückenschlitz durch Naht geschlossen. Die Tiere wurden 1—4 Wochen nach der festgestellten Prolanwirkung getötet und die Ovarien makro- und mikroskopisch in Serienschnitten untersucht. Die Einzelheiten gehen aus der Tabelle 33 hervor.

Tötet man die Tiere 4 Wochen nach der festgestellten Prolanwirkung, so ist man erstaunt, daß man makroskopisch nichts mehr von den gewaltigen morphologischen Veränderungen sieht. Die durch Prolan erzeugte Volumenvergrößerung der Ovarien und die Rotfärbung durch die Hyperämie ist völlig verschwunden. Die Ovarien sind in die für das infantile Tier typischen blassen, glatten Gebilde zurückverwandelt. Die Niveauerhebungen sind verschwunden, von den blauschwarzen Blutpunkten und den gelben Corpora lutea ist nichts mehr zu sehen. Auch die mikroskopische Untersuchung im Serienschnitt läßt nach 4 Wochen die Prolanwirkung in keiner Weise mehr erkennen, das Ovarium besteht nur aus kleinen Follikeln. Das Mäuseovarium braucht also 4 Wochen, um die durch Prolan bewirkten morphologischen Veränderungen zurückzubilden.

Untersucht man die Ovarien schon 8 Tage nach der festgestellten Prolanwirkung, so sieht man makroskopisch an vielen Ovarien nichts mehr, an einigen aber doch noch Blutpunkte. Mikroskopisch sind die Veränderungen aber noch deutlich zu erkennen, und zwar die Schrumpfung und Rückbildung der Corpora lutea und die Resorption der in die Follikelhöhle ergossenen Blutmenge.

Nach 14—21 Tagen sind die Prolanveränderungen makroskopisch überhaupt nicht mehr zu erkennen. Mikroskopisch aber finden wir noch große Follikel, in Rückbildung befindliche Corpora lutea, und geringe partielle Luteinisierung an einzelnen Follikeln. Blutpunkte sind als solche nicht mehr zu erkennen. Das Blut liegt kurz vor der endgültigen Resorption in breiteren Streifen im Gewebe.

Die vorliegenden Untersuchungen ergeben, daß die durch Prolan bedingten morphologischen Ovarialveränderungen reversibel sind, so daß sie nach 4 Wochen restlos zurückgebildet sind. Wenn wir durch klinische Anwendung hoher Prolandosen morphologische Veränderungen im menschlichen Ovarium hervorrufen, so dürfte auch hierbei mit einer schnellen Rückbildung zu rechnen sein.

---

[1] ZONDEK, B.: Klin. Wschr. 1933, Nr 22, 855.

Tabelle 33. Rückbildung der durch Prolan erzeugten Ovarialveränderungen.

Proto-koll-Nr.	100 Std. nach Prolanzufuhr makroskopisch	Makroskopisch	Mikroskopisch
		8 Tage nach der Prolanzufuhr	
9427	r. Ovar: 2 Blutpunkte 2 Corpora lutea	r. Ovar: o. B.	Vergrößerte Follikel; an manchen Follikeln noch Luteinisierung; 1 Corpus luteum in Rückbildung
	l. Ovar: 2 Blutpunkte 3 Corpora lutea	l. Ovar: 1 kl. Blutpkt.	1 Blutpunkt; vergrößerte Follikel; 1 Corpus luteum in Rückbildung
9428	r. Ovar: 3 Blutpunkte 6 Corpora lutea	r. Ovar: 1 Blutpunkt	2 Blutpunkte, der eine noch gut erhalten, der andere in Resorption, mehrere große Follikel
	l. Ovar: 2 Blutpunkte 1 Corpus luteum	l. Ovar: Blutpunkt?	Mehrere vergrößerte Follikel, 1 Blutpunkt, das Blut in Resorption
9429	r. Ovar: 4 Blutpunkte 4 Corpora lutea	r. Ovar: 1 Blutpunkt	1 großer Blutpunkt, Follikel nur wenig vergrößert, 3 schrumpfende Corpora lutea
	l. Ovar: 3 Blutpunkte 5 Corpora lutea	l. Ovar: Blutpunkt?	2 Blutpunkte in völliger Rückbildung, 1 Blutpunkt gut erhalten
9430	r. Ovar: 4 Blutpunkte 3 Corpora lutea	r. Ovar: o. B.	Corpora lutea fast gänzlich zurückgebildet, 4 etwas vergrößerte Follikel
	l. Ovar: 1 beginnender Blutpunkt	l. Ovar: o. B.	1 vergrößerter Follikel
		14 Tage nach der Prolanzufuhr	
9431	r. Ovar: 1 Blutpunkt	r. Ovar: vergrößert	Massenhaft große Follikel
	l. Ovar: 1 Blutpunkt	l. Ovar: o. B.	Einige vergrößerte Follikel
9432	r. Ovar: 1 Blutpunkt 6 Corpora lutea	r. Ovar: o. B.	Reste 1 Blutpunktes in Rückbildung
	l. Ovar: 4 Corpora lutea	l. Ovar: o. B.	2 Corpora lutea in Rückbildung
9612	r. Ovar: 3 Corpora lutea 4 Blutpunkte	r. Ovar: o. B.	Blutpunkt in Resorption, partielle Luteinisierung an einigen Follikeln; im übrigen kleine Follikel
	l. Ovar: 5 Corpora lutea 2 Blutpunkte	l. Ovar: o. B.	Nur kleine Follikel, infantiles Ovar

9614	r. Ovar: 4 Corpora lutea 1 Blutpunkt	r. Ovar: o. B.	1 vergrößerter Follikel, 2 Corp. lut. atretica in Rückbildung
	l. Ovar: 1 Corpus luteum	l. Ovar: o. B.	Infantiles Ovar
9369	r. Ovar: o. B.	r. Ovar: o. B.	—
	l. Ovar: 1 Blutpunkt 1 Corpus luteum	l. Ovar: o. B.	Mehrere große Follikel, Reste von Luteinkörpern
9370	r. Ovar: o. B.	r. Ovar: o. B.	—
	l. Ovar: 1 Blutpunkt 2 Corpora lutea	l. Ovar: o. B.	Kleines schrumpfendes Corpus luteum, noch mit Gefäßen im Corpus luteum und etwas vergrößerten Follikeln
9371	r. Ovar: 1 Blutpunkt	r. Ovar: o. B.	Mehrere vergrößerte Follikel
	l. Ovar: o. B.	l Ovar: o. B.	—

3 Wochen nach der Prolanzufuhr

9618	r. Ovar: 4 Corpora lutea 2 Blutpunkte	r. Ovar: o. B.	Geringe Reste eines Corpus luteum, 2 Follikel etwas vergrößert, an anderen Follikeln noch einige luteinisierte Zellen
	l. Ovar: 3 Blutpunkte	l. Ovar: o. B.	—

4 Wochen nach der Prolanzufuhr

3000	r. Ovar: 1 Corpus luteum	r. Ovar: o. B.	Infantiles Ovar, nur kleine Follikel
	l. Ovar: 1 Corpus luteum	l. Ovar: o. B.	
3001	r. Ovar: 2 Blutpunkte	r. Ovar: o. B.	Infantiles Ovar, nur kleine Follikel
	l. Ovar: 2 Blutpunkte	l. Ovar: o. B.	
3002	r. Ovar: o. B.	r. Ovar: o. B.	Infantiles Ovar, nur kleine Follikel
	l. Ovar: 2 Blutpunkte	l. Ovar: o. B.	
3003	r. Ovar: 1 Blutpunkt	r. Ovar: o. B.	Infantiles Ovar, nur kleine Follikel
	l. Ovar: 2 Blutpunkte	l. Ovar: o. B.	
3004	r. Ovar: 1 Corpus luteum 1 Blutpunkt	r. Ovar: o. B.	Infantiles Ovar, nur kleine Follikel
	l. Ovar: 2 Corpora lutea 1 Blutpunkt	l. Ovar: o. B.	

32. Kapitel.

Ei und Hormon.

Wir haben gesehen, daß man durch Einpflanzung von Hypophysenvorderlappen beim infantilen Tier die sexuelle Frühreife auslösen und damit die erste Eireifung in Gang bringen kann, daß man beim alten, sexuell degenerierten Tier den ovariellen Rhythmus wiederherstellen, daß man in der Schwangerschaft das Gesetz der ruhenden Ovarialfunktion durchbrechen kann. Damit kommen wir zur Frage: Welche Beziehungen bestehen zwischen dem Ei und dem Hypophysenvorderlappen, zwischen dem Ei und den im Ovarium gebildeten Hormonen? Nach ROBERT MEYER beherrscht das Ei das Ovarium, vom Ei gehe der Impuls zum gesamten Generationsvorgang aus. Auch R. SCHRÖDER steht auf diesem Standpunkt, der für die Biologie der weiblichen Genitalfunktion bisher von wesentlicher Bedeutung gewesen ist. SEITZ, HOFBAUER, C. RUGE II u. a. haben bereits gewichtige Einwände gegen diese Auffassung vom „Primat der Eizelle" erhoben.

Die eigenen Untersuchungen zu dieser Frage sind am Ovarium der Nagetiere ausgeführt. Wir sind uns wohl bewußt, daß man die Verhältnisse von der Maus nicht ohne weiteres auf den Menschen übertragen kann. Aber die Maus ist ein ausgezeichnetes Studienobjekt zur Analyse dieser Fragen, da wir die Follikelreifung in so ausgezeichneter Weise an der Brunstreaktion erkennen können, die durch das im reifenden Follikel gebildete Folliculin ausgelöst wird.

Um die Beziehungen zwischen Ei und Hormon zu analysieren, schien es uns[1] notwendig, erstens das Ei und zweitens das Hormon isoliert außer Funktion zu setzen.

I. Was geschieht, wenn man das Ei außer Funktion setzt?

Wir können das Ei durch den Röntgenstrahl außer Funktion setzen. Die in unserem Laboratorium durch v. SCHUBERT ausgeführten Untersuchungen (Näheres s. Kap. 10, 1) hatten folgendes Ergebnis: Auch nach Bestrahlung mit der 10fachen Kastrationsdosis (bis 500 R.) kann der hormonale Brunstzyklus der Maus in normalem Rhythmus wochen-, ja monatelang weitergehen, wobei es häufig zum Daueroestrus kommt. Tötet man die Tiere auf der Höhe der Brunst, so finden wir in der Scheide den typisch östralen Aufbau mit Verhornung der obersten Zelllagen, wir finden große sekretgefüllte Uteri. Der Eierstock zeigt hochgradige Veränderungen, in den Serien läßt sich aber — und das ist das Entscheidende — kein einziger Follikel mit größerer Follikelhöhle nachweisen. Man findet nur Reste degenerierter Eier! Ein lebendes Ei ist nicht vorhanden!

---

[1] ZONDEK, B. u. ASCHHEIM: Klin. Wschr. 1927, Nr 28, 1321.

Es ergibt sich also: *Kein lebendes Ei*[1] *und trotzdem Aufbau der Scheidenschleimhaut, kein lebendes Ei und trotzdem der typische Brunstvorgang, wobei Uterus und Scheide in charakteristischer Weise vergrößert sind.*

Das Ei kann also die Produktion des Follikelhormons (Folliculin) nicht anregen, da bei den Röntgenovarien kein lebendes Ei vorhanden ist.

Zu dem gleichen Ergebnis kam ich bei Reizbestrahlung infantiler Ovarien (S. 60). Durch kleine Röntgendosen (5—25 R) gelingt es, die kleinen Follikel der infantilen Maus zum Wachstum anzuregen, so daß man sprungreife Follikel mit großer Follikelhöhle und Cumulus oophorus findet. Diese Follikel sind von den beim geschlechtsreifen Tier im Oestrus auftretenden morphologisch kaum zu unterscheiden, sie sind aber funktionslos. In den durch Röntgenreiz gewachsenen Follikeln wird also nicht das Follikelhormon (Folliculin) produziert. Trotz der großen Follikel keine Brunst! *Der morphologisch reife Follikel, das reife (?) Ei, bewirkt also nicht die Produktion des Folliculins.*

Nun wird man einwenden, daß beim Menschen die Verhältnisse anders liegen. Nach Kastrationsbestrahlung hört bei der Frau der Aufbau der Uterusschleimhaut auf. Hierzu ist folgendes zu sagen. Das Mäuseovarium ist gegen Röntgenstrahlen wesentlich resistenter als der menschliche Eierstock. Wir können auch die Hormonproduktion im Eierstock der Maus zum Versiegen bringen, wenn wir die hormonproduzierenden Zellen durch Bestrahlung so stark schädigen, daß sie auf den zentralen hypophysären Reiz nicht mehr ansprechen (S. 59).

---

[1] Die Einwände, die SIEGMUND (Arch. Gynäk. **139**, H. 3, 521—529) gegen uns erhoben hat (s. S. 100), sind meines Erachtens nicht stichhaltig. Nach täglicher Zuführung von 1 ME Folliculin trete beim geschlechtsreifen Tier kein Daueroestrus auf, sondern es komme wieder zu diöstrischen Perioden, während beim infantilen oder kastrierten Tier durch Folliculin ein Daueroestrus herbeigeführt werde. SIEGMUND schließt daraus, daß der Oestrus trotz Folliculinzufuhr unterbrochen wird, wenn reife Eier vorhanden sind. Durch diese Beobachtung ist aber nicht bewiesen, daß das Ei dabei der ausschlaggebende Faktor ist, sondern die Versuche zeigen nur, daß der hypophysär bedingte Zyklus durch 1 ME Folliculin nicht geändert wird. Hätte SIEGMUND, wie ich es getan habe (S. 99), größere Folliculindosen angewandt (täglich 20 ME), so hätte er sich davon überzeugen können, daß die chronische Folliculinzufuhr auch am geschlechtsreifen Tier einen Daueroestrus auslösen kann. Auch die Versuche, die MAHNERT und SIEGMUND mit Implantation von Hypophysenvorderlappen beim geschlechtsreifen Tier gemacht haben, sind nicht beweisend, da der Vorderlappen durch seinen Gehalt an Follikelreifungs- und Luteinisierungshormon Förderung und Hemmung des Brunstzyklus gleichzeitig auslösen kann. Durch wiederholte Implantation von Hypophysenvorderlappen kann der Brunstzyklus des geschlechtsreifen Tieres fördernd oder hemmend beeinflußt werden, je nach Größe der Resorption, je nachdem das im Implantat vorhandene Hormon A oder B überwiegen. Für die Auffassung, daß das Ei den Rhythmus nicht bestimmt, spricht vor allem die Tatsache, daß beim geschlechtsreifen Tier nach Entfernung des Hypophysenvorderlappens der ovarielle Zyklus aufhört, obwohl lebende Eier vorhanden sind.

II. Das Ei regt nicht die Produktion des Follikelhormons an. Regt das Follikelhormon die Follikelreifung an?

Auch diese Frage können wir auf Grund unserer Untersuchungen am noch nicht funktionierenden Ovarium des infantilenTieres verneinen. Man kann jedes infantile Tier durch Injektion des Follikelhormons (Folliculin) in die Brunst bringen, wobei der Uterus in typischer Weise vergrößert und mit Sekret gefüllt ist. Die Scheide zeigt den östralen Aufbau, im Abstrich sind nur Schollen vorhanden. *Das Ovarium* (s. S. 98) *ist aber nicht verändert, niemals findet man* — und das ist für unsere Frage das Entscheidende — *bei der ersten künstlichen Brunst einen reifen Follikel, niemals findet man ein Corpus luteum.*

Es ergibt sich also: *Das Follikelhormon (Folliculin) bringt den Follikel nicht zur Reife.*

III. Was geschieht, wenn wir die Hormonproduktion hemmen?

Wir können dies erreichen, wenn wir die Tiere (s. S. 67) mit Thallium füttern. Tötet man die Tiere, bei denen nach 3wöchiger Behandlung mit Thallium die Brunstreaktion nicht mehr aufgetreten ist, *so findet man in der Scheide keinen Aufbau. Im Ovarium hingegen sehen wir große Follikel mit Cumulus oophorus und darin Eier mit Kernteilungsfiguren. Das Ei macht also den Eindruck eines reifenden Eies, und trotzdem ist es nicht imstande, die Produktion des Follikelhormons auszulösen.* Führt man aber einem derartigen Tier während der Thalliumfütterung Hypophysenvorderlappenhormon zu, dreht man also den Motor an, so kommt das Ovarium sofort in Gang, die Produktion des Folliculins wird ausgelöst, und das Tier kommt nach 100 Stunden in die Brunst.

IV. Regt das Ei die Corpus luteum-Bildung an?

Das Ei ist also für die Follikelreifung und Folliculinentstehung, d. h. für die erste Phase der generativen Funktion, ohne Bedeutung. Wie steht es nun mit der zweiten generativen Phase, der Bildung des Corpus luteum, der Entstehung des Progestins und der prägraviden Umwandlung der Uterusschleimhaut? Wenn das Ei irgend) einen Einfluß im Zyklus haben soll, so müßte man annehmen, daß vom reifenden Ei der Impuls für die Corpus luteum-Bildung ausgeht (ROBERT MEYER, R. SCHRÖDER, SIEGMUND). Diese Möglichkeit wird auch von CLAUBERG[1] diskutiert, der darüber folgendes schreibt: „Vom befruchteten Ei, dem eigentlichen Schwangerschaftsprodukt wissen wir, daß es das Luteinisierungshormon produziert. Es liegt nahe, dasselbe auch vom unbefruchteten Ei, wenn auch in geringerem Maße, anzunehmen. Hier liegt ein weiteres Arbeitsfeld offen, dessen zu gehende Wege jedoch nicht sehr einfach sein dürften." Eine Arbeitshypothese gleichen Inhalts entwickelt auch SCHOELLER[1], ohne die Frage

---

[1] CLAUBERG, C.: Berlin: Julius Springer 1933, S. 165.

experimentell zu untersuchen. SCHOELLER nimmt an, daß unter der Wirkung des chemisch einheitlichen gonadotropen Hypophysenvorderlappenhormons ein solches Quantum Follikelhormon gebildet wird, daß sowohl das Ei reift, als auch der Uterus eine genügende Proliferation erfährt. Das reifende Ei induziere nun im Sinne SPEMANS als Determinator auf chemischem Wege die Bildung des Corpus luteum, normalerweise unter Follikelsprung. Würde diese Hypopthese zutreffen, so würde der Hypophysenvorderlappen nur die Follikel- und Eireifung bewirken, das weitere funktionelle Geschehen aber vom Ei ausgehen, das durch ein in ihm entstehendes Hormon die Corpus luteum-Bildung, also die zweite generative Phase, auslösen würde. Ich stimme CLAUBERG zu, daß es schwierig ist, diese Rolle des Eies zu beweisen, es scheint mir aber leicht, das Gegenteil zu beweisen.

Durch Prolan können wir, wie vorher mitgeteilt, nach dem Follikelsprung Corpora lutea auslösen. Daneben erzielt man Corpora lutea atretica mit eingeschlossenem Ei. Dies gelingt bei allen Nagetieren. Besonders instruktiv und für die vorliegende Frage wichtig sind die S. 287—294 beschriebenen Versuche an der Fledermaus im Winterschlaf. Man kann durch Prolan bei der Fledermaus den Follikelsprung auslösen, das Ei wandert in den Uterus, findet hier die befruchtungsfähigen Spermatozoen, so daß man im Winter eine Gravidität erzielen kann. Injiziert man große Prolandosen, so kann man mehrere Corpora lutea auslösen (4—6 in einem Ovarium), ein Effekt, der physiologisch nie eintritt, da die Fledermaus nur ein oder höchstens zwei Junge bekommt. Diese Corpora lutea sind gut vascularisiert und produzieren Progestin, was man aus der Wirkung an der Uterusschleimhaut erkennt. Durch die großen Prolandosen kommt es zur Bildung von Corpora lutea atretica, wobei das Ei an die Seite gedrängt werden kann. Irgend eine Reifungserscheinung[2] ist am Ei nicht zu erkennen. Bei der rapiden Entwicklung der Corpora lutea durch große Prolandosen kann das Ei der Fledermaus zugrunde gehen, trotzdem bildet sich aber ein funktionierendes Corpus luteum. Das Ei ist also für die Bildung des Corpus luteum nicht erforderlich. Gegen diese Versuche könnte eingewandt werden, daß das Ei zwar zugrunde geht, daß es aber schon vorher ein Hormon produziert hat (SCHRÖDER), welches die Corpus luteum-Bildung anregt. Es mußte daher noch der direkte Beweis erbracht werden, daß die Bildung des Corpus luteum auch erfolgt, nachdem das Ei aus dem Follikel entfernt ist. Diese Versuche lassen sich leicht beim Kaninchen durchführen.

---

[1] SCHOELLER, W.: Dtsch. med. Wschr. **1**, 21 (1934).
[2] Wenn SCHOELLER bei den durch Prolan ausgelösten Corpora lutea atretica eine „übersteigerte Eireifung" annimmt, so ist dies lediglich eine Hypothese.

Versuche am eilosen Follikel des Kaninchens.

Beim geschlechtsreifen Kaninchen finden wir im Ovarium mehrere große sprungreife Follikel. Wie HEAPE[1] (1905) gezeigt hat, wird der Follikelsprung beim Kaninchen durch die Kopulation ausgelöst. Die Versuche von FEE u. PARKES[2] haben bewiesen, daß der Reiz zum Follikelsprung nach der Kopulation über den Vorderlappen der Hypophyse geht. Hypophysektomiert man das Kaninchen innerhalb 1 Stunde nach der Kopulation, so wird die Ovulation verhindert, wird die Hypophysektomie aber später als 1 Stunde nach der Kopulation ausgeführt, so tritt die Ovulation wie gewöhnlich 10—12 Stunden nach der Kohabitation auf und es kommt zu Bildung von Corpora lutea. Schon diese Versuche zeigen, daß der reifende Follikel an sich die Corpus luteum-Bildung nicht bewirkt, sondern daß durch die Kopulation in der Hypophyse der Stoff mobilisiert wird, der den Follikelsprung und die Bildung des Corpus luteum auslöst. Wird die Hypophysektomie nämlich erst 1 Stunde nach der Kopulation ausgeführt, so zirkuliert bereits im Organismus Prolan und dadurch werden Follikelsprung und Corpus luteum-Bildung herbeigeführt (s. Kap. 22).

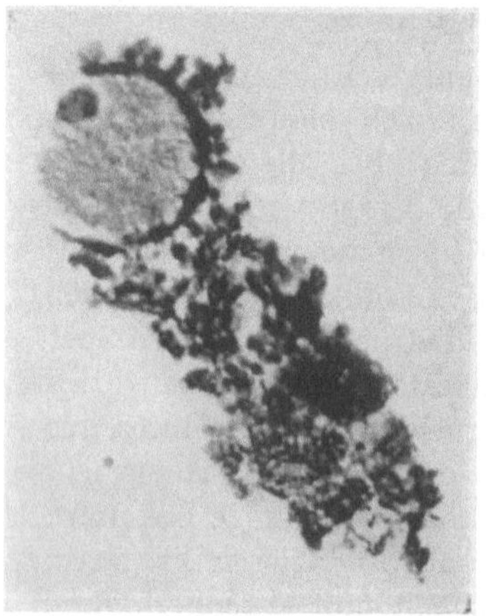

Abb. 119. Isoliertes, aus dem Follikel entferntes Ei.

Der Beweis, daß das Ei die Corpus luteum-Bildung nicht beeinflußt, kann dadurch direkt erbracht werden, daß man die Eier aus den sprungreifen Follikeln des geschlechtsreifen Kaninchens entfernt. Versuche am *eilosen Follikel* sind von WESTMAN[3] und mir[4] unabhängig voneinander gemacht worden. Meine Versuche habe ich so ausgeführt, daß ich die Follikel mit einer feinen Kanüle anstach und den Follikelsaft mit dem Ei absaugte. Das Follikelpunktat wurde in Formalin eingespritzt und zentrifugiert. Die Eier befinden sich im Sediment. Dieses wird eingebettet. Die Eier können im Schnittpräparat leicht nachgewiesen werden (Abb. 119). Entfernt man ein so behandeltes Ovarium nach 24 Stunden, so sieht man in der Follikelhöhle etwas Blut als Folge der Punktion. Eier sind nicht mehr vorhanden. So erhält man eilose Follikel (Abb. 120 u. 121). In einigen Versuchen habe ich nach dem Absaugen der Eier Alkohol in die Follikelhöhle eingespritzt, um eventuell zurück-

---

[1] HEAPE: Proc. roy. Soc. Lond. (B) **76**, 260 (1905).
[2] FEE, A. R. a. PARKES, A. S.: J. of Physiol. **67**, 383 (1929).
[3] WESTMANN, A.: Arch. Gynäk. **156**, 550 (1934).
[4] ZONDEK, B.: J. of Physiol. **81**, 4 (1934)

gebliebene Eireste chemisch zu zerstören. Die Alkoholbehandlung ist aber überflüssig, da man durch die Aspiration das Ei aus der Follikelhöhle, umgeben von den Granulosazellen in toto entfernt. Die Alkoholspülung behindert aber die nachfolgende Corpus luteum-Bildung nicht.

Um die Follikel kenntlich zu machen, habe ich bei einigen nach der Aspiration des Eies die Follikelkuppe mit einer feinen Schere abgeschnitten und so einen offenen eilosen Follikel hergestellt, der als solcher im Serienschnitt leicht kenntlich ist (Abb. 122).

Da man noch den Einwand machen kann, daß der eilose Follikel durch ein in einem anderen Follikel befindliches reifendes Ei zur Corpus

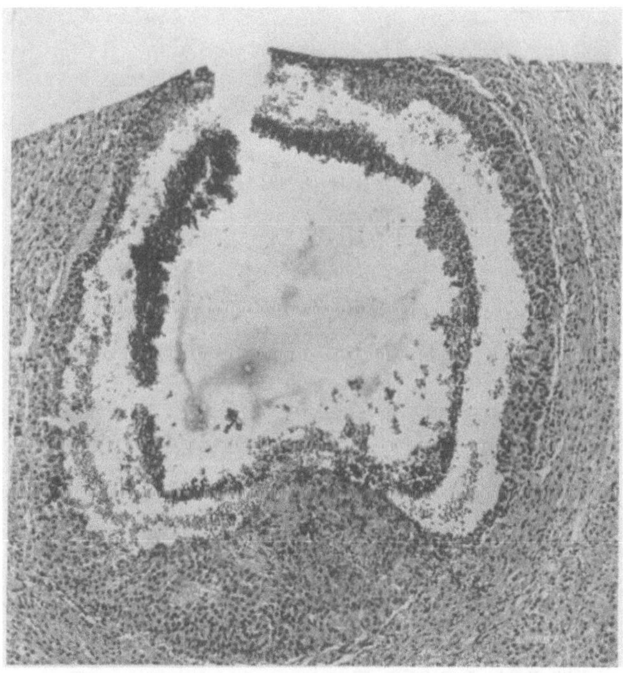

Abb. 120. Eiloser Follikel. Punktionsöffnung an der Follikelkuppe. Ringförmige Blutung in der Follikelhöhle als Folge der Punktion und der Aspiration des Eies.

luteum-Bildung angeregt werden kann, habe ich den Versuch nur an einem eilosen Follikel ausgeführt. Zu diesem Zweck wird ein Ovarium exstirpiert. Bei dem zurückbleibenden zweiten Ovarium wurde ein in der Mitte des Ovariums befindlicher sprungreifer Follikel punktiert, das Ei aspiriert und nun das Ovarialgewebe zu beiden Seiten reseziert, so daß nur der eine eilose Follikel überhaupt vorhanden war. Man muß bei der Resektion des Ovarialgewebes dafür sorgen, daß der zurückbleibende Follikel mit der Zirkulation in Zusammenhang bleibt, was sich technisch leicht durchführen läßt.

Die Kaninchen erhielten 24 Stunden nach der Operation intravenös Prolan (aus Gravidenharn). Ich injizierte eine große Prolandosis, und zwar je 1 ccm = 1000 RE. Die Tiere wurden 24—48 Stunden nach der Injektion untersucht. Übereinstimmend ergab sich bei allen Versuchen, daß die Luteinisierung am eilosen Follikel in genau der gleichen Weise vor sich geht, wie am Follikel mit Ei. Ich fand alle Übergänge von der beginnenden Luteinisierung (Abb. 122) bis zum ausgebildeten Corpus luteum (Abb. 123). Die Follikel mit der abgeschnittenen Kuppe geben besonders interessante Bilder. Der Follikel ist geöffnet, man sieht noch etwas Blut als Folge der Punktion, daneben die Umwand-

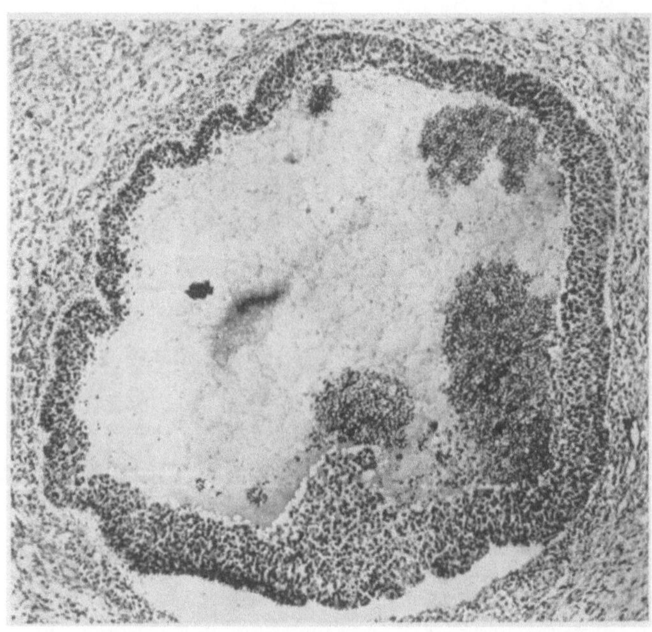

Abb. 121. Eiloser Follikel. Am Absatz Cumulus oophorus fehlt das Ei, mehrere Haematome in der Follikelhöhle als Folge der Punktion und der Aspiration des Eies.

lung der Follikelzellen in Luteinzellen an dem an seiner Kuppe offenen eilosen Follikel (Abb. 122 u. 123). Läßt man nur *einen* eilosen Follikel zurück, so wandelt sich dieser in ein Corpus luteum um.

Diese Versuche zeigen eindeutig, daß das Ei für die Bildung des Corpus luteum ohne jede Bedeutung ist. Durch das gonadotrope Hormon (Prolan) können wir die Bildung des Corpus luteum auslösen, gleichgültig, ob das reifende Ei im Follikel vorhanden ist oder nicht. Vom reifenden Ei kann also ein Impuls zur Bildung des Corpus luteum nicht ausgehen. Damit dürfte die Hypothese, die dem Ei die Bildung eines hormonalen Stoffes zur Auslösung des Corpus luteum zuschreibt, widerlegt sein. Das Ei ist für die funktionellen Vorgänge im Ovarium ohne jede Bedeutung. Die beiden im Ovarium sich abspielenden Phasen 1. Follikelreifung, Entstehung des Folliculins und 2. Corpus luteum-Bildung, Entstehung des Progestins werden vom gonadotropen Hormon des Hyperphysenvorderlappens ausgelöst. Prolan A bewirkt die I., Prolan B die II. Phase.

WESTMAN[1] hat im Colloquium des Biochemischen Instituts der Universität Stockholm (6. II. 1934) gleichzeitig mit mir über seine Versuche am eilosen Follikel berichtet. Seine Methodik wich von der meinigen etwas ab. Unsere Versuche hatten aber dasselbe Ergebnis, sie zeigten übereinstimmend, daß die Corpus luteum-Bildung vom Ei völlig unabhängig ist. Ich möchte zwei Versuche von WESTMAN besonders hervorheben, die für die vorliegende Frage von Bedeutung sind. Beim brünstigen Kaninchen wurden im Anschluß an die Kohabitation die Follikel mittels Thermokauter

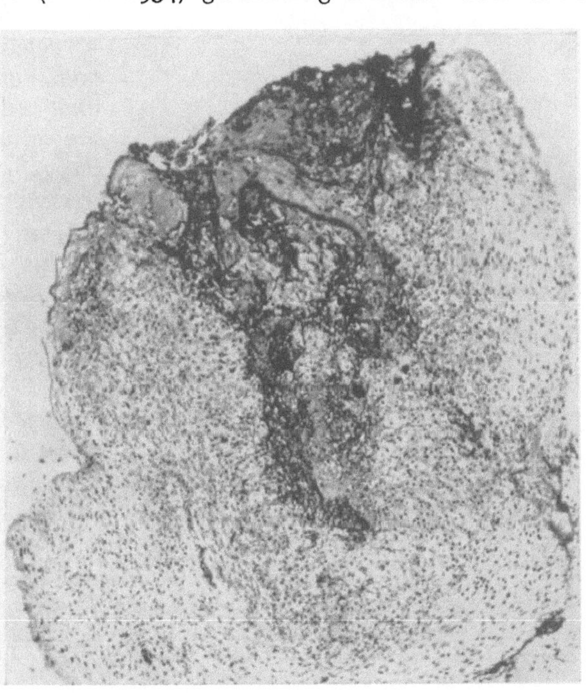

Abb. 122. Partielle Luteinisierung eines eilosen Follikels nach Zufuhr von Prolan. Die Follikelkuppe ist offen (abgeschnitten), die Follikelhöhle enthält noch Blut als Folge der Punktion und der Aspiration des Eies.

ausgebrannt und nur ein sprungreifer Follikel zurückgelassen. Dieser wandelte sich in ein typisches Corpus luteum um. Eine Gravidität konnte nicht eintreten, da das Ei des zurückgebliebenen Follikels entfernt war. Dieser Versuch ahmt die physiologischen Verhältnisse nach. Hier wird durch die Kohabitation das gonadotrope Hormon in der Hypophyse mobilisiert und dadurch der eilose Follikel in ein Corpus luteum umgewandelt. Die Punktion des Follikels als solche übt keinen Einfluß auf die Corpus luteum-Bildung aus, d. h. der durch das Anstechen des Follikels experimentell erzeugte Follikelsprung bewirkt

---

[1] WESTMAN, A.: Arch. Gynäk. **156**, 550 (1934).

nicht die Luteinisierung. Ferner konnte WESTMAN beim Menschen durch Transfusion des prolanhaltigen Gravidenblutes in einem nicht mehr funktionierenden, senilen Ovarium, das wohl Follikelreste aber keine Eier enthielt, die Luteinisierung auslösen (s. S. 261). Diese Versuche zeigen also, daß die Luteinisierung unabhängig vom Ei erfolgt.

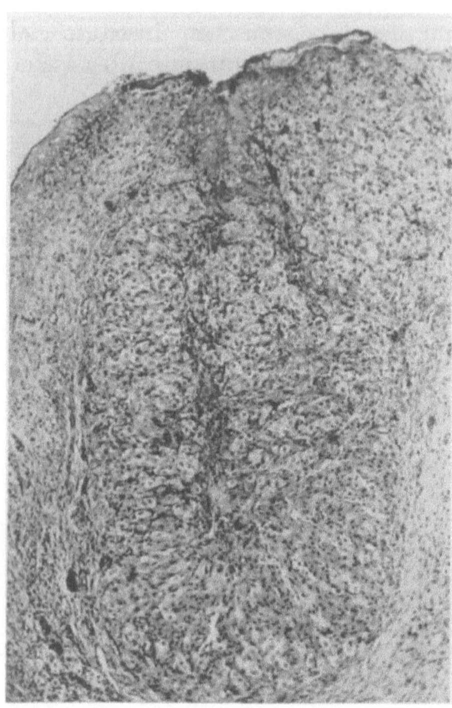

Abb. 123. Corpus luteum-Bildung in einem eilosen Follikel. Follikelkuppe abgeschnitten.

Ergebnis: Das Ei beherrscht nicht das Follikelhormon, das Follikelhormon beherrscht nicht den Follikel. Ei und Follikelhormon stehen nebeneinander, sind funktionell koordiniert, sind nicht voneinander abhängig, werden aber beide vom Hypophysenvorderlappen beherrscht.

Das reifende Ei ist für die Corpus luteum-Bildung ohne jede Bedeutung. Die Corpus luteum-Bildung wird vom Hypophysenvorderlappen dirigiert.

Beide Phasen der weiblichen Genitalfunktion 1. Follikelreifung und Folliculinbildung, 2. Corpus luteum- und Progestinbildung, werden vom Hypophysenvorderlappen, von seinen gonadotropen Hormonen (A und B), beherrscht. Die gonadotropen Hypophysenvorderlappenhormone, die beiden Ovarialhormone und das Ei bilden eine Einheit im funktionellen Sinne. Sie dienen gemeinsam der wichtigsten Funktion des weiblichen Organismus, der Fortpflanzung. Dies geht auch daraus hervor, daß nach Befruchtung des Eies, d. h. in der Schwangerschaft die Hormonverhältnisse wesentlich verändert sind.

33. Kapitel.

Reifung und Segmentierung des Säugetiereies.

Wie wir eben gesehen haben, beherrscht das Ei nicht das Ovarium, regt das Ei nicht die Follikelreifung an. Hat nun umgekehrt der reifende Follikel einen Einfluß auf das Ei? Bewirkt der reifende Follikel die

Eireifung oder führt das Ei ein Eigenleben im Follikel, unabhängig von seinem Wirt? Diese Frage kann am noch nicht geschlechtsreifen Tier studiert[1] werden.

Bei der infantilen 3 Wochen alten Maus befinden sich die Follikel stets im Stadium funktioneller Ruhe. Bei der gleichaltrigen Ratte findet man ziemlich häufig vergrößerte Follikel mit Follikelhöhle und Cumulus oophorus. Daraus muß man schließen, daß die infantile Ratte früher als die Maus unter den Einfluß des gonadotropen Vorderlappenhormons kommt, daß die Prolansekretion (richtiger Prosylansekretion) aber nicht ausreicht, um die Sexualfunktion, d. h. den Oestrus auszulösen. Aus der Tatsache, daß die infantile Maus im Alter von 3 Wochen noch gar keine Reifeerscheinung der Follikel zeigt, wohl aber die Ratte, könnte man schließen, daß letztere früher sexuell reif wird als die Maus. Das Gegenteil ist der Fall. Die Maus wird durchschnittlich schon im Alter von 5—6 Wochen geschlechtsreif (Beginn des Oestrus), die Ratte aber erst nach etwa 10 Wochen. Bei der Ratte besteht — ebenso wie beim Kaninchen — ein längeres juveniles Stadium mit beginnender Follikelreifung aber ohne Folliculinproduktion, bei der Maus geht das infantile Stadium ziemlich unvermittelt in die sexuelle Reife über.

Wie verhalten sich nun die Eier bei Maus und Ratte? Wir hatten schon früher darauf hingewiesen, daß in den Eiern der infantilen 3wöchigen Maus nicht allzu selten Kernteilungsfiguren, Kernknäuel und Kernspindel sowie Reduktionsteilungen auftreten, ohne daß der Follikel zur Reife gelangt. An den Follikelzellen findet man meist Degenerationserscheinungen, bestehend in Pyknose der Kerne, Auftreten von kugeligen mit Hamatein intensiv gefärbten Gebilden und vereinzelten Leukocyten (s. S. 190). Bei der Ratte fand ich folgendes: Im Alter von 10 Tagen befinden sich die Follikel in völliger Ruhe. Unter dem Oberflächenepithel finden sich ziemlich zahlreiche Primordialfollikel. Nach dem Inneren zu folgen kleine Follikel mit wenigen Reihen Granulosazellen, die das Ei umschließen. An diesen Eiern konnte ich keine Kernteilungen nachweisen. Hingegen sieht man bei der 3wöchigen Ratte alle Stadien der Kernteilung: erste Kernspindel, Diaster, Austreten des Richtungskörpers, zweite Kernspindel. Die Verhältnisse sind bei den verschiedenen Ovarien sehr verschieden, zuweilen findet man in einem Ovarium kaum eine Reifeerscheinung des Eies, in einem anderen wieder relativ häufig. Das Austreten von Polkörperchen ist nur sehr selten feststellbar. Die gleichen Befunde konnte ich auch an der juvenilen 50—60 g schweren Ratte erheben.

Bei der infantilen Maus gehen also Kernteilungserscheinungen im Ei vor sich, bevor der Follikel selbst unter dem Einfluß des gonadotropen Vorderlappenhormons zur Reifung kommt. Aus den Befunden bei der

---

[1] ZONDEK, B.: Noch nicht publiziert.

Ratte könnte man nun schließen, daß der Vorderlappen für die Reifungserscheinungen des Eies von Bedeutung ist, da diese sich beim 10 tägigen Tier nicht finden, sondern erst zu einer Zeit, wo der Follikel des infantilen Tieres schon Wachstumserscheinungen zeigt. Auf die Beziehungen des Vorderlappens zur Eireifung gehe ich S. 328—329 noch näher ein.

Die Tatsache, daß man die Kernteilungserscheinungen im wesentlichen in atretischen Follikeln findet, spricht zunächst dafür, daß es sich um regressive Erscheinungen handelt, zumal man an sich in zugrundegehenden Zellen Kernteilungen und sogar Zellteilungen finden kann. Auch bei meinen Präparaten sah ich die Kernteilungen der

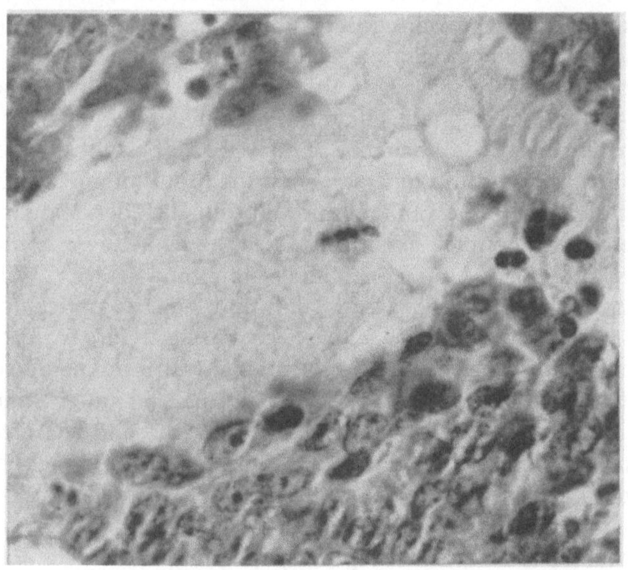

Abb. 124. Juvenile 62 g schwere Ratte. Kleiner Follikel. Ei im Zerfall, Zona pellucida nicht mehr sichtbar. Das Eiplasma hat sich schon mit dem Follikelinhalt vermischt, die Richtungsspindel schwimmt im Follikelsaft.

Eier meist an Follikeln, die Degenerationserscheinungen zeigten. Dabei kann das Ei völlig zerfallen, die Zona pellucida ist nur noch teilweise erhalten, das Eiplasma hat sich bereits mit dem Follikelinhalt vermischt, im Follikelsaft schwimmt aber die noch deutlich sichtbare Richtungsspindel (Abb. 124). Die Spindel kann also länger erhalten bleiben als die Eizelle. Das Präparat stammt von einer juvenilen, noch nicht geschlechtsreifen 62 g schweren Ratte.

Ich habe zunächst über Vorgänge der Eireifung an zugrundegehenden Follikeln berichtet. Die Reifungserscheinung am Ei findet man aber in gleicher Weise auch in kleinen Follikeln, die keine degenerativen Veränderungen erkennen lassen. *Das Ei zeigt also Reifungserscheinungen*

in gesunden, aber hormonal noch nicht funktionierenden Follikeln! Daraus
kann man den Schluß ziehen, daß die Reifungserscheinungen des Eies
sowohl vom Follikel, also von dem das Ei beherbergenden Wirt, wie
von den im Follikel produzierten Hormonen unabhängig sind. Ei
und Follikel, Ei und Follikelhormon beeinflussen sich also gegenseitig
nicht. Das Ei kümmert sich, wenn ich so sagen darf, nicht um seinen
Wirt, der Wirt nicht um seinen Mieter. Das Ei führt sein Eigenleben,
es bereitet sich schon frühzeitig für seinen eigentlichen Zweck, die
Befruchtung vor, obwohl für das Ei in dem kleinen Follikel garnicht die Aussicht besteht aus dem Ovarium befreit zu werden. Diese
frühzeitigen und zwecklosen Reifungserscheinungen enden mit dem Tod
des Eies. Nur dasjenige Ei, dem der Follikel sein Tor öffnet, das aus
der Follikelhöhle — gleichsam aus seinem Gefängnis befreit — auf der
Wanderung durch die Tuben mit dem befruchtungsfähigen Spermatozoon zusammentrifft, kann seinen funktionellen Zweck erfüllen. Besteht diese Auffassung zu Recht, daß das Ei ein Eigenleben führt, daß
es nicht nur von den hormonalen Vorgängen im Ovarium, sondern sogar vom gonadotropen Hypophysenvorder-lappenhormon unabhängig
ist, so ergibt sich damit die neue Frage, welche Kräfte das Ei, insbesondere die Eireifung, leiten. Man könnte sich vorstellen, daß das Ei
in sich selbst die Kraft zur Reifung trägt, oder daß ein besonderes im
Follikelsaft vorhandenes oder entstehendes, bisher noch unbekanntes
Hormon die Eireifung auslöst, oder daß hier kombinierte endokrine
Kräfte wirken. Ist das Ei von den germinativen Zellen und den diese
beherrschenden gonadotropen Vorgängen unabhängig, so ist es nahe-
liegend, daß das Ei besonderen Gesetzen unterliegt. Die hormonalen
Vorgänge im Ovarium dienen zweifellos der Eifunktion, da es ja, wie
Robert Meyer so treffend hervorgehoben hat, nicht der Zweck der
Ovarialfunktion sein kann, den Tod der Uterusschleimhaut, d. h. die
Menstruation, hervorzurufen, sondern den Nährboden für das befruchtete
Ei zu schaffen.

Die Funktion des Eies während seines Aufenthaltes im Ovarium
besteht nur in der Vorbereitung für die Befruchtung, das Ei kümmert
sich aber nicht um die Vorbereitung der zu seiner Nidation erforderlichen Vorgänge in der Uterusschleimhaut. Diese besorgt das Ovarium
unter der Leitung des Hypophysenvorderlappens. *Das Ovarium ist
also der Wirt und gleichzeitig auch der Diener des Eies.*

Hypophysektomie und Eireifung.

Daß die Eireifung auch vom Hypophysenvorderlappen unabhängig
ist, zeigen Untersuchungen[1] der Ovarien hypophysektomierter Tiere.
Ich verdanke das Material Herrn Dr. B. Wiesner (Institute of Animal

---

[1] Zondek, B.: Noch nicht publiziert.

Genetics, Edinbourgh), der mir liebenswürdigerweise Ovarien von 3 Ratten zur Verfügung stellte, die am 27. Lebenstag hypophysektomiert und am 47. Lebenstag getötet wurden. Die Ovarien zeigen die nach der Hypophysektomie typischen regressiven Veränderungen: Man sieht zahlreiche zugrunde gehende Follikel mit degenerierten Eiern, man findet daneben aber große Follikel, die so aussehen, wie bei normalen Tieren. In allen Ovarien fand ich Mitosen, in einem Ovar 7 Eier mit Mitosen.

Abb. 125 zeigt einen mittelgroßen Follikel im Ovarium einer 47 Tage alten Ratte — 20 Tage nach der Hypophysektomie — mit 8 Reihen Granulosazellen und einem Ei mit tangentialer Kernspindel. In den Follikelzellen sieht man einige durchwandernde und zum Teil in die Follikelhöhle eingewanderte phagocytäre Zellen.

Die Mitosen finden sich meist in Eiern, die in Follikeln liegen, durch deren Wand Leukocyten durchwandern, man findet aber auch Reifungsvorgänge in Eiern von ganz normal aussehenden Follikeln.

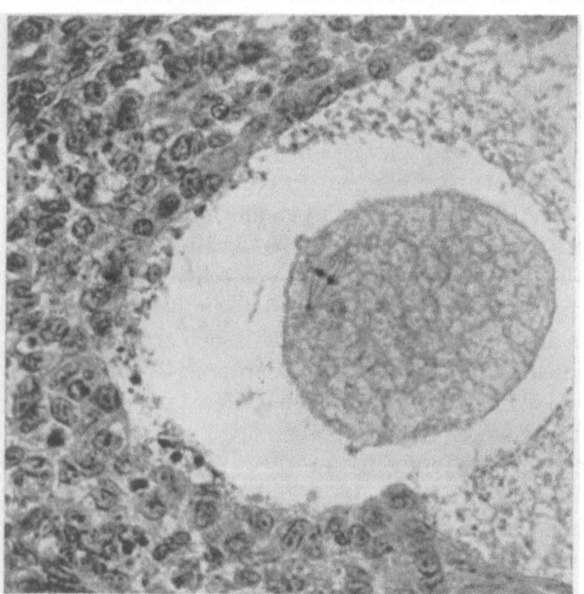

Abb. 125. Ei mit tangentialer Kernspindel in einem mittelgroßen Follikel einer 47 Tage alten vor 20 Tagen hypophysektomierten Ratte.

Somit ergibt sich, *daß Reifungsvorgänge in Eiern vor sich gehen, die nicht mehr unter dem Einfluß der gonadotropen Hormone des Hypophysenvorderlappens stehen!*

O. SWEZY[1] berichtet, daß er bei hypophysektomierten geschlechtsreifen Ratten Neubildung von germinativen Zellen, erhöhte Oogenese und in atretischen Follikeln mitotische Teilung der Eikerne mit Bildung von Polkörpern beobachtet habe.

Um nicht mißverstanden zu werden, möchte ich nochmals betonen, daß das Ei für die hormonale Steuerung der Ovarialfunktion ohne Be-

---

[1] SWEZY, O.: Berkely 1933.

deutung ist, daß Follikelreifung und Folliculinproduktion, Luteinisierung und Progestinproduktion vom Ei unabhängig sind. Dies ist durch die früheren Untersuchungen (s. Kap. 32) als gesichert anzunehmen. Nach der im Vorhergehenden geäußerten Auffassung erhält das Ei aber als eine vom Ovarium unabhängige und eigenen Gesetzen folgende Zelle eine besondere Stellung im Generationsapparat. Die überragende Stellung des Hypophysenvorderlappens bleibt unangetastet, denn ohne Vorderlappen, ohne gonadotropes Hormon ist die Follikelreifung und die Follikelöffnung nicht möglich, ohne Vorderlappen würde das Ei niemals mit dem Spermatozoen zusammentreffen, also niemals seine Funktion erfüllen können. Der Vorderlappen beherrscht den gesamten Generationsvorgang, er beherrscht den Follikel und damit das in ihm eingeschlossene Ei sowie die in den follikulären Zellen sekundär produzierten Ovarialhormone (Folliculin, Progestin). Dabei führt das Ei sein Eigenleben, es ist in seiner Entwicklung vom Follikel und seinen Hormonen und auch vom Vorderlappen unabhängig. Das Ei hat im System eine höhere Stellung als die Ovarialhormone, denn deren Funktion besteht nur darin, den Uterus für das Ei vorzubereiten, damit es seine Funktion nach der Vereinigung mit den Spermatozoen erfüllen kann.

Segmentierung des Eies.

Die bei Säugetiereiern zuweilen auftretenden Segmentierungserscheinungen haben die Anatomen eingehend beschäftigt. Man hat die Segmentierung am häufigsten bei graviden Tieren untersucht, weil die Follikelatresie in diesen Ovarien besonders deutlich ist und segmentierte Eier in atretischen Follikeln häufiger vorkommen. Ich habe die Eisegmentierung an den Ovarien infantiler Tiere studiert [1], wobei ich die Ratte als besonders geeignet fand. Man findet segmentierte Eier sowohl bei der infantilen 3wöchigen, wie bei der juvenilen 6—8wöchigen Ratte. Die Zahl solcher Eier schwankt sehr erheblich, zuweilen findet man überhaupt keine segmentierten Eier, zuweilen sind in einem Ovarium mehrere vorhanden. Häufig liegen sie in atretischen Follikeln. Bei dem Zusammentreffen von Atresie und Eisegmentierung war die Annahme sehr naheliegend, daß beide Prozesse in einem ursächlichen Zusammenhang miteinander stehen. So äußert SPULER [2] die Ansicht, daß möglicherweise in den degenerierenden Granulosazellen Stoffe gebildet werden, welche auf die Eizelle direkt reizend wirken können. L. LOEB [3] sieht die Ursache in geänderten chemischen oder mechanischen Verhältnissen in den atretischen Follikeln. HÄGGSTRÖM [4]

---

[1] ZONDEK, B.: Noch nicht publiziert.
[2] SPULER, A.: Anat. H. 1901, Nr 50.
[3] LOEB, L.: Arch. mikrosk. Anat. 65, 728 (1905). Z. Krebsforsch. 11, 259 (1912).
[4] HÄGGSTRÖM, P.: Acta Gyn. et Obstetr. Scand. 1, 137 (1922).

nimmt veränderte osmotische Druckverhältnisse oder erschwerte Nahrungszufuhr zu der Eizelle in den atretischen Follikeln an.

Follikelreifung durch Prolan und Eisegmentierung[1].

Ist die Eisegmentierung wirklich nur die Folge der Follikelatresie? Wenn es auch auffallend ist, daß man segmentierte Eier häufig in atretischen Follikeln findet, so ist damit noch nicht bewiesen, daß beide Vorgänge ursächlich zusammenhängen. Es wäre natürlich möglich, daß die chemischen Veränderungen, die im Follikelsaft bei der Follikelatresie

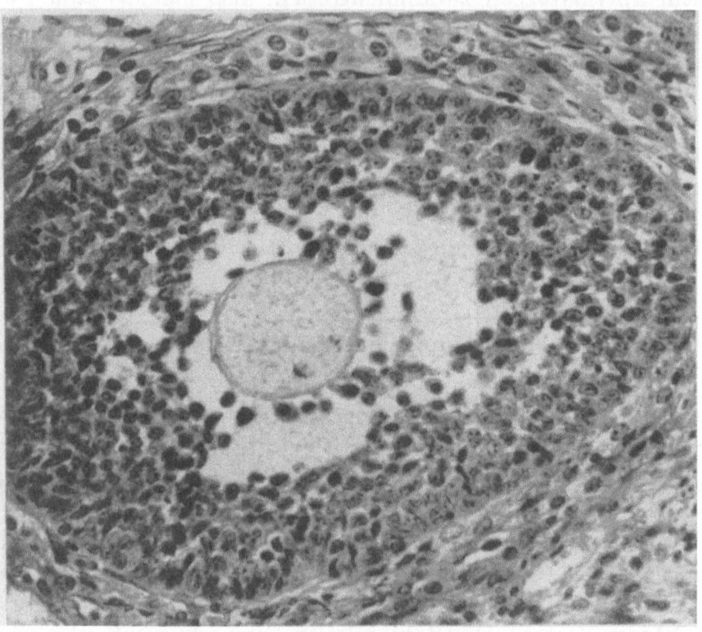

Abb. 126 (R. 5710, Gl. 8, Schn. 13, Vergr. 1:380). Infantile, 30 g schwere Ratte mit 1+60 RE Prolan behandelt. Mittelgroßer Follikel, das Ei im Stadium des Diasters. In der Umgebung des Eies einige Zellen mit großem, dunklem Kern. Die Zona pellucida zeigt Doppelkontur. Beginnende Eidegeneration?

auftreten, ihrerseits das Ei irgendwie beeinflussen. Wenn das Ei auch, wie vorher auseinandergesetzt, als vom Follikel unabhängig betrachtet wird, so könnten doch beim Zugrundegehen des Follikels sekundär Stoffe auftreten, die das unreife oder in Reifung begriffene Ei zur Segmentierung veranlassen.

Um die Frage zu studieren, ob die Segmentierung nur im atretischen Follikel auftritt, schien es mir notwendig, die Follikelreifung bei infantilen Ratten durch Prolan künstlich hervorzurufen, um festzustellen, ob die Segmentierung auch in reifenden, in springenden und luteinisierten Follikeln auftritt. Die Versuche [1] wurden folgendermaßen ausgeführt:

---

[1] ZONDEK, B.: Noch nicht publiziert.

Infantile, 4 Wochen alte, 30 g schwere Ratten erhielten am 1. und 2. Versuchstag zusammen 1 RE Prolan. Zur Zeit der Follikelreifung, d. h. am Abend des 3. und am Morgen des 4. Versuchstages wurde eine zweite Prolandosis gegeben, die zwischen 1 und 60 RE schwankte (s. S. 221). Hierbei leitete mich auch der Gedanke, ob man durch das gonadotrope Hormon einen besonderen Impuls auf das Ei zur Auslösung der Segmentierung und Weiterentwicklung der Eier erzielen kann. Die Befunde seien kurz geschildert.

Man findet an den Eiern zahlreiche Mitosen, die von der Größe des Follikels kaum abhängig sind. So fand ich in einem Ovarium 21 Eier mit Mitosen. Wenn diese Häufigkeit auch auffallend ist, so muß doch gesagt werden, daß man Mitosen auch an infantilen, nicht mit Prolan behandelten Tieren findet, so daß die Zahl der Mitosen wohl nicht als bedeutungsvoll angesehen werden kann.

Im ganzen wurden 18 infantile Ratten mit Prolan behandelt und deren Ovarien in Serienschnitten untersucht. Ich lasse einige Abbildungen von Reifungsvorgängen an Eiern der mit Prolan behandelten Tiere folgen. So sehen wir ein Ei im Stadium des Diasters im mittelgroßen Follikel (Abb. 126 und 127), ein Ei mit Polkörper und

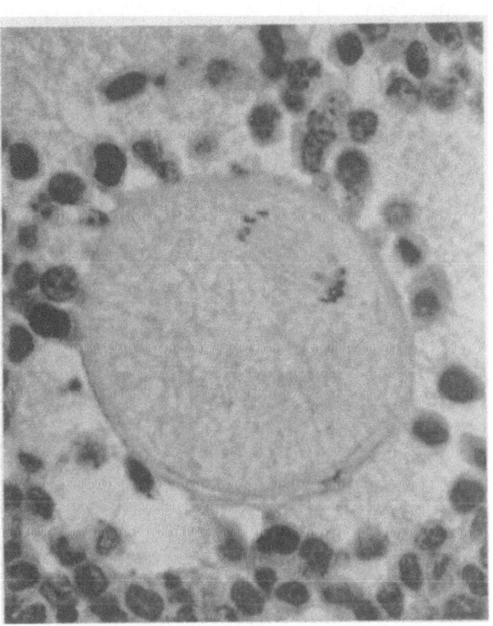

Abb. 127. Abb. 126 in stärkerer Vergrößerung (1:740). Man sieht die Doppelkontur der Zona pellucida.

zweiter Richtungsspindel (Abb. 128) und schließlich reifende Eier auf der Wanderung durch die Tuben, (Abb. 129 und 130), nachdem der Follikelsprung durch Prolan ausgelöst ist. Es sei nochmals betont, daß der Reifungsprozeß in gleicher Weise auch an Eiern von nicht behandelten infantilen Tieren auftritt, daß die Reifung also nicht die Folge der Prolanbehandlung ist. Reifende Eier in den Tuben kommen bei infantilen Tieren allerdings nur nach Prolanzufuhr vor. — Unter 18 Fällen fand ich 13 mal segmentierte Eier. Bei dem gleichen Tier kann man verschiedenartige Phasen finden. So sehen wir z. B. bei der Ratte 5710 einen mittelgroßen Follikel mit Ei im Stadium des Diasters (Abb. 126), einen etwas vergrößerten Follikel mit luteinisierten Thecazellen und segmentiertem Ei (Abb. 132) sowie einen gesprungenen

Follikel, dessen Ei sich in der Tube befindet und eine Richtungsspindel enthält (Abb. 129 u. 130).

Das Tier 5709 zeigt in demselben Ovarium einen mittelgroßen Follikel mit reifendem Ei (Polkörper und zweite Richtungsspindel, Abb. 128) sowie einen sprungreifen Follikel mit segmentiertem Ei (Abb. 133).

Wichtig scheint mir die Tatsache zu sein, daß man in den durch Prolan zur Reifung gebrachten Follikeln segmentierte Eier findet. *Diese Eiveränderungen kommen in großen sprungreifen Follikeln vor* (Abb. 133), *die segmentierten Eier wandern nach dem Follikelsprung in die Tuben* (Abb. 136). *Auch die vergrößerten, vascularisierten und luteinisierten Follikel enthalten segmentierte Eier* (Abb. 134 und 135). Daraus ergibt

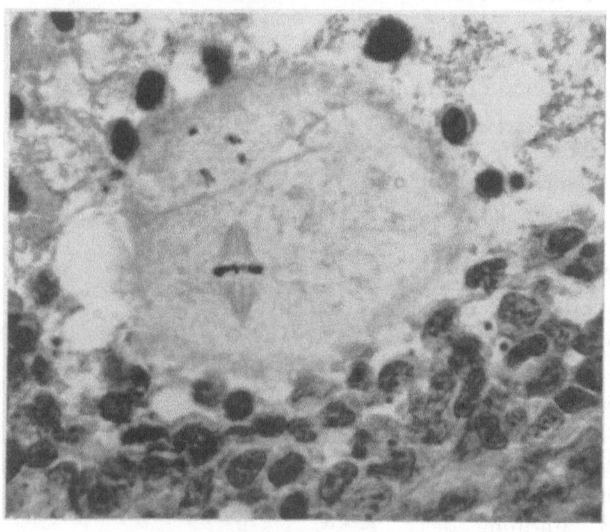

Abb. 128 (R. 5709, Gl. 34, Vergr. 1 : 1120). Infantile, 30 g schwere Ratte mit 1 + 30 RE Prolan behandelt. Mittelgroßer Follikel. Ei mit Polkörper und zweiter Richtungsspindel mit 18 Chromosomen (haploid). In der Umgebung des Eies mehrere Zellen mit großem Kern.

sich, daß die Segmentierung nicht nur in atretischen, sondern auch in den durch Prolan zur Reifung gebrachten Follikeln häufig vorkommt. Der reifende Follikel kann demnach die Segmentierung nicht verhindern. Wäre die Segmentierung eine Folge der Atresie, würde der Reiz zur Segmentierung durch eine durch die Atresie bedingte chemische Veränderung ausgelöst werden, so müßte im reifenden und springenden Follikel die Segmentierung nicht auftreten. Man könnte dagegen einwenden, daß die Eier schon vorher segmentiert waren und durch Prolan die Follikelreifung nur sekundär ausgelöst wurde, wodurch man die segmentierten Eier auch in reifenden Follikeln findet. Die schon vor der Prolanbehandlung segmentierten Eier würden also zufällig in dem durch Prolan gereiften Follikel liegen. Dieser Einwand scheint mir deswegen hinfällig, weil ein atretischer Follikel, der bereits die Eisegmentierung ausgelöst hat, auf Prolan nicht reagiert, also nicht zur Reifung gebracht werden kann. Der atretische Follikel kann sich nicht in einen sprungreifen und springenden Follikel, nicht in ein Corpus luteum umwandeln. Ich glaube aus meinen Versuchen schließen zu können, *daß die Atresie nicht die Ursache der Eisegmentierung sein kann.*

Die segmentierten Eier zeigen mehr oder weniger Degenerationserscheinungen. Diese äußern sich in Cytolyse des Eiplasmas sowie in Anwesenheit von phagocytären Zellen in der Umgebung der Eier. Die Phagocyten dringen schließlich durch die Zona pellucida in das Innere des segmentierten Eies ein.

Daß die Eisegmentierung auch bei nicht mit Prolan behandelten infantilen Ratten vorkommt, geht aus Abb. 138 hervor.

In der Erklärung der Abbildungen spreche ich von chromatischen Körpern. *Zweifellos kommen echte Kerne in den Segmenten vor* (s. Abb. 131), viele dürfen aber meines Erachtens nur als chromatische Körper bezeichnet werden, weil sie an verschiedenartigsten Stellen und häufig mehrfach in demselben Segment liegen. Daß die Eizelle auch bei jungen Tieren durch regelrechten Prozeß die Richtungskörperchen oder denselben ganz gleichende Gebilde liefert, wird von Anatomen anerkannt. So berichtet JANOSIK[1], daß die Eizelle im Ovarium infantiler Tiere nach Bildung der Richtungskörperchen sich weiter teilen kann, wobei die aus der Teilung resultierenden zahlreichen Segmente sämtlich Kerne[2] besitzen.

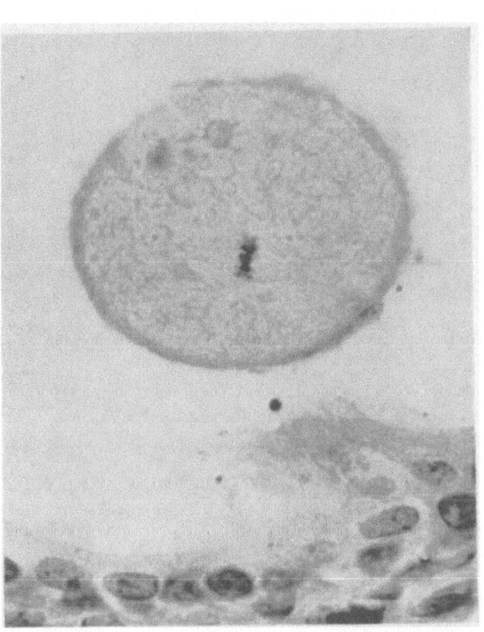

Abb. 129 (R. 5710, Gl. 37, Schn. 1, Vergr. 1 : 1120). Infantile, 30 g schwere Ratte mit 1 + 60 RE Prolan behandelt. Ei in der Tube mit tangentialer Richtungsspindel.

---

[1] JANOSIK, J.: Arch. mikrosk. Anat. **48**, 169 (1897).

[2] E. STRASSMANN (Habilitationsschrift 1932) hat im Ovarium einer geschlechtsreifen Katze ein aus sechs kernhaltigen Segmenten bestehendes Ei beobachtet. Das Ei zeigte degenerative Erscheinungen (eingedrungene Granulosazellen). Die Segmentierung sei amitotisch erfolgt. Mitosen im segmentierten Ei hat STRASSMANN nicht beobachtet.

Was bedeutet die Segmentierung des Eies? Ist die Eisegmentierung nur ein regressiver Vorgang? Ich glaube, daß dies nicht der Fall ist, sondern daß es sich um verschiedene Prozesse handelt:

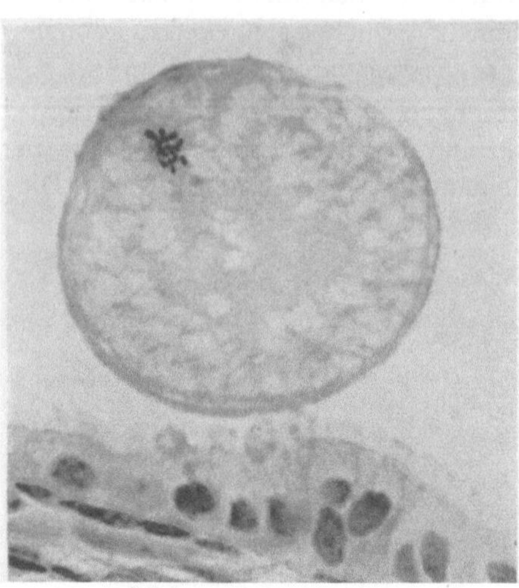

Abb. 130. Ein zweites Tubenei (Tier 5710, Abb. 129) in Prophase der Richtungsmitose.

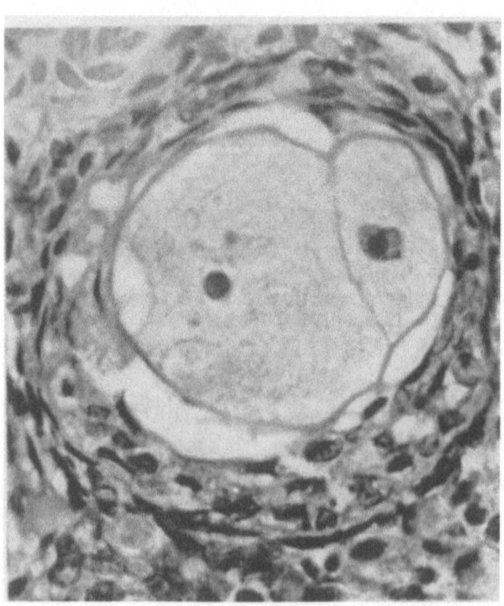

Abb. 131 (R. 5750, Gl. 17, Schn. 9, Vergr. 1:750). Infantile, 30 g schwere Ratte erhält 1 + 3 RE Prolan. Kleiner Follikel mit 3 Zellagen, ausgefüllt von einem aus 2 Segmenten bestehenden Ei. Die Segmente sind ungleich groß, liegen aneinander und enthalten Kerne. Der Kern der größeren Zelle ist von einem hellen Hof umgeben, das Zellplasma zeigt Aufhellung (Cytolyse).

1. Da das Ei Reifungserscheinungen zeigt, da gleichgroße Eisegmente mit regelrechtem Kern und Mitosen vorkommen, so muß man auch mitotische Teilung des Eies annehmen. Ist die Reifung nicht erfolgt, so dürfte es sich um eine amitotische Teilung handeln. So vertritt auch SPULER[1] die Auffassung, daß es bei den in atretischen Follikeln des Säugetierovariums sich findenden Prozessen um verschiedenartige Vorgänge handele. Entweder um Mitosen, höchstwahrscheinlich unreifer Eizellen, um der typischen Richtungskörperbildung entsprechende Vorgänge oder schließlich um Erscheinungen mitotischer Teilung nach abgelaufener Richtungskörperbildung, die denjenigen entsprechen, die sonst nach erfolgter Befruchtung eintreten.

2. Häufiger als die Teilung tritt ein Vorgang auf, der meines Erachtens durch *Auseinanderweichen der Chromosomen* bedingt ist, die sich sekundär mit Plasma umgeben, so daß sich Segmente mit mehreren, unregelmäßig verteilten chromatischen Körpern bilden. Zur Begründung dieser Auffassung führe ich an, daß bei der

---

[1] SPULER, A.: Anat. H., Abt. I: **16**, 87 (1901).

Rekonstruktion[1] eines aus 12 Segmenten bestehenden Eies 71 chromatische Körper gezählt wurden. Die Chromosomenzahl beträgt bei der Ratte nach ALLEN 18, 19 (haploid) und 37, 38 (diploid). Wie VAN DER STRICHTS an den Chromosomen der mehrere Wochen oder Monate bestehen bleibenden ersten Richtungsspindel des Thysanozooneies gezeigt hat, können sich die isolierten Chromosomen zu kleinen Kernen umbilden, eine Auffassung, der auch SPULER beipflichtet. Wie aus meinen Abbildungen hervorgeht, bilden sich die zerstreuten Chromosomen hier nicht zu Kernen um, sondern bleiben als abgerundete kleine chromatische Körper bestehen, die sich mit Plasma umgeben.

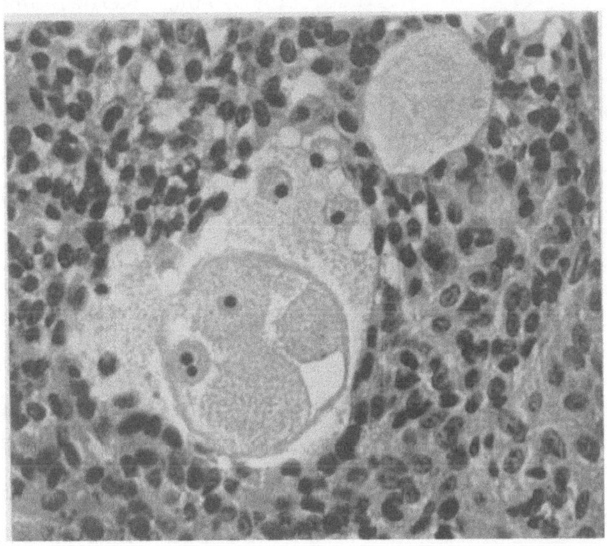

Abb. 132 (R. 5710, Gl. 6, Schn. 3, Vergr. 1:440). Infantile, 30 g schwere Ratte mit 1+60 RE Prolan behandelt. Etwas vergrößerter Follikel mit vascularisierten und luteinisierten Thecazellen. Das Ei enthält 4 verschieden große Segmente, zwei sind kernlos, ein Segment enthält einen, das kleinste Segment zwei chromatische Körper. Cytolyse. Im oberen Pol der Follikelhöhle sieht man drei runde, mit dunklem Kern versehene Zellen (phagocytäre Granulosazellen), die sich anscheinend auf der Wanderung zum Ei befinden.

3. Die segmentierten Eier zeigen zweifellos Degenerationserscheinungen (Cytolyse, Phagocytose). Der regressive Prozeß tritt als sekundärer Vorgang ein, da der Impuls zur Reifung, Teilung oder Ausstreuung der Chromosomen schnell abklingt, so daß das progressiv vorwärts getriebene Ei schnell dem Untergang anheimfällt und schließlich ein Raub der phagocytären Zellen wird.

4. Außerdem tritt ein scholliger Zerfall des Eies auf, wobei die einzelnen Segmente keine Kerne oder chromatischen Körper enthalten. Hierbei handelt es sich um einen rein degenerativen Vorgang.

---

[1] Herrn Professor NILS HOLMGREN, Zootomisches Institut der Universität Stockholm, möchte ich für seine freundliche Unterstützung auch an dieser Stelle bestens danken.

Hypophysektomie und Eisegmentierung. Ist die Eisegmentierung vom Hypophysenvorderlappen abhängig? Ich fand in den Ovarien von hypophysektomierten 47 Tage alten Ratten dieselben Segmentierungsvorgänge wie bei den nicht hypophysektomierten Tieren. In kleinen Follikeln beobachtet man häufig schollligen Zerfall der Eier ohne Kerne, man findet aber sowohl in kleinen wie in großen Follikeln auch Segmente mit Kernen oder chromatischen Körpern und auch Segmente mit Kernspindeln. Als Beispiel führe ich an:

Abb. 139 (R II, 47 Tage alte vor 20 Tagen hypophysektomierte Ratte). In einem kleinen Follikel 5 Zellen von ungleicher Größe, an denen Zelle I einen Kern, Zelle II eine Kernspindel enthält. In Zelle III ist ein kleiner Kern vorhanden (auf der Photographie nur angedeutet), während Zelle IV keinen Kern enthält. Zelle V zeigt Cytolyse.

Abb. 140 (R I, 47 Tage alte vor 20 Tagen hypophysektomierte Ratte). Mittelgroßer Follikel mit 8 Reihen Granulosezellen. 3 Eisegmente, von denen zwei eine Kernspindel, das dritte einen Polyaster enthält. Hier handelt es sich wahrscheinlich schon um die Teilung von Tochterzellen. Die Segmente zeigen Vacuolenbildung (Degeneration). Diese

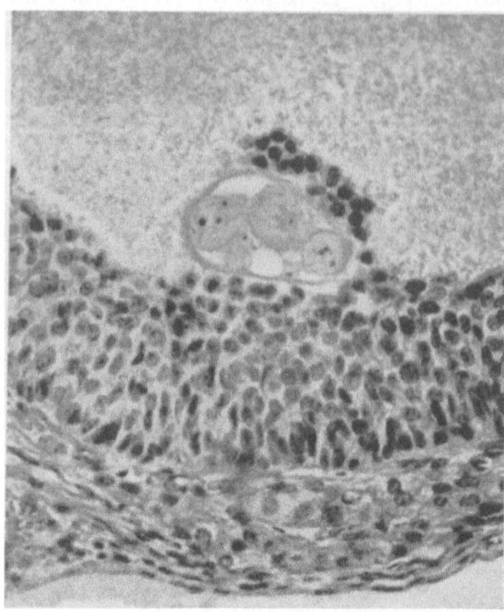

Abb. 133 (5709, Gl. 46, Schn. 7, Vergr. 1 : 320). Infantile, 30 g schwere Ratte mit 1 + 30 RE Prolan behandelt. Sprungreifer Follikel. Das Ei enthält 5 verschieden große Segmente, die zusammen 10 chromatische Körper enthalten. Cytolyse. Das Ei ist von Granulosazellen mit großen dunklen Kernen umgeben.

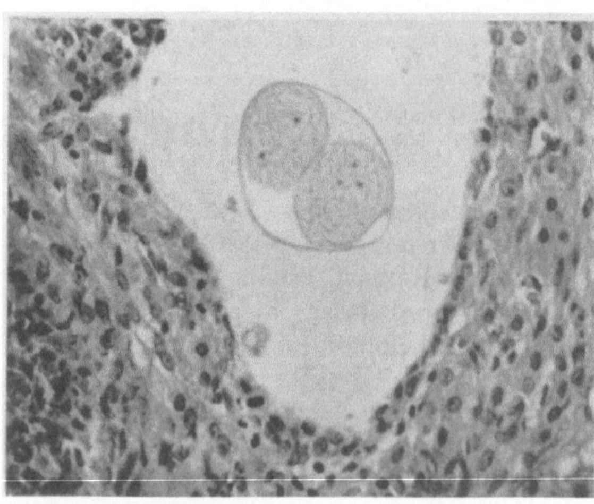

Abb. 134 (R. 5710, Gl. 9, Schn. 5, Vergr. 1 : 360). Infantile, 30 g schwere Ratte mit 1 + 60 RE Prolan behandelt. Großer partiell luteinisierter Follikel. In der Follikelhöhle schwimmt ein Ei, das aus zwei Segmenten besteht, die zusammen 5 chromatische Körper enthalten. Cytolyse.

Abbildung ist gezeichnet worden, weil die Kernspindeln sich in *einer* Photographie nicht darstellen ließen[1].

Die vorliegenden Beobachtungen ergeben:

1. *daß die Eisegmentierung — ebenso wie die Eireifung — vom Hypophysenvorderlappen unabhängig ist,*

2. *daß die Eisegmentierung auch beim hypophysektomierten Tier mitotisch, also als Eiteilung erfolgen kann.*

Parthenogenese und *Eisegmentierung.* Handelt es sich bei der Eisegmentierung um einen parthenogenetischen Vorgang? Diese Frage

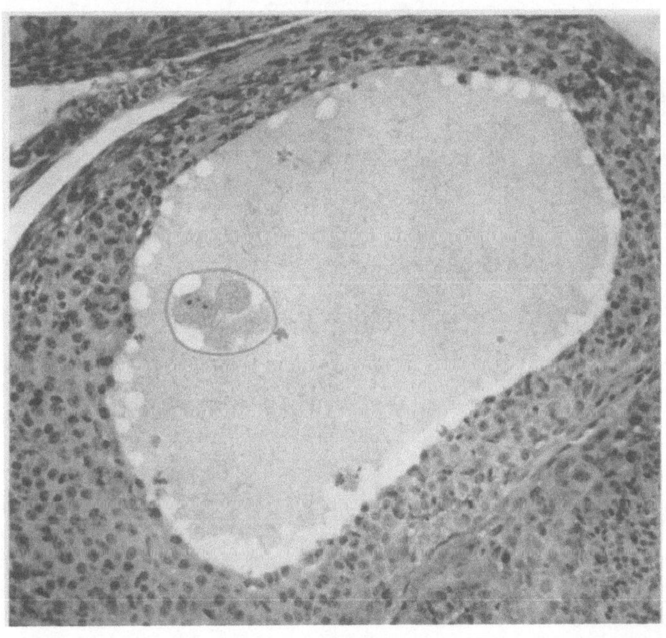

Abb. 135 (R. 5709, Gl. 41, Schn. 6, Vergr. 1:210). Infantile, 30 g schwere Ratte mit 1 + 30 RE Prolan behandelt. Großer, luteinisierter, stark vascularisierter Follikel, in dessen Höhle ein aus mehreren Segmenten bestehendes Ei schwimmt. Ein Segment enthält 3 chromatische Körper. Cytolyse.

ist in der Literatur eingehend behandelt worden. Die Tatsache, daß die Eisegmente in der Größe nicht unerheblich differieren, spricht an sich nicht gegen einen parthenogenetischen Vorgang. Auch bei der Parthenogenese des Kaltblüters sieht man häufig unregelmäßiges Auftreten und unregelmäßigen Verlauf der Furchen, Kernteilung ohne nachfolgende Plasmateilung, mehrere Kerne und Strahlungen in den Blastomeren, sowie andere Anomalien bei den mitotischen Teilungen (J. LOEB, BATAILLON, HENNEGUY, BRACHET, BOSAEUS u. a.). Nach meinen Ergebnissen ist die Eisegmentierung nicht nur die Folge der Follikelatresie. Da man Eireifung und auch mitotische Eiteilung beobachtet, so kann man die parthenogenetische Fort-

---

[1] ZONDEK, B.: Noch nicht publiziert.

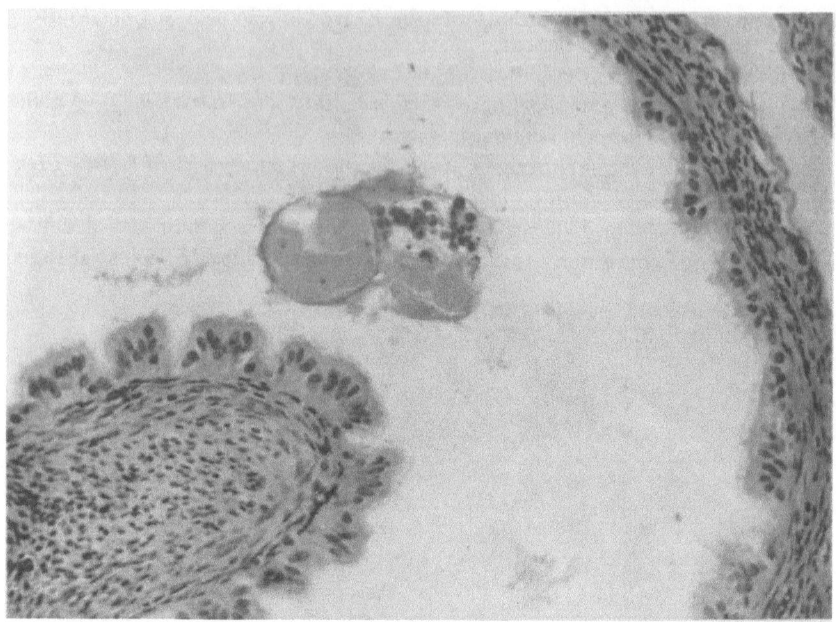

Abb. 136 (R. 5630, Gl. 46, Schn. 4, Vergr. 1 : 270). Infantile, 30 g schwere Ratte mit 1 + 30 RE Prolan behandelt. Tubenei, aus 5 verschieden großen Segmenten bestehend, die zusammen 4 chromatische Körper enthalten. Dem Ei haften Granulosazellen an.

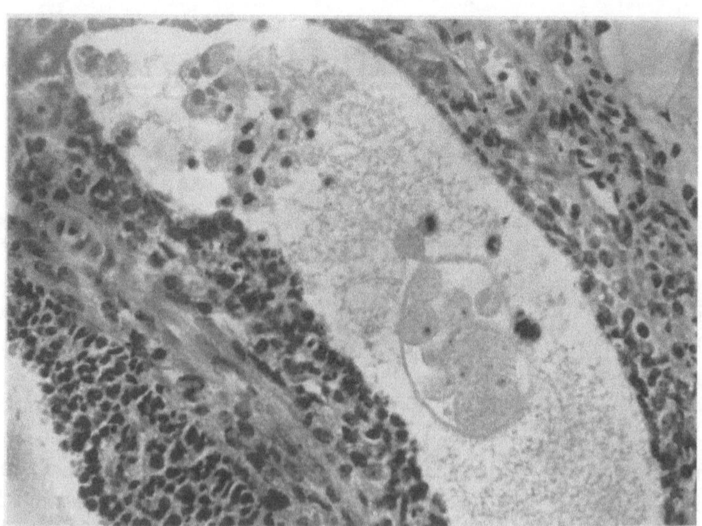

Abb. 137 (R. 5706, Gl. 16, Vergr. 1 : 400). Infantile, 30 g schwere Ratte mit 1 + 3 RE Prolan behandelt. Langgestreckter Follikel, dessen Ei auf diesem Schnitt 7 Segmente mit zahlreichen chromatischen Körpern enthält. Im ganzen wurden in diesem Ei 16 Segmente gezählt. Cytolyse. In direkter Nähe des Eies befinden sich mehrere phagocytäre Zellen. Im oberen Pol der Follikelhöhle sieht man sehr zahlreiche, großkernige Zellen, die sich anscheinend auf dem Wege zum Ei befinden.

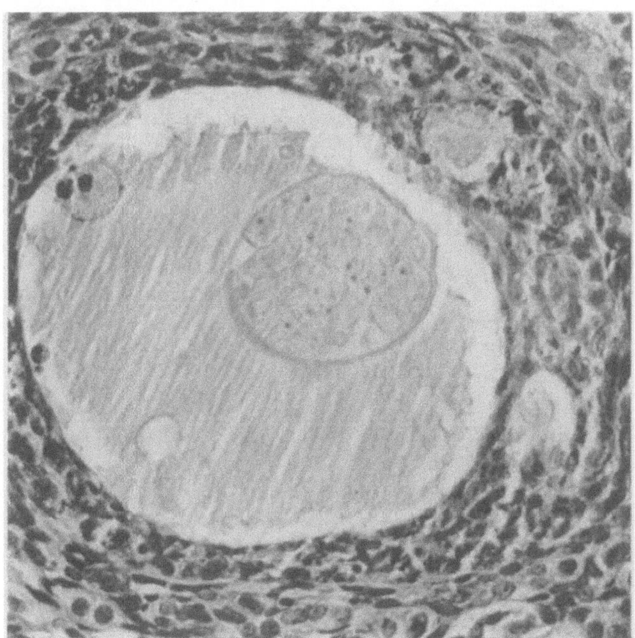

Abb. 138 (R. 5757, Gl. 11, Schn. 10, Vergr. 1:470). Infantile, 30 g schwere Ratte, Kontrolltier. Mittel-großer Follikel, dessen Ei viele unscharf voneinander abgegrenzte Segmente mit zahlreichen chromatischen Körpern enthält. Cytolyse.

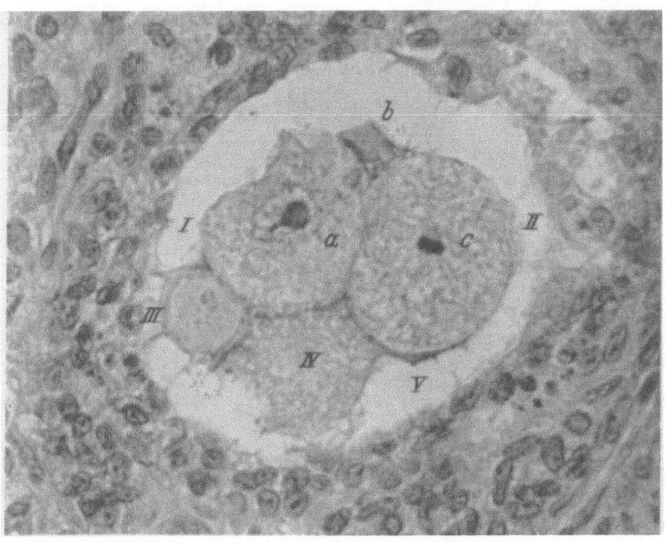

Abb. 139. Segmentiertes Ei in einem kleinen Follikel einer vor 20 Tagen hypophysektomierten 47 Tage alten Ratte (R II). Zelle I enthält einen Kern, Zelle II eine Kernspindel. In Zelle III ist der kleine Kern in der Photographie nur angedeutet. Zelle IV ist kernlos, Zelle V zeigt Cytolyse.

22*

entwicklung des Säugetiereies nicht negieren. Ich möchte glauben, daß das Ei, das schon frühzeitig das Bestreben zur Reifung zeigt, auch ohne Befruchtung sich fortentwickeln kann, daß dieser parthenogenetische Impuls aber nur einen abortiven Effekt auslöst, so daß sich bald degenerative Erscheinungen im Ei zeigen und das Ei zugrunde geht. Der degenerative Prozeß folgt also unmittelbar auf den progressiven.

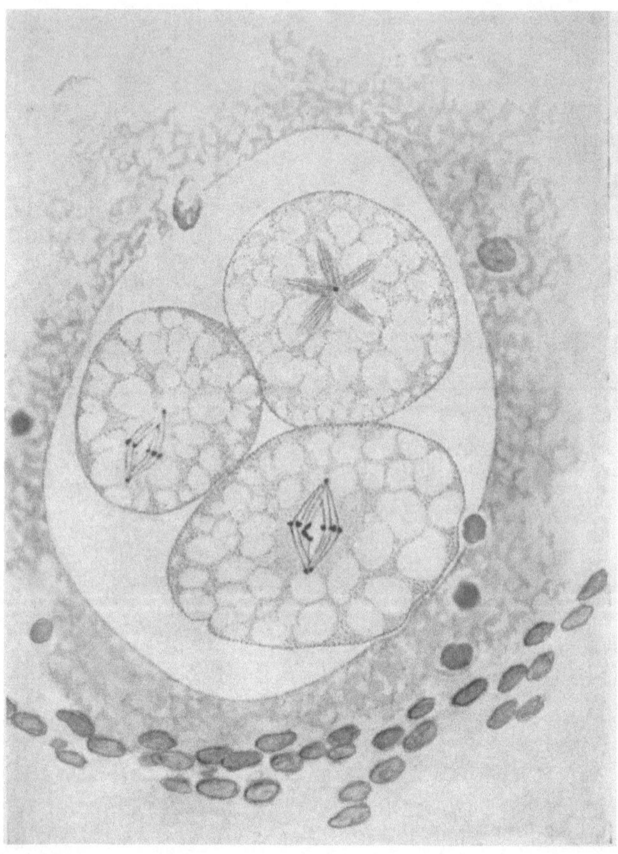

Abb. 140. 3 Eizellen in einem mittelgroßen Follikel einer vor 20 Tagen hypophysektomierten 47 Tage alten Ratte. 2 Zellen enthalten Kernspindeln, die 3. einen Polyaster (Zeichnung).

34. Kapitel.

Der Hypophysenvorderlappen, die hormonotrope Drüse.

Durch meine in den vorangehenden Kapiteln geschilderten Versuche war bewiesen, daß im Hypophysenvorderlappen ein gonadotroper Wirkstoff produziert wird, daß die Sexualdrüsen funktionell von einer anderen übergeordneten endokrinen Drüse abhängig sind. Die Aufdeckung dieser

Beziehungen hat die Hormonforschung allgemein beeinflußt, denn in den Folgejahren wurde dem Hypophysenvorderlappen in seiner Eigenschaft als übergeordneter Drüse große Aufmerksamkeit geschenkt. Schon früher bekannte Befunde wurden überprüft und in neuen mühevollen Untersuchungen eine Reihe wichtiger Ergebnisse erzielt. Danach hat es den Anschein, als ob die Hormonbildung schlechthin unter der Leitung des Hypophysenvorderlappens steht. Die Einzelheiten der in den letzten Jahren ausgeführten Untersuchungen seien im folgenden kurz dargestellt.

Das thyreotrope Hormon. In schon lange zurückliegenden Untersuchungen zeigten ADLER[1], ALLEN[2] sowie P. E. SMITH[3], daß die Exstirpation der Hypophyse eine Atrophie der Schilddrüse bewirke. Nach Injektion von Vorderlappenextrakten sahen UHLENHUTH u. SCHWARTZBACH[4] bei der Kaulquappe Beschleunigung der Metamorphose mit verstärkter Schilddrüsentätigkeit. Die Autoren nahmen bereits an, daß die spezifische Funktion des Vorderlappens darin bestände, die Entleerung des Schilddrüsensekrets in die Blutbahn zu bewirken. Die Kenntnis eines spezifischen, im Hypophysenvorderlappen produzierten thyreotropen Hormons verdanken wir insbesondere L. LOEB[5] und ARON[6]. Die Autoren zeigten, daß die ruhende Schilddrüse des Meerschweinchens unter der Wirkung von Hypophysenvorderlappenextrakten zu gesteigerter Tätigkeit angeregt wird. Die erhöhte Sekretion ist morphologisch an der Wucherung des Epithels und dem Schwinden des färbbaren Kolloids kenntlich. Diese Veränderungen gehen mit Abnahme des Jodgehaltes der Schilddrüse, Erhöhung des Blutjodspiegels, Glykogenverarmung der Leber und Steigerung des Grundumsatzes einher, also mit den für die Hyperfunktion der Schilddrüse typischen Symptomen (SIEBERT u. SMITH[7], JANSSEN u. LOESER[8], GRAB[9]). Die Reaktionsfähigkeit der verschiedenen Tiere auf das thyreotrope Hormon ist — dasselbe fand ich beim Prolan — recht verschieden. THURSTON stellte folgende Reihenfolge fest: Meerschweinchen, Vogel, Katze, Kaninchen, Ratte, Maus. Daß das Hormon auch beim Kaltblüter (Axolotl) wirksam ist, haben CREW u. WIESNER[10] nachgewiesen. Umgekehrt ist der Hormongehalt des Hypophysenvorderlappens beim Meerschweinchen sehr klein, bei der Ratte aber sehr groß. Es sieht, wie L. LOEB betont, hierbei so aus, als ob auf diese Weise ein Überschuß auf der einen durch ein Defizit auf der anderen Seite ausgeglichen würde, um so bei einer bestimmten Tierart das Niveau der Schilddrüsensekretion aufrechtzuerhalten.

---

[1] ADLER, L.: Arch. Entw.mech. **39**, 21 (1914).

[2] ALLEN, B. M.: Science (N. Y.) **44**, 735 (1916).

[3] SMITH, P. E.: Anat. Rec. **11**, 57 (1916).

[4] UHLENHUTH, E. a. SCHWARTZBACH, S.: Brit. J. exper. Biol **5**, 1 (1927). Proc. Soc. exper. Biol. a. Med. **26**, 149, 151—153 (1928/29).

[5] LOEB, L.: J. metabol. Res. **40**, 199 (1919). Proc. Soc. exper. Biol. a. Med. **41**, 283 (1920); **26**, 860 (1929); **27**, 490 (1930); **28**, 209 (1930); **30**, 1335 (1933). Klin. Wschr. **1932**, 2121, 2156..

[6] ARON, M.: C. r. Soc. Biol. Paris **102**, 682 (1929); **103**, 702; **105**, 581 (1930); **110**, 716 (1932); **114**, 20 (1933).

[7] SIEBERT, W. J. a. SMITH, R. S.: Proc. Soc. exper. Biol. a. Med. **27**, 622 (1930).

[8] JANSSEN u. LOESER: Arch. f. exper. Path. **163**, 517 (1931).

[9] GRAB: Klin. Wschr. **29**, 1216 (1932).

[10] CREW u. WIESNER: Brit. med. J. **3616**, 777 (1930).

Die Darstellung des thyreotropen Hormons ist in den letzten Jahren durch die Arbeiten verschiedener Autoren gefördert worden, so daß man zu leidlich gereinigten Präparaten kam. So geben JUNKMANN u. SCHOELLER an[1], daß sie aus Rinderhypophysenvorderlappen thyreotropes Hormon fast quantitativ mit einem Reinheitsgrad von 20 Meerschweincheneinheiten pro Milligramm extrahieren konnten. Bei weiterer Reinigung, die mit großen Verlusten verbunden war, erhielten sie Präparate von 120 Einheiten pro Milligramm. Die Präparate sind äußerst hitzeempfindlich, sie werden schon durch kurzes Erwärmen auf 60⁰ stark geschädigt, durch Aufkochen zerstört, sie haben also bezüglich der Thermostabilität ähnliche Eigenschaften wie das Prolan. Im Gravidenharn wird das thyreotrope Hormon im Gegensatz zum Prolan nicht ausgeschieden (L. LOEB), auch in der Placenta ist der thyreotrope Wirkstoff nicht nachweisbar (KLEIN[2]).

Nach der Kastration wird Prolan im Hypophysenvorderlappen in erhöhter Menge produziert, auch der Blutspiegel und die Prolanausscheidung im Harn sind vermehrt (s. Kap. 43 u. 44, 4). Gleichartige Veränderungen fand ARON auch beim thyreotropen Hormon, auch hier eine Hormonvermehrung im Blute Kastrierter. Dadurch wird, worauf J. BAUER hinweist, verständlich, daß man nach dem Ausfall der Ovarialfunktion im Klimakterium häufiger Zeichen von Hyperthyreoidismus findet. Der regulatorische Mechanismus zwischen Vorderlappen und Schilddrüse äußert sich darin, daß im Harn von Hyperthyreoiden eine Vermehrung des thyreotropen Hormons auftritt (ARON).

Zweifellos wird die Kenntnis des thyreotropen Vorderlappenhormons auch für die Pathologie (Basedowsche Krankheit) von Bedeutung sein.

Das adrenotrope (corticotrope) Hormon. Nach Hypophysektomie tritt eine weitgehende Atrophie der Nebenniere auf, die bis auf ein Fünftel der normalen Größe zurückgehen kann (ASCOLI u. LEGNANIE, SMITH u. HRAESER), woraus hervorgeht, daß die Hypophyse einen Einfluß auf die Nebenniere ausübt. Dafür sprechen auch klinische Beobachtungen. Bei Akromegalie findet man häufig hyperplastische Nebennieren mit klinischen Zeichen der Überfunktion der Nebenniere (FALTA, J. BAUER). Besonders wichtig scheint mir das von CUSHING[3] beschriebene Krankheitsbild zu sein, das durch ein basophiles Adenom des Vorderlappens bedingt ist und sich in folgendem Symptomenkomplex äußert: Fettsucht, besonders am Stamm und Gesicht (Vollmondgesicht), bei freibleibenden Extremitäten, Zurückbleiben des Wachstums, Hypertonie mit plethorischem Aussehen, niedrigem Grundumsatz infolge verminderter Schilddrüsenfunktion, Hyperglykämie und Glykosurie. Die Krankheit, die meist bei jungen Frauen auftritt, führt zur Amenorrhöe und Hypoplasie des Uterus. Bei den 9 von CUSHING durch Obduktion gesicherten Fällen von basophilem Adenom war 8mal eine Hyperplasie der Nebennierenrinde nachweisbar, sie fehlte nur in einem von J. BAUER beobachteten Fall. Während CUSHING[4] das von ihm beschriebene Krankheitsbild als hypophysär auffaßt, glaubt BAUER, daß die Symptome interrenal bedingt sind, da es sich um ein

---

[1] JUNKMANN, K. u. SCHOELLER, W.: Klin. Wschr. **28**, 1176 (1932).
[2] KLEIN: C. r. Soc. Biol. Paris **102**, 1070.
[3] CUSHING: Brit. med. J. **3469**, 1 (1927).
[4] Neuerdings gelang es THOMPSON u. CUSHING [Proc. roy. Soc. Lond. (B) **115**, 88 (1934)] durch 3monatige Injektion von Hypophysenvorderlappenextrakten bei zwei Hunden die Symptome des hypophysären Basophilismus experimentell zu erzeugen!

Krankheitsbild handele, wie es auch bei Tumoren der Nebennierenrinde (Interrenalismus) beobachtet wird. Diese divergierende Auffassung läßt sich dadurch klären, daß im Hypophysenvorderlappen — wahrscheinlich auch in den basophilen Zellen — ein die Nebenniere mobilisierendes Hormon produziert wird. Dadurch ist es verständlich, daß primäre Veränderungen im Hypophysenvorderlappen Symptome auslösen, wie sie als Reaktionen von Nebennierenstörungen klinisch bekannt sind. — Daß der Hypophysenvorderlappen einen wesentlichen Einfluß auf die Nebenniere und die dadurch bedingte Zuckerregulierung ausübt, geht insbesondere aus den Arbeiten von HOUSSAY[1] und seinen Mitarbeitern hervor. Die Autoren zeigten, daß im Hypophysenvorderlappen ein dem Insulin antagonistisch wirkender Stoff produziert wird. Bei Kröten, die nach Pankreasexstirpation diabetisch wurden, hörte die Zuckerausscheidung auf, wenn gleichzeitig der Hypophysenvorderlappen exstirpiert wurde. Injiziert man diesen Tieren wieder Vorderlappenextrakt, so werden die Tiere wieder diabetisch (HOUSSAY u. BIASOTTI[2]). Hypophysenlose Hunde zeigten sich gegen Insulin wesentlich empfindlicher.

Die genannten Untersuchungen hatten bereits darauf hingewiesen, daß im Vorderlappen ein das Nebennierenrindenhormon mobilisierender Stoff vorhanden sein müsse. Der Beweis für die Existenz dieses adrenotropen Hormons wurde von COLLIP[3] und seinen Mitarbeitern erbracht. Es gelang ihnen, aus dem Vorderlappen einen besonderen, mit keinem der bisher bekannten Vorderlappenhormone identischen Stoff zu extrahieren und mit mit diesem die Atrophie der Nebennierenrinde bei hypophysektomierten Tieren zu beseitigen. Diese Befunde wurden von ANSELMINO, HOFFMANN u. HEROLD[4] bestätigt, die zum Nachweis des adrenotropen (corticotropen) Hormons die infantile weibliche Maus benutzten. Nach Zufuhr des Hormons tritt eine beträchtliche Vergrößerung der Nebennierenrinde auf, die im wesentlichen auf einer Vermehrung der Zellelemente in der Mittelschicht (Zona fasciculata) beruht. Die in radiärer Anordnung aufgebaute Zona fasciculata ist bis auf das 1,5—2fache ihrer ursprünglichen Größe verbreitert, wobei sich die einzelnen Zellelemente wesentlich vergrößert haben, so daß die Abgrenzung der einzelnen Zellen in ihrem Zellverband kaum noch möglich ist. Das gehäufte Auftreten von Kernteilungsfiguren deute auf eine Kernvermehrung hin. Die unmittelbar unter der Nebennierenkapsel liegende Zona glomerulosa zeigt geringere Veränderungen, die innerste Schicht, Zona reticularis, bleibt unverändert. Die Nebennierenrinde, insbesondere die Zona fasciculata, zeigt starke Zunahme des Fettgehaltes, aber auch in der Zona glomerulosa treten sudanophile Substanzen auf. Die beschriebenen Veränderungen lassen sich mit 5—7 Injektionen des aus 10 mg Hypophysenvorderlappen extrahierten Hormons erzielen und erreichen 5 Tage nach Beginn der Injektion ihr Maximum. Das corticotrope Hormon scheint nicht so empfindlich zu sein wie Prolan und das thyreotrope Hormon, denn es verträgt 15 Minuten langes Erhitzen auf 60°, und selbst durch 15 Minuten langes Kochen auf dem Wasserbad wird es nur teilweise zerstört. Das Hormon läßt sich durch Schütteln mit Wasser aus Acetontrockenpulver von frischen Hypophysenvorderlappen extrahieren. Das wäßrige Extrakt wird der Ultrafiltration unterworfen, im

---

[1] HOUSSAY: Klin. Wschr. **1933**, 773 (Zusammenfassung).
[2] HOUSSAY u. BIASOTTI: Ber. Physiol. **64**, 143.
[3] COLLIP, ANDERSON u. THOMSON: Lancet **5737**, 347 (1933).
[4] ANSELMINO, K. J., HOFFMANN, F. u. HEROLD, L.: Klin. Wschr. 6, 209 (1934). Arch. Gynäk. **157**, 86 (1934).

neutralen Ultrafiltrat befindet sich nach Angabe der Autoren adrenotropes Hormon, Fettstoffwechselhormon und pankreatropes Hormon. Durch Ultrafiltration bei schwach saurer Reaktion (pH : 4,5—5,5) wird das Fettstoffwechselhormon abgetrennt, wo durch man eine Lösung erhält, die nur noch adrenotropes und pankreatropes Hormon enthält.

Parathyreotropes, pankreatropes, lactotropes Hormon. Daß Beziehungen zwischen Hypophysenvorderlappen und den Epithelkörperchen bestehen, geht aus den Untersuchungen von SMITH[1] hervor, der bei hypophysektomierten Kaulquappen und Ratten degenerative Veränderungen der Epithelkörperchen beobachtete. KÖSTER u. GEESINK[2] beschrieben entsprechende Veränderungen bei hypophysektomierten Hunden. Umgekehrt beobachtete CUSHING[3] bei seinen Fällen von basophilem Adenom des Vorderlappens eine Vergrößerung der Epithelkörperchen. Mit thermolabilen Vorderlappenextrakten konnten ANSELMINO, HEROLD u. HOFFMANN[4] eine Vergrößerung der Epithelkörperchen auf das 2—3fache erzielen. Histologisch stellten sie eine Zunahme der hellen Hauptzellen und eine Abnahme der dunklen Hauptzellen fest, so daß diese nur einen in der Peripherie des Organs gelagerten Restanteil der Epithelmasse bilden. Die oxyphilen Zellen, die sich bei den Kontrolltieren in geringer Zahl finden, schwinden nach Zufuhr der Vorderlappensubstanz völlig. Diese Wirkungen wurden bei männlichen Ratten im Gewicht von 140—180 g mit Extraktmengen entsprechend = 20—50 mg Vorderlappentrockensubstanz erzielt. Die Extrakte bewirken bei Hunden und Ratten eine Erhöhung des Blutkalkspiegels, bei letzteren stieg der Blutkalkwert 3—6 Stunden nach der Injektion — Extrakt aus 200 mg Trockensubstanz — von 9,2 mg% auf 12 mg%. Hingegen war bei parathyreopriven Ratten eine Erhöhung des Blutkalkspiegels nicht zu erzielen, woraus geschlossen wird, daß die den Blutkalk steigernde Wirkung der Extrakte auf Aktivierung der Epithelkörperchen und einer gesteigerten Ausschüttung von Nebenschilddrüsenhormon beruhe. Die Autoren lassen die Frage offen, ob die geschilderten Veränderungen als Wirkung eines besonderen parathyreotropen Hormons des Vorderlappens anzusprechen sind.

ANSELMINO, HEROLD u. HOFFMANN haben mit Vorderlappenextrakten eine Vergrößerung der Pankreasinseln mit vermehrtem Auftreten von jungen neugebildeten Inseln erzielt. Sie nehmen an, daß im Vorderlappen ein besonderer pankreotroper Stoff gebildet wird, der die Tätigkeit des insulinären Apparates kontrolliert und damit ein Gegenspieler des adrenotropen Hormons ist. Damit würden im Hypophysenvorderlappen zwei Wirkstoffe zur Regulierung des Zuckerhaushaltes gebildet werden: 1. ein insulinotropes Hormon und 2. ein contrainsuläres Hormon.

Neuerdings berichten ANSELMINO u. HOFFMANN[5] über eine weitere aus dem Vorderlappen gewonnene Substanz, die das Leberglykogen bei Ratten erheblich herabsetzt. Obwohl eine Trennung dieses Stoffes vom corticotropen Hormon nicht gelang, glauben die Autoren doch, daß dieser als „Kohlehydratstoffwechselhormon" bezeichnete Stoff ein selbständiges Hormon sei,

---

[1] SMITH: Endrocrinology **7**, 579 (1922). J. amer. med. Assoc. **89**, 158 (1927).

[2] KÖSTER u. GEESINK: Arch. néerl. Physiol. **13**, 602 (1928).

[3] CUSHING: Arch. int. Med. **51**, 487 (1933).

[4] ANSELMINO, HEROLD u. HOFFMANN: Klin. Wschr. **50**, 1944 (1933); **2**, 44—47 (1934).

[5] ANSELMINO, K. J. u. HOFFMANN, F.: Klin. Wschr. **29**, 1048, 1052 (1934).

weil das corticotrope Hormon das Leberglykogen hungernder Ratten erhöhe.
Da die Autoren mit einem Gemisch dieser beiden Stoffe arbeiten, die das
Leberglykogen in genau entgegengesetzter Weise beeinflussen, so ist nicht
erkenntlich, wie sie glykogenvermindernde Substanz exakt nachweisen
konnten. Beim Diabetiker wurde im Nüchternblut eine glykogenvermindernde Substanz gefunden, die mit dem im Vorderlappen produzierten Wirkstoff identisch sein soll. Dieser Stoff komme im Blute von gesunden Menschen nur im Anschluß an eine Kohlehydratbelastung, nicht nach Fett- oder
Eiweißzufuhr vor. Durch das Kohlehydratstoffwechselhormon und das Fettstoffwechselhormon könne man das Leberglykogen und die Blutketonkörper
der Ratte unabhängig voneinander beeinflussen. Das Fettstoffwechselhormon erhöhe die Blutketonkörper, ohne das Leberglykogen anzugreifen,
das Kohlehydratstoffwechselhormon vermindere das Leberglykogen, ohne die
Blutketonkörper zu erhöhen.

Lactotropes Hormon: Den Arbeiten von RIDDLE c. s.[1] verdanken wir die
Kenntnis eines besonderen im Hypophysenvorderlappen produzierten lacto-
tropen Wirkstoffes. Die Wirkung des als „Prolactin" bezeichneten Stoffes
ist besonders gut an der Kropfdrüse der Tauben feststellbar, die ein milch-
ähnliches Sekret, die Kropfmilch, absondern. Das Prolactin[2] wirkt auch
beim Säugetier (Kaninchen, Meerschweinchen), wenn man die Brustdrüsen
durch Folliculin vorbereitet, d. h. zum Wachsen gebracht hat. Die gleiche
Wirkung ist auch beim hypophysektomierten Tier (Taube, Ratte) zu erzielen. Durch Zuführung eines wenig gereinigten alkalischen Vorderlappenextraktes (7 Tage je 15 ccm) konnte E. I. EVANS[3] sowohl bei virginellen, wie
bei erwachsenen, trocken stehenden Ziegen reichliche Milchsekretion erzielen,
die noch 20 Tage nach dem Absetzen der Injektionen täglich 1—1,5 Liter
betrug. Durch Injektion von 150 Einheiten Prolactin könne in den ersten
Wochenbettstagen der Frau[4] eine wesentliche Steigerung der Milchsekretion
erreicht werden. Prolactin ist in wäßriger Lösung thermolabil, im Gegensatz
zum Prolan schwer wasserlöslich und im Gegensatz zum Wachstumshormon
nicht alkoholempfindlich. Nach NELSON u. PFIFFNER[5] soll die lactotrope
Wirkung in Kombination mit Corpus luteum-Extrakten wesentlich erhöht
sein. Hierbei sei hervorgehoben, daß man, wie S. 103 u. 121 gezeigt, durch
Folliculin nicht nur die Präparation der Mamma, sondern bei geeigneter
Versuchsanordnung auch Milchsekretion beim weiblichen und männlichen
Tier auslösen kann. Möglicherweise liegen die Verhältnisse bei den einzelnen
Tierarten verschieden. Wahrscheinlich wird beim Menschen die Vorbereitung
der Brustdrüse — d. h. das Wachstum — durch Folliculin, die Milchsekretion
durch Prolactin herbeigeführt.

Stoffwechselhormon. KESTNER, PLAUT-LIEBESSCHÜTZ u. a. fanden, daß
die spezifisch dynamische Wirkung der Nahrungsstoffe unter dem regulieren-
den Einfluß des Hypophysenvorderlappens steht (s. S. 489). Mit einem in der
Darstellung und seinen chemischen Eigenschaften nicht näher definierten

---

[1] RIDDLE, O. u. BRAUCHERT: Amer. J. Physiol. **95**, 43.

[2] RIDDLE, O., BATES, R. W. u. DYKSHORN, S. W.: Anat. Rec. **54**, 25
(1932). Amer. J. Physiol. **105**, 191 (1933). Endocrinology **17**, 689 (1933).

[3] EVANS, E. I.: Proc. Soc. exper. Biol. a. Med. **30**, 1372 (1933).

[4] KURZROK, R., BATES, R. W., RIDDLE, O. u. MILLER, E. G.: Endocrinology **18**, 18 (1934).

[5] NELSON, W. O. u. PFIFFNER, J. J.: Proc. Soc. exper. Biol. a. Med. **28**,
1—2 (1932).

Extrakt aus dem Hypophysenvorderlappen (Präphyson) konnten die Autoren Herabsetzung des Gesamtumsatzes und Erhöhung der spezifisch dynamischen Wirkung erzielen. Eine gleichartige Wirkung sahen H. ZONDEK und KÖHLER nach Anwendung unseres Prolans (s. S. 489). Wir konnten feststellen, daß das Präphyson[1] mit unserer Methode geprüft, keinerlei Wirkung auf den Sexualapparat infantiler Tiere ausübt. Aus dieser Tatsache schließe ich, daß der die spezifisch dynamische Wirkung beeinflussende Stoffwechselstoff mit dem gonadotropen Hormon des Vorderlappens nicht identisch ist. Jedenfalls enthält das Präphyson nur den Stoffwechselstoff, das aus Schwangerenharn gewonnene Prolan hingegen das gonadotrope Hormon *und* den Stoffwechselstoff. Es scheint mir an sich zweifelhaft, ob die mit Vorderlappenextrakten erzielten Stoffwechselwirkungen wirklich Reaktionen *eines* spezifischen Hormons sind, oder ob es sich hierbei nicht um Reaktionen handelt, die durch Zusammenwirkung verschiedener endokriner Drüsen entstanden sind, eine Auffassung, die auch von LAUTENSCHLÄGER[2] geäußert wird. Erwähnt sei ferner, daß ANSELMINO u. HOFFMANN[3], sowie MAGISTRIS[4] aus dem Vorderlappen einen Stoff gewonnen haben, der den Fettstoffwechsel in charakteristischer Weise beeinflußt (starke Steigerung der Acetonkörper des Blutes). Auch hierbei scheint es mir fraglich, ob es sich um die Wirkung eines besonderen hypophysären Stoffwechselstoffes handelt, zumal SILBERSTEIN[5] c. s. auch durch thyreotropes Hormon eine Erhöhung des Acetonkörperspiegels des Blutes bei Katzen herbeiführen konnte. Bezüglich der Stoffwechselwirkung des Prolans sei auf S. 489 verwiesen.

Wachstumshormon. Die bisher geschilderten Untersuchungen beschäftigten sich mit den Beziehungen des Hypophysenvorderlappens zu den anderen endokrinen Drüsen, d. h. mit der Klärung von ganz bestimmten Einzelfunktionen des Körpers. Manche der genannten Befunde sind noch hypothetisch, so daß hier weitere Arbeit notwendig ist. Sicher aber kennen wir eine für den Gesamtorganismus sehr wichtige Funktion des Hypophysenvorderlappens, das ist sein Einfluß auf das allgemeine Wachstum. Das Wachstum ist ein komplexer Vorgang, wesentlich abhängig von den exogen zugeführten Vitaminen (A und B), ferner von der hormonalen Regulation, z. B. der Schilddrüse. Daß der Hypophysenvorderlappen für das Wachstum von ganz besonderer Bedeutung ist, wissen wir durch die klinische Erfahrung, durch Krankheitsbilder wie die Acromegalie und das Riesenwachstum. Letzteres tritt auf, wenn die hormonale Störung noch zu einer Zeit einsetzt, in der die Epiphysen nicht geschlossen sind. Bei Überproduktion des Hypophysenvorderlappenhormons nach bereits abgeschlossenem Wachstum tritt nur eine Vergrößerung der Körperspitzen ein (Finger, Zehe, Nase usw.), wodurch das Krankheitsbild der Acromegalie entsteht (BRISSAUD u. MEIGE[1]). Das Verdienst

---

[1] Wir haben mit unserem Testobjekt auch andere im Handel befindliche Vorderlappenextrakte untersucht [Med. Klin. 1927, Nr 13. Arch. Gynäk. 130, 40 (1927)]. Diese Extrakte enthalten keinen gonadotropen Wirkstoff, was bei der schematischen Herstellung der Extrakte (s. Kap. I) nicht anders zu erwarten war. Unsere Befunde wurden von JANSSEN (Klin. Wschr. 1930, Nr 40, 1853) bestätigt.

[2] LAUTENSCHLÄGER: Medizin u. Chemie, I.G. Farbenindustrie 2, 1 (1934).

[3] ANSELMINO, K. J. u. HOFFMANN, F.: Klin. Wschr. 1931.

[4] MAGISTRIS: Endokrinologie 11, 176 (1932). C. r. Soc. Biol. Paris 112 (1933).

[5] SILBERSTEIN, F., GOTTDENKER, F. u. HOHENBERG, E.: Klin. Wschr. 16, 595 (1934).

im Hypophysenvorderlappen ein besonderes Wachstumshormon nachgewiesen zu haben, gebührt Long und Evans (s. S. 173). Die Darstellung des Hormons erwies sich deshalb als besonders schwierig, weil die Testierung des Wachstumshormons sehr langdauernd und kompliziert ist. Evans benutzte zu seinen Versuchen erwachsene, 5 Monate alte weibliche Ratten, die in ihrem Gewicht konstant bleiben. Eine bestimmte Extraktmenge wird 20 Tage lang je 6 Tieren intraperitorial injiziert, und der Versuch als positiv gewertet, wenn nach dieser Zeit eine Gewichtszunahme von 40—60 g auftritt. Hierbei scheint eine Beziehung zwischen zugeführter Hormonmenge und Wachstumsreaktion zu bestehen. Das Hormon wird aus Rinderhypophysenvorderlappen mit verdünntem Alkali extrahiert und neutralisiert (Standardextrakt), daraus mittels Acetonfällung ein wirksames Trockenpulver gewonnen, aus welchem Evans das gonadotrope Hormon (Prolan, richtiger Prosylan) jetzt mit verdünnten Säuren, Flaviansäure und Trichloressigsäure, abtrennt. Das Wachstumshormon ist in konzentrierter Essigsäure löslich, während Prolan dadurch zerstört wird. So gelangte Evans schließlich zu einem Präparat, von dem eine tägliche Dosis von 5 mg eine positive Testreaktion gab. Das Wachstumshormon besitzt die Eigenschaften eines Eiweißkörpers von großer Labilität. Alle Eingriffe, die Eiweißkörper reversibel verändern, zerstören auch das Hormon. Interessant ist die Tatsache, daß die sekundären Geschlechtshormone einen hemmenden Einfluß auf die Produktion des Wachstumshormons ausüben. Dadurch werde erklärlich, daß das Längenwachstum nach Eintritt der Geschlechtsreife sistiere, während Kastrate häufig ein stärkeres Wachstum zeigen (s. Pubertät, S. 187).

Evans und seine Mitarbeiter konnten mit dem Wachstumshormon Riesentiere erzeugen, so daß die Ratten nach 11 Monaten das doppelte Gewicht wie die Kontrolltiere zeigten. Ein Hund wurde im Alter von 8 Wochen hypophysektomiert, worauf er nicht mehr weiterwuchs. 4 Wochen später wurde mit der Injektion des Wachstumshormons begonnen und nach 31 Wochen übertraf dieses Tier an Größe und Gewicht die Kontrolltiere. Wurden gesunde Hunde mit Wachstumshormon behandelt, so entsprachen wohl die Veränderungen der Weichteile, nicht aber die der Knochen den Erscheinungen bei menschlicher Acromegalie. Die Wirkung scheint bei den verschiedenen Hunderassen verschieden zu sein, so konnte bei Schäferhunden ein Riesenwachstum nicht erzielt werden. Diese bedeutsamen Untersuchungen von Evans und seinen Mitarbeitern beweisen eindeutig, daß der Hypophysenvorderlappen eine wichtige Allgemeinfunktion im Organismus ausübt. —

Der Einfluß des Vorderlappens auf den Gesamtorganismus geht auch aus den Untersuchungen von H. Zondek u. Bier[2] hervor, wonach die Hypophyse — wahrscheinlich der Vorderlappen — für die Regulierung des Schlafes von Bedeutung ist. Die Hypophyse zeichnet sich, wie Bernhardt u. Ucko[3] sowie H. Zondek u. Bier fanden, durch ihren hohen Bromgehalt aus (15 bis 25 mg%, in anderen Organen nur 1—2 mg%). Während des Schlafes sinkt der Bromgehalt der Hypophyse stark ab (6—8 mg%), während der bromhaltige Stoff sich in der Medulla oblongata anreichert (H. Zondek u. Bier). Beim Aufwachen wandert das Brom wieder aus der Medulla in die Hypophyse.

---

[1] Brissaud u. Meige: Rev. neur. 1904, 1101.

[2] Zondek, H. u. Bier, A.: Klin. Wschr. 15, 633 (1932); 18, 759 (1932).

[3] Bernhardt, H. u. Ucko: Biochem. Z. 155, H. 1—2 (1925); 170, H. 4 bis 6 (1926).

Die geschilderten Untersuchungsergebnisse zeigen, daß die Erforschung der Hypophysenfunktion — insbesondere des Vorderlappens — in den letzten Jahren wesentlich fortgeschritten ist. Die Erkennung der gonadotropen Funktion (s. Kap. 19) hat auf den Hypophysenvorderlappen als *übergeordnete* Sexualdrüse hingewiesen und damit der Forschung den Weg gezeigt, im Vorderlappen eine das hormonale System regulierende Drüse zu sehen. Daß im Vorderlappen ein thyreotroper und lactotroper Wirkstoff produziert wird, steht außer Zweifel, und mit großer Wahrscheinlichkeit können wir annehmen, daß auch die anderen hormonotropen Stoffe im Vorderlappen gebildet werden. Sollten sich diese Befunde bei der Nachprüfung bestätigen und für jede endokrine Drüse ein besonderes übergeordnetes Hormon im Vorderlappen nachgewiesen werden, so würde damit der Hypophysenvorderlappen eine zentrale Stellung im Hormonhaushalt erhalten. Es ist erstaunlich, welche großartige Hormonregulierung durch dieses so winzige Anhangsorgan des Gehirns ausgeübt wird. Der Hypophysenvorderlappen erweist sich gewissermaßen als das hormonale Zentrallaboratorium des Körpers. Das Erkennen der gonadotropen Wirkung des Vorderlappens führte mich 1926 zu der Auffassung: „Der Hypophysenvorderlappen ist der Motor der Sexualfunktion, der Hypophysenvorderlappen ist die übergeordnete Sexualdrüse, das Hypophysenvorderlappenhormon das übergeordnete Sexualhormon." Ich möchte glauben, daß die Zeit nicht mehr fern ist, wo wir werden sagen können: Der Hypophysenvorderlappen ist der Motor der endokrinen Funktion, die Hypophysenvorderlappenhormone sind *die* übergeordneten Hormone, der Hypophysenvorderlappen ist *die* hormonotrope Drüse. Schwierig wird die Vorstellung, wo diese vielen hormonalen Wirkstoffe im Hypophysenvorderlappen produziert werden. Möglicherweise stammen sämtliche übergeordneten Hormone, die sich chemisch zweifellos nahe stehen (thermolabil), von demselben hochmolekularen, eiweißartigen Molekül ab. Wenn wir ferner annehmen, daß dieses primäre Hormonmolekül in den basophilen Zellen des Vorderlappens produziert wird, so würden wir damit auch zu einer einheitlichen chemischen Auffassung der hormonotropen Vorderlappenstoffe kommen, eine Auffassung, die als These hier angeführt sei.

35. Kapitel.

Schwangerschaft und Hormone.

Die durch die Sexualhormone (Vorderlappen, Ovarium) im weiblichen Genitalapparat bedingten Aufbauvorgänge dienen der Nidation des befruchteten Eies. Das nicht befruchtete Ei steht unter der Herrschaft des Hypophysenvorderlappens; denn die Befreiung des Eies aus dem Ovarium ist nur durch das gonadotrope Vorderlappenhormon möglich.

Die Verhältnisse ändern sich aber schlagartig, wenn das aus dem Follikel befreite Ei befruchtet wird. Jetzt tritt das Ei in den Mittelpunkt des Generationsvorganges, jetzt beherrscht das Ei den hormonalen Apparat.

Daß wir den hormonalen Reaktionen in der Schwangerschaft — als dem Höhepunkt der weiblichen Sexualfunktion — besondere Beachtung geschenkt haben, ergab sich aus den vorliegenden Untersuchungen von selbst. Bevor ich über Folliculin und Prolan in der Gravidität berichte, sei kurz auf die bisher bekannten Veränderungen der endokrinen Drüsen in der Schwangerschaft eingegangen.

Im Ovarium hört die Follikelreifung nach der Befruchtung auf. Das Corpus luteum graviditatis unterscheidet sich vom gelben Körper der prämenstruellen Phase durch den Mangel an sudanophilen Substanzen und durch das Vorhandensein von Kolloidtröpfchen zwischen den Zellen. In der Ovarialrinde geht eine große Anzahl Follikel atretisch zugrunde, wobei es zu einer starken Wucherung und Hypertrophie der Theca interna-Zellen kommt (Thecalutein-Zellen nach SEITZ).

Die Schilddrüse schwillt während der Schwangerschaft fast regelmäßig an (H. FREUND), wobei die Volumenzunahme nicht auf erhöhter Blutzutuhr, sondern auf einer durch die Gravidität bedingten typischen Hyperplasie und Hypertrophie des Organs beruht (ENGELHORN). Die Kolloidabsonderung ist erhöht, die Follikel sind stark erweitert.

In den letzten Schwangerschaftsmonaten fand MAURER[1] einen höheren Jodgehalt des Blutes (bis zum dreifachen der Norm), während die Jodwerte in den ersten Graviditätsmonaten normal sind. In den ersten Wochenbettstagen sinkt der Blutjodspiegel unter die Norm ab, von durchschnittlich $14,9\ \gamma\%$ ante partum auf $6,5\ \gamma\%$ post partum. Diese Erhöhung des Blutspiegels am Ende der Schwangerschaft dürfte wohl auf eine Erhöhung der Schilddrüsenfunktion und eine Ausschüttung von Thyroxin zurückzuführen sein. Es wäre wünschenswert, wenn nach dieser Richtung weitere Untersuchungen ausgeführt würden, insbesondere auch über den Jodgehalt des Schwangerenharns, worüber Beobachtungen bisher nicht vorliegen.

Daß in der Schwangerschaft häufig ein latent-tetanischer Zustand beobachtet wird, läßt auf eine Labilität der Epithelkörperchenfunktion schließen.

In der Nebennierenrinde läßt sich in der Gravidität eine Hyperplasie des fasciculären und reticulären Teiles feststellen (STOERK und v. HABERER), wobei das Auftreten von Vacuolen und das reichliche Pigment in den reticulären Zellen als Zeichen einer erhöhten sekretorischen Funktion anzusehen ist (SEITZ).

Die Epiphyse zeigt in der Schwangerschaft nach ASCHNER eine Formveränderung, die sich in deutlicher Verdickung, Verkürzung und kugeliger Abplattung äußert. Mikroskopisch findet man zuweilen eine Vermehrung der lipoidhaltigen Vacuolen in den Zellen und in der Zwischensubstanz. Besonders hebt ASCHNER die Kalkablagerung in der Zirbeldrüse während der Gravidität hervor.

Wichtig und für unsere Fragestellung von besonderer Bedeutung sind die in der Schwangerschaft an der Hypophyse beobachteten Veränderungen. COMTE beobachtete zuerst (1898) bei sechs schwangeren Frauen eine Gewichts- und Größenzunahme des Hypophysenvorderlappens, eine Tatsache,

---

[1] MAURER: Arch. Gynäk. **130** (1927).

die von LAUNOIS und MOULON bestätigt wurde (1908). Klarheit haben erst
die grundlegenden Untersuchungen von ERDHEIM und STUMME (1909) gebracht. In der Gravidität hypertrophiere nur der Vorderlappen, während der
Hinterlappen sogar komprimiert werden kann. Histologisch finden sich im
Vorderlappen folgende typische Veränderungen: Die Hauptzellen vermehren
sich progressiv, rücken weiter auseinander, ordnen sich in Haufen und Strängen
und lassen sich jetzt durch Eosin leicht färben. Diese ,,Schwangerschafts-
zellen'' überwiegen am Ende der Gravidität (bis zu 80%), so daß die eosinophilen und basophilen Zellen nur noch in spärlichen Resten übrigbleiben.
Daß die Schwangerschaft diese Umwandlung auslöst, geht daraus hervor,
daß die Hypophyse nach der Gravidität allmählich wieder das normale
histologische Bild zeigt. Die Untersuchungen an verschiedenen trächtigen
Säugetieren (Nagetiere, Katze, Hund) ergaben übereinstimmend, daß der
Hypophysenvorderlappen an Größe zunimmt, und daß Zellveränderungen
auftreten, die im Prinzip denen beim Menschen entsprechen (NAEGELI,
BERBLINGER, LEHMANN, PENDE, GUERRINI, MORANDI, KOLDE u. a.)
(s. S. 392).

TANDLER und GROSS wiesen auf die acromegalieähnlichen Veränderungen im Gesicht, auf die Vergrößerung und Verdickung der Extremitäten
und die Rauheit der Stimme bei jeder Schwangeren hin. Besonders müssendie
Untersuchungen von ASCHNER hervorgehoben werden, der gezeigt hat, daß
hypophysektomierte Tiere nicht konzipieren, und daß die Hypophysenexstirpation in der Gravidität zur Unterbrechung der Schwangerschaft
führt.

Am Hypophysenhinterlappen sind histologische Veränderungen in der
Schwangerschaft nicht beobachtet worden. L. SEITZ fand jedoch, daß der
Hinterlappen ein wirksameres Hormon in der Schwangerschaft enthalte,
denn er konnte mit einem Extrakt des Hinterlappens trächtiger Tiere in
einigen Fällen die Geburt einleiten, was mit den gewöhnlichen Hinterlappenextrakten nicht gelang.

Über das Verhalten der Sekretionsprodukte der inneren Drüsen, d. h.
der Hormone selbst, in der Schwangerschaft war bisher wenig bekannt.

I. Follikelhormon und gonadotrope Hormone in der Schwangerschaft.

Wir haben mit den uns zur Verfügung stehenden Testobjekten
(ALLEN-DOISY- und ZONDEK-ASCHHEIM-Test) die Bedeutung des Follikelhormons und der gonadotropen Vorderlappenhormone für die Schwangerschaft[1] untersucht, wobei sämtliche Organe und Körperflüssigkeiten des
nicht schwangeren und schwangeren Organismus auf ihren Hormongehalt
analysiert wurden. Hierbei kamen wir zu folgenden Ergebnissen:

a) Folliculin und Prolan im Ovarium bei Gravidität.

In unserer I. Mitteilung[2] (Januar 1926) konnte bereits berichtet
werden, daß in der Schwangerschaft besondere Hormonverhältnisse vor-

---

[1] ZONDEK, B. u. ASCHHEIM: Klin. Wschr. 1925, Nr 29. Arch. Gynäk. 127,
H. 1, 280—286 (1925). — ASCHHEIM: Med. Klin. 1926, Nr 53. — ZONDEK, B.:
Med. Klin. 1927, Nr 13. — ZONDEK, B.: Naturwiss. 1928, H. 45—47, 946—951.

[2] Z. Geburtsh. 90 (1926).

liegen müssen, da sich in der Decidua graviditatis Prolan nachweisen ließ. Durch Implantation von Decidua wurde bei der infantilen Maus die HVR I und III ausgelöst, so daß damit das Vorhandensein von Follikelreifungs- und Luteinisierungshormon bewiesen war. Hingegen wurde Folliculin in der Decidua nicht gefunden.

Ebenso zeigte die Untersuchung des Corpus luteum graviditatis besondere Verhältnisse. Während im Corpus luteum der Blüte (s. S. 44 u. 76), also vor der Menstruation, sich nur Folliculin nachweisen läßt, fanden wir im gelben Körper der Schwangerschaft beide Hormone, d. h. Folliculin und Prolan. Hierbei sei erwähnt, daß der Nachweis von Folliculin im Corpus luteum graviditatis nur in den ersten 4 Monaten sichere Resultate liefert, während die Ergebnisse nachher schwankend sind. Allerdings konnten wir in einem Falle in einem Corpus luteum, das am Ende der Schwangerschaft bei einem Kaiserschnitt gewonnen wurde, noch Folliculin nachweisen. Diese Untersuchungen berechtigten uns zu dem Schluß, daß das Corpus luteum verum beim Menschen sicher in den ersten, vielleicht auch in den späteren Schwangerschaftsmonaten eine besondere hormonale Bedeutung hat.

Während die Ovarialrinde (s. S. 43) außerhalb der Schwangerschaft sich stets als folliculinfrei erwies, erhielten wir bei Einpflanzung der Eierstocksrinde von Schwangeren in einigen Fällen positive Ergebnisse. Auf Grund der histologischen Untersuchung der Implantate konnten wir feststellen, daß die Ergebnisse positiv waren, wenn die eingepflanzte Ovarialrinde atretische Follikel mit gut entwickelter Theca enthielt, deren Zellen groß und deren Gefäßnetz gut entwickelt war. Negativ war das Resultat meist dann, wenn die implantierte Rinde überhaupt keine Follikel enthielt oder die vorhandenen nur eine mäßige Thecaentwicklung aufwiesen. Die Thecazellen waren dann klein, befanden sich offenbar in Rückbildung. Daraus schlossen wir, daß die in der Schwangerschaft vorhandene hormonale Funktion der Ovarialrinde auf die besonderen Verhältnisse der Gravidität, und zwar auf die gehäufte Follikelatresie und dadurch bedingte Thecazellwucherung zurückzuführen sei.

Während wir also im Corpus luteum verum des Menschen Folliculin und Prolan finden, ist dies beim Tier nicht der Fall. Ich untersuchte[1] ein Corpus luteum der Kuh aus dem ersten Schwangerschaftsmonat. Bei einem Gewicht des gelben Körpers von 5,3 g implantierte ich kastrierten weiblichen Mäusen steigende Gewebsmengen von 0,005—0,5 g, ohne daß eine Oestruswirkung zu erzielen war. Das Corpus luteum der Kuh enthält also nicht Folliculin, jedenfalls weniger als 10 ME. Zur Untersuchung auf Prolan pflanzte ich infantilen Mäusen und Ratten 0,005—0,5 g Gelbkörpergewebe ein, das ich zur eventuellen

---

[1] ZONDEK, B.: Nicht publiziert.

Extraktion des Folliculins 24 Stunden in Äther gelegt hatte. Auch bei infantilen Tieren war keinerlei Reaktion im Sinne der HVR I—III zu erzielen, so daß das Corpus luteum verum der Kuh also Prolan überhaupt nicht oder weniger als 10 ME bzw. RE enthält. Demnach ein charakterisitischer Unterschied in den Hormonverhältnissen des Ovariums in der Gravidität bei Mensch und Tier!

b) Folliculin und Prolan in der Placenta.

Daß die gonadotropen Vorderlappenhormone als die übergeordneten und Folliculin als das eigentliche weibliche Sexualhormon (Follikelhor= mon) für die Schwangerschaft eine besondere Bedeutung haben müssen, war aus den vorangehenden Untersuchungen klar, da beide Stoffe Aufbauhormone für die Schwangerschaft sind, da beide Hormone die optimalen Bedingungen für die Nidation des befruchteten Eies schaffen. Die Bedeutung des Folliculins für die Schwangerschaft geht schon aus den früheren Untersuchungen von ISCOVESCO, FELLNER, HERRMANN, ASCHNER, und ADLER hervor, die das Follikelhormon in der menschlichen Placenta und hier sogar in wesentlich größeren Mengen als in den Eierstöcken gefunden hatten (s. S. 12 u. 76). Auf Grund dieser Tatsache haben BRAHN und ich unsere erste Darstellung des Folliculins aus der Placenta ausgeführt (s. S. 80). Das Follikelhormon kommt sowohl in der menschlichen wie tierischen Placenta vor, wobei allerdings in den quantitativen Verhältnissen Unterschiede bestehen.

In der menschlichen Placenta kann man das Folliculin durch direkte Implantation nachweisen, was bei der tierischen Placenta meist nicht gelingt, weil in der implantierten Gewebsmenge (maximal 0,5—1 g einpflanzbar) nicht genügend Hormon vorhanden ist, um die Brunstreaktion auszulösen. In einer frischen, reifen menschlichen Placenta (s. S. 76) fand ich mittels Implantation und Extraktion einen Mittelwert von rund 5000 ME Folliculin, ALLEN und DOISY geben Werte zwischen 236 bis 702 RE an. Da die Ratten- zur Mäuseeinheit sich beim Folliculin wie 5 : 1 verhält, würden nach ALLEN und DOISY in der menschlichen Placenta 1180—3510 ME Folliculin vorhanden sein. Die tierische Placenta (Kuh, Schwein, Nagetiere) enthält pro Gramm Gewebe erheblich weniger Folliculin als die menschliche Placenta (durchschnittlich nur 25%). Hingegen fand ich in der reifen Pferdeplacenta[1] die gleichen Folliculinmengen — 10000 ME pro kg Zottengewebe — wie beim Menschen.

Anders liegen die Verhältnisse beim Prolan. *Hier konnten wir das Hormon bisher nur in der menschlichen Placenta finden, während z. B. meine Versuche bei der Kuh und beim Schwein[2] negativ ausfielen!*

---

[1] ZONDEK, B.: Nicht publiziert.

[2] Leider hatte ich bisher noch nicht Gelegenheit, Placenten der frühen Schwangerschaftsmonate des Pferdes auf ihren Prolangehalt zu untersuchen. In der reifen Placenta konnte ich mittels des Implantationsver-

Den quantitativen Prolangehalt habe ich[1] dadurch zu bestimmen versucht, daß ich frisches menschliches Placentagewebe in steigenden Mengen von 0,005—0,5 g einpflanzte und die geringste Gewebsmenge (1 Einheit) feststellte, nach deren Implantation die HVR I—III bei der infantilen Maus auftrat. Ich wiege das Placentagewebe frisch (d. h. Stückchen von 0,005—0,5 g) und lege es für 24 Stunden in Narkoseäther. *Durch die Ätherbehandlung wird das Placentagewebe entgiftet* und gleichzeitig Folliculin extrahiert (s. S. 550 u. 555). Die Resultate (Nachweis von Prolan A) werden durch Implantation der mit Äther behandelten Placenta exakter. Anbei einige Ergebnisse:

1. Placenta der 7. Woche, 8 g schwer (Fetuslänge 3,5 cm). HVR I bis III durch Implantation von 7 mg Placenta auslösbar, d. h. 0,007 g Placenta enthält 1 ME Prolan A und B. Die Gesamtplacenta (8 g) enthält demnach 1144 ME Follikelreifungs- und Luteinisierungshormon.

2. Placenta der 11. Woche, 34 g schwer (Fetuslänge 7,5 cm). In 30 mg = 1 ME Prolan A und B. Die Gesamtplacenta enthält 1132 ME A und B.

3. Reife Placenta, Gewicht 580 g. In 0,1 g — 1 Einheit Prolan A und B. Die Gesamtplacenta enthält 5800 ME A und B.

Wir finden also in der menschlichen Placenta relativ große Mengen Folliculin und Prolan, wobei sich die Frage erhebt, ob das Hormon in der Placenta produziert oder nur gestapelt wird. Darüber werde ich im nächsten Kapitel berichten.

Die Tatsache, daß ASCHHEIM und ich nur in der Gravidität beim Menschen und Affen die starke Hormonvermehrung im Blut und Harn fanden, führte uns zu der Auffassung, daß die besonderen homonalen Verhältnisse auf die besondere *hämochoriale* Placentation bei den Primaten zurückzuführen seien. Diese Auffassung erwies sich durch meine weiteren Untersuchungen als nicht haltbar. Wir finden in den ersten Graviditätsmonaten im zirkulierenden Blut der trächtigen Stute fast dieselben Prolanmengen wie bei der graviden Frau. Im Harn des trächtigen Pferdes werden viel größere Folliculinmengen ausgeschieden als im Urin der graviden Frau! Beim Pferd sind die hormonalen Verhältnisse besonders interessant, da das im Blute vorhandene Prolan im Harn nicht (bzw. ganz unvollkommen) ausgeschieden wird (s. S. 365). Das Pferd hat aber keine hämochoriale, sondern eine epitheliochoriale Placenta, wie dies auch beim Schwein der Fall ist. Beim Schwein finden wir aber keine Vermehrung der Vorderlappenhormone im Blut und nur geringe Folliculinvermehrung im Harn. *Trotz gleichartiger Placentation also ganz verschie-*

---

fahrens Prolan bisher nicht nachweisen. Vielleicht waren die eingepflanzten Gewebsstückchen zu klein (die Haftplacenta des Pferdes ist sehr groß). Die genaue Untersuchung der Pferdeplacenta wird besonders wichtig sein, weil beim Pferd in der Gravidität — im Gegensatz zum Menschen und anderen Säugetieren — nur eine *periodische* Überproduktion von Prolan auftritt (s. S. 365).

[1] ZONDEK, B.: In der I. Auflage mitgeteilt (1931).

dene hormonale Verhältnisse! Warum in der Gravidität die Überproduktion der Vorderlappenhormone gerade beim Menschen, Affen und Pferd, nicht aber bei anderen Säugetieren (Kuh, Schwein, Elefant, Nagetiere usw. s. S. 363) einsetzt, läßt sich nicht erklären. Wir können diese Tatsache nur zur Kenntnis nehmen. Die Untersuchungen zeigen uns, daß man in der Verallgemeinerung biologischer Befunde gar nicht vorsichtig genug sein kann. Es war so verlockend, die besonderen hormonalen Verhältnisse bei den Primaten auf die besondere Placentation zurückzuführen. Die Versuche beim Pferd lassen aber diese Deutung nicht mehr zu. Haben die Befunde bei der graviden Stute gezeigt, daß die erhöhte Produktion von Prolan und Folliculin auch bei nicht hämochorialer Placentation möglich ist, so lehren die Befunde beim Hengst (s. Kap. 15), daß die Massenproduktion und Massenausscheidung von Folliculin gar nicht an die Schwangerschaft gebunden ist. Der Hengsturin enthält durchschnittlich 17mal so viel Folliculin wie der Harn der graviden Frau, die Hoden eines geschlechtsreifen Hengstes enthalten 4mal soviel wie die Placenta der Frau und der Stute!

c) Folliculin und Prolan im Blut bei Gravidität.

Die nächste Frage war, ob bei den großen, in der Placenta vorhandenen Hormonmengen auch das mütterliche und kindliche Blut hormonreich ist. Mit der Folliculinanalyse des Blutes hatten sich vor uns schon R. T. FRANK[1] und seine Mitarbeiter eingehend beschäftigt. Im Blut brünstiger Schweine konnte mittels des Extraktionsverfahrens Folliculin nachgewiesen werden, während das Blut außerhalb der Brunst hormonfrei war. Auch im Frauenblut konnten FRANK und GOLDBERGER zyklisches Auftreten des Hormons mit zunehmender Steigerung bis zum Eintritt der Menstruation nachweisen. Im Blut der schwangeren Frau fanden sie von der 5. Woche an einen erhöhten Hormongehalt, und zwar ungefähr zweimal so viel (50—100 ME) pro Liter wie in der menstruellen Phase. Die von FRANK angegebenen Werte sind zweifellos etwas zu niedrig. Wir selbst konnten durch direkte Injektion von 3 ccm Serum vom Ende des 4. Schwangerschaftsmonats an stets bei der kastrierten Maus die positive Brunstreaktion (ALLEN-Test) auslösen. FELS[2] kam zu fast gleichen Ergebnissen bei Injektion von 2 ccm Serum. Nach diesen Untersuchungen müssen wir — die Serumwerte auf Gesamtblut umgerechnet — im Schwangerenblut der ersten Monate einen Wert von mindestens 200—300 ME Folliculin pro Liter annehmen. In den letzten Schwangerschaftsmonaten ist der Folliculingehalt des Blutes wesentlich höher. Da die Hormonwerte bei Serumuntersuchungen durch eventuelles Haftenbleiben des Hormons im Blutkuchen beeinträchtigt

---

[1] FRANK, R. T., c. s.: J. amer. med. Assoc. **85**, 510 (1925); **85**, 686 (1926); **87**, 1719 (1926).

[2] FELS: Klin. Wschr. **1926**, Nr 50, 2349. Arch. Gynäk. **130**, 606 (1927).

werden können, untersuchte ich Citratblut[1]. Hierbei fand ich im letzten Schwangerschaftsmonat pro Liter Gesamtblut = 800—1000 ME Folliculin.

Der Durchschnittswert für Folliculin beträgt in den verschiedenen Graviditätsmonaten 600 ME pro Liter. Wie hoch der Folliculingehalt im Blut trächtiger Tiere ist, ist noch nicht genügend untersucht. Unsere eigenen Prüfungen mit dem Serum von trächtigen Kühen, Schweinen und Kaninchen fielen negativ aus, wobei wir allerdings nur je 3 ccm Serum prüften (also weniger als 333 ME pro Liter Serum). Erwähnt sei, daß FELLNER im Blute trächtiger Kaninchen geringe Mengen eines Stoffes finden konnte, der auf das Uteruswachstum infantiler Kaninchen einwirkte.

Im Gegensatz zu anderen Säugetieren fand ich im Blut des trächtigen Pferdes[2] Folliculin. Durch Injektion von 0,25—2 ccm Serum (geringere Mengen waren unwirksam) konnte ich die Brunstreaktion an der kastrierten Maus auslösen. *Das Blut der trächtigen Stute[3] enthält also (s. Tabelle 35, S. 365) 500—4000 ME, d. h. etwa die gleichen Folliculinmengen wie das Blut der graviden Frau.*

Mit Hilfe unseres Testobjektes wurde das Schwangerenblut auch auf Prolan untersucht, wobei sich interessanterweise zeigte[4], daß bei der Frau *Prolan im Blut schon in den ersten Schwangerschaftswochen und in einer viel stärkeren Konzentration nachweisbar ist als Folliculin.* Während Folliculin in den ersten Wochen erst durch Injektion von 2 ccm Serum nachweisbar ist, gelingt dies beim Prolan schon mit 0,1 ccm Serum.

Den genauen Hormonwert kann man nur im Gesamtblut ermitteln (im Blutkuchen kann Hormon eventuell festgehalten werden). Ich verwandte Citratblut, das zur Entgiftung (s. S. 550) mit Äther ausgeschüttelt war. Ich fand im 3. Monat 18300 RE Prolan A und 11000 ME Prolan B, im letzten Schwangerschaftsmonat 19000 RE Prolan A und 8000 ME Prolan B pro Liter Blut (durchschnittlich 15000 RE Prolan A und 10000 ME Prolan B). Das menschliche Blut enthält also während der ganzen Schwangerschaft wesentlich mehr Prolan als Folliculin (rund 10fache Menge), wobei die Konzentration des Folliculins im Blut im Laufe der Schwangerschaft stetig ansteigt, während die Prolankonzentration in den ersten Schwangerschaftsmonaten am stärksten ist, um dann etwas abzunehmen. Der Prolangehalt des Blutes ist vor der Entbindung etwa 20% niedriger als im Beginn der Gravidität.

Im Blut trächtiger Tiere (Kuh, Schwein, Kaninchen, Maus, Ratte) konnten wir Prolan in erhöhter Konzentration nicht nachweisen (s. S. 363).

---

[1] ZONDEK, B.: Nicht publiziert. Die Unterschiede zwischen Citratblut und Serum erwiesen sich als unbedeutend.

[2] ZONDEK, B.: Klin. Wschr. **49**, 2285 (1930).

[3] Fast die gleichen Folliculinmengen fand ich auch im Blut des Hengstes (s. S. 116).

[4] ASCHHEIM u. ZONDEK, B.: Klin. Wschr. **1928**, Nr 30, 1405.

Eine Ausnahme macht hier wieder das Pferd. Die Befunde sind allerdings nicht so regelmäßig wie beim Menschen. So konnte ich z. B. durch 6 ccm Serum eines trächtigen Pferdes am 84. Tag nach der Deckung im Ovarium der infantilen Ratte eine Massenbildung von gelben Körpern auslösen. Während das Ovarium des Kontrolltieres 5 mg wog, betrug das Gewicht des mit Serum behandelten Tieres infolge der Neubildung der Corpora lutea 45 mg, demnach eine Gewichtszunahme um das 9fache! Mit Serum anderer gravider Stuten waren wesentlich geringere Reaktionen zu erzielen, bisweilen blieben sie (Blut von späteren Schwangerschaftsmonaten) ganz aus. In anderen Versuchen konnte ich durch 0,25 ccm Serum (106. Tag nach der Deckung) bei der infantilen Maus zahlreiche große Follikel, Blutpunkte und Corpora lutea, also HVR I bis III, auslösen. *Im Gegensatz zur Frau treten die gonadotropen Hormone bei der graviden Stute nur in den ersten Graviditätsmonaten in erhöhter Konzentration auf* (s. S. 365 u. 572)! Je älter die Gravidität, um so geringer ist der Prolangehalt (richtiger Prosylangehalt) des Pferdeblutes. Als *Durchschnittswert* aus einer Reihe von Analysen fand ich pro Liter Serum gravider Stuten 2000 RE. Prolan A und 1000 ME Prolan B, zuweilen findet man im Blut die 5—10fache Hormonmenge. Hierbei sei erwähnt, daß Cole u. Hart[1] mit dem Serum von trächtigen Stuten des 43.—100. Tages[2] Wachstumserscheinungen an Ovarien infantiler Ratten mit Bildung von gelben Körpern ausgelöst haben (Graviditätsdauer 320—336 Tage). Es ist kein Zweifel, daß Cole u. Hart damit das Prolan im *Blut* der trächtigen Stute vor mir nachgewiesen haben. *Harn* trächtiger Pferde haben Cole u. Hart aber nicht untersucht.

d) Folliculin und Prolan im Fetus.

Wir sehen also, daß menschliches Schwangerenblut reich an Folliculin und Prolan ist. Die Hormone gehen auf den Fetus über, so daß man im Fruchtwasser und im Nabelschnurblut beide Hormone nachweisen kann. Das Fruchtwasser enthält 150—200 ME Folliculin pro Liter und sehr wechselnde Mengen von Prolan. Im Nabelschnurblut fand Loewe 30 ME, ich selbst bis 400 ME Folliculin pro Liter. Auch Prolan ist im Nabelschnurblut vorhanden, und zwar fanden Aschheim und ich etwa 150 ME pro Liter. Im Harn des Neugeborenen konnten wir, wenn auch nicht regelmäßig, bis zum 4. Lebenstage sowohl Folliculin wie Prolan nachweisen. Bei seinen Nachprüfungen kam Brühl[3] zu gleichem Ergebnis, wobei er Folliculin ohne Unterschied des Geschlechts bis zum 4. Tage, Prolan A nur bis zum 2. Tage und nur in der Hälfte der Fälle feststellen konnte.

---

[1] Cole, H. H. u. Hart, G. H.: Amer. J. Physiol. **93**, 57; **94**, 597 (1930).
[2] Nach Glud c. s. ist das Hormon vom 42.—125. Tage im Blut vorhanden. Endokrinol. **13**, 21 (1933).
[3] Brühl: Klin. Wschr. **1929**, Nr 38, 1766.

e) Folliculin und Prolan im Harn.

Das Hauptergebnis dieser Untersuchungen ist also die Tatsache, daß in der Schwangerschaft eine starke Anreicherung des Blutes mit den beiden Sexualhormonen stattfindet, daß der Organismus vor allem mit Prolan überschüttet wird. Es erhob sich die Frage, wie sich der Körper nach der Geburt der Hormone entledigt. Der Blutverlust bei der Geburt kam als Ausscheidungsmöglichkeit nicht in Frage, weil das Blut in den ersten 3 Wochenbettstagen noch große Mengen Folliculin und Prolan enthält. Auch die Milch spielt hierbei keine Rolle. So kam als Ausscheidungsort nur der Harn in Frage. In der Tat ergab die Untersuchung des nativen Wochenbettharns (ASCHHEIM u. B. ZONDEK[1]) Brunstreaktion am kastrierten Tier, am infantilen Tier hingegen Brunstreaktion sowie Blutpunkte und Corpora lutea (HVR I—III). *Damit war bewiesen, daß im Wochenbettharn sowohl das Follikelhormon wie die gonadotropen Hypophysenvorderlappenhormone zur Ausscheidung kommen. Die weitere systematische Prüfung* (ASCHHEIM u. B. ZONDEK) *führte zu dem interessanten Ergebnis, daß die Hormonausscheidung nicht nur im Wochenbett stattfindet, sondern daß Folliculin und Prolan während der ganzen Schwangerschaft[2] in großen Mengen vom Körper produziert und im Harn ausgeschieden werden.* Unabhängig von uns hat MARGARET SMITH[3] fast zu gleicher Zeit Folliculin im Harn vor und nach der Entbindung gefunden. Mit dem Nachweis von Prolan hat sich SMITH nicht beschäftigt, da ihr mein Testobjekt für die Vorderlappenhormone damals wohl noch nicht bekannt war.

Wir verfolgten die quantitative Ausscheidung der beiden Hormone im Harn in den einzelnen Schwangerschaftsmonaten und fanden, daß *schon in den ersten Schwangerschaftstagen, gleich nach der Eieinnistung, eine explosivartige Überschüttung des gesamten Organismus mit den Vorderlappenhormonen stattfindet,* so daß man schon in den ersten Schwangerschaftswochen viele Tausende Einheiten Prolan pro Liter Harn nachweisen kann (etwa 5000—30000 ME). Die Prolanausscheidung ist, wie wir schon in den ersten Untersuchungen feststellen konnten, in den beiden ersten Monaten der Schwangerschaft am größten, F. LAQUER[4] findet den Gipfelpunkt in der 6. Woche der Gravidität (300000 RE pro Liter). Der Prolangehalt des Harns nimmt im Verlauf der Gravidität allmählich etwas ab (s. Abb. 140 und Tabelle 34). In den letzten Wochen beträgt der Prolangehalt zuweilen weniger als 330 ME pro Liter, so daß man

---

[1] ASCHHEIM u. ZONDEK, B.: Klin. Wschr. 1927, Nr 28; 1928, Nr 30 u. 31.
[2] Im Frauenharn hat zuerst LOEWE Folliculin in geringen Mengen nachgewiesen. Bezüglich der Prolanausscheidung außerhalb der Gravidität sei auf S. 428 verwiesen.
[3] SMITH, MARGARET G.: Bull. Hopkins Hosp. 41 (1), 62—66 (1927).
[4] LAQUER, F.: Medizin u. Chemie, I.G.-Farbenindustrie 2, 117 (1924).

mit dem nativen Harn eine negative Schwangerschaftsreaktion erhalten
kann. Damit soll nur gesagt sein, daß die Prolanausscheidung in den
letzten Wochen — im Gegensatz zum Beginn der Gravidität — inkonstant ist, der Durchschnittswert liegt im allgemeinen aber doch über
4000 ME pro Liter. Nach der Entbindung fällt die Kurve steil ab, so
daß der Urin am 8. Wochenbettstag bereits frei von Prolan ist. Anders
liegen die Verhältnisse beim Folliculin. Die Hormonausscheidung beginnt nicht sofort nach
der Implantation des Eies
und steigt in den ersten
8 Schwangerschaftswochen
nur allmählich an, wobei
die Werte bei verschie-
denen Frauen nicht un-
erheblich differieren können (300—600 ME pro
Liter). Von der 8. Woche
an geht die Ausschei-
dungskurve ziemlich steil
in die Höhe, um in den
letzten Schwangerschafts-
monaten etwa 6—20 000

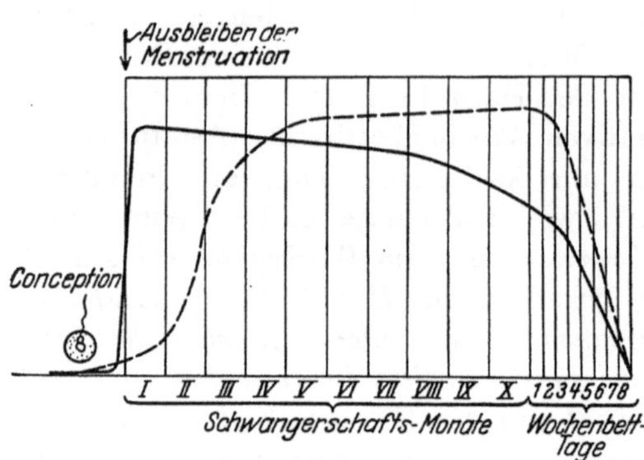

Abb. 140. ——— Prolan, - - - Folliculin. Ausscheidung von
Prolan und Folliculin im Harn während Schwangerschaft und
Wochenbett (Mensch).

ME pro Liter zu betragen. Der Höhepunkt wird am Ende der Gravidität, insbesondere kurz vor der Geburt erreicht, so daß der Harn jetzt
30 000—50 000 ME Folliculin enthält. Dieser antepartale Anstieg bewirkt vielleicht den für die Einleitung der Geburt notwendigen Tonus
und sensibilisiert vielleicht den Uterus für das Oxytocin des Hypophysenhinterlappens, wodurch die Bedingungen für die Geburtseinlei-
tung geschaffen werden. Über die aus solchen Erwägungen gezogenen
klinischen Schlußfolgerungen wird später (S. 512) berichtet. Nach der
Entbindung fällt auch die Folliculinkurve schnell ab, so daß der
Harn am 8. Wochenbettstage auch frei von Folliculin ist. — In Abb. 140
ist die Ausscheidung von Prolan und Folliculin in der menschlichen
Gravidität kurvenmäßig dargestellt.

Die Hormonwerte des Harns sind in den einzelnen Schwangerschafts-
perioden als Mittelwerte[1] folgende (die Einheit für Folliculin wird an

---

[1] Die S. 359 angegebenen Werte habe ich auf Grund weiterer Untersuchungen zusammengestellt. In unserer Originalarbeit (Klin. Wschr. 1928,
Nr 30) wurden folgende Werte mitgeteilt:

Schwangerschaft	Folliculin pro Liter Harn in Mäuseeinheiten	Prolan pro Liter Harn in Mäuseeinheiten
1.—8. Woche	etwa 300— 600	etwa 3000—5000
3.—7. Monat	„ 5000— 7000	„ 3000—6000
7.—10. „	„ 6000—10000	„ 2000—3000

der kastrierten 20 g schweren Maus [ALLEN-DOISY], die Einheit für die
gonadotropen Vorderlappenhormone an der infantilen, 6—8 g schweren
Maus [ZONDEK-ASCHHEIM] bestimmt):

Tabelle 34.

Schwangerschaft	Folliculin pro Liter Harn in Mäuseeinheiten	Prolan pro Liter Harn in Mäuseeinheiten
1.—8. Woche	etwa 300— 600	etwa 5000—30000
3.—7. Monat	„ 5000— 7000	„ 5000—16000
7.—10. „	„ 6000—20000	„ 4000—12000

Untersucht man das Schwangerenblut quantitativ, so findet man
sowohl für Folliculin wie für Prolan geringere Werte als im Harn, mit
anderen Worten: *Der Körper ist bestrebt, die für die Schwangerschaft im
Übermaß produzierten, aber nicht verwerteten Hormone möglichst bald durch
den Harn auszuscheiden.*

f) Die Hormonverteilung in der Gravidität.

Bei der hormonalen Überschwemmung des graviden Organismus
könnte man annehmen, daß die Verteilung der Hormone in den verschiedenen Organen und Körpersäften eine annähernd gleichmäßige ist.
Dies ist aber, wie aus den folgenden Angaben hervorgeht, nicht der Fall.
Selbstverständlich werden die Hormone infolge der Blutdurchtränkung
des Organismus in jedem Organ vorhanden sein können, so daß man sie
hier bisweilen in kleinen Mengen findet. Wer sich nur mit einer Spezialfrage beschäftigt, kann seine Befunde leicht überwerten. Um sich vor
Fehlschlüssen zu hüten, darf nur der regelmäßige Befund konstanter
Hormonmengen gewertet werden.

Wie ich in der ersten Auflage mitteilte, fand ich (1929)[1] im *Speichel*
von Schwangeren nur ganz geringe Prolanmengen. Im Gegensatz dazu
fand TRANCU-RAINER[2] den Speichel sehr prolanreich, es wurden
4170 ME Follikelreifungshormon (Prolan A) pro Liter, hingegen um
90% weniger Luteinisierungshormon nachgewiesen. In erneuten zur
Klärung dieser widersprechenden Ergebnisse ausgeführten Untersuchungen[3] konnte ich die Angaben von TRANCU-RAINER nicht bestätigen, und auch OFSTAD[4] fand in Übereinstimmung mit mir eine nur
geringe Hormonkonzentration. Selbst bei Injektion von 6mal 0,5 ccm
des mit Äther entgifteten Speichels konnte ich weder bei der infantilen
Maus noch bei der Ratte eine HVR auslösen. Dies gelingt erst mit noch
größeren Mengen. Das Vorkommen von Prolan im Speichel ist also so

---

[1] ZONDEK, B.: Endokrinol. **5**, 427 (1929).
[2] TRANCU-RAINER: Zbl. Gynäk. **1931**, Nr 25, 1971.
[3] ZONDEK, B.: Z. Geburtsh. **101**, 797 (1932). Nord. med. Tidsskr. **7**, 257
(1934).
[4] OFSTAD: Klin. Wschr. **1932**, Nr 42, 1761.

gering, daß es im Haushalt der Schwangerschaft keine Rolle spielt. Das gleiche gilt für den *Magensaft*, in dem ich Prolan nicht nachweisen konnte.

Während das Prolan in großen Mengen (s. S. 355) im Blut der Schwangeren kreist, geht es nicht in die *Lumbalflüssigkeit* über. EHRHARDT[1] konnte meine Befunde in der normalen Schwangerschaft bestätigen, hingegen konnte er mit dem Liquor von Eklamptischen die HVR I, nicht aber die HVR II und III auslösen. Es konnte also in der Lumbalflüssigkeit *Eklamptischer* Follikelreifungshormon — und zwar 415 bis 830 ME pro Liter — nicht aber Luteinisierungshormon nachgewiesen werden. Wichtig ist die Tatsache, daß bei Blasenmole und Chorionepitheliome, die eine stark erhöhte Produktion und Ausscheidung des Prolans bedingen, auch in der Lumbalflüssigkeit Prolan in erhöhter Konzentration nachweisbar ist. Mit derartigem Liquor ist die volle Schwangerschaftsreaktion auslösbar (EHRHARDT, HEIM[2], HASHIMOTO[3], WINTER[4]). Dieser Befund ist für die Diagnose bei Blasenmole bzw. des Chorionepithelion von Bedeutung (s. S. 554).

Im *Colostrum* läßt sich bei normaler Gravidität Prolan vom 7. Schwangerschaftsmonat an nachweisen — in Mengen bis 830 ME pro Liter —, während Folliculin nicht vorhanden ist. Bei pathologisch veränderter Placenta (Blasenmole) fanden HEIM sowie WINTER Prolan bereits im 4. Graviditätsmonat (s. S. 554).

Im Inhalt von künstlich bei Schwangeren angelegten Hautblasen (Cantharidinblasen) konnte HEIM Prolan nachweisen. Auch in der *Haut* ist Prolan gefunden worden (A. LOESER[5]), nicht aber Folliculin. Durch Implantation von 200 mg schweren Hautstücken konnte LOESER bei infantilen Ratten, seltener bei infantilen Mäusen, die HVR I—III auslösen. Ich[6] selbst habe Haut von vier Schwangeren — in steigenden Mengen von 30—200 mg — infantilen Mäusen implantiert und erhielt 3mal negative Ergebnisse, in einem Fall war nur die HVR I positiv. Ich möchte daraus schließen, daß Prolan in der Haut der Schwangeren, wie auch in anderen Organen, nur passager anzutreffen ist. Bei der starken Durchtränkung des Körpers mit Prolan ist es — wie oben gesagt — selbstverständlich, daß man ab und zu in allen Organen etwas Prolan finden kann. Ich halte es aber nicht für richtig, wie LOESER dies beim Studium einer Spezialfrage tut, die Haut als „Hormonträger" in der Gravidität zu bezeichnen. In der *Vaginalschleimhaut* konnte ich[6], was nach dem eben Gesagten nicht verwunderlich ist, zuweilen Prolan in geringen Mengen finden, im *Scheidensekret* konnte ich das Hormon nicht bzw. nur sehr selten nachweisen.

---

[1] EHRHARDT: Klin. Wschr. **1929**, Nr 50, 2330.
[2] HEIM: Mschr. Geburtsh. **90**, 172 (1932).
[3] HASHIMOTO: Zbl. Gynäk. **1932**, Nr 37.
[4] WINTER: Arch. Gynäk. **151**, 201 (1932).
[5] LOESER, A.: Zbl. Gynäk. **1932**.
[6] ZONDEK, B.: Z. Geburtsh. **101**, 797 (1932).

Im *Schweiß* der Schwangeren fand ich zuweilen geringe Prolanmengen. So konnte, um ein Beispiel anzuführen, bei Extraktion von 68 mg Schweiß (Trockensubstanz) die HVR I, nicht aber die HVR II und III ausgelöst werden.

Im *Haar* der Schwangeren ist, wie zu erwarten war, Hormon nicht nachweisbar. Bei Prüfung von Schamhaaren (100—130 mg), erhielt ich einmal eine positive HVR I. Dieser positive Befund dürfte dadurch zu erklären sein, daß der hormonhaltige Urin an den Schamhaaren haften blieb und eintrocknete, so daß bei der Extraktion der Haare Hormon nachweisbar war. Bei Untersuchung der Achselhaare sowie der Nackenhaare (80 mg) erhielt ich stets negative Resultate. Auch bei Verarbeitung größerer Haarmengen (Ende eines Zopfes) war Hormon nicht nachweisbar.

Wir sehen aus diesen Ergebnissen, daß die hormonale Durchtränkung des menschlichen Körpers in der Gravidität nicht eine gleichmäßige ist. Wir finden Prolan und Folliculin in der Placenta und im Blut, wobei der Körper bestrebt ist, die nicht verwerteten Hormone möglichst rasch durch den Harn zu eliminieren. Daß der Körper hierbei die Tendenz hat, die Hormone aus dem Blut nicht an die Gewebe abzugeben, sah ich aus folgender Beobachtung[1]. Bei einer Graviden im 8. Monat mußte ich wegen einer schweren akuten Gestationstoxikose (Hypertonie [220 mm Hg], Ödeme, Albuminurie, schwere akute Retinitis) die abdominale Sectio caesarea ausführen. Hierbei entleerten sich aus dem Abdomen reichliche Mengen eines serumartigen Transudates, das — infolge der erhöhten Durchlässigkeit der Gefäßendothelien bei der Graviditätstoxikose — in die Bauchhöhle diffundiert war. Während der Operation wurde Blut aus der Armvene entnommen, um den Hormongehalt des Blutplasmas mit dem der Bauchflüssigkeit zu vergleichen. Hierbei zeigte sich, daß 1 Liter Blutplasma 250 ME Folliculin enthielt, während im Bauchtranssudat Folliculin überhaupt nicht vorhanden war! Das Venenblut enthielt pro Liter 130000 ME Prolan, die Bauchflüssigkeit aber nur 2000 ME, also 84% weniger als das zirkulierende Blut. Die Bauchflüssigkeit unterschied sich in ihrem Kochsalz- und Zuckergehalt nur unwesentlich vom Blut. Bei der durch die Toxikose[2] bedingten erhöhten Durchlässigkeit der Capillaren waren also wohl andere Bestandteile des Blutes, nicht aber oder nur in geringem Maße die Hormone in die Bauchflüssigkeit diffundiert.

Zu welchem Zeitpunkt tritt nun diese Massenproduktion der Vorderlappenhormone im schwangeren Organismus auf? Ich hatte Gelegenheit, Harn von zwei jungen Mädchen zu prüfen, die noch vor Ausbleiben

---

[1] ZONDEK, B.: Nord. med. Tidsskr. **7**, 397 (1934).

[2] Bei Graviditätstoxikose (Gestose) fanden G. S. SMITH u. O. W. SMITH [Proc. Soc. exper. Biol. a. Med. **30**, 918 (1933)] eine etwa 4fache Prolanerhöhung im Blut und Harn, während der Folliculingehalt eher vermindert war. GENELL (s. S. 512) stellte eine Verschiebung der Relation zwischen dem Folliculintiter des Blutes und Harns gegenüber gesunden Graviden fest.

der Menstruation zu mir kamen, weil sie fürchteten schwanger zu sein. Beide Patientinnen waren in der Tat gravide. Die HVR-Reaktion II und III war vor dem Ausbleiben der Menstruation negativ. In dem einen Fall fand ich zwar nach dem Einspritzen des Harns große Follikel im Ovarium und die Schollenreaktion im Scheidensekret, nicht aber Blutpunkte und Corpora lutea, d. h. *vor dem Ausbleiben der Menses erschien nur Prolan A, nicht Prolan B im Harn*[1]. Die fortlaufenden Urinuntersuchungen ergaben, daß am 4. und 5. Tage nach Beginn der erwarteten Menstruation auch die HVR II und III positiv wird. Daraus müssen wir schließen, daß *erst mit der Eieinbettung, d. h. nach Kontakt des Eies mit der mütterlichen Zirkulation die Massenproduktion von Prolan einsetzt.*

Auf Grund der bisherigen Untersuchungen an jungen Graviditäten ergibt sich, daß der Organismus zunächst das Follikelreifungshormon und erst einige Tage später das Luteinisierungshormon im Übermaß produziert und im Harn ausscheidet. Diese Befunde sind wiederholt bestätigt worden. In einem genau beobachteten Fall fand CH. HAMBURGER[2] eine Woche nach dem befruchtenden Coitus auch mit der Alkoholfällungsmethode (s. S. 236) Prolan nicht im Harn (also < 111 ME), hingegen konnte er 2 Tage vor dem erwarteten Menstruationstermin 200 ME Follikelreifungshormon und 50 ME Luteinisierungshormon pro Liter nachweisen. Genau wie in meinen Fällen war vor dem Ausbleiben der Menses im nativen Harn nur die HVR I, nicht aber die HVR II und III positiv. Derselbe Befund im nativen Harn auch noch 5 Tage nach Ausbleiben der Menstruation, während am 6. Tage die HVR II und III positiv wird. Der Prolan A-Gehalt des Harns stieg jetzt um das 4fache (auf 1000 ME), der B-Gehalt um das 10fache (auf 500 ME pro Liter).

Ich fasse die bisherigen Ergebnisse beim *Menschen* in folgenden Leitsätzen zusammen:

1. *Das Follikelhormon und die gonadotropen Hypophysenvorderlappenhormone schaffen dem Ei nach der Befruchtung die optimalen Lebensbedingungen zur Fortentwicklung im Uterus.*

2. *Ist das Ei befruchtet, so setzt eine Massenproduktion der Hormone ein, die als Aufbauhormone für die Schwangerschaft verwendet werden.*

3. *Für die menschliche Schwangerschaft geradezu charakteristisch ist die explosivartige Überschüttung des Organismus mit Follikelreifungs- und Luteinisierungshormon (Prolan A und B) und die allmählich zunehmende Produktion von Folliculin.*

4. *In der Schwangerschaft finden wir die Hormone (Folliculin und Prolan) in großen Mengen in der Placenta, im Blut, insbesondere im Urin, hingegen nicht oder nur in geringen Mengen in den anderen Körperflüssig-*

---

[1] ZONDEK, B.: In der I. Auflage mitgeteilt (1931).
[2] HAMBURGER, CH.: Gonadotropic hormones. Copenhagen: Levin & Munksgaard 1933, S. 56.

keiten und Organen. Die Capillardiffusion der Hormone ist geringer als die der anderen Blutbestandteile.

5. Der Körper entledigt sich der im Übermaß produzierten, für den Aufbau der Schwangerschaft aber nicht verwendeten Hormone durch den Harn, so daß die Hormonkonzentration im Harn größer ist als im Blut.

Die Ausscheidung der Hormone ist für die Schwangerschaft so charakteristisch, daß ASCHHEIM *und ich auf dem Nachweis von Vorderlappenhormon (HVR II und III) unsere hormonale Schwangerschaftsreaktion bei der Frau gegründet haben. Die von mir angegebene Graviditätsreaktion beim Pferd beruht hingegen auf dem Nachweis des Follikelhormons (Folliculin) und des Follikelreifungshormons (Prolan A). (Näheres im Anhang.)*

g) Hormonuntersuchungen bei trächtigen Tieren.

Die vergleichenden Harnuntersuchungen bei Mensch und Tier haben zu interessanten Ergebnissen geführt. Im Harn von trächtigen Affenweibchen (Menschenaffen und niedere Affen) fanden wir ebenso wie bei der Frau sowohl Folliculin wie Prolan. Durch den Nachweis der HVR II und III konnten wir im November 1927 die Diagnose „Gravidität" beim Orang-Utanweibchen des Berliner Zoologischen Gartens stellen. Unsere Mitteilung wurde mit großer Skepsis aufgenommen, da das Tier keinerlei äußere Schwangerschaftsveränderungen erkennen ließ. Mitte Januar 1928 bestätigte das Orang-Utanweibchen selbst diese Diagnose. Es brachte ein lebendes Junges zur Welt, das nachher gestorben ist. Wir erhielten ferner eine Harnprobe aus dem Zoologischen Garten in Dresden, wo ein Orang-Utanweibchen wegen seines dicken Leibes der Gravidität verdächtigt wurde. Unsere Reaktion fiel negativ aus. Die weitere Beobachtung ergab, daß das Tier nur einen Fettleib hatte.

Wir haben den Urin von trächtigen Mäusen, Ratten, Kaninchen, Hund, Kuh, Schwein, Elefant untersucht und niemals bei Injektion des nativen Harns Prolan nachweisen können. Nun besteht die Möglichkeit, daß die Vorderlappenhormone im Harn trächtiger Tiere nicht so konzentriert wie beim Menschen ausgeschieden werden, so daß sie bei der Injektion des nativen Harns an der infantilen Maus (im ganzen können nur maximal 3 ccm injiziert werden) nicht nachweisbar sind. Ich habe deshalb das Hormon aus dem Harn von trächtigen Kühen und Schweinen mittels der Alkoholfällungsmethode (s. S. 236 u. 416) gefällt, wodurch ich eine 10fache Konzentration[1] erreichte. Somit wurde jeder Maus die fraglichen Vorderlappenhormone aus 25—30 ccm Harn injiziert. Sämtliche Versuche verliefen negativ!

Hingegen konnten wir[2] Folliculin außer beim Affen auch im Harn der trächtigen Kuh finden. Der Folliculingehalt ist aber nur wenig er-

---

[1] ZONDEK, B.: Dtsch. med. Wschr. 1930, Nr 8.
[2] ASCHHEIM u. ZONDEK B.: Klin. Wschr. 1927, Nr 28.

höht und liegt wesentlich tiefer als bei der graviden Frau (nur 5%), ein Befund, der von LIPSCHÜTZ u. VESHNJAKOV[1] bestätigt wurde. Der Folliculingehalt des Harns trächtiger Kühe[2] schwankt beträchtlich. So fand ich zuweilen 2000 ME pro Liter, der Durchschnittsgehalt beträgt aber nur 500 ME (s. S. 77 u. 573). Beim Schwein ist die Folliculinausscheidung nur in bestimmten Perioden der Gravidität erhöht (KÜST u. STRUCK[3], HAUER[4]). Zwischen dem 24. und 32. Tage nach dem Deckakt werden Folliculinmengen zwischen 1000 und 2000 ME pro Liter ausgeschieden, um dann ziemlich schlagartig aufzuhören. Nach 5wöchiger Pause tritt in der 10. Graviditätswoche wieder eine erhöhte Ausscheidung ein (1000 ME pro Liter), die bis zum Graviditätsende (15. Woche) allmählich bis auf 4000 ME steigt. Während beim Menschen kurz vor der Geburt ein Folliculinanstieg erfolgt (s. S. 358), fällt die Ausscheidung beim Schwein antepartal stark ab, so daß das Hormon während der Geburt kaum noch nachweisbar ist.

Im Blut und Harn trächtiger Rehe und Dachse konnten E. FISCHER und ich[5] in den Wintermonaten — also während der Entwicklungspause des befruchteten im Uterusschlauch frei liegenden Eies (s. S. 384) — Folliculin und Prolan nicht nachweisen. UNTERBERGER[6] konnte hingegen mit dem Blut von trächtigem Damwild (Hirsch), dessen Fruchtentwicklung im Gegensatz zum Reh im Winter pausenlos abläuft, die Graviditätsreaktion auslösen, also Prolan nachweisen. Urin wurde nicht untersucht. Weitere Untersuchungen an trächtigem Damwild wären erwünscht.

Besonders interessant sind die Hormonuntersuchungen beim Pferd[7]. Hier ist der Körper besonders bestrebt, das für die Schwangerschaft nicht verwendete Folliculin möglichst rasch aus dem Körper auszuscheiden so daß ich im Blut durchschnittlich nur 800 ME, im Harn aber 100000 ME und mehr pro Liter (also eine Konzentration um über das 100fache) fand. Im Blut der trächtigen Stute kreisen die Vorderlappenhormone (A und B) in erhöhtem Maße (S. 356). *Im Harn hingegen wird, wie ich feststellte, nur das Follikelreifungshormon (Prolan A), und dies auch nur in ganz geringen Mengen in den ersten Graviditätsmonaten ausgeschieden, während das Luteinisierungshormon aus dem Blut in den Harn*

---

[1] LIPSCHÜTZ u. VESHNJAKOV: Biochem. Z. **220**, H. 4—6 (1930).

[2] Die schon vor mehreren Jahren erhobenen und auch in der ersten Auflage dieses Buches mitgeteilten Hormonbefunde bei trächtigen Tieren sind in der Veterinärmedizin anscheinend nicht bekannt geworden, da dieselben Untersuchungen immer wieder ausgeführt und als neuartig publiziert werden.

[3] KÜST u. STRUCK: Dtsch. tierärztl. Wschr. **4**, 54 (1934). — STRUCK: Dissertation. Gießen 1931.

[4] HAUER, I.: Vet.-med. Diss. Wien 1933.

[5] FISCHER, E. u. ZONDEK, B.: Nicht publiziert.

[6] UNTERBERGER: Zbl. Gynäk. **1932**, Nr 35.

[7] ZONDEK, B.: Klin. Wschr. **49**, 2285 (1930).

überhaupt nicht übertritt. Warum bei der schwangeren Frau die im Blut in erhöhtem Maße kreisenden Hormone (Folliculin, Prolan A und B) sämtlich in den Harn übertreten, bei der trächtigen Stute im wesentlichen aber nur das Folliculin (Prolan A in sehr geringen Mengen), entzieht sich unserer Kenntnis. Man kann vermuten, daß das trächtige Pferd die gonadotropen Hormone besser verwertet als der Mensch. Wichtiger als derartige Theorien scheinen mir die festgestellten Tatsachen zu sein (s. S. 571—578).

Die Ausscheidung großer Folliculin- und kleiner Prolan A-Mengen im Harn trächtiger Stuten läßt sich besonders schön am infantilen Kaninchen demonstrieren. Ich injizierte infantilen Kaninchen 10 Tage lang Harn einer trächtigen Stute (86. Tag). Die Vulva der Kaninchen zeigte äußerlich livide Verfärbung, die Scheide war stark verdickt, die Uteri waren von fadendünnen in bleistiftdicke Gebilde umgewandelt, stark livide verfärbt und sahen wie bei einer jungen Gravidität aus. Dieses Bild kennen wir als Veränderungen des infantilen Genitalapparates durch große Folliculindosen. Während wir aber durch Folliculin — im Gegensatz zu den Veränderungen an Scheide und Uterus — keine Reaktionen im Ovarium des infantilen Tieres auslösen können, waren nach Einspritzung des Stutenharns schon makroskopisch einige bläschenförmige, stark vergrößerte Follikel nachweisbar. Die Follikelreifung im infantilen Ovarium wird bekanntlich durch das Follikelreifungshormon (Prolan A) ausgelöst. Die Versuche zeigen also das Vorhandensein beider Hormone (Folliculin und Prolan A) im Harn trächtiger Stuten.

Mensch und Pferd sind also, was das Follikelhormon betrifft, *während der Gravidität konstant polyhormonal. Im Gegensatz zum Menschen ist das Pferd aber bezüglich der gonadotropen Vorderlappenhormone und des Folliculins nur periodisch polyhormonal.*

In der folgenden Tabelle sind die Hormonwerte im Blut und Harn bei Frau und Pferd in der Gravidität zusammengestellt.

Tabelle 35. Hormongehalt des Blutes und Harns bei Mensch und Pferd in der Gravidität (Durchschnittswert pro Liter).

	Blut			Harn		
	Folliculin ME	Prolan A RE	Prolan B ME	Folliculin ME	Prolan A RE	Prolan B ME
Frau	600	15 000	10 000	12 000	20 000	10 000
Pferd	800	2 000	1 000	100 000	800	—

Die Blutuntersuchungen sind mit Serum bzw. mit Citratblut ausgeführt, wobei sich wesentliche Unterschiede nicht ergeben haben. Die Folliculin- und Prolan B-Werte sind in Mäuseeinheiten, die Prolan A-Werte in Ratteneinheiten angegeben.

Besonders interessant ist die Tatsache, daß die beiden polyhormonalen Phasen bei der graviden Stute *nacheinander* ablaufen. In der 6. Graviditätswoche beginnt die Überproduktion des Prolans (richtiger Prosylans), die sich nur in einer erhöhten Hormonkonzentration des Blutes, nicht des Harns äußert, um am Ende des 4. Monates wieder völlig aufzuhören. Die Folliculinproduktion, die schon im 2. Monat ansteigt, erreicht ihren Höhepunkt erst zu der Zeit, wo die Prolanproduktion wieder aufhört. Diese eigenartigen nacheinander ablaufenden Hormonphasen finden wir sonst niemals im Tierreich. Eigenartig ist bei den Equiden auch die Art der Eiimplantation. Das befruchtete Ei, das nach etwa 10 Tagen in die Uterushöhle eintritt, bleibt hier — ähnlich wie bei Dachs und Reh (s. S. 364 u. 384) — als frei bewegliche kugelförmige Blase liegen, beginnt sich erst in der 6. Woche mit Chorionzotten zu umgeben und tritt erst in der 15. Woche mit der Uterusschleimhaut in Kontakt (epithelio-choriale Placentation). Der Vergleich der hormonalen und anatomischen Befunde beweist meines Erachtens, daß die erhöhte Prolanproduktion bei der Stute nicht placentar bedingt sein kann, da sie zu der Zeit stattfindet, wo die Chorionzotten noch kaum entwickelt sind und noch keinen Kontakt mit der mütterlichen Zirkulation haben Die Befunde bei der Stute lehren uns ferner, daß die hormonale Überproduktion nicht von der Art der Placentation abhängig ist, denn das Pferd hat eine epitheliochoriale, Mensch und Affe aber eine hämochoriale Placenta. Daß die hormonale Überproduktion überhaupt nicht, wie wir bisher glaubten, an die Gravidität gebunden ist, zeigen die im Kap. 15 mitgeteilten Befunde an männlichen Equiden.

2. Blasenmole, Chorionepitheliom und Prolan.

Die großen in der Placenta vorhandenen Prolanmengen sprechen dafür (Näheres siehe im folgenden Kapitel), daß die Placenta nicht nur eine Resorptionsstätte der Vorderlappenhormone ist, sondern daß sie vielleicht auch aktiv an der Hormonproduktion beteiligt ist. Bei dieser Selbstproduktion des Eies spielt aber der Fetus sicher keine Rolle; denn auch bei der Blasenmole[1] findet man im Harn Prolan. Sowohl die Molenwand wie die Blasenflüssigkeit enthalten Prolan, wobei die Hormonkonzentration im Molensaft größer ist als in der Molenwand[2]. In meinem Vortrag in der Wiener Biologischen Gesellschaft wies ich[2] bereits darauf hin, daß die Prolankonzentration im Harn bei Blasenmole 2—3 mal so groß ist wie bei normaler Gravidität! In Verfolg unserer Untersuchungen konnte ROBERT MEYER[3] die theoretisch und praktisch wichtige Tatsache feststellen, daß auch beim Chorionepitheliom die gonadotropen Hormone — und zwar in besonders großen Mengen — im Harn auftreten. Bei einem Chorionepitheliom der Niere war die HVR II bzw. III schon mit $^1/_{70}$ ccm Harn positiv! Weitere Untersuchungen haben gezeigt, daß bei pathologischer Schwangerschaft eine noch viel stärkere Überproduktion von Prolan einsetzen kann, so daß

---

[1] ASCHHEIM: Zbl. Gynäk. 1928, Nr 10, 602—608.
[2] ZONDEK, B.: Endokrinol. 1, 428—430 (1929).
[3] MEYER, ROBERT: Zbl. Gynäk. 1930, 431.

EHRHARDT[1] in zwei Fällen von Blasenmole pro Liter Harn 260000 bis 520000 ME Prolan nachweisen konnte. Diese so starke Prolanvermehrung kann man diagnostisch bei der Blasenmole bzw. beim Chorionepitheliom verwerten, aber nur dann, wenn in 1 ccm Frühurin 200 ME (pro Liter = 200000 ME) nachweisbar sind, d. h. wenn die HVR-Reaktion II bzw. III durch 0,005 ccm Harn auslösbar ist. Der Verdacht einer pathologisch veränderten Schwangerschaft muß schon geäußert werden, wenn in 1 ccm Frühurin mehr als 50 ME Prolan ausgeschieden werden. In solchen Fällen ist mehrmalige Harntitration im Abstand von je 1 Woche erforderlich. Vermehrt sich der Prolangehalt des Harns schnell, und liegt eine Gestationstoxikose vor (s. S. 361), so wird die Diagnose um so sicherer, je höher der Hormongehalt über 100 Einheiten pro Kubikzentimeter steigt. (Näheres Anhang, S. 553.)

Je früher wir die Blasenmole diagnostizieren, um so mehr nützen wir der Patientin. Können wir nun durch den Nachweis der gesteigerten Prolanausscheidung die Blasenmole mit Sicherheit diagnostizieren? Mir war dies in einem Falle[2] möglich, in dem nur das etwas schnellere Wachstum des Uterus klinisch auf Blasenmole hinwies. Da der Prolantiter im Verlaufe von 3 Wochen sehr rasch anstieg, unterbrach ich die Gravidität und fand eine Blasenmole. In der Literatur sind einige Fälle von Blasenmole ohne gesteigerte Prolanausscheidung mitgeteilt worden (WEYMEERSCH c. s.[3], SCHULTZE-RHONHOF[4]). Deshalb kann nur der positive Befund, d. h. die Feststellung der stark erhöhten Prolanausscheidung für die Diagnose der Blasenmole verwertet werden. Die bisher beobachteten Fälle von nicht erhöhter Prolanausscheidung bei Blasenmole gehören zu den Seltenheiten, so daß die Mole in der Regel durch Prolantitration des Harns diagnostiziert werden kann. Zur Unterstützung der Diagnose kann der qualitative Prolannachweis in der Lumbalflüssigkeit sowie im Colostrum herangezogen werden (Näheres S. 554).

Daß die Schwangerschaftsreaktion trotz Blasenmole negativ sein kann — also sogar verminderte Prolanausscheidung bestehen kann — geht aus der Beobachtung von PHILIPP hervor[5]. Es handelte sich um die Differentialdiagnose zwischen Myom und Abort bei einer 51jährigen Patientin. Die Harnanalyse ergab eine negative Schwangerschaftsreaktion. Da die Probecurettage massenhaft Blasenmolegewebe ergab, wurde mit Rücksicht auf das Alter der Patientin der Uterus entfernt. Blasenmolegewebe und Flüssigkeit ergaben bei Implantation

---

[1] EHRHARDT: Dtsch. med. Wschr. **1930**, Nr 22.

[2] ZONDEK, B.: Zbl. Gynäk. **37**, 2306 (1930).

[3] WEYMEERSCH, BOURG, A. R. u. ROCMANS, M.: Bull. Soc. belge Gynéc. **1933**, 9.

[4] SCHULTZE-RHONHOF, F.: Zbl. Gynäk. **1930**.

[5] PHILIPP, E.: Zbl. Gynäk. **55**, 491, 937 (1931).

bzw. Injektion die typische HVR II bzw. III. In diesem Falle zeigte die von ROBERT MEYER ausgeführte anatomische Untersuchung, daß das Blasenmolegewebe von einem außerordentlich stark ausgeprägten fibrinoiden Wall umgeben und dadurch von der Blutbahn abgeschnitten war.

Haben wir eine Blasenmole entfernt, so sind wir verpflichtet, die Frauen längere Zeit biologisch zu kontrollieren, d. h. den Harn regelmäßig in Abständen von etwa 4 Wochen zu untersuchen. Während die Prolanausscheidung nach Ausstoßung einer normalen Placenta etwa nach 1 Woche aufhört, kann dies bei der Blasenmole wesentlich länger dauern. Die Zeit wird verschieden angegeben. NEUMANN fand 1 bis 4 Wochen nach der Ausstoßung noch eine positive Schwangerschaftsreaktion, WLODIKA bis zu 6 Wochen, ASCHHEIM sogar bis zu 3 Monaten, was aber nur ausnahmsweise der Fall sein dürfte.

Ich empfehle folgendermaßen vorzugehen: Ist die Schwangerschaftsreaktion noch 6 Wochen nach Ausstoßung der Blasenmole positiv und steigt der Prolangehalt an, so spricht dies für Chorionepitheliom. Die quantitative Prolananalyse des Harns ist in diesen Fällen besonders wichtig. Zur Sicherung der Diagnose ist eine exakte Probecurettage notwendig. Ist das Ergebnis der histologischen Untersuchung des Curettagematerials zweifelhaft — und dies kann zuweilen der Fall sein — *so ist das Ergebnis der biologischen Untersuchung für die Diagnose des Chorionepithelioms wichtiger als das der histologischen!*

Ist die Schwangerschaftsreaktion nach Ausstoßung der Blasenmole negativ geworden, so muß die Patientin im Abstand von etwa 2 Monaten regelmäßig auf ihre Prolanausscheidung untersucht werden. Wird die negative Reaktion wieder positiv, so kommt nur folgendes in Frage. Entweder besteht eine erneute Gravidität, oder es liegt ein Chorionepitheliom vor. Ich möchte besonders auf die *erneute* Gravidität hinweisen, da unter dem Einfluß der jetzt so viel erörterten biologischen Reaktion bei diesen Fällen häufig zuerst an ein Chorionepitheliom gedacht wird, und damit die Gefahr besteht, eine normale Gravidität zu unterbrechen oder gar den graviden Uterus bei einer jungen gesunden Frau zu exstirpieren. Ich habe selbst folgende Beobachtung gemacht: Bei einer 25jährigen Frau, die vor einigen Monaten eine Blasenmole ausgestoßen hatte, und die regelmäßig biologisch kontrolliert wurde, war eines Tages die Schwangerschaftsreaktion wieder positiv. Man nahm ein beginnendes Chorionepitheliom an und empfahl sofortige Operation. Die Patientin, die sich sehnlichst Kinder wünschte, konnte sich zur Operation nicht entschließen. Da die letzte Menstruation ein wenig schwächer war und somit die Möglichkeit einer erneuten Gravidität bestand, riet ich den nächsten Menstruationstermin abzuwarten. Ich analysierte den Urin im Abstand von je 1 Woche und fand bei einer Flüssigkeitszufuhr von 1200 ccm pro Tag einen Hormontiter von 15 bis

25 ME pro Kubikzentimeter. Dieser konstante, nicht erhöhte und auch nicht ansteigende Hormongehalt sprach gegen ein Chorionepitheliom. Die nächste Menstruation blieb aus, und jetzt konnte man palpatorisch mit Sicherheit eine intrauterine Gravidität feststellen. Die Schwangerschaft verlief ohne Störungen und es wurde ein gesundes Kind geboren. Ich erwähne diesen Fall, um zu zeigen, daß die Feststellung der erhöhten Prolanausscheidung bei einer früheren Blasenmoleträgerin zu verhängnisvollem Irrtum führen kann, wenn man nicht zunächst an eine erneute Gravidität denkt. Die Differentialdiagnose zwischen Gravidität und Chorionepitheliom ist durch die quantitative Harnanalyse möglich (s. S. 554).

Die Bedeutung der hormonalen Harnanalyse für die frühzeitige Diagnose des Chorionepithelioms wird, wie aus der Weltliteratur hervorgeht, übereinstimmend anerkannt. Die Diagnose ist deswegen so sicher, weil die maligne Entartung der Zotten schon sehr frühzeitig zu einer enorm gesteigerten Prolanausscheidung führt. In einer zusammenfassenden Arbeit berichtet VOZZA[1] über 21 Fälle aus der Literatur, die sämtlich die positive Reaktion zeigten. Falls die Patientin ungeheilt zugrunde geht, blieb die Harnreaktion positiv, während sie bei Heilung durch Bestrahlung oder Operation negativ wurde. Der Wert der biologischen Reaktion geht besonders aus folgenden Beobachtungen hervor: Bei einer 25jährigen Frau — so teilt FAHLBUSCH[2] mit — ergab die histologische Untersuchung, die von ROB. MEYER, einem der besten Kenner des Chorionepithelioms ausgeführt wurde, höchsten Verdacht auf maligne Entartung der Zotten. Es handelte sich um einen Placentarest, bei dem die Epithelwucherung destruierend war, so daß die Möglichkeit einer Einwucherung in die Uteruswand bestand. Die biologische Reaktion fiel in diesem Falle negativ aus. Da die Patientin sich sehnlichst ein Kind wünschte, wurde abgewartet, zumal auch die weiteren Harnreaktionen stets negativ waren. Die Patientin blieb gesund. FAHLBUSCH nimmt an, daß das maligne Gewebe mit der Curettage restlos entfernt wurde. Durch die negative biologische Reaktion wurde die Patientin vor der verstümmelnden Uterusexstirpation bewahrt. Einen ähnlichen Fall beschreibt DIETRICH[3], wo bei einer jungen Frau histologisch die Diagnose „Chorionepitheliom" gestellt wurde. Da die Schwangerschaftsreaktion nach 8 Tagen negativ war, und bei Wiederholung in Abständen von 4 Wochen stets negativ blieb, wurde von der Operation Abstand genommen und die Frau blieb gesund. DIETRICH schreibt: „Die Frau hat es der ASCHHEIM-ZONDEK-Reaktion zu verdanken, daß sie ihren Uterus behalten und Aussichten auf eine normale Schwangerschaft hat. Sie ist kinderlos und wünscht sich sehnlichst Kinder."

---

[1] VOZZA: Ann. Ostetr. 1931, Nr 53, 267. Z. Geburtsh. 102, 468 (1932).
[2] FAHLBUSCH: Zbl. Gynäk. 25, 1542 (1930).
[3] DIETRICH: Zbl. Gynäk. 1930, Nr 3, 194.

Im Gegensatz dazu berichtet BALKOW[1] über einen Fall, bei dem die histologische Untersuchung des Curettagematerials keinen Anhaltspunkt zur Malignität zeigte, während die Harnanalyse eine positive Schwangerschaftsreaktion auch bei Verdünnung des Urins ergab. Aus diesem Grunde wurde der Uterus exstirpiert, wobei im Cavum eine gut abgekapselte, bis in die Wand vordringende, über pflaumengroße, braunrötliche Geschwulst gefunden wurde, die sich histologisch einwandfrei als malignes Chorionepitheliom erwies. BALKOW betont, daß hier durch die biologische Reaktion die frühzeitige Operation ermöglicht wurde, und daß die Reaktion in der Unterstützung des klinischen Befundes zuverlässiger war, als die histologische Diagnose. KIMBROUGH[2] konnte schon frühzeitig — 5 Wochen nach Ausstoßung einer Mole — durch den steigenden Prolangehalt des Urins und cystische Vergrößerung der Ovarien bei fehlender Uterusblutung das Chorionepitheliom diagnostizieren.

Besonders interessant ist die Beobachtung von ROBERT MEYER u. RÖSSLER[3], die auf Grund der erhöhten Prolanausscheidung im Harn bei einer Frau, der vor 2 Jahren der Uterus wegen Chorionepitheliom exstirpiert war, entgegen der Ansicht der Kliniker ein Spätrezidiv diagnostiziert haben. Dies war der erste Fall, bei dem ein Chorionepitheliom mittels der hormonalen Harnanalyse überhaupt festgestellt wurde. Die Sektion ergab ein Chorionepithelion der Niere mit ausgedehnten Metastasen in der Leber und Lunge. Die Implantation von Gewebsstücken der Lebermetastasen löste am infantilen Tier die HVR I—III aus, die Hormonmenge wurde in den Metastasen um das 3fache höher geschätzt als in normaler Placenta. Hingegen war die Implantation der Hypophyse ohne Wirkung! In der Hypophyse wurde Prolan also überhaupt nicht gefunden.

Die histologische Untersuchung der Hypophyse durch BERBLINGER (Jena) ergab bezüglich des Vorderlappens folgendes:

„Im hinteren Teil des Vorderlappens in der Mitte ist ein Schwund von Hypophysengewebe vorhanden, wie man ihn nach meinen Erfahrungen in höherem Alter antrifft, vor allem bei Sklerose der Arterien. Man trifft auch hier zwischen erweiterten Capillaren atrophisches Vorderlappengewebe. Einen ähnlichen Befund kann man übrigens feststellen, wenn sich in der Hypophyse vielfache Schwangerschaftshyperplasien abgespielt haben. Im übrigen enthält der Vorderlappen auffallend wenige ausgereifte basophile Epithelien, daneben typische eosinophile Epithelien im ungefähr normalen Mengenverhältnis. Außerdem findet man hypertrophische Hauptzellen in vermehrter Zahl. Die Zellen zeigen aber nicht etwa die Gestalt der hypertrophischen Hauptzellen wie bei Hyperthyreose und Athyreose, sondern sie entsprechen der Anordnung nach Schwangerschaftszellen, allerdings nicht

---

[1] BALKOW: Zbl. Gynäk. 1933, Nr 3, 159.
[2] KIMBROUGH, R. A.: Amer. J. Obstetr. 28, 12 (1934).
[3] MEYER, R., Handbuch der Gynäkologie von STOECKEL, 3. Aufl., 6. 1. Hälfte. Z. Gynäk. 96 (1929).

auf dem Höhezustande der Schwangerschaftshyperplasie des Organs. Eine ähnliche Vermehrung der Hauptzellen, freilich mit meist besser ausgeprägtem Protoplasma, fand ich häufig bei Krebsen, vor allem bei solchen, die ausgedehnte Metastasen in die Leber gesetzt hatten" (BERBLINGER).

Ich hatte Gelegenheit einen Fall von Chorionepitheliom zu untersuchen, der mir in liebenswürdiger Weise durch Herrn Dr. JAMES HEYMAN, Radiumhemmet-Stockholm, zur Verfügung gestellt wurde. Es handelte sich um eine 27jährige Frau, bei der im November 1933 eine Blasenmole des 4. Graviditätsmonats entfernt war. Am 1. I. 1934 traten starke Blutungen auf. Im Introitus vaginae wurde ein pflaumengroßer schwammiger, grauschwarzer, leicht blutender Tumor festgestellt, ein gleichartiger an der hinteren Vaginalwand. Der Muttermund war für drei Querfinger offen und von einem hühnereigroßen schwammigen, bröckeligen Tumor ausgefüllt. Histologisch wurde einwandfrei ein Chorionepitheliom festgestellt. Nach Abtragen der schwammigen Tumormassen der Vagina und des Uterus wurde eine Radiumbehandlung vorgenommen. Die Metastasierung schritt schnell vorwärts, am 21. I. 1934 trat der Exitus ein. Die Obduktion ergab Metastasen in der Leber und Lunge.

Die hormonale Analyse — einige Tage vor dem Tode — ergab einen Prolangehalt von 100000 ME (HVR I—III) pro Liter Harn und 10000 ME pro Liter Blut. Die quantitative Hormonuntersuchung des Lokaltumors war wegen ausgedehnter Nekrose (Radiumbehandlung) nicht möglich, wohl aber die Analyse der Lungenmetastasen. Hier fand ich mittels Extraktion einen Prolangehalt von 100 ME pro Gramm Gewebe, 0,01 g enthielten also 1 ME Prolan (A und B). (Methodik s. S. 556.)

Die Hypophyse fiel schon makroskopisch durch ihre Größe auf. Sie wurde sagittal durchschnitten, um Material für die histologische und biologische Untersuchung zu erhalten. Die histologische Untersuchung, die auch in diesem Fall in liebenswürdiger Weise von Herrn Prof. BERBLINGER (Jena) vorgenommen wurde, ergab, daß der Vorderlappen bei sonst normaler zelliger Zusammensetzung im hinteren Teil des Vorderlappens typische Schwangerschaftszellen enthielt.

Zur hormonalen Prüfung legte ich die zurückbleibende Hälfte des Vorderlappens zunächst 24 Stunden zur Entgiftung in Äther, dann implantierte ich verschieden große Stücke in die Oberschenkelmuskulatur von infantilen Mäusen. Die Schnittrichtung erfolgte in der S. 181 angegebenen Weise. Im Hinterlappen wurde Prolan nicht gefunden, hingegen konnte durch Implantation von Vorderlappengewebe eine Prolanreaktion erzielt werden, aber nur die HVR I, nicht die HVR II und III. Dieser Fall ist insofern bemerkenswert, als ich hier im Vorderlappen Prolan A nachweisen konnte, während sonst beim Chorionepitheliom sowie beim malignen Hodentumor (s. S. 467) die Hypophyse frei von Prolan gefunden wird. Allerdings war der Prolangehalt der

Hypophyse auch im vorliegenden Fall wesentlich verringert, denn durch Implantation von 20 mg konnte ich gar keine, mit 50 mg nur eine schwache, und erst durch 100 mg die volle Reaktion I auslösen. Wie S. 179 mitgeteilt, kann man im allgemeinen schon durch Implantation von 5 mg Vorderlappengewebe der Frau die HVR I auslösen, im vorliegenden Fall war also mindestens die 10fache Gewebsmenge nötig. Die HVR II und III war auch nach Implantation von 100 mg Vorderlappengewebe nicht auslösbar, während dies normalerweise schon durch 10—30 mg möglich ist. (Erwähnt sei hierbei, daß der Prolangehalt des Hypophysenvorderlappens auch beim malignen Genitaltumor der Frau erniedrigt ist, s. S. 179).

Das reichliche Vorhandensein von Prolan im Gewebe des Chorionepithelioms ermöglicht eine biologische Diagnose derartiger Tumoren mittels des von mir angegebenen quantitativen Implantations- bzw. Extraktionsverfahrens (s. S. 554), wie dies der eben beschriebene Fall gezeigt hat.

Ähnliche Verhältnisse wie beim Chorionepitheliom der Frau finden wir auch beim testiculären Chorionepitheliom und zuweilen auch bei anderen malignen Hodentumoren. Wenn ich 1929[1] schrieb: „Es wird sehr interessant sein, den Harn von Männern zu prüfen, die an einem Chorionepitheliom erkrankt sind, um so die biologische Identität dieser Epitheliome nachweisen zu können", so ist die Identität in hormonaler Beziehung in der Zwischenzeit erwiesen worden (s. Kap. 45).

Die pathologisch gesteigerte Prolanproduktion bei der Blasenmole erklärt uns eine andere Erscheinung, auf die zuerst ASCHHEIM[2] hingewiesen hat. Wir finden bei manchen Fällen von Blasenmole hochgradige Veränderungen der Ovarien, die sich bis zu kindskopfgroßen Tumoren steigern können. Hierbei handelt es sich um eine pathologische Wucherung des Luteingewebes, vor allem des Granulosagewebes. Diese von STOECKEL, POTEN-VASSMER, SCHRÖDER, LAHM u. a. genau studierten Luteincysten erinnern in ihrem histologischen Aufbau so an die von mir als Prolanwirkung beschriebenen Reaktionen im Ovarium, sodaß ASCHHEIM die Ansicht vertritt, daß die Luteincysten als Wirkung der pathologisch gesteigerten Prolanproduktion bei Blasenmole aufzufassen sind. Derartige Luteincysten sind bisher nur im Zusammenhang mit der Schwangerschaft beobachtet worden. G. A. WAGNER[3] sah bei einer nichtschwangeren Frau mit einem Hypophysentumor derartige Ovarialtumoren (Luteincysten), die histologisch unseren durch Prolan erzeugten Reaktionen äußerst ähnlich sahen, so daß die Luteincysten auf die erhöhte Hormonproduktion des pathologisch veränderten Hypophysenvorderlappens zurückgeführt wurden. Allerdings muß es sich in diesem WAGNERschen Fall um eine besondere Art von Hypophysentumor

---

[1] ZONDEK, B.: Endokrinol. 5, 430 (1929).
[2] ASCHHEIM: Zbl. Gynäk. 1928, Nr 10, 602—609.
[3] WAGNER, G. A.: Ebenda 1928, Nr 1.

gehandelt haben. Ich untersuchte 5 Frauen mit sicher nachgewiesenem Hypophysentumor, wobei ich palpatorisch keine Veränderungen an den Ovarien feststellen konnte.

3. Ablenkungsmechanismus der Hormone in der Schwangerschaft.

Bei der schwangeren Frau setzt, wie wir gesehen haben, gleich nach der Eieinbettung eine Massenproduktion von Prolan ein, und zwar sowohl des Follikelreifungshormons wie des Luteinisierungshormons. Trotz der reichlichen Produktion des Follikelreifungshormons ruht aber bei der Frau die Ovulation in der Schwangerschaft. Das Luteinisierungshormon bewirkt vielleicht die vermehrte Bildung der Thecazellen, denn in der Schwangerschaft kommt es bekanntlich zur Bildung vieler thecazellreicher atretischer Follikel.

Wir müssen in der menschlichen Schwangerschaft einen besonderen Ablenkungsmechanismus annehmen, der dafür sorgt, daß die beiden im Hypophysenvorderlappen bzw. Placenta und im Ovarium produzierten Sexualhormone nicht so sehr den Erfolgsorganen der Mutter, als vor allem dem Aufbau der Schwangerschaft dienen. Diese Annahme wird durch die folgenden experimentellen Untersuchungen[1] gestützt. In Übereinstimmung mit ALLEN, BROUHA u. SIMMONET, WIESNER, PARKES u. a. stellten wir fest, daß man durch Folliculin am trächtigen Tier die Brunstreaktion der Scheide, d. h. den Aufbau mit Verhornung der obersten Zellagen nicht auslösen kann. Gibt man große Folliculindosen, so kommt es nicht zur Brunst, hingegen regelmäßig zum Abort. Man könnte annehmen, daß die brunsthemmende Wirkung des Folliculins in der Schwangerschaft durch das Ovarium, insbesondere das Corpus luteum graviditatis bedingt ist. Dies ist aber nicht der Fall. Ich kastrierte trächtige Mäuse, wobei im Anschluß an die Kastration meist Abort eintrat. In einer großen Versuchsserie ist es mir aber in zwei Fällen gelungen, die Schwangerschaft beim kastrierten Tier zu erhalten. Diesen kastrierten trächtigen Tieren wurden 5 Einheiten Folliculin eingespritzt, ohne daß diese 5fache Hormondosis die Brunstreaktion auslösen konnte. Da die Ovarien entfernt waren, kann die Folliculinwirkung in diesem Fall nicht durch das Corpus luteum unterdrückt worden sein. Ich möchte vielmehr annehmen, daß *in der Schwangerschaft ein besonderer Ablenkungsmechanismus besteht, der die Hormonwirkung nur in beschränkter Weise im mütterlichen Organismus zur Entfaltung kommen läßt, der die Hormone zunächst dem Fetus zu seinem Aufbau zuführt, um die nicht verwendeten Hormone sofort aus dem mütterlichen Körper zu eliminieren.*

Daß auch beim Menschen ein hormonaler Ablenkungsmechanismus besteht, geht aus meiner S. 361 mitgeteilten Beobachtung hervor. Bei einem

---

[1] ZONDEK, B.: Endokrinol. 5, 431 (1929).

Fall von schwerer Gestationstoxikose (Gestose) fand ich im strömenden Blut einen wesentlich höheren Folliculin- und Prolangehalt als im Bauchtranssudat, während dies bei anderen Blutbestandteilen (NaCl) nicht der Fall war. Die Tatsache, daß der Körper das Bestreben hat, gerade die Hormone möglichst in der Zirkulation zu behalten und nicht an das Gewebe abzugeben, weist auf einen besonderen Mechanismus hin.

36. Kapitel.

Die Placenta als endokrines Organ.

Bei der sehr starken Hormonvermehrung in der Schwangerschaft finden wir in der Placenta, dem besonderen für die Schwangerschaft gebildeten Organ, nicht unerhebliche Hormonmengen. Die menschliche Placenta enthält Folliculin und Prolan (A und B), die tierische aber nur Folliculin (S. 352). Diese Befunde führen zu der Frage, ob die Placenta aktiv an der Hormonproduktion beteiligt ist, oder ob sie nur eine Resorptionsstätte der in der Hypophyse und im Ovarium gebildeten Hormone ist. Dann wäre die Placenta nur ein Hormondepot zum Verbrauch für den Fetus. Daß die Placenta in der Schwangerschaft hormonale Funktionen übernimmt, hat HALBAN[1] bereits 1905 in seiner ausgezeichneten Arbeit gezeigt. Die placentaren Substanzen üben ganz analoge Wirkungen aus wie die ovariellen, nur daß der Effekt der placentaren Stoffe ein wesentlich intensiverer sei. Die aktiven Schwangerschaftssubstanzen seien ein Effekt der Placenta bzw. des Trophoblastes und Chorionepithels. Die Placenta sei als Produkt von Spermatozoon und Ovulum besonders geeignet, die Funktion der inneren Sekretion der Stammorgane dieser Zellen, der Keimdrüse, zu übernehmen. Im Gegensatz zum Fruchtkörper, der auch ein Produkt der Samenzellen ist, mache die Placenta nicht die weitere Differenzierung mit wie der Fetus. Das Chorionepithel gehe aus dem Trophoblast bzw. Ektoderm hervor und mache im Laufe seiner Entwicklung relativ geringe Veränderungen durch. Es stelle bis zum Ende eigentlich immer noch das gewucherte, relativ gering differenzierte Epithel des befruchteten Eies dar, an welches die spezifische Sekretion gebunden zu sein scheint.

Das reichliche Vorkommen von Folliculin und Prolan in der Placenta beweist noch nicht die Produktion dieser Hormone in der Placenta. Man könnte sich sehr gut vorstellen, daß die beiden Drüsen, d. h. Ovarium und Hypophyse die Hormone während der Schwangerschaft für den erhöhten Bedarf in großen Mengen produzieren und das fertige Produkt schnell abgeben, wobei die Placenta das Hormon

---

[1] HALBAN, J.: Arch. Gynäk. 75, 353—441 (1905).

sammelt und je nach Bedarf für den Fetus bereithält. Der Beweis, daß die Placenta die Hormone aktiv produziert, ist erst dann geliefert, wenn wir den Folliculinhaushalt in der Schwangerschaft nach Exstirpation der Ovarien nicht gestört finden, und wenn sich der Prolangehalt des Blutes und des Harns nach Entfernung des Hypophysenvorderlappens nicht ändert.

Daß das Folliculin in der Placenta produziert wird, ist durch die Beobachtung von WALDSTEIN[1] sichergestellt. Am 34. Tag der Gravidität wurde eine Frau wegen doppelseitiger Ovarialtumoren operiert. Bei der Operation — es handelte sich um Dermoide — konnte Ovarialgewebe nicht erhalten werden, es wurde also eine Kastration ausgeführt. Trotz der Entfernung der Eierstöcke war während der ganzen Schwangerschaft Folliculin im Blut und Harn nachweisbar! Auch in der Placenta des reifen Kindes war Folliculin in normaler Menge vorhanden. In diesem Fall kommt als Produktionsstätte für die nach der Kastration ungestört verlaufende Schwangerschaft nur die Placenta in Frage. Gleichartige Beobachtungen wurden auch von Amati[2] und von PROBSTNER[3] mitgeteilt.

Werden in der Placenta auch die Vorderlappenhormone produziert? In meinem Vortrag[4] in der Wiener Biologischen Gesellschaft (15. IV. 1929) habe ich mich dahin ausgesprochen, daß der erste Impuls für die erhöhte Prolanproduktion vom befruchteten Ei ausgeht, daß die Überschwemmung des Organismus zunächst im wesentlichen vom Vorderlappen bestritten wird, daß dann aber die Placenta als Mitproduzentin auftritt. Der exakte Versuch zum Nachweis der Prolanproduktion in der Placenta läßt sich nur am hypophysectomierten Tier und zwar am Affenweibchen ausführen, da Prolan nur bei diesem Tier[5] im Blut und Harn in der Schwangerschaft vermehrt auftritt. Ein derartiger Versuch würde aber wenig aussichtsreich sein, da die Schwangerschaft nach Entfernung der Hypophyse sofort unterbrochen wird (ASCHNER, CUSHING, BIEDL).

Aus der Tatsache, daß das Folliculin in der menschlichen Placenta produziert wird, darf man nicht ohne weiteres schließen, daß dies auch für das Prolan zutrifft. Es ist durchaus nicht gesagt, daß die Placenta sich bei allen Hormonen gleichartig verhält. Ein Analogieschluß ist zwar sehr bequem, aber nicht beweisend. ROBERT MEYER[6] fand bei einem Fall von ursprünglicher Blasenmole noch monatelang große Pro-

---

[1] WALDSTEIN: Zbl. Gynäk. **1929**, Nr 21.
[2] AMATI, G.: Zbl. Gynäk. **52**, 2639 (1928).
[3] PROBSTNER, A.: Endokrinol. **8**, 161 (1931).
[4] ZONDEK, B.: Endokrinol. **5**, 429/30 (1929).
[5] Bei der graviden Stute ist die erhöhte Prosylanproduktion sicher nicht placentar, sondern hypophysär bedingt! (s. S. 366, 381 u. 410).
[6] MEYER, R.: Zbl. Gynäk. **1930**, Nr 7, 430.

lanmengen im Harn, ohne daß die Auskratzung des Uterus etwas Positives ergab. Solche Fälle scheinen ROBERT MEYER besonders beweisend, daß hier der Hypophysenvorderlappen die großen Prolanmengen liefert, da choriale Elemente in diesen Fällen gar nicht vorhanden sind. Im Gegensatz dazu betont PHILIPP[1], daß die Überschwemmung des schwangeren Organismus mit Vorderlappenhormon vom Schwangerschaftsprodukt und nicht vom Hypophysenvorderlappen ausgeht. Diese Ansicht begründet PHILIPP durch folgende Befunde: Mit zunehmendem Alter verliere die Placenta im Implantationsversuch die ausgesprochen starke Wirkung auf das Ovar der infantilen Maus. Die jugendliche Placenta enthalte vorwiegend Vorderlappenhormon, das dann langsam dem brunstauslösenden Stoff, Folliculin, weiche, ohne ganz zu verschwinden. Im Vorderlappen von 14 schwangeren Frauen konnte PHILIPP bei Implantation kein Hormon nachweisen. Es ist in der Tat auffallend, daß im Hypophysenvorderlappen der schwangeren Frau, worin ich mit PHILIPP übereinstimme[2], Prolan überhaupt nicht oder nur in ganz geringen Mengen nachweisbar ist. Die Schlußfolgerungen, die man aus diesem Befund ziehen kann, werde ich später erörtern. Nicht zutreffend ist die Ansicht von PHILIPP, daß die jugendliche Placenta besonders viel Prolan enthalte. Man darf nicht aus der Tatsache, daß man bei Implantation von Placenta einmal starke Reaktionen, zahlreiche Blutpunkte bzw. viel Corpora lutea erhält und einmal geringe derartige Reaktionen auf die Quantität des in der Placenta vorhandenen Prolans schließen. Hier liegt ein methodischer Fehler vor Man kann z. B. mit derselben Prolanmenge an einem Ovarium der infantilen Maus ein Corpus luteum, am anderen aber vier gelbe Körper, bei einem zweiten Tier eventuell gar keine Reaktion auslösen. Will man eine derartige Frage quantitativ entscheiden, so muß man die minimalste Gewebsmenge bestimmen, bei der die Vorderlappenreaktion auftritt, d. h. bei der der Oestrus ausgelöst wird (HVR I), bei der ein Blutpunkt auftritt (HVR II), bei der ein Corpus luteum nachweisbar ist (HVR III). Meine quantitativen Untersuchungen (s. S. 352 u. 353) haben ergeben, daß 1 Einheit Prolan in einer jungen Placenta in einer wesentlich kleineren Gewebsmenge enthalten ist als in einer reifen Placenta, daß diese aber bei dem viel höheren Gesamtgewicht trotzdem mehr als das Doppelte an Prolan enthält als die junge Placenta. So beträgt der Ge-

---

[1] PHILIPP: Zbl. Gynäk. **1930**, Nr 8, 450 u. Nr 30, 1858.

[2] Ich habe 5 Hypophysen untersucht (4 im Frühwochenbett, 1 bei Ertrauteringravidität (tubarer Abort des 2. Monats)! Die quantitative Untersuchung des Vorderlappens ergab bei Implantation bis 50 mg ein negatives Resultat in Bezug auf Prolan A u. B, bei 100 mg nur einmal positive HVR I. Zu gleichen Ergebnissen kamen EHRHARDT u. MAYES [Zbl. Gynäk. **54**, 2949 (1930)]; VOZZA [Z. Geburtsh. **102**, 468 (1932)]; SCHOCKAERT u. SIEBKE [Zbl. **47**, 2774 (1933)] u. a.

samtgehalt an Prolan in der 7. Schwangerschaftswoche 1144 Einheiten (A und B), in der 11. Woche 1132, am Ende der Schwangerschaft aber 5800 ME.

Wir sehen also, daß *Prolan in der Placenta im Verlauf der ganzen Schwangerschaft vorhanden* ist. Da die Hypophyse der schwangeren Frau die Hormone nicht enthält, liegt natürlich der Schluß sehr nahe, daß die Placenta die Prolanproduzentin ist. Und doch kann dies ein Trugschluß sein.

Da die Hypophyse in der Schwangerschaft überhaupt kein Prolan enthält, müßte man annehmen, daß die Drüse trotz der enormen Überschwemmung des Organismus mit Vorderlappenhormonen funktionell stillgelegt ist. Die Tatsache, daß der Vorderlappen der Schwangeren im Implantationsversuch sich hormonfrei erweist, kann uns ebenso zu der Annahme führen, daß die Abgabe der im Vorderlappen im Übermaß produzierten Hormone eine sehr schnelle ist, so daß die im Vorderlappen gelagerten Vorräte minimale sind. Es gibt ein anderes charakteristisches Beispiel in der Endokrinologie, das die eben erwähnte Annahme berechtigt erscheinen läßt. Die BASEDOWsche Krankheit beruht bekanntlich auf einer Hyperfunktion der Schilddrüse. Die Überproduktion des Schilddrüsenhormons führt zu einer Vermehrung des Thyroxins und dementsprechend des Jods im Blut. Vergleicht man aber die normale Schilddrüse mit der Basedowschilddrüse, so findet man in der letzteren weniger Thyroxin[1], weniger Jod als in der gesunden Schilddrüse. Trotz vermehrter Produktion von Thyroxin ist also die endokrine Drüse arm an Thyroxin und Jod, mit anderen Worten, die Basedowschilddrüse stapelt nicht das Hormon, sondern gibt es bei dem erhöhten Bedarf schneller an den Kreislauf ab als die gesunde Drüse. Dasselbe könnte man für den Hypophysenvorderlappen in der Schwangerschaft annehmen, so daß man nicht einfach aus der Tatsache des mangelnden Hormongehalts auf die Funktionslosigkeit der Drüse schließen darf. Noch ein anderes Beispiel sei angeführt. Beim Genitalcarcinom der Frau fand ich (s. S. 444) eine erhöhte Ausscheidung von Follikelreifungshormon im Harn. Die quantitative Analyse der bei Sektion gewonnenen menschlichen Hypophysen (s. S. 179) hat aber auffallenderweise gerade bei Hypophysen von Frauen mit Genitalcarcinom geringere Prolanwerte ergeben als bei anderen Krankheiten. Als weitere Beispiele sei auf die Ovarialhormone hingewiesen. Die beiden Ovarien einer geschlechtsreifen Frau enthalten nach meinen Analysen 40 ME Folliculin, der Tagesbedarf einer Frau beträgt etwa 10000 ME. Demnach finden wir in den Ovarien nur

---

[1] PHILIPP hat seine Angabe, daß in der Basedowschilddrüse Vorstufen des Thyroxins in erhöhter Menge vorhanden seien, inzwischen zurückgenommen.

0,4% der täglichen Hormonproduktion. Um die Progestinmenge nachweisen zu können, die bei einem so kleinen Tier wie dem Kaninchen die deciduale Umwandlung bewirkt, braucht man mindestens 55 menschliche Corpora lutea, wahrscheinlich noch viel mehr. Im Corpus luteum der Frau findet man nur 0,66% der täglichen Progestinproduktion (s. S. 165). Aus den negativen Prolanbefunden bei der Schwangerschaftshypophyse wird geschlossen, daß die Hypophyse an der Hormonproduktion unbeteiligt ist. Wenn man bedenkt, daß bei der Frau die zur Zeit der Hochfunktion im Corpus luteum vorhandene Progestinmenge so gering ist, daß sie biologisch überhaupt nicht nachweisbar ist (weniger als 0,02 infantile KE), so könnte man auch den Schluß ziehen, daß das Progestin nicht im Corpus luteum produziert wird. Daß dies ein Fehlschluß ist, braucht nicht weiter diskutiert zu werden.

Man muß also sehr vorsichtig sein, wenn man aus quantitativen Untersuchungen bestimmter Organe (z. B. Placenta oder Hypophyse) auf deren Funktion schließen will, da wir nun den jeweiligen Funktionszustand erfassen, nicht aber die Hormonabgabe kennen. Vergegenwärtigen wir uns einmal die quantitativen Prolanverhältnisse in den ersten Wochen der Schwangerschaft. Bei einer Patentin, bei der ich die Schwangerschaft in der 8. Woche wegen aktiver Lungentuberkulose unterbrechen mußte, fand ich pro Liter Blut 12500 ME Prolan A und B pro Liter. Bei einem Gesamtblutgehalt von 6 Litern kreisten also im Blut 75000 Einheiten. Der während der Operation in der Blase vorhandene Harn, 300 ccm, enthielt im ganzen 4800 ME Prolan. In der Placenta waren 680 Einheiten vorhanden. In der Hypophyse dieser Frau hätte sich im Implantationsversuch sicher gar kein oder nur sehr wenig Hormon nachweisen lassen. Der Hormongehalt der Placenta — 680 Einheiten — ist im Vergleich zu den im Blut und Harn im Augenblick der Placentaentnahme vorhandenen 79800 Einheiten ein so geringer, daß man aus der Tatsache, daß in der Hypophyse kaum nachweisbare Mengen, in der Placenta aber 680 Einheiten nachweisbar sind, nicht schließen darf, daß die Placenta die Produzentin, oder besser gesagt, die alleinige Produzentin des Prolans ist. *Die in der Placenta vorhandenen Vorderlappenhormone betragen nur 0,85% der im Blut und Harn nachweisbaren Hormonmengen*[1]. Die Vergleichswerte werden für die Placenta noch geringer, wenn man auch die im Gewebe, insbesondere im Kot des schwangeren Organismus vorhandenen Prolanmengen berücksichtigen würde. Wie leicht man zu einem Trugschluß kommen kann, geht aus einer besonderen Beobachtung hervor, die ich bei diesem Fall machen konnte. Die Unterbrechung der Schwangerschaft mußte wegen der Tuberkulose mit einer Sterilisierung verbunden werden, die ich auf abdominalem Wege ausführte, weil daneben noch ein Ovarialtumor be-

---

[1] ZONDEK, B.: Zbl. Gynäk. **1931**, Nr 1.

stand. Es handelte sich um ein zweifaustgroßes Pseudomucincystom
mit zum Teil schokoladenfarbenem Inhalt. Ich implantierte die Wand
der Cyste[1], die ich von mehreren Stellen entnahm, einer Reihe von infantilen Mäusen und konnte bei allen mit 0,2 g Gewebe die HVR I—III auslösen. Da die Cystenwand 50 g wog, waren hier 250 ME Prolan enthalten. Die Cystenflüssigkeit enthielt 500 ME (500 ccm à 1 ME). In
der Cystenwand und Flüssigkeit waren zusammen also 750 ME Prolan
vorhanden, d. h. 70 ME mehr als in der gesamten Placenta dieses Falles.
Beim Vergleich des Hypophysenvorderlappens, der Placenta und des
Pseudomucincystoms finden wir die größten Prolanwerte in der Ovarialcyste, woraus man nach PHILIPP schließen könnte, daß die Ovarialcyste die Produktionsstätte des Prolans ist. Daß dieser Schluß ein
Fehlschluß ist, braucht wohl nicht besonders betont zu werden.

Wenn der Hypophysenvorderlappen mit der erhöhten Hormonproduktion nichts zu tun haben soll, so wäre nicht einzusehen, warum der
Vorderlappen überhaupt kein Prolan enthält, dann wäre es verständ-
licher, wenn der Vorderlappen die gleichen Mengen enthielte, wie bei
der nichtschwangeren Frau. Die großen im Körper der graviden Frau
kreisenden Folliculinmengen können nicht dafür verantwortlich gemacht werden, daß sie den Hypophysenvorderlappen außer Funktion
setzen. Wir finden bei der graviden Stute noch größere Folliculinmengen wie bei der graviden Frau, der Vorderlappen der Stute hat aber
denselben Prolangehalt wie außerhalb der Gravidität (s. S. 410). Beim
Chorionepitheliom nach Blasenmole sowie beim teratogenen Chorionepitheliom (maligner Hodentumor) besteht keine erhöhte Folliculinproduktion und trotzdem ist der Hypophysenvorderlappen auch hier frei
von Prolan. — Daß der Hypophysenvorderlappen an sich befähigt ist, so
große Prolanmengen wie in der Gravidität zu produzieren, geht daraus
hervor, daß man auch außerhalb der Schwangerschaft — wenn auch
sehr selten — große Prolanmengen im Harn finden kann, und zwar beim
Hirndruck und bei Hirntumoren mit sekundärer strumöser Veränderung der Hypophyse (E. I. KRAUS[2], HIRSCH-HOFFMANN[3]). Der Hypophysenvorderlappen kann also diese hohen Prolanmengen produzieren.
Vermag dies auch das befruchtete Ei und schon in den ersten Schwangerschaftstagen? In einigen Fällen, wo der Befruchtungstermin feststand,
konnte ich schon am 12.—14. Schwangerschaftstage die starke Hormonvermehrung im Blut und Harn nachweisen. Zu dieser Zeit ist das befruchtete Ei ein Gebilde von minimaler Größe. BRYCE u. TEACHER geben

---

[1] In einem zweiten Fall fand ich in der Wand und in 65 ccm Inhalt
einer faustgroßen Ovarialcyste 80 ME Prolan A und 130 ME Prolan B
(6. Woche der Gravidität).

[2] KRAUS, E. I.: Med. Klin. 15 (1931). Arch. Gynäk. 145, H. 2. Klin.
Wschr. 1932, 687.

[3] HIRSCH-HOFFMANN: Klin. Wschr. 1932, 94.

für das von ihnen beschriebene 13—14 Tage — nach GROSSER 15 Tage
alte — befruchtete menschliche im Uterus implantierte Ei Maße von
0,77 : 0,63 : 0,52 mm an. Die chorialen Zellen, die doch nur einen Teil
des jungen befruchteten Eies ausmachen, müßten das Prolan in Mengen
produzieren, die das Vielfache des eigenen Gewichtes betragen. Ich kann
mir dies nicht vorstellen.

Vor einiger Zeit hat A. WESTMAN[1] eine Beobachtung mitgeteilt, die
darauf hinweist, daß die Hypophyse auch in den letzten Schwangerschaftsmonaten die Prolanproduktion unterhalten kann. In einem Fall
von intrauterinem Fetustod im 7. Schwangerschaftsmonat war die Placenta — wie aus den Gestosesymptomen hervorging — nach 4 Wochen
noch überlebend, die Graviditätsreaktion im Harn positiv. Die biologische
Untersuchung der Placenta mittels meines Implantationsverfahrens
ergab, daß diese Placenta wohl Folliculin, nicht aber Prolan enthielt.
Wie mir WESTMAN persönlich mitteilte, hat er große Placentastücke
implantiert, mit denen er in Kontrollversuchen — Placenta bei lebendem Kind — stets positive HV-Reaktionen erhielt. Aus diesen Versuchen schließt WESTMAN, daß die stark erhöhte Prolanausscheidung
in dem betreffenden Fall auf eine gesteigerte endokrine Tätigkeit des
Hypophysenvorderlappens zurückgeführt werden müsse. MAROUDIS[2]
implantierte choriales Gewebe junger menschlicher Eier und konnte
bei einem Tier mit 0,5 bzw. 1 g die HVR I—III auslösen. In einem
zweiten Versuch erreichte er mit Implantation von 1 g jungen Eigewebes bei einem 1150 g schweren Kaninchen nur die HVR I.
Aus diesen Versuchen schließt MAROUDIS, daß das Vorhandensein von
Prolan in den chorialen Elementen des jungen Eies zu einer Zeit, wo
noch keine Placentaanlage existiert, eine Stütze der placentaren Theorie
sei. Ich möchte glauben, daß diese Versuche eher das Gegenteil beweisen. Durch Implantation von 1 g Gewebe wurde nur die HVR I,
nicht aber die HVR II und III ausgelöst. Da Kaninchen von 1150 g
gegenüber Prolan empfindlich sind (s. S. 231), geht aus dem Versuch
hervor, daß in dem Gewebe des jungen menschlichen Eies sehr wenig
Prolan vorhanden ist. MAROUDIS konnte durch Implantation eines
großen Stückes jungen Eigewebes nicht einmal die Wirkung auslösen,
die man mit 5 ccm Harn einer jungen Gravidität erreicht! Die Versuche
zeigen meines Erachtens, daß im jungen Ei sehr wenig Prolan vorhanden
ist, und können daher als Beweis für die choriale Genese des Prolans
in der jungen Schwangerschaft nicht angesehen werden.

Wie liegen nun die Verhältnisse bei den Tieren, bei denen wir
weder in der Placenta, noch im Blut oder Harn eine Prolanvermehrung
finden?

---

[1] WESTMAN, A.: Zbl. Gynäk. **19**, 1089 (1933).
[2] MAROUDIS: Zbl. Gynäk. **27**, 1580 (1933).

Meine vergleichenden quantitativen Hormonuntersuchungen[1] des Vorderlappens von nicht trächtigen und trächtigen Kühen und Schweinen ergaben, daß die Prolanwerte (richtiger Prosylanwerte) in der Gravidität nicht wesentlich verändert sind. So kann man durch 10—30 mg Vorderlappengewebe der Kuh in und außerhalb der Gravidität die HVR I bis III in gleicher Weise auslösen.

Bei der Kuh und dem Schwein finden wir im Blut und Harn keine Prolanvermehrung, die Placenta enthält kein Prolan. Hier braucht also der Vorderlappen nicht wie beim Menschen und Affen die starke Hormonproduktion in der Gravidität zu entfalten. Hier finden wir infolgedessen im Vorderlappen in der Schwangerschaft fast die gleichen Hormonwerte wie außerhalb der Gravidität[2].

Wir können also die Frage, ob die menschliche Placenta die gonadotropen Vorderlappenhormone produziert oder stapelt, vorläufig nicht absolut sicher entscheiden. Für das Folliculin ist die Frage dahin geklärt, daß nach dem 34. Tage der Schwangerschaft die Placenta das Folliculin aktiv produziert. Damit ist aber die Frage nicht beantwortet — und das scheint mir das Wichtigste zu sein —, wo die Hormone in den ersten Tagen der menschlichen Schwangerschaft gebildet werden. Ich glaube, daß man — wie ich 1929 (s. S. 375) ausgeführt habe — annehmen muß, daß der erste Impuls für die erhöhte Folliculin- und Prolanproduktion vom Ovarium bzw. Hypophysenvorderlappen ausgeht, daß aber später die Placenta als Mitproduzentin, vielleicht auch als alleinige Produzentin der Hormone in Frage kommt. Für die gonadotropen Hormone ließe sich die Frage nur dadurch sicher entscheiden, daß man den Hormongehalt des Blutes bzw. des Harns bei der hypophysektomierten Äffin prüft. Derartige Untersuchungen liegen bisher nicht vor. Sie werden auch schwer durchführbar sein, da die in der Gravidität hypophysektomierten Tiere abortieren. Hingegen scheinen mir andere Befunde bei der Stute für unsere Frage von Bedeutung zu sein. Beim Pferd wird das Prolan (richtiger Prosylan) nur während einer bestimmten Periode der Gravidität (42.—125. Tag) im Übermaß produziert und ist in ziemlich großen Mengen im Blut nachweisbar (s. S. 356).

---

[1] ZONDEK, B.: Zbl. Gynäk. 1931, Nr 1.

[2] MAGISTRIS, H. [Pflügers Arch. 230, 835 (1932)] hat meine Untersuchungen über den quantitativen Prolangehalt (richtiger Prosylangehalt) der Tierhypophyse nachgeprüft und kam bei Untersuchung von nichtgraviden Tieren etwa zu den gleichen Analysenwerten wie ich (s. S. 180). Während ich aber einen Unterschied im Prolangehalt der Hypophyse in und außerhalb der Gravidität bei der Kuh und dem Schwein nicht feststellen konnte, fand MAGISTRIS eine beträchtliche Prolanvermehrung in der Hypophyse bei diesen Tieren während der Trächtigkeit. Wir sehen daraus, daß bei den Tieren, bei denen eine erhöhte Prolansekretion in der Gravidität nicht stattfindet (Kuh, Schwein), der Prolangehalt im Hypophysenvorderlappen während der Gravidität mindestens ebenso hoch oder sogar höher sein kann als außerhalb der Gravidität.

Die Analyse der Hypophyse in dieser polyhormonalen Phase der Gravidität ergab, daß der Vorderlappen große Prolanmengen enthält, die — auf Trockensubstanz berechnet — wesentlich größer sind als beim Rind oder beim Schaf außerhalb der Gravidität (H. M. Evans[1]). In den letzten Monaten der Gravidität ist die Prolanproduktion (richtiger Prosylanproduktion) bei der Stute nicht erhöht, der Vorderlappen enthält aber in dieser oligohormonalen Phase mehr Prolan als in der polyhormonalen. Das befruchtete Ei tritt mit seinen Chorionzotten erst im 4. Graviditätsmonat mit der Uterusschleimhaut in Kontakt, zu einer Zeit, wo die erhöhte Prolanproduktion bereits wieder aufhört und die Massenproduktion des Folliculins einsetzt. Daraus geht meines Erachtens hervor, daß die Placenta der Stute nur das Folliculin, nicht aber Prolan produziert. Die hypophysäre Genese des Prolans bei der Stute wird auch durch die Untersuchungen von Ch. Hamburger[2] bekräftigt (s. S. 259). Diese Befunde bei der Stute scheinen mir eine Stütze für meine im vorhergehenden niedergelegten Anschauungen zu sein, denn sie zeigen: 1. daß der Hypophysenvorderlappen an sich zur Produktion großer Prolanmengen in der Gravidität befähigt ist; 2. daß der Prolangehalt des Vorderlappens zur Zeit der stark erhöhten Prolanproduktion niedriger ist als zur Zeit der geringen Hormonproduktion, so daß man also aus dem niedrigen Hormongehalt des Vorderlappens nicht schließen darf, daß er an der Hormonproduktion unbeteiligt ist (s. S. 377); 3. daß der Vorderlappen der graviden Stute im Gegensatz zum Menschen Prolan enthält, was darauf zurückgeführt werden kann, daß der Prolanumsatz bei der Stute nicht so groß ist, wie bei der Frau, die im Gegensatz zur Stute große Prolanmengen durch den Harn eliminiert. Je größer also der Prolanbedarf ist, um so größer ist die Prolanproduktion im Vorderlappen, um so kleiner kann der jeweilige Prolangehalt des Vorderlappens sein. Dies zeigen auch die S. 403 erwähnten Versuche von Hohlweg, der durch sehr große Folliculindosen den Vorderlappen der juvenilen Ratte zur Prolansekretion und sekundär zur Luteinisierung des Ovariums anregen konnte, wobei der Vorderlappen selbst sich als prolanarm erwies.

Daß der Hypophysenvorderlappen für die Schwangerschaft von größter Bedeutung ist, geht daraus hervor, daß Tiere ohne Hypophyse nicht konzipieren. Es ist auch kein klinischer Fall bekannt, wo bei nachweisbarer Atrophie des Vorderlappens Schwangerschaft eingetreten ist, vielmehr wissen wir, daß Frauen mit hypophysären Störungen gar nicht oder nur sehr selten konzipieren. *Diese Tatsachen zeigen, daß die Hypophyse, speziell die gonadotropen Hormone des Vorderlappens, sowohl für die Befruchtung wie für die Fortdauer der Schwangerschaft von entscheidender Bedeutung sind.*

---

[1] Evans, H. M., c. s.: Mem. Univ. California **II**, 96. Berkely 1933.
[2] Hamburger, Ch.: Endokrinol. **13**, 305 (1934).

Aus den vorliegenden Tatsachen erkennen wir aber auch die funktionelle Bedeutung der Placenta, die von sich aus befähigt ist chemisch so hochwertige und biologisch so wirksame Körper, wie es Hormone sind (z. B. Folliculin) zu produzieren. *Die Placenta ist also ein endokrines Organ.* Da die LANGHANSsche Zellschicht mit fortschreitender Schwangerschaft schwindet, die Folliculinbildung aber stetig ansteigt, müssen wir den syncytialen Zellen die hormonale Produktionskraft zuschreiben. *Die syncytiale, morphologisch so wenig differenzierte Zelle lenkt den gesamten Stoffhaushalt für den Fetus und wird auch zu seiner Hormonproduzentin.*

37. Kapitel.

Sexualzyklus und Sexualhormone bei Mensch und Tier. Vergleichende Untersuchungen.

In der Schwangerschaft sind, wie wir gesehen haben, die Hormonverhältnisse bei Mensch und Tier grundlegend verschieden.

Für das Verständnis der vorliegenden Untersuchungen, vor allem aber für die Forschung ist es notwendig, den Generationsvorgang der Tiere genau zu kennen, da wir die biologischen Grundlagen unseres Wissens nur im Tierexperiment erwerben können. Im Kap. 11 habe ich bereits auseinandergesetzt, daß wir die Brunst (Oestrus) mit der Menstruation der Frau nicht vergleichen können, ein Fehler, der häufig in wissenschaftlichen Arbeiten gemacht wird, und der zeigt, daß die Verhältnisse bei Mensch und Tier nicht gekannt werden. Die folgenden Ausführungen über den Vergleich des Sexualzyklus und die damit verbundenen Hormonverhältnisse bei Mensch und Tier gründen sich auf die bekannten Arbeiten von ALLEN, BISCHOFF, BOUIN u. ANCEL, BREHM, BUCURA, CORNER, L. FRAENKEL, GROSSER, HAMMOND, HARTMANN, HEAPE, KELLER, MARSHALL, NOVAK, SOBOTTA, WEBER, WIESNER, ZIETSCHMANN u. a. und die von uns selbst ausgeführten Untersuchungen.

Die im Sexualapparat des Menschen und der Säugetiere stattfindenden periodischen Auf- und Abbauvorgänge dienen dem Endziel der Sexualfunktion, der Fortpflanzung. Der Sexualtrieb ist beim Menschen zeitlich nicht begrenzt, während dies beim Tier der Fall ist. Nur in der Brunst wird das Weibchen vom Bock gejagt, nur in der Brunst (Oestrus) findet beim Tier die Kohabitation statt. Der Oestrus, der mit Veränderungen im äußeren Genitalapparat vor sich geht, wird hormonal vom Ovarium dirigiert, er tritt im allgemeinen zu der Zeit auf, wo ein sprungfertiger Follikel mit einem zur Befruchtung vorbereiteten reifen Ei vorhanden ist. Die Tiere unterscheiden sich dadurch untereinander, daß die einen nur einmal im Jahr (monöstrisch), die anderen 2—4mal, andere wieder in dauerndem Rhythmus brünstig werden (polyöstrisch). Einige Beispiele: Bei den Beuteltieren tritt nur einmal im Jahr die Brunst auf, bei Hund und Katze 2—4mal, beim Schwein und Rind 14—17mal, beim Meerschweinchen 22mal, bei der Maus 30—36mal. Die Dauer der Brunst ist verschieden. Beim Nagetier (Maus und Ratte) dauert sie 1—3 Tage, beim Schwein 3 Tage, beim Pferd ist die Zeitdauer wechselnd. Die Brunst ist von exogenen Faktoren, insbesondere dem Klima, der Jahreszeit sowie der Domestikation abhängig. So richten sich in den Tropen Paarung und Geburtszeit der Tiere nach der Regenperiode. Bei dem in England lebenden Eichhörnchen tritt nur einmal im Jahr die Brunst auf, während sie bei derselben Tierart in Südeuropa und Nordafrika während des ganzen Jahres vorhanden ist. Als Beispiel für die Anpassung der Zeugung an die Jahreszeit führt KELLER das Wildschwein an, das seine Paarungszeit nicht im Frühjahr, sondern im Beginn des Winters hat. Die Jungen kommen Anfang April zur Welt, zu einer Zeit, die für ihr Fortkommen klimatisch günstig ist. Noch interessanter sind die Verhältnisse beim Reh und beim Dachs. Da die Brunst und Befruchtung in unserem Klima Mitte August stattfindet, würde der Wurf im Januar, also im Hochwinter erfolgen. Nun tritt in der fetalen Entwicklung eine Ruhepause ein, die Tragzeit wird verlängert, so daß der Wurf im Mai erfolgt, also in einer günstigen Zeit zur Aufzucht der im Walde lebenden Jungen. Die befruchteten Eier nisten sich nicht ein, sondern bleiben als durchsichtige, klein erbsengroße, kugelige Gebilde frei beweglich in der Uterushöhle liegen, aus der sie leicht ausgespült werden können (BISCHOFF, KEIBEL). Die Ovarien enthalten Corpora lutea graviditatis, die aber funktionell anscheinend stillgelegt sind, die Uterusschleimhaut ist nicht im prägraviden Sinne vorbereitet. Ende Dezember nistet sich dann das Ei ein und jetzt geht die fetale Entwicklung schnell vorwärts. E. FISCHER und ich[1] versuchten auf hormonalem Wege die Implantation der Eier zu beschleunigen (s. S. 364. Trächtige Rehe und Dachse erhielten im Oktober subcutan (5—14 Tage) mehrere Tausend Einheiten Prolan, zuweilen kombiniert mit Folliculin und Progestin. Wohl zeigten die Uteri starke Hyperämie und die Ovarien frische Corpora lutea, die Implantation der Eier erfolgte aber nicht. Möglicherweise war das negative Ergebnis bei unseren Versuchen auf zu geringe Dosierung der Hormone und das Fehlen von Synprolan zurückzuführen. Nicht immer findet im Anschluß an die Kohabitation die Befruchtung statt. So erfolgt z. B. bei der Fledermaus die Kohabitation im Herbst, vor Antritt des Winterschlafes. Der Samen wird während der ganzen Zeit des Schlafes im Uterus aufbewahrt, und erst im Beginn des Frühlings findet die Befruchtung mit dem monatelang deponierten Sperma statt (s. S. 287). Bei der Biene, die nur einmal in ihrem Leben befruchtet wird, bleibt der Samen sogar 4 Jahre befruchtungsfähig.

---

[1] FISCHER, E. u. ZONDEK, B.: Nicht publiziert.

Bei den meisten Tieren erfolgt der Follikelsprung im Oestrus spontan. Eine Ausnahme macht nur das Kaninchen, die Katze und das Frettchen. Beim Kaninchen erfolgt der Follikelsprung erst 10—12 Stunden nach der Kohabitation, bei der Katze nach Longley meist innerhalb der folgenden 2 Tage.

Der Paarungstrieb, der höchste Grad der geschlechtlichen Erregung, fällt mit der Ovulation zusammen. An den äußeren Genitalorganen ist die Brunst durch Schwellung und Absonderung von Geruchsstoffen bemerkbar, durch welche die männlichen Tiere angelockt werden. Bei einigen Tieren, z. B. beim Hund, kommt es zu einer blutigen Sekretion aus den äußeren Genitalien, bedingt durch die starke Hyperämie des gesamten Geschlechtsapparates und Blutaustritt aus der Uterusschleimhaut (die blutige Sekretion tritt vor dem Follikelsprung auf!). Die Absonderung der schleimigen Sekrete in der Brunst erleichtert die Kohabitation. Bei den Nagetieren (Maus, Ratte, Meerschweinchen) haben wir zur Zeit des Oestrus die Verhornung der obersten Zelllagen mit Massenabstoßung der Schollen in das Scheidenlumen kennengelernt, wobei die verhornten Massen mit dem Sperma einen die Scheide verschließenden Pfropf bilden, damit das Tier vor weiteren Kohabitationen bewahrt bleibt. So sehen wir, wie im Tierreich der Sexualzyklus von äußeren Faktoren wie Jahreszeit und Klima abhängig ist, wie aber andererseits überall die optimalen Bedingungen für die Befruchtung und für die Jungen geschaffen werden.

Im Ovarium wird das befruchtungsfähige Ei geboren, für das Ei bereitet sich der Genitalapparat vor, damit das junge befruchtete Ei in der Gebärmutterschleimhaut die besten Bedingungen zur Einnistung und zum Weiterleben findet. Bei diesen für das befruchtete Ei im Uterus geschaffenen Aufbauvorgängen müssen wir bei Mensch und Tier zwei Phasen unterscheiden:

1. Die *Proliferationsphase*, in der die dünne Uterusschleimhaut sich aufbaut und mit Drüsen versehen wird, im folgenden *Pf-Phase* genannt, und

2. die *Sekretions- bzw. Funktionsphase*, in der die Uterindrüsen zu funktionieren beginnen (Schleim, Glykogen). Die Uterusschleimhaut ist auf der Höhe dieser Phase zum Empfange des befruchteten Eies vorbereitet, so daß Robert Meyer diese Phase treffend als prägravide Phase bezeichnet hat (im folgenden als *Pg-Phase* bezeichnet).

Die Aufbauvorgänge im Genitalapparat gehen unter Leitung der übergeordneten Sexualdrüse, des Hypophysenvorderlappens, vor sich. Das Follikelreifungshormon (A) bewirkt die Follikelreifung und läßt im Follikelapparat das Folliculin entstehen, das seinerseits im Genitalapparat die Pf-Phase auslöst. Das Luteinisierungshormon (B) bewirkt die Umwandlung des Follikels in den gelben Körper und die Bildung des Progestins im Corpus luteum, das seinerseits die Pg-Phase auslöst.

Beim Menschen geht die Pf-Phase kontinuierlich in die Pg-Phase über. Dies ist im Tierreich nur selten der Fall und trifft fast nur beim Affen und Beuteltier zu. Bei allen anderen Tieren finden wir einen mehr oder minder diskontinuierlichen Verlauf[1]. Am ausgesprochensten sehen wir den diskontinuierlichen Verlauf beim Nagetier, d. h. der Maus und Ratte. Hier kommt es nur nach der Kohabitation zur Pg-Phase, sonst läuft nur die Pf-Phase ab. Die Höhe der Pf-Phase ist durch die Brunst charakterisiert, hier kommt es zur Ovulation, zu einem gewissen Aufbau der Uterusschleimhaut, zum Aufbau der Scheidenschleimhaut mit Verhornung der obersten Zellagen, zur Abstoßung der Schollen ins Scheidenlumen. Findet im Oestrus keine Kohabitation statt, so tritt wieder ein Abbau dieser Lebensvorgänge ein. Kommt es aber während der Brunst zur Kohabitation, so läuft die Pf-Phase zunächst genau so ab, als ob eine Kohabitation nicht stattgefunden hätte, d. h. es tritt zunächst der Abbau im Uterus und in der Vagina ein. Dann aber setzt als neuer Impuls im Generationsapparat die Pg-Phase ein (hohes Schleimepithel der Scheide, polypöse Wucherung der Uterusschleimhaut). Wenn wir also den Sexualzyklus einer vom Bock entfernt gehaltenen Maus oder Ratte studieren, lernen wir im Dioestrus, Prooestrus, Oestrus und Metoestrus nur die Pf-Phase kennen, d. h. den Auf- und Abbauvorgang in der für die Kohabitation geschaffenen Periode. Die Pg-Phase läuft in diesem Zyklus überhaupt nicht ab. Wir können die Pg-Phase experimentell nur auslösen, wenn wir in der Brunst einen sterilen Coitus veranlassen und damit die sogenannte Scheinschwangerschaft auslösen, d. h. die Vorbereitung der Scheide und des Uterus, als ob ein befruchtetes Ei vorhanden wäre. Wir sehen also, daß bei Maus und Ratte die Pf- und Pg-Phase voneinander völlig getrennt sind, daß die beiden Phasen also diskontinuierlich verlaufen, daß die Pf-Phase nur für den Sexualakt geschaffen ist, und daß nur nach erfolgter Kohabitation eine neue Phase, d. h. die Pg-Phase abläuft. (Zweiphasiger Zyklus nach WIESNER.)

Den Übergang zwischen dem kontinuierlichen Verlauf beim Menschen und dem diskontinuierlichen Verlauf bei Maus und Ratte sehen wir bei der Hündin und der Kuh, wo die Aufbauvorgänge, d. h. die Hyperämie und Drüsenbildung nach der Befruchtung erst etwas rückwärts laufen, um dann neu zur Pg-Phase anzusetzen.

Die Lebensäußerung, die für den Sexualzyklus der Frau so charakteristisch ist, die Menstruation, finden wir im Tierreich nur bei der Äffin. Die Menstruation der Frau setzt auf der Höhe der Pg-Phase ein. Sie ist bedingt durch den Zusammenbruch der zwecklos für den Empfang

---

[1] WIESNER spricht hierbei von ein- bzw. zweiphasigem Zyklus. Ich möchte die Pf- und Pg-Phase als die beiden biologischen Phasen bezeichnen, weil diese 1. den Aufbau und 2. die Funktion der Uterusschleimhaut bewirken. Die von WIESNER gemachten Unterschiede äußern sich in der *kontinuierlichen bzw. diskontinuierlichen Aufeinanderfolge* der Pf- und Pg-Phase.

des Eies aufgebauten Schleimhaut, wobei der Uterus durch die Blutung[1]
sich bemüht, die aufgebaute Schleimhaut wieder auszustoßen. Ungefähr
dieselben anatomischen und biologischen Vorgänge haben wir auch bei
der Menstruation der Äffin, wo die Schleimhaut ebenfalls auf der Höhe
der Pg-Phase abgebaut wird. Zwischen Mensch und Affen besteht aber
ein charakteristischer Unterschied. Bei der Äffin macht sich die Brunst,
d. h. die Zeit der Follikelreifung und des Follikelsprunges an den äußeren
Genitalien in der durch Hyperämie bedingten roten Verfärbung kenntlich. Nach diesen Brunstveränderungen setzt die Pg-Phase ein, und
10—14 Tage später erfolgt auf dem Höhepunkt der Phase die Menstruation. Beim Affenweibchen können, wie HARTMANN auf Grund seiner ausgedehnten Studien mitteilt, zwei verschiedene Zyklen ablaufen: 1. der un-
fruchtbare (April bis September) Sommerzyklus (non-ovulating bleeding)
mit 4wöchigen, 3—4 Tage dauernden Blutungen, bei denen man eine
hoch proliferierte, nicht prägravid umgewandelte Uterusschleimhaut
und einen in Atresie übergehenden Follikel findet (I generative Phase),
und II. der fruchtbare (September bis April) Winterzyklus (ovulating
bleeding), ebenfalls mit 4wöchigen Blutungen, aber mit prägravid um-
gravid umgewandelter Schleimhaut, Follikelsprung und Corpus luteum
(II. generative Phase). Deshalb findet, wie van HERWERDEN u. HART-
MANN betonen, die Befruchtung nur im Winter statt (Zyklus II), obwohl das
Affenweibchen die Kohabitation während des ganzen Jahres zuläßt. Die
Abhängigkeit von exogenen Faktoren, die Anpassung an die Jahreszeit
zeigt sich darin, daß bei den in der südlichen Zone lebenden Affen der
fruchtbare Zyklus (II) in den Monaten April bis September abläuft, so
daß der Partus in der warmen Jahreszeit erfolgt. Nur die während des
fruchtbaren Zyklus auftretenden periodischen Blutungen sind echte
Menstruationen, die während des unfruchtbaren Zyklus aber pathologische Blutungen aus der hyperpoliferierten Uterusschleimhaut. Wie
TIETZE[2] gezeigt hat, können auch bei der Frau — dem unfruchtbaren
Winterzyklus analoge — periodische Blutungen vorkommen, die auf dem
an sich pathologischen, aber regelmäßig wiederkehrenden Prozeß der
Follikelpersistenz beruhen.

Auch bei der Hündin kommt es zur blutigen Sekretion aus den Genitalien. Das gemeinsame zwischen dieser Sekretion und der Menstruation
ist lediglich die Abscheidung von Blut. Die Sekretion setzt bei der Hündin im Verlauf der Pf-Phase ein, und zwar noch vor dem Follikelsprung,
also in der Vorbrunst, im Prooestrus, und ist lediglich durch die starke
Durchblutung des Genitaltraktus bedingt. Das Blut tritt ins Uterus-

---

[1] Auch die Auslösung der menstruellen Blutung ist hormonal bedingt.
Durch große Folliculinmengen läßt sich der Blutungstermin *hinausschieben*
(s. S. 499 u. 507), für die Auslösung der Blutung ist m. E. ein Hormon der
Nebennierenrinde von Bedeutung.

[2] Tietze, K.: Z. Geburtsh. **108**, 79 (1934).

lumen aus, ohne daß größere Epitheldefekte entstehen, ohne daß die Schleimhaut irgendwie abgebaut wird.

Beim Menschen und allen Tieren bildet sich auf dem Höhepunkt der Pf-Phase *nach* dem Follikelsprung das Corpus luteum, welches das für die Pg-Phase notwendige Hormon (Progestin) produziert. Auch bei Maus und Ratte finden wir nach dem Follikelsprung, im Beginn des Metoestrus, junge Corpora lutea. Diese Corpora lutea können aber die Pg-Phase bei der Maus und Ratte nur auslösen, wenn eine Kohabitation bzw. Befruchtung stattgefunden hat. Der gelbe Körper der Maus und Ratte wird demnach erst durch den Sexualakt zur Hormondrüse.

Noch anders liegen die Verhältnisse beim Kaninchen. Hier erfolgt der Follikelsprung nur unter dem Reiz der Kohabitation, und zwar erst 10—12 Stunden nach dem Belegakt. Beim Kaninchen muß man eine dauernde Pf-Phase annehmen, wodurch das Tier stets belegungsreif ist, so daß kurze Zeit nach dem Follikelsprung die Pg-Phase einsetzen kann. Wir müssen annehmen, daß beim Kaninchen dauernd gewisse Prolanmengen im Blute kreisen, daß dann durch die Kohabitation ein besonders starker Reiz auf den Vorderlappen ausgeübt wird, der durch erhöhte oder qualitativ veränderte Prolanproduktion (B) die Corpus luteum- und Progestinbildung auslöst und damit den Übergang zur Pg-Phase herbeiführt.

Beim Menschen (s. S. 216) verläuft die Prolan A-Produktion im Vorderlappen kontinuierlich von Menstruation zu Menstruation. Erst nach dem Follikelsprung setzt die Produktion von Prolan B ein. Ich schließe dies aus der Tatsache, daß wir das unter dem Einfluß des Prolan A gebildete Folliculin beim Menschen sowohl im Follikelapparat wie im Corpus luteum gefunden haben. Beim Tier hingegen (z. B. Kuh, Schwein) finden wir im gelben Körper nicht oder nur sehr wenig Folliculin, woraus sich ergibt, daß die Prolan A-Produktion in der Tierhypophyse mit dem Follikelsprung beendet ist. Ob bei der Äffin dieselben Verhältnisse vorliegen wie beim Menschen, kann ich nicht sagen.

Zusammenfassend fanden wir folgende hormonalen Analogien bzw. Unterschiede (s. auch Kap. 18) im Sexualzyklus bei Mensch und Tier:

1. Im Corpus luteum der Blüte (s. S. 44 u. 76), d. h. in der prägraviden Phase, finden wir beim Menschen viel mehr Folliculin als beim Tier. Nach der Befruchtung enthält das menschliche Corpus luteum graviditatis Folliculin, das tierische hingegen nicht bzw. nur sehr wenig. Der gelbe Körper der Schwangerschaft enthält beim Menschen auch Prolan, während dies beim Tier (Kuh) nicht der Fall ist (s. S. 351).

2. In der menschlichen Placenta (s. S. 352) finden wir Folliculin und Prolan in relativ großen Mengen, in der tierischen Placenta ist Folliculin vorhanden, aber nicht Prolan. Die Pferdeplacenta enthält die gleichen Folliculinmengen wie die menschliche. Die Placenta anderer Säugetiere (z. B. Kuh) ist arm an Folliculin (etwa 25%).

3. Während der Schwangerschaft ist das Blut des Menschen, des Affen und des Pferdes reich an Folliculin und Prolan. Im Blut anderer Tiere[1] ist Prolan nicht vorhanden, vielleicht Folliculin, allerdings in verschwindend kleiner Menge im Vergleich zum Menschen (s. S. 355).

4. Im Harn (s. S. 357) finden wir in der Schwangerschaft beim Menschen und Tier Folliculin. Die größten Hormonmengen enthält der Pferdeharn (100000 ME pro Liter), dann kommt der Frauenharn (12000 ME) und schließlich der Kuhharn (800 ME) (s. S. 77, 364 u. 573).

Gonadotrope Vorderlappenhormone (A und B) finden sich nur im Harn der schwangeren Frau und des trächtigen Affenweibchens (10000 bis 20000 ME pro Liter). Der Pferdeharn enthält nur geringe Mengen Follikelreifungshormon (800 RE Prolan A pro Liter), hingegen ist er frei von Luteinisierungshormon (Prolan B). Der Harn von anderen trächtigen Säugetieren (Kuh, Schwein, Elefant, Nagetier, Reh, Dachs) enthält kein Prolan (s. S. 363).

5. Die erhöhte Hormonproduktion ist, wie die negativen Befunde bei den meisten Säugetieren beweisen, weder Vorbedingung noch Folge jeder Befruchtung. Daß die erhöhte Hormonproduktion nicht für die Gravidität spezifisch ist, zeigt die Massenausscheidung von Folliculin bei den männlichen Equiden (Pferd, Esel, Zebra, Maultier). Der Pferdehoden produziert viel mehr Folliculin als die Placenta, die Hoden des Hengstes enthalten 4mal so viel wie die Placenta der Frau und der Stute (s. Kap. 15).

6. In der menschlichen Hypophyse wird das Follikelreifungshormon (Prolan A) während des ganzen Zyklus kontinuierlich produziert, die Bildung des Luteinisierungshormons (Prolan B) setzt erst nach dem Follikelsprung ein. Im Gegensatz dazu ist die Hormonproduktion in der tierischen Hypophyse (z. B. Kuh) diskontinuierlich. Bis zum Follikelsprung wird nur Prolan A, nach dem Follikelsprung nur Prolan B produziert (s. S. 216).

7. In der Hypophyse des trächtigen Tieres (Kuh, Sau und auch des Pferdes) konnte mittels des Implantationsverfahrens Prolan (A und B) nachgewiesen werden, während die menschliche Hypophyse in der Schwangerschaft Prolan nicht oder nur in sehr geringen Mengen enthält (s. Kap. 36).

Die vorliegenden Ausführungen zeigen, daß die zyklischen Vorgänge im Genitalapparat bei Mensch und Säugetier denselben Zweck verfolgen, d. h. die Schaffung der optimalen Bedingungen für die Schwangerschaft, daß aber im Mensch- und Tierreich doch erhebliche Unterschiede im Ablauf und in den hormonalen Verhältnissen des Sexualzyklus bestehen. Diese Unterschiede muß man kennen, wenn man vom Tierexperiment auf den Menschen schließen will.

---

[1] Das Blut des Damwildes (Hirsch) soll in der Gravidität Prolan enthalten, beim Reh und Dachs erhielten wir negative Resultate (s. S. 364).

38. Kapitel.

Hypophysenvorderlappenzellen und gonadotrope Hormone.

Der Hypophysenvorderlappen besteht aus drei verschiedenen Zellarten:

1. die Hauptzellen, 2. die basophilen und 3. die eosinophilen Zellen.

Von welchen Zellen werden die gonadotropen Hormone produziert? Evans u. Simpson[1] glauben, daß der Wachstumsstoff von den eosinophilen und das Prolan (insbesondere Hormon A) von den basophilen Zellen produziert wird. Sie stützten sich auf die Beobachtung von Bailay u. Davidoff[2], daß die Acromegalie meist auf eosinophilen Adenomen beruht, daß also in diesen eosinophilen Zellen die erhöhte Produktion der Wachstumsstoffe vor sich geht. P. E. Smith[3] hatte darauf hingewiesen, daß im Vorderlappen der Rinderhypophyse eine teilweise Trennung der eosinophilen und basophilen Zellen besteht, wobei in den dunkelroten zentralen Streifen die basophilen, in den peripheren Zonen die eosinophilen Zellen liegen. Smith konnte durch Extrakte aus der corticalen Vorderlappenzone (eosinophile Zellen) eine stärkere Wachstumswirkung an der hypophysektomierten Kaulquappe erzielen als mit Extrakten der zentralen Gewebspartie. Im Implantationsversuch ergaben die zentralen Partien (basophile Zellen) einen höheren Gehalt an Reifungshormon als die peripheren Partien. Diese Versuche würden beweisend sein, wenn man tatsächlich basophile und eosinophile Zellen exakt voneinander trennen könnte. Dies ist aber auch in der Rinderhypophyse keineswegs der Fall. Wenn auch in den zentralen Partien des Hypophysenvorderlappens die basophilen Zellen gehäuft auftreten, so findet man jedoch genügend eosinophile Zellen, so daß man bei einer Zellextraktion bzw. Implantation niemals weiß, welche Zellen hier hormonal wirksam sind. Ich versuchte, die Frage auf andere Weise[4] zu klären. Es wurde nicht der Vorderlappen, in dem die drei Zellgruppen gemischt vorkommen, untersucht, sondern der neurogene *Hinterlappen*. Beim Rind konnte ich, wie S. 185 ausgeführt, niemals im Hinterlappen Prolan nachweisen, wohl aber fand ich merkwürdigerweise das Hormon im Hinterlappen des Menschen. Der Hinterlappen wurde jetzt in verschiedene Segmente zerlegt (s. Abb. 51) und jeder Teil gesondert auf Prolan untersucht. Hierbei ergab sich, daß nur der Teil des menschlichen Hinterlappens Prolan enthält, der dem Vorderlappen angrenzt (Abb. 51, 3), während die Mitte und Kuppe des

---

[1] Evans u. Simpson: J. americ. med. Assoc. **91**, 1337 (1928).
[2] Bailay u. Davidoff: Amer. J. Path. **1**, 185 (1929).
[3] Smith, P. E.: Anat. Rec. **25**, 150 (1923).
[4] Zondek, B.: Klin. Wschr. **1933**, Nr 1, 22.

Hinterlappens (Abb. 51, 1 u. 2) frei von Hormon sind. Nun wissen wir, daß in den Hinterlappen des Menschen — nicht aber in den des Rindes — Zellstränge aus dem Vorderlappen übergehen, die lediglich aus basophilen Zellen[1] bestehen (BERBLINGER). *Aus diesen Ergebnissen (1933) folgerte ich, daß das im Hinterlappen des Menschen vorhandene Prolan von den einwandernden basophilen Zellsträngen des Vorderlappens gebildet wird*, mit anderen Worten, daß, wie auch EVANS u. SIMPSON sowie P. E. SMITH annehmen, die basophilen Zellen die Prolanproduzenten sind.

Bei 5 Fällen von Hypophysentumor fand FELS[2] — mit meiner Methodik geprüft — keine Erhöhung der Prolanausscheidung im Harn. Hierbei handelte es sich einmal um ein eosinophiles Adenom, 4mal um Hauptzellenadome. Da bei diesen Tumorarten (Haupt- und eosinophile Zellen) eine erhöhte Hormonproduktion nicht eintritt, nimmt FELS per exclusionem ebenfalls an, daß die erhöhte Prolanproduktion von den basophilen Zellen ausgehen müsse. In eingehenden Studien kam auch BERBLINGER zu dem Ergebnis, daß die basophilen Zellen das Prolan produzieren, zu der gleichen Auffassung kamen auch THOMPSON u. CUSHING[3] bei ihren Versuchen über den experimentellen hypophysären Basophilismus. Hingegen steht E. J. KRAUS[4] auf dem Standpunkt, daß außerhalb der Gravidität die eosinophilen Zellen das Prolan produzieren, daß dies aber auch von den basophilen zu gelten scheine. — Ich habe in der ersten Auflage darauf hingewiesen, daß man nicht voreilig eine zelluläre Lokalisation der im Vorderlappen gebildeten gonadotropen Hormone vornehmen soll. Auf Grund des jetzt vorliegenden Untersuchungsmaterials glaube ich, daß wir berechtigt sind, die basophilen Zellen[5] als die Prolanproduzenten anzusprechen.

Wir haben gesehen, daß eine sehr starke Produktionssteigerung der gonadotropen Vorderlappenhormone mit Massenüberschwemmung des Körpers und Massenausscheidung im Harn auftritt:

1. in der Schwangerschaft. Hier ist die Prolanausscheidung im Harn gegenüber der Norm um das 1000—2000fache gesteigert,

2. bei der Kastration, wo ebenso wie beim

3. Genitalcarcinom die Hormonausscheidung um das 10fache erhöht ist (s. Kap. 44).

---

[1] In dieser basophilen Infiltration des Hinterlappens sieht H. CUSHING [Amer. J. Path. **9**, 539 (1933); **10**, 145 (1934)] das Maß der funktionellen Aktivität des Hinterlappens. Die exzessive Infiltration dieser Zellelemente gebe die histologische Grundlage für die Eklampsie, die essentliche jugendliche Hypertonie und vielleicht auch für die Alterssklerose.

[2] FELS: Klin. Wschr. **1933**, Nr 13, 504.

[3] Proc. roy. Soc. Lond. (B) **115**, 88 (1934).

[4] KRAUS, E. J.: Klin. Wschr. **1932**, Nr 24.

[5] Anmerkung bei der Korrektur: Aus den Untersuchungen von H. BERGSTRAND (Virchows Archiv **239**, 413, 1934) geht ebenfalls hervor, daß die basophilen Zellen die Prolanproduzenten sind.

In der Schwangerschaft, nach Kastration und beim Carcinom finden wir auch anatomische Veränderungen im Hypophysenvorderlappen, charakterisiert durch Volumenzunahme und relative Zellverschiebung. Wenn man eine bestimmte Zellart mit der Hormonproduktion in Verbindung bringen will, so müßten bei den genannten mit Hormonsteigerung einhergehenden Zuständen die Zellveränderungen der Hypophyse die gleichartigen sein.

Welcher Art sind nun diese Zellveränderungen? Die Schwangerschaftshypophyse ist charakterisiert durch eine Volumen- und Gewichtszunahme des Vorderlappens mit Vermehrung der Hauptzellen und Umwandlung derselben in die sogenannten „Schwangerschaftszellen" (ERDHEIM u. STUMME)[1]. Die eosinophilen Zellen sind vermindert.

Bei der Erstgebärenden sind die Schwangerschaftszellen im 2. Graviditätsmonat den basophilen an Zahl[2] gleich, im 4.—6. Monat rücken sie bereits an die zweite Stelle (jetzt häufiger als die basophilen), im 8.—9. Monat haben sie die Zahl der eosinophilen erreicht oder sogar überschritten, um von jetzt bis ans Ende der Schwangerschaft zahlenmäßig an erster Stelle zu bleiben. Die Rückbildung der Zellen erfolgt etwa 2 Wochen post partum, so daß sie 3—4 Wochen nach der Geburt schon spärlicher sind als die eosinophilen. Bemerkenswert ist, daß noch nach 2 Jahren die zu Hauptzellen gewordenen Schwangerschaftszellen an Zahl vermehrt sind, und daß sie erst nach mehreren Jahren zahlenmäßig an die dritte Stelle rücken, wie dies ihnen physiologisch zukommt. Bei einer zweiten Schwangerschaft sind die Hauptzellen als Ausgangsmaterial für die Schwangerschaftszellen schon in weit größerer Menge vorhanden, so daß die Schwangerschaftsveränderung bei der zweiten Schwangerschaft einen höheren Grad erreicht als in der ersten. So konnte ERDHEIM zeigen, daß die typischen Zellvorgänge in der Hypophyse um so deutlicher sind, je häufiger Schwangerschaften wiederkehren.

Jetzt die hormonalen Verhältnisse in der Gravidität: Die erhöhte Prolanproduktion und Massenausscheidung im Harn tritt in dem Augenblick auf, wo das befruchtete Ei sich einnistet und Kontakt mit der mütterlichen Zirkulation erhält. 4—5 Tage nach dem Ausbleiben der erwarteten Menstruation, d. h. etwa 10—14 Tage nach der Befruchtung, sind die Vorderlappenhormone bereits zu Tausenden von Einheiten im Harn nachweisbar. Die erhöhte Prolanproduktion setzt also einige Wochen früher ein als man zelluläre Veränderungen im Vorderlappen nachweisen kann. Das wäre an sich nicht erstaunlich, da die Mittel unserer anatomischen Untersuchungen primitiv sind im Vergleich zur biologischen Methodik. Auffallend ist die Tatsache, daß die Zunahme und Umwandlung der Hauptzellen progressiv immer weiter geht, um erst gegen Ende der Schwangerschaft den Höhepunkt zu erreichen. Die Hormonproduktion ist aber während der ganzen Schwangerschaft

---

[1] Die Untersuchungen von ERDHEIM u. STUMME [Beitr. path. Anat. **46** (1909)] sind wiederholt nachgeprüft und voll bestätigt worden, so von KRAUS, BERBLINGER, CREUTZFELD, NAEGELI u. a.

[2] Der Zahl nach stehen physiologisch die eosinophilen Zellen an erster, die basophilen an zweiter, die Hauptzellen an dritter Stelle.

ziemlich gleichmäßig, sie nimmt in den letzten Schwangerschaftsmonaten eher ab als zu. Wenn man die zellulären Veränderungen in
der Schwangerschaft mit der erhöhten Hormonproduktion in Verbindung bringt, so mußte man als Produzenten der in *der Schwangerschaft im Übermaß produzierten gonadotropen Hormone die Hauptzellen ansprechen*. Da die basophilen Vorderlappenepithelien nach ERDHEIM,
KRAUS, BERBLINGER aus den Hauptzellen entstehen, könnte man folgenden Schluß ziehen: In der Schwangerschaft setzt eine sehr starke
hormonale Produktionssteigerung in der Hypophyse ein, in der Schwangerschaft nehmen die Hauptzellen an Zahl zu. Da die basophilen Zellen aus
den Hauptzellen hervorgehen, könnte man im Verein mit den EVANS-
SIMPSONschen Versuchen die Zellgruppe Basophil-Hauptzelle als Prolanproduzenten ansehen.

Dieser Schluß ist nur berechtigt, wenn in der Schwangerschaft die
erhöhte Prolanproduktion von der Hypophyse bestritten wird. Dies
steht noch nicht fest, da die Placenta als Mitproduzentin in Frage
kommt. Die Tatsache, daß man in der Hypophyse der schwangeren Frau
mittels des Implantationsverfahrens Hormon nicht oder in nur geringer Menge findet, darf uns (Kap. 36) nicht zu der Auffassung
führen, daß die Hormone in der Hypophyse nicht produziert werden.
Wir können aber angesichts dieses Befundes und des Vorkommens
des Prolans in der Placenta vielleicht annehmen, daß in den ersten
Schwangerschaftstagen das Hormon von der Hypophyse, später von
der Placenta produziert wird. Ist dies der Fall, dann haben die
Schwangerschaftsveränderungen der Hypophyse mit der direkten Prolanproduktion überhaupt nichts zu tun. Für diese Auffassung sprechen
auch folgende Befunde: Die starke Produktionssteigerung der Hormone
tritt, wie wir gesehen haben, beim Menschen, beim Affen und beim
Pferd auf, nicht aber bei der trächtigen Sau und der trächtigen Kuh.
Die zellulären Hypophysenveränderungen sind aber bei der Kuh und
der Sau in der Schwangerschaft im wesentlichen die gleichen wie beim
Pferd und auch beim Menschen! Der Hormongehalt des Vorderlappens
ist bei der trächtigen Kuh und Sau, wie meine quantitativen Untersuchungen ergeben haben (s. S. 381), etwa der gleiche wie außerhalb
der Schwangerschaft. Das gibt zu denken.

Veränderungen im Sinne der Schwangerschaftshypophyse konnten experimentell auf verschiedenartige Weise ausgelöst werden. BERBLINGER[1] beobachtete eine Zunahme der Hauptzellen nach Einspritzung von Pepton.
BANIECKI[2] beschreibt eine Hypertrophie der Hauptzellen und Basophilen
nach 3wöchiger Injektion von Pferdeserum. Durch Dauerzufuhr von
Folliculin konnte er bei weiblichen, nicht bei männlichen Meerschweinchen
eine Schwangerschaftshypophyse experimentell erzeugen. Durch wäßrige

---

[1] BERBLINGER: Verh. dtsch. path. Ges. München 1914 und Mitt. Grenzgeb.
Med. u. Chir. 1921, Nr 33.
[2] BANIECKI: Arch. Gynäk. 134, 693 (1928).

und alkoholische Auszüge aus Kaninchenplacenta konnte BERBLINGER nicht nur eine Volumen- und Gewichtszunahme der Hypophyse, sondern auch eine Umwandlung der chromophoben Hauptzellen in Schwangerschaftszellen herbeiführen, wobei die Wirkung bei weiblichen Tieren ausgesprochener war als bei männlichen. LEHMANN[1], ein Schüler BERBLINGERS, stellte Extrakte aus nicht artgleicher Placenta nach der von mir angegebenen Verseifungs-(Folliculin-)Methode (s. S. 80 u. 81) dar. Die Extrakte enthielten nicht Folliculin, hingegen konnte die Kastrationsatrophie des Uterus mit den Extrakten beeinflußt werden. (Dies ist nicht verwunderlich, da man, wie ich im Kap. 2 gezeigt habe, das Wachstum des Uterus auch mit unspezifischen Mitteln anregen kann.) Mit diesen Extrakten konnte LEHMANN nicht nur die Kastrationsveränderungen der Hypophyse beseitigen, sondern sogar eine Veränderung im Sinne der Schwangerschaftshypophyse auslösen. Das gleiche gelang durch eine sehr reichliche und lange durchgeführte Placentaverfütterung bei kastrierten männlichen und weiblichen Ratten. Durch Novoprotin, einem kristallinischen Pflanzeneiweiß, konnte nicht derselbe Effekt ausgelöst werden, aber die Hypophysen der weiblichen kastrierten Ratten zeigten eine eindeutige Vermehrung der basophilen Zellen. Bei nichtkastrierten weiblichen Ratten waren die Hauptzellen etwas geschwollen, Veränderungen, die LEHMANN mit den Befunden von GUERRINI[2] vergleicht, der durch Zuführung endogener und exogener Gifte eine funktionelle Erregung in der Hypophyse nachweisen konnte.

Bei thyreopriven Tieren sah BERBLINGER ein der Schwangerschaft ähnliches Hypophysenbild. Entsprechende Veränderungen treten auch bei Thyreoplasie auf (ZUCKERMANN[3], SCHILDER[4], MACCALLUM u. a.).

Aus diesen Beobachtungen ergibt sich, daß man bei den verschiedensten Zuständen zelluläre Veränderungen im Hypophysenvorderlappen findet bzw. experimentell auslösen kann, die ein der Schwangerschaft ähnliches morphologisches Bild geben, ohne daß diese Vorgänge (Schilddrüsenmangel, parenterale Eiweißzufuhr usw.) mit der Schwangerschaft etwas zu tun hätten.

Nun zur Kastrationshypophyse. Diese ist, wie FISCHERAS[5] Untersuchungen an kastrierten Tieren gezeigt haben, *charakterisiert durch die Zunahme der eosinophilen[6] Zellen auf Kosten der Basophilen.*

KON, KOLDE und RÖSSLE (zitiert nach KRAUS) fanden auch bei

---

[1] LEHMANN: Virchows Arch. **268**, H. 2, 346 (1928).

[2] GUERRINI: Zbl. Path. **16** (1905).

[3] ZUCKERMANN: Frankf. Z. Path. **14** (1913).

[4] SCHILDER: Virchows Arch. **203** (1911).

[5] FISCHERA: Arch. ital. de Biol. (Pisa) **43** (1904).

[6] Hier scheint nur die Ratte eine Ausnahme zu machen. Während ZACHERL, BIEDL und SCHLEIDT bei der Ratte eine Verminderung der eosinophilen Zellen fanden, wiesen BERBLINGER und LEHMANN eine Vermehrung derselben nach.

Die basophilen Zellen sind in der Kastrationshypophyse der Ratte im Gegensatz zu anderen Tieren vermehrt. Außerdem treten besondere, ungewöhnlich große, blasige Zellen mit Vacuolen auf, deren Kern häufig an die Wand gedrückt ist, so daß SCHLEIDT (Zbl. Physiol. **27**, 1914) diese als Siegelringform bezeichnet hat. Diese Angaben sind vielfach bestätigt worden (NUKARIYA, SCHENK, FELS).

kastrierten Frauen eine Vergrößerung der Hypophyse, Vermehrung der eosinophilen Zellen mit Heterotopie derselben und oft starker Verminderung der Basophilen. Bemerkenswert ist, daß RÖSSLE schon kurze Zeit nach der Kastration die typischen Veränderungen nachweisen konnte, während diese oft nicht vorhanden waren, wenn die Kastration schon mehrere Jahre zurücklag.

Jetzt die hormonalen Verhältnisse beim Kastraten. Ich konnte zeigen, daß bei der Frau nach der operativen und auch nach der Röntgenkastration eine Überproduktion von Prolan (richtiger Prosylan) einsetzt, wobei es im wesentlichen zu einer erhöhten Ausscheidung von Follikelreifungshormon (Prolan A) kommt (S. 431). Daß tatsächlich eine Mehrproduktion in der Hypophyse stattfindet, geht aus den Untersuchungen von H. M. EVANS hervor, der in den Hypophysen kastrierter Tiere einen höheren Prolangehalt (richtiger Prosylangehalt) fand als im Vorderlappen nicht kastrierter Tiere. Für die Mehrproduktion der Hypophyse sprechen auch die Parabioseversuche (S. 438). Bei Vereinigung eines kastrierten Tieres mit einem Normaltier treten in letzterem Genitalveränderungen im Sinne der HVR I—III auf, ausgelöst durch die Überproduktion von Prolan (richtiger Prosylan) in der Hypophyse des Kastraten.

Charakteristisch für die Vorderlappenveränderung nach Kastration bei Mensch und Tier ist die Vermehrung der eosinophilen Zellen. Wenn man einen ursächlichen Zusammenhang zwischen Zellproliferation und Hormonproduktion annehmen will, *so müßte man bei der Kastration die eosinophilen Zellen verantwortlich machen.* Bei der Schwangerschaft mußten wir die Hauptzellen, jetzt müssen wir die eosinophilen Zellen mit der erhöhten Prolanproduktion in Verbindung bringen. Wir sehen, daß auch hier ein Widerspruch vorliegt.

Interessant ist ferner folgendes: KÜHN[1] untersuchte 70 Hypophysen von Wallachen und konnte hierbei weder eine Größen- noch Gewichtszunahme feststellen, ebenso vermißt er jede Verschiebung in der histologischen Zusammensetzung des Vorderlappens. Bei Untersuchung von tierischem Kastratenharn[2] konnte ich nicht bei der Maus, häufiger aber gerade beim Wallach eine vermehrte Prolan A-Ausscheidung nachweisen (s. S. 436). Hier also ein Widerspruch zwischen hormonaler und morphologischer Untersuchung!

Beim Carcinom, insbesondere beim Genitalcarcinom der Frau (s. S. 444) fand ich eine erhöhte Prolan A-Ausscheidung im Harn, die in Qualität und Quantität (etwa 150 RE. pro Liter) gleich war der Überproduktion nach der Kastration. Wenn die zellulären Veränderungen des Vorderlappens in ursächlichem Zusammenhang mit der erhöhten Hormonproduktion stehen, dann müßten bei der Kastration und dem

---

[1] KÜHN: Veterinär-medizinische Dissertation. Bern 1910.
[2] ZONDEK, B.: Nicht publiziert.

Genitalcarcinom die gleichen epithelialen Veränderungen des Vorderlappens vorhanden sein. Dies ist aber nicht der Fall. In der Kastrationshypophyse der Frau geht die Vergrößerung der Hypophyse einher mit Vermehrung der eosinophilen Zellen, Heterotopie derselben bei häufig starker Verminderung der Basophilen. Im Gegensatz dazu sehen wir im Hypophysenvorderlappen von Carcinomatösen (KARLEFORS, BERBLINGER, MUTH) Vermehrung der Hauptzellen. Also auch hier ein Widerspruch!

Es ist meines Erachtens bisher noch gar nicht bewiesen, daß die zellulären Veränderungen im Hypophysenvorderlappen bei Schwangeren, Kastraten und Carcinomatösen mit der erhöhten Hormonproduktion überhaupt im Zusammenhang stehen. Es wäre durchaus möglich, daß wir die erhöhte Funktion, d. h. die erhöhte sekretorisch-chemische Tätigkeit der Vorderlappenepithelien morphologisch an der Hypophyse gar nicht feststellen können. Ich erinnere daran, daß H. ZONDEK schwerste Fälle von Basedow beschrieben hat, bei denen die erhöhte Thyroxinproduktion zu toxischen Symptomen, sogar zum Exitus geführt hat, ohne daß an der Schilddrüse nennenswerte morphologische Veränderungen festgestellt werden konnten. Es besteht die Möglichkeit, daß der Hypophysenvorderlappen bei seiner zentralen Stellung und großen Bedeutung im endokrinen System auf die Veränderungen im innersekretorischen Apparat und auf Allgemeinveränderungen im Organismus mit zellulären Reaktionen und Verschiebung seiner Epithelien antwortet, ohne daß damit eine erhöhte Hormonproduktion verbunden ist. Für diese Auffassung sprechen die zellulären Hypophysenveränderungen, die man ebenso durch unspezifische Mittel (Serum, Novoprotin usw.) wie durch spezifische Hormone (Folliculin, Placenta) auslösen kann.

Die gonadotropen Hormone werden — diese Auffassung scheint mir experimentell am begründetsten — in den basophilen Zellen produziert. Möglicherweise entstehen in diesen Zellen, wie ich schon S. 348 ausgeführt habe, sämtliche hormonotropen Wirkstoffe bzw. deren gemeinsamer Ausgangsstoff.

39. Kapitel.

Der Einfluß des Prolans auf die Struktur des Hypophysenvorderlappens.

1. Der Einfluß des Prolans auf den Hypophysenvorderlappen des kastrierten geschlechtsreifen Tieres.

Durch die Kastration wird, wie wir gesehen haben, der Hypophysenvorderlappen morphologisch im Sinne der Kastrationshypophyse[1] verändert. Kann man diese morphologischen Veränderungen durch Prolan

---

[1] Die durch die Kastration bedingten zellulären Veränderungen des Hypophysenvorderlappens können durch Folliculin verhindert werden,

irgendwie beeinflussen? Zur Entscheidung dieser Frage wurden die folgenden Untersuchungen in Gemeinschaft mit W. BERBLINGER[1] ausgeführt.

Die Versuche begannen 6 Wochen nach der Kastration. Jede geschlechtsreife Ratte erhielt 15 Tage lang täglich 25 bzw. 50 RE Prolan aus Gravidenharn, im ganzen also 375 bzw. 750 RE.

Die morphologische Schnittserienuntersuchung der Hypophysen ergab folgendes:

KR. V: Zufuhr von 375 RE Prolan A und B. Hinterlappen und Mittellappen ohne Veränderung. Im Vorderlappen sind die Eosinophilen der Zahl nach geringer vorhanden als die Hauptzellen, aber doch reichlicher als bei den Hypophysen der 1. Versuchsreihe. Die Zahl der Basophilen ist groß. Viele von diesen zeigen Ringbildung, wenige nur die Siegelringform.

KR. VI: Zufuhr von 375 RE Prolan A und B. Hinterlappen ohne besonderen Befund. Der Mittellappen wird von einer breiten Lage schwach basophiler Epithelien gebildet. Im Vorderlappen sind typische eosinophile Epithelien ebenso zahlreich wie die Hauptzellen vorhanden. Auffallend viel Basophile und solche mit Ringbildung.

KR. VII: Zufuhr von 750 RE Prolan A und B. Hinterlappen und Mittellappen nicht verändert. Typische Eosinophilie im Vorderlappen, ebenso reichlich sind die Hauptzellen vorhanden. Die Zahl der Basophilen ist sehr groß, darunter viele mit Ringbildung, seltener Siegelringformen.

KR. VIII: Zufuhr von 750 RE Prolan A und B. Hinterlappen und Mittellappen zeigen keine besonderen histologischen Merkmale. Im Vorderlappen sind die Eosinophilen den Hauptzellen an Zahl gleich. Es sind viele Basophile vorhanden, darunter reichlich große Formen, zahlreicher als die Eosinophilen. Basophile mit Ringbildung, solche von Siegelringform nicht so zahlreich wie in der reinen Kastrationshypophyse.

Die Uterusschläuche der chronisch mit Prolan behandelten kastrierten Tiere sind klein, die Scheidenschleimhaut ist nicht aufgebaut, im Scheidensekret findet man stets Schleim und einige Leukocyten. Das Prolan kann auf den Genitalapparat nicht wirken, wenn die Ovarien fehlen, da die Prolanwirkung nur auf dem Wege über die Sexualdrüsen zustande kommt. Die durch das Fehlen der Ovarien bedingten morphologischen Veränderungen des Hypophysenvorderlappens werden durch die Prolanzufuhr nicht beeinflußt, denn wir sehen kastrationsbasophile Zellen in fast derselben Zahl wie bei reiner Kastration.

Ergebnis: Die durch die Kastration bedingten morphologischen Veränderungen des Hypophysenvorderlappens werden durch Prolan A und B nicht beeinflußt.

---

wenn das Hormon im Anschluß oder kurze Zeit nach der Kastration (1—3 Wochen) dem Tier parenteral zugeführt wird. Liegt die Kastration schon längere Zeit zurück, so läßt sich das Zellbild durch Folliculin nur schwer beeinflussen [ZONDEK, B. u. BERBLINGER: Klin. Wschr. 1931, Nr 23; H. BANICEKI: Zbl. Gynäk. 108, 1034 (1934)].

[1] ZONDEK, B. u. BERBLINGER, W.: Klin. Wschr. 1931, Nr 23.

2. Der Einfluß des Prolans auf den Hypophysenvorderlappen infantiler Nagetiere.

Nachdem wir festgestellt hatten, daß man durch Prolan den Hypophysenvorderlappen geschlechtsreifer kastrierter Tiere nicht beeinflussen kann, interessierte die Frage, wie das Prolan auf den Vorderlappen *infantiler* Tiere wirkt, die man durch Prolan erstmalig und vorzeitig in sexuelle Reife bringt. Wir prüften zuerst den Einfluß von Prolan A, das ich aus Harn von Frauen mit Genitalcarcinom (s. S. 239) dargestellt hatte.

a) Einmalige Zufuhr von Prolan A bei infantilen Ratten:

Versuchsanordnung: Zufuhr von 5—20 RE Prolan A im Verlauf von 48 Stunden.

R. 776: Infantile, 4 Wochen alte Ratte durch Prolan A erstmalig in die Brunst gebracht. Uteri: groß, glasig, mit Sekret gefüllt. Ovarien: hyperämisch mit zahlreichen großen Follikeln. Scheidenschleimhaut: aufgebaut, Verhornung der obersten Zellagen. Scheidensekret: reines Schollenstadium.

Hinterlappen des Hirnanhanges ohne besonderen Befund. Der Mittellappen wird von schwach basophilen Epithelien gebildet, im Vorderlappen sind die Eosinophilen nicht zahlreich, vorherschend chromophobe Hauptzellen. Typische basophile Epithelien sind nicht zu sehen.

R. 777: Infantile, 4 Wochen alte Ratte durch Prolan A zum erstenmal in die Brunst gebracht. 100 Stunden nach Beginn des Versuches getötet. Genitalbefund wie bei R. 776.

Hinterlappen ohne besondere Strukturabweichung. Im Mittellappen mehrfache Lage im allgemeinen schwach basophiler Epithelien. Vorderlappen sehr zellreich. Die plasmaarmen Hauptzellen vorherrschend. Nur wenige typische eosinophile Epithelien, keine basophilen.

R. 778: Versuchsanordnung und Genitalbefund wie R. 776 und 777.

Im Vorderlappen übertreffen die Hauptzellen die Eosinophilen an Zahl, keine basophilen Epithelien vorhanden. Die Zellen des Mittellappens sind basophil. Der Hinterlappen zeigt nichts Besonderes.

R. 781: Versuchsanordnung und Genitalbefund wie vorher.

Hypophysenvorderlappen: an erster Stelle stehen der Zahl nach die plasmaarmen Hauptzellen, dann folgen eosinophile Epithelien von typischer Gestaltung, einige basophile Zellen sind vorhanden. Mittellappen und Hinterlappen zeigen nichts Besonderes.

R. 782: Versuchsanordnung wie vorher.

Im Vorderlappen der Hypophyse sind viele plasmaarme Hauptzellen, aber auch recht reichlich typische eosinophile Epithelien vorhanden, dagegen fehlen Basophile. Der Mittellappen schließt mäßig stark basophil gefärbte Epithelien ein.

In allen Versuchen konnten wir durch das Follikelreifungshormon eine sexuelle Frühreife am gesamten Genitalapparat auslösen. Auch am Hypophysenvorderlappen kann man durch Prolan A eine gewisse Reifewirkung herbeiführen, die sich in einer mäßigen Zunahme der Acidophilen äußert, aber doch als gering bezeichnet werden muß. Dies ist wohl dadurch erklärlich, daß die Änderung im morphologischen Bild der Hypophyse langsam vor sich geht im Gegensatz zu den rasch einsetzenden morphologischen und funktionellen Änderungen am Genitalapparat, die wir mit Prolan im Kurzversuch (100 Stunden) auslösen können.

Ergebnis: Durch einmalige Zufuhr von Follikelreifungshormon (Prolan A) können wir eine nur geringe Reifewirkung am Vorderlappen auslösen.

b) Dauerzufuhr von Prolan A und B bei infantilen Nagetieren.

α) *Versuche an infantilen Ratten.* Die infantilen Ratten erhielten täglich 5—10 RE Prolan A und B (aus Gravidenharn). Die Versuche dauerten 14 Tage. Die Genitalien zeigten hochgradige Veränderungen. Die Ovarien sind auf das 3—5fache gewachsen, stark hyperämisch, enthalten zahlreiche Corpora lutea, auch Blutpunkte. Die Uterusschläuche zeigen geringe Veränderungen, zum Teil sind sie stark vergrößert, glasig aufgetrieben und mit Sekret gefüllt. Das Scheidensekret ist wechselnd. Zunächst setzt ein Daueroestrus ein, der bei manchen Tieren abklingt. Man findet die drei Reaktionstypen, die ich bei chronischer Zuführung von Prolan A und B beschrieben habe (s. S. 272).

Die mikroskopische Untersuchung der Hypophysen ergab folgendes:

R. 690: Am Hinterlappen kein besonderer Befund. Basophile Epithelien in breiter Lage bauen den Mittellappen auf. Im Vorderlappen typische Eosinophile mit scharfer Zellbegrenzung und chromatinreichem Kern. Es sind einige Basophile und viele Hauptzellen vorhanden. Die Zahl der Chromophilen ist zweifellos größer als in den Kurzversuchen (R. 776—782).

R. 692: Im Vorderlappen viele typische eosinophile Epithelien und große Basophile, außerdem plasmareichere Hauptzellen. Chromophile weit zahlreicher als in den Kurzversuchen, fast ausgereiftes Organ. Mittellappen nicht breit, seine Zellen basophil.

R. 693: Im Vorderlappen recht viele typische eosinophile Epithelien. Viele Hauptzellen, typische basophile Zellen sind nur spärlich vorhanden.

R. 694: Mittellappen und Hinterlappen zeigen den typischen geweblichen Aufbau. Im Vorderlappen sehr viele Eosinophile, auch viele Hauptzellen, nur wenig Basophile. Gereifte Hypophyse mit großem Gehalt an typischen Eosinophilen.

β) *Versuche an infantilen Mäusen.* Die 3—4 Wochen alten, 6—8 g schweren Mäuse erhielten täglich 2—6 ME Prolan A und B. Versuchsdauer: 14—18 Tage. Am Genitalapparat zum Teil monströse Veränderungen. Die Ovarien zeigen eine Massenbildung von Luteinkörpern, durchsetzt von Blutpunkten (Erdbeerovarium). Am Uterus und der Scheide wechselnde Reaktion im Sinne der oben erwähnten drei Reaktionstypen.

Die Schnittserienuntersuchung der Hypophyse hatte folgendes Ergebnis:

M. 567: Hinterlappen ohne besonderen Befund, der Mittellappen wird von einer breiten Lage basophiler Epithelien gebildet. Der Vorderlappen enthält viele typische eosinophile Epithelien und plasmareiche Hauptzellen, dagegen keine typischen Basophilen. Deutlich ausgereifte Hypophyse.

M. 568: Der Vorderlappen enthält reichlich typische Eosinophile, ebensoviel wie Hauptzellen. Keine Basophilen vorhanden. Ausgereifte Hypophyse.

M. 569: Vorderlappen viele typische Eosinophile. Plasmareiche Hauptzellen vorhanden, ausgereifter Vorderlappen.

M. 570: Vorderlappen: an erster Stelle typische Eosinophile, dann Hauptzellen, keine Basophilen. Im Stadium der Reifung befindliche Mäusehypophyse.

Während wir durch einmalige Zufuhr von Follikelreifungshormon aus Carcinomharn (Prolan A) nur eine geringe Reifewirkung am Hypophysenvorderlappen auslösen konnten, ist diese Reaktion bei chronischer Zufuhr von Prolan A und B wesentlich stärker. Jetzt sieht man bei den infantilen Nagetieren morphologische Veränderungen im Sinne einer weitgehenden Ausreifung der Adenohypophyse. Unsere 1931 erhobenen Befunde wurden kürzlich von H. M. Evans c. s.[1] bestätigt. Nach mehrwöchiger Zufuhr von gonadotropem Hormon aus Blut von trächtigen Stuten (Prosylan) wurde in dem vergrößerten Vorderlappen von Rattenweibchen Verschwinden der basophilen und Zunahme der eosinophilen und chromophoben Zellen festgestellt.

Ergebnis: Durch chronische Prolanzufuhr aus Gravidenharn (A und B) wird der Vorderlappen des infantilen Organismus im Sinne der Hypophysenreifung beeinflußt.

Unabhängig von diesen Versuchen hatte Berblinger gefunden, daß sich die Adenohypophyse infantiler Mäuse, bei denen durch Einspritzung von Schwangerenharn die HVR II und III ausgelöst wurde, durch die erhebliche Zunahme der eosinophilen Epithelien von dem Vorderlappenbilde infantiler normaler Mäuse unterscheidet. Die deutliche Zunahme der eosinophilen Zellen ist als ein Ausdruck der Reifung des Vorderlappens anzusehen und wahrscheinlich als eine Folge der vorzeitig ausgelösten sexuelllen Reifung aufzufassen.

Zusammenfassend ergeben die vorliegenden Untersuchungen folgendes:

1. Die durch Kastration bedingten morphologischen Veränderungen des Hypophysenvorderlappens werden beim geschlechtsreifen Tier auch durch langdauernde Zufuhr von Prolan aus Gravidenharn (A und B) nicht beeinflußt.

2. Durch einmalige Zufuhr des aus Carcinomharn dargestellten Prolan A wird eine geringe Reifewirkung am Hypophysenvorderlappen des infantilen Tieres ausgelöst.

3. Wiederholte Zufuhr des aus Schwangerenharn dargestellten Prolan A und B sowie des aus Blut gravider Stuten gewonnenen Prolan + Synprolan = Prosylan bewirken eine deutliche Reifung des Hypophysenvorderlappens beim infantilen Tier.

---

[1] Evans, H. M., Simpson, M. E. a. Williams, M. Q.: Univ. California Publ. Anat. 1, Nr 5, 161 (1934).

40. Kapitel.

Wechselwirkung zwischen Hypophysenvorderlappen und Ovarium.

Hormonale Regulierung der Ovarialfunktion.

Der Hypophysenvorderlappen ist die übergeordnete hormonale Sexualdrüse. Ohne Vorderlappen kein Folliculin, kein Progestin. Erschöpfen sich damit die Beziehungen zwischen Vorderlappen und Sexualdrüse? Hat diese (Ovarium, Hoden) ihrerseits auch einen Einfluß auf die Hypophyse? Es ist durchaus vorstellbar, daß das unter der Wirkung der gonadotropen Hormone im Follikelapparat produzierte Folliculin und das im Corpus luteum gebildete Progestin, einmal entstanden, auf die Vorderlappenhormone rückwirken können.

Bisher liegen folgende Untersuchungen vor:

1. Bei gleichzeitiger Zufuhr beider Hormone soll das Folliculin die Prolanwirkung hemmen (MAHNERT u. SIEGMUND, EHRHARDT, DAHLBERG)[1]. Von dieser direkten hemmenden Wirkung konnte ich mich in zahlreichen Untersuchungen[2] nicht überzeugen.

Ich injizierte infantilen Mäusen steigende Prolandosen (1—10 ME) und gleichzeitig je 10 ME. Folliculin. Gegenüber Kontrolltieren, die nur Prolan erhalten hatten, war bei der kombinierten Prolan-Folliculinbehandlung keine Änderung eingetreten. So war z. B. an den Ovarien von Mäusen, die 2 ME Prolan und 10 ME Folliculin erhielten, die volle HVR I—III vorhanden. Eine Hemmung der Prolanwirkung war also keineswegs nachweisbar.

An 40 infantilen Mäusen machte ich folgende Versuche:

a) 20 Tiere erhielten 6 × 0,3 = 1,8 ccm Harn des 4. Schwangerschaftsmonats. Die HVR II und III trat in 50% der Fälle auf. (Wir wissen, daß nicht alle Tiere gleichmäßig reagieren.)

b) 20 Tiere erhielten ebenfalls 6 × 0,3 = 1,8 ccm desselben Schwangerenharns vermischt mit je 10—30 ME Folliculin. Bei diesen Tieren trat die HVR II und III in 60% der Fälle auf. Von einer hemmenden Wirkung ist also keineswegs zu reden.

Den Schwangerenharn hatte ich mit Äther ausgeschüttelt, um das in ihm vorhandene Folliculin zu entfernen und so die Versuchsbedingungen gleichmäßiger zu gestalten.

Wenn man auch durch gleichzeitige Darreichung von Folliculin und Prolan eine Hemmung des Prolans nicht erreichen kann, so sprechen die Parabioseversuche von KALLAS[3] doch für eine hemmende Wirkung des Folliculins. Vereinigt man ein kastriertes weibliches oder männliches Tier mit einem nicht kastrierten, so treten nach wenigen Tagen am Genitalapparat des nicht kastrierten Tieres charakteristische Veränderungen

---

[1] DAHLBERG: Klin. Wschr. 1930, Nr 28, 1298.
[2] ZONDEK, B.: In der ersten Auflage mitgeteilt (1931).
[3] KALLAS: Klin. Wschr. 1930, Nr 29, 1345.

am Uterus und den Ovarien im Sinne der HVR auf (S. 438). Injiziert man aber dem Kastraten Folliculin, so bleiben die Genitalveränderungen in seinem nicht kastrierten Partner aus. Da wir heute wissen, daß die Genitalveränderungen im nicht kastrierten Organismus auf die Vorderlappenhormonwirkung der beiden vereinigten Tiere, insbesondere auf die hormonale Überproduktion in der Hypophyse des Kastraten zurückzuführen ist, so muß man nach den KALLASschen Untersuchungen annehmen, daß das Folliculin eine hemmende Wirkung auf die Vorderlappenhormone ausübt.

Interessant ist übrigens die von KALLAS gemachte Feststellung, daß bei Parabiose eines kastrierten Männchens mit einem nicht kastrierten Weibchen die Reaktionen an Uterus und Ovarien auftreten, auch wenn man dem Bock Folliculin injiziert. Nur die Hyperfunktion der weiblichen, nicht der männlichen Kastratenhypophyse wird also durch Folliculin gehemmt.

Auf Grund dieser Versuche wird man eine hemmende Wirkung des Folliculins auf die gonadotropen Vorderlappenhormone nicht in Abrede stellen können.

2. Es ist (s. S. 102) gezeigt worden, daß man durch Folliculin die ruhende Sexualfunktion des senilen Tieres nicht nur in Gang bringen, sondern auch in Gang erhalten kann. Da wir wissen, daß das Folliculin auf das Ovarium selbst nicht einwirkt, kann der Versuch nur so gedeutet werden, daß das Folliculin eine stimulierende Wirkung auf den Vorderlappen des senilen Tieres ausübt.

So zeigen die vorliegenden Untersuchungen, daß *das Folliculin anscheinend auch als Treiber und Hemmer der gonadotropen Vorderlappenhormone wirken kann,* daß also das unter der Wirkung des Vorderlappens in der Sexualdrüse erzeugte Hormon regulatorisch auf seinen Produzenten einwirken kann. *Der Motor der Sexualfunktion kann demnach durch den selbst produzierten Stoff reguliert werden.*

Folliculin und Luteinisierung.

Kann man durch Folliculin die Corpus luteum-Bildung beeinflussen? Nach den eben erwähnten Parabioseversuchen von KALLAS übt Folliculin anscheinend eine hemmende Wirkung auf die Prolansekretion aus, bei gleichzeitiger Zufuhr beider Hormone konnte ich jedoch eine derartige Wirkung nicht feststellen. Es schien mir notwendig, auch die entgegengesetzte Frage zu prüfen, ob die Prolanwirkung, insbesondere die Luteinisierung durch Folliculin gefördert werden kann. Die Versuche[1] wurden folgendermaßen ausgeführt. Infantile 30 g schwere Ratten erhielten am 1. und 2. Versuchstag, auf sechs Portionen verteilt, eine Prolanmenge, die sicher keine Luteinisierung auslöste (0,5—0,75 RE). Am Nachmittag des 3. Versuchstages, also zu der Zeit, wo der Follikel schon in Reifung ist, wurde einmalig 10 RE Folliculin gegeben, also

---

[1] ZONDEK, B.: Nicht publiziert.

die 10fache Hormondosis, die bei der erwachsenen Ratte den Oestrus
herbeiführt. Die Tiere wurden am 6. Versuchstag getötet. Ein Einfluß
dieses „Folliculinstoßes" auf die Luteinisierung wurde nicht festgestellt, d. h. die Tiere, die Folliculin erhalten hatten, zeigten ebensowenig Corpus luteum-Bildung wie die Kontrolltiere, die nur die unter-
schwelligen Prolandosen erhalten hatten (vgl. S. 212). Andere Resultate erhielten MAGATH u. ROSENFELD[1], die die gleiche Frage an der
infantilen Maus studierten. Während das Folliculin in meinen eben
erwähnten Versuchen nur einmalig als „Folliculinstoß" gegeben wurde,
injizierten MAGATH u. ROSENFELD das Hormon mehrmals. Die Tiere
wurden 3 Tage mit je 12—50 ME Folliculin vorbehandelt, erhielten anschließend im Verlauf von 2 Tagen die unterschwellige Prolandosis (0,5 ME)
und wurden dann 2 Tage mit Folliculin nachbehandelt. Während bei
den nur mit Prolan behandelten Kontrolltieren in 15—30% Corpora
lutea nachweisbar waren, waren bei den Versuchstieren Corpora lutea
in allen Fällen (also 100%ig) vorhanden. Diese Ergebnisse, die den
Beobachtungen von KALLAS (s. S. 401) und den eigenen widersprechen, bedürfen noch der Bestätigung. Ich möchte hierbei darauf hinweisen, daß man bei derartigen Versuchen sehr genau quantitativ arbeiten muß, da die infantilen Mäuse auf Prolan sehr verschieden reagieren. Die Erfahrungen bei der Schwangerschaftsreaktion
haben uns zur Genüge gezeigt, daß man mit den gleichen Harndosen
in einer Versuchsserie vielleicht bei allen, in der zweiten vielleicht nur bei
einem oder zwei Tieren Corpora lutea auslöst. Nach den Versuchen von
MAGATH u. ROSENFELD müßte man annehmen, daß die *mehrtägige* Zufuhr *größerer* Folliculinmengen den Vorderlappen zur Prolansekretion
anregen kann, so daß gleichzeitig verabreichte unterschwellige Prolandosen in ihrer Wirkung so verstärkt werden, daß sie die Luteinisierung
auslösen. In dieselbe Richtung weisen auch die Befunde von HOHL-
WEG[2], der bei juvenilen (35—50 g schweren) Ratten durch große Folliculindosen (12500 ME Progynonbenbenzoat) Corpus luteum-Bildung
auslösen konnte. Die Hypophysen der Versuchstiere zeigten eine
enorme Vergrößerung mit starker Veränderung der Hauptzellen, deren
Kerne äußerst chromatinarm sind und auffallend viel Mitosen haben.
Im Implantationsversuch erwiesen sich diese Hypophysen als prolanarm
Während man durch Implantation von zwei Hypophysen von normalen Weibchen die HVR I, d. h. den Oestrus auslösen kann, ergab die Implantation von fünf Hypophysen der mit großen Folliculindosen behandelten Tiere ein negatives Ergebnis. Trotzdem durch
die hohen Folliculindosen auf dem Wege über die Hypophyse die

---

[1] MAGATH, M. A. u. ROSENFELD, R. M.: Klin. Wschr. 1933, Nr 33, 1288.
Pflügers Arch. 233, 311 (1933).
[2] HOHLWEG, W.: Klin. Wschr. 1934, Nr 3, 92.

Luteinisierung, also eine erhöhte gonadotrope Sekretion des juvenilen Hypophysenvorderlappens erzielt wurde, war der Vorderlappen selbst prolanfrei. Ich hebe diesen Befund mit Rücksicht auf die negativen Hormonbefunde bei der Graviditätshypophyse (s. S. 382) besonders hervor. HOHLWEG weist darauf hin, daß die Versuche nur an juvenilen (35—50 g schweren) Ratten positiv ausfallen, das Tier müsse am Ende des Versuches mindestens 40 g schwer sein.

Wenn es möglich ist, durch große Folliculindosen den Hypophysenvorderlappen beim infantilen Tier zur Prolansekretion (richtiger Prosylansekretion) anzuregen, wenn dies eine biologische Gesetzmäßigkeit sein soll, so muß diese Reaktion sich nicht nur bei der Ratte, sondern auch bei anderen Tieren auslösen lassen. Ich habe deshalb gleichartige Versuche[1] bei Kaninchen ausgeführt. Die Tiere erhielten mehrmals große Folliculinmengen (α-Hormon) in öliger Lösung, meist im Abstand von 1 Woche, zuweilen auch in kürzeren Intervallen. Die Versuchsdauer betrug 12 bis 21 Tage. Die Ovarien der Versuchstiere wurden vor der ersten Injektion durch Laparotomie inspiziert. Die Ergebnisse teile ich der Einfachheit halber in Tabelle 36 mit.

Die Versuche ergeben, daß man bei jungen Kaninchen durch Zuführung großer Folliculindosen nur selten eine Einwirkung auf das Ovarium erzielen kann. *Unter acht Versuchen fielen nur zwei (7, 8) positiv aus*, bei den übrigen war selbst durch eine Gesamtmenge von 150000 ME α-Folliculin (Versuch 5) ein Einfluß auf das Ovarium nicht festzustellen. Der Versuch 6 wurde bei einem geschlechtsreifen Tier ausgeführt. Vor dem Versuch wurden in den Ovarien nur große Follikel festgestellt. Ein kleines Uterusstück wurde excidiert, die Schleimhaut zeigte typische Proliferation, keine deciduale Reaktion. Das Tier erhielt 2mal — im Abstand von je 1 Woche — je 70000 ME, also 140000 ME α-Folliculin. Nach weiteren 7 Tagen wurde das Tier getötet. Am Ovarium war keinerlei Veränderung festzustellen, die Uterusschleimhaut zeigte keine deciduale Umwandlung. Durch die großen Folliculindosen war also ein funktioneller Einfluß auf Ovarium und Uterusschleimhaut des geschlechtsreifen Kaninchens nicht erzielt worden.

Die Hypophysen der Versuchstiere erschienen manchmal vergrößert, doch war ein exzessives Wachstum, wie HOHLWEG dies bei seinen Rattenversuchen angibt, nicht festzustellen. Die Hypophysen können zuweilen stark ödematös sein und imponieren als vergrößert, ohne daß eine wirkliche hormonal bedingte Gewebszunahme vorliegt. Beweisend kann nur die Gewichtsbestimmung sein, die in den HOHLWEGschen Versuchen fehlt. Wenn wir in unseren Versuchen (1, 3, 4, 5, 7) den Durchschnitt des Hypophysengewichtes berechnen, so ergibt sich ein Wert von 20,8 mg, bei infantilen Kontrolltieren wurde ein Durchschnittsgewicht von

---

[2] ZONDEK, B.: Nicht publiziert.

Tabelle 36. Der Einfluß großer Folliculindosen auf die Corpus luteum-Bildung beim Kaninchen.

Nr.	Gewicht g	Folliculinzufuhr (α-Hormon) in ME	Gesamt-dosis in ME	Abschluß des Versuches	Ver-suchs-dauer Tage	Corpus luteum-Bildung	Hypo-physe mg
1. M K 30	1160	15. V. = 20 000 22. V. = 20 000	40 000	30. V.	15	negativ	23,7
2. M K 220	1350	6. II. = 25 000 10. II. = 25 000	50 000	24. II.	18	negativ	—
3. M K 29	1100	15. V. = 70 000 22. V. = 70 000	140 000	29. V.	14	negativ	18,3
4. M K 34	1390	17. V. = 30 000 22. V. = 30 000 25. V. = 30 000 31. V. = 50 000	140 000	8. VI.	21	negativ	25
5. M K 33	1290	17. V. = 50 000 24. V. = 50 000 31. V. = 50 000	150 000	8. VI.	21	negativ	16
6. G K 26	2050	26. V. = 70 000 2. VI. = 70 000	140 000	8. VI.	13	negativ	23
7. M K 28	1300	25. IV. = 70 000 1. V. = 70 000	140 000	7. V.	12	Viele Corp. lut. 1 Blutp. Uterusschleimhaut in decidualer Umwandlung	21
8. M K 223	1450 (kleine Rasse)	8.—10. III. tägl. = 30 000 15.—17. III. tägl. = 70 000	300 000	25. III.	17	3 Corp. lut. 1 Blutp.	—

19,8 mg festgestellt. Wir sehen also, daß durch die großen Folliculindosen nennenswerte Wachstumsvorgänge an der Hypophyse nicht ausgelöst werden.

Zusammenfassend ergibt sich, daß man durch hohe Dosen von α-Follikelhormon im allgemeinen beim Kaninchen einen Einfluß auf die Corpus luteum-Bildung nicht erzielen kann, der positive Effekt tritt nur selten ein (2mal in 8 Versuchen). Immerhin ist es doch zuweilen möglich, durch Folliculinstöße einen Impuls auf den Vorderlappen zur Prolansekretion auszuüben. Meine Versuche sind, wie schon vorher erwähnt, mit α-Hormon ausgeführt. Selbst wenn der Effekt durch Hormonbenzoat sich regelmäßiger einstellen sollte, so sind auch hierbei, wie Hohlweg fand, sehr große Hormondosen erforderlich. Wenn es also wirklich gelingt durch weit über das Physiologische hinausgehende Mengen von Hormon oder Hormonester einen Impuls auf den Vorderlappen auszuüben, so können diese Ergebnisse für unsere Anschauungen über die Physiologie der Sexualfunktion nicht verwertet werden. Zur Feststellung der physiologischen Erscheinungen müssen wir mit Hormonmengen arbeiten, die im Organismus des betreffenden Tieres produziert werden. Mit solchen „physiologischen“ Folliculinmengen kann eine Förderung der Prolansekretion im Vorderlappen des infantilen Tieres nicht ausgelöst werden, eher ist, wie die voher erwähnten Versuche (s. S. 401) zeigen, eine Hemmung möglich. Hingegen kann die Hypophyse des senilen Tieres durch physiologische Folliculindosen zur Prolansekretion angeregt werden, so daß das Ovarium wieder rhythmisch funktioniert. Der Unterschied der Wirkung beruht vielleicht auf dem verschiedenen Gehalt des Hypophysenvorderlappens des infantilen und senilen Tieres an Synprolan. Steigern wir die Hormonmengen gewaltig, so sagen die erzielten Effekte nichts mehr über die Physiologie der Sexualfunktion aus, sie sind nur als pharmakodynamische Wirkungen interessant und können vielleicht für die Therapie von Bedeutung sein (s. S. 507).

Während es also, wie S. 102 u. 402 ausgeführt, durch Folliculin gelingt, die ruhende Ovarialfunktion des senilen Tieres durch Stimulierung des Hypophysenvorderlappens wieder in Gang zu bringen, kann man beim infantilen Tier selbst durch sehr große Folliculinmengen nur relativ selten einen Impuls auf den Vorderlappen ausüben.

Beziehungen der Sexualhormone zueinander.

Um das Bild der gegenseitigen funktionellen Beziehungen zu vervollständigen, muß erwähnt werden, daß ich durch Zuführung von Prolan B den normalen sexuellen Zyklus unterbrechen konnte. Diese hemmende Wirkung auf den Oestrus kann auf zweierlei Art hervorgerufen werden.

a) Durch dauernde Zufuhr von Prolan B wird das Ovar allmählich in einen Luteinkörper umgewandelt (S. 303). Dadurch kann es überhaupt nicht mehr zur Follikelreifung kommen. Sämtliche Follikelzellen des Ovariums sind zu Luteinzellen geworden, wodurch die Produktion des Folliculins nicht mehr möglich ist. Man kann hier nicht von einer direkten hemmenden hormonalen Wirkung sprechen, sondern mehr von einer Verdrängung, weil das Prolan B dem Follikel die Möglichkeit seiner Folliculinproduktion allmählich nimmt. Da diese unter der Wirkung von Prolan A zustande kommt, müssen wir schließen, daß Prolan B bei chronischer Zuführung stärker wirkt als Prolan A, daß im Kampf zwischen A und B letzteres die Oberhand behält.

b) Durch Zuführung größerer Prolan B-Dosen konnte ich den vorher normalen Brunstzyklus sofort abbrechen (S. 298). Dabei finden wir in den Ovarien noch große Follikel, da nach so kurzer Zeit der Prolanzuführung (z. B. eine Woche) nur ein Teil der Follikel in Luteinkörper umgewandelt ist.

In diesen Versuchen muß ich eine hemmende Wirkung des Luteinisierungshormons (B) auf die Folliculinbildung annehmen, die folgendermaßen zustande kommen kann:

α) Das Luteinisierungshormon (B) kann vielleicht direkt das Follikelreifungshormon (A) hemmen, so daß dadurch sekundär die Entstehung des Folliculins unterbunden wird (bisher noch nicht sicher bewiesen).

β) Durch die erhöhte Prolan B-Zufuhr wird in erhöhtem Maße Corpus luteum-Hormon (Progestin) produziert, das wohl seinerseits eine hemmende Wirkung auf die Follikelreifung und den Oestrus ausübt. Damit würde das Prolan B sich des ihm unterstellten gelben Körpers bedienen, um mittels dessen hormonaler Kraft das Folliculin in seinem Entstehen zu hemmen.

Wenn wir die hier skizzierten Beziehungen zwischen Hypophysenvorderlappen und Sexualdrüse zusammenfassen, so ergibt sich folgendes:

1. Das Follikelreifungshormon ist das übergeordnete Sexualhormon für Folliculin. Ohne Prolan A kein Folliculin.

2. Das Luteinisierungshormon ist das übergeordnete Sexualhormon für das Gelbkörperhormon (Progestin). Ohne Prolan B kein Progestin.

3. Nach seiner Entstehung ist das Folliculin anscheinend imstande, das Follikelreifungshormon (Prolan A) zu fördern und zu hemmen.

4. Progestin und Folliculin können sich wahrscheinlich gegenseitig hemmen.

5. Prolan B kann die Folliculinbildung und damit den Brunstrhythmus verhindern. Dies kann auf dem Wege über den gelben Körper geschehen, vielleicht kann Prolan B aber direkt Prolan A hemmen.

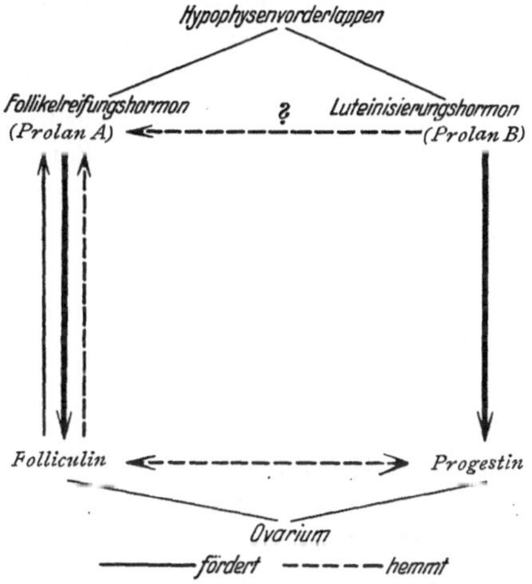

Diese gegenseitigen Beziehungen sind in Abb. 141 dargestellt

Vielleicht sind die gezogenen Schlüsse schon zu weitgehend, da das Beweismaterial noch nicht in allen Punkten lückenlos ist. Bei der gegenseitigen Abhängigkeit der endokrinen Drüsen, bei der feinen Abstimmung der von den Drüsen gelieferten chemischen Produkte, dürfen wir uns nicht wundern, daß die gegenseitigen Beziehungen sehr verschiedenartig und innig sind. —

Die genannten Versuche ändern aber nichts an der Tatsache, daß der Hypophysenvorderlappen einen überragenden Einfluß im Sexualgeschehen ausübt, daß die Vorderlappenhormone die übergeordneten Sexualhormone sind. *Der Vorderlappen dirigiert das Ovarium, nicht umgekehrt.* Das geht klar aus folgenden fundamentalen Untersuchungen hervor: *Entfernt man den Hypophysenvorderlappen, so hört das funktionelle Leben der Sexualdrüse auf. Entfernt man aber die Sexualdrüse, so lebt der Hypophysenvorderlappen funktionell weiter, ja er produziert sogar noch mehr gonadotropes Hormon* (s. Kap. 43).

Würde die Sexualdrüse den bestimmenden Einfluß im Sexualgeschehen ausüben, dann müßte man verlangen, daß mit der Kastration die hormonale Funktion des Hypophysenvorderlappens aufhört. Das Gegenteil aber ist der Fall.

In diesem Zusammenhange sei darauf hingewiesen, daß HEAPE[1] schon 1905, später SAND[2], HAMMOND u. MARSHALL[3] sowie LIPSCHÜTZ[4] zu der Ansicht kamen, daß die Sexualdrüsen für ihre Entwicklung konstanter, im Blut kreisender Stoffe bedürfen, die den Eintritt der Pubertät bedingen und die gesamte sexuelle Aktivität regeln. HEAPE spricht von einem „generative ferment", das die Bildung des Sexualhormons (Gonadin) veranlasse, SAND vom „Regulationsfaktor", LIPSCHÜTZ nennt den hypothetischen Stoff „X-Substanz". Diese hypothetischen Stoffe sind jetzt gefunden; denn es kann keinem Zweifel unterliegen, daß es sich hierbei um die Wirkung der im Hypophysenvorderlappen gebildeten Hormone handelt.

Das „generative ferment", die „X-Substanz" sind die gonadotropen Hormone des Hypophysenvorderlappens.

Sexualzentrum: Die hormonale Regulierung der Ovarialfunktion ist von den gonadotropen Vorderlappenhormonen abhängig. Die unter dem Einfluß des Prolans im Ovarium produzierten Sexualhormone können rückläufig auf den Vorderlappen, den Motor der Sexualfunktion, wirken. Es ist naheliegend, ein zentrales Zentrum zur Regulierung dieser hormonalen Steuerung anzunehmen, zumal wir wissen, daß viele Stoffwechselvorgänge cerebral dirigiert werden. HOHLWEG u. JUNKMANN[5] glauben aus ihren Versuchen schließen zu können, daß die Impulse auf Hypophyse und Ovarien durch ein nervöses Sexualzentrum gesteuert werden. Prolan bewirkt die gonadotropen Reaktionen (HVR I—III), gleichgültig, ob das Ovarium in situ bleibt oder transplantiert wird, die Keimdrüse wird also auch nach Loslösung von ihren Nervenverbindungen durch Prolan beeinflußt. Hingegen konnten HOHLWEG u. JUNKMANN an transplantierten Hypophysen keine hormonalen Veränderungen auslösen, woraus geschlossen wird, daß die Hypophyse nur in ihrem natürlichen Zusammenhang mit dem Nervensystem beeinflußt werden kann. Die Hypophysen wurden in die Nieren geschlechtsreifer Tiere

---

[1] HEAPE: Proc. roy. Soc. Lond. **76**, 260 (1905).
[2] SAND, K.: Pflügers Arch. **173**, 1 (1919).
[3] HAMMOND u. MARSHALL: Proc. XI. Internat. Congr. **1923**, 137.
[4] LIPSCHÜTZ: C. r. Soc. Biol. Paris **93**, 1066 (1925). — Pflügers Arch. **211**, 745 (1926); **208**, 272 (1925).
[5] HOHLWEG, W. u. JUNKMANN, K.: Klin. Wschr. **1932**, Nr 8, 321.

(teils Männchen, teils Weibchen) implantiert und anschließend die Kastration ausgeführt. 4 Wochen später zeigte die implantierte Hypophyse keine Veränderungen im Sinne der Kastrationshypophyse, während die eigene Hypophyse der Versuchstiere die typischen Kastrationsveränderungen aufwies. Allerdings scheinen die Versuche nicht sehr überzeugend ausgefallen zu sein, denn die Autoren schreiben darüber: „Immerhin konnten unter je 10 Tieren 3—4 leidlich bis gut erhaltene Implantate gefunden werden, die niemals Kastrationserscheinungen zeigten." Nach diesen Angaben muß man zweifelhaft sein, ob hier eine funktionelle Einheilung überhaupt erfolgt war. Auch scheint es mir gewagt zu sein, aus *negativen* Ergebnissen bei Implantaten irgendwelche positiven Schlußfolgerungen zu ziehen. In weiteren Versuchen wurden ausgebildete Kastrationshypophysen in normale und in kastrierte weibliche und männliche Ratten implantiert. 3 Wochen nach der Implantation zeigten die Hypophysen weder bei den normalen, noch bei den kastrierten Tieren irgend welche histologischen Merkmale von Kastrationshypophysen. Nach Loslösung der Kastratenhypophyse aus ihren nervösen Verbindungen erfolge also eine Rückbildung der durch die Überfunktion — erhöhte Funktion des Vorderlappens nach Kastration — bedingten morphologischen Veränderungen. Zu diesen Versuchen sei gesagt, daß man morphologische Veränderungen in der Hypophyse durch alle möglichen Reize auslösen kann. So kann man, um einige Beispiele anzuführen, durch Einspritzung von Pepton eine Zunahme der Hauptzellen auslösen (BERBLINGER), so kann man durch Novoprotin, einem kristallinischen Pflanzeneiweiß, bei weiblichen kastrierten Ratten eine Vermehrung der basophilen Zellen bewirken. Und schließlich konnte LEHMANN mit nicht hormonhaltigen Extrakten aus der Placenta die Kastrationsveränderungen der Hypophyse beseitigen! (s. S. 393 u. 394). Wenn JUNKMANN u. HOHLWEG eine Rückbildung der Kastrationshypophyse sahen, also einen gleichen Effekt erzielten wie LEHMANN durch Einspritzung unspezifischer Extrakte, ist es dann nicht naheliegend, die Rückbildung im Implantat auf die Einwirkung unspezifischer Reize zurückzuführen? Das Implantat kann nicht reaktionslos einheilen, hierbei müssen Stoffwechselprozesse vor sich gehen. Es besteht also die Möglichkeit, daß die bei diesen Prozessen auftretenden Eiweißabbauprodukte die Rückbildung der Kastrationshypophyse bedingen. JUNKMANN u. HOHLWEG ziehen aus den beschriebenen Versuchen den Schluß, daß die Hypophyse ihre Impulse nicht hormonal, sondern durch Vermittlung des Nervensystems erhalte. Die Autoren nehmen ein Sexualzentrum an, welches die innere Sekretion der Keimdrüsen und des Hypophysenvorderlappens beherrsche. Die durch die Funktion des Vorderlappens bedingte innere Sekretion der Keimdrüsen wirke direkt oder indirekt auf ein nervöses Sexualzentrum, welches auf Grund dieser Impulse die Sekretion der Hypophyse reguliere. Verminderung oder Ausfall von Follikelhormon führe durch Beeinflussung des Zentrums zu gesteigerter Tätigkeit der Hypophyse, vermehrte Produktion von Folliculin drossele auf dem gleichen Wege die Hypophysenvorderlappensekretion. SCHOELLER[1] ergänzt die Angaben seiner Mitarbeiter dahin, daß man den Sitz des Sexualzentrums in der hypothalamischen Region des Zwischenhirns annehmen müsse, ohne Angaben zu machen, weshalb der Sitz des Zentrums in diese Region verlegt wird. Mit Hilfe des Sexualzentrums erklärt SCHOELLER den negativen Prolanbefund in der Schwangerschaftshypophyse (s. S. 376). Das Ansteigen des Follikelhormonspiegels in der Gravidität müsse dazu führen, daß das Sexualzentrum seine Anregung unterläßt, wodurch der Hypophysenvorderlappen in seiner Prolansekretion stillgelegt wird.

Ich möchte hervorheben, daß eine zentrale Regulierung der Sexualfunktion mir durchaus möglich erscheint, daß ich sie nach den vorliegenden Versuchen aber durchaus nicht als bewiesen ansehen kann. HOHLWEG u. JUNKMANN haben ihre Versuche, die zur Annahme des Sexualzentrums führen, an der Ratte ausgeführt, SCHOELLER erklärt mit dem Sexualzentrum die negativen Prolanbefunde in der Graviditätshypophyse beim Menschen. Demnach muß man eine in gleicher Weise beim Menschen und allen Säugetieren vorhandene Regulierung durch ein Sexualzentrum annehmen. Dann muß die Stillegung des Vorderlappens in der Gravidität des Menschen, die durch die erhöhte Folliculinproduktion bedingt sein soll, allgemeine physiologische Geltung haben. Daß dies aber nicht der Fall ist, geht aus folgendem[2] hervor:

1. Bei der graviden Stute besteht eine starke Überproduktion von Folliculin, die noch viel größer ist als bei der graviden Frau (s. S. 77, 355, u. 364). Wenn die Regulierung der Prolansekretion durch den Folliculinspiegel erfolgen soll, so dürfte auch der Vorderlappen der graviden Stute kein Prolan enthalten. Dies ist aber nicht der Fall. Der Vorderlappen der graviden Stute enthält reichliche Mengen von Prolan (H. M. EVANS), auf Trockensubstanz berechnet sogar mehr als die Hypophyse des Rindes und des Schafes außerhalb der Gravidität. Mit dem Fortschreiten der Gravidität steigt der Follikelhormonspiegel bei der Stute an. Wenn durch das Ansteigen des Folliculinspiegels die Prolansekretion auf dem Wege über das Sexualzentrum gedrosselt werden soll, so müßte der Prolangehalt des Hypophysenvorderlappens am Ende der Gravidität wesentlich geringer sein als im Beginn der Gravidität. Auch dies ist nicht der Fall. Der Prolangehalt der Stute nimmt mit fortschreitender Gravidität nicht ab, sondern eher noch zu.

2. Ebenso wie in der Gravidität ist der Vorderlappen auch bei der malignen Entartung der Chorionzellen, beim Chorionepitheliom nach Blasenmole, sowie beim malignen Hodentumor praktisch frei von Prolan

---

[1] SCHOELLER, W.: Dtsch. med. Wschr. **1934**, Nr 1, 21.
[2] ZONDEK, B.: Wien. med. Wschr. **1934**, Nr 22.

(s. S. 370 u. 467). Beim Chorionepitheliom besteht aber keine erhöhte Folliculinproduktion, hier kann also der Hypophysenvorderlappen nicht durch den erhöhten Folliculinspiegel stillgelegt werden. Wenn SCHOELLER den negativen Hormonbefund in der Graviditätshypophyse durch den erhöhten Folliculinspiegel erklärt, so ist der negative Hormonbefund in der Hypophyse beim Chorionepitheliom und beim Hodentumor unerklärlich.

3. Beim Hengst finden wir dauernd eine hohe Produktion von Folliculin, die an die Geschlechtsreife gebunden ist. Die Hoden des Hengstes sind die folliculinreichsten Organe, die wir bisher kennen. Der Hengstharn enthält mehr als 10mal so viel Folliculin wie der Harn der graviden Frau und sogar noch mehr als der so folliculinreiche Urin der graviden Stute (s. S. 77 u. Kap. 15). Wenn die Regulierung des Sexualzentrums durch das Follikelhormon bedingt ist, so müßte man annehmen, daß der Vorderlappen des Hengstes dauernd stillgelegt ist, daß der Hengst Prolan überhaupt nicht produziert, daß beim Hengst die Regulierung der Sexualfunktion prinzipiell anders ist als bei allen andern Säugetieren. Dies anzunehmen liegt kein Grund vor.

Man kann das Bestehen eines Sexualzentrums nur hypothetisch annehmen. Ein Beweis scheint mir bisher nicht geliefert zu sein. Dieser wird erst erbracht sein, wenn man durch Ausschaltung einer bestimmten Gehirnregion das Sistieren der Ovarialfunktion nachweisen kann. Gegen die Regulierung eines Sexualzentrums durch den Folliculinspiegel sprechen die eben angegebenen Befunde. Wenn die Regulierung aber durch die Ovarialhormone nicht, oder nur ausnahmsweise erfolgt, so wird die Existenz eines Sexualzentrums noch hypothetischer. Die Forschung der letzten Jahre hat gezeigt, daß im Vorderlappen eine Reihe von Stoffen produziert werden, die hormonotrop auf die anderen endokrinen Drüsen wirken. Dann müßte man nicht nur ein cerebrales Zentrum annehmen, das die Regulierung zwischen Vorderlappen und Ovarium bewirkt, also nicht nur ein gonadotropes Zentrum, sondern ein allgemeines Hormonzentrum. Die Frage, ob der hormonotrope Vorderlappen bei seiner Wirkung auf die endokrinen Drüsen einer nervösen zentralen Regulation bedarf, steht also noch offen. Auch ohne eine derartige nervöse Regulierung wird man das Ineinandergreifen der endokrinen Funktionen verstehen können.

41. Kapitel.

Klinische Hormonanalyse zum Nachweis von Folliculin und Prolan im Blut und Harn.

Wir haben gesehen, daß das Follikelhormon und die gonadotropen Vorderlappenhormone im menschlichen Organismus eine besondere Rolle spielen, daß in der menschlichen Schwangerschaft im Gegensatz zu den meisten Tieren eine Massenproduktion von Folliculin und Prolan einsetzt, so daß beide Stoffe in reichlicher Menge im Blut und Harn nachweisbar sind. Wir werden später sehen (Kap. 42 bis 45), daß beide Hormone auch außerhalb der Schwangerschaft bei funktionellen Störungen der Frau oder bei besonderen Erkrankungen in vermehrtem Maße in Blut und Harn auftreten, und daß der Nachweis der Hormonvermehrung sowohl diagnostisch wie prognostisch verwertbar ist. Bevor ich diese Befunde mitteile, möchte ich zunächst die von mir angewandte klinische Hormonanalyse im Blut und Harn beschreiben:

1. Nachweis von Folliculin.

a) Im Blut.

α) *Injektion von Serum bzw. Citratblut.*

Wenn im Liter Blut mehr als 150 Einheiten Folliculin vorhanden sind, kann man das Hormon dadurch nachweisen, daß man *das Serum kastrierten Mäusen* injiziert. 1 Liter Blut gibt etwa 450 ccm Serum, 3 ccm Serum enthalten dann — falls pro Liter Gesamtblut 150 Einheiten vorhanden sind — 1 Einheit Folliculin. Man injiziert das Serum in sechs Portionen im Verlauf von 31 Stunden.

Beginnt der Versuch am Montag, so erhalten die Tiere am Montag um 9 Uhr, 12 Uhr und 16 Uhr, am Dienstag zu den gleichen Zeiten je 0,5 ccm Serum. Sind größere Hormonmengen enthalten, d. h. mehr als 150 Einheiten pro Liter, so injiziert man zur quantitativen Analyse steigende Dosen Serum von 6 × 0,05 bis 6 × 0,5 ccm.

Diese Folliculindosen (150 Einheiten und mehr pro Liter) kommen nur in der Schwangerschaft und bei besonderen polyhormonalen Störungen vor (Kap. 42). Normaliter enthält das Blut der Frau nach R. T. FRANK[1] in 35 ccm Blut = 14 ccm Serum 1 Einheit. Diese Mengen sind durch direkte Injektion von Serum bzw. Citratblut nicht nachweisbar. Hierzu muß man sich des Extraktionsverfahrens bedienen.

β) *Extraktion des Blutes.*

Zur Extraktion des Folliculins aus dem Blut wandte ich früher die für den Follikelsaft (s. S. 80) angegebene Verseifungsmethode[2] an, die ich für das Blut modifiziert hatte, jetzt begnüge ich mich mit der Extraktion. Ich gebe beide Methoden an:

1. *Verseifungsmethode:* In einen Kolben mit 300 ccm absoluten Alkohols werden 100 ccm Armvenenblut direkt hineingelasse·. Hierbei tritt sofort eine weißliche Fällung des Bluteiweißes auf. Die Lösung wird 24 Stunden im Wärmeschrank bei 60° stehen gelassen und filtriert. Das Filtrat wird fast bis zur Trockne eingeengt, und der Rückstand in 100 ccm absoluten Alkohols aufgenommen, d. h. nur der alkohollösliche Teil verwandt. Der im Filter

---

[1] FRANK, R. T.: J. amer. med. Assoc. 1926, Nr 87, 1719.
[2] ZONDEK, B.: Klin. Wschr. 1926, Nr 27, 1220.

bleibende Bodensatz (Bluteiweiß) wird mit 200—300 ccm Äther versetzt und 24 Stunden stehen gelassen. Der Äther wird abgedampft, der rückbleibende Rest in die obenerwähnten 100 ccm absoluten Alkohol aufgenommen, der Alkohol von den unlöslichen Teilen abfiltriert. Jetzt werden zum Alkohol 20 ccm 20%iger Natronlauge zugesetzt und die Lösung 24 Stunden im Wärmeschrank bei 60⁰ verseift. Nach Zusatz von 70 ccm Wasser wird der Alkohol langsam abgedampft, so daß zum Schluß etwa 50 ccm wäßrige Seifenlösung zurückbleiben. Nach dem Abkühlen wird die Lösung zweimal mit je 250 ccm Äther 5 10 Minuten tüchtig geschüttelt, wobei das Hormon in den Äther übergeht. Der Äther wird abgedampft unter Hinzufügung von 10 ccm n/20 Essigsäure. Das Hormon geht in die dünne Essigsäurelösung über, die nach Neutralisation mit Alkali gebrauchsfertig ist. Zum Schluß ist in den 10 ccm das Hormon aus 100 ccm Blut vorhanden. Man kann natürlich auch noch eine stärkere Hormonkonzentration herstellen, z. B. von 200 ccm Blut ausgehend, das Hormon zum Schluß in 10 ccm dünner Essigsäure aufnehmen und damit eine 20fache Konzentration erzielen. Natürlich muß die zur Verseifung notwendige Natronlauge entsprechend erhöht werden. Die wäßrige Hormonlösung wird dann, wie oben beschrieben, auf sechs Portionen verteilt kastrierten Mäusen injiziert.

2. *Extraktion:* Man läßt 50—100 ccm Venenblut in einen Kolben fließen, der vorher die 3—4fache Menge von absolutem Alkohol oder Aceton enthält. Man läßt die Mischung entweder 24 Stunden bei Zimmertemperatur stehen oder kocht sie ¹/₂—1 Stunde am Rückflußkühler. Die Mischung wird zentrifugiert, die überstehende Flüssigkeit eingedampft und der Rückstand mehrmals mit absolutem Alkohol ausgekocht, wobei nur der alkohollösliche Teil verwandt wird (A). Die Fällung (Bluteiweiß) wird zu einem Pulver zerrührt und dieses am Soxhlet erschöpfend mit Alkohol oder Aceton extrahiert. Das Lösungsmittel wird abgedampft, der Rückstand mit A vereinigt und in Öl aufgenommen, wobei nur die in Öl löslichen Teile verwandt werden. Das Öl wird an der kastrierten Maus titriert. Als 1 ME gilt diejenige Dosis, die 3mal in 24 Stunden injiziert, nach 80 96 Stunden den Oestrus auslöst.

b) Im Harn (Folliculin).

Man kann kastrierten Mäusen auf sechs Portionen verteilt je 1 ccm, im ganzen also 6 ccm Harn injizieren. Sind im Liter Harn mindestens 166 Einheiten Folliculin vorhanden, so kann man das Hormon durch Einspritzung des nativen Harns nachweisen, da in 6 ccm dann 1 Einheit vorhanden ist. Tritt z. B. nach Injektion von 6 × 0,02 ccm das Schollenstadium auf, so enthält 1,2 ccm 1 Einheit, im Liter sind dann 833 Einheiten vorhanden.

Die Einspritzung des nativen Urins genügt zur Feststellung des Folliculingehaltes im Schwangerenharn, da die Werte hier zwischen 300 und 20000 Einheiten liegen. Auch zur Diagnose der polyhormonalen Störungen (Kap. 42 u. 47) kann man sich der Einspritzung des nativen Urins bedienen, weil wir hier häufig in 5 ccm Harn 1 Einheit Folliculin finden.

Sind in 3—5 ccm weniger als 1 ME, im Liter also weniger als 200 bis 333 ME vorhanden, so muß man das Folliculin aus dem Harn extrahieren. Früher wandte ich die Verseifungsmethode[1] an, jetzt extrahiere ich den Urin mit den mit Wasser nicht löslichen Lösungsmitteln Ich gebe beide Methoden an:

1. *Verseifungsmethode:* 1 Liter Harn wird, falls er alkalisch reagiert, mit Essigsäure bis zur schwach lackmussauren Reaktion angesäuert. Man kann den Harn, um Extraktionsmittel zu sparen, durch Kochen auf die Hälfte seines Volumens einengen. Der Harn wird 2—3 mal mit dem 4 fachen Volumen Äther tüchtig geschüttelt und am besten anschließend extrahiert, wobei das Hormon in den Äther übergeht. Der Äther wird abgedampft, wobei in der Schale eine weißlich-gelbliche, am Boden anhaftende Masse zurückbleibt. Diese wird mit 50 ccm 2%iger Natronlauge NaOH behandelt. Die Verseifung dauert 24 Stunden bei einer Temperatur von 60⁰ (Lösung muß auf Lackmus stark alkalisch reagieren). Diese wäßrige Seifenlösung wird nach dem Abkühlen mit großen Äthermengen ausgeschüttelt, wobei das Hormon in den Äther übergeht. Der Äther wird abgedampft, der Rückstand in n/10 Essigsäure (die Menge richtet sich nach der gewünschten Hormonkonzentration) aufgenommen und neutralisiert. Die Lösung ist häufig noch etwas trübe, braucht aber nicht weiter gereinigt zu werden, da dadurch Hormonverlust eintreten kann. Die nicht ganz reine Lösung kann ohne weiteres kastrierten Mäusen injiziert werden.

2. *Extraktion mit flüchtigen Lösungsmitteln:* Der filtrierte Harn wird durch HCl kongosauer gemacht, oder es wird soviel HCl zugesetzt, daß die Mischung einer 3%igen HCl-Lösung entspricht (s. S. 132) und 5—10 Minuten gekocht. Dann erfolgt eine mehrmalige Extraktion mit großen Benzolmengen. Die gesamten Benzolrückstände werden, am besten nach vorheriger Lösung in wenig Benzol, in Öl übergeführt. Nur die in Öl löslichen Teile werden verwandt. Das Öl wird an der kastrierten Maus auf seinen Folliculingehalt titriert (3malige Injektion in 24 Stunden).

2. Nachweis von Prolan.

a) Im Blut.

Der Nachweis der gonadotropen Hormone geschieht an der infantilen, 3 Wochen alten, 6—8 g schweren Maus bzw. an der 4 Wochen alten, 30 g schweren Ratte.

Das Follikelreifungshormon (Prolan A) läßt sich besser an der infantilen Ratte, das Luteinisierungshormon (Prolan B) besser an der infantilen Maus nachweisen (s. Kap. 24). Beim Vorhandensein großer Prolanmengen (Schwangerschaft, Blasenmole, Chorionepitheliom) bedient man sich der Injektion von reinem bzw. mit physiologischer NaCl-Lösung verdünntem Serum oder von Citratblut[2].

Man kann Tieren nur bestimmte Serummengen injizieren, da sie sonst unter Vergiftungserscheinungen sterben. Ich konnte *diese Serummengen ganz erheblich erhöhen, nachdem ich festgestellt hatte[3], daß man Serum — das*

---

[1] Zondek, B.: Klin. Wschr. 1928, Nr 11, 485.

[2] Zu je 18 ccm Venenblut werden 2 ccm 5%iges Natrium citricum hinzugefügt und das Blut geschüttelt.

[3] Zondek, B.: Klin. Wschr. 1930, Nr 21, 964/966.

gleiche gilt für Harn und Gewebe — durch Ausschütteln mit Äther entgiften kann. Hierbei geht der Giftstoff und das Folliculin, nicht aber die gonadotropen Hormone in den Harn über.

Beispiel: Das Serum wird mit der 3—4fachen Menge Narkoseäther 5—10 Minuten tüchtig geschüttelt. Man muß das Serum mehrere Stunden am offenen Fenster stehen lassen, damit der Äther verdampft. Das Serum ändert dabei, meist erst nach 24 Stunden, seine Farbe und bekommt einen leicht milchigen Charakter, was für die Versuche ohne Bedeutung ist. Es ist zweckmäßig, die Versuche erst 24 Stunden nach der Ätherbehandlung zu beginnen.

Erzielt man in dem mit Äther behandelten Serum bei der infantilen Ratte die Brunstreaktion, so kann daraus das Vorhandensein von Prolan diagnostiziert werden, da das Folliculin durch den Äther entfernt ist. Da es vorkommen kann, daß die Ätherbehandlung das Folliculin nicht völlig aus dem Serum eliminiert, ist zum Nachweis des Folliculins eine Kontrolluntersuchung des Serums an der kastrierten erwachsenen Maus bzw. an der kastrierten infantilen Ratte erforderlich. Man kann das entgiftete Serum in großen Mengen injizieren. So verträgt z. B. die 30 g schwere Ratte $6 \times 2 = 12$ ccm Serum. Da 12 ccm Serum ungefähr 30 ccm Blut entsprechen, so kann man durch die Injektion des entgifteten Serums in 30 ccm Blut 1 Einheit Prolan, in einem Liter Blut also 33 RE Prolan A nachweisen.

Die infantile Maus verträgt das entgiftete Serum auch nur in Mengen von 3 ccm, da das kleine, 6—8 g schwere Tier durch größere Flüssigkeitsmengen (auch durch Aqua destillata) getötet wird.

Bei den Serumuntersuchungen muß allerdings noch der Einwand gemacht werden, daß möglicherweise nicht das ganze im Blut vorhandene Hormon ins Serum übergeht, sondern vielleicht bei der Gerinnung im Blutkuchen zum Teil festgehalten wird. Deshalb bin ich in der letzten Zeit dazu übergegangen, das Gesamtblut als Citratblut zu verwenden, nachdem dieses durch Schütteln mit Äther entgiftet ist.

Die infantile 30 g schwere Ratte verträgt $6 \times 1 = 6$ ccm entgiftetes Citratblut, so daß der Nachweis von 166 RE pro Liter möglich ist.

b) Im Harn (Prolan).

α) **Nativer Harn.** Der Harn wird, falls er nicht sauer reagiert, mit Essigsäure bis zur schwach lackmussauren Reaktion angesäuert, durch ein großes Filter filtriert und infantilen Mäusen bzw. Ratten injiziert. Hierbei habe ich mich ebenfalls mit gutem Erfolg der Äther-Entgiftungsmethode bedient. Der Harn wird mit dem 3—4fachen Volumen Narkoseäther 5 Minuten tüchtig geschüttelt, sodann der im Schütteltrichter untenstehende Harn abgelassen. Man muß den Harn mehrere Stunden am offenen Fenster stehen lassen, damit der Äther verdampft. Der Harn darf allerdings noch etwas nach Äther riechen. Will man schnell vorgehen, so kann man den Harn auf einem Wasserbad vorsichtig bis 40⁰ (nicht höher!) erwärmen. Zweckmäßiger ist es allerdings, den Äther am offenen Fenster verdampfen zu lassen. Der entgiftete Harn wird von infantilen Mäusen bis zu $6 \times 0,5 =$

3 ccm, von der infantilen Ratte bis $6\times2=12$ ccm gut vertragen. Genügen
diese Harnmengen bei Maus und Ratte nicht zum Nachweis des Prolans,
d. h. ist in diesen Mengen weniger als eine Einheit vorhanden, so muß man
sich meiner Fällungsmethode bedienen. In Kap. 25 wurde gezeigt, daß
Prolan A und B durch Alkohol fällbar ist. Behandeln wir den Harn mit Alkohol, so können wir also in der Fällung A und B[1] zugleich nachweisen.

β) **Prolanfällung**[1] **aus dem Harn** (s. S. 236). Beispiel: 200 ccm Harn werden,
falls er nicht sauer reagiert, mit Essigsäure bis zur schwach lackmussauren
Reaktion angesäuert. Nach Hinzufügung von 800 ccm 96%igen Alkohols bildet
sich bald ein kleinflockiger, weißlich-gelblicher Niederschlag. Die Lösung wird
mehrere Minuten geschüttelt und dann 24 Stunden stehen gelassen. Jetzt wird
die Lösung zentrifugiert, wobei das Hormon sich in dem Bodensatz befindet.
Dieser wird mit 30 ccm Narkoseäther 2—3 Minuten geschüttelt und die Lösung
wieder zentrifugiert. Der Äther wird weggegossen. Nunmehr wird der das
Hormon enthaltende Bodensatz in Wasser aufgenommen (entsprechend der
gewünschten Hormonkonzentration) und 5 Minuten geschüttelt. Das Hormon geht jetzt in das Wasser über. Die Lösung wird zentrifugiert, die
wäßrige Hormonlösung ist gebrauchsfertig. Der Bodensatz wird verworfen. Beim Stehen bildet sich häufig noch eine Nachfällung, die für die
Injektion verwendet wird, da es beim Tierversuch nicht darauf ankommt,
mit einer besonders gereinigten Hormonlösung zu arbeiten.

Mit dieser Methode können wir jede gewünschte Prolankonzentration
aus dem Harn erzielen.

Zum Nachweis des Follikelreifungshormons (Prolan A) bei Kastration
und Tumoren (Kap. 44) bediente ich mich einer 5fachen Hormonkonzentration. Das Prolan wird aus 60 ccm Frühurin mittels 300 ccm
96%igem Alkohol gefällt und schließlich in 12 ccm Wasser aufgenommen.
Die Untersuchungen werden an 5 infantilen Mäusen ausgeführt, wobei
jedes Tier $6\times0,3$ ccm erhält. Bei positivem Ergebnis finden wir am
Abend des 4. Versuchstages oder am 5. Versuchstag früh das reine
Schollenstadium (Brunstreaktion). Die Tiere werden am 5. Versuchstag
vormittags getötet. Wir finden jetzt große, glasige, mit Sekret gefüllte
Uterushörner und hyperämische Ovarien, mit bläschenförmigen, großen
Follikeln (Prolan A).

Ist im Ovar auch ein Corpus luteum (HVR III) nachweisbar, so
beweist dies das gleichzeitige Vorhandensein von Luteinisierungshormon (Prolan B) im untersuchten Harn.

42. Kapitel.

Polyhormonale Krankheitsbilder.

Die Hormonanalysen im Blut und Harn haben mir gezeigt, daß bei
funktionellen Störungen der Frau starke Hormonschwankungen bzw.
Überproduktion von Hormon vorkommen kann. Hierbei gewann ich
die Überzeugung, daß diese hormonalen Veränderungen nicht die Folge,
sondern die Ursache funktioneller Störungen sein können. Dies führte

---

[1] ZONDEK, B.: cf. S. 236.

mich zu einer besonderen Auffassung des Krankheitsgeschehens, wobei die funktionelle Betrachtung gynäkologischer Erkrankungen bewußt in den Mittelpunkt gestellt wurde. Ich glaube, daß es nicht nur reizvoll, sondern für die Klinik ersprießlich ist, unsere anatomischen Kenntnisse nach diesen fuktionell-hormonalen Gesichtspunkten zu überprüfen, wodurch wir nicht nur die morphologische Betrachtung vertiefen, sondern auch die klinische Erkenntnis erweitern können. Die bekannten Arbeiten von HITSCHMANN u. ADLER, ROBERT MEYER, L. FRAENKEL, SEITZ, SCHRÖDER, BUCURA u. a. haben die morphologischen Vorgänge im Uterus und in den Ovarien aufs genaueste geklärt und aus den anatomischen Tatsachen wichtige funktionelle Beziehungen zwischen Eierstock und Uterus hergeleitet. Beeindruckt durch die Ergebnisse dieser Forschung sind wir in der anatomischen Analyse der Krankheitsbilder vielleicht schon etwas zu weit gegangen. Es will mir scheinen, daß wir, um den bisher festgelegten anatomischen Befunden gerecht zu werden, manchen Krankheitsbefund zwangsweise erklären.

Der Uterus verfügt über zwei Ausdrucksformen. Er spielt — wenn ich so sagen darf — im Drama des sexuellen Geschehens zwei verschiedene Rollen: 1. die Amenorrhöe und 2. die Blutung. Man könnte primär geneigt sein, in diesen beiden Ausdrucksformen etwas prinzipiell Gegensätzliches zu erblicken, und doch werden wir sehen, daß sowohl die Amenorrhöe wie die Blutung durch denselben funktionellen Vorgang ausgelöst werden können. Wir beobachten, wie eine Amenorrhöe in eine Blutung übergehen kann, wie sich also der Uterus dieser beiden funktionellen Ausdrucksformen hintereinander bedient.

Bei den hormonalen Störungen hat man in der Gynäkologie bisher nur die mangelhafte bzw. fehlende Hormonwirkung berücksichtigt, die sich klinisch in der Oligo- bzw. Amenorrhöe äußert. Bei Harnuntersuchungen zeigte sich, daß bei einigen amenorrhoischen Frauen nicht die erwartete Verminderung, sondern eine Vermehrung von Folliculin nachweisbar war, daß also Frauen trotz Amenorrhöe das Follikelhormon in erhöhten Mengen ausschieden. Dies führte uns zu dem Begriff der „polyhormonalen Amenorrhöe". Bei der weiteren Beschäftigung mit diesen klinischen Fragen fand ich [1], daß nicht nur die Amenorrhöe, sondern auch das funktionell Gegensätzliche, die Blutung, durch eine Überproduktion von Folliculin bedingt sein kann, daß ferner auch im Klimakterium eine polyhormonale [2] Phase beobachtet werden kann.

---

[1] ZONDEK, B.: Zbl. Gynäk. 1930, Nr 1, 1.

[2] Der Frühurin wird kastrierten Mäusen injiziert (5×0,8 und 1×1 ccm). Können wir bei *wiederholter Untersuchung* durch 5 ccm die Brunstreaktion (Schollenstadium) auslösen, sind also pro Liter Harn 200 ME Folliculin vorhanden, so spricht dies für eine polyhormonale Amenorrhoe (s. S. 413). Je höher die Folliculinausscheidung, um so sicherer ist die Diagnose! Bei polyhormonalen Blutungen und im Klimakterium findet man 300—400 ME Folliculin und mehr pro Liter Urin (s. S. 481).

1. Polyhormonale Amenorrhöe.

Als Beispiel der polyhormonalen Amenorrhöe möchte ich einen genau beobachteten Fall mitteilen, der schon vor der Operation diagnostisch als besondere funktionelle Störung erkannt wurde.

Frau Z., 29 Jahre alt, bisher regelmäßig menstruiert, seit dem 13. XI. 1927 amenorrhoisch. Klinische Aufnahme Anfang Februar 1928 (Charité-Frauenklinik).

Befund: Scheidenschleimhaut deutlich livide, aufgelockert, Uterus anteflektiert, vergrößert, Corpus weich. Rechts vom Uterus ein mandarinengroßer, cystischer Ovarialtumor. Brüste turgesciert, MONTGOMERYsche Drüsen hervorstehend, kein Colostrum.

Blutdruck: 110/80 mm Hg.

Senkungsgeschwindigkeit = 5 Stunden.

Differentialdiagnostisch kam eine stehende Extrauteringravidität in Frage. Mit Sicherheit konnte aber die Diagnose „polyhormonale Amenorrhöe" gestellt werden, weil die Schwangerschaftsreaktion im Harn negativ war. Hingegen war im Urin Folliculin nachweisbar, und zwar in 4 ccm Frühurin 1 Einheit Folliculin.

Am 17. II. 1928 trat um $8^1/_2$ Uhr spontan eine Uterusblutung auf, wobei sich der cystische Tumor rechts neben dem Uterus vergrößert hatte. Die Patientin wird 3 Stunden nach Beginn der Blutung wegen des cystischen Ovarialtumors von mir operiert. *Der Uterus ist vergrößert, livide, kurz das Bild einer jungen Gravidität.* Das linke Ovarium zeigt keinerlei Besonderheiten, keine großen Follikel, kein Corpus luteum. Das rechte Ovarium zeigt Ovarialgewebe ohne Corpus luteum. Auf dem Ovarium aufsitzend ein fast hühnereigroßer cystischer Tumor. Durch Punktion werden aus dem Tumor 60 ccm klarer, seröser Flüssigkeit entleert, die eine schwache RIVALTAsche Reaktion gibt. Der cystische Tumor wird durch Resektion entfernt, der Ovarialrest vernäht. Gleichzeitig werden 100 ccm Venenblut aus der Cubitalvene entnommen.

Die Untersuchungen ergeben folgendes:

1. Aus dem Harn, der vom 15.—17. II., also 2 Tage vor Einsetzen der Blutung gesammelt wurde, wird nach der S. 414 angegebenen Verseifungsmethode das Folliculin dargestellt. Die Ausbeute beträgt 250 Einheiten pro Liter Harn.

2. Analyse des Blutes und Harns am Tage der Operation (17. II. 1928) ergeben, daß der Hormongehalt des Harnes 5 mal so groß ist wie der des Blutes.

3. Die Cystenflüssigkeit erweist sich als folliculinhaltig, und zwar sind in 1 ccm 3 ME vorhanden, d. h. dieselbe Menge wie beim sprungreifen Follikel.

4. Die Implantation der Cystenwand bei kastrierten und infantilen Tieren führt zum Tode[1] aller Tiere, so daß über den Hormongehalt der Cystenwand nichts ausgesagt werden kann.

5. Die Untersuchung der Uterusschleimhaut (Curettage vor der Operation) ergibt: Reichliche Schleimhautmengen. Die Stromazellen sind vergrößert und erinnern an Deciduazellen. Die Gefäße sind reichlich entwickelt, im Knäuel zusammenstehend. Ein Teil der Drüsen zeigt sekretorisches Stadium, jedoch nicht maximal entwickelt. Andere Drüsen wieder erscheinen stark zerknittert und erinnern an Drüsen der dysmenorrhoischen

---

[1] Damals bediente ich mich noch nicht der Entgiftungsmethode durch Äther (s. S. 550).

Membran. Blutextravasate im Stroma, desgleichen Leukocyten und kleine Rundzellen. Diagnose: Schleimhaut im Beginn der Menstruation bei noch nicht voll entwickelter prägravider Phase. (ASCHHEIM.)

6. Cyste: Cystenwand enthält Theca- und Granulosazellen.

7. Harnuntersuchung 8 Tage nach der Operation: Urin ist frei von Folliculin (bei nativer Harninjektion).

8. Nachuntersuchung nach 4 Monaten ergibt normalen ovariellen Rhythmus, Harn frei von Folliculin (bei nativer Harninjektion).

Wir finden eine stark erhöhte Ausscheidung des Folliculins im Harn. Die Inspektion der Ovarien hat ergeben, daß rechts ein cystischer Tumor von Hühnereigröße vorhanden ist, der 60 ccm (physiologisch 3 ccm) hormonhaltigen Follikelsaft enthält. Die Folliculinmenge ist also gegenüber der Norm im Ovarium um das 20fache gesteigert. Aus diesem Follikel erfolgt die übermäßige Hormonproduktion, die nicht voll verwertet und infolgedessen im Harn ausgeschieden wird. Ein Corpus luteum ist in beiden Ovarien nicht vorhanden. Der Uterus sieht wie bei einer jungen Gravidität aus, er ist turgesciert, livide verfärbt, hyperämisch. Eine Gravidität liegt nicht vor, wie die Untersuchung der Uterusschleimhaut mit Sicherheit ergibt. Die Schwangerschaftsreaktion im Harn war negativ. Bemerkenswert ist der Befund der Uterusschleimhaut. Man findet ein Gemisch von gestreckten und geschlängelten, zum Teil auch sägeförmigen Drüsen. In einigen Drüsen deutliche Sekretion, in anderen wieder nicht, Glykogen nur in geringer Menge vorhanden. Blutextravasate im Stroma, die zum Teil an Deciduazellen erinnern. Die Schleimhaut befindet sich gewissermaßen im Beginn der Menstruation, ohne daß eine vollentwickelte prägravide Phase vorhanden ist.

Die Überproduktion des Folliculins kann also gewisse Graviditätserscheinungen hervorrufen, d. h. die bekannten Veränderungen an der Scheide, dem Uterus und den Brustdrüsen. Schon vor vielen Jahren hat HALBAN diese Verhältnisse in ausgezeichneter Weise erkannt, indem er auf eine besondere Form der Amenorrhöe hinwies, die mit dem Bild der Gravidität zu verwechseln ist. Hierbei ist das Ausbleiben der Menses durch eine Corpus luteum-Cyste bedingt, so daß der weiche Tumor neben dem Uterus, die Amenorrhöe, die Auflockerung des Uterus usw. an eine Extrauteringravidität denken lassen. G. A. WAGNER konnte zeigen, daß bei einem durch eine Granulosaluteincyste bedingten Fall der gesamte Schwangerschaftsaufbau mit prägravider Umwandlung der Uterusschleimhaut vor sich ging, ohne daß eine Gravidität vorhanden war. Aus der FRAENKELschen Klinik hat PISCHCEK eine durch Luteincytse bedingte Amenorrhöe beschrieben, bei der die Uterusschleimhaut allerdings einen atypischen und hyperplastischen Aufbau zeigt. Durch Prolan B konnte ich (s. S. 299) experimentell durch Anregung der Ovarien sowohl im Uterus, wie besonders schön an der Scheide einen histologischen Schleimhautaufbau auslösen, den wir sonst nur in der Gravidität vorfinden.

27*

Aus diesen Beobachtungen sehen wir, daß die Amenorrhöe sowohl durch Persistenz des Follikels wie des Corpus luteums bedingt sein kann, wir sehen — und das scheint mir wichtig —, daß das Uterusschleimhautbild hierbei verschieden sein kann: hyperplastisch, beginnende Sekretion, echtes prägravides Stadium.

Wie soll man sich diese Unterschiede erklären? Das Folliculin ist nur imstande, den Aufbau der Uterusschleimhaut bis zum Beginn der prägraviden Phase auszulösen, die sekretorische Phase wird durch das Corpus luteum-Hormon (Progestin) herbeigeführt. Wird lediglich Folliculin im Übermaß produziert, so führt der Dauerreiz des Folliculins zur Hyperplasie, eventuell zur glandulär-cystischen Hyperplasie der Uterusschleimhaut. Der physiologische Aufbau der Uterusschleimhaut bis zur Höhe der prägraviden Phase hängt von der physiologischen, d. h. der in der Proportion richtigen Produktion und Wirkung des Folliculins und Progestins ab. Bei mangelhafter Produktion des Progestins wird der prägravide Aufbau vor seiner Vollendung stehen bleiben, d. h. daß Drüsenumformung, Schleimsekretion und Glykogenbiidung sich nicht regelrecht ausbilden können. Und ich zweifle nicht, daß die Persistenz des Corpus luteum zu einer Überproduktion des Progestins führt, und daß diese polyhormonale Störung ihre Ausdrucksform im morphologischen Bild der Uterusschleimhaut, d. h. in Überstürzung des prägraviden Aufbaues findet. *Zum regelrechten Aufbau der Uterusschleimhaut, d. h. zur Vorbereitung für die Nidation des befruchteten Eies, ist die physiologische — qualitativ und quantitativ aufeinander abgestimmte — Produktion des Prolan A und B nötig und die unter dieser Leitung vor sich gehende Produktion und Ausschüttung von Folliculin und Progestin.*

2. Polyhormonale Blutung.

Ich habe vorhin gesagt: Amenorrhöe und Blutung sind die beiden Rollen, die der Uterus spielt, sind seine beiden funktionellen Ausdrucksformen. Es ist zweifellos, daß eine polyhormonale Amenorrhöe in eine Dauerblutung übergehen kann, d. h. daß Amenorrhöe und Blutung genetisch gleichartig sein können. Bei der Nachprüfung hat R. SCHRÖDER meine Befunde bestätigt und das polyhormonale Krankheitsbild in meinem Sinne anerkannt. Wiederholt beobachtete ich Fälle, bei denen ich im Ovarium einen persistenten Follikel fand, der in Größe und Hormongehalt um das 3—5fache gegenüber der Norm gesteigert war, bei dem ich im Frühurin die erhöhte Folliculinausscheidung im Sinne der polyhormonalen Störung feststellen konnte. Nach operativer Entfernung des Follikels stand die Blutung prompt, der ovarielle Zyklus wurde normal. In 14 weiteren Fällen habe ich den vergrößerten palpablen Follikel im Chloräthylrausch bimanuell zerdrückt, nachdem die Diagnose der polyhormonalen Störung durch Harnuntersuchung gesichert war. Die wochenlangen bestehenden Blutungen, die mit allen der Klinik zur Verfügung stehenden Mitteln bisher erfolglos bekämpft waren, hörten nach 2—3 Tagen auf. Worauf der Erfolg beim Zerdrücken des persistenten Follikels zurückzuführen ist, kann ich nicht mit Sicherheit angeben. Ich nehme an, daß durch das Zerquetschen des Follikels der Reiz zur weiteren Folliculinproduktion aufhört. Häufig hat die Punktion des Follikels und Absaugen der Flüssigkeit vom DOUGLASschen Raum aus genügt. Die klinischen Beobachtungen sind jedenfalls so eindeutig und frappant, daß mir diese Mitteilung wertvoll erscheint. Wir sehen daraus, daß auf diesem Gebiete noch viel zu lernen und zu erforschen ist. So glaube ich auch, daß das als Metropathia haemorrhagica charakterisierte Krankheitsbild mit der typischen

Uterusschleimhaut (Hyperplasie mit Cystenbildung) nur *eine* Form der polyhormonalen Blutungen darstellt. Ich konnte mehrmals Blutungen polyhormonaler Natur mit atypischem Befund im Ovar und der Uterusschleimhaut beobachten.

Die 1930 von mir beschriebenen polyhormonalen Krankheitsbilder sind in der Zwi-

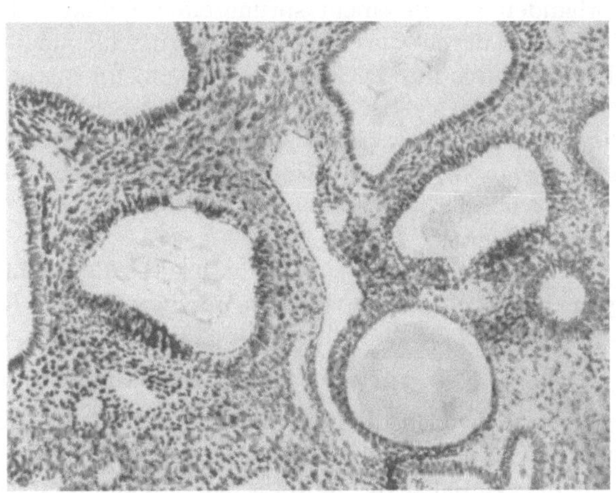

Abb. 143. Glandulär-cystisch-hyperplastische Uterusschleimhaut bei primärer Amenorrhöe.

schenzeit allgemein bestätigt worden. In der Beweisführung klaffte aber bisher noch eine Lücke. Ich zeigte bereits, daß bei der Amenorrhöe das Uterusschleimhautbild ein verschiedenes sein kann: Hyperplastisch, beginnende Sekretion, echtes prägravides Stadium. Es fehlte noch der Beweis, daß sowohl die polyhormonale Amenorrhöe, wie die polyhormonale Blutung durch dasselbe anatomische Substrat, d. h. durch die gleichen Veränderungen der Uterusschleimhaut, bedingt sein können. Diese Lücke wird durch die folgende Beobachtung[1] ausgefüllt.

Ich behandelte ein 20jähriges Mädchen, das noch niemals menstruiert war (primäre Amenorrhöe). Des Uterus war nicht verkleinert, gut turgesciert. Die Hormonanalyse des Harns ergab einen Wert von

---

[1] ZONDEK, B.: Acta obstetr. scand. (Stockh.) 12, 309 (1934).

400 ME pro Liter. Dieser Wert ist für eine Amenorrhöe sehr hoch und sicherte die Diagnose einer polyhormonalen Amenorrhöe. Die Patientin war so fett, daß ein genaues Abtasten der Ovarien nicht möglich war. Aus der Hormonanalyse schloß ich, daß ein persistierender Follikel ohne Corpus luteum vorhanden sein müsse. Ich laparotomierte die Patientin, um zu versuchen, durch Exzision des Follikels die gestörte Funktion wiederherzustellen. Bei der Laparotomie fand ich meine Vermutungen bestätigt. Das rechte Ovarium war ganz klein, ohne Follikel, ohne Corpus luteum. Auch im linken Ovarium fehlte ein Corpus luteum, hier fand sich aber ein über pflaumengroßer cystischer Follikel, der vollwertigen Follikelsaft enthielt. Die gesamte Follikelflüssigkeit enthielt 120 ME Folliculin, es war also mehr als 10 mal soviel Hormon vorhanden wie in einem sprungreifen Follikel. Ich entnahm bei der Operation durch Curettage die Uterusschleimhaut, die schon makroskopisch durch ihre Dicke auffiel. Die histologische Untersuchung ergab eine glandulär-cystisch-hyperplastische Schleimhaut (Abb. 143). *Bei dieser primären polyhormonalen Amenorrhöe war also eine Uterusschleimhaut vorhanden, wie wir sie sonst bei schweren Uterusblutungen finden, die, wie wir jetzt wissen, meist polyhormonal bedingt sind* (Metropathia haemorrhagica).

Ich möchte glauben, daß durch diese Beobachtung die Beweiskette in meiner Auffassung von den polyhormonalen Krankheitsbildern geschlossen ist.

3. Polyhormonales Klimakterium.

Sehr revisionsbedürftig scheinen mir unsere bisherigen Anschauungen über das Klimakterium zu sein. Das Unregelmäßigwerden der Menstruation, die typischen vasomotorischen und nervösen Ausfallserscheinungen, die Veränderungen an den Genitalien usw. werden unter dem Begriff des Klimakteriums zusammengefaßt. Wir hören von therapeutisch so widersprechenden Ergebnissen. Während der eine mit Ovarialhormon gute Erfolge im Klimakterium sieht, werden solche von anderen Autoren bestritten. Dies liegt meines Erachtens nicht an dem Therapeutikum, sondern an der Tatsache, daß wir die verschiedenen Stadien des Klimakteriums nicht auseinanderhalten und so den ganzen Symptomenkomplex, die ganze Zeit des Wechselns, im Krankheitsbild der Klimax zusammenfassen. Analysiert man das über viele Jahre sich hinziehende Krankheitsbild des Klimakteriums vom funktionellen, d. h. vom hormonalen Standpunkt, so kann man mehrere Stadien abgrenzen. Nach meinen bisherigen Untersuchungen möchte ich folgende drei — meist, aber nicht immer — zeitlich aufeinanderfolgende Phasen [1] der Klimax unterscheiden.

---

[1] Zondek, B.: Klin. Wschr. 1930, Nr 9, 393. Diese Befunde wurden wiederholt bestätigt, zuletzt von Saethre (Klin. Wschr. 1933, Nr. 44, 1727).

a) Das polyfolliculine = polyhormonale Stadium,

b) das oligofolliculine Stadium,

c) das polyprolane Stadium = polyhormonale Stadium.

Im ersten Stadium finden wir den Uterus etwas vergrößert, weicher als normal, myohyperplastisch. Folliculin wird im Übermaß produziert. Normaliter bewegt sich der Folliculinspiegel im Blut und Harn bei der Frau in ziemlich genauen Grenzen. Bei quantitativen Untersuchungen fand ich in der prämenstruellen Phase — pro Liter Frühurin berechnet — 200—300 Einheiten Folliculin. Der Rhythmus der Folliculinausscheidung erfährt im ersten Stadium des Klimakteriums eine jähe Änderung. Der Körper wird mit Folliculin überschüttet und es kommt zu einer Ausscheidung bis zu 500 und 1000 ME Folliculin pro Liter Frühurin, also eine wesentliche Erhöhung gegenüber der prämenstruellen Phase. Das polyhormonale Stadium der Klimax geht infolge der erhöhten

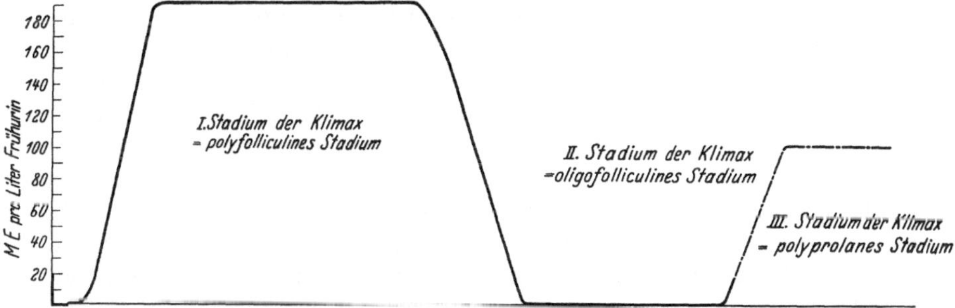

Abb. 144. Die drei hormonalen Phasen des Klimakteriums.

Folliculinwirkung mit Vergrößerung und Weichheit des Uterus einher und kann sowohl zur polyhormonalen Amenorrhöe wie Blutung führen. Dieses Stadium kann Wochen oder Monate dauern.

Die zweite Phase der Klimax ist durch einen Hormonsturz charakterisiert. Folliculin wird überhaupt nicht mehr oder nur in geringen Mengen produziert. Jedenfalls ist es auch bei Konzentration des Urins kaum noch nachweisbar. In dieser oligohormonalen Phase treten die charakteristischen vasomotorischen Ausfallserscheinungen auf, über deren Analyse ich anschließend berichten werde.

Im dritten Stadium versiegt die Ovarialfunktion, weil die physiologische Lebensdauer des Eierstocks erreicht ist. Der Uterus wird senil, er trocknet ein. Die ihn turgescierenden Reizstoffe, d. h. die Ovarialhormone, werden nicht mehr produziert, weil die absterbenden Generationszellen auf den Reiz der Vorderlappenhormone nicht mehr ansprechen. Folliculin ist im Harn nicht mehr nachweisbar. Die vasomotorischen Ausfallserscheinungen sind im Abklingen begriffen. In diesem Stadium konnte ich einen anderen wichtigen Hormonbefund

erheben. Jetzt setzt eine erhöhte Funktion des Hypophysenvorderlappens ein, wobei es zu einer starken Ausschüttung von Follikelreifungshormon (Prolan A) kommt, so daß im Liter Frühurin 110 ME
nachweisbar sind (polyprolanes Stadium). Daß die erhöhte Hormon-
A-Produktion auf das Versiegen der Ovarialfunktion zurückgeführt
werden muß, wird dadurch bewiesen, daß ich denselben Befund auch
nach operativer Kastration erheben konnte. Bei der Kastration setzt
die Überschwemmung mit Prolan A akut ein, im Klimakterium gehen
die Verhältnisse langsam vor sich, weil das Ovarium allmählich ab-
stirbt. Näheres darüber werde ich im folgenden Kapitel berichten.

4. Analyse der klimakterischen Wallungen.

Im zweiten Stadium des Klimakteriums, in der oligohormonalen
Phase, treten jene eigenartigen, quälenden, als Wallungen bezeichneten
vasomotorischen Störungen auf, die sich in plötzlich zum Kopf auf-
steigender fliegender Hitze, Schweißausbruch, Herzklopfen, Opressionen,
Lufthunger u. a. äußern. Dazu gesellen sich psychische Alterationen,
rascher Stimmungswechsel, depressive Neigung, erhöhte Reizbarkeit,
Triebhaftigkeit. Auch über Nachlassen des Gedächtnisses und leichte
geistige Ermüdung wird geklagt. Ich habe versucht, diese Störungen
durch plethysmographische Analyse[1] zu registrieren, worüber kurz berichtet sei[2]. Einige Frauen bekamen während der Untersuchung Wallungen, so daß es mir möglich war, die vasomotorischen Erscheinungen
kurvenmäßig aufzuzeichnen. Man kann das Eintreten und Aufhören
der Wallungen an den Kurven ablesen, was mit den Angaben der Versuchsperson genau übereinstimmt. Die Wallung beginnt gewöhnlich (s.
Kurve Abb. 145 u. 146) mit 1—2 verstärkten Inspirationen. Das Gesicht
errötet, um bald wieder zu erblassen. Oft folgt leichter Schweißausbruch.
Die einzelnen Volumenpulse erfahren in ihrer Höhe und Frequenz keine
wesentliche Änderung. Die Kurve erhebt sich aber weit über die Anfangsordinate, um am Ende der Wallung wieder zur Norm zurück-
zukehren. Man sieht an der Kurve, daß die Tendenz zum normalen
Abfall wiederholt besteht, daß dann aber immer wieder ein neuer Gefäß-
impuls auftritt, der zu immer stärker werdenden vasomotorischen Begleiterscheinungen führt. Diese Volumenerhöhungen (Erhöhung der
Kurve über die Anfangsordinate) sind, da die Volumenpulse in Höhe und
Frequenz keine wesentliche Änderungen erfahren, von der Herztätigkeit
unabhängig. Auch können sie durch die initial verstärkten Inspirationen nicht bedingt sein, da einerseits die vasomotorischen Erschei-

---

[1] ZONDEK, B.: Z. Geburtsh. **82**, 559—576.
[2] Die Versuche wurden mit dem von LEHMANN verbesserten Mosso-
schen Armplethysmographen ausgeführt. Bezüglich der Technik sei auf
meine Originalarbeit verwiesen.

nungen die Atmungsänderungen weit überdauern, andererseits eine verstärkte Inspiration zu einer negativen Armkurve (Volumenverminderung) führt, so daß eventuell der durch die Wallung bedingte vasomotorische Effekt in seiner vollen Wirkung graphisch gar nicht zum Ausdruck kommen konnte. Es bleibt als Erklärung nur eine vom Vasomotorenzentrum ausgehende Innervationsstörung übrig, die wohl so zu deuten ist, daß die Wallung durch eine vom Vasomotorenzentrum dem Splanchnicus mitgeteilten Reiz eingeleitet wird, wodurch das ganze Gefäßgebiet des Bauches sich kontrahiert und dadurch passiv große Blutmengen in die peripheren Gefäße hineingedrängt werden. Natürlich kann eine aktive Vasodilatation der letzteren als unterstützendes Moment dabei in Frage

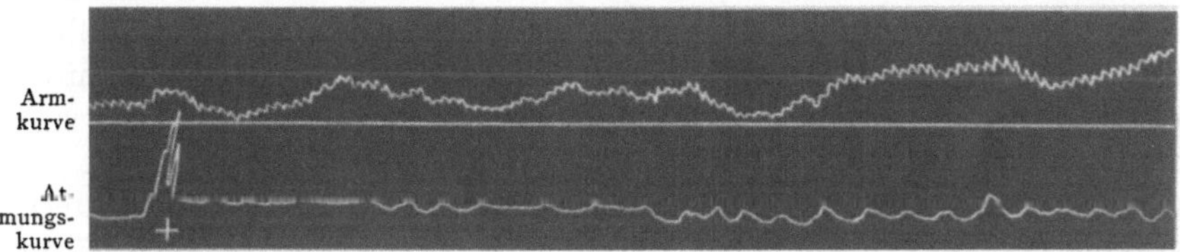

Abb. 145. Wallung mit Wellenbewegung. Beim Zeichen + initiale Störung der Atemrhythmik.

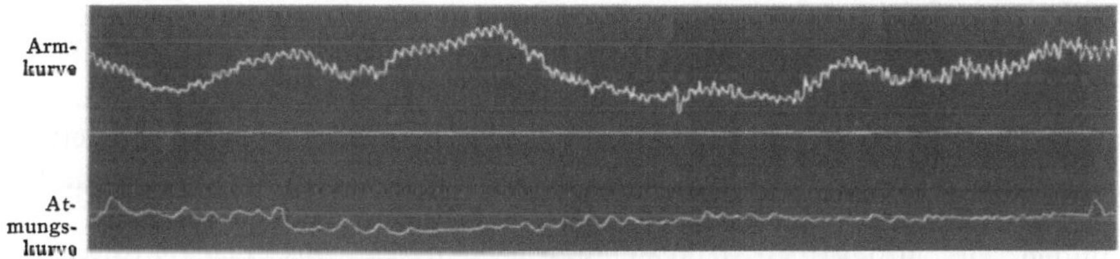

Abb. 146. Wallung mit Wellenbewegung. Das Ende der Wallung mit dem Abfall der Kurve und der nachfolgenden Verkleinerung der Volumenpulse ist nicht mehr abgebildet.

kommen. Wie aus Kurve 145 u. 146 ersichtlich, können die Impulse sich in schneller Folge häufen, so daß die einzelnen vasomotorischen Wellen gar nicht zur vollen Entfaltung kommen. Ebenso plötzlich, wie sie entstanden, werden sie durch einen anders gerichteten Reiz abgelöst. Daß nach dem Aufhören der Wallung eine Verkleinerung der Volumpulse folgt (in der Kurve nicht abgebildet), dürfte so zu erklären sein, daß das Vasomotorenzentrum die Blutstauung in den peripheren Gefäßen dadurch zu steuern weiß, daß das Blut in die Bauchgefäße durch aktive Vasodilatation derselben gesaugt wird, wobei es durch Vasokonstriktion der peripheren Gefäße in wesentlicher Weise unterstützt werden kann. Daß bei derartigen Blutverschiebungen Ohnmachtsgefühl, Herzklopfen, Angstzustände, Schweißausbrüche usw. entstehen, ist physiologisch zu verstehen. Die geäußerten subjektiven Beschwerden erfahren damit eine objektive Erklärung.

Die Wallungen sind durch hormonale Reize des Vasomotorenzentrums bedingt. Sie sind charakterisiert durch ihr paroxysmales Auftreten, durch starke Blutverschiebungen aus dem Splanchnicusgebiet zu den peripheren Gefäßen und durch initiale Veränderung der Atemrhythmik. Der Puls erfährt in Frequenz und Höhe keine wesentliche Änderung.

Im Klimakterium besteht also eine Labilität des Gefäßnervenapparates. Auch bei psychischen und physikalischen Reizen treten abnorme Reaktionen auf.

Beim gesunden, nicht ermüdeten Menschen übt die geistige Arbeit einen spezifischen Reiz auf das Vasomotorenzentrum aus, das seine Impulse in der Art weitergibt, daß das Blutvolumen des Gehirns und des Bauches sich vermehrt auf Kosten der Blutfülle aller äußeren Körperteile (E. WEBER)[1]. Diese zentral bedingten vasomotorischen Blutverschiebungen haben ihre physiologische Zweckmäßigkeit. Die Gehirngefäße erweitern sich aktiv, wodurch eine bessere Durchblutung und Sauerstoffversorgung des Gehirns während der psychischen Arbeit gewährleistet wird. Die vasomotorischen Begleiterscheinungen erleichtern also die psychischen Vorgänge. Bei Klimakterischen sind, wie ich zeigen konnte, die Verhältnisse oft verändert. Die Armkurve (s. Abb. 147) wird positiv, d. h. das Blut strömt während der geistigen Arbeit häufig nicht zum Gehirn, sondern zu den Extremitäten, wodurch das Gehirn schlechter ernährt wird. · Derartige Umkehrungen finden sich auch bei Gesunden, aber nur nach starker körperlicher oder geistiger Ermüdung. Während des Klimakteriums bestehen also vasomotorische Begleiterscheinungen, welche die geistige Aufnahmefähigkeit erschweren und den bei Ermüdeten beschriebenen Verhältnissen gleichkommen. So finden die subjektiven Klagen über Nachlassen des Gedächtnisses, schnelle geistige Ermüdung u. a. ihre Erklärung.

Während die Vasomotorenreaktion der Klimakterischen bei Bewegungsvorstellungen und aktiven Bewegungen normal ist, ist sie bei thermischen Reizen öfters verändert. Bei Einwirkung von Wärme steigt die Volumkurve an als Ausdruck der physiologischen Gefäßdilatation (Kurve Abb. 148), hingegen konnte ich bei Klimakterischen häufig eine *paradoxe Kältereaktion* — d. h. Vasodilatation bei peripherer Kälteeinwirkung — feststellen, ein Zeichen des abnormen Gleichgewichtszustandes des Gefäßnervenapparates (Kurve Abb. 149). *Das Vasomotorenzentrum der Klimakterischen ist also für Wärmeregulierung häufig unphysiologisch eingestellt.*

Wir haben in diesem Kapitel gesehen, daß die Überproduktion von Folliculin sowohl zur Amenorrhöe wie zur Blutung führen kann, daß das Hormon im Beginn des Klimakteriums eine Zeitlang in erhöhtem

---

[1] WEBER, E.: Der Einfluß psychischer Vorgänge auf den Körper, insbesondere auf die Blutverteilung. Berlin 1910.

Maße produziert wird. Wir haben gelernt, daß eine Amenorrhöe sowohl durch Persistenz des Follikels wie des Corpus luteums bedingt sein kann, daß das Uterusschleimhautbild bei hormonalen Störungen ganz ver-

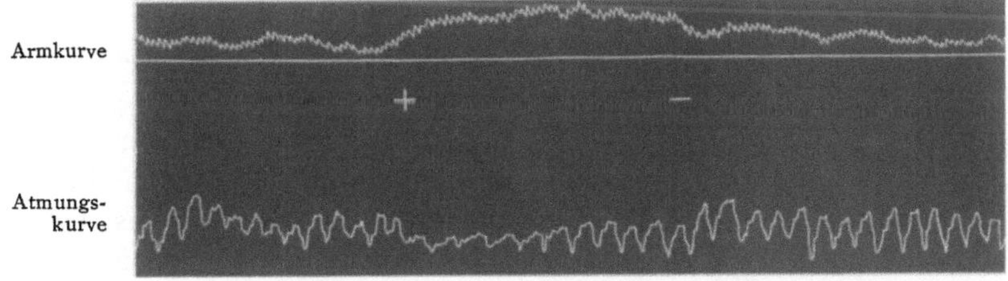

Abb. 147. Vom Zeichen + bis − wird geistige Arbeit geleistet.

schieden sein kann (beginnende Sekretion, prägravid, hyperplastisch, glandulär-cystisch-hyperplastisch) abhängig von der qualitativen und quantitativen Produktion der Ovarialhormone, ihrerseits gesteuert vom

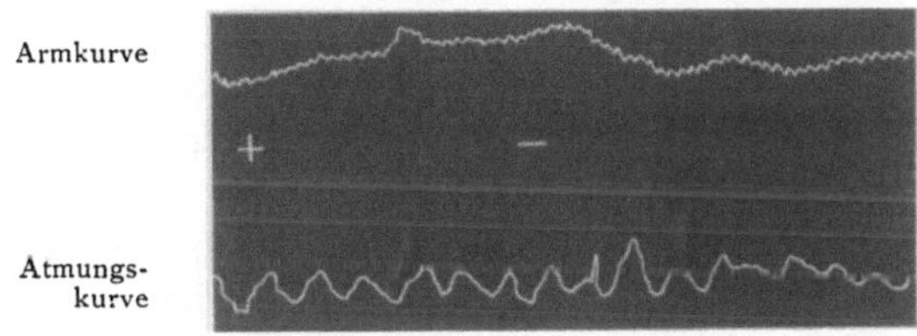

Abb. 148. Vom Zeichen + bis − Einwirkung von Hitze.

Hypophysenvorderlappen. Wir haben gesehen, wie dieser das Follikel-reifungshormon (Prolan A) in besonders starkem Maße im Augenblick des endgültigen Versiegens der Sexualfunktion produziert, worüber im

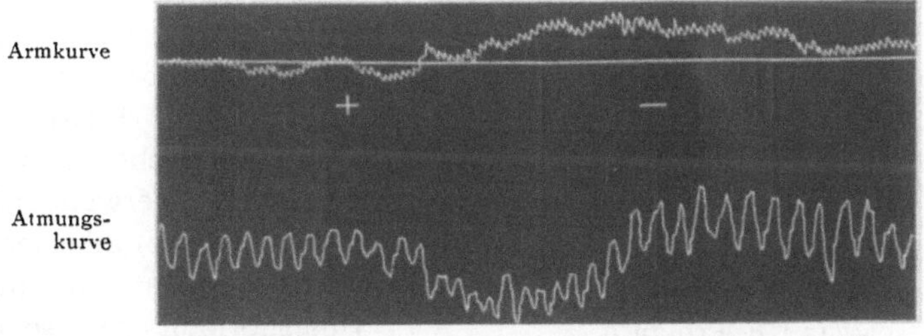

Abb. 149. Vom Zeichen + bis − Einwirkung von Kälte. Die Volumkurve steigt trotz der Kältewirkung durch Vasodilatation an. Paradoxe Kältewirkung

folgendem Kapitel näheres berichtet wird. Wir haben ferner festgestellt, daß beim Übergang des poly- zum oligohormonalen Stadium des Klimakteriums ein erhöhter Reizzustand des Vasomotorenzentrums auftritt, der die subjektiv so unangenehmen Wallungen auslöst, deren Analyse beschrieben wurde.

43. Kapitel.

Follikelreifungshormon und Ovarialfunktion.

1. Prolanausscheidung im mensuellen Zyklus.

Die gonadotropen Hormone kreisen im Blute jedes Menschen und werden, wie aus den folgenden Untersuchungen hervorgeht, in geringen Mengen im Harn ausgeschieden. Ich habe zunächst Urin von 30 ge-

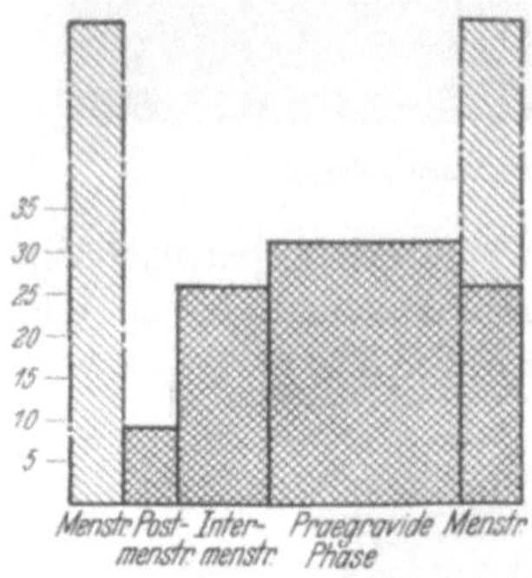

Abb. 150. Ausscheidung von Prolan A
im mensuellen Zyklus.

sunden bzw. in Rekonvaleszenz befindlichen Frauen ohne Rücksicht auf die menstruellen Phasen (mit Ausnahme Menstruierender) gesammelt und aus dem Sammelharn das Prolan A nach der S. 239 beschriebenen Methode dargestellt. Hierbei ergab sich[1], daß die Gesamtausscheidung während eines mensuellen Zyklus 743 RE Prolan A beträgt, die tägliche Ausscheidung demnach durchschnittlich 25 RE. Nun wurde der Harn aus den verschiedenen menstruellen Phasen analysiert. Hierbei zeigte sich, daß die Prolanausscheidung, wie aus Abb. 150 und Tabelle 37 ersichtlich, in den verschie-

denen Phasen nicht unerheblich differiert. Sie ist im Postmenstruum am geringsten (8 RE pro die), steigt im Intermenstruum auf das 3fache (25 RE pro die), um in der prägraviden Phase mit 29,3 RE pro Tag den Höhepunkt zu erreichen. Während der Menstruation fällt die Ausscheidung etwas ab und beträgt jetzt 25 RE pro die.

Die Tatsache, daß der Ausscheidung des Follikelreifungshormons in der prägraviden Phase der Frau am höchsten ist, ist zunächst verwunderlich. Nach dem Follikelsprung herrscht das Luteinisierungshormon vor, so daß man zunächst annehmen

Tabelle 37. Ausscheidung von Follikelreifungshormon = Prolan A während eines mensuellen Zyklus.

Phase	Pro Tag Prolan A in RE	Pro Liter Prolan A in RE	Gesamtausscheidung in RE
Postmenstruum .	8	5	32
Intermenstruum .	25	25	175
Prägravide Phase	29,3	23,5	411
Menstruation . .	25	16,6	125

Gesamtausscheidung während eines Zyklus
=743 RE Prolan A.

müßte, daß das Follikelreifungshormon nach dem Follikelsprung, d. h. in der prägraviden Phase, in geringer Menge ausgeschieden wird. Und doch stimmt die hohe Ausscheidung von Follikelreifungshormon gerade in der prägraviden Phase mit unseren früheren Untersuchungen über

---

[1] ZONDEK, B.: Klin. Wschr. 1931, Nr 46, 2121.

das Folliculin überein. Das Follikelreifungshormon ist das übergeordnete Hormon für das im Follikelapparat entstehende Folliculin. Dieses wird aber auch nach dem Follikelsprung im menschlichen Ovarium und sogar in besonders starker Konzentration (im Corpus luteum) produziert. Die hohe Ausscheidung von Follikelreifungshormon (A) in der prägraviden Phase ist eine Eigenart des Menschen. Im menschlichen Hypophysen-vorderlappen wird das Follikelreifungshormon anscheinend kontinuier-lich produziert, d. h. während des ganzen mensuellen Zyklus. Im Gegen-satz dazu ist die Prolan A-Produktion in der tierischen Hypophyse wohl diskontinuierlich, d. h. sie dauert nur bis zum Follikelsprung (s. S. 216). Infolgedessen finden wir im menschlichen Ovarium Folli-culin während des gesamten mensuellen Zyklus (Follikel und Corpus luteum), während das Hormon im tierischen Ovarium nur im Follikel, nicht aber im Corpus luteum in größerer Menge vorhanden ist.

Die im Frauenharn ausgeschiedenen Prolanmengen sind also relativ gering, die Werte schwanken in den einzelnen Phasen zwischen 5 und 25 RE pro Liter. In den weiteren Untersuchungen sollte festgestellt werden, ob und bei welchen klinischen Störungen Follikelreifungshor-mon in *erhöhter Menge* ausgeschieden wird. Zu diesen Versuchen wurden nicht infantile Ratten, sondern Mäuse verwandt. Meine Resultate waren bei Mäusen zuverlässiger, was ich seinerzeit darauf zurückführte, daß Mäuse konstanter reagieren als Ratten. Jetzt scheint mir die Er-klärung von CH. HAMBURGER (s. S. 231 u. 259) plausibler zu sein, daß die infantile Maus für Prolan + Synprolan = Prosylan empfindlicher ist als die Ratte. Während beim Prolan (Gravidenharn) 1 RE = $^1/_5$ ME beträgt, soll beim Prosylan 1 RE = 2—3 ME sein. Nach dieser Berechnung würde die physiologische Prolan A-Ausscheidung in den einzelnen menstruellen Phasen etwa 10—50 ME pro Liter Harn betragen. KATZMANN u. DOISY[1], die kürzlich meine Befunde über die geringe Prolanausscheidung im Harn Nichtschwangerer bestätigten, geben eine durchschnittliche Tagesaus-scheidung von 10 ME bei der geschlechtsreifen Frau an. Dies würde in RE umgerechnet einen Wert von etwa 5 RE ergeben (1 ME = $^1/_2$ RE, da es sich um Prosylan handelt). Der von mir gefundene Durchschnitts-wert (25 RE pro Tag) ist demnach über 4mal so hoch, so daß ich glaube, daß die von HAMBURGER für das Prosylan angegebene Relation (1 RE = 2—3 ME) wohl zu hoch bemessen ist. Immerhin dürfte die Maus aber für Prolan + Synprolan empfindlicher sein als die Ratte.

Um die erhöhte Prolanausscheidung festzustellen, habe ich in den ersten Versuchen nativen Harn injiziert. Man kann einer infantilen Maus maximal nur 6 × 0,5 = 3 ccm Urin einspritzen, bei höheren Dosen sterben die Tiere. Die Reaktion kann also nur positiv werden,

---

[1] KATZMANN, P. A. a. DOISY, E. A.: Proc. Soc. exper. Biol. a. Med. **30**, 1188 (1933).

wenn in 3 ccm = 1 ME, d. h. pro Liter mindestens 333 ME Follikelreifungshormon vorhanden sind. Dies ist aber so selten der Fall, daß ich die Methodik ändern mußte. Da die erhöhte Ausscheidung, wie aus dem folgenden hervorgeht, durchschnittlich etwa 100 ME Prolan A pro Liter beträgt, mußte die S. 236 u. 416 angegebene Alkoholfällungsmethode angewandt werden. Hierbei ging ich stets folgendermaßen vor.

Das Hormon wird aus 60 ccm Frühurin mit der 4fachen Menge 96%igem Alkohol (oder denaturiertem Sprit) gefällt und nach Reinigung in 12 ccm Wasser aufgenommen, wodurch eine 5fache Hormonkonzentration erzielt wird. Von dieser Lösung erhält jede infantile Maus $6 \times 0,3 = 1,8$ ccm, so daß damit der Hormongehalt aus 9 ccm Harn geprüft wird. Ist die HVRI jetzt positiv, so beweist dies, daß mindestens 111 ME Prolan A pro Liter Frühurin vorhanden sind.

KATZMANN u. DOISY fällen die geringen Prolanmengen mit Wolframsäure, in Anlehnung an die von uns für den Harn angegebene Fällungsmethode mit Phosphorwolframsäure (ZONDEK, SCHEIBLER, KRABBE s. S. 237). Die von KATZMANN u. DOISY im Harn Nichtschwangerer gefundenen Prolanwerte liegen niedriger als die von mir mit der Alkoholfällungsmethode gefundenen, so daß ich eine Überlegenheit der Fällung mit Wolframsäure gegenüber der Alkoholfällung nicht erkenne. Meine Alkoholfällungsmethode ist einfach, in jedem Laboratorium mit geringen Mitteln durchführbar, und sie hat sich für die klinische Fragestellung im Laufe der Jahre sehr bewährt.

Bei Anwendung der Konzentrationsmethode (Alkoholfällung) erhält man mit Harn von gesunden Frauen stets negative Resultate, da die Prolanausscheidung, wie vorher gezeigt, pro Liter maximal 25 RE beträgt. Des weiteren wurde Harn von 25 Patienten mit gynäkologischen Erkrankungen untersucht (Tabelle 38). Bei Adnexentzündungen, entzündlichen Adnextumoren mit pelveoperitonitischer Reizung, Gonorrhöe, Bartholinitis, Uterustuberkulose usw. konnte niemals ein positiver Befund erhoben werden. Hierbei möchte ich aber bemerken, daß in zwei Fällen von schwerster eitriger Adnexentzündung (Douglasabszeß) mit hohem Fieber Follikelreifungshormon in erhöhter Menge im Harn nachweisbar war (100 ME pro Liter).

Bei acromegalen Frauen sowie bei Myxödem fand ich nur selten eine erhöhte Prolanausscheidung. Bei 5 Frauen mit schwerem Basedow fand ich nur in einem Fall (= 20%) die erhöhte Excretion von 110 ME Prolan A pro Liter Harn.

Bei 4 Frauen mit Schizophrenie im Alter von 17—30 Jahren fand ich merkwürdigerweise niemals eine erhöhte Prolanausscheidung, obwohl die Schizophrenie meist mit schweren menstruellen Störungen und Atrophie des Uterus einhergeht.

Nach diesen Voruntersuchungen konnte die Frage geprüft werden, ob und unter welchen Bedingungen das Hormon (A) in erhöhter Menge im Harn nachweisbar ist.

Ich möchte das Ergebnis vorwegnehmen. Bei zwei miteinander nicht zusammenhängenden, teils funktionellen, teils organischen Störungen des

Tab. 38. Frauen mit Genitalerkrankungen.

Lfd. Nr.	Name	Alter	Prot.-Nr.	Diagnose	Ergebnis
1	W.	46	16	Tbc. uteri, normale Menses	neg.
2	N.	33	17	Bartholinitis. Go. pos.	,,
3	B.	25	24	Adnextumor	,,
4	K.	23	44	Adnextumoren ohne Go.	,,
5	V.	26	54	Kleine Cysten der Ovarien	,,
6	K.	22	58	Adnexentzündung, subakut	,,
7	G.	32	69	Kleiner Adnextumor, Go. pos.	,,
8	K.	32	70	Faustgroße Adnextumoren post abortum mit Fieber	,,
9	Sch.	31	74	Faustgroße entzündl. Adnextumoren	,,
10	W.	43	89	Descensus	,,
11	K.	32	90	Adnextumor	,,
12	G.	21	91	Peritoneale Reizung	,,
13	K.	21	95	Adnextumor	,,
14	W.	22	96	Adnextumoren. Go. pos.	,,
15	R.	20	98	Adnextumoren	,,
16	D.	22	99	Pelveoperitonitis. Go. pos.	,,
17	K.	21	101	Adnextumor. Ikterus	,,
18	P.	22	102	Adnextumoren. Go. pos.	,,
19	D.	29	137	Erosion	,,
20	K.	56	158	Descensus	,,
21	L.	38	159	R. Adnextumor, Blutungen Rö.-Reizbestrahlung	,,
22	M.	29	181	Doppelseit. Adnextumoren, subfebril	,,
23	L.	28	184	Go. Parametritis. Fieber	,,
24	K.	42	231	Hypertonie	,,
25	G.	51	349	Postklimakterium	,,

Organismus kommt es zu einer starken Produktionssteigerung im Hypophysenvorderlappen und erhöhter Ausscheidung von Prolan A, wobei der Harn auch — oder vielleicht vorwiegend — Synprolan enthält (s. Kap. 26).

Die erhöhte Prolanausscheidung tritt auf:

a) *beim Ausfall der Sexualfunktion,* b) *bei Tumorkranken.*

Zunächst soll über die Gruppe a berichtet werden.

2. Follikelreifungshormon und Kastration[1].

Die Hypophyse schüttet *in dem Augenblick Prolan A aus, in dem die Sexualdrüsen ihre Funktion einstellen.* Ich habe mich bei meinen Untersuchungen als Gynäkologe zunächst mit dem Ausfall der weiblichen Sexualfunktion beschäftigt (Befunde beim Mann s. Kap. 45).

Bei der Frau fand ich folgendes: *Der Hypophysenvorderlappen produziert Follikelreifungshormon in erhöhtem Maße im letzten (= III.) Stadium des Klimakteriums zu der Zeit, wo die Ovarien ihre Funktion einstellen* (s. S. 423).

---

[1] ZONDEK, B.: Klin. Wschr. **1930**, Nr 9, 393—396. Dtsch. med. Wschr. **1930**, Nr 8.

Tabelle 39. Klimakterium.

Lfd.-Nr.	Name	Alter	Prot.-Nr.	Diagnose	Ergebnis
1	M.	45	34	Klimakt. Blutungen	neg.
2	F.	50	93a	Ausfallserscheinungen im Abklingen	pos.
3	K.	48	115	Klimakt. Blutungen	neg.
4	W.	44	116	Ausfallserscheinungen	neg.
5	W.	46	157	Klimakt. m. Descensus	neg.
6	O.	47	160	Klimakt. Blutungen	neg.
7	B.	48	180	Klimakt. + Adnextumor	neg.
8	H.	45	188	Klimakt. + Descensus	neg.
9	B.	37	191	Klim. Blutung. (Klim. praecox)	neg.
9a	B.	37	228	Klimakt. praecox	neg.
9b	B.	37	246	Klimakt. praecox	neg.
10	B.	50	210	Klim. Beschwerden; letzte Menses vor 7 Wochen	neg.
11	M.	47	213	Klimakt. Beschwerden	neg.
12	L.	45	222	Klimakt. Beschwerden	neg.
13	B.	47	223	Klimakt. Beschwerden	pos.
14	M.	43	235	Klimakt. Beschwerden; letzte Menses vor 3 Wochen	neg.
15	K.	45	257	Amenorrhöe seit 9 Monaten	pos.
16	L.	54	261	Ausfallserscheinug im Abkling.	pos.
17	R.	42	264	Ausfallserscheinungen im Abklingen	pos.
18	M.	48	63	Klimax + Tbl. pulmonum	neg.
19	V.	45	190	Klimax	neg.
20	K.	44	229	Klimakt. + Prolaps	neg.

Es wurden 20 Frauen mit klimakterischen Beschwerden (Tabelle 39) ohne Rücksicht auf die im vorigen Kapitel erwähnten Phasen des Klimakteriums untersucht. Hierbei fand ich bei 5 Frauen, also in 25%, die erhöhte Prolan A-Ausscheidung.

a) Operative Kastration.

Es kann folgender Einwand gemacht werden: Weshalb wird das Auftreten des Prolan A im Harn mit dem Versiegen der Ovarialfunktion in Verbindung gebracht? Das Vorkommen des Hormons bei einer Reihe von klimakterischen Frauen beweist doch nicht, daß dieser Befund in ursächlichem Zusammenhang mit dem Aufhören der Ovarialfunktion steht. Dieser Einwand kann exakt widerlegt werden, und zwar durch die Untersuchungen bei Kastrierten. Kastriert man operativ eine Frau — und wir Gynäkologen sind gelegentlich wegen krankhafter Veränderungen des Ovarien dazu gezwungen — so tritt in der überwiegenden Zahl der Fälle prompt das Follikelreifungshormon in erhöhter Menge im Harn auf (III ME pro Liter). Bei 15 kastrierten Frauen im Alter von 20 bis 52 Jahren konnte 13mal, d. h. in 86,6% der Fälle, der positive Befund erhoben werden. *Das Follikelreifungshormon tritt bereits 10 Tage nach der Kastration auf und bleibt noch mehrere Jahre nach der Kastration im Harn nachweisbar* (Tabelle 40).

Tabelle 40. Operative Kastration.

Lfd.-Nr.	Name	Alter	Prot.-Nr.	Art der Kastration	Ergebnis
1	F.	20	142	Kastriert vor 1 Jahr (Dermoide)	pos.
2	H.	47	168	12 Tage nach abdominaler Totalexstirpat. mit bd. Adn.	pos.
3	R.	43	169	21 Tage nach abdominaler Totalexstirpat. mit bd. Adn.	pos.
4	R.	39	185	Bd. Adnexe fehlen (infolge früh. Operat.)	pos.
5	H.	52	216	11 Woch. n. abdom. Totalexstirp. m. bd. Adnexen	pos.
6	G.	43	218	8 Woch. n. abd. Totalexstirp. m. bd. Adnexen	pos.
7	L.	44	219	13 Woch. n. abd. Totalexst. m. bd. Adnexen (wegen Adenomyosis + Adnextumoren)	pos.
8	St.	45	220	10 Woch. n. abd. Totalexstirp. m. bd. Adnexen	neg.
9	K.	44	226	11 Woch. n. supravagin. Amput. uteri m. bd. Adnexen	pos.
10	St.	41	234	10 Tage nach abd. Totalexst m. bd. Adnexen	pos.
11	M.	49	240	15 Woch. nach abd. Totalexst. m. bd. Adnexen	neg.
12	G.	44	244	10 Tage nach abd. Totalexst. m. bd. Adnexen	pos.
13	U.	26	246	10 Tage nach operativer Kastration	pos.
14	L.	32	247	18 Monate nach operativer Kastration	pos.
15	H.	36	248	26 Monate nach operativer Kastration	pos.

Meine Befunde sind in den letzten Jahren wiederholt bestätigt worden, so von JEFFCOATE[1], CH. HAMBURGER[2], DAMM[3], WINTER[4] u. a. Bei wiederholter Untersuchung desselben Falles konnten LASSEN u. BRANDSTRUP[5] stets Prolan A nachweisen, merkwürdigerweise fanden sie — im Gegensatz zu allen anderen Untersuchern — häufig auch die Prolan B-Reaktion positiv. Möglicherweise erklärt sich dies durch das verwendete Tiermaterial, da die Autoren bei Kontrolltieren in 1—2% Corpora lutea fanden!

Wie soll man sich das Auftreten von Follikelreifungshormon im Harn bei Aufhören der Ovarialfunktion erklären? Wichtiger als die Theorie ist die gefundene Tatsache. Aber es ist reizvoll, sich auf Grund der gefundenen Tatsachen eine Theorie zu machen.

---

[1] JEFFCOATE, T. N. A.: Lancet 222, 662 (1932).
[2] HAMBURGER, CH.: C. r. Soc. Biol. Paris 112, 99 (1933).
[3] DAMM, P.: Acta obstetr. scand. (Stockh.) 14, 115 (1934).
[4] WINTER, E. H.: Arch. Gynäk. 151, 201 (1932).
[5] LASSEN, H. C. A. u. BRANDSTRUP, E.: Arch. Gynäk. 156, 336 (1933). Acta obstetr. scand. (Stockh.) 14, 89 (1934).

1. Die Hypophysenvorderlappenhormone sind die übergeordneten Sexualhormone. Das Prolan A bringt den Follikel zur Reife und löst die Bildung des Folliculins aus. Wenn im Klimakterium oder sicherer noch bei der Kastration das Ovarialgewebe fortfällt, wenn also das Prolan A keinen Angriffspunkt für seine Wirkung hat, so kann man sich vorstellen, daß das nunmehr zwecklos produzierte Hormon A im Harn zur Ausscheidung gelangt.

2. Die Hypophysenvorderlappenhormone sind die übergeordneten Sexualhormone. Das Ovarium bzw. der Hoden können (s. S. 407) ihrerseits einen hemmenden Einfluß auf den Hypophysenvorderlappen ausüben. Fällt die Sexualdrüse fort, so kann man verstehen, daß der Hypophysenvorderlappen, dieses Hemmungsapparates beraubt, in erhöhtem Maße seine Hormone produziert, die nun im Harn ausgeschieden werden. Für diese Auffassung spricht die von H. M. EVANS[1] gefundene und von EMANUEL[2], sowie PHILIPP[3] bestätigte Tatsache, daß Hypophysen kastrierter Tiere — mit meiner Methodik geprüft — einen erhöhten Prolangehalt[4] haben. Hierfür sprechen auch die Versuche von HOHLWEG u. DOHRN[5]. Implantiert man einem *kastrierten* infantilen Rattenweibchen *3 Wochen nach der Kastration* ein infantiles Ovar in die Niere, so wird der Vaginalabstrich positiv (Schollenstadium), und die implantierten Ovarien enthalten große Follikel sowie Corpora lutea. Gleichaltrige Tiere, die *direkt im Anschluß an die Kastration* ein Ovar in die Niere implantiert erhalten, zeigen keine derartige Reaktion. Durch die Zeitspanne von 3 Wochen, die im ersten Fall zwischen Kastration und Implantation verstrichen war, hat sich der infantile Vorderlappen in den Kastratenvorderlappen umgewandelt, der mit seiner erhöhten Prolanproduktion die typischen Reaktionen am implantierten Ovarium auslöst.

Möglicherweise wirken beide Ursachen zusammen, d. h. die nach der Kastration fehlende Wirkungsstätte für das Follikelreifungshormon und die aktive Hyperfunktion des Kastratenvorderlappens. Die Hyperfunktion scheint mir die wesentlichere Ursache zu sein.

Die erhöhte Ausscheidung des Follikelreifungshormons nach der Kastration dürfte eine biologische Gesetzmäßigkeit beim Menschen sein. Bei einem 25jährigen Mann, der operativ kastriert werden mußte, konnte ich 14 Tage nach der Operation die erhöhte Prolanausscheidung (III ME pro Liter Harn) feststellen, während dies vor der Operation nicht der

---

[1] EVANS, H. M.: Amer. Journ. Physiol. **89**, 37 (1929).
[2] EMANUEL, S.: Ugeskr. Lœg. (dän.) **93**, 535 (1931).
[3] PHILIPP, E.: Dtsch. med. Wschr. **58**, 217 (1932).
[4] Der Vorderlappen kastrierter Tiere enthält auch thyreotropes Hormon in erhöhter Menge. Der Gehalt der Kastrationshypophyse an den anderen hormonotropen Wirkstoffen ist bisher noch nicht untersucht worden.
[5] HOHLWEG u. DOHRN: Klin. Wschr. **1932**, Nr 6, 233.

Fall war. Den gleichen Befund konnte HAMBURGER[1] erheben. Bei
14 männlichen Kastraten im Alter von 12—55 Jahren konnte in 11
Fällen (= 78,5%) Prolan A im Harn nachgewiesen werden, und zwar
150—500 ME pro Liter. Die erhöhte Ausscheidung war schon 3 Wochen
nach der Kastration und noch 13 Jahre nach derselben feststellbar.

Wichtig erscheint mir die Tatsache, *daß der Ausfall der Sexualfunktion die Prolan A-Produktion anregt, so daß das Hormon im Harn
nachweisbar ist.* Wir haben oben gesehen, daß schon 10 Tage nach
Entfernung der Eierstöcke Follikelreifungshormon im Harn erscheint.
*Damit besitzen wir eine objektive Methode, um den Ausfall der Sexual-
funktion aus dem Harn zu diagnostizieren.* Dies ist vom Standpunkt
der Physiologie wie der Pathologie wichtig. Ein Beispiel soll dies
illustrieren: Wir wissen, daß eine Amenorrhöe aus den verschiedenen
Ursachen entstehen kann. Finden wir bei einer Amenorrhoischen mit
der S. 416 beschriebenen Methodik (Alkoholfällung) bei 5 facher Harnkonzentration Prolan A, so wissen wir, daß hier die Ovarialfunktion im
Erlöschen begriffen ist. Die Heilungsaussicht ist in einem derartigen
Fall eine schlechte. Unsere therapeutischen Maßnahmen werden sehr
intensiv sein müssen. Haben wir bei der Operation nur einen Ovarialrest zurücklassen können, so kann man aus dem Auftreten oder Nicht-
auftreten des Follikelreifungshormons im Harn schließen, ob der Ovarialrest noch funktioniert oder nicht. Diese von mir für die klinische
Beurteilung der Ovarialfunktion 1930 angegebene Methode hat sich
erst in letzter Zeit eingebürgert. So konnte DAMM[2] den Wert dieser
biologischen Reaktion bestätigen, insbesondere zur Entscheidung der
klinisch so wichtigen Frage, ob ein operativ zurückgelassener Ovarialrest noch funktioniert oder nicht. DAMM empfiehlt außerdem die
Folliculinanalyse des Harns, da beim Aufhören der Ovarialfunktion der
Prolan A-Gehalt steigt, der Folliculingehalt aber sinkt. Das Fehlen
von 8 ME Folliculin pro Liter Harn gilt als Symptom der fehlenden
Ovarialfunktion. Hierbei sei darauf hingewiesen, daß man, wie im
Kap. 14 gezeigt, kleine Folliculinmengen in jedem Harn findet, so daß
ich z. B. im Nachweis von 20 ME pro Liter keinen Beweis für die
Ovarialfunktion sehen würde. Man findet wie bei jedem Menschen so
auch bei Kastraten 8 ME Folliculin pro Liter Urin, so daß der Folliculinbefund nicht nur von der Ovarialfunktion, sondern auch von anderen
Faktoren (extragonadale Genese, s. S. 112) abhängen kann. Wenn DAMM
bei Amenorrhoischen weniger als 8 ME Folliculin pro Liter Urin fand,
so kann dies nur ein Zufallsbefund sein. Das Fehlen von Folliculin im
Harn kann jedenfalls diagnostisch nicht verwertet werden.

Das Follikelreifungshormon regt die Sexualfunktion an. Das Hormon
wird also mit Beginn der Sexualtätigkeit in erhöhtem Maße vom Hypo-

---

[1] HAMBURGER, CH.: Ugeskr. Læg. (dän.) **93**, 27 (1931).
[2] DAMM, P.: Acta obstetr. skand. (Stockh.) **14**, 115 (1934).

physenvorderlappen gebildet. Wir haben jetzt gesehen, daß es auch beim Aufhören der Sexualfunktion (Klimax, Kastration) in erhöhtem Maße produziert wird. Demnach: *Erhöhung der Prolan A-Produktion bei Beginn und Ende der Sexualfunktion!*

Kastrierte Tiere: Der Nachweis der erhöhten Ausscheidung des Follikelreifungshormons bei der kastrierten Frau veranlaßte mich zu Untersuchungen bei kastrierten Tieren[1].

Harn von erwachsenen kastrierten Mäusen wurde infantilen Mäusen injiziert, ohne daß irgend eine gonadotrope Reaktion auftrat. Versuche mit stärkeren Konzentrationen (Fällung des Prolans aus Sammelharn von kastrierten Mäusen, wobei jede infantile Maus das fragliche Hormon aus 6 ccm Harn erhielt) führten ebenfalls zu negativem Ergebnis. Auch bei Injektion des Hormons aus je 30 ccm Mäuseharn trat bei infantilen Ratten keine Reaktion auf. Der Harn war vom 7.—11. bzw. vom 15. Tage nach der Kastration an gesammelt.

Im Gegensatz dazu war das Hormon im Harn von kastrierten Ratten nachweisbar, allerdings nur, wenn der Harn bald nach der Kastration verwandt wurde. Wurde der Harn später als 15 Tage nach der Kastration injiziert, so waren die Ergebnisse negativ. Die im Harn vorhandenen Hormonmengen waren sehr wechselnd. Manchmal war schon in 3 ccm Harn 1 Einheit Follikelreifungshormon vorhanden, in anderen Versuchen mußte ich aber das Hormon aus 30 ccm Harn fällen, um die HVR I auszulösen.

Versuche beim Ochsen verliefen negativ (selbst bei Injektion von Hormon aus 36 ccm Harn).

Wallach: Unter 8 Tieren konnte 3mal erhöhte Prolan A-Ausscheidung festgestellt werden (50—300 ME pro Liter). Bei 5 Wallachen war das Hormon nicht nachweisbar, obwohl das fragliche Hormon aus 40 ccm Harn gefällt und injiziert wurde.

Wir sehen also, daß beim kastrierten Tier im Prinzip die gleichen hormonalen Verhältnisse herrschen wie bei der Frau, d. h. daß auch beim Tier durch die Entfernung der Ovarien eine Überproduktion von Prolan A einsetzt. Allerdings ist die Hormonausscheidung im Harn beim Tier viel unregelmäßiger als bei der Frau, so daß der Nachweis nur in einem Teil der Fälle gelingt. Die Hormonmengen sind gering, so daß die Versuche nur positiv werden, wenn man das Hormon durch Fällung aus größeren Harnmengen gewinnt.

Während bei der Maus und dem Ochsen Prolan A im Harn nicht nachweisbar war, ergaben die Versuche bei der Ratte und dem Wallach positive Resultate. Der Rattenharn mußte allerdings bald nach der Kastration verwandt werden, denn schon 2 Wochen nach der Kastration ist das Hormon nicht mehr vorhanden. Beim Pferd konnte nur in einem Teil der Fälle Follikelreifungshormon nachgewiesen werden, hier aber noch mehrere Jahre (5—6) nach der Kastration.

---

[1] ZONDEK, B.: In der I. Auflage mitgeteilt (1931).

b) Röntgenkastration.

Neben den operativ Kastrierten habe ich noch 10 Frauen nach Röntgenkastration (Tabelle 41) untersucht und hier in 4 Fällen (d. h. 40%) die positive Reaktion gefunden. Ich stellte die erhöhte Ausscheidung erst 1 Jahr nach der Röntgenkastration fest, LASSEN u. BRANDSTRUP, die im übrigen meine Befunde bestätigten, aber schon im ersten halben Jahr nach der Kastration. Bei häufiger Untersuchung derselben Patientin fanden sie in 92% der Fälle eine Ausscheidung von sogar mehr als 400 ME Prolan pro Liter Harn. BORST, DÖDERLEIN u. GOSTIMIROVIĆ[1] konstatierten, daß die Röntgenbestrahlung als solche auch eine erhöhte Ausscheidung von Follikelreifungshormon bewirken kann, was sie auf eine Fernwirkung auf den Hypophysenvorderlappen durch die im bestrahlten Gewebe auftretenden Zerfallsprodukte zurückführen. Auf Grund dieser Befunde kann die Frage, wie weit die erhöhte Prolanausscheidung nach der Röntgenkastration durch den Ausfall der Ovarialfunktion oder die Strahlenwirkung als solche bedingt ist, nicht mit Sicherheit beantwortet werden. Wahrscheinlich werden beide Faktoren sich in der Wirkung kombinieren.

Tabelle 41. Röntgenkastration.

Lfd. Nr.	Name	Alter	Prot.-Nr.	Art der Röntgenkastration.	Ergebnis
1	S.	46	189	Vor 1 Jahr Rö.-Kastrat. wegen klim. Blutungen. Amenorrhöe seit 10 Mon., keine Ausfallserscheinungen	neg.
2	B.	46	193	Seit 3 Monaten amenorrhoisch nach Rö. Kastration	neg.
3	Sch.	39	214	Vor 1½ Jahren Rö.-Kastrat. Schwere Ausfallserscheinungen	pos.
4	K.	40	236	Rö.-Kastrat. vor 3 Wochen, beginnende Wallungen	neg.
5	B.	37	246	4 Wochen nach Rö.-Kastration	neg.
6	V.	44	247	Vor 2½ Jahren Rö.-Kastration, seitdem amenorrhoisch	pos.
7	Sch.	53	248	Vor 22 Monaten Rö.-Kastration, seitdem amenorrhoisch	pos.
8	A.	43	251	Vor 3 Jahren Rö.-Kastration wegen Blutungen, seitdem amenorrhoisch., 6 kg Zunahme, keine Ausfallserscheinung mehr	neg.
9	H.	47	258	Vor 3½ Jahren wegen Myom Rö.-Kastration. Seit 3 Jahren Amenorrhöe. Geringe Ausfallserscheinungen	neg.
10	M.	46	265	Vor 2 Jahren Rö.-Kastration wegen Myom. Seit 1½ Jahren Amenorrhöe, 7½ kg Zunahme	pos.

---

[1] BORST, DÖDERLEIN u. GOSTIMIROVIĆ: Münch. med. Wschr. 1031, Nr. 50, 2108; 1932, Nr 28, 1103.

HVH und Parabiose.

Die Überproduktion von Hypophysenvorderlappenhormon im Kastraten läßt sich noch auf eine andere Weise nachweisen, und zwar durch den Parabioseversuch. MATSUYAMA[1] fand zuerst, daß bei Vereinigung eines kastrierten mit einem normalen Rattenweibchen an den Geschlechtsorganen des letzteren starke Veränderungen vor sich gingen. Der Uterus und die Brustdrüsen hypertrophierten, am Ovarium war reichliche Follikel- und Gelbkörperbildung nachweisbar, letztere sowohl an frisch geplatzten, wie an atretischen Follikeln. GOTO[2] bestätigte und erweiterte diese Befunde. Er injizierte Blut von kastrierten Ratten tage- bzw. wochenlang nicht kastrierten Tieren und konnte an den Geschlechtsorganen der letzteren die gleichen Veränderungen am Genitalapparat auslösen wie im Parabioseversuch. Leider sind diese Versuche nicht beweiskräftig, da die verwandten Tiere geschlechtsreif waren, so daß man nicht weiß, wie weit die Wirkung auf das injizierte Blut zurückzuführen war. Auf Grund seiner Befunde kam GOTO zu der Annahme, daß im Blute der kastrierten Tiere ein Kastrohormon[3] sich befindet, das direkt oder indirekt einen Reiz auf die Ovarien ausübe und deren Hypertrophie und histologische Veränderung hervorrufe. Über das Wesen und den Ursprung dieser Substanz konnte GOTO keine Angaben machen.

Heute wissen wir, daß das sogenannte Kastrohormon aus dem Hypophysenvorderlappen stammt. *Die bei Parabiose mit einem kastrierten Tier am nichtkastrierten Partner auftretenden Genitalveränderungen entsprechen genau den Reaktionen, die wir als HVR I—III beschrieben haben.* Die Veränderungen im Parabionten sind dadurch zu erklären, daß das Vorderlappenhormon aus dem kastrierten in das normale Tier übergeht, so daß in diesem das Hormon von zwei Hypophysen zur Wirkung kommt. Es wirkt aber nicht nur das Hormon aus zwei Organismen, sondern dazu kommt noch das in der Hypophyse des Kastraten im Übermaß produzierte Prolan A.

Auch FELS[4] und KALLAS[5] kommen auf Grund ihrer Parabioseversuche zu der Ansicht, daß die sogenannte Kastrohormonwirkung nichts anderes sei als die Reaktion des Hypophysenvorderlappens. Unter 7 Parabioseversuchen bei infantilen Ratten konnte KALLAS in 5 Versuchen nur die Reaktion I, in 2 Versuchen HVR I und III nachweisen. Diese Versuche stimmen mit meinen Resultaten überein (S. 431), daß bei der kastrierten Frau im wesentlichen Follikelreifungshormon im Übermaß produziert und im Harn ausgeschieden

---

[1] MATSUYAMA, R.: Frankf. Z. Path. **25**, 436 (1921).
[2] GOTO: Arch. Gynäk. **123**, 387 (1924).
[3] Mit Recht wendet sich FELS gegen die Bezeichnung Kastrohormon. Eine aus dem Körper entfernte endokrine Drüse könne kein Hormon liefern.
[4] FELS: Arch. Gynäk. **138**, 16 (1929).
[5] KALLAS: Pflügers Arch. **223**, 222 (1929).

wird. So können wir also mit Bestimmtheit jetzt sagen: *Das „Kastrohormon" stammt aus dem Hypophysenvorderlappen, das Follikelreifungshormon — weniger das Luteinisierungshormon — ist das Kastrohormon.*

3. Der Einfluß der Ovarialtransplantation und der Ovarialhormone auf die Ausscheidung des Follikelreifungshormons nach Kastration.

Kann die durch die Kastration bedingte Hypersekretion des Vorderlappens, die sich in erhöhter Ausscheidung des Follikelreifungshormons äußert, durch die Ovarialhormone beeinflußt werden? Wir haben vorher gesehen (s. Kap. 38 u. 39), daß die durch die Kastration beim Tier bedingten morphologischen Veränderungen des Vorderlappens durch Folliculin unter gewissen Bedingungen rückgängig gemacht werden können.

Zunächst versuchte ich[1] durch eine Ovarialtransplantation die Ausscheidung des Follikelreifungshormons zu beeinflussen, der Versuch verlief aber negativ. Wir wissen, daß ein transplantiertes Ovarium nicht funktionell einzuheilen braucht, so daß der negative Ausfall meines Versuches nicht beweisend ist. Deshalb injizierte ich der Patientin Folliculin, und zwar zunächst im Verlauf von 14 Tagen 8000 ME subcutan, dann 10 Tage je 500 ME intravenös und anschließend nochmals — in einmaliger Dosis — 2000 ME intravenös. Die erhöhte Prolanausscheidung änderte sich nicht. Auch die 8tägige Injektion von Corpus luteum-Hormon blieb ohne Wirkung. Möglicherweise waren die verabreichten Hormondosen noch zu niedrig. Um mit Sicherheit sagen zu können, daß man durch die Ovarialhormone die erhöhte Ausscheidung des Follikelreifungshormons nicht beeinflussen kann, müßte man die physiologischen Verhältnisse nachahmen. Man müßte einer kastrierten oder primär amenorrhoischen Frau im Verlauf von 3 Wochen 200000 bis 300000 ME Folliculin injizieren und anschließend 8 Tage je 5 KE Progestin geben, eine Behandlungsart, die bei der kastrierten Frau prägraviden Aufbau der Uterusschleimhaut und Menstruation herbeiführen kann (s. S. 495). Ich hatte bisher keine Gelegenheit[2] eine derartige Behandlung durchzuführen. Im folgenden seien die Einzelheiten des oben angegebenen Falles geschildert.

Frau H., 31 Jahre alt. Die linken Adnexe waren 1921 wegen Extrauteringravidität entfernt. Ende Oktober 1930 wird Patientin auf meine Abteilung aufgenommen. Links neben dem Uterus besteht ein großer, nach unten den Douglas ausfüllender, oben bis über den Nabel reichender cystischer Ovarial-

---

[1] ZONDEK, B.: Klin. Wschr. **1931**, Nr 46, 2121.

[2] Anmerkung bei der Korrektur: In Jerusalem habe ich eine derartige Behandlung durchführen können. Bei einer 26jährigen Frau mit primärer Amenorrhoe wurde durch Zufuhr von 300000 ME Folliculin und 40 KE Progestin die Menstruation herbeigeführt. Die erhöhte Ausscheidung von Prolan A wurde aber nicht beeinflußt. Ob wiederholte Kuren die Hyperfunktion des Vorderlappens herabsetzen können, wird z. Z. von mir untersucht.

tumor. Menstruation bisher normal. Hormonanalyse des Harns: Folliculin nicht vermehrt. Hypophysenvorderlappenhormone mittels der Konzentrationsmethode *nicht* nachweisbar.

Bei der Operation (9. IX. 1930) muß ich den ganzen mit dem Darm und dem Uterus verwachsenen Tumor entfernen, ohne daß es mir gelingt, einen Ovarialrest zu erhalten.

Der Urin wird täglich nach der Operation hormonal analysiert.

18 Tage nach der Operation (27. IX. 1930) ist zum erstenmal Follikelreifungshormon (Prolan A) im Harn (110 ME pro Liter) nachweisbar!

27 Tage nach der Operation (6. X. 1930) derselbe Hormonbefund im Harn. Der Harn wird in Abständen von 3 Wochen analysiert, er enthält regelmäßig 110 ME Follikelreifungshormon pro Liter.

Am 17. XII. 1930 wird eine *homöoplastische Ovarialtransplantation* vorgenommen (das Ovar wird in Scheiben geschnitten ins Cavum Retzii implantiert). Die Transplantation bleibt auf die Hormonausscheidung ohne Einfluß. Die 7 und 26 Tage nach der Transplantation vorgenommene Harnanalyse ergibt unveränderte Ausscheidung von Follikelreifungshormon.

Folliculinbehandlung: Die Patientin erhält täglich 300 ME Folliculin-Menformon subcutan. Beginn der Behandlung am 13. I. 1931.

Während der Folliculinbehandlung (Patientin hat 11 Tage je 300 ME, im ganzen also 3300 ME Folliculin erhalten) wird der Harn analysiert. Die erhöhte Ausscheidung des Follikelreifungshormons besteht fort. Das gleiche Ergebnis nach Zuführung von 5000 ME Folliculin. Die Zuführung von über 8000 ME Folliculin hat also die erhöhte Ausscheidung von Prolan A nicht beeinflußt.

Behandlung mit Corpus luteum-Hormon: Vom 31. I. bis 8. II. 1931 erhält Patientin täglich Corpus luteum-Hormon intramuskulär (verwandt wurde das Luteogan der Firma Henning, das pro Kubikzentimeter 2 Knaus-Einheiten enthält). Die Hormonanalyse am 9. II. ergibt wieder eine Ausscheidung von 110 ME Follikelreifungshormon.

Vom 11.—13. II. täglich 2 Ampullen Luteogan.

Hormonanalyse des Harns am 15. II. ergibt unveränderte Ausscheidung von Follikelreifungshormon.

Intravenöse Folliculinbehandlung: Um eine intensivere Wirkung zu erzielen, wird eine intravenöse Folliculinbehandlung vorgenommen. Patientin erhält vom 16.—26. II. im ganzen 5000 ME Folliculin intravenös. Die Harnanalyse vom 27. II. zeigt wiederum erhöhte Ausscheidung von Follikelreifungshormon (110 ME pro Liter).

Jetzt wird ein einmaliger Hormonstoß ausgeführt. Die Patientin erhält am 8. III. 2000 ME Folliculin intravenös. Am 9. und 10. III. wird der Harn mittels der Fällungsmethode analysiert: er enthält heute 200 ME Follikelreifungshormon pro Liter. Eine Verwechslung des Follikelreifungshormons mit ausgeschiedenem Folliculin kommt nicht in Frage. Der Harn wurde vor der Alkoholfällung intensiv mit Äther geschüttelt und dadurch das Folliculin extrahiert. Bei der Konzentrationsmethode wird das Prolan durch Alkohol gefällt, das Folliculin geht nicht in die Fällung.

4. Prolanausscheidung im Alter.

Nachdem festgestellt war, daß das Follikelreifungshormon beim physiologischen Versiegen der Ovarialfunktion im 3. Stadium des Klimakteriums in erhöhter Menge im Harn auftritt, mußte geprüft werden, wie lange diese erhöhte Hormonausscheidung anhält. Mit dieser Frage hat sich besonders ÖSTERREICHER beschäftigt. Er untersuchte mit meiner Methodik 44 Frauen im Alter von 52—91 Jahren und fand in 39 Fällen, also in fast 90%, eine erhöhte Prolan A-Ausscheidung. Die Werte lagen zwischen 80 und 330 ME pro Liter Morgenurin.

In eigenen Untersuchungen[1] wurde Harn von 70 Frauen im Alter von 50—95 Jahren untersucht, wobei der Urin mit der Alkoholfällungsmethode auf einen Gehalt von 111 ME Prolan A pro Liter geprüft wurde (s. Tabelle 42).

Die Tabelle 42 ergibt, daß tatsächlich Prolan im Harn alter Frauen vermehrt ausgeschieden werden kann. Bei 70 Frauen konnte ich 11mal, d. h. in 15,7% der Fälle, die erhöhte Hormonausscheidung (111 ME pro Liter Harn) nachweisen.

In weiteren Versuchen konzentrierte ich den Harn alter Frauen 10fach, d. h. ich fällte das Prolan aus 100 ccm Frühurin mit Alkohol aus und nahm das Hormon in 10 ccm Wasser auf. Von dieser Lösung erhielt jede der 5 infantilen Mäuse $6 \times 0,3 = 1,8$ ccm, so daß dadurch der Nachweis von 55,5 ME Prolan pro Liter Harn möglich war. Ich untersuchte Harn von 30 Frauen im Alter von 65—86 Jahren. Hierbei konnte ich in 18 Fällen, d. h. in 58% der Fälle, ein positives Resultat erzielen.

Tabelle 42. Prolanausscheidung im Altersharn.

Alter der Frau in Jahren	Zahl der untersuchten Fälle	Ergebnis: 110 ME pro Liter Harn	
		positiv	negativ
50—55	7	1	6
55—60	7	0	7
60—65	6	1	5
65—70	6	0	6
70—75	7	1	6
75—80	5	2	3
80—85	10	2	8
85—90	15	2	13
90—95	7	2	5
	70	11 = 15,7%	59 = 84,3%

Bei alten Frauen wurde eine Ausscheidung von 111 ME Prolan in 15,7%, von 55,5 ME in 58% der Fälle gefunden. Die durch das Aufhören der Ovarialfunktion bedingte erhöhte Prolanausscheidung kann sich also bis in das höchste Alter fortsetzen.

SAETHRE[2] untersuchte Harn von 25 Frauen im Senium und fand bei einmaliger Hormonanalyse in 68%, bei wiederholter Untersuchung in 92% eine erhöhte Prolanausscheidung (111 ME pro Liter). Hingegen konnte er im Blut eine Hormonvermehrung nicht finden, hier waren nicht einmal 16—33 ME Follikelreifungshormon pro Liter nachweisbar, wobei Fälle ausgesucht waren, in denen der Hormonwert im Harn 330 bis 660 ME pro Liter betrug.

Möglicherweise ist der Unterschied zwischen meinen Ergebnissen und denen von ÖSTERREICHER und SAETHRE darauf zurückzuführen, daß die

---

[1] ZONDEK, B.: Klin. Wschr. **1932**, Nr 44, 1839.
[2] SAETHRE, H.: Klin. Wschr. **1933**, Nr 44, 1727.

genannten Autoren den Harn derselben Frau öfters analysiert haben, während ich nur eine bis zwei Untersuchungen bei jedem Harn ausgeführt habe. So gibt ÖSTERREICHER an, daß er bei wiederholter Analyse desselben Harns die erhöhte Ausscheidung in allen Fällen gefunden habe. Dies würde darauf hinweisen, daß die erhöhte Excretion im Senium nicht konstant ist, so daß das Hormon nur zuweilen im Harn auftritt. Es scheint mir an sich nicht so wichtig zu sein, ob man Prolan A im Harn alter Frauen in so oder soviel Prozent findet, das Wesentliche scheint mir die Tatsache zu sein, daß die mit dem Versiegen der Ovarialfunktion auftretende erhöhte Prolanausscheidung bis in das hohe Greisenalter fortbestehen kann. Wichtig scheint mir auch die Tatsache, daß es sich hierbei um einen spezifischen hormonalen Befund beim weiblichen Geschlecht handelt, denn bei alten Männern tritt Prolan nur äußerst selten im Harn auf. Diese Geschlechtsverschiedenheit haben wir schon bei der Wirkung des Prolans auf die Gonaden kennen gelernt (s. Kap. 27, 4). In diesem Zusammenhang sei darauf hingewiesen, daß COLLIP c. s.[1] bei chronischer Zuführung von Gravidenharnprolan eine erhebliche Vergrößerung der Hypophyse der weiblichen, nicht aber der männlichen Versuchstiere auslösen konnte. Den gleichen Effekt erzielte H. M. EVANS c. s.[2] mit gonadotropem Hormon aus dem Blute gravider Stuten (Prolan + Synprolan = Prosylan). Nach 2monatiger Injektion von täglich 50 RE zeigte die Hypophyse von Rattenböcken keine Veränderung, während sich bei weiblichen infantilen und geschlechtsreifen Tieren eine exzessive Vergrößerung des Vorderlappens einstellte. Während die Hypophyse der Kontrolltiere (infantile Ratten) 9—16 mg wog, betrug das Hypophysengewicht der Versuchstiere 17—61 mg. Bei geschlechtsreifen Ratten stieg das Gewicht von 9—15 auf 22—60 mg. Die vergrößerten Hypophysen erwiesen sich im Implantationsversuch als hormonarm! Histologisch zeigten die Vorderlappen der behandelten Tiere fast völliges Fehlen der basophilen, aber Vermehrung und Vergrößerung der eosinophilen und chromophoben Zellen. Die Tatsache, daß der Effekt beim weiblichen, nicht aber beim männlichen Tier sowohl durch Prolan wie durch Prosylan erzielt wird, beweist, daß die verschiedenartige Wirkung nicht auf der Verschiedenartigkeit des gonadotropen Hormons, sondern auf einer spezifisch geschlechtsbedingten Reaktion beruht. Warum der weibliche, nicht aber der männliche Vorderlappen die parenterale Zufuhr von gonadotropem Hormon mit einer qualitativen und quantitativen Zellreaktion beantwortet, läßt sich nicht sagen.

---

[1] COLLIP, J. B., SELYE, H., THOMPSON, D. L. a. WILLIAMSON, J. E.: Proc. Soc. exper. Biol. a. Med. **30**, 590 (1933). Virchows Arch. **23**, 290 (1933).

[2] EVANS, H. M., SIMPSON, M. E. a. McQUEEN-WILLIAMS, M.: Univ. California Publ. Anat. **1**, Nr 5, 161 (1934).

44. Kapitel.

Prolanausscheidung (insbesondere A) bei Tumoren.

Es ist bekannt, daß im Blute schwangerer Frauen gleichartige Stoffe auftreten können wie bei bösartigen Tumoren, so daß einige Carcinomreaktionen auch im Schwangerenblut positiv ausfallen. Unter diesem Gesichtspunkt habe ich seinerzeit zusammen mit Aschheim die hormonale Schwangerschaftsreaktion auch im Harn Krebskranker geprüft. Wir fanden eine positive Schwangerschaftsreaktion (d. h. HVR II und III) 2mal bei Frauen mit Collumcarcinom. Hingegen fanden wir die HVR I beim Genitalcarcinom der Frau in 20% positiv, während sie beim extragenitalen Carcinom (10 Fälle) niemals nachweisbar war.

Bei meinen Tumorstudien[1] bin ich erst durch die Erkenntnis weiter gekommen, daß es sich hier um ein quantitatives Hormonproblem handelt, daß die Ausscheidung des Prolans bei Tumorkranken zwischen der physiologischen Ausscheidung einerseits und der stark erhöhten Excretion in der Schwangerschaft andererseits liegt. Während die physiologische Ausscheidung des Prolans bei der gesunden Frau im Durchschnitt nur etwa 20 ME pro Liter Harn beträgt, ist sie in der Gravidität um über das 1000fache, bei Tumorkranken hingegen nur um das 5—10fache gegenüber der Norm erhöht. Tumorkranke scheiden durchschnittlich 100—150 ME, häufig aber bis 400 ME Prolan[2] pro Liter Harn aus. Zum Nachweis derartiger Hormonmengen muß man sich meiner Konzentrationsmethode (Alkoholfällungsmethode s. S. 236 u. 416) bedienen. Hierbei bin ich stets von 60 ccm Frühurin ausgegangen und habe das gefällte Prolan in 12 ccm Wasser aufgenommen. Jede der 5 infantilen Mäuse erhielt $6 \times 0{,}3 = 1{,}8$ ccm, so daß damit der Nachweis von 111 ME Prolan pro Liter Urin möglich war.

Über meine Ergebnisse bei den verschiedenartigen Tumoren will ich ausführlich berichten. Ich möchte aber folgendes schon vorwegnehmen:

Die Carcinomdiagnose ist aus dem Harn durch Nachweis des Follikelreifungshormons nicht zu stellen, weil die Reaktion auch bei gutartigen Tumoren positiv ausfallen kann.

1. Benigne Tumoren.

a) Ovarialtumor.

Mit der Fällungsmethode habe ich 6 Fälle von benignen Ovarialtumoren untersucht. Die Reaktion war niemals positiv. Hierbei handelte es sich um Cystoma serosum simplex, Cystadenoma pseudomucinosum und Dermoidcysten verschiedener Größe (ein Cystom füllte die ganze Bauchhöhle aus). Das Alter der Frauen schwankte zwischen 22 und

---

[1] ZONDEK, B.: Klin. Wschr. 1930, Nr 15.
[2] Das im Tumorharn ausgeschiedene gonadotrope Hormon enthält auch den synergischen Faktor, es handelt sich demnach um Prolan + Synprolan.

47 Jahren. In einem Fall von papillärem Cystom hatten wir früher bei Einspritzung des nativen Harns eine positive Reaktion gefunden.

b) Myom.

Anders liegen die Verhältnisse beim Myom. Ich habe 14 Myomfälle untersucht. Das Alter der Frauen schwankte zwischen 39 und 50 Jahren. Bei 9 Frauen war die Reaktion negativ, bei 5, d. h. in 35% der Fälle, positiv. Die Größe des Myoms ist dabei nicht entscheidend.

So fand ich bei einer 43jährigen Frau mit einem über den Nabel reichenden Myom eine negative, bei einem submucösen, nicht sehr großen Myom hingegen eine positive Prolan A-Reaktion. Die Anamnese der positiven Fälle ergab, daß das Myom in der letzten Zeit schnell gewachsen war. In 3 Fällen war eine starke Erweichung zu erkennen. Es besteht die Möglichkeit — die Verhältnisse sind allerdings noch nicht genügend geklärt —, daß beim Myom die Reaktion positiv wird, wenn der Tumor schnell zu wachsen beginnt bzw. degenerative Veränderungen zeigt.

Während wir bei den gutartigen Genitaltumoren die Ausschüttung des Follikelreifungshormons im Harn nur ganz selten (benigne Ovarialtumoren), oder in einem Drittel der Fälle (Myome) finden, liegen die Verhältnisse beim weiblichen Genitalcarcinom ganz anders. *Beim Genitalcarcinom der Frau fand ich die Prolan A-Reaktion in der überwiegenden Zahl der Fälle positiv.*

2. Genitalcarcinom der Frau.

a) Vulva- und Clitoriscarcinom.

Im ganzen wurden 55 Genitalcarcinome untersucht.

Bei 4 Frauen mit *Vulva-* bzw. *Clitoriscarcinom* im Alter von 52, 58, 67 und 72 Jahren war die Reaktion stets positiv (Altersreaktion?).

b) Collumcarcinom.

Bei Collumcarcinom (Tabelle 43) war die Reaktion 33mal positiv, d. h. in 78,6% der untersuchten Fälle. Im ganzen wurden 49 Harne von Frauen mit Collumcarcinom untersucht, davon 7 Harne zweimal bzw. mehrmals von derselben Patientin. Die 49 Untersuchungen wurden also an 42 Frauen mit Genitalcarcinom ausgeführt. Die Untersuchungen wurden sowohl an operablen wie inoperablen Fällen gemacht, d. h. das Collumcarcinom in allen klinischen Stadien untersucht. *Bereits bei beginnendem Carcinom, wo die Diagnose nur durch Probeexcision gesichert werden konnte (Tabelle 43, Fall 30 und 33), war die Reaktion positiv.* Nach der WERTHEIMschen Radikaloperation bleibt die Reaktion positiv, um zuweilen einige Monate nach der Operation negativ zu werden. Dies konnten wir in den Fällen feststellen, wo bei der Operation ein Ovarium erhalten blieb bzw. reimplantiert wurde. Entfernt man bei der Radikaloperation die Ovarien, so kann die Reaktion dadurch positiv bleiben, daß jetzt eine Kastration vorliegt und diese, wie vorher gezeigt (s. S. 432), die langdauernde A-Reaktion auslösen kann.

Tabelle 43. Collumcarcinome (auch Rezidive).

Nr.	Name	Alter	Protokoll-Nr.	Art des Carcinoms	Ergeb-nis	Bemerkung
1	B.	43	6	Progress., früher mit Radium bestrahlt	pos.	
2	M.	38	2	Ca. cervicis. p. operat.	pos.	
3	Sch.	35	8	Ca. cervicis inop.	pos.	
4	St.	55	10	Ca. cerv. oper.	pos.	
5	B.	43	13	Portio-Ca. inop., früher mit Radium bestrahlt	pos.	
6	B.	65	15	Portio-Ca., inop.	pos.	
7	W.	32	18	Ca. colli oper.	neg.	
8	G.	57	19	Ca. colli, Rezidiv	pos.	Rezidiv!
9	K.	40	20	Ca. colli oper.	pos.	
10	B.	45	22	Rezidiv p WERTHEIM	neg.	Rezidiv!
11	K.	33	23	Progr. Rez. p. WERTHEIM	pos.	Rezidiv!
12	B.	64	26	Ca. port. oper.	pos.	
13	M.	47	28	Portio-Ca. op.	neg.	
14	K.		31	Rez. progr. n. WERTHEIM	pos.	Rezidiv! vgl. 23
15	K.	40	33	24 Tage post WERTHEIM, nicht radikal operiert	pos.	
16	K.	40	37	Ca. colli oper.	pos.	
17	K.		45	Rec. progr. p. WERTHEIM	pos.	Rezidiv! (vgl. 23)
18	R.	52	47	Rec. p. WERTHEIM	pos.	Rezidiv!
19	N.	50	48	Ca. colli inop.	pos.	
20	N.	45	49	Ca. colli op.	pos.	
21	M.	42	61	4 Mon. n. WERTHEIM. Ovar reimplantiert!	pos.	4 Mon. p. WERTHEIM
22	W.	58	62	Ca. colli Rec.	pos.	Rezidiv!
23	W.	50	72	22 Tage p. WERTHEIM	pos.	22 Tage post WERTHEIM
24	G.	54	83	Portio-Ca. op.	pos.	
25	Sch.	55	90 a	Portio-Ca. op.	pos.	
26	H.	67	96 a	Portio-Ca. op.	pos.	
27	M.	56	100	Portio-Ca. inop. 8 Tage n. Radiumbestrahlung	pos.	8 Tg. n. Radiumbestrlg.
28	Sch.	38	103	Portio-Ca. oper.	pos.	
29	B.	35	109	8 Mon. p. WERTHEIM. 1 Ovar reimplantiert!	neg.	8 Mon. post WERTHEIM
30	H.	43	110	Ganz beginnendes Ca.	pos.	
31	G.		117	32 Tage p. WERTHEIM	pos.	1 Mon. p. WERTHEIM (vgl. 83)
32	K.	43	135	Ca. cervicis., 3 Tage p. WERTHEIM	neg.	3 Tage p. WERTHEIM
33	Sch.	40	136	Beginn. Cervix-Ca. Embolietod!	pos.	
34	A.	57	162	Rez. n. SCHAUTA-Op.	pos.	Rezidiv!
35	W.	52	164	Rez. n. vagin. Op. 6 Tage nach Radium-bestrahlung	pos.	Rezidiv! Radium!

Tabelle 43 (Fortsetzung).

Nr.	Name	Alter	Protokoll-Nr.	Art des Carcinoms	Ergebnis	Bemerkung
36	G.	—	171	$2^1/_2$ Mon. p. WERTHEIM	pos.	$2^1/_2$ Mon. p. WERTHEIM (vgl. 83, 117)
37	R.	43	183	Großes Rezidiv (außerhalb oper.)	neg.	Rezidiv!
38	K.	—	195	Ca. cervicis m. multipl. Metastasen, moribund	neg.	Rezidiv! (vgl. 23, 45, 51)
39	Sch.	37	209	Collum-Ca.	pos.	
40	E.	48	211	Collum-Ca.	pos.	
41	N.	55	212	Collum-Ca. m. Drüsen	pos.	
42	N.	29	215	9 Wochen n. WERTHEIM	neg.	
43	B.	49	217	9 Wochen n. WERTHEIM	pos.	
44	Sch.	—	237	2 Woch. n. WERTHEIM m. Erhaltg. des r. Ovars	pos.	(vgl. 209)
45	G.	—	238	13 Woch. n. WERTHEIM	neg.	(vgl. 83, 117, 171)
46	B.	37	252	Cervix-Ca.	neg.	
47	G.	49	255	Cervix-Ca. nach Röntg.-Bestrahlung	pos.	Röntgen.
48	G.	34	259	Collum-Ca.	neg.	
49	Sch.	39	239	Collum-Ca.	pos.	

Auch beim Carcinomrezidiv nach der WERTHEIMschen Operation ist die Reaktion positiv (unter 8 Fällen 6mal = 75%). Vielleicht besteht die Möglichkeit, aus dem Auftreten einer positiven A-Reaktion nach der WERTHEIMschen Operation das Rezidiv zu diagnostizieren. Allerdings wäre der positive Befund nur dann zu verwerten, wenn die Reaktion nach der WERTHEIMschen Operation wieder *negativ* geworden ist. Ich würde begrüßen, wenn nach dieser Richtung hin Untersuchungen vorgenommen würden. Nach dem jetzigen Stand möchte ich jedenfalls einen diagnostischen Schluß für das Rezidiv noch nicht wagen.

Verschlechtert sich das Allgemeinbefinden carcinomkranker Frauen akut, werden sie moribund, so verschwindet, wie ich feststellte, das Prolan A meist aus dem Harn, was BORST, DOEDERLEIN u. GOSTIMIROVIĆ[1] bestätigten. Dieser Befund erscheint mir bemerkenswert, weil wir daraus schließen müssen, daß *der Körper beim Versiegen der Lebenskräfte nicht imstande ist, das Follikelreifungshormon zu produzieren.*

Beim häufigen Vorkommen des Prolan A beim Genitalcarcinom der Frau könnte der Einwand gemacht werden, daß es sich meist um Frauen in der oder nach der Klimax handelt, wo die A-Reaktion an sich (S. 441) positiv sein kann. Ich habe deshalb mein Material folgendermaßen zusammengestellt.

---

[1] BORST, DOEDERLEIN u. GOSTIMIROVIĆ: Münch. med. Wschr. 1932, Nr 28, 1104.

Die Fälle wurden in zwei Gruppen geteilt: in der ersten Gruppe befinden sich die Frauen vor dem Klimakterium (42 Jahre und darunter), in der zweiten Gruppe die Frauen während und jenseits der Klimax (43—67 Jahre). Hierbei ergab sich folgendes:

1. 42 Jahre und darunter: 16 Carcinomkranke; hiervon 11 Fälle positiv = 68,7%.

2. Über 42 Jahre: 26 Carcinomkranke; hiervon 22 Fälle positiv = 84,6%.

Die Zusammenstellung beweist, daß man beim Collumcarcinom die erhöhte Ausscheidung des Follikelreifungshormons in durchschnittlich 78,6% der Fälle findet. Die Befunde werden bei carcinomatösen Frauen während und jenseits der Klimax noch häufiger (84,6%). Da wir aber in und nach der Klimax an sich eine erhöhte Ausscheidung — berechnet auf 111 ME Follikelreifungshormon pro Liter Harn — in 1—25% der Fälle finden, so dürfen wir nur die Carcinomfälle *vor* Beginn des Klimakteriums verwerten, wenn wir den Einfluß des Collumcarcinoms auf die erhöhte Prolanausscheidung mit Sicherheit feststellen wollen(68,7%).

Meine Befunde sind von E. W. WINTER[1] bestätigt worden. Wenn wir in seinem kleinen Material nur die 4 Fälle von Collumcarcinom im geschlechtsreifen Alter berücksichtigen, so ergibt sich eine erhöhte Ausscheidung von Follikelreifungshormon in 75% der Fälle.

Beim Vulva- und Clitoriscarcinom fand ich in allen Fällen die erhöhte Prolanausscheidung. Diese Lokalisation des Hormons findet man fast nur bei Frauen jenseits der Klimax, so daß sich hier die absolute Zahl nicht mit Sicherheit angeben läßt. Ähnlich liegen die Verhältnisse beim Corpus- und Ovarialcarcinom.

Es kommt meines Erachtens nicht darauf an, ein paar Prozent mehr oder weniger zu finden, wesentlich scheint mir die Tatsache, daß das Genitalcarcinom der Frau eine erhöhte Ausscheidung von Follikelreifungshormon bedingt (111 ME pro Liter Harn). *Während man bei gesunden Frauen im geschlechtsreifen Alter niemals eine erhöhte Hormonausscheidung findet, tritt sie bei Frauen mit Collumcarcinom im geschlechtsreifen Alter in 68,7% der Fälle auf!*

c) Corpus- und Ovarialcarcinom.

Bei 9 Frauen mit Corpuscarcinom im Alter von 39—75 Jahren fand ich die Reaktion 6mal positiv (66,6%).

Bei 12 Fällen von Ovarialcarcinom fand ich 8mal eine positive A-Reaktion (66,6%). Das Alter der Frauen schwankte zwischen 34 und 67 Jahren (Tabelle 44). Im Fall 5 war die Reaktion bei einer moribunden Frau mit Ovarialcarcinom negativ. Ich habe schon darauf hingewiesen, daß Prolan A beim Versiegen der Lebenskräfte nicht mehr produziert wird.

---

[1] WINTER, E. W.: Arch. Gynäk. **151**, 201 (1932).

Tabelle 44. Ovarial-Ca.

Nr.	Name	Alter	Protokoll-Nr.	Diagnose	Ergebnis
1	B.	43	9	Ovar.-Ca. m. Metastase in der Leiste	pos.
2	J.	65	50	Riesenovarial-Ca. inop.	pos.
3	Sch.	60	55	Riesenovarial-Ca. seit 9 Jahr., bestrahlt, degeneriert	neg.
4	P.	47	60	Ovarial- + Rectum-Ca.	pos.
5	B.	53	77	Ovar.-Ca. moribund	neg.
6	St.	58	82	Großes Ov.-Ca., Peritoneal-Ca.	pos.
7	V.	51	84	2-kopfgr. Ov.-Ca. m. Netz- u. Darmmetast.	pos.
8	M.	41	187	Ovar.-Ca. inop. Netzmetast. (wahrscheinl. primäres Magenca.)	neg.
9	D.	48	—	Ovar.-Ca. mit Peritonealmetastasen	neg.
10	W.	34	—	Ovar.-Ca.	neg.
11	K.	53	—	Ovar.-Ca. mit Lungenmetastasen	pos.
12	M.	67	—	Zerfallendes Ovar.-Ca.	pos.

3. Extragenitale Carcinome bei der Frau.

Die nächste Frage mußte lauten: Ist die Ausscheidung des Follikelreifungshormons für das Carcinom überhaupt charakteristisch oder nur für das Genitalcarcinom? Zur Entscheidung dieser Frage mußten Untersuchungen an Frauen mit extragenitalem Carcinom ausgeführt werden (Tabelle 45). Ich habe 15 Frauen mit Carcinom der Lippen, der Mamma, des Magens und des Peritoneums untersucht (im Alter von 32—70 Jahren). Bei diesen 15 Fällen war die Reaktion 5mal positiv, d. h. in 33,3% der Fälle. Das Alter und die Lokalisation des Carcinoms spielen keine Rolle. *Wir sehen aus diesem Ergebnis, daß das Genitalcarcinom der Frau eine Ausnahmestellung einnimmt.*

Tabelle 45. Extragenitale Carcinome der Frau.

Nr.	Name	Alter	Protokoll-Nr.	Diagnose	Ergebnis
1	R.	49	56	Mamma-Ca., Metastasen	pos.
2	H.	63	148	Lippen- u. Unterkiefer-Ca.	neg.
3	W.	40	149	Mamma-Ca.	neg.
4	J.	60	150	Mamma-Ca.	neg.
5	M.	39	154	Oberlippen-Ca.	pos.
6	B.	63	155	Wangen-Ca.	pos.
7	S.	46	174	Mamma-Ca.	neg.
8	L.	32	175	Mamma-Ca., Metastasen	neg.
9	H.	70	176	Magen-Ca.	neg.
10	B.	46	177	Magen-Ca. (Klimakt. Ausfallserscheinungen)	pos.
11	B.	39	203	Mamma-Ca.	neg.
12	H.	70	204	Magen-Ca.	neg.
13	B.	49	205	Magen-Ca.	neg.
14	H.	65	182	Carcinose d. Peritoneums	pos.
15	M.	48	—	Chondrosarcom des Beckens	neg.

Mit Carcinomharn von Frauen lösen wir am infantilen Nagetier Follikelvergrößerung, Follikelreifung und den Oestrus aus (HVR I), in drei Fällen beobachten wir auch Blutpunkte (HVR II) und Corpora lutea (HVR III). In diesen Fällen war auch Prolan B vorhanden, man konnte also mit dem nativen Carcinomharn die gleichen Reaktionen hervorrufen wie mit Schwangerenharn. Der Harn stammte in zwei Fällen von Frauen mit Collumcarcinom, im dritten Fall von einem Bronchialcarcinom. *Die erhöhte Ausscheidung von Luteinisierungshormon (Prolan B) tritt demnach bei carcinomatösen Frauen nur sehr selten auf.*

4. Follikelreifungshormon im Blut bei Ovarialstörungen und malignen Tumoren.

Nachdem festgestellt war, daß Prolan A beim Aufhören der Ovarialfunktion (Klimakterium und Kastration) sowie beim Carcinom der Genitalorgane in erhöhtem Maße ausgeschieden wird, interessierte mich die Frage, ob die Hormonvermehrung auch im Blute[1] nachweisbar ist. Die beim Harn zum Nachweis kleiner Prolanmengen angewandte Methode (Alkoholfällung) ist mit Blut nicht durchführbar, weil das Bluteiweiß durch Alkohol mitgefällt wird und die Hormongewinnung aus der Eiweißfällung nur unvollkommen gelingt.

Ich habe daher das native Blut untersucht, indem ich große Serummengen injizierte. Diese werden von den infantilen Tieren nur vertragen, wenn das Serum mittels der Äthermethode entgiftet[2] ist. Jetzt kann man infantilen 30 g schweren Ratten $6 \times 2 = 12$ ccm Serum im Verlauf von 48 Stunden injizieren. (Ich habe für die Serumversuche nicht Mäuse, sondern Ratten verwandt, weil diese größere Serummengen vertragen.) 12 ccm Serum entsprechen ungefähr 30 ccm Blut. Kann man durch 12 ccm Serum die HV-Reaktion auslösen, so zeigt dieses, daß im Liter Blut 33 RE Prolan bzw. Prosylan vorhanden sind.

Methodik: Man läßt das zu untersuchende Blut 24 Stunden in einem weiten Gefäß stehen, damit das Serum sich gut absetzt. Durch Zentrifugieren kann man die letzten Serummengen gewinnen. In einem Schüttel-

---

[1] Im Blut carcinomatöser Männer und Frauen haben Dingemanse, Freud, de Jongh und Laqueur [Arch. Gynäk. 141, 225 (1930)] zuweilen einen hohen Folliculingehalt gefunden (bis 10 000 ME statt physiologisch 50—500 ME pro Liter). Demnach müßte man schon durch 0,1 ccm Blut von Carcinomatösen die Brunstreaktion auslösen können. Ich habe das Blut von Männern mit klinisch sicher nachgewiesenem Carcinom untersucht. Ich verwandte das mit Natrium citricum versetzte Gesamtblut. Hierbei erhielten die kastrierten Mäuse steigende Dosen von $6 \times 0,1$ bis $6 \times 0,4$ ccm Blut. Selbst durch diese großen Mengen gelang es mir niemals die Brunstreaktion auszulösen. Da in 2,4 ccm Blut nicht 1 Einheit vorhanden war, sind im Liter Gesamtblut Carcinomatöser weniger als 440 ME Folliculin vorhanden. Ich kann also die Angaben über einen hohen Folliculingehalt des Blutes Carcinomatöser nicht bestätigen.

[2] Zondek, B.: Klin. Wschr. 1930, Nr 21, 994/64.

trichter wird das Serum mit der 4—5fachen Menge Äther pro narcosi 5—10 Minuten tüchtig geschüttelt. Dann läßt man das im Schütteltrichter untenstehende Serum ab und stellt es für einige Stunden in weitem Gefäß an das offene Fenster, damit der Äther verdampft. Es ist zweckmäßig die Versuche erst 24 Stunden nach der Ätherbehandlung zu beginnen.

Nach der Ätherbehandlung hat das Serum oft eine leicht milchige Trübung, was aber ohne Einfluß auf die Versuche ist.

Zu jedem Versuch habe ich 4 infantile Ratten im Gewicht von 25 bis 33 g verwandt, wobei jedes Tier im Verlauf von 48 Stunden $6 \times 2 = 12$ ccm Serum erhielt. Vom 3. Versuchstage an wird das Scheidensekret kontrolliert. Bei positiver Reaktion ist am 4. Versuchstage abends oder am 5. Versuchstage früh das reine Schollenstadium im Scheidenabstrich nachweisbar (Brunstreaktion). Am 5. Versuchstage vormittag wird das Tier getötet und die Genitalorgane untersucht. Zur Kontrolle sind Untersuchungen an kastrierten Mäusen erforderlich, um das Follikelreifungshormon vom Folliculin zu unterscheiden, das trotz Ätherbehandlung zuweilen aus dem Serum nicht völlig entfernt wird.

Mit dieser Methodik habe ich[1], seinerzeit unterstützt durch meinen Assistenten, Herrn Dr. GRUNSFELD, das Blut von 56 Menschen untersucht. Das Ergebnis ist in folgender Tabelle zusammengestellt:

Tabelle 46. Blutuntersuchung zum Nachweis von Follikelreifungshormon (Prolan A).

Nr.	Diagnose	Zahl der Fälle	Positiv	Positiv %
1	Kontrollen bei Frauen (gesunde und kranke)	13	0	0
2	Ovarielle Funktionsstörungen	10	2	20
3	Myome (+ Polypen)	9	1	11,1
4	Genitalcarcinome der Frau	16	10	62,5
5	Carcinome beim Mann	4	0	0

Die Kontrolluntersuchungen fielen sämtlich negativ aus. Hierbei handelte es sich um gesunde Frauen bzw. um Patientinnen mit leichten entzündlichen Erkrankungen der Beckenorgane, 2mal um Douglasabscesse, 2mal um Endometritis.

Bei den ovariellen Funktionsstörungen war die Reaktion einmal bei einer 23jährigen, vor einem Jahr operativ kastrierten Patientin positiv, in einem zweiten Fall bei einer 31jährigen, wiederholt operierten Frau, die zwar noch ein Stückchen Ovarium besaß, aber an sehr schweren funktionellen Ausfallserscheinungen litt. Bei drei Klimakterischen fand ich den Prolangehalt des Blutes nicht erhöht. Durch Injektion von 3—5 ccm Serum von operativ kastrierten Frauen konnte FLUHMANN[2] in 12 von 19 Fällen (= 63,1%) die HVR I, 3mal die HVR II, und einmal die HVR III auslösen.

Ferner fand ich eine positive HVR I im Blut bei Tumoren, und zwar bei benignen und malignen Genitaltumoren. Allerdings fällt

[1] ZONDEK, B.: Arch. Gynäk. **144**, 133 (1930).
[2] FLUHMANN, C. F.: J. amer. Med. Assoc. **93**, 672 (1929).

die Reaktion im Harn häufiger positiv aus als im Blut. So fand ich beim Myom im Blut in 11,1%, im Harn hingegen in 35%, beim Genitalcarcinom im Blut bei 62,5%, im Harn aber in 76,1% die positive A-Reaktion.

Der Urin ist also prolanreicher als das Blut. Aus diesem Ergebnis müssen wir schließen, daß der weibliche Organismus bestrebt ist, das in erhöhtem Maße produzierte, aber nicht verwertete Prolan A möglichst bald aus dem Körper durch den Harn auszuscheiden. (Das gleiche ist, wie wir gesehen haben, in der Schwangerschaft der Fall, nur daß hier Prolan A und B im Übermaß produziert und ausgeschieden werden.)

Zusammenfassung: Auch bei anderen Erkrankungen findet man gelegentlich (endokrine Störungen usw.) eine erhöhte Ausscheidung von Follikelreifungshormon, aber diese Verhältnisse spielen gegenüber der Kastration und dem Tumor keine Rolle. *Bei den Tumoren ist das häufige Vorkommen von Follikelreifungshormon beim Genitalcarcinom der Frau und des Mannes hervorzuheben, die Genitalcarcinome nehmen also in hormonaler Beziehung eine Sonderstellung ein.*

Es ist durchaus möglich, daß sich die Prozentzahlen der erhöhten Ausscheidung von Follikelreifungshormon — bei Untersuchung eines noch größeren Materials — vielleicht noch etwas verschieben. Darauf kommt es aber nicht an, sondern nur prinzipiell auf die Tatsache, daß die Hormonausscheidung nach Ausfall der Sexualfunktion und bei Tumorkranken wesentlich erhöht ist.

Mein Material ist in Tabelle 47 zusammengefaßt.

Folgendes sei besonders hervorgehoben: In jedem Organismus kreist das im Hypophysenvorderlappen produzierte Follikelreifungs- und

Tabelle 47. Gesamtmaterial (Harnanalyse auf Prolan A).

Nr.	Diagnose	Zahl der Fälle	Positiv	Positiv %
1	Gesunde und kranke Männer und Frauen	45	0	0
2	Klimakterium	20	5	25
3	Operative Kastration	15	13	86,6
4	Röntgenkastration	10	4	40
5	Gutartige Ovarialtumoren	6	0	0
6	Myome	14	5	35
7	Vulvacarcinom	4	4	100
8	Collumcarcinom und Rezidive	42	33	78,6
9	Corpuscarcinome	9	6	66,6
10	Ovarialcarcinome	12	8	66,6
	Genitalcarcinome insgesamt:	67	51	76,1
11	Extragenitale Carcinome bei Frauen	15	5	33,1
12	Extragenitale Carcinome bei Männern (siehe Tab. 49)	28	4	14,3
13	Maligne Hodentumoren (s. Kap. 45)	12	5	41,7

Luteinisierungshormon (A und B). Das Blut enthält beide Hormone, beide werden in kleinsten Mengen in jedem Frauenharn ausgeschieden (5—25 RE pro Liter). Das gleiche ist der Fall bei der kastrierten oder carcinomatösen Frau, so daß beide Hormone A und B im Harn zur Ausscheidung kommen können. Das Charakteristische bei der Kastration und beim Genitalcarcinom ist die *Überproduktion des Follikelreifungshormons, so daß das Verhältnis von Hormon A zu B weit zugunsten von A verschoben ist*. Bei der Darstellung von Prolan A aus dem Harn einer Frau mit Genitalcarcinom fand ich[1] bei 5facher Hormonkonzentration — mittels Alkoholfällung — nur die A-Reaktion, bei 50facher Konzentration aber auch die B-Reaktion positiv. Das Verhältnis von A und B ist nicht bei allen Kastrierten und Carcinomatösen dasselbe. So fand ich in einigen Fällen auch bei 50facher Harnkonzentration nur Prolan A (s. S. 210 u. 239).

5. Follikelreifungshormon im Carcinomgewebe.

Während wir im Urin von Carcinomkranken Follikelreifungshormon häufig in erhöhter Menge finden, fiel die Untersuchung von Ascitesflüssigkeit negativ aus. Ich untersuchte Ascitesflüssigkeit von Mann und Frau bei Magen- und Peritonealcarcinomatose, bei Lebertumoren mit Metastasen sowie beim Ovarialcarcinom. Obwohl jede infantile Ratte $6 \times 3 = 18$ ccm der durch Äther entgifteten Ascitesflüssigkeit erhielt, konnte die HVR I nicht ausgelöst werden, es waren also weniger als 55,5 RE Prolan A pro Liter nachweisbar.

Wie vorher erwähnt (s. S. 449) konnte ich im nativen Urin einer Frau mit Bronchialcarcinom sowohl Follikelreifungshormon wie Luteinisierungshormon nachweisen, hingegen fiel die Untersuchung des Pleuraexsudates völlig negativ aus. In diesem Falle hatte das Bronchialcarcinom eine Prolanvermehrung im Organismus bedingt, das Hormon wurde im Urin ausgeschieden, aber es diffundierte nicht durch die Lunge in den Pleuraraum!

Was bedeutet die erhöhte Produktion von Follikelreifungshormon beim Carcinom, insbesondere beim Genitalcarcinom? Hierbei ist nur eine Vermutung möglich. Es wäre denkbar, daß das Carcinom selbst den Stoff produziert. In der Tat konnte ich es durch Einpflanzung von Carcinomgewebe, das durch Behandlung mit Äther entgiftet war, bei der infantilen Ratte die Brunstreaktion mit Vergrößerung der Ovarialfollikel auslösen, aber dies war nur sehr selten der Fall. Ich habe frisches Carcinomgewebe mehrmals infantilen Mäusen und Ratten implantiert — im ganzen bis 1 g — und das Gewebe auch extrahiert (Extraktionsmethode s. S. 556). Untersucht wurden Collum- und Ovarialcarcinom, Magencarcinom, Lebermetastasen, Nierencarcinom usw. Unter 12 untersuchten Fällen gelang

---

[1] Zondek, B.: Klin. Wschr. **26**, 1207 (1930).

es nur 3mal, also in 25% der Fälle, Follikelreifungshormon nachzuweisen, niemals aber Luteinisierungshormon. Eine Ausnahme machen
nur die Chorionepitheliome und malignen Hodentumoren (s. S. 371 u.
466). Hier kann man schon durch Implantation von 0,05—0,1 g Gewebe
die HVR I—III auslösen, während man bei anderen malignen Tumoren,
selbst mit 10facher Gewebsmenge nur in einzelnen Fällen die HVR I,
nicht aber die HVR II und III auslösen kann.

Das Vorkommen von Prolan im Carcinom beweist allerdings nicht die
Hormonproduktion in der Tumorzelle, zumal das Hormon hier nur selten
und in geringer Quantität gefunden wird. Es erscheint nur wahrscheinlicher, daß die gonadotropen Hormone im Hypophysenvorderlappen
im Übermaß produziert und in den Carcinomzellen nur gespeichert
wird. Oder man muß sich vorstellen, daß die erhöhte A-Produktion
nur sekundärer Natur ist, d. h. daß der Vorderlappen nur auf die
peripheren Wachstumsvorgänge beim Carcinom mit einer erhöhten
Produktion des Follikelreifungshormons antwortet — im Sinne der
peripheren endokrinen Theorie von H. ZONDEK. — Dafür spricht auch
die Tatsache, daß ich, wie vorher erwähnt, im Ascites bei Ovarialcarcinom, also in einer Flüssigkeit, die in engstem Kontakt mit dem
malignen Gewebe steht und durch dieses bedingt ist, Prolan nicht
finden konnte, während das Hormon im Blut und Harn nachweisbar
war. Hierbei war die injizierte Ascitesflüssigkeit sogar 2—3mal so
groß wie die Harn- bzw. Blutmenge. Ich möchte also glauben, daß beim
Carcinom, insbesondere beim Genitalcarcinom, eine echte Hyperfunktion
des Vorderlappens besteht, wobei besonders interessant ist, daß im
wesentlichen das Follikelreifungshormon, jedenfalls in einer viel stärkeren Konzentration als das Luteinisierungshormon, von der Hypophyse
produziert wird. Für die hypophysäre Genese spricht auch die Tatsache, daß im Carcinomharn Synprolan ausgeschieden wird (s. Kap. 26).

Vielleicht ist die erhöhte Produktion des Follikelreifungshormons eine
spezifische Abwehrreaktion des Körpers gegen das Carcinom. Hierfür spricht
meine Beobachtung, daß die Prolan A-Ausscheidung im Harn beim Versiegen
der Lebenskräfte aufhört (s. S. 446).

Jedenfalls weisen meine Untersuchungen beim Genitalcarcinom auch
auf die besonderen Beziehungen zwischen Hypophyse und dem Genitalapparat hin. Hierbei sei hervorgehoben, daß HIRSCH und HOFBAUER
schon vor Jahren versucht haben, Uterustumoren durch Röntgenbestrahlung der Hypophyse therapeutisch zu beeinflussen.

Die vorliegenden Untersuchungen führen uns wieder zur allgemeinen
Pathologie. Nicht nur bei der Schwangerschaft und der Kastration, sondern
auch bei den malignen Tumoren hat man anatomische Veränderungen im
Hypophysenvorderlappen nachgewiesen.

So beschrieben KARLEFORS, BERBLINGER und MUTH Vermehrung der
Hauptzellen beim Carcinom und Sarkom. Es ist besonders interessant, daß
BERBLINGER beim Genitalcarcinom in erhöhtem Maße die Vermehrung der
Hauptzellen und Umwandlung in Schwangerschaftszellen nachweisen konnte.

BERBLINGER nimmt an, daß die Eiweißspaltprodukte der zerfallenden Tumorzellen auf hämatogenem Wege als plasmafremde Stoffe die Veränderungen im Hypophysenvorderlappen auslösen, zumal er durch unspezifische Extrakte beim Kaninchen Veränderungen im Sinne der Schwangerschaftszellen hervorrufen konnte. Diese Anschauung würde im Sinne der vorher erwähnten peripheren Theorie sprechen, d. h. die Mehrproduktion des Follikelreifungshormons beim Carcinom wäre als sekundäre Reaktion der Hypophysenvorderlappen zu betrachten, angeregt durch die Wachstums- und Zerfallsvorgänge im carcinomatösen Organismus.

6. Quantitative Prolanausscheidung bei Tumorkranken.

Die Hypophysenvorderlappenhormone kreisen als körpereigene Substanzen in jedem Organismus. Wir finden eine Hormonvermehrung bei bestimmten biologischen Veränderungen, so in der Gravidität des Menschen — und periodisch auch beim Pferd (s. S. 365 u. 577) —, bei Tumorkranken und nach der Kastration. Es ist irreführend, wie dies zuweilen in der Literatur geschieht, von „Schwangerschaftshormonen" zu sprechen, weil dadurch der Eindruck erweckt werden kann, daß die Prolanvermehrung eine besondere Eigenart der Gravidität und *nur* der Gravidität sei. Die starke Hormonvermehrung tritt nur bei bestimmten Organismen (Mensch, Affe, Pferd) nach der Befruchtung des Eies auf, bei den meisten Säugetieren fehlt sie, die Veränderung des Prolanhaushaltes ist also weder die Vorbedingung noch die Folge *jeder* Gravidität. Aber auch unter dem Gesichtspunkt der quantitativen Hormonausscheidung stellt die Gravidität, biologisch betrachtet, nicht etwas Besonderes dar, da wir die gleichen Prolanmengen auch im Urin von Frauen mit Granulosazelltumor, sowie im Harn des Mannes mit malignem Hodentumor finden können (s. Kap. 45). Ebenso irreführend ist es von „positiver Schwangerschaftsreaktion" bei Tumorkranken zu sprechen, man sollte, wie es sachlich richtig ist, von erhöhter Prolanausscheidung reden.

Bei benignen Tumoren findet man, wie vorher auseinandergesetzt, im Harn nur eine Vermehrung des Follikelreifungshormons (A), nicht des Luteinisierungshormons (B), und zwar sowohl nach Injektion des nativen, wie des durch Fällung 5fach konzentrierten Harns. Hiervon habe ich bisher nur eine Ausnahme beobachtet. Bei einem einjährigen Säugling (Mädchen) mit fast kopfgroßem Tumor der rechten oberen Bauchgegend fand ich[1] in dem durch Fällung 5fach konzentrierten Harn eine Ausscheidung von 150 ME Follikelreifungs- und Luteinisierungshormon pro Liter Harn. Als die Lebenskräfte des Säuglings nachließen, hörte die Hormonausscheidung auf, es waren also dieselben Verhältnisse vorhanden wie bei carcinomatösen Erwachsenen, wo ich aus dem Aufhören der Prolanausscheidung den nahenden Tod der Patienten feststellen konnte (s. S. 446). Die anatomische Untersuchung des Tumors (Prof. FROBOESE[2])

---

[1] ZONDEK, B.: Z. Geburtsh. **101**, 235 (1931).
[2] FROBOESE, C.: Frankf. Z. Path. **43**, 222 (1932).

ergab, daß es sich bei dem Säugling um ein kongenitales, abgekapseltes, retroperitoneales Teratom (polycysticum triphyllicum adultum) handelte. Das Gewebe war an sich völlig benigne. Die Hypophyse zeigte keine histologischen Veränderungen (BERBLINGER). Es scheint mir wichtig, daß man gerade bei einem Fall von Teratom eine, wenn auch nicht stark erhöhte Ausscheidung von Prolan A und B findet. *Das Teratom scheint mir bezüglich des veränderten Prolanhaushaltes die Übergangsstufe vom benignen zum malignen Tumor zu sein.* Enthält das Teratom chorionepitheliomartige Einschlüsse (vgl. Fall SIEGMUND, s. S. 456), so schnellt die Hormonausscheidung stark in die Höhe und wir finden die gleichen oder noch wesentlich höheren Prolanwerte im Harn wie in der Gravidität.

Zusammenfassend ergeben sich nach meinen Untersuchungen folgende quantitativen Prolanwerte (pro Liter Urin):

1. bei gesunden Frauen[1] im geschlechtsfähigen Alter 5—25 RE,
2. in der Schwangerschaft 5000—15000 ME Follikelreifungs- und Luteinisierungshormon (A und B), also etwa 1000fache Hormonkonzentration,
3. bei Frauen mit Genitalcarcinom[1] 110—400 ME A,
4. beim Granulosazelltumor der Frau 300—600 ME (A und B),
5. beim Chorionepitheliom der Frau 5000—200000 ME A und B,
6. beim malignen Hodentumor (s. folgendes Kapitel) 500 ME A und 111 ME B, zuweilen bis 150000 ME A und B,
7. beim Teratom zuweilen 150 ME A und B (Übergang vom benignen zum malignen Tumor in hormonaler Beziehung).

7. Hormonale Gewebsdiagnostik durch Prolannachweis.

Die vorliegenden Untersuchungen haben ergeben, daß wir Follikelreifungs- und Luteinisierungshormon niemals in benignem, zuweilen aber in malignem Tumorgewebe finden, *jedoch nur bei bestimmten Tumorarten!* Wesentlich ist hierbei der Nachweis des Luteinisierungshormons, d. h. die Auslösung der HVR II bzw. III durch das implantierte Gewebsstück. Wir können demnach durch die hormonale Analyse nicht nur die Malignität des untersuchten Gewebes, sondern auch die *Art* des Gewebes feststellen. Bisher hat sich ergeben, daß nur drei Tumorgewebe einen erhöhten Prolangehalt (A und B) haben und gleichzeitig zu stark erhöhter Hormonausscheidung im Harn führen und zwar:

1. Chorionepitheliom (s. S. 366), 2. Maligne Hodentumoren (s. S. 457), 3. Granulosazelltumoren.

Die Verhältnisse beim Granulosazelltumor sind noch wenig erforscht. Die anatomische Diagnose dieser Tumorart ist erst möglich, seitdem wir durch die Erfahrungen von ROBERT MEYER und seiner Schule über die Histogenese dieser Gewächse unterrichtet sind. Obwohl wir jetzt feststehende Regeln zum Erkennen dieser Tumorart besitzen, wird es doch zuweilen schwer sein, einen Ovarialtumor mit absoluter Sicherheit als Granulosazelltumor zu identifizieren. Hier wird man meines Erachtens durch die Vereini-

---

[1] Hierbei handelt es sich um Prosylan.

gung der anatomischen mit der biologischen Methodik weiterkommen können. Es ist praktisch nicht möglich, bei jedem Fall von Ovarialtumor die
hormonale Harnanalyse vor der Operation auszuführen. Wenn aber die
Inspektion des exstirpierten Ovarialtumors während der Operation den
Verdacht auf Granulosazelltumor nahelegt, so wird man sofort die hormonale Analyse ausführen müssen. In solchen Fällen muß man gleich nach
der Operation mittels Katheter Harn aus der Blase entnehmen, eventuell
einen Dauerkatheter einlegen, um so in den nächsten Stunden den Urin zu
erhalten. Der suspekte Teil des Ovarialtumors soll halbiert werden, teils zur
histologischen, teils zur hormonalen Untersuchung. Das Gewebe muß zwecks
Entgiftung in Äther gelegt und dann infantilen Mäusen implantiert werden.
Können wir nach Einpflanzung kleiner Gewichtsstücke (0,05—0,1 g) die
HVR II oder III auslösen, so zeigt dies das Vorhandensein eines Granulosazelltumors an. Der Harn wird nach Ausschütteln mit Äther ebenfalls infantilen Mäusen injiziert (6 × 0,3 bzw. 0,4 ccm). Das Auftreten von Blutpunkten oder Corpora lutea sichert die Diagnose.

Bei einem Granulosazelltumor, der bei einem 10jährigen Mädchen zur
Ausbildung der sekundären Geschlechtscharaktere geführt hatte, fand
PAHL[1] im Harn Prolan in stark erhöhter Menge, so daß mit dem nativen
Urin die HVR III ausgelöst werden konnte. Das Tumorgewebe selbst wurde
leider nicht untersucht. NEUMANN konnte bei einer 46- und 61jährigen Frau
mit Granulosazelltumor nur Prolan A, aber nicht Prolan B im Harn nachweisen. Nur der positive Nachweis von Prolan B im nativen Harn (HVR II
bzw. III) kann also diagnostisch verwertet werden, Die bisherigen Erfahrungen sind noch viel zu gering, um Sicheres über die hormonalen Verhältnisse beim Granulosazelltumor auszusagen.

Neben der Implantationsmethode steht uns auch die Extraktionsmethode des Tumorgewebes zur qualitativen und quantitativen Analyse
zur Verfügung (Methodik s. S. 554).

Vor einigen Jahren übersandte mir Herr Dr. SIEGMUND aus der
Grazer Universitäts-Frauenklinik ein Gewebsstück zur hormonalen
Analyse. Es konnte nicht nur die Diagnose „Maligner Tumor" gestellt,
sondern auch die verstreut in dem Mischtumor liegenden malignen Gewebesteile als solche erkannt werden. Wie ich später erfuhr[2], handelte
es sich um ein Teratom des Ovariums mit chorionepitheliomartigen
Einschlüssen, das bei einem 6jährigen Mädchen zur völligen sexuellen
Frühreife mit Menstruation geführt hatte.

*Diese Untersuchungen stellen die ersten Bausteine für eine Methodik
dar, die ich als „Hormonale Gewebsdiagnostik" bezeichnen möchte. Aus den
im Tierkörper ausgelösten Lebensvorgängen, der Follikelreifung und Brunst
(HVR I), der Follikelblutung (HVR II) und der Corpus luteum-Bildung
(HVR III) können wir unter bestimmten Bedingungen auf die Wachstumsart des implantierten menschlichen Tumorgewebes, d. h. auf seine
Malignität schließen!*

Durch den Hormonnachweis im Gewebe können wir also auf die
Biologie des Tumors schließen.

---

[1] PAHL, J.: Arch. Gynäk. **147**, 736 (1931).
[2] SIEGMUND: Arch. Gynäk. **149**, 498 (1932).

45. Kapitel.

Prolan und maligne Hodentumoren.

Hormonale Diagnostik aus Harn, Hydrocelenflüssigkeit und Tumorgewebe.

Die Feststellung der erhöhten Prolanausscheidung bei malignen Tumoren, insbesondere beim Carcinom der weiblichen Genitalorgane, führte mich zwangsläufig zu der Frage, ob die besonderen hormonalen Verhältnisse nur für das weibliche Genitalcarcinom oder für das Genitalcarcinom überhaupt zutreffen. Zur Entscheidung dieser Frage mußten Untersuchungen bei Männern angestellt werden. Sie wurden methodisch in der gleichen Weise wie beim Frauenharn ausgeführt. Neben dem nativen wurde der durch Alkoholfällung 5fach konzentrierte Harn analysiert und somit geprüft, ob eine Ausscheidung von 333—III ME Prolan pro Liter Männerharn vorkommt. Zunächst waren eingehende Kontrolluntersuchungen notwendig, um über die Prolanausscheidung beim Manne überhaupt Aufschluß zu erhalten.

1. Kontrolluntersuchungen an gesunden und kranken Männern, bei Geschlechtskrankheiten, sexuellen Störungen und extragenitalem Carcinom.

Bei gesunden und kranken Männern (innere Krankheiten) konnte niemals eine erhöhte Prolanausscheidung festgestellt werden. Auch bei fieberhaften Infektionskrankheiten wie Lungentuberkulose, Pneumonie und einem Fall von Endocarditis mit Polyarthritis waren die Ergebnisse bei Männern stets negativ, d. h. es konnte niemals eine Ausscheidung von III ME Prolan A oder B pro Liter Urin gefunden werden (s. Tabelle 48).

Tabelle 48. Untersuchung von Männerharn auf Prolan.

Lfd. Nr.	Name	Alter	Prot.-Nr.	Diagnose	III ME Prolan pro Liter Urin
				Gesunde Männer.	
1	H.	32	68	—	neg.
2	M.	31	76	—	,,
				Kranke Männer.	
1	E.	36	78	Decompensatio cordis	,,
2	M.	27	79	Tbc. pulmonum	,,
3	I.	24	80	Tbc. pulmonum	,,
4	K.	56	104	Tbc. pulmonum	,,
5	Sch.	54	105	Icterus catarrhalis	,,
6	P.	23	111	Malaria, 2 Tage nach Anfall	,,
7	R.	50	113	Abgelaufene Pneumonie	,,
8	W.	46	114	Tabes dorsalis	,,
9	W.	39	120	Unterlappen-Pneumonie	,,
10	R.	20	121	Endocarditis und Polyarthritis (39⁰ Fieber)	,,
11	O.	78	—	Prostatahypertrophie	,,

In besonderen Versuchen stellte ich fest, daß der *gesunde Mann durchschnittlich 10 ME Prolan pro Liter Harn ausscheidet*. Die Auswertung auf III ME geht also um das 10fache über den physiologischen Wert hinaus.

Die nächste Frage war, ob die am *Genitalapparat sich abspielenden Geschlechtskrankheiten* hormonale Reaktionen auslösen. Ich untersuchte[1] Harne von Männern mit einfacher und komplizierter Gonorrhöe (Epididymitis usw.), Harne von Luetikern sowie von Männern mit Lymphogranuloma inguinale. Sämtliche Versuche verliefen negativ.

Wichtig schien mir die Feststellung, ob die am *Hoden und Nebenhoden auftretenden tuberkulösen Erkrankungen* die HV-Reaktionen auslösen. Unter 11 Fällen reagierten 10 völlig negativ, in 1 Fall war die HVR I positiv, aber nicht bei Injektion des nativen, sondern nur des durch Fällung 5fach konzentrierten Harns. Es sei besonders erwähnt, daß die Urine von Männern mit Genitaltuberkulose sowohl nativ wie nach 5-facher Konzentration untersucht wurden, weil die diagnostische Abgrenzung gegenüber Hodentumoren klinisch besonders wichtig ist. Es wurde also geprüft, ob im Harn 333—III ME Prolan A pro Liter vorhanden sind. Unter den 11 untersuchten Fällen reagierten, wie eben gesagt, 10 völlig negativ und nur in 1 Fall waren 333 ME. Prolan A, nicht aber III ME pro Liter Harn vorhanden (s. auch S. 469).

Wie vorher auseinandergesetzt (s. Kap. 43), bewirkt der Ausfall der Genitalfunktion bei der Frau (schwere ovarielle Störungen, Klimax, Postklimakterium, Kastration) eine erhöhte Ausscheidung von Prolan A. Ich untersuchte deshalb auch *Harne von Männern mit sexuellen Störungen*, wie Impotenz, echter Homosexualität[2], ferner Fälle von Eunuchoidismus und Hypergenitalismus. Sämtliche Versuche verliefen negativ. Hierbei wurde sowohl der native wie der durch Fällung 5fach konzentrierte Harn geprüft.

Die vorliegenden Untersuchungen hatten mir gezeigt, daß das Auftreten von Follikelreifungshormon (d. h. positive HVR I) beim Mann äußerst selten ist, daß die HVR I beim Mann viel spezifischer ist als bei der Frau.

Wie liegen nun die Verhältnisse beim extragenitalen Carcinom des Mannes? Untersucht wurden Carcinome des Gesichts, der Zunge, des Bronchius, Oesophagus, Magens, Rectums und ein Oberarmsarcom. Unter 28 carcinomkranken Männern war die Reaktion 4mal positiv, d. h. in 14,3% der Fälle war beim extragenitalen Carcinom eine erhöhte Ausscheidung von III ME nachweisbar (Tab. 49). Hierbei spielen Lebensalter und Lokalisation des Carcinoms keine Rolle. Die Untersuchungen zeigen, daß das Carcinom als solches auch beim Mann eine Erhöhung der Prolanausscheidung bedingen kann. Während sonstige Erkrankungen

---

[1] ZONDEK, B.: Klin. Wschr. **1932**, Nr 7, 274.

[2] Der *Folliculin*gehalt des Harns homosexueller Männer ist nicht erhöht [BRAHN, B.: Klin. Wschr. **1**, 504 (1931)].

Tabelle 49. Extragenitale Carcinome beim Mann.

Nr.	Name	Alter	Protokoll-Nr.	Diagnose	111 ME Prolan pro Liter Urin
1	B.	—	59	Oesophagus-Ca.	pos.
2	St.	61	65	Kiefer-Ca.	pos.
3	S.	—	66	Magen-Ca.	pos.
4	N.	41	67	Magen-Ca. inop.	neg.
5	B.	43	87	Magen-Ca. 9 Tage *nach* Operation (Resektion)	neg.
6	Sch.	53	106	Rectum-Ca.	neg.
7	W.	49	107	Magen-Ca.	neg.
8	X.	—	108	Magen-Ca. mit Gastroenterostomie	neg.
9	N.	59	119!	Magen-Ca. 8 Tage p. operat.	neg.
10	N.	53	125!	Magen-Ca. 10 Tage n. Op.	neg.
11	G.	69	126	Magen-Ca.	neg.
12	G.	29	127	Unterschenkel-Ca.	neg.
13	B.	54	128	Rectum-Ca.	neg.
14	H.	66	129	Oesophagus-Ca.	neg.
15	W.	61	130	Rectum-Ca.	neg.
16	J.	31	132 (vgl. 144)	r. Oberarmsarkom	neg.
17	H.	71	133	Schläfen-Ca.	neg.
18	Th.	63	134	Magen-Ca.	neg.
19	B.	52	138	Rectum-Ca.	neg.
20	L.	52	139	Bronchial-Ca.	neg.
21	U.	59	140	Magen-Ca.	neg.
22	A.	45	141	Magen-Ca.	neg.
23	H.	66	143	Oesophagus-Ca.	neg.
24	W.	61	145	Rectum-Ca.	neg.
25	B.	77	146	Wangen-Ca.	neg.
26	D.	72	147 (vgl. 131)	Lippen-Ca. mit Drüsen	pos.
27	M.	46	199	Progress. Rectum- und Prostata Ca.	neg.
28	M.	58	200	General. Zungen-Ca.	neg.

beim Mann äußerst selten eine Erhöhung der Prolanausscheidung hervorrufen, ist dies beim Carcinom, wie wir eben gesehen haben, doch in 14,3% der Fall.

2. Untersuchungen bei Männern mit Genitalcarcinom, insbesondere Hodentumor.

Bei 4 Fällen von Prostatacarcinom fand ich keine erhöhte Hormonausscheidung im Harn. Ganz anders liegen die Verhältnisse beim malignen Hodentumor. Schon beim ersten Fall, den ich im Mai 1929 untersuchte[1], fand ich hochgradige Veränderungen im Prolanhaushalt.

Es handelte sich um einen 30jährigen Mann mit gänseeigroßem Hodentumor, etwa kopfgroßen retroperitonealen und multiplen Lungenmetastasen. Die Haut hatte eine eigenartige dunkle, bronzeartige Verfärbung angenommen, was auf eine Veränderung der Nebenniere hinzu-

---

[1] ZONDEK, B.: Chirurg 1930, H. 23. Klin. Wschr. 1932, Nr 7, 274.

weisen schien. Mit dem nativen Harn dieses Mannes konnte ich bei infantilen Mäusen in Dosen von $6 \times 0{,}4$ ccm die Trias der Vorderlappenreaktionen, d. h. Follikelreifung, Brunst, Blutpunkte und Corpora lutea auslösen. *Dieser Männerharn zeigte also die gleichen hormonalen Reaktionen wie der Schwangerenharn*[1]. *Durch diese Beobachtung war prinzipiell gezeigt, daß auch beim Genitaltumor des Mannes besondere hormonale Verhältnisse vorliegen.* Die weiteren Untersuchungen bei diesem Fall von Hodentumor zeigten gegenüber den Befunden beim weiblichen Genitalcarcinom folgende Unterschiede:

1. Während beim Genitalcarcinom der Frau nur das Follikelreifungshormon im Harn in erhöhter Menge ausgeschieden wird, war bei diesem Hodentumor sowohl Follikelreifungshormon wie Luteinisierungshormon (Prolan A und B) im Harn in erhöhter Menge nachweisbar. Die Ausscheidung des Follikelreifungshormons (A) war bei diesem Hodentumor mindestens 5mal so groß wie beim weiblichen Genitalcarcinom.

2. Während ich im Gewebe des weiblichen Genitalcarcinoms Prolan mittels der Implantations- und Extraktionsmethode nicht oder nur in geringen Mengen nachweisen konnte (s. S. 452 u. 554), ergab die Implantation kleinster Stückchen (0,05—0,1 g) des malignen Hodentumorgewebes die positive HVR I bis III. Das Tumorgewebe enthielt pro Gramm also mindestens 20 ME Prolan A und B.

3. Während der Prolangehalt im Hypophysenvorderlappen von Frauen mit Genitalcarcinom zwar vermindert ist (s. S. 179), aber mit der Implantationsmethodik jedesmal nachweisbar ist, konnte ich in dem Hypophysenvorderlappen des an seinem malignen Hodentumor verstorbenen Mannes Prolan nicht nachweisen, obwohl große Gewebsstücke implantiert wurden.

Nachdem dieser erste Fall[2] mir gezeigt hatte, daß bei malignen Hodentumoren besonders interessante hormonale Verhältnisse vorliegen, wandte ich mich an die Chirurgen mit der Bitte um Überlassung dieser an sich seltenen Fälle.

Bisher habe ich 16 Fälle untersucht. Bei 4 Fällen konnte die Diagnose klinisch nicht einwandfrei geklärt werden — diese Fälle wurden nicht operiert —, so daß ich sie aus meinen Betrachtungen fortlassen möchte. Über 12 Fälle besitze ich einwandfreie klinische Angaben. Die Diagnose des malignen Hodentumors ist bei 10 von diesen Fällen anatomisch gesichert, beim 11. und 12. Fall konnten die Metastasen klinisch und rönt-

---

[1] Man soll nicht von einer positiven Schwangerschaftsreaktion bei Tumorkranken sprechen, weil wir mit dem Harn solcher Kranken die gleichen hormonalen Reaktionen auslösen wie mit Schwangerenharn. Das Gemeinsame in beiden Fällen ist die stark erhöhte Prolanausscheidung. Man wird zweckmäßig nur von der Prolanreaktion beim Tumor sprechen.

[2] Dieser Fall wurde mir von S. G. ZONDEK zur Verfügung gestellt.

genologisch einwandfrei nachgewiesen werden (Fall 2 und 4 meines Materials).

Ich berichte über die Fälle nicht in der Reihenfolge der Beobachtung, sondern ordne sie nach ihren hormonalen Reaktionen. Neben der regelmäßigen Untersuchung des Harns auf Prolan wurde zuweilen auch Blut sowie Hydrocelenflüssigkeit auf Prolan, ferner der Harn auf Folliculin untersucht.

Maligne Hodentumoren mit positiver HVR I—III im nativen Harn.

Fall 1. M., 30jähriger Mann mit gänseeigroßem Hodentumor, kopfgroßem retroperitonealem Tumor, multiplen Lungenmetastasen. — Der Patient kam bereits mit seinen Metastasen in klinische Beobachtung (S. G. ZONDEK). *Hormonale Analyse.* a) *Harn:* Bei Injektion des nativen Harns (6 × 0,2 bis 6 × 0,4 ccm) tritt bei der infantilen Maus die positive HVR I bis III auf. Mehrmalige Untersuchung hat dasselbe Ergebnis (also mindestens 833 ME Prolan A und B pro Liter Harn). — b) *Tumorgewebe:* Bei Implantation des Hodentumorgewebes sterben sämtliche Mäuse. Nach Entgiftung durch Äther (s. S. 550) wird durch die Implantation kleiner Stückchen (0,05—0,1 g des Tumorgewebes) die HVR I—III ausgelöst. — c) *Hypophyse:* Implantation des Vorderlappens (auch größerer Stückchen) ergibt keine hormonalen Reaktionen. — *Histologische Untersuchung:* Der stark zerfallene Hodentumor zeigte in den untersuchten Stückchen alveolären Bau mit großen Zellen (ASCHHEIM). Das Bild der Lungenmetastasen ergab den Verdacht auf Chorionepitheliom. Herr Prof. PICK, dem diese Präparate vorgelegt wurden, sprach sich gegen die Diagnose Chorionepitheliom aus. Bei nachträglichem Aufschneiden der Blöcke des Hodentumors fand ASCHHEIM, der seinerzeit die anatomische Untersuchung des Tumors ausführte, chorionepitheliomatöse Bestandteile!

Fall 2. K., 33 Jahre alt. — Gänseeigroßer Hodentumor mit röntgenologisch nachweisbaren Metastasen in der Lunge. Sektion wird nicht erlaubt. Fall klinisch beobachtet durch Herrn Prof. UNGER (Virchow-Krankenhaus). *Hormonale Analyse.* a) *Harn:* Bei Injektion des nativen Harns positive HVR I—III. — b) *Hydrocelenflüssigkeit:* 3 Wochen vor dem Tode wird die Punktion einer Hydro-Hämatocele neben dem Hodentumor vorgenommen. Bei Injektion dieses Punktats sterben die Mäuse. Nach Anwendung der Ätherentgiftungsmethode bleiben die Tiere am Leben und zeigen nach Einspritzung von 6 × 0,2 ccm positive HVR I—III (also 830 ME Prolan A und B pro Liter). — Bei diesem Fall konnte eine anatomische Untersuchung nicht ausgeführt werden. Daß hier ein maligner Hodentumor mit multiplen Metastasen vorgelegen hat, steht außer Zweifel.

Fall 3. H., 40 Jahre alt. 1930 Schwellung des linken Hodens. Am 12. III. 1931 Aufnahme in das Virchow-Krankenhaus (Abt. Prof. UNGER). Es besteht ein faustgroßer linksseitiger Hodentumor. Lunge frei. Am 16. III. Hodenpunktion (Hydrohämatocele). Biologisches Ergebnis dieses Punktats s. später. Patient wird zunächst mit Röntgenstrahlen behandelt, dann am 4. VI. 1931 der Tumor entfernt. Am 1. X. 1931 erfolgt Exitus. *Hormonale Analyse.* a) *Harn:* Bei Injektion des nativen Harns positive HVR I—III (330 ME Prolan A und B pro Liter). — b) *Hydrocelenflüssigkeit:* Durch Injektion der mit Äther entgifteten Hydrocelenflüssigkeit (6 × 0,15 ccm) positive HVR I—III (1110 ME Prolan A und B pro Liter). — *Histologische Untersuchung* (Prof. ANDERS): Chorionepitheliom. Teratoid.

Maligne Hodentumoren mit negativer HVR I—III im nativen Harn und positiver HVR I—III in dem durch Fällung 5fach konzentrierten Harn.

Fall 4. H., 44 Jahre alt. Klinisch einwandfreier maligner Hodentumor mit multiplen Metastasen. *Hormonale Analyse. Harn:* Nativer Harn. Bei Injektion bis 6 × 0,4 ccm ist die HVR I—III völlig negativ. — *Hormonfällung aus dem Harn:* Bei Injektion von 6 × 0,3 ccm des durch Fällung 5fach konzentrierten Harns positive HVR I, II und III (demnach 111 ME Prolan A und B pro Liter Harn).

Eine anatomische Untersuchung des Tumors war leider nicht möglich.

Maligne Hodentumoren mit positiver HVR I im nativen Harn und positiver HVR I—III in dem durch Füllung 5fach konzentrierten Harn.

Fall 5. K., 43 Jahre alt. 1922 Exstirpation des rechten Hodens (Dr. HAYWARD) wegen kirschgroßer schmerzloser Geschwulst. Histologische Untersuchung durch Prof. MAX KOCH ergibt: Großzelliges Rundzellensarkom. September 1931 Aufnahme ins Krankenhaus Moabit (Geheimrat BORCHARDT), wo ein großer Tumor im Oberbauch festgestellt wird. Bei der Laparotomie wird ein retroperitonealer Tumor konstatiert, so daß nur eine Probeexcision aus dem Tumor möglich ist. Histologischer Befund (Prof. JAFFÉ): Die Tumorzellen entsprechen einem großzelligen Rundzellensarkom, das seinen primären Sitz im Hoden haben könnte. *Hormonale Analyse. Harn:* Nativer Harn. Bei Injektion bis 6 × 0,4 ccm ist die HVR I positiv, die HVR II und III dagegen negativ. — *Hormonfällung aus dem Harn:* Bei Injektion von 6 × 0,3 ccm des durch Fällung 5fach konzentrierten Harns positive HVR I und III bei der infantilen Maus (demnach 110 ME Prolan A und B pro Liter Harn).

Wiederholung der Hormonanalysen nach 3 Monaten bei starkem Fortschreiten der Krankheit und Verschlechterung des Allgemeinzustandes. Jetzt bei Injektion des nativen Harns negative Reaktionen, bei Injektion des durch Fällung 5fach konzentrierten Harns positive HVR I, aber negative II und III. *Diese Untersuchungen zeigen, daß mit dem Fortschreiten der Krankheit und Nachlassen der Lebenskräfte die Hormonausscheidung quantitativ nachläßt.* Denselben Befund konnte ich auch beim weiblichen Genitalcarcinom erheben (s. S. 446). Während beim vorliegenden Fall bei der ersten Harnanalyse 250 ME Follikelreifungshormon und 110 ME Luteinisierungshormon nachweisbar waren, ergab die zweite, nach 3 Monaten ausgeführte Analyse nur noch 110 ME Prolan A, während Prolan B nicht mehr vorhanden war.

Maligne Hodentumoren mit positiver HVR I im nativen und durch Fällung 5fach konzentrierten Harn, aber negativer HVR II und III.

Fall 6. T., 34 Jahre alt. Am 21. XI. 1929 wird durch Prof. ROSENSTEIN (Jüdisches Krankenhaus) ein straußeneigroßer, glatter, in der Bauchhöhle frei beweglicher Tumor (maligner Bauchhodentumor) entfernt. Schnelle Metastasierung, so daß im Juni 1930 durch retroperitoneale Tumoren ein rechtsseitiger Ureterenverschluß und Hydronephrose eintritt. Die hormonale Harnanalyse wurde 16 Tage nach der Operation ausgeführt. Bei dem klinischen Verlauf dieses Falles ist anzunehmen, daß schon bei der Operation retroperitoneale Metastasen bestanden haben. *Hormonale Analyse. Harn[1]:* Sowohl bei Injektion des nativen wie des durch Fällung 5fach konzentrierten Harns HVR I positiv. HVR II und III mit beiden Methoden negativ, es ist also nur Prolan A nachweisbar. — *Histologische Untersuchung:* Der Tumor wurde mir in liebenswürdiger Weise zur Verfügung gestellt. Es handelt sich um einen großzelligen epithelialen Tumor mit zahlreichen Nekrosen. Disgerminom (Seminom) im Sinne von ROBERT MEYER.

Fall 7. S., 48 Jahre alt. Operation am 29. IX. 1931 (Prof. A. W. MEYER, Westend), Exstirpation des Hodens wegen Hodentumor. Harnuntersuchung einen Tag vor der Operation. — *Hormonale Analyse:* Bei Injektion des nativen und durch Fällung 5fach konzentrierten Harns positive HVR I, aber negative HVR II und III, also nur Prolan A nachweisbar. — (Anmerkung: Es wird ein Ei auf dem Wege vom Ovarium zur Tube, und zwar in den Fimbrien, gefunden.) — *Histologische Untersuchung:* Großzelliger epithelialer Tumor (Carcinom, Seminom) mit ausgedehnten Nekrosen (nicht ganz typisches Disgerminom im Sinne von ROBERT MEYER).

Maligne Hodentumoren mit negativer HVR I—III.

Fall 8. G., 51 Jahre alt. Hodenexstirpation wegen Hodentumor (Diakonissen-Krankenhaus, Danzig). Der Harn wird vor der Operation von mir hormonal analysiert. Der Hodentumor wurde mir liebenswürdigerweise frisch übersandt, so daß auch die Untersuchung des Tumorgewebes möglich war. — a) *Harn:* Sämtliche Reaktionen negativ (nativer und durch Fällung 5fach konzentrierter Harn); der Urin enthält demnach weniger als 111 ME Prolan. — b) *Tumorgewebe:* Implantation des Tumorgewebes nach Entgiftung mit Äther aus verschiedenen Teilen des Tumors. Bei Einpflanzung von steigenden Gewebsmengen (0,05—0,5 g) bei infantilen Mäusen und Ratten negative HV-Reaktionen. — *Histologische Untersuchung:* Großzelliger epithelialer Tumor (Carcinom, Seminom). Disgerminom.

Fall 9. G., 30 Jahre alt. Exstirpation des Hodens wegen eines zweifaustgroßen Tumors (Prof. GOHRBANDT, Urban-Krankenhaus). Harnanalyse vor der Operation. Auch in diesem Falle wurde mir der frische Tumor zur Verfügung gestellt. *Hormonale Analyse.* a) *Harn:* Injektion des nativen Harns (bis 6 × 0,5 ccm) bei 11 Mäusen ohne Ergebnis. Auch mit 5fach durch Fällung konzentriertem Harn negatives Ergebnis. b) *Serum:* In diesem Falle wurde auch das Serum auf Prolan geprüft (bis 6 × 0,2 ccm). Ergebnis: negativ. — c) *Tumorgewebe:* Nach Entgiftung des Tumorgewebes mittels Äther werden aus verschiedenen Tumorpartien steigende Gewebsmengen (0,05—0,3 g) infantilen Mäusen implantiert (8 Tiere). Ergebnis negativ. — *Histologische Untersuchung:* Großzelliger epithelialer Tumor. Carcinom (Seminom). Disgerminom.

Fall 10. Sch., 66 Jahre alt. Im Herbst 1929 Exstirpation einer rechtsseitigen Hodengeschwulst. Schnell auftretendes Rezidiv. Am 19. VII. 1930 Aufnahme ins Virchow-Krankenhaus (Abt. Prof. UNGER), wo ein bis zum Anus reichender, das rechte Scrotum bedeckender ulcerierender Tumor festgestellt wird. Probeexcision ergibt Rezidiv eines Hodencarcinoms. 14 Tage ante exitum wird der Harn analysiert. Bei der Sektion werden Metastasen im Femur und in den Lungen festgestellt. — *Hormonale Analyse.* a) *Harn:* Prolanuntersuchung des nativen Harns bei Mäusen negativ. In diesem Falle wird der Harn auch bei infantilen Ratten geprüft. Bei Injektion bis 6×

---

[1] In diesem Fall wurde der Harn auch auf Folliculin untersucht. Injektion von 6×1,0 = 6 ccm ergab bei der kastrierten Maus negativen Befund.

1 = 6 ccm (nach Entgiftung mit Äther) negatives Ergebnis. — *Folliculin:* Injektion des nativen Harns (bis 4 ccm) bei der kastrierten erwachsenen Maus. Ergebnis: negativ. — b) *Blut:* Injektion bis 6 × 1 = 6 ccm Serum bei infantilen Mäusen. Ergebnis (Prolan) negativ. In diesem Versuch wird das Serum auch bei Ratten geprüft. Injektion bis 5 × 2 = 10 ccm Serum (mit Äther ausgeschüttelt). Ergebnis negativ, d. h. das Blut enthält weniger als 100 RE Prolan. — *Folliculin:* Injektion bis 3 ccm Serum bei kastrierten infantilen Mäusen. Ergebnis: negativ.

Fall 11. W., 52 Jahre alt. Vor 3 Jahren angeblich Trauma des linken Hodens. Seit 1½ Jahren Schwellung des Hodens. In letzter Zeit sehr rasch zunehmend. Operation am 6. XI. (Geheimrat BORCHARDT, Krankenhaus Moabit). Hemikastration. Gänseeigroßer, sehr weicher Tumor, in dem der ganze linke Hoden aufgegangen ist. Normale Hodensubstanz nicht mehr nachweisbar. — *Hormonale Analyse* dieses Falles erst 12 Tage nach der Operation. *Harn:* Bei Injektion des nativen und des durch Hormonfällung 5fach konzentrierten Harns negatives Ergebnis. Bei einer Maus waren im Serienschnitt vergrößerte Follikel nachweisbar, während der Scheidenabstrich kein Aufbaustadium zeigte. Hier liegt also nur ein Reiz vor, der noch nicht zur Auslösung des Folliculins in dem sich vergrößernden Follikel geführt hat. Der Versuch ist daher als negativ zu bezeichnen. Erwähnt sei, daß in diesem Fall auch bei infantilen Ratten durch Injektion von 3 ccm Harn eine Prolanreaktion nicht ausgelöst werden konnte. — *Folliculin:* Injektion (bis 5 ccm) bei erwachsenen kastrierten Mäusen verlief negativ.

Die Wiederholung der Harnuntersuchungen nach 14 Tagen zeigte dasselbe Ergebnis.

Fall 12. K., 49 Jahre alt. Faustgroßer Tumor des rechten Hodens. a) *Harn:* Sämtliche Reaktionen negativ (nativer und durch Fällung 5fach konzentrierter Harn). Der Urin enthält demnach weniger als 111 ME Prolan. — b) *Tumorgewebe:* Implantation des Tumorgewebes nach Entgiftung mit Äther aus verschiedenen Teilen des Tumors. Auch nach Einpflanzung größerer Gewebsmengen negative Prolanreaktion.

Histologische Untersuchung: Großzelliger epithelialer Tumor (Carcinom, Disgerminom).

Tabelle 50 gibt eine Übersicht über die hormonalen Reaktionen der beschriebenen 12 Fälle.

Im folgenden seien die Schlußfolgerungen mitgeteilt, die ich seinerzeit aus den vorliegenden Beobachtungen gezogen habe.

Hormonale Diagnose des malignen Hodentumors aus dem Harn.

1. Können wir hormonal den malignen Hodentumor aus dem Harn diagnostizieren? Diese Frage ist — so allgemein gehalten — zu verneinen, da es maligne Hodentumoren gibt (Fall 8—12), bei denen sämtliche Prolanreaktionen negativ sind.

2. Ist der Nachweis der HVR II und III im Harn diagnostisch verwertbar? Diese Frage ist zu bejahen. Können wir durch Injektion des nativen Männerharns (bis 6 × 0,5 ccm des mit Äther geschüttelten Harns) bei der infantilen Maus Blutpunkte oder Corpora lutea auslösen, *so können wir bei Vorhandensein einer Hodenaffektion die Diagnose ,,maligner*

Tabelle 50. Hormonale Untersuchungen an malignen Hodentumoren

Nr.	Name	Alter	Anatomische Diagnose	Analyse des nativen Harns (=333 ME Prolan pro Liter)			Analyse des durch Hormonfällung 5fach konz. Harns (=111 ME Prolan pro Liter)			Blutanalyse	Analyse des Hydrocelenpunktats	Analyse des Tumorgewebes	Analyse d. Hypophysenvorderlappens	Sonstige Untersuchung
				I	II	III	I	II	III					
1	M.	30	Großzelliger Tumor (Seminom) mit chorionepitheliomatösen Bestandteilen	pos.	pos.	pos.	—	—	—	—	—	HVR I—III pos.	neg.	—
2	K.	33	Anatomisch nicht untersucht	pos.	pos.	pos.	—	—	—	—	HVR I—III pos.	—	—	—
3	H.	39	Chorionepitheliom. Teratoid	pos.	pos.	pos.	—	—	—	—	HVR I—III pos.	—	—	—
4	H.	44	Anatomisch nicht untersucht	neg.	neg.	neg.	pos.	pos.	pos.	—	—	—	—	—
5	K.	43	Großzelliger Tumor 1. 2.	pos. neg.	neg. neg.	neg. neg.	pos. pos.	pos. neg.	pos. neg.	— —	— —	— —	— —	— —
6	T.	34	Großzelliger epithelialer Tumor. Carcinom. Disgerminom	pos.	neg.	neg.	pos.	neg.	neg.	—	—	—	—	Follikulin im Harn neg.
7	S.	48	Großzelliger epithelialer Tumor. Carcinom. Nicht ganz typisch als Disgerminom	pos.	neg.	neg.	pos.	neg.	neg.	—	—	—	—	Ei in der Fimbrie
8	G.	51	Großzelliger epithelialer Tumor. Carcinom. Disgerminom	neg.	neg.	neg.	neg.	neg.	neg.	—	—	—	—	—
9	G.	30	Großzelliger epithelialer Tumor. Carcinom. Disgerminom	neg.	neg.	neg.	neg.	neg.	neg.	neg.	—	—	—	—
10	Sch.	66	Carcinom	neg.	neg.	neg.	—	—	—	neg.	—	—	—	Follikulin im Harn neg.
11	W.	52	Großzelliger epithelialer Tumor. Carcinom. Disgerminom	neg.	neg.	neg.	neg.	neg.	neg.	—	—	—	—	Follikulin im Harn neg.
12	K.	49	Großzelliger Tumor. Disgerminom	neg.	neg.	neg.	neg.	neg.	neg.	—	—	—	—	—

Zweite Hormonanalyse des Harns nach 3 Monaten.

30

Hodentumor" stellen. Erzielen wir diese Reaktionen nicht mit dem nativen, wohl aber mit dem durch Fällung 5fach konzentrierten Harn, so können wir auch diese Befunde diagnostisch verwerten, d. h. der Nachweis von 333 und selbst von III ME. Prolan B pro Liter Urin beweist das Vorhandensein eines malignen Hodentumors. *Allerdings sind nur die positiven Reaktionen (HVR II und III) diagnostisch verwertbar*.

3. Kann auch die HVR I diagnostisch verwertet werden? Wir haben vorher gesehen, daß die HVR I beim Manne viel spezifischer ist als bei der Frau, so daß sie im *nativen* Harn bisher nur bei malignem Hodentumor von mir festgestellt wurde. In dem durch Hormonfällung 5fach konzentrierten Harn habe ich die HVR I einmal bei einem Manne mit Nebenhodentuberkulose gefunden. *Ich möchte mich vorsichtig dahin äußern, daß der Nachweis der HVR I im nativen Harn (also 333 ME. Prolan A pro Liter) den Verdacht auf malignen Hodentumor nahelegt*. Die positive HVR I mit 5fach konzentriertem Harn (III ME Prolan A) soll diagnostisch nicht verwertet werden (weiteres s. S. 471)!

Hormonale Diagnose des malignen Hodentumors aus der Hydrocelenflüssigkeit.

In 2 Fällen konnte ich Hydrocelenflüssigkeit (symptomatische Hydro-Hämatocele) untersuchen (Fall 2 und 3). Durch Injektion des mit Äther entgifteten Punktates konnte in beiden Fällen die HVR I—III ausgelöst und etwa 1000 ME Prolan A und B pro Liter nachgewiesen werden. Dieser Befund konnte für die Diagnose „maligner Hodentumor" verwertet werden. Wie mir Herr Prof. ANDERS (Pathologisches Institut des Virchow-Krankenhauses) liebenswürdigerweise mitteilte, konnte er bei Anwendung der üblichen cytologischen Methodik einen Anhaltspunkt für einen malignen Tumor nicht gewinnen, da Tumorzellen im Punktat nicht nachweisbar waren. In diesen beiden Fällen war also *die geschilderte hormonal-biologische Methodik der bisher in der Pathologie geübten cytologischen Methodik zum Tumornachweis aus einer Körperflüssigkeit überlegen*.

Der positive Ausfall der HVR II und III eines Hodensackpunktates kann diagnostisch verwertet werden. Ob auch die positive HVR I beim Hodenpunktat verwertbar ist, kann ich noch nicht sagen.

Aus negativen Reaktionen sollen keine diagnostischen Schlüsse gezogen werden.

Hormonale Diagnose des malignen Hodentumors aus dem Tumorgewebe.

Während ich durch Implantation wie Extraktion des malignen Tumorgewebes Prolan nicht oder nur in geringsten Mengen nachweisen konnte (s. S. 452 u. 556), liegen die Verhältnisse beim malignen Hodentumor anders. Hier konnte ich schon in dem 1. Fall

(13. VII. 1929) durch Implantation kleinster Tumorstückchen (0,05 bis 0,1 g) nach Entgiftung durch Äther die positive HVR I—III auslösen, also mindestens 20 ME Prolan A und B pro Gramm Gewebe nachweisen. Den gleichen Befund haben HEIDRICH, FELS und MATTHIAS[1] bei einem sehr genau untersuchten Fall von testiculärem Chorionepitheliom erheben können. Hingegen sprechen die negativen Prolanreaktionen bei Prüfung des Tumormaterials (Disgerminom) nicht gegen einen malignen Hodentumor (s. Fall 8, 9 u. 12).

Prolan im Hypophysenvorderlappen beim malignen Hodentumor.

Bisher konnte ich in Hypophysen von Männern — selbst bei über 80jährigen — nach Implantation von 5—50 mg regelmäßig Prolan nachweisen (s. S. 179). Den ersten negativen Hormonbefund bei einer vom Mann stammenden Hypophyse erhob ich bei jenem ersten Fall von malignem Hodentumor. Hier verlief auch die Einpflanzung größerer Gewebsstückchen völlig negativ. Dieser Befund steht in Übereinstimmung mit der Beobachtung von FELS, HEIDRICH und MATTHIAS bei ihrem Fall von testiculärem Chorionepitheliom. Hier liegen also die analogen Verhältnisse vor wie bei der schwangeren Frau, deren Hypophyse sich ebenfalls als prolanfrei erweist (PHILIPP, ZONDEK, FELS). In der Literatur ist die Frage häufig diskutiert worden, ob die in der Schwangerschaft auftretende starke Hormonvermehrung hypophysären oder placentaren Ursprungs sei. Es läßt sich schwer einsehen, warum der Hypophysenvorderlappen in der Schwangerschaft außer Funktion gesetzt werden soll. Noch weniger läßt sich dies beim malignen Hodentumor einsehen. Der verminderte Hormongehalt in der Hormondrüse selbst spricht nicht für seine Funktionslosigkeit (Näheres s. Kap. 36).

Prolanreaktion und Tumorart beim malignen Hodentumor.

Welche Hodentumoren geben die positive Prolanreaktion?

Die Beurteilung von Hodentumoren ist auch für den geübten Pathologen schwierig, insbesondere wenn die Hodentumoren nicht in den verschiedensten Partien untersucht worden sind. So hat KAUFMANN bei einem Chorionepitheliom des Hodens, das er zunächst für ein reines Chorionepitheliom hielt, durch eingehende Untersuchung des ganzen Tumors schließlich doch teratomatöse Bestandteile nachweisen können. Es ist durchaus möglich, daß auch in unserem Material bei eingehenderer Untersuchung nicht nur des Primärtumors, sondern auch sämtlicher Metastasen vielleicht noch teratoide oder chorionepitheliomartige Bestandteile hätten nachgewiesen werden können, während der Primär-

---

[1] BRUNS' Beitr. 150, 349 (1930).

tumor in seinen Hauptstücken nur großzellige epitheliale Bestandteile erkennen ließ.

Sowohl in meinen Fällen von Chorionepitheliom (Fall 1 u. 3) wie im Fall[1] von HEIDRICH, FELS u. MATTHIAS (Chorionepitheliom mit teratomatösem Gewächsanteil) konnte durch Injektion des nativen Harns eine positive HVR I—III erzielt werden. *Wir können daraus schon schließen, daß die Chorionepitheliome des Hodens zu erhöhter Prolan A- und B-Ausscheidung führen.* In einem Vortrag[2] in der Wiener Biologischen Gesellschaft (15. IV. 1929) sagte ich mit Rücksicht auf die stark erhöhte Prolanausscheidung beim Chorionepitheliom der Frau: „Es wird sehr interessant sein, den Harn von Männern zu prüfen, die an einem Chorionepitheliom erkrankt sind, um so die biologische Identität dieser Epitheliome nachweisen zu können." Einige Wochen später konnte ich den ersten Fall von malignem Hodentumor mit stark erhöhter Prolanausscheidung (A und B) untersuchen (Mai 1929), dessen nachträgliche genaue anatomische Untersuchung (s. S. 461) chorionepitheliomatöse Bestandteile des Tumors ergab. Wir können heute die biologische Identität dieser Epitheliome bei Mann und Frau als sicher annehmen, müssen dabei aber die Einschränkung machen, daß die für die Chorionepitheliome so charakteristische Massenausscheidung des Prolans auch bei anderen malignen Hodentumoren vorkommen kann.

Es war mir möglich den experimentellen Hodentumor beim Kaninchen von BRAUN u. PEARCE aus dem Rockefeller-Institut zu untersuchen. Dieser Tumor ist in seinem klinischen Verlauf (Metastasierung) sowie in seiner anatomischen Struktur (großzelliges Carcinom) dem menschlichen Hodentumor ähnlich, soweit man überhaupt Tier- und Menschentumor miteinander vergleichen kann. Durch die liebenswürdige Unterstützung des Robert Koch-Institutes[3] konnte ich den Harn der tumorkranken Kaninchen, den Primärtumor und die Metastasen hormonal analysieren. Sämtliche Versuche verliefen negativ. Da die Tiere sich in hormonaler Beziehung, wie ich in Kap. 37 auseinandergesetzt habe, wesentlich anders verhalten als der Mensch, möchte ich aus diesen negativen Befunden keine Schlüsse für das vorliegende Problem ziehen.

Vergleich mit den in der Literatur niedergelegten Beobachtungen über die Hormonausscheidung bei malignen Hodentumoren.

In der Zeitschrift „Der Chirurg" (1930, H. 23) wandte ich mich an die Chirurgen mit der Bitte, die Frage der Hormonausscheidung bei malignen Hodentumoren in jedem Fall zu prüfen, weil der einzelne nicht

---

[1] Über die in der Zwischenzeit von zahlreichen Autoren publizierten Fälle wird auf der folgenden Seite berichtet.

[2] ZONDEK, B.: Endokrinol. 5, 430 (1929).

[3] Herrn Geheimrat NEUFELD, Herrn Geheimrat KLEINE und Herrn Dr. COLIER möchte ich für ihre freundliche Unterstützung auch an dieser Stelle bestens danken.

über genügend Material dieser an sich glücklicherweise seltenen Fälle verfügt. In den verflossenen Jahren hat man der genannten Frage erfreulicherweise große Aufmerksamkeit geschenkt. In der Literatur sind von anderen Autoren bereits 142 Fälle beschrieben, so daß ich an Hand dieser Beobachtungen meine früheren Schlußfolgerungen erweitern bzw. korrigieren möchte.

Wird Prolan auch von gesunden Männern oder bei benignen Hodenerkrankungen in erhöhter Menge ausgeschieden? FERGUSON[1] hat 100 Fälle mit allen möglichen benignen Hodenerkrankungen untersucht, ohne jemals eine Ausscheidung von 100 ME Prolan A pro Liter Harn zu finden (FERGUSON hat sich bei seinem großen Material im wesentlichen mit der Prolan A-Ausscheidung beschäftigt). KEGEL[2] (Johns Hopkins) fand bei 85 gesunden Männern ebenfalls keine positive HVR I und BRANCH[3] (Boston City Hospital) sah bei 500 Männern nur 2mal erhöhte Prolanausscheidung, und zwar bei malignen Hodentumoren. Im Gegensatz dazu stehen die Beobachtungen von BRÜHL[4], der in 6 Fällen von Hoden- und Nebenhodentuberkulose 3mal durch Injektion des nativen Harns und 4mal durch Injektion des durch Alkoholfällung 6fach konzentrierten Harns eine positive HVR I auslösen konnte. Während die amerikanischen Autoren in ihrem so großen Material niemals eine erhöhte Prolan A-Ausscheidung bei benignen Hodenaffektionen fanden, beobachtete BRÜHL also unter 6 Fällen 3mal eine Ausscheidung von 330 ME Prolan A pro Liter Harn. Die Befunde von BRÜHL sind mir nicht recht verständlich, immerhin mahnen sie zur Vorsicht, zumal ich selbst, wie vorher angegeben (s. S. 458), unter 11 Fällen von Hoden- und Nebenhodentuberkulose einmal einen Gehalt von 111 ME Prolan A pro Liter nachweisen konnte.

Tumorart und Prolanausscheidung: Die in der Literatur niedergelegten Beobachtungen habe ich in der Tabelle 51 zusammengefaßt. FERGUSON hat sein großes Material (117 maligne Hodentumoren) nur summarisch zusammengefaßt, so daß es tabellarisch nicht gebracht werden kann. Meine Idee, durch den Prolannachweis nicht nur die Diagnostik des malignen Hodentumors zu fördern, sondern auch die Beziehungen zwischen Tumorart und Hormonproduktion zu klären (s. S. 467), scheint nach den Untersuchungen von FERGUSON erfüllt zu sein. Und doch bin ich, so sehr die FERGUSONschen Untersuchungen auf meinen Gedankengängen aufgebaut sind, etwas skeptisch, ob man den anatomischen Bau eines Tumors so genau nach der Hormonproduktion und Hormonausscheidung bestimmen kann. FERGUSON gibt folgende Werte an:

---

[1] FERGUSON, R. S.: Amer. J. Cancer **15**, 835 (1931); **18**, 269 (1933). Amer. J. Roentgenol. **29**, 443 (1933). J. of Urol. **31**, 397 (1934).
[2] KEGEL: Zitiert nach FERGUSON.
[3] BRANCH: Zitiert nach FERGUSON.
[4] BRÜHL, R.: Z. Geburtsh. **108**, 235 (1934).

Tumorart	Prolan A-Gehalt pro Liter Harn in ME.
Chorionepitheliom	100 000 und darüber (nach anderen Autoren)
Embryonales Adenocarcinom. .	10 000 — 40 000
Embryonales Carcinom mit lym- phoidem Stroma	2 000 — 10 000
Seminom	400 — 2 000
Teratom "with adult features" .	50 — 500

Im Gegensatz zu FERGUSON fand ich in 5 Fällen von großzelligem Hodencarcinom (Disgerminom) weniger als 111 ME Prolan A pro Liter, was auch von BOLLAG bestätigt wird. Bei Implantation des Tumorgewebes (Disgerminom) erhielt ich bei 3 Fällen negative Resultate, d. h. im Tumorgewebe war Prolan nicht nachweisbar. Dieses negative Verhalten der Disgerminome bezüglich des Prolangehaltes und der Prolanausscheidung entspricht der besonderen Art dieser Tumoren, die nach ROBERT MEYER einem minderwertigen Zellenmaterial aus der Zeit der sexuellen Indifferenz der Keimdrüsen entstammen sollen. In diesen Fällen spricht also der niedrige Prolan A-Gehalt des Urins nicht gegen einen malignen Tumor! Als sicher kann heute angesehen werden, daß die Chorionepitheliome bzw. die Hodenteratome mit chorionepitheliomatösen Einschlüssen zu einer stark gesteigerten Produktion und Massenausscheidung von Prolan A und B führen, so daß 100 000 ME und mehr pro Liter Harn vorhanden sein können, Hormonwerte, wie wir sie auch beim Chorionepitheliom der Frau finden. Diese stark erhöhte Excretion kann gelegentlich auch bei andersartigen Tumoren vorkommen. So beschreibt HAMBURGER einen Fall von Carcinom im Teratom (Metastasen = Adenocarcinom) mit einem Prolangehalt von sogar 150 000 ME A und B, und einen Fall von cystischem Adenocarcinom (Tabelle 51) mit einer Ausscheidung von 5000 ME Prolan A und 3000 ME B.

Auf Grund der Prolananalyse des Harns wird man den Pathologen wichtige Hinweise geben können, so daß sich bei gründlicher anatomischer Untersuchung des Primärtumors und der Metastasen manche Unsicherheit wohl noch klären wird. Die anatomische Klassifizierung der Hodentumoren ist noch sehr schwierig, so daß OBERNDORFFER im Handbuch von HENKE-LUBARSCH darüber folgendes sagt: „Es gibt kaum ein Kapitel der pathologischen Anatomie bzw. Histologie, dessen Schrifttum bei der Durcharbeitung größere Unlustgefühle erregt, als das der Hodengeschwülste. Die Bemühungen selbst namhafter Forscher, die Klassifikation dieser Geschwülste auf gewebsgeschichtlicher Grundlage durchzuführen, sind in ihrem Erfolge trostlos." Ich glaube, daß die Kombination der hormonalen und anatomischen Forschung für die Frage der Klassifizierung der Hodentumoren immer mehr an Bedeutung gewinnen wird. Die Ansätze dazu sind jedenfalls gemacht.

Hormonale Diagnose des malignen Hodentumors aus dem Harn: Meine Feststellung, daß die Auslösung der HVR II bzw. III mit dem nativen oder mit dem durch Alkoholfällung 5fach konzentrierten Männerharn — d. h. der Nachweis von 333 und auch von 111 ME Prolan A und B pro Liter Urin — das Vorhandensein eines malignen Hodentumors anzeigt, ist allgemein bestätigt worden. Können wir auch die erhöhte Prolan A-Ausscheidung diagnostisch verwerten? Hierbei sei besonders hervorgehoben, daß man, wenn auch sehr selten, auch bei benigner Hodenaffektion (Tuberkulose) eine erhöhte Ausscheidung von 111 ME Prolan A finden kann, ferner, daß bei malignen Hodentumoren auch weniger als 111 ME Prolan A pro Liter vorhanden sein können. In meiner letzten Arbeit[1] schrieb ich, wie S. 466 angegeben, daß ich mich vorsichtig dahin äußern möchte, daß der Nachweis von 333 ME Prolan A pro Liter Harn den Verdacht auf malignen Tumor anzeigt, daß der Nachweis von 111 ME diagnostisch nicht verwertet werden soll. An dieser Auffassung habe ich auch jetzt nur wenig zu ändern. Der Nachweis von 333 ME Prolan A kann nur den Verdacht in uns bestärken, spricht mit großer Wahrscheinlichkeit, aber nicht mit Sicherheit für einen malignen Hodentumor, der Nachweis von 111 ME soll aber vorsichtigerweise diagnostisch nicht verwertet werden. Nochmals sei betont, daß nur der positive Hormonnachweis, nicht das Fehlen erhöhter Hormonausscheidung beweisend ist. Es gibt maligne Hodentumoren (insbesondere Disgerminome), bei denen die Prolanausscheidung in keiner Weise erhöht ist!

Die Prolan A-Ausscheidung gewinnt aber zweifellos diagnostischen Wert, wenn das Hormon in stärkerer Konzentration im Harn erscheint. Der Prolangehalt des Männerharns beträgt nach meinen Analysen (s. S. 458) durchschnittlich 10 ME[2] pro Liter. Eine Erhöhung auf 330 ME kann, wie wir eben gesehen haben, gelegentlich auch bei nicht malignen Störungen vorkommen. Steigt der Hormongehalt aber weiter, so spricht dies für einen malignen Hodentumor. Ich glaube, daß man als untersten diagnostischen Wert 500 ME Prolan A pro Liter Urin annehmen soll. Die Diagnose wird um so sicherer, je höher der Prolan A-Gehalt des Harns ist! Man soll den Männerharn also — wie wir dies auch bei der Blasenmole und dem Chorionepitheliom der Frau tun — an infantilen Mäusen auf seinen Prolangehalt titrieren (Methodik S. 553). Der Nachweis erhöhter Prolan A-Ausscheidung dürfte ein wichtiges diagnostisches Hilfsmittel zur Frühdiagnose maligner Hodentumoren sein. Ich fasse nochmals zusammen:

1. Nachweis von 111 ME Prolan B pro Liter Harn (kenntlich an der HVR II bzw. III) beweist — bei Vorhandensein einer Hodenaffektion — den malignen Hodentumor.

---

[1] ZONDEK, B.: Klin. Wschr. **1932**, Nr. 7.

[2] Da es sich um Prosylan (Prolan + Synprolan) handelt, sind 10 ME = 3—5 RE (s. S. 231, 259 u. 429).

Tab. 51. Hormonale Untersuchungen anderer Autoren an Hodentumoren.

Autor	Nr. des Autors	Alter	Anatomische Diagnose	Harn nativ I	II	III	5 fach konz. I	II	III	Tumor-gewebe I	II	III	Sonstige hormonale Untersuchungen	Bemerkungen
Heidrich, Fels, Mathias [1]		35	Chorionepiteliom, Teratom	+	+	+				+	+	+	Hypophysenimplantation neg. Urin: bis 33300 ME Prolan A u. B. — 250 ME Folliculin pro Liter	Gynaekomastie
Hady [2]		22	Chorionepitheliom	+	+	+								Gynaekomastie
Chevassu [3]		38	Embryonaler Tumor m. chorionepithel. Nestern	+	+	+							25 Tage nach Entfernung des Tumors neg. Harn-reaktion	Gynaekomastie, nach d. Operation schnell verschwindend
Klemperer [4]			Chorionepitheliom											
Frank [5]			Chorionepitheliom	+	+	+							Urin: viel Folliculin	Gynaekomastie
Frank			Chorionepitheliom	+	+	+								Extrakt aus Tumorge-webe enth. Folliculin
Hamburger [6]	2	20	Teratoma testis c. metastas.	+	+	+							Urin: 40000 ME Prolan A. — 2000 ME B u. 200 ME Folliculin pro Liter	nicht obduziert
Hamburger	7	41	Embryoma testis	+	+	+							Urin: kein Folliculin	Gynaekomastie
Hamburger	3	20	Carcinoma in terato-ma. Metast. Adeno-carcinom	+	+	+							Urin: bis 150000 ME. Pro-lan A u. B.	Extrakt aus metast. Drüsen. 1 g = 100 ME Prolan A u. B.
Bek [7]		28	Embryonaler Tumor z. T. adenomatös	+	+	+				+	+	+	Pleuraexsudat: HVR I–III pos. Implant. v. Leber-gew. HVR I u. III = pos.	Starke Hyperpigmen-tation der Haut
Brühl [8]	3	26	Adenocarcinom	+	+	+								HVR II u. III wird erst im Verlauf d. Krank-heit pos.

Autor			Diagnose										Urin	Bemerkungen
Hamburger	4	22	Adenocarcinoma cyst. papillif.?	+	+	+							Urin: 5000 ME Prolan A u. 3000 ME Prolan B pro L.	
Brühl	2	19	Medulläres Carcinom	+	+	+				+	+	+	Urin: 33 000 ME Prolan A und 7000 ME Prolan B pro Liter	Prolan A zeitweise üb. 100 000 ME. pro Liter
Hamburger	6	34	Tumor testis c. metastas. (anatomisch nicht untersucht)				+	+	÷					Nach Röntgenbestrahl. Drüsen: 1–2 ME Prolan pro g
Hamburger	5	29	Mixed Tumor				+	+	+					Extrakt aus metast. Drüsen: 1 g = 1–2 ME Prolan pro g
Bollag[9]	3	20	Recidiv eines Misch-tumors.				+	−	+					
			2. Kontrolle				+	−	−					
Bollag	1	48	Ca Seminom				+	−	−					Lungenmetastasen. — Erste Urinanalyse 9 Wochen n. Beginn intensiver Röntgenbestrahlung
Bollag	2	26	Ca Seminom				−	−	−					Erste Urinanalyse 23 Tage n. Operation u. 6 Tage n. Bestrahl.
Brühl	1	34	Disgerminom	−	−	−	+	−	−					

[1] Heidrich, Fels u. Mathias: Bruns, Beitr. 150, 349 (1930).   [2] Hady: Zbl. Gynäk. 1931, Nr 11, 912.

[3] Chevassu: Bull. Mém. Soc. nat. Chir. 33, 1644 (1931). Gynéc. et Sem. gynéc. 1932, 406.

[4] Klemperer: Ref. bei Gerber, Rev. Path. comp. et Hyg. 1933. Proc. Soc. exper. Biol. a. Med. 29, 852 (1932).

[5] Frank, R. T.: Arch. of Path. 13, 187 (1932).

[6] Hamburger, Ch.: Gonadotropic hormones. Copenhagen: Levin & Munksgaard 1933, S. 147.

[7] Bek: Dissertation. Zürich 1933.   [8] Brühl, R.: Z. Geburtsh. 108, 235 (1934).

[9] Bollag: Schweiz. med. Wschr. 1932, Nr 18, 419.

2. Nachweis von mindestens 500 ME Prolan A und darüber pro Liter Harn ist ebenfalls diagnostisch verwertbar. Die Diagnose wird um so sicherer, je höher der Prolan A-Gehalt. Hierbei ist wiederholte Untersuchung des Harns notwendig, einmalige erhöhte Prolan A-Ausscheidung ist mit Vorsicht zu bewerten.

3. Das Fehlen erhöhter Ausscheidung von Prolan A oder B spricht *nicht* gegen den malignen Hodentumor.

Prolanausscheidung und Prognose: Wesentliche Steigerung der Prolanausscheidung, insbesondere das Auftreten von Prolan B ist prognostisch ungünstig und spricht, wie dies auch aus der Literatur hervorgeht, für Metastasierung. Wichtig ist die Feststellung von FERGUSON, daß diejenigen Fälle, bei denen die Bestrahlung der Hodentumoren ohne Einfluß auf die Hormonausscheidung war, d. h. der Prolangehalt nicht erheblich zurückging, sämtlich zugrunde gingen. Das Absinken der Prolanausscheidung ist nach FERGUSON geradezu ein Maßstab für die Radiosensibilität des Tumors. Hierbei möchte ich aber daran erinnern, daß die Bestrahlung zur Ausschaltung der Hodenfunktion (Röntgenkastration) und damit an sich zu gesteigerter Prolan A-Ausscheidung führen kann (s. S. 437). Nur *starker* Anstieg der Prolan A-Ausscheidung kann also prognostisch ungünstig bewertet werden, das Fallen der Prolanausscheidung darf jedoch als günstiges Symptom betrachtet werden, wenn es im Anschluß an die Therapie (Exstirpation des Tumors, Röntgenbestrahlung) erfolgt. Tritt aber plötzlich eine Verminderung oder Schwinden der Prolan A-Ausscheidung ohne therapeutische Maßnahmen ein, so zeigt dies an, daß die Abwehrreaktion des Körpers nachläßt, daß das Carcinom im Kampfe mit dem Organismus die Oberhand behält (s. Fall 5 meines Materials), daß die Prognose ungünstig ist. Das Fallen der Prolan A-Ausscheidung kann also nur im Zusammenhang mit der klinischen Beobachtung prognostisch beurteilt werden: als Folge der therapeutischen Maßnahme ist die Verminderung der Prolanproduktion günstig zu bewerten, plötzliches Abfallen ohne therapeutische Maßnahme ist ein klinisch bedrohliches Zeichen.

Gynäkomastie und Hodentumor: Zuweilen findet man Gynäkomastie bei Männern mit malignen Hodentumoren. Hierbei wäre eine genaue Blut- und Harnanalyse auf Folliculin wünschenswert, um die Bedeutung des Hormons für die Brustdrüsenentwicklung beim Menschen näher zu klären. Die Beobachtungen sind bisher nicht einheitlich. Während HEIDRICH, FELS u. MATTHIAS sowie R. T. FRANK eine erhöhte Folliculinausscheidung im Harn fanden, konnte HAMBURGER das Follikelhormon im Urin nicht nachweisen. Der Folliculingehalt des Blutes wurde bisher bei Männern mit Gynäkomastie noch nicht untersucht.

R. T. FRANK fand in einem Fall Folliculin im Tumorgewebe, was aber nicht für den Hodentumor spezifisch ist, da der Folliculingehalt im Carcinomgewebe allgemein erhöht ist (s. S. 112).

Treten beim Mann Veränderungen der Brustdrüsen auf, so soll man den Harn sofort auf Prolan quantitativ analysieren, wodurch es meines Erachtens gelingen wird, frühzeitig das Bestehen eines malignen Hodentumors oder einer extragenitalen Geschwulst (Chorionepitheliom) festzustellen. Die Gynäkomastie ist allerdings nur bei einigen Fällen von Hodentumor vorhanden und sie kann auch ganz harmloser Natur sein. Für die Differentialdiagnose wird die Prolantitration zweifellos nicht ohne Bedeutung sein.

Veränderungen an den Genitalorganen: Die bei malignen Hodentumoren beobachtete Hyperplasie der Prostata und Samenblasen sowie die Vermehrung der interstitiellen Zellen im nicht erkrankten Hoden (HEIDRICH, FELS u. MATTHIAS, FERGUSON) ist wohl eine Folge der Prolanwirkung, da wir analoge Veränderungen auch im Tierexperiment durch Prolan auslösen können (s. S. 276).

Extragenitales Chorionepitheliom: KANTROWITZ[1] fand bei einem 22-jährigen Mann — Teratom des vorderen Mediastinums und chorionepitheliomatöse Elemente in den Lungenmetastasen — eine erhöhte Prolan A- und B-Ausscheidung. Die HVR I—III wurde mit dem nativen Urin ausgelöst, es waren also mindestens 333 ME A und B pro Liter Harn vorhanden. Der Fall ist insofern interessant, als die Hoden hier völlig frei von Tumorbestandteilen waren (Serienschnitte), so daß dieser Befund gegen die Auffassung von PRYM und OBERNDORFFER spreche, daß das Chorionepitheliom beim Mann immer mit Keimdrüsengeschwülsten in Zusammenhang stehen müsse. Ebenso beobachtete LILIENTHAL[2] einen 13jährigen Jungen mit Gynäkomastie, intrathoracalem Tumor und erhöhter Prolanausscheidung (positive HVR I—III bei der infantilen Maus mit nativem Harn), bei dem die Hoden palpatorisch intakt waren.

Erwähnt sei noch die Beobachtung von JOHNSON u. HALL[3], die durch intravenöse Injektion von Harn eines Seminoms beim Kaninchen Prolan A und B qualitativ nachweisen konnten und ein gleichartiger Befund von WEINSTEIN u. SCHOFIELD[4] mit Harn von einem Hodenteratom.

46. Kapitel.

Prolan und Tumorwachstum.
Der hemmende Einfluß des Prolans auf das Impfcarcinom der weißen Maus.

Die Hormonstudien bei Tumorkranken hatten, wie im vorhergehenden Kapitel auseinandergesetzt, zu der Auffassung geführt, daß die

---

[1] KANTROWITZ, A. R.: Arch. of Path. **13**, 186 (1932).
[2] LILIENTHAL, H.: Libman Anniversary **2**, 745 (1932).
[3] JOHNSON, L. W. u. HALL, W. W.: U. S. nav. med. Bull. **30**, 516 (1932).
[4] WEINSTEIN, G. L. u. SCHOFIELD, F. S.: Proc. Soc. exper. Biol. a. Med. **89**, 852 (1932).

erhöhte Produktion und Ausscheidung von Follikelreifungshormon (Prolan A) bei Tumorkranken vielleicht sekundär bedingt ist, daß der Vorderlappen auf die peripheren Wachstumsvorgänge beim Carcinom mit einer erhöhten Produktion des Follikelreifungshormons antwortet — im Sinne der peripheren endokrinen Theorie von H. Zondek. Danach müßte man die erhöhte Produktion von Follikelreifungshormon als eine spezifische Abwehrreaktion des Körpers gegen das Tumorwachstum auffassen (s. S. 453). Hierfür spricht auch die Beobachtung, daß die Ausscheidung von Follikelreifungshormon bei Frauen mit Genitalcarcinom in dem Augenblick aufhört, wo die allgemeinen Lebenskräfte nachlassen (s. S. 446). Daraus könnte man schließen, daß das Aufhören der erhöhten Hormon A-Produktion anzeigt, daß die spezifischen Abwehrreaktionen des Körpers nachlassen, so daß das Carcinom im Kampfe mit dem Körper die Oberhand behält.

Von diesen Gedankengängen ausgehend, haben H. Zondek, Hartoch und ich[1] Prolan klinisch bei Carcinomatösen angewandt, um eine Stärkung der Abwehrreaktion zu erzielen. Wir verabfolgten zunächst täglich bis 500 Einheiten Prolan intravenös in etwa 20 ccm einer 20—30%igen Traubenzuckerlösung. Da die intravenöse Applikation zuweilen Nebenerscheinungen hervorruft, injizierten wir Glykose intravenös und gleichzeitig Prolan intramuskulär. Selbstverständlich konnten wir die hormonale Behandlung nur bei inoperablen Carcinomen durchführen bzw. bei sehr schwachen Patienten als Vorbehandlung zum operativen Eingriff. Jeder, der sich mit Behandlung von Carcinomatösen beschäftigt, weiß, wie außerordentlich schwierig die klinische Beurteilung derartiger Fälle ist. Wir möchten sagen, daß es uns in einer Reihe von Fällen möglich war, auch bei inoperablen Fällen eine nicht unbeträchtliche Gewichtssteigerung und Besserung des Allgemeinbefindens zu erzielen. Bei einer Reihe von Fällen (Magen- und Darmcarcinom) wurden die Patienten durch die Vorbehandlung in ihrem Allgemeinzustand so gebessert, daß sie der Operation zugeführt werden konnten. Mehr läßt sich nicht sagen, zumal die wichtige Dosierungsfrage noch nicht geklärt ist. Wahrscheinlich werden viel größere Prolandosen nötig sein, als wir bisher angewandt haben, vielleicht werden die Resultate sich durch Prosylan aufbessern lassen.

Durch diese Beobachtungen veranlaßt, prüften wir (H. Zondek, B. Zondek und Hartoch) den Einfluß des Prolans auf den Impftumor beim Tier. Wir verwandten dazu das Ehrlichsche Mäusecarcinom. Unsere Untersuchungen erstrecken sich auf einen Zeitraum von etwa 3 Jahren. Sie wurden an etwa 1800 Tieren (einschließlich der Kontrollen) vorgenommen. Es ist klar, daß man Beobachtungen beim Tier-

---

[1] Zondek, H., Zondek, B. u. Hartoch, W.: Klin. Wschr. 1932, Nr 43, 1785.

carcinom nicht auf den Menschen übertragen darf. Wir legen bei diesen Untersuchungen auch nicht den Hauptwert auf die Beeinflussung des spezifischen Carcinomgewebes, sondern vor allem auf die Beeinflussung des Tumorwachstums.

Die vorliegenden Untersuchungen wären uns ohne die liebenswürdige Unterstützung von Herrn Dr. A. FISCHER-Kopenhagen, seinerzeit Kaiser Wilhelm-Institut (Dahlem), nicht möglich gewesen. Herr Dr. FISCHER hat gestattet, daß sämtliche Überimpfungen des Tumors in seinem Institut vorgenommen wurden. Der Laborant des Instituts, Herr LEOPOLD, der seit vielen Jahren die Impfungen durchführte, hat auch unsere Versuchstiere geimpft.

Die Untersuchungen wurden an geschlechtsreifen weißen Mäusen ausgeführt. In allen Fällen ist der Tumor angegangen. Will man eine hemmende Wirkung eines Stoffes nachweisen, so darf man unseres Erachtens nur einen Stamm benutzen, der eine 100%ige Sicherheit des Angehens bei der Überimpfung bietet. Ferner muß man Tumormaterial überimpfen, bei dem eine Spontanheilung nicht auftritt. Dies gilt für den von uns verwandten „Frankfurter Stamm". A. FISCHER und seine Mitarbeiter[1] teilen folgendes mit: „Wir haben bis jetzt noch keinen einzigen von den 1019 überimpften Tumoren, die angegangen waren, spontan zurückgehen sehen, eine Tatsache, die mit Rücksicht auf die nicht seltenen Spontanheilungen bei anderen experimentellen Tumoren von größter Wichtigkeit ist und daher besonders betont werden soll." Wir können diese Beobachtungen bestätigen. Wir haben niemals eine Spontanheilung gesehen. Das EHRLICHsche Mäusecarcinom wächst nach steriler subcutaner Transplantation fest an die Haut an und infiltrierend in die Muskulatur. Metastasen treten nicht auf.

Bei 274 Kontrolltieren stellten wir fest, daß der Tumor etwa 30 Tage nach der Impfung durch die Haut durchbrach, daß dann durch Nekrose des Tumors ein rascher Verfall des Gesamtorganismus eintrat, so daß die Tiere nach 40—45 Tagen starben. Die längste Lebensdauer betrug 55 Tage.

Bevor der Einfluß des Prolans auf das Tumorwachstum untersucht werden konnte, mußten folgende Fragen geklärt werden:

1. Kann man durch unspezifische Mittel das Tumorwachstum beeinflussen?

2. Kann man durch andere Hormone das Tumorwachstum hemmen?

3. Ist die Hemmung des Tumorwachstums Folge der Allgemeinschädigung des Organismus?

Wir haben nach der Überimpfung Mäuse mit Kalium, Calcium sowie 20%iger Traubenzuckerlösung behandelt. Eine Beeinflussung des Tumors durch diese unspezifische Behandlung konnten wir nicht feststellen.

Wir haben folgende Hormone geprüft: Thyroxin, Adrenalin, Insulin, Insulin + Traubenzucker, Hypophysin, Folliculin. *Diese Hormone üben eine hemmende Wirkung auf das Tumorwachstum nicht aus.*

---

[1] FISCHER, A.: Z. Krebsforsch. **1927**, 528.

Mit diesen Feststellungen ist gleich die dritte Frage beantwortet. Die tägliche Einspritzung von Thyroxin und Insulin beeinträchtigt das Allgemeinbefinden der Tiere zum Teil erheblich, so daß es zu rascher Gewichtsabnahme kommt. Trotzdem tritt eine Hemmung des Tumorwachstums nicht ein.

Nach diesen Vorversuchen gingen wir an die Prüfung des Prolans.

Wir haben die Prolaninjektionen am Tage nach der Impfung begonnen und 22 Tage durchgeführt. Die Resultate wurden erst beweisend, wenn man die ersten 12 Injektionen intravenös in die Schwanzvene der Mäuse ausführt. Dadurch braucht man nur vier bis sechs Injektionen subcutan zu geben, wodurch die Haut erheblich geschont wird.

Um ein objektives Maß zu haben, wurden die Tiere regelmäßig am 23. Tage getötet, der Tumor sorgsam herauspräpariert und frisch gewogen. Über die Gewichtsunterschiede gibt Tabelle 52 Aufschluß.

Unsere Versuche zeigen, daß man durch Prolan das Tumorwachstum weitgehend hemmen kann. Während die Tumoren der unbehandelten Tiere nach 23 Tagen die Größe einer Kirsche und ein Durchschnittsgewicht von 1,65 g erreicht haben, waren die Tumoren bei den Prolantieren erbsen- bis bohnengroß und hatten ein Durchschnittsgewicht von 0,2 g. Die Wachstumshemmung betrug also 87,5%.

Nun könnte folgender Einwand gemacht werden. Das Prolan ist kein chemisch definierter Körper. In den Prolanlösungen könnten sich noch unspezifische Beimengungen befinden. Können diese für die Hemmung verantwortlich gemacht werden? Wie ich gezeigt habe (s. S. 242), wird das Prolan durch Kochen zerstört. Wir haben deshalb Kontrollversuche mit gekochtem Prolan ausgeführt und dabei festgestellt, daß eine Hemmung durch gekochtes Prolan nicht stattfindet. Das Durchschnittsgewicht der Tumoren betrug 1,5 g. Die stark hemmende Wirkung der Prolanlösungen muß also auf das Hormon selbst zurückgeführt werden. Diese Versuche beweisen gleichzeitig, daß die weitgehende Hemmung des Prolans nicht etwa als toxische Schädigung aufgefaßt werden kann, denn sonst müßte die Hemmung durch gekochtes Prolan ebensogroß sein wie durch ungekochtes Prolan.

Wir haben Prolan verascht und die Aschenbestandteile den geimpften Tieren zugeführt, ohne daß wir eine Hemmung auf das Tumorwachstum feststellen konnten. Die im Prolan eventuell vorhandenen anorganischen Beimengungen können also nicht für die hemmende Wirkung des Tumorwachstums verantwortlich gemacht werden.

In einer besonderen Versuchsserie haben wir nun die durch Prolan im Wachstum gehemmten Tumoren weiterverimpft. Die Tumoren gingen in allen Fällen an, die Tiere wurden nach 23 Tagen getötet. Die Tumoren waren auffallend klein, bohnengroß und hatten ein Durchschnittsgewicht von nur 0,24 g, gegenüber dem sonstigen Durchschnittsgewicht von 1,65 g am 23. Tag nach der Impfung. *Es war also in der*

I. Passage eine Hemmung des Tumorwachstums von 85% eingetreten. Die
Tumoren der I. Passage haben wir weitergeimpft und in der II. Passage eine
weitere Wachstumshemmung beobachtet. Die Tumoren hatten jetzt am
23. Tag nur noch ein Durchschnittsgewicht von 0,14 g, so daß im Vergleich zum Ausgangstumor eine Wachstumshemmung von 91,3% eingetreten ist, bei einer nicht geringen Anzahl von Tieren der II. Passage
ging der Tumor überhaupt nicht mehr an (Beobachtung über mehrere
Monate). Wir möchten glauben, daß diese Beobachtung von besonderem
Interesse ist.

Man muß große Prolandosen zuführen. Wir injizierten täglich 0,1
bis 0,2 ccm einer Prolanlösung, die pro Kubikzentimeter 500—1000 RE
enthielt. Je größer die Prolanzufuhr, um so besser die Wirkung. Die
Prolanlösungen enthielten, wie vorher gesagt, Reifungs- und Luteinisierungshormon (Hormon A und B). In einer Reihe von Untersuchungen
haben wir nur Follikelreifungshormon angewandt, das nach der S. 239
beschriebenen Methode aus Carcinomharn dargestellt wurde. Ein wesentlicher Unterschied in der Wirkung konnte nicht festgestellt werden.

Tabelle 52. Prolan und Tumorwachstum.

Art der Behandlung	Zahl der Versuchstiere	Durchschnitts-gewicht der Tumoren in g
Unbehandelte Kontrollen	274	1,65
Kontrollen mit anderen Hormonen und un-spezifischen Mitteln	750	1,55
Prolan	405	0,2
Gekochtes Prolan	64	1,5
Veraschtes Prolan	24	1,55
Überimpfung der durch Prolan gehemmten Tumoren. Keine Behandlung . . . . . . {	I. Passage 128 II. 124	0,24 0,14

Zusammenfassend zeigen die Versuche, daß man durch Prolan das
Wachstum des Impfcarcinoms der weißen Maus hemmen kann. Eine
gleichartige Hemmung kann man durch andere Hormone nicht erreichen.
Wir möchten betonen, daß man auch in den durch Prolan gehemmten
Tumoren noch einwandfrei carcinomatöses Gewebe histologisch nachweisen kann. Es kommt also nicht zu einer Heilung des Carcinoms,
aber zu einer starken Beschränkung des Wachstums. Vielleicht kann
man bessere Resultate durch noch größere Prolandosen erzielen.

*Als wesentlich möchten wir hervorheben, daß die Prolandarreichung die
Wachstumsenergie des Tumors so herabsetzt, daß der Tumor bei Weiter-
impfung bereits in der II. Tierpassage wenig oder gar nicht mehr angeht.*

Hervorgehoben sei, daß sich M. REISS[1] unabhängig von uns und zu
gleicher Zeit wie wir mit dem Einfluß des Prolans auf den malignen Tumor
beschäftigt hat. Wir haben das Prolan unter dem Gesichtspunkt des

---

[1] REISS, M.: Med. Klin. 1932, Nr 29, 40, 41.

Tumorwachstums, REISS aber unter dem des *Tumorstoffwechsels* untersucht. Obwohl Fragestellung und Methodik verschieden waren, kamen
wir doch zu gleichen Ergebnissen. Wir fanden, daß das Tumorwachstum durch Prolan gehemmt wird, so daß die Vitalität des Tumors bei
weiteren Transplantationen schließlich erlischt. REISS fand im Tumorgewebe eine Änderung des Sauerstoffverbrauchs und der PASTEURschen
Reaktion, so daß der Tumor allmählich seinen zum Leben notwendigen
Energiebedarf nicht mehr vollständig decken kann. (Ratten mit JENSEN-
Sarcom erhielten subcutan Prolan, nach verschieden langer Einwirkungszeit wurden Tumorstücke entnommen und mit der WARBURGschen
Methodik untersucht.)

Hypophysektomie und Tumorwachstum: BALL, SAMUELS u. SIMPSON[1]
haben bei hypophysektomierten Albinoratten ein geringeres Wachstum
des transplantierten Mammacarcinoms beobachtet. In ihren systemati-
schen Untersuchungen stellten REISS, DRUCKREY u. HOCHWALD[2] fest,
daß die Hypophyse von wesentlicher Bedeutung für das Tumorwachstum sei. Impft man eine 60—120 g schwere Ratte 2—3 Wochen nach
der Hypophysektomie mit JENSEN-Sarkom, so wächst der Tumor bis
zur Erbsengröße, höchstens bis zur Kirschgröße, um sich dann wieder
vollständig zurückzubilden. Je mehr Zeit seit der Hypophysektomie
vergangen ist, desto kürzer ist die Lebensdauer des Tumors. Dieser
Effekt bleibt aus, wenn nur kleinste Vorderlappenreste bei der Exstirpation der Hypophyse zurückbleiben, woraus hervorgeht, daß der
Vorderlappen den hemmenden Einfluß auf das Tumorwachstum ausübt. Der Beweis der hormonalen Steuerung wurde auch dadurch erbracht, daß die regressiven Veränderungen im Tumorwachstum durch
das EVANSsche Wachstumshormon des Vorderlappens wieder rückgängig
gemacht werden konnten.

Sowohl das Wachstumshormon wie das gonadotrope Hormon beeinflussen demnach das Tumorwachstum, das Wachstumshormon in fördern-
dem, das Prolan in hemmendem Sinne. Die beiden Hormone des Vorderlappens wirken also antagonistisch auf das Tumorwachstum.

Mit den genannten Untersuchungen ist natürlich die Ursache des
Tumorwachstums nicht erforscht, aber die Ergebnisse zeigen — worauf
auch REISS hinweist — daß auch bei den sogenannten autonomen Wachstumsvorgängen eine hormonal regulierte Steuerung vorhanden ist. Die erhöhte Ausscheidung von Follikelreifungshormon bei Carcinomatösen, das
Aufhören dieser erhöhten Hormonproduktion beim Nachlassen der allgemeinen Lebenskräfte (s. Kap. 44 u. 45), der hemmende Einfluß des Prolans
auf das Tumorwachstum, die Beeinflussung des Tumorstoffwechsels durch

---

[1] BALL, SAMUELS u. SIMPSON: Amer. J. Cancer **16**, 351 (1932).
[2] REISS, M., DRUCKREY, H. u. HOCHWALD, A.: Z. exper. Med. **90**, H. 3/4,
408 (1933).

Prolan, die starke Wachstumshemmung durch die Hypophysektomie und die Förderung durch das Wachstumshormon des Hypophysenvorderlappens — diese Befunde zusammen zeigen, daß der Hypophysenvorderlappen eine Rolle, und anscheinend eine wichtige Rolle für das Tumorwachstumproblem spielt.

47. Kapitel.

Die Folliculin- und die HV-Reaktionen in ihrer diagnostischen Bedeutung.

Die Brunstreaktion, die am kastrierten, geschlechtsreifen Nagetier durch Folliculin, und die HVR I—III, die am Genitalapparat infantiler Nagetiere durch die gonadotropen Vorderlappenhormone ausgelöst werden, haben durch unsere Untersuchungen auch klinische Bedeutung erlangt. Durch den Nachweis einer qualitativ und quantitativ veränderten Hormonausscheidung im Harn, festgestellt an den genannten Reaktionen, können wir sichere klinische Diagnosen stellen bzw. einen Hinweis in diagnostischer Beziehung erhalten.

1. Bei bestimmten funktionellen Störungen der Frau wird Folliculin in erhöhtem Maße im Harn ausgeschieden. *Zu diesen von mir als „Polyhormonale Krankheitsbilder" (s. Kap. 42) bezeichneten Krankheitsstörungen gehört die Amennorrhöe, die Blutung und das erste Stadium des Klimakteriums.* Zum Nachweis wird je 5 ccm Frühurin einer kastrierten Maus injiziert. Tritt die Brunstreaktion (Schollenstadium) auf, so ist damit bewiesen, daß pro Liter Harn mindestens 200 ME Folliculin ausgeschieden werden.

Einen derartigen Folliculinwert kann man auch bei gesunden Frauen mit regelmäßigem Zyklus finden. Der Folliculinwert von 200 ME gewinnt nur diagnostische Bedeutung, wenn man ihn bei einer funktionellen Störung, insbesondere bei bestehender Amenorrhöe, findet. Je höher die Folliculinausscheidung, um so sicherer ist die Diagnose! Bestehen Zweifel bezüglich der diagnostischen Auswertung (bei Blutungen und im Klimakterium), so soll man das Folliculin aus dem Harn mit Benzol extrahieren (Methode s. S. 414) und den Hormontiter genau bestimmen. Ein Wert von 300—400 ME Folliculin und darüber pro Liter Harn beweist das Vorhandensein einer polyhormonalen Störung.

2. *Die Brunstreaktion habe ich als sichere Graviditätsdiagnose beim Pferd verwenden können* (s. Anhang S. 571). Neben dem Folliculin wird auch das Follikelreifungshormon des Hypophysenvorderlappens (Prolan A) in erhöhtem Maße im Harn trächtiger Stuten ausgeschieden. *Die Graviditätsdiagnose beim Pferd gründet sich also auf den Nachweis beider Hormone im Harn,* wobei das Verhältnis des Folliculins zum Prolan A etwa 10:1 beträgt. Der angesäuerte, mit Äther ausgeschüttelte Harn

Tabelle 53. Diagnostische Bedeutung der Folliculin- und HV-Reaktionen.

Reaktion	Diagnose	Ausgangs-material	Methodik		Reaktions-nachweis	Literatur	Bemerkungen
			Zubereitungs- und Injektionsart	Tierart			
Folliculin = Brunst-reaktion	Polyhormonale Krankheitsbilder: a) Amenorrhöe b) Blutung c) I = polyfolli-culines Stadium der Klimax	Frühurin	6×1 ccm	Kastrierte Maus	Schollen-stadium	Zbl. Gynäk. 1930 Nr. 1 (B. ZONDEK)	
Brunst-reaktion durch Folliculin + HVR I	Graviditäts-diagnose beim Pferd	Frühurin	$6 \times 0{,}05—0{,}1$ ccm mit Äther ausgeschüttelt	Infantile Ratte	Schollen-stadium	Klin. Wschr. 1930, Nr 49 (B. ZONDEK)	
HVR I	Aufhören der Sexualfunktion: a) III = polypro-lanes Stadium der Klimax b) Kastration (Röntgen und operativ)	Frühurin	Harn-Alkoholfällung mit 5 facher Hormon-konzentration, so daß Hormon aus 9 ccm Harn zugeführt wird. Positiv = 110 ME Prolan A pro Liter	Infantile Maus	Schollen-stadium	Klin. Wschr. 1930, Nr 6, 9, 15 u. 26 (B. ZONDEK)	
HVR I	„	Serum	$6 \times 2 = 12$ ccm Serum, durch Äther entgiftet	Infantile Ratte	Schollen-stadium	s. S. 449	
HVR I	Maligner Hoden-tumor (sehr wahr-scheinlich	Frühurin	$4 \times 0{,}4$ u. $2 \times 0{,}2$ ccm bis $4 \times 0{,}2$ u. $2 \times 0{,}1$ ccm mit Äther ausgeschüt-telt. Positiv = 500 bis 1000 ME Prolan A pro Liter	Infantile Maus	Schollen-stadium	Der Chirurg 1930, H. 23, Klin. Wschr. 1932, Nr 7 (B. ZONDEK)	Früher hielt ich den Nachweis von 330 ME Prolan A schon für Verdacht begründend. Die Heraufsetzung des Prolantiters auf 500 ME erscheint zweckmäßig (s. Kap. 45)

HVR II bzw. III	Granulosa-zelltumor	Frühurin	6 × 0,3 bis 6 × 0,4 ccm mit Äther ausgeschüttelt	Infantile Maus	Blutpunkt oder Corpus luteum im Ovar	s. S. 455	
HVR II bzw. III	Chorionepitheliom	Frühurin	Harntitration. Prüfung bis 0,01 ccm, also Nachweis bis 100000 ME pro Liter	Infantile Maus	„	s. S. 369 u. 553	
HVR II bzw. III	Maligner Hodentumor	Frühurin	6 × 0,3 bis 0,4 ccm mit Äther ausgeschüttelt	Infantile Maus	„	Klin. Wschr. 1932, Nr 7 (B. Zondek)	
HVR II bzw. III	„	Frühurin	Harn-Alkoholfällung mit 5facher Hormonkonzentration, so daß jedes Tier gonadotropes Hormon aus 9 ccm Männerharn erhält. Positiv = 110 ME pro Liter	Infantile Maus	„	„	
HVR II	Schwangerschafts-schnelldiagnose (FSR) bei der Frau	Frühurin	Harn-Alkoholfällung mit 6facher Hormonkonzentration, so daß jedes Tier Prolan aus 14,4 ccm Schwangerenharn erhält	Infantile Maus	Blutpunkt im Ovar	Klin. Wschr. 1930, Nr 21 (B. Zondek)	Nur bei positivem Ausfall verwertbar. Nach 51—57 Std positiv. Nicht so exakt wie die Originalmethode von Aschheim-Zondek.
HVR II bzw. III	Schwangerschafts-diagnose bei der Frau (Originalmethode) Modifikationen s. S. 561	Frühurin	Injektion des nativen Harns 6 × 0,2—6 × 0,4 ccm	Infantile Maus	Blutpunkt oder Corpus luteum im Ovar	Klin. Wschr. 1928, Nr 30 und 31 (Aschheim u. B. Zondek)	Nach 100 Std. positiv. Fehlerquelle 1—2 %. Durch Giftigkeit können 6—7% der Urine nicht untersucht werden. Durch Ätherbehandlung (Zondek, Klin. Wschr. 1930 Nr 21) wird der Harn entgiftet!

31*

wird infantilen Ratten injiziert (6 × 0,05 bis 6 × 0,1 ccm). Reaktion positiv = Schollenstadium im Scheidensekret.

3. *Feststellung des Erlöschens der Sexualfunktion: Bei dieser Funktionsstörung (Kastration) konnte ich in 86,6% der Fälle Follikelreifungshormon in erhöhtem Maße im Harn (110 ME. pro Liter) nachweisen* (Kap. 43). Das Hormon wird aus dem Frühurin in 5facher Konzentration gefällt und infantilen Mäusen injiziert (s. S. 416). Reaktion positiv = Schollenstadium im Scheidensekret.

Die Reaktion habe ich auch mit Blut an infantilen Ratten angestellt, wobei jedes Tier 6 × 2 = 12 ccm durch Äther entgiftetes Serum erhält (s. S. 415 u. 449).

4. *Auch beim Genitalcarcinom der Frau konnte ich in 76,1% der Fälle die erhöhte Prolan A-Ausscheidung nachweisen* (Hormonfällung). Im Blutserum ebenfalls erhöhter Hormonspiegel (s. S. 449). Da das Follikelreifungshormon (Prolan A) auch bei gutartigen Genitaltumoren der Frau in einem Drittel der Fälle im Harn auftritt, ist der Prolan A-Nachweis für die Diagnose des weiblichen Genitalcarcinoms nicht zu verwerten.

5. Hingegen hat der Nachweis der erhöhten Prolanausscheidung diagnostische Bedeutung bei folgenden Tumoren: 1. beim Granulosazelltumor der Frau. Kann man mit nativem Harn (6 × 0,3 bis 6 × 0,4 ccm) die HVR II oder III bei der infantilen Maus auslösen und ist eine Gravidität mit Sicherheit auszuschließen, hingegen ein Ovarialtumor palpatorisch feststellbar, so kann man die Diagnose auf malignen Tumor, wahrscheinlich Granulosazelltumor stellen (s. S- 455). — 2. Beim Chorionepitheliom der Frau. Die Diagnose ist um so sicherer, je höher der Prolantiter des Harnes ist (Näheres s. S. 369 u. 553). — 3. Beim malignen Hodentumor des Mannes. Der native Männerharn wird nach Ausschüttelung mit Äther infantilen Mäusen injiziert. Die mit 6 × 0,3 bis 6 × 0,5 ccm erzielte HVR II oder III beweist das Vorhandensein eines malignen Hodentumors. Kann man nur mit dem durch Alkoholfällung 5fach konzentrierten Harn (Nachweis von 111 ME Prolan B pro Liter) die HVR II bzw. III auslösen, so ist auch dieser Befund beweisend. Auch der Nachweis von 500 ME Prolan A pro Liter Harn hat die diagnostische Bedeutung (Näheres s. S. 471).

Kann man durch Injektion von Hydrocelenflüssigkeit bei der infantilen Maus die HVR II bzw. III auslösen, so beweist dies das Vorhandensein eines malignen Hodentumors.

6. *Auf dem Nachweis der HVR II bzw. III beruht die hormonale Schwangerschaftsreaktion bei der Frau* (ASCHHEIM-ZONDEK). Reaktion positiv = Blutpunkt oder Corpus luteum im Ovarium der infantilen Maus (s. S. 534).

7. *Auf dem Nachweis der HVR II basiert die von mir angegebene Schwangerschaftsschnellreaktion* (s. S. 548). Das Prolan wird in 6facher Konzentration aus dem Frühurin gefällt, so daß jedes Tier Hormon aus

14,4 ccm Harn erhält (Fällungsschnellreaktion = FSR). Nur der positive Ausfall ist diagnostisch zu verwerten. Reaktion positiv = Blutpunkt im Ovar der infantilen Maus.

Die Folliculin- und HV-Reaktionen sind in Tabelle 53 in ihrer diagnostischen Bedeutung und Wertigkeit zusammengestellt.

48. Kapitel.

Sexualhormone und Stoffwechsel.

Wir haben gesehen, daß die Sexualhormone in der Schwangerschaft und bei Erkrankungen (endokrine Störungen, Genitalcarcinom) in erhöhtem Maße produziert werden, daß sie also für den Gesamtorganismus von Bedeutung sind. Daß die Sexualdrüsen über die eigentliche Genitalsphäre hinaus — speziell für den Stoffwechsel — wichtig sind, ist durch klinische Beobachtung seit langem bekannt. So kann das Aufhören der Ovarialfunktion im Klimakterium zu Fettansatz führen, der im Volksmunde als Matronenspeck bezeichnet wird. In der Tierzucht bedient man sich seit langer Zeit der Kastration zur Förderung der Mast. Die Beziehung der Sexualdrüsen zum Stoffwechsel ist besonders durch LOEWY u. RICHTER[1] erforscht worden, die bei Kastrierten eine Senkung des O_2-Verbrauches um rund 15% Tieren feststellten. Daß die Stoffwechselveränderungen durch den Ausfall der Sexualdrüsen bedingt waren, ging daraus hervor, daß LOEWY und RICHTER durch Fütterung der kastrierten Tiere mit Ovarialsubstanz den O_2-Verbrauch bis zur Norm erhöhen konnten. Der den Stoffwechsel beeinflussende Ovarialstoff geht nicht verloren, wenn man frische Ovarien geschlechtsreifer Kühe vorsichtig trocknet. So dargestelltes Ovarialpulver (Ovowop) wurde in Gemeinschaft mit BERNHARDT[2] auf seine Stoffwechselwirkung untersucht.

Frau M., 39 Jahre alt, wurden am 5. III. 1920 Uterus und beide Ovarien exstirpiert. Der Stoffwechsel wurde seit 2 Jahren fortlaufend kontrolliert (ZUNTZ-GEPPERTsche Methode).

Wie aus Tabelle 54 ersichtlich, stieg der Sauerstoffverbrauch nach der oralen Zufuhr von Ovowop von 153,4 ccm auf 171,9 ccm, also um 12,4%. HEYN[3] kam bei seinen Nachprüfungen zu gleichartigen Ergebnissen. Durch Zufuhr von täglich 6 Tabletten Ovowop konnte er bei kastrierten Frauen eine ziemlich schnell einsetzende Steigerung des Grundumsatzes bis zu 20% erreichen.

Die Stoffwechselwirkung kann durch Ovarialtransplantation (s. S. 17) und durch orale Zufuhr des pulverisierten gesamten Ovariums ausgelöst werden.

---

[1] LOEWY u. RICHTER: Arch. f. Anat. 1899, 174.
[2] ZONDEK, B. u. BERNHARDT: Klin. Wschr. 1925, Nr 42, 2001.
[3] HEYN: Dtsch. med. Wschr. Nr 32, 1331 (1926).

Tabelle 54.

Datum	Gewicht kg	O_2-Verbrauch ccm	Pro Minute		Respir.- Quot.
			CO₂-Ausscheidung ccm	Atemvol. ccm reduz.	
13. II. 1924	51	153,4	126	3726	0,84
22. II. 1924	49,2	152,66	116,25	3547	0,762

Vom 23. II. bis 10. III. 1924 2mal täglich 1 g Ovarialpulver = Ovowop
(entspricht 5 g frisches Ovar).

Datum	Gewicht kg	O_2-Verbrauch ccm	CO₂-Ausscheidung ccm	Atemvol. ccm reduz.	Respir.-Quot.
12. III. 1924	50,5	162,4	136,34	4004,2	0,84

Vom 13. III. bis 6. IV. 1924 2mal täglich 1 g Ovowop.

7. IV. 1924	50,1	166,8	131	3850,2	0,79

Vom 7. IV. bis 15. IV. 1924 2mal täglich 1 g Ovowop.

16. IV. 1924	51,5	164,70	126,16	3495	0,766

Vom 16. IV. bis 13. V. 1924 2mal täglich 1 g Ovowop.

14. V. 1924	50,5	171,9	145	4099,6	0,84

Wie wirkt nun das den Oestrus auslösende, in den menschlichen und tierischen Follikelzellen produzierte Folliculin auf den Stoffwechsel? Mit dieser Frage hat sich KÖHLER[1] (I. innere Abteilung des Urban-Krankenhauses von H. ZONDEK) eingehend beschäftigt. Bei einer großen Zahl von Patientinnen mit sichtbaren Zeichen gestörter Keimdrüsenfunktion wurde der Gasstoffwechsel genau bestimmt, und dann 2—4 Wochen täglich 80 Einheiten Folliculin subcutan injiziert. *Eine Beeinflussung des Gasstoffwechsels durch Folliculin wurde nicht festgestellt.* Hiermit stimmen auch die Untersuchungen von SODA[2] überein, der durch Folliculin (10—80 ME täglich) bei normalen und kastrierten Ratten keinerlei Änderungen in der Oxydation — gemessen am Periodendurchschnittsoxydationsquotienten des Harns — feststellen konnte. Im Gegensatz dazu stehen die von LAQUEUR und seinen Mitarbeitern[3] im Tierversuch erzielten Ergebnisse. Bei 12 kastrierten Rattenweibchen konnte durch Zuführung von je 5—16 ME Menformon ein steigender Einfluß auf den Stoffwechsel festgestellt werden, was mit anderen Organextrakten (Leber) nicht zu erzielen war. Die Untersuchungen an 6 kastrierten Rattenböcken (Zufuhr von je 6 Einheiten) ergaben keine Stoffwechselwirkung, so daß die Autoren daraus schließen, daß das Follikelhormon seinen spezifischen Einfluß auf den Stoffwechsel nur bei weiblichen, nicht bei männlichen Kastraten ausübt. In diesem Zusammenhang sei auf die Untersuchungen von KOCHMANN u. WAGNER[4] hingewiesen, die durch Zuführung von Extrakt aus frischen Ovarien — „Oobolin" genannt — bei Ratten eine Stoffwechselwirkung erzielten, die aber ausblieb, wenn das

---

[1] KÖHLER: Klin. Wschr. **1929**, Nr 11, 502.
[2] SODA: Zbl. Gynäk. **1930**, Nr 4, 215.
[3] LAQUEUR, HART u. DE JONGH: Dtsch. med. Wschr. **1926**, Nr 32, 1331.
[4] KOCHMANN u. WAGNER: Z. exper. Med. **53**, H. 5/6, 705 (1927).

Extrakt über 70° erwärmt wurde. Die Autoren schließen daraus, daß der Stoffwechselstoff mit dem Folliculin nicht identisch sein kann, da das Folliculin thermostabil ist.

Wir sehen also folgendes: Beim Menschen wird durch das Follikelhormon eine Stoffwechselsteigerung nicht erzielt, wohl aber durch homoioplastische Ovarialtransplantation (S. 17) bzw. durch Zuführung von Trockenpulver des gesamten Ovariums (B. ZONDEK und LOEWY[1], B. ZONDEK u. BERNHARDT[2], HEYN[3] u. a.). Im Tierversuch Stoffwechselsteigerung durch Zuführung eines mit dem Folliculin nicht identischen Ovarialextraktes (KOCHMANN und WAGNER).

Auf Grund der vorliegenden Befunde müssen wir annehmen, *daß im Ovarium ein mit dem Folliculin nicht identischer Stoff vorhanden ist, der den durch die Kastration herabgesetzten Grundumsatz auf die Norm zu heben imstande ist.*

Die Beziehung der endokrinen Drüsen, insbesondere des Ovariums, zum Stoffwechsel habe ich seit vielen Jahren in Gemeinschaft mit H. ZONDEK untersucht. Auf Grund klinischer Beobachtungen kamen wir immer mehr zu der Überzeugung, daß der Einfluß der Ovarien auf den Stoffwechsel sehr überschätzt wird. *Jedenfalls hat das Ovarium, wenn überhaupt, als Stoffwechseldrüse im Organismus nur eine untergeordnete Bedeutung,* z. B. im Vergleich zur Schilddrüse. Wir sehen häufig genug kastrierte Frauen, die gar nicht zur Fettsucht neigen, so daß man annehmen muß, daß bei diesen der Funktionsausfall der Sexualdrüsen im Stoffhaushalt durch andere endokrine Drüsen sofort kompensiert wird. Jedenfalls besteht keine Gesetzmäßigkeit zwischen Kastration und Fettsucht, wie z. B. zwischen Entfernung der Schilddrüse und dem Myxödem. Die Stoffwechselveränderung nach Kastration ist wohl nicht so sehr auf den Ausfall der Sexualdrüse, als vielmehr auf die dadurch bedingte Umstellung im endokrinen Apparat zurückzuführen. Als Beweis für diese Auffassung führe ich die von mir festgestellte Tatsache an, daß im Klimakterium und insbesondere nach Kastration der Prolanhaushalt entscheidend geändert wird (s. Kap. 42 u. 43).

Aus tierischem Follikelsaft gewannen KAUFMANN, MÜLLER u. MÜHLBOCK[4] ein eiweiß- und folliculinfreies Extrakt, das die nach Zuführung von Fett auftretende Hyperlipämie verhindern soll. Der Gasstoffwechsel werde durch diesen Stoff nicht beeinflußt, hingegen soll bei Kaulquappen eine Entwicklungsbeschleunigung bei gleichzeitiger mäßiger Wachstumshemmung auftreten. Auf Grund der Jodanalysen wird das Vorhandensein von Thyroxin in den Extrakten ausgeschlossen. Der Stoff sei hitzebeständig, also mit Oobolin von KOCHMANN und WAGNER nicht identisch. Es war schon auf-

---

[1] ZONDEK, B.: Z. Geburtsh. **86**, 276 (1923).
[2] ZONDEK, B. u. BERNHARDT: Klin. Wschr. **1925**, Nr 42.
[3] HEYN, Dtsch. med. Wschr. **1926**, Nr 32, 1331.
[4] KAUFMANN, MÜLLER u. MÜHLBOCK: Klin. Wschr. **1932**, Nr 1, 14. Arch. Gynäk. **144**, 285.

fallend, daß ein Stoff des Follikelsaftes so eigenartige Wirkungen haben soll, wie Beeinflussung des Fettstoffwechsels einerseits und Entwicklungsbeschleunigung der Kaulquappe bei fehlender Grundumsatzsteigerung andererseits. Bei der Nachprüfung konnten die Befunde von KAUFMANN c. s. nicht bestätigt werden. DINGEMANSE u. DE JONGH[1] hielten Kaulquappen in Behältern, die kristallisiertes Follikelhormon, Follikelsaft, Blutserum oder nur Leitungswasser enthielten. Ohne Ausnahme wuchsen und entwickelten sich die Kaulquappen am schnellsten, die mit Serum oder Follikelsaft behandelt wurden. Follikelsaft gab, verglichen mit Serum, weder eine Wachstumsverzögerung, noch eine Metamorphosebeschleunigung. Daraus ergibt sich, daß im Follikelsaft ein Stoff, wie ihn KAUFMANN in Extrakten des Follikelsaftes gefunden haben will, überhaupt nicht vorhanden ist. — So naheliegend es ist, besondere Stoffwechselstoffe im Ovarium zu vermuten, so vorsichtig muß man bei derartigen Stoffwechseluntersuchungen sein. Man darf erst dann von besonderen Wirkstoffen sprechen, wenn man mit Extrakten aus allen möglichen anderen Organen und endokrinen Drüsen gleichartige Wirkungen nicht erzielen kann. Vor einiger Zeit hat ANSELMINO[2] über eine neue stoffwechselwirksame Substanz berichtet, die sich aus dem Follikelsaft und dem ganzen Ovarium durch Lipoidlösungsmittel extrahieren läßt, die mit dem Folliculin nahe verwandt, aber nicht identisch sein soll. Die Wirkung dieser Substanz bestehe in einer Stimulierung anderer endokriner Drüsen und zwar der Schilddrüsen, der Nebenschilddrüse, des Pankreas und des Hypophysenvorderlappens. Ob es sich hier wirklich um einen besonderen hormonalen Wirkstoff handelt, erscheint mir zweifelhaft.

Über den Einfluß des zweiten im Ovarium produzierten Sexualhormons, des Corpus-luteum-Hormons (Progestin), auf den Stoffwechsel liegen bisher nur wenig Untersuchungen vor. RIML u. ENGELHART[3] bestimmten den Sauerstoffverbrauch in der prägraviden Phase von Kaninchen, bei denen durch Deckung mit einem sterilen Bock Scheinschwängerung herbeigeführt wurde. Der Sauerstoffverbrauch begann 5—7 Tage nach der Deckung zu sinken, um am 9.—12. Tag seinen Tiefpunkt — mit einer Abnahme bis zu 24% seines ursprünglichen Wertes — zu erreichen. Mit dem Welken des gelben Körpers, der am 16. Tage der Scheinschwangerschaft eintritt, steigt der Sauerstoffverbrauch wieder an und erreicht vom 15.—22. Tag nach der Deckung wieder seine ursprüngliche Höhe. Diese stoffwechselsenkende Funktion des Corpus luteum kombiniert sich mit einem Einfluß auf den Kohlehydratstoffwechsel, der sich in einer Steigerung des Glykogengehaltes der Leber um das 3—4fache äußert. Die Autoren nehmen auf Grund ihrer Untersuchungen eine antagonistische Beziehung des Corpus luteums zur Schilddrüse an.

Welche Wirkung haben nun die gonadotropen Vorderlappenhormone auf den Stoffwechsel? Im Vorderlappen werden mehrere hormonotrope Wirkstoffe produziert, so die gonadotropen Hormone (A und B) und ein Stoffwechselstoff. Ob die Stoffwechselwirkung durch ein besonderes Hormon ausgelöst wird, oder ob sie durch ein Zusammenwirken mehrerer endokriner Drüsen zustande kommt, ist noch nicht sicher. Durch das im Schwangerenharn ausgeschiedene Prolan können

---

[1] DINGEMANSE, E. u. DE JONGH, S. R.: Acta brev. néerl. Physiol. **3**, 79 (1933).

[2] ANSELMINO: Arch. Gynäk. **156**, 311 (1933).

[3] RIML, O. u. ENGELHART, E.: Klin. Wschr. **1934**, Nr 3, 101; Nr 20, 735.

wir jedenfalls auch den Stoffwechsel in charakteristischer Weise beeinflussen, so daß Prolan also neben dem gonadotropen auch einen stoffwechselwirksamen Stoff enthält. Wie KOEHLER[1] auf Veranlassung von H. ZONDEK feststellte, vermag *Prolan bei oraler und parenteraler Zufuhr den Grundumsatz*[2] *beim Menschen zu senken (4—17%), während die spezifisch dynamische Wirkung um 2—17% gesteigert wird.* HERZFELD[3] kam beim Menschen zu dem gleichen Ergebnis, während REISS u. WINTER[4] sowie DIEFENBACH[5] einen Einfluß des Prolans auf den Gasstoffwechsel beim Tier nicht feststellen konnten. Die Stoffwechselwirkung des Prolans scheint also bei Mensch und Tier verschieden zu sein. Hingegen wird der Stoffwechsel der Sexualdrüsen auch beim Tier durch Prolan beeinflußt (REISS, DRUCKREY u. FISCHL[6] sowie SZARKA, MEYER u. EVANS[7]). Schon kurze Zeit (5—48 Stunden) nach der subcutanen Prolanzufuhr zeigen die Ovarien infantiler Nagetiere (Maus, Ratte) eine Erhöhung des Sauerstoffverbrauchs um 100—200% gegenüber den Ovarien unbehandelter Tiere (Methodik nach WARBURG). Neben dem gesteigerten Sauerstoffverbrauch konnte eine Zunahme der anaeroben Glykolysefähigkeit und auch aerobe Glykolyse festgestellt werden. Die durch Zuckerspaltung freiwerdende Energie ist, wie REISS zeigte, beim wachsenden Ovar fast ebensogroß, wie die durch Oxydationsprozesse gelieferte. Die durch Prolan bedingten Stoffwechselreaktionen des Hodens sind quantitativ viel geringer als beim Ovar. Demnach ergibt sich, daß die schon kurze Zeit nach der Prolaninjektion auftretende intensive Steigerung der energetischen Stoffwechselprozesse den sichtbaren Wachstumsvorgängen der Genitalorgane vorangeht. Diese treten frühestens nach etwa 60 Stunden, die Stoffwechselreaktionen aber schon nach 5 Stunden auf.

Durch die Kastration wird der Hypophysenvorderlappen, wie wir gesehen haben, zu erhöhter Produktion des Follikelreifungshormons angeregt. Es liegt nahe daran zu denken, daß der Hypophysenvorderlappen nach der Kastration auch einen mit Prolan nicht identischen, den Stoffwechsel direkt oder indirekt beeinflussenden Wirkstoff im Übermaß produziert.

Zusammenfassend sei über die Beziehung der Sexualdrüsen und Sexualhormone zum Stoffwechsel folgendes gesagt: *Das Ovarium spielt*

---

[1] KOEHLER: Klin. Wschr. **1930**, Nr 3, 110.

[2] Daß der Stoffwechsel durch die Hypophyse beeinflußt wird, hat KESTNER bewiesen. Nach Hypophysenexstirpation trat bei Hunden eine Erniedrigung der spezifisch-dynamischen Wirkung ein, die durch Zuführung von Vorderlappensubstanz wieder gesteigert wurde.

[3] HERZFELD: Dtsch. med. Wschr. **1930**, Nr 37.

[4] REISS u. WINTER: Endokrinol. **3**, 174 (1929).

[5] DIEFENBACH: Ebenda **12**, H. 4, 250 (1933).

[6] REISS, M., DRUCKREY, H. u. FISCHL, F.: Endokrinol. **10**, H. 4, 241; H. 5, 329 (1932).

[7] SZARKA, A. J., MEYER, K. a. EVANS, H. M.: Mem. Univ. California **11**, 357—364 (1933).

im Stoffhaushalt nur eine untergeordnete Rolle im Vergleich zu anderen endokrinen Drüsen (Schilddrüse).

Das im Follikelapparat des Ovariums produzierte Folliculin ist ohne Einfluß auf den Stoffwechsel, während durch Zuführung des gesamten Eierstocks (Transplantation, Ovarialpulver), der auch den Stoffwechselstoff enthält, eine Steigerung des Grundumsatzes ausgelöst wird.

In dem von mir dargestellten Prolan ist auch eine Stoffwechselkomponente vorhanden. *Prolan bewirkt beim Menschen bei parenteraler und oraler Zuführung eine Herabsetzung des Grundumsatzes und Erhöhung der spezifisch-dynamischen Wirkung. Schon kurze Zeit nach der Prolanzufuhr zeigen die Sexualdrüsen eine intensive Steigerung der energetischen Stoffwechselprozesse, die den sichtbaren Wachstumsvorgängen der Genitalorgane vorangehen.*

Ich nehme an, daß die Herabsetzung des Grundumsatzes nach der Kastration bedingt ist:

1. durch den Ausfall des stoffwechselsteigernden Wirkstoffes im Ovarium,

2. durch erhöhte Prolanproduktion,

3. durch erhöhte Produktion eines mit Prolan nicht identischen Wirkstoffes im Hypophysenvorderlappen, der entweder direkt oder indirekt — auf dem Wege über andere endokrine Drüsen — die Herabsetzung des Grundumsatzes und Erhöhung der spezifisch-dynamischen Wirkung herbeiführt.

49. Kapitel.

Die klinische Anwendung der Sexualhormone (Folliculin, Prolan, Progestin).

Die beschriebene Wirkung des Folliculins und Prolans auf den Stoffwechsel des Menschen ist für die klinische Anwendung dieser Hormone von untergeordneter Bedeutung, z. B. im Vergleich zum Thyroxin. Jedes Hormon ist durch die spezifische Wirkung auf die zu seiner Drüse gehörigen Erfolgsorgane charakterisiert. Auf Grund der biologischen Untersuchungen müssen wir beim Folliculin eine spezifische Wirkung auf die Erfolgsorgane des Eierstocks, d. h. auf den Uterus, beim Prolan hingegen eine spezifische Wirkung auf das Erfolgsorgan des Hypophysenvorderlappens, d. h. auf die Sexualdrüsen (Ovarium, Hoden), annehmen.

Als Autor ist man subjektiv eingestellt und leicht geneigt, bei Anwendung von selbstgefundenen Mitteln Erfolge zu sehen, die vielleicht gar nicht auf die Mittel zurückzuführen sind. Ich glaube aber sagen zu können, daß ich bei meinen klinischen Untersuchungen sehr kritisch vorgegangen bin, so daß meine Erfahrungen nicht ohne Wert sein dürften. Ich möchte vor allem vor kritikloser Anwendung von Folliculin und Prolan warnen. Jeder klinische Fall liegt anders, so daß er nur durch exakte Analyse geklärt werden kann. Immer ist ein genauer Genitalbefund und umfassende Allgemeinuntersuchung[1] erforderlich. In unklaren Fällen ist Hormonanalyse des Harns und meist auch des Blutes notwendig, um zu einer möglichst exakten Diagnose zu kommen. Selbstverständlich ist die Hormonbehandlung kein Allheilmittel, sondern nur *ein* Faktor in unseren therapeutischen Bemühungen. Wer wahllos Folliculin und Prolan — gewissermaßen als Reflextherapie — bei allen möglichen ovariellen Störungen anwendet, wird keine Erfolge haben können.

Die Erkenntnis der gonadotropen Funktion des Hypophysenvorderlappens hat erstmalig gezeigt, daß die endokrinen Drüsen in ihrer hormonalen Funktion von einer übergeordneten Stelle abhängig sein können. Von dieser Grundlage ausgehend, haben weitere Untersuchungen der letzten Jahre ergeben, daß der Hypophysenvorderlappen im endokrinen System eine Sonderstellung einnimmt, daß in ihm eine Reihe von Wirkstoffen produziert werden, welche die anderen endokrinen Drüsen funktionell stimulieren, so daß man den Hypophysenvorderlappen schon als „hormonotrope Drüse" bezeichnen kann (s. Kap. 34). Diese Befunde müssen die Therapie in neue Bahnen lenken. Die Hormontherapie war bisher eine Ersatztherapie, eine Substitutionstherapie, welche die im Körper zu wenig oder gar nicht produzierten Hormone zuführte, um so die Wirkung im Erfolgsorgan auszulösen. Die Erkenntnis der hormonotropen Funktion des Hypophysenvorderlappens muß dazu führen, die das Hormon produzierende endokrine Drüse selbst zu stimulieren. Die hormonale Substitutionstherapie greift also an der Verbrauchsstätte, die „*hormonotrope Stimulationstherapie*" — wie ich sie nennen möchte — aber an der Produktionsstätte an. Durch die hormonale Substitution können wir die das Hormon produzierende Drüse funktionell schädigen, da die Drüse bei chronischer Zuführung ihrer Hormone im Organismus unnötig werden und der Atrophie anheimfallen kann. Durch die hormonotrope Stimulation regen wir aber die Drüse zu neuer Hormonproduktion an, wir bringen das eingerostete Räderwerk der Maschinerie wieder in Gang. Auf die Sexualfunktion übertragen würde dies heißen, daß wir durch Folliculin und Progestin nur die Funktion der Erfolgsorgane (Uterus und Scheide) wiederherstellen, während wir durch Prolan das Ovarium wiederbeleben, also die Produktionsstätte der Sexualhormone wieder in Betrieb bringen. Die letzten Jahre haben uns gezeigt, daß die Übertragung der im Tierexperiment erhobenen Befunde auf den Menschen zu vollem Erfolge führt,

---

[1] Hierzu gehört: a) Prüfung des Grundumsatzes, b) Wasserversuch zur Feststellung etwaiger Wasserretention, c) Kochsalzbelastungsversuch, d) Zuckerbelastungsversuch, e) Röntgenaufnahme der Sella turcica.

so daß die Skeptiker wohl immer mehr zum Schweigen kommen werden. Hierbei ist die Dosierungsfrage von wesentlichster Bedeutung. Die zur Auslösung der Proliferation und Transformation der Uterusschleimhaut beim Menschen notwendigen Dosen sind jetzt im wesentlichen bekannt, während wir in der Dosierungsfrage beim Prolan noch nicht so weit sind. *Hierbei möchte ich aber vor Anwendung zu großer Hormondosen, insbesondere beim Eolliculin, warnen, weil wir dadurch, wie eben ausgeführt, das Ovarium funktionell schädigen können.* Bei einer kastrierten Frau werden wir durch hohe Folliculindosen keinen Schaden anrichten können, wohl aber bei sekundärer und auch bei primärer Amenorrhöe. Wir dürfen uns nicht damit begnügen, durch die hormonale Substitution eine Wirkung auf den Uterus zu erzielen, dürfen uns also nicht mit der Auslösung der Menstruation zufrieden geben, sondern das Ziel unserer therapeutischen Bestrebungen muß die Ankurbelung bzw. Wiederankurbelung des noch nicht oder nicht mehr funktionierenden Ovariums sein. So glaube ich, daß man dem gonadotropen Hormon mehr Aufmerksamkeit schenken muß, daß man die Prolantherapie mehr als bisher als hormonotrope Stimulationstherapie erproben muß. Die bisherigen, im folgenden beschriebenen Erfolge mit Prolan werden sich bei richtiger Dosierung und durch Kombination mit Synprolan (s. S. 263) zweifellos noch wesentlich verbessern lassen. Ich glaube aber heute schon sagen zu können, daß das Prolan als ovariotropes Hormon — neben Folliculin und Progestin als substituierenden Wirkstoffen — eine wesentliche Bereicherung unseres therapeutischen Rüstzeuges darstellt.

Der therapeutische Angriffspunkt muß von der Verbrauchsstätte an die Produktionsstätte verlegt werden, der Weg muß von der hormonalen Substitution zur hormonotropen (ovariotropen) Stimulation führen! (Daß man beide Methoden erfolgreich kombinieren kann, geht aus der S. 526 beschriebenen Beobachtung hervor.)

Ich verfüge über ein großes klinisches Material, da mir viele Fälle von funktionellen Ovarialstörungen in den letzten Jahren zugegangen sind. Über die Ergebnisse sei im folgenden zusammenhängend berichtet:

A. Folliculin.

1. Orale, percutane und rectale Wirksamkeit des Folliculins[1].

Für die klinische Anwendbarkeit ist die Frage der oralen Wirksamkeit von grundlegender Bedeutung. Während z. B. das Schilddrüsenhormon (Thyroxin) oral wirksam bleibt, ist dies beim Insulin, Hypophysin, Intermedin und Adrenalin nicht der Fall. Das Folliculin wird durch den Magen-Darmkanal nicht zerstört, allerdings wird seine Wirksamkeit erheblich vermindert. Das Verhältnis der oralen zur parenteralen Dosis

---

[1] ZONDEK, B.: Klin. Wschr. 1929, Nr 48, 2229.

habe ich folgendermaßen bestimmt. Ich habe bei kastrierten Mäusen in der Magengegend ein viereckiges Haut- und Muskelstück ausgeschnitten und die Magenwand in dieses Fenster eingenäht (Gastrofixur). Nun wurden *titrierte Folliculinlösungen direkt in die Magenhöhle injiziert* und die Dosis festgestellt, die das kastrierte Tier in die Brunst bringt, d. h. im Scheidenabstrich das reine Schollenstadium auslöst. Diese Methode halte ich für exakter als jede Art der Verfütterung, weil Hormon bei der direkten Injektion in den fixierten Magen nicht verloren gehen kann. In Kontrollversuchen hatte ich vorher durch Einspritzen von Methylenblau festgestellt, daß die blaue Lösung vom Magen in den Darm wandert, daß aber Farbstoff in die Magenwand oder in die freie Bauchhöhle nicht gelangt.

Die Untersuchungen ergaben, daß *bei oraler Darreichung*[1] *von Folliculin die 5fache Dosis zur Brunstauslösung nötig ist im Vergleich zur parenteralen Applikation.* Dieser Befund ist von SCHOELLER, DOHRN u. HOHLWEG[2] beim kastrierten Affenweibchen (Pavian) bestätigt worden. Bei oraler Darreichung braucht man zur Auslösung der Brunstschwellung beim Affen die 5fache Folliculinmenge wie bei subcutaner Injektion. Das Folliculin wird auch, wie ich schon früher mitteilte[1], von der Haut aus (percutan) resorbiert. Reibt man eine folliculinhaltige Salbe in die rasierte Rückenhaut kastierter Mäuse, so werden die Tiere östrisch. Zur Auslösung dieses Effektes ist allerdings die 7fache Hormonmenge nötig wie bei subcutaner Injektion. Anders liegen die Verhältnisse bei der Brustdrüse, hier konnte ich die Milchsekretion percutan mit der gleichen Dosis auslösen wie parenteral (s. S. 104). Auf die therapeutische Bedeutung der percutanen Folliculintherapie habe schon ich S. 106 hingewiesen. Bei rectaler Anwendung des Folliculins (in Form von Suppositorien) braucht man zur Auslösung des Brunsteffektes die 15fache Hormondosis. Ich fand also folgende Beziehungen:

1. Parenterale zur oralen Dosis = 1 : 5,
2. Parenterale zur percutanen Dosis (Oestrusreaktion) = 1:7,
2a. Parenterale zur percutanen Dosis (Mammareaktion) = 1:1,
3. Parenterale zur rectalen Dosis = 1:15.

2. Dosierung und klinische Anwendung des Folliculins.

Die Frage der therapeutischen Dosierung ist noch immer nicht restlos geklärt. Zweifellos spielen hierbei auch individuelle Faktoren eine Rolle. Im mensuellen Zyklus werden, wie wir durch die Untersuchungen von SIEBKE[3] wissen, nicht unbeträchtliche Mengen von Folliculin im Harn

---

[1] ZONDEK, B.: Klin. Wschr. 1929, Nr 48, 2229.
[2] SCHOELLER, W., DOHRN, M. u. HOHLWEG, W.: Arch. Gynäk. 150, 126 (1932).
[3] SIEBKE: Zbl. Gynäk. 1929, Nr 39; 1930, Nr 26, 28.

und in den Faeces ausgeschieden. Die Gesamtausscheidung im Harn
beträgt bis zu 2000 ME, gleich große Mengen werden auch im Kot ausgeschieden, so daß mit 4000 ME in den Exkreten der obere Wert[1] der
Hormonausscheidung während eines mensuellen Zyklus erreicht ist.
Die Folliculinausscheidung ist im Postmenstruum am niedrigsten (50 ME
pro Liter Harn), im Intermenstruum und zwar am 10. und 11. Tag vor
der Menstruation am höchsten (300 ME pro Liter), während die Folliculinkonzentration des Blutes nach R. T. FRANK in der prämenstruellen Phase
am höchsten ist, um im Beginn der Menstruation stark abzufallen. Diese
Werte waren für die therapeutische Dosierung von Bedeutung, weil sie
uns zeigten, daß — auf Mäuseeinheiten bezogen — beträchtliche Hormonmengen im Körper wirksam sein müssen, wenn schon mehrere Tausend
ME in den Exkrementen ausgeschieden werden.

In der ersten Auflage dieses Buches (1931) schrieb ich: „Zur Zeit
ist die Beschaffung des Hormons noch kostspielig, so daß wir nicht mit
so hohen Hormondosen arbeiten können, wie sie in manchen Fällen
vielleicht notwendig sind. Aus dem neuerdings von mir gefundenen,
außerordentlich reichen Ausgangsmaterial (Harn trächtiger Pferde)
wird sich leicht billiges, hochkonzentriertes Folliculin darstellen lassen.''
Diese Ansicht hat sich in der Zwischenzeit bestätigt. Die chemische Industrie, die, soweit mir bekannt, jetzt ausschließlich Stutenharn zur Darstellung des Follikelhormons benutzt, hat hochkonzentrierte Präparate
in den Handel gebracht, so daß Präparate mit 1000 ME pro Kubikzentimeter in wäßriger Lösung und 10—50000 ME pro Kubikzentimeter in öliger Lösung zur Verfügung stehen. Durch die Verwendung
des so besonders hormonreichen Hengstharns werden die Präparate
sich in Zukunft wohl noch weiter verbilligen lassen. Die Handels-
präparate führen die verschiedensten Bezeichnungen (Folliculin-Menformon, Oestroglandol, Theelin, Ovosex, Unden, Progynon usw.). Sie
enthalten kristallisiertes, aus Stutenharn dargestelltes α-Follikelhormon
bzw. Hormonbenzoat. SMITH u. ENGLE[2] konnten durch parenterale
Darreichung von Follikelhormon und anschließende Behandlung mit
Corpus luteum-Hormon (Progestin) den Aufbau und die prägravide
Umwandlung der Uterusschleimhaut beim kastrierten Affenweibchen
vollendet nachahmen, womit bewiesen war, daß man durch die beiden
Ovarialhormone die fehlende Funktion der Ovarien ersetzen kann. Die
zur Auslösung der I. generativen Phase (Proliferationsphase) notwendigen Folliculindosen sind von PARKES[3] in vergleichenden Untersuchungen
festgestellt worden. PARKES gibt für das Affenweibchen (Pavian)

---

[1] Jetzt gibt SIEBKE an [Arch. Gynäk. 156, 317 (1933)], daß aus den Exkreten (Urin und Faeces) einer gesunden Frau während eines mensuellen
Zyklus mit Benzol etwa 10000 ME Folliculin extrahiert werden können.
[2] SMITH a. ENGLE: Proc. Soc. exper. Biol. a. Med. 1932, 1225.
[3] PARKES, A. S.: Proc. roy. Soc. Lond. (16. 1. 32), 25, 569 (1932).

100 000 ME, für die Kuh 5 000 000 ME und für die *geschlechtsreife Frau 500 000 ME* an. Die klinische Anwendung so großer Folliculindosen (0,05 g) war erst möglich, als ich im Stutenharn eine so reiche Ausgangs quelle gefunden hatte (s. S. 77 u. 365). Soweit mir bekannt, sind die im folgenden angegebenen klinischen Erfolge sämtlich mit Follikelhormon aus Stutenharn erzielt worden. Die Übertragung der im Tierexperiment gemachten Erfahrungen auf den Menschen führte zu vollem Erfolg. Die von PARKES für die Frau angegebene Proliferationsdosis erwies sich als richtig. KAUFMANN[1], CLAUBERG[2], A. LOESER[3], E. STRASSMANN[4], HÜB-SCHER[5], DAMM[6], BUSCHBECK[7] u. a. konnten bei kastrierten oder primär amenorrhoischen Frauen durch 2—400 000 ME Follikelhormon, im Verlauf von 2—3 Wochen injiziert, die Proliferation und durch anschließende 5 tägige Behandlung mit je 8 KE[8] Progestin (Gesamtdosis 40 KE) die prägravide Umwandlung der Uterusschleimhaut herbeiführen. 2—3 Tage nach dem Aufhören der Progestinzufuhr trat — durch den Abbau der Uterusschleimhaut — die Menstruation bei den kastrierten Frauen ein.

Wenn ich im folgenden auf Grund eigener Erfahrungen und der in der Literatur niedergelegten Beobachtungen eine Dosierung der Sexualhormone für die verschiedenen Funktionsstörungen angebe, so bin ich mir der Schwierigkeit in der Dosierungsfrage durchaus bewußt. Die Menschen reagieren auf Hormone noch verschiedenartiger als auf andere Pharmaka. Wir sehen, um Beispiele zu nennen, in der Geburtshilfe immer wieder, wie ungleich die gleichen Oxytocindosen bei verschiedenen Frauen wirken. Die individuelle Empfindlichkeit gegenüber dem Schilddrüsenhormon ist recht groß. Eine Frau verträgt anstandslos 0,3 g Thyreoidin pro die, während eine andere schon auf 0,1 g mit toxischen Störungen reagiert. Diese individuellen Unterschiede finden wir auch bei den Sexualhormonen. Ich habe zum Vergleich[9] bei drei Fällen von primärer Amenorrhöe im Verlauf von 3 Wochen je 100 000, 200 000 und 300 000 ME Folliculin-Menformon (α-Hormon[10]) injiziert.

---

[1] KAUFMANN, C.: Zbl. Gynäk. **1932**, Nr 34, 2058; **1933**, Nr 1. Klin. Wschr. **1933**, Nr 6, 40.

[2] CLAUBERG, C.: Zbl. Gynäk. **1932**, Nr 41, 2460.

[3] LOESER, A.: Z. Gynäk. **104**, 516 (1933). Zbl. Gynäk. **1933**, Nr 29, 1704.

[4] STRASSMANN, E.: Med. Welt **1934**, Nr 17.

[5] HÜBSCHER, K.: Zbl. Gynäk. **1933**, Nr 57, 2844.

[6] DAMM, P. N.: Zbl. Gynäk. **1934**, Nr 29, 1682.

[7] BUSCHBECK, H.: Dtsch. med. Wschr. **1934**, Nr 11, 389.

[8] KE bedeutet Kanincheneinheit. Den Begriff „Klinische Einheit" ($= 1/_3$ KE) halte ich nicht für zweckmäßig, er wirkt nur verwirrend.

[9] ZONDEK, B.: Nicht publiziert.

[10] Folliculinpräparate, die aus Follikelsaft hergestellt sind, wirken — auf HE berechnet — stärker auf den Uterus als die aus dem Harn gewonnenen östrogenen Stoffe. Die aus Follikelsaft gewonnenen Präparate sind relativ unrein und enthalten, wie ich glaube, einen die Folliculinwirkungn aktivieren-den oder den Uterus sensibilisierenden Stoff (vgl. S. 102). Da die Anwendung

Die Reaktion an der Uterusschleimhaut, die histologisch kontrolliert
wurde, war in dem Fall am stärksten, der die *kleinste* Dosis (100000 ME)
erhalten hatte! In dem zweiten Fall habe ich trotz Injektion von
200000 ME (a-Hormon) bei der ersten, und 200000 ME Hormonbenzoat
bei der zweiten Kur überhaupt keine Reaktion an der Schleimhaut auslösen können. Ich berichte über diese Fälle, um zu zeigen, daß es eine
sichere Menstruationsdosis — oder richtiger gesagt Proliferationsdosis —
nicht gibt, sondern daß die Uteri individuell verschieden reagieren. So
war, um es noch einmal zu wiederholen, der Effekt durch 100000 ME
größer, als durch 300000, so sah ich bei 2mal 200000 ME überhaupt keine
Reaktion an der Uterusschleimhaut. KAUFMANN konnte trotz Zufuhr
von 15 Millionen ME (!) Hormonbenzoat (in 7 Monaten) bei einem Fall
von hochgradiger Uterushypoplasie überhaupt keine Wirkung, in anderen
Fällen aber mit wesentlich kleineren Dosen vollen Effekt erzielen. Die
Anwendung derartig großer Hormondosen halte ich, wie schon vorher
betont (s. S. 492), nicht für richtig, so lange noch die Hoffnung besteht,
die bei sekundärer bzw. primärer Amenorrhöe erloschene bzw. noch
nicht in Gang gekommene Funktion des Ovariums wiederherzustellen.
Durch chronische Darreichung großer Hormondosen — das gilt für alle
Hormone — kann die das Hormon produzierende Drüse funktionell
schwer bzw. irreparabel geschädigt werden! Wir können dies zwar bei
einer Amenorrhöe nicht sicher feststellen, weil wir ja niemals wissen,
ob das Ovarium noch einmal funktionieren wird oder nicht. Um durch
unsere Therapie aber nichts zu verderben, sollen wir vorsichtigerweise
nicht mit zu großen und möglicherweise schädigenden Hormondosen
arbeiten. Man sollte meines Erachtens nicht über eine Gesamtdosis
von 300000 ME Folliculin hinausgehen, d. h. nicht mehr als diese
Menge während einer 2—3wöchigen Behandlung geben. Wenn man
durch diese Gesamtdosis nichts erreicht, so wird man durch eine höhere
Dosis auch nicht weiterkommen, aber das Ovarium schädigen. Um nicht
mißverstanden zu werden, möchte ich nochmals betonen, daß ich in
300000 ME die monatliche Maximaldosis sehe, die man mit Vorsicht —
unter Einschaltung von Pausen — mehrmals *nacheinander* geben darf.

Soll man zur Therapie das a-Hormon oder das Hormonbenzoat[1]
anwenden? Das Benzoat zeichnet sich nach BUTENANDT durch eine protrahierte Oestruswirkung aus, was auf eine langsame Spaltung im Organismus zurückgeführt wird (s. S. 90). SCHOELLER, DOHRN u. HOHL-

---

von Follikelsaftpräparaten sehr teuer ist, werden wir zur Therapie das aus
Pferdeharn dargestellte Folliculin anwenden, da uns aus diesem Ausgangsmaterial unbegrenzte Folliculinmengen zur Verfügung stehen, so daß wir auf
den aktivierenden Stoff des Follikelsaftes nicht angewiesen sind.

[1] Das Benzoat des Dihydrofollikelhormons wird unter der Bezeichnung
Di-Menformon (Organon, Oss, Holland und Degewop, Berlin) und Progynon B
(Schering-Kahlbaum, Berlin) in den Handel gebracht.

WEG[1] konnten beim kastrierten, 12 kg schweren Pavianweibchen durch eine einmalige Injektion von 1000 ME Hormonbenzoat, nicht aber durch eine gleich große Dosis kristallisierten α-Hormons die charakteristische Brunstschwellung auslösen. Während das α-Hormon, wie ich neuerdings zeigte[2], im Organismus schnell inaktiviert wird, ist dies beim Hormonbenzoat nicht der Fall (s. S. 145). Bei der klinischen Anwendung sind die Unterschiede nicht so wesentlich. Man kann bei der kastrierten Frau durch 20tägige Injektion von je 10000 ME (also insgesamt 200000 ME) die Proliferation der Uterusschleimhaut in gleicher Weise durch α-Hormon oder durch Hormonbenzoat auslösen. Davon habe ich mich in eigenen Untersuchungen überzeugen können, dies ergibt sich auch aus Befunden anderer Autoren. So hat z. B. DAMM durch Anwendung des Follikelhormons und nachherige Darreichung von Progestin die Menstruation bei einer kastrierten Frau mit den gleichen Folliculinmengen auslösen können, wie andere Autoren mit Hormonbenzoat (s. S. 495). Wenn wir das Folliculin also täglich injizieren, so besteht kein merkbarer Unterschied zwischen dem Hormon und dem Hormonbenzoat, wahrscheinlich ergibt sich aber eine Differenz, wenn wir, um den Patientinnen die täglichen Injektionen zu ersparen, eine entsprechend größere Hormondosis nur 2mal wöchentlich zuführen. Dies ist infolge der unterschiedlichen Reaktion des Hormons und des Hormonbenzoats gegenüber der Inaktivierung im Organismus (s. Kap. 16) durchaus verständlich.

Den verschiedenartigen Effekt gleich großer Hormonmengen bei verschiedenen Frauen können wir uns bisher nicht erklären. Vielleicht bringen uns meine eben erwähnten Untersuchungen über das Schicksal des Folliculins im Organismus in dieser Frage ein wenig weiter. Das Hormon wird im Organismus schnell aktiviert, und zwar findet die Inaktivierung wahrscheinlich auf fermentativem Wege in der Leber statt (s. S. 143). Daraus ergibt sich, daß die Leber eine nicht unwesentliche Rolle im Wirkungsmechanismus des Folliculins spielt. Man kann sich vorstellen, daß fermentative Leberstörungen zu veränderten Inaktivierungs- und Regenerierungsvorgängen des Folliculins führen können, wodurch sonst wirksame Hormondosen wenig oder gar nicht wirksam sind. Dies könnte *eine* der Ursachen für die verschiedenartige Wirkung gleich großer Folliculindosen bei verschiedenen Individuen sein.

Ich möchte glauben, daß viele Mißerfolge in der Hormontherapie darauf beruhen, daß die Diagnose nicht exakt gestellt wird, so daß die Hormontherapie als eine Reflextherapie bei allen möglichen ovariellen und nicht ovariellen Störungen angewandt wird. Wenn der Arzt früher

---

[1] SCHOELLER, W., DOHRN, M. u. HOHLWEG, W.: Arch. Gynäk. **150**, 126 (1932).
[2] ZONDEK, B.: Lancet **227**, 356 (1934). Skand. Arch. Physiol. (Berl. u. Lpz.) **70**, 133 (1934).

bei den sich in Blutungen äußernden Störungen allzu leicht zur Curette griff, so besteht heute die Gefahr, daß mit der gleichen gewohnheitsmäßigen Art irgendein Hormonpräparat verschrieben wird. Nur derjenige wird aber Erfolge haben können, der sich in die ovariellen Krankheitsbilder vertieft, der die funktionelle Störung ätiologisch zu erforschen sucht. Vor allem muß vor einer kritiklosen Anwendung der Sexualhormone gewarnt werden, da nur ein Teil der Fälle wirklich der Hormontherapie bedarf. Glücklicherweise schaden die Sexualhormone im allgemeinen nicht, wenn es auch möglich ist, daß die Beschwerden (z. B. in der polyhormonalen Phase des Klimakteriums) durch Hormonpräparate verstärkt werden können. Es ist auch für die Patientin nicht angenehm, wochenlang Injektionen zu erhalten, wenn diese gar nicht nötig sind. Immerhin ist meines Erachtens durch die Hormontherapie ein großer Fortschritt erzielt worden, da wir gelernt haben, auch schwerste funktionelle Störungen hormonal zu heilen, Fälle, bei denen früher die Curette oder die Laparotomie das Mittel der Wahl war. Die Curettage darf, das möchte ich hier besonders unterstreichen, nur in Ausnahmefällen angewandt werden. Dieser operative Eingriff darf nicht wie früher der gewohnheitsmäßige Eingriff des gynäkologisch tätigen Arztes sein. Ich habe Fälle gesehen, wo wegen Blutungen bis zu 13mal curettiert wurde. Es ist schwer verständlich, daß ein Arzt nach 12mal hintereinander erfolglos ausgeführten Curettagen zum 13. Male nach der Curette greift. Die Curettage ist durch das Folliculin, insbesondere die hohen Folliculindosen, aus der Therapie verdrängt worden. Das Heilmittel schenkt uns das Pferd (gravide Stute, Hengst) mit seinem Harn. So merkwürdig es klingt, wir können jetzt sagen: der Pferdeharn hat die Curettage unnötig gemacht.

Es würde den Rahmen dieses Buches weit überschreiten, wenn ich die klinischen Indikationen der Hormontherapie in allen Einzelheiten beschreiben würde. Ich will mich darauf beschränken, nur einige Richtlinien anzugeben, zumal es schwierig ist, das für jeden Fall Gültige festzulegen. Vieles kann man gar nicht beschreiben. Die Erfahrung und der ärztliche Instinkt machen gerade in der Erkennung der zweckmäßigen Therapie ovarieller Störungen viel aus. So kann man Erfolge haben, deren Erklärung zunächst unmöglich scheint. Ich habe, um ein Beispiel anzuführen, in der ersten Auflage dieses Buches die Anwendung großer Folliculindosen bei Blutungen empfohlen. Ich schrieb damals: „Worauf die therapeutische Wirkung des Folliculins in diesen Fällen zurückzuführen ist, vermag ich noch nicht zu sagen. Ob die Wirkung auf die Uterusschleimhaut von ausschlaggebender Bedeutung ist, erscheint mir zweifelhaft. Ich möchte lieber keine Theorien entwickeln, sondern nur diese klinische Beobachtung mitteilen." Ich kann mir vorstellen, daß man meine damaligen Beobachtungen mit Skepsis aufgenommen hat, da es ja verwirrend wirken muß, daß man die Blutung durch Folliculin sowohl anregen wie stillen soll. Und doch ist dies möglich. Experimentelle Untersuchungen haben jetzt gezeigt, daß man durch große Folliculindosen vielleicht einen Impuls auf den Vorderlappen der Hypophyse ausüben kann, um ihn zur Prolansekretion anzuregen (Folliculinstoß des Vorderlappens, s. S. 507). Wir können möglicherweise — die Verhältnisse sind noch nicht genügend geklärt —, durch hohe, in *kurzer Zeit* verabfolgte Folliculindosen [1] auf dem Wege über den Vorderlappen, auf dem Wege über das Prolan und das dadurch sekundär entstehende Progestin die proliferierte Schleimhaut in das prägravide Stadium umwandeln. (Über Verhinderung der praegraviden Umwandlung durch hohe Folliculindosen s. unten). Diese prägravide Umwandlung der Uterusschleimhaut ist aber ein zur Blutstillung notwendiger Vorgang, insbesondere bei jenen Fällen von schweren Blutungen, die durch Persistenz des Follikels bedingt sind.

Die Lehre der hormonalen Störungen ist noch im Fluß, aber die wichtigsten Tatsachen kennen wir jetzt. Die genaue Kenntnis der ovariellen Krankheitsbilder und die sich daraus ergebende Therapie wird vielleicht nur dem Spezialisten möglich sein. Es ist aber notwendig, den Praktiker, der diese Fälle sehr häufig sieht, einige Anhaltspunkte für die Therapie zu geben. In diesem Sinne möchte ich die Schemata aufgefaßt wissen, die ich für die therapeutische Dosierung angebe. Ich betrachte sie nicht als etwas Fixiertes, sondern in jedem Fall werden Veränderungen möglich bzw. notwendig sein.

a) *Anwendung des Folliculins bei Amenorrhöe.*

Folliculin kann nur bei endokrin bedingten Amenorrhöen helfen. Die Amenorrhöe ist nur ein *Symptom* und als solches Begleiterscheinung mannigfacher Störungen. Bei den auf Allgemeinerkrankungen beruhenden Amenorrhöeformen (Tuberkulose, Diabetes, Infektionskrankheiten, Avitaminose usw.) sowie bei der klimatisch bedingten Amenorrhöe, kann Folliculin nicht nützen.

In der Jetztzeit muß auch auf die durch Abmagerungskuren und übertriebene sportliche Betätigung — infolge der Sucht des Schlankseins — hervorgerufene Amenorrhöe hingewiesen werden. Hier ist Folliculin nicht angebracht, sondern Regelung der Lebensweise, am besten Mastkur mit Unterstützung durch Insulin.

Die mit Stoffwechseländerung, insbesondere Fettansatz einhergehende Amenorrhöe ist häufig thyreogen bedingt. Hier nützt das Folliculin wenig. Entfettung unter Verwendung von Thyreoidin beeinflußt meist auch die

---

[1] Anmerkung bei der Korrektur: Durch große, auf *3—4 Wochen verteilte* Folliculindosen (insgesamt 400000 ME Di-Menformon) kann man die normale Menstruation hinausschieben oder sogar eine Amenorrhoe herbeiführen und zwar durch Verhinderung der praegraviden Umwandlung der Uterusschleimhaut. Über diese in Jerusalem gemachten Beobachtungen werde ich demnächst ausführlich berichten (s. auch S. 387, 507 u. 508).

Amenorrhöe. Hierbei sei auf zwei Formen der Amenorrhöe hingewiesen, die H. ZONDEK — zum Teil in Gemeinschaft mit mir — beobachtet hat.

1. *Amenorrhöe durch Mißbrauch von Schilddrüsenpräparaten.* Wir beobachteten Fälle, in denen Thyreoidin oder andere Schilddrüsenpräparate in Massen geschluckt wurden, so daß sich geradezu eine Thyreoidinsucht ausgebildet hatte. Es gelang nur mit Mühe, derartige Patientinnen zu entlarven und sie von ihrer Thyreoidinsucht zu befreien. Wir beobachteten junge Mädchen, die dadurch in schwerste Gefahr gekommen waren, mit einer Gewichtsabnahme auf 40, ja auf 35 kg, so daß sie lebensbedrohliche Allgemeinerscheinungen zeigten. Nachdem die Schilddrüsenzufuhr aufhörte und die Patientinnen sich wieder allgemein erholten, trat auch die Menstruation wieder ein. Man kann derartige Fälle geradezu als „*Thyreoidin-Amenorrhöe*" bezeichnen.

2. *Amenorrhöe durch erhöhten Hirndruck.* Diese Fälle sind charakterisiert durch Amenorrhöe, Stoffwechselstörungen (Salz- und Wasserstörung), häufig Fettsucht, Kopfdruck, migräneartige Kopfschmerzen usw. Die Symptome sind, wie dies H. ZONDEK einwandfrei nachweisen konnte, durch erhöhten Hirndruck bedingt. Durch Druckentlastung (Entwässerungstherapie, Diät, Lumbalpunktion usw.) kann man die Beschwerden häufig schlagartig beseitigen und oft auch die Ovarialfunktion wieder in Gang bringen. Die Amenorrhöe dürfte in solchen Fällen dadurch bedingt sein, daß durch den Hirndruck die Prolansekretion im Hypophysenvorderlappen stillgelegt und dadurch sekundär eine Amenorrhöe ausgelöst wird. Diese Fälle können als „*Hirndruck-Amenorrhöe*" bezeichnet werden.

Bei jeder Form von Amenorrhöe ist also eine genaue Allgemeinuntersuchung notwendig, um die im speziellen Fall vorliegende Form der Amenorrhöe zu klären. Die Amenorrhöe kann, wie anfangs gesagt, nur ein Sympton einer Allgemeinerkrankung sein, daher ist es notwendig, die Patientin generell zu untersuchen und sich nicht nur mit der Abtastung des Uterus zu begnügen. Ich erinnere nur daran, daß exogene Faktoren sich häufig in der Störung der Ovarialfunktion äußern, daß das hormonale System anscheinend leichter auf derartige Faktoren reagiert, als wir bisher angenommen haben. Meine experimentellen Untersuchungen an der Fledermaus im Winterschlaf (s. S. 284) haben gezeigt, daß man durch Milieuveränderung, durch den Einfluß der Temperatur das System Vorderlappen-Ovarium funktionell in Gang bringen kann, so daß im Winter ein Ei reift und von den im Uterus überwinternden Spermatozoen befruchtet wird. Ich erwähne dies hier, um zu zeigen, daß klimatische Verhältnisse die Ovarialfunktion grundlegend beeinflussen können, so daß wir uns nicht zu wundern brauchen, wenn durch klimatische Kuren (Änderung des Milieus, Hochgebirgskuren usw.) lange bestehende Amenorrhöen geheilt werden. Ich habe einige klimatisch bedingte Amenorrhöen beobachtet, die sicher polyhormonaler Natur waren und auf Follikelpersistenz beruhten. Bevor man die hormonale Therapie beginnt, muß man also in jedem Fall feststellen, ob sie überhaupt notwendig ist, und ob neben der hormonalen Therapie andere therapeutische Maßnahmen erforderlich sind.

Die endokrin bedingte Amenorrhöe kann verschiedene Ursachen haben. Die Störung kann im Hypophysenvorderlappen oder im Ovarium selbst liegen. Hört die Prolansekretion im Vorderlappen auf, sei es, daß dic Funktionsstörung primär im Vorderlappen liegt, oder daß der Vorderlappen sekundär (z. B. durch Hirndruck) funktionell gestört ist, so wird durch den Ausfall des übergeordneten Sexualhormons die Funktion des Ovariums unmöglich gemacht. Bei normaler Prolanproduktion kann die Follikelreifung und die Folliculinproduktion durch organische Zerstörung des Ovarialgewebes ausbleiben und dadurch die Amenorrhöe hervorgerufen werden. Ist die Follikelreifung möglich, so kann die sich normalerweise anschließende Bildung des Corpus luteum ausbleiben, der Follikel persistiert und der Dauerstrom des Folliculins führt zur polyhormonalen Amenorrhöe und häufig sich anschließender polyhormonaler Blutung. Tritt die Corpus luteum-Phase ein, so kann durch die Persistenz des Corpus luteum (Corpus luteum-Cyste) zweifellos eine Amenorrhöe bedingt sein. Die Ursache für die Amenorrhöe kann also in einer Störung im Hypophysenvorderlappen, im Follikelapparat oder im Corpus luteum, d. h. in der Störung der von diesen Drüsen produzierten Hormone liegen. Ich unterscheide daher:

1. die prolanogene Amenorrhöe, 2. die folliculinogene Amenorrhöc und 3. die progestinogene Amenorrhöe.

Bei der folliculinogenen und progestinogenen Amenorrhöe müssen wir zwei Formen unterscheiden:

1. die polyhormonale und 2. die oligohormonale Amenorrhöe.

Die polyhormonale progestinogene Amenorrhöe ist bisher nur durch die klinischen Beobachtungen erkannt worden (HALBAN). Viel gesicherter ist unser Wissen über die polyhormonale folliculinogene Amenorrhöe. Wie wir zeigen konnten, kann durch eine Überproduktion von Folliculin, durch einen Dauerreiz auf die Uterusschleimhaut, durch die Hyperproliferation der Schleimhaut, durch das Ausbleiben der prägraviden Phase, durch den fehlenden Abbau der Uterusschleimhaut eine Amenorrhöe ausgelöst werden. Hierbei fühlt sich der Uterus weich an, die Scheidenschleimhaut ist livide, die Brüste sind zuweilen geschwollen, kurz ein Bild, das mit einer jungen Gravidität verwechselt werden kann. Die Differentialdiagnose zwischen Gravidität und polyhormonaler Amenorrhöe kann durch die hormonale Harnanalyse gestellt werden. Bei einer Gravidität finden wir, wie vorher angegeben, im Harn die stark erhöhte Prolanausscheidung, bei der polyhormonalen Amenorrhöe finden wir niemals Prolan, hingegen Folliculin. Bei *bestehender Amenorrhöe* zeigt ein Gehalt von 200—400 ME Folliculin pro Liter Harn das Vorhandensein einer polyhormonalen Störung an. Zur Feststellung injiziert man (s. S. 413 u. 417) einer kastrierten 20 g schweren Maus im Verlauf von 48 Stunden 5mal 0,8 und 1mal 1 ccm des schwach angesäuerten und filtrierten Frühurins. Wird die Maus 100 Stunden nach Beginn der Injektion östrisch, so können wir daraus die polyhormonale Amenorrhöe diagnostizieren. Je höher der Folliculingehalt des Harns ist, um so sicherer ist die Diagnose. Wir finden in solchen Fällen häufig neben dem vergrößerten Uterus einen vergrößerten, manchmal cystischen Follikel im Eierstock, zuweilen ist er auch bei genauester Untersuchung nicht palpabel, weil die Ovarien zu hoch liegen oder die Patientin zu dicke Bauchdecken hat usw. Kann ich das durch den cystischen Follikel vergrößerte Ovarium palpieren und eine Extrauteringravidität sicher ausschließen, so zerdrücke ich den Follikel oder punktiere den Follikel und sauge ihn ab. Die Differentialdiagnose ist leicht, bei stehender Extrauteringravidität ist die Graviditätsreaktion aus dem Harn positiv, beim cystischen Follikel aber negativ. Man kann auf diese Weise lange bestehende, durch Follikelpersistenz bedingte Amenorrhöen — das Gleiche gilt übrigens auch für die polyhormonale Blutung (s. S. 506) — heilen. Diese kleinen im Chloräthylrausch ausführbaren Operationen ersparen häufig eine langdauernde Behandlung. Es ist immer wieder erstaunlich, wie man Patientinnen, die schon durch lange Kurven ermüdet und mißtrauisch sind, so schlagartig von ihrem Leiden befreien kann. Ich bin zu diesem Vorgehen durch die Erfahrungen der Tierärzte angeregt worden, die bei den auf Follikelpersistenz beruhenden Fällen von Sterilität der Kuh die Ovarien manuell zerdrücken. Dadurch wird der ovarielle Rhythmus anscheinend wieder in normale Bahnen gelenkt und die vorher sterilen Kühe werden wieder fruchtbar. Ich kann nicht bestimmt sagen, weshalb die polyhormonale Amenorrhöe bzw. Blutung durch das Zerdrücken oder Punktieren und Absaugen des Follikels beseitigt wird. Vielleicht wird ein retrograder Reiz auf den Hypophysenvorderlappen ausgeübt, so wie beim Kaninchen durch den Kohabitationsreiz die Umwandlung des sprungreifen Follikels in ein Corpus luteum auf dem Wege über den Hypophysenvorderlappen erfolgt.

So bleibt als Hauptanwendungsgebiet für das Folliculin die oligohormonale Amenorrhöe. Die therapeutischen Erfolge sind um so besser, je weniger der Uterus rückentwickelt ist. Ich unterscheide klinisch — je nach der Länge des Uterus — eine Hypoplasie 1.—3. Grades, und zwar:

Hypoplasia uteri 1. Grades = Uterussondenlänge $6^1/_2$—$5^1/_2$ cm,
Hypoplasia uteri 2. Grades = Uterussondenlänge 5—$3^1/_2$ cm,
Hypoplasia uteri 3. Grades = Uterussondenlänge unter $3^1/_2$ cm.

Bei der Behandlung der Amenorrhöe ist der Entwicklungszustand des Uterus[1] von Bedeutung. Wir wissen zwar aus klinischer Erfahrung,

---

[1] Anmerkung bei der Korrektur: In Palästina ist mir aufgefallen, daß als Ausdruck der Hypoplasie häufig nur eine hochgradige Verschmälerung, nicht aber eine Verkürzung des Uterus vorhanden ist.

daß auch bei einem hypoplastischen Uterus ein normaler menstrueller Zyklus — also eine normale generative Funktion — vorhanden sein kann, bei der Hormontherapie hat sich aber gezeigt, daß man bei einer mit Hypoplasia uteri kombinierten Amenorrhöe zunächst den Uterus zum Wachstum anregen soll. In einem solchen Fall ist es notwendig, eine längere Folliculintherapie durchzuführen, um den Uterus zu stimulieren. LOESER[1] konnte Uteri, welche vor der Behandlung kaum fühlbar waren, nach Zufuhr von 300000 ME bis zu einer Größe von 5—7 cm bringen. Ich kann diese Befunde bestätigen, denn es gelang mir durch Folliculinbehandlung wiederholt sicheres Wachstum des Uterus zu erzielen. Hat man diesen vegetativen Effekt erzielt, so muß man auch die generative Funktion wieder herzustellen versuchen. Dies kann man durch Folliculin und Progestin erreichen, wobei der Erfolg aber temporär ist, weil diese Hormone nur am Uterus (Erfolgsorgan) angreifen. Deshalb kombiniere ich diese Hormone stets mit Prolan, da dieses als übergeordnetes Sexualhormon das Ovarium direkt stimuliert und damit größere Gewähr für die Wiederherstellung der rhythmischen Ovarialfunktion bietet.

Die Folliculin-Progestintherapie ist nur eine hormonale Substitutionstherapie, die Prolantherapie aber eine hormonotrope Stimulationstherapie!

Der Erfolg der hormonalen Behandlung wird jeweils von dem Fall abhängen, von der „Schwere der Amenorrhöe", wenn ich so sagen darf. Hierbei sind die Zeitdauer der Ovarialstörung und die sekundären organischen Veränderungen (Rückbildung des Uterus) wesentlich. Um die Dosierung zur Behandlung der Amenorrhöe angeben zu können, scheint es mir zweckmäßig, drei Formen — je nach der Schwere des Krankheitsbildes — zu unterscheiden, wobei ich mir klar bin, daß man gegen eine derartige Schematisierung Bedenken haben kann. Ich unterscheide:

1. Amenorrhöe 3. Grades (schwere Form),
2. Amenorrhöe 2. Grades (mittelschwere Form),
3. Amenorrhöe 1. Grades (leichte Form).

Bei der schweren Amenorrhöe liegt eine Hypoplasie des Uterus 3. Grades vor (Uterussondenlänge $< 3^1/_2$ cm), die Patientin ist noch niemals menstruiert gewesen (primäre Amenorrhöe) oder die Amenorrhöe besteht seit mindestens 2 Jahren.

Bei der Amenorrhöe 2. Grades besteht eine Hypoplasie des Uterus 2. Grades (Uterussondenlänge 5—3,5 cm), die Patientin war schon menstruiert, die Amenorrhöe besteht mindestens seit 1 Jahr.

Bei der Amenorrhöe 1. Grades (Uterussondenlänge $6^1/_2$—$5^1/_2$ cm) besteht keine oder eine nur geringfügige Hypoplasie des Uterus, die Amenorrhöe besteht noch nicht 1 Jahr.

Diese verschiedenen Formen der Amenorrhöe behandele ich folgendermaßen:

---

[1] LOESER, A.: Amer. J. Obstetr. 41, 86 (1934).

Amenorrhöe 3. Grades. Es scheint mir wichtig bei der mit starker Rückbildung des Uterus kombinierten Amenorrhöe zunächst das Wachstum des Uterus anzuregen. Deshalb beginne ich — als Vorbehandlung — mit einer Folliculinbehandlung. Ich injiziere täglich 10—15000 ME Folliculin-Menformonöl, 20 Tage lang, führe also insgesamt 200 000 bis 300 000 ME α-Follikelhormon zu. Man kann häufig auch mit wesentlich kleinerer Gesamtdosis (100 000 ME) auskommen. Da die täglichen Ölinjektionen den Patientinnen manchmal beschwerlich sind, kann man zweckmäßiger jeden Übertag 20—30 000 ME α-Hormon oder jeden 4. Tag 50 000 ME Hormonbenzoat injizieren, wie dies auch E. STRASSMANN und KAUFMANN empfehlen. Die Dauer der Vorbehandlung richtet sich nach dem Erfolg, d. h. der durch Messung festzustellenden Vergrößerung des Uterus. Man wird nur selten mit einer Kur auskommen, bei resistenten Fällen ist eventuell mehrmalige Wiederholung der Vorbereitungskur erforderlich. Über eine Gesamtdosis von 300 000 ME soll man in einer 2—3wöchigen Kur, wie S. 492 u. 496 näher ausgeführt, nicht hinausgehen! Eine Vorbehandlung mit 100 000—200 000 ME empfehle ich auch für die Amenorrhöe 2. Grades, während sie bei der leichten Form der Amenorrhöe nicht notwendig ist. Auf diese Vorbehandlung, die also das Wachstum des Uterus (vegetative Funktion) und auch die Proliferation der Uterusschleimhaut angeregt hat (generative Funktion), folgt die kombinierte Hormonbehandlung (Prolan, Folliculin, Progestin) und zwar:

1.—9. Tag	10.—22. Tag	23.—28. Tag
Tägl. 500—1000 RE Prolan intramuskulär	Tägl. 20 000 ME α-Folliculinöl oder 5 mal je 50 000 ME Hormonbenzoat intramuskulär	Tägl. 5 KE[1] Progestin und 3000 ME Folliculin per os

Nach dieser Kur 4 Wochen Pause, dann Wiederholung der Prolan-Folliculin-Progestinkur. Jetzt wieder 4 Wochen Pause und nochmalige Wiederholung der Kur (s. auch S. 525—527).

Amenorrhöe 2. Grades. Nach der etwa 2monatigen Vorbehandlung mit je 200 000 ME Folliculin empfehle ich nach 1wöchiger Pause folgende Kur:

1.—9. Tag	10.—22. Tag	23.—28. Tag
Tägl. 500—1000 RE Prolan intramuskulär	Tägl. 5—10 000 ME α-Folliculinöl oder jeden Übertag 25 000 ME Hormonbenzoat intramuskulär	Tägl. 5 KE Progestin[2] und 2—3000 ME Folliculin per os

Nach 4wöchiger Pause Wiederholung der Kur (s. auch S. 525—527).

Amenorrhöe 1. Grades. Bei dieser Form der Amenorrhöe muß man daran denken, daß die Störung Ausdruck einer Allgemeinschädigung

---

[1] KE = Kanincheneinheit.

[2] Progestin kann evtl. fortbleiben, insbesondere bei der Wiederholungskur.

sein kann, daß sie durch veränderte Lebensweise (Klima), psychische Störungen, Ehekonflikte usw. bedingt sein kann. Kommt man zu der Überzeugung, daß es sich auch in diesen leichten Fällen um eine hormonale Störung handelt, so empfehle ich folgende Therapie:

1.—9. Tag	10.—20. Tag	21.—28. Tag
Tägl. 150—300 RE Prolan intramuskulär	Jeden Übertag 3000 ME Folliculin (wäßrig) intramuskulär; 2000 ME Folliculin per os	Tägl. 2—3 KE Progestin[1] intramuskulär; 3000 ME Folliculin per os

Nach 4wöchiger Pause Wiederholung der Kur (s. auch S. 525—527).

b) *Zyklusstörungen.*

Menstruelle Zyklusstörungen sind häufig Ausdruck einer leichten Veränderung des Allgemeinzustandes. Kann man eine derartige Störung ausschließen, so muß man eine Insuffizienz der Ovarialfunktion annehmen. Meist handelt es sich hierbei um leicht zu beeinflussende funktionelle Veränderungen, weshalb ich in diesen Fällen Prolan im allgemeinen nicht anwende und mich nur mit Folliculin begnüge. Die Kur setzt postmenstruell ein, d. h. sofort nach Aufhören der Blutung. Ich wende folgende Dosen[2] an:

1.—9. Tag	10.—18. Tag	19.—25. Tag
Tägl. 1000 ME Folliculin (wäßrig) intramuskulär; oder 3mal je 3000 ME Hormonbezoat	Jeden Übertag 4000 ME Folliculin intramuskulär; 3000 ME per os	Tägl. 5000 ME Folliculin per os

c) *Blutungen* (s. auch S. 528).

Die sachgemäße Behandlung der Uterusblutungen gehört wohl zu den schwierigsten Aufgaben des Gynäkologen. Leider verwirren sich hier die Begriffe immer mehr. Alle Blutungen ohne organische Ursache werden in den Topf der sogenannten ovariellen Blutungen geworfen und hormonal zu behandeln versucht. Diese Blutungen können aber die verschiedensten Ursachen haben, ich erwähne nur die Schwäche der Uterusmuskulatur, Durchsetzung der Uteruswand mit Bindegewebe nach mehrfachen Geburten, verminderte Kontraktionsfähigkeit des Uterus durch kleine Endometriosisherde oder intramurale Myome usw. Werden derartige Blutungen hormonal ohne Erfolg behandelt, so wird der Mißerfolg den Hormonen zugeschoben, während in Wirklichkeit die falsche Indikation die Ursache des negativen Ergebnisses ist. Es darf nicht vergessen werden, daß die Kontraktion der Uterusmuskulatur der wesent-

---

[1] Progestin ist nicht unbedingt erforderlich.

[2] Es dürfen keine großen Folliculindosen gegeben werden, weil dadurch die Menstruation verhindert werden kann (s. S. 499 u. 507).

liche Mechanismus für die Blutstillung ist. Ich habe wiederholt Fälle
gesehen, die wochenlang hormonal behandelt wurden, wo ich durch ein
Secalepräparat oder noch besser durch ein Hypophysenhinterlappenextrakt (Pituglandol, Pituitrin, Hypophysin) die Blutung in kurzer Zeit
stillen konnte. Besonders wirksam ist in solchen Fällen die Kombination
von Kalk mit Hypophysenhinterlappenextrakt, was uns seinerzeit zur
Angabe des Calcophysins veranlaßte[1]. (Am 1. Tage ¹/₂ Ampulle, am 2.
und 3. Tage je 1 Ampulle Calcophysin langsam intravenös injiziert.)

Die ovariell bedingten Blutungen können lebensbedrohliche Formen
annehmen. Jeder Gynäkologe kennt diese Fälle, bei denen man früher
nach vergeblicher Behandlung mit Stypticis und Kalkpräparaten zur
Röntgenbestrahlung der Leber und Milz überging und sich aus vitaler
Indikation sogar zur Röntgenkastration oder Uterusexstirpation bei
jungen Mädchen und Frauen entschließen mußte. Bei diesen Fällen
handelt es sich meist um polyhormonale Blutungen, die durch Persistenz
eines oder mehrerer Follikel bedingt sind. Durch die Persistenz wird ein
Dauerstrom von Folliculin unterhalten, dadurch kommt es zu einer
Hyperproliferation der Uterusschleimhaut, die sich schließlich nekro-
tisch unter Blutungen abstößt. Die aus den persistierenden Follikeln
anhaltende Folliculinsekretion unterhält die Blutung und führt so zur
Dauerblutung. Die Hormontherapie hat gerade bei der Behandlung
dieser schweren Blutungen zu sehr bemerkenswerten Erfolgen geführt,
so daß diese unglücklichen Patientinnen jetzt nicht mehr mit Röntgenkastration oder operativ behandelt zu werden brauchen. Der Erfolg läßt
sich durch folgende Methoden erzielen:

1. Die polyhormonalen, durch Follikelpersistenz bedingten Blutungen
kann man durch Entfernung des Follikels stillen. Ich zerdrücke den Follikel manuell im Chloräthylrausch oder punktiere den Follikel vom Douglas
her und sauge den Follikelsaft ab (Näheres s. auch S. 502). Durch diesen
kleinen Eingriff kann man das schwere Leiden häufig schnell beseitigen.

2. Die glandulär-cystisch-hyperplastische Uterusschleimhaut muß in
eine prägravide Schleimhaut umgewandelt werden. Wie wir im Kap. 18
gesehen haben, ist das Progestin das Transformationshormon der Uterusschleimhaut. Durch 8 tägige Injektion von je 7—10 KE Progestin erzielte CLAUBERG bei derartigen Fällen therapeutische Erfolge. Er konnte
nachweisen, daß die pathologisch proliferierte Schleimhaut sich prägravid umwandelt, daß die pathologische Blutung aufhört, und daß
sich nach einigen Tagen eine neue kurzdauernde Blutung als Ausdruck
der echten Menstruation anschließt. Ich bin häufig mit viel kleineren
Progestindosen (täglich 1—2 KE) ausgekommen.

3. Mit der Progestinbehandlung greifen wir am Ort der Blutung, an
der Uterusschleimhaut an. Zweckmäßiger ist es den ursächlichen Herd

---

[1] ZONDEK, B. u. STICKEL, M.: Z. Geburtsh. **85**, 83 (1923).

der Blutung — den persistierenden Follikel im Ovarium — zu beeinflussen, den Follikel in ein Corpus luteum umzuwandeln. Dies können wir durch Prolan erreichen, wobei der Erfolg von der Dosierung abhängt. Ich empfehle in solchen Fällen große Prolandosen zu geben (s. S. 528).

4. Die durch Follikelpersistenz bedingte Blutungsform (Metropathia haemorrhagica) kennen wir am besten. Es braucht nicht immer *ein* vergrößerter Follikel vorhanden zu sein, sondern eine Fülle von kleinen folliculinspendenden Follikeln kann denselben Effekt auslösen. So führt die kleincystische Degeneration der Ovarien zu Dauerblutungen. Hierbei können wir weder durch manuelles Zerdrücken von Follikeln, noch durch Follikelpunktion etwas erreichen. Die durch Laparotomie auszuführende Keilresektion der Ovarien führt häufig zum Erfolge, weil man dadurch eine Reihe der kleinen cystischen Follikel entfernt, nur besteht die Gefahr, daß die Degeneration sich wieder einstellt. Ich empfehle bei den durch kleincystische Degeneration bedingten Blutungen die Anwendung großer Prolandosen zu versuchen (s. S. 528), bevor man sich zur Operation entschließt. Daß die kleincystische Degeneration hypophysär bedingt sein kann, wird im folgenden Kapitel (s. S. 520) kurz erörtert werden.

5. In der ersten Auflage dieses Buches (1931) habe ich über erfolgreiche Behandlung ovarieller Blutungen durch intravenöse Zufuhr größerer Folliculindosen berichtet. Ich konnte mir damals die Ursache der therapeutischen Wirkung des Folliculins nicht vorstellen (s. S. 498). Heute wissen wir, daß man durch große Folliculindosen [1] vielleicht einen Hormonstoß auf den Hypophysenvorderlappen ausüben kann, so daß dieser zur Prolansekretion angeregt wird (s. S. 405 u. 499). Vielleicht wird unser therapeutisches Handeln durch diese „*Folliculinstoßtherapie*" bereichert werden können. Die notwendige Folliculinmenge schätze ich auf 300000 ME, die im Verlauf von einigen Tagen (3—6) injiziert werden müßte. Diese Therapie darf aber bei den auf Follikelpersistenz beruhenden, mit cystisch-hyperplastischer Schleimhaut einhergehenden Blutungen nicht angewandt werden, weil diese an sich auf protrahierter und quantitativ erhöhter Folliculinproduktion beruhen. Der Folliculinstoß ist nur bei jenen Fällen indiziert, bei denen wir keine anatomische Ursache für die Blutung finden. Der Folliculinstoß darf aber nur selten angewandt werden, um durch die großen Hormondosen das Ovarium nicht funktionell zu schädigen (s. S. 492 u. 496)! Es gibt schwere, zweifellos auf hormonaler Dysfunktion beruhende Blutungen, die wir uns ursächlich noch nicht erklären können. Möglicherweise handelt es sich hier um polyglanduläre Störungen. Ob man durch große Folliculindosen auch die anderen endokrinen Drüsen beeinflussen kann, muß noch experimentell geklärt werden.

---

[1] Anmerkung bei der Korrektur: Durch *protrahierte* Folliculinzufuhr (nicht Folliculinstoß) kann man durch Verhinderung der II. generativen Phase eine Amenorrhöe erzeugen (s. S. 499).

Hinweisen möchte ich noch auf die durch Bluterkrankungen bedingten Uterusblutungen, insbesondere die thrombopenischen Blutungen. Sie kommen häufiger vor als man vermutet, sie können nur durch exakte Blutanalyse diagnostiziert werden. Hier versagt die Hormontherapie nach meiner Erfahrung vollkommen. Bei diesen Fällen — auch bei schwersten — habe ich sehr gute Erfolge durch die Bluttransfusion und nachfolgende Röntgenreizbestrahlung der langen Röhrenknochen ($^1/_{10}$ HED) gesehen[1].

Zur Behandlung gynäkologischer Blutungen stehen uns also neben den blutstillenden Mitteln (Secale), Hypophysenhinterlappenextrakt (Oxytoxin) — insbesondere in Kombination mit Kalk (Calcophysin) — die Sexualhormone zur Verfügung. Das übergeordnete Hormon (Prolan) wirkt dadurch blutstillend, daß der die Blutung unterhaltende persistierende Follikel in ein Corpus luteum und dadurch die Uterusschleimhaut prägravid umgewandelt wird. Das Folliculin wirkt vielleicht auf dem Wege über den Hypophysenvorderlappen, so daß der Folliculinstoß die Prolansekretion anregt und dadurch sekundär das Ovarium beeinflußt, oder Folliculin wirkt durch Verhinderung der praegraviden Umwandlung. Das Corpus luteum-Hormon (Progestin) wirkt am Ort der Blutung, es wandelt die pathologisch proliferierte Schleimhaut in das prägravide Stadium um. Ich habe im Vorhergehenden relativ große Dosen zur Behandlung angegeben, wie mir dies für die schweren Fälle notwendig zu sein scheint. Bei leichteren Fällen wird man mit geringeren Dosen auskommen können. So habe ich gesehen, daß die Blutung schon durch 2—4 KE Progestin prompt gestillt werden kann. Auch habe ich schon durch mehrtägige Injektion von je 300 RE Prolan zweifellose Erfolge gesehen. Es ist schwierig, eine schematische Dosierung anzugeben, weil in einem bestimmten Fall eine Reihe von Faktoren maßgebend sein können.

d) *Klimakterium.*

Bei klimakterischen Störungen werden Ovarialpräparate gewissermaßen reflektorisch verordnet. Ausfall der Ovarialfunktion, also Ersatz durch Ovarialhormon. Dieser Schluß ist nur bei der operativen Kastration richtig, wo bei der plötzlichen Entfernung der Eierstöcke Ersatz durch Hormonzufuhr geschafft werden muß.

Im ersten Stadium des Klimakteriums besteht meist (s. S. 423) eine erhöhte Folliculinproduktion, so daß die Anwendung von Folliculin in dieser an sich polyhormonalen Phase kontraindiziert ist. In der zweiten Phase, der oligohormonalen, besteht eine mangelnde Folliculinproduktion, so daß man jetzt Folliculin mit Erfolg anwenden kann. Ich gebe in solchen Fällen — je nach der Schwere — zunächst steigende Dosen von täglich 1000—5000 ME Folliculin per os. Tritt keine Besserung der Beschwerden ein, so injiziere ich täglich einige Tausend ME intramuskulär.

---

[1] ZONDEK, B.: Zbl. Gynäk. **1931**, Nr 22, 1791.

Zuweilen sind diese Hormonmengen auch noch zu gering, so daß man 2 mal wöchentlich 10000—20000 ME und darüber (bis 50000 ME) gehen muß. Ich empfehle mit kleinen Dosen zu beginnen und sich allmählich mit dem Folliculin einzuschleichen, da die Beschwerden sich verstärken können, wenn man sofort große Dosen verabreicht. Betont sei, daß einige Fälle überhaupt nicht reagieren. Neben der Hormontherapie müssen Sedativa verordnet werden. In leichten Fällen kommt man mit einfachen Beruhigungsmitteln aus, so daß es nicht nötig ist, bei geringfügigen klimakterischen Beschwerden Ovarialhormone zu verabreichen.

e) *Sterilität.*

Jeder Gynäkologe kennt zur Genüge jene Fälle von Sterilität, bei denen wir keine organische Erklärung für das Ausbleiben der Befruchtung finden. Der gynäkologische Tastbefund und der menstruelle Zyklus sind normal. Die operative Behandlung mittels Discision, Curettage, antefixierende Behandlung des Uterus sind bereits ohne Erfolg ausgeführt. Die Durchblasung der Tuben hat das Offensein der Eileiter ergeben, die Bäderbehandlung hat keinen Erfolg gezeigt. Von der Sehnsucht nach einem Kinde getrieben, gehen die Frauen von Arzt zu Arzt. Ich habe bei derartigen Patientinnen die Hormontherapie, die zum mindesten eine harmlose Behandlung ist, versucht und möchte bei aller Kritik hier mitteilen, daß ich in einer Reihe von Fällen so frappante Erfolge gesehen habe, daß ich diese auf die hormonale Therapie zurückführen muß. Unter mehreren Mißerfolgen habe ich im Laufe der letzten 6 Jahre bei 18 Frauen meiner Privatpraxis die zum Teil jahrelang bestehende Sterilität beseitigen können. Sieben Patientinnen waren aus dem Ausland gekommen, nachdem sie von Land zu Land und von Arzt zu Arzt gegangen waren. Die Vorbedingung für die hormonale Therapie ist selbstverständlich das Offensein der Tuben, wovon man sich — vor Ausführung der Therapie — durch die Durchblasung bzw. Salpingographie leicht überzeugen kann. Der Uterus darf nicht zu stark zurückgebildet sein, so daß die Fälle mit Hypoplasia uteri 1. Grades am geeignetsten sind. Ich beginne mit Prolan, gebe anschließend Folliculin, häufig auch kleine Dosen von Thyreoidin (im Intermenstruum), evtl. anschließend Progestin. Ich verordne Schilddrüsenpräparate, weil ich den Eindruck gewann, daß die Hypofunktion der Schilddrüse bei manchen Formen von Sterilität eine Rolle spielt. Nach 2 monatiger Behandlung mache ich 4 Wochen Pause. Die Gesamtbehandlung dauert etwa 1 Jahr.

Ich kann mir den Erfolg nur so erklären, daß bei dieser Art der Sterilität in einem uns palpatorisch normal erscheinenden Uterus die Schleimhaut zwar anatomisch, aber nicht funktionell vollendet aufgebaut ist, oder daß das Ei gerade bei diesen Frauen besonders gute Nährbedingungen braucht, um sich in der Uterusschleimhaut anzusiedeln. Die Hormonbehandlung schafft diese Bedingungen und ermöglicht so

dem „anspruchsvollen" befruchteten Ei das Weiterleben in der Gebärmutterschleimhaut. Wichtiger als die Erklärung ist der Erfolg. Bei den
ersten erfolgreich behandelten Fällen war ich selbst sehr skeptisch, die
Wiederholung hat mir aber gezeigt, daß man auf jeden Fall die hormonale Therapie bei den oben skizzierten, bisher erfolglos behandelten
Fällen von Sterilität versuchen muß.

Daß man auch in fast aussichtslos erscheinenden Fällen Erfolg
haben kann, hat mir folgende Beobachtung gezeigt: Es handelte sich
um eine 36jährige, seit 12 Jahren steril verheiratete Frau, bei der sämtliche therapeutische Maßnahmen zur Beseitigung der Sterilität erfolglos
waren. Der Uterus war infantil, nur 3 cm lang. Nach 6monatiger Vorbehandlung mit Folliculin (jede Kur mit 200000 ME) war der Uterus
so vergrößert und gut turgesciert, daß er von einem normalen nicht
mehr zu unterscheiden war. Nunmehr erfolgte die oben angegebene
Kombinationstherapie (Prolan, Folliculin, Thyreoidin) mit dem Erfolg,
daß die Patientin nach drei Kuren konzipierte und ein gesundes Kind
gebar. Bei der kombinierten — wenn ich so sagen darf — hormonalen
Antisterilitätstherapie gebe ich nicht mehr als 2000 bis 6000 ME Folliculin pro die. Ich bin zu dieser kleineren Dosierung gekommen, nachdem große Dosen versagt hatten. Meine klinischen Beobachtungen sehe
ich durch die experimentellen Befunde von DE JONGH[1] gestützt, der bei
Ratten durch die auf den Coitus folgende 3tägige subcutane Injektion
von je 100 ME oder orale Darreichung von je 2000 ME die Gravidität
mit Sicherheit verhüten konnte. Durch Folliculin kann man also bei
der Ratte die Eieinnistung verhindern, vielleicht wird das befruchtete
Ei durch große Folliculindosen geschädigt. Auf Grund dieser experimentellen Befunde und meiner klinischen Beobachtungen glaube ich, daß
man durch zu große Folliculindosen auch bei der Frau die Konzeption
erschweren oder möglicherweise verhindern kann.

f) *Habitueller Abort.*

1928 suchte mich eine Patientin auf, die 5 mal hintereinander im
3.—6. Schwangerschaftsmonat abortiert hatte. In den beiden letzten
Schwangerschaften hatte sie vom Ausbleiben des Unwohlseins an zu
Bett gelegen, ohne daß der tragische Ausgang vermieden werden konnte.
Die Patientin war, als sie mich konsultierte, wieder in der 6. Woche
schwanger. Ich verordnete damals zum Trost Folliculin per os, das
bis zum Ende des 6. Schwangerschaftsmonats genommen wurde. Zu
meinem Erstaunen hielt sich die Schwangerschaft, und die Patientin
gebar ein lebendes Kind. Durch diesen Erfolg aufmerksam gemacht,
gab ich bei weiteren Fällen die gleiche Verordnung, d. h. neben Ruhe,

---

[1] DE JONGH, S. E.: Acta brev. Néerl. Physiol. 3, Nr 10/11, 163 (1933).

Vermeidung von Autofahrten usw. 2—4 mal täglich 100—1000 ME
Folliculin per os, das bis zum Ende des 6. Monats genommen wurde.
Drei weitere Fälle von habituellem Abort wurden so erfolgreich behandelt. Eine Erklärung der therapeutischen Wirkung ist schwierig.
Wissen wir doch, daß Folliculin in der Schwangerschaft an sich im
Übermaß produziert wird, so daß das Folliculin vom 3.—4. Graviditätsmonat an im Blut und Harn in erhöhtem Maße nachweisbar ist. Allerdings wissen wir bisher über die quantitative Folliculinproduktion in
den ersten Schwangerschaftswochen nichts Genaues. Es besteht durchaus die Möglichkeit, daß das Folliculin bei Frauen mit habituellem
Abort in den ersten Schwangerschaftsmonaten nicht in genügenden
Mengen Folliculin produziert wird, so daß der Uterus infolge mangelhafter Folliculinproduktion vielleicht nicht genügend turgesciert ist und
sich dadurch des Eies entledigt. Da der habituelle Abort oft auf einem
frühzeitigen Absterben des Corpus luteum graviditatis oder einer mangelhaften Funktion desselben beruht, soll man bei diesen Fällen Progestin
anwenden. Sowie sich eine Blutung bemerkbar macht, muß die Patientin
ins Bett und täglich 2—3 KE Progestin erhalten. Nach dem Aufhören
der Blutung soll das Hormon noch mindestens 1 Woche injiziert werden.
Ich empfehle in Fällen von habituellem Abort Progestin prophylaktisch
zu geben, und zwar an den Terminen, an denen die Menstruation erwartet würde, da der Abort erfahrungsgemäß oft in dieser Zeit eintritt.
Ich lasse die Patientinnen — zur Zeit des Menstruationstermins —
1 Woche zu Bett liegen und injiziere täglich 2 KE Progestin. Daneben
wird kontinuierlich Folliculin per os gegeben. Ich glaube bei derartigen
Fällen auch durch kleine Joddosen und durch Vitamin A + D Erfolge
gesehen zu haben. Ich gebe deshalb bei habituellem Abort Progestin,
Folliculin, Jod und Vitamin A + D.

Bei diesen unglücklichen Frauen, die unter den dauernden Aborten
körperlich und seelisch schwer leiden und sich minderwertig fühlen,
soll man nichts unversucht lassen. Wenn man auch nicht jeden Fall
therapeutisch beeinflussen kann, so glaube ich doch, daß unser therapeutisches Rüstzeug durch die Hormontherapie eine wesentliche Bereicherung erfahren hat.

Anhang: Percutane Anwendung der Folliculins: Das Folliculin wird,
wie vorher erwähnt (S. 493), auch von der Haut resorbiert. Ich habe
auf die Möglichkeit der Behandlung der Hypoplasie der Brustdrüse mit
Hormonsalben hingewiesen (s. S. 106).

Ich glaube, daß die percutane Anwendung des Folliculins therapeutisch noch eine wesentliche Rolle spielen wird. Von der Annahme
ausgehend, daß das so qualvolle Leiden des Pruritus vulvae senilis durch
Hyperämie der Genitalien und Auflockerung des Gewebes gebessert
werden könnte, habe ich bei einigen Fällen, die auf keine andere Therapie reagierten, die Vulva lokal mit Hormonöl bzw. Hormonsalbe be-

handelt. Die juckenden Hautpartien wurden 2mal täglich mit Hormonsalbe eingerieben (2—3000 ME Folliculin). Die Erfolge waren so ver-
blüffend, daß ich diese einfache Behandlung der Nachprüfung empfehlen
möchte. Die percutane Behandlung kann natürlich mit oraler bzw. subcutaner Folliculinbehandlung kombiniert werden, doch ist in diesen
Fällen gerade die percutane Behandlung besonders wirksam. Ich glaube,
daß die percutane Folliculinbehandlung für die Therapie von Bedeutung
sein wird, und daß sie für manche Fälle, insbesondere dermatologischer
Natur (z. B. Acne vulgaris), eine Bereicherung der therapeutischen Möglichkeiten bringen wird.

g) *Weitere Indikationen für Folliculin.*

Im Vorhergehenden sind die Indikationen für das Follikelhormon
in der Gynäkologie angegeben. Es war selbstverständlich, daß man das
Hormon zunächst bei den ovariellen Funktionsstörungen angewandt hat.
Im Laufe der letzten Jahre haben sich auch die anderen Zweige der
Medizin mit dem Follikelhormon beschäftigt, da Veränderungen der
Ovarialfunktion zu den verschiedenartigsten Störungen im Organismus
führen können. Ich will einige Indikationen angeben und beginne mit
dem der Gynäkologie naheliegendsten Gebiet, der Geburtshilfe.

1. **Geburtshilfe.** Die Frage, welche Faktoren den Geburtsakt auslösen, ist
bisher noch nicht geklärt. Es ist naheliegend einen besonderen Mechanismus
im Spiel der Hormone anzunehmen. Nach neueren Untersuchungen hat es
den Anschein, daß hierbei auch das Folliculin eine Rolle spielt. Bei Frauen
mit Gestationstoxikose fand GENELL[1] eine Verschiebung der Relation zwischen
Blut und Urintiter gegenüber normalen Graviden. Während bei letzteren
die Folliculinrelation zwischen Blut und Urin etwa 1:15 beträgt, liegt sie bei
Frauen mit Gestose bei etwa 1:4. Da Frauen mit Gestose im allgemeinen
sehr starke, oft die Stroganoff-Narkose überdauernde Wehen haben, nahm
GENELL an, daß die erhöhte Wehentätigkeit mit der Veränderung des Folli-
culinhaushaltes ursächlich zusammenhängt. In einigen Fällen von Wehenschwäche fand er einen niedrigen Folliculintiter des Blutes (unter 500 ME).
Wesentlich scheinen mir die guten praktischen Erfolge, die GENELL bei
einem ausgesuchten Material gehabt hat, so daß man die Erfolge nicht als
Zufallstreffer ansehen kann, sondern in ihnen den Hinweis für ein weiteres
Studium dieser wichtigen Frage sehen muß. Nach intramuskulärer Verab-
reichung von Folliculin (1000—10000 ME individuell dosiert) konnte in
14 Fällen mit primärer Wehenschwäche immer ein ausgesprochener, häufig
sehr guter Effekt auf die Wehentätigkeit festgestellt werden, so daß 9 Patientinnen spontan entbunden wurden. Bei sekundärer Wehenschwäche waren
die Erfolge nicht so gut, von 14 Fällen wurden 5 spontan entbunden. In
allen Fällen (primäre und sekundäre Wehenschwäche) gelang es, den Kopf
bis zum Beckenboden vorzutreiben, so daß niemals eine hohe Zange angelegt
zu werden brauchte. Wichtig ist die Beobachtung, daß Hypophysenhinterlappenextrakt (Oxytocin), das bei manchen Fällen intra partum wirkungslos
war, nach Folliculininjektionen sehr kräftig wirkt, manchmal mit Tendenz
zu Wehensturm. Diese klinische Feststellung stimmt mit der experimen-

---

[1] GENELL, S.: Nord. med. Tidskrift **1934**.

tellen Beobachtung von Pompen[1] überein, der nach Injektion von Menformon beim Kaninchen durch das Bauchfenster Zunahme der Beweglichkeit und erhöhte Empfindlichkeit des Uterus gegenüber Oxytocin feststellen konnte. Genell ist der Ansicht, daß die primäre Wehenschwäche auf einem Folliculinmangel beruhe, während die sekundäre Wehenschwäche wahrscheinlich andere Ursachen habe. Wehenschwäche beruhe also auf Folliculinmangel (die normale ante- und intrapartale Folliculinsteigerung ist gestört) und könne durch eine Substitutionstherapie direkt beeinflußt werden. Witherspoon[2] berichtet ebenfalls über erfolgreiche hormonale Auslösung des Geburtsaktes. Unter der Annahme, daß der Uterus durch Follikelhormon für die Wirkung des Hinterlappenhormons (Oxytocin) sensibilisiert wird, erhielten vor der Entbindung stehende Negerfrauen mehrere hundert Ratteneinheiten Theelin allein oder zusammen mit Pituitrin. Der Geburtsakt begann in mehreren Fällen einige Stunden nach den Injektionen.

Diese experimentellen und klinischen Beobachtungen sprechen dafür, daß das Zusammenspiel von Folliculin und Oxytocin für die Auslösung des Geburtsaktes von Bedeutung ist, daß man durch Sensibilisierung des Uterus für Oxytocin durch Folliculin den Geburtsakt bis zu einem gewissen Grade vielleicht willkürlich wird einleiten können. Möglicherweise ist hier *eine* Ursache, nicht aber, wie ich glaube, *die* Ursache für die Geburtsauslösung festgestellt. Die starke Erhöhung des Folliculingehaltes im Blut finden wir nur in der Gravidität des Menschen, des Affen und des Pferdes, nicht aber bei den anderen Säugetieren. Wenn antepartale Veränderungen der Folliculinproduktion Wehenanomalien bedingen sollen, so dürfte dies für die meisten Säugetiere ursächlich nicht zutreffen, da der Folliculingehalt des Blutes in der Gravidität bei diesen gar nicht erhöht ist. Möglicherweise sind aber die Ursachen für den Geburtseintritt bei den verschiedenen Tieren hormonal verschieden, und vielleicht spielt das Verhältnis von Folliculin zu Oxytocin gerade für die Geburtsauslösung und die Wehentätigkeit beim Menschen eine besondere Rolle.

2. **Innere Medizin.** Daß der Ausfall der Ovarialfunktion zu Gelenkveränderungen führen kann, ist seit langem bekannt. Besonders häufig treten diese Störungen im Klimakterium auf, so daß man von einer Arthritis climacterica oder ovaripriva spricht. In diesen Fällen haben sich Ovarialpräparate bewährt, und zwar sowohl die Trockenpräparate des Gesamtovariums (Ovowop) wie das Follikelhormon. Auch bei chronischen rheumatoiden Arthropathien und bei gewissen endokrin bedingten Fällen von Arthritis deformans sind Erfolge beschrieben worden (Kroner[3], Curschmann[4], Weil[5], Kretz[6], Lauber[7] u. a.). Die bisher bei der Arthritis angewandten Dosen waren relativ niedrig. Es wäre zu empfehlen, bei weiteren Versuchen große Dosen per os und intramuskulär zu verabreichen. Da die Folliculintherapie nicht schadet, wenn man die Dosen allmählich steigert, sollte man mehr und größere Folliculinmengen als bisher zur Behandlung von Arthritiden verwenden.

---

[1] Pompen: Acta brev. Neerl. **1**, 110 (1931); **2**, 12 (1932).

[2] Witherspoon, I. Th.: Proc. Soc. exper. Biol. a. Med. **30**, 1367 (1933).

[3] Kroner, J.: Dtsch. Ges. Rheumabekämpfung **1929**, H. 4. Münch. med. Wschr. **1929**, Nr 27, 1131. Med. Welt **1931**, Nr 50.

[4] Curschmann, H.: Fortschr. Ther. **8**, 33 (1932).

[5] Weil, M. P.: Brux. méd. **1928**, Nr 50, 1630.

[6] Kretz, J.: Med. Klin. **1929**, Nr 25, 1426.

[7] Lauber, H. u. Ramm, C.: Münch. med. Wschr. **77**, 89 (1930).

3. **Paediatrie.** Von der Voraussetzung ausgehend, daß zu früh geborene Kinder nicht lange genug dem hormonalen Saftstrom der Mutter ausgesetzt sind, hat man zur Aufzucht von Frühgeburten die für die Schwangerschaft besonders charakteristischen Sexualhormone (Folliculin, Prolan) angewendet. Über gute Erfolge berichten MARTIN[1], SCHILLER[2], MÜGEL[3], KULKA[4]. Es wird empfohlen, pro Kilogramm Körpergewicht 100 ME per os und 20—40 ME sub-cutan *möglichst frühzeitig* zu verabreichen. Gibt man Folliculin erst mehrere Tage oder Wochen nach der Geburt, so ist es wirkungslos (SCHILLER).

4. **Ophthalmologie.** Da die Retinitis pigmentosa bei Frauen viel seltener auftritt als bei Männern, kam WIBAUT[5] zu der Annahme, daß die geringere Disposition bei Frauen durch weibliche Hormone bedingt sei. Bei 5 Fällen von Retinitis pigmentosa erzielte Wibaut mit Folliculin-Menformon (täglich 100 ME) Erfolge, die durch Bestimmung des Gesichtsfeldes und der Untersuchung des Lichtsinnes kontrolliert wurden. Diese Befunde wurden durch Mamola[6] bestätigt, der höhere Dosen (5000 ME) anwandte. Über einen erfolgreich behandelten Fall berichtet auch F. MEYERBACH, während CHARLEROI — nach einer Umfrage bei den belgischen Ophthalmologen — sich skeptisch äußert, wenngleich er auch betont, daß man bei einer so hoffnungslosen Krankheit wie der Retinitis pigmentosa Ovarialhormone auf jeden Fall anwenden soll.

Ohne zu dieser mir fernliegenden ophthalmologischen Frage irgendwie Stellung nehmen zu wollen, möchte ich anregen, auch bei diesen Fällen einen Versuch mit viel größeren Folliculindosen zu machen, zumal als Ursache des therapeutischen Erfolges eine Stoffwechselsteigerung durch bessere Durchblutung (Kapillarhyperämie) als möglich erachtet wird.

5. **Dermatologie.** Die Hormontherapie gewinnt in der Dermatologie immer mehr an Bedeutung. Die Acne, insbesondere in der Pubertät und im Klimakterum, kann, wie ich selbst gesehen habe, durch Folliculin häufig ausgezeichnet beeinflußt werden, jedoch reagieren nicht alle Fälle gleichmäßig, manche überhaupt nicht. Auch bei Pruritus vulvae[7] habe ich durch große Folliculindosen — zuweilen nach vorübergehender Verschlechterung — wesentliche Besserung, manchmal Heilung gesehen. Bei *percutaner*[7] Behandlung der juckenden Hautstellen mit Folliculinsalbe beobachtete ich bei hartnäckigen, jeder anderen Therapie trotzenden Fällen von Pruritus vulvae senilis sehr auffallende Erfolge (s. S. 511). BUSCHKE u. CURTH[8] konnten bei einer 68jährigen Frau mit typischem Impetigo herpetiformis unter Folliculindarreichung eine auffällige Besserung des bis dahin bedrohlichen Bildes feststellen. Die Patientin wurde gesund. Da eine Beobachtung nicht als beweisend gelten kann, fordern die Autoren zu weiteren Versuchen mit Folliculin bei dieser schweren Erkrankung auf. — Bei *Vulvovaginitis gonorrhoica* der Kinder sah ich nach 3 wöchiger Injektion von Folliculin *auffallende Heilerfolge.*

---

[1] MARTIN, E.: Mschr. Geburtsh. **82**, H. 1/2 (1929).

[2] SCHILLER: Arch. Gynäk. **147**, 72 (1931).

[3] MÜGEL, G.: Mschr. Geburtsh. **88**, 79 (1931).

[4] KULKA, E.: Zbl. Gynäk. **1932**, Nr 56, 2238.

[5] WIBAUT, F.: Nederl. Tijdschr. Geneesk. **75**, 4226 (1931). 2009 (1932). Klin. Mschr. Augenheilk. **87**, 298 (1931).

[6] MAMOLA, P.: Cultura Medica Moderna **1933**, Nr 11.

[7] ZONDEK, B.: Nicht publiziert.

[8] BUSCHKE, A. u. CURTH: Klin. Wschr. **1927**, Nr 37, 1757.

Ich glaube, daß die hormonale Therapie für die Dermatologie bedeutungsvoller ist, als man bisher annahm. Es wäre wünschenswert, wenn diese Fragen — insbesondere unter dem Gesichtspunkt großer Hormondosen — weiter eingehend studiert würden.

6. **Psychiatrie.** Die Beziehungen endokriner Störungen zu psychischen Krankheiten sind in den letzten Jahren eingehend untersucht worden. So hat man, um ein Beispiel zu nennen, die manisch-depressiven Zustände mit funktionellen Störungen der Hypophyse und der Schilddrüse in Zusammenhang gebracht (H. Zondek, Sattler, Schröder u. a.).

Eingehende Studien über den Einfluß der Sexualhormontherapie auf Psychosen verdanken wir Sack[1]. Die Erfahrung lehrt, daß Auftreten und Verschlimmerung der autochthonen Anlagepsychosen der Frau mit dem ovariellen Zyklus und den Gestationsvorgängen sehr häufig in Zusammenhang stehen. Sack schließt aus seinen Untersuchungen, „daß die organtherapeutische Einwirkung auf das psychische Zustandsbild in einem geraden und unmittelbaren Verhältnis steht zum Stärkegrade der aus der Konstitution zu erschließenden Unterwertigkeit des Ovardrüsensystems". Bei 58 Fällen von weiblichen depressiven Psychosen konnte 27mal, also in der Hälfte der Fälle, durch die Organtherapie eine ausschlaggebende Besserung erzielt werden. Günstig reagieren Fälle von atypischen depressiven Anlagepsychosen, insbesondere bei solchen mit Angsterscheinungen mit hypochondrischer Färbung. Für die reine Melancholie scheint die Ovardrüsengruppe nach Sack weniger bedeutsam zu sein, noch weniger für die an den Paranoiakreis heranrückenden depressiven Psychosen der Bedeutungs- und Beziehungsqualität. Depressive Zustandsbilder auf schizophrener oder involutiv-arteriosklerotischer Grundlage konnten in keinem einzigen Falle hormonal beeinflußt werden. Sack wandte Folliculin und Prolan an, wobei täglich 100 ME Folliculin subcutan und 500—1000 ME per os verabreicht wurde. Prolan wurde subcutan und oral gegeben, zusammen etwa 200 RE pro die.

B. Prolan.

1. Orale Wirksamkeit.

Bei der Behandlung der Amenorrhöe habe ich bereits auf die kombinierte Therapie von Folliculin und Prolan hingewiesen. Im folgenden will ich über die klinischen Erfolge berichten, die ich mit Prolan allein gehabt habe. Ist das Prolan auch oral wirksam?

Eingehende Untersuchungen[2] haben mir im Gegensatz zu meinen früheren[3] gezeigt, daß Prolan bei Tieren auch nach oraler Applikation die spezifischen Reaktionen am Genitalapparat auslöst.

Bei der infantilen Ratte konnte ich durch Prolanfütterung (Zusatz zur Milch) sämtliche Reifewirkungen (HVR I—III) hervorrufen. Allerdings ist die Reaktionsfähigkeit der Tiere sehr wechselnd, die notwendigen Hormondosen sind individuell recht verschieden. Manchmal genügen schon 10—15 RE Prolan. Sicher wird die HVR I (Follikelreifungshormon) erst durch 100 RE, die HVR III (Luteinisierungshormon) erst durch 5—700 RE ausgelöst.

---

[1] Sack, H.: Mschr. Psychiatr. **83**, 305 (1932).
[2] Zondek, B.: In der ersten Auflage mitgeteilt.
[3] Zondek, B.: Zbl. Gynäk. **1929**, Nr 14, 842.

Bei infantilen Mäusen konnte ich im Gegensatz zur Ratte durch Prolanfütterung nur die HVR I, und auch nur durch große Dosen erzielen (20 ME). Selbst bei Fütterung mit 1400 ME Prolan A und B ist nur die HVR I (= A), nicht die HVR III (= B) auslösbar.

Im Magen-Darmkanal der Nagetiere wird also, wie aus den Versuchen hervorgeht, ein großer Teil des Prolans zerstört, so daß im Vergleich zur parenteralen Zuführung bei der Ratte höchstens 10%, bei der Maus 5% des zugeführten Hormons zur Wirkung kommt. Interessant ist die Tatsache, daß bei der Maus nur das Follikelreifungshormon (Prolan A), nicht das Luteinisierungshormon (Prolan B) oral wirksam ist.

Wie die Untersuchungen von KOEHLER ergeben haben, wirkt Prolan bei oraler Zuführung (täglich 150 RE [1]) auf den *Stoffwechsel* des Menschen (s. S. 489). Ob und mit welchen oralen Dosen die spezifische Wirkung auf den *Genitalapparat* des Menschen möglich ist, ist noch nicht sichergestellt. Zweifellos sind hierfür große Prolandosen erforderlich.

2. Dosierung des Prolans.

Während die Dosierungsfrage beim Folliculin in den letzten Jahren der Klärung nähergeführt wurde, sind wir beim Prolan noch nicht so weit. Die Dosierungsfrage ist aber für die Hormontherapie von größter Bedeutung. Der Kritiker, der allzu leicht — und zwar um so mehr, je weniger er produktiv mitarbeitet — die Wirkungslosigkeit eines neuen Heilmittels betont, berücksichtigt nicht, wie weit der Weg von der Entdeckung eines Hormons bis zur chemischen Darstellung und der Feststellung der klinischen Dosis ist. Die einwandfreien Erfolge mit Prolan, insbesondere bei ovariellen Blutungen, haben zwar den therapeutischen Wert des Hormons bereits bestätigt, zweifellos sind wir aber über die sachgemäße Dosierung bei den verschiedenen ovariellen Ausfallserscheinungen noch nicht genügend orientiert. Ich zweifle nicht, daß die Entwicklung hier den gleichen Weg gehen wird wie beim Folliculin und Progestin, daß wir mit der gonadotropen Stimulationstherapie noch erheblich weiter kommen werden. Kann man die für den Menschen notwendige Hormondosis auf Grund der Tierversuche berechnen? Dies trifft im allgemeinen für die Hormone (z. B. Insulin, Oxytocin) nicht zu. Wie ist dies bei den Sexualhormonen? Beim Progestin führt die Dosisberechnung auf Grund der Gewichtsproportion zu annähernd richtigem Resultat. Die 60 kg schwere Frau braucht zur Transformation der Uterusschleimhaut fast 60mal so viel Progestin wie das 1 kg schwere Kaninchen. Beim Folliculin liegen die Verhältnisse aber ganz anders. Hier genügt die 3000fache Hormonmenge (20 g schwere Maus, 60 kg schwere Frau), d. h. 3000 ME nicht zur Proliferation der Uterusschleimhaut, hier braucht man eine etwa 100fach größere Hormonmenge (300 000 ME). Beim Prolan würde man nach der Gewichtsproportion

---

[1] 1 Prolantablette = 150 RE.

berechnet (30 g schwere Ratte, 60 kg schwere Frau) etwa 2000 RE zur Auslösung des gonadotropen Effektes gebrauchen, also Dosen, wie ich sie (s. S. 525) als Minimaldosis angegeben habe.

Wenn wir die Ausscheidung der Sexualhormone im Urin der Berechnung zugrunde legen, so ergibt sich folgendes: Die geschlechtsreife Frau scheidet während eines mensuellen Zyklus etwa 5000 ME Folliculin aus, die therapeutisch zum Aufbau der Uterusschleimhaut notwendige Dosis ist etwa 40 mal so groß wie die ausgeschiedene Hormonmenge. Da die Prolanausscheidung während eines mensuellen Zyklus 743 RE beträgt (s. S. 428), würden wir nach dieser Berechnung zu einer klinischen Dosis von 29720 RE kommen.

Ein anderer Weg wäre der Vergleich zwischen der in der Produktionsstätte, also in den Sexualdrüsen, jeweilig vorhandenen Hormonmenge und der therapeutisch notwendigen Hormondosis. Das Ovarium enthält, wie S. 165 u. 378 ausgeführt, 0,4% der täglich erforderlichen Folliculin- und 0,66% der täglich notwendigen Progestinmenge. Nehmen wir einen Durchschnitt von 0,5% an, so würde die Tagesproduktion beim Prolan, also die therapeutisch erforderliche Tagesdosis 240000 RE betragen, da der Vorderlappen des Menschen 1200 RE Prolan enthält (s. S. 180). Wenn wir eine Behandlungsdauer von etwa 20 Tagen zur Auslösung des gonadotropen Effektes bei der Frau annehmen (I. und II. generative Phase), so kämen wir auf eine Gesamtdosis von 4800000 RE Prolan.

Wenn wir die drei verschiedenen Berechnungen vergleichen, so kommen wir also bezüglich der Gesamtprolandosis zu folgenden Werten:

1. Nach der Gewichtsproportion berechnet (infantile Ratte, erwachsene Frau) = 2000 RE Prolan.

2. Nach der Hormonausscheidung im Harn berechnet = 29700 RE Prolan.

3. Nach dem Verhältnis vom Hormonvorrat in der Drüse zur Tagesproduktion berechnet = 4800000 RE Prolan.

Während die unter 1. und 2. berechneten Werte schon erheblich differieren, liegt die unter 3. angegebene Dosis noch 160 mal höher als bei 2. Sind nun zur Auslösung des gonadotropen Effektes bei der Frau Zehntausende oder Hunderttausende von Einheiten erforderlich? Möglicherweise sind für manche Fälle sehr große Prolandosen erforderlich, doch glaube ich, daß die Größenordnung sich nicht in Hunderttausenden, sondern in Zehntausenden von Einheiten bewegen muß. Nach meiner Erfahrung muß man etwa 10—15000 RE Prolan als die klinisch-ovariotrope Dosis ansehen. Ich schließe dies aus folgendem:

1. Bei einer Frau mit primärer Amenorrhöe konnte ich, wie S. 526 näher beschrieben, nach Vorbehandlung mit Folliculin durch 15000 RE Prolan die II. generative Phase auslösen.

2. Schon durch relativ kleine Prolandosen konnte ich, wie im nächsten Abschnitt näher ausgeführt, an den Ovarien der Frau gonadotrope

Reaktion auslösen, was von GEIST bestätigt wurde. Die angewandten Dosen schwankten zwischen 500 und 2200 RE.

3. Durch Transfusion des prolanhaltigen Gravidenblutes konnte WESTMAN den gonadotropen Effekt an senilen Ovarien erzielen. Die mit dem Blut zugeführte Prolanmenge betrug etwa 4000—6000 RE (s. S. 261).

4. Zur Stillung ovarieller (juveniler) Blutungen bedarf man etwa 9000 RE Prolan. Da die Blutstillung nur auf dem Wege über die Luteinisierung des Follikels erklärt werden kann, muß diese Prolanmenge gonadotrop wirksam sein.

5. Durch 26000 RE erzielte ich eine zu starke gonadotrope Reaktion, so daß in einem Ovarium vier blutgefüllte luteinisierte Follikel entstanden (s. S. 522).

Zusammenfassend ergaben diese klinischen Beobachtungen, daß 26000 RE wahrscheinlich eine zu große Dosis ist, daß man mit 15000 RE sicher einen gonadotropen Effekt erzielen kann, daß dies aber auch mit kleineren Prolandosen durchaus möglich ist. Allerdings scheint die individuelle Reaktionsfähigkeit der Frauen gegenüber Prolan sehr zu variieren, so daß man lieber etwas höhere Dosen anwenden soll. Aus meinen bisherigen Erfahrungen schließe ich, daß die klinische gonadotrope Dosis etwa 15000 RE Prolan beträgt. Die S. 526 mitgeteilte Beobachtung zeigt uns, daß man mit dieser Dosis das Corpus luteum der geschlechtsreifen Frau zur Progestinproduktion mobilisieren kann. Die Erfahrungen bei der Prolanbehandlung ovarieller Blutungen (juvenile) haben ergeben, daß man mit noch geringeren Prolanmengen das Ovarium hormonal beeinflussen kann. Bei der Reaktivierung seniler Ovarien durch Transfusion von Gravidenblut konnte der gonadotrope Effekt schon durch das in 225—400 ccm Blut vorhandene Prolan — also durch etwa 4000—6000 RE — erzielt werden (WESTMAN).

Bisher steht uns therapeutisch nur das aus Gravidenharn dargestellte Prolan zur Verfügung. Es ist durchaus möglich, daß man mit dem aus dem Hypophysenvorderlappen dargestellten gonadotropen Hormon, welches Prolan + Synprolan = Prosylan enthält, mit den gleichen oder mit kleineren Dosen bessere Erfolge erzielen wird. Da die Gewinnung so großer Hormonmengen aus dem Vorderlappen schwierig und wahrscheinlich zu kostspielig ist, würde ich empfehlen, zum Gravidenharnprolan das aus dem Vorderlappen, aus dem Serum von graviden Stuten oder aus Altersharn gewonnene Synprolan zuzusetzen, um auf diese Weise die gonadotrope Wirkung durch den synergischen Faktor zu verstärken. Ich glaube, daß man auf diese Weise zu besseren klinischen Resultaten kommen wird (s. S. 263).

Der gonadotrope Effekt des Hormons ist auch von der Art der Zuführung abhängig. Intravenös zugeführtes Prolan wirkt zweifellos am intensivsten. So konnten HISAW[1] und seine Mitarbeiter durch intravenöse Injektion des aus dem Vorderlappen gewonnenen Hormons viel stärkere gonadotrope Wirkungen beim Affen erzielen als bei subcutaner Zuführung. Beim Kaninchen konnte FRIEDMANN[2] durch intravenöse, nicht aber durch intraperitoneale Injektion von Gravidenharnprolan die Ovulation auslösen. Da das Prolan ein Stoff eiweißartiger Natur ist, ist die intravenöse, insbesondere die wiederholte intravenöse Injektion wegen der Möglichkeit toxischer Störungen beim Menschen kaum möglich.

3. Gonadotrope Wirkung des Prolans auf die Genitalorgane der Frau.

Um ein möglichst objektives Bild von der Wirkung des Prolans beim Menschen zu erhalten, bin ich[3] folgendermaßen vorgegangen: Ich habe Frauen, die ich operieren mußte, einige Tage vorher Prolan injiziert, um bei der Operation einen etwaigen Einfluß auf den Genitalapparat direkt festzustellen. Hierbei fiel mir auf, daß sich die Scheide deutlich livide verfärbte. Bei der Laparotomie sah ich häufig, daß der ganze innere Genitalapparat stark hyperämisch war, demnach eine Wirkung im Sinne der Hypophysenreaktion II. Die Spermaticae waren strotzend mit Blut gefüllt, Tube und Uterus turgesciert, aufgelockert, blaurötlich verfärbt, — kurz ein Bild, das an eine junge Schwangerschaft erinnerte. Bei der Operation merkte man die hyperämisierende Wirkung des Prolans an der stärkeren capillären Blutung. Es sei aber betont, daß hierbei nicht unerhebliche individuelle Unterschiede vorkamen, wie denn überhaupt die Reaktionsfähigkeit der Menschen auf Prolan eine recht verschiedene zu sein scheint. Dies ist bei der Hormonwirkung im allgemeinen nicht ungewöhnlich. Wir dürfen uns über diese in der Stärke wechselnde Prolanreaktion beim Menschen nicht wundern, da wir sie auch im Tierversuch beobachtet haben.

Des weiteren habe ich versucht, mit Prolan den mensuellen Zyklus zu beeinflussen. Frauen, die operiert werden mußten, erhielten vom 1. Tag der Menstruation an täglich 60—120 RE subcutan. Die Operation wurde am 8. oder 9. Tage nach Beginn der Menstruation ausgeführt. Ich fand nach dieser 8 tägigen Darreichung schon eine deutliche Hyperämie des Genitalapparates. In einem Falle, bei dem die Prolanbehandlung am 1. Tag der Menstruation einsetzte, sah ich am 9. Tage des Zyklus im Ovarium einen sprungreifen Follikel. Die Punktion des Follikels ergab 2 ccm Follikelsaft, also eine Menge, die

---

[1] HISAW, F. L., HERTZ, R., HELLBAUM, A. u. FEVOLD, H. L.: Proc. Soc. exper. Biol. a. Med. **30**, 39 (1932).
[2] FRIEDMANN, M. H.: Amer. J. Physiol. **90**, 179 (1929).
[3] ZONDEK, B.: Zbl. Gynäk. Nr 14, 842, **1929**.

wir in unseren früheren Untersuchungen beim sprungreifen Follikel gefunden haben (s. S. 43). Die Prüfung des Follikelsaftes an der kastrierten Maus ergab, daß in 0,4 ccm 1 Einheit Folliculin enthalten war, daß also die Hormonproduktion so weit vorgeschritten war, wie dies physiologischerweise erst etwa am 14. Tag des Zyklus der Fall ist. Im Ovarium befand sich neben dem Follikel ein Corpus luteum der Blüte (entsprechend dem 24. Tage), hingegen zeigte die Uterusschleimhaut das Stadium des Intervalls mit eben beginnender Sekretion und Glykogeneinlagerung. Die Schleimhaut entsprach also in ihrem Aufbau nicht dem Reifezustand des gelben Körpers. Herr Prof. ROBERT MEYER, der die Liebenswürdigkeit hatte, die Präparate durchzusehen, hielt die Uterusschleimhaut infolge ihres Fibrillengehaltes in der Functionalis für pathologisch verändert, so daß man die Blutung bei Beginn der Prüfung nicht mit Sicherheit als echte Menstruation deuten kann. Hierbei sei aber erwähnt, daß die Patientin seit 10 Jahren stets regelmäßig menstruiert war.

In drei Fällen sah ich[1] nach 14 tägiger Prolanbehandlung eine Reihe kleiner Cysten in den Ovarien — *im Sinne der kleincystischen Degeneration.* Ich erwähne diese Beobachtung, um auf die Möglichkeit der ätiologischen Beziehung des Krankheitsbildes der kleincystischen Degeneration zum Hypophysenvorderlappen hinzuweisen (s. S. 528). Für diese Auffassung sprechen auch die Befunde von E. I. KRAUS[2], der bei 120 Fällen von Hirndruck feststellte, daß die Hypophysen nicht atrophieren, sondern im Gegenteil eine Vergrößerung unter strumösen Veränderungen erfahren. Bei diesen Fällen wurde häufig kleincystische Degeneration der Ovarien beobachtet.

Wesentlich scheint mir die anatomische Feststellung, daß man durch Gravidenharnprolan die Ovarien der Frau gonadotrop beeinflussen kann. Daß es sich bei meinen Beobachtungen nicht um Einzelbefunde handelt, haben die in der Literatur niedergelegten Nachprüfungen ergeben. MANDELSTAMM u. TSCHAIKOWSKY[3] injizierten 10 Frauen 400 bis 1100 ME Prolan subcutan und fanden bei der Laparotomie organische Ovarialveränderungen. GEIST[4] prüfte die Wirkung des Prolans an 50 zur Hysterektomie wegen unkomplizierter Myome bestimmten Frauen (33—48 Jahre alt), denen im Verlauf von 36—100 Stunden 600—2200 RE subcutan injiziert wurden. In 33 Fällen (= 66%) fand GEIST die für Prolan charakteristischen Ovarialveränderungen. Auffallend ist die Kongestion der Hilusgefäße, manchmal mit Blutung, die wahrscheinlich durch Ruptur kleiner Gefäße oder Diapedese bedingt ist. Die Follikelreifung wird gehemmt, die Zahl der cystischen Follikel scheint

---

[1] ZONDEK, B.: Zbl. Gynäk. Nr 14, 842, **1929**.

[2] KRAUS, E. J.: Arch. Gynäk. **145**, H. 2. Klin. Wschr. **1932**, 687.

[3] MANDELSTAMM u. TSCHAIKOWSKY: Arch. Gynäk. **144**, 131 (1930).

[4] GEIST, S. H.: Amer. J. Obstetr. **26**, 588 (1933).

vermehrt. Besonders typisch sind die perifollikulären Blutungen und die Follikelhämatome, so daß die Ovarien der Frauen wie die nach Prolanbehandlung mit Blutpunkten besetzten Eierstöcke der Nagetiere aussehen. Zuweilen finden sich Corpora lutea mit zentraler Blutung, ähnlich wie beim gelben Körper der Gravidität. Die Wirkung auf die Ovarien geht der Hormonmenge parallel, die Reaktion war am intensivsten, wenn das Prolan in einem Zeitraum von 96 Stunden oder darüber darüber injiziert wurde. Unter 25 Kontrolluntersuchungen von Ovarien nicht vorbehandelter Frauen fanden sich die gleichen Erscheinungen nur 4mal, also nur in 16% der Fälle. Die Befunde von GEIST bestätigen meine Beobachtungen, daß man durch Gravidenharnprolan die Ovarien der Frau gonadotrop beeinflussen kann, daß man die gleichen anatomischen Veränderungen auslösen kann wie im Tierexperiment.

Eine neuerdings gemachte klinische Beobachtung zeigt den gonadotropen Effekt des Gravidenharnprolans beim Menschen. Es handelte sich um eine 30jährige, an Collumcarcinom leidende Frau, die zwecks radiologischer Behandlung in der Gynäkologischen Abteilung des Radiumhemmet Stockholm aufgenommen wurde, bei der aber die Strahlenbehandlung aus äußeren Gründen erst nach einer gewissen Zeit vorgenommen werden konnte. Um den eventuellen Effekt großer Prolandosen auf das Carcinom zu prüfen, haben Herr Dr. HEYMAN und ich der Patientin im Verlauf von 21 Tagen 26500 RE Prolan intramuskulär injiziert. Hierbei wurde klinisch eine Verminderung des Fluors ohne wesentliche Beeinflussung des Tumors festgestellt. Die intrauterine Radiumbehaudlung (3315 mg-el-Std.) verlief ohne Störung. Als die Frau zur zweiten Radiumbehandlung das Radiumhemmet aufsuchte, fand man einen gänseeigroßen, rechtsseitigen Adnextumor, dessen Bestehen für die weitere Radiumbehandlung prognostisch ungünstig erschien, weshalb der Tumor durch Laparotomie entfernt wurde (Dr. HEYMANN). Der Tumor erwies sich als ein etwa hühnereigroßes Ovarium, das vier bis kirschgroße mit Blut gefüllte und mit gelbem Saum umgebene Gebilde enthielt. Das Ovarium sah genau so aus wie die Eierstöcke von Kaninchen oder Mäusen nach Prolanbehandlung. Die histologische Untersuchung ergab, daß es sich um vier gleichalterige Corpus luteum-Hämatome handelte (HVR II und III). Die rechte Tube war entzündlich verändert, die linken Adnexe erwiesen sich makroskopisch als gesund. Möglicherweise bestand noch ein fünftes Corpus luteum, dieses konnte jedoch durch Herrn Dr. REUTERWALL[1] (Geschwulstpathologische Abteilung des Radiumhemmet) nicht als sicherbestehend eruiert werden, weil das Präparat schon so aufgeschnitten war, daß die Serienuntersuchung

---

[1] Für die Überlassung dieses Falles möchte ich Herrn Dr. HEYMAN und für die histologischen Untersuchungen Herrn Dr. REUTERWALL auch an dieser Stelle bestens danken.

nicht mehr möglich war. Die vier Corpora lutea waren schon makroskopisch als solche erkenntlich (s. Abb. 151). Herr Prof. ROBERT MEYER, der die Präparate liebenswürdigerweise begutachtete, schätzte das Alter der Corpora lutea auf etwa 10 Tage nach dem Follikelsprung. Im vorliegenden Fall finden wir also 27 Tage nach Abschluß der Prolanbehandlung vier Corpus luteum-Hämatome. Es fragt sich nun, ob dieser auffällige Befund als gonadotroper Effekt des Prolans betrachtet werden kann, oder ob hier ein Zufallsbefund vorliegt. Wir wissen durch ROBERT MEYER, daß beim Menschen, obwohl nur ein Follikel springt, Corpora lutea in der Mehrzahl vorhanden sein können. Findet man in einem Ovarium mehrere Corpora lutea, so ist dies meines Erachtens ein pathologischer Befund, der uns auf eine veränderte Vorderlappenfunktion hinweisen muß. Physiologisch findet sich bei der Frau ein Corpus luteum, mehrere Corpora lutea müssen als etwas Besonderes betrachtet werden. Daß im vorliegenden Fall vier oder gar fünf Corpora lutea zufällig vorhanden gewesen sein sollen, oder daß sie durch das Carcinom oder die Radiumbestrahlung ausgelöst wurden, scheint mir sehr unwahrscheinlich zu sein, dies um so mehr, als dieser Fall Herrn Dr. HEYMAN, diesem so erfahrenen Gynäkologen und Radiologen, ganz besonders auffiel, weil der rechtsseitige Tumor sich so augenfällig vergrößerte. Die klinische Beobachtung und die vier dem Tierexperiment analogen Corpus luteum-Hämatome sprechen meines Erachtens für eine durch Prolan bedingte gonadotrope Ovarialreaktion. In diesem Falle wurde durch die physiologische Prolansekretion des Vorderlappens und die parenteral zugeführte große Prolandosis (26 500 RE) eine Hyperluteinisierung ausgelöst. Daß die Prolanreaktion nur an *einem* Ovarium auftrat, ist nicht verwunderlich, da die gonadotropen Reaktionen auch im Tierexperiment nach Prolanzufuhr am zweiten Ovarium häufig fehlen.

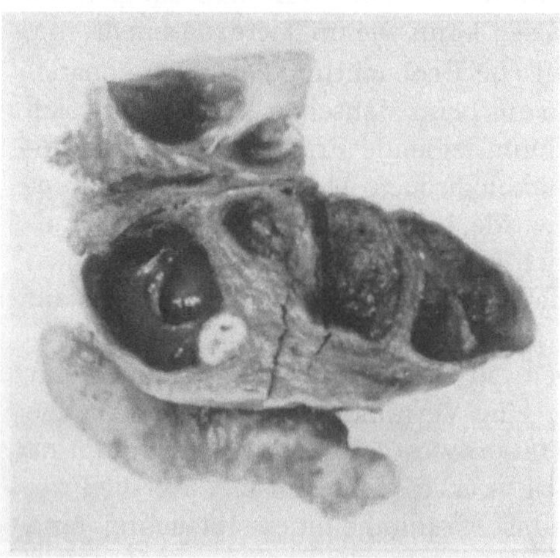

Abb. 151. 4 Corpus luteum-Hämatome (HVR II u. III) im Ovarium einer 30jährigen Frau nach Prolanbehandlung.

Diese Beobachtung beim Menschen scheint mir deshalb bemerkenswert, weil ENGLE[1] durch Gravidenharnprolan beim Affen überhaupt keine

---

[1] ENGLE, E. T.: Proc. Soc. exper. Biol. a. Med. 30, 530 (1933). Amer. J. Physiol. 106, 145 (1933).

gonadotrope Wirkung auslösen konnte, wobei allerdings betont werden muß, daß auch durch Vorderlappenextrakte (also durch Prolan + Synprolan = Prosylan) nur Follikelreifung, nicht aber Follikelsprung und Luteinisierung beim Affen erzielbar ist (HISAW, FEVOLD u. LEONARD[1], ENGLE). Die Luteinisierung ist beim Affen, wie ENGLE[2] kürzlich zeigte, nur möglich, wenn man nach einer Vorbehandlung mit Follikelreifungshormon (wäßriges Extrakt aus Hypophysenvorderlappen) anschließend intravenös sowohl Vorderlappenextrakt wie Harnprolan gleichzeitig injiziert. Die Verhältnisse beim Affen liegen anscheinend anders als bei anderen Tieren. Man darf meines Erachtens die Befunde beim Affen nicht ohne weiteres auf den Menschen übertragen, da die Corpus luteum-Phase beim Affen an sich anders verläuft als beim Menschen (s. S. 387). Ich kann mir vorstellen, daß die Produktion des Synprolans im Hypophysenvorderlappen des Affens anderen Gesetzen unterliegt als beim Menschen, daß sie möglicherweise diskontinuierlich verläuft, so daß der durch Prolan erzielbare Effekt von dem beim Menschen abweicht. Die Unwirksamkeit des Prolans beim Affen spricht meines Erachtens für eine vom Menschen und den meisten Säugetieren abweichende gonadotrope Sekretion des Vorderlappens beim Affen, nicht aber für die gonadotrope Unwirksamkeit des Prolans.

Der therapeutische Effekt wird sich wahrscheinlich auch beim Menschen, wie S. 263 u. 518 betont, durch Prolan + Synprolan = Prosylan verbessern lassen.

Nebenbei sei erwähnt, daß ich bei manchen Frauen *nach der Prolanbehandlung Colostrum und Milch in den Brustdrüsen* nachweisen konnte, viele Frauen reagierten aber nicht.

4. Klinische Anwendung des Prolans.

a) *Bei Amenorrhöe.*

Praktisch interessiert uns als Ärzte vor allem die Frage: Kann man durch Prolan auch beim Menschen die ruhende Ovarialfunktion wieder in Gang bringen und den Rhythmus unterhalten? Kann man durch Prolan die Amenorrhöe beeinflussen? Hierbei muß man allerdings in der Auswahl der Fälle kritisch sein. Wenn man in Publikationen bei Behandlung der Amenorrhöe liest, daß 1—2 Tage nach dem Einsetzen der Hormontherapie eine Blutung aufgetreten ist und damit die menstruationsauslösende Wirkung des Hormons bewiesen werden soll, so muß man skeptisch sein. In einem Teil dieser Fälle wäre wahrscheinlich, falls es sich um eine echte Menstruation gehandelt hat, diese auch ohne die therapeutische Maßnahme aufgetreten, es war

---

[1] HISAW, F. L., FEVOLD, H. L. a. LEONARD, S. L.: Proc. Soc. exper. Biol. a. Med. **29**, 204 (1931).

[2] ENGLE, E. T.: Endocrinology **18**, 4, 513 (1934).

ein Zufallstreffer. Bei einem so hyperämisierenden Mittel wie Prolan kann nach 1—2 Tagen eine Blutung infolge der Blutüberfüllung eintreten. Hierbei handelt es sich aber nur um eine atypische Uterusblutung, nicht um eine Menstruation.

Was den Wirkungsmechanismus des Prolans betrifft, so wissen wir durch meine neueren Untersuchungen (s. Kap. 23), daß das Hormon wohl als Prolan am Ovarium angreift, daß es also im Organismus nicht in eine andere Form umgewandelt wird, daß es auch nicht an einer anderen Stelle des Organismus die Bildung eines neuen Wirkstoffes auslöst, der seinerseits die HVR I—III bedingen könnte. Während das Folliculin, wie vorher gezeigt, in der Leber inaktiviert wird, ist dies beim Prolan nicht der Fall.

Wird parenteral zugeführtes Prolan im Harn ausgeschieden? Diese Frage[1] prüfte ich im Tierversuch. 5 geschlechtsreife Ratten erhielten *subcutan* je 1 ccm = 3000 RE, zusammen also 15000 RE Prolan. Der Harn wurde 48 Stunden gesammelt. Die quantitative Analyse des Gesamtharns ergab 750 RE Prolan, demnach wurden nur 5% des parenteral zugeführten Prolans ausgeschieden. PARKES u. WHITE[2] haben beim Kaninchen nach *intravenöser* Injektion ungefähr ein Drittel des Prolans im Verlauf von 9 Stunden im Harn wiedergefunden.

Auch beim Menschen erscheint subcutan zugeführtes Prolan im Harn. In einigen etwas grob angelegten Versuchen[3] fand ich eine Ausscheidung von etwa 5—10%. EHRHARDT[4] transfundierte Frauen mit ovariellen Störungen Schwangerenblut. Bei Übertragung von 700 ccm Blut des 6. Schwangerschaftsmonats — mit einem Gehalt von 7000 ME Prolan — war beim Empfänger 8 Stunden später das Prolan im zirkulierenden *Blut* nachweisbar. Nach 24 Stunden war das Blut der Empfängerin bereits prolanfrei. Die gonadotropen Hormone bleiben also etwa 16 Stunden in der Zirkulation. Im *Harn* fand EHRHARDT 5 Minuten nach der Bluttransfusion nur Prolan A, nach 10 Minuten bereits A und B. Bis zur 20. Stunde konnte stets A und B, nach 48 Stunden nur noch Prolan A nachgewiesen werden, nach 60 Stunden war der Harn bereits frei von Prolan. Intravenös zugeführtes Prolan bleibt also etwa 16 Stunden im Blut nachweisbar, geht in den Harn über und ist nach 60 Stunden vollkommen ausgeschieden. Gleichartige Ergebnisse erzielte EHRHARDT auch bei Männern nach Transfusion von Schwangerenblut, auch beim Mann wird also intravenös zugeführtes Prolan im Harn ausgeschieden.

Da ich die Amenorrhöe meist mit Folliculin kombiniert behandelt habe, verfüge ich nur über ein relativ kleines Material, bei dem die Pro-

---

[1] ZONDEK, B.: Nicht publiziert.

[2] PARKES, A. S. a. WHITE, W. E.: J. of Physiol. **79**, 226 (1933).

[3] ZONDEK, B.: Nicht publiziert.

[4] EHRHARDT: Dtsch. med. Wschr. **1930**, Nr 11 u. 37. Arch. Gynäk. **154**, 293 (1933).

lanbehandlung allein zur Anwendung kam. Daß man durch Prolan die ruhende Ovarialfunktion wieder in Gang bringen kann, steht für mich nach meinen Erfahrungen fest, über einige die hormonotrope Wirkung des Prolans meines Erachtens beweisende klinische Beobachtungen habe ich S. 521 u. 526 berichtet.

Um ein Bild über die Wertigkeit des Prolans zu erzielen, habe ich das Hormon nur bei denjenigen Fällen angewandt, bei denen die Amenorrhöe mindestens $^3/_4$ Jahr bestand, und wo die Harnanalyse ergeben hatte, daß daß es sich sicher um eine echte hypohormonale Amenorrhöe handelt. Während die Erfolge in den früheren Jahren bei Anwendung kleiner Dosen sehr schwankend waren, wurden die Erfolge um so besser, je mehr Prolan[1] angewandt wurde. Ich bin bei diesen Fällen so vorgegangen, daß ich die Dosen allmählich steigerte. Zunächst eine 14tägige Kur mit täglich 300 RE Prolan, dann nach 2wöchiger Pause eine 14tägige Kur mit täglich 500 RE und schließlich eine dritte Kur mit täglich 1000 RE Prolan. Bei dieser Behandlungsart habe ich durch eine Gesamtdosis von 25 200 RE so bemerkenswerte Dauererfolge erzielt, daß ich diese Art der Therapie hiermit zur Nachprüfung empfehlen möchte. Leider stehen mir aus äußeren Gründen die Krankengeschichten dieser Fälle nicht mehr zur Verfügung, so daß ich Einzelheiten nicht angeben kann. Zweifellos kann man auch schon mit wesentlich geringeren Dosen einwandfreie therapeutische Erfolge erzielen. So sah ich schon bei einer Gesamtdosis von 2—4000 RE Prolan therapeutische Erfolge bei der Amenorrhöebehandlung. Die individuelle Reaktionsfähigkeit der Frauen ist auf Prolan ganz besonders groß, so daß man in der Dosierung bei jedem Fall individualisieren muß. Daher sind die von mir angewandten Dosen auch sehr verschieden, sie schwanken zwischen 2000 und 25 000 RE. Ich glaube daß man 2000 RE Prolan als die Minimaldosis in der Amenorrhöebehandlung ansehen muß (s. S. 517).

---

[1] Daß man auch mit kleineren Prolandosen (100—300 RE) bei ovariellen Funktionsstörungen, insbesondere sekundärer Amenorrhöe, Hypomenorrhöe, Dysmenorrhöe und Blutungen, gute Erfolge haben kann, ist in Nachprüfung meiner in der ersten Auflage gemachten Angaben wiederholt bestätigt worden. Ich nenne:

GRAGERT, O.: Zbl. Gynäk. **56**, 2463 (1932).

HIRSCH-HOFFMANN, H. U. u. WULK, H.: Zbl. Gynäk. **54**, 457 (1930).

HÖVELMANN: Z. Gynäk. **106**, 92 (1933).

JOHNSTONE, R. W. c. s.: Lancet **2**, 509 (1932).

LOUROS: Arch. Gynäk. **153**, 296 (1933).

NOVAK, E. u. HURD, G. B.: Trans. amer. gynec. Soc. **56**, 146 (1931). Amer. J. Obstetr. **22** (1931).

SIEBKE, H.: Klin. Wschr. **1932**, 1286.

VIVIOTT: Semana méd. **2**, 144 (1931).

WAGNER, G. A.: Mschr. Gynäk. **82**, 1 (1929).

WIEGELS, W.: Zbl. Gynäk. **40**, 2409 (1932).

Bei den schweren Formen der Amenorrhöe (2. u. 3. Grades), die meist mit Hypoplasie des Uterus kombiniert sind, soll man, wie vorher ausgeführt (s. S. 504), Prolan nicht primär anwenden, sondern erst den Uterus durch Folliculin zum Wachstum anregen. Die kombinierte Behandlung (Prolan, Folliculin, Progestin) ist besonders zu empfehlen.

Der folgende Fall beweist meines Erachtens, daß man durch Prolan auch bei der primären Amenorrhöe die hormonotrope Stimulation erzielen kann. Es handelte sich um ein 22jähriges Mädchen mit primärer Amenorrhöe und hypoplastischem Uterus (3,5 cm lang). Nach 4monatiger Vorbehandlung mit Folliculin (jede Behandlungsdosis 150000 ME) war der Uterus deutlich gewachsen. Die mittels feiner Curette entnommene Uterusschleimhaut zeigte die typische Proliferation ohne prägravide Umwandlung. Nach 4wöchiger Pause injizierte ich in 20 Tagen je 10000 = 200000 ME Folliculin und gab vom 16.—26. Tage je 1500 RE Prolan (insgesamt also 15000 RE). 2 Tage nach Aussetzen der Behandlung trat eine Blutung auf. Die Uterusschleimhaut zeigte anatomisch die typische prägravide Umwandlung, es handelte sich also um eine echte Menstruation. In diesem Fall wurde also der Uterus zunächst durch Folliculin zum Wachstum angeregt. Nach 4wöchiger Pause wurde durch Folliculin die Proliferation der Uterusschleimhaut ausgelöst und anschließend durch Prolan das Ovarium stimuliert, so daß sich in ihm ein funktionierendes, Progestin sezernierendes Corpus luteum gebildet haben muß, das seinerseits die prägravide Umwandlung der Uterusschleimhaut auslöste. Dieser echte gonadotrope Effekt wurde bei der primären Amenorrhöe mit 15000 RE Prolan erzielt. In diesem Fall wurde also die I. generative Phase durch hormonale Beeinflussung des Erfolgsorgans (Uterusschleimhaut), die II. generative Phase durch Anregung der hormonalen Produktionsstätte (Ovarium) ausgelöst, hier wurde also, wie S. 491 u. 503 auseinandergesetzt, eine kombinierte hormonale Substitutions- und hormonotrope (= ovariotrope) Stimulationstherapie getrieben.

Bei dieser Gelegenheit sei die Frage diskutiert, ob es das Ziel der Therapie sein muß, bei der Amenorrhöe die menstruelle Blutung zu erzielen, oder ob man sich mit einer nicht menstruellen Blutung aus der Uterushöhle begnügen kann. Wir können die Uterusblutung auf drei verschiedene Arten auslösen: 1. durch Hyperämisierung des Uterus, wobei die Blutung durch Bersten der strotzend gefüllten Uteringefäße erfolgt, ohne daß die Schleimhaut besondere Veränderungen zeigt. 2. durch Blutung aus der durch Folliculin proliferierten bzw. hyperproliferierten Schleimhaut entsprechend den beim Affenweibchen beobachteten zyklischen Blutungen während des unfruchtbaren Zyklus (nonovulating bleeding, s. S. 387). 3. durch Blutung aus der sich abstoßenden prägravid aufgebauten Schleimhaut (= Menstruation). Die Frau, die von ihrer Amenorrhöe geheilt werden will, sieht in der Blutung den therapeutischen Effekt, wobei es ihr gleichgültig ist und gleichgültig sein kann, ob die Blutung nur durch Hyperämie entstanden ist, ob die Blutung aus einer proliferierten oder aus einer prägravid aufgebauten Schleimhaut erfolgt. Es fragt sich, ob die anderen mit der Amenorrhöe einhergehenden körperlichen und psychischen Beschwerden der Frau durch die verschiedenartigen Blutungen verschieden beeinflußt werden. Ich konnte einen Unterschied nicht feststellen. Sobald die Frau durch den uterinen Blutverlust entlastet wird, fühlt sie sich als Frau wieder vollwertig, und schon dadurch werden viele Beschwerden günstig beeinflußt. Wird aus der proliferierten bzw. prägravid aufgebauten Schleimhaut ein qualitativ verschiedenartiges Blut abgesondert? Auch diese Frage ist nach unserer bisherigen Kenntnis zu verneinen. Bei meinen Untersuchungen über das Menstrualblut (s. Kap. 11) habe ich gesehen, daß die Eigenart des aus der Uterushöhle stammenden Blutes (z. B. mangelnde Gerinnungsfähigkeit) nicht von dem Stadium der Uterusschleimhaut abhängig ist. Die Gerinnungsfähigkeit des Blutes wird aufgehoben, sobald das Blut mit der Schleimhaut in Berührung kommt, gleichgültig, ob es sich um eine atrophische, eine postmenstruelle oder prämenstruelle Schleimhaut handelt.

Wenn wir uns mit der hormonalen Substitutionstherapie begnügen, wenn wir durch Hormonzufuhr an der Verbrauchsstätte angreifen, so können wir uns an sich mit dem hormonalen Effekt einer Blutung begnügen, so ist also die Auslösung der echten menstruellen Blutung nicht unbedingt erforderlich. Ich habe häufig gesehen, daß man schon durch kleine Prolandosen, die eine spezifische Hyperämie des Uterus bewirken — zweckmäßig noch durch kleine Thyreodindosen unterstützt —, uterine Blutungen auslösen und damit therapeutisch ausgezeichnet wirken kann. Diese auf die Erzielung einer Blutung gerichtete Therapie kommt natürlich nur in Frage, wenn man auf die Wiederherstellung der Befruchtungsfähigkeit der Frau keinen Wert legt. Will man das in seiner Funktion geschädigte Ovarium wieder ankurbeln, so muß man die hormonotrope = gonadotrope Stimulationstherapie treiben, d. h. das Ovarium wieder zur Follikelreifung, zum Follikelsprung und zur Produktion eines befruchtungsfähigen Eies anregen. Will man eine Frau mit hypoplastischem Uterus und Amenorrhöe wieder zu einem vollwertigen Individuum machen, so muß man den Uterus erst durch Folliculin zum Wachstum anregen und dann durch Prolan die Ovarialfunktion wieder ankurbeln. Will man nur die Amenorrhöe als Symptom beseitigen, so kann man sich mit der Auslösung der Blutung begnügen. Hier kann man verschiedenartige Wege gehen. Man kann durch Prolan und Thyreodin die Hyperämieblutung auslösen, ein Effekt, der aber nicht mit der Sicherheit zu erzielen ist, wie die durch Folliculin und Progestin bedingte echte menstruelle Blutung. Wären die zur Auslösung der Menstruation notwendigen Hormonmengen (Folliculin,

Progestin) nicht so teuer, so würde dies die Methode der Wahl sein. Da man in der allgemeinen Praxis nicht immer diese leider noch so kostspieligen Mittel verwenden kann, so wird man häufig genötigt sein, sich mit der Auslösung der Hyperämieblutung zu begnügen.

b) *Prolan bei Blutungen* (s. auch S. 505).

Bei der Behandlung ovarieller Blutungen mit Prolan hat mich der Gedanke geleitet, die Blutungsstillung durch die Luteinisierung des Ovariums herbeizuführen. Wir haben im Tierexperiment gesehen (s. S. 303), daß man durch chronische Darreichung von Prolan das Ovarium gewissermaßen in *einen* Luteinkörper umwandeln kann. Das Bild erinnert sehr an die Wirkung von Röntgenstrahlen, wobei allerdings die Zellstruktur im Ovarium eine andere ist. Durch die chronische Darreichung von Prolan erreichen wir experimentell eine Massenbildung von Luteinzellen, nach Röntgenbestrahlung zeigt das Ovarium eine Fülle von epitheloiden Zellen. Funktionell ist der Effekt insofern ein gleicher, als es nicht mehr zur Follikelreifung kommt. Von der gleichen Auffassung ausgehend hat auch MARTIN[1] versucht, mit Prolan eine hemmende Wirkung auf das Ovarium auszuüben, wobei er über gute Erfolge bei Blutungen berichten konnte. Der Wirkungsmechanismus des Prolans bei Blutungen, d. h. die Erklärung der blutstillenden Wirkung, ist schon vorher erörtert worden. Durch Prolan wandeln wir den die Blutung unterhaltenden persistierenden Follikel in ein Corpus luteum um, und das in diesem produzierte Progestin wandelt die glandulär-cystische Schleimhaut in die prägravide Schleimhaut um. Die Wirkung ist nur durch große Prolandosen zu erzielen. Besteht eine Dauerblutung, so gebe ich am 1. Tage 2mal 500 RE, am 2. Tage 2mal 1000 RE und falls dies gut vertragen wird, an 3 weiteren Tagen dieselbe Dosis (Gesamtdosis = 9000 RE). Läßt sich bei den Blutungen noch ein Ovarialzyklus erkennen, so injiziere ich das Prolan zu der Zeit, wo man Follikelreifung und Follikelsprung annehmen oder vermuten kann. Ich gebe in diesen Tagen täglich 500—1000 RE, mindestens 5—7 Tage lang. Die Kur muß mehrfach wiederholt werden. Gute Erfolge habe ich durch die Kombination von Prolan und Progestin gesehen, wobei ich vormittags 500 RE Prolan, nachmittags 2—3 KE Progestin injiziert habe.

Die durch kleincystische Degeneration der Ovarien bedingten Blutungen kann man ebenfalls durch große Prolandosen (4000—7000 RE), am besten in Kombination mit 5—20 KE Progestin günstig beeinflussen. Die kleincystische Degeneration ist wahrscheinlich hypophysär bedingt (s. S. 520).

Ich möchte hier nochmals betonen, daß ich auch mit kleineren Prolandosen bei Blutungen gute Erfolge gesehen habe, daß es also nicht nötig

---

[1] MARTIN: Dtsch. med. Wschr. 1930, Nr 14.

ist, in jedem Fall gleich mit großen Dosen zu behandeln. Die individuelle Reaktionsfähigkeit ist, das muß ich immer wieder betonen, ganz verschieden, so daß man eine für alle Fälle giltige Dosis nicht angeben kann. Es ist durchaus möglich, daß man in einem Fall erst durch 5000 RE Prolan den blutstillenden Effekt auslösen kann, während dieselbe Wirkung bei einem zweiten klinisch gleichliegenden Fall schon durch 2000 RE erzielbar ist. Die unterschiedliche Wirkung bei den Sexualhormonen ist im Prinzip nicht anders als bei anderen Pharmacis, wie ich dies schon S. 495 ausgeführt habe.

Besonders hervorheben möchte ich noch, daß man nicht bei jedem Fall von unklarer Blutung gleich nach der Hormonspritze greifen darf. Je exakter wir die Diagnose stellen, um so besser wird unsere Therapie sein. Mit Sicherheit muß eine im Utcrus liegende organische Störung (Polyp, Adenomyosis, Myom, Carcinom) ausgeschlossen werden! Wenn ich vorher (s. S. 498) als einen Erfolg der Hormontherapie die Tatsache verbucht habe, daß die Curettage in der Therapie immer unnötiger wird und nicht mehr die gewohnheitsmäßigc Operation bei ovariellen Störungen sein darf, so möchte ich betonen, daß man zur Feststellung der Blutungs*ursache* auf die Curettage nicht verzichten kann. Bei dem geringsten Verdacht auf Corpuscarcinom soll man lieber einmal zuviel als zu wenig curettieren, um die Diagnose absolut zu sichern. Zuweilen wird man nur durch eine mikroskopische Untersuchung der Uterusschleimhaut die Diagnose der pathologischen Follikelpersistenz stellen können, auch weiß jeder erfahrene Gynäkologe, daß man durch eine Curettage einen therapeutischen Erfolg bei Blutungen erzielen kann, ohne daß man sich häufig die Ursache des Erfolges erklären kann. Wenn aber die erste Curettage erfolglos geblieben ist, so soll man nicht zum zweitenmal nach der Curette greifen.

Es darf nicht vergessen werden, daß die Blutungen häufig der symptomatische Ausdruck einer Allgemeinstörung sind, daß bei der Blutungsbehandlung die Allgemeinpflege, Bettruhe, Regelung der Darmtätigkeit, regelmäßige Entleerung der Blase eine Rolle spielen.

Der therapeutische Wert des Prolans bei Blutungen ist, wie ich zum Schluß betonen möchte, in der Zwischenzeit wiederholt bestätigt worden (MARTIN, MARTIUS, SIEBKE u. a.). Ich hoffe, daß die sichtbaren Erfolge mit Prolan bei diesen schweren Funktionsstörungen dazu beitragen werden, die voreiligen Stimmen der Skeptiker über die therapeutische Wertigkeit des Prolans etwas zu dämpfen.

c) *Prolan bei Adnextumoren.*

Als ich den zu operierenden Frauen Prolan injizierte, konnte ich mich bei der Laparotomie davon überzeugen[1], daß die Genitalien so stark

---

[1] ZONDEK, B.: Zbl. Gynäk. **1929**, Nr 14.

hyperämisch und turgesciert waren, daß eine junge Schwangerschaft vorzuliegen schien. Beim Anblick dieser von Blut strotzenden Genitalien gab P. KLEIN[1] die Anregung, das Prolan zur Hyperämisierung bei Behandlung von entzündlichen Adnexerkrankungen anzuwenden. Die Beckenhyperämisierung kann man durch direkte Temperaturmessung nachweisen. Injiziert man genital gesunden Frauen mehrere Tage Prolan, so kann man häufig, aber nicht immer eine Temperatursteigerung in Scheide und Rectum feststellen, die nicht wie gewöhnlich $0,5^0$, sondern bis zu 1^0 über der Achseltemperatur liegt. Eine Erhöhung der Rectaltemperatur um $0,5^0$ scheint mir für die Therapie nicht unwichtig, da ich aus früheren Untersuchungen[2] mit meinem Tiefenthermometer weiß, wie schwer sich die Rectaltemperatur erhöhen läßt. Bei intensiver Wärmebehandlung des Abdomens mit einem elektrischen Heißluftapparat konnte ich bei 50 Minuten dauernder Behandlung — bei einer Lufttemperatur von 64^0 — in der Subcutis eine Temperatur von $40,1^0$ (vorher $35,4^0$), am Peritoneum von 37,9 (vorher 37^0), in der Vagina und im Rectum aber nur 37,6 (vorher $37,2^0$) feststellen. Eine Erhöhung der Vaginal- und Rectaltemperatur zeigt also eine starke Hyperämisierung des ganzen Beckens an.

Meine Erfahrungen[3] über die Prolantherapie stützen sich auf 140 genau beobachtete Fälle von entzündlichen Beckenerkrankungen jeglicher Art. Während zunächst nur *chronisch*-entzündliche Adnexerkrankungen und ältere parametrane Exsudate mit Prolan behandelt wurden, bin ich später dazu übergegangen, auch die *akut*-entzündlichen Affektionen auf diese Weise zu behandeln.

Sobald durch die klinische Beobachtung festgestellt ist, daß ein entzündliches Exsudat oder Eiter im Becken (Tube, Parametrium) vorhanden ist, und der Tumor vom Douglas aus gut erreichbar ist (letzteres ist sehr wichtig!) punktiere ich den Tumor und sauge das Exsudat bzw. den Eiter ab. Zu diesem Zwecke bediene ich mich 18 cm langer, besonders angefertigter, verschiedenartig (je nach Lage des Tumors) gekrümmter Punktionsnadeln. 2—3 Tage nach der Punktion beginne ich, auch wenn noch Fieber besteht, mit der Prolanbehandlung. Diese wird 10—12 Tage durchgeführt, wobei täglich 1 Ampulle = 100 RE Prolan intramuskulär injiziert wird. Die Behandlung wird meist gut vertragen. Tritt, was nur selten vorkommt, eine starke Reaktion auf, so macht man zwischen den Injektionen 1 Tag Pause. Zuweilen treten infolge der genitalen Hyperämisierung uterine Blutungen auf, die gewöhnlich nach einigen Tagen von selbst abklingen. Nach Aufhören der Blutung wird die Prolanbehandlung fortgesetzt. Auffallend ist, daß die Schmerzen im Becken durch Prolan häufig akut abklingen.

Das wichtigste ist die Tatsache, daß man durch die *kombinierte Behandlung* (Punktion und Prolan) die *Krankheitsdauer wesentlich abkürzen* kann. Ich bin mir wohl bewußt, daß die Beurteilung therapeutischer

---

[1] KLEIN, P.: Z. Geburtsh. **95**, 371 (1929).
[2] ZONDEK, B.: Münch. med. Wschr. **1922**, Nr 16.
[3] ZONDEK, B.: Dtsch. med. Wschr. **1931**, Nr 44.

Erfolge bei Adnextumoren schwierig ist, besonders wenn die Therapie unter Bettruhe vor sich geht, da der entzündliche Prozeß durch die Ruhe allein günstig beeinflußt werden kann. Auf Grund meiner Erfahrungen kann ich aber sagen, daß ich durch keine Therapie bisher eine derartige Besserung bzw. Heilung eitriger Beckenerkrankungen gesehen habe, wie durch die eben angegebene Behandlung.

Besonders eindrucksvoll war der Wert dieser Therapie bei zwei Fällen von *Douglasabszeß*. Der Eiter wurde lediglich durch Aspiration mit der Punktionsnadel entfernt und die Prolanbehandlung angeschlossen. Die beiden Fälle sind nach kurzer Zeit geheilt aus dem Krankenhaus entlassen worden. Große Douglasabszesse wird man durch Eröffnung des hinteren Scheidengewölbes entleeren. Ist der Abszeß aber noch nicht zu groß, so kann man, wie ich gesehen habe, durch Punktion und anschließende Prolanbehandlung zum Ziel kommen.

Bei subakuten Adnextumoren, chronischen Adnexitiden, älteren parametranen Exsudaten usw. gebe ich jetzt regelmäßig Prolan.

Am besten wird die Therapie bei Bettruhe ausgeführt, sie kann aber auch ambulant durchgeführt werden. Im allgemeinen werden 10—12 Injektionen Prolan (täglich je 1 Ampulle) intramuskulär injiziert. Hierbei klagen die Patientinnen häufig über Ziehen und ein Gefühl der Fülle im Unterleib. Die Behandlung wird trotz der Beschwerden fortgesetzt.

Ich habe auch den Eindruck, daß man die durch Verwachsungen bedingten Beschwerden durch Prolan günstig beeinflußt. Vielleicht wirkt das Prolan durch die Hyperämie direkt auf die Adhäsionen.

In einer Reihe von Fällen, die wegen häufiger rezidivierender Adnexerkrankungen der Klinik zur Operation überwiesen waren, konnte durch die Prolanbehandlung die Operation vermieden werden. Die Patientinnen wurden von ihren Beschwerden völlig befreit. Diese Beobachtungen sind in der Zwischenzeit verschiedentlich nachgeprüft und bestätigt worden (MONTAG[1], BOCHENSKI[2], E. MARCHESE[3], E. HOEVELMANN[4]).

Bei der großen Bedeutung der entzündlichen Beckenerkrankungen ist jede Therapie, die den langwierigen Krankheitsverlauf abkürzt, wichtig. Die Gynäkologie hat gelernt den operativen Weg bei den entzündlichen und eitrigen Beckenerkrankungen der Frau immer mehr einzuschränken. Die Prolanbehandlung dürfte einen weiteren Fortschritt in dieser Richtung bedeuten.

d) *Weitere Indikationen für Prolan.*

Prolan wirkt nicht nur auf das Ovarium, sondern auch auf die männlichen Sexualorgane (s. S. 275) stimulierend, so daß man auch

---

[1] MONTAG: Mschr. Geburtsh. **88**, 212 (1931).
[2] BOCHENSKI: Polska Gaz. lek. **2**, 601 (1931).
[3] MARCHESE, E.: Riva obstetr. **14**, 483 (1932).
[4] HOEVELMANN, E.: Z. Geburtsh. **106**, 92 (1933).

bei männlichen Sexualstörungen das Hormon anwenden sollte. Da ich als Gynäkologe derartige Untersuchungen nicht ausführen kann, wäre ich dankbar, wenn dies von anderer Seite in großem Umfang geschähe.

Die Stoffwechselwirkung des Prolans mit der Herabsetzung des Grundumsatzes macht das Hormon zur Behandlung der Magersucht geeignet. Nach dieser Richtung liegen bereits die Erfahrungen von H. ZONDEK u. KOEHLER[1] vor, die bei einer Reihe von Fällen hypophysär-cerebraler Magersucht und hypophysärer Kachexie, wo jede andere Therapie (auch Insulin) erfolglos war, durch parenterale und orale Prolanzufuhr Gewichtszunahmen von 5—20 kg erzielen konnten. Besonders erfolgreich war die Behandlung bei leichteren und mittelschweren Formen. Das Krankheitsbild der hypophysär cerebralen Magersucht äußert sich nach H. ZONDEK in folgenden Symptomen: Fortschreitende Magersucht, Störungen im Wasser-Salzhaushalt, Oligurie, Labilität der Temperatur, migräneartige Kopfschmerzen, psychische Labilität namentlich im Sinne depressiver Verstimmung, niedrigem Gaswechsel (minus 20—40%) und verminderter spezifisch dynamischer Wirkung (minus 8—15%). Die Prolankur muß unter Umständen mehrere Monate durchgeführt werden. Es wurden täglich 200 RE per os gegeben und jeden 2. Tag 150 RE intramuskulär injiziert. Vielleicht lassen die Erfolge sich durch höhere Prolandosierung noch verbessern.

Wie S. 514 ausgeführt, hat man durch Folliculindarreichung Gewichtszunahme bei Frühgeburten erzielt, wobei man von der Voraussetzung ausging, daß die Frühgeburt vorzeitig dem hormonalen mütterlichen Saftstrom entzogen wird. Da auch der Prolantiter in der Gravidität erhöht ist, hat man auch Prolan zur Aufzucht von Frühgeburten verwandt. So berichtet SCHULZE[2], daß er durch intramuskuläre Injektion von 30 RE Prolan auffallende Besserung des Allgemeinzustandes mit Gewichtszunahme und wahrscheinlich auch eine Resistenzsteigerung gegenüber Infektionen beobachtet habe.

Von der Tatsache ausgehend, daß die Migräne in der Gravidität sehr häufig verschwindet, wandte KLAUSNER-CRONHEIM[3] Prolan bei derartigen Fällen an und erzielte bemerkenswerte Erfolge. Ich selbst konnte bei einem schweren, mit allen möglichen Mitteln erfolglos behandelten Fall von Migräne bei einer 28jährigen Frau durch tägliche Injektion von 1000 ME Folliculin und 150 RE Prolan die Patientin von ihrem Leiden befreien. Die Injektionen wurden 3 Wochen lang durchgeführt, nach 4wöchiger Pause wurde die Kur wiederholt. Wenn der Erfolg bei diesem schweren Fall auch sehr auffallend war, so möchte ich doch aus dieser einen Beobachtung nicht irgendwelche Schlüsse ziehen. Ich

---

[1] ZONDEK, H. u. KOEHLER, G.: Klin. Wschr. 1928, Nr 47. Med. Klin. 1932, Nr 33, 1125.

[2] SCHULZE: Münch. med. Wschr. 1930, Nr 26, 1100.

[3] KLAUSSNER-CRONHEIM: Dtsch. med. Wschr. 1931, Nr 34, 1455.

erwähne den Fall, um zur Nachprüfung aufzufordern. Vielleicht ist die Sexualhormontherapie, insbesondere mit großen Hormondosen[1], für die Migränebehandlung nicht ohne Bedeutung.

Wie bei der Folliculintherapie erwähnt, hat man durch Anwendung des Follikelhormons bemerkenswerte Erfolge bei Dermatosen gesehen. WALINSKI[2], sowie KELLER[3] berichten, daß sie durch Prolan günstige Erfolge bei Psoriasis beobachtet haben. Bei einigen Fällen hartnäckiger Ekzeme im Klimakterium konnte ich durch Prolan und Folliculin (täglich 5000 ME Folliculin und 3—500 RE Prolan) auffallende Besserungen bzw. Heilungen erzielen und dies in Fällen, die monatelang von verschiedenen Dermatologen ohne Erfolg behandelt waren. Ich erwähne diese Beobachtungen hier kurz, um die Aufmerksamkeit der Dermatologen auf die Behandlung der Ekzeme mit Prolan + Folliculin zu lenken. Ich habe den Eindruck, daß diese Hormontherapie in der Dermatologie zu wenig angewandt wird, und daß sie mehr Beachtung verdient als bisher. Vielleicht wird man durch Anwendung großer Hormondosen noch mehr erreichen können.

Wichtig ist, daß wir bei unseren klinischen Beobachtungen kritisch eingestellt bleiben, daß wir nicht Erfolge sehen, weil wir Erfolge sehen wollen. Auf Grund meiner Erfahrung mit der Hormontherapie fühle ich mich aber zu sagen berechtigt, daß wir durch Folliculin und Prolan — im Rahmen der Leistungsfähigkeit dieser Hormone — unser therapeutisches Rüstzeug wesentlich bereichert haben. Ich bin mir allerdings bewußt, daß gerade auf klinischem Gebiet noch viel Arbeit zu leisten ist, daß insbesondere in der Frage der Dosierung das letzte Wort noch nicht gesprochen ist.

---

[1] Ich möchte vorschlagen 3 mal wöchentlich je 25 000 ME Follikelhormonbenzoat und jeden Übertag 3—500 RE Prolan zu injizieren. In einer 3 wöchigen Kur würden also 225 000 ME Di-Menformon und 3—5000 RE Prolan gegeben werden.

[2] WALINSKI: Dtsch. med. Wschr. 1930, Nr 20, 833.

[3] KELLER, PH.: Dermat. Wschr. 1931, 1693.

Anhang.

I. Die hormonale Schwangerschaftsreaktion aus dem Harn bei Mensch und Tier.

Über die hormonale Schwangerschaftsreaktion berichte ich im Anhang dieses Buches, weil die Beschreibung der Reaktion die Einheitlichkeit der vorhergehenden Darstellung gestört hätte.

A. Die hormonale Schwangerschaftsreaktion bei der Frau durch Nachweis von gonadotropem Hormon im Harn.

Es wird niemand bezweifeln, daß eine sichere biologische Schwangerschaftsdiagnose für die Praxis notwendig ist. Wir können die Diagnose auf Grund der Palpation bei der Frau erst von der 8. Schwangerschaftswoche an mit einiger Sicherheit stellen. Aber auch zu dieser Zeit wird jeder Arzt diagnostisch schon in Schwierigkeiten gewesen sein. Schwer, fast unmöglich, wird die sichere Diagnose, wenn neben dem graviden Uterus ein Tumor vorhanden ist, wenn ein gestauter Uterus retroflektiert und fixiert liegt, wenn eine Gravidität in einem myomatösen Uterus sitzt, wenn es sich um die Differentialdiagnose zwischen Schwangerschaft und weichem Myom handelt. Nichts ist unangenehmer, als den Bauch aufzuschneiden, einen Tumor diagnostiziert zu haben und einen schwangeren Uterus vorzufinden. Die Verwechslung ist verständlich, da man sogar bei offenem Bauch oft nicht weiß, ob eine Gravidität oder ein erweichter Tumor vorliegt. Ich habe gesehen — und das kann in der besten Klinik passieren — daß ein gravider Uterus unter der Diagnose Myom entfernt wurde, oder daß man in einem anderen Fall den Bauch geschlossen hat, weil man den Uterus für gravide hielt, daß aber in Wirklichkeit ein Myom vorlag, so daß nach Monaten eine erneute Operation notwendig war. Bei einer Frau mit negativer Schwangerschaftsreaktion habe ich den kindskopfgroßen Uterus supravaginal amputiert. Beim Aufschneiden der Gebärmutter glaubte man eine Gravidität vor sich zu haben. In Wirklichkeit handelte es sich um ein cystisch erweichtes Myom mit einem Gebilde, das makroskopisch einer Fruchtblase äußerst ähnlich sah. Diese Fälle zeigen die Überlegenheit einer wirklich exakten Schwangerreaktion über die bisherigen klinischen Methoden, so daß wir vor schweren ärztlichen Irrtümern bewahrt bleiben können.

Seit langem haben sich Physiologen und Gynäkologen bemüht, eine biologische Reaktion für die Schwangerschaft zu schaffen. In der Gravidität gehen zweifellos die größten Veränderungen im Gesamtorganismus vor sich, und trotzdem ist es schwer, die Summe dieser biologischen Veränderungen in einer Reaktion einwandfrei zusammenzufassen. Unter den diesbezüglichen Arbeiten sind vor allem die ABDERHALDENS hervorzuheben.

ABDERHALDEN ging von dem Gedanken aus, daß sich im mütterlichen Organismus Abbaustoffe gegen körperfremde placentare Stoffe bilden. Den Nachweis des fermentativen Kampfes gegen die placentaren Stoffe im Blut der Graviden benutzte ABDERHALDEN zu seiner Schwangerschaftsdiagnose. Eine Fortführung der ABDERHALDENschen Lehren stellen die Arbeiten der SELL-HEIMschen Schule dar (LÜTTGE, v. MERTZ), die einen Ausbau und Vereinfachung der Methode brachten und zur Alkoholextraktreaktion führten. Auch die Modifikation von GRAEFENBERG und MUNTER muß in diesem Zusammenhang genannt werden. Von weiteren Schwangerschaftsreaktionen erwähne ich die inferometrische Methode nach HIRSCH, die Antithrombinmethode nach DIENST, endlich die Kohlehydratbelastungsprobe von FRANK und NOTHMANN sowie die Maturinprobe von JOSEPH und KAMNITZER.

So wissenschaftlich wertvoll die genannten Arbeiten und Methoden sind, so haben sie uns, wie aus der Literatur hervorgeht, eine klinisch brauchbare, exakte biologische Schwangerschaftsdiagnostik *nicht* gebracht.

1. Wissenschaftliche Grundlagen der hormonalen Schwangerschaftsreaktion.

Die hormonale Schwangerschaftsreaktion beruht auf einem neuen Prinzip. Es werden nicht körperfremde, hypothetische, unbekannte Körper nachgewiesen, sondern die Reaktion beruht auf dem Nachweis eines körpereigenen, in jedem Organismus gebildeten Stoffes, und zwar eines bestimmten Hormons, des gonadotropen Hormons.

Die Schwangerschaftsreaktion basiert auf dem von mir gefundenen Testobjekt zum Nachweis des gonadotropen Hypophysenvorderlappenhormons (HVR II und III). Ohne die Kenntnis dieser gonadotropen Reaktionen, insbesondere des Blutpunktes (HVR II) wäre die Schwangerschaftsreaktion nicht möglich gewesen.

Die gemeinsam ausgearbeitete Schwangerschaftsreaktion bei der Frau haben ASCHHEIM und ich in einem am 27. April 1928 in der Berliner Gynäkologischen Gesellschaft gehaltenen Vortrag bekannt gegeben. Die ausführliche Publikation erfolgte in der Klin. Wschr. 1928, Nr 30—31, wobei ich selbst über die Grundlagen und Technik der Methode, ASCHHEIM über die praktischen und theoretischen Ergebnisse der Harnuntersuchungen berichtete.

Nachdem festgestellt war (s. S. 357), daß im Harn der schwangeren Frau in erhöhtem Maße Folliculin und Prolan ausgeschieden werden, lag es nahe, den Hormonnachweis im Harn für die Schwangerschaftsdiagnostik zu verwerten. Auf der Tatsache, daß man im Blut oder Harn der Schwangeren eine erhöhte Ausscheidung körpereigener Stoffe findet, kann man an sich noch nicht eine biologische Diagnostik aufbauen. Ich erinnere daran, daß man im Schwangerenharn z. B. biogene Amine wie Histidin oder Stoffwechselprodukte wie Aceton in erhöhtem Maße findet. Da aber solche Stoffe gelegentlich auch außerhalb der Schwangerschaft in wechselnden Mengen ausgeschieden werden, wird der Nachweis derartiger Produkte für die Schwangerschaftsdiagnostik unbrauchbar. Würde man den Nachweis von Folliculin *und* Prolan im Harn für die Diagnose verwerten, so wäre das Resultat ebenfalls ein schlechtes. Folliculin wird in den ersten 8 Schwangerschaftswochen bei der Frau unregelmäßig ausgeschieden, so daß man bei Injektion von 2—3 ccm nativem Urin die Schollenreaktion an der kastrierten Maus häufig nicht auslösen kann. Man würde also eine Reihe von Graviditäten, insbesondere in den ersten Schwangerschaftswochen, mit der Folliculinreaktion übersehen. Andererseits würden auch Nichtschwangere positiv reagieren, da bei funktionellen Störungen — und zwar im Klimakterium und bei Amenorrhöe — Folliculin in erhöhtem Maße im Harn ausgeschieden wird (s. Kap. 42). Die von uns als „polyhormonale Amenorrhöe" bezeichnete Funktionsstörung ist gerade durch die erhöhte Folliculinproduktion charakterisiert. Eine derartige Amenorrhöe würde dann als Schwangerschaft diagnostiziert werden. Für die Diagnose sind aber gerade die Fälle von Amenorrhöe entscheidend, weil es hier darauf ankommt die richtige Differentialdiagnose zu stellen.

Auch der Nachweis der gonadotropen Vorderlappenhormone im Harn (HVR I—III) würde zu erheblichen Fehlresultaten führen. Wir haben im Vorhergehenden gesehen, daß die HVR I (Follikelreifungshormon) auch außerhalb der Schwangerschaft im Harn nachweisbar ist, daß z. B. bei der Kastration und bei schweren ovariellen Funktionsstörungen (Amenorrhöe, Klimax) das Hormon A in gesteigertem Maße im Harn erscheint (s. Kap. 43). Wir haben weiter gesehen, wie bei malignen, aber auch bei benignen Genitaltumoren (z. B. Myom), ferner bei endokrinen Störungen wie Basedow, Myxödem usw. die HVR I-Reaktion positiv sein kann. Bei der Ausarbeitung der Schwangerschaftsreaktion ließen wir uns durch den verstorbenen Kollegen Prof. Hornung von der Universitäts-Frauenklinik Berlin, Artilleriestraße, kontrollieren. Wir erhielten Harne von 46 Patientinnen ohne Angabe der klinischen Diagnose, um die Graviditätsreaktion im Blindversuch auf ihre Wertigkeit zu prüfen. Hierbei machten wir eine Fehldiagnose. Wir stellten eine Gravidität fest, in Wirklichkeit handelte es sich aber um ein großes Myom. Hierbei war nur die HVR I positiv. Bei diesem Fall erkannte ich, daß man die HVR I, die wir bis dahin für die Schwangerschaftsdiagnose verwertet hatten, nicht anwenden darf, sondern daß die Graviditätsdiagnose sich nur auf die HVR II bzw. III stützen dürfe. Würde man die HVR I auch für die Schwangerschaftsdiagnose verwerten, so würde dies eine Fehlerquelle von 8—10% bedeuten, womit die Reaktion praktisch ganz unbrauchbar wäre! *Nicht nur die Aufdeckung der gonadotropen Reaktionen hat zu einer exakten Schwangerschaftsreaktion bei der Frau geführt, sondern vor allem die Erkenntnis, daß die Folliculin und HVR I-Reaktion nicht, sondern nur die HVR II bzw. HVR III zu verwerten ist.*

Die Grundlage der hormonalen Schwangerschaftsreaktion aus dem Harn ist mein Testobjekt zum Nachweis der Hypophysenvorderlappenhormone. Ohne dieses Testobjekt wäre die Schwangerschaftsreaktion niemals möglich gewesen, denn nach Einspritzung des Harns wird die Schwangerschaftsdiagnose am Ovar der infantilen Maus abgelesen. Dies geht auch aus der Literatur hervor. POLANO[1] konnte durch Injektion des flüssigen Inhaltes eines Myxosarkoms vom Ovarium eines $1\frac{1}{2}$jährigen Kindes sehr starkes Wachstum des Genitalapparates weiblicher Mäuse erzielen. Eine gleichartige Reaktion erhielt er mit Parovarialcysteninhalt und Schwangerenserum, nicht aber mit dem Serum von nichtgraviden und klimakterischen Frauen. POLANO beschränkte sich auf die Feststellung der Wachstumssteigerung des Uterus, die seinerzeit im Mittelpunkt des Interesses stand. Diese Wirkung des Schwangerschaftsserums beruht auf seinem Gehalt an Folliculin. Der Folliculinnachweis darf aber, wie oben ausgeführt, zur Schwangerschaftsreaktion nicht verwendet werden. Es ist verständlich, daß POLANO die Wachstumssteigerung des Uterus auch mit dem Inhalt einer Parovarialcyste erzielt hat; denn diese Wachstumsreaktion kann, wie im Kap. 2 gezeigt, nicht nur durch Folliculin, sondern auch durch unspezifische Stoffe ausgelöst werden, wobei auch exogene Faktoren eine Rolle spielen können. In der gleichen Richtung liegen die Untersuchungen von BINZ[2], der ebenfalls durch Serum von Graviden eine starke Wachstumssteigerung des Uterus auslösen konnte. Ähnliches sah er auch nach Injektion des Inhalts eines Parovarialcystoms und einmal auch mit dem Serum einer Myomkranken. Auch durch Serum Nichtgravider konnte eine gewisse Wachstumssteigerung erzielt werden, die sich aber besonders in der Längsrichtung auswirkte, während beim Serum von Graviden die Dickenzunahme überwog, so daß der Uterus eine gedrungene Gestalt annimmt. TRIVINO[3], der die Angaben von BINZ bestätigte, konnte zeigen, daß die das Wachstum hervorrufenden Stoffe des Serums alkohollöslich, thermostabil und diffusibel sind, Eigenschaften, die mit denen des Folliculins übereinstimmen. Durch diese Beobachtungen war gezeigt, daß im Schwangerenblut besondere Uteruswachstumsstoffe kreisen. Da die Untersuchungen sich nur mit dem

---

[1] POLANO, O.: Arch. Gynäk. **120**, 308 (1923).
[2] BINZ: Münch. med. Wschr. **1924**, Nr 27.
[3] TRIVINO: Klin. Wschr. **1926**, Nr 43, 2022.

Uterus beschäftigten, konnten sie nicht zur Schwangerschaftsreaktion führen, weil die Wachstumsreaktion 1. an sich keine hormonspezifische Reaktion ist und 2. im wesentlichen durch Folliculin herbeigeführt wird, das nicht nur in der Gravidität, sondern auch außerhalb derselben (Klimax, Amenorrhöe) in erhöhtem Maße im Körper produziert werden kann. Dadurch würde, was das Wesentliche ist, die Frühdiagnose und die Differentialdiagnose zwischen der Gravidität einerseits und der Amenorrhoe, sowie dem beginnenden Klimakterium andererseits nicht möglich sein. Die Autoren haben die morphologischen Veränderungen in den Ovarien (Blutpunkte, Corpora lutea) nicht gesehen. Ihre Bedeutung wurde erst 2 Jahre später durch meinen Implantationsversuch mit Hypo-

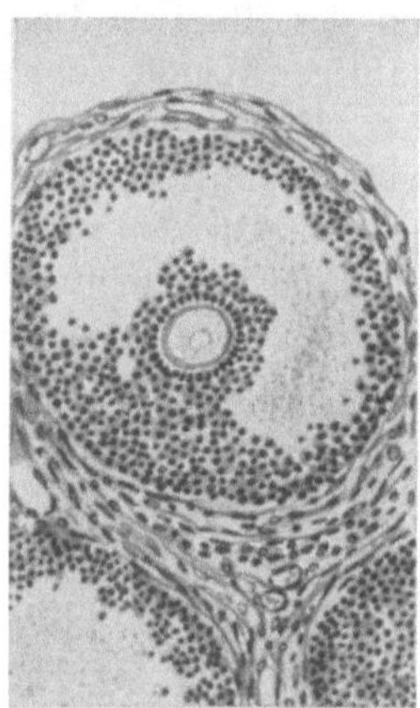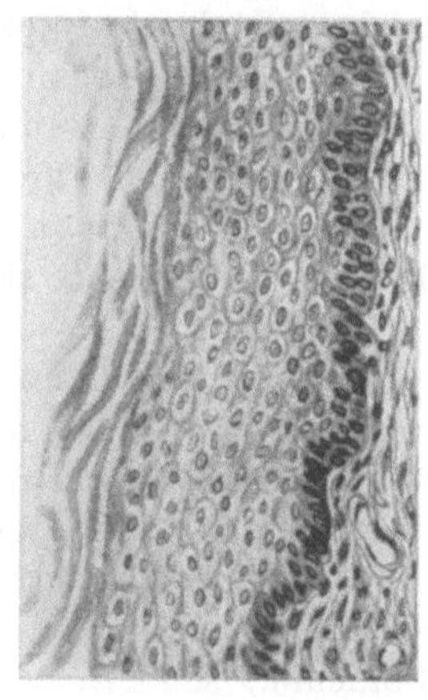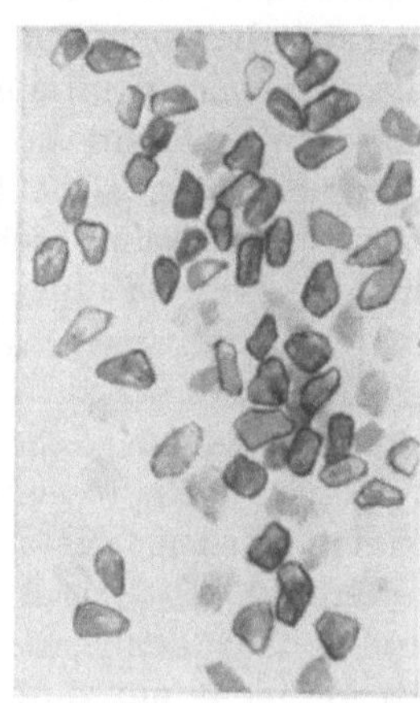

Im Ovarium reifender Follikel | Scheidenschleimhaut, aufgebaut, oberste Lagen verhornt | Im Scheidensekret reines Schollenstadium

Abb. 152. HVR I = negative Schwangerschaftsreaktion. Im Ovarium reifender Follikel, in dem das Follikelhormon (Folliculin) produziert wird, das seinerseits die Brunstreaktion der Scheide auslöst.

physenvorderlappen erkannt. Nachdem diese gonadotropen Ovarialreaktionen (HVR I—III) gefunden waren, war es selbstverständlich, ihre Wertigkeit für die Schwangerschaftsdiagnostik zu erproben.

Die Schwangerschaftsreaktion bei der Frau gründet sich — das muß noch einmal unterstrichen werden — *nicht auf die Wachstumsvorgänge des Uterus, sondern auf die Wachstumsvorgänge am Eierstock der infantilen Maus.* Sie beruht auf dem Nachweis der HVR II und III (gonadotropes Vorderlappenhormon), nicht auf dem Nachweis des Follikelhormons (Folliculin).

Die Folliculin- und HVR I-Reaktion ist also für die Schwangerschaftsdiagnostik nicht zu verwerten. Wie äußeren sich diese Reaktionen nach Einspritzung des Harns an der infantilen Maus?

1. Durch Folliculin wird die Brunst ausgelöst. Wir finden einen vergrößerten, lividen, sekretgefüllten Uterus, in der Scheide den Aufbau

der polygonalen Zellen mit Verhornung der obersten Zellagen, im Scheidenabstrich das reine Schollenstadium. Das Ovarium ist nicht verändert (s. Abb. 155).

2. Durch Follikelreifungshormon = HVR I wird im Ovar die Follikelreifung ausgelöst, wobei in den Follikelzellen das Folliculin entsteht, das seinerseits die Brunstreaktion hervorruft. Wir finden infolgedessen genau wie unter 1. einen vergrößerten, lividen, sekretgefüllten Uterus, Aufbau der Scheidenschleimhaut, reines Schollenstadium im Scheidensekret. Das Ovarium ist im Gegensatz zur Folliculinreaktion hyperämisch, häufig etwas vergrößert. Manchmal sind schon makroskopisch das Niveau überragende, bläschenförmige, sprungreife Follikel zu erkennen (s. Abb. 152 u. 158).

Die Hyperämie des Ovariums, der Nachweis eines vergrößerten Follikels, der große, livide, sekretgefüllte Uterus, der positive Scheidenabstrich (Schollenabstrich) beweisen nicht das Vorhandensein einer Gravidität, diese Befunde sind für die Schwangerschaftsdiagnostik bei der Frau also nicht zu verwerten.

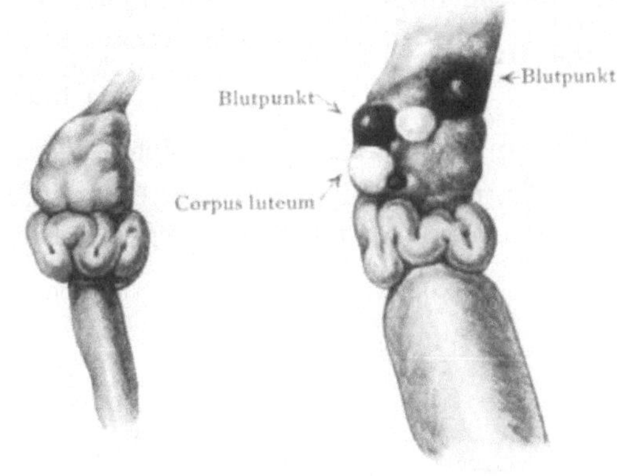

Abb. 153. Ovarien der infantilen Maus bei der Schwangerschaftsreaktion. a = negative Reaktion (Ovarium nicht verändert), b = positive Reaktion. Die Corpora lutea sind nicht in ihrem gelblichen Schimmer farbig wiedergegeben. Die Zeichnung ist schematisiert.

Für die Schwangerschaftsreaktion bei der Frau spezifisch ist nur die HVR II und III. Wie äußern sich diese?

1. Die HVR II ist charakterisiert durch die Massenblutung in den vergrößerten Follikel, makroskopisch als *Blutpunkt* erkenntlich. Dieser hebt sich als blauschwarzes bzw. braunrotes, überstecknadelkopfgroßes Gebilde plastisch von der Oberfläche des Ovariums ab (s. Abb. 62, 153, 160 u. 161).

2. Die HVR III ist charakterisiert durch das Auftreten eines Corpus luteum, makroskopisch als ein scharf umgrenzter, das Niveau überragender hirsekorngroßer gelber Punkt deutlich kenntlich (Abb. 63—67, 153, 159, 162 u. 163).

Die Schwangerschaftsreaktion beruht also auf dem Nachweis neugebildeter anatomischer Substrate im Eierstock der infantilen Maus, d. h. im Nachweis eines Blutpunktes oder eines Corpus luteum. Hierbei sei folgendes eingeschaltet: Findet man die HVR I (Brunstreaktion), so empfehlen wir eine nochmalige Untersuchung des Harns, weil es vorkommen kann, daß bei ganz jungen Graviditäten zuerst die HVR I und kurze Zeit später die HVR II oder III positiv wird (s. S. 362). Die HVR I kann also nur einen Fingerzeig geben, aber — daran muß festgehalten werden — die Diagnose „Schwangerschaft" ist auf die HVR I allein nicht zu gründen. Die Verhältnisse werden durch die folgenden Tabellen und schematischen Zeichnungen klar.

Gonadotrope Hypophysenvorderlappenreaktion (HVR)	Reaktion I: Follikelreifung, Ovulation, Brunstauslösung	
	„ II: Blutpunkte	Schwangerschaftsreaktion bei der Frau
	„ III: Luteinisierung der Follikelzellen, Bildung von Corpora lutea atretica	

Zusammenfassend ergeben sich folgende Möglichkeiten:

1. Tritt durch die Harneinspritzung an Uterus und Ovarien keinerlei Reaktion auf, so ist die Schwangerschaftsreaktion negativ (Abb. 154).

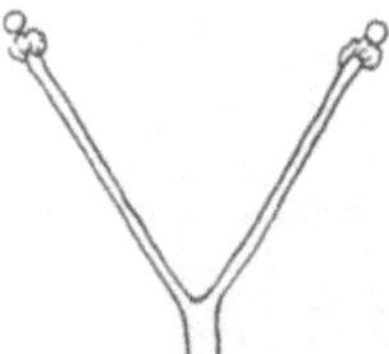

Abb. 154. Uteri klein, Ovarien o. B. = negative Schwangerschaftsreaktion.

Abb. 155. Uteri groß, Ovarien klein. Histologisch: infantiles Ovarium = Folliculinwirkung = negative Schwangerschaftsreaktion.

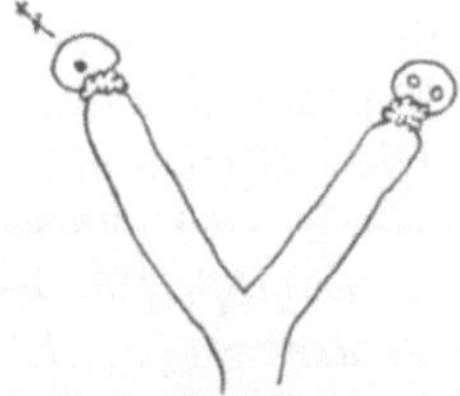

Abb. 156. ● Blutpunkt, o Corpus luteum. Uteri groß, Ovarien groß. Makroskopisch: Corpora lutea, Blutpunkte bzw. beides = HVR I—III = positive Schwangerschaftsreaktion.

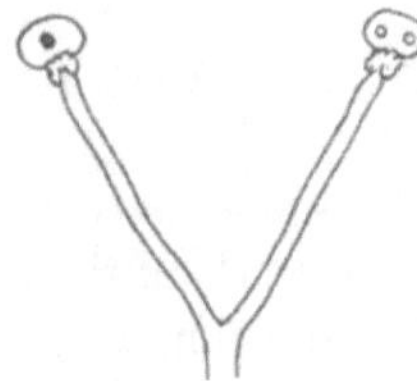

Abb. 157. ● Blutpunkt, o Corpus luteum. Uteri klein, Ovarien groß. Makroskopisch: Corpora lutea, Blutpunkte bzw. beides = HVR II + III = positive Schwangerschaftsreaktion.

Abb. 158. Uteri groß, Ovarien etwas vergrößert. Makroskopisch: kein Corpus luteum, kein Blutpunkt; mikroskopisch: nur große Follikel = HVR I = negative Schwangerschaftsreaktion (nochmalige Untersuchung des Harns notwendig).

2. Tritt die Brunstreaktion auf ohne Beteiligung der Eierstöcke (Ovarien klein, blaß), so beruht dies auf Folliculinwirkung. Die Schwangerschaftsreaktion ist negativ (Abb. 155).

3. Tritt die Brunstreaktion auf mit Beteiligung der Eierstöcke (Ovarien hyperämisch, vergrößert, eventuell bläschenförmige vergrößerte Follikel erkennbar), so beruht dies auf Prolan A-Wirkung (HVR I).

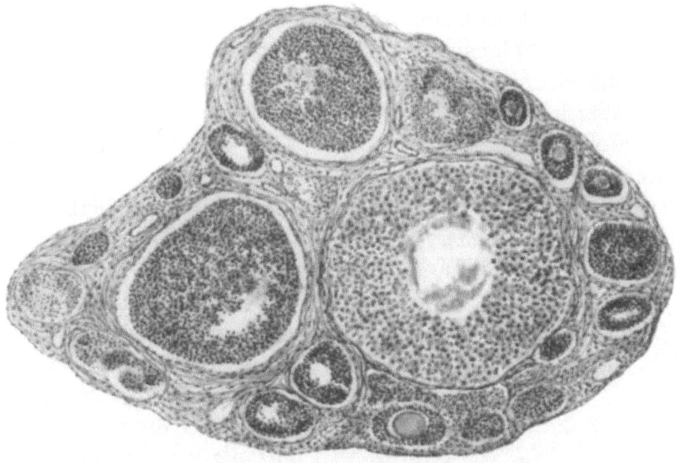

Abb. 159. Ein einziger luteinisierter Follikel; HVR III = positive Schwangerschaftsreaktion.

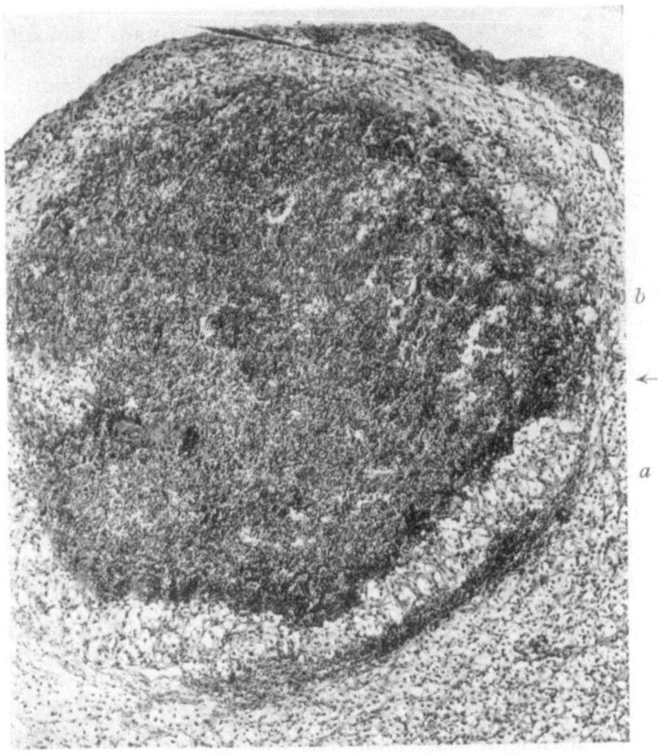

Abb. 160. Blutpunkt im Ovar eines Kaninchens. a = Randblutung, die an der mit ← bezeichneten Stelle in das Follikelhämatom übergeht. Randblutung und Hämatom sind durch Luteinzellen voneinander getrennt.

Die Schwangerschaftsreaktion ist negativ, jedoch ist eine zweite Harnuntersuchung empfehlenswert (Abb. 152 u. 158).

4. Tritt die Brunstreaktion auf (große Uteri, Schollenstadium) und finden wir außerdem an den hyperämischen Ovarien große Follikel, Blutpunkte und Corpora lutea, so liegt die HVR I—III vor. Die Schwangerschaftsreaktion ist positiv (Abb. 156 u. 163).

5. Tritt keine Brunstreaktion auf, ist der Uterus blaß und klein, der Scheidenabstrich negativ, finden wir aber am Ovarium einen Blutpunkt oder gelben Körper, so liegt die HVR II bzw. III vor. Die Schwangerschaftsreaktion ist positiv (Abb. 157, 159 u. 162).

Für die Diagnose entscheidend ist also der Blutpunkt oder der gelbe Körper. Die Reaktion gilt als positiv, wenn an einem Ovarium einer infantilen Maus ein Blutpunkt bzw. ein Corpus luteum nachweisbar ist.

Kann man bei makroskopischer Betrachtung das Vorhandensein eines Blutpunktes oder gelben Körpers nicht mit absoluter Sicherheit feststellen, so müssen die Eierstöcke in Serien zerlegt und histologisch genau untersucht werden. Schnittdicke 10 μ genügt. Hierbei wird man die positive Wirkung erkennen: a) an einer Massenblutung in einen erweiterten, oft zum Teil luteinisierten Follikel oder b) an einem partiell oder völlig luteinisierten Follikel oder c) an einem Corpus luteum atreticum. Die drei Wirkungen können kombiniert auftreten (Abb. 159—163).

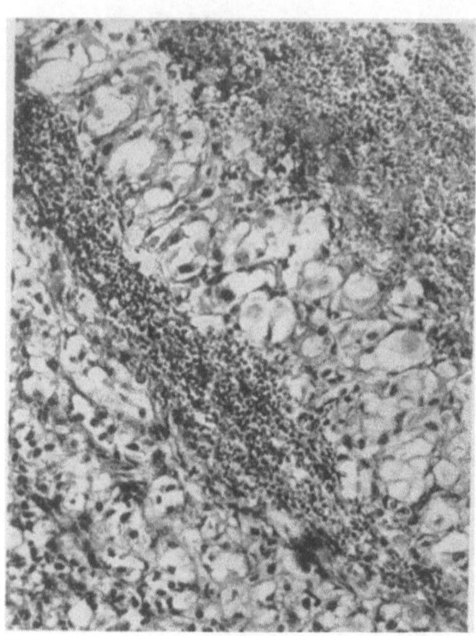

Abb. 161. Abb. 160 bei starker Vergrößerung. a = Randblutung, b = Luteinzellen, c = Follikelhämatom.

Da die mikroskopische Serienuntersuchung der Ovarien einen größeren Laboratoriumsapparat erfordert, ist es einfacher, eine zweite Reaktion mit dem Harn anzustellen und sich hierbei der S. 546—548 beschriebenen Methode (mikroskopische Untersuchung des frischen Präparates) zu bedienen.

2. Technik der hormonalen Schwangerschaftsreaktion aus dem Harn.

(Originalmethode nach ASCHHEIM-ZONDEK[1].)

Die Untersuchungen werden an infantilen, 3—4 Wochen alten, 6—8 g schweren Mäusen ausgeführt. Die Tiere sollen nicht weniger als 6 g

---

[1] ASCHHEIM u. B. ZONDEK: Klin. Wschr. 1928, Nr 30 u. 31.

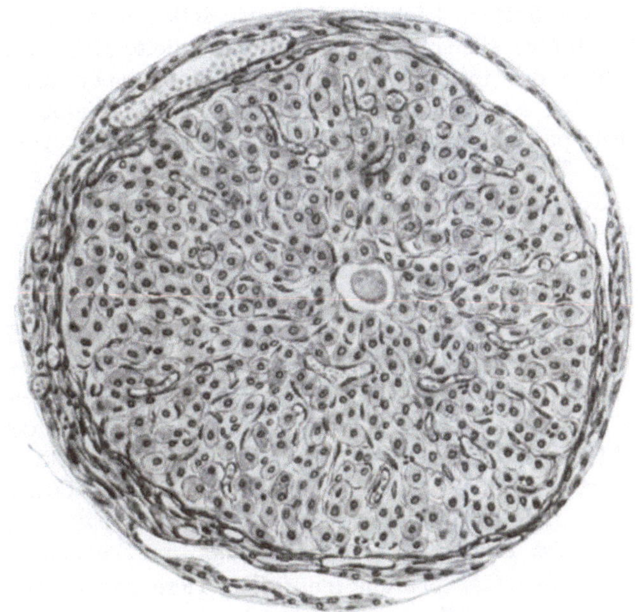

Abb. 162. Ein Corpus luteum atreticum mit eingeschlossenem Ei bei starker Vergrößerung.
HVR III = positive Schwangerschaftsreaktion.

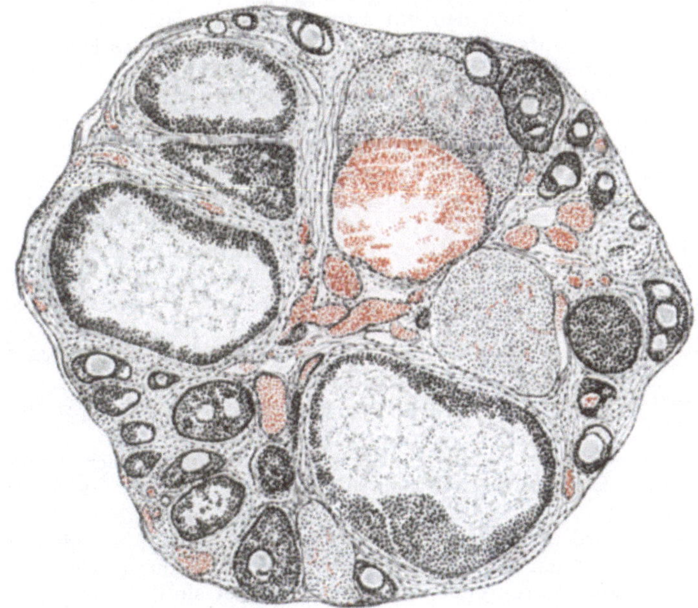

Abb. 163. HVR I—III im Ovarium der infantilen Maus.
Große Follikel = negative Schwangerschaftsreaktion. Blutgefüllter Follikel (Blutpunkt) = positive
Schwangerschaftsreaktion; Corpus luteum = positive Schwangerschaftsreaktion.

wiegen, weil sie sonst zu leicht sterben. Sie sollen nicht mehr als 8 g wiegen, um absolut sicher zu sein, daß die erzielte Reifewirkung am Eierstock durch den injizierten Harn, nicht durch spontane sexuelle Reife aufgetreten ist. Nach unseren Untersuchungen kommen weiße Mäuse in Europa im allgemeinen erst bei einem Gewicht von 12 g in sexuelle Reife. Trotzdem hat sich uns das Gewicht von 6—8 g bewährt, und dieses Gewicht soll nicht überschritten werden.

Zu jeder Untersuchung brauchen wir 5 infantile Mäuse. Man muß den Urin an mehreren Mäusen prüfen, weil Tiere infolge Giftwirkung des Harns sterben können (Entgiftungsmethode s. S. 550), vor allem aber, weil nicht alle Mäuse gleichmäßig reagieren. Es kann vorkommen, daß die mit kleinerer Dosis gespritzten Tiere besser reagieren als die Mäuse, welche die größere Harnmenge erhalten haben. Es kann — wenn auch selten — vorkommen, daß wir bei demselben Tier am rechten Ovarium die typische Schwangerschaftsreaktion (Blutpunkt, Corpus luteum) sehen, während am linken Ovarium die Reaktion fehlt. *Die Schwangerschaftsreaktion gilt als positiv, wenn sie an einem Ovarium eines Tieres positiv ausfällt, an den anderen nicht.*

Sterben bei einer Harnprüfung mehr als 3 Tiere, so ist das Resultat bei negativem Ausfall nicht zu verwerten!

Unsere Reaktion wird mit Frühurin angestellt, d. h. dem ersten frühmorgens gelassenen Harn. Dieser Harn zeigt die besten Konzentrationsverhältnisse. Verwendet man den am Tage gelassenen Harn, so kann dieser infolge von Flüssigkeitsaufnahme so verdünnt sein, daß das Hormon nicht mehr so konzentriert ausgeschieden wird, um die positive Reaktion zu geben. Zweckmäßig ist es, den Harn durch Katheter zu entnehmen. Dies *ist aber nicht notwendig*, da die Mäuse Infektionen gegenüber sehr resistent sind. Der Urin muß aber in ein sauberes Gefäß (keine Parfümflasche!) gelassen werden. Soll der Urin versandt werden, oder kann er nicht gleich geprüft werden, so muß er mit einem Desinfiziens versehen werden. Hier hat sich uns am besten der Zusatz von Tricresolum purum bewährt. Hierbei muß zu je 25—30 ccm Harn je 1 Tropfen (nicht mehr) Tricresolum purum hinzugefügt und der Harn geschüttelt werden, damit das Trikresol sich mit dem Harn vermischt. Einsendung von 30 ccm Harn genügt.

Vor Anstellung des Versuches wird der Harn auf seine Reaktion geprüft. Reagiert er alkalisch oder neutral, so werden einige Tropfen 10% Essigsäure hinzugefügt, bis der Harn sauer reagiert (Lackmusprobe). Von der entstehenden Trübung wird abfiltriert, also stets der klare, filtrierte Harn gebraucht.

Schwierig war das Auffinden der zweckmäßigsten Dosierung des einzuspritzenden Harns. Nach vielen Variationen sind wir zu folgendem Schema gelangt.

Der Harn wird in sechs Portionen injiziert, die auf 48 Stunden verteilt werden. Wir beginnen die Versuche am liebsten am Montag oder Dienstag, weil sie dann am Freitag oder Sonnabend beendet sind.

Die Injektion des Harns in sechs Portionen geschieht folgendermaßen:

1. Montag vormittags (11—12 Uhr),
   nachmittags (etwa 17 Uhr).

2. Dienstag vormittags (10 Uhr),
nachmittags (etwa 13 Uhr),
nachmittags (etwa 17—18 Uhr).
3. Mittwoch vormittags (etwa 10 Uhr).

Der Harn wird den infantilen Tieren in folgenden Mengen[1] subcutan injiziert:

Tier 1: 6 × 0,2 ccm
,, 2: 6 × 0,25 ,,
,, 3: 6 × 0,3 ,,
,, 4: 6 × 0,3 ,,
,, 5: 6 × 0,4 ,,

Wie vorher auseinandergesetzt, ist für die Schwangerschaftsreaktion lediglich der Befund im Ovarium der infantilen Maus zu verwerten. Ver-

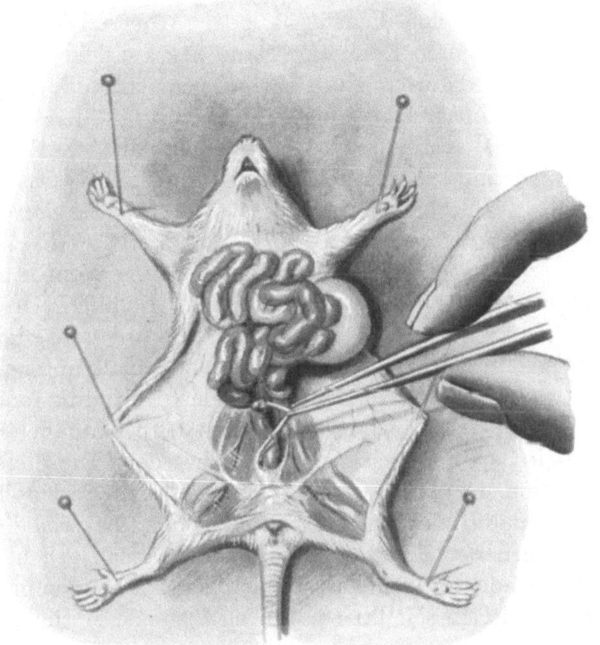

Abb. 164. Inspektion des Ovariums der infantilen Maus zur Feststellung der Schwangerschaftsreaktion bei der Frau. Die Ovarien sind klein, blaß, nicht verändert = negative Schwangerschaftsreaktion.

größerung des Uterus sowie positiver Scheidenabstrich (Schollenstadium) ist für uns lediglich ein Hinweis auf die Hormonwirkung, die sowohl durch Vorderlappenhormon (Prolan A) wie Follikelhormon (Folliculin) bedingt sein kann. Bei Anwendung der Äther-Entgiftungsmethode ist das Schollenstadium durch Prolan A bedingt. Man kann die Schwanger-

---

[1] Jetzt injiziere ich 3 Tieren je 6×0,3 und 2 Tieren je 6×0,4 ccm des mit Äther entgifteten Harns (s. S. 550).

schaftsreaktion auch ohne Scheidenabstrich durchführen. Ich rate aber trotzdem die Scheidenabstriche auszuführen, weil dadurch die Aufmerksamkeit geschärft wird, zumal direkt im Anschluß an die Eiimplantation, also im frühesten Stadium der Gravidität, manchmal nur die HVR I und erst etwas später die HVR II oder III positiv sein kann. Wir streichen — wenn der Versuch Montag beginnt — die infantilen Tiere am Montag und Dienstag nicht ab, sondern beginnen erst mit dem Abstrich am Mittwoch. Dann werden die Tiere noch am Donnerstag früh und abends und am Freitag früh abgestrichen.

Notwendig ist der Scheidenabstrich aber nicht.

Die infantilen Tiere werden, wenn der Versuch am Montag begonnen hat, am Freitag vormittag getötet, sie werden Sonnabend vormittag getötet, wenn der Versuch am Dienstag begonnen hat. Die Tötung erfolgt durch Einatmung von Leuchtgas oder Äther. Die Tiere werden in Rückenlage auf einer Korkplatte mit Stecknadeln aufgespannt. Die Ovarien werden dadurch gut sichtbar gemacht, daß man die Uterushörner mit einer feinen chirurgischen Pinzette anhebt (s. Abb. 164). Die Sexualorgane werden auf das Genaueste makroskopisch untersucht. Das Wesentlichste ist die Prüfung der Ovarien. *In der überwiegenden Zahl der Fälle wird die Diagnose durch die makroskopische Inspektion der Ovarien gestellt.* Wenn nur die HVR I positiv ist — vergrößerte Follikel, Uteruswachstum, Schollensekret der Scheide — so wird der Harn prinzipiell einige Tage später nochmals untersucht. Erkennt man mit bloßem Auge den Blutpunkt oder das Corpus luteum nicht mit Sicherheit, so kann die Diagnose durch die histologische Untersuchung gesichert werden. Die Eierstöcke müssen nach Fixation in ZENKERscher Flüssigkeit in Serienschnitte zerlegt werden (Formalinfixierung hat sich nicht bewährt, weil die Bilder durch Schrumpfungen der Zellen zu Fehlurteilen Anlaß geben können). Um die zeitraubende und mühsame histologische Serienuntersuchung zu ersparen, wende ich seit über 3 Jahren folgende Methoden[1] mit bestem Erfolg an.

Wenn ich im Zweifel bin, ob im Ovarium ein kleiner Blutpunkt vorhanden ist oder nicht, so schneide ich das Ovarium heraus, indem ich mit der Pinzette das oberste Ende des Uterushorns fasse. Das Ovarium wird in Leitungswasser abgespült und etwa $^1/_4$ Minute im Wasser liegengelassen. Jetzt wird das Ovarium auf einen Objektträger in einige Tropfen Glycerin gelegt. *Nach 5—10 Minuten ist das Ovarialgewebe völlig abgeblaßt, während die Blutpunkte als scharf umgrenzte braunschwarze Gebilde so deutlich hervortreten, daß ein Zweifel gar nicht möglich ist*

Abb. 165.

Blutpunkt im Ovar der infantilen Maus. Frisches Glycerinpräparat (makroskopisch).

---

[1] ZONDEK, B.: Klin. Wschr. **1931**, Nr 32, 1484.

(Abb. 165). Es ist verwunderlich, daß diese so einfache Methode bisher nicht angewandt worden ist. Die Diagnose kann noch durch mikro-skopische Betrachtung ge-sichert werden. Das Ova-rium wird mit einem 40×24 mm großen Deck-glas bedeckt, *ohne daß ein Druck ausgeübt wird. Mit maximal geöffneter Iris-blende* erkennt man jetzt den Blutpunkt als kirsch-rote, *scharf umgrenzte Fläche* (Abb. 166), wäh-rend Follikel und Eier un-deutlicher hervortreten. Man sieht Gefäße im Ova-rium und Blutungen an den Gefäßen, die mit Blut-punkten nicht verwechselt werden dürfen und auch nicht zu verwechseln sind.

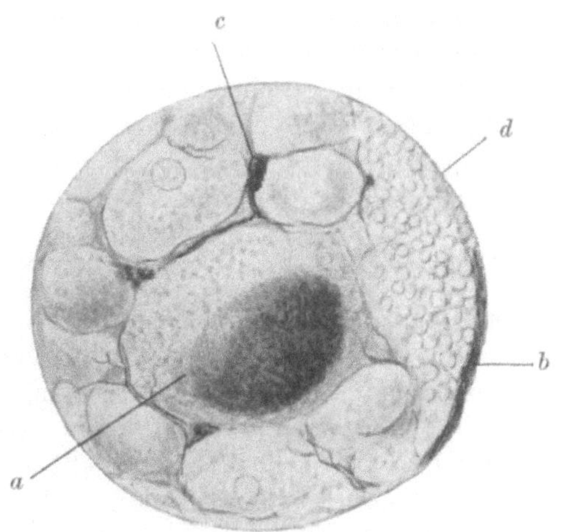

Abb. 166. Blutpunkt im Ovar der infantilen Maus. Frisches Glycerinpräparat (mikroskopisch). a = Blutpunkt. b = Gefäß. c = Gefäßblutung. d = Fettgewebe.

Zur Erkennung von gelben Körpern muß man sich der Quetschmethode bedienen, wie wir sie seit Beginn unserer Untersuch-ungen benutzen, um bei der Kastration die Voll-ständigkeit von exstirpier-ten Ovarien festzustellen [1] (s. S. 40 u. Abb. 23) und wie sie Kraus auch für die Feststellung der gel-ben Körper empfohlen hat. Das in Leitungswasser ab-gespülte, auf dem Objekt-träger in 4—5 Tropfen Glycerin liegende Ovarium wird mit einem zweiten Ob-jektträger (nicht Deckglas) bedeckt, stark zusammen-

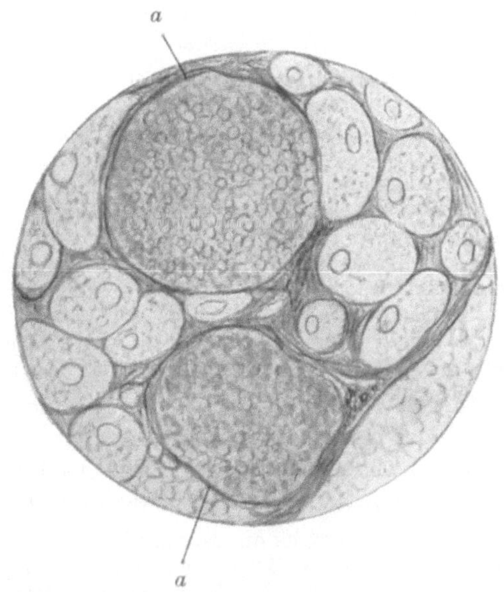

Abb. 167. Corpora lutea im Ovar der infantilen Maus. Frisches Glycerinquetschpräparat (mikroskopisch). a = Corpus luteum.

gepreßt und um beide Enden je ein Gummiring geschlungen, so daß beide Objektträger fest aneinanderhaften. *Ich empfehle 10—15 Minuten zu*

---

[1] Arch. Gynäk. **127**, 268, (1925).

35*

warten, da nach dieser Zeit die Follikel und Eier so abgeblaßt sind, daß sie als helle, deutlich abgegrenzte Flächen zu erkennen sind, während die zellreichen massiven Corpora lutea und die luteinisierten Follikel als scharf umgrenzte dunkelgraue Flächen hervortreten, in deren Innern man sogar die Fülle der kleinen Luteinzellen erkennen kann (Abb. 167). Bei dem Quetschpräparat muß die *Irisblende maximal zusammengeschoben sein.*

Ich empfehle diese Methodik auch für die beschleunigte Schwangerschaftsreaktion (FSR).

3. Fällungsschnellreaktion (FSR) nach B. Zondek[1].

Wenn man die Prüfung eines Harns am Montag früh beginnt, so ist das Resultat erst Freitag vormittag, also nach 100 Stunden zu erhalten. Im allgemeinen wird man bei der Schwangerschaftsreaktion 4 Tage ohne Schaden der Patientin warten können. Aber es gibt Fälle (z. B. Frage der Operation bei Extrauteringravidität), wo man die relativ lange Dauer des Reaktionsablaufes unangenehm empfindet.

Man kann infantilen Mäusen nicht mehr als 3 ccm Harn im Verlaufe von 2 Tagen injizieren, da die Tiere bei größeren Harnmengen fast regelmäßig sterben. Ich habe deshalb versucht, *das Hormon aus größeren Harnmengen zu fällen und zu reinigen, um auf diese Weise durch größere Hormonmengen eine schnellere Reaktion zu erzielen.*

Die Methodik ist folgende: 66 ccm Frühurin werden mit 10% Essigsäure bis zur schwach lackmussauren Reaktion angesäuert, filtriert und mit 240 ccm 96%igen Alkohols versetzt. Die Lösung wird 5 Minuten geschüttelt, wobei sich ein flockiger, weißlich-gelber Niederschlag bildet. Man läßt die Lösung etwa $^1/_2$ Stunde stehen, um sie dann zu zentrifugieren. Das Hormon befindet sich in der Fällung. Diese wird gesammelt und zur Reinigung mit 30—50 ccm Äther 3 Minuten geschüttelt. Der Äther wird abgegossen und die Fällung in 11 ccm Aqua dest. aufgenommen, 5 Minuten geschüttelt und zentrifugiert. Das Hormon befindet sich jetzt im Wasser, der Bodensatz wird verworfen. Die Lösung sieht leicht gelblich aus und trübt sich häufig noch nach. Für den Versuch kann die getrübte Lösung verwendet werden. Die Darstellung dauert rund 1 Stunde.

In den 11 ccm Wasser ist das Hormon von 66 ccm Harn enthalten, somit also eine 6fache Konzentration erreicht. Jede von den vier[2] 6—8 g schweren, infantilen Mäusen erhält 6 × 0,4 = 2,4 ccm der Lösung, also Hormon aus 14,4 ccm Schwangerenharn.

Wenn der Versuch am Montag beginnt, so erhalten die Tiere am Montag um 9, 12, 15 und 18 Uhr je 0,4 ccm der Lösung, am Dienstag früh und mittag ebenfalls je 0,4 ccm. Die Tiere werden Mittwoch mittag oder besser Mittwoch nachmittag um 18 Uhr, also 51 bzw. 57 Stunden nach Beginn des Versuchs getötet.

---

[1] Zondek, B.: Klin. Wschr. 1930, Nr 21, 964—966.
[2] Für diese orientierende Schnellreaktion genügen 4 Tiere, bei der Originalmethode sollen fünf Mäuse verwendet werden.

Nach 51—57 Stunden sieht man auch bei den konzentrierten Lösungen nur sehr selten Corpora lutea, *hingegen sehr häufig* — und manchmal ganz prachtvoll ausgebildete — *Blutpunkte*. Man kann also mittels dieser Fällungsschnellreaktion nicht wie sonst nach 100 Stunden, sondern schon nach 51 bzw. 57 Stunden die Schwangerschaftsdiagnose stellen. Aber — und das möchte ich besonders unterstreichen — *diese Fällungsschnellreaktion (FSR) darf nur bei positivem Ausfall verwertet werden, d. h. nach Feststellung von Blutpunkten können wir die Diagnose „Schwangerschaft" stellen. Während bei der Originalmethode die Schwangerschaftsdiagnose aus dem Vorhandensein eines Blutpunktes (HVR II) oder eines Corpus luteum (HVR III) gestellt wird, beruht die Fällungsschnellreaktion auf dem Nachweis eines Blutpunktes, d. h. also auf der HVR II.* Findet man, was selten vorkommt, bei der Schnellreaktion auch ein Corpus luteum, so ist die Reaktion selbstverständlich positiv. Es kommt aber nicht selten vor, daß auch der konzentrierte Schwangerenharn nach 57 Stunden nicht Blutpunkte zeigt, so daß der *negative Ausfall der Schnellreaktion keine diagnostische Bedeutung hat.*

Die Schnellreaktion kann sich also an Exaktheit mit der Originalmethode nicht messen. Ich wende sie nur an, wenn es mir in diagnostisch wichtigen Fällen (z. B. Frage der Operation bei Extrauteringravidität) auf einen Zeitgewinn von 2 Tagen ankommt. Daneben mache ich regelmäßig die Originalmethode, um bei negativem Ausfall der Schnellreaktion durch die Originalmethode die richtige Diagnose zu erfahren.

Meine kombinierte Methode — also Fällungsschnellreaktion plus Originalmethode — wurde von v. LATZKA[1] nachgeprüft und empfohlen.

Die Fällungsreaktion (FSR), die ich[2] im Frühjahr 1930 mitteilte, wurde 1 Jahr später durch EBERSON u. SILVERBERG[3], denen meine Publikation anscheinend entgangen war, nochmals angegeben. Der zu untersuchende Harn wird nach meinen Angaben mit Alkohol gefällt, die Fällung mit Äther gewaschen und in Wasser gelöst, wobei nur der wasserlösliche Teil verwandt wird. Während ich eine Konzentration von 1:5 angewandt habe, haben die Autoren eine solche von 1:30 und sogar von 1:60 benutzt. Auf diese Weise konnte die Schwangerschaftsdiagnose bei infantilen Ratten schon nach 36—48 Stunden gestellt werden, unter 175 Fällen wurde kein Fehlerresultat beobachtet. Ich habe gegen eine derartig starke Fällungskonzentration Bedenken, weil damit der Harn auf einen Gehalt von 6—11 RE Prolan geprüft wird, Werte, die wir auch im Harn von Nichtschwangeren finden (s. S. 428).

Meine Fällungsreaktion wird neuerdings für die Graviditätsreaktion am Kaltblüter (Xenopus laevis) benutzt (s. S. 567), auch ist sie für die hormonale Diagnose des Fruchttodes von Bedeutung (s. S. 558).

---

[1] v. LATZKA, A.: Klin. Wschr. **46**, 1906 (1933).
[2] ZONDEK, B.: Klin. Wschr. **1930**, Nr 21.
[3] EBERSON u. SILVERBERG: J. amer. med. Assoc. **96**, 2176 (1931).

4. Entgiftung des Harns durch Äther (B. Zondek[1]).
Äther-Zuckermethode.

Wir injizieren bei der Originalmethode den filtrierten nativen Harn infantilen Mäusen in steigenden Dosen von 1,2—2,4 ccm. Wir verwenden für jeden Versuch 5 Tiere, weil der individuelle Reaktionsablauf verschieden ist. Es kann vorkommen, daß man in einem Versuch bei allen 5 Mäusen, in einem anderen Versuch mit demselben Harn nur bei 2 Tieren eine positive Reaktion erhält. Nur bei Anwendung von 5 Tieren wird diese individuelle Fehlerquelle nach Möglichkeit ausgeschaltet. Der Harn wirkt nicht selten giftig, so daß ein oder mehrere Tiere bei einem Versuch sterben. Es kann aber vorkommen, daß sämtliche Tiere zugrunde gehen, so daß die Reaktion überhaupt nicht ausführbar ist. Sterben mehr als 3 Tiere, so wird die Reaktion unsicher, bei Tod von 4 Tieren ist das Resultat überhaupt nicht zu verwerten.

In unserer Originalarbeit wurde eine Gesamtmortalität von 16 bis 17% angegeben, ein Beweis der Giftigkeit vieler Harne. *Wichtig ist, daß von 511 geprüften Urinen 37, d. h. 7,2% überhaupt nicht untersucht werden konnten, weil sämtliche Tiere bei der Injektion gestorben waren.* Harn von Frauen mit Tumoren und endokrinen Krankheiten (z. B. Basedow, Acromegalie) erwies sich besonders toxisch, aber auch Urin von gesunden Frauen wirkte oft giftig. Auf meine Anfrage hat mir Ehrhardt, der sich ausführlich mit unserer Schwangerschaftsreaktion beschäftigt hat, mitgeteilt, daß unter 1080 Reaktionen 29 mal sämtliche Tiere gestorben waren. In 35 Fällen gingen von den 5 zur Reaktion verwandten Tieren je 4 Mäuse zugrunde, so daß die Reaktion nicht durchführbar war. Somit ergibt sich, *daß bei 1080 Reaktionen die Methode 64 mal, d. h. in 6% versagte.* Ferner starben bei Ehrhardt in 43 Fällen (= 4%) je 3 von den zum Versuch verwandten 5 Tieren, wodurch die Exaktheit der Reaktion auch in diesen Fällen in Frage gestellt war.

Wir sehen also, *daß die Schwangerschaftsreaktion mit unserer Originalmethode wegen der Giftigkeit des Harns in 6—7% überhaupt nicht ausführbar ist.* Dies ist zweifellos ein wesentlicher Nachteil der Methodik, da man z. B. jede chemische oder serologische Reaktion immer, d. h. in 100% ausführen kann. Aus vielen an mich gerichteten Anfragen habe ich ersehen, daß der Tod der Tiere durch Giftigkeit des Harns auch von anderer Seite als sehr störend für die Reaktion empfunden wird.

Auf folgende einfache Weise konnte ich die Harne ohne Hormonverlust entgiften.

1. Durch Filtration des vorher giftig wirkenden Harns durch ein Seitz- bzw. Berkefeld-Filter wird der Harn meist ungiftig, so daß die Tiere nur selten sterben. Hierbei fand ich aber, daß das Seitz-Filter neben den giftig wirkenden Substanzen auch Hormon adsorbieren kann,

---

[1] Zondek, B.: Klin. Wschr. 1930, Nr 21, 964.

so daß das SEITZ-Filter besser nicht verwendet wird. Nicht retiniert wird das Hormon, wie quantitative Untersuchungen mir gezeigt haben, durch das BERKEFELD-Filter. Ich verwende ein BERKEFELD-Filter, das 50—100 ccm Inhalt hat. Nach jeder Filtration muß das Tonfilter mit Wasser gut durchgespült werden.

2. Noch einfacher und daher am empfehlenswertesten ist folgende Methode: *Schüttelt man den zu untersuchenden Urin mit Äther, so gehen die giftig wirkenden Substanzen — nicht die gonadotropen Hormone — völlig in den Äther über.*

Wollen wir einen Urin untersuchen, dessen Ergebnis uns sehr wichtig ist, so daß wir bei eventuellem Tod der Tiere eine zweite Reaktion nicht mehr anstellen können, so kommt nur die Äthermethode in Frage. Desgleichen muß die Äthermethode bei allen endokrinen Krankheiten, bei der Differentialdiagnose zwischen Gravidität und Tumor und schließlich beim Fieber angewendet werden. Denn gerade bei diesen Fällen wirkt der Harn häufig giftig. *Da die Äthermethode technisch so einfach ist, habe ich empfohlen die Äthermethode prinzipiell für die Schwangerschaftsreaktion anzuwenden.*

Die Methode wird folgendermaßen ausgeführt: 30—40 ccm Frühurin werden, falls die Reaktion alkalisch ist, mit 10% Essigsäure bis zur schwach lackmussauren Reaktion angesäuert, filtriert. Der Urin wird im Scheidetrichter mit 90 bzw. 120 ccm Narkoseäther 5 Minuten tüchtig geschüttelt. Der im Scheidetrichter unten stehende Harn wird abgelassen und, falls etwas Äther mitgegangen, mittels der Nutsche vom Äther befreit. Es ist zweckmäßig, den nach Äther riechenden Harn in einem weiten Gefäß 1 Stunde am offenen Fenster stehen zu lassen, damit der Äther verdampft. Der Harn darf noch etwas nach Äther riechen. Will man eine schnelle Verdampfung des Äthers erreichen, so stellt man den Harn in ein Wasserbad, wobei die Temperatur im Harn (Kontrolle notwendig) nicht höher als 45⁰ steigen darf. *Zweckmäßiger ist es den Äther am offenen Fenster verdampfen zu lassen,* da bei schneller Erhitzung des Harns das Prolan geschädigt werden kann.

Mittels der Äthermethode kann man jeden Harn entgiften und dadurch den Tod der Tiere vermeiden. Während mit der Originalmethode 6—7% der Harne durch Tod der Tiere überhaupt nicht untersucht werden können, kann ich durch die Entgiftung mit Äther praktisch jeden Harn prüfen und damit die Exaktheit der Schwangerschaftsreaktion steigern. Die bisherigen Versager der Methode (6—7%) sind dadurch beseitigt.

Wir haben in der Originalarbeit eine steigende Dosierung von 6 × 0,2 bis 6 × 0,4 ccm angegeben, um auf diese Weise bei toxischen Harnen mit kleineren und größeren Dosen zu arbeiten. Das ist bei dem entgifteten Harn nicht notwendig. Man injiziert allen 5 Tieren je 6 × 0,3 ccm oder den ersten 3 Tieren je 6 × 0,3 ccm, den letzten beiden je 6 × 0,4 ccm Harn. Die Tiere werden 100 Stunden nach der ersten Injektion getötet. *Durch die Ätherbehandlung wird das Folliculin aus dem Harn extrahiert, worin ich einen wesentlichen Vorteil für die Schwangerschaftsreaktion erblicke.* Finden wir jetzt einen vergrößerten, sekretgefüllten Uterus, so kann die Wachstumssteigerung nicht durch Folliculin *oder* Prolan A, sondern *nur* durch Prolan A ausgelöst sein. In diesem Falle ist eine nochmalige Anstellung der Reaktion zu empfehlen, weil — wie S. 362 auseinandergesetzt — bei ganz junger Gravidität zuerst die HVR I und erst etwas später die HVR II bzw. III auftreten kann.

Zuckermethode: Als ich den Harn einer diabetischen Schwangeren untersuchte, fand ich eine so prachtvolle Schwangerschaftsreaktion, eine solche Fülle von gelben Körpern, daß ich dies nicht für Zufall hielt. Ich glaubte zunächst, daß die verstärkte Wirkung auf Insulin zurückzuführen sei, da die Patientin eine Insulinkur durchmachte. Diesbezügliche Versuche fielen negativ aus. Jetzt setzte ich normalem Schwangerenharn Traubenzucker zu und konnte feststellen[1], daß man durch Zucker das Auftreten der gelben Körper beschleunigen und vermehren kann. Am besten hat sich ein Zusatz von 3% Traubenzucker bewährt. (Es muß chemisch reiner Traubenzucker zugesetzt werden.) Der Zucker hat außerdem noch eine angenehme Eigenschaft, er wirkt entgiftend. Toxisch wirkende Harne können häufig nach Zusatz von Traubenzucker injiziert werden, ohne daß die Tiere sterben.

Ich empfehle, den zu untersuchenden Harn zuerst mit Äther auszuschütteln und dann 3% Traubenzucker hinzuzusetzen (zu 30 ccm Harn fügt man eine Tablette = 0,9 g Traubenzucker). Die Tablette muß erst vollständig aufgelöst sein, bevor man den Urin einspritzt.

Durch die Äther-Zuckermethode können wir die Schwangerschaftsreaktion um einen Tag abkürzen. Ich habe diese Methode vor 3 Jahren angegeben, als die Erfahrungen mit der Reaktionsbeschleunigung noch gering waren. Die Kaninchenmethode (s. S. 564) bedeutet zweifellos einen Fortschritt in dieser Richtung, so daß die von mir seinerzeit (1930) angegebene Fällungsschnellreaktion[2] (S. 548) und die Zuckermethode jetzt kaum noch angewendet zu werden brauchen.

Wohl aber ist die Anwendung der Äthermethode für die Reaktion an der infantilen Maus wichtig, weil durch die Harnentgiftung die Mortalität der Versuchstiere fast ausgeschaltet wird. Aus einer Umfrage, die ich vor einiger Zeit an die verschiedensten Kliniken und Laboratorien gerichtet habe, habe ich ersehen, daß meine Äthermethode sehr viel angewendet und die entgiftende Wirkung bestätigt wird.

5. Harntitration zur Diagnose pathologisch veränderter Schwangerschaft (Blasenmole, Chorionepitheliom).

Qualitativer Prolannachweis (Lumbalflüssigkeit, Colostrum).

In den ersten Schwangerschaftswochen werden 5000—30000 ME Prolan pro Liter Harn ausgeschieden. Mit dem Fortschreiten der Gravi-

---

[1] ZONDEK, B.: Klin. Wschr. 1931, Nr 32, 1484.
[2] Über die Bedeutung der Fällnngsschnellreaktion für die Diagnose des Fruchttodes s. S. 558.

dität fällt die Kurve der Hormonausscheidung etwas ab (s. S. 358). Bei pathologisch gestörter Schwangerschaft ist die Prolanausscheidung (S. 366) ganz erheblich erhöht, so daß wir bei Blasenmole eine 2—3fache Hormonvermehrung im Frühurin fanden. ROBERT MEYER wies beim Chorionepitheliom 70000 Einheiten, EHRHARDT bei Blasenmole sogar 520000 Einheiten pro Liter Harn nach. Diese starke Hormonvermehrung kann diagnostisch verwertet werden. Bei einer Patientin, bei der im 3. Monat der Schwangerschaft (der Befruchtungstermin stand fest) der Uterus größer war als der Schwangerschaft entsprach, fand ich[1] bei der Harntitration zuerst 50000 ME Prolan pro Liter Frühurin, bei weiterer Beobachtung eine schnelle Steigerung bis auf 200000 ME (HVR II bzw. III). Dieser abnorm hohe Hormontiter war für mich der Beweis, daß eine Blasenmole vorlag, was klinisch bestätigt wurde.

Wir können heute schon sagen, daß bei Auslösung der HVR II bzw. III durch 0,02 ccm Frühurin (= 50000 ME pro Liter) der Verdacht einer pathologischen Placentaveränderung vorliegt, und daß die Diagnose um so wahrscheinlicher wird, je höher der Prolangehalt des Harns über 100000 Einheiten pro Liter steigt. Kann man die Schwangerschaftsreaktion schon durch 0,005 ccm Harn auslösen (= 200000 ME pro Liter), so ist, falls keine Toxikose[2] besteht, die Diagnose „Mole" bzw. „Chorionepitheliom" gesichert.

Die Titration führe ich folgendermaßen aus: Der Frühurin wird, falls er nicht sauer reagiert, mit 10% Essigsäure bis zur schwach lackmussauren Reaktion angesäuert und durch ein grobes Filter filtriert. 1 ccm Harn wird mit 99 ccm Aqua dest. (Lösung A) und 1 ccm Harn mit 49 ccm Aqua dest. verdünnt (Lösung B). Diese Lösungen werden in steigenden Dosen 10 infantilen Mäusen injiziert.

<table>
<tr><td colspan="2" align="center">Lösung A.</td><td colspan="2" align="center">Lösung B.</td></tr>
<tr><td>Tier 1 = 4 × 0,05 ccm
      2 × 0,1   „</td><td>= 250000 ME</td><td>Tier 4 = 4 × 0,05 ccm
      2 × 0,1   „</td><td>= 125000 ME</td></tr>
<tr><td>„ 2 = 4 × 0,1   „
      2 × 0,05 „</td><td>= 200000 „</td><td>„ 5 = 4 × 0,1   „
      2 × 0,05 „</td><td>= 100000 „</td></tr>
<tr><td>„ 3 = 6 × 0,1   „</td><td>= 166666 „</td><td>„ 6 = 6 × 0,1   „</td><td>= 83300 „</td></tr>
<tr><td></td><td></td><td>„ 7 = 3 × 0,15 „
      3 × 0,1   „</td><td>= 66666 „</td></tr>
<tr><td></td><td></td><td>„ 8 = 6 × 0,15 „</td><td>= 55550 „</td></tr>
<tr><td></td><td></td><td>„ 9 = 6 × 0,2   „</td><td>= 41660 „</td></tr>
<tr><td></td><td></td><td>„ 10 = 6 × 0,3   „</td><td>= 27770 „</td></tr>
</table>

Bei der individuellen Reaktionsfähigkeit der infantilen Mäuse darf man sich auf eine Harntitration nicht verlassen, sondern muß die Untersuchung nach einigen Tagen wiederholen.

Ist die Schwangerschaftsreaktion (HVR II oder III) bei Tier 9 und 10 negativ, so kann man mit ziemlicher Sicherheit eine Blasenmole oder Chorionepitheliom ausschließen.

---

[1] ZONDEK, B.: Zbl. Gynäk. 1930, Nr 37, 2306.

[2] Bei Graviditätstoxikose kann der Prolangehalt des Harns stark erhöht sein.

Wird die Reaktion von Tier 8 an positiv, so wird die Diagnose „Mole oder Chorionepitheliom" um so wahrscheinlicher, je höher der Hormongehalt des Harns ist. Derartige Frauen müssen klinisch gut beobachtet, der Harn muß wiederholt analysiert werden. Ist die Schwangerschaftsreaktion von Tier 2 an positiv, so ist bei atoxischer Gravidität die Diagnose einer pathologischen Placentarveränderung (Mole, Chorionepitheliom) gesichert.

Da einige Fälle von Blasenmole ohne erhöhte Prolanausscheidung beobachtet wurden (s. S. 367), spricht der normale Hormongehalt des Harns nicht absolut sicher gegen eine Mole. Fälle von Blasenmole ohne erhöhte Prolanausscheidung sind aber sehr selten.

Neben der quantitativen Harnanlyse kommt für die Diagnose der Blasenmole noch die qualitative Untersuchung der *Lumbalflüssigkeit* und des *Colostrums* in Frage. Bei der überaus gesteigerten Prolandurchtränkung des Körpers tritt das Hormon auch in der Lumbalflüssigkeit auf, die bei gesunden Schwangeren frei von Prolan ist. Die native Lumbalflüssigkeit wird 5 infantilen Mäusen in Dosen von $6 \times 0,5$ ccm injiziert. Der positive Befund (HVR II oder III) spricht bei atoxischer Gravidität für maligne Entartung der Placenta (Mole, Chorionepitheliom).

Ebenso kann der qualitative Prolannachweis im Colostrum diagnostisch verwertet werden, wobei man durch Injektion von $6 \times 0,3$ bis $6 \times 0,5$ ccm Colostrumflüssigkeit die HVR II oder III bei der infantilen Maus auslösen muß. Da Prolan auch bei normaler Gravidität vom 7. Monat im Colostrum nachweisbar ist (s. S. 360), kommt die Colostrumreaktion nur in den frühen Graviditätsmonaten für die Diagnose der Blasenmole in Frage.

Diese beiden qualitativen Methoden werden in der Regel nur positiv sein, wenn die stark erhöhte Prolanproduktion sich auch im erhöhten Prolantiter des Harns äußert. Da die Erfahrungen über diese Zusammenhänge aber noch gering sind, möchte ich anregen, bei Verdacht auf Blasenmole neben dem Harn auch die Lumbalflüssigkeit und das Colostrum zu untersuchen und die Ergebnisse mitzuteilen, um unsere Kenntnisse in der biologischen Frühdiagnostik der malignen Placentaentartung möglichst zu vervollkommnen.

6. Qualitative und quantitative Gewebsuntersuchung auf Prolan nach Gewebsentgiftung[1].

Bedeutung für die Diagnose des Chorionepithelioms.

Bei quantitativen Gewebsuntersuchungen fand ich, daß der Prolangehalt der Blasenmolenwand besonders hoch ist, daß er 5mal so groß ist wie in normaler Placenta. Die HVR II bzw. III wird durch 7 mg Placentagewebe der 7. Schwangerschaftswoche, durch 20—30 mg der

---

[1] ZONDEK, B.: Zbl. Gynäk. **1930**, Nr 37, 2307.

16. Schwangerschaftswoche ausgelöst (s. S. 353). Molenwand der gleichen Schwangerschaftszeit (16. Woche) gibt die Reaktion bereits mit 4—6 mg.

Auch im Chorionepitheliom selbst ist Prolan in erhöhtem Maße nachweisbar, so daß ROBERT MEYER[1] den Hormongehalt in Lebermetastasen bei einem Fall von Chorionepitheliom der Niere um das 3fache höher schätzt als den der normalen Placenta. Dadurch ergibt sich eine *neue diagnostische Möglichkeit, d. h. die Untersuchung verdächtigen exzidierten oder mit der Curette entfernten Gewebes auf Prolan mittels der Implantationsmethode.* Hierbei bestand bisher die Schwierigkeit, daß die Gewebsstücke außerordentlich toxisch sind, so daß die meisten Tiere kurz nach der Implantation des Chorionepithelioms zugrunde gingen. Diese Schwierigkeit ist durch meine Entgiftungsmethode beseitigt. *Legt man die zerkleinerten Gewebsstücke, deren Implantation den Tod der Tiere zur Folge hat, 24 Stunden in Äther (pro narcosi), läßt die Gewebsstücke am offenen Fenster lufttrocken werden und implantiert sie dann, so bleiben die Tiere am Leben.* Durch den Äther werden nur die Giftstoffe, nicht die gonadotropen Hormone aus dem Gewebe extrahiert.

Excidiert man *aus der Scheide oder der Portio Gewebe, das auf Chorionepitheliom suspekt ist und löst dieses nach der Ätherbehandlung bei Implantation kleiner Stückchen (0,02—0,15 g) die HVR II- oder III-Reaktion aus, so ist damit die Diagnose Chorionepitheliom gesichert.*

Gesundes Gewebe gibt nämlich niemals die Schwangerschaftsreaktion. Mit Carcinomgewebe konnte ich nur sehr selten und auch nur nach mehrmaliger Einpflanzung von 0,5 g Gewebe die Reaktion — meist nur die HVR I — auslösen (s. S. 452).

Auch das durch Curettage gewonnene Gewebsmaterial kann nach Ätherbehandlung mittels Implantation hormonal untersucht werden. Hierbei ist aber zu bemerken, daß auch die Decidua und die gesunde Placenta (s. S. 352) die HVR II und III auslösen können. Nur der negative Befund wäre hier von Bedeutung, so daß man im Verein mit der morphologischen Untersuchung die Diagnose Chorionepitheliom vielleicht ausschließen könnte. Für die Untersuchung des Uterusinhaltes steht uns noch ein anderer Weg zur Verfügung und zwar die quantitative Gewebsuntersuchung. Zu dieser Annahme berechtigt mich meine oben angegebene Erfahrung bei Vergleich des Hormongehalts zwischen gesunder und pathologisch veränderter Placenta. Das durch Curettage entfernte Gewebe wird vom Blut befreit und steigende Mengen des frischen Gewebes (1—1000 mg)[2] abgewogen. Diese Gewebsstückchen werden zur Entgiftung für 24 Stunden in Äther pro narcosi gelegt. Nachdem das Gewebe einige Stunden zur Verdampfung des Äthers am offenen Fenster lag, wird es infantilen

---

[1] MEYER, R.: Zbl. Gynäk. 1930, 431.

[2] Ich implantiere folgende Gewebsmengen an je 2 Tieren: 1 mg, 3 mg, 5 mg, 10 mg, 20 mg, 30 mg, 100 mg, 200 mg.

Mäusen implantiert. Besteht für den Arzt nicht die Möglichkeit der genauen Wägung, so genügt es, das Gewebe in kleine Stückchen zu schneiden und in einer mit Äther (pro narcosi) gefüllten Flasche an die Untersuchungsstelle zu schicken. Durch die Ätherbehandlung verliert das frische Gewebe, wie ich festgestellt habe, 20% vom Gewicht, was berücksichtigt werden muß.

Bei der Implantation von Tumorgewebe ist man nicht sicher, daß die im eingepflanzten Gewebe vorhandene Hormonmenge restlos resorbiert wird. So konnte durch die Extraktion menschlicher Hypophysen ein wesentlich höherer Prolangehalt festgestellt werden, als durch die Implantationsmethode (s. S. 180). Deshalb habe ich in den letzten Jahren auch das Extraktionsverfahren bei der Untersuchung von Tumoren angewandt. Hierbei konnte ich z. B. in den Lungenmetastasen eines Chorionepithelioms einen Prolangehalt von 100 ME (A und B) pro Gramm Gewebe feststellen (s. S. 371), ein Hormongehalt, wie er in dieser Höhe nur bei malignen Tumoren gefunden wird. Auch H. O. Neumann[1] konnte auf diese Weise ein suspektes Gewebe als Chorionepitheliom verifizieren. Die Extraktion des Gewebes führe ich auf folgende einfache Weise aus:

Das zu untersuchende Gewebe wird möglichst fein zerkleinert und zunächst zur Entgiftung 24 Stunden in Äther gelegt. Nachdem der Äther bei Zimmertemperatur verdunstet ist, wird das Gewebe unter Hinzufügen der 2—3fachen Menge sterilen Seesandes und der 10fachen Wassermenge zu einem Brei verrührt. Die Mischung wird mehrere Stunden im Schüttelapparat geschüttelt, die nicht löslichen Teile werden abzentrifugiert und das Extrakt (1 ccm = 0,1 g Gewebe) auf seinen Prolangehalt an infantilen Mäusen untersucht. Manchmal habe ich zur Extraktion 0,02% Natronlauge oder 1% Ammoniak verwandt, doch waren die Resultate nicht besser.

Auch das bei Verdacht auf Chorionepitheliom durch Curettage gewonnene Gewebsmaterial kann nach Ätherbehandlung mittels der Extraktionsmethode auf seinen Prolangehalt untersucht werden. Hierbei ist aber zu bedenken, daß auch die Decidua und die gesunde Placenta (s. S. 352) Prolan enthalten. Die hormonale Analyse des Curettagematerials kann nur dann zur Diagnose des Chorionepithelioms verwertet werden, wenn pro Gramm Gewebe mindestens 1000 ME Prolan (HVR II oder III) nachweisbar sind.

Die einzelne Klinik bekommt Chorionepitheliome nur selten zu sehen, so daß es wünschenswert wäre, wenn diese Untersuchungen von vielen Seiten ausgeführt würden.

7. Die Schwangerschaftsreaktion bei Abort, Fruchttod und Extrauteringravidität.

Abort: Im Wochenbett ist Prolan bis zum 8. Tage im Harn nachweisbar. Diese Zeit gebraucht der Körper, um sich seiner Hor-

---

[1] Neumann, O. H.: Arch. Gynäk. **144**, 479 (1931).

monvorräte zu entledigen. In derselben Zeitdauer können wir auch beim Abort nach Ausstoßung der Frucht und Placenta eine positive Schwangerschaftsreaktion im Harn finden. Die *Hormonausscheidung kann aber länger dauern, wenn lebende, mit der mütterlichen Zirkulation in Kontakt befindliche choriale Reste im Uterus zurückgeblieben sind.*

Die Schwangerschaftsreaktion kann negativ sein, obwohl der Uterus das Ei noch enthält. Dies tritt ein,, wenn die Frucht abgestorben ist (Missed abortion). Hierbei wird die Reaktion etwa 2 bis 3 Wochen nach dem Fruchttod negativ.

Fruchttod: Können wir aus der negativen Schwangerschaftsreaktion bei einer sicher bestehenden Gravidität den Fruchttod diagnostizieren? Den Fruchttod an sich nicht, da die positive Reaktion, wie wir aus Befunden bei der Blasenmole wissen, nicht von der Frucht abhängt. Wir können nur das Aufhören der Placentarfunktion feststellen und daraus sekundär auf den Fruchttod schließen. Die Frage muß also lauten: Können wir durch die negative Reaktion das Absterben der Placenta und damit den Fruchttod diagnostizieren? Diese Diagnose kann von großer Wichtigkeit sein, weil sie zuweilen die Indikation zu besonderen operativen Eingriffen gibt. Man darf sich hierbei niemals auf *eine* negative Reaktion verlassen, besonders nicht in den letzten Schwangerschaftsmonaten, wo die Prolanausscheidung an sich wesentlich niedriger und inkonstanter sein kann als in den ersten Wochen. In den letzten Schwangerschaftsmonaten kann der Prolangehalt des Harns zuweilen weniger als 330 ME pro Liter betragen (s. S. 357), so daß man durch Injektion von $6 \times 0{,}5$ ccm nativen Harns die HVR II bzw. III nicht auslösen kann, also eine negative Graviditätsreaktion erhält. Darauf weisen auch RUNGE u. CLAUSNITZER[1] hin. Man muß auch bedenken, daß die hormonale Graviditätsreaktion nicht eine 100%ige Sicherheit hat, so daß es immerhin möglich ist, in einem bestimmten Fall der 1—2%igen Fehlerquelle zum Opfer zu fallen. So teilt FRAENKEL[2] mit, daß er bei einer Graviditätsunterbrechung des 4.—5. Monats — trotz 3maliger negativer Reaktion — die Enttäuschung erlebte, daß der Fetus lebte. Nach dem oben Gesagten wird man den Fruchttod nur diagnostizieren können, wenn die hormonale Funktion der Placenta erloschen ist. Dies tritt frühestens 8 Tage nach Absterben der Placenta ein. Dann werden wir im Urin weder Folliculin noch Prolan finden. Bei funktionierender Placenta finden wir stets — auch in den letzten Graviditätsmonaten 1000 ME Folliculin und 111 ME Prolan B pro Liter Harn. Wenn wir bei mehrmaliger Harnuntersuchung diese Hormonmengen *nicht* nachweisen können, dann können wir daraus den Fruchttod diagnostizieren. Ich empfehle also folgendermaßen vorzugehen. Der Frühurin wird geprüft:

---

[1] RUNGE u. CLAUSNITZER: Zbl. Gynäk. **1932**, Nr 41, 2450.
[2] FRAENKEL, L.: Mschr. Geburtsh. **88**, 263 (1931); **89**, 131 (1931).

1. an der kastrierten Maus. Injektion von $4 \times 0,2$ und $2 \times 0,1 = 1$ ccm im Verlauf von 48 Stunden bei 5 Tieren (Prüfung auf 1000 ME Folliculin pro Liter).

2. An der infantilen Maus. Injektion von je $6 \times 0,3$ bzw. $6 \times 0,4$ ccm des nativen mit Äther ausgeschüttelten Harns im Verlauf von 48 Stunden bei 5 Tieren (Prüfung auf 416—555 ME Prolan pro Liter).

3. An der infantilen Maus. Alkoholfällungsmethode (s. S. 416), 5fache Konzentration. Injektion von je $6 \times 0,3$ ccm des Konzentrats im Verlauf von 48 Stunden bei 5 Tieren (Prüfung auf 111 ME Prolan pro Liter Harn).

Ich empfehle also nicht nur die Originalreaktion, sondern auch meine Alkoholfällungsreaktion (FSR) anzuwenden (s. S. 548), hierbei die Mäuse aber nicht nach 72, sondern erst nach 96 Stunden zu töten. Wenn beide Prolanreaktionen (2 und 3) bei wiederholter Prüfung, und außerdem die Folliculinanalyse des Harns mehrfach negativ ausfällt, so kann man den Fruchttod annehmen. Man wird diese etwas komplizierten Untersuchungen nur auf diejenigen Fälle beschränken, in denen der Fruchttod durch die klinische Beobachtung nicht diagnostiziert werden kann. Wichtig scheint mir die Beobachtung von SPIELMANN, GOLDBERGER u. R. T. FRANK[1] zu sein, daß nach dem Erlöschen der Placentafunktion infolge des Fruchttodes das Folliculin aus dem Blut schneller verschwindet als das Prolan aus dem Harn. Unter 33 Fällen von Gravidität der ersten Monate (teils Unterbrechung der Schwangerschaft, teils Spontanabort) zeigte der negative Folliculinbefund im Blute stets den Fruchttod an, während der positive Befund nur bei lebender Frucht zu erheben war. Zum Nachweis des Folliculins wird Venenblut mit Na_2SO_4 verrieben und das entstehende Pulver erschöpfend mit Äther extrahiert. Der Ätherrückstand wird in Öl gelöst und an kastrierten Mäusen titriert. Die Reaktion gilt als negativ, wenn sich in 40 ccm Blut Folliculin nicht nachweisen läßt. Ob der negative Folliculinbefund im Blute auch in den letzten Schwangerschaftsmonaten den Fruchttod beweist, ist nicht angegeben. Da die Erfahrungen über die hormonale Diagnose des Fruchttodes noch relativ gering ist, würde ich empfehlen, neben den oben angegebenen Harnuntersuchungen auch die Blutanalyse auf Folliculin auszuführen und die Ergebnisse mitzuteilen, damit diese praktisch wichtige Frage geklärt wird.

Extrauteringravidität: Bei erhaltener, ungestörter Bauchhöhlenschwangerschaft ist die Reaktion selbstverständlich positiv. Bei gestörter Extrauteringravidität (tubarer Abort, Tubenruptur) kann die Reaktion 6—8 Tage positiv bleiben, da der Körper diese Zeit — wie im Wochenbett — gebraucht, um das Hormon im Harn auszuscheiden. Die Reaktion kann

---

[1] SPIELMANN, F., GOLDBERGER, M. A. u. FRANK, R. T.: J. amer. med. Assoc. **101**, 266 (1933).

aber längere Zeit positiv bleiben, *wenn in der Tube noch lebende Zotten vorhanden sind, die in Kontakt mit der mütterlichen Zirkulation stehen.* Hört dieser Kontakt auf, so wird die Reaktion negativ. Im klinischen Sinne kann die Extrauteringravidität noch bestehen, d. h. in der Tube kann das nicht mehr lebende Ei noch vorhanden sein, es kann eine Hämatocele bestehen usw., und trotzdem ist die Reaktion negativ. Das Gleiche gilt für die Uterusmole!

Für die Extrauteringravidität ist also nur der positive, nicht der negative Ausfall der Schwangerschaftsreaktion zu verwerten.

Die Diagnose „Extrauteringravidität" kann nicht durch das Laboratorium gestellt werden, hier muß der Kliniker entscheiden. Ausbleiben der Menses, Vergrößerung des Uterus, palpatorisch nachweisbare Vergrößerung der Adnexe (bzw. weicher Tumor) und positive Schwangerschaftsreaktion beweisen nicht das Vorhandensein einer Extrauteringravidität. Sämtliche Befunde finden sich auch bei der Intrauteringravidität und daneben befindlichem vergrößertem Corpus luteum graviditatis oder Corpus luteum-Cyste. Die positive Schwangerschaftsreaktion zeigt uns nur das Bestehen der Gravidität an, ob intrauterin oder extrauterin, müssen wir durch die Beobachtung der Patientin entscheiden. Von großer Wichtigkeit ist aber bei dem eben skizzierten klinischen Befund der negative Ausfall der Reaktion, weil wir dadurch die stehende Extrauteringravidität ausschließen und damit der Patientin eine längere, mit bangen Sorgen erfüllte klinische Beobachtung und die — zur Sicherung der Diagnose — häufig ausgeführte probatorische Laparotomie ersparen können. Bei Amenorrhöe, vergrößertem und weichem Uterus, Adnextumor und negativer Schwangerschaftsreaktion müssen wir an eine polyhormonale Amenorrhöe denken (s. S. 418), eine Diagnose, die durch quantitative Folliculinanalyse des Harns gestellt werden kann. Die Amenorrhöe ist in diesem Fall durch einen persistierenden cystischen Follikel oder persistierendes Corpus luteum bedingt.

Für die Diagnose der gestörten Extrauteringravidität ist die Schwangerschaftsreaktion von untergeordneter Bedeutung. Bei der akuten Blutung in die Bauchhöhle hat man keine Zeit für biologische Untersuchungen, weil man sofort operieren muß. Bei den schleichend verlaufenden Fällen von tubarem Abort (Hämatocele usw.), kann man auf die Schwangerschaftsreaktion verzichten, weil trotz negativer Reaktion infolge des Absterbens der Chorionzellen doch die klinische Indikation zur Operation bestehen kann. Hier können wir durch eine Douglaspunktion die Situation in ein paar Minuten klären und brauchen nicht auf das Ergebnis der biologischen Reaktion zu warten.

Für die Diagnose der verschleppten Extrauteringravidität kann die Feststellung der HVR I im nativen Urin (Nachweis von Prolan A) vielleicht von Bedeutung sein. Die HVR I darf an sich, wie schon häufig erwähnt, für die Graviditätsdiagnose *nicht* verwertet werden, da sie auch außerhalb der

Gravidität vorkommt (Amenorrhöe, Klimax, Tumoren usw.). Prolan A wird natürlich auch von Schwangeren ausgeschieden und nach der Eieinnistung erscheint Prolan A häufig früher im Harn als Prolan B (s. S. 362). GIANELLA[1] wies darauf hin, daß die HVR I bei verschleppter Extrauteringravidität $1^1/_2$—2 Monate nach dem vermutlichen Absterben der jungen Schwangerschaft häufig noch positiv ausfallen kann, so daß dieser Befund diagnostisch verwertet werden könne, was SPITZER[2] an 3 Fällen bestätigte. Will man die verlängerte Prolan A-Ausscheidung diagnostisch verwerten, so muß man klinisch sicher sein, daß *keine andere Ursache* die erhöhte Prolan A-Ausscheidung bedingen kann. Ich fürchte, daß manche Fehldiagnose unterlaufen wird! Der klinische Verlauf und der palpatorische Befund verbunden mit der Douglaspunktion klärt die meisten Fälle, immerhin kann die verlängerte Prolan A-Ausscheidung als ein weiteres diagnostisches Symptom verwertet werden.

Die Diagnose der „Extrauteringravidität" muß vom Kliniker gestellt werden, wobei die hormonale Reaktion für die Differentialdiagnose von Bedeutung sein kann.

8. Wertigkeit der Schwangerschaftsreaktion.

Es gibt keine biologische Reaktion, die immer richtig ist. Die WASSERMANNsche Reaktion hat über 5% Fehlresultate, trotzdem ist sie eine ausgezeichnete Methode. An eine Schwangerschaftsreaktion muß man aber besonders hohe Anforderungen stellen, hier fällt jedes Fehlresultat schwer ins Gewicht. Bei keiner diagnostischen Methode kann die Richtigkeit vom Patienten so genau nachgeprüft werden wie bei der Gravidität. So lange durch Tod der Tiere infolge Giftigkeit des Harns 6—7% der Fälle nicht zu prüfen waren, haftete der Schwangerschaftsreaktion noch ein erheblicher Nachteil an. Durch meine Ätherentgiftungsmethode (s. S. 550) ist diese Versagerquelle beseitigt, so daß jetzt praktisch jeder Harn geprüft werden kann.

Als Gesamtergebnis kann mitgeteilt werden, daß die hormonale Schwangerschaftsreaktion aus dem Harn in den Händen der verschiedensten Untersucher eine Fehlerquelle [3] von 1—2% ergeben hat, was wohl als das Optimum einer biologischen Reaktion bezeichnet werden kann.

Die Methode ist in zahlreichen Kliniken der verschiedensten Länder nachgeprüft worden. Bei der Fülle der Publikationen möchte ich von einer Einzeldarstellung Abstand nehmen. CLAUBERG[4] hat die publizierten Fälle, soweit sie auf Grund genauer Angaben eine Berechnung zu-

---

[1] GIANELLA, C.: Schweiz. med. Wschr. **1933**, Nr 26.

[2] SPITZER, W.: Zbl. Gynäk. **31**, 1815 (1934).

[3] Voraussetzung für die guten Resultate ist die exakte Untersuchung. Die Reaktion wird in verschiedenen Instituten und Apotheken in großem Umfange ausgeführt, wobei anscheinend nicht immer mit der nötigen Sorgfalt vorgegangen wird. Nur so kann ich mir erklären, daß mir von Kollegen über einige Fehlresultate berichtet wurde, die stets aus bestimmten Untersuchungsstellen stammten.

[4] CLAUBERG, C.: Ber. Gynäk. **25**, H. 4/5, 177.

lassen, zusammengestellt. Unter 13345 Reaktionen betrug die Fehlerzahl 233, d. h. 1,75%. Die Reaktion hat also in der Hand der verschiedensten Untersucher eine Sicherheit von 98,25%, was mit unseren Ergebnissen genau übereinstimmt. CLAUBERG schreibt bei seiner Zusammenstellung: „Das bedeutet für eine biologische Reaktion eine derartig geringe Fehlergrenze, wie sie günstiger nicht erwartet werden kann und soll."

Die Hauptforderung, die man an eine Schwangerschaftsreaktion stellen muß, ist die Möglichkeit der Frühdiagnose und ihre unbedingte Zuverlässigkeit. Dies dürfte für unsere hormonale Schwangerschaftsreaktion aus dem Harn zutreffen. Die Methode hat den Nachteil, daß man sie im Tierexperiment ausführen muß, daß man stets 3—4 Wochen alte infantile Mäuse vorrätig haben muß. Die Händler haben sich jetzt auf die Zucht der infantilen Mäuse so eingestellt, daß trotz des großen Bedarfs kein Mangel an Versuchstieren besteht. Da die Reaktion jetzt in den meisten Großstädten ausgeführt wird, scheint die Schwierigkeit der Tierzucht, die anfangs gegen unsere Reaktion geltend gemacht wurde, behoben zu sein.

9. Modifikationen der hormonalen Schwangerschaftsreaktion aus dem Harn.

Bei der ersten Mitteilung der hormonalen Schwangerschaftsreaktion sagte ich in meinem am 27. April 1928 gehaltenen Vortrag[1] folgendes: „Es ist das Schicksal neuer Methoden, daß sie von Nachuntersuchern modifiziert werden."

Die damals von mir geäußerte Annahme ist in den verflossenen 7 Jahren reichlich bestätigt worden. Man hat die Reaktion vielseitig modifiziert, oder besser gesagt, zu modifizieren versucht. Die meisten Versuche dürfen als nicht geglückt angesehen werden, so daß die Modifikation in der Regel nur von dem Autor selbst angewandt wird.

Zunächst das Versuchstier: Die Bedenken, daß man die Reaktion an infantilen Mäusen wegen Mangel an infantilen Mäusen schwer anstellen könne, ist durch die Verbreitung der Reaktion widerlegt worden, so daß nach dieser Richtung, wie schon oben ausgeführt, Schwierigkeiten nicht mehr bestehen.

Wie mir Herr Prof. FICKER mitteilte und auch DHARMENDRA[2] angibt, kann man in den Tropen mit Mäusen schwer arbeiten, so daß man die Reaktion an Ratten anstellen müsse. Ich habe gegen die Sicherheit der Reaktion bei Verwendung von infantilen Ratten Bedenken, weil ich schon bei meinen Hypophysenversuchen gesehen habe, daß Corpora lutea und vor allem die Blutpunkte bei der Ratte viel unregelmäßiger

---

[1] ZONDEK, B.: Klin. Wschr. 1928, Nr 30.
[2] DHARMENDRA: Indian J. med. Res. 1931, 19.

auftreten als bei der infantilen Maus. Meerschweinchen können nach meiner Erfahrung nicht benutzt werden, da die Reaktion der Ovarien hier sehr unsicher ist. Wenn Mäuse nicht zur Verfügung stehen, so soll man Kaninchen verwenden (s. S. 564).

a) *Reaktion am männlichen Tier.*

Durch Implantation von Hypophysenvorderlappen und durch Injektion von Schwangerenharn kann man die Sexualorgane von infantilen männlichen Tieren gonadotrop beeinflussen (s. S. 275). Die Hoden deszendieren, werden etwas hyperämisch, vergrößern sich aber im Kurzversuch nur unwesentlich. Besonders charakteristisch ist die Wachstumssteigerung der Samenbläschen und der Prostata (s. Abb. 87). Diese Wachstumsreaktionen schienen mir seinerzeit als Testobjekt für das gonadotrope Vorderlappenhormon bei weitem nicht so geeignet zu sein, wie die plastischen, makroskopisch so in die Augen springenden Reaktionen am infantilen Ovarium. Bei der Reaktion am männlichen Tier handelt es sich nur um eine Organvergrößerung, die auch beim Ovarium auftritt, beim Ovarium aber lösen wir daneben ganz charakteristische Neubildungen im infantilen Ovarium aus, den Blutpunkt und das Corpus luteum. Es war naheliegend, auch die Reaktion am männlichen Tier zur Schwangerschaftsdiagnose zu verwerten. So empfahlen BROUHA, HINGLAIS u. SIMONETT[1], infantilen 8—15 g schweren Mäuseböcken täglich 0,1—0,3 ccm Harn zu injizieren und die Schwangerschaftsdiagnose an der Wachstumssteigerung der Samenblasen abzulesen. BROUHA hat auch mit reifen Böcken gearbeitet und hierbei die Gewichtssteigerung der Samenblasen diagnostisch verwertet. Die Gewichtszunahme beträgt 100 mg. Zu gleicher Zeit wurde die Reaktion am männlichen Tier auch durch E. I. KRAUS[2] ausgeführt, der betonte, daß die Anwendung männlicher Tiere (Samenbläschenreaktion = SBR) zwar möglich sei, aber keine besonderen Vorteile biete. Wenn die Reaktion am männlichen Tier 8—10 Tage dauert, so dürfte damit meines Erachtens die praktische Anwendung hinfällig sein, da diese Modifikation gegenüber unserer Originalmethode keinerlei Vorteil bietet, hingegen den Nachteil hat, daß sie doppelt so lange dauert. Eine Kombination schlägt BOURG[3] vor. Man soll je einer infantilen weiblichen und männlichen Ratte 5 Tage lang je 1 ccm Harn injizieren, am Abend des 5. Tages die Tiere töten und zur Diagnose sowohl die Wachstumssteigerung der Samenblasen wie den Blutpunkt und das Corpus luteum verwerten.

---

[1] BROUHA, L., HINGLAIS u. SIMONETT, H.: C. r. Soc. Biol. Paris 1928, 99. Gynéc. et Obstétr. 1929, 20. Amer. J. Obstetr. 23 (1932).

[2] KRAUS, E. J.: Klin. Wschr. 1, 731 (1929). Med. Klin. 2, 1484 (1930). Münch. med. Wschr. 1, 214 (1932).

[3] BOURG, R.: Arch. internat. Méd. expér. 1930, 6. Le Scalp. 2, 1421; (1931). Rev. franc. Gynéc. 26, 65, 505 (1931). — Rev. franz. Endocrine 11, 1 (1931).

Ich habe den Eindruck, daß sich die Reaktion an der infantilen Maus, an der ich seinerzeit (Juli 1925) die gonadotrope Reaktion fand, auch für die Schwangerschaftsreaktion so gut bewährt hat, daß das infantile männliche Tier als Versuchsobjekt kaum in Frage kommen dürfte, es sei denn, daß jemand nur oder fast nur männliche Tiere zur Verfügung hat. Aus einer Umfrage bei verschiedenen Frauenkliniken habe ich ersehen, daß die Reaktion an Böcken äußerst selten angestellt wird. Immerhin ist die Reaktion am männlichen Tier interessant und dürfte unter gewissen Kautelen anwendbar sein. Ich würde sie nur empfehlen, wenn weibliche Mäuse und Kaninchen nicht zur Verfügung stehen.

b) *Hyperämie und Vergrößerung des Ovariums als Testreaktion.*

Seit meinem ersten Hypophysenversuch haben mich die starken Wachstumsreaktionen des Ovariums immer wieder gefesselt. Die Ovarien können an Gewicht um ein Vielfaches zunehmen, wobei besonders eindrucksvoll die durch die starke Hyperämie bedingte rote oder braunrote Verfärbung der Ovarien ist. Die ganz blassen Ovarien infantiler Tiere können in der Farbe fast den Nieren gleichen. Ich habe im Laufe der Jahre mehrfach versucht die Wachstums- und Farbreaktion der Ovarien diagnostisch zu verwerten. Ich habe die Reaktion an den Ovarien — nach Injektion von Schwangerenharn — als positiv bezeichnet, wenn neben der Vergrößerung des Ovariums eine Farbänderung vorlag, die nicht mehr wesentlich von der Farbe der Nieren abwich. Man kann diese Veränderungen schon 24—36 Stunden nach Injektion von Gravidenharn feststellen. Bei ausgedehnten Untersuchungen fand ich aber, daß die Beurteilung dieser Größen- und Farbreaktion dem subjektiven Ermessen weiten Spielraum läßt, vor allem aber stellte ich fest, daß die Vergrößerung und die durch Hyperämie bedingte Farbveränderung der Ovarien auch durch Urine ausgelöst wird, die nur die HVR I, nicht aber die HVR II und III geben. So konnte ich die beschriebenen Reaktionen auch mit Urinen von Frauen mit Myom, von Amenorrhöischen, Klimakterischen, Kastraten, alten Frauen und Carcinomatösen auslösen. Das Wesentliche der Schwangerschaftsreaktion besteht aber in der Tatsache, daß wir die HVR I (d. h. die Prolan A-Ausscheidung) zur Graviditätsdiagnose *nicht* verwerten dürfen. Ich habe weiterhin versucht den nach Injektion von Gravidenharn auftretenden erhöhten Blutgehalt der Ovarien quantitativ zu bestimmen und diagnostisch zu verwerten. Auch damit bin ich nicht weitergekommen. Ich habe diese Versuche nicht publiziert und hätte sie hier auch nicht erwähnt, wenn nicht REIPRICH[1] vor kurzem diese Methode als eine „Neue Schwangerschafts-Schnellreaktion aus dem Harn" angegeben hätte. REIPRICH injiziert Ratten im Gewicht von 40—50 g im Verlauf von 6—9 Stunden 10—14 ccm Urin. Die Reaktion ist etwa 30 Stunden nach der ersten Injektion makrosko-

---

[1] REIPRICH, W.: Klin. Wschr. 1933, Nr 37, 1441.

pisch ablesbar. Die Diagnose wird aus der starken Hyperämie und der Vergrößerung der Ovarien auf das Doppelte bis Dreifache gestellt. Die Ratte ist, wie ich schon im Beginn meiner Untersuchungen angegeben habe, prolanempfindlicher als die Maus, aber nur empfindlicher für Prolan A, hingegen unempfindlicher für Prolan B. Und hierin liegt die Schwäche der angegebenen Reaktion. Vergrößerung und Hyperämie des Ovariums wird auch durch Prolan A-haltige Harne ausgelöst, so daß eine derartige Reaktion gerade in denjenigen Fällen versagen muß, wo die Differentialdiagnose besonders wichtig ist. So habe ich die angegebenen Reaktionen auch mit Harnen von amenorrhoischen und klimakterischen Frauen sowie mit Urinen von Myomträgerinnen auslösen können.

c) *Schwangerschaftsreaktion am Kaninchen mittels intravenöser Harninjektion.*

Vergleichende Untersuchungen über die Prolanempfindlichkeit der verschiedenen Nagetiere hatten mir, wie eben ausgeführt, gezeigt, daß die infantile Maus zur Auslösung von Blutpunkten und Corpora lutea am geeignetsten ist, daß die infantile Ratte weniger geeignet und daß das infantile Meerschweinchen am ungeeignetsten ist. Versuche am Kaninchen, die ich 1928 ausführte, und über die ich am zweiten Dahlemer Abend der Kaiser Wilhelm-Gesellschaft (23. XI. 1928) berichtete[1] ergaben, daß sich das Kaninchen sehr gut zum Prolannachweis eignet, daß hier Blutpunkte und Corpora lutea in einer besonders plastischen und makroskopisch in die Augen fallenden Weise auftreten. Durch diese Befunde war die Grundlage für die Graviditätsreaktion am Kaninchen geschaffen. Es ist aber das Verdienst von FRIEDMANN[2], meine Prolanreaktion für die Schwangerschaftsdiagnose am Kaninchen praktisch verwertet zu haben, wobei besonders wichtig war, daß eine Verkürzung der Reaktionszeit durch die intravenöse Harninjektion erzielt wurde. Er benutzte zunächst geschlechtsreife Kaninchen, injizierte 6×4 ccm Harn intravenös, um nach 48 Stunden die Ovarien zu inspizieren. Hierbei zeigte sich, daß mehrere — der beim geschlechtsreifen Tiere an sich vergrößerten Follikel — bluthaltig waren, und daß auch Follikelsprung erfolgt war. Daß die Ovulation durch gonadotrope Wirkstoffe beim Kaninchen experimentell auslösbar ist, hatte schon BELLERBY[3] gezeigt.

FRIEDMANN konnte schon 18 Stunden nach intravenöser Harnzufuhr Follikelblutungen (HVR II) beim geschlechtsreifen Kaninchen erzielen. Nach dieser Zeit sind die Resultate aber noch unsicher, so daß man mehrere Tiere verwenden muß, um sie in bestimmten Intervallen nacheinander zu untersuchen, wenn das erste Kaninchen nach 18 Stunden

---

[1] ZONDEK, B.: Klin. Wschr. **1929**, Nr 4, 147. Zbl. Gynäk. **14**, 834—847 (1929).

[2] FRIEDMANN, M. H. c. s.: Proc. Soc. exper. Biol. a. Med. **1929**. Amer. J. Physiol. **90**. Amer. J. Obstetr. **21**, 405 (1931).

[3] BELLERBY, C. W.: J. of Physiol **67** (1929). Proc. roy. Soc. Lond. **32** (1929).

noch negativ reagiert. Da man geschlechtsreife Tiere nur verwenden kann, wenn sie länger isoliert gehalten werden, verwandte Schneider 12—14 Wochen alte Kaninchen, da bei diesen nicht die Gefahr bestehe, daß Follikelblutungen oder Corpora lutea spontan auftreten. Hierbei sei aber erwähnt, daß Blutpunkte auch beim infantilen und juvenilen Kaninchen spontan vorkommen können (s. S. 201). Wenn es sich hierbei auch um Ausnahmefälle handelt, so kann dadurch doch eine falsche Graviditätsdiagnose gestellt werden. Bei Verwendung geschlechtsreifer Tiere muß jedes Tier 4 Wochen isoliert gehalten werden, damit nicht Follikelsprung und Follikelblutung durch Kohabitationsversuche ausgelöst werden. Man darf zwei Weibchen nicht in einem Käfig halten, da das Reiben weiblicher Tiere zum Follikelsprung führen kann (Hammond). Die Verwendung juveniler Tiere scheint mir daher zweckmäßiger zu sein. Nur dürfen die Tiere nicht zu jung sein, da die Follikelreifung bereits fortgeschritten sein muß, wenn nicht zu lange Zeit bis zur Follikelblutung vergehen soll. So hat Dodds[1] bei vergleichenden Untersuchungen gefunden, daß die Reaktion an 1000 g[2] schweren Kaninchen 30% Versager hatte, während bei Anwendung juveniler, 12 bis 20 Wochen alter Tiere stets richtige Resultate erzielt wurden. — Wenn ich die Schwangerschaftsreaktion bei klinisch eiligen Fällen am Kaninchen ausführe, so benutze ich zwei Tiere im Gewicht[2] von 1600—1800 g. Vor dem Versuch werden die Ovarien durch einen kleinen Laparotomieschnitt inspiziert, um das spontane Vorkommen eines Blutpunktes mit Sicherheit auszuschließen. Das erste Tiere erhält 10 ccm des nativen Harns intravenös und wird nach 24 Stunden getötet. Dem zweiten Tier injiziere ich am ersten Tag 7,5 ccm intravenös, nach 24 Stunden dieselbe Harnmenge und töte das Tier erst am nächsten Tage, also 48 Stunden nach der ersten Injektion. Ich nehme zwei Tiere, weil ich nach 24 Stunden schon negative Reaktionen gesehen habe, die sich dann beim zweiten Versuchstier — also 24 Stunden später — als positiv erwiesen.

Die Verwendung von Kaninchen statt infantiler Mäuse und die intravenöse Injektion statt der subcutanen Injektion ermöglicht zweifellos eine Verkürzung der Reaktionszeit, also eine beschleunigte Schwangerschaftsreaktion. Die Methode wird, wie aus der Literatur hervorgeht, vielseitig angewandt (Brouha, Brown, Corner, Dodds, Ehrhardt, R. T. Frank, Magath-Rondall, Reinhardt-Scott, Wilson, Weyme-

---

[1] Dodds, G. H.: Brit. med. J. 1930, 3620; 1931, 3693.

[2] Anmerkung bei der Korrektur: In Palästina (subtropisches Klima) stößt die Kaninchenreaktion auf Schwierigkeiten, weil selbst bei infantilen (1000—1200 g schweren), isolierten Kaninchen Blutpunkte sontan auftreten (s. auch S. 201). Wenn bei der Laparotomie vor Anstellung der Reaktion Follikelhämatome nicht gefunden werden, so kann nach der Harninjektion zufällig ein Blutpunkt auftreten und so eine positive Reaktion vortäuschen. Diese klimatisch bedingten Follikelhämatome habe ich bei infantilen Mäusen nicht gesehen.

ERSCH, SAIKI, STRICKER u. a.). Wichtig ist, daß man mit der Kaninchenreaktion ebenfalls sehr gute Resultate erhält. So hat CLAUBERG aus der
Literatur 2281 Fälle zusammengestellt und hierbei eine Fehlerquelle von
1,1% berechnet.

Interessant sind die vergleichenden Untersuchungen, die F. E. SON-
DERN u. I. J. SILVERMAN[1] an infantilen Mäusen und juvenilen Kaninchen
in Parallelversuchen gemacht haben. Es wurden 81 Urine von Nichtschwangeren untersucht, die sowohl bei der Maus wie beim Kaninchen
ein negatives Resultat ergaben. Bei der Prüfung von Gravidenharnen
ergab sich übereinstimmend bei beiden Methoden eine Fehlerquelle von
etwa 2%. Die falschen Ergebnisse waren an der Maus aber nicht die
gleichen wie beim Kaninchen, so daß sich bei gleichzeitiger Anwendung
der infantilen Maus und des juvenilen Kaninchens als Versuchstier die
Zahl der Versager vielleicht noch weiter herabdrücken ließe, ein Vorschlag, der auch von den Autoren gemacht wurde.

Ich möchte glauben, daß eine weitere Verbesserung der Resultate
kaum möglich sein dürfte. Man muß bei jeder biologischen Reaktion
mit einer minimalen Fehlerquelle rechnen. Dazu kommt noch die Möglichkeit einer Verwechslung der Harne, die in jedem großen Laboratorium
gelegentlich passieren kann. Vor allem kann aber der Verlauf eines
klinischen Falles ein Resultat als fehlerhaft erscheinen lassen, das in
Wirklichkeit gar nicht falsch ist. Ich möchte einen Fall erwähnen, den
ich selbst während der Ausarbeitung der Schwangerschaftsreaktion beobachtet habe. Bei einer 35jährigen Patientin war die Menstruation
ausgeblieben, so daß die Frage zu entscheiden war, ob eine Gravidität
oder eine Amenorrhöe vorlag. Die Harnanlyse ergab eine positive
Schwangerschaftsreaktion. Die weitere klinische Beobachtung zeigte
aber, daß der Uterus sich nicht vergrößerte, so daß eine Gravidität
klinisch ausgeschlosen werden konnte. Die Harnuntersuchung fiel jetzt
negativ aus. Die einige Wochen vorher festgestellte positive Reaktion
mußte als ein Versager aufgefaßt werden und wurde seinerzeit als
solcher schon gebucht. Einige Zeit später suchte mich die Patientin
wieder auf, weil sie leichte Blutungen hatte. Die jetzt ausgeführte Curettage ergab ein altes abgestorbenes Ei (Mole). Hier hatte also eine
Schwangerschaft bestanden, infolgedessen war die erste Reaktion positiv. Das Ei war dann abgestorben, und blieb im Uterus liegen, die Reaktion wurde negativ. Hätte ich nicht selbst die Patientin so lange Zeit
beobachtet, so hätten wir unbedingt eine fehlerhafte Graviditätsreaktion
annehmen müssen. Ich erwähne diesen Fall, um zu zeigen, daß die hormonale Reaktion zuweilen als Versager aufgefaßt werden kann, während
in Wirklichkeit die klinische Diagnostik versagt. Ich habe im Verlaufe
der letzten Jahre über 100 Fälle meiner Privatpraxis beobachtet, bei
denen ich den klinischen Verlauf verfolgte und die Schwangerschafts-

---

[1] SONDERN, F. E. a. SILVERMAN, I. J.: Amer. J. clin. Path. **3** (1933).

reaktionen an der infantilen Maus selbst kontrollierte. In diesen Fällen habe ich keinen Versager erlebt. Dies hat mich in der Auffassung bekräftigt, daß eine weitere Verbesserung der hormonalen Schwangerschaftsreaktion nicht möglich sein dürfte.

Wenn ich selbst die Reaktion an der infantilen Maus bevorzuge, so geschieht dies vielleicht deshalb, weil ich an diesem Versuchstier seinerzeit die gonadotrope Reaktion erstmalig gefunden habe, dann aber auch, weil die Verwendung von Mäusen bequemer und billiger ist als von Kaninchen[1]. Ich möchte aber nochmals betonen, daß die Reaktion am Kaninchen den Vorteil bietet, daß man die Diagnose früher stellen kann als bei der Maus.

d) *Schwangerschaftsreaktion beim Kaltblüter.*

1. *Reaktion beim Xenopus laevis.* Neuerdings wird die Schwangerschaftsreaktion auch beim Kaltblüter auszuführen versucht. In eigenen S. 286 mitgeteilten Untersuchungen konnte bei Moorfröschen (Rana fusca) und bei grünen Wasserfröschen (Rana esculenta) durch Prolan eine Brunsterscheinung nicht ausgelöst werden. Die Eier traten trotz mehrtägiger Prolanbehandlung nicht in den unteren Teil des MÜLLERschen Ganges, den sogenannten Uterus, ein. Hingegen konnte HOGBEN[2] durch Injektion von Hypophysenvorderlappenextrakten (Prosylan) bei der südafrikanischen Kröte (Xenopus lævis) die Ovulation auslösen. Wenn die Versuchstiere bei einer Temperatur von 20—25°C gehalten werden, genüge eine einzige Injektion in den Lymphsack, um bei den meisten Tieren innerhalb von 9, häufig schon nach 6 Stunden, die Ovulation mit Austreten zahlreicher Eier durch die Kloake herbeizuführen. Diese gonadotrope Wirkung beim Xenopus laevis benutzt BELLERBY[3] zur Schwangerschaftsreaktion. Stammt der Urin von einer Frühgravidität, so wendet BELLERBY meine S. 548 beschriebene Fällungsreaktion (FSR) an, wobei der Urin 10fach konzentriert wird, so daß 1 ccm der gewonnenen Lösung das Prolan aus 10 ccm Harn enthält. Ist die Gravidität mindestens 4 Wochen alt, so wird der native Harn (1 ccm) injiziert. Zu jedem Versuch werden 10 Tiere benutzt. Die Reaktion wird als positiv angesehen, wenn die Ablage der Eier innerhalb von 9 Stunden bei mindestens 5 Kröten auftritt. Mit dem gleichen Versuchstier arbeiten auch SHAPIRO u. ZWARENSTEIN[4], die den Urin nach meinen Angaben zuerst mit Äther entgiften (s. S. 550) und dann mit Alkohol fällen (Fällungsreaktion S. 236 u. 416). Das wäßrige Extrakt wird 5 Kröten injiziert, und die Reaktion als positiv gewertet, wenn der Austritt der makroskopisch sichtbaren Eier durch die Kloaken im Verlauf von 12—18 Stunden bei Zimmertemperatur (18°C)

---

[1] Im subtropischen Klima (Palästina) ist die Mäusereaktion der Kaninchenreaktion m. E. überlegen (s. S. 565).
[2] HOGBEN, L. T.: Proc. roy. Soc. S. Africa **1930**, March.
[3] BELLERBY, C. W.: Nature (Lond.) **133**, 494 (1934).
[4] SHAPIRO, H. A. u. ZWARENSTEIN, H.: Nature (Lond.) **133**, 762 (1934).

erfolgt.. Bei Erhöhung der Außentemperatur auf etwa 27° C kann die Ovulation sogar schon nach 5—6 Stunden erfolgen. Werden die Eier nicht ausgestoßen, so werden die Tiere getötet, um das Austreten von Eiern in die Oviducte festzustellen. Eier in den Oviducten gelten als positiver Test. Die Tiere können mehrmals zur Reaktion gebraucht werden. Während Bellerby angibt, daß die Versuchstiere längere Zeit im Laboratorium gehalten werden können, weisen Shapiro u. Zwarenstein besonders darauf hin, daß die Kröten nicht länger als 3—4 Wochen im Laboratorium bleiben dürfen, weil sie allmählich für das Harnprolan unempfindlicher werden, so daß fehlerhafte Resultate vorkommen können. Wenn dies zutrifft, so würde die Ausführung der Reaktion nur den Laboratorien möglich sein, die stets frisches Tiermaterial erhalten können, was sich praktisch kaum durchführen läßt. Die Autoren geben an, daß die Ovulation beim Xenopus in der Gefangenschaft spontan nicht auftritt. Herr Prof. Nils Holmgreen vom Zootomischen Institut der Universität Stockholm hat mir mitgeteilt, daß die in seinem Laboratorium schon seit mehreren Jahren befindlichen Kröten (Xenopus laevis) in den Sommermonaten regelmäßig ovulieren, wenn man sie in einem günstigen Milieu hält (großes Aquarium, Licht). Ich habe eine Fülle von Xenopuslarven im Laboratorium von Prof. Holmgreen gesehen. Da die Ovulation, d. h. der zur Schwangerschaftsreaktion benutzte Test, also auch spontan vorkommt, muß man die Reaktion am Xenopus doch mit Vorsicht beurteilen. Die weitere Erfahrung wird lehren, ob diese Reaktion bei Massenuntersuchungen zuverlässige Resultate gibt.

2. *Melanophorenreaktion beim Frosch.* Konsuloff[1] glaubt die Melanophorenexpansion beim Frosch (Rana esculenta und temporaria) als Schwangerschaftsreaktion anwenden zu können. Um den Effekt möglichst zu steigern, wurden hypophysektomierte Frösche benutzt, da die Tiere nach Entfernung der Hypophyse dauernd hell bleiben. Handelt es sich um eine Frühschwangerschaft, so werden zunächst 2,5 ccm, $^1/_2$ Stunde später nochmals 1—1,5 ccm Harn je nach Größe des Tieres, in den Lymphsack injiziert. Bei fortgeschrittener Gravidität genügt die einmalige Injektion von 2,5 ccm Urin. Bei positiver Reaktion wird zuerst die Rückenfläche viel dunkler, besonders charakteristisch ist das Auftreten bzw. Deutlicherwerden der relativ großen Punkte oder Flecke an der Bauchseite. Die durch die maximale Melanophorenexpansion bedingte Farbveränderung tritt sehr schnell ein, so daß die Reaktion schon nach einer halben, spätestens nach 2 Stunden abgelesen werden kann. Die Melanophorenexpansion ist nach meinen Erfahrungen, wie im II. Kapitel des Anhangs ausführlich berichtet wird, eine von so vielen Faktoren (z. B. p_H-Gehalt) abhängige Reaktion, daß ich diese Methode zum Schwangerschaftsnachweis skeptisch beurteile, dies um so mehr, als die Produktion des Melanophorenhormons in der Gravidität nicht erhöht ist (s. S. 600).

---

[1] Konsuloff, St.: Klin. Wschr. **21**, 776 (1934).

e) *Schwangerschaftsdiagnose aus eingetrocknetem Blut und Leichenblut.*

Die Frage, ob man aus eingetrocknetem Blut und Leichenblut fest-stellen kann, daß das Blut von einer Schwangeren stammt, hat nach GORONCY[1] forensisches Interesse. Der Autor hat diesbezügliche Unter-suchungen gemacht und mich seinerzeit zu derartigen Experimenten angeregt. In Übereinstimmung mit GORONCY kann ich sagen, daß auch eingetrocknetes Blut die Graviditätsreaktion geben kann. Zur Aus-führung der Reaktion ist es notwendig das Blut abzukratzen, falls es sich auf einer *festen* Unterlage befindet. Ich empfehle das Blutpulver in Aqua dest., oder besser in 0,02% NaOH, aufzunehmen und 1—2 Stun-den im Schüttelapparat zu schütteln. Ist das Blut an einem Tuch ein-getrocknet (Hemd, Laken), so muß man dieses in kleinste Stücke schnei-den, diese mehrere Stunden mit Aqu. dest. oder 0,02 °/₀ NaOH extrahieren und das Extrakt infantilen Mäusen injizieren. GORONCY wandelt das Trockenblut durch Einfrieren mit Kohlensäureschnee und plötzliches Auf-tauen in ein injizierbares Extrakt um, ein Verfahren, das komplizierter ist als die eben angegebene Extraktion. Die Kaninchenmethode erwies sich mir für diese Versuche als ungeeignet, da die Tiere nach der intra-venösen Injektion des aus eingetrocknetem Blut hergestellten Extraktes häufig sterben. Nur das positive Versuchsergebnis darf verwertet werden. Das Blut kann von einer Graviden stammen, die zur Verfügung stehende Blutmenge kann aber zu gering, oder schon zu lange angetrocknet sein, so daß die Reaktion negativ ausfällt. Aber auch bei positivem Ergebnis wird man bei der forensischen Beurteilung die nötige Vorsicht walten lassen müssen, da die Reaktion — wenn auch äußerst selten — bei Nicht-schwangeren (Carcinom, hypophysäre Störung) positiv sein kann.

Dem Vorschlag statt des Urins prinzipiell Blut oder Serum für die Schwangerschaftsreaktion zu verwenden (BROWN[2], HOFMANN[3]) kann ich nicht zustimmen. Ich sehe nicht ein, weshalb man einer Patientin Blut entnehmen soll — nach HOFMANN sind 12 ccm Serum aus 25 ccm Blut notwendig — wenn man eine Reaktion mit dem Harn anstellen kann. Die Verwendung von Blut kommt meines Erachtens nur in Frage, wenn man in einem bestimmten Fall Urin nicht erhalten kann, was praktisch kaum vorkommt.

f) *Chemische Schwangerschaftsreaktion.*

α) *Beim Menschen.* Die biologische Schwangerschaftsreaktion hat den Nach-teil, daß sie am Tier ausgeführt werden muß, wodurch der Apparat eines Labo-ratoriums notwendig wird. Die vielfach angegebenen chemischen Graviditäts-reaktionen haben bisher versagt. Über neue in dieser Richtung unternommene Versuche sei kurz berichtet. VOGE[4] berichtet 1929 über die Anwendbarkeit der

---

[1] GORONCY: Dtsch. med. Wschr. **1932**, Nr 17.
[2] BROWN, T. K.: Amer. J. Obstetr. **23** (1932).
[3] HOFMANN, H.: Zbl. Gynäk. **1932**, 2534.
[4] VOGE: Brit. med. J. **2**, 928 (1929). Proc. roy. Soc. Med. **23**, 638 (1930).

KNOOPschen Bromwasserreaktion zur Schwangerschaftsdiagnose, wobei er vermutet, daß diese Reaktion durch die Anwesenheit von Histidin im Gravidenharn bedingt sei. Die Methode besticht durch ihre Einfachheit. Man fügt zu 2,5 ccm Harn 1 ccm einer verdünnten Bromwasserlösung und erhitzt die Mischung. Orangerote bis rote Verfärbung zeigt die positive Reaktion an, bei negativer Reaktion bleibt die ursprüngliche Farbe bestehen. Daß Histidin neben anderen Aminosäuren im Gravidenharn in erhöhter Menge ausgeschieden wird, hatte HONDA[1] schon 1923 mitgeteilt. ARMSTRONG u. WALKER[2] konnten aus 1 Liter Harn 20 mg Histidinchlorhydrat isolieren.

Ich habe die von VOGE angegebene Methode in 100 Fällen nachgeprüft. Die Fehlerquellen sind so groß, daß diese Reaktion für die Schwangerschaftsdiagnose nicht zu verwerten ist. Man findet positive Reaktionen mit Harnen von Nichtschwangeren und negative Reaktionen mit Schwangerenharn. REGINE KAPELLER-ADLER[3] fand, daß man die genannte Bromwasserreaktion im nativen Harn im allgemeinen gar nicht anstellen könne, weil die Harnphosphate diese Umsätze merklich stören oder sie manchmal ganz verhindern. KAPELLER-ADLER empfiehlt den Frühurin zunächst mit einer gesättigten Barytlösung von Phosphaten zu befreien, dann den Niederschlag abzufiltrieren und das überschüssige Baryt aus dem Filtrat durch Schwefelsäure zu entfernen. Es wird eine Methode zur colorimetrischen Histidinbestimmung angegeben, die auf einer Umbildung der KNOOPschen Bromwasserreaktion beruht. Histidin liefert, mit einer Bromessigsäurelösung vorsichtig in Retion gebracht, und hierauf mit einem bereitgehaltenen Ammoniak-Ammoncarbonatgemisch umgesetzt, beim Erwärmen eine tiefblau-violette Färbung. Die Methode soll 50mal so empfindlich sein wie die KNOOPsche Bromwasserreaktion. Mit dieser Methode wurden rund 300 Fälle untersucht und hierbei festgestellt, daß die Histidinausscheidung im Harn (6—74 mg%) für die Gravidität spezifisch sei. Da die Untersuchung eines Harns nur 30 Minuten dauert, so wäre damit eine einfache chemische Schwangerschaftsreaktion geschaffen. Bei der Nachprüfung konnten aber die von KAPELLER-ADLER angegebenen guten Resultate (3% Fehler) nicht bestätigt werden. OHLIGMACHER[4] untersuchte Harne von 76 Schwangeren und erhielt 30mal negative Resultate, also eine Fehlerquelle von 39,5%. LOUROS[5] prüfte den Wert der Reaktion an 210 Fällen. Bei Harnen von Graviden betrug die Fehlerzahl 31%, bei Nichtgraviden 38%. Harn von klimakterischen Frauen gab fast ausnahmslos eine positive Reaktion. Nach diesen Untersuchungen ist die auf dem Nachweis der erhöhten Histidinausscheidung beruhende Graviditätsreaktion so unsicher, daß sie praktisch nicht verwertbar ist.

β) Bei der Stute. Die von mir angegebene hormonale Graviditätsreaktion aus dem Harn der Stute (s. S. 572) beruht auf dem biologischen Nachweis der stark erhöhten Folliculinausscheidung. CUBONI[6] versuchte, die biologische Methode durch den chemischen Nachweis des Folliculins zu ersetzen. Er benutzte hierbei die von H. K. WIELAND, W. STRAUB u. T. DORFMÜLLER (1929) beschriebene Reaktion, bei der eine grüne Fluorenscenz auftritt, wenn man folliculinhaltige Extrakte mit konzentrierter Schwefelsäure behandelt. Dieselbe Reaktion ist auch mit Trihydroxyoestrin (MARRIAN) auslösbar. S. Ko-

---

[1] HONDA: J. of Biochem. **2**, 351 (1923). Ber. Physiol. **32**, 598 (1925).
[2] ARMSTRONG u. WALKER: Biochem. J. **26**, 143 (1932).
[3] KAPELLER-ADLER, R.: Biochem. Z. **264**, 131 (1933). Klin. Wschr. **1**, 21 (1934). Wien. klin. Wschr. **6**, 168 (1934).
[4] OHLIGMACHER: Klin. Wschr. **30**, 1078 (1934).
[5] LOUROS, N. C.: Klin. Wschr. **32**, 1156 (1934).
[6] CUBONI, C.: Klin. Wschr. **8**, 302 (1934); **19**, 703 (1934).

BER hat eine Modifikation der Reaktion beschrieben, die auch gleichzeitig eine quantitative Auswertung des Folliculins erlaubt.

Wird zum Trockenrückstand des Benzolextraktes eines angesäuerten und gekochten Stutenharns konzentrierte Schwefelsäure zugesetzt, so tritt nach CUBONI die grüne Fluorescenz auf, wenn der Harn von einem trächtigen Tier stammt. Diese einfache Methode ergab bei 35 tragenden Stuten stets ein positives Ergebnis, allerdings wurde nur der Harn von fortgeschrittener Gravidität (6.—8. Monat) untersucht. Bei nichtträchtigen Stuten, beim Wallach und beim Hengst war die Reaktion stets negativ.

Ohne die Reaktion nachgeprüft zu haben, möchte ich meine Bedenken äußern. CUBONI erhielt mit Hengstharn negative Ergebnisse und führt dies als Beweis der Spezifität der chemischen Reaktion zum Folliculinnachweis an. Wie wir jetzt wissen, enthält der Hengstharn noch größere Mengen von α-Folliculin als der Harn trächtiger Stuten (s. S. 113). Wenn die chemische Reaktion auf dem Nachweis des Folliculins beruhen soll, so hätte CUBONI mit dem Hengstharn positive Resultate erhalten müssen. Seine negativen Ergebnisse geben zu denken.

B. Die hormonale Schwangerschaftsreaktion aus dem Harn beim Tier.

a) *Beim Affen.* Wir haben gesehen, daß die gonadotropen Vorderlappenhormone beim Affenweibchen in genau der gleichen Weise im Harn ausgeschieden werden wie bei der Frau (s. S. 363). Wir können daher die Gravidität beim Affenweibchen mit der gleichen Methodik wie bei der Frau feststellen. Nachweis der HVR II bzw. III im Harn. Dies gilt sowohl für die Menschenaffen wie für die niederen Affen.

b) *Beim Pferd.* Die Massenausscheidung des Prolans in der Gravidität tritt nur beim Affen, nicht bei anderen Tieren auf. Wir haben (s. S. 363) Harn von trächtigen Mäusen, Ratten, Kaninchen, Kuh, Schwein, Dachs, Reh und Elefant untersucht, ohne daß wir in ihnen Prolan finden konnten. Auch Konzentrationsversuche[1] mit Fällung des Prolans aus 25 ccm Harn trächtiger Schweine und Kühe führten zu negativem Ergebnis. Aus der Tatsache, daß die gonadotropen Hormone nur beim Menschen und Affen in der Schwangerschaft vermehrt ausgeschieden werden, schlossen wir seinerzeit, daß diese besonderen hormonalen Verhältnisse auf die hämochoriale Placentation der Primaten zurückzuführen seien. Dieser Schluß erweist sich jetzt als nicht mehr haltbar, nachdem sich gezeigt hat, daß auch beim trächtigen Pferd eine Überproduktion und Überschwemmung des Organismus mit gonadotropen Vorderlappenhormonen auftritt. Das Pferd hat keine hämochoriale Placenta, sondern ebenso wie das Schwein und die Kuh eine Haftplacenta. Warum nun gerade beim Menschen, Affen und dem Pferd, nicht aber bei anderen Säugetieren in der Gravidität eine Überproduktion der gonadotropen Hormone auftritt, entzieht sich völlig unserer Kenntnis. Die S. 113 mitgeteilten Hormonbefunde beim Hengst beweisen, daß die Massen-

---

[1] ZONDEK, B.: Dtsch. med. Wschr. Nr 8, 1930.

produktion und Massenausscheidung von Folliculin garnicht an die Gravidität gebunden ist.

Das Studium der qualitativen und quantitativen Hormonverhältnisse beim trächtigen Pferd (s. S. 365) führte mich zu folgenden interessanten Ergebnissen[1]:

1. Im *Blut* der trächtigen Stute fand ich Folliculin (800 ME pro Liter Serum).

2. Das Follikelreifungshormon (Prolan A) tritt im Blut in sehr wechselnden Mengen auf. Ich konnte durchschnittlich 2000 RE pro Liter Serum nachweisen.

3. Luteinisierungshormon (Prolan B) fand ich durchschnittlich 1000 ME pro Liter Serum.

Ganz anders sind die Hormonverhältnisse *im Harn* der trächtigen Stute. Hier fand ich:

1. Folliculin in sehr großen Mengen, durchschnittlich 100000 ME pro Liter Harn.

2. Follikelreifungshormon (nachgewiesen durch die Fällungsmethode S. 416). = 800 RE A pro Liter Harn.

3. Luteinisierungshormon (B) wird im Harn nicht ausgeschieden.

Während beim Menschen und Affen die im Übermaß produzierten, im Blute kreisenden Hormone in der Schwangerschaft im Harn ausgeschieden werden, tritt beim Pferd im wesentlichen nur das Folliculin und geringe Mengen Prolan A (5—10%), nicht aber Prolan B in den Harn über. Worauf diese grundlegenden Unterschiede zurückzuführen sind, vermag ich nicht zu sagen. Die Tatsachen scheinen mir sehr bemerkenswert.

Meine Studien über das Follikelreifungshormon haben mich zum Studium der hormonalen Verhältnisse beim Pferd geführt. Ich fand, daß Prolan A beim Aufhören der Ovarialfunktion (Klimakterium), insbesondere bei der Kastration in erhöhtem Maße im Harn ausgeschieden wird (s. Kap. 43). Als ich den Urin kastrierter Tiere prüfte, stellte ich einen Unterschied bei verschiedenen Tierärten fest. Während das Follikelreifungshormon im Harn kastrierter Mäuse nicht nachweisbar ist (s. S. 436), fand ich es zuweilen bei kastrierten Ratten, viel häufiger aber beim kastrierten Pferd (Wallach). Dieser Befund führte mich dazu, mich mit den hormonalen Verhältnissen beim Pferd näher zu beschäftigen, wobei ich zu meinem Erstaunen die großen Hormonmengen im Harn von graviden Stuten fand.

Ich hielt die großen Hormonmengen (100—400000 Einheiten und mehr pro Liter) zuerst für Follikelreifungshormon, weil das Hormon sich auch im Harn nachweisen ließ, den ich mehrfach mit großen Äthermengen ausgeschüttelt hatte. Ich überzeugte mich aber davon, daß es sich nicht um Follikelreifungshormon handeln kann, da auch im

---

[1] ZONDEK, B.: Klin. Wschr. **49**, 2285 (1930).

gekochten Harn fast die gleichen Hormonmengen nachweisbar waren. Da das gonadotrope Hormon durch Kochen zerstört wird, konnte die bei der infantilen Ratte erzeugte Brunstreaktion nicht durch Prolan A bedingt sein. Als ich das Hormon aus dem Harn auszufällen versuchte (Alkoholfällungsmethode), erhielt ich pro Liter Harn nur noch 5—10% Ausbeute. Dadurch war bewiesen, daß das im Harn der trächtigen Stute vorkommende brunstauslösende Hormon nur zum kleinsten Teil (5—10%) Follikelreifungshormon, zum größten Teil aber (90—95%) Folliculin ist.

Die großen Hormonmengen waren, wie eben gesagt, auch in dem mit Äther geschüttelten Harn nachweisbar. Es besteht demnach ein charakteristischer Unterschied gegenüber dem Hormon im Harn schwangerer Frauen. Schüttelt man diesen mit Äther, so geht das Folliculin vollständig oder zum größten Teil in den Äther über. *Das im Harn trächtiger Stuten*[1] *vorhandene Folliculin geht aber nicht in organische Lösungsmittel*[2] *wie Äther und Benzol über* (s. S. 81 bis 83).

Die quantitativen Untersuchungen ergeben, daß die Folliculinwerte im Harn der trächtigen Stute rund 100mal so hoch sind als im Blut. *Der gravide Organismus ist bestrebt, das für die Schwangerschaft produzierte, aber nicht verwendete Follikelhormon (Folliculin) möglichst schnell aus dem Organismus zu entfernen. Dies gilt in gleicher Weise für Mensch und Pferd.*

Während, wie oben auseinandergesetzt, die gonadotropen Hormone (A und B) nur im Harn der graviden Frau und des trächtigen Affenweibchens, das Follikelreifungshormon (A) auch beim trächtigen Pferd vorkommt, wird Folliculin in der Gravidität nicht nur beim Menschen, Affen und Pferd, sondern z. B. auch bei der Kuh ausgeschieden. Allerdings sind die Hormonmengen bei der Kuh gering. Sie betragen durchschnittlich 500 ME pro Liter (s. S. 77, 364 u. 389). Da die Kuh auch außerhalb der Schwangerschaft Folliculin im Harn ausscheidet, kann der relativ geringe Hormonanstieg in der Gravidität diagnostisch nicht verwertet werden. Anders liegen die Verhältnisse beim Pferd. Der Harn nicht belegter und güster (= belegt, aber nicht befruchtet) Stuten enthält pro Liter Harn 300—800 ME Folliculin, der Harn trächtiger Stuten hingegen 100 000 ME, somit in der Gravidität eine Steigerung um über das 100fache. Diese starke Folliculinausschwemmung benutzte ich zur Graviditätsdiagnose beim Pferd.

Die hormonale Schwangerschaftsreaktion beim Pferd beruht auf dem Nachweis des Follikelhormons (Folliculin) und des Follikelreifungshormons (Prolan A).

---

[1] Die Verhältnisse im Hengstharn sind S. 117 angegeben.

[2] Betreffs des ätherlöslichen Hemmungsstoffes im Pferdeharn sei auf S. 82 verwiesen.

Bei dem diagnostischen Hormonnachweis spielt das Folliculin die Hauptrolle (etwa 90—95%), das Follikelreifungshormon nur eine Nebenrolle. Das Verhältnis der beiden Hormone zueinander ist allerdings nicht unerheblichen Schwankungen unterworfen.

Die Graviditätsreaktion führe ich an infantilen Ratten aus. Die Trächtigkeit wird durch das Auftreten der Brunstreaktion diagnostiziert, die sich im Wachstum des Uterus, vor allem aber im Aufbau der Scheidenschleimhaut und Auftreten des reinen Schollenstadiums im Scheidensekret äußert.

Die Brunstreaktion wird bekanntlich durch das Follikelhormon (Folliculin) und durch Prolan A ausgelöst. Wenn wir also nach Einspritzen von Harn trächtiger Stuten die Brunstreaktion bei der infantilen Ratte erzielen, so kann diese sowohl durch Folliculin wie Prolan A ausgelöst sein.

Zwischen der hormonalen Schwangerschaftsreaktion aus dem Harn beim Menschen und Pferd besteht demnach ein grundlegender Unterschied: *Die Graviditätsdiagnose beim Menschen beruht auf dem Nachweis der HVR II und III, während die durch Folliculin bzw. durch Follikelreifungshormon (HVR I) bedingte Brunstreaktion für die Graviditätsdiagnose bei der Frau nicht verwertet werden darf. Im Gegensatz dazu ist beim Pferd gerade die durch Folliculin bzw. Follikelreifungshormon bedingte Brunstreaktion für die Graviditätsdiagnose ausschlaggebend.*

Hierbei sei erwähnt, daß Küst und Grawert[1] in Anlehnung an unsere Arbeiten den Versuch gemacht haben, durch Nachweis des Follikelhormons die Gravidität beim Pferd zu diagnostizieren. Sie fanden, daß der Folliculingehalt im Harn trächtiger Stuten 2—3 ME pro Kubikzentimeter beträgt, während im Harn güster Stuten nur 1 ME nachweisbar ist. Eine Stute sei als sicher tragend zu bezeichnen, wenn der Harn 2 Monate nach dem letzten Decktermin einen Gehalt von 2 und mehr ME, 3 Monate nach dem letzten Decktermin einen Gehalt von 3 und mehr ME Folliculin enthalte. Die Diagnose ist positiv, wenn bei mehreren, in etwa 3—4wöchigen Abständen — nach dem letzten Decktermin — vorgenommenen Prüfungen eine deutliche Zunahme des Gehaltes an Folliculin festzustellen sei. Die Diagnose sei negativ, wenn 4 Monate nach dem letzten Decktermin nicht mehr als 1,5 ME Folliculin in 1 ccm Harn vorhanden ist.

Zur Diagnose müssen also mehrmalige Hormonuntersuchungen in mehrwöchigen Abständen ausgeführt werden, so daß Küst und Grawert bei 14 graviden Stuten 5mal erst 4—7 Monate nach dem letzten Decktermin die Gravidität durch hormonale Harntitration feststellen konnten.

Eine biologische Reaktion auf so geringe quantitative Hormonunterschiede (1 bzw. 3 Einheiten) zu gründen, ist nach meiner Erfahrung nicht möglich, da die Fehlerquellen bei derartigen Hormontitrationen durch Streuung zu groß sind.

Im übrigen muß man von einer biologischen Schwangerschaftsreaktion verlangen, 1. daß sie früher die Gravidität anzeigt, als dies

---

[1] Küst u. Grbwert: Tierärztl. Rdsch. 1930, Nr 3.

durch klinische Untersuchung möglich ist, 2. daß die Diagnose durch eine *einmalige* biologische Untersuchung gestellt werden kann. Diese Bedingungen treffen für meine Schwangerschaftsreaktion zu, die, das sei noch einmal wiederholt, auf dem Nachweis des Follikelhormons[1] *und* des Follikelreifungshormons (Prolan A) im Harn des Pferdes beruht.

KÜST und GRAWERT haben im Harn trächtiger Stuten 3—4 ME Folliculin pro Kubikzentimeter Harn gefunden. In Wirklichkeit sind aber 100—400 ME pro Kubikzentimeter vorhanden. Nur diese so große — um das 100fache — durch die Gravidität bedingte Steigerung der Hormonausscheidung ermöglicht die biologische Reaktion. Ich habe die großen Folliculinmengen dadurch gefunden, daß ich gleich beim ersten Versuch einen mit Äther ausgeschüttelten Harn untersucht habe, wodurch ich unbewußt Hemmungsstoffe im Pferdeharn (s. S. 82) beseitigt hatte. Das Vorhandensein des Follikelreifungshormons (Prolan A) im Harn trächtiger Stuten war KÜST und GRAWERT entgangen.

Der stark alkalische Pferdeharn wirkt bei infantilen Nagetieren häufig sehr toxisch. Die Harneinspritzungen werden aber gut vertragen, wenn man den Harn mittels Äther (s. S. 550) entgiftet. In den Äther gehen nur die Giftstoffe, nicht das Prolan A über. Beim Pferdeharn tritt, wie vorher auseinandergesetzt, auch das sonst in organischen Lösungsmitteln so leicht lösliche Folliculin beim Schütteln mit Äther in diesen nicht über (beim Frauenharn ist dies der Fall). *Wir erreichen also durch Schütteln des Pferdeharns mit Äther eine Entgiftung und Entfernung von Hemmungsstoffen, ohne daß der Gehalt des Urins an Folliculin und an Follikelreifungshormon (Prolan A) verringert wird!*

Technik der hormonalen Schwangerschaftsreaktion beim Pferd.

Am besten verwendet man den früh vor der Fütterung aufgefangenen Urin der Stuten. Der stark alkalische Harn wird mit Eisessig bis zur schwach lackmussauren Reaktion angesäuert und filtriert. Jetzt wird der Harn mit der 4—5fachen Menge Äther pro narcosi 5 Minuten im Schüttelkolben tüchtig geschüttelt. Der im Kolben unten stehende Harn wird abgelassen und für einige Stunden an das offene Fenster gestellt, damit der Äther verdampft. Der Harn darf noch etwas nach Äther riechen.

Die Reaktion wird an 4—5 Wochen alten, 25—35 g schweren infantilen Ratten ausgeführt (bei infantilen Mäusen wirkt der Pferdeharn giftiger als bei der Ratte). Die Reaktion wird an der infantilen Ratte ausgeführt, weil beim infantilen Tier die Folliculin- *und* Prolan A-Wirkung bei der Brunstreaktion[1] zum Ausdruck kommen. Zu jedem Versuch werden 5 infantile Ratten verwendet, da es trotz Entgiftung bei sehr toxischen Harnen vorkommen kann, daß ein Tier stirbt.

Die Tiere erhalten folgende Harnmengen subcutan:

$$\text{Tier } 1—3 \quad = 6 \times 0{,}05 \text{ ccm}$$
$$\text{,,} \quad 4 \text{ und } 5 = 6 \times 0{,}1 \quad \text{,,}$$

---

[1] Man kann sich auch mit dem Nachweis des Folliculins begnügen und die Reaktion an der kastrierten geschlechtsreifen Maus ausführen.

Beginnen wir die Versuche am Montag, so erhalten die Ratten um 10 und 17 Uhr je 0,05 bzw. 0,1 ccm, am Dienstag um 9, 13 und 17 Uhr die gleichen Harnmengen, am Mittwoch um 9 Uhr die letzte Harninjektion (je 0,05 bzw. 0,1 ccm). Am Mittwoch Abend beginnt man mit den Scheidenabstrichen, die am Donnerstag früh und abends sowie Freitag früh wiederholt werden.

Die Gravidität wird am Scheidenabstrich diagnostiziert, und zwar am Auftreten des reinen Schollenstadiums. Es genügt, wenn die Schollenreaktion bei *einem* Tier positiv ist, meist zeigen alle 5 Ratten das Schollenstadium.

Die durch Harn trächtiger Stuten ausgelöste Wachstumssteigerung (Folliculin, Prolan A) des Uterus infantiler Nagetiere ist sehr wechselnd, so daß sie diagnostisch für die Graviditätsreaktion *nicht* verwertet werden kann.

Bleibt die Brunstreaktion aus, bleibt im Scheidenabstrich das Schleimsekret bestehen, so ist die Graviditätsreaktion negativ.

Ergebnis. Ich habe Harn von 80 Stuten[1] untersucht.

1. Im Harn von 9 nicht belegten Stuten war die Graviditätsreaktion negativ.

2. Im Harn von 17 güsten Stuten (belegt, aber nicht befruchtet) war die Graviditätsreaktion 16mal negativ, 1mal positiv. Diese Fälle sind besonders wichtig. Vom Gestüt (Trakehnen) war mir nur der Decktermin, nicht die klinische Diagnose mitgeteilt worden.

3. Im Harn von 54 graviden Stuten war die Graviditätsreaktion 53 mal positiv, 1 mal negativ. Bei dem Fehlresultat handelte es sich um eine Gravidität am 91. Tag nach der Deckung.

Unter 80 Fällen demnach 2 Fehlresultate = 2,5%.

Ich habe Harne vom 74.—260. Tage nach der Deckung untersucht (das Pferd trägt rund 320 Tage). Harn von jüngeren Graviditäten stand mir nicht zur Verfügung,

Die Reaktion ist auch bei den dem Pferd nahestehenden Tieren (Esel, Zebra), d. h. bei den Equiden, nicht aber bei anderen Säugetieren anwendbar.

Meine Graviditätsreaktion beim Pferd ist inzwischen nachgeprüft und bestätigt worden. SCHÄPER[2] untersuchte 31 Harne (13 gravide,

---

[1] Bei den Hormonuntersuchungen am Pferd (Blut, Harn), die ich an 1300 Nagetieren ausgeführt habe, hat mich mein Assistent, Herr Dr. GRUNSFELD, unterstützt.

Das Material zu den Untersuchungen ist mir in liebenswürdigster Weise vom Gestüt in Trakehnen überlassen worden. Ich möchte an dieser Stelle den Herren Gestütsveterinärräten Dr. FISCHER und Dr. SCHWERDTFEGER für ihre Mitarbeit bestens danken.

Auch Herrn Dr. SCHAEPER (Tierzüchtungsinstitut Klein-Ziethen) und Herrn Dr. KUNZE (Tierärztliches Institut Königsberg) bin ich für Materialüberlassung zu Dank verpflichtet.

[2] SCHÄPER: Klin. Wschr. **1931**, 1905.

18 nicht trächtige Stuten) und erhielt in allen Fällen richtige Resultate. Die Gravidität konnte schon am 59. Tag nach der Deckung aus dem Harn diagnostiziert werden. EHRHARDT u. RUHL[1] konnten sogar schon am 44. Tag die Graviditätsdiagnose stellen, unter 25 Fällen kein Fehlresultat.

Wie vorher ausführlich mitgeteilt, nimmt die gravide Stute in hormonaler Beziehung insofern eine Ausnahmestellung ein, als in einem umgrenzten Stadium der Gravidität (42.—125. Tag) eine starke Überproduktion an gonadotropem Hormon (Prosylan) besteht. Das Hormon ist im Blut in erhöhter Konzentration nachweisbar, in den Harn treten nur geringe Mengen Follikelreifungshormon, nicht aber das Luteinisierungshormon über. Der Nachweis des gonadotropen Hormons im Blute kann nach meinen Erfahrungen ebenfalls zur Graviditätsdiagnose benutzt werden. Zu diesem Zweck wird das Serum infantilen Mäusen injiziert, nachdem es vorher zur Entgiftung mit Äther ausgeschüttelt wurde. Zu jeder Analyse verwende ich 5 Tiere. 2 Tiere erhalten je 6 × 0,3 ccm, 2 Tiere je 6 × 0,4 ccm und ein Tier 6 × 0,5 ccm Serum. Damit ist der Nachweis von 333—555 ME Prolan (richtiger Prosylan) pro Liter Serum möglich. Die Reaktion gilt als positiv, wenn bei einem Tier ein Blutpunkt oder ein Corpus luteum nachweisbar ist. Die Graviditätsdiagnose aus dem Blute der Stute ist also gleichartig mit der Graviditätsreaktion bei der Frau (ASCHHEIM-ZONDEKsche Reaktion), nur daß zu der Reaktion bei der Frau der Harn, beim Pferd aber das Blut verwendet werden muß.

Durch den Nachweis des gonadotropen Hormons im Blut konnten WOLTERS, SÜTTERLIN u. KRAMPE[2] die Gravidität am 41. Tage nach der Deckung feststellen. GLUD, PEDERSEN-BJERGAARD u. PORTMAN[3] untersuchten 56 Stuten (27 nicht gravide, 29 gravide) und erhielten in allen Fällen richtige Resultate. Die Autoren prüfen das Serum bis auf einen Gehalt von 200 ME pro Liter. Die Diagnose konnte vom 42. Tage nach der Deckung gestellt werden. Das größte Material hat MAGNUSSON[4] untersucht (140 trächtige und 149 nicht gravide Tiere). Die Reaktion versagte in 1,7%. Ebenso günstige Resultate erhielt er bei der Schnellreaktion am über 1400 g schweren Kaninchen. Die intravenöse Seruminjektion wirkt allerdings häufig tödlich.

Während die Graviditätsdiagnose bei der Frau schon sehr frühzeitig gestellt werden kann, ist sie bei der Stute erst nach 5—6 Wochen möglich. Um die Sicherheit der Reaktion möglichst zu erhöhen, *empfehle ich beide Methoden bei der Stute zu kombinieren*, also 1. Nachweis des gonadotropen Hormons im Blut an der infantilen Maus und 2. Nachweis des Folliculins und Follikelreifungshormons (Prolan A) im Harn an der

---

[1] EHRHARDT, K. u. RUHL, H.: Arch. Gynäk. 154, 307 (1933).
[2] WOLTERS, SÜTTERLIN u. KRAMPE: Tierärztl. Rdsch. 19, 428 (1932).
[3] GLUD, P., PEDERSEN-BJERGAARD, K. u. PORTMAN, K.: Endokrinol. 13, 21 (1933).
[4] MAGNUSSON, H.: Skand. Veterinärtidskr. 1934, 141.

infantilen Ratte. Die Diagnose kann gestellt werden, wenn eine der beiden Reaktionen positiv ist, d. h. es genügt der Folliculinnachweis im Harn oder der Prosylannachweis im Blut häufig sind aber beide Reaktionen positiv. Auf diese Weise konnte ich die Gravidität schon vor dem 40. Tage nach dem Deckakt diagnostizieren. Die kombinierte Methode wird auch von Küst[1] empfohlen.

Die hormonale Graviditätsdiagnose beim Pferd, die, wie ich aus der veterinärmedizinischen Literatur ersehe, weite Verbreitung gefunden hat, ist von praktischer Bedeutung.

Für die Vollblut- und Traberzucht ist die Feststellung wichtig, ob die Tiere befruchtet sind, damit die Stute beim Ausbleiben der Gravidität vor dem 15. VI., der als Endtermin für den Deckakt betrachtet wird, nochmals belegt werden kann. Erweist sich die Stute als nicht konzeptionsfähig, so muß sie möglichst bald aus der Zucht ausgeschaltet und wieder in Trainierung genommen werden. Der Verkauf von Zuchttieren hängt häufig davon ab, ob die Tiere trächtig sind oder nicht.

Die hormonale Graviditätsdiagnose ist der klinischen überlegen, denn durch die rectale Palpation kann die Diagnose erst etwa vom 60. Tage nach der Deckung gestellt werden. Auch wird die manuelle Untersuchung wegen der Abortusgefahr vielfach abgelehnt.

Die Hormonbefunde bei den Equiden sind in mannigfacher Beziehung von allgemein biologischem Interesse. Die Untersuchungen haben uns gezeigt, daß der Hormonhaushalt nicht nur bei Mensch und Tier, sondern auch bei den verschiedenen Tierklassen ganz verschieden sein kann. Hierbei nehmen die Equiden eine Ausnahmestellung ein: 1) Bei den Equiden finden wir, wie sonst nirgends in der Gravidität, zwei aufeinanderfolgende polyhormonale Phasen, zuerst eine polyprolane (richtiger polyprosylane), dann eine polyfolliculine. — 2) Während das Prolan bei der graviden Frau und Äffin in den Harn übertritt, ist dies beim Pferd nicht der Fall (bis auf geringe Mengen Follikelreifungshormon). — 3) Die Feststellung der Folliculinproduktion im Hengsthoden und der Massenausscheidung von Folliculin im Harn männlicher Equiden hat uns gelehrt, daß die Massenproduktion nicht, wie wir noch bis vor kurzem glaubten, an die Gravidität gebunden ist. — 4) Der Pferdeharn, sowohl der graviden Stute wie der des Hengstes ist nach unseren bisherigen Kenntnissen das reichhaltigste Ausgangsmaterial zur Darstellung des Folliculins. — 5) Durch die Isolierung verschiedener Isomere aus dem Stutenharn ist die chemische Erforschung des Folliculins wesentlich gefördert worden. — 6) Die hochwertigen, im Handel befindlichen Follikelhormonpräparate sind sämtlich aus Stutenharn dargestellt und erst mit diesen konzentrierten Präparaten waren die klinischen Erfolge möglich, die im Vorhergehenden mitgeteilt wurden.

---

[1] Küst: Berl. Tierärztl. Wschr. **51**, 817 (1932).

II. Hormon des Hypophysenzwischenlappens (Intermedin).

In der ersten Auflage dieses Buches habe ich im zweiten Teil des Anhangs meine Untersuchungen über die Züchtung des menschlichen Ovarialgewebes in vitro mitgeteilt. Da diese Studien für das Hormonproblem nicht wesentlich sind, lasse ich sie jetzt fort und berichte diesmal über das Hypophysenzwischenlappenhormon, das zwar auch nicht für das Problem der Sexualfunktion von Bedeutung ist, aber durch sein Testobjekt — das beim Sexualakt auftretende Hochzeitskleid — und seine Produktionsstätte mit dem mich beschäftigenden Problem der Hypophysenfunktion in Zusammenhang steht.

Die Untersuchungen über das Zwischenlappenhormon sind im Anschluß an meine vergleichenden Studien über die Prolanwirkung bei verschiedenen Tierarten entstanden. Während bei allen infantilen Säugetieren durch Zufuhr des aus Schwangerenharn gewonnenen Prolans die Ovarialfunktion in Gang gebracht werden kann, trifft dies, wie S. 284 mitgeteilt, für die Vögel nicht zu. So konnte ich bei infantilen weiblichen Tauben und Hühnern auch durch Injektion großer Prolanmengen eine Reifewirkung an den Ovarien nicht auslösen. Auch beim Kaltblüter (Rana) verliefen die Versuche negativ (s. S. 286). Zur Erweiterung dieser Befunde machte ich in Gemeinschaft mit meinem Assistenten H. KROHN[1] Versuche an Fischen. Hier interessierte uns die Auslösung des hormonalen Vorganges des Hochzeitskleides, das spontan nur zur Laichzeit, also bei einem sexuellen Vorgang, auftritt. Das Hochzeitskleid äußert sich in einer augenfälligen intensiven Verfärbung der Fische, wobei die schwarzen Pigmentzellen (Melanophoren), die roten Pigmentzellen (Erythrophoren), die gelbgrünen Zellen (Xanthophoren) expandieren und die weißen Farbzellen (Leuko- oder Guanophoren) verdrängen. Im Vordergrund der Farbeffekte steht die schwarze und rote Verfärbung der Fische, die an bestimmten Bezirken des Fisches lokalisiert ist (s. S. 582).

Das Hochzeitskleid tritt in ausgeprägter Form nur bei einigen Süßwasserfischen auf. Als markanteste Vertreter sind zu nennen: 1. der Stichling (Gastrosteus), 2. die Elritze (Phoxinus laevis) und 3. der Bitterling (Rhodeus amarus). Unter den Warmwasserfischen konnten wir, wie später gezeigt wird, das Hochzeitskleid bei den Makropoden auslösen. Hier tritt eine prachtvolle, leuchtend rote Querstreifung des ganzen Körpers und eine Rotfärbung der Schwanzflossen auf — im Gegensatz zu einer intensiven Schwarzfärbung in den dazwischen liegenden Hautpartien.

Wir versuchten das Hochzeitskleid experimentell durch die im Warmblüter produzierten Sexualhormone auszulösen. Wir injizierten den Fischen Folliculin und Prolan in steigenden Dosen. Sämtliche

---

[1] ZONDEK, B. u. KROHN, H.: Naturwiss. 1932, Nr 8, 134. Klin. Wschr. 1932, Nr 10, 405; 1932, Nr 20, 849; 1932, Nr 31, 1293.

Versuche verliefen eindeutig negativ. Bei diesen Untersuchungen machten wir eine andere Beobachtung, die die Grundlage für die folgenden Studien wurde. *Als wir Elritzen Hypophysenextrakte injizierten, die frei von Prolan waren, lösten wir nach kurzer Zeit eine prachtvolle, intensive Rotfärbung an den Ansatzstellen der Brust-, Bauch- und Afterflosse aus, die zum Teil auch auf die Flossen selbst überging.* Diese Rotfärbung beruht, wie durch mikroskopische Betrachtung leicht festgestellt werden konnte, auf einer maximalen Expansion der an Bauch und Brust befindlichen Erythrophoren.

Da die Erythrophoren als Zellart in die gleiche Gruppe gehören wie die Melanophoren, war anzunehmen, daß die Rotfärbung der Elritzen durch jenen Stoff herbeigeführt wird, welcher als *Melanophorenstoff der Hypophyse* bekannt ist.

Melanophorenreaktion (MR). Bei den Untersuchungen über den „Melanophorenstoff" bediente man sich der Melanophorenreaktion des Frosches. Die Größe dieser Pigmentzellen ist von der Belichtung abhängig. Bei dunklem Licht expandieren die schwarzen Pigmentzellen, strecken Fortsätze aus, um schließlich Stern- und Netzformen zu bilden. Die Froschhaut wird dadurch dunkel. Belichtet man den Frosch, so kontrahieren sich die Melanophoren und die Frösche werden hell. Injiziert man einem belichteten hellen Frosch ein Hypophysenhinterlappenextrakt (z. B. Pituitrin, Pituglandol) in den Lymphsack, so tritt schon nach kurzer Zeit eine Dunkelfärbung der Haut durch starke Expansion der Melanophoren auf (HOGBEN u. WINTON[1]). SWINGLE, ALLEN, sowie ATWELL u. SMITH konnten bei normalen und hypophysenlosen Kaulquappen durch Implantation von Hinterlappengewebe oder nach Einsetzen der Kaulquappen in Hinterlappenextrakte Dunkelfärbung der Tiere erzielen. Auch an ausgeschnittenen Froschhautstückchen konnte durch Hinterlappenextrakte eine Expansion der Melanophoren erzielt werden, wobei der verschiedene Grad der Expansion als quantitativer Maßstab benutzt wurde (HOGBEN u. WINTON, P. TRENDELENBURG, LOEWE u. ILISON).

Die Melanophorenreaktion hat beträchtliche Schwierigkeiten. Untersuchungen, die ich in früheren Jahren in Gemeinschaft mit meinem Assistenten Dr. GRUNSFELD über den Melanophorenstoff ausgeführt habe, wurden aufgegeben, weil die mit der Melanophorenreaktion erzielten Ergebnisse zu unsicher waren. So scheint es mir auch nicht verwunderlich, daß in der Literatur große Widersprüche bestehen, was durch einige Beispiele illustriert werden soll.

Während KROGH u. McLEAN[2] den Melanophorenstoff im tierischen Blut bzw. Blutdialysat und DIETEL[3] auch im menschlichen Blut nach-

---

[1] HOGBEN u. WINTON: Biochem. J. 16, 619 (1922). Proc. roy. Soc. Lond. 93, 318; 94, 151 (1922); 95, 15 (1923). Brit. J. exper. Biol. 1, 249 (1924).
[2] KROGH u. McLEAN: J. of Pharmacol. 33, 301 (1928).
[3] DIETEL: Arch. Gynäk. 144, 496 (1931).

weisen konnten, hat EHRHARDT[1] das Hormon im menschlichen Blut nicht gefunden, hingegen KÜSTNER[2] im Eklampsieserum. Ähnlich sind die Widersprüche bei Gewebsanalysen. Während EHRHARDT u. TRENDELENBURG[3] bei Untersuchung der Organe (Herz, Lunge, Leber, Niere, Gehirn usw.) den Melanophorenstoff nicht nachweisen konnten, fand ihn DIETEL in fast allen Organen, vorwiegend aber in der Menschen- und Schweineleber. Die Melanophorenreaktion wird als Testobjekt von DI MATTEI[4] abgelehnt, da er auch mit Konservierungsmitteln, die den käuflichen Hypophysenpräparaten beigemengt sind, eine Expansion der Melanophoren erzeugen konnte. Die Reaktion wird durch eine Reihe unspezifischer Stoffe ausgelöst, so z. B. durch Chinin und Curarin (TRENDELENBURG), ferner durch Cholin und Acetylcholin, Paraldehyd und Coffein (EHRHARDT).

Die Melanophorenreaktion wird von JORES[5] als brauchbar angesehen, wenn man bestimmte Punkte berücksichtigt. Wichtiger als die unspezifischen Reize sei die Beachtung der Reaktion der zu untersuchenden Lösung. Schon bei geringer Überschreitung des Neutralpunktes zum Sauren hin tritt eine Expansion der Melanophoren ein. Man müsse also immer in neutraler bzw. schwach alkalischer Lösung arbeiten. Hypertonische Lösungen üben einen hemmenden, hypotonische einen fördernden Einfluß auf die Melanophoren aus, deshalb müßten die Lösungen isotonisch sein. Destilliertes Wasser bewirke häufig eine positive Reaktion. Trotz Beachtung dieser Vorsichtsmaßregeln führt die Beurteilung der Melanophorenreaktion zu divergierenden Resultaten. So hat DIETEL, der sich in den letzten Jahren mit dem Melanophorenstoff eingehend beschäftigt hat, das Hormon in fast allen menschlichen Organen und Körperflüssigkeiten gefunden. JORES u. HELBRON[6] fanden bei der Nachprüfung der DIETELschen Befunde, daß eine große Reihe von Organextrakten zwar eine positive Melanophorenreaktion auslöse, daß es sich aber bei fast allen Reaktionen um unspezifische Reize handele. Dieses Beispiel zeigt, wie zwei Autoren, die sich mit der Melanophorenreaktion eingehend beschäftigen, zu ganz entgegengesetzten Resultaten kommen.

Die Melanophorenreaktion des Frosches ist zweifellos von der Hypophyse abhängig; denn der hypophysenlose Frosch hat die Fähigkeit verloren, die Hautfarbe den Änderungen der Belichtung anzupassen. Ebenso ist es sicher, daß man durch Hinterlappenextrakte der Hypophyse

---

[1] EHRHARDT: Münch. med. Wschr. **1927**, Nr 44; **1929**, Nr 1, 321.
[2] KÜSTNER: Arch. Gynäk. **133**, H. 2 (1928).
[3] TRENDELENBURG: Arch. f. exper. Path. **114**, 253 (1926).
[4] DI MATTEI: Arch. internat. Pharmacodynamie **34**, 389 (1928).
[5] JORES, A.: Z. exper. Med. **87**, 266 (1933).
[6] JORES, A. u. HELBRON, O.: Arch. Gyn. **154**, 243 (1933).

die durch Belichtung geballten Melanophoren zur Expansion bringen kann. Man kann die schwarzen Pigmentzellen, die sich schon durch den Lichtreiz ändern, auch an der ausgeschnittenen Froschhaut beeinflussen.

1. Erythrophorenreaktion (ER) der Elritze als Testobjekt.

Die Erythrophorenreaktion der Elritze (Phoxinus laevis) beiderlei Geschlechts, das sei vorweggenommen, ist nach unseren Untersuchungen eine durchaus spezifische Reaktion, so daß sie in ausgezeichneter Weise zum Nachweis des Pigmenthormons der Hypophyse (Intermedin) verwandt werden kann. Durch Zuführung des Chromatophorenstoffes lösen wir auch eine Expansion der anderen Farbstoffzellen, insbesondere der Melanophoren aus, wodurch eine Dunkelfärbung der Elritze erzielt werden kann. Auch die gelben Farbstoffzellen (Xanthophoren) werden expandiert, so daß insbesondere am Übergang von Bauch und Brust zum Rücken eine Gelbgrünfärbung auftritt. Diese Farbveränderungen, d. h. Dunkelfärbung und Gelbgrünfärbung durch Expansion der Melanophoren und Xanthophoren, werden aber auch durch eine Reihe anderer unspezifischer Stoffe ausgelöst. Daß die Melanophorenreaktion bei der Elritze nicht zu verwerten ist, geht aus der Tatsache hervor, daß man manchmal, wenn auch selten, durch Intermedin statt der Dunkelfärbung eine Hellfärbung am Rücken auslöst, d. h. nicht Expansion, sondern Ballung der Melanophoren.

Für das Testobjekt zu verwerten ist bei der Elritze also nur die Expansion der Erythrophoren, d. h. die leuchtend purpurrote Färbung an der Ansatzstelle der Bauch-, Brust- und Afterflosse sowie die Rotfärbung der Flossen selbst.

Injizieren wir Elritzen Intermedin, so färbt sich der Rücken dunkel, insbesondere kommt es zu einer intensiven Schwarzfärbung unterhalb des Kopfes in der Subbranchialregion. Die Dunkelfärbung steht im Gegensatz zu der benachbarten intensiven Rotfärbung, die sich über Bauch und Brust scharf markiert hinzieht. Wir können also durch Intermedin das Hochzeitskleid auslösen. Zum Nachweis des Intermedins, d. h. als Testobjekt, können wir aber auf Grund unserer Untersuchungen *nicht* das Hochzeitskleid als solches, sondern *nur die Rotfärbung (ER)* als spezifische Reaktion verwerten, während die Schwarzfärbung (MR) bei der Elritze nicht zu gebrauchen ist.

Die Rotfärbung, d. h. die Expansion der Erythrophoren, ist quantitativ von der zugeführten Hormondosis abhängig. Die minimalste Dosis läßt sich exakt feststellen.

Wir bezeichnen als 1 Phoxinuseinheit (PE) diejenige minimalste Hormonmenge, die imstande ist, bei 3 von 5 Elritzen (6,5—7,5 cm lang) an der Ansatzstelle der Brust- und Bauchflosse eine 4—9 qmm große und hinter der Afterflosse eine strichförmige, plastisch in die Augen fallende, leuchtend *purpurrote Färbung herbeizuführen. Die Reaktion muß etwa $^1/_2$ Stunde nach der Injektion auftreten und kann bis 4 Stunden anhalten* (Abb. 169).

Führen wir größere Hormonmengen zu, so lösen wir einen über Brust und Bauch sich ausbreitenden purpurroten Streifen aus, der über 24 Stunden bestehen bleiben kann (Abb. 170).

Untersucht man die Elritzenhaut mikroskopisch — am besten in der Nähe der Subbranchialregion —, so sieht man, daß die Erythrophoren sich sämtlich in gleichmäßig kontrahiertem Zustande befinden, während die Melanophoren zum großen Teil kontrahiert, zum Teil aber auch expandiert sind (Abb. 171). Die Melanophoren reagieren auf zahlreiche hormonale und nicht hormonale Reize, während die Erythrophoren nur hormonal expandiert werden. Injiziert man der Elritze Hypophysenhinterlappenextrakt, so expandieren Erythro- und Melanophoren maximal und geben durch Ausstrecken ihrer Fortsätze das schöne sternenartige Bild, wie es in Abb. 172 dargestellt ist.

Der große Vorteil unseres Testobjektes liegt in der absoluten Spezifität, der Exaktheit und vor allem in der Schnelligkeit der Reaktion. Während wir z. B. zum Nachweis des Follikelhormons und der gonadotropen Hypophysenvorderlappenhormone 100 Stunden brauchen, können wir die Reaktion hier schon in 1 Stunde ablesen. Einen weiteren Vorteil unseres Testobjektes sehe ich darin, daß die Fehlerquelle durch Streuung eine geringe ist. Wichtig ist ferner, daß das Arbeiten mit der Elritze billig ist, zumal man die Fische für die Versuche mehrmals gebrauchen kann.

Die Reaktion ist in einfachster Weise direkt optisch ablesbar. Wir sprechen nur von einem positiven Ausfall der Reaktion, wenn an dem an Brust und Bauch weißen Fisch eine prachtvolle, *leuchtend purpurrote* Färbung auftritt. Wer einmal die Reaktion gesehen hat, wird sich nicht mehr täuschen und wird bei einiger Übung quantitativ exakt arbeiten können.

Unsere Versuche haben wir außerhalb der Laichzeit ausgeführt. Da während der Laichzeit das Hochzeitskleid spontan auftritt, wird man während dieser Periode die Untersuchungen vielleicht nicht machen können.

Die Elritze ist ein in sehr vielen mitteleuropäischen Gewässern vorkommender Süßwasserfisch, der mehr als 30 verschiedene Namen hat, so daß man eine allgemeine Verbreitung dieses Fisches annehmen kann. Die gebräuchlichsten Namen des Fisches sind: Elritze, ferner Pfrille, Pfelle, Rümpchen, Elderich, Pfal, Hunderttausend, Maigänschen u. a. Die Elritze, zur Karpfenfamilie gehörig, wird im allgemeinen nicht länger als 9 cm, höchstens 14 cm lang. Das mittlere Gewicht beträcht 3,5—5 g höchstens 9 g. Für unsere Versuche müssen 6,5—7,5 cm lange Fische benutzt werden. Die Elritze hält sich meist in Schwärmen auf und lebt von Pflanzenstoffen, insbesondere aber von Würmern.

Farbe: Der Grundton des Rückens der Elritze ist bei manchen oliv-grün, bei anderen mehr grau oder bräunlich. An den Seiten des Fisches (Flanken) sieht man häufig — parallel der Mittellinie — einen sich aus schwarzen Flecken zusammensetzenden Längsstreifen. Brust und Bauch sind, was für unsere Untersuchungen wichtig ist, weiß, zuweilen mit einem bläulichen Schimmer. An den Ansatzstellen der Brust-, Bauch- und Afterflosse ist die Elritze leicht bräunlich, die Flossen selbst sind hellgrau bis leicht gelblich.

Der Hautfarbstoff der Elritze ist auf zwei Schichten verteilt (v. FRISCH[1]). In der oberen Schicht befinden sich am Rücken, um die

Abb. 168.   Abb. 169.   Abb. 170.

Intermedin-Reaktion bei der Elritze.

Abb. 168. Elritze (Phoxinus laevis) 7 cm lang. Kontrollfisch.

Abb. 169. Elritze nach Injektion von 1 Einheit Intermedin. Die leuchtend purpurrote Farbe tritt an der Ansatzstelle der Bauch- und Brustflosse auf, hinter der Afterflosse eine strichförmige Rotfärbung.

Abb. 170. Elritze nach Injektion von 10 Einheiten Intermedin. Die Rotfärbung beschränkt sich nicht auf die Ansatzstellen der Flossen, sondern bildet einen über Bauch und Brust ziehenden breiten Streifen.

Schuppen gruppiert, die in mehrere Etagen gesonderten Melanophoren. Bauchwärts trifft man zwischen den Melanophoren kleine Xanthophoren. Hier liegen, insbesondere an den Flossenwurzeln, streng lokalisiert, kugel-förmige Erythrophoren, deren Expansion für uns als Reaktion maß-geblich ist. Auch an den Lippen finden sich reichlich Erythrophoren.

Technik: Wir halten die Fische in großen Gläsern, wie wir sie auch zur Aufbewahrung von Mäusen verwenden. Die Fische halten sich am besten unter fließendem Wasser. Wir haben zu diesem Zweck ein an den Enden

---

[1] v. FRISCH: Zool. Jb., Abt. f. Zool. u. Physiol. **32** (1912).

verschlossenes Gasrohr mit mehreren Öffnungen versehen und mit einem Wasserhahn verbunden. Auf diese Weise kann jedes Glas gleichmäßig ständig frisches Wasser in kleinen Mengen erhalten. Wir halten im allgemeinen nicht mehr als 10 Fische in einem Glas.

Injektion: Die zu untersuchenden Stoffe müssen injiziert werden. Das Intermedin wirkt, worauf noch später eingegangen werden wird, nicht bei oraler Zuführung.

Für den Versuch werden die Fische aus dem Behälter in eine mit Wasser gefüllte Petrischale gesetzt. Über die linke Hand wird ein Tuch gelegt und der im Netz gefangene Fisch in das Tuch befördert. Daumen und Zeigefinger der linken Hand umschließen den Fisch so, daß sein Rücken nach oben sieht. Mit der rechten Hand wird die Injektion ausgeführt, und zwar erfolgt der Einstich am caudalen Ende der Ansatzstelle der Rückenflosse. Die Nadel wird etwa 1 cm weit eingeführt, wobei man sich dicht subcutan hält. Die Fischblase darf nicht angestochen werden. Der Fisch wird sofort in das Wasser zurückgesetzt. Bei einiger Übung wird die Injektion ohne jede Schädigung vertragen. Wir injizieren die zu untersuchenden Stoffe im allgemeinen in einer Dosis von 0,1 ccm. Mehr als 0,3 ccm sollen nicht injiziert werden.

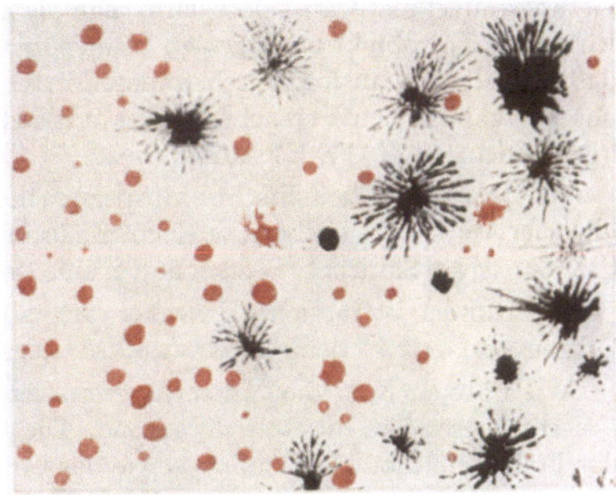

Abb. 171. Chromatophoren der Elritzenhaut. Die Erythrophoren sind sämtlich kontrahiert, während die Melanophoren sich in verschiedenartigem Kontraktionszustand befinden.

Abb. 172. Chromatophoren der Elritzenhaut nach Injektion von Hypophysenhinterlappenextrakt. Die Erythro- und Melanophoren befinden sich in maximaler Expansion.

Spezifität unseres Testobjektes.

Will man eine biologische Reaktion als Testobjekt zum Nachweis eines Hormons anwenden, so darf diese Reaktion nur durch das Hormon, nicht aber durch andere Stoffe ausgelöst werden. Wir haben oben gesehen, daß die Melanophorenreaktion (Expansion) des Frosches nicht nur durch Hypophysenhinterlappenextrakte, sondern auch durch unspezifische Mittel (Cholin, Acetylcholin, Coffein, Paraldehyd, Konservierungsmittel usw.) ausgelöst wird. Um die Erythrophorenreaktion der Elritze als Testobjekt benutzen zu können, mußte nachgewiesen werden, daß man die Expansion durch andere Mittel nicht erzielen kann. Bei unseren zahlreichen Versuchen ist es uns bisher niemals gelungen, mit irgendeinem Stoff die ER auszulösen.

Wir injizierten den Fischen unspezifische Eiweißkörper, eine Reihe biogener Amine, physiologische Kochsalzlösung, Traubenzucker, Kalium, Calcium usw. Sämtliche Versuche verliefen negativ.

Im Handel befindliche Extrakte aus allen möglichen endokrinen Drüsen reagierten ebenfalls einwandfrei negativ.

Wir untersuchten die bisher dargestellten Hormone. Hierbei interessierten besonders die Sexualhormone. Die weiblichen Sexualhormone, das Follikelhormon (Folliculin), sowie das Corpus luteum-Hormon (Progestin) reagierten negativ. Männliches Sexualhormon war ohne jeden Einfluß. Daß die Prolanversuche negativ ausfielen, wurde schon vorher erwähnt (s. S. 579). Wir injizierten ferner Thyroxin (bis 0,3 mg), Insulin (bis 6 E) und Adrenalin (0,3 mg) mit völlig negativem Ergebnis.

Wir untersuchten ferner Stoffe, deren Reizwirkung auf das Genitalsystem bekannt ist, und zwar Yohimbin und Cantharidin. Die Versuche verliefen negativ. Auch durch Erregungsmittel wie Strychnin und Cocain war eine Wirkung nicht zu erzielen.

Aus den späteren Mitteilungen wird hervorgehen, daß wir fast sämtliche menschlichen und tierischen Drüsen, Organe und Gewebsflüssigkeiten untersuchten, ohne mit diesen Stoffen irgendeine Wirkung auf die Erythrophoren der Elritze auslösen zu können.

Die Erythrophoren der Elritze reagieren auf äußere Einflüsse nicht, während die Melanophoren des Frosches, wie vorher erwähnt, durch Belichtung verändert werden (s. S. 580). Legt man die ausgeschnittene Elritzenhaut (Bauch und Brust) in Intermedinlösungen, so findet eine Expansion der Erythrophoren nicht statt.

Aus diesen Untersuchungen schließen wir, daß die Rotfärbung an Bauch und Brust bei der Elritze, bedingt durch die Expansion der Erythrophoren, lediglich durch ein Hormon der Hypophyse ausgelöst werden kann, dessen Produktion, wie wir zeigen werden, in der Pars intermedia erfolgt (Intermedin). *Die Erythrophorenreaktion bei der Elritze ist also ein spezifisches Testobjekt zum Nachweis des Intermedins. Man darf nur die Elritze benutzen, keinen anderen Fisch.*

Chromatophorenreaktionen bei anderen Fischarten.

Nachdem festgestellt war, daß man durch Hypophysenhinterlappen-extrakte eine Veränderung der Pigmentzellen (Expansion der Melano-phoren) beim Frosch hervorrufen kann, hat man sich wiederholt mit der Frage beschäftigt, wie die Hinterlappenextrakte auf die Chromato-phoren von Fischen wirken (SPAETH, GIANFERRARI, ABOLIN, HEWER). Über diese Untersuchungen schreibt PAUL TRENDELENBURG in seinem Hormonbuch folgendes: „Über den Einfluß der Hinterlappenauszüge auf die Pigmentzellen der Fische gehen die Angaben auseinander." Die genannten Autoren haben sich für die Gesamtheit der Pigmentreaktionen beim Fisch interessiert, zum Teil vom Standpunkt des Mechanismus der Pigmentbewegung, des Sitzes der koloratorischen Zentren u. a. Daß die Ansichten über die Pigmentreaktionen bei Fischen nach Injektion von Hinterlappenextrakten auseinandergehen müssen, ergibt sich aus der Tatsache, daß die verschiedenen Fische, wie wir festgestellt haben, ganz verschieden reagieren. So haben wir, um ein Beispiel zu erwähnen, gefunden, daß man die beim Stichling (Gastrosteus) vorhandenen Ery-throphoren durch Intermedin nur ganz unregelmäßig beeinflussen kann. Der Stichling ist also für unsere Untersuchungen völlig ungeeignet. Von Süßwasserfischen haben wir ferner untersucht: Schlei, Wels, Barsch, Spiegelkarpfen. Auch diese Fische sind zum Nachweis des Intermedins völlig unbrauchbar.

Besonders eingehend haben wir den Bitterling (Rhodeus amarus) untersucht. GLASER u. HAEMPEL[1] geben an, daß man das Hochzeitskleid beim Bitterling durch das männliche Sexualhormon auslösen könne, wie wir dies auch bei Makropoden gesehen haben. GLASER u. HAEMPEL emp-fehlen die Auslösung des Hochzeitskleides beim männlichen Bitterling als Testobjekt zum Nachweis des männlichen Hormons. Nach unseren Unter-suchungen reagiert der Bitterling auf die verschiedenartigsten Stoffe, so kann man das Hochzeitskleid außer durch männliches Hormon auch durch Intermedin, Yohimbin, Strychnin, Cantharidin, Ergotin, Cholin, Acetylcholin und durch Leberextrakte auslösen. Durch die Liebens-würdigkeit von Herrn Prof. A. BUTENANDT erhielt ich drei Präparate des männlichen Sexualhormons von verschiedenem Reinheitsgrad. Bei der Prüfung ergab sich, daß man mit dem unreinsten Stoff das Hochzeits-kleid beim Bitterling am besten auslösen konnte, während dies mit dem weiter gereinigten Stoff viel seltener, mit dem reinsten (kristallisierten) Präparat kaum noch gelang. Danach scheint es mir, daß das männliche Sexualhormon, welches den Hahnenkamm in typischer Weise beeinflußt, beim Bitterling überhaupt nicht wirkt, und daß die von GLASER u. HAEMPEL beobachteten Reaktionen (Hochzeitskleid) vielleicht durch un-spezifische Beimengungen der untersuchten Präparate ausgelöst wurden.

---

[1] GLASER u. HAEMPEL: Naturwiss. 1931, Nr 51. Pflügers Arch. 1932.

Es gibt eine Reihe von Warmwasserfischen (in den heißen Zonen), die durch ihren Reichtum an Erythrophoren für unsere Versuche geeignet schienen. Injiziert man Makropoden (chinesische Gattung der Labyrinthfische) Intermedin, so kommt es zu einer prachtvollen, intensiv leuchtenden Rotfärbung der parallel verlaufenden Querstreifen an den beiden Flanken des Fisches, sowie zu einer Rotfärbung der gesamten Schwanzflosse (s. Abb. 175). Den gleichen durch Expansion der Erythrophoren bedingten Farbeffekt kann man bei Makropoden aber auch durch männliches Sexualhormon sowie durch Yohimbin erzielen, wobei die Farbreaktion mehrere Tage erhalten bleibt. Da die Rotfärbung also bei den Makropoden nicht nur durch den bestimmten Hypophysenstoff, sondern auch durch ein anderes Hormon (männliches Sexualhormon) und einen nicht hormonalen Reizstoff (Yohimbin) ausgelöst werden kann, kommen die Makropoden als Testobjekt für unsere Versuche nicht in Frage. Von Fischen der warmen Zone untersuchten wir ferner Cichliden und Gurami, wobei nur ganz atypische Reaktionen auftraten. Injiziert man Intermedin der Betta pugnax splendens, so schimmert der Fisch wundervoll in allen Regenbogenfarben, ohne daß eine Farbe besonders hervortritt. Auch dieser Fisch kann für unsere Untersuchungen nicht verwendet werden.

Somit ergibt sich, daß für den Nachweis des Intermedins nur *eine* Farbreaktion, die *Rot*färbung durch Expansion der Erythrophoren, bei *einem* ganz bestimmten Fisch, der Elritze (Phoxinus laevis), in Frage kommt.

Uns interessiert dabei, das sei noch einmal besonders hervorgehoben, nicht das Hochzeitskleid der Elritze als solches, sondern wir benutzen *eine Farbreaktion bei diesem Fisch zum Nachweis eines bestimmten Hormons, so wie sich der Chemiker im Reagenzglas einer bestimmten Farbreaktion zum Nachweis eines bestimmten Stoffes bedient.*

2. Intermedin in der Hypophyse.

Mit Hilfe unseres Testobjektes war es möglich, die Bedeutung des Hormons für den Organismus zu studieren. Wir haben folgende Fragen untersucht:

a) *Der Intermedingehalt der Hypophyse beim Kalt- und Warmblüter.*

Der Chromatophorenstoff kommt sowohl in der Hypophyse des Kaltblüters (Frosch), als auch beim Warmblüter (Rind) vor (HOGBEN u. WINTON).

Um quantitative und vergleichende Untersuchungen über den Hormongehalt der Hypophyse beim Menschen und verschiedenen Tierarten auszuführen, war es notwendig, das Hormon aus der Hypophyse quantitativ zu extrahieren. Dies gelingt durch mehrmaliges Kochen des Acetontrockenpulvers mit $^1/_4$% Essigsäure (Stammlösung).

Für die chemischen Studien, d. h. die Darstellung des Hormons, wurde die Stammlösung (essigsaures Hypophysenextrakt) der Ausgangspunkt der Untersuchungen.

Wir haben stets aus 1 g Trockenpulver 30 ccm Stammlösung hergestellt, so daß wir den Hormonwert quantitativ vergleichen konnten. Die Hormonwerte wurden sowohl auf Frischsubstanz wie Trockensubstanz des untersuchten Gewebes bezogen.

Wir haben zunächst die gesamte Hypophyse untersucht und dabei bei verschiedenen Tieren und beim Menschen nebenstehende Werte gefunden.

Tabelle 55. Intermedingehalt der Hypophyse in PE bei Tier und Mensch.

Hypophyse	Intermedin in PE
Elritze	7
Frosch	10
Huhn	75
Kaninchen.	2—300
Hammel.	2500
Rind	5—6000
Affe (Macacus rhesus) . . .	1000
Mensch	4—7000

Der Hormongehalt ist nicht proportional der Größe der Hypophyse. Die Hypophyse des Rindes ist durchschnittlich 3mal so schwer wie die des Menschen, der Hormongehalt ist aber ziemlich gleich. Pro Gramm Hypophysengewebe berechnet, finden wir beim Rind einen Wert von 3300, beim Menschen hingegen von 10000 PE.

b) *Hormongehalt der verschiedenen Hypophysenteile.*
Produktion des Hormons im Zwischenlappen (Pars intermedia).

Nachdem festgestellt war, in welchen Mengen das Hormon in der Hypophyse des Menschen und der Tiere (Kalt- und Warmblüter) vorkommt, ergab sich die Frage, in welchem Lappen der Hypophyse das Hormon produziert wird.

Man unterscheidet an der Hypophyse bekanntlich vier Teile: 1. den drüsigen Vorderlappen, 2. den drüsigen Zwischenlappen, 3. den neurogenen Hinterlappen und 4. den Hypophysenstiel mit der Pars tuberalis[1].

Nicht bei allen Tierarten sind die vier Hypophysenteile in gleichartiger Weise entwickelt. So fehlt bei Fischen (Cyclostomen) die eigentliche Pars neuralis, während das Zwischenlappengewebe vorhanden ist. Während beim Vogel die Pars intermedia wenig entwickelt ist, finden wir bei Säugetieren einen ausgesprochenen, aus mehreren Zellagen bestehenden Zwischenlappen. Beim niederen Affen ist ein gut entwickelter epithelialer Zwischenlappen vorhanden, während bei anthropoiden Affen, wie BENDA, POKORNY und PLAUT zeigten, die gleichen Verhältnisse vorliegen wie beim Menschen. Im embryonalen Leben der Menschen und auch noch beim Neugeborenen findet sich ein typischer Zwischenlappen als epithelialer Saum, der sich aber immer weiter zurückbildet, so daß beim Erwachsenen Vorder- und Hinterlappen direkt aneinander angrenzen, ohne daß der Zwischenlappen als epitheliales Gebilde vorhanden ist. Beim erwachsenen Menschen findet man am Über-

---

[1] Nach BERBLINGER ist die Pars tuberalis ein Teil der Adenohypophyse. Die Pars tuberalis gehöre zum drüsigen Teil, nicht zum Stiel.

gang vom Vorder- zum Hinterlappen, meist im Vorderlappen liegend, eine Reihe cystischer Gebilde (RATHKESCHE Cysten), die von einem Epithel ausgekleidet sind, in dem man die für den Vorderlappen charakteristischen chromophilen Zellen findet, während das Lumen häufig durch Kolloid ausgefüllt ist. ERDHEIM ist der Ansicht, daß hier eine Differenzierung der embryonalen Hypophysenhöhle in der Richtung des Vorderlappens eingetreten sei. Die RATHKESCHEN Cysten dürfen mit dem Zwischenlappen der Säugetiere nicht verglichen werden (ERDHEIM, BENDA, BERBLINGER, KASCHE, PIETSCH, KRAUS). Hingegen steht die ASCHOFFsche Schule auf dem Standpunkt, daß es sich in diesem Teil der Hypophyse nicht um eingewanderte Vorderlappenepithelien handele, sondern daß der Zwischenlappen auch beim Menschen als besonderer, selbständiger Hypophysenteil aufzufassen sei, der aus der Hypophysenhöhle in Follikel aufgespalten wird, wobei die Epithelien, wie die ursprünglichen Epithelien der Hypophysenhöhle, zur Bildung von Kolloid und Umwandlung in große basophile Zellen befähigt seien. SCHAFFER bezeichnet in seinen Abbildungen die genannten cystischen Gebilde direkt als Zwischenlappen des Menschen. Nach J. BAUER besteht kein Grund diesen Abschnitt der menschlichen Hypophyse als kolloidhaltige Markschicht des Vorderlappens und nicht als Zwischenlappen zu bezeichnen. Hervorgehoben sei, daß BIEDL dem Zwischenlappen eine weit größere funktionelle Bedeutung zuschreibt als dem Hinterlappen, wobei auch die Produktion des Oxytocins und Vasopressins in den Zwischenlappen verlegt wird (eigene Untersuchungen s. S. 603). Betont sei, daß Autoren wie BENDA, BERBLINGER und KRAUS, die sich mit der Anatomie der Hypophyse sehr eingehend beschäftigt haben, das Vorhandensein eines besonderen Zwischenlappens beim erwachsenen Menschen nicht annehmen.

Wir sehen also, daß bei den Säugetieren ein ausgesprochener drüsiger Zwischenlappen als breites epitheliales Gebilde vorhanden ist, während beim anthropoiden Affen und beim erwachsenen Menschen ein anatomisch genau zu charakterisierender Zwischenlappen nicht mehr nachweisbar ist. Wir müssen daraus vielleicht schließen, daß die Funktion des Zwischenlappens beim Menschen, wie dies schon BERBLINGER betont hat, von einem anderen Teil der Hypophyse übernommen wird, wahrscheinlich von einem Teil des Vorderlappens, da Vorder- und Zwischenlappen entwicklungsgeschichtlich gemeinsam von der RATHKEschen Tasche abstammen. Oder man muß annehmen, daß noch besondere, anatomisch bisher noch nicht bekannte Zellen in der Hypophyse vorhanden sind, welche die hormonale Funktion des Zwischenlappens übernehmen, wenn man die Cysten im Vorderlappen nahe dem Hinterlappen nicht als spezifische Gebilde mit hormonaler Funktion anerkennt.

Für unsere Untersuchungen war es notwendig Hypophysen zu verwenden, bei denen der Zwischenlappen gut sichtbar ist und sich einwandfrei abpräparieren läßt. Wir haben deshalb mit Rinderhypophysen gearbeitet, zumal diese Drüsen für Massenversuche in genügenden Mengen zur Verfügung stehen. Für unsere gesamten — auch chemischen — Versuche haben wir rund 7000 Rinderhypophysen verwandt.

Die Hypophysen werden sofort nach der Schlachtung in Aceton gelegt und nach einigen Stunden (8—24) präpariert. Auf dem Sagittaldurchschnitt hebt sich der blasse Zwischenlappen von den anderen Gewebsformationen der Hypophyse deutlich ab. Der Zwischenlappen ist vom Vorderlappen durch die häufig mit Kolloid gefüllte Hypophysenhöhle getrennt, während die Verbindung mit dem Hinterlappen eine viel innigere ist. Bei einiger Übung gelingt es leicht, das Zwischenlappengewebe rein abzupräparieren.

Das Gewebe wird mit einem Rasiermesser, bei größeren Mengen mit dem Latapi fein zerkleinert, mehrmals mit Aceton behandelt, bis das Aceton farblos ist. Die Hormonextraktion wird, wie schon vorher gesagt, durch mehrmaliges Auskochen mit $^1/_4$%iger Essigsäure bewirkt. *Bei qualitativer Untersuchung der einzelnen Hypophysenteile ergab sich, daß das Hormon in der gesamten Hypophyse nachweisbar ist, d. h. sowohl im Vorder-, Mittel- und Hinterlappen wie im Hypophysenstiel.*

Die quantitativen Studien — wir wollen nur einen Versuch mitteilen — ergaben folgendes:

Versuch Nr. 95: 100 frische Rinderhypophysen werden nach kurzem Aufenthalt in Aceton sagittal durchschnitten und die einzelnen Lappen voneinander sorgsam getrennt. Das Gesamtgewicht beträgt: 100 Vorderlappen = 140 g, 100 Hinterlappen = 21,6 g, 100 Mittellappen = 0,75 g. Die quantitative Hormonanalyse ergibt:

Tabelle 56. Hormongehalt pro Hypophysenlappen (Rind)

Gewebsteil der Hypophyse	Durchschnittsgewicht des Hypophysenlappens in g	Intermedingehalt in PE
Vorderlappen	1,4	4000
Mittellappen	0,0075	600
Hinterlappen	0,21	2500

Hormongehalt (PE) der Hypophysenlappen (Rind) pro Gramm Frischgewebe:

$$\text{Vorderlappen} = 2857 \text{ PE}$$
$$\text{Mittellappen} = 80000 \text{ ,,}$$
$$\text{Hinterlappen} = 11904 \text{ ,,}$$

Hormongehalt des Hypophysenstiels:

$$\text{pro Stiel} = 10 \text{ PE}$$
$$\text{pro Gramm Stiel} = 500 \text{ PE}$$

Hormongehalt des Hypophysenkolloids:

$$(100 \text{ Hypophysen} = 0{,}05 \text{ g Kolloid})$$
$$\text{pro Hypophyse} = 50 \text{ PE}$$
$$\text{pro Gramm Kolloid} = 20000 \text{ PE}$$

Die Untersuchungen ergeben, daß der Hypophysenvorderlappen, da er der Masse nach bei weitem am schwersten ist, den größten Hormongehalt hat. So enthält jeder Vorderlappen 6,6mal soviel Hormon wie der Mittellappen und 1,6mal soviel Hormon wie der Hinterlappen. Um die Produktionsstätte festzustellen, muß man den Hormongehalt nicht nach den verschieden großen Lappen, sondern pro Gramm Drüsengewebe berechnen. *Jetzt ergibt sich, daß der Mittellappen bei weitem am hormonreichsten ist, daß er 80000 Einheiten pro Gramm Gewebe enthält im Gegensatz zum Vorder- und Hinterlappen, deren Hormongehalt nur 2857 bzw. 11904 PE pro Gramm Gewebe beträgt.* Der Mittellappen enthält also pro Gramm berechnet 28 mal soviel Hormon wie der Vorderlappen und 6,7 mal soviel wie der Hinterlappen.

Um über die quantitativen Hormonverhältnisse in der Hypophyse Aufschluß zu erhalten, haben wir noch folgende Versuche gemacht. Die Hypophysen wurden in 6 verschiedene Segmente zerlegt, wodurch es möglich war, aus vielen Hypophysen analoge Gewebsteile zu untersuchen. Die Einzelheiten gehen aus den schematischen Abb. 173 und 174 hervor.

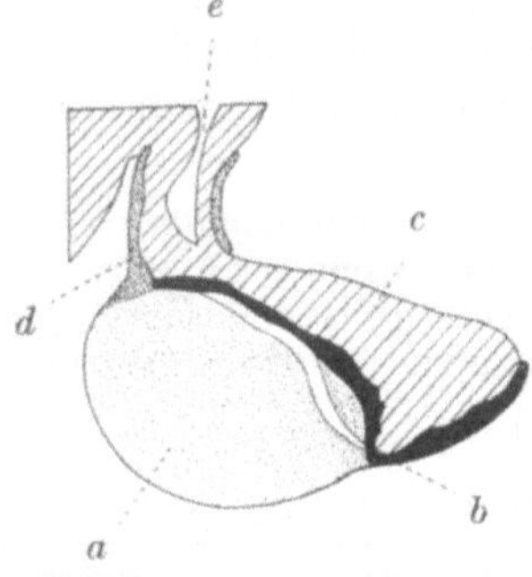

Abb. 173. Medianer Sagittalschnitt der Rinderhypophyse. Schematisch. (Nach ATWELL u. MARINUS.) a = Vorderlappen, b = Zwischenlappen, c = Hinterlappen, d = Pars tuberalis, e = Recessus infundibili.

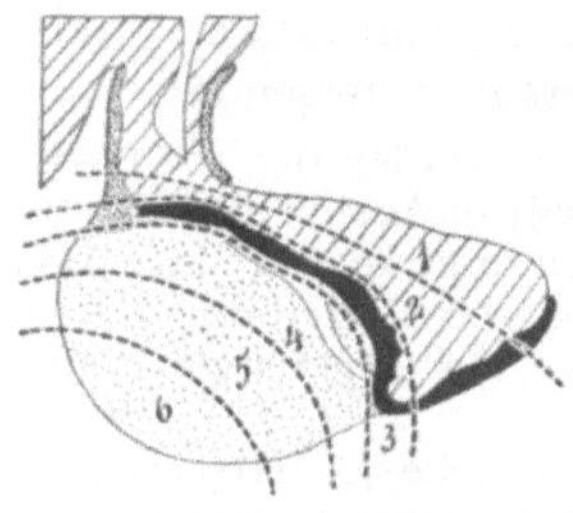

Abb. 174. Hypophyse in 6 Segmente zerlegt. 1 = Kappe des Hinterlappens, 2 = Hinterlappen nahe Zwischenlappen, 3 = Zwischenlappen, 4 = Vorderlappen nahe Zwischenlappen, 5 = Mitte des Vorderlappens, 6 = Kappe des Vorderlappens.

Hormongehalt der 6 Hypophysensegmente pro Gramm Gewebe in PE

Segment 1: Kappe des Hinterlappens	=	4 000
„ 2: Hinterlappen nahe Zwischenlappen	=	10 000
„ 3: Zwischenlappensegment	=	30 000
„ 4: Vorderlappen nahe Zwischenlappen	=	7 890
„ 5: Mitte des Vorderlappens	=	1 480
„ 6: Kappe des Vorderlappens	=	1 200

Den größten Hormongehalt finden wir im Segment 3, d. h. im Zwischenlappen. In diesen Versuchen ist der Zwischenlappen nicht scharf auspräpariert, sondern das Segment enthält im wesentlichen den Zwischenlappen, aber auch noch benachbartes Gewebe des Vorder- und Hinterlappens. Deswegen finden wir pro Gramm Gewebe einen wesentlich geringeren Hormongehalt (30 000) gegenüber dem reinen Intermediagewebe mit 80 000 Einheiten pro Gramm. Der Versuch zeigt deutlich, und darauf kommt es uns an, daß die höchste Hormonkonzentration sich im Segment 3 befindet, d. h. im Zwischenlappenteil, um von dort nach beiden Seiten, d. h. nach dem Vorderlappen und Hinterlappen, allmählich abzunehmen. So finden wir in der Kappe des Hinterlappens (Segment 1) nur noch 4000 PE pro Gramm, d. h. nur noch eine Hormonkonzentration von 13,3% gegenüber dem Zwischenlappensegment. Und in der Kappe des Vorderlappens (Segment 6), also noch weiter entfernt vom Zwischenlappen, finden wir nur noch 1200 PE pro Gramm, d. h.

nur noch eine Hormonkonzentration von 4% gegenüber dem Zwischenlappen.

Aus diesen Untersuchungen schließen wir, daß das Hormon im Zwischenlappen produziert wird, um von hier durch Diffusion sowohl in den drüsigen Teil des Vorderlappens wie in den neurogenen Teil des Hinterlappens überzugehen. Nach der Produktionsstätte in der Pars intermedia möchten wir das Hormon als „*Intermedin*" bezeichnen.

Da der Vorderlappen im Volumen und Gewicht der größte Hypophysenteil ist, findet das im Zwischenlappen produzierte Intermedin im Vorderlappen besonders gute Ausbreitungsmöglichkeiten, so daß wir es hier in relativ großen Mengen finden (4000 PE pro Vorderlappen). Diese Feststellung war von besonderer Bedeutung für die chemischen Studien und die Darstellung des Intermedins, worüber später (s. S. 601) berichtet wird.

Während die Ansichten über viele Fragen des Melanophorenstoffes weit auseinander gehen, herrscht darüber Einigkeit, daß der Stoff im Zwischenlappen produziert wird (SWINGLE, HOGBEN u. WINTON, ALLEN, ATWELL, HOUSSAY u. UNGER, P. TRENDELENBURG). VAN DYKE[1] stellte an Gewebsstücken der Hypophyse einen besonders hohen Gehalt des Melanophorenstoffes in der Pars intermedia fest. Die Konzentration wird von HOGBEN u. WINTON im Zwischenlappen über 50 mal höher angegeben als in der Pars neuralis. In diesem Zusammenhang sei auch auf den von BAYER[2] beschriebenen „weißen" Frosch hingewiesen. Unter einer aus Ungarn bezogenen Sendung von 70 Eskulenten befand sich ein Tier, das gegenüber den anderen Fröschen durch seine dauernde ungemein helle Färbung besonders auffiel. Selbst bei tagelangem Aufenthalt im Dunkeln trat die Expansion der Melanophoren nicht auf. Bei der histologischen Untersuchung der Hypophyse zeigte sich, daß bei diesem Tier der Zwischenlappen der durch einen Parasiten zugrunde gegangen war, während die übrigen Teile der Hypophyse völlig unbeschädigt waren. Dieses Naturexperiment beweist eindeutig, daß der Zwischenlappen für die Regulation der Pigmentzellen von besonderer Bedeutung ist.

c) *Intermedingehalt der Hypophyse des Menschen*[3].

Ebenso wie beim Tier konnten wir auch in der Hypophyse des Menschen, sowohl beim Fetus wie beim Neugeborenen und Erwachsenen, regelmäßig Intermedin nachweisen. Beim Neugeborenen fanden wir 60 PE, beim Erwachsenen einen Durchschnittswert von 4000—70000 Einheiten pro Hypophyse. Wir haben fast sämtliche Krankheiten unter-

---

[1] VAN DYKE: Arch. f. exper. Path. **144**, 262 (1926).
[2] BAYER, G.: Endokrinol. **6**, 249 (1930).
[3] Für die Überlassung des Materials möchte ich Herrn Prof. FROBOESE und Herrn Prof. L. PICK auch an dieser Stelle bestens danken.

sucht, worüber in Kürze folgendes gesagt sei (die Werte sind pro Hypophyse angegeben):

Bei Arteriosklerotikern (Mann und Frau) fanden wir Werte von 5000—60000 PE pro Hypophyse.

Bei cerebralen Prozessen (Apoplexie) 6000—7000 PE, in einem Fall von Gehirnerweichung nur 2800 PE.

Bei Herzkrankheiten (Angina pectoris, Coronarsklerose, Endokarditis, Dekompensation) lagen die Hormonwerte zwischen 3500 und 5000 PE, in einem Falle von Aorteninsuffizienz bei 8000 PE.

Bei Lungenkrankheiten (Tuberkulose, Pneumonie, Tumor) Werte von 3800—7000 PE.

Bei Leberaffektionen (Choledochusverschluß, LAENNECsche Lebercirrhose, akute gelbe Leberatrophie) Werte von 2200—6000 PE.

Bei Magenkrankheiten (Ulcus) 5000—6000 PE.

Bei Erkrankungen des Urogenitalapparates (Prostatahypertrophie, Nierenabscesse, Pyonephrose) Werte von 4000—7000 PE. In einem Falle von Schrumpfniere 8500 PE, bei einer Urämie 10000 PE.

Bei Stoffwechselkrankheiten (Diabetes) 4000—5500 PE.

Bei Blutkrankheiten fanden wir bei der akuten Leukämie 5000 bis 9000 PE, in einem Fall von perniziöser Anämie hingegen nur 1400 PE.

Bei Carcinomatösen (Tumoren an den verschiedensten Organen) ergaben die Analysen 3000—7000 PE. Den höchsten Wert von 12000 PE konstatierten wir bei einem hochgradigen Lebercarcinom.

In der Schwangerschaft sind die Werte nicht verändert. Bei einem Fall von schwerer Infektion während der Geburt mit atonischer Blutung fanden wir 6000 PE, bei einer Eklampsie 8000 PE pro Hypophyse.

Ich hatte Gelegenheit, drei Hypophysen von *Negern* zu untersuchen. Der Intermedingehalt war quantitativ genau der gleiche wie bei Europäern.

Zusammenfassung: Den niedrigsten Hormonwert (1400 PE) fanden wir bei der perniziösen Anämie, die höchsten Werte bei Urämie (10000 PE), bei hochgradigem Lebercarcinom (12000 PE) und bei eunuchoidem Fettwuchs (13000 PE). Wir begnügen uns mit der Mitteilung dieser Befunde.

Erwähnt sei, daß wir bei der Lebercirrhose, der Norm entsprechend, Werte von 4000—6000 PE fanden. Mit der Untersuchung von Menschenhypophysen auf Melanophorenstoff hat sich bisher nur EHRHARDT beschäftigt, der die Hypophysen Fröschen implantierte. Hierbei konnte EHRHARDT bei einem Fall von LAENNECscher Lebercirrhose das Hormon in der Hypophyse nicht nachweisen. Die Lebercirrhose nimmt aber nach unseren Untersuchungen keine Sonderstellung ein.

3. Intermedin im Gehirn des Menschen.

Das Intermedin verläßt das Gehirn auf dem Wege über den Hypophysenstiel. Die Tatsache, daß wir im Stiel (s. vorher) viel weniger Hormon finden als in der Hypophyse, scheint uns darauf hinzudeuten, daß die Hormonabgabe eine schnelle ist, so daß wir im Stiel, d. h. auf dem Transportweg, wenig Intermedin finden, während das Hormon in der Drüse selbst gestapelt wird. Mit Hilfe unseres Testobjektes war es uns möglich, die einzelnen Gehirnteile qualitativ und quantitativ zu untersuchen, um über den Verbleib des Intermedins im Gehirn Aufschluß zu erhalten. Hierbei haben wir sämtliche Gehirnteile von gesunden Rindern und von Menschen, die an verschiedenen Krankheiten gestorben waren, systematisch untersucht. Als Beispiel sei ein Versuch wiedergegeben.

Tabelle 57. Gehirn einer 36jähr. Frau, akut an Embolie gestorben. Extraktion des Hormons mit kochender $^1/_4\%$iger Essigsäure.

Gehirnteil	Analysierte Gehirnsubstanz[1] (Frischgewicht) in g	Hormongehalt in PE
Gehirnrinde	2,8	0
Hypophysenvorderlappen	**0,44**	4000
Hypophysenhinterlappen	**0,07**	1500
Hypophysenstiel	**0,02**	10
Tuber cinereum	**0,25**	15
Hypothalamus direkt am Tuber	1,53	50
Perventrikuläres Höhlengrau des Thalamus	2,82	40
Thalamus tiefe Schicht	2,00	0
Tractus opticus	**0,32**	0
Nervus opticus	**0,25**	0
Corpora mamillaria	**0,11**	0
Pedunculi	1,45	0
Choreoidplexus	0,12	0
Balken	1,3	0
Zirbeldrüse	**0,13**	0
Boden des 4. Ventrikels	0,23	0

Der Versuch ergibt, daß wir das Intermedin nach dem Verlassen der Hypophyse nur an einer Stelle im Gehirn wiederfinden, im 3. Ventrikel. Hier finden wir das Hormon im Tuber cinereum, im Hypothalamus und im periventrikulären Höhlengrau, während das Intermedin in den tiefen Thalamusschichten nicht mehr nachweisbar ist. Im Liquor des 3. Ventrikels war der Hormonnachweis nicht einheitlich, zuweilen war der Liquor frei von Hormon, zuweilen fanden wir pro Kubikzentimeter 5—10 PE Intermedin. Sonst haben wir im Gehirn das Hormon niemals nachweisen können mit Ausnahme eines Falles von schwerer Eklampsie, wo wir im Chorioidplexus (1,48 g) im ganzen 20 PE Inter-

---

[1] Die fettgedruckten Zahlen bedeuten, daß hier die gesamte Drüse bzw. das gesamte Gehirngewebe (z. B. Corpora mamillaria) untersucht wurde.

medin nachweisen konnten. Die Tatsache, daß wir das Hormon in der Wand des 3. Ventrikels nur in geringen Mengen finden (30—60 PE pro Gramm), spricht dafür, daß das Hormon hier schnell verbraucht wird, im Gegensatz zur Aufstapelung in der Hypophyse.

Nach dem Verlassen der Hypophyse finden wir das Intermedin im Gehirn nur in der Wand des 3. Ventrikels, d. h. an jenen Stellen, wo die vegetativen Zentren liegen.

Cisternen- und Lumbalflüssigkeit [1].

Während die Hormonanalysen im Liquor des 3. Ventrikels wechselnd waren, ergab die *Untersuchung des Suboccipitalliquors (4. Ventrikel) und der Rückenmarksflüssigkeit stets negative Ergebnisse.* Hierbei haben wir den nativen bzw. den durch Einengen konzentrierten Liquor untersucht. So haben wir im Höchstfall 20 ccm Cisternenflüssigkeit auf 1 ccm eingeengt und davon 2mal hintereinander je 0,15 ccm injiziert, so daß dadurch der Hormonnachweis in 6 ccm Cisternenflüssigkeit möglich war.

Die Cisternenflüssigkeit stammte von Fällen von Thyerotoxikose, erblicher Migräne, multipler Sklerose, seröser Meningitis u. a.

Die Lumbalflüssigkeit stammte von Fällen von Hydrocephalus, Syringomyelie, spastischer Spinalparalylse, Hirntumor, Lues cerebri, Eklampsie u. a. Auch die Lumbalflüssigkeit wurde sowohl nativ wie nach Konzentration untersucht.

Die negativen Hormonbefunde in der Cisternen- und Lumbalflüssigkeit heben wir deshalb besonders hervor, weil man mittels der Melanophorenreaktion beim Frosch positive Befunde erhoben hat. So gibt TRENDELENBURG an, daß er mit 4 durch Suboccipitalstisch gewonnenen Liquorproben des Menschen stets stark positive Resultate erzielt hat, während EHRHARDT mit Suboccipitalliquor nur in 10% eine Melanophorenexpansion auslösen konnte. Wir sind überzeugt, daß diese Reaktionen nicht durch das Hormon, sondern durch unspezifische Stoffe herbeigeführt wurden, da unsere Versuche einwandfrei negativ verliefen, auch wenn wir den Liquor stark eingeengt hatten.

Ergebnis: Der Liquor des 4. Ventrikels (Cisternenflüssigkeit) sowie der Lumballiquor sind frei von Intermedin.

Unsere Versuche haben ergeben, daß *das Vorkommen des Intermedins nicht parallel geht dem des Oxytocins und Vasopressins.* Diese beiden Stoffe sind, wie CUSHING u. GOETSCH[2], DIXON[3], sowie TRENDELENBURG[4] nachgewiesen haben, auch im Liquor cerebrospinalis vorhanden, während wir das Intermedin im Liquor nicht haben finden können. Umgekehrt

---

[1] Für die freundliche Überlassung der Liquoren sind wir Herrn Prof. SCHUSTER und Herrn Prof. F. H. LEWY zu Dank verpflichtet.
[2] CUSHING u. GOETSCH: Amer. J. Physiol. **27**, 60 (1910/11).
[3] DIXON: J. of Physiol. **57**, 129 (1923).
[4] TRENDELENBURG, P.: Klin. Wschr. **18**, 777 (1924).

konnten die genannten Autoren mit dem Kolloid der Hypophyse keine Wirkung im Sinne des Oxytocins und Vasopressins erzielen, während wir, wie oben angeführt, im Kolloid Intermedin nachwiesen (s. S. 591).

Oxytocin, Vasopressin und Intermedin verlassen die Hypophyse auf dem Wege über den Hypophysenstiel. Während Oxytocin und Vasopressin in den Liquor des 3. Ventrikels übergehen und in der Cisternenflüssigkeit wie im Lumbalpunktat nachweisbar sind, findet man das Intermedin nur am Ort seiner Wirkung, d. h. nur in der Wand des 3. Ventrikels.

4. Fehlen des Intermedins in den anderen Organen und Körperflüssigkeiten.

Über das Vorkommen der melanophorenexpandierenden Substanz im Organismus des Warmblüters gehen, wie S. 581 berichtet, die Meinungen weit auseinander. Während z. B. TRENDELENBURG durch Blut von Warmblütern eine deutlich *hemmende Wirkung* auf die Melanophorenexpansion auslösen konnte, findet DIETEL den Melanophorenstoff im Serum von Vögeln, Menschen und Säugetieren. Auch in den Organen, insbesondere in der Leber, ferner im Harn des Mannes und besonders der Frau, konnte DIETEL den Melanophorenstoff nachweisen. Das Serum von Graviden enthalte mehr Melanophorenstoff als das von Nichtschwangeren und Wöchnerinnen. Besonders hohe Konzentrationen wurden im Eklampsieserum gefunden. Hingegen sei die Ausscheidung im Urin bei Nichtschwangeren und Wöchnerinnen erheblich größer als bei Graviden. EHRHARDT hat in der Eklampsieplacenta die melanophorenexpandierende Substanz gefunden, während sie in der normalen Placenta nicht vorkomme.

Mit unserem Testobjekt geprüft, konnten wir zeigen — das Ergebnis sei vorweggenommen —, *daß das Intermedin außerhalb des Gehirns im Organismus des gesunden und kranken Menschen nicht vorkommt.*

Bei ihren Nachprüfungen haben JORES u. VELDE[1] unsere Befunde voll bestätigt, d. h. in Organen und Organextrakten Chromatophorenhormon nicht gefunden.

Um sicher zu sein, daß wir mit unserer Methodik das Intermedin extrahieren, haben wir menschlichen und tierischen Organen (Organbrei) bzw. Körperflüssigkeiten Intermedin zugesetzt und dann die zurückgewonnene Intermedinmenge bestimmt. Hierbei sind wir zu folgender Methodik gelangt:

Methodik:

a) *Extraktion des Intermedins aus Organen.*

Die zu untersuchenden Organe werden möglichst fein zerkleinert. Bei Untersuchung kleiner Organe (z. B. Zirbeldrüse, Nebenniere usw.) wird der gesamte Organbrei mehrmals mit $^1/_4$%iger Essigsäure ausgekocht, wobei aus

---

[1] JORES, A. u. VELDE, W.: Arch. f. exper. Path. **173**, 26 (1933).

1 g Frischsubstanz 30 ccm essigsaures Extrakt (Stammlösung) entstehen. Will man größere Organmengen extrahieren, so wird der Organbrei je 24 Stunden mit Aceton bei Zimmertemperatur versetzt (3—4mal), bis das Aceton farblos ist. Jetzt wird das Hormon aus dem Acetontrockenpulver durch mehrmaliges Auskochen mit $1/4$%iger Essigsäure gewonnen.

b) *Extraktion des Intermedins aus Körperflüssigkeiten* (*Blut, Lumbalflüssigkeit, Ascitesflüssigkeit*).

Man kann Elritzen maximal 0,1—0,15 Serum injizieren. Da man so nur große Hormonmengen nachweisen kann (6600—10000 Einheiten pro Liter), haben wir das Hormon durch Aceton aus dem Blut ausgefällt. Hierbei wird das Serum bzw. das Citratblut mit der 5fachen Menge Aceton versetzt. Das Intermedin geht in die massige Fällung. Diese wird mehrmals mit $1/4$%iger Essigsäure kochend extrahiert. Das zugesetzte Intermedin läßt sich in dem essigsauren Extrakt quantitativ wiederfinden. Kann man frisches Blut verarbeiten, so läßt man das Blut zweckmäßig gleich in die 5fache Acetonmenge einfließen. Das gleiche Verfahren haben wir bei Ascitesflüssigkeit angewandt. Lumbalpunktat kann man nativ Elritzen injizieren oder, wenn man kleine Mengen nachweisen will, nach 5—10facher Konzentration durch Abdampfen. Die in der Lumbalbalflüssigkeit vorhandenen Aschenbestandteile sind ohne jede Wirkung auf die Erythrophoren der Elritze.

c) *Extraktion des Intermedins aus Harn.*

Man kann 0,1—0,15 ccm nativen Harn Elritzen injizieren, womit man allerdings nur große Intermedinmengen (6600—10000 PE pro Liter) nachweisen kann. Man kann auch den durch Einengen konzentrierten Harn injizieren, der aber häufig toxisch wirkt. Die für die anderen Körperflüssigkeiten angegebene Acetonmethode kann man beim Harn nicht anwenden. Das Intermedin geht hier nicht in die Acetonfällung und ist aus dem Filtrat nur mit sehr großem Verlust wiederzugewinnen.

Bessere Resultate erhält man durch Behandlung des Harns mit der 5-fachen Menge 96%igen Alkohols. Die ziemlich massive Fällung ist praktisch frei von Intermedin, so daß wir nur das Filtrat verwenden. Das Filtrat wird durch Abdampfen von Alkohol befreit und entsprechend konzentriert (z. B. 100 ccm Ausgangsharn = 20 ccm Präparat.) Allerdings arbeitet auch diese Methode mit Verlust, so daß man nur 30% des zugesetzten Intermedins wiedergewinnt.

Es würde zu weit führen, sämtliche Untersuchungen in den Einzelheiten wiederzugeben. Wir begnügen uns mit der Mitteilung der Resultate unter Anführung einiger Beispiele.

Endokrine Drüsen: Mit der beschriebenen Methodik haben wir sämtliche endokrinen Drüsen bei Tieren und Menschen untersucht. Niemals konnten wir hier — natürlich mit Ausnahme der Hypophyse — Intermedin nachweisen.

Als Beispiel sei der Versuch wiedergegeben, bei dem gleichzeitig Hypophyse und Gehirn, wie vorher berichtet, untersucht wurde. Es handelte sich um eine 36jährige, an Embolie gestorbene Frau (s. Tab. 57).

Wir stellten konzentrierte Extrakte aus den endokrinen Drüsen dar, wobei jede Elritze Extrakt aus folgenden Gewebsmengen erhielt:

Epiphyse	= 0,16 g	Nebenniere	= 0,45 g
Thymus	= 1 g	Pankreas	= 1,7 g
Schilddrüse	= 1 g		

Sämtliche Versuche verliefen negativ, d. h. niemals konnte durch Extrakte aus endokrinen Drüsen eine Rotfärbung bei der Elritze ausgelöst werden.

Drüsige Organe: In der Leber von gesunden Tieren (Kaninchen, Schwein, Rind) konnten wir niemals Intermedin nachweisen, auch wenn wir konzentrierte Extrakte herstellten.

Auch die Versuche mit menschlicher Leber verliefen völlig negativ. Auch bei Leberkrankheiten (Cirrhose, akute gelbe Leberatrophie usw.) war Intermedin im Lebergewebe nicht nachweisbar.

Untersuchung menschlicher Galle fiel ebenfalls negativ aus. Wir injizierten die native Galle, ferner konzentrierte Extrakte nach Anwendung der S. 598 beschriebenen Acetonmethode.

Blut: Nachdem Serumversuche (Injektion von 0,1—0,2 ccm) negativ ausgefallen waren und so das Vorkommen von 5000—10000 PE Intermedin pro Liter Serum auszuschließen war, extrahierten wir das Hormon mittels der Acetonmethode, wodurch auch der Nachweis kleinerer Intermedinmengen möglich gewesen wäre. Hierbei haben wir Elritzen bis 0,3 ccm des 8fach konzentierten Blutextraktes injiziert, so daß damit der Nachweis von 417 PE Intermedin pro Liter Blut möglich gewesen wäse. Wir untersuchten Blut von gesunden und kranken Menschen, so Fälle von Arteriosklerose, BASEDOWscher Krankheit, LAENNECscher Lebercirrhose, akuter gelber Leberatrophie, Urämie u. a. Sämtliche Versuche verliefen eindeutig negativ, d. h. wir konnten Intermedin niemals im Blut nachweisen.

JORES[1] konnte geringe Hormonmengen im Blut nachweisen (0,5 bis 1,5 E pro Liter, bezogen auf alkalischen VÖGTLIN-Standard). Als Testobjekt benutzte er die Melanophorenexpansion des Frosches, die 50mal empfindlicher sein soll als die Elritzenreaktion. Umgerechnet würde dies heißen, daß das Blut 25—75 PE Intermedin pro Liter enthält, vorausgesetzt, daß das Melanophoren- und Erythrophorenhormon miteinander identisch ist (s. S. 619).

Ascites: Die Untersuchung der Ascitesflüssigkeit bei Lebercirrhose, Ovarialcarcinom und diffuser Peritonealcarcinomatose fiel auch nach Konzentration negativ aus. Besonders sei ein Fall von Ascitesflüssigkeit bei schwerster Graviditätstoxikose erwähnt. Wegen akut bedrohlicher Erscheinungen (Blutdruck 220 mm, hochgradiger Hydrops, schwere akute Retinaveränderungen, s. S. 361) mußte ich eine Sectio caesarea aus-

---

[1] JORES, A.: Z. exper. Med. **87**, 266 (1933).

führen, wobei wir im Abdomen etwa 2 Liter Hydropsflüssigkeit fanden. Die Untersuchung dieser durch Capillardurchlässigkeit entstandenen Bauchflüssigkeit fiel auch bei 20facher Konzentration (Acetonmethode) negativ aus.

Auge: Beim Warmblüter finden wir Pigmentzellen im Auge. Deshalb haben wir das Auge (Kaninchen) auf Intermedin untersucht, und zwar die Retina, Chorioidea und das Kammerwasser. Sämtliche Versuche verliefen negativ.

JORES[1] hat mit der Melanophorenreaktion das Hormon im Auge nachweisen können und schreibt ihm eine Bedeutung für die Anpassung des Sehorgans an die Dunkelheit zu. Beim Menschen konnte durch Einträufeln des Hormons in das Auge eine Verkürzung der Adaptionszeit, beim Frosch eine Beschleunigung der Pigmentwanderung zur Dunkelstellung erzielt werden.

Schwangerschaft: Besonders eingehend haben wir das Vorkommen des Intermedins in der Schwangerschaft untersucht.

Während beim Menschen in der Schwangerschaft die gonadotropen Hormone des Vorderlappens in besonders verstärktem Maße im Organismus kreisen, ist dies beim Hormon des Zwischenlappens nicht der Fall. In der Schwangerschaft ist eine erhöhte Intermedinproduktion nicht nachweisbar.

In der Hypophyse der Schwangeren (s. S. 376) ist gonadotropes Vorderlappenhormon trotz der reichlichen Überschüttung des Organismus nicht nachweisbar (PHILIPP, ZONDEK, FELS, EHRHARDT). *Hingegen ist das Intermedin in der Hypophyse der Schwangeren quantitativ in derselben Menge vorhanden wie bei der nichtschwangeren Frau.*

In der Placenta haben wir auch bei Extraktionen großer Gewebsmengen niemals Intermedin nachweisen können, was JORES u. VELDE[2] bestätigten. Erwähnt sei, daß wir auch in der Eklampsieplacenta das Hormon nicht finden konnten im Gegensatz zu dem positiven Befund, den EHRHARDT mittels der Melanophorenreaktion bei der Eklampsieplacenta erhoben hat (s. S. 597).

Die Untersuchung von Blut und Harn in den verschiedenen Schwangerschaftsmonaten, während der Geburt und im Wochenbett fiel negativ aus. In Ascitesflüssigkeit bei Graviditätstoxikose (s. oben) haben wir Intermedin nicht gefunden.

Wie schon vorher (s. S. 595) erwähnt, haben wir einmal in der Schwangerschaft einen von der Norm abweichenden Gehirnbefund erhoben. Bei einem Fall von schwerer Eklampsie fanden wir im Plexus chorioideus in 1,48 g Gewebe 20 PE Intermedin. Ob es sich hier um einen Zufallsbefund handelt, oder ob diese Beobachtung von irgendwelcher Bedeutung ist, kann auf Grund des einen Falles nicht gesagt werden. Bei anderen Krankheiten fanden wir jedenfalls den Plexus frei von Intermedin. Es wäre wünschenswert, der Untersuchung des Plexus

---

[1] JORES, A.: Z. vergl. Physiol. **20**, 699 (1934). Med. Welt **46** (1933).
[2] JORES, A. u. VELDE, W.: Arch. f. exper. Path. **173**, 26 (1933).

chorioideus bei Eklampsie sowie bei cerebralen Prozessen besondere Beachtung zu schenken.

Ergebnis: Außerhalb des Gehirns ist das Intermedin weder in Organen noch in Körperflüssigkeiten des gesunden und kranken Organismus nachweisbar.

Das im Zwischenlappen der Hypophyse produzierte Hormon wird in der Wand des 3. Ventrikels verbraucht.

5. Zur Chemie und Darstellung des Intermedins.

Ist das Intermedin ein selbständiges Hormon oder ist die Wirkung auf die Pigmentzellen nur eine Nebenwirkung eines anderen Hypophysenstoffes?

Die im Vorderlappen produzierten Hormone, das Wachstumshormon, das gonadotrope, das thyreotrope Hormon und der Stoffwechselstoff kommen für die Wirkung auf die Chromatophoren nicht in Frage. Hingegen kann man, wie vorher auseinandergesetzt, die Expansion der Melanophoren beim Frosch durch die bekannten Hypophysenhinterlappenextrakte herbeiführen. ABOLIN zeigte, daß man bei der Elritze durch Hinterlappenextrakt sowohl Dunkelfärbung wie auch Rotfärbung auslösen kann. Da man der Ansicht war, daß die Melanophorenwirkung durch denselben Stoff des Hinterlappens hervorgerufen wird wie die Wirkung auf den Uterus und den Blutdruck, verwandte man die Melanophorenreaktion zum Nachweis der Hinterlappenextrakte (HOGBEN u. WINTON, TREUTER[1]). So wird von pharmakologischer Seite (LOEWE u. ILISON[2]) das „Melanophorenbild" in Hautstückchen des Frosches als Methode zur biologischen Wertbestimmung von Hypophysenhinterlappenpräparaten angegeben. Die Annahme der Identität der Wirkstoffe des Hinterlappens mit dem Melanophorenstoff geht daraus hervor, daß DIETEL[3] noch 1931 folgendes hervorhebt: „Der Melanophorengehalt des Blutes und der Organe zeigt an, eine wie große Menge von capillartonusregulierender und diuresewirksamer Substanz im Organismus kreist".

Die Versuche zur Reindarstellung der Hypophysenhinterlappenstoffe führten DUDLEY[4] zu einem Pikrat und ABEL[5] zu einem Tartrat mit sehr starker Wirksamkeit. Das ABELsche Tartrat führte neben der Wirkung auf Uterus und Blutdruck auch zur Expansion der Melanophoren. Gegen diese Auffassung von der Einheit des Hypophysenhinterlappenhormons sprechen die Untersuchungen von KNAUS, DREYER u. CLARK[6], die beim

---

[1] TREUTER: Zbl. Gynäk. **49**, 831 (1925).

[2] LOEWE, S. u. ILISON, M.: Klin. Wschr. **1925**, 1692.

[3] DIETEL, F. G.: Arch. Gynäk. **144**, 498 (1931).

[4] DUDLEY, H. W.: J. of Pharmacol. **21**, 103 (1923).

[5] ABEL c. s.: J. of Pharmacol. **22**, 289 (1924).

[6] KNAUS, DREYER u. CLARK: Proc. Physiol. Soc. **1925** (May, 23).
J. of Physiol. **60.**

Vergleich von Extrakten aus frischem Drüsenmaterial und aus Trockenpulver des Hinterlappens ein verschiedenes Verhältnis zwischen der oxy-
tokischen und vasopressorischen Wirkung einerseits und der Melanophorenreaktion andererseits fanden. Daraus schließen die Autoren, daß
die Melanophorenwirkung von einem besonderen Stoff ausgelöst werden
müsse.

Von besonderer Bedeutung sind die bekannten Untersuchungen von
KAMM, ALDRICH, GROTE, ROWE und BUGBEE[1]. Diese Autoren konnten
zwei Stoffe aus dem Hinterlappen isolieren, und zwar 1. das Oxytocin,
das nur die auf den Uterus wirkende Substanz enthält, und 2. das Vasopressin, das Blutdrucksteigerung, Darmkontraktion und Antidiurese bewirkt. Bei der Prüfung der beiden Stoffe auf die Melanophoren des
Frosches konnte ROWE[2] bereits feststellen, daß die Melanophorenexpansion im wesentlichen an das Vasopressin gebunden sei. In weiteren
Studien kamen KAMM, GROTE u. ROWE[3] zur Ansicht, daß der in
wechselnden Mengen in der β-Hormonfraktion (Vasopressin) enthaltende
Melanophorenstoff möglicherweise ein Hormonabkömmling sei (,,derived-
Hormon''). Sie betonen jedoch, daß bisher kein Beweis erbracht sei,
daß mehr als zwei Hormone (d. h. Oxytocin und Vasopressin) in der
Hypophyse vorhanden seien.

Daß das Intermedin mit dem Oxytocin und Vasopressin nicht identisch sein kann, ergab sich uns aus folgenden Befunden:

1. Im Suboccipitalliquor ist, wie S. 596 berichtet, Oxytocin und Vasopressin nachgewiesen worden (TRENDELENBURG u. a.), wir konnten aber
Intermedin im Liquor nicht finden. Demnach kann das Intermedin
nicht an die Anwesenheit der anderen Stoffe gebunden sein.

2. Umgekehrt fanden wir im Hypophysenkolloid Intermedin (s. S. 591),
während Oxytocin und Vasopressin hier nicht nachweisbar sind (CUSHING
u. GOETSCH). Intermedin kommt also isoliert im Organismus vor.

3. Bei Untersuchung der drei voneinander getrennten Hypophysen-
lappen fanden wir, daß der Gehalt der einzelnen Lappen an Oxytocin,
Vasopressin und Intermedin ein ganz verschiedener ist. So enthält 1 g
Hinterlappentrockenpulver 487 mal soviel Oxytocin und Vasopressin,
aber nur 4,2 mal soviel Intermedin wie der Vorderlappen (s. Tabelle 58).
Der Hinterlappen enthält pro Gramm Trockensubstanz nur 2,7 mal soviel
Oxytocin und Vasopressin wie der Zwischenlappen, hingegen enthält der
Hinterlappen viel weniger Intermedin als der Zwischenlappen, und zwar
nur den 6,6. Teil.

*Wenn also im Suboccipitalliquor, im Hypophysenkolloid und vor allem
in den verschiedenen Hypophysenlappen Oxytocin und Vasopressin einer-*

---

[1] KAMM, c. s.: J. amer. chem. Soc. **50**, 573 (1928).
[2] ROWE: Endocrinology **12**, 663 (1928).
[3] KAMM, GROTE, u. ROWE: Proc. amer. Soc. Biol. Chem., 25. Sitzung
1931, 69.

seits und Intermedin andererseits zum Teil isoliert, zum Teil in ganz verschiedener Konzentration vorkommen, so ergibt sich daraus, daß das Intermedin mit dem Oxytocin und Vasopressin nicht identisch sein kann.

Über den Hormongehalt der einzelnen Hypophysenlappen gibt die nebenstehende Tabelle Auskunft.

Aus der Tabelle geht hervor, daß der Hinterlappen wesentlich reicher (um das 2,7fache) an Oxytocin und Vasopressin ist als der Zwischenlappen. Wir können uns daher der Ansicht BIEDLs über die Produktion auch dieser Hormone (Oxytocin und Vasopressin) im Zwischenlappen nicht anschließen.

Tabelle 58. Intermedin, Oxytocin und Vasopressin in den Hypophysenlappen pro Gramm Trockensubstanz (Acetontrockenpulver).

Hypophysenlappen	Intermedin PE	Oxytocin VE	Vasopressin VE
Vorderlappen .	14 300	1,5	1,5
Zwischenlappen	400 000	270	270
Hinterlappen .	60 000	730	730

Zur Chemie des Intermedins.

Kocht man das Acetontrockenpulver der Hypophyse mehrmals mit $^1/_4$%iger Essigsäure, so kann man dadurch das Intermedin fast quantitativ extrahieren. Das eiweißhaltige essigsaure Hypophysenextrakt bezeichnen wir als „Stammlösung". Wir haben die Eigenschaften des Intermedins sowohl in der Stammlösung wie nach der Darstellung in eiweißfreier Form untersucht.

Intermedin ist kochbeständig. Das Hormon ist auch gegen Kälte sehr unempfindlich, so daß bei Abkühlung durch flüssige Luft (unter — 200°) das Hormon nur wenig geschädigt wird.

Fermente: Intermedin ist gegenüber proteolytischen Fermenten sehr empfindlich. Es wird durch Trypsin vollständig, durch Pepsin zu rund 85% vernichtet. Hierbei besteht ein Unterschied gegenüber dem Oxytocin und Vasopressin, die auch durch Trypsin zerstört, aber durch Pepsin nicht beeinflußt werden (DALE, ABEL).

Intermedin ist ultravioletten Strahlen gegenüber empfindlich. Durch Bestrahlung mit der Quarzlampe — 30 Minuten bei 15 cm Abstand — wird 95% des Intermedins zerstört.

Die Löslichkeit des Intermedins in verschiedenen organischen Lösungsmitteln ist, wie aus der Tabelle 59 hervorgeht,

Tabelle 59. Löslichkeit des Intermedins in organischen Lösungsmitteln.

Organisches Lösungsmittel	Eiweißhaltige Stammlösung. — Löslichkeit in Prozenten	Intermedin (eiweißfrei). — Löslichkeit in Prozenten
Äthylalkohol (30%)	66²/₃	—
„ (70%)	45	—
„ (50%)	33	—
„ (100%)	20	50
Methylalkohol . .	15—20	50
Propylalkohol . .	12—15	30
Butylalkohol . . .	10	20
Benzol	5	—
Chloroform	5	3
Äther	0	0
Aceton	0	0
Essigester	0	0

verschieden. Geprüft wurde die Extraktionsfähigkeit des Intermedins sowohl aus der eiweißhaltigen Stammlösung wie aus der eiweißfreien Intermedinlösung.

Intermedin ist in Äther, Aceton und Essigester unlöslich, in Benzol und Chloroform nur zu 5% löslich. Während das Intermedin aus der eiweißhaltigen Stammlösung durch Methyl- und Äthylalkohol nur zu 15 bis 20% extrahiert wird, ist die Löslichkeit des eiweißfrei dargestellten Intermedins in Alkohol wesentlich besser (50%). Die Löslichkeit des Hormons in Alkohol nimmt also mit der Reinheit des Intermedins zu.

Verhalten gegenüber Adsorbentien und Fällungsmitteln.

Intermedin ist leicht adsorbierbar. So wird das Hormon aus der Stammlösung und aus reinen Intermedinlösungen durch Kohle praktisch vollständig adsorbiert. Durch Eisen- und Aluminiumhydroxyd erfolgt aus der Stammlösung eine Adsorption zu 50%, durch BERKEFELD-Filter zu 100%. Aus eiweißfreien reinen Intermedinlösungen wird das Hormon durch Kohle und Kaolin zu 100%, durch Kieselgur zu 90% adsorbiert. Die Einzelheiten gehen aus der Tabelle 60 hervor.

Tabelle 60. Adsorption des Intermedins

Adsorbens	Stammlösung (eiweißhaltig). — Adsorption in Prozenten	Intermedin (eiweißfrei). — Adsorption in Prozenten
Kohle	97	100
Kaolin	92	100
Kieselgur	80	90
BERKEFELD-Filter .	100	80
Eisenhydroxyd . .	50	50
Aluminiumhydroxyd	50	50

Das Intermedin ist aus der eiweißhaltigen Stammlösung durch Schwermetallsalze zu rund 10% fällbar. Im Filtrat konnten wir nur 10—20% des Hormons wiederfinden. Wir nehmen an, daß das Hormon zum großen Teil zerstört wird.

Verhalten des Intermedins gegenüber Säuren und Alkalien.

Die Hypophysenhinterlappenstoffe sind, wie aus der Literatur hervorgeht, sowohl gegen Mineralsäuren wie gegen Natronlauge empfindlich. Allerdings konnten wir die Angaben von ABEL sowie DALE u. DUDLEY nicht bestätigen, daß Oxytocin und Vasopressin bereits durch 0,5%ige Salzsäure zerstört wird. Nach unseren Untersuchungen werden diese Wirkstoffe selbst nach 24stündiger Einwirkung der Säure — wobei die eiweißfreie Hormonlösung einer 0,5%igen HCl-Lösung entspricht — nicht beeinflußt. Selbst bei Erhöhung der Salzsäurekonzentration (1%ig) wird nur 25% des Oxytocins und Vasopressins zerstört, hingegen durch 2—4%ige HCl 75—80%.

Die Empfindlichkeit des Intermedins gegenüber Mineralsäuren (HCl) geht ungefähr der des Oxytocins und Vasopressins parallel (s. Tabelle 61). Entspricht die eiweißfreie Intermedinlösung einer 1%igen HCl-Lösung

(24stündige Einwirkung der Säure, dann Neutralisation), so tritt ein Verlust des Intermedins von 20—25% ein. Bei Erhöhung der Säurekonzentration nimmt die schädigende Wirkung schnell zu, so daß bei einer HCl-Konzentration von 2% bereits ein Verlust von 80%, bei einer HCl-Konzentration von 4% ein Verlust von 90% an Intermedin eintritt. Demnach werden Intermedin, Oxytocin und Vasopressin durch HCl etwa in der gleichen Weise beeinflußt.

Alkalien: Die Empfindlichkeit des Oxytocins, Vasopressins und Intermedins gegenüber Ammoniak ist relativ gering. Fügt man der eiweißfreien Hormonmischung soviel Ammoniak hinzu, daß eine 2%ige NH_3-Lösung entsteht, so tritt ein gleichmäßiger Verlust von 20—25% bei allen drei Hormonen auf.

Hingegen verhalten sich die Hormone gegenüber Natronlauge verschieden. Fügt man einer eiweißfreien Mischung der drei Hormone soviel NaOH hinzu, daß die Lösung einer 0,5%igen Natronlauge entspricht, so tritt beim Oxytocin und Vasopressin ein Verlust von 50—90%, beim Intermedin aber nur ein Verlust von 40% auf. Bei Verstärkung der NaOH-Konzentration (1%ig) beträgt der Verlust beim Intermedin 50%, beim Vasopressin und Oxytocin aber bereits 100%. Bei einer 2%igen NaOH-Konzentration verliert das Intermedin auch nur 50% an Wirksamkeit, während Oxytocin und Vasopressin vollständig zerstört werden. Durch Natronlauge werden also alle drei Hormone geschädigt, die Empfindlichkeit des Oxytocins und Vasopressins gegenüber NaOH ist aber größer als die des Intermedins. Dadurch ist es bei einer bestimmten NaOH-Konzentration möglich, das Oxytoxin und Vasopressin zu zerstören, während das Intermedin erhalten bleibt. HOGBEN u. GORDON[1] fanden nach Behandlung mit NaOH eine Zerstörung des Vasopressins und ein deutliches Ansteigen des Melanophorenstoffes, was sie darauf zurückführen, daß durch Wegfall der durch Vasopressin bedingten Gefäßkontraktion die Wirkung des Melanophorenstimulans erhöht wird.

Die Einzelheiten unserer Untersuchungen gehen aus der Tabelle 61 hervor.

Tabelle 61. Verhalten des Intermedins gegenüber Säure und Alkalien.

Eiweißfreie Hormonmischung als	Verlust an Intermedin in Prozenten	Verlust an Oxytocin und Vasopressin in Prozenten
1 %ige Salzsäure . .	20—25	25
2 „ Salzsäure . .	80	75
4 „ Salzsäure . .	90	80
1 „ Ammoniak .	10	20
2 „ Ammoniak .	25	20
1/2 „ Natronlauge .	40	50—90
1 „ Natronlauge .	50	100
2 „ Natronlauge .	50	100
4 „ Natronlauge .	80	100

Dialysierbarkeit des Intermedins, Oxytocins und Vasopressins.

Das Intermedin unterscheidet sich, wie wir gesehen haben, sowohl durch seine Löslichkeit in organischen Lösungsmitteln, wie in dem Ver-

---

[1] HOGBEN, L. T. u. GORDON, G.: J. of exper. Biol. 1930, 286.

halten gegenüber ·Alkalien ganz wesentlich vom Oxytocin und Vasopressin. Auch in der Dialysierbarkeit zeigten sich Unterschiede.

Wir stellten aus Zwischen- und Hinterlappen der Hypophyse eine „Stammlösung" her, die pro Kubikzentimeter 1200 PE Intermedin, 45 VE Oxytocin und 35 VE Vasopressin enthielt. Nach 24stündiger Dialyse (SCHLEICHER-SCHÜLL-Membran [Nr. 579], Zimmertemperatur, 35 fache Menge Außenflüssigkeit) zeigte sich nebenstehendes Ergebnis.

Tabelle 62. Intermedin, Oxytocin, und Vasopressin nach 24stündiger Dialyse

Hormon	Außenflüssigkeit (Stammlösung)	Außenflüssigkeit (Wasser)
Intermedin .	−27%	+15%
Oxytocin . .	−40%	+ 3.3%
Vasopressin .	−30%	+ 3,3%

Die drei Hormone dialysieren an sich langsam. Hierbei zeigt sich insofern ein Unterschied, als das Intermedin besser dialysiert als die beiden anderen Hormone, so daß in der Außenflüssigkeit 15% Intermedin wiedergefunden werden, aber nur 3,3% Oxytocin und Vasopressin.

Darstellung des Intermedins.

Für die Darstellung des Intermedins waren folgende Gesichtspunkte maßgebend:

1. Das Intermedin mußte in möglichst konzentrierter, eiweißfreier Lösung mit möglichst niedrigem Trockengehalt dargestellt werden.

2. Das Intermedin mußte frei sein von Oxytocin und Vasopressin.

Jede Fraktion wurde quantitativ geprüft:

a) an der Elritze auf Vorhandensein von Intermedin (nach PE),

b) am überlebenden virginellen Meerschweinchenuterus auf Oxytocin (nach VÖGTLIN-Einheiten),

c) am isolierten Meerschweinchendickdarm und im Blutdruckversuch bei Hund und Katze auf Vasopressin (nach VÖGTLIN-Einheiten). Ferner auf antidiuretische Stoffe (GIBSONsche Methode an Mäusen).

Der wichtigste Punkt war die Gewinnung des Intermedins frei von Oxytocin und Vasopressin. Hierfür schien es uns zweckmäßig, als Ausgangsmaterial für das Intermedin zunächst den Hypophysenvorderlappen zu verwenden, der wesentlich ärmer an Oxytocin und Vasopressin ist als der Hinterlappen. So enthält der Vorderlappen, wie aus Tab. 58 ersichtlich, pro Gramm Trockenpulver nur 1,5 VE Oxytocin und Vasopressin, während 1 g Hinterlappen 730 VE dieser Stoffe enthält.

Die einfachste Methode zur Darstellung des Intermedins ist die Enteiweißung der aus Vorderlappen hergestellten Stammlösung (essigsaures Extrakt). Behandelt man eine derartige Lösung mit Sulfosalicylsäure oder Trichloressigsäure, so erhält man eiweißfreie Intermedinlösungen, die bei einem Gehalt von 150—200 PE Intermedin pro Kubikzentimeter nur 0,1 bis 0,12 VE Oxytocin und Vasopressin enthalten. Die Lösungen sind also arm, aber noch nicht frei von Oxytocin und Vasopressin.

Extrahiert man Hypophysenvorderlappenpulver mit Aqua destillata, physiologischer Kochsalzlösung oder verdünnter Säure, so erhält man auch nach Enteiweißung ein Extrakt, in dem sich mehrere Hormone befinden. Die Extrakte können Intermedin, gonadotropes Hormon, thyreotropes Hormon, Stoffwechselstoff sowie geringe Mengen von Oxytocin und Vasopressin enthalten. Wenn man mit derartigen Extrakten eine bestimmte biologische Wirkung erzielt, so kann man erst dann von einer spezifischen Wirkung sprechen, wenn man seinen Stoff von den anderen Hormonen isoliert hat, oder wenn man festgestellt hat, daß die anderen Hormone eine derartige Wirkung nicht entfalten.

Unsere Feststellung, daß in den enteiweißten Vorderlappenextrakten Intermedin in beträchtlicher Konzentration vorhanden ist, konnte für die Isolierung des Intermedins nicht genügen, weil in diesen Extrakten, wie eben auseinandergesetzt, neben Oxytocin und Vasopressin auch andere hormonale Stoffe vorhanden sind.

Eine Reinigung des Intermedins von Ballaststoffen wurde durch Behandlung mit organischen Lösungsmitteln, insbesondere mit Äthylalkohol, erzielt. Da die Löslichkeit des Intermedins in absolutem Alkohol größer ist als die des Oxytocins und Vasopressins, kommen wir durch die Alkoholextraktion — bei Anwendung des Vorderlappens als Ausgangsmaterial — zu Intermedinlösungen, die völlig frei von Oxytocin und Vasopressin sind. Die Alkoholmethode hat außerdem den Vorteil, daß das Intermedin von den anderen im Vorderlappen produzierten Hormonen isoliert wird. Bei Verwendung des Zwischen- oder Hinterlappens als Ausgangsmaterial genügt aber, wie aus Tabelle 63 ersichtlich, die Alkoholbehandlung nicht, um das Intermedin frei von Oxytocin und Vasopressin zu erhalten. Hierbei wird die Stammlösung zur Trockne gedampft und der Rückstand mehrmals mit absolutem Alkohol ausgekocht, wobei nur die alkohollöslichen Teile verwandt werden. Nach Abdampfen des Alkohols wird der Rückstand mit Wasser mehrmals ausgekocht. Nach 24stündigem Stehen wird von der entstehenden Fällung abzentrifugiert. Als Beispiel seien folgende Versuche angeführt:

Tabelle 63.

Präparat Nr.	Ausgangsmaterial[1]	Intermedin in PE pro ccm	Oxytocin in VE pro ccm	Vasopressin in VE pro ccm
58	Stammlösung (= essigsaures Extrakt aus Vorderlappen) . . .	1000	0,2	0,2
58a	Nach Alkoholbehandlung	200	0	0
78	Stammlösung aus Zwischen- und Hinterlappen	1000	11	11
78a	Nach Alkoholbehandlung	200	1,5	1,5
97	Stammlösung aus Hinterlappen .	1250	15	15
97a	Nach Alkoholbehandlung	250	1,5	1,5

Eine weitere Reinigung des Hormons kann durch Verwendung mehrerer organischer Lösungsmittel erzielt werden. Bringt man das in absolutem Alkohol konzentriert gelöste Intermedin in große Mengen von organischen Lösungsmitteln, in welchen Intermedin unlöslich ist (Äther, Aceton, Essig-

---

[1] Das Ausgangsmaterial betrug pro Kubikzentimeter beim Vorderlappen 74 mg, beim Zwischenlappen 11 mg und beim Hinterlappen 21 mg Trockensubstanz.

ester), so fällt das Hormon aus, während Ballaststoffe in Lösung gehen. Bewährt hat sich auch das Entmischungsverfahren mit wasserlöslichen und wasserunlöslichen Lösungsmitteln (Alkohol-Essigester-Wasser).

Das beschriebene Verfahren (Alkoholmethode) genügt zur Darstellung des Intermedins aus dem Vorderlappen der Hypophyse. Wir kommen dabei zu Intermedinlösungen, die frei von Oxytocin und Vasopressin sind. Ein Nachteil liegt darin, daß diese Lösungen an Trockensubstanz noch relativ reich sind, da der Vorderlappen im Vergleich zu den anderen Hypophysenteilen pro Gramm Frischgewebe (s. S. 591, Tabelle 56) am wenigsten Intermedin enthält.

Verwendet man den Zwischen- und Hinterlappen als Ausgangsmaterial, so können wir das Hormon, was den Trockenrückstand betrifft, viel reiner darstellen. Allerdings genügt hierbei die Alkoholmethode allein nicht, weil der Zwischen- und Hinterlappen viel reicher an Oxytocin und Vasopressin ist als der Vorderlappen und z. B. Lösungen mit 200—250 PE Intermedin pro Kubikzentimeter noch 1,5 VE Oxytocin und Vasopressin enthalten (Tabelle 63). Wie vorher mitgeteilt (Tabelle 61), ist Oxytocin und Vasopressin gegenüber Natronlauge empfindlicher als Intermedin. So wird in einer Hormonlösung, die einer 1- bis 2%igen NaOH entspricht, das Intermedin nur zur Hälfte, das Oxytocin und Vasopressin aber vollständig zerstört. Durch nachträgliche Behandlung mit NaOH können wir also die aus Zwischen- und Hinterlappen mittels des Alkoholverfahrens gewonnenen Hormonlösungen vom Oxytocin und Vasopressin befreien, so daß sie jetzt nur noch Intermedin enthalten.

Da das im Zwischenlappen produzierte Intermedin auf dem Wege der Diffusion sowohl in den drüsigen Vorderlappen wie in den neurogenen Hinterlappen übergeht, können wir zur Darstellung des Hormons die gesamte Hypophyse oder die einzelnen Hypophysenlappen verwenden. Die Darstellung geschieht folgendermaßen:

Die Hypophysen werden sofort nach der Schlachtung in Aceton gelegt. Nach 8, spätestens nach 24 Stunden werden die Hypophysen sagittal durchschnitten und die einzelnen Lappen voneinander getrennt. Nach Zermahlen des Drüsengewebes wird der feine Brei einige Tage bei Zimmertemperatur mit Aceton mehrmals extrahiert, bis das Aceton farblos ist. Das getrocknete Drüsenpulver wird nunmehr 3mal mit $^1/_4$%iger Essigsäure — jedesmal 5 bis 10 Minuten — ausgekocht, so daß pro Gramm Trockenpulver 30 ccm essigsaures, eiweißhaltiges, gelbliches Extrakt entsteht (Stammlösung). Die Stammlösung wird zur Trockne eingedampft und der Trockenrückstand 3mal in der Hitze mit absolutem Alkohol extrahiert. Die unlöslichen Teile werden durch Zentrifugieren entfernt, es wird also nur der alkohollösliche Teil verwandt. Der Alkohol wird abgedampft und der Rückstand in Wasser aufgenommen. Nach 24stündigem Stehen in der Kälte wird von der entstandenen Trübung abfiltriert. Das Intermedin befindet sich jetzt in der wäßrigen Lösung. Hat man als Ausgangsmaterial nur Vorderlappen benutzt, so ist die so gewonnene Intermedinlösung frei von Oxytocin und Vasopressin. Hat man aber Zwischen- und Hinterlappen bzw. die gesamte Hypophyse verwandt, so wird die gewonnene Intermedinlösung mit Natronlauge behandelt, wodurch das Oxytocin und Vasopressin zerstört werden. Man muß soviel Natronlauge hinzufügen, daß die Intermedinlösung mindestens einer 1%igen Natronlauge entspricht. Nach 24stündigem Stehen bei Zimmertemperatur wird mit HCl neutralisiert. Jetzt ist das Intermedin frei von Oxytocin und Vasopressin.

Eine weitere Reinigung kann durch die oben angegebenen Methoden erfolgen (Behandlung mit verschiedenen organischen Lösungsmitteln, ferner Entmischungsverfahren).

Reinheitsgrad: Wir haben das Intermedin als feines, amorphes, weißes Pulver gewonnen, das eine Trockensubstanz von 1 γ pro Einheit (PE) hat. Das Intermedin ist wasserlöslich. Wir arbeiten im allgemeinen mit Intermedinlösungen, die pro 1 ccm 500—1000 PE enthalten. Die Lösung ist klar, farblos und eiweißfrei. (Durch Sulfosalicylsäure und Trichloressigsäure entsteht keine Trübung.)

Das Intermedin unterscheidet sich in seinem chemischen Verhalten (verschiedene Löslichkeit in organischen Lösungsmitteln, Verhalten gegenüber Laugen, Fermenten und in der Dialysierbarkeit) vom Oxytocin und Vasopressin.

Durch die isolierte Darstellung ist bewiesen, daß das Intermedin ein selbständiges Hormon ist.

6. Zur Biologie des Intermedins.

a) *Wirkung auf die Pigmentzellen beim Kaltblüter.*

Das Intermedin ist ein exquisites Pigmentzellenhormon.

Durch Intermedin werden die Erythrophoren der Elritze (Phoxinus laevis) zur Expansion gebracht, so daß an den Lippen, an der Ansatzstelle der Bauch- und Brustflosse und hinter der Afterflosse die leuchtend purpurrote Färbung auftritt, die wir zum Nachweis des Hormons verwenden. Nur diese Pigmentreaktion ist, wie vorher gezeigt, als Testobjekt für das Intermedin zu verwenden. Hingegen vermag das Intermedin sämtliche Chromatophoren zur Expansion zu bringen, so daß wir bei Kaltblütern (Frosch, Fisch) auch eine Dunkelfärbung durch Expansion der Melanophoren und eine Gelb-Grünfärbung durch Expansion der Xanthophoren erreichen. Diese Zellen reagieren aber auf Intermedin nicht so exakt und regelmäßig wie die Erythrophoren. Wir erzielen durch Intermedin bei Fischen also jene vielfachen Farbeffekte, die physiologisch zur Laichzeit auftreten und als Hochzeitskleid bezeichnet werden.

1. *Elritze* (Phoxinus laevis): Bei der Elritze können wir durch Intermedin das Hochzeitskleid auslösen. An den Lippen sowie an Bauch und Brust tritt die prachtvolle Rotfärbung auf, die im Gegensatz steht zu der Schwarzfärbung in der Subbranchialregion. Hingegen ist die Dunkelfärbung des Rückens nicht regelmäßig, was, wie vorher gezeigt, auf die unregelmäßige Reaktion der Melanophoren zurückzuführen ist.

2. *Bitterling* (Rhodeus amarus): Nach Injektion von Intermedin tritt beim Bitterling eine Rotfärbung der Afterflosse und der oberen Spitze der

Rückenflosse auf, ferner eine Dunkelfärbung des Rückens. Der Fisch schillert prachtvoll in seinen verschiedenen Farben (Hochzeitskleid).

3. Auch beim Warmwasserfisch (Makropoden) wird durch Intermedin eine Expansion der Chromatophoren ausgelöst, wobei die intensiv leuchtende Rotfärbung der parallel verlaufenden Querstreifen an den Flanken des Fisches und die Rotfärbung der Schwanzflosse besonders hervortritt (s. Abb. 175).

4. *Frosch:* Nach Injektion von Intermedin wird der Frosch tief dunkel, bei größeren Dosen fast schwarz. Die Melanophoren befinden sich in maximaler Expansion. Während die Dunkelfärbung am Rücken eine gleichmäßige ist, treten an der Bauchhaut 2—3 mm große, runde, multiple schwarze Flecken auf, die sich von der weißen Umgebung scharf abheben (s. Abb. 176).

5. *Axolotl:* Der Farbeffekt läßt sich nur beim albinotischen Axolotl feststellen. Nach Injektion von Intermedin treten am Kopf multiple schwarze Punkte und am Rücken (an der Ansatzstelle der Rückenflosse) ein bis zum Schwanz reichender, schmaler schwarzer Streifen auf.

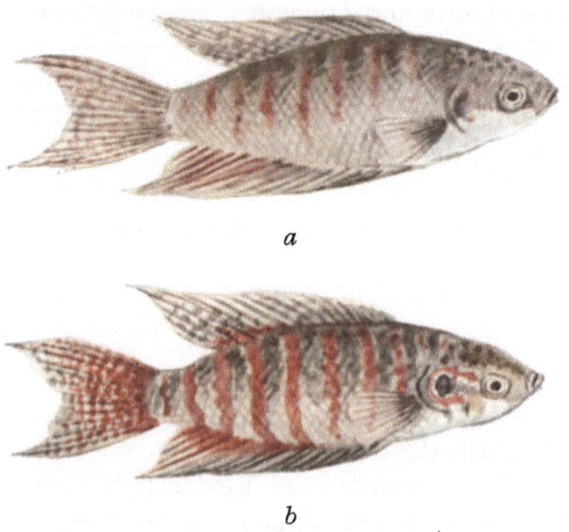

a

b

Abb. 175. Chromatophorenexpansion (insbes. Erythrophoren-expansion) bei Makropoden nach Intermedinzufuhr. *a* = Kontrollfisch, *b* = nach Injektion von Intermedin.

b) *Wirkung des Intermedins auf das Pigment.*

Das Intermedin bewirkt, wie wir gesehen haben, eine Expansion der Pigmentzellen des Kaltblüters, so daß die Farben intensiv hervortreten. Wird das Pigment selbst beeinflußt? Wir haben vergleichende Untersuchungen am roten Farbstoff der Elritze ausgeführt. An Kontrollfischen wurde die weiße Bauch- und Brusthaut, am Versuchsfisch (nach Intermedinzufuhr) die entsprechende, jetzt rotgefärbte Haut ausgeschnitten und der Farbstoff aus gleich großen und gleich schweren Hautmengen extrahiert.

Der rote Farbstoff der Elritze ist in organischen Lösungsmitteln löslich, am wenigsten in Äther, besser in Alkohol und Aceton, am besten in Chloroform. Wir haben die Hautstücke zunächst für einige Minuten in absoluten Alkohol gelegt, um sie wasserfrei zu machen, und dann mit Chloroform extrahiert. — Die genauere Untersuchung des roten Farbstoffes, die ich Herrn Prof. H. v. EULER (Stockholm) verdanke, ergab folgendes: Im sichtbaren Gebiet des Spektrums ergibt eine Farbstofflösung (Chloroform) Absorption mit Maximum bei 461 und 490 mμ. — Um zu untersuchen, ob der Farbstoff eine Säure ist, wurde die Chloroformlösung eingedunstet und der Rückstand mit äthylalkoholischem Kali verseift. Durch Zufügung von Äther und dann von Wasser wurden zwei Schichten erhalten, wobei der Farbstoff quantitativ in den Äther überging. Er hat also keine Säurenatur. — Ein anderer Teil des

Extraktes wurde eingedunstet, verseift und in Petroläther gelöst und mit 90% Methylalkohol versetzt. Der Farbstoff ging vollständig in die Petrolätherschicht über. Der Farbstoff enthält also keine OH-Gruppe (kein Xanthophyll). Die SbCl$_3$-Reaktion war negativ, vielleicht weil die Konzentration noch zu gering war. Dagegen trat eine deutliche Grünfärbung bei Zusatz von konzentrierter Schwefelsäure ein.

Abb. 176. Melanophorenexpansion beim Frosch (Rücken) nach Intermedinzufuhr. *a* = Kontrolltier. *b* = nach Injektion von Intermedin.

Bei der Extraktion zeigte sich, daß der rote Farbstoff bei den Intermedintieren viel schneller in das Lösungsmittel übergeht als bei den Kontrollfischen. Während bei letzteren das Lösungsmittel noch farblos ist, ist es bei den Intermedintieren schon deutlich rot gefärbt. Der Farbstoff tritt aber nicht nur schneller in das Lösungsmittel über, sondern

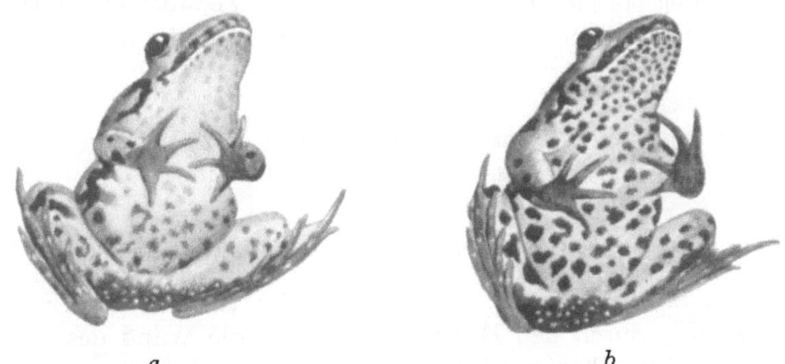

Abb. 177. Melanophorenexpansion beim Frosch (Bauch). *a* = Kontrolltier. *b* = nach Injektion von Intermedin.

es läßt sich beim Intermedintier mehr roter Farbstoff extrahieren als beim Kontrolltier. *Die quantitative Untersuchung ergab, daß sich aus der durch Intermedin rotgefärbten Bauch- und Brusthaut der Elritze 2—4mal soviel Farbstoff extrahieren läßt als aus der entsprechenden weißen Haut der Kontrollfische.*

Infolge der maximalen — durch Intermedin ausgelösten — Expansion der roten Pigmentzellen kann der Farbstoff schneller in das Lösungsmittel übertreten, weil die Oberfläche wesentlich vergrößert ist. Die Tatsache, daß wir den Farbstoff aus der Fischhaut nicht nur schneller, sondern auch in wesentlich größerer Menge extrahieren konnten, spricht vielleicht dafür, daß das Pigment durch Intermedin beeinflußt wird, so daß sich möglicherweise aus Vorstufen des Pigments (?) im Organismus rotes Pigment bildet.

Über den Mechanismus des Pigmentstoffwechsels sind wir nur wenig unterrichtet. Man hat bisher der Nebenniere einen überragenden Einfluß auf die Pigmentänderungen zugeschrieben. Wir möchten nach den mitgeteilten Untersuchungen annehmen, daß die Hypophyse für den Pigmentstoffwechsel von besonderer Bedeutung ist. Hierfür bestehen auch einige klinische Anhaltspunkte. Ich verweise auf jenes Krankheitsbild, das mit hochgradiger Fettsucht, genitaler Hypoplasie und schweren Pigmentveränderungen, der Retinitis pigmentosa, einhergeht, ein Krankheitsbild, das BIEDL auf eine Entwicklungshemmung des Zwischenhirns bezieht. Ich weise auf die typischen Pigmentveränderungen in der Gravidität hin, in der die Hypophyse charakteristische morphologische Veränderungen zeigt (s. S. 392). Erwähnt sei ferner, daß bei manchen Hypophysentumoren, wie uns SIMONS mitgeteilt hat, eine Depigmentierung der Genitoanalregion beobachtet wird.

Vielleicht ist die Hypophyse im Pigmentstoffwechsel die übergeordnete Hormondrüse für die Nebenniere, ebenso wie der Hypophysenvorderlappen die übergeordnete Sexualdrüse für das Ovarium ist. Für diese Auffassung spricht die Tatsache, daß nach Zerstörung der Hypophyse eine weitgehende Atrophie der Nebenniere auftritt, die bis auf ein Fünftel der normalen Größe zurückgehen kann (ASCQLI u. LEGNANI, SMITH u. HRAESER).

Die Isolierung des Intermedins wird vielleicht dazu beitragen, unsere Kenntnisse über den Pigmentstoffwechsel zu erweitern.

c) *Wirkung des Intermedins beim Warmblüter.*

α) Abbau im Organismus. Das Intermedin tritt, wie vorher gezeigt (s. S. 597), durch den Hypophysenstiel in die Wand des 3. Ventrikels über, kann aber sonst im Gehirn nicht nachgewiesen werden. Auch in anderen Organen und in den Körperflüssigkeiten konnten wir das Hormon nicht finden.

Das Intermedin wird im Organismus schnell abgebaut. Wir injizierten Kaninchen große Intermedinmengen intravenös, entbluteten die Tiere nach 1—3 Stunden und konnten jetzt weder im Blut noch im Urin Intermedin nachweisen. Folgender Versuch sei wiedergegeben:

Protokoll Nr. 202. Weißes Kaninchen. Das Tier erhält vom 25. II. bis 22. III. täglich je 2500 PE Intermedin subcutan, im ganzen also 65000 Einheiten.

Am 23. III. erhält das Tier intravenös 10 ccm Intermedin (= 8000 PE) und $^1/_2$ Stunde später nochmals 8 ccm (= 6400 PE) Intermedin. 3 Stunden nach der ersten Injektion wird das Tier durch Carotisdurchschneidung entblutet. Das Blut wird in Aceton aufgefangen und das Intermedin nach der auf S. 598 beschriebenen Methode extrahiert. Im Gesamtblut ließen sich 20 PE Intermedin nachweisen. Da die Zufuhr am 23. III. 14400 PE betrug, war also nach 3 Stunden nur 0,14% der intravenös zugeführten Intermedinmenge im Blut vorhanden.

Im Harn des Tieres war Intermedin nicht nachweisbar.

Da in diesem Falle das Hormon über 3 Wochen zugeführt wurde, war mit der Möglichkeit zu rechnen, daß Intermedin vielleicht in Organen gespeichert würde. Wir untersuchten deshalb die Leber, Galle, Milz und die Nebennieren, ohne daß wir in den Organen Intermedin finden konnten.

Auch in der Hypophyse dieses Tieres war Intermedin nicht gespeichert.

In einem weiteren Versuch führten wir einem Kaninchen 10000 PE Intermedin intravenös zu und entbluteten das Tier schon nach 1 Stunde. Hier konnten wir Intermedin im Blut überhaupt nicht mehr finden. Auch der Harn war frei von Hormon.

Die Versuche zeigen, daß das Intermedin im Organismus sehr schnell abgebaut bzw. inaktiviert wird, so daß schon kurze Zeit nach Zufuhr großer Hormonmengen das Intermedin im Organismus nicht mehr nachweisbar ist.

β) Beeinflußt Intermedin die Schilddrüse? In unserer ersten kurzen zusammenfassenden Mitteilung berichteten wir[1], daß man nach Injektion von Intermedin — bei direkter Betrachtung im Luminescenzlicht[2] nach ELLINGER u. HIRT — eine deutliche Verdünnung und Ausschwemmung des Kolloids der Schilddrüse feststellen könne. Der Stoffwechsel (Grundumsatz) werde durch Intermedin gesteigert. Wir ließen die Frage offen, ob diese Wirkung durch das Intermedin selbst oder nur durch Beimengung des thyreotropen Hypophysenvorderlappenhormons ausgelöst würde.

Diese Frage konnte auf folgende Weise entschieden werden. Das thyreotrope Hormon kommt nur im Vorderlappen, Intermedin aber sowohl im Vorder- wie Hinterlappen der Hypophyse vor. Könnte man die Wirkung auf die Schilddrüse und den Grundumsatz sowohl durch das aus dem Vorderlappen wie das aus dem Hinterlappen dargestellte Intermedin auslösen, so müßte man dem Intermedin die thyreotrope Wirkung zusprechen. Entsprechende Versuche ergaben, daß das aus dem Hinterlappen gewonnene Intermedin weder die Schilddrüse, noch den Grundumsatz, noch den Jodgehalt des Blutes beeinflußt. Als wir in der Darstellung des Intermedins weiterkamen und auch aus dem Vorderlappen reine Intermedinpräparate herstellten, konnten wir auch mit diesen eine Wirkung auf die Schilddrüse, den Grundumsatz und den Jodgehalt des Blutes nicht mehr erzielen. Damit war bewiesen, daß das Intermedin

---

[1] ZONDEK, B. u. KROHN, H.: Naturwiss. **1932**, H. 8, 136.

[2] Für die Ausführung dieser Untersuchungen sind wir Herrn Dr. HARTOCH zu Dank verpflichtet.

selbst eine thyreotrope Wirkung nicht auslöst. Unsere früheren Beobachtungen waren, wie wir schon in den „Naturwissenschaften" vermutungsweise angegeben hatten, darauf zurückzuführen, daß thyreotropes Vorderlappenhormon den Intermedinpräparaten beigemengt war.

γ) Prüfung des Intermedins auf sonstige für Hypophysenstoffe typische Wirkungen. Das Intermedin (Reinheitsgrad: 1 PE = 1 γ) hat keine biologischen Wirkungen, die anderen Hypophysenstoffen zukommen. Das Intermedin wirkt nicht — wie das Wachstumshormon des Vorderlappens — auf das allgemeine Wachstum. Das Intermedin ist ohne Einfluß auf die Sexualorgane, es ist also frei von Prolan. Der Grundumsatz wird durch reine Intermedinpräparate nicht beeinflußt.

Intermedin wirkt nicht — wie die Hormone des Hinterlappens — auf die glatte Muskulatur des Uterus, auf den Blutdruck, auf die Darm- und Blasenmuskulatur. Erwähnt sei auch, daß Intermedin den Blutzucker nicht beeinflußt, während Hinterlappenextrakte eine Hyperglykämie herbeiführen. Die Leberfunktion (Glykogen, Fett) konnte im Tierversuch durch Intermedin nicht beeinflußt werden. Intermedin hat beim Menschen, auch bei intravenöser Zufuhr (1 ccm = 800 PE) keinerlei Nebenwirkung.

δ) Wirkung des Intermedins auf die Nebennieren. Bei den nahen Beziehungen zwischen dem Melanin- und Adrenalinstoffwechsel war an die Möglichkeit zu denken, daß das Intermedin für die Regulierung der Adrenalinbildung von Bedeutung sei. Deshalb prüften B. BRAHN und ich[1], ob man den Adrenalingehalt der Nebennieren durch häufige Intermedinzufuhr beeinflussen könne. Nach mehrtägiger subcutaner Injektion von insgesamt 10—20000 PE Intermedin wurde der Adrenalingehalt der Nebennieren (geschlechtsreife Kaninchen) etwas vermindert gefunden. Da die Intermedinwirkung sehr schnell abklingt, schien es zweckmäßiger, den Tieren das Intermedin durch Dauerinfusion zuzuführen. Diese Untersuchungen wurden auf unsere Veranlassung freundlicherweise im Pharmakologischen Laboratorium der Höchster Farbwerke (I. G. Farbenindustrie) ausgeführt. In Numalnarkose befindliche Kaninchen erhielten mittels Dauerinfusion im Verlauf von 6 Stunden 25000 PE, nicht narkotisierte Tiere in 8 Stunden 50000 PE. Nach Beendigung der Versuche wurden die Tiere getötet und die Nebennieren zur Adrenalinbestimmung in Kohlensäureäther eingefroren. Die gefrorenen Drüsen wurden dann in heiße n/100 HCl geworfen und im Mörser fein zerrieben. Nach 1 Stunde wurde zentrifugiert und die Lösung mit in gleicher Weise erhaltenen Extrakten aus normalen Nebennieren auf ihre Blutdruckwirkung verglichen. In allen Fällen war der Adrenalingehalt der Nebennieren der Versuchstiere etwa 20% niedriger als bei den Kontrolltieren, eine Differenz, die fast innerhalb der Fehlergrenzen

---

[1] BRAHN, B. u. ZONDEK, B.: Nicht publiziert.

liegt. Eine wesentliche Verminderung wurde also nicht festgestellt, vielleicht eine gewisse Tendenz zum Absinken des Adrenalingehaltes. Eine Vermehrung wurde niemals gefunden.

Im Gegensatz zu unseren Ergebnissen stehen die Befunde von Jores[1], der nach 10wöchiger Hormonzufuhr bei infantilen Kaninchen Erhöhung des Adrenalingehaltes und eine durch Hypertrophie der Rinde bedingte beträchtliche Vergrößerung der Nebennieren erzielte. Diese Befunde konnten aber von Holmquist[2] nicht bestätigt werden. Durch Intermedin konnte beim Meerschweinchen zwar eine Vergrößerung der Nebennieren (Gewichtszunahme von 25—80%) erzielt werden, die Adrenalinmenge änderte sich aber kaum, jedenfalls trat keine Erhöhung ein. Die etwas variierenden Adrenalinwerte werden darauf zurückgeführt, daß der Adrenalingehalt der Nebennieren im Laufe des Tages gewisse physiologische Schwankungen zeigt (Holmquist[3], U. S. v. Euler u. Holmquist[4]). Die Gewichtszunahme der Nebennieren beruhe wahrscheinlich auf einer Vermehrung der Lipoide.

Demnach ergibt sich, daß das Intermedin den Adrenalingehalt der Nebennieren nicht nennenswert beeinflußt. Durch langdauernde Zufuhr großer Hormonmengen kann vielleicht eine mäßige Verminderung des Adrenalingehaltes herbeigeführt werden.

ε) *Intermedin und Wasserhaushalt.* Obwohl das Intermedin — im Gegensatz zum Vasopressin — keine antidiuretische Wirkung hat, schien es notwendig, die Bedeutung des Intermedins für den Wasserhaushalt genauer zu studieren, da die Produktions- und Wirkungsstätte des Hormons eine Beziehung zum Wasser-Kochsalzhaushalt möglich erscheinen ließ. Diese Frage konnte am besten beim Diabetes insipidus studiert werden. Die Ansichten über die Genese dieses Krankheitsbildes gehen weit auseinander, es gibt zweifellos verschiedene Formen (hyper- und hypoosmotisch), die sich aber symptomatisch in gleicher Weise in der Massenausscheidung eines — durch Konzentrationsunfähigkeit — dünnen Urins äußern.

Herr Dr. M. B. Sulzberger[5], New York, hat das Intermedin, das ich ihm zur Verfügung stellte, bei zwei Fällen von Diabetes insipidus angewandt und berichtet über auffallende Erfolge.

Bei einem 41jährigen Mann, der abnorme Flüssigkeitsmengen zu sich nahm und im Abstand von 45 Minuten urinieren mußte, konnte durch 2 ccm Intermedin = 1000 PE eine 5stündige Pause im Urinieren erzielt werden. Wie mir Herr Sulzberger mitteilte, wird das Intermedin in diesem Fall seit über 1 Jahr mit gutem Erfolg angewandt, wobei bemerkenswert ist,

---

[1] Jores, A.: Klin. Wschr. **52**, 1989 (1933).
[2] Holmquist, A. G.: Klin. Wschr. **18**, 664 (1934).
[3] Holmquist, A. G.: Skand. Arch. Physiol. (Berl. u. Lpz.) **65**, 18 (1932).
[4] v. Euler, U. S. u. Holmquist, A. G.: Pflügers Arch. **234**, 210 (1934).
[5] Sulzberger, M. B.: J. amer. med. Assoc. **100**, 1928 (1933).

daß der Patient Vasopressin wegen Nebenerscheinungen (Gesichtspallor, profuse Schweißsekretion, spastische Abdominalbeschwerden) nicht verträgt.

Im zweiten Fall (31jähriger Mann) wurde das starke Flüssigkeitsbedürfnis und das sehr häufige Urinieren durch 2 ccm Intermedin wesentlich beeinflußt, so daß der Patient 14 Stunden nicht zu trinken brauchte. In diesem schweren Fall, der ad exitum kam, wurde als Ursache des Diabetes insipidus ein cavernöses Hämangiom des Hypothalmus gefunden, welches den dritten Ventrikel zerstört und den Hypophysenstil komprimirt hatte.

Auf meine Anregung war Herr Prof. JOSUA TILLGREN — Maria-Krankenhaus, Stockholm — so liebenswürdig, das Intermedin beim Diabetes insipidus anzuwenden. Sein Mitarbeiter HARALD BARK berichtet über einen genau beobachteten Fall:

38jährige Frau, bei der vor 2 Jahren die ersten Symptome der Krankheit auftraten. Die genaue interne Untersuchung ergab nichts Besonderes, keine Nierenstörungen, keine Zuckerausscheidung usw. Wassermann im Blut und Liquor negativ, Sella turcica röntgenologisch normal.

Bei gewöhnlicher (salzhaltiger) Kost beträgt die Harnausscheidung 4,5 bis 5 Liter pro Tag, spezifisches Gewicht ungefähr 1005.

Die Durstprobe kann die Patientin unter schweren Dursterscheinungen 12 Stunden durchführen, das spezifische Gewicht des Harns steigt bis auf 1015. (Dies spreche dafür, daß hier kein reiner Fall von Diabetes insipidus vorliegt.) Die Zuckerbelastung ergibt subnormale Verhältnisse.

Bei Salzbelastung (10 g NaCl und salzhaltige Kost) steigt die Urinmenge — gleichzeitig mit erhöhtem Flüssigkeitsbedarf — auf etwa 7,5 Liter pro Tag. Bei Salzbeschränkung (salzfreie Kost), kann die Urinmenge bis auf etwa 1 Liter pro Tag heruntergehen, während das spezifische Gewicht des Urins nicht ansteigt (1005—1010).

Nach subcutaner Zuführung von Vasopressin — verwandt wurde Pitressin — und salzhaltiger Kost tritt eine mäßige Verminderung der Urinmenge ein. Wird das Pitressin bei salzarmer Kost gegeben, so fällt die Urinmenge auf 2,5 Liter pro Tag.

Intermedin: Bei subcutaner Zuführung von Intermedin und salzhaltiger Kost tritt eine deutliche Verminderung der Urinmenge auf etwa 3 Liter pro Tag ein und das spezifische Gewicht steigt auf 1020, ein Wert, der sogar höher liegt, als der maximale Konzentrationswert bei der Durstprobe. Wird Intermedin bei salzfreier Kost gegeben, so beträgt die Tagesharnmenge etwa $1^1/_2$ Liter.

Das Intermedin wurde 3—6mal täglich in Dosen von je 500 PE injiziert. Bei peroraler Darreichung ist es wirkungslos.

Herr Dr. GRILL, Medizinische Klinik Upsala, erzielte bei einem Fall von Diabetes insipidus mit Intermedin nur einen mäßigen antidiuretischen Effekt, wobei aber zu bemerken ist, daß der Patient während der Intermedinbehandlung kochsalzfrei ernährt wurde. Der Effekt war aber nicht so stark wie bei Pyramidonzufuhr $(4 \times 0,5$ g).

Diese klinischen Beobachtungen zeigen, daß das Intermedin beim Diabetes insipidus eine Verminderung der Wasserausscheidung und Erhöhung der Harnkonzentration bewirken kann, also die gleichen Effekte auslöst, die bisher vom Vasopressin bekannt sind. Wenn sich dies weiter bestätigt, so wäre dies klinisch wichtig, weil das Intermedin ungiftig ist und infolgedessen in beliebig hohen Dosen injiziert werden kann,

während das Vasopressin wegen seiner Wirkung auf das Zirkulationssystem und die glatte Muskulatur der vegetativen Organe bei der chronischen Darreichung toxisch wirken kann. Wie wir oben gesehen haben,
verträgt der von SULZBERGER beobachtete Fall Vasopressin überhaupt
nicht, das Intermedin aber ohne jede Nebenerscheinung. Es wäre
ferner möglich, daß Intermedin nur bei gewissen Formen des Diabetes
insipidus wirkt und vielleicht bei solchen, wo das Vasopressin versagt
oder nur wenig wirkt.

Ist das Intermedin der antidiuretische Stoff? Beruht die antidiuretische Wirkung des Vasopressins auf seinem Gehalt an Intermedin?
Gegen diese Annahme spricht die Tatsache, daß man bei einem Tier,
das gleichzeitig Wasser und Intermedin erhält, eine antidiuretische Wirkung nicht erzielen kann. Die klinischen Erfolge sind aber doch so bemerkenswert, daß man dem Intermedin irgendeine Wirkung auf den
Wasserhaushalt nicht absprechen kann. Deshalb war es notwendig, die
Wirkung des Intermedins und Vasopressins unter verschiedenen Bedingungen im Tierversuch miteinander genau zu vergleichen. Da mir
die Ausführung dieser Untersuchungen aus äußeren Gründen nicht möglich war, wurden die Versuche auf meine Veranlassung im Pharmakologischen Laboratorium der Höchster Farbwerke (I. G. Farbenindustrie)
ausgeführt. Für die Überlassung der Resultate sei auch an dieser Stelle
bestens gedankt.

Wirkung des Intermedins und Vasopressins auf die Diurese:
Die Versuche wurden in drei Serien angesetzt:

1. An nicht narkotisierten Ratten nach peroralem Wasserstoß bei
subcutaner Injektion,

2. an Kaninchen in Chloralosenarkose nach peroralem Wasserstoß
und intravenöser Injektion,

3. an Kaninchen in Chloralosenarkose bei kontinuierlicher intravenöser Infusion von NaCl-Lösung und intravenöser Injektion.

Zu 1. Die Ratten bekamen mit der Schlundsonde je 5 ccm Leitungswasser und gleichzeitig 0,02 ccm Intermedin (= 20 PE) bzw. 0,02 ccm
Tonephin[1] (= 0,06 VE) subcutan. Die ausgeschiedene Harnmenge wurde
im Abstand von 15 Minuten abgelesen. Der Versuch verlief vollkommen
eindeutig. Während bei den mit Tonephin behandelten Tieren eine einwandfreie Verzögerung der Harnausscheidung bestand, war dies beim
Intermedin nicht der Fall.

Zu 2. In diesen Versuchen ergab sich auch mit Intermedin eine ausgesprochene Verminderung der Harnausscheidung. Während aber bei den
Tonephinversuchen die NaCl-Konzentration im Harn gegenüber der Vorperiode auf über das 10fache zunahm (von 48 mg% auf 510 mg%), blieb
sie in den Intermedinversuchen gleich (32,6 mg% vorher und 33,6 mg%

---

[1] Tonephin = Vasopressin.

nachher). Die Gesamtmenge des ausgeschiedenen NaCl und Wassers
während je einer Stunde vor und nach der Injektion zeigte folgendes Bild:

a) Tonephin   vorher: 62 ccm mit   30 mg NaCl
                 nachher: 29 ccm ,,   148 mg NaCl
b) Intermedin: vorher: 46 ccm ,,   15 mg NaCl
                 nachher: 21 ccm ,,   7 mg NaCl.

Zu 3. Auch in diesen Versuchen war ein eindeutiger Unterschied
zwischen Intermedin und Tonephin zu beobachten. Während nach Intermedin *sofort* eine deutliche Diuresehemmung eintrat, war beim Tonephin
zunächst eine ausgesprochene Verstärkung der Diurese zu beobachten,
die dann erst von einer Hemmung gefolgt war. Merkwürdigerweise trat
hier jedoch auch nach Intermedin eine ausgesprochene Erhöhung der
NaCl-Konzentration im Harn ein (von 247 mg% auf 614 mg%), die der
von Tonephin nicht nachstand (495 mg% auf 960 mg%). Verfolgt man
die Wasser- und NaCl-Abscheidung während je 1 Stunde vor und nach
der Injektion, so ergibt sich folgendes Bild: Beim Tonephin waren die
Wassermengen praktisch gleich (31 bzw. 28 ccm), die NaCl-Ausscheidung
nach Tonephin nahezu doppelt so hoch (15 bzw. 27 mg). Beim Intermedin
nahm die Harnmenge auf etwa die Hälfte ab (31 bzw. 14 ccm), während
die Gesamt-NaCl-Ausscheidung ungefähr gleich blieb (7,6 bzw. 8,5 mg).

a) Tonephin: vorher: 31 ccm mit 15 mg NaCl
                 nachher: 28 ccm ,, 27 mg NaCl
b) Intermedin: vorher: 31 ccm ,, 7,6 mg NaCl
                 nachher: 14 ccm ,, 8,5 mg NaCl.

Zusammenfassend ergibt sich aus den Versuchen:

Zwischen Vasopressin und Intermedin bestehen in der Wirkungsweise grundlegende Unterschiede. Die charakteristische Wirkung des
Vasopressins, Hemmung der Wasserausscheidung bei gleichzeitiger relativer und absoluter Erhöhung der NaCl-Ausscheidung kommt dem Intermedin nicht zu. Dafür spricht vor allem der vollkommen negative Ausfall der Rattenversuche (Versuch 1). Dagegen scheint das Intermedin
doch einen gewissen Einfluß auf den Wasserhaushalt zu haben, dessen
Mechanismus allerdings noch nicht klar ist.

Die verschiedene Wirkung auf den NaCl-Haushalt läßt sich vielleicht
folgendermaßen erklären: Die Kochsalzausscheidung in den Nieren
richtet sich nach der NaCl-Konzentration im Blut. Diese wird sich bei
Dauerinfusion von physiologischer Kochsalzlösung (Versuch 3) auch bei
einer Diuresehemmung nicht wesentlich ändern. Bei den Versuchen mit
dem Wasserstoß (2) wird aber durch Intermedin mit der Diuresehemmung
die Kochsalzkonzentration und damit die Kochsalzausscheidung im
Harn sinken.

Beim Vasopressin ist die Kochsalzausscheidung auf jeden Fall erhöht,
was nur so zu erklären ist, daß dem Vasopressin noch eine NaCl mobilisierende Wirkung auf das Körpergewebe zukommt.

Das Vasopressin bewirkt also a) Hemmung der Wasserausscheidung infolge erhöhter Rückresorption und b) Kochsalzmobilisierung aus dem Gewebe.

Dem Intermedin kommt dagegen nur eine Wirkung auf die Wasserausscheidung zu, deren Genese aber vorläufig noch als unbekannt angesehen werden muß.

Diese experimentellen Untersuchungen ergeben, daß das Intermedin einen Einfluß auf den Wasserhaushalt hat, wobei zwischen Intermedin und Vasopressin charakteristische Unterschiede bestehen. Wenn wir des weiteren die klinisch beobachtete Wirkung des Intermedins beim Diabetes insipidus berücksichtigen, so wird man dem Intermedin eine Wirkung auf die Wasserregulierung beim Menschen nicht absprechen können. Zur Klärung dieser, wie mir scheint, interessanten und wichtigen Frage werden weitere klinische und experimentelle Untersuchungen notwendig sein. Vielleicht reagieren nicht alle Fälle von Diabetes insipidus auf Intermedin, vielleicht wird auf diese Weise eine Abgrenzung der verschiedenen Formen dieser Erkrankung differentialdiagnostisch möglich sein (s. Fall II von SULZBERGER), und sich dadurch ein tieferer Einblick in dieses noch so wenig geklärte und rätselhafte Krankheitsbild ergeben.

7. Identität des Melanophoren- und Erythrophorenhormons?

Zum Nachweis des Chromatophorenstoffes werden, wie im vorhergehenden ausgeführt, zwei Methoden angewandt, die Melanophorenreaktion des Frosches und die Erythrophorenreaktion der Elritze. Sind diese beiden Reaktionen miteinander identisch, werden sie durch denselben Wirkstoff ausgelöst? Die Expansion der Melanophoren wird durch den Lichtreiz, die Expansion der Erythrophoren bei der Elritze aber nur durch den Sexualakt (Laichen) ausgelöst. Es wäre daher möglich, daß die hormonale Regulierung dieser beiden verschiedenen Reaktionen auf verschiedene Weise erfolgt. Die Untersuchungen von JORES u. LENSSEN[1] sprechen nach dieser Richtung. Die Autoren fanden, daß der Frosch stärker auf die alkalische, der Fisch mehr auf die saure Form des Hormons reagiert, so daß man zwei verschiedene Formen des Hormons annehmen müsse. Sie unterscheiden sich in ihrem Verhalten gegenüber der Lichteinwirkung. Das saure Hormon wird durch ultraviolettes Licht (s. S. 603) und Blaulicht abgebaut, während das alkalische Hormon lichtresistenter ist und nur durch Strahlen von der Wellenmenge 250—230 mμ zerstört wird. Im übrigen haben JORES u. LENSSEN unsere Ergebnisse voll bestätigt, insbesondere die Tatsache, daß das Intermedin ein selbständiges Hypophysenhormon ist. Wie mir M. SULZBERGER mitteilte, konnte er mit Intermedinfraktionen, die auf die Melanophoren des

---

[1] JORES, A. u. LENSSEN: Endokrinol. **12**, 90 (1933). JORES, A: Z. exper. Med. **87**, 266 (1933).

Frosches nur wenig wirken, beim Diabetes insipidus eine intensive antidiuretische Wirkung erzielen, während umgekehrt die am Frosch sehr wirksamen Fraktionen klinisch wirkungslos waren. Auch diese Beobachtungen sprechen dafür, daß der Melanophorenstoff mit dem Erythrophorenstoff (Intermedin) wahrscheinlich nicht identisch ist, und daß anscheinend nur der Erythrophorenstoff (Intermedin) eine Wirkung auf den Wasserstoffwechsel beim Diabetes insipidus ausübt. Möglicherweise ist der den Wasserstoffwechsel beeinflussende Stoff dem Intermedin nur beigemengt. Diese Fragen können noch keineswegs als geklärt angesehen werden, so daß intensive Weiterarbeit notwendig ist. Sollte das Intermedin sich als Therapeutikum beim Diabetes insipidus, oder vielleicht bei gewissen Formen dieser Krankheit bewähren, und sollte diese Wirkung nur dem Erythrophorenhormon zukommen, so würde die Einführung der Fischreaktion (Elritze) nnd die auf diesem Testobjekt basierenden Untersuchungen auch in klinischer Hinsicht nicht zwecklos gewesen sein.

Ich bin mir wohl bewußt, daß eine Reihe der in diesem Buch behandelten Fragen noch nicht endgültig geklärt ist, daß noch manche Probleme der Lösung harren. Aber ich glaube, daß über einige wichtige Fragen Klarheit geschaffen ist, so daß die vorliegenden Ergebnisse nicht ohne theoretische und praktische Bedeutung sind. Mit dem Fortschreiten der Forschung werden vielleicht manche in diesem Buch niedergelegten Anschauungen überholt werden. Wenn nur einige Tatsachen als naturwissenschaftliche Erkenntnisse erhalten bleiben, wird der Zweck der vorliegenden Untersuchungen erfüllt sein.

Verlag von Julius Springer / Berlin

Correlationen II. (Bildet Band XVI vom „Handbuch der normalen und pathologischen Physiologie".)

Erste Hälfte: **Physiologie und Pathologie der Hormonorgane. Regulation von Wachstum und Entwicklung. Die Verdauung als Ganzes. Die Ernährung des Menschen als Ganzes. Die correlativen Funktionen des autonomen Nervensystems. Regulierung der Wasserstoffionen-Konzentration.** Mit 245 Abbildungen. XIII, 1159 Seiten. 1930.

RM 121.—; gebunden RM 129.—*

Aus dem Inhalt: Physiologie und Pathologie der Hormonorgane. — Morphologie der inneren Sekretion und der inkretorischen Organe. Von Professor Dr. A. Kohn-Prag. — Chemie der Hormonorgane und ihrer Hormone. Von Professor Dr. O. Fürth-Wien. — Die Physiologie der Schilddrüse. Von Professor Dr. I. Abelin-Bern. — Pathologische Physiologie der Schilddrüse. Von Privatdozent Dr. R. Isenschmid-Bern. — Die Epithelkörperchen (Glandulae parathyreoideae). Von Professor Dr. F. Pineles-Wien. — Thymus. Von Professor Dr. J. Wiesel†-Wien. — Die Hypophyse (Hirnanhang). Von Professor Dr. A. Biedl-Prag. — Die Physiologie der Zirbeldrüse (Glandula pinealis, Epiphyse). Von Professor Dr. O. Marburg-Wien. — Nebennieren. Von Professor Dr. J. Wiesel †-Wien. — Pankreas. Von Privatdozent Dr. H. Staub-Heidelberg. — Correlationen der Hormonorgane untereinander. Von Professor Dr. H. Zondek-Berlin und Dr. G. Koehler-Berlin. — Regulation von Wachstum und Entwicklung. — Der Einfluß der inkretorischen Drüsen und des Nervensystems auf Wachstum und Differenzierung. Von Privatdozent Dr. W. Schulze-Würzburg-München.

Zweite Hälfte: **Correlationen des Zirkulationssystems. Mineralstoffwechsel. Regulation des organischen Stoffwechsels. Die correlativen Funktionen des autonomen Nervensystems II.** Mit 73 Abbildungen. XI, 700 Seiten. 1931.

RM 78.—; gebunden RM 86.—*

Jeder Band des Handbuches ist einzeln käuflich, Bandteile werden nicht einzeln abgegeben

---

Die Hormone. Ihre Physiologie und Pharmakologie. Von **Paul Tendelenburg †**, ehem. Professor an der Universität Berlin.

Erster Band: **Keimdrüsen. Hypophyse. Nebennieren.** Mit 60 Abbildungen. XI, 351 Seiten. 1929.   RM 28.—; gebunden RM 29.60*

Zweiter Band: **Schilddrüse. Nebenschilddrüsen. Inselzellen der Bauchspeicheldrüse. Thymus. Epiphyse.** Herausgegeben von **Otto Krayer**, a. o. Professor der Pharmakologie an der Universität Berlin. Mit 62 Abbildungen. X, 502 Seiten. 1934.   RM 45.—; gebunden RM 46.80

Die weiblichen Sexualhormone in ihren Beziehungen zum Genitalzyklus und zum Hypophysenvorderlappen. Von Dr. **C. Clauberg**, Privatdozent an der Universitäts-Frauenklinik Königsberg i. Pr. Mit 103 Abbildungen. VI, 191 Seiten. 1933.   RM 22.—

Körper und Keimzellen. Von **Jürgen W. Harms**, Professor an der Universität Tübingen. (Bildet Band 9 der „Monographien aus dem Gesamtgebiet der Physiologie der Pflanzen und der Tiere".) Mit 309 darunter auch farbigen Abbildungen. In zwei Teilen. XIV, 1024 Seiten. 1926.   Zusammen RM 66.—; gebunden RM 69.—*

(Beide Teile werden nur zusammen abgegeben.)

Verlag von Julius Springer / Berlin und Wien

Pathologische Anatomie und Histologie der Drüsen mit innerer Sekretion. (Bildet Band VIII vom „Handbuch der speziellen pathologischen Anatomie und Histologie".) Mit 358 zum Teil farbigen Abbildungen. XII, 1147 Seiten. 1926.
RM 165.—; gebunden RM 168.—*

Inhaltsübersicht: Schilddrüse. Von Professor Dr. C. Wegelin-Bern. — Die Epithelkörperchen. Von Professor Dr. G. Herxheimer-Wiesbaden. — Die Glandula pinealis (Corpus pineale). Von Professor Dr. W. Berblinger-Jena. — Pathologie des Thymus. Von Professor Dr. A. Schmincke-Tübingen. — Die Hypophyse. Von Professor Dr. E. J. Kraus-Prag. — Die Nebenniere und das chromaffine System (Paraganglien, Steißdrüse, Karotisdrüse). Von Professor Dr. A. Dietrich-Köln und Professor Dr. H. Siegmund-Köln.

Innere Sekretion. Ihre Physiologie, Pathologie und Klinik. Von Professor Dr. **Julius Bauer**, Wien. Mit 56 Abbildungen. VI, 479 Seiten. 1927.
RM 36.—*

Die innere Sekretion. Eine Einführung für Studierende und Ärzte. Von Dr. **Arthur Weil**, ehem. Privatdozent der Physiologie an der Universität Halle, Arzt am Institut für Sexualwissenschaft, Berlin. Dritte, verbesserte Auflage. Mit 45 Textabbildungen. VI, 150 Seiten. 1923.
Gebunden RM 6.—*

Die Krankheiten der endokrinen Drüsen. Ein Lehrbuch für Studierende und Ärzte. Von Dr. **Hermann Zondek**, a. o. Professor an der Universität Berlin, Direktor der Inneren Abteilung des Krankenhauses am Urban. Zweite, vermehrte und verbesserte Auflage. Mit 220 Abbildungen. IX, 421 Seiten. 1926.
RM 37.50*

Die Erkrankungen der Blutdrüsen. Von Professor Dr. Wilhelm Falta, Wien. Zweite, vollkommen umgearbeitete Auflage. Mit 107 Abbildungen. VII, 568 Seiten. 1928. RM 42.—; gebunden RM 45.—*

[W] **Die Erkrankungen der Schilddrüse.** Von Professor Dr. **Burghard Breitner**, Erster Assistent der I. Chirurgischen Universitätsklinik in Wien. Mit 78 Textabbildungen. VIII, 308 Seiten. 1928.
RM 24.—; gebunden RM 25.80

Morbus Basedowi und die Hyperthyreosen. Von Dr. **F. Chvostek**, Professor der Internen Medizin an der Universität Wien. (Aus „Enzyklopädie der klinischen Medizin", Spezieller Teil.) XVI, 447 Seiten. 1917.
RM 16.—*

Die kretinische Entartung. Nach anthropologischer Methode bearbeitet von Dr. **Ernst Finkbeiner**, prakt. Arzt. Mit einem Geleitwort von Professor Dr. Karl Wegelin, Direktor des Pathologischen Instituts der Universität Bern. Mit 17 Textabbildungen und 6 Tafeln in zweifacher Ausführung. VIII, 432 Seiten. 1923.
RM 20.—*